2020 年度全国钻井液完井液技术交流研讨会论文集

孙金声　罗平亚　主编

石油工業出版社

内 容 提 要

本书收集2020年度全国钻井液完井液技术交流研讨会论文114篇。主要内容包括钻井液新技术、新材料、新方法研究与应用，深井及海洋钻井钻井液技术研究及应用，环保钻井液及废弃物处理研究与应用，钻井液防漏堵漏及承压堵漏技术，油气层保护技术，非常规油气站井液技术研究及应用，钻井液现场复杂事故处理等。这些论文全面反映了我国近几年在钻井液完井液方面所取得的科研成果及技术进展。

本书可供从事钻井液完井液技术领域的科研人员、工程技术人员及石油院校师生参考。

图书在版编目（CIP）数据

2020年度全国钻井液完井液技术交流研讨会论文集/孙金声，罗平亚主编. —北京：石油工业出版社，2020.12

ISBN 978-7-5183-4451-2

Ⅰ.2… Ⅱ.①孙…②罗… Ⅲ.①钻井液-学术会议-文集②完井液-学术会议-文集 Ⅳ.①TE254-53

中国版本图书馆CIP数据核字（2017）第255044号

出版发行：石油工业出版社
（北京安定门外安华里2区1号 100011）
网址：www. petropub. com
编辑部：（010）64523583 图书营销中心：（010）64523633
经　　销：全国新华书店
印　　刷：北京中石油彩色印刷有限责任公司

2020年12月第1版 2020年12月第1次印刷
787×1092毫米 开本：1/16 印张：54.5
字数：1360千字

定价：300.00元
（如出现印装质量问题，我社图书营销中心负责调换）

《2020年度全国钻井液完井液技术交流研讨会论文集》
编　委　会

前　言

为促进我国钻井液完井液技术发展，总结和交流钻井液完井液领域的科研成果和现场施工经验，加强钻井液完井液新技术、新产品的推广应用，梳理钻井液完井液技术面临的新挑战，以及进一步研讨钻井液完井液发展方向，中国石油学会石油工程专业委员会钻井工作部钻井液完井液学组于2020年11月在浙江杭州召开了2020年度全国钻井液完井液技术交流研讨会。

本次会议得到了钻井液完井液行业广大科研人员、工程技术人员、院校师生的积极响应和热情参与，得到各级主管部门的大力支持。自钻井液完井液学组发出征文通知以来，各单位踊跃投稿，共收到133篇论文，经专家审定，筛选出与本次会议讨论主题相关的114篇论文收录文集，并由石油工业出版社正式出版发行。

本论文集包括钻井液新技术及处理剂、深井及海洋钻井钻井液技术、非常规油气钻井钻井液技术、环保钻井液及废弃物处理技术、钻井液防漏堵漏及承压堵漏技术、油气层保护技术、钻井液现场复杂事故处理等七部分，比较全面地反映了近年来钻井液完井液技术的进展。论文集力图站在国内钻井液完井液发展前沿的高度来进行阐述和问题分析，重点总结了国内各油田在钻井液完井液领域攻关的重点成果和现场应用中的典型案例，对从事钻井液完井液技术领域的科研人员、工程技术人员及院校师生有参考借鉴作用。

本次会议由中国石油集团工程技术研究院有限公司承办，同时得到中国石油、中国石化、中国海油、延长石油集团及各大研究院校等单位相关领导和专家的大力支持，在此致以衷心的感谢！

中国石油学会石油工程专业委员会
钻井工作部钻井液完井液学组
2020年11月

目　录

钻井液新技术、新材料、新方法研究与应用

高分子聚合物聚丙烯酸钾的速溶改性研究 ………………………………… 房晓伟　房炎伟（3）
硅酸镁铝抗高温稳泡剂的研究及在地热井中的应用
……………………………………………………………… 杨丽丽　王腾达　孔德昌　等（9）
聚合醇对钠基蒙脱石水化作用微观作用机制的分子动力学研究
……………………………………………………………… 毛　惠　黄　炎　文欣欣　等（22）
基于相变材料的高温深井钻井液降温技术实验研究 ……… 刘均一　陈二丁　袁　丽（40）
低荧光硅基防塌钻井液在海古 102 井的应用 ………… 张　勇　郑学磊　周艳丽　等（48）
抗 160~180℃高密度油基完井液研究 …………………… 徐同台　王　威　武星星　等（55）
AMPS-IA-DMC-NB 聚合离子缓凝剂制备及表征 ………………… 齐志刚　陈　阳（67）
高效携岩水基钻井液体系优化及综合性能评价 ……… 刘真光　张高峰　孟祥虎　等（74）
高温对聚乙二醇和氯化钾协同抑制黏土矿物表面水化的影响机理
……………………………………………………………… 黄丹超　罗平亚　白　杨　等（79）
一种新型钻井液用抗高温高盐聚合物的制备与评价
……………………………………………………………… 王志永　陈缘博　夏小春　等（86）
复合盐聚胺封堵防塌钻井液在董 13 井的应用 ………………………………… 王　刚（94）
无固相弱凝胶钻开液在大斜度注水井中的研究与应用
……………………………………………………………… 刘鹏飞　王昆剑　王　攀　等（104）
微纳米封堵井壁稳定技术在准噶尔盆地董 18 井的应用 …………………… 刘学明（112）
T1810 取心井钻井液技术研究与应用 ………………… 李鹏程　李英武　李　畅　等（118）
渤斜 931 井三开钻井液技术 ……………………………… 李希君　王　伟　赵忠亮　等（126）
现河庄油区中深井沙河街组井壁失稳与封堵钻井液技术优化
……………………………………………………………… 郭　良　丁海峰　吴春国　等（133）
抗高温反相乳液增黏剂 DVZ-1 的研究与应用 ……… 张　洋　刘永贵　宋　涛　等（137）
强抑制盐水钻井液体系的研究与应用 ………………… 刘振华　贾欣鹏　吴广兴　等（144）
油包水乳化钻井液体系的稳定性研究与应用 ……………… 贾国亮　安建利　郑永太（151）
钻井液用泥页岩抑制剂支化聚醚胺的研制及工业化应用
…………………………………………………………………… 司西强　王中华　王忠瑾（157）

胺基钻井液体系新认识 …………………………………… 骆小虎　韦风云　赵同林　等（174）
基油类型及其理化性质对油基钻井液性能的影响研究
…………………………………………………………… 李　燕　骆小虎　袁长晶　等（181）
新型高性能钻井液润滑剂 SMLUB-S 研究 ………………… 宣　扬　林永学　钱晓琳　等（191）
一种高性能水基钻井液性能评价及现场应用 ………… 崔小勃　杨海军　刘人铜　等（198）
油基钻井液用复合型纳微米封堵剂的研究 …………… 倪晓骁　高　珊　闫丽丽　等（203）
川西海相雷口坡组破碎性地层井壁稳定机理分析 …… 甄剑武　张亚云　林永学　等（209）
油基钻井液的高温高压流变性与沉降稳定性规律研究
…………………………………………………………… 闫丽丽　王建华　倪晓骁　等（219）
高温超致密储层流体敏感性实验方法研究 …………… 张杜杰　金军斌　李大奇　等（224）
浅谈信息化建设在钻井液领域中的发展 …………………………………………… 林阳升（232）
抗温抗盐抗水解的丙烯酰胺聚合物降滤失剂研制 …… 赖晓晴　张天怡　张晶莹　等（237）

深井及海洋钻井钻井液技术研究及应用

深部潜山低固相抗高温水基钻井液性能研究 ………… 史　野　夏景刚　黄达全　等（245）
强化致密封堵水基钻井液技术在准噶尔盆地的研究与应用
……………………………………………………………………… 柴金鹏　刘湘华　王宝田（251）
渤海油田工程地质一体化钻井液优选技术 …………… 陈　卓　董平华　何瑞兵　等（260）
国产抗高温高密度油基钻井液技术在克深 24-11 井的应用
…………………………………………………………… 李　龙　杨海军　王建华　等（267）
川东地区抗高温抗污染油基钻井液研究与应用 …………… 沈欣宇　李颖颖　刘　媛（274）
高密度复合盐钻井液体系在义 184 区块的应用 ……………………………………… 刘　伟（279）
博孜 12 井巨厚盐膏层段油基钻井液技术 …………… 周筱宁　谢建辉　张丽宁　等（285）
超高温水基钻井液基础理论与新技术展望 …………… 邱正松　汤志川　钟汉毅　等（290）
轮探 1 超深井钻井液技术 …………………………… 罗绪武　任　超　杨　川　等（300）
盐家油田丰深斜 11 井钻井液技术 …………………… 丁海峰　李文明　晏　剑　等（307）
大位移定向井钻井液技术研究 ………………………………………… 朱晓峰　潘爱双（311）
罗家油区深层钻井液技术难点及对策 ………………………………… 张高峰　李云贵（317）
高密度抗高温水包油钻井液技术的应用 ……………………………… 范　利　张文慧（321）
顺北 4 井超深井复杂地层钻井液技术应用 …………………………… 宋晓勇　苗文静（326）
TZ4 区块聚合物体系延迟转磺试验研究及现场应用
…………………………………………………………… 刘裕双　吴晓花　陈　林　等（332）
枫 1 井灯影组破碎地层防塌钻井液技术研究与应用
…………………………………………………………… 王　昆　龙大清　肖　平　等（336）
超高温水基钻井液技术研究进展 ……………………… 张　雁　屈沅治　张志磊　等（347）

超高温高密度钻井液技术研究与应用 …………………… 李　雄　金军斌　杨小华　等（361）
超深井复杂地层高温高密度油基钻井液技术 ………… 王显光　韩子轩　李大奇　等（370）
顺北油气田辉绿岩钻井液技术分析及应用 …………… 李　凡　李大奇　张　国　等（379）
顺北油田硬脆性泥岩井壁稳定钻井液技术 ………………… 张　栋　徐　江　李大奇（388）
长岭深层致密气抗高温水基钻井液技术 ……………… 于　洋　孙伟旭　温广波　等（397）
准噶尔盆地南缘地区高温高密度油基钻井液技术研究
…………………………………………………………… 赵　利　李　锐　付超胜　等（404）

环保钻井液及废弃物处理技术研究与应用

可生物降解的油基钻井液体系研究 ……………………………………………… 周晓宇（413）
渤海油田废弃钻井液絮凝剂优选与应用 ……………… 张羽臣　林家昱　董平华　等（418）
负压减量在海上钻井中的应用效果及评价 …………… 岳　明　张羽臣　林家昱　等（424）
海上钻完井废弃物终端无害化处置技术 ……………… 岳　明　谢　涛　张　磊　等（430）
单相微乳清洗液及其含油钻屑清洗技术研究 ………… 蓝　强　孙德军　夏　晔　等（437）
合成基钻井液在胜利页岩油水平井的应用 …………… 陈二丁　赵红香　张海青　等（444）
大庆油田模块钻机钻井液循环系统改进与应用 ……………………… 赵　阳　毛伟汉（451）
钻井液用磺化胺基烷基糖苷高效润滑剂的研制及性能
…………………………………………………………… 司西强　王中华　雷祖猛　等（457）
常用水基钻井液处理剂及体系环保指标探讨 ………… 于　盟　王　波　张茉楚　等（463）
改性烷基糖苷抗高温泥页岩抑制剂 SNAPG 的研制与应用 ………… 司西强　王中华（471）
环保型生物质合成树脂降滤失剂室内性能研究 ……… 单海霞　王中华　周启成　等（482）
生物质乳化剂的应用及评价 …………………………… 张　弌　马　金　李　彬　等（487）
HBQ-G1 环保水基钻井液体系的构建及应用 ………… 黎　然　杨　欢　张瀚奭　等（496）
水基环保钻井液研究与应用进展 ……………………… 陈　龙　杨　谋　倪　锐　等（505）
油基钻井液及其废弃物回收处理技术在海上探井的应用
…………………………………………………………… 李　乾　邱　康　张　瑞（512）
深层页岩气负压振动筛协同减量油基钻屑技术 ……… 夏海英　黄　璜　任　茂　等（520）

钻井液防漏堵漏及承压堵漏技术

油基钻井液条件下堵漏材料研究新进展 ……………………… 梁文利　林子旸　王　帅（531）
弹性孔网堵漏剂的研制及试验 ………………………… 刘振东　李公让　于　雷　等（537）
延安气田东部区域随钻封缝即堵技术研究与应用 …… 申　峰　王　波　李　伟　等（543）
“堵控结合”的漏涌同存钻井技术 …………………… 霍宏博　何瑞兵　张晓诚　等（553）
埕北 313 井古生界堵漏技术 ……………………………… 王　飞　刘传清　赵　湛（559）

海坨严重漏失区防漏堵漏钻井液技术研究与应用 …………………………… 张文慧（565）
基于测井资料的孔隙性地层漏失压力模型研究 ……………………… 乐 明 刘文堂（572）
复杂构造气藏裂缝性地层承压堵漏技术 …………………… 张永清 张 阳 闫吉曾（577）
库车坳陷山前超深复杂地层漏失机理研究 …………… 李 宁 李 龙 张 洁 等（583）
超低渗透提高地层承压能力堵漏材料研究及应用 …… 李颖颖 郝惠军 甘 霖 等（589）
高失水固结堵漏技术在顺北油田的应用 ……………… 方俊伟 于 洋 谢海龙 等（597）
自固化热敏树脂凝胶堵漏剂的室内研究 …………………… 冉启华 邓正强 徐 迪（605）
页岩气井微裂缝封堵及承压封堵评价研究 ………………… 冉启华 肖沣峰 张 坤（610）
大情字井油田凝胶封堵承压技术研究与试验 ……………… 白相双 孙奉连 耿靖洲（622）

油气层保护技术

陆相页岩气井水基钻井液储层保护技术研究与应用
…………………………………………………………… 李 伟 申 峰 张文哲 等（631）
双 6 储气库钻井液技术研究与应用 ……………………………… 卢志新 袁长晶（636）
东胜气田基质裂缝型储层钻井储层保护技术研究 ………………… 冯永超 王 翔（645）
可酸溶钻井液储层保护技术在高石 126 井的应用 …… 张 洁 曹 权 姚 霖 等（653）
神木区块致密砂岩气藏储层保护钻井液优选 ………… 张 洁 王双威 李 宁 等（659）
南堡 5 号构造致密火山岩与砂岩气藏相圈闭损害评价分析
…………………………………………………………… 吴晓红 胡勇科 邱元瑞 等（665）

非常规油气钻井液技术研究及应用

微锰（Micromax）在页岩气水平段油基钻井液中应用研究
…………………………………………………………… 武星星 徐同台 王 威 等（675）
肇源油田致密油水平井盐水钻井液应用 ………………………… 李承林 侯砚琢（683）
晋中区块煤层气钻井液技术 ………………………… 刘 冬 李文明 丁海峰 等（690）
2. 0g/cm 以上高密度油基钻井液在西南工区的应用研究
……………………………………………………………… 李晓岚 杨朝光 安建利（696）
中国页岩油气水平井水基钻井液技术现状及发展趋势 ……………… 司西强 王中华（703）
近油基钻井液在江苏页岩油水平井丰页 1H 井的应用
…………………………………………………………… 雷祖猛 司西强 王中华 等（714）
川南页岩气复杂井油基钻井液技术研究与应用 ……… 李文涛 姚如钢 南 旭 等（721）
大牛地气田小井眼环空摩阻计算方法 …………………………………… 闫吉曾（732）
沈北致密油大井眼水平井井壁稳定钻井液技术 ……………………………… 李 刚（738）
阳 101 区块水基钻井液技术 ………………………… 王孝亮 高小芃 张旭广 等（746）

川渝地区无固相完井液与钻井液配伍性研究 ………… 陈　骥　刘　阳　黎　然　等（753）
南川—武隆区块油基钻井液技术 ………………………… 陈　亮　尤德平　陈海银　等（762）
高密度白油基钻井液体系的研究及应用 ………………………………… 陈　才　秦波波（770）
致密油复杂结构水平井井筒润滑技术研究及应用 …… 王立辉　于　洋　甘　霖　等（776）
川南龙马溪组页岩井壁失稳机理及防塌油基钻井液技术
…………………………………………………………………… 张瀚奭　杨　欢　张家旗　等（783）
低黏强封堵油基钻井液在宁 209H19-5 井应用 ……… 杨浩伟　闫丽丽　陈　龙　等（790）

钻井液现场复杂事故处理

渤海蓬莱油田井壁失稳分析和钻井液对策 …………… 董平华　刘海龙　张　磊　等（799）
渤南油田油气压力精确控制技术及应用 ………………………………… 马其浩　张高峰（806）
鲁克沁油田水平井压差卡钻原因分析及探讨 ………… 房炎伟　刘敬礼　王亚超　等（812）
玛湖油田三叠系 ULTRADRILL 钻井液体系应用研究
…………………………………………………………………… 房炎伟　张　雄　余加水　等（816）
钻完井液作业数据治理应用研究 ……………………… 肖　剑　王　伟　马　跃　等（821）
X124-更 30 控压套管井钻井液技术 ………………………… 刘彦勇　李英武　柳洪鹏　等（829）
塔里木油田塔中西部区块井壁失稳分析及钻井液技术对策
…………………………………………………………………… 刘裕双　张　震　张绍俊　等（835）
大湾 4011-2 井侧钻井钻井液技术 ………………………………… 高小芃　朱晓明（843）
顺北 71X 井二叠系防漏堵漏及井壁稳定技术 ………… 谢海龙　连世鑫　何　仲　等（849）

钻井液新技术、新材料、新方法研究与应用

高分子聚合物聚丙烯酸钾的速溶改性研究

房晓伟[1]　房炎伟[2]

（1. 中安联合煤化有限责任公司；2. 西部钻探钻井液分公司）

【摘　要】 制约聚丙烯酸钾水溶性的主要因素是其分散性低于其分子的高吸水性，聚合物颗粒在水中溶解时产生“鱼眼”，阻碍了内部聚合物的溶解过程。在对聚丙烯酸钾溶解机理进行分析后，制定了先对聚丙烯酸钾进行合理级配，之后进行表面钝化改性的速溶改性方案。通过对颗粒进行合理级配，改善分散性，使得细颗粒能够首先溶解，提高溶液初始黏度，较大颗粒悬浮；对级配后的聚丙烯酸钾颗粒进行表面钝化改性，是在非水溶液中使颗粒表面极薄厚度的聚丙烯酸钾发生分子内或分子间的交联反应，增大表面薄层中聚合物的分子量，降低表面薄层聚合物分子的溶解性，延迟颗粒在水中的吸水溶胀过程，避免颗粒溶解时的“鱼眼”现象，达到提高溶解速度。经过速溶改性，聚合物颗粒溶解速度提高了112%，溶液中没有“鱼眼”现象，性能均一；相同浓度的聚丙烯酸钾水溶液，改性产品的表观黏度提高53%；质量鉴定表明速溶改性处理后的聚丙烯酸钾技术指标更优。

【关键词】 聚丙烯酸钾；颗粒级配；表面钝化；速溶

聚丙烯酸钾是一种线型高分子聚合物，产品呈细颗粒状，分子量为300万~500万，在钻井行业的主要作用是絮凝钻井液中的钻屑、劣质土和部分膨润土，抑制泥页岩水化分散[1,2]。聚丙烯酸钾水溶液配制过程中常因溶解速度慢、搅拌不力等原因产生“鱼眼”现象[3,4]，即颗粒表面是初期冻胶而内部却是干芯的大团块，其原因是聚丙烯酸钾在水中的溶解过程经历溶胀和溶解两个阶段[5,6]：首先是聚合物颗粒表面被水分子渗入，发生溶胀而形成胶质层，然后才是胶质层中的高分子聚合物均匀分布在溶剂中。聚丙烯酸钾分子的吸水性极强，在混合不均匀的情况下，会在水中形成分布不均的粉末团，这些团状颗粒表面的分子在水中首先进行分子链的伸展，发生溶胀而在颗粒表面形成一层胶质层，此时分子链并未形成能自由运动的无规线团，胶质层的形成延缓并阻碍水分子向颗粒内部渗透，形成内部干燥外部湿润的胶泡——“鱼眼”，形成“鱼眼”的聚丙烯酸钾颗粒很难溶解。为防止产生“鱼眼”现象，采取延长溶解时间或加大搅拌强度的方法有较大的局限性[7]，聚丙烯酸钾属线性高分子聚合物，如果搅拌强度过高，就会剪断分子链，降低分子量，导致原材料的大量浪费；延长溶解时间同样会由于溶液中或空气中细菌、微生物的存在，导致聚合物分子断链，并且会牺牲工作效率。不完全溶解的聚丙烯酸钾溶液加入到钻井液中非但不能发挥絮凝的作用，反而会因分散性差而使钻井液不能通过振动筛，造成材料浪费和溶液性能不达标。国内学者对聚丙烯酸钾的速溶改性多采用反相乳液共聚合成、接枝/助剂法合成或悬浮分散法[3-5]，存在成本高、难度大，应用不成熟，影响溶解性能等问题。对聚丙烯酸钾进行表面钝化改性是一种微胶囊化处理工艺，使溶质快速分散，工艺简单。

作者简介：房晓伟(1980—)，中安联合煤化有限责任公司，工程师，安徽省淮南市潘集区祁集镇中安联合煤化有限责任公司，联系电话：13004003188，邮箱：250049396@ qq. com。

1 速溶改性的基本原理和方法

聚丙烯酸钾溶解时其表层由四个子层组成[4]：δ_1，流体力学液体层，它包围着运动流体中的每一固体；δ_2，凝聚层，它包括处于类橡胶态的溶胀的聚合物材料；δ_3，固体溶胀层；δ_4，固体渗入层，即充满了溶剂分子的聚合物空隙和沟槽。其中 δ_1 和 δ_2 是最重要的子层，它受液体湍流程度的影响，而湍流程度是与剪切速率大小密切相关的，因此，搅拌剪切速率是影响高分子聚合物溶解的主要外因。另外，固体粒度，即固体颗粒的半径也是影响高分子聚合物溶解的一个重要的外在因素，当溶解速度相同时，粒度越大，溶解时间越长。因此，在搅拌强度一定的情况下，快速均匀提高聚丙烯酸钾颗粒溶解速度可以采取合理级配和表面钝化改性的方法：

1.1 合理级配，减小平均粒度

采用粉碎的方法可以减小聚合物颗粒的平均粒度，同时粉碎产生一定比例的粉末状聚合物，这些粉末状的聚合物粒径小，在水中分散快，能够首先溶解，初步提高溶液的黏度，使较大聚合物颗粒能够在液体中悬浮，减少较大颗粒聚合物之间的聚集结团倾向，使的大颗粒聚合物也可以独立溶胀。

1.2 表面钝化改性

聚丙烯酸钾分子的强吸水性使得颗粒物与水接触后立即发生溶胀，在聚合物颗粒未完全分散的情况下，颗粒物胶质层的高分子聚合物的分子链相互交缠而结块，导致总体溶解性能下降。采用表面钝化改性[6-7]的方法可以使聚合物颗粒的表面层发生一定程度的“钝化”，是采用钝化处理剂在非水溶液中在适当反应条件下，使聚丙烯酸钾颗粒表面层中的高分子聚合物发生一定程度的交联，增大分子量，降低聚合物颗粒表面分子的吸水能力，推迟聚合物颗粒表面 δ_1 和 δ_2 子层的形成时间，使得聚合物颗粒在搅拌的作用下首先能够在水中均匀分散，分散后的聚合物颗粒再发生溶胀、溶解，形成性能均一的胶体溶液。表面改性只引起10~0.1nm 厚的表面层的物理化学变化，几乎不影响聚丙烯酸钾的材料质量。

2 样品性能测试方法

2.1 溶解速度实验

图 1 是测定聚丙烯酸钾溶解速度的示意图，水浴温度为 20℃，电磁搅拌器以 200r/min 的定速旋转，烧杯中加入 400mL 的水，一次性加入 2g 聚丙烯酸钾后，试样在水中逐渐解离成离子，随其不断溶解，溶液的电导值不断增大，当聚丙烯酸钾全部溶解后，电导值恒定。电导值达到恒定值所需的时间，为试样的溶解时间。

2.2 黏度测定

用 ZNN-D6S 型六速旋转黏度仪，测定 0.25%聚合物水溶液，25℃条件下的黏度，用此方法可以评价聚合物改性处理前后溶液黏度的变化情况。

2.3 粒度分析

将定量的粉状聚丙烯酸钾试样，在规定时间内经机械振摆进行干筛，从通过不同规格的筛网，求取不同粒度的粉末在试样总量中所占的百分比。

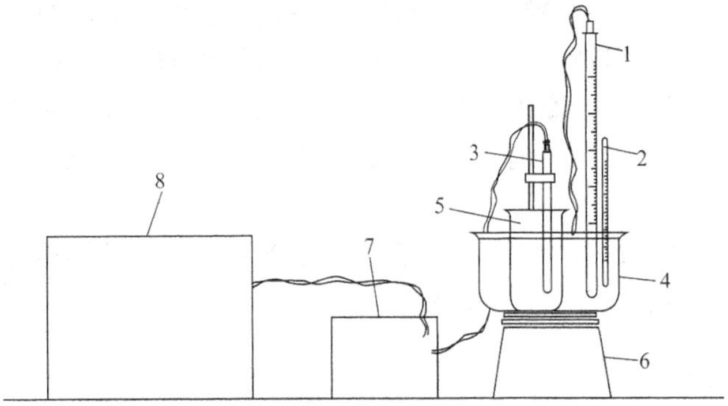

图 1　溶解速度测定方法示意图

1—贝克曼温度计；2—水银温度计；3—玻璃电极；4—水浴；
5—烧杯(样品)；6—电磁搅拌器；7—电导测定仪；8—水浴控温仪

3　颗粒级配研究

聚丙烯酸钾颗粒的粉碎程度和颗粒级配是影响聚合物溶解速度的重要因素[8-10]，减小聚合物颗粒的平均粒度可以提高溶解速度，但是细小粉末聚合物比例过高，会使聚合物初期黏度增大，较大颗粒的分散性变差，而容易产生包团，造成溶解性下降，并且可能会对改性聚合物的交联性和其他性能有不利影响。

在实验中对不同粒度分布的聚丙烯酸钾颗粒的溶解性能进行对比，首先将原聚丙烯酸钾颗粒通过筛网，筛出粗于 50 目和细于 50 目的颗粒，使粗于 50 目和细于 50 目颗粒与原聚合物进行不同的配比，测定不同聚丙烯酸钾颗粒级配的溶解速度，观察溶解过程中聚合物颗粒的分散性和悬浮性，根据实验结果将聚合物颗粒的溶解性、分散性和悬浮性分为 5 级，级数越高性能越低，实验结果见表 1。

表 1　聚丙烯酸钾粒度级配实验效果

序号	原聚合物比例	粗于 50 目比例	细于 50 目比例	溶解性	分散性	悬浮性
1	100%	0%	0%	Ⅱ	Ⅲ	Ⅲ
2	10%	20%	70%	Ⅲ	Ⅳ	Ⅱ
3	10%	30%	60%	Ⅱ	Ⅲ	Ⅰ
4	10%	40%	50%	Ⅰ	Ⅱ	Ⅰ
5	10%	50%	40%	Ⅰ	Ⅰ	Ⅰ
6	10%	60%	30%	Ⅱ	Ⅰ	Ⅱ
7	10%	70%	20%	Ⅱ	Ⅲ	Ⅱ
8	0%	35%	65%	Ⅲ	Ⅲ	Ⅰ
9	5%	20%	75%	Ⅲ	Ⅳ	Ⅰ
10	5%	25%	70%	Ⅲ	Ⅲ	Ⅰ
11	15%	20%	65%	Ⅱ	Ⅲ	Ⅱ
12	20%	20%	60%	Ⅱ	Ⅱ	Ⅱ

从溶解性试验可以看出不同粒度分布的聚合物颗粒溶解性能相差极大：增加细颗粒含量可以较大改善悬浮性，但细颗粒含量过高时则对分散性有较大影响。当原聚合物比例为10%时，细于50目比例60%，液体黏度增加较快，聚合物颗粒溶解时有“鱼眼”产生，在水中呈悬浮状；细于50目比例40%时，液体黏度增加较快，聚合物颗粒有少量结团现象，但能迅速分散，溶解性能较好。

从实验数据可以确定聚丙烯酸钾的合理粒度级配范围为：原聚合物比例为约10%，粗于50目颗粒比例为50%，细于50目比例为40%。

4 表面钝化改性研究

聚丙烯酸钾的表面钝化改性[6]是在非水溶液状态下，应用交联剂使聚合物颗粒表面层中的高分子聚合物发生适度的交联，增大聚合物表面层分子量，从而降低表面层高分子聚合物的溶解性能，显著改善聚合物颗粒的分散性，以提高溶解速度。

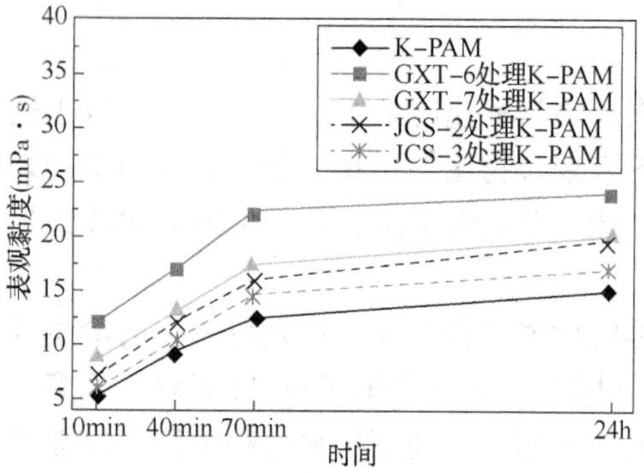

图2 不同改性剂处理的K-PAM溶解性能图

样品制备：实验以乙醇为溶剂，分别用GXT-6、GXT-7、JCS-2、JCS-3改性剂对合理级配后的聚丙烯酸钾进行改性，筛选改性剂。将500mL乙醇装入1000mL的烧杯，放入60℃的水浴中，电磁搅拌器以200r/min的定速旋转，在乙醇中加入30%改性剂，溶解均匀后，加入200g级配后的样品，反应5h后过滤出样品，用乙醇溶剂清洗干净后，过滤并干燥。经过改性之后聚丙烯酸钾的溶解性能如图2所示。

经过四种改性剂改性后聚丙烯酸钾的溶解性能都有一定提高，其中GXT-6处理过的聚丙烯酸钾的溶解性能最好。与未处理过的聚丙烯酸钾相比，在溶解10min时，经GXT-6处理后的表观黏度增加126%，在溶解24h后，经GXT-6处理后的表观黏度由15 mPa·s增大到23 mPa·s，增加了53%；溶解过程中，聚丙烯酸钾颗粒迅速分散开，不发生团聚现象，全部溶解后液体性能均匀。

5 速溶改性后产品性能研究

经过颗粒级配和表面钝化改性的聚丙烯酸钾与原样相比，溶解性能得到了较大提高，图3和图4是聚丙烯酸钾原样与改性后样品的溶解速度测定记录图。

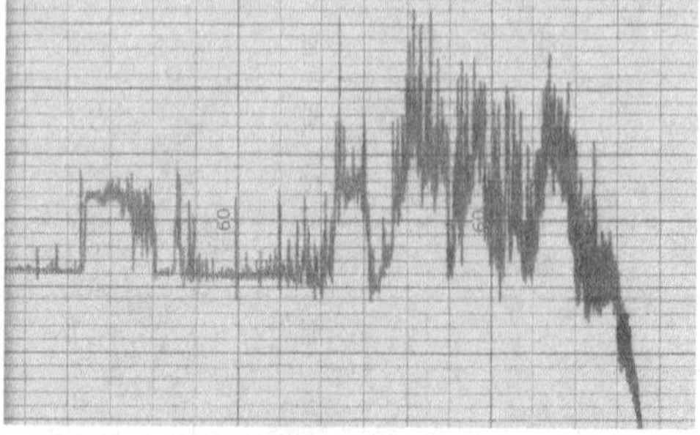

图3 K-PAM原样的溶解速度记录图

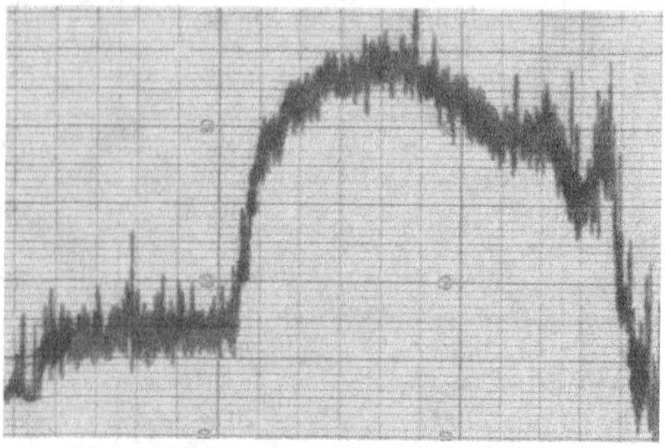

图4 改性K-PAM的溶解速度记录图

从样品溶解速度实验可知：速溶改性处理后样品的溶解时间(电导值达到恒定所需时间)为16.5min，原样的溶解时间为35.0min；改性后样品的测定曲线更光滑，表明改性样品的溶液比原样溶液更加均匀；全部溶解后，改性后样品的电导值更高，证明改性样品比原样溶解得更彻底、完全。

表2是速溶改性处理后聚丙烯酸钾样品与原样的质量技术指标，从表中可以看出：速溶改性后样品的各项技术指标均合格，速溶改性后样品的特性黏数和岩心线膨胀降低率指标好于原样的技术指标，这也说明速溶改性处理后聚丙烯酸钾的溶解性增强，溶液中的有效浓度得到提高。

表2　改性样与原样的质量指标

项目	指标	原样测定值	改性样测定值
筛余量(%)	≤10.0	5.0	4.5
水分(%)	≤10.0	2.0	2.0
纯度(%)	≥75.0	75.5	75.5
水解度(%)	27.0~35.0	31.0	31.0
钾含量(%)	≥11.0	14.0	14.0
氯离子含量(%)	≤7.0	4.0	4.0
特性黏数(100mL/g)	≥6.0	7.0	9.0
线膨胀降低率(%)	≥40.0	42.0	46.0

6　结论

(1) 对聚丙烯酸钾进行颗粒级配和表面钝化改性都能提高样品的溶解性能，经颗粒级配和表面钝化改性工艺处理后聚丙烯酸钾溶解速度得到大幅提高，溶液性能均一，不出现“鱼眼”现象。

(2) 聚丙烯酸钾合理的颗粒级配为：原聚合物比例为约10%，粗于50目颗粒比例为50%，细于50目比例为40%。

(3) GXT-6对聚丙烯酸钾的表面钝化改性效果最佳，速溶改性后的样品完全溶解后表观黏度可提高53%。

参考文献

[1] 司西强，王中华，王伟亮．龙马溪页岩气钻井用高性能水基钻井液的研究[J]．能源化工，2016，37(5)：41-46.

[2] 房炎伟，杨佳伟，马玉梁，等．三塘湖油田微泡沫防漏钻井液技术研究与应用[J]．石油与天然气化工，2016，45(4)：51-58.

[3] 冯志强，辛伟，徐鹏，等．三次采油用速溶性超高分子量聚丙烯酰胺的合成[J]．长江大学学报，2005，2(4)：208-211.

[4] 孙群哲，宋华，李峰，等．三元驱油用磺化聚丙烯酰胺的合成与性能研究[J]．化学工业与工程技术，2014，35(3)：41-44.

[5] 荆国林，张敏，张秀婷．部分水解聚丙烯酰胺在土壤上静态吸附的研究[J]．化学工业与工程技术，2013，34(3)：32-36.

[6] 刘立宏，王娟娟，高春华．多元改性速溶胍胶压裂液研究与应用[J]．石油钻探技术，2015，43(3)：116-119.
[7] 张学佳，纪巍，康志军，等．聚丙烯酰胺的特性及应用[J]．化学工业与工程技术，2008，29(5)：45-49.
[8] 蒋昊琳，王顺武，杨明全，等．羧甲基羟丙基胍胶的制备及其水溶液的流变特性研究[J]．能源化工，2016，37(4)：32-36.
[9] 李锋，蒋珊珊，王克亮，等．三元磺化改性聚丙烯酰胺对模拟采出液乳化稳定性的影响[J]．能源化工，2018，39(1)：57-61.
[10] 宋阳，吴雪平，韩效钊，等．凸凹棒石/聚丙烯酸钾包膜材料的制备与性能研究[J]．化工新型材料，2011，39(5)：121-123.

硅酸镁铝抗高温稳泡剂的研究及在地热井中的应用

杨丽丽　王腾达　孔德昌　蒋官澄　谢春林　敖　天　何现波

(中国石油大学(北京)石油工程学院；中国石油大学石油工程教育部重点实验室)

【摘　要】 高温地热井具有压力系数低、地层温度高等特点，很容易因为压力控制不当导致漏失发生。抗高温泡沫钻井液由于密度低，在钻进这类地层中具有巨大优势。为制备抗高温泡沫钻井液，本文系统研究了纳米镁硅酸铝(NMAS)和微米镁硅酸铝(MMAS)颗粒与钠膨润土(Na-Bent)耐高温泡沫性能。实验结果表明，NMAS在320℃老化16h后依然具有出色的泡沫稳定作用，仍可将泡沫半衰期($T_{0.5}$)延长至9.78h，而MMAS和Na-Bent延长时间分别为45.52min和13.78min。在抗盐钙污染方面，即使仅添加1.0%的NaCl或0.1%的$CaCl_2$，依然使Na-Bent稳定泡沫的发泡体积(V_0)大幅下降。相比之下，NMAS和MMAS稳定的泡沫钻井液的V_0对NaCl和$CaCl_2$相对不敏感，可抗3.0%和0.2%的钙盐。实验还发现升高温度可以影响黏土在水中的分散情况，进而影响到表观黏度、界面黏弹性膨胀模量、泡沫膜厚度以及最终的排水半衰期($T_{0.5}$)和发泡体积等参数。这项研究不仅为在各种高温条件下使用黏土矿物作为泡沫稳定剂提供了指南，而且我们还制备了出色的耐高温泡沫稳定剂NMAS，即使在高达320℃的温度下也能具有优异的泡沫稳定性能。

【关键词】 泡沫；泡沫稳定剂；硅酸镁铝；钠膨润土；高温

地热能是一种环境友好的可再生资源。由于巨大的经济潜力和广阔的应用前景，地热能在全世界引起了广泛的关注[1]。2015年地热能贡献了约592638TJ(164635 GW·h)的能量，比2010年增加了约40%，年均增长率为6.9%[2]。对于小于150℃的中低温地热资源，由于当前的设备和技术原因，无法对其实现有效的利用[3]。而大于150℃的高温地热资源可以用于发电，这不仅可以满足多样化的需求，带来可观的经济效益，而且还可以使用常规方法避免环境污染[4]。尽管温度较高的地热资源因其巨大的潜力而更具吸引力，但是在钻井过程中也面临着更多的困难。为了建造安全有效的高温地热井，应严格根据地热井的特点设计钻井液。

地热资源中异常低的地层压力很容易导致钻井液严重泄漏，因此需要格外注意。为了解决这个问题，泡沫钻探流体由于具有密度低和Jamin效应等特点，已被用于一些地热井的钻井中[5]。然而，从热力学和动力学的角度来看，泡沫属于不稳定体系，高温和高压条件更会加剧这种情况，这对于安全有效的钻井是不利的[6]。因此，有必要引入泡沫稳定剂以增强高温条件下的泡沫稳定性。当前，泡沫稳定剂主要由表面活性剂组成，例如N，N-二甲基十二烷基胺-N-氧化物和聚合物、聚丙烯酰胺、羧甲基纤维素和羟乙基纤维素[7]。但是，随着温度的升高，有机物质不可避免地会发生热分解，当温度升至180℃以上时，有机物可能会完全分解。因此，有必要开发可用于高温地热井的新型耐高

作者简介：杨丽丽，中国石油大学(北京)副教授。地址：北京市昌平区府学路18号；电话：13716147596；E-mail：yangll@cup.edu.cn。

温泡沫稳定剂。

近年来，固体颗粒被广泛研究用作泡沫稳定剂，如我们课题组研究的 Janus 颗粒在 280℃热滚 16h 后，可将泡沫半衰期（$T_{0.5}$）延长至 668s，并能抵抗浓度为 0.8%的 $CaCl_2$[8]。因此，固体颗粒有望作为高温条件下的泡沫稳定剂。钠基膨润土（Na-Bent）是一种天然膨润土，主要由蒙脱石组成，被广泛用作水基钻井液的基础材料，此外，Na-Bent 在室温下能提高基础流体的表观黏度（*AV*）和界面膨胀模量，有利于减缓失水和聚结过程。因此，蒙脱石是一种很好的泡沫稳定剂，但其高温稳定性还未得到相关研究。纳米镁硅酸铝（NMAS）和微米镁硅酸铝（MMAS）基本结构由镁氧或铝氧八面体片和两侧的硅氧四面体片组成[9]，类似于 Na-Bent，属于（2∶1）层状硅酸盐类。据报道，NMAS 是一种高性能的流变改性剂，与 Na-Bent 相比具有更好的剪切稀化性能、更高的凝胶强度和更强的凝胶结构恢复能力[10]。在这里，我们将 Na-Bent、NMAS 和 MMAS 三者进行对比，研究了它们在抗高温稳泡性能方面的可能性。

1 实验部分

1.1 材料

纳米镁硅酸铝（NMAS），中国广州盛鑫化工科技有限公司；微镁硅酸铝（MMAS），湖南鹏泰科技有限公司；钠膨润土（Na-Bent），Alfa Aesar（中国上海）；阴离子发泡剂 AD300，山东奥达石化有限公司。所有的化学物质都是直接使用的，没有进一步纯化。

1.2 NMAS，MMAS 和 Na-Bent 的表征

分别采用 X 射线荧光法（XRF）（AxiosmAX，荷兰）和 X 射线衍射（XRD）（德国 Bruker D8 Advance）对 NMAS、MMAS 和 Na-Bent 的化学成分和矿物成分进行分析。采用热重分析法（TGA）（PE-Pyris 1）对其热稳定性进行分析。

采用 CPZ-2 型双通道线性膨胀仪（青岛同春）对 NMAS、MMAS 和 Na-Bent 的膨胀性能进行了评价。在 10MPa 压力下将 5g 粉末压 5min。然后，将压完的固体放置在仪器上，并添加 25mL 去离子（DI）水以浸没固体，记录 24h 膨胀高度的变化。

NMAS 的尺寸分布是由 Malvern-Zetasizer 纳米系列（Malvern，英国）测量的，而 MMAS 和 Na-Bent 的尺寸分布是在 Mastersizer 2000 分析仪（Malvern，英国）上测量的。所有样品均在去离子水（DI）中均匀分散 24h，并在测量前再次超声分散 30min。

使用 Malvern Zetasizer Nano 系列（Malvern，英国）测量水中 NMAS，MMAS 和 Na-Bent 的 ζ 电位。所有样品的浓度为 0.3g/L。在测量之前，通过超声分散法制备所有样品。

通过 Leica DM4M 光学显微镜（德国 Leica Microsystems）和 F20 透射电子显微镜（TEM）（FEI Corporation，美国）观察 NMAS，MMAS 和 Na-Bent 颗粒分散在水中的微观结构。

1.3 NMAS，MMAS 和 Na-Bent 基液的制备

在室温下，将粉末以 600r/min 的机械搅拌方式分散到去离子水中 24h，制备出浓度分别为 1.5%、3.0%和 3.0%的 NMAS、MMAS 和 Na-Bent 的分散液。在完全分散后，向每个悬浮液中添加 0.6%的 AD300。此后，将混合物分散液命名为 NMAS、MMAS 和 Na-Bent 基液，并在以下实验中进行研究。

为了模拟高温环境，采用老化试验研究了高温对基液性能的影响。根据美国石油学会（API）指南，将 350mL NMAS、MMAS 和 Na-Bent 基液分别倒入老化槽（中国拓创仪器公司）

中，然后一定温度(25℃、80℃、120℃、140℃、160℃、200℃、240℃、280℃、300℃或320℃)下在滚子加热炉中保温16h。冷却后，得到老化基液。

1.4 NMAS、MMAS和Na-Bent在不同温度下老化前后的起泡性能和泡沫稳定性

通过Waring blender方法如下测试泡沫。将100mL基液在11000r/min下剧烈搅拌1min。搅拌后，制备泡沫并在10s内快速倒入量筒中。记录V_0和$T_{0.5}$，分别描述起泡能力和泡沫稳定性。

将约100μL由NMAS、MMAS和Na-Bent稳定的泡沫喷洒在载玻片上，并用盖玻片轻轻覆盖。然后，用上述光学显微镜进行观察，并用Leica DM4M电子倍增CCD相机(Leica Microsystems，德国)拍摄显微照片。

流变实验：用ZNND6L旋转黏度计(中国青岛)测量基础流体的流变特性。旋转黏度计的固定速度为600r/min、300r/min、200r/min、100r/min、6r/min和3r/min。计算表观黏度(AV)、塑性黏度(PV)、屈服点(YP)和Gel_{10s}。

界面张力和界面黏弹性由全自动界面流变仪(Tracker-H，TECLIS，法国)在相对体积变化为10%和正弦振荡频率为0.1Hz的条件下确定的。

1.5 NMAS，MMAS和Na-Bent在320℃老化后作为泡沫稳定剂的性能

1.5.1 泡沫的稳定性

在320℃老化后，以11000r/min搅拌100mL基液1min以制备泡沫。然后通过光学显微镜观察气泡随时间的歧化和聚结。另外，将泡沫倒入量筒中以观察失水和塌陷。

1.5.2 耐盐性评估

在320℃老化后，以11000r/min搅拌100mL基液1min以制备泡沫。然后，将不同浓度的NaCl和$CaCl_2$分别加入泡沫中，以11000r/min再次搅拌1min。然后按上述方法记录V_0和$T_{0.5}$。

2 结果与讨论

2.1 NMAS，MMAS和Na-Bent的表征

为了全面了解NMAS，MMAS和Na-Bent，首先对矿物和化学成分进行了表征。根据XRD定量分析(表1)，NMAS含有98.8%的蒙脱石和1.2%的石英。MMAS主要由52.9%的蒙脱石和27.8%的斜长石组成。在本研究中，Na-Bent的成分包括75.1%的蒙脱石和8.8%的石英。因此，NMAS比MMAS和Na-Bent具有更多的蒙脱石。此外，XRF的结果显示，Na-Bent，MMAS和NMAS中分别存在3.34%、3.78%和26.09%的MgO(表2)，这是因为皂石矿物含量的不同。Na-Bent和MMAS的皂石比例相似，远低于NMAS。与蒙脱石相比，由于较低的硬度和出色的解理作用，皂石更容易产生纳米级尺寸。

表1 矿物分析结果(%)

泡沫稳定剂	蒙皂石	石英	钾长石	斜长石	方解石	白云石	菱镁矿	赤铁矿	硬石膏
NMAS	98.8	1.2	—	—	—	—	—	—	—
MMAS	52.9	7.4	6.4	27.8	2.9	1.8	0.8	—	—
Na-Bent	75.1	8.8	5.0	—	5.0	5.1	1.0	—	—

表 2　化学成分分析结果(%)

泡沫稳定剂	SiO_2	Na_2O	Al_2O_3	MgO	CaO	Fe_2O_3	SO_3	K_2O	P_2O_5	TiO_2	LOI
NMAS	61.03	3.01	0.34	26.09	0.04	0.04	0.33	—	0.01	—	7.85
MMAS	67.59	3.44	14.22	3.78	0.42	1.07	0.02	1.51	0.02	—	7.68
Na-Bent	58.69	4.20	16.98	3.34	0.86	4.60	0.40	0.70	0.19	0.54	9.26

如图 1(a)所示，MMAS 和 Na-Bent 的膨胀百分比曲线显示出相似的趋势，而 NMAS 在初期快速上升。24h 后，NMAS 颗粒的膨胀率增加到 164.25%，MMAS 和 Na-Bent 的膨胀率分别达到 127.50%和 140.75%。因此，NMAS 在水中表现出最强的膨胀性能，从而推断出其具有最佳的持水能力，有助于延缓泡沫析液。

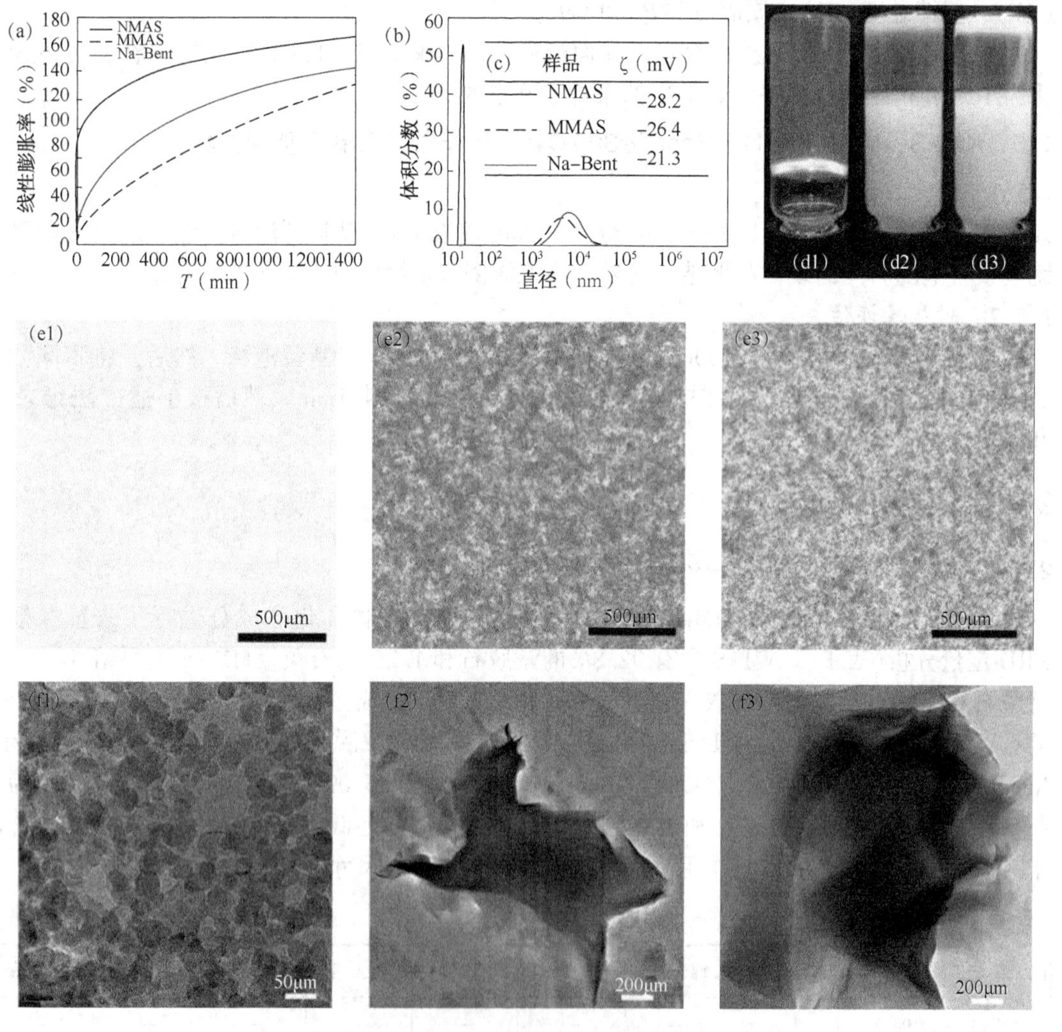

图 1　NMAS、MMAS 和 Na-Bent 颗粒微观性质

(a)线性膨胀；(b) 粒度分布；(c) ζ 电位；(d)基液照片；(e)光学显微镜照片；(f)TEM 照片

当分散在水中时，大多数黏土矿物通常会形成板状颗粒。悬浮液的特性(例如粒度分布和 ζ 电位)对于整体性能非常重要。NMAS 的平均粒径(d_{50})为 19.7nm，远小于 MMAS

(4.2μm)和 Na-Bent(4.6μm)的平均粒径[图 1(b)]。在光学显微镜图像和透射电镜图像中也可以观察到这一点[图 1(e1-e3)]。由于片层结构的面带负电而端面带正电，这些片层结构在静电相互作用下会在整个分散过程中产生类似于卡片宫式的三维网络结构。如图 1(c)所示，NMAS，MMAS 和 Na-Bent 的 ζ 电位分别为-28.2mV、-26.4mV 和-21.3mV。ζ 电位越高，表示面与面之间的静电排斥力越大，这样的颗粒更容易通过静电吸引作用形成三维网络结构。显然，NMAS 最容易形成三维网络结构并表现出触变性。3.0%的 NMAS 悬浮液在倒置后仍可形成凝胶，并仍保持在瓶底，而 3.0%的 MMAS 和 Na-Bent 悬浮液则无法实现。

2.2 NMAS，MMAS 和 Na-Bent 在不同温度下老化前后稳定泡沫的能力

我们评估了在不同温度下老化前后，NMAS，MMAS 和 Na-Bent 对泡沫稳定的性能。首先，选择高温稳定的阴离子表面活性剂 AD300 作为发泡剂。AD300 的临界胶束浓度(CMC)为 0.35%[图 2(a)]。由于表面活性剂分子在黏土表面上的吸附和亲水性黏土在液相中悬浮的趋势，因此需要高于 CMC 的浓度才能形成良好的稳定泡沫。因此，对于所有以下实验，确定 AD300 为 0.6%的浓度。NMAS 稳定泡沫的 V_0降低，而 $T_{0.5}$随着 NMAS 浓度从 1.0%增加到 3.0%[图 2(b)]。与之前的研究类似，稳定剂对起泡能力和泡沫稳定性有相反的影响。当 NMAS 的浓度超过 2.0%，相应的 V_0小于 400mL 时，基液很难产生泡沫，当 NMAS 的浓度过高时，基液很容易形成三维网络结构，阻碍了泡沫的形成。因此，将 NMAS 的浓度调整为 1.5%，与含有 3.0% MMAS 和 Na-Bent 的基液比较泡沫稳定性能。结合矿物成分分析结果，蒙脱石在 NMAS 基液中的含量最低(1.48%)，在 Na-Bent 基液中的含量最高(2.25%)，而在 MMAS 基液中的含量为(1.59%)。

随后，分别在 25、80、120、140、160、200、240、280、300 和 320℃下老化 16h，将基液的发泡能力和泡沫稳定性与 0.6% AD300 发泡液进行比较。对照液的 V_0随温度的升高而缓慢降低，且始终大于 590mL，当热滚温度从 25℃升高到 160℃时，NMAS 基液的 V_0从 425mL 下降到 35mL，然后开始随着温度的升高而增加[图 2(c)]。同样，当热滚温度从 25℃增加到 240℃时，MMAS 基液的 V_0从 510mL 减少到 375mL，然后当热滚温度高于 240℃时继续增加。但是，在 Na-Bent 基液的 V_0与温度的关系曲线上，在 140℃和 280℃处分别出现两个拐点。温度对加入 Na-Bent、MMAS 和 NMAS 的基液起泡能力的影响不同，可供高温井钻井时参考。此外，MMAS 基液的 V_0远大于 Na-Bent 和 NMAS 基液的 V_0，表明当热滚温度低于 200℃时 MMAS 基液具有更好的发泡能力。当热滚温度升至 320℃时，情况相反，NMAS 基液有最大的 V_0，而 MMAS 基液拥有最小的 V_0。相应地，泡沫质量的趋势与 V_0相似。由于泡沫质量较低，球形气泡往往会在 NMAS 稳定的泡沫中出现。因此，颗粒的加入会降低发泡能力。发泡能力的差异可能与基液的表面张力和 *AV* 有关，它们共同决定了相同搅拌条件下的发泡效率。

在半衰期方面，AD300 发泡液的 $T_{0.5}$始终在 7min 左右。随着热滚温度从 25℃上升到 160℃，NMAS 稳定泡沫的 $T_{0.5}$从 189min 迅速增加到 1105min，然后 $T_{0.5}$在 320℃急剧下降到 586min，MMAS 稳定泡沫的 $T_{0.5}$随着热滚温度的升高而缓慢上升，在 240℃时达到 211min 的最大值，随后下降，与 Na-Bent 的 $T_{0.5}$温度曲线呈现波动特点。具体而言，Na-Bent 稳定泡沫的 $T_{0.5}$分别在 140℃和 280℃时达到两个峰值，在 200℃时有一个峰谷[图 2(d)]。显然，在所有温度下，NMAS 与 MMAS 和 Na-Bent 相比，都表现出出色的泡沫稳定性能。此外，NMAS 的泡沫稳定性能远好于其他人报道的 5% Na-Bent。

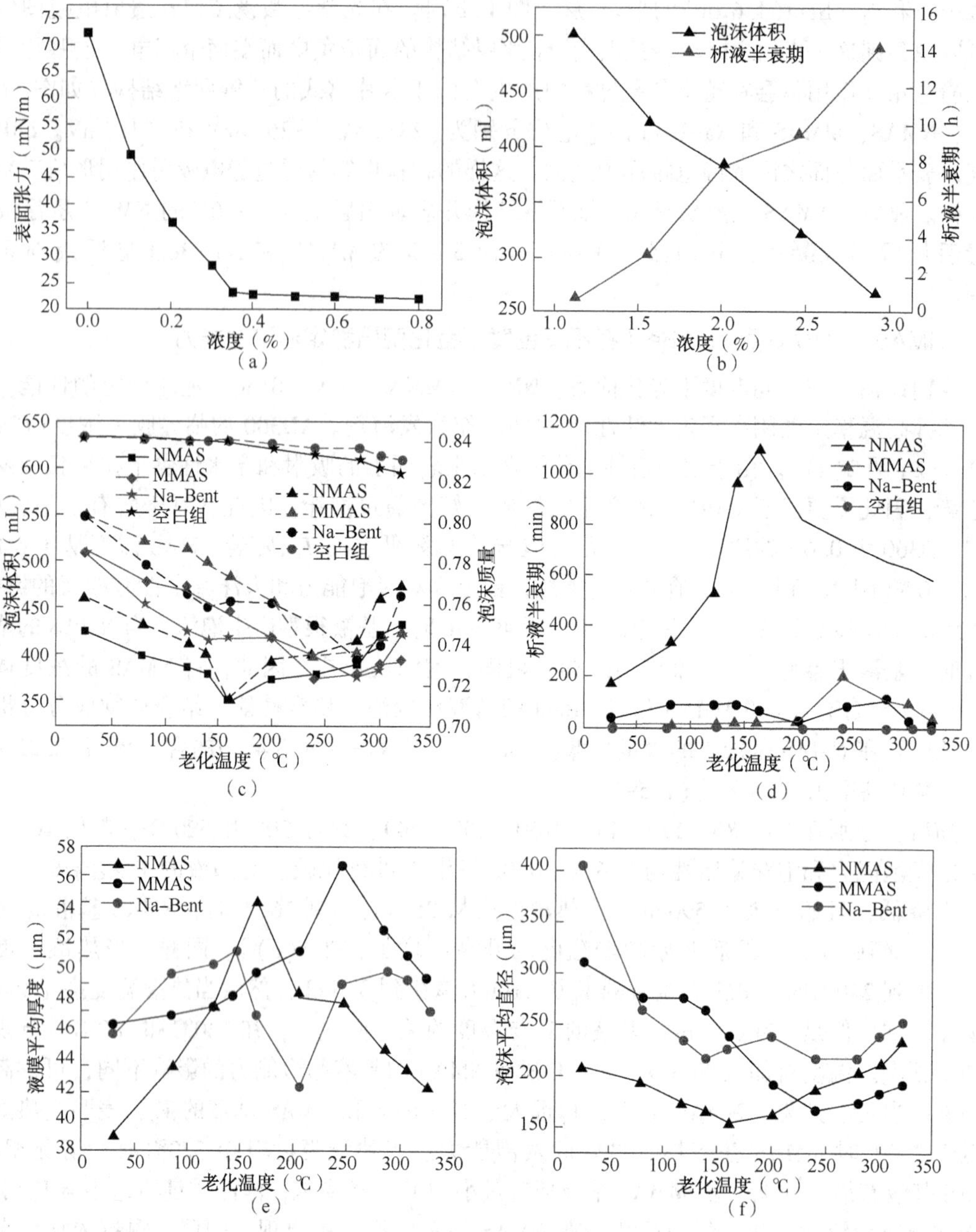

图 2　发泡及稳泡能力比较

(a) AD300 溶液在 0 至 0.8%范围内的各种浓度下的表面张力；(b) NMAS 稳定泡沫的 V_0 和 $T_{0.5}$，浓度范围为 1.0 至 3.0%；(c) V_0 和泡沫质量；(d) $T_{0.5}$；(e) 平均膜厚度；(f) 分别在 25℃、80℃、120℃、140℃、160℃、200℃、240℃、280℃、300℃和 320℃老化后的 NMAS，MMAS 和 Na-Bent 稳定泡沫的平均气泡直径

膜的厚度和气泡直径是泡沫的基本特征。通过分析显微照片，平均薄膜厚度和气泡尺寸分别如图 2(e) 和图 2(f) 所示。随着热滚温度升高到 160℃，然后逐渐降低，NMAS 稳定气泡的平均膜厚急剧增加。随着热滚温度升高到 160℃，MMAS 稳定气泡的平均膜厚缓慢增加，并在 240℃达到最大值再逐渐下降。与上述泡沫不同，Na-Bent 稳定气泡的平均膜厚度分别在 140 和 280℃达到峰值，在此温度范围内，最小厚度出现在 200℃。平均膜厚的变化趋势

与 $T_{0.5}$非常相似，表明膜厚与 $T_{0.5}$之间存在正相关关系，在液体排出和空气渗透的情况下，厚膜可以防止或减缓泡沫破裂。因此，较厚的薄膜有利于减慢液体排放和空气渗透的过程，泡沫的歧化和聚结将大大减轻，并且泡沫变得相当稳定。

当热滚温度从 25℃升高到 160℃时，NMAS 稳定气泡的平均直径不断减小，然后随着温度的升高而开始增大[图 2(f)]。随着热滚温度从 25℃升高到 280℃，MMAS 稳定气泡的平均直径逐渐减小，并在 80～120℃处达到平稳，当温度超过 280℃时，平均直径逐渐增大，最大平均直径出现在 25℃时。80℃时平均气泡直径从 406μm 迅速减小到 263μm，然后在 140℃和 280℃出现平均直径极小值，在 200℃有极大值。平均气泡直径的变化可能与基液的表面张力和黏度有关，因为这是发泡过程中的两个关键因素。

2.3 机理分析

2.3.1 基液的表征

基液的性质对泡沫的 V_0和 $T_{0.5}$具有决定性的影响。因此，我们研究了基液的表面张力、*AV*、界面膨胀黏弹性模量和粒度分布。添加了 NMAS，MMAS 和 Na-Bent 的基液的表面张力开始时略有下降，然后随温度的升高而略有增加，我们注意到起泡能力和泡沫稳定性随温度的升高而显著变化[图 3(a)]。因此，温度对起泡能力的影响不归因于表面张力。

基液的流变特性在起泡能力和泡沫稳定性中也起着重要作用。随着热滚温度升高到 160℃，NMAS 基液的 *AV* 值从 9.25 逐渐升高到 13.5mPa・s，然后随着温度的升高而降低[图 3(b)和表 3]。它与泡沫的 V_0具有完全相反的趋势。对于 MMAS 和 Na-Bent 基液也发现了类似的现象。一般认为，增加的 *AV* 会阻碍表面活性剂分子向水或空气界面的迁移并降低发泡效率，导致平均气泡直径和 V_0减小。进一步研究 *PV*，*YP* 和 Gel_{10s}(表 3)。在这项研究中，随着温度的升高，*PV* 与 *AV* 具有相似的趋势。但是，*YP* 不规则地变化并且随着温度的升高而降低，这表明初始的凝胶结构已被破坏。从结果还可以看出，热老化后所有的 Gel_{10s}都接近 0。因此，NMAS，MMAS 和 Na-Bent 颗粒的主要作用之一是改变基液的流变特性。因此，推测温度对流变性能、泡沫稳定性和起泡能力的影响是蒙脱石颗粒水化膨胀、脱水、聚集和分散的结果，而蒙脱石颗粒的水合作用受温度影响。

表 3 各基液老化后的流变性能

配方	老化温度(℃)	表观黏度(mPa・s)	塑性黏度(mPa・s)	动切力(Pa)	10s 凝胶强度(Pa)
0.6 wt% AD300+1.5 wt% NMAS	25	9.25	7.5	1.75	1.5
	80	11	8	3	1.25
	120	12	11	1	0
	140	13	12	1	0
	160	13.5	12	1.5	0
	200	11	10.5	0.5	0
	240	9.75	10	0	0
	280	9	9	0	0
	300	8.25	9	0	0
	320	6.5	8	0	0

续表

配方	老化温度(℃)	表观黏度(mPa·s)	塑性黏度(mPa·s)	动切力(Pa)	10s 凝胶强度(Pa)
0.6 wt% AD300+3.0 wt% MMAS	25	4	2	2	1.5
	80	5.5	5	0.5	0
	120	6	5.5	0.5	0
	140	7	7	0	0
	160	8.5	7	1.5	0
	200	12.5	10	2	0
	240	21	20	1	0
	280	17.5	17	0.5	0
	300	11	10	1	0
	320	7	7	0	0
0.6 wt% AD300+3.0 wt% Na-Bent	25	2	3	0	0
	80	9	8	1	0
	120	10	9	1	0
	140	11.5	10	0.5	0
	160	10	9	1	0
	200	9.5	9	0.5	0
	240	10.5	10	0.5	0
	280	11	11	0	0
	300	7.5	7	0.5	0
	320	3.5	4	0	0

泡沫的稳定性基本上源于液膜的稳定性。近年来，界面膨胀黏弹性模量已被用来表征液膜的抵抗能力和自我修复能力。界面膨胀黏弹性模量越大，液膜将具有越强的抵抗力和自我修复能力。随着热滚温度从 25℃ 升高到 160℃，NMAS 基液的界面膨胀黏弹性模量从 2.8mN/m 急剧增加到 13.9mN/m，然后随着温度的升高而降低。尽管温度高达 320℃，但仍保持在 3.5mN/m[图 3(c)]。相比之下，温度对 MMAS 和 Na-Bent 基液的界面膨胀黏弹性模量没有显著影响。详细地说，MMAS 基液的界面膨胀黏弹性模量在 240℃之前逐渐增加，然后缓慢下降，最大值为 2.9mN/m，而 Na-Bent 液的界面膨胀黏弹性模量在 140℃之前随热滚温度升高而增大，在 140~200℃内逐渐下降，然后在 200℃以后又开始上升，到 280℃时上升到 2.6mN/m，然后再下降。可见，在任何温度下，NMAS 基液的界面膨胀黏弹性模量都远高于 MMAS 和 Na-Bent 基液。当热滚温度低于 160℃时，MMAS 基液的界面膨胀黏弹性模量低于 Na-Bent 基液，而当热滚温度高于 160℃时，MMAS 基液的界面膨胀黏弹性模量反而高于 Na-Bent 基液。显然，温度对界面膨胀黏弹性模量的影响与 $T_{0.5}$ 有相同的趋势[图 3(c)和图 2(d)]。结果表明，界面膨胀黏弹性模量越大的泡沫具有更好的稳定性。虽然 AV 对泡沫稳定性有一定的积极影响，但考虑到界面膨胀黏弹性模量与 $T_{0.5}$ 的匹配趋势，可以得出界

面膨胀黏弹性模量是泡沫稳定性随温度升高而升高的决定性因素的结论。由于 NMAS 颗粒的纳米尺寸，NMAS 颗粒的聚集比 MMAS 和 Na-Bent 颗粒的聚集具有更大的粗糙度，这阻碍了发泡剂分子的运动。当界面面积改变时，没有足够的时间使 NMAS 稳定的泡沫恢复张力梯度。结果，较大的张力梯度导致较高的界面膨胀黏弹性模量。因此，NMAS 稳定的泡沫具有最大的界面膨胀黏弹性模量。同时，由于阻碍了发泡剂分子的运动，基液的黏度也对界面膨胀黏弹性模量有一定的促进作用。因此，MMAS 和 Na-Bent 基液具有适度的界面膨胀黏弹性模量，而 *AV* 对泡沫稳定效果的影响相对较大。*AV* 的增加可能会减慢液体排放和空气渗透的过程，这有利于泡沫的稳定。

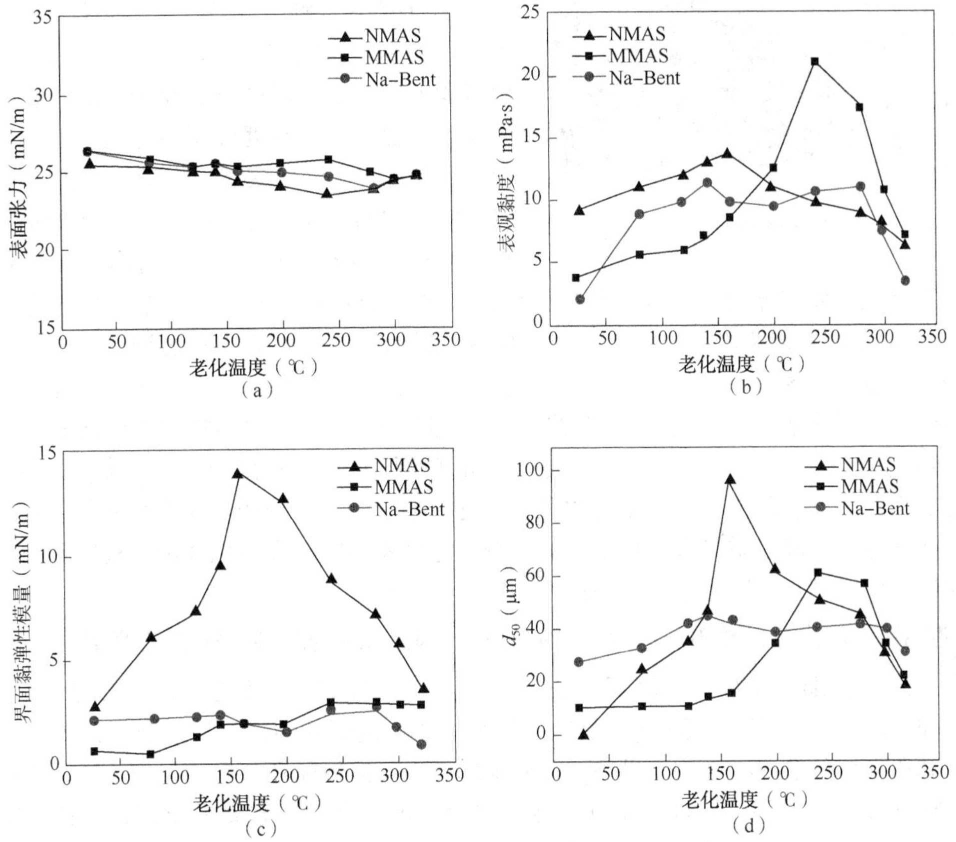

图 3　老化后各基液性质

(a)表面张力；(b)*AV*；(c)界面黏弹性模量；(d)d_{50}

为了揭示 *AV* 和界面膨胀模量随温度变化的内在机理，研究了基液的粒径分布。加入 AD300 后，室温下 NMAS，MMAS 和 Na-Bent 分散体的 d_{50} 分别从 19. 7nm，4. 2μm 和 4. 6μm 增加到 348. 2nm，10. 8μm 和 27. 4μm。阴离子发泡剂分子(AD300)可以通过静电、疏水和氢键相互作用吸附到颗粒上，使颗粒之间建立桥接，导致颗粒尺寸变大。高温老化会进一步影响粒子的聚集状态，包括粒子的尺寸分布。粒径与界面膨胀模量与 *AV* 相似，在 MMAS 和 Na-Bent 基液的粒度分布中发现了类似的趋势。因此，d_{50} 与 *AV* 之间存在正相关关系。聚集和分散是 *AV* 变化的主要因素。随着老化温度的升高，高度水合和分散良好的颗粒将逐渐释放出水，从而使颗粒紧密接触并以相对疏松的形式面对面聚集，因此显示出更大的 d_{50} 和更高的 *AV*。一旦温度超过临界点，颗粒脱水就会加剧，并导致聚集体与颗粒表面的固结和聚集体尺寸的减小，从而导致 *AV* 值降低。临界点与颗粒的组成和层间阳离子有关，因此 NMAS，MMAS 和 Na-Bent 表现出不同的拐点。NMAS 聚集体之间的相互作用非常强，以至于发泡过程中的高速搅拌(11000r/min)对结构几乎没有破坏性影响，这与 MMAS 和 Na-Bent 颗粒的聚集体尺寸减小 50%完全不同，这可能是 NMAS 在 25~320℃的温度范围内是最佳的泡沫稳定剂的原因之一。分布在泡沫膜中的聚集体增大了膜的厚度，提高了膜的黏弹性和机械强度，抑制了液体的排出和空气的渗透速率。因此，黏土颗粒的温度聚集有利于泡沫的稳定性。

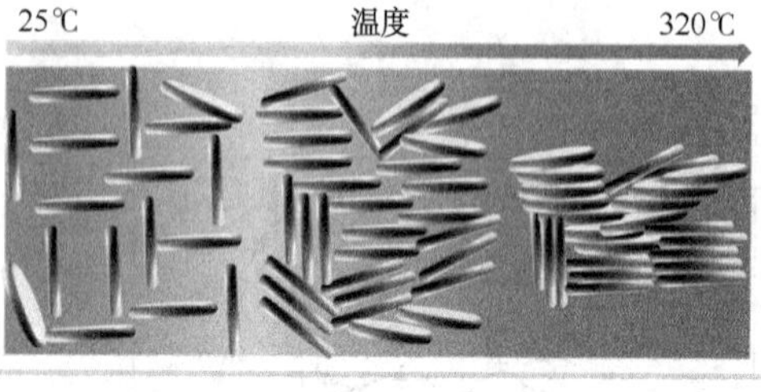

图 4　不同温度下颗粒聚集状态示意图

2.3.2　热滚温度与泡沫性能之间的关系

本研究中，NMAS，MMAS 和 Na-Bent 显示出不同的泡沫稳定性能，并且在不同程度上影响起泡能力。在不同温度下老化 16h 后，黏土颗粒聚集在一起，并且粒度分布随老化温度的升高而变化(图 4)。当颗粒聚集尺寸增加时，*AV* 和界面膨胀模量增加。在发泡过程中，*AV* 的增加可能会阻止表面活性剂分子从基液向水—空气界面迁移，从而降低了发泡能力，降低了初始泡沫体积和气泡直径，并增加了泡沫膜的厚度。同时，*AV* 的增加将减缓液体的排出和空气的渗透，界面黏弹性膨胀模量的增加将增强抵抗力和自我修复能力，这都有利于泡沫的稳定性。相反，当聚集体尺寸随温度升高而减小时，*AV* 和界面膨胀模量降低。但是，不管颗粒类型如何，d_{50}、*AV*、界面黏弹性膨胀模量、泡沫膜厚度和 $T_{0.5}$都有相似的趋势。同样，气泡平均直径和 V_0也显示出相似的趋势，这与上述参数的趋势大致相反。此外，随着温度的升高，这些参数的所有曲线始终有相同的拐点。这项研究已经确定了基液性质对泡沫稳定性的影响，这些发现将为今后用作泡沫稳定剂的黏土颗粒的研究提供指导，特别是在高温条件下。

2.4　在 320℃和高盐条件下，NMAS，MMAS 和 Na-Bent 作为泡沫稳定剂的性能

通过以上实验，NMAS 在高温下显示出良好的泡沫稳定性能。进一步研究 NMAS，MMAS 和 Na-Bent 在较高的温度(320℃)下作为泡沫稳定剂的性能。通过观察微观气泡和宏观泡沫体积来评估泡沫稳定性。另外，在井眼环空中的流体循环过程中，泡沫通常会被无机盐(如 NaCl 和 $CaCl_2$)污染。这些无机盐会抑制发泡剂的活性并絮凝黏土矿物，这可能对发泡能力和泡沫稳定性产生巨大影响。因此，需要研究其耐盐性。

2.4.1　通过光学显微镜和数码照片评估泡沫的稳定性

由于 Laplace 压力的不同以及随之而来的 Ostwald Ripening，较小的气泡将一直收缩直至消失，而较大的气泡将在破裂前保持膨胀。这种现象已在图 5 中得到证实。随着时间的推移，泡沫(仅用表面活性剂 AD300 稳定的泡沫)的歧化和聚结迅速发生。小气泡数量明显减少，5min 后大气泡迅速出现，与对照泡沫相比，Na-Bent 稳定的泡沫在 10min 内歧化和聚结速度明显减慢，说明 Na-Bent 确实具有一定的稳泡效果。但是，泡沫稳定效果不能持续很长时间。30min 后，气泡与对照组相似。对于 MMAS 稳定的泡沫，歧化和聚结的速度也减慢了，这说明其具有泡沫稳定效应。对于 NMAS 稳定的泡沫，即使经过很长时间，歧化和聚结也得到了显著的抑制。在 30min 至 40min 之间几乎没有变化，显示了出色的泡沫稳定性能。它表明泡沫的稳定性遵循 NMAS>MMAS>Na-Bent>对照组的顺序。结果与图 6 所示的宏观观察结果非常吻合，图 6 中的液体从对照组泡沫中迅速排出，并且在 10min 内排出了超过

50mL。尤其是在 1h 后，泡沫逐渐变得透明，5h 后仍有 50mL 左右的泡沫存在，因此，对照组泡沫稳定性较差。对于 Na-Bent 稳定的泡沫，在 10min 内排出约 45mL 液体，5h 后存在 325mL 泡沫，10h 后减少至 290mL。从 MMAS 稳定泡沫中缓慢排出的液体，10min 内仅排出约 8mL。10h 后泡沫体积从 395mL 减少至 260mL，15h 后仍保留 90mL。对于 NMAS 稳定的泡沫，直到 1h 才排出液体，而且仅在 10h 后才从 NMAS 稳定的泡沫中排出约 50mL 液体，这表明其具有出色的泡沫稳定作用。即使经过 15h，仍会保留 300mL 泡沫。据报道，V_0必须超过 50mL，$T_{0.5}$必须同时大于 360s 才能满足钻井需要，而 NMAS、MMAS、Na-Bent 均远远超过此标准。从微观和宏观的角度看，泡沫的稳定性遵循 NMAS>MMAS>Na-Bent>对照组的顺序。

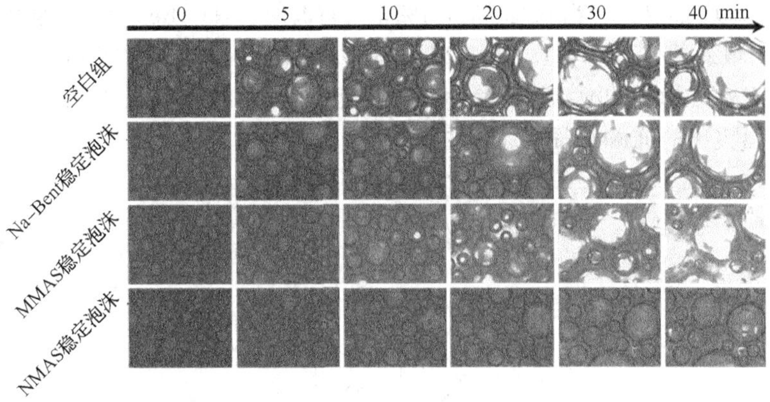

图 5 显微镜下各泡沫随时间的形态变化(各样品均在 320℃ 老化 16h)

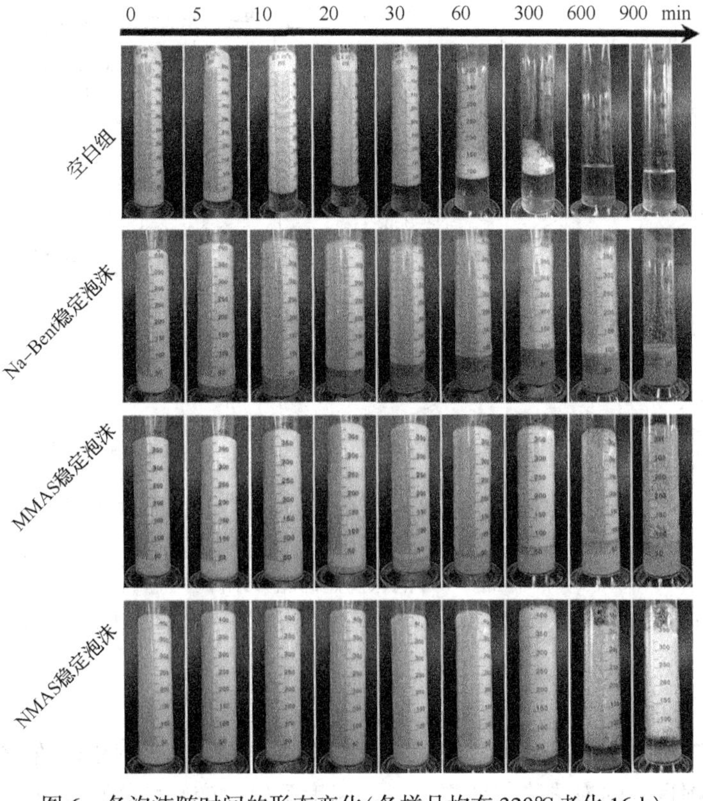

图 6 各泡沫随时间的形态变化(各样品均在 320℃ 老化 16 h)

2.4.2　耐盐性评估

对泡沫抗 NaCl 和 $CaCl_2$的性能进行评估(图 7)。随着 NaCl 浓度的增加，NMAS、MMAS 和 Na-Bent 稳定泡沫的 V_0值不断降低。同时，由于黏土颗粒的絮凝作用，$T_{0.5}$逐渐增大，证实了颗粒聚集有利于泡沫的稳定性。值得注意的是，NMAS 稳定泡沫总是表现出最大的 V_0和最长的 $T_{0.5}$。此外，当 NaCl 浓度低于 3%时，NMAS 和 MMAS 稳定泡沫的 V_0缓慢降低。相反，当仅添加 1%的 NaCl 时，Na-Bent 稳定泡沫的 V_0从 425mL 降至 350mL。因此，抗 NaCl 的性能遵循 NMAS>MMAS>Na-Bent 的顺序。

抗 $CaCl_2$的性能研究中出现相似的情况。$CaCl_2$的添加会降低 NMAS，MMAS 和 Na-Bent 稳定泡沫的 V_0，增加 $T_{0.5}$。当仅添加 0.1%的 $CaCl_2$时，Na-Bent 稳定泡沫的 V_0降低至 315mL，显示出最差的抗 $CaCl_2$性。当 $CaCl_2$小于 0.2%时，NMAS 和 MMAS 稳定泡沫的 V_0缓慢降低，并且 NMAS 稳定的泡沫始终具有最佳的起泡能力和泡沫稳定性能。因此，NMAS 稳定的泡沫表现出突出的抗 NaCl 和 $CaCl_2$的性能。

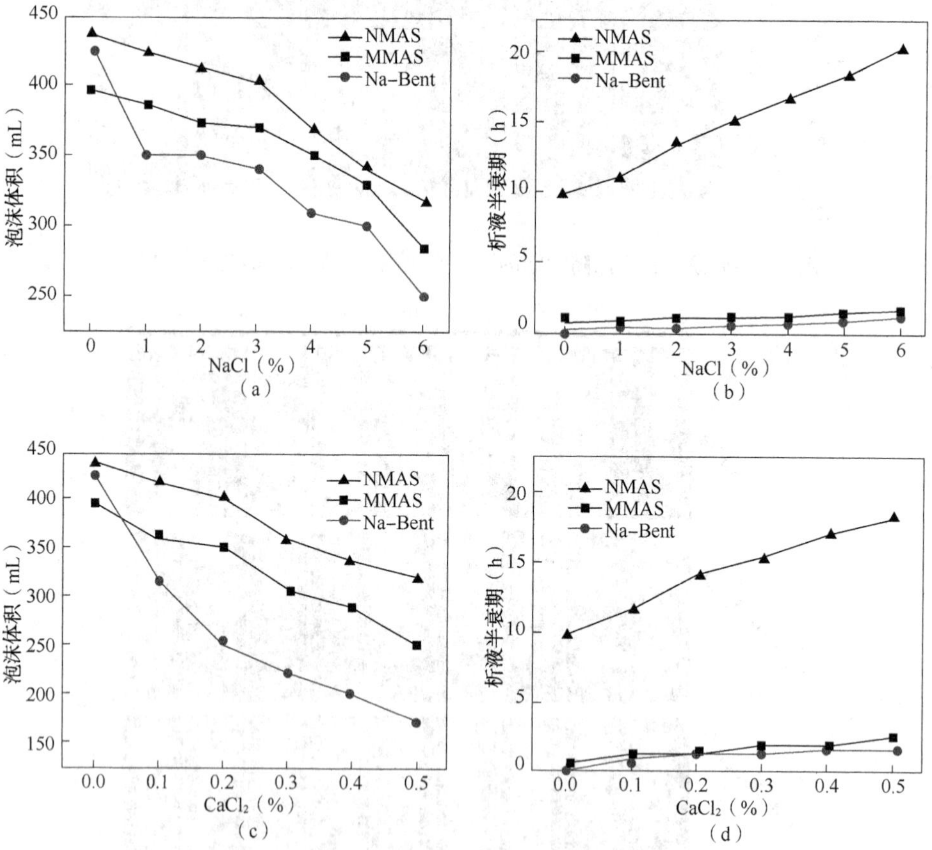

图 7　各泡沫抗盐钙能力评价

(a) V_0和(b) $T_{0.5}$随 NaCl 加量的变化；(c) V_0和(d) $T_{0.5}$随 $CaCl_2$加量的变化(各样品均在 320℃老化 16h)

3　结论

硅酸镁铝(NMAS 和 MMAS)可以被用作抗高温泡沫稳定剂。NMAS 在室温和高达 320℃的高温下都能发挥良好的泡沫稳定效果。升高温度可以改变颗粒的聚集状态，颗粒聚集体尺

寸的增加会导致 AV、界面膨胀模量、泡沫膜厚度和 $T_{0.5}$的增加。同时，温度对泡沫直径和 V_0产生负影响。此外，与在 320℃下老化的 MMAS 和 Na-Bent 稳定泡沫相比，NMAS 稳定泡沫具有出色的泡沫稳定性和耐盐性。因此，NMAS 有望在超高温和高盐浓度条件下用作泡沫稳定剂，例如地热井钻探，以及提高采油率和压裂方面。

参 考 文 献

[1] Lund, J. W., Boyd, T. L., 2016. Direct utilization of geothermal energy 2015 worldwide review. Geothermics 60, 66–93.

[2] Zhang, X., Hu, Q., 2018. Development of Geothermal Resources in China: a Review. J. Earth Sci. 29, 452–467.

[3] Michaelides, E. E., 2016. Future directions and cycles for electricity production from geothermal resources. Energy Convers. Manag. 107, 3–9.

[4] Bertani, R., 2012. Geothermal power generation in the world 2005 – 2010 update report. Geothermics 41, 1–29.

[5] Zhang, Z., Njee, J., Han, M., Shan, Z., Zhang, M., Sun, F., 2012. Successful Implementation of HT Geothermal Drilling Technology in Kenya, IADC/SPE Asia Pacific Drilling Technology Conference and Exhibition. Society of Petroleum Engineers, Tianjin, China, pp. 1–7.

[6] Horozov, T. S., 2008. Foams and foam films stabilised by solid particles. Curr. Opin. Colloid Interface Sci. 13, 134–140.

[7] Hui, Z., Miller, C. A., Garrett, P. R., Raney, K. H., 2005. Lauryl alcohol and amine oxide as foam stabilizers in the presence of hardness and oily soil. J. Surfactant Deterg. 8, 99–107.

[8] Yang, L., Wang, T., Yang, X., Jiang, G., Luckham, P. F., Xu, J., Li, X., Ni, X., 2019. Highly Stabilized Foam by adding Amphiphilic Janus Particles for Drilling a High Temperature and High-Calcium Geothermal well. Ind. Eng. Chem. Res. 58, 9795–9805.

[9] Khunawattanakul, W., Puttipipatkhachorn, S., Rades, T., Pongjanyakul, T., 2008. Chitosan-magnesium aluminum silicate composite dispersions: Characterization of rheology, flocculate size and zeta potential. Int. J. Pharm. 351, 227–235.

[10] Wang, K., Jiang, G. C., Liu, F., Yang, L. L., Ni, X. X., Wang, J. X., 2018. Magnesium aluminum silicate nanoparticles as a high – performance rheological modifier in waterbased drilling fluids. Appl. Clay Sci. 161, 427–435.

聚合醇对钠基蒙脱石水化作用微观作用机制的分子动力学研究

毛　惠[1,2]　黄　炎[1]　文欣欣[1]　郑　洁[1]　章　江[1]

(1. 成都理工大学能源学院石油工程系；
2. 油气藏地质及开发工程国家重点实验室，成都理工大学)

【摘　要】 聚合醇(PEG)在钻井液中被广泛应用。弄清钠蒙脱石层间 PEG 的界面行为特征及水—PEG 的微观作用机制对研发新型高性能钻井液具有重要的意义。本文通过应用分子动力学模拟的方法研究了钠蒙脱石层间吸附三种相对分子质量的 PEG(PEG2，PEG4 and PEG8)的结构及分子动力学特性。研究结果发现，PEG 分子量的不同会使其在钠蒙脱石层间的排列方式不一样，其中，PEG2 分子更容易倾向平行于蒙脱土的表面在层间排列，PEG4 分子倾向于形成一种冠状结构，PEG8 分子容易形成螺旋或线圈构型结构并将 Na^+包裹在其内部，由于这种“包裹效应”，Na^+的水化能力明显降低。此外，在 PEG4 和 PEG8 浓度较高的情况下，更多的 Na^+会被包裹在 PEG 中间，PEG 分子对水分子的屏蔽作用加强，随着 PEG 浓度的增加，且一些水分子会脱离蒙脱土的表面，导致水与蒙脱土表面的氢键数量减少。此外，在 PEG 存在的情况下，水分子和 Na^+在钠蒙脱石层间的扩散系数会受到抑制。

【关键词】 聚合醇；泥页岩抑制剂；钻井液；钠蒙脱石；分子动力学模拟

1　引言

PEG 由于其较低的毒性、润滑性和优良的泥页岩抑制剂被广泛应用于水基钻井液中。蒙脱土(MMT)作为一种地层中常见的黏土矿物，但蒙脱土由于其表面带负电及其中含的大量的可交换的反离子可以吸引水分子，导致黏土的水化膨胀。在油气钻井过程中，黏土水化膨胀会引起井眼失稳，严重影响到高效、优质和快速的钻井施工。高性能钻井液的发展将对环境无毒的 PEG 加入到水基钻井液中以防止黏土的水化膨胀作用[1-5]。关于 PEG 抑制黏土膨胀的机理现有以下几种解释：(1)PEG 分子扩散到蒙脱土层间时，会自发的置换掉层间的水分子[6,7]；(2)吸附在蒙脱土表面的 PEG 分子破坏掉了水分子与黏土表面之间的氢键后同时与蒙脱土表面形成了新的氢键[8,9]；(3)PEG 分子干扰反离子周围的水化反应[9]。(4)吸附机理、浊点效应和渗透作用等。但以上机理并不能完全准确的解释 PEG 钻井液的防塌抑制作用机理。因此，深入研究蒙脱土层间水、反离子以及 PEG 分子的结构和动力学特性可以为解释其抑制水化膨胀作用并为钻井液的优化提供关键启示。

作者简介：毛惠，男，1987 年生，甘肃天水人，2017 年 6 月毕业于中国石油大学(华东)油气井工程专业，获工学博士学位，现为成都理工大学能源学院石油工程系教师，油气藏地质及开发工程国家重点实验室(成都理工大学)固定研究人员，主要从事钻井液完井液方向的基础理论和应用研究。地址：四川省成都市成华区二仙桥东三路 1 号；联系电话：17711383553；E-mail：maohui17@ cdut. edu. cn。

目前，已有学者针对黏土矿物中PEG类物质的结构特性开展了部分实验研究，如Parfitt等人[7]测量了在275~298K下被各种反离子饱和的蒙脱土中分子量从200到20000的PEG的吸附曲线，发现随着PEG分子量的增加，吸附自由能的负值越来越大，而熵的正值越来越大。Aston等人[9]研究了乙二醇添加剂对页岩物理特性(如离散度，膨胀性和硬度)的影响，发现乙二醇可以取代黏土表面的水分子，这说明黏土表面对乙二醇的亲和力比对水的亲和力更强。Su等人[10]研究了PEO在不同的蒙脱土表面上的吸附行为，发现$-CH_2$基团与黏土硅氧四面体表面之间的疏水性是促使PEO在蒙脱土表面吸附主要原因。De Souza等人[11]通过XRD和热重分析研究了相对分子质量变化范围较广的PEG的吸附行为，发现PEG分子可以通过与水分子因竞争而吸附在黏土表面，从而维持泥页岩的井壁稳定。Aranda等人[12]研究了PEO分子嵌入2：1带电层状硅酸盐的过程，发现PEO可以在层间采用螺旋构象包裹反离子，形成Na^+-PEO络合物。尽管这些实验提供了PEG在黏土表面吸附以及其抑制机理的重要观点，但这些实验无法从分子角度阐明蒙脱土层间物质的结构和动力学特性。

计算机分子模拟是一种能从原子水平研究黏土—水体系的结构和动力学特性的强有力技术。Bains等[6]使用了巨正则系综蒙特卡洛法(GCMC)和分子动力学模拟研究了PEG300在300K下对黏土水化膨胀的抑制机理。他们发现PEG分子在黏土层间会引起水的解吸从而使黏土的水化膨胀作用减弱，但是他们使用的是刚性的PEG分子，忽略了PEG分子的柔度。Suter等[13]通过逐步去除300K下的水分子并量化各种含水量下水分子的水化来模拟黏土-PEG体系，提出了低分子量或低浓度的PEG能有效地抑制黏土的水化膨胀的观点。Anderson等人[14]使用分子动力学模拟了分子量为414的PEG和蒙脱土在300K下的相互作用，但他们没有观察到PEG的羟基与黏土四面体上的氧原子形成氢键的相互作用，这表明存在水分子和反离子的情况下，PEG分子不太可能强烈的吸附在黏土的表面上。一定程度上，这些先前的研究可以部分揭示PEG抑制黏土水化膨胀的机理，但是他们没有揭示出PEG与黏土水化膨胀有关的黏土层间物质的结构及动力学特性。

因此，在本研究中，我们使用分子动力学模拟的方法详细地研究了在300K和1atm环境下蒙脱土层间水、反离子以及不同链长和浓度PEG分子的结构和动力学特性。分别选取了碳数分别为2(PEG2)，4(PEG4)，8(PEG8)三种不同的PEG分子，还探究了PEG对界面上的水以及反离子(Na^+)运移特性影响，证明了在PEG和水存在的情况下Na^+会发生水化反应。同时发现，不同链长的PEG分子嵌入蒙脱土层间时会表面出各种不同的构型。PEG的加入降低了水和Na^+的扩散系数。此外，当Na^+被PEG4和PEG8分子包围时，其水化作用会明显减弱。我们的研究提供了有关蒙脱土层间PEG分子性能的一些见解，并为PEG抑制黏土水化膨胀的机理提供了一些启示。

2　分子模型的选择与模拟过程

2.1　分子模型

本研究所有的分子动力学模拟都是使用LAMMPS软件[15]完成的。使用分子式为$Na_{0.75}(Si_{7.75}Al_{0.25})(Al_{3.5}Mg_{0.5})O_{20}(OH)_4$的怀俄明型钠蒙脱土[16,17]对MMT基底进行建模。该模型由两个黏土层组成，每个黏土层包括20×10×1个尺寸为105.6Å×91.4Å×6.56Å的晶胞。本研究中使用的PEG的分子结构和分子式如图1所示。模拟过程中，向含有4800个水分子的体系中分别添加4 wt%，8 wt%和12 wt%的PEG，以研究PEG分子浓度所带来的影响。表 1 中列出了模拟中使用的不同种类 PEG 的数目。

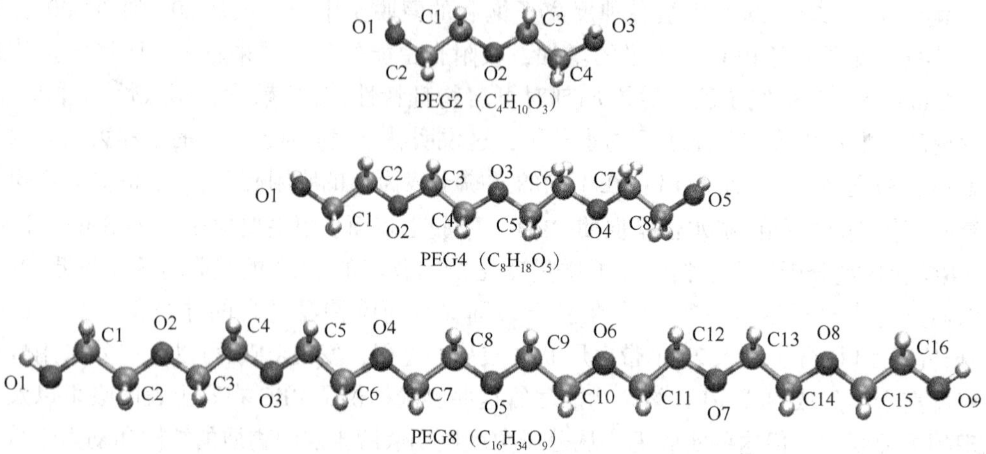

图 1　本研究中采用的 PEG 的分子结构和分子式(浅色，H)

表 1　本研究中在不同方案中使用的不同种类 PEG 的数目

序号	PEG	4wt%	8wt%	12wt%
1	PEG2	17	35	55
2	PEG4	9	19	30
3	PEG8	5	10	16

2.2 力场

模拟中 MMT 的 Lennard-Jones 以及部分电荷参数取自 CLAYFF 力场[18]，在该力场条件下可精确地显示黏土结构、光谱特征以及黏土层间界面和水的动力学以及能量特征[19-21]。采用简便灵活的点电荷模型(SPC)[22]模拟水分子，采用 Smith 等人[23]的参数模拟 Na^+。本研究中选择的这些力场已被证明彼此是相互兼容的。采用在模拟有机分子方面具有独特的优势的 The OPLS-AA 力场[24]模拟 PEG 分子。同时，大量的研究表明，结合 CLAYFF 和 OPLS-AA 可以很好地研究有机分子与黏土矿物之间的相互作用[25-27]。

原子之间的相互作用可以建模成包括 Lennard-Jones(LJ)12-6 和库仑电势在内的成对加成电势：

$$V(r_{ij}) = 4\varepsilon_{ij}\left[\left(\frac{\sigma_{ij}}{r_{ij}}\right)^{12} - \left(\frac{\sigma_{ij}}{r_{ij}}\right)^{6}\right] + \frac{q_i q_j}{4\pi\varepsilon_0 r_{ij}} \qquad (1)$$

其中 r_{ij}、σ_{ij} 以及 ε_{ij}、q_i 分别是距离、LJ 深度、LJ 宽度以及 i 原子的电荷量。Lorentz-Berthelot 混合公式[28]可以用于计算具有不同 LJ 参数的原子之间的相互作用。非键相互作用在距离为 12 Å 时消失，远距离的静电相互作用通过精确度为 10^{-4} 的点对点、点对面(PPPM)方法[29]进行处理，三维周期性边界条件也应用于模拟单元。

2.3 分子模拟过程

首先，我们在 300K 和 1atm 下垂直于黏土基体的 Z 方向(温度恒定)使用具有固定分子数量、压力恒定的 NP_zT 系统[16,17,20,30]在不存在 PEG 的情况下，通过计算不同水分子含量的 Na-MMT 的层间距来验证我们的模型。验证结果表明，不同的水分子含量的层间距与先前的模拟以及实验表现出良好的一致性[31-33]，见表 2。

表 2　不同水分子含量的 Na-MMT 的层间距

水分子层数	实验结果	模拟结果	本研究中
0	9.7±0.2	10.2±0.3	9.86±0.04
1	12.4±0.2	12.3±0.3	12.49±0.12
2	15.4±0.2	15.1±0.2	15.25±0.27
3	18.5±0.4	17.7±0.7	17.2±0.41

在进行校准之后，我们模拟没有 PEG 存在的情况下(即 0wt%)的体系，然后将水分子、Na^+以及 PEG 分子一同加入到模拟过程中。如表 3 所示，我们首先将 NP_zT 系综应用 1.5ns，以获得各种 PEG 浓度下的平衡层间距。发现随着越来越多的 PEG 分子嵌入蒙脱土层间，层间距明显的增加了。然后通过 NVT 平衡系统(恒定数量的粒子，体积和温度)，将蒙脱土晶层上下板设定为 20ns(从 $t=0$ 到 $t=20$ns)，然后进行 10ns 的运算(从 $t=20$ 到 $t=30$ns)进行数据的分析。由 VMD 包裹[34]的含量为 4 wt%PEG8 的分子动力学平衡体系快照如图 2 所示。体系温度由 Nośe-Hoover[35]恒温器采用 0.1ps 的阻尼时间维持。运动方程式由时间步长为 1ft，间隔时间为 0.02ps 的 Verlet 算法[36]集成以收集统计数据，记录轨迹的间隔时间为 0.3ps。每 0.3ps 存储一次 600ps NVT 模拟的原子轨迹，用于 Na^+和水分子的扩散分析。根据爱因斯坦的均方位移方程(MSD)计算 x-y 平面上的自扩散系数(D_{xy})[37]：

$$D_{xy} = \frac{1}{4Nt}\sum_{i=1}^{N}\langle |\vec{r}_i(t) - \vec{r}_i(0)|^2\rangle \tag{2}$$

其中 N 是分子数，$\vec{r}_i(t)$ 是在 t 时 i-th 分子的质心位置，$\vec{r}_i(0)$ 是在 0 时刻的 i-th 分子的质心位置。为了最大程度的减小误差，根据 150~400ps 内的数据计算 D_{xy} 值[38]。图 2 为稳定后的 Na-MMT 层间照片，其中充填了 0.3g/g 黏的水以及 4wt%的 PEG8，间距为 17.5Å。

表 3　基于 NP_zT 模拟的平衡层间距

浓度(wt%)	PEG2	PEG4	PEG8
4	17.45±0.11	17.48±0.20	17.50±0.14
8	17.72±0.10	17.78±0.13	17.80±0.12
12	18.02±0.21	18.11±0.15	18.09±0.16

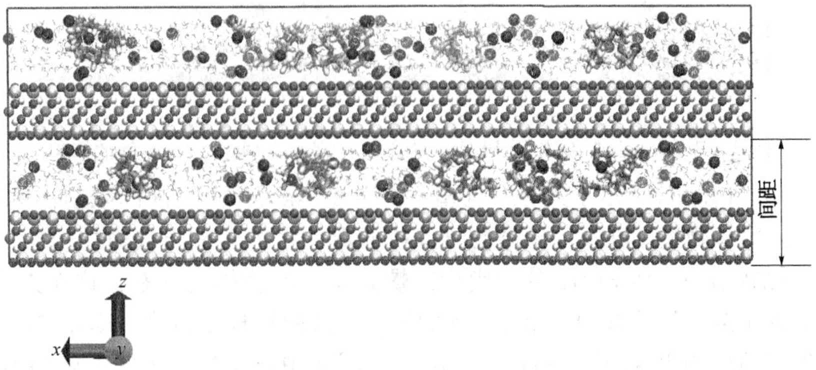

图 2　稳定后的 Na-MMT 层间照片

(黄色，Si；绿色，Al；红色，O；蓝色，Na；粉色，Mg；蓝绿色)

3 结果与讨论

通过分子模拟，本研究计算了包括 PEG、水分子、Na^+在内的各种层间物质的分布，并分析了水分子和 Na^+的扩散系数；最后，讨论了 PEG 分子存在情况下 Na^+的水化作用。

3.1 层间物质的分布和结构特征

3.1.1 PEG 在 Na-MMT 层间的分布特征和结构特征

图 3 显示了在 Na-MMT 层间嵌入了 4wt%的 PEG2、PEG4、PEG8 分子平衡时的体系照片(为清晰显示 PEG 的分子构象，未显出 H_2O 和 Na^+)。

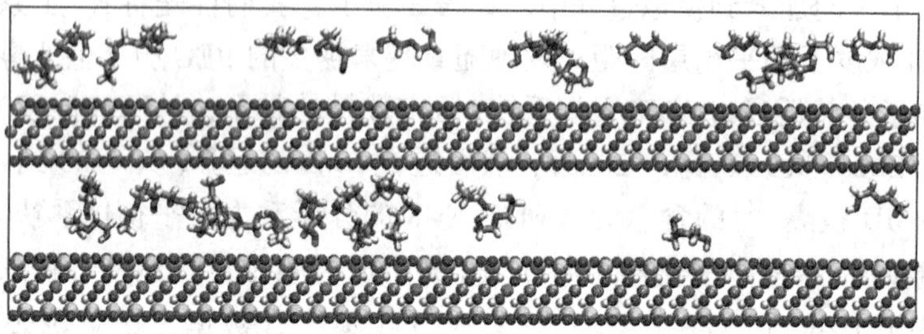

(a) PEG2

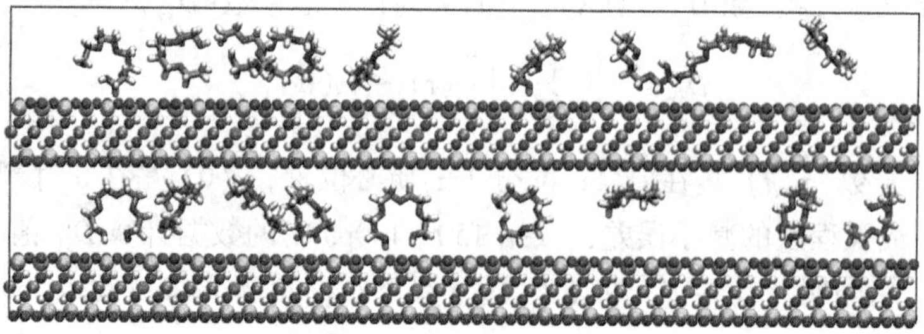

(b) PEG4

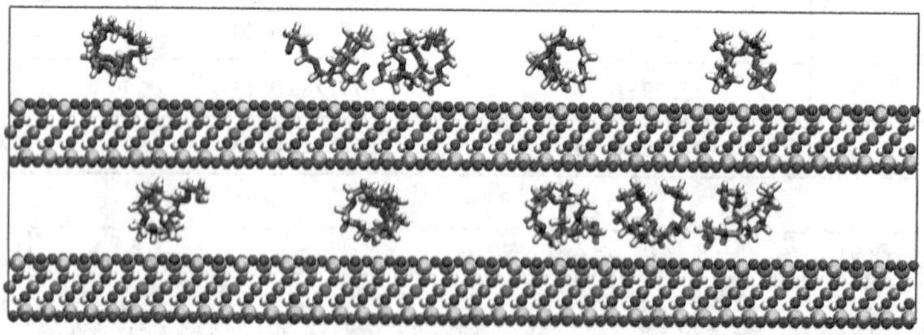

(c) PEG8

图 3 体系稳定时 300K 下 PEG2、PEG4、PEG8 在 Na-MMT 层间的构象

从图 3 可知，PEG 分子由于其分子构型不同以及 Na-MMT 层间的限制作用而表现出不同的构象特征。大多数的 PEG2 分子倾向于以拉伸形式平行于黏土表面的构象，PEG4 分子则倾向于形成冠状结构。而 PEG8 分子则会以螺旋状或环绕构型存在，这在先前对 PEG 加入单壁碳纳米管水溶液的研究中也被观察到了[39]。这种结构也符合 Aranda 等人[12]提出的假设。为了更好地说明 PEG 的排列特征，本文在图 4 中显示出了 PEG2 和 PEG4 的角度分布，关于角度定义的详细信息请参见图 5。

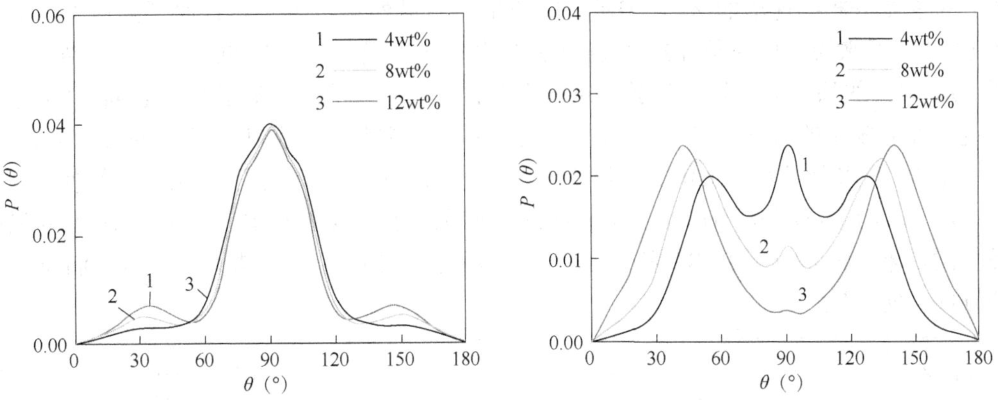

(a) PEG2　　(b) PEG4

图 4　PEG2 和不同浓度 PEG4 的角度分布

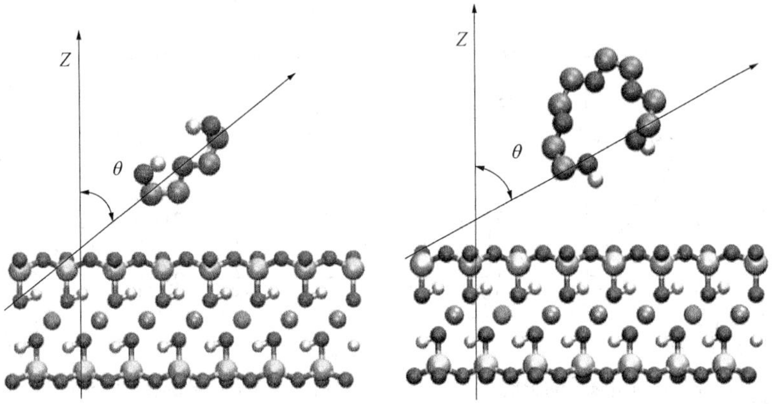

(a)　　(b)

图 5　PEG 和晶层面角度的定义

对于 PEG2 来讲，所有的浓度对应的角度分布在 0°～90°处都有一个峰，这个峰对应平行方向。对于 PEG4 来说，低浓度的 PEG4，在 0°～90°有一个峰，在 0°～55°和 0°～125°有两个肩峰，分别表示直立(直线连接两个与表面平行的 C 原子)和倾斜方向。随着 PEG4 浓度的增加，0°～90°处的峰逐渐消失，而肩部进一步向两侧移动，这表明大多数 PEG4 分子倾向于在表面上取向(连接两个垂直于表面的 C 原子)。表 4 中给出了不同浓度下各种类型的 PEG 分子的回转半径 R_g[40]。其表明 PEG8 的 R_g 远小于其拉伸时回转半径的一半，表现出折叠的构象。

表 4　不同浓度下各种类型的 PEG 分子的回转半径 R_g

回转半径(Å)	PEG2	PEG4	PEG8
拉伸长度	4.33	7.92	15.03
4wt%	2.194±0.019	2.932±0.039	3.537±0.133
8wt%	2.198±0.013	2.919±0.024	3.702±0.141
12wt%	2.196±0.011	2.909±0.017	3.694±0.045

注：拉伸长度大约是图 1 中所示分子长度的二分之一。

为了进一步研究 PEG 的结构特性，图 6 揭示了 4wt%的 PEG 分子中 Z 方向上的 C 和 O

原子数量密度分布。这里的 $Z=0$ 表示所有模拟体系最外侧四面体上 O 原子的位置。对于所有的 PEG 分子来说，C 原子在黏土表面附近均表现出吸附层。与 Su 等人[10]的结论一致，除了-OH(O1)的那些原子外，C 原子分布的峰值位置比 O 原子更靠近黏土表面。O1 分布显示接近表面的较小的肩部，且在层间中心处有一个主要峰。这是因为大多数 PEG 分子的-OH 更倾向于与水分子发生水化反应形成水化物或与 Na^+ 协同作用而远离层间表面，只有少量的-OH 与黏土四面体表面形成氢键。如图 9 所示，在 8 wt%和 12 wt%的情况下也观察到了类似的现象。但是对于 PEG4 来讲，O1 的次要肩部在 12 wt%处消失，这与它们位于表面时的倾向方向一致。

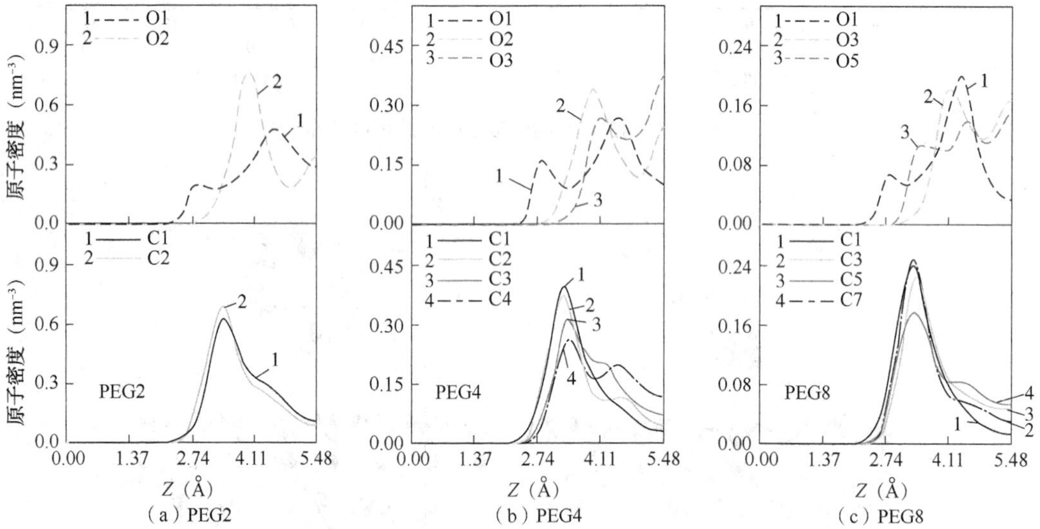

图 6　4wt%下的 PEG2、PEG4、PEG8 的 C、O 原子的密度分布

3.1.2　水分子在 Na-MMT 层间的分布特征和结构特征

图 7 表明具有不同 PEG 浓度的水氧(Ow)和氢(Hw)的密度分布图。

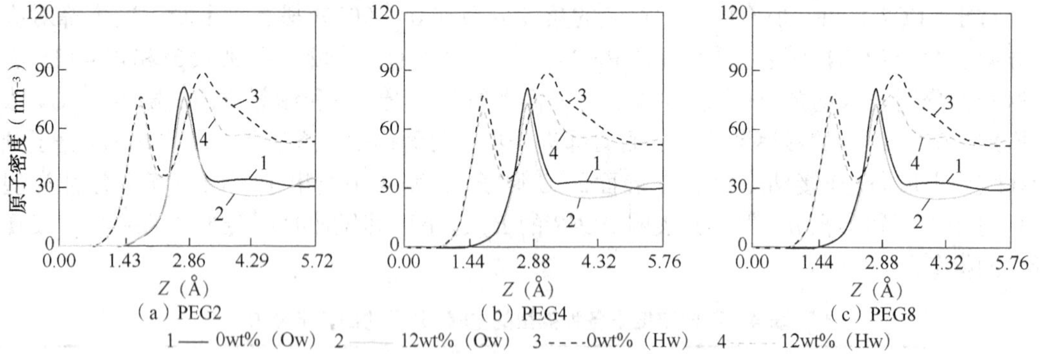

图 7　不同 PEG 浓度的水氧(Ow)和氢(Hw)的密度分布图

Ow 在黏土表面附近表现出吸附层，表明水与黏土表面之间有很强的亲合理。加入 PEG 分子后，靠近表面的 Ow 和 Hw 峰值明显降低，这说明加入的 PEG 分子能将水分子从层间表面置换出来，这与之前的研究成果一致[9]。水分子的方向可以通过方向顺序参数 S(Z)来描述[41]，

$$S(Z) = 1.5 < \cos^2\alpha > - 0.5 \tag{3}$$

其中，α 为水分子的偶极矩与 Z 轴之间的夹角，表示整体的平均值。如果所有的水分子

都垂直于黏土表面，则 $S(Z)=1$；当它们平行于层间表面时，$S(Z)=0.5$；$S(Z)=0$ 表示随机方向。图 8 显示在添加 PEG 前后水分子的 $S(Z)$ 值。从图 8 可知在层间表面附近，水分子倾向于垂直于表面，而在层间中心则呈随机分布。总体而言，OEG 的加入对层间表面附近水的方向几乎没有影响，而在层间中心能观察到一些细微的变化。

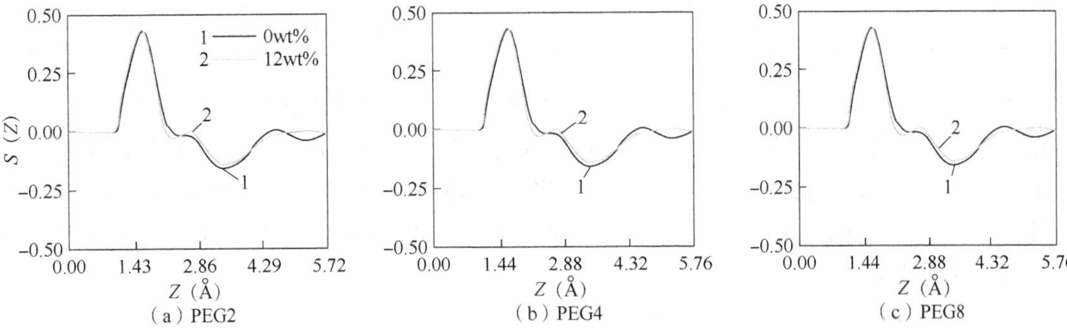

图 8　加入不同类型的 PEG 前后水分子的 $S(Z)$ 值

3.1.3　Na^+ 在 Na-MMT 层间的分布特征和结构特征

通常我们认为黏土层间的反离子的水化是水分子吸附到黏土层间动力之一，会导致了黏土的水化膨胀。因此，研究 PEG 对 Na^+ 水化作用的影响至关重要。蒙脱土层间 Na^+ 的水化作用可以通过径向密度(RDD)和配位数(CN)来证明。封闭空间 $g_{A-B}(r)$ 中物质 A 周围物质 B 的 RDD[42] 为：

$$g_{A-B}(r) = \frac{1}{4\pi r^2} \frac{dN_{A-B}}{dr} \tag{4}$$

dN_{A-B} 指的是在 r 到 $r+dr$ 距离内物质 A 周围物质 B 的平均值。

通过 $g_{A-B}(r)$ 可以得出 CN 和距离 r 的关系式[37]：

$$CN(r) = 4\pi \int_0^r r^2 g_{A-B}(r)\, dr \tag{5}$$

水化数(HN)可以定义为如等式(5)所示的从 $r=0$ 到 RDD 中第一个峰值之后的第一个最小值所积分获得的 Ow 在 Na^+ 附近的 CN 值。Na^+-Ow 的 RDD 曲线在图 9 中列出，HN 值在表 5 中列出。Na^+-Ow 的第一个峰出现在 0～2.355Å 处，与前人的分子动力学模拟结果相吻合[43,44]。

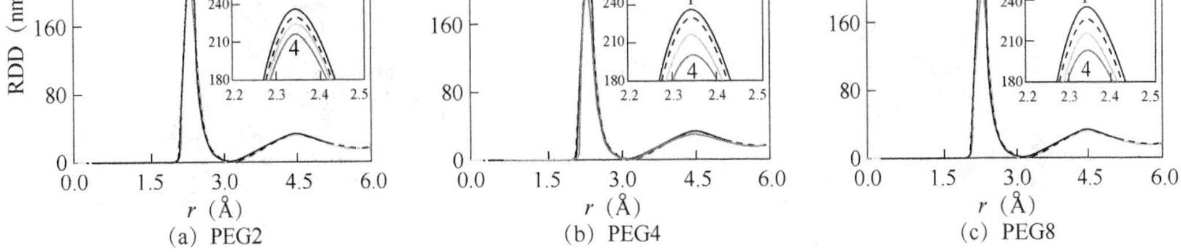

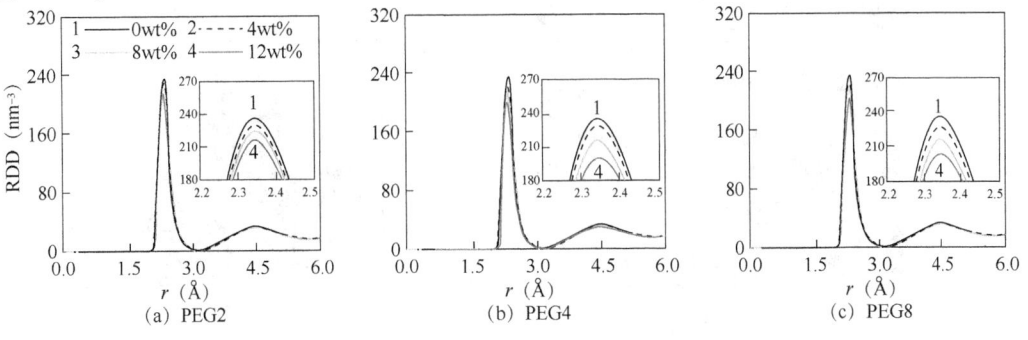

图 9　PEG2、PEG4 和 PEG8 存在时 Na^+-Ow 的 RDD 曲线

表 5 PEG 存在时的 Na^+ 的平均水化数 HN 值

CN_{Na-Ow}	0wt%	4wt%	8wt%	12wt%
PEG2	5.180±0.028	5.035±0.033	4.914±0.037	4.740±0.035
PEG4	5.180±0.028	4.942±0.027	4.675±0.026	4.383±0.028
PEG8	5.180±0.028	4.956±0.026	4.751±0.030	4.466±0.027

从图 9 可知，对于所有的情况，RDD 曲线中的第一个峰值都是随着 PEG 含量的增加而降低，故而 HN 值也随着 PEG 含量的增加而降低。PEG4 和 PEG8 分子存在的情况下出现了较小的 HN 值，这是可能是因为 PEG4 和 PEG8 分子切断了 Na^+ 与水分子的连接并将 Na^+ 包裹在其内部。另一方面，如图 10 所示(为了清楚起见，未显示出水分子)，对于 PEG2 来说其笼型结构并不明显。

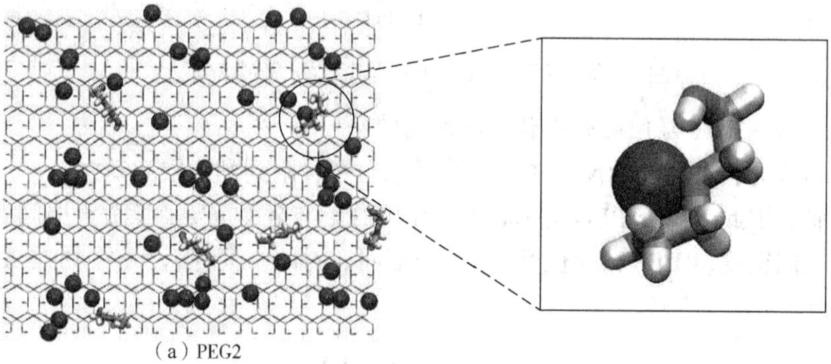

(a) PEG2

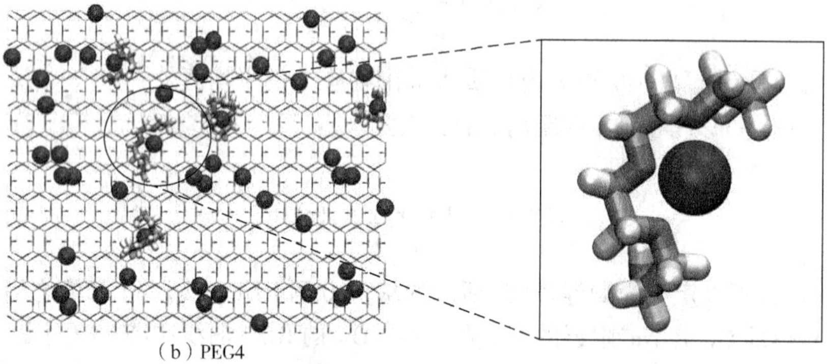

(b) PEG4

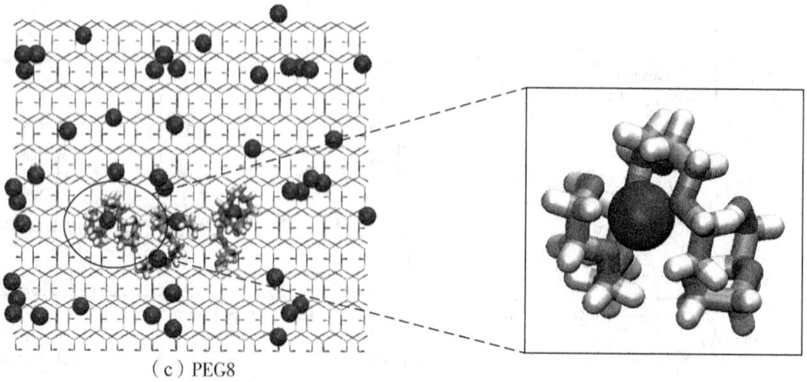

(c) PEG8

图 10 Na^+ 存在时的 PEG2、PEG4、PEG8 分子在 Na-MMT 层间的分子构象

此外，我们观察到的 Na^+-PEG 的混合结构主要出现在 Na-MMT 层间的中心，如图 11 所示。据文献报道[13,21]，在蒙脱土层间，PEG 与 K^+、Na^+均会出现类似现象。但是我们注意到，这些实验没有考虑到水分子存在的情况，这与实际钻井作业期间的环境不相符合。

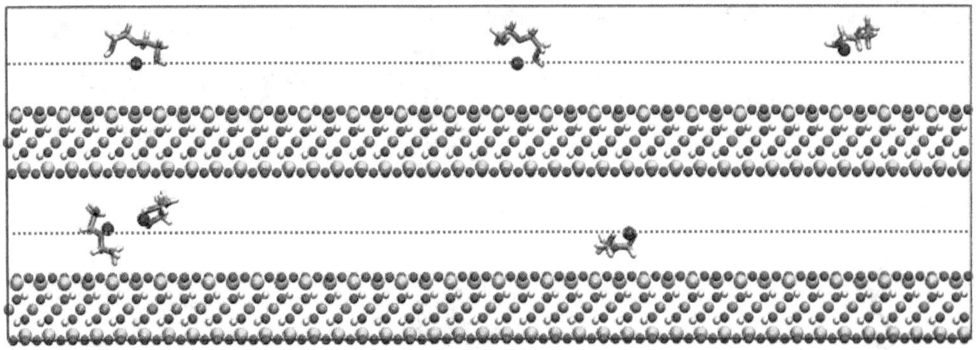

（a）PEG2

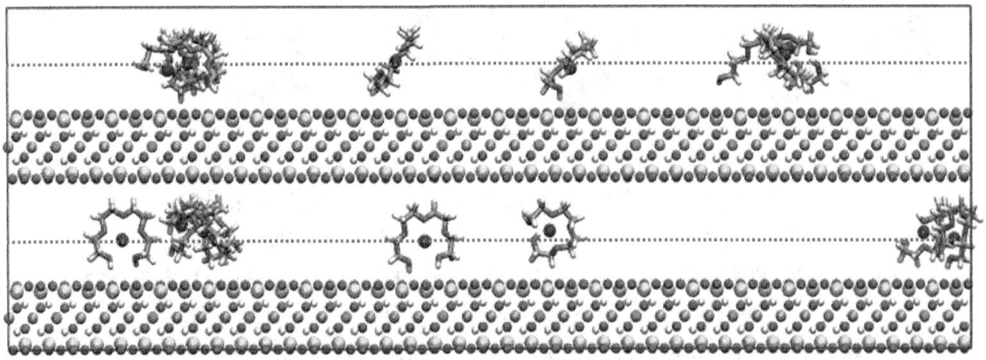

（b）PEG4

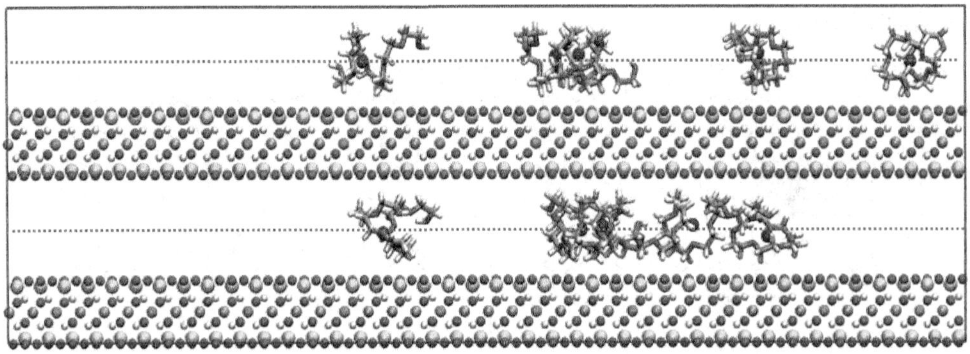

（c）PEG8

图 11　PEG2、PEG4、PEG8 在 Na-MMT 层间的 Na^+-PEG 的混合结构

为了更好地揭示 Na^+对 MMT 的水化抑制作用，图 12 中展示了蒙脱土夹层中加入和不加入 PEG 时 Na^+的水化作用分子模拟结果（为了清楚起见，未显示 PEG 分子中-CH2-中的 H 原子）。通常，如果没有 PEG 分子的包裹作用，Na^+一般会与五个水分子进行水化作用。当 PEG 存在时，一旦 Na^+被 PEG 分子包裹，Na^+的第一水化层中的水分子数量就会急剧减少。应当指出的是，PEG8 分子可以与一个或两个 Na^+配位，而 PEG2 和 PEG4 通常只能与一个 Na^+配位。故 PEG8 分子能形成完全包裹 Na^+的螺旋结构，从而降低其 HN 值。

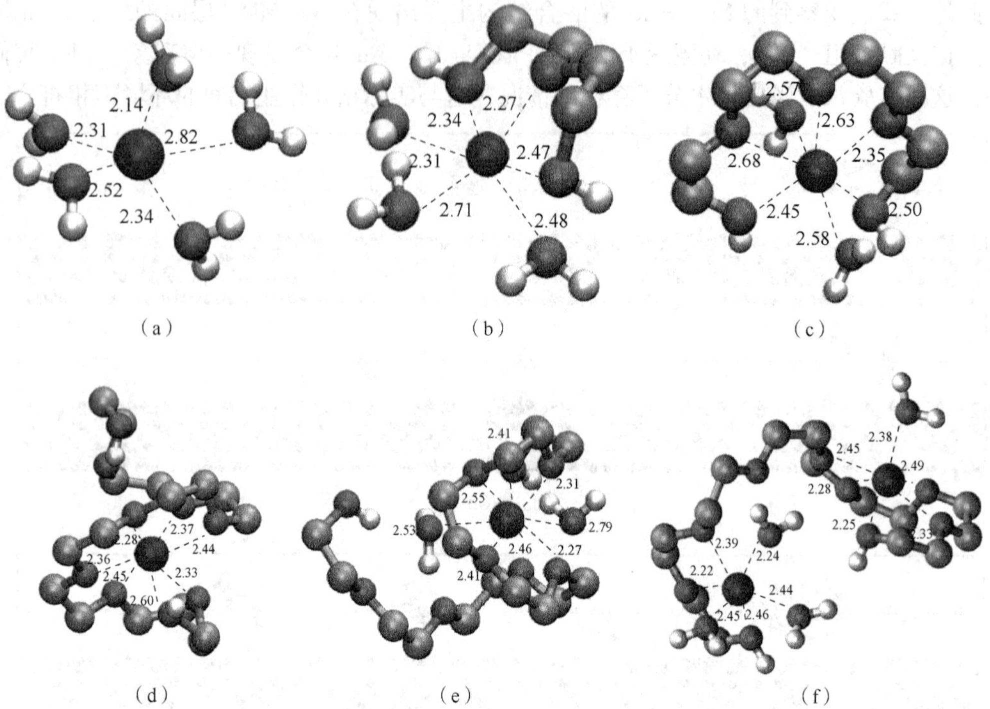

图 12　PEG 存在时 Na^+水化过程中第一水化层的模拟结果

(a)只与水分子结合的水化 Na^+；(b)含有 4wt%PEG2 的体系，受 PEG2 影响的水化 Na^+；(c)含有 4wt% PEG4 的体系，受 PEG4 影响的水化 Na^+；(d)~(f)含 4wt%PEG8 的体系，受 PEG8 影响的水化 Na^+。绿色和红色虚线分别表示从 Na^+到水分子和 PEG 分子中配位的 O 原子的距离

为了说明 Na^+-PEG 混合结构的稳定性，在图 13 中，本文展示了一个 Na^+-PEG4 的混合结构从 20ns 到 23ns 的动态演化过程，图 14 展示了一个一个 Na^+-PEG8 的混合结构从 20ns 到 23ns 的动态演化过程。

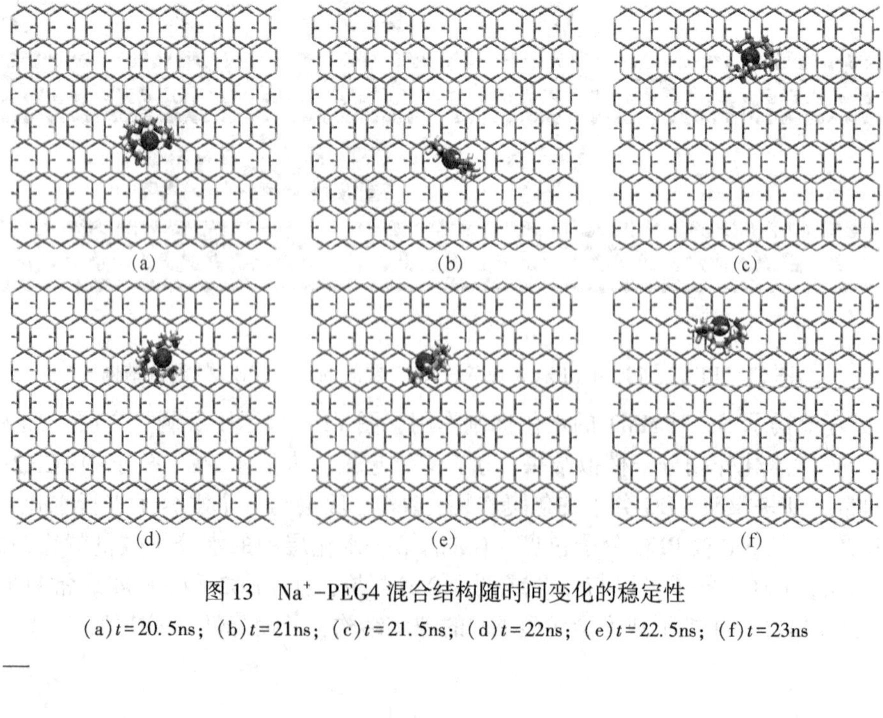

图 13　Na^+-PEG4 混合结构随时间变化的稳定性

(a) t=20.5ns；(b) t=21ns；(c) t=21.5ns；(d) t=22ns；(e) t=22.5ns；(f) t=23ns

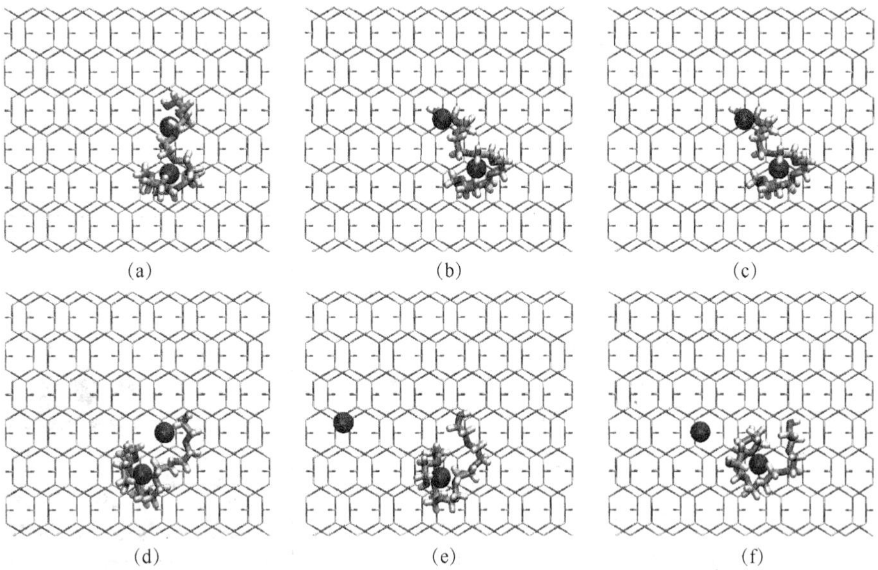

图 14　Na^+-PEG8 混合结构随时间变化的稳定性

(a) t=20.5ns；(b) t=21ns；(c) t=21.5ns；(d) t=22ns；(e) t=22.5ns；(f) t=23ns

从图 13 可知，该 Na^+-PEG4 混合结构的整体运动表现出良好的稳定性。Na^+-PEG8 混合结构的整体运动表现出与 Na^+-PEG4 混合结构运动的类似特征，然而，尽管 Na^+-PEG8 的混合结构可以容纳两个 Na^+，但其中一个可能会在运动过程中从内部脱离。此外，PEG2 不能形成稳定的 Na^+-PEG2 混合结构。

为了更好地理解 PEG 对不同位置上 Na^+水化作用的影响，在图 15 中给出了在各种 PEG 浓度下 Na^+的数量密度分布以及其 HN 值分布。从图 15 可知，Na^+在 MMT 层间与 PEG 能够形成内、外两种混合结构，这也与早期的模拟结果一致[45]。另外，随着 PEG 含量的增加，层间表面附近的 Na^+分布的峰值会随着表面水分子的耗尽而略微的上升。随着 PEG 浓度的增加，Na^+分布中第二个峰急剧下降。对于 12wt%的 PEG4 和 PEG8 而言，Na^+聚集在层间的中心。可能是因为 PEG4 和 PEG8 可以包裹和锁住 Na^+，如图 10 所示，因为 Na^+-PEG4 和 Na^+-PEG8 的混合结构主要集中在层间的中部。Na^+靠近层间表面形成内半球结构，只能与半球层中的水分子配位，而远离层间表面的 Na^+可以形成与球层中的水分子配位外球结构。Na^+在其分布的第二个峰中的 HN 值大约为第一个峰的 HN 值的两倍，表明在存在 PEG 的情况下，Na^+在层间中部的 HN 值急剧的下降，而其他区域的 HN 值则保持不变。这是由于形成了 Na^+-PEG 的混合结构，如图 12 所示。

与 PEG2 相比，PEG4 和 PEG8 能形成更加稳定的 Na^+-PEG 混合结构，更加能够显著降低 Na^+的水化作用，见表 6。从表 6 可知，存在 PEG4 和 PEG8 时的 MMT 层间的 Na^+的平均水化数相较于存在 PEG2 时的 MMT 层间的 Na^+的平均水化数较低。

表 6　存在 PEG 时 MMT 层间的 Na^+的平均水化数

CN_{Na-Ow}	0wt%	4wt%	8wt%	12wt%
PEG2	5.180±0.028	5.035±0.033	4.914±0.037	4.740±0.035
PEG4	5.180±0.028	4.942±0.027	4.675±0.026	4.383±0.028
PEG8	5.180±0.028	4.956±0.026	4.751±0.030	4.466±0.027

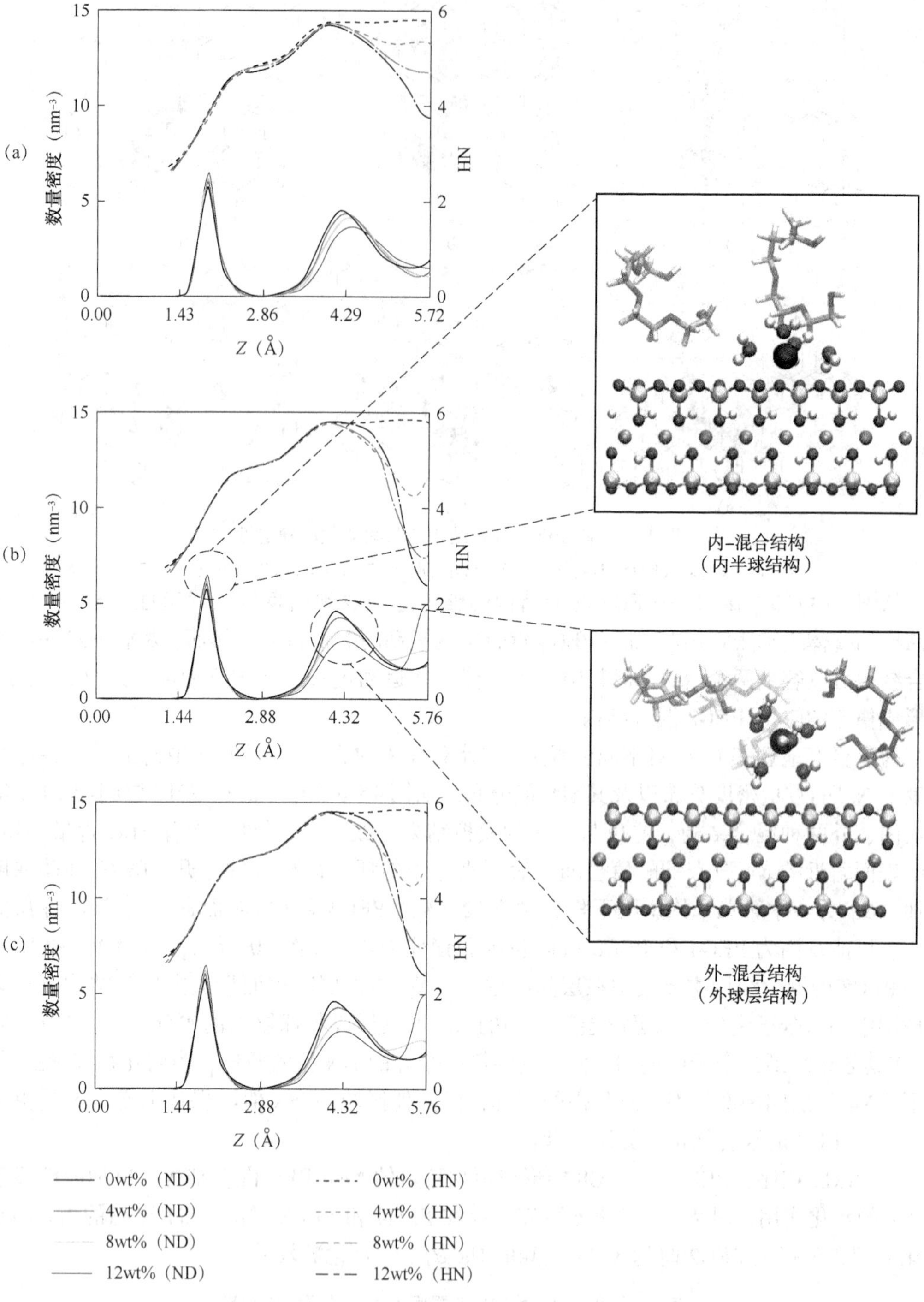

图 15　各种 PEG 浓度下 Na^+ 的数量密度分布以及其 HN 值分布

3.2　氢键

因为水与 MMT 中的铝酸盐和硅酸盐基团之间很容易形成氢键，因而其具有很强的亲水性以及水化特性。我们假设 PEG 抑制黏土矿物水化膨胀的是由于 PEG 分子可以与四面体片形成氢键，从而破坏掉水分子与黏土表面之间形成的氢键网络。因此，研究加入 PEG 后

PEG 与黏土表面之间的氢键以及水和黏土表面之间氢键数的变化很有意义。研究中，我们利用几何准则确定氢键，据此确定 rO…H < 3.5Å 和∠O…O−H ≤ 30Å[46] 时的氢键。PEG 与黏土表面之间以及水与黏土表面之间的氢键数如图 16 所示。

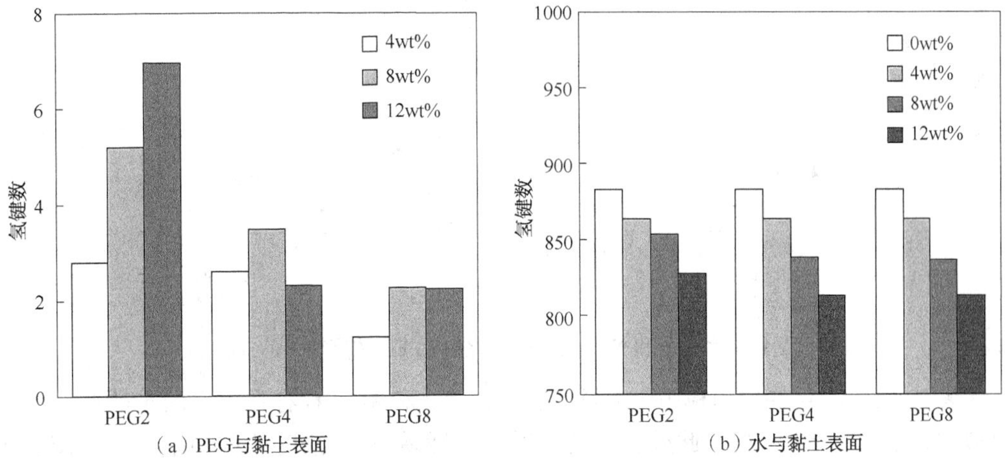

图 16　PEG 与黏土表面之间以及水与黏土表面之间的氢键数量分布图

从图 16 可知，所有 PEG 分子均可与蒙脱土表面形成氢键。PEG2 和黏土表面之间的总氢键数随着 PEG2 浓度的增加而增加。另一方面，对于 PEG4 和 PEG8，PEG 和黏土表面的氢键数表现出非单调，可能是因为 PEG4 和 PEG8 可以分别形成 Na^+-PEG4 和 Na^+-PEG8 混合结构的形成体现在 MMT 层间，而这些混合结构的主要在层间中部形成。4wt%时，PEG4 和黏土表面的总氢键数略小于 PEG2，此时蒙脱土层间中 PEG2 的分子数几乎是 PEG4 的两倍。这主要是由于 PEG4 在 4wt%时吸附于表面的概率更大，这有利于氢键的形成，如图 6 所示。此外，如图 7 所示，层间表面上的 PEG2 和 PEG4 的 O1 分布是可比较的。如图 5 所示，随着 PEG4 浓度的增加，它们倾向于形成倾斜构型，该结构在 PEG4 与表面之间的氢键数要比直立的低。另一方面，当加入的 PEG 分子使得层间表面的水分子耗尽时，随着 PEG 浓度的增加，水化表面之间的氢键数逐渐减少。

3.3　扩散系数

x-y 平面上水分子和 Na^+ 的扩散系数(D)是根据水和 Na^+ 随着时间的斜率的均方位移估算的，见表 7。图 17 为扩散系数随着 PEG 浓度变化的变化。

表 7　PEG 存在时水分子和 Na^+ 在 x-y 平面上的扩散系数

PEG 类型	扩散系数	0wt%	4wt%	8wt%	12wt%
PEG2	D_{water}(10^{-10} m^2/s)	14.01±0.21	13.28±0.17	12.53±0.15	11.96±0.15
	D_{Na^+}(10^{-10} m^2/s)	3.24±0.13	2.77±0.08	2.44±0.10	2.18±0.12
PEG4	D_{water}(10^{-10} m^2/s)	14.01±0.21	13.45±0.18	12.75±0.11	11.85±0.22
	D_{Na^+}(10^{-10} m^2/s)	3.24±0.13	2.74±0.04	2.26±0.17	1.82±0.15
PEG8	D_{water}(10^{-10} m^2/s)	14.01±0.21	13.46±0.16	12.76±0.15	11.76±0.17
	D_{Na^+}(10^{-10} m^2/s)	3.24±0.13	2.77±0.03	2.34±0.16	1.93±0.13

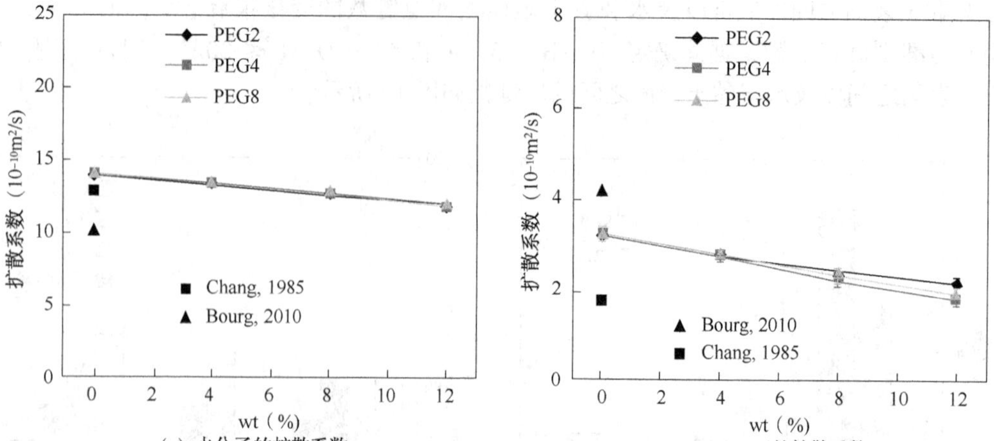

（a）水分子的扩散系数　　（b）Na^+的扩散系数

图 17　水分子和 Na^+的扩散系数随着 PEG 浓度变化的规律

从表 7 和图 17 可知，由模拟结果计算得出的 Na^+和无 PEG 存在下水的扩散系数与早先的模拟结果基本一致[47,48]。此外，水的扩散系数随着 PEG 浓度的增加呈线性下降，PEG 种类的影响可以忽略不计。这是因为加入的 PEG 会增加流体的黏度。另一方面，对于 Na^+，加入 PEG 后也会使扩散系数降低，且 PEG4 的作用比 PEG8 的作用更加明显，其次是 PEG2。这可能是因为形成了 Na^+-PEG4 混合结构，而这种“冠状”的混合结构极大地限制了 Na^+的迁移速率，同时，PEG4 和 PEG8 均可以形成一个笼状结构，将 Na^+包裹在内，且相当稳定(如图 13、图 14 所示)。尽管 PEG8 的分子量几乎是 PEG4 的两倍，但是 PEG8 不能总是包裹住两个 Na^+，所以在相同的 PEG 重量百分比下，加入 PEG8 时的 Na^+迁移率要略高于加入 PEG4 时的迁移速率。最后，从图 18 的模拟计算结果表明，Na^+和水分子扩散系数随着 PEGs 浓度的变化在 x 和 y 方向上式各向同性的。

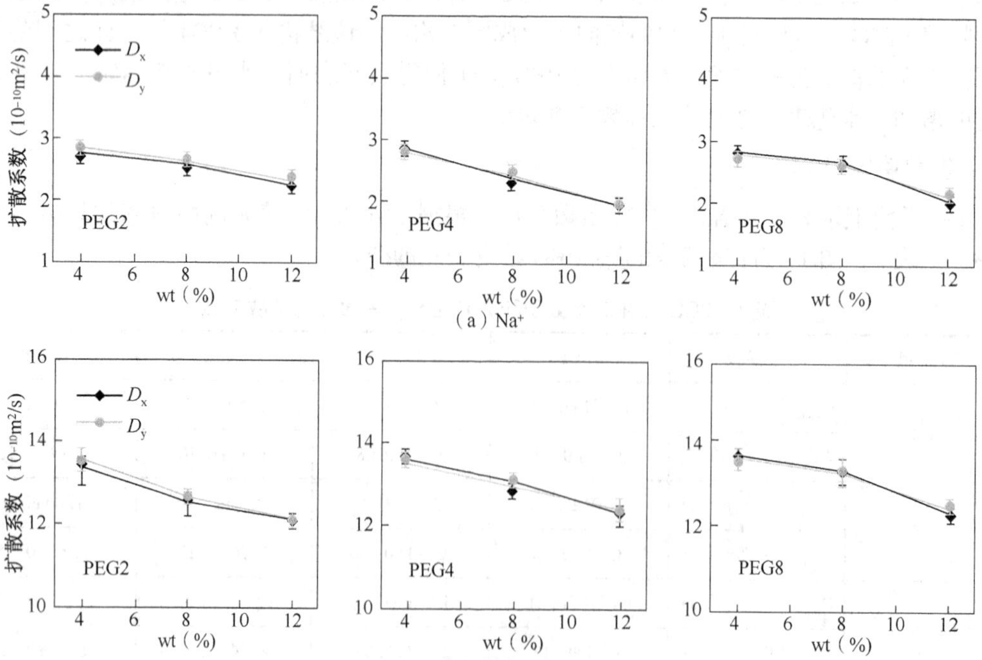

（a）Na^+

（b）水分子

图 18　Na^+和水分子在 x 和 y 方向上的扩散系数随着 PEG 浓度变化的规律

4 结论

本文利用分子动力学模拟的方法系统的研究了聚合醇作为泥页岩抑制剂时 Na-MMT 层间物质的结构和动力学特征，揭示了 PEG 抑制黏土水化膨胀的分子动力学作用机理，研究了 Na-MMT 层间的水分子、Na^+和不同链长、不同浓度的 PEG 的结构和分子动力学特征。研究发现，不同链长的 PEG 嵌入 Na-MMT 层间时会表现出不同的分子构象。PEG2 倾向于形成平行于层间表面分布的构象，而 PEG4 和 PEG8 分子则倾向于形成“冠状”结构和“螺旋型”结构。在加入 PEG4 和 PEG8 的情况下，PEG 对 Na^+水化的屏蔽效应主要出现在 Na-MMT 层间的中间，这显著降低了 Na^+的水化能力，能够抑制黏土矿物的水化膨胀和分散，而在 Na-MMT 层间壁面的 Na^+的水化能力几乎不受影响。我们还发现 PEG 分子可以置换 Na-MMT 层间壁面上的水分子，并且可以与 Na-MMT 层间壁面形成氢键，因此，加入 PEG 后，Na-MMT 水和 Na-MMT 层间表面之间的氢键数降低了，该作用亦不利于黏土矿物的水化膨胀和水化分散。但是，PEG 分子对 Na-MMT 层间表面水分子的方向性的影响几乎没有。此外，形成的 Na^+-PEG4 和 Na^+-PEG8 混合结构（冠状或螺旋状）的形成会大大降低 Na^+的迁移速率。本研究成果可为研发新型高性能水基钻井液处理剂提供重要的启示。

参考文献

[1] H. Schott. Interaction of nonionic detergents and swelling clays. Kolloid-Zeitschrift und Zeitschrift für Polymere, 199(1964) 158-169.

[2] S. Gou, T. Yin, Q. Xia, Q. Guo, Biodegradable polyethylene glycol-based ionic liquids for effective inhibition of shale hydration, RSC Adv., 5(2015) 32064-32071.

[3] S. Villabona-Estupiñán, J. de Almeida Rodrigues, R. S. V. Nascimento, Understanding the clay-PEG(and hydrophobic derivatives) interactions and their effect on clay hydration and dispersion: A comparative study, Applied Clay Science, 143(2017) 89-100.

[4] H. M. Ahmed, M. S. Kamal, M. Al-Harthi, Polymeric and low molecular weight shale inhibitors: A review, Fuel, 251(2019) 187-217.

[5] J. Ulbricht, R. Jordan, R. Luxenhofer, On the biodegradability of polyethylene glycol, polypeptoids and poly(2-oxazoline)s, Biomaterials, 35(2014) 4848-4861.

[6] A. Bains, E. Boek, P. Coveney, S. Williams, M. Akbar, Molecular modelling of the mechanism of action of organic clay-swelling inhibitors, Mol. Simul., 26(2001) 101-145.

[7] R. Parfitt, D. Greenland, The adsorption of poly(ethylene glycols) on clay minerals, Clay Min., 8(1970) 305-315.

[8] B. Bloys, N. Davis, B. Smolen, L. Bailey, O. Houwen, P. Reid, J. Sherwood, L. Fraser, M. Hodder, F. Montrouge, Designing and managing drilling fluid, Oilfield Review, 6(1994) 33-43.

[9] M. Aston, G. Elliott, Water-based glycol drilling muds: shale inhibition mechanisms, in: European Petroleum Conference, Society of Petroleum Engineers, 1994.

[10] C.-C. Su, Y.-H. Shen, Effects of poly(ethylene oxide) adsorption on the dispersion of smectites, Colloids and Surfaces A: Physicochemical and Engineering Aspects, 312(2008) 1-6.

[11] C. E. C. De Souza, A. S. Lima, R. S. V. Nascimento, Hydrophobically modified poly(ethylene glycol) as reactive clays inhibitor additive in water-based drilling fluids, Journal of Applied Polymer Science, 117(2010) 857-864.

[12] P. Aranda, E. Ruiz-Hitzky, Poly(ethylene oxide)-silicate intercalation materials, Chemistry of Materials, 4

(1992) 1395-1403.
[13] J. L. Suter, P. V. Coveney, R. L. Anderson, H. C. Greenwell, S. Cliffe, Rule based design of clay-swelling inhibitors, Energy & Environmental Science, 4572.
[14] R. L. Anderson, H. C. Greenwel, J. L. Suter, R. M. Jarvis, P. V. Coveney, Towards the design of new and improved drilling fluid additives using molecular dynamics simulations, Anais da Academia Brasileira de Ciências, 82(2010) 43-60.
[15] S. Plimpton, Fast parallel algorithms for short-range molecular dynamics, in, Sandia National Labs., Albuquerque, NM(United States), 1993.
[16] M. Chávez-Páez, K. Van Workum, L. De Pablo, J. J. de Pablo, Monte Carlo simulations of Wyoming sodium montmorillonite hydrates, The Journal of chemical physics, 114(2001) 1405-1413.
[17] N. T. Skipper, F. -R. C. Chang, G. Sposito, Monte Carlo simulation of interlayer molecular structure in swelling clay minerals. 1. Methodology, Clays and Clay minerals, 43(1995) 285-293.
[18] R. T. Cygan, J. -J. Liang, A. G. Kalinichev, Molecular models of hydroxide, oxyhydroxide, and clay phases and the development of a general force field, Phys. Chem. B, 108(2004) 1255-1266.
[19] S. Zhan, Y. Su, Z. Jin, W. Wang, L. Li, Effect of water film on oil flow in quartz nanopores from molecular perspectives, Fuel, 262(2020) 116560.
[20] J. A. Greathouse, R. T. Cygan, J. T. Fredrich, G. R. Jerauld, Molecular dynamics simulation of diffusion and electrical conductivity in montmorillonite interlayers, Phys. Chem. C, 120(2016) 1640-1649.
[21] M. Krishnan, M. Saharay, R. J. Kirkpatrick, Molecular dynamics modeling of CO2 and poly(ethylene glycol) in montmorillonite: The structure of clay-polymer composites and the incorporation of CO2, Phys. Chem. C, 117(2013) 20592-20609.
[22] H. Berendsen, J. Grigera, T. Straatsma, The missing term in effective pair potentials, Journal of Physical Chemistry, 91(1987) 6269-6271.
[23] D. E. Smith, L. X. Dang, Computer simulations of NaCl association in polarizable water, J. Chem. Phys, 100 (1994) 3757-3766.
[24] W. L. Jorgensen, D. S. Maxwell, J. Tirado-Rives, Development and testing of the OPLS all-atom force field on conformational energetics and properties of organic liquids, Journal of the American Chemical Society, 118 (1996) 11225-11236.
[25] B. Schampera, R. Solc, S. Woche, R. Mikutta, S. Dultz, G. Guggenberger, D. Tunega, Surface structure of organoclays as examined by X-ray photoelectron spectroscopy and molecular dynamics simulations, Clay Min., 50(2015) 353-367.
[26] B. Fazelabdolabadi, A. Alizadeh-Mojarad, A molecular dynamics investigation into the adsorption behavior inside {001} kaolinite and {1014} calcite nano-scale channels: the case with confined hydrocarbon liquid, acid gases, and water, Applied Nanoscience, 7(2017) 155-165.
[27] R. -G. Xu, Y. Leng, Squeezing and stick-slip friction behaviors of lubricants in boundary lubrication, Proceedings of the National Academy of Sciences, 115(2018) 6560-6565.
[28] H. Lorentz, Ueber die Anwendung des Satzes vom Virial in der kinetischen Theorie der Gase, Annalen der physik, 248(1881) 127-136.
[29] R. W. Hockney, J. W. Eastwood, Computer simulation using particles, crc Press, 1988.
[30] Y. Liu, X. Ma, H. A. Li, J. Hou, Competitive adsorption behavior of hydrocarbon(s)/CO_2 mixtures in a double-nanopore system using molecular simulations, Fuel, 252(2019) 612-621.
[31] E. Ferrage, B. Lanson, B. A. Sakharov, V. A. Drits, Investigation of smectite hydration properties by modeling experimental X-ray diffraction patterns: Part I. Montmorillonite hydration properties, Am. Miner., 90(2005) 1358-1374.

[32] R. Mooney, A. Keenan, L. Wood, Adsorption of water vapor by montmorillonite. II. Effect of exchangeable ions and lattice swelling as measured by X-ray diffraction, Journal of the American Chemical Society, 74 (1952) 1371-1374.
[33] K. Tamura, H. Yamada, H. Nakazawa, Stepwise hydration of high-quality synthetic smectite with various cations, Clays and Clay Minerals, 48(2000) 400-404.
[34] W. Humphrey, A. Dalke, K. Schulten, VMD: Visual molecular dynamics, Journal of Molecular Graphics, 14(1996) 33-38.
[35] D. J. Evans, B. L. Holian, The nose-hoover thermostat, J. Chem. Phys, 83(1985) 4069-4074.
[36] M. Tuckerman, B. J. Berne, G. J. Martyna, Reversible multiple time scale molecular dynamics, J. Chem. Phys, 97(1992) 1990-2001.
[37] D. Frenkel, B. Smit, Understanding molecular simulation: from algorithms to applications, second ed., Elsevier, Cambridge, 2002.
[38] I. C. Bourg, G. Sposito, Connecting the molecular scale to the continuum scale for diffusion processes in smectite-rich porous media, Environmental science & technology, 44(2010) 2085-2091.
[39] U. R. Dahal, E. E. Dormidontova, Spontaneous insertion, helix formation, and hydration of polyethylene oxide in carbon nanotubes, Physical review letters, 117(2016) 027801.
[40] R. Stepto, T. Chang, P. Kratochvíl, M. Hess, K. Horie, T. Sato, J. Vohlídal, Definitions of terms relating to individual macromolecules, macromolecular assemblies, polymer solutions, and amorphous bulk polymers (IUPAC Recommendations 2014), Pure and Applied Chemistry, 87(2015) 71-120.
[41] I. Bitsanis, G. Hadziioannou, Molecular dynamics simulations of the structure and dynamics of confined polymer melts, The Journal of chemical physics, 92(1990) 3827-3847.
[42] Y. Nan, W. Li, Z. Jin, Role of Alcohol as a Cosurfactant at the Brine-Oil Interface under a Typical Reservoir Condition, Langmuir, 36(2020) 5198-5207.
[43] L. Zhang, X. Lu, X. Liu, J. Zhou, H. Zhou, Hydration and mobility of interlayer ions of(Nax, Cay)-montmorillonite: a molecular dynamics study, Phys. Chem. C, 118(2014) 29811-29821.
[44] S. B. Rempe, L. R. Pratt, G. Hummer, J. D. Kress, R. L. Martin, A. Redondo, The hydration number of Li+ in liquid water, Journal of the American Chemical Society, 122(2000) 966-967.
[45] E. Boek, P. Coveney, N. Skipper, Monte Carlo molecular modeling studies of hydrated Li-, Na-, and K-smectites: Understanding the role of potassium as a clay swelling inhibitor, Journal of the American Chemical Society, 117(1995) 12608-12617.
[46] R. Kumar, J. Schmidt, J. Skinner, Hydrogen bonding definitions and dynamics in liquid water, The Journal of chemical physics, 126(2007) 05B611.
[47] S. C. Aboudi Mana, M. M. Hanafiah, A. J. K. Chowdhury, Environmental characteristics of clay and clay-based minerals, Geology, Ecology, and Landscapes, 1(2017) 155-161.
[48] F. -R. C. Chang, N. Skipper, G. Sposito, Computer simulation of interlayer molecular structure in sodium montmorillonite hydrates, Langmuir, 11(1995) 2734-2741.

基于相变材料的高温深井钻井液降温技术实验研究

刘均一　陈二丁　袁　丽

（中石化胜利石油工程有限公司钻井工艺研究院）

【摘　要】 随着我国油气勘探开发逐步向深层发展，深层高温高压等极端恶劣环境对钻井液与井下仪器提出了严峻的考验，限制了深层油气的钻探开发进程。针对深部油气钻探开发中钻井液的抗高温稳定等技术难题，本文探索将相变材料引入到钻井液中，通过理论分析与模拟实验，证明了利用相变材料的“相变蓄热原理”降低井筒钻井液循环温度的可行性。结果表明，3种相变材料的相变温度为120~145℃，相变潜热为90.3~280.6J/g，相变蓄热特性优异，具有良好的钻井液配伍性能，加量达到12%时钻井液流变滤失性能仍能满足钻井施工要求。将相变材料加入到钻井液中，能够有效地降低井筒钻井液循环温度，且相变材料加量越大，钻井液降温效果越明显，加量达到12%时，钻井液循环温度最高可降低约20℃；相变材料的重复利用性能好，可连续实现“蓄热—放热”相变过程，满足了钻井液循环降温要求。研究结果为基于相变材料的高温深井钻井液降温技术研究提供了重要参考。

【关键词】 高温深井；水基钻井液；钻井液降温；相变蓄热；前瞻研究

随着我国油气对外依存度持续攀升，向地球深部进军、拓展深层油气资源，实现深层油气资源的高效勘探开发，对筑牢我国能源安全的资源基础具有重要的现实与战略意义。据预测，我国深层超深层油气资源达671×10^8t油当量，占油气资源总量的34%，油资源丰富，开发潜力巨大，是我国未来油气勘探开发的现实领域[1,2]。

现场实践表明，在深层油气钻探开发中，钻井面临着越来越多的高温、超高温问题，塔里木盆地顺北、顺南地区的井底温度一般在180~260℃之间，钻井液各组分在高温下极易发生分散、聚结及降解、交联等反应，造成钻井液流变滤失性能剧变，甚至导致钻井作业无法正常进行[3]。高温超高温环境也会对钻井工具、随钻测量和测井等仪器设备产生严重的负面影响，严重缩短仪器设备的使用寿命[4]，大幅度提高钻井成本。此外，随着我国地热资源开发与深部科学钻探工程的陆续实施，钻遇的高温地层也越来越多，干热岩高温井的井底温度多在200℃以上，甚至超过300℃[5]。因此，深层油气、干热岩等高温高压极端恶劣环境对钻井液技术、井下仪器设备提出了严峻的考验，限制了深层油气、地热清洁资源的高效钻探开发。

目前国内外钻井液降温方法主要包括自然冷却、低温介质混合冷却、冷却装置强制冷却等，其中国外已研发了钻井液冷却技术及配套装备，并在高温深井、地热井、冻土带等得到了广泛应用[6-8]。但上述方法只是通过降低钻井液入口处温度，间接地降低井筒钻井液循环温度，存在设备投入大、耗能高、冷却介质消耗大等问题，无法完全满足高温深井钻井液降

作者简介：刘均一，男，1988年生，高级工程师，2016年获中国石油大学（华东）工学博士学位，现任中石化胜利石油工程钻井工艺研究院钻井液技术专家，主要从事钻井液新技术研究工作。E-mail：daniel-liu1988@126.com。联系电话：15166299268。

温要求。

相变材料(PCM-Phase Change Material)是一种通过自身相态的变化对热能进行存储，从而对材料周围的环境温度进行调节的新型功能材料，广泛应用于航天、军事、建筑、制冷等领域[9]。目前，相变材料在钻井工程中的研究与应用主要集中在低水化热水泥浆体系方面[10]，未见相变材料在钻井液中的研究与应用。为此，针对深部油气钻探开发中钻井液的抗高温稳定等技术难题，本文首次探索将相变材料引入到钻井液中，提出了利用相变材料调控井筒钻井液循环温度的新方法，并通过理论分析与模拟实验，证明了利用相变材料的“相变蓄热原理”降低钻井液循环温度的可行性与适用性，为后续钻井液降温用相变材料与钻井液降温应用工艺技术研究提供了重要参考。

1 相变材料的物化性质评价

相变材料在一定的相变温度下，能够在不同的相态之间可逆转变，吸收或释放大量的相变潜热，相变过程具有三个显著特征：一是相变潜热较大，比显热储存材料(如水泥、岩石等)单位体积储热能力超出 40 倍以上；二是在相变过程中保持介质温度几乎不变；三是清洁环保、可重复利用[11]。

将相变材料作为钻井液降温用处理剂，需要满足以下优选原则：(1)与钻井液配伍性好，相变前后对钻井液流变滤失等性能无不利影响；(2)热吸收能力强，相变潜热大，且具有合适的相变温度，能够满足高温深井钻井液的降温要求；(3)具有良好的化学稳定性和热稳定性，在井下多次相变蓄/放热过程中不发生分解、老化、相分离等问题；(4)相变材料粒径处于微纳米级别，且相变可逆性好，可反复使用，能够随钻井液循环使用，而不被钻井固控系统筛除。此外，相变材料还需要来源丰富，成本可接受，使用安全，满足无毒、不易燃等要求。基于上述优选条件，本文优选了 3 种相变材料，测试了上述相变材料的热物理性质，并实验评价了其相变蓄热控温特性，为后续的钻井液降温模拟实验研究提供参考。

1.1 相变材料的热物性评价

采用差示扫描量热法(Differential Scanning Calorimetry，DSC)，测试得到了相变材料的相变温度、相变潜热等热物理性质。测试方法为：(1)升温 30～200℃，10℃/min；(2)200℃恒温 10min；(3)降温 200～30℃，10℃/min；(4)30℃恒温 10min；(5)30～200℃升温，10℃/min，得到 DSC 曲线。以相变材料 2#的 DSC 曲线(图 1)为例，ICTA 标准化委员会规定，峰向上为放热峰，向下为吸热峰，前基线延长线与峰的前沿最大斜率处切线的交点，即熔点，取熔化再结晶的结晶峰作为特征峰分析，即可获得相变温度、相变潜热等特性参数[12]。

表 1 为相变材料的热物理性质测试结果。分析可知，相变材料 1#为一种复合相变材料，相变温度为 145℃，相变潜热为 90.3J/g，相变潜热较低；相变材料 2#为一种固—固相变材料，相变温度为 120℃，相变潜热 280.4J/g，相变潜热较高；相变材料 3#为一种相变微胶囊材料，相变温度为 132℃，相变潜热 126.2J/g。此外，相变材料 1#～3#的 D90 粒径均小于 75μm(过 200 目筛)，能够顺利通过振动筛等固控设备，满足钻井液循环利用要求。

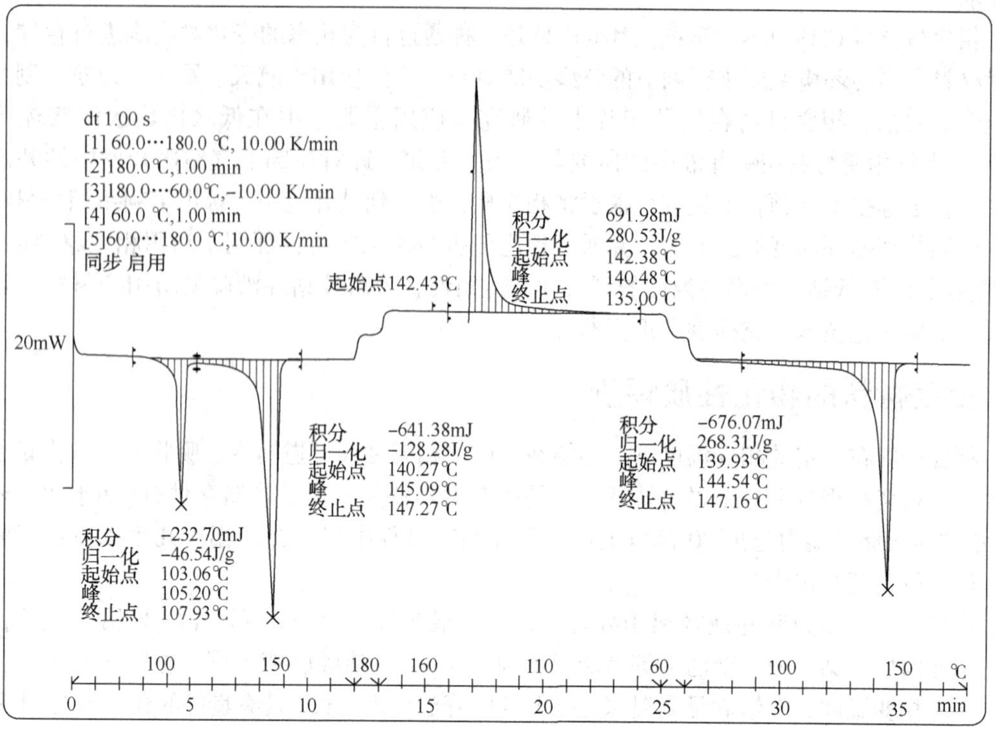

图 1　相变材料 2#的 DSC 曲线

表 1　相变材料的热物理性质测试结果

编号	D90 粒径(μm)	相变温度(℃)	相变潜热(J/g)
相变材料 1#	32.1	145	90.3
相变材料 2#	28.4	120	280.6
相变材料 3#	12.7	132	126.2

1.2　相变材料的蓄热特性评价

将纯加热介质升温至 200℃，每半分钟记录一次数据，得到纯加热介质的升温曲线；然后在纯加热介质中加入 12%相变材料，混合均匀后循环加热，每半分钟记录一次温度，得到相变材料的蓄热控温特性曲线。

图 2 为相变材料 1#～3#的蓄热控温特性曲线。分析可知，随着加热时间的增加，纯加热介质迅速升温至 200℃，而加入相变材料 1#之后，加热介质起初迅速升高，但当温度达到相变温度 140℃左右时，相变材料发生相态转变，吸收大量的相变潜热，形成了一个相变恒温平台；相变材料 2#、相变材料 3#也表现出类似的实验现象。此外，实验结果表明，相变恒温平台的温度由相变材料的相变温度决定，而恒温平台的保持时长，则与相变材料的相变潜热直接相关，相变材料 2#的相变潜热最大，恒温平台保持时间最长。

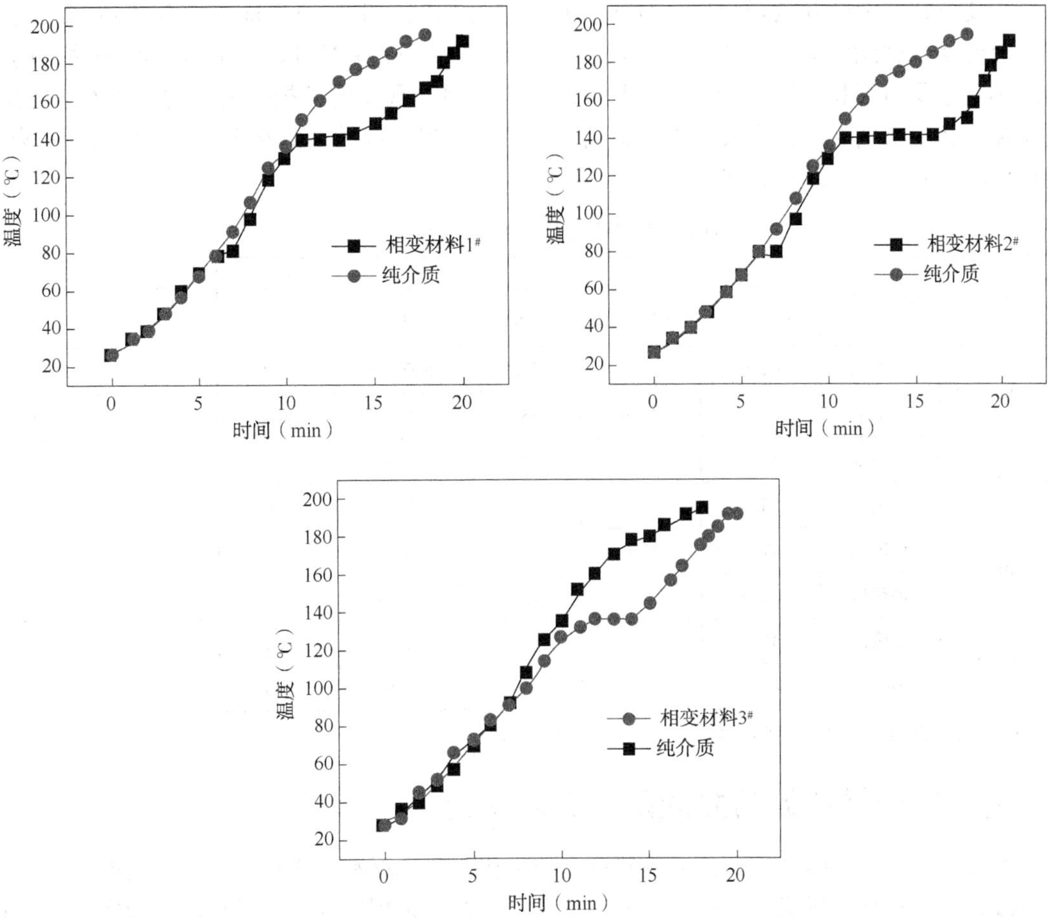

图2　相变材料1#～3#的蓄热控温特性曲线

2　相变材料的钻井液降配伍性能评价

将相变材料作为钻井液降温用处理剂，要求相变材料必须与常用钻井液体系具有良好的配伍性能。因此，选用一套常用的抗高温水基钻井液，实验测试了加入相变材料前后的钻井液流变滤失等基本性能，评价了相变材料的钻井液配伍性能。钻井液实验配方：

HT-MUD-1 配方(抗高温水基钻井液)为：2%膨润土 + 0.8%HT-POLY + 1.5%HT-FR + 2%HT-LSA + 3.5%HT-SEAL + 0.5%HT-CSP + 1%HT-LUBE(重晶石加重达 1.5g/cm^3)。

HT-MUD-2 配方为：2%膨润土 + 0.8%HT-POLY + 1.5%HT-FR + 2%HT-LSA + 3.5%HT-SEAL + 0.5%HT-CSP+ 1%HT-LUBE + 12%相变材料 1#(重晶石加重达 1.5g/cm^3)。

HT-MUD-3 配方为：2%膨润土 + 0.8%HT-POLY + 1.5%HT-FR + 2%HT-LSA + 3.5%HT-SEAL + 0.5%HT-CSP+ 1%HT-LUBE + 12%相变材料 2#(重晶石加重达 1.5g/cm^3)。

HT-MUD-4 配方为：2%膨润土 + 0.8%HT-POLY + 1.5%HT-FR + 2%HT-LSA + 3.5%HT-SEAL + 0.5%HT-CSP+ 1%HT-LUBE + 12%相变材料 3#(重晶石加重达 1.5g/cm^3)。

表2为加入相变材料前后的钻井液流变滤失性能评价结果。分析可知，与 HT-MUD-1 配方相比，加入12%相变材料后，钻井液塑性黏度、动切力略有增大，滤失性能变化不大，

说明相变材料作为钻井液降温用处理剂，具有良好的钻井液配伍性能，加量达到12%时钻井液流变滤失性能仍能满足钻井施工要求。其中，相变材料3#对钻井液流变滤失性能的影响最小，这是由于相变材料3#为一种相变微胶囊材料，既保留了相变材料的相变蓄热作用，还避免了相变材料对工作介质的不利影响。这也说明相变材料的微胶囊化，将是钻井液降温用相变材料研发的有效途径之一。

表2 钻井液流变、滤失性能评价结果

配方	实验条件	*AV* (mPa·s)	*PV* (mPa·s)	*YP* (Pa)	*Gel* (Pa)	FL_{API} (mL)	FL_{HTHP} (mL)	pH值
HT-MUD-1	热滚前	41.0	31.0	10.0	5.0/8.0	3.0	—	9.0
	热滚后	43.0	30.0	13.0	4.5/9.0	3.2	12.4	9.0
HT-MUD-2	热滚前	51.0	39.0	12.0	5.5/9.0	2.8	—	9.0
	热滚后	53.0	38.5	14.5	5.5/10.0	3.0	11.8	8.5
HT-MUD-3	热滚前	47.5	36.0	11.5	5.0/9.0	3.2	—	9.0
	热滚后	50.5	37.0	13.5	5.0/10.5	2.6	11.6	8.5
HT-MUD-4	热滚前	42.5	32.0	10.5	5.0/8.5	3.2	—	9.0
	热滚后	43.5	31.0	12.5	5.0/9.5	3.0	12.0	9.0

注：热滚条件180℃/16h，HTHP滤失量条件150℃/3.5MPa。

3 基于相变材料的钻井液降温实验研究

上述研究表明，随井筒钻井液循环温度的变化，相变材料发生可逆的相态转变，可吸收或释放大量的热量，形成较宽的相变恒温平台。因此，采用钻井液循环降温模拟实验，实验研究了基于相变材料的钻井液降温性能，验证了利用“相变蓄热原理”降低钻井液循环温度的可行性。

3.1 钻井液循环降温模拟实验方法

钻井液循环降温模拟实验装置结构如图3所示。实验过程中，钻井液经过真空泵打入模拟井筒中，并由环空上返、循环流动；井筒由加热套包裹，加热套由1#、2#、3#三个温度传感器串级控制，达到所需井筒温度分布；井筒环空出口处装有压力控制阀，可通过环空出口压力控制，调控钻井液循环压力。钻井液循环降温模拟实验中，首先采用未加相变材料的抗高温钻井液，进行井筒循环流动，通过三个传感器控制加热套，使井底钻井液温度达到180℃；手动调节加热套，将加热功率保持在温度恒定位置，关闭温度传感器的伺服控制；将加入相变材料的抗高温钻井液进行循环流动，连续记录井底温度传感器读数，得到基于相变材料的钻井液降温性能实验曲线。

3.2 钻井液降温性能实验结果

以相变材料2#为例，分析了基于相变材料的钻井液降温性能实验结果。分析图4可知，当井底钻井液温度达到180℃后，改用加入相变材料2#的抗高温钻井液进行循环，在井底高温环境下，相变材料在相变温度附近，发生相态变化，吸收大量的热量，即发生“相变蓄热”，井底钻井液循环温度随之降低；相变材料2#的加量越大，井底钻井液循环温度降低越明显，当相变材料2#加量为3%时，井底钻井液温度降低了约5℃，而当相变材料2#加量增

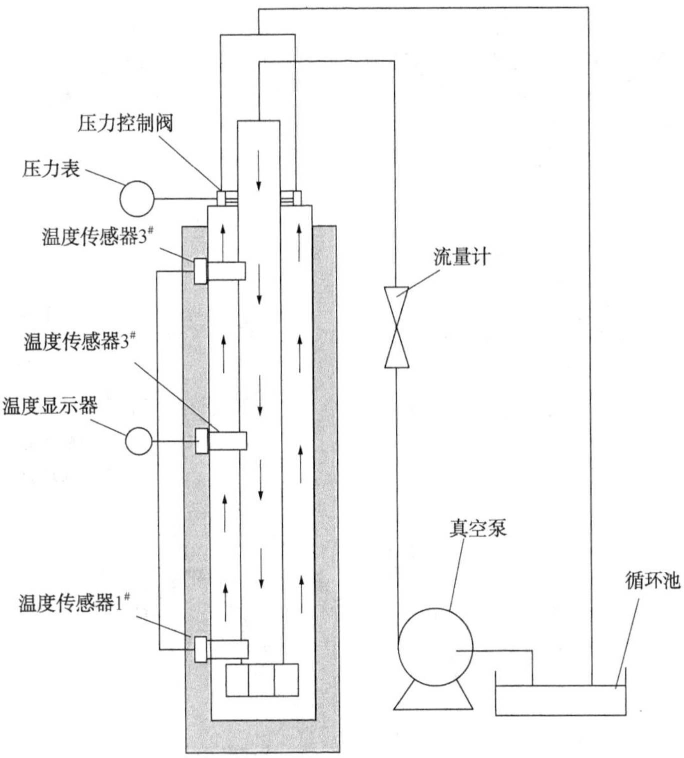

图 3　钻井液循环降温模拟实验装置结构图

加至 6%、9%、12%、15%时，井底钻井液温度分别降低了约 9℃、16℃、20℃、24℃。

为了模拟在连续循环条件下相变材料的降温性能，将第一次降温实验的抗高温钻井液（已加入相变材料 2#，相变温度为 120℃），冷却至 60℃左右，再次循环入井完成第二次降温实验。进一步分析图 4 可知，由于相变过程是一个可逆的“蓄热—放热”过程，再次循环进入井筒后，仍表现出良好的钻井液的降温性能，两次降温实验的降温效果相差不超过 2℃，具有较好的可重复利用性能，实验验证了利用“相变蓄热原理”降低钻井液循环温度的可行性。

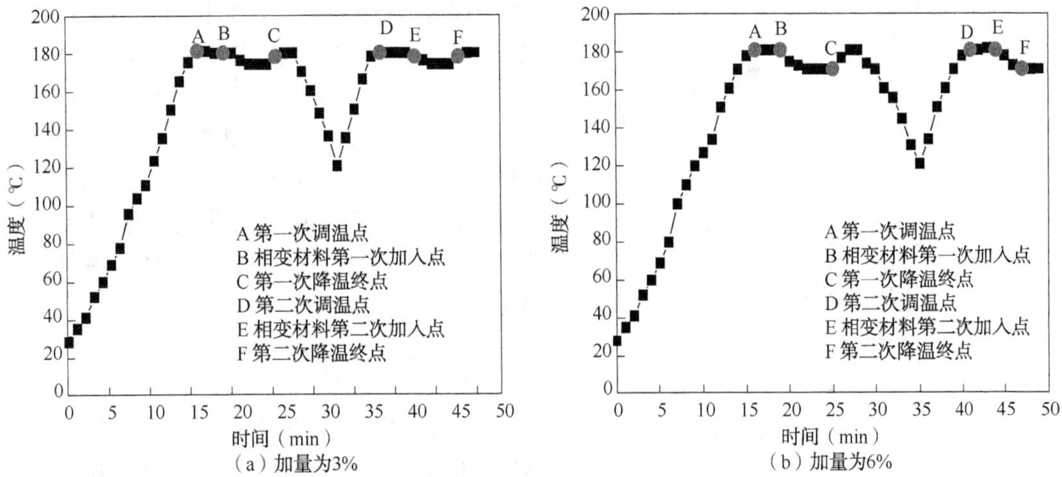

图 4　相变材料 2#的钻井液降温性能实验曲线

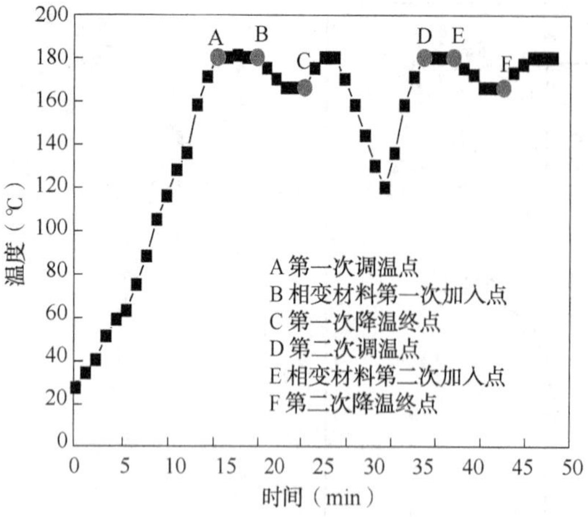

（c）加量为9%

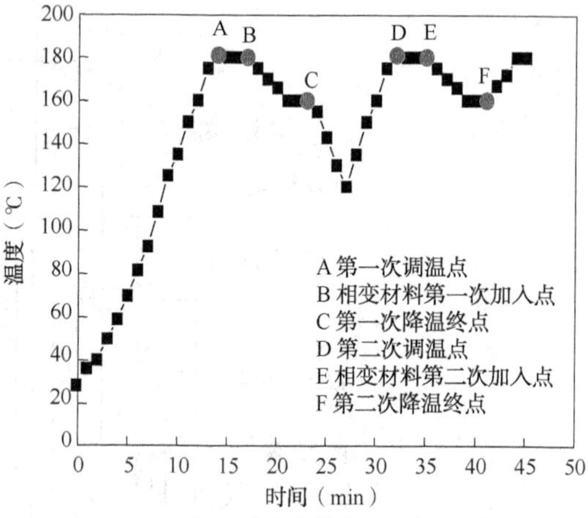

（d）加量为12%

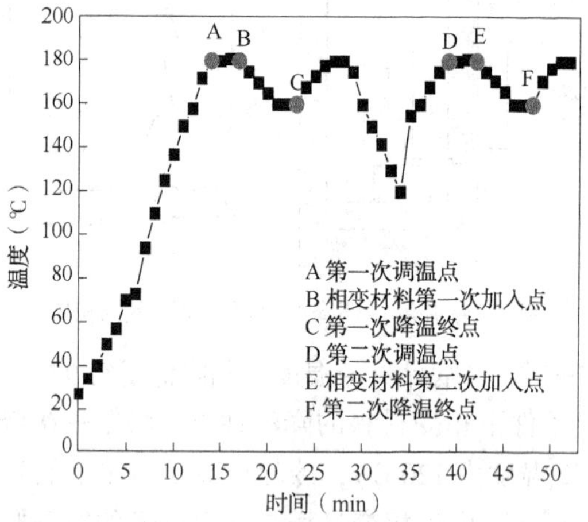

（e）加量为15%

图 4　相变材料 2[#]的钻井液降温性能实验曲线(续)

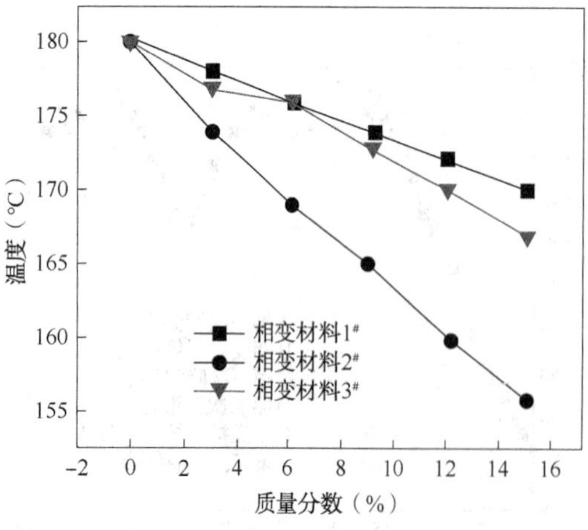

图 5　相变材料 1[#]～3[#]的钻井液降温性能实验结果

图 5 为相变材料 1[#]～3[#]的钻井液降温性能实验结果。分析可知，相变材料 1[#]～3[#]均具有较好的钻井液降温性能，以钻井液降温 10℃为评价标准，相变材料 1[#]、2[#]、3[#]最低加量分别为 15%、6%、12%。由于相变材料 2[#]的相变潜热最大，其钻井液降温性能最优，这就说明相变材料的钻井液降温性能受相变潜热影响显著，相变潜热越大，相变材料的钻井液降温效果越明显。

4　结论与认识

（1）提出了利用相变材料调控井筒钻井液循环温度的新方法，并通过理论分析与模拟实验，证明了利用相变材料的“相变蓄热原理”降低井筒钻井液循环温度的可行性。

（2）优选了3种相变材料，相变温度为120~145℃，相变潜热为86.2~280.4J/g，相变蓄热特性优异，且具有良好的钻井液配伍性能。

（3）将相变材料加入到钻井液中，能够有效地降低钻井液循环温度，加量达到12%时，钻井液循环温度最高可降低约20℃，且可重复利用性能好，满足钻井液循环降温要求。

参考文献

[1] 徐春春，邹伟宏，杨跃明，等．中国陆上深层油气资源勘探开发现状及展望[J]．天然气地球科学，2017，28(8)：1139-1153.

[2] 石昕，戴金星，赵文智．深层油气藏勘探前景分析[J]．中国石油勘探，2005，(1)：1-10.

[3] 孙金声，黄贤斌，吕开河，等．提高水基钻井液高温稳定性的方法、技术现状与研究进展[J]．中国石油大学学报(自然科学版)，2019，43(5)：73-81.

[4] 刘清友，湛精华，黄云，等．深井、超深井高温高压井下工具研究[J]．天然气工业，2005，25(10)：73-75.

[5] 卢运虎，王世永．陈勉，等．高温热处理共和盆地干热岩力学特性实验研究[J]．地下空间与工程学报，2020，16(1)：114-121.

[6] 马青芳．钻井液冷却技术及装备综述[J]．石油机械，2016，44(10)：42-45.

[7] Maury V，Guenot A. Practical advantages of mud cooling systems for drilling[C]. SPE 25732，1995.

[8] 赵江鹏，孙友宏，郭威．钻井泥浆冷却技术发展现状与新型泥浆冷却系统的研究[J]．探矿工程，2010，37(9)：1-5.

[9] Salgado Sánchez P，Ezquerro J M，Porter J，et al. Effect of thermo-capillary convection on the melting of phase change materials in microgravity：Experiments and simulations[J]. International Journal of Heat and Mass Transfer，2020，154：119717.

[10] 宋建建，许明标，王晓亮，等．新型相变材料对低热水泥浆性能的影响[J]．钻井液与完井液，2019，36(2)：218-223.

[11] Miao C Y，Lv G，Yao Y W，et al. Preparation of shape-stabilized phase change materials as temperature-adjusting powder [J]. Frontiers of Materials Science in China，2007，1(3)：284-287.

[12] 孙茹茹，李化建，黄法礼，等．相变材料在水泥基材料中的应用[J]．硅酸盐通报，2020(3)：662-668.

低荧光硅基防塌钻井液在海古102井的应用

张　勇[1,2]　郑学磊[2]　周艳丽[2]　王红芳[1,2]　朱　莉[1,2]　苏　君[1,2]

（1. 天津市复杂条件钻井液企业重点实验室；2. 中国石油集团渤海钻探工程有限公司）

【摘　要】 为满足海古102探井对于钻井液材料荧光要求及施工中润滑、防塌、防漏、携砂的需求，在常规硅基防塌钻井液基础上通过优选低荧光材料BZ-YFT和PGCS-1降低了钻井液荧光等级和润滑性能、化学和力学手段结合保持井壁稳定、引入BZ-DSA增强体系封堵性能、加入BZ-HXC增强钻井液携砂力，形成了低荧光硅基防塌钻井液，通过室内试验表明低荧光硅基防塌钻井液荧光等级低、摩阻小、润滑性能强，封堵性好，携砂能力好。现场施工证明，该体系荧光等级为3级，在润滑、防塌、封堵、携砂方面均表现优异，全井定向施工顺利，井壁稳定、井眼清洁，起下钻顺畅，顺利完成该井的施工。说明体系可以满足大港油区探井施工需求。

【关键词】 探井；低荧光；润滑；防塌；封堵；携砂

1　地质工程简述

海古102井是大港油田勘探公司部署于河北省黄骅市张巨河村东约3km埕海3-1人工井场的一口三开预探井，构造位置属于埕海中位潜山海古1断块，该井目的是发掘二叠系油气显示。自上而下钻遇地层为平原组、明化镇组、馆陶组、东营组、沙三段、三叠系、二叠系石千峰组、二叠系石盒子组、二叠系山西组。本井自二开980m处开始造斜，1255m处增至22.03°，后期稳斜至井底4381m，井底位移1248.34m。

2　本井钻井液技术难点

（1）常规硅基防塌钻井液荧光等级不能满足探井要求。

（2）定向稳斜段长达3126m，地层倾角影响，井斜易波动，需要频繁调整井斜方位，易产生托压，需要钻井液具备较高的润滑性能。

（3）钻遇地层中东营组泥岩易水化膨胀、山西组煤层胶结程度差，存在井塌[1]风险，邻井海古1井在东营组及山西组发生过2次井塌。

（4）馆陶组底部砾岩、东营组底部断层、沙三段灰质白云岩、二叠系含砾不等砾地层孔隙度大，裂缝性地层发育，存在井漏风险。

（5）ϕ311.1mm尺寸井眼长达2770m的，环空返速低，井段长，对于钻井液的携砂性能要求高[2]。

基金项目：天津市科技计划项目“非常规和深层油气资源开发钻井液关键技术研究”（项目编号19PTSYJC00120）。

作者简介：张勇，中国石油集团渤海钻探泥浆技术服务分公司，工程师，地址：天津市大港油田红旗路东段泥浆公司，联系电话：18622913120，邮件：37712987@qq.com。

3 钻井液技术难点解决方法

3.1 优选低荧光钻井液材料

常规硅基防塌钻井液在施工现场使用三维定量荧光检测，荧光等级一般为6~7，该体系组成材料硅稳定剂、硅稀释剂、包被剂 KPAM 的荧光等级为3~4级，复合沥青荧光等级为6~7级、液体润滑剂的荧光等级7级，复合沥青及液体润滑剂荧光等级高主要是含有沥青类或含芳香烃组分多，形成的硅基防塌钻井液荧光等级超过5级，不利于气测录井、荧光录井中的油气发现。大港油田区域储层荧光显示一般大于6[3]，对于生产井入井钻井液材料荧光等级要求小于7级，探井入井钻井液材料荧光等级要求小于5级。依据定量荧光检测结果，选取 BZ-YFT，该材料通过用油溶物质水溶化的方法开发研制的新型水溶性钻井液防塌剂，其钻井液性能相当于常规磺化沥青，但荧光级别低且对环境无任何污染，荧光等级为4级。选取荧光等级为3级聚合醇(PGCS-1)作为润滑材料。其中 BZ-YFT 起到增强封堵、降低失水作用，聚合醇依靠“浊点”效应[4]，具有较好的润滑兼封堵作用。

3.2 降低摩擦阻力，保障定向顺利

钻井过程中，井下钻具在井筒内存在滑动摩擦与滚动摩擦，其摩擦阻力主要为钻杆与套管之间的摩擦阻力和钻具与井壁滤饼之间的摩擦阻力。托压现象主要是井壁滤饼与钻具之间的滑动摩擦阻力大于钻具重力沿程分力与施加钻压之和，钻头触碰不到井底，表现为无进尺，严重降低钻井速度。PGCS-1 的浊点效应，使得高于浊点温度后，PGCS-1 能够在井壁表面形成一层润滑膜，能够有效降低钻具与井壁之间的摩擦阻力，另外在钻井液中加入惰性细目碳酸钙，增强钻井液滤饼的致密坚韧，也能够降低摩擦阻力。

3.3 控制关键参数，降低井塌风险

继续使用常规硅基防塌钻井液体系中的硅稳定剂，发挥一定防塌[5]效果，主要是硅稳定剂能够提供有机硅分子，有机硅分子与地层黏土都具有的—Si—OH，在一定温度下缩合脱水，形成 Si—O—Si，增加了黏土颗粒结合力，同时有机硅的有机基团具有一定的斥水作用。

选取邻井海古1井东营组地层及山西组地层岩样，进行线型膨胀试验和清水滚动回收试验及亚甲基蓝法比亲水量测定[6]。实验数据见表1。

表1 岩样试验数据表

岩样	线性膨胀率(%)	清水滚动回收率(%)	比亲水量 (mg/m^2)
东营组	18	20.7	10.58
山西组	5	42.4	9.58

试验数据表明：东营组泥岩属于易膨胀泥岩，分散性强，比亲水量大，水化膜厚，泥岩颗粒水化斥力大，易导致泥岩井壁失稳；山西组岩样基本不膨胀、也不易分散、井壁失稳主要是因水化作用造成。

针对不同地层采取不同技术措施，东营组泥页岩防塌要侧重于预防分散及水化膨胀。采取的技术措施主要是提高钻井液的抑制性，严格控制低失水，减少自由水进入地层，防止泥页岩水化膨胀。

山西组煤层防塌要侧重于封堵与力学支撑，高密度钻井液提供力学支撑，强封堵性既要保证低失水，同时保证侧应力作用于井壁，且不会对井壁产生压裂引起井漏。

3.4 引入 BZ-DSA，增强体系封堵性

在井内有动力钻具前提下，用于随钻堵漏的材料相对较少[7]，依据施工经验，1.5°螺杆马达可通过粒径一般要小于 5mm，且浓度不宜超过 5%，否则会造成马达堵塞，影响钻井施工。以往施工过程中一般采取加入单封等来进行随钻防漏堵漏，因其组分单一，粒径细小，防漏堵漏效果不尽人意。BZ-DSA 是一种新型复合材料，主要成分是硅藻土、细目碳酸钙和植物纤维，颗粒粒径为 3~5mm，可用于井下有螺杆或其他动力钻具时防漏堵漏，该材料即可作为随钻防漏堵漏材料使用，也能提高钻井液的封堵性，且对钻井液流变性能影响较小，在钻井液中起到增强封堵、预防井漏效果[8]。室内研究 BZ-DSA 对钻井液性能的影响，结果见表 2。可知，加入 BZ-DSA 之后能有效降低钻井液滤失量，对钻井液流变性能影响小。推荐 BZ-DSA 加量浓度为 2%。

表 2　BZ-DSA 对钻井液性能影响

浓度(%)	AV(mPa·s)	PV(mPa·s)	YP(Pa)	FL_{API}(mL)
0	10	6	4	38
1	15	9	6	18
2	16	10	6	16
3	19	12	7	16
4	20	13	7	14

注：配方为 4%膨润土浆+BZ-DSA。

3.5 引入 BZ-HXC，提高钻井液携砂能力

钻井液的清洁能力表现为两方面：一方面是将井底岩屑携带出井筒，一般需要调节钻井液的 YP 值(动切力)来实现；另一方面是将黏附于井壁之上的劣质固相冲刷掉，需要通过合理的钻井液黏度来实现，并适当的结合短起下进行刮削井壁。

本井钻井液需要维持较高的 YP 值及适中的黏度，而多数钻井液材料在增加 YP 值的时也会增加钻井液黏度，使用降黏材料降低钻井液黏度时也会降低 YP 值[9]，存在了一定的矛盾性。钻井液材料 BZ-HXC 能够避免此问题，该材料在提高 YP 值的时候，对钻井液黏度影响较小，因此只需在调整钻井液黏度后，通过加入该材料来调整 YP 值来提高钻井液携砂能力，保障了井眼清洁。

4 低荧光硅基防塌钻井液体系确定

4.1 室内配方优化形成

根据钻井液成本规划和钻井液体系的适用范围，最终选取以常规硅基防塌钻井液体系配方为基础，通过材料取代，BZ-YFT 取代复合沥青，聚合醇(PGCS-1)取代液体润滑剂，BZ-DSA 取代单封，引入 BZ-HXC 材料，最终形成一套低荧光硅基防塌钻井液体系如下：1-2%硅稳定剂+1-1.5%BZ-YFT+1%液体降黏剂+0.3-1%KPAM+1-2%BZ-DSA+0.5-1.5%PGCS-1+0.3-0.8%BZ-HXC+2%细目碳酸钙+重晶石。

4.2 钻井液性能评价

荧光等级：经过三维荧光分析仪测定，常规硅基防塌钻井液荧光等级为 6 级，低荧光硅基防塌钻井液荧光等级为 3 级，检测数据说明低荧光硅基防塌钻井液体系能够满足探井荧光等级小于 5 级的要求。

润滑性能：采用 EP 极压润滑仪及 NF 黏附系数测定仪对常规硅基防塌钻井液和低荧光防塌钻井液进行润滑性能对比，数据见表 3。

表 3 常规硅基防塌钻井液与低荧光硅基防塌钻井液润滑性能数据表

配方	极压润滑系数	黏附系数
常规硅基防塌钻井液	0.15	0.20
低荧光硅基防塌钻井液	0.12	0.17

实验数据说明，低荧光硅基防塌润滑剂润滑性能更佳。

抑制防塌性：用膨润土制样，采用页岩膨胀仪，考察其在清水、常规硅基防塌钻井液滤液、低荧光硅基防塌钻井液滤液中的线型膨胀率，结果见图 1。从图 1 可看出，膨润土在低荧光硅基防塌钻井液中膨胀率 17.5%低于常规硅基防塌钻井液的 19%，说明低荧光硅基防塌钻井液在抑制性上比常规硅基防塌钻井液强。

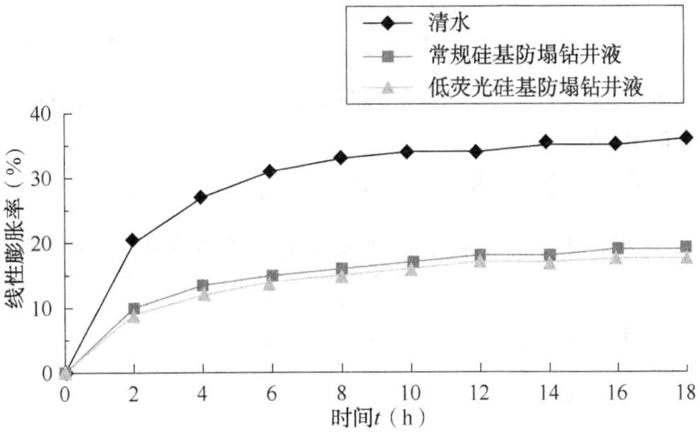

图 1 膨润土在不同钻井液滤液中的线性膨胀率

取海古 1 井东营组岩屑在 120℃下热滚 16h，考察其在清水、常规硅基防塌钻井液、低荧光硅基防塌钻井液中的热滚回收率，实验结果见图 2。从图 2 可看出，岩屑在低荧光硅基防塌钻井液中回收率 75.5%优于常规硅基防塌钻井液 65.5%。

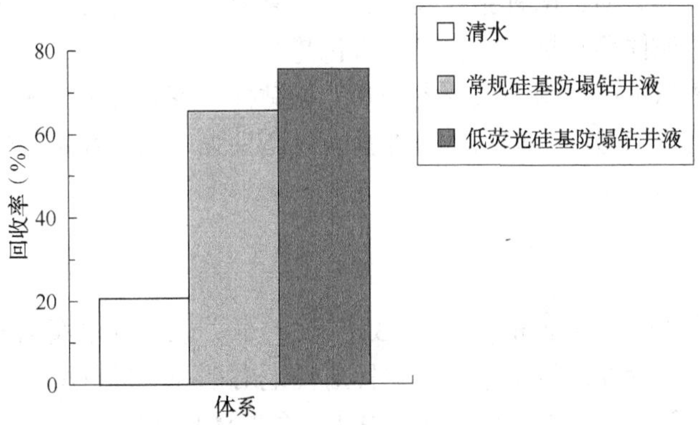

图 2 岩屑在三种液体中的热滚动回收率

通说上述试验，可以说明低荧光硅基防塌钻井液抑制防塌性强于常规硅基防塌钻井液。

封堵性：利用中压滤失仪和可视砂床滤失仪，对两种钻井液进行 API 失水和砂床侵入深度试验，实验结果见表 4。

表 4 常规硅基防塌钻井液与低荧光硅基防塌钻井液封堵性试验数据表

配方	FL_{API}(mL)	砂床侵入深度(cm)
常规硅基防塌钻井液	4.8	1.5
低荧光硅基防塌钻井液	4.2	1.2

注：采用 20~40 目砂床。

通过试验可以看出，低荧光硅基防塌钻井液能够形成较为致密的滤饼，能够有效地减少钻井液滤液侵入地层，在封堵性能方面表现更好。

常规及抗温性能：与常规硅基防塌钻井液进行试验对比，对比数据见表 5。

表 5 常规硅基防塌钻井液与硅基防塌钻井液性能数据表

配方	ρ (g/cm^3)	AV (mPa·s)	PV (mPa·s)	YP (Pa)	FL_{API} (mL)	滤饼厚度 (mm)	摩阻系数
常规硅基防塌钻井液	1.35	31	25.5	5.5	4.8	0.5	0.0787
低荧光硅基防塌钻井液	1.35	28	21.5	7.5	4.2	0.5	0.0589

数据表明，在常温下低荧光防塌钻井液动切力值高，对于井眼携砂更有优势，流变参数数值低易于钻井液性能维护。

对两种配方的钻井液进行抗温性测定，数据见表 6。

表 6 常规硅基防塌钻井液与低荧光硅基防塌钻井液高温实验数据表

配方	AV (mPa·s)	PV (mPa·s)	YP (Pa)	FL_{API} (mL)	FL_{HTHP} (mL)	备注
常规硅基防塌钻井液	34.0	26.5	7.5	4.8	13.0	120℃×16h
低荧光硅基防塌钻井液	30.5	22.0	8.5	4.2	11.0	120℃×16h
常规硅基防塌钻井液	38.0	28.5	9.5	5.6	15.0	140℃×16h
低荧光硅基防塌钻井液	32.5	23.5	9.0	4.4	12.0	140℃×16h

通过数据结果能够表明，两种钻井液均具有抗高温性，但高温对低荧光防塌钻井液的性能影响程度低，说明该体系在抗温性上更具有优势。

综合以上试验数据可以说明，低荧光硅基防塌钻井液荧光等级为 3 级，能满足探井对于材料荧光要求，润滑优摩阻小、抑制防塌性强、封堵性强、高温稳定性优，能够满足现场施工需求。

5 现场应用

本井在二开井段 2458~3321m、三开 3321~4381m 井段使用了低荧光硅基防塌钻井液。针对本井在施工过程中存在的技术难点，有针对性地对钻井液进行材料投入和性能调整，具体性能和检查的荧光等级见表 7，钻井液维护技术主要体现在以下几方面：

（1）润滑保障措施：受地层侵角影响，本井在 2500～3200m 转动钻进时井斜会增加，3258～3637m、4044～4381m 转动钻进时井斜会降低，需要频繁进行轨迹调整，加入 2%细目碳酸钙形成的坚韧致密的滤饼，持续补充 PGCS-1 在井壁与钻具接触面形成润滑膜，极大降低了摩擦阻力，全井施工定向作业托压最高仅 300kN。

（2）防塌技术措施：进入东营组地层之前，保持体系中 KPAM 含量不低于 0.3%，保持体系较高的抑制力，通过循环系统一次性加入 BZ-YFT 1t，调整控制 API 失水小于 4mL、HTHP 失水小于 10mL，同时提高钻井液密度之设计上限 1.33g/cm^3，保证提供足够的力学保障，保持了东营组泥岩井壁稳定。进入山西组煤层之前，首先调整调整钻井液密度至 1.40g/cm^3，通过循环系统一次性加入 BZ-YFT 1t、BZ-DSA 0.5t、细目碳酸钙 2t，并降低机械钻速，防止因钻开煤层过多，瞬时地层压力释放多造成井塌。

（3）防漏技术措施：针对易漏地层，在原有封堵能力基础上，采取随钻补充 BZ-DSA 方式，现场采取每钻进 10m 加入 BZ-DSA 100kg 方式，直至穿过漏层，同时易漏地层钻进时，通过控制钻井液黏度，防止因黏度过高，开泵过程中憋漏地层，在馆陶组、东营组地层钻井液黏度控制 50～60s，在沙三段和二叠系地层钻井液黏度控制在 55～65s。

（4）井眼清洁措施：首先保障钻井液排量，保障二开钻井液排量不低于 60L/s，三开钻井液排量不低于 30L/s，同时钻进过程中以胶液的形式补充 BZ-HXC 调整 YP 值。二开井段控制黏度 50～60s、*YP* 值 7～8.5 Pa 之间，动塑比 0.5 以上，3 转数值大于 3。三开井段控制黏度 55～65s，*YP* 值 6.5～7.5 Pa 之间，动塑比 0.6 以上，3 转数值控制在 3～5 之内。施工中振动筛处岩屑返出正常，起下钻畅通无沉砂，全井电测及下套管均无阻卡发生。

（5）本井出现的盐水侵及处理方法：本井在 4381m 处意外钻遇盐水层，地层盐水进入钻井液后，出现钻井液出现大量起泡现象，钻井液漏斗黏度由最初的 65s 增大至 85s，整体流动发生困难，流动阻力变大，钻井液滤饼蓬松有针眼气泡，同时 API 失水由原来的 3.8mL 增大至 6mL,。为阻止地层中的盐水继续侵入井筒，将钻井液密度由原来 1.42g/cm^3 提高至 1.46g/cm^3，同时为增加体系抗盐性能，加入了 2t 抗盐降滤失剂 BZ-KLS-1，API 失水降低至 4.0mL，再加入 0.5t 抗污染剂消除了钻井液中气泡，最终恢复了本井的正常钻井液性能。

通过实施以上钻井液技术，本井起下钻畅通、定向顺利，电测及下套管均顺畅，井径扩大率仅为 5.99%，低荧光硅基防塌钻井液荧光等级较低，对油气显示无干扰，保障了油气显示的发现，本井钻探中共发现油气显示 14 层，圆满完成探井施工钻探目的。

表 7　现场施工钻井液性能统计表

井深（m）	密度（g/cm^3）	*FV*（s）	*PV*（mPa·s）	*YP*（Pa）	*Gel*（Pa/Pa）	FL_{API}（mL）	FL_{HTHP}（mL）	固相（%）	MBT（g/L）	荧光等级
2520	1.20	45	18	6.0	2.0/5.0	4.4	12.0	6	50.05	3
2524	1.21	50	18	6.0	2.5/6.5	4.8	12.0	8	53.63	
2713	1.25	58	17	7.0	2.5/7.0	4.8	11.4	8	57.20	4
3084	1.25	50	17	7.0	3.0/7.0	5.6	12.0	15	71.50	4
3197	1.28	54	17	7.0	3.0/7.0	4.8	11.0	15	64.35	
3301	1.32	67	25	12.5	3.5/8.5	4.8	11.4	15	85.80	
3321	1.33	58	25	12.5	3.5/8.5	4.4	11.0	14	71.50	4

续表

井深 (m)	密度 (g/cm³)	*FV* (s)	*PV* (mPa·s)	*YP* (Pa)	*Gel* (Pa/Pa)	FL_{API} (mL)	FL_{HTHP} (mL)	固相 (%)	MBT (g/L)	荧光等级
3383	1.36	52	17	6.5	2.5/5.5	5.0	13.0	22	78.65	
3737	1.37	57	25	7.5	2.5/5.0	4.0	12.0	22	78.65	
3803	1.36	57	25	7.5	3.0/6.0	4.0	12.0	19	78.65	3
3913	1.37	57	25	7.5	3.0/6.0	3.2	11.0	19	75.07	
4057	1.37	55	25	7.5	3.0/6.0	4.0	12.0	19	85.80	4
4207	1.40	57	25	7.5	3.0/6.5	3.6	10.8	19	71.50	
4370	1.40	55	25	7.5	3.0/6.5	4.0	12.0	19	75.07	4
4381	1.46	58	23	11.0	3.0/6.5	3.6	11.0	19	71.50	

6 认识与结论

（1）针对海古102井钻井液需求通过配方优化，形成低荧光硅基防塌钻井液，现场施工中，根据不同的需求制定对应的技术措施，顺利完成钻井施工。

（2）试验数据表明，低荧光硅基防塌钻井液荧光等级低、封堵性好、防塌性强、润滑好，抗温性佳。

（3）现场应用低荧光硅基防塌钻井液证明荧光等级能够符合要求，表现出较好的封堵性、防塌性、润滑性，携砂能力，能够满足钻井工程的需求，能够应用于油田探井施工作业。

参考文献

[1] 许京国，陶瑞东，杨静，等．大港滨海油田深井井壁失稳原因分析及对策[J]．石油地质与工程，2014，28(5)：133-136.

[2] 薛建国，何振奎，胡金鹏，等．泌深1井大井眼钻井液技术 [J]．钻井液与完井液，2008，25(5)：35-37.

[3] 安文武，苏金龙，刘树坤，等．定量荧光录井在石油勘探中的应用探讨[J]．录井技术，2000，11(4)：35 -42.

[4] 王爱东，霍阳春，胡玉国，等．聚合醇硅基防塌钻井液在王101井的应用[J]．钻井液与完井液，2001，18(5)：40-42.

[5] 王鲁坤，毕井龙，王禹，等．防塌钻井液技术在福山油田的应用[J]．钻井液与完井液，2007，24(6)：25-28.

[6] 邱正松，李建鹰，沈忠厚．泥页岩水敏性评价新方法[J]．石油钻采工艺，1999，21(2)：1-6.

[7] 席江军，侯冠中，和鹏飞，等．防漏堵漏技术及循环堵漏短节在渤海潜山的应用[J]．石油工业技术监督，2017，33(1)：1-4.

[8] 徐同台，刘玉杰，申威，等．钻井工程防漏堵漏技术[M]．北京：石油工业出版社，1997.

[9] 张高波，王善举，史沛谦．我国钻井液用降粘剂的研究应用现状[J]．油田化学，2000，17(01)：78-81.

抗160~180℃高密度油基完井液研究

徐同台[1]　王　威[2]　武星星[2]　肖伟伟[1]

（1. 北京石大胡杨石油科技发展有限公司；2. 古莱特科技股份有限公司）

【摘　要】针对高密度试油完井液的技术要求，通过对影响沉降稳定性因素的探索得出，微锰的使用可有效改善完井液的沉降稳定性。进一步优选重晶石：微锰（Micromax）= 6：4的应用比例，成功研制出抗温160~180℃ 1.8~2.0g/cm³高密度油基完井液。该体系在180℃条件下静置老化15天后流变性和沉降稳定性依然良好，沉实度小，且高温高压滤失量≤15mL，满足高温高压超深井的试油要求。

【关键词】试油；完井液；微锰；Micromax；沉降稳定性

随着勘探开发技术的进一步发展，高温高压超深井的开发越来越普遍，为平衡深部储层的高地层压力，则需要更高密度的钻完井液[1]。深井钻探作业中试油周期长，一般在10~15天，而试油完井液在整个过程中一直处于静止状态，高密度完井液在长期高温静置后易出现加重材料沉降或浆体固化现象，引起测试管柱堵塞、测试工具失效、封隔器卡埋等井下复杂情况[2]。因此，在超高温、高压井况下，能够保持完井液具有良好的沉降稳定性、流变稳定性是试油成功的关键[3]。目前在现场常用的高密度完井液类型有原井钻井液改造和超微完井液体系两种，原井钻井液改造的完井液在150℃以内还勉强可以满足要求，而超过150℃以后则性能极不稳定，由于处理剂使用量的增加，在高温条件下容易发生增稠固化现象，而降低加量又易形成死沉降。超微完井液体系目前可实现高温高密度长效的沉降稳定性，但其高温老化后滤失量不可控，且采用不可酸化的超微重晶石进行加重，极易对储层造成不可逆的伤害[4]。微锰（Micromax）由于其易悬浮的特征，作为钻完井液加重剂在国外已经得到广泛的应用。其主要成分为Mn_3O_4，颗粒仅1μm左右、粒度分布窄，密度高达4.8g/cm³，且酸溶率超过95%。一方面，高密度的特征在加重钻井液时，可有效降低固相含量，防止更多固相侵入地层造成伤害；另一方面，高球度的特征使其在侵入地层后极易返排，高酸溶率的特征在通过后续酸化作业也可有效的消除对地层的伤害[5-7]。笔者以微锰（Micromax）作为完井液加重剂，分析其对抗高温高密度油基完井液性能的影响，并研制出抗高温高密度油基完井液配方。

1　实验材料与方法

1.1　实验材料

重晶石（ρ=4.2g/cm³），中海油服油田化学公司，微锰（Micromax）（ρ=4.8g/cm³）Elkem，主乳、辅乳、润湿剂、有机土，中海油服油田化学公司；降滤失剂，联技化工有限公司；氧

作者简介：徐同台，教授级高工，毕业于北京石油学院钻井专业，长期从事钻完井液研究应用与管理工作。电话：13661107326；Email：xutongtai00@126.com。

化钙、氯化钙，分析纯，0#柴油。

1.2 实验方法[8]

（1）完井液常规性能测试方法。

参照 GB/T 16783.2—2012《石油天然气工业完井液现场测试第 2 部分油基完井液》测试完井液老化后的性能，老化条件为：180℃静置老化。

（2）静态沉降稳定性测试方法。

① 沉降因子法。通过测定钻完井液（游离液除外）上部与下部密度，根据公式（1）计算静态沉降因子 *SF*，其中 *SF* 为 0.5 时，说明未发生静态沉降，*SF* 大于 0.53 说明静态沉降稳定性较差。

$$SF = \frac{\rho_{下部}}{\rho_{下部} + \rho_{上部}} \tag{1}$$

② 静态稳定分层指数法。它是一种定量评价钻完井液静态沉降稳定性的方法，通过公式（2）计算出老化罐中静止一定老化时间后的完井液的静态分层指数 SSSI，来判断钻完井液的沉降稳定性。其值越大，钻完井液沉降越严重，反之钻完井液沉降稳定性越好。

SSSI 值计算方法：

$$\begin{aligned} \mathrm{SSSI} = & \left|(\rho_{清液} - \rho_{完井液}) * \frac{V_{清液}}{V_{清液} + V_{上部} + V_{中部} + V_{下部}}\right| + \\ & \left|(\rho_{上部} - \rho_{完井液}) * \frac{V_{上部}}{V_{清液} + V_{上部} + V_{中部} + V_{下部}}\right| + \\ & \left|(\rho_{中部} - \rho_{完井液}) * \frac{V_{中部}}{V_{清液} + V_{上部} + V_{中部} + V_{下部}}\right| + \\ & \left|(\rho_{下部} - \rho_{完井液}) * \frac{V_{下部}}{V_{清液} + V_{上部} + V_{中部} + V_{下部}}\right| \end{aligned} \tag{2}$$

式中：SSSI 为静态沉降指数；$\rho_{完井液}$为初始完井液密度，$\rho_{清液}$为老化罐顶部析出清液密度，$\rho_{上部}$、$\rho_{下部}$、$\rho_{中部}$分别为老化罐上中下部完井液密度，g/cm^3；$V_{清液}$为老化罐顶部析出清液的量，$V_{上部}$、$V_{中部}$、$V_{下部}$分别为老化罐上中下三部分完井液体积，mL，一般取 $V_{上部} = V_{下部} =$ 80mL，剩余体积为 $V_{中部}$。

③ 针入式沉实度测定法。采用针入式沉实度测定仪，测试塑胶棒插入静置老化后完井液的阻力，记为沉实度，单位 N，其值越大，沉降或稠化越严重，反之沉降稳定性越好或稠化程度越小。

2 沉降稳定性影响因素探索

2.1 流变性对沉降稳定性的影响

流变性与沉降稳定性存在着密切的关系，笔者采用塔里木油田 XX 井取回的完井液，通过控制有机土用量调整完井液流变性，评价不同黏度条件下完井液 160℃静置老化 3d 的性能（图 1~图 3）。实验结果表明，随着完井液黏度切力的升高，完井液沉降稳定性得到很明显的提升。虽然沉降稳定性有所提高，但当 *PV* 为 43mPa · s，*YP* 为 18Pa，终切高达 28Pa 时，静止老化 3d 后静沉降系数依然高达 0.529，动沉降密度差也高达 0.208，肯定无法满足静止 15d 的要求，且过高的黏度不便于现场的施工，因此不能依靠大幅度提高黏切来维持良好的沉降稳定性，仅靠提高黏切无法满足完井液的技术要求。

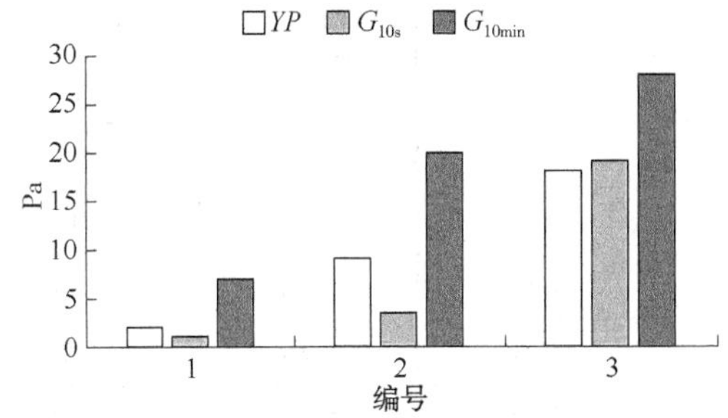

图 1　不同配方动/静切力对比

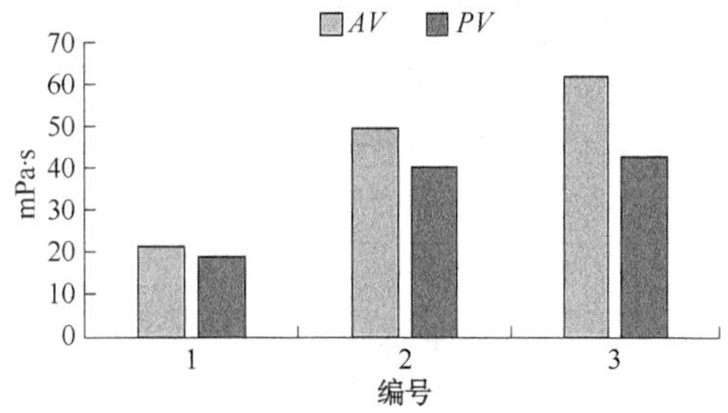

图 2　不同配方黏度对比

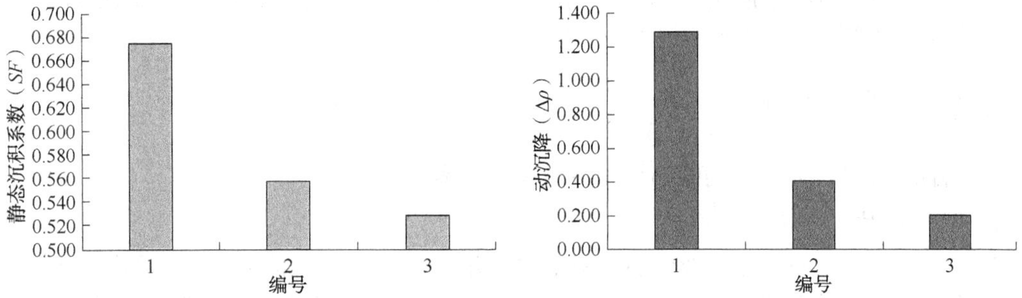

图 3　不同配方动/静沉降稳定性对比

2.2　微锰(Micromax)对沉降稳定性的影响

微锰作为完井液加重剂有诸多优点，但是由于价格的原因，单独使用成本较高，因此选择重晶石与微锰(Micromax)按不同比例复配，优选满足完井液需求的最合适的比例，从而有效节约成本。分别对比评价重晶石：微锰=100：0、80：20、70：30、60：40的比例加重的完井液160℃静置老化3d的性能(表1)。实验结果表明，随着微锰复配量的增加，完井液黏度切力逐渐降低，而沉降稳定性在低黏度条件下还取得了大幅度提升。根据大量学者的研究证实，当重晶石与微锰的复配量为60：40时可获得最佳的流变性，因此笔者以此比例进一步展开完井液实验，确保完井液在最低流变性状态获得良好的沉降稳定性。

表 1　加重剂对钻井液沉降稳定性的影响

加重材料复配(重晶石：微锰)	100：0	80：20	70：30	60：40
密度(g/cm^3)	1.8	1.8	1.8	1.8
Φ_6	5	5	6	5
Φ_3	4	4	5	4
初切(Pa)	3.5	4	7	4
终切(Pa)	20	19	13	9.5
AV(mPa·s)	49	45.5	40	31
PV(mPa·s)	40	35	32	28
YP(Pa)	9	10.5	8	3
YP/*PV*	0.23	0.30	0.25	0.11

续表

加重材料复配(重晶石：微锰)	100：0	80：20	70：30	60：40
FL_{HTHP}(mL)	2	16	20	22
滤饼厚度(mm)	3	6	4	4
E_S(V)	1863	1785	1813	1702
上部密度(g/cm^3)	1. 49	1. 503	1. 662	1. 674
下部密度(g/cm^3)	1. 88	1. 87	1. 928	1. 89
SF	0. 558	0. 554	0. 537	0. 530
动沉降 $\Delta\rho$(g/cm^3)	0. 390	0. 367	0. 266	0. 216

注：(1)老化条件为160℃静止3d；(2)评价配方：240mL柴油+2%主乳+2%辅乳+1%润湿剂+60mL(25%)氯化钙水+2. 5%有机土+3%CaO+5%降滤失剂+加重剂。

3 实验结果及分析

3. 1 影响微锰(Micromax)加重油基完井液性能因素

3. 1. 1 乳化剂对完井液性能影响

根据大量实验证明，完井液的静态稳定性，并不取决于乳化剂的加量。随着主乳加量的增加，完井液热滚后表观黏度明显增加，塑性黏度也有一定的增长，但沉降稳定无明显变化。尽管增加主乳化剂加量，完井液热滚老化后黏度增高，但是静置老化后，静态沉降稳定性依然达不到要求(图4和图5)。因此增加乳化剂加量虽然可以确保更有效的乳化稳定性，但对完井液静态稳定性影响不大；另一方面，用于油包水钻井液的主乳化剂属于亲油表面活性剂，其亲油(非极性)基团的截面直径大于亲水(极性)基团的截面直径，在油基钻井液中的油水界面上(吸附状态)与在油相内(溶解状态)时处于近平衡中，当加量过多，更多的乳化剂进入外相中，这样就会增加外相黏度，在一定程度上影响油基钻井液的流变性能。

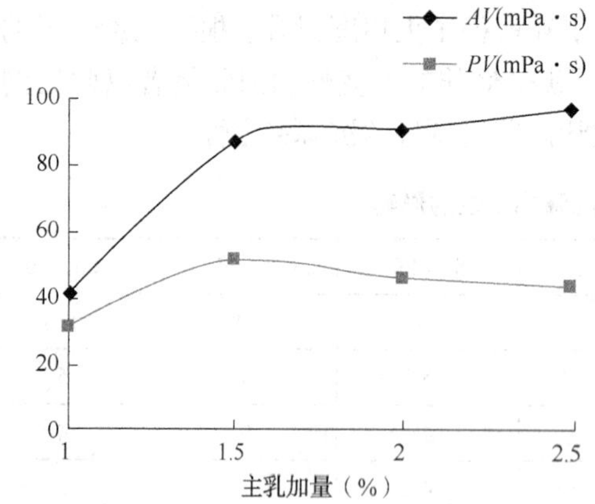

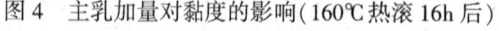

图4 主乳加量对黏度的影响(160℃热滚16h后)

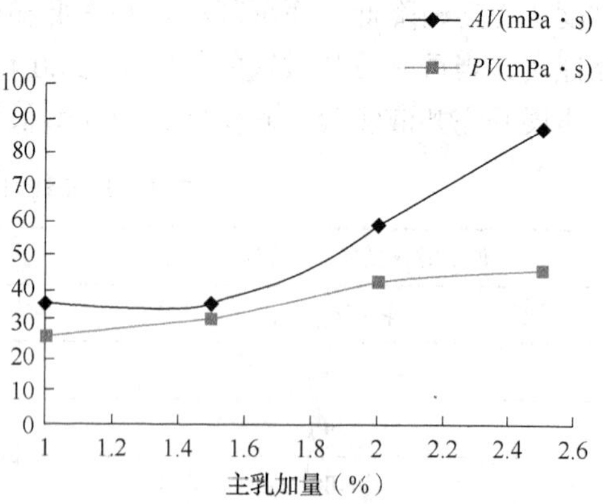

图5 主乳加量对黏度的影响(静置老化3d)

主乳化剂、辅乳化剂、润湿剂三者合理的加量和配比是完井液保持良好性能主要影响因素之一(表2~表4)。以抗160℃完井液配方为例，调整三者的配比，研究发现当主乳化剂：辅乳化剂：润湿剂比例为1. 2：1. 5：0. 7时，完井液的沉降稳定性结果最好，继续增加各处理剂加量，则导至黏度过高；常温下完井液浆体失去流动性，同时沉降稳定性无明显改善。

表 2　主乳化剂加量对沉降稳定性的影响

主乳加量(%)		1	1.5	2	2.5
动沉降	Φ_{600}	1.836	1.887	1.862	1.703
	Φ_{100}	2.170	1.918	1.911	1.846
	$\Delta\rho$	0.334	0.031	0.049	0.143
静沉降	$V_{清液}$(mL)	0	0	0	0
	$\rho_{清液}$(g/cm^3)	0	0	0	0
	$V_{上部}$(mL)	80	80	80	80
	$\rho_{上部}$(g/cm^3)	1.706	1.611	1.716	1.75
	$V_{中部}$(mL)	220	190	165	155
	$\rho_{中部}$(g/cm^3)	1.797	1.729	1.764	1.847
	$V_{下部}$(mL)	80	70	85	85
	$\rho_{下部}$(g/cm^3)	2.017	2.309	2.051	2.018
	SF	0.54	0.589	0.544	0.536
	SSSI	0.07	0.19	0.10	0.09

注：老化条件，160℃静置 3d。

表 3　配方处理剂加量

编号	主乳	辅乳	润湿剂
1	1.00%	1.0%	0.5%
2	1.20%	1.5%	0.7%
3	1.50%	1.5%	0.7%

注：配方：240mL 柴油+X%主乳+Y%辅乳+Z%润湿剂+60mL(25%)氯化钙水+2.5%有机土+3%CaO+降滤失剂+加重剂(重晶石 4.2：微锰=6：4 =280g：186g)。

表 4　不同乳化剂、润湿剂配比对完井液性能的影响

编号	1		2		3	
条件	热滚 16h	静置 3d	热滚 16h	静置 3d	热滚 16h	静置 3d
密度(g/cm^3)	1.8	1.8	1.8	1.8	1.8	1.8
Φ_{600}	112	86	144	92	153	118
Φ_{300}	73	55	96	56	112	69
Φ_{200}	58	43	73	44	82	55
Φ_{100}	41	30	54	32	63	39
Φ_{6}	20	14	29	7	37	19
Φ_{3}	19	13	27	6	35	18
初切(Pa)	9.5	7	13.5	6.5	19	10.5

续表

编号	1		2		3	
条件	热滚 16h	静置 3d	热滚 16h	静置 3d	热滚 16h	静置 3d
终切(Pa)	17.0	9.5	25.5	12.0	23.0	17.5
AV(mPa·s)	56	43	72	46	76.5	59
PV(mPa·s)	39	31	48	36	41	49
YP(Pa)	17	12	24	10	35.5	10
YP/PV	0.44	0.39	0.50	0.28	0.87	0.20
FL_{HTHP}(mL)		7.2		4		6
滤饼厚度(mm)		4		1.5		3
E_S(V)		600		1002		1032

表5　不同乳化剂、润湿剂配比对沉降稳定性的影响

编号		1	2	5
动沉降	Φ_{600}	1.822	1.825	1.854
	Φ_{100}	2.107	1.979	1.905
	$\Delta\rho$	0.285	0.154	0.051
静沉降	$V_{清液}$(mL)	0	0	0
	$\rho_{清液}$(g/cm^3)	0	0	0
	$V_{上部}$(mL)	80	80	80
	$\rho_{上部}$(g/cm^3)	1.708	1.74	1.72
	$V_{中部}$(mL)	220	220	200
	$\rho_{中部}$(g/cm^3)	1.812	1.815	1.811
	$V_{下部}$(mL)	80	85	85
	$\rho_{下部}$(g/cm^3)	2.056	1.946	1.994
	SF	0.546	0.528	0.537
	SSSI	0.08	0.05	0.07

注：老化条件，160℃静置3d。

3.1.2　有机土对性能的影响

有机土的加量及性能是影响完井液沉降稳定性的关键因素。有机土是由蒙脱土通过改性而来，能够在油相中分散膨胀，形成具有空间网架结构，经过超细的微锰和颗粒架桥填充后，可显著提高网架结构的稳定性，同时阻止超细颗粒之间的团聚现象，使其在长时间静置后依然保持良好的细分散状态，从而阻止加重剂的沉降(表6)。不同的蒙脱石原矿中所含有的黏土矿物种类和含量不同，蒙脱土晶体结构不同，层间可交换阳离子的种类以及阳离子交换容量也不尽相同，这就导致不同蒙脱石原矿改性后效果不同。而在影响蒙脱石加工改性效果的诸多因素中，蒙脱石原矿的性质起到了决定性的影响[9]。

表 6　配方处理剂加量

编号	有机土	编号	有机土
1	2%ANJI4821+2%HMS42	3	2.5%ANJI4821+1%HMS42
2	4%ANJI4821	4	4.5%ANJI4821+1%HMS42

注：配方：240mL 柴油+60mL(25%)氯化钙水+5%降滤失剂+3%氧化钙+加重剂(重晶石：微锰=6：4 =280g：186g)

采用不同类别的有机土配制的完井液，长期高温老化后，性能有较大差别(表 7)。有的有机土呈现出高温增稠现象(如 HMS42，由锂蒙皂石改性而成)，严重者导致完井液静置后呈冻胶状态丧失流动性；而有的有机土呈现出减稠现象(如 ANJI4821，钠蒙皂石改性而成)，高温老化后黏度降低，网架结构破坏，导致清液大量析出，加重材料沉降严重。采用上述两种类型有机土以合理比例复配，使网架结构能长效且稳定的存在，才可维持完井液保持良好的流变性和沉降稳定性。以抗 180℃油基完井液配方进行实验，评价有机土复配及加量对完井液性能的影响。实验结果表明，增加 HMS42 有机土后，钻井液黏度增加明显，且由于其加量过多易导致静置老化后浆体丧失流动性，因此需控制较低的加量，通过调整 ANJI4821 有机土的使用量进行调整。大量实验证明 4.5%ANJI4821 与 1%HMS42 复配时，完井液获得良好的静态沉降稳定性能(表 8)，SSSI 值为 0.12，沉实度为 2N。

表 7　有机土加量对完井液性能的影响

编号	1	2	3	1
密度(g/cm^3)	1.8	1.8	1.8	1.8
Φ_{600}	152	100	99	125
Φ_{300}	92	60	72	76
Φ_{200}	70	45	56	56
Φ_{100}	46	30	43	36
Φ_6	15	10	25	11
Φ_3	13	9	23	9
初切(Pa)	7	5	12	6
终切(Pa)	14	8	20.5	14
AV(mPa·s)	76	50	49.5	62.5
PV(mPa·s)	60	40	27	49
YP(Pa)	16	10	22.5	13.5
YP/PV	0.27	0.25	0.83	0.28

备注：老化条件：180℃ 静置 15d。

表 8　有机土加量对完井液沉降稳定性能的影响

编号		1	2	3	4
静沉降	$V_{清液}$(mL)	38	70	120	28
	$\rho_{清液}$(g/cm^3)	0.89	0.85	0.88	0.99
	$V_{上部}$(mL)	80	80	80	80
	$\rho_{上部}$(g/cm^3)	1.77	1.9	1.923	1.803

续表

编号		1	2	3	4
静沉降	$V_{中部}$(mL)	210	180	120	220
	$\rho_{中部}$(g/cm³)	1.850	2.005	2.000	1.856
	$V_{下部}$(mL)	80	80	80	80
	$\rho_{下部}$(g/cm³)	1.95	2.082	2.03	1.983
	SF	0.524	0.523	0.514	0.524
	SSI	0.15	0.33	0.41	0.12
	沉实度	7.8N	7N	4N	2N

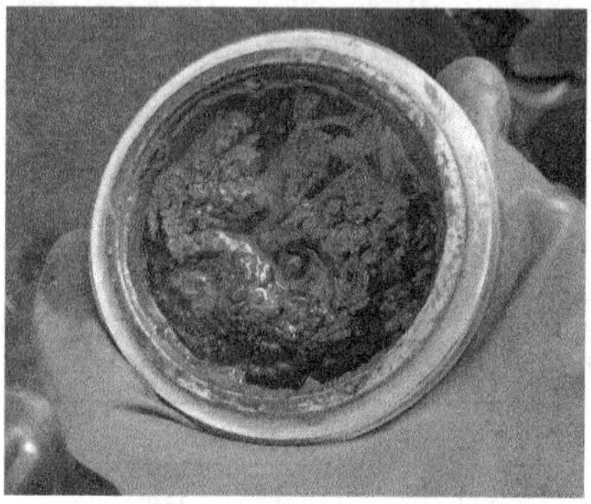

图6 微锰(Micromax)复配加重油基完井液静置15d后外观(未搅动)

3.2 抗160℃微锰(Micromax)加重完井液性能评价

经过大量实验优化，确定完井液配方为：240mL柴油+1.2%主乳+1.5%辅乳+0.7%润湿剂+60mL(25%)氯化钙水+5.5%有机土(4.5%(ANJI4821)+1%(HMS42))+3%CaO+降滤失剂(5%有机褐煤+0.3%聚合物)+加重剂。分别以100%重晶石加重及复配加重方式加重完井液，评价静置15d后的性能(图6，表9和表10)。评价结果表明，使用微锰(Micromax)加重后的油基完井液在160℃高温条件下静置15d后沉降稳定性依然相当好，玻璃棒可自由到底，沉实度仅1N，SSSI仅为0.08，清液量小于3%，高温高压滤失量还可控制在15mL以内，该完井液经过长期老化后完全满足完井试油作业的安全进行；相同配方条件下而采用100%重晶石加重时，沉实度高达8N，已无法满足应用要求。

表9 完井液流变性测试结果

加重剂	100%API 重晶石		60%API 重晶石+40%微锰(Micromax)	
条件	滚前	160℃ 15d	滚前	160℃，15d
密度(g/cm³)	1.8	1.8	1.8	1.8
Φ_{600}	126	135	115	150
Φ_{300}	82	80	79	93
Φ_{200}	67	59	64	73
Φ_{100}	48	38	47	49
Φ_6	21	11	21	18
Φ_3	19	10	19	16
初切(Pa)	8.5	5	9.5	9.5
终切(Pa)	10.0	10.0	10.0	13.0
AV(mPa·s)	63	67.5	57.5	75
PV(mPa·s)	44	55	36	57
YP(Pa)	19	12.5	21.5	18

续表

加重剂	100%API 重晶石		60%API 重晶石+40%微锰(Micromax)	
YP/PV	0.43	0.23	0.60	0.32
FL_{HTHP}(mL)		13		14
滤饼厚度(mm)		4		4
E_S(V)	1202	574	1232	844

表 10　完井液沉降稳定性测试

静置老化时间		160℃静置 15d	
加重剂类别		100%API 重晶石	60%API 重晶石+40%微锰(Micromax)
静沉降	$V_{清液}$(mL)	20	10
	$\rho_{清液}$(g/cm^3)	0.86	0.87
	$V_{上部}$(mL)	80	80
	$\rho_{上部}$(g/cm^3)	1.754	1.779
	$V_{中部}$(mL)	230	230
	$\rho_{中部}$(g/cm^3)	1.890	1.867
	$V_{下部}$(mL)	80	80
	$\rho_{下部}$(g/cm^3)	1.97	1.885
	SF	0.529	0.514
	SSSI	0.14	0.08
	沉实度	8N 到底	0.9N 到底

3.3　抗 180℃微锰(Micromax)加重完井液性能评价

为抵抗更高温度对处理剂的消耗，在 160℃配方基础上，增加乳化剂、润湿剂、降滤失剂的用量，继续评价 180℃性能。分别以复配加重方式以及 100%微锰(Micromax)加重完井液，评价静置 15d 后的性能。实验结果表明，使用微锰(Micromax)复配加重后的油基完井液在 180℃高温条件下静置 15d 后沉降稳定性依然相当好，沉实度仅 2N，SSSI 仅为 0.12，清液量小于 10%；当采用 100% 微锰(Micromax)加重时，沉实度仅 0.7N，玻璃棒可自由到底，具有更好的静沉降稳定性，经过长期老化后两组完井液滤失量均可控制在 15mL 以内，完全满足试油作业的安全进行。表 11 给出了完井液流变性测试结果，完井液汽降稳定性测试见表 12。

表 11　完井液流变性测试结果

条件	180℃静置 15d	
加重剂类别	60%API 重晶石+40%微锰(Micromax)	100%微锰(Micromax)
密度	1.8	1.8
Φ_{600}	125	162
Φ_{300}	76	106

续表

条件	180℃静置 15d	
Φ_{200}	56	81
Φ_{100}	36	52
Φ_6	11	21
Φ_3	9	20
初切(Pa)	6	10
终切(Pa)	14	19
AV(mPa·s)	62.5	81
PV(mPa·s)	49	56
YP(Pa)	13.5	25
YP/PV	0.28	0.45
FL_{HTHP}(mL)	14	6
滤饼厚度(mm)	4	3
E_S(V)	1231	1028

注：配方：240mL 柴油+2.0%主乳+2.0%辅乳+1%润湿剂+60mL(25%)氯化钙水+有机土(4.5%(ANJI4821)+1%(HMS42))+3%CaO+降滤失剂(6%氧化沥青+0.5%聚合物)+加重剂。

表 12　完井液沉降稳定性测试

静置老化时间		180℃静置 15d	
加重材料		60%API 重晶石+40%微锰(Micromax)	100%微锰(Micromax)
静沉降	$V_{清液}$(mL)	28	18
	$\rho_{清液}$(g/cm^3)	0.99	1.2
	$V_{上部}$(mL)	80	80
	$\rho_{上部}$(g/cm^3)	1.803	1.77
	$V_{中部}$(mL)	220	240
	$\rho_{中部}$(g/cm^3)	1.856	1.798
	$V_{下部}$(mL)	80	80
	$\rho_{下部}$(g/cm^3)	1.983	1.948
	SF	0.524	0.524
	SSSI	0.12	0.06
	沉实度	2N	0.7N

3.4　与常规油基完井液性能对比

选择 XX 井现场完井液与微锰(Micromax)加重完井液进行对比。该井底温度为 150℃，现场完井液评价温度为 150℃，微锰(Micromax)加重完井液评价温度为 160℃，高于现场要求(表 13)。为对比微锰在相同流变性条件下对沉降稳定性的影响，降低最优配方的有机土使用量，控制流变性与现场完井液接近，评价结果见表(表 14)。实验结果表明：克深 243

井完井液在静止 15d 后罐底部浆体密度高达 2.5g/cm³ 以上，玻璃棒很难插到底（沉实度>5N），微锰（Micromax）加重完井液在相同流变性条件下，静置老化 15d 后玻璃棒依然可轻松到底，SSSI 值仅 0.16，沉实度 1.1N 具有更好的流变参数和沉降稳定性。

表 13 现场完井液与微锰（Micromax）加重完井液流变性对比

井号	克深 243 井		微锰（Micromax）复配加重完井液	
条件	150℃ 16h	静置 15d	160℃ 16h	静置 15d
密度	1.724	1.724	1.8	1.8
Φ_{600}	76	114	92	91
Φ_{300}	42	63	61	57
Φ_{200}	29	44	49	42
Φ_{100}	17	25	36	27
Φ_{6}	4	4	16	7
Φ_{3}	3	3	15	6
初切（Pa）	2.4	2	8	4
终切（Pa）	5.5	9	12.0	14.0
AV（mPa·s）	38	57	46	45.5
PV（mPa·s）	34	51	31	34
YP（Pa）	4	6	15	11.5
YP/PV	0.12	0.12	0.48	0.34
FL_{HTHP}（mL）	2.8	2.2		4.4
滤饼厚度（mm）	1	1		2
E_S（V）	561	1113		1296

表 14 现场完井液与微锰（Micromax）加重完井液沉降稳定性对比

静沉降	克深 243 井	微锰（Micromax）复配加重完井液
$V_{清液}$（mL）	60	0
$\rho_{清液}$（g/cm³）	0.870	0
$V_{上部}$（mL）	80	80
$\rho_{上部}$（g/cm³）	1.293	1.64
$V_{中部}$（mL）	220	210
$\rho_{中部}$（g/cm³）	1.726	1.716
$V_{下部}$（mL）	80	80
$\rho_{下部}$（g/cm³）	2.542	2.146
SF	0.66	0.567
SSSI	0.34	0.16
沉实度	>5N	1.1N

4 结论

（1）采用重晶石与微锰（Micromax）以 6∶4 复配作为油基完井液加重剂时，即可有效节约成本，还可显著改善完井液的静态沉降稳定性和流变性。

（2）通过室内实验研究，得出抗温 160～180℃密度 1.8～2.0g/cm^{3}的柴油基完井液配方，该配方静置老化 15d 后，流变性良好，滤失量可控，且浆体稳定性非常好，SSSI 值最大为 0.12，*SF* 仅为 0.524，在 180℃长期老化后，沉实度仅为 2N，满足高密度完井液技术要求。

（3）当使用 100%微锰（Micromax）加重完井液时，完井液在 180℃条件下静置 15d 时沉实度仅 0.7N，玻璃棒可自由到底，具有更好的流变性和沉降稳定性。

（4）使用微锰（Micromax）配制的完井液优于目前现场使用的完井液，该液体在较低的流变性下，具有非常好的静态沉降稳定性，另一方面也提高了完井液的储层保护性能，有效避免试油过程中由于完井液所造成的各种复杂情况及地层伤害，从而有利井下安全作业，加快试油作业进度。

参考文献

[1] 王双威，曹权，张洁，等．四氧化三锰加重剂提高钻井液储层保护效果研究[J]．化学工程与装备，2019(08)：106-109.

[2] 刘路漫．抗高温高密度水基完井液沉降稳定性研究[D]．成都：西南石油大学，2018.

[3] 汪海，王信，张民立，等．BH-WEI 完井液在迪西 1 井的应用[J]．钻井液与完井液，2013，30(04)：88-90+98.

[4] 巴旦，王磊，乔雨，等．STSW 完井液在 Tkes16 井的应用[J]．钻采工艺，2017，40(02)：86-88+11.

[5] Steele Christopher，Materials Elkem，Hart L William，et al. icrofine particles—an alternative to heavy brines [R]. SPE 105148，2007.

[6] Mohamed Al-Bagouryand Chris Steele. A New，Alternative Weighting Material for Drilling Fluids[J]. IADC/SPE 151331.

[7] 张晖，蒋绍宾，袁学芳，等．微锰加重剂在钻井液中的应用[J]．钻井液与完井液，2018，35(1)：1-7.

[8] 李家学，蒋绍宾，晏智航，等．钻完井液静态沉降稳定性评价方法[J]．钻井液与完井液，2019，36(5)：575-580.

[9] 邱俊，崔学奇，吕宪俊，等．对蒙脱石层电荷的测[J]，矿业快报，2005，21(6)：6-9.

AMPS-IA-DMC-NB 聚合离子缓凝剂制备及表征

齐志刚　陈　阳

(中石化胜利石油工程有限公司钻井工艺研究院)

【摘　要】 为了解决长封固段大温差固井高温缓凝与低温强度发展这一矛盾，采用水溶液自由基聚合制备复合离子缓凝剂，评价了单体配比、单体加量、引发剂加量、pH 值及反应温度对复合离子缓凝剂缓凝效果的影响。研究结果表明聚合离子缓凝剂的最佳合成工艺条件为：阳离子加量 10%，单体加量 31%，引发剂加量 1.2%，反应温度 60℃，稠化时间约为 310min，为长封固段固井大温差缓凝广泛应用打下了良好的基础。

【关键词】 长封固段；大温差缓凝剂；固井；稠化时间

长封固段水泥顶部与底部水泥温度存在上低下高现象，常规缓凝剂保证了下部水泥浆正常凝固，却无法避免在水泥顶/尾管挂顶部的超缓凝现象。因此，需要开发对温度敏感型较低的缓凝剂来满足大温差环境[1,2]。笔者分析单体配比、单体加量、引发剂加量、pH 值及反应温度对复合离子缓凝剂缓凝效果的影响，得出最优的合成反应条件，得到对温差不敏感的 AMPS-IA-DMC-NB 聚合离子缓凝剂。

1　材料与方法

1.1　材料

实验材料与试剂见表 1，实验仪器见表 2。

表 1　实验材料与试剂

药品	生产厂家或提供单位
2-甲基-2-丙烯酰胺基丙磺酸(AMPS)	寿光市松川工业助剂有限公司
丙烯酰氧乙基三甲基氯化铵(DMC)	上海源叶生物科技有限公司
衣康酸(IA)	广州市虎傲化工有限公司
聚醚单体(NB)	上海源叶生物科技有限公司
NaOH	成都市科龙化工试剂厂
过硫酸钾($K_2S_2O_8$)	成都市科龙化工试剂厂
胜潍 G 级高抗硫油井水泥	山东临朐胜潍特种水泥有限公司
D50 消泡剂	天津中油渤星工程科技有限公司
降失水剂	实验室自制

基金项目：国家科技重大专项“复杂断块油田提高采收率技术”资助(项目编号：2016ZX05011-002)的部分内容。

作者简介：齐志刚(1977—)，男，2009 毕业于中国石油大学(华东)油气井工程专业，高级工程师，主要从事固井液及其外加剂研究。联系电话：0546-8771706；E-mail：33393059@qq.com。

表 2　实验仪器

仪器名称	生产厂家
WQF-520 傅里叶红外光谱仪	上海精密仪器仪表有限公司
Quanta 450 环境扫描电子显微镜	美国 FEI
CRY-1P 型差重分析仪	瑞士梅特勒-托利多公司

1.2　缓凝剂的制备方法

利用自由基聚合法合成聚合离子缓凝剂[3,4]，具体步骤如下：在三口烧瓶中，分别将 AMPS、IA、DMC、NB 和去离子水按一定比例混合，在冷凝条件下，用 NaOH 溶液调节反应体系 pH 值至 7~10，通氮气 30min，在水浴温度 60℃ 条件下加入一定比例的引发剂，继续在 60℃ 反应 5h，得黏稠共聚物，即为聚合离子缓凝剂。然后用无水乙醇将反应得到的聚合物沉淀提纯，再用丙酮洗涤多次，然后在真空烘箱中 40℃ 下干燥 24h，放入干燥箱中备用。

2　结果与分析

2.1　单体配比的影响

2.1.1　AMPS/IA

固定单体种类为 AMPS 和 IA，考察单体配比(AMPS/IA 为 90：10，80：20，73：27，50：25，50：50，25：50)对稠化时间，产率及浆体状态的影响。结果如图 1 所示。

由图 1，随着 IA 摩尔比的不断增加，稠化时间由起初的 95min 增至最大 265min，此时 IA 的摩尔分数为 33%，产率均在 90%以上。继续增加 IA 至 66%，稠化时间由最大逐渐减小到 122min，产率减小至 75.4%。综合考虑稠化时间和产率，最佳配比单体配比为 AMPS/IA 为 50：25。

2.1.2　AMPS/IA/DMC

固定单体比例 AMPS/IA 为 50：25，考察阳离子加量对稠化时间，产率及浆体状态的影响。结果如图 2 所示。

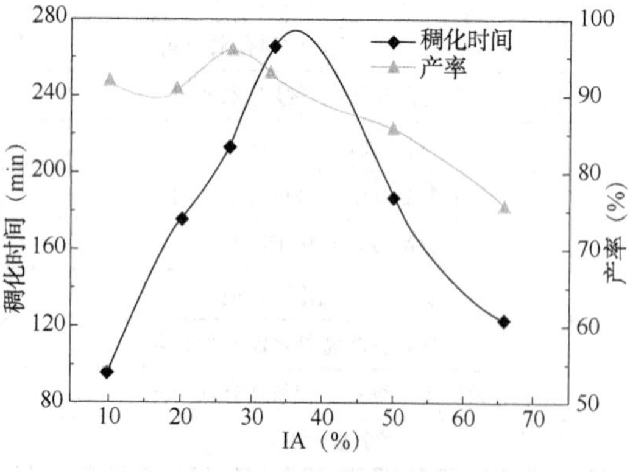

图 1　IA 加量的影响

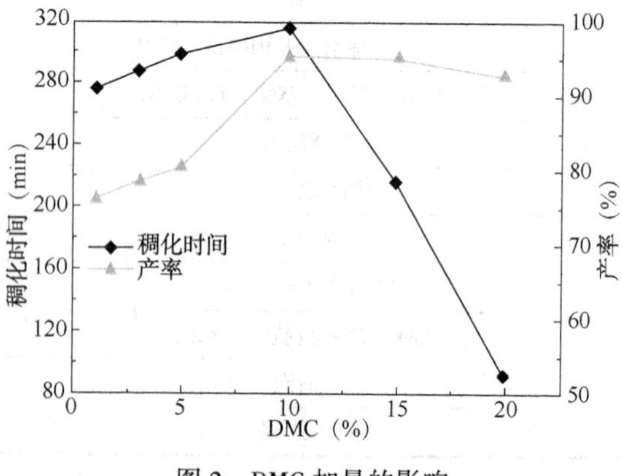

图 2　DMC 加量的影响

由图 2，随着缓凝剂分子中 DMC 的摩尔分数从 1%增加到 10%，稠化时间由 275min 增加到 315min，增幅不明显，产率由 75.6%增加到 94.0%，浆体逐渐不稳定。随着阳离子加量的进一步增大，稠化时间显著下降，产率基本保持不变，此时浆体严重絮凝。可见阳离子加量有一合适加量范围，本文选择其加量为 10%。

2.1.3　AMPS/IA/DMC/NB

固定单体比例 AMPS/IA/DMC 为 50∶25∶10。考察 NB 加量对稠化时间，产率及浆体状态的影响。结果见表 3。

表 3　AMPS/IA/DMC/NB 对共聚物缓凝剂性能的影响

单体摩尔比	产率(%)	稠化时间(min)	浆体状态
50∶25∶10∶0.01	85.6	295	正常
50∶25∶10∶0.02	70.4	283	正常
50∶25∶10∶0.03	55.4	305	正常
50∶25∶10∶0.04	35.2	315	沉降

由表 3，随着长链单体 NB 加量增大，产率显著下降，NB 加量较少，缓凝效果略微下降，增加 NB 加量，缓凝效果增强，但浆体不稳定。但当 NB 加量继续增大时，可能由于水泥颗粒的过度分散导致分层。因此，综合考虑产率、稠化时间及浆体状态，选择 AMPS/IA/DMC/NB 为 50∶25∶10∶0.02。

2.2　单体加量的影响

固定合成条件 n(AMPS)∶n(IA)∶n(DMC)∶n(NB)= 50∶25∶10∶0.02。考察单体浓度对产率和稠化时间的影响，实验结果如图 3 所示。

由图 3，单体浓度由 10%增加至 30%，稠化时间由 156min 增加至 295min，产率由 57.6%增加 95.2%。进一步增加单体浓度，稠化时间和产率均减小。

2.3　引发剂加量的影响

固定合成条件 n(AMPS)∶n(IA)∶n(DMC)∶n(NB)= 50∶25∶10∶0.02，考察引发剂加量对转化率和稠化时间的影响，实验结果如图 4 所示。

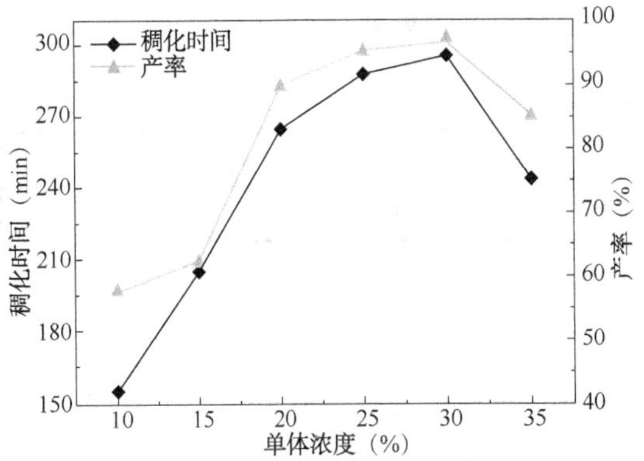

图 3　单体浓度的影响

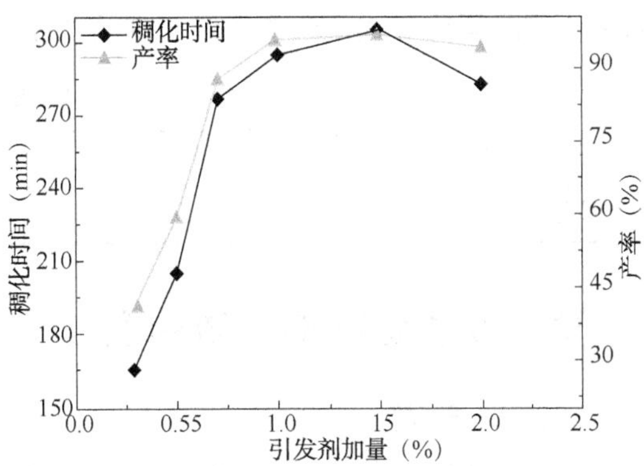

图 4　引发剂的影响

由图 4，引发剂由 0.3%增加至 1.5%，产率由 38.4%增加至 90%以上，随后基本保持不变。而稠化时间由 165min 增加至 300min，随后继续增加其加量，稠化时间减小。

2.4　pH 值的影响

固定合成条件 n(AMPS)∶n(IA)∶n(DMC)∶n(NB)= 50∶25∶10∶0.02。考察 pH 值对转化率和稠化时间的影响，实验结果如图 5 所示。

由图 5，共聚体系随着 pH 值的增大，转化率提高。稠化时间增加。但缓凝效果在 pH 值为 7~10 样品性能最好，故共聚体系选择在 pH 值为 7~10 的条件下反应。

2.5 反应温度的影响

固定合成条件 n(AMPS)：n(IA)：n(DMC)：n(NB)= 50：25：10：0.02。考察反应温度对转化率和稠化时间的影响，实验结果如图 6 所示。

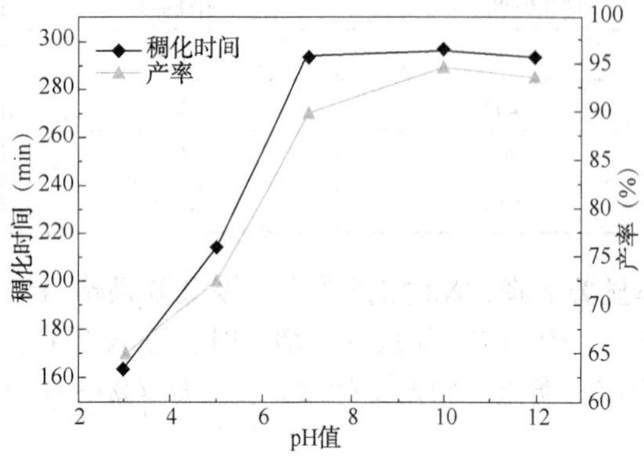

图 5　pH 值的影响

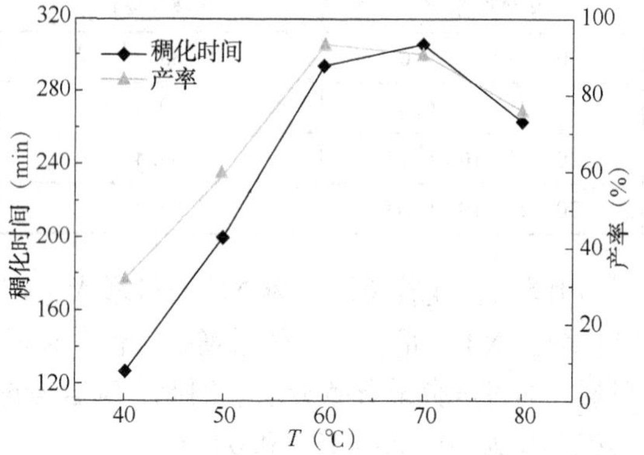

图 6　反应温度的影响

反应温度主要影响反应速率及聚合物的分子量。由图 6 可知，随着反应温度升高，转化率先增大后减小。而由实验可知当反应温度为 60℃时，共聚物产品的性能最好，因此选择 60℃作为共聚合反应的温度。

2.6 合成条件确定

通过单因素，结合实际操作，将聚合离子缓凝剂的合成条件在误差范围内进行修正：阳离子加量 10%，单体加量 31%，引发剂加量 1.2%，温度 60℃，并在此条件下进行 3 次平行实验，实验测得的稠化时间见表 4。结果表明，实验结果与模型预测结果基本吻合，从而说明利用响应面法优化复合离子缓凝剂的合成条件具有较好的可靠性。

表 4　实验验证结果

编号	1	2	3	平均值
稠化时间(min)	312	306	314	310.6

3 聚合离子缓凝剂的结构表征

3.1 红外光谱表征

图 7 为共聚物 AMPS-IA-DMC-NB 的红外谱图。由图可知，谱图中未发现 C ═C 双键的振动吸收峰(1670cm^{-1})，说明共聚物中不含未参与反应的单体。3400cm^{-1}为—OH—的伸缩振动吸收峰，1660cm^{-1}为羰基的伸缩振动吸收峰，1219.8cm^{-1}，1043.2cm^{-1}为—SO_3—的伸缩振动吸收峰，2927.2cm^{-1}为—CH_3的特征吸收带。1305.5cm^{-1}为季胺盐的—CN 键伸缩振动吸收峰，而在 1108cm^{-1}处出现 C—O—C 的不对称伸缩振动带。由以上分析可知，共聚物 P 谱图中出现了四种单体(AMPS、IA、DMC、NB)所对应的官能团(—SO_3H、—COOH、CN、C—O—C)的特征吸收峰，证明此共聚物为目标产物。

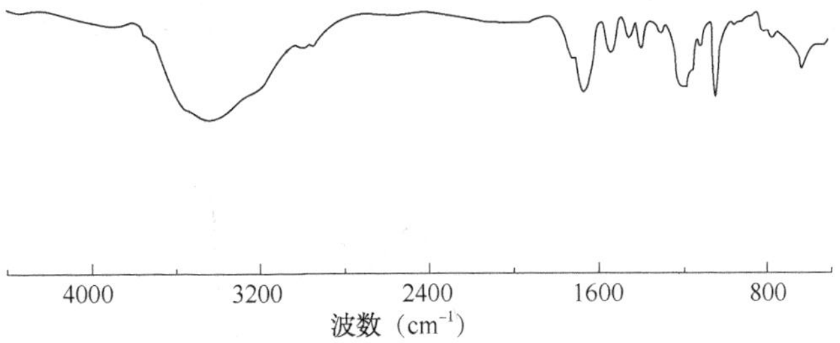

图 7　共聚物的红外谱图

3.2　分子量分布

由图 8 及表 5，共聚物 P 的重均摩尔质量为 4.45×10^5，数均摩尔质量为 1.91×10^5，分子量分布指数为 2.3，分子量分布较宽。

表 5　分子量分布

样品	M_w(g/mol)	M_n(g/mol)	PDI(M_w/M_n)
AIDN-2	445222	190959	2.3

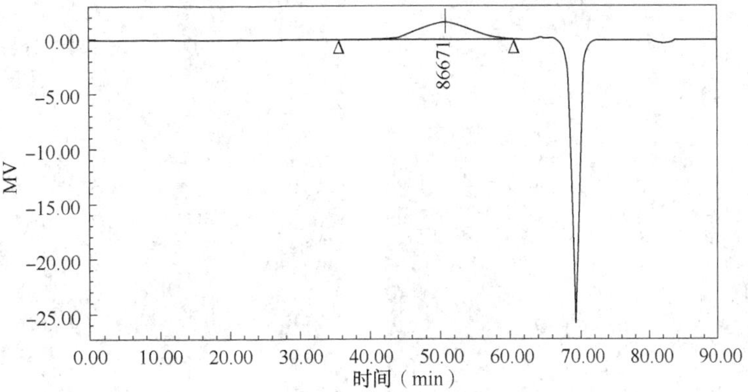

图 8　分子量分布

3.3　热失重分析

由图 9，聚合物样品的失重曲线有 4 个失重区域。第一失重区在 45～225℃之间，在 100～225℃范围内 TG 曲线出现失重区，主要是样品中水失重。第二失重区处于 250～330℃之间，失重达 35%，DSC 曲线出现一峰值，其峰温为 318℃。第三失重区在 350～490℃之间，试样残存量为 27.75%，DSC 曲线吸热峰峰温 463℃。第四失重区在 500～610℃，出现一明显的氧化放热峰，放热峰温为 568℃，说明缓凝剂样品在 568℃以上共聚物主链发生分解，证明合成的共聚物 P 具有优异的热稳定性。

3.4　聚合离子缓凝剂扫描电镜(SEM)

由图 10，聚合离子缓凝剂分子链结构呈现树枝状，树枝状结构彼此交错。高倍数下，分子链较粗，相互交错成网状结构。SEM 实验表明聚合离子缓凝剂的大单体的空间位阻作用增加了水泥颗粒的分散性，也削弱了阴阳离子的结合能力，使得分子链舒展，有利于阴阳离子基团在水泥颗粒表面的吸附，发挥缓凝作用。

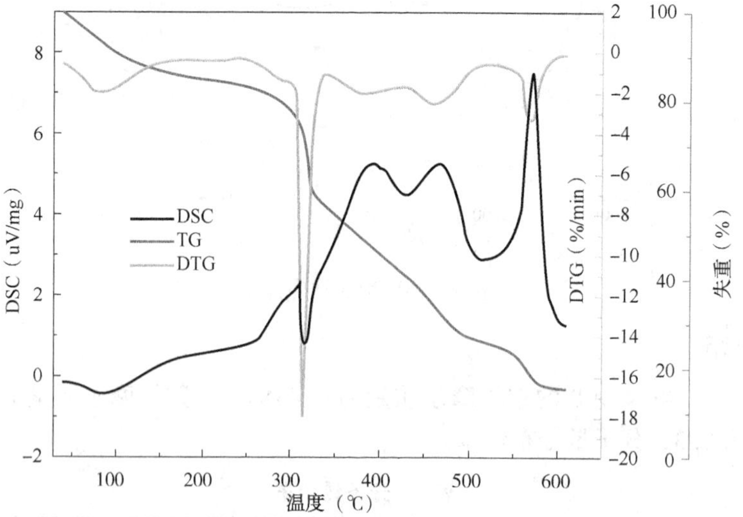

图 9　热分析

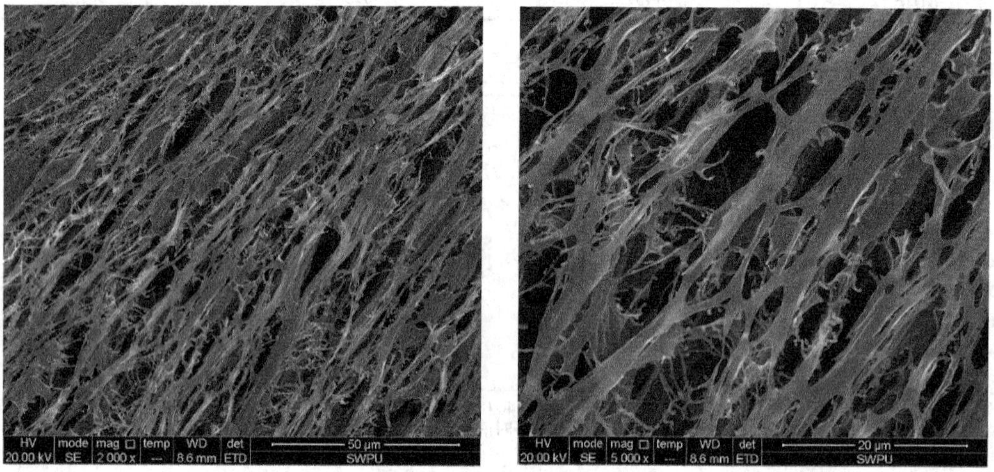

图 10　共聚物微观结构

4　结论

(1) 大温差聚合离子缓凝剂最佳合成条件为：阳离子加量 10%，单体加量 31%，引发剂加量 1.2%，温度 60℃。在此条件下合成的聚合离子缓凝剂稠化时间与模型验证的时间吻合，稠化时间平均值为 310.6min，满足现场要求。

(2) 利用红外光谱鉴定了聚合离子缓凝剂的分子结构，证明了共聚物中出现了目标产物所需的四种单体的官能团($-SO_3H$、-COOH、CN、C-O-C)的特征吸收峰。热失重分析实验表明聚合离子缓凝剂抗温性良好。SEM 实验表明，聚合物缓凝剂具有树枝网状结构，有利于分散水泥颗粒。

参 考 文 献

[1] A. Salhan, J. Billingham and A. C. King. The effect of a retarder on the early stages of the hydration of tricalcium silicate[J]. Journal of Engineering Mathematics. 2003, 45: 367-377.

[2] Sidney Diamond. Interactions Between Cement Minerals andHydroxycarboxylic-Acid Retarders: I, Apparent Adsorption of Salicylic Acid on Cement and Hydrated Cement Compounds[J]. Journal of The American Ceramic Society. 1971, 54(6): 273-276.

[3] Liu, R; Urban, M. W, Recent advances and challenges in designingstimuli-responsive polymers [J]. Prog, Polym. Sci, 2010, 35: 3-23

[4] Li, W.; Zhang, A.; Chen, Y.; Feldman, K.; Wu, H.; Schluter, A. D. Low toxic, thermoresponsive dendrimers based on oligoethylene glycols with sharp andfully reversible phase transitions [J]. Chem. Commun. 2008, 5948-5950.

高效携岩水基钻井液体系优化及综合性能评价

刘真光　张高峰　孟祥虎　祝恩营

（中石化胜利石油工程有限公司渤海钻井总公司）

【摘　要】 在大位移井钻井过程中，大斜度井段、水平井段极易出现岩屑床，直接影响到安全、高效、低成本钻井。为实现水平井段的最大延伸，需要在低密度、低排量、低环空返速条件下，保持井眼清洁。在低环空返速条件下，钻井液的动塑比、低剪切黏度、静切力等流变参数，是保持井眼清洁最重要的可控因素。为了提高大位移水平井钻井液的动塑比 τ_0/μ_p 和低剪切黏度 LSRV，本文以新型流型调节剂 SDR 为主要处理剂，优化了一套携岩性能突出、综合性能优良水基钻井液配方，该配方具有较强的低剪切黏度和静结构力；动塑比较高，剪切稀释性较好，抗温性能较好，具有优良的井眼清洁能力。

【关键词】 携岩；水基钻井液

在大斜度井段、水平井段，钻井液的静态悬砂和动态携岩能力是一个难点。在钻具组合、井眼轨迹设计等钻井参数一定的前提下，受地面机组额定功率的限制，为实现水平井段的最大延伸，就要在低密度、低排量、低返速条件下实现高效携岩，保持井眼清洁，尽可能地降低钻具摩阻扭矩，降低总循环压耗[1-3]。从现场可操作性和对岩屑运移的影响程度来看，在低环空返速条件下，钻井液的动塑比、低剪切黏度等流变参数是保持井眼清洁的最重要的可控因素[4-5]。因此，优化一套携岩性能突出、综合性能优良的高效携岩水基钻井液体系，对保持井眼清洁，降低钻具摩阻扭矩、总循环压耗，实现大位移水平井段的最大延伸，具有重要的现实意义。影响岩屑运移的因素及可控性如图 1 所示。

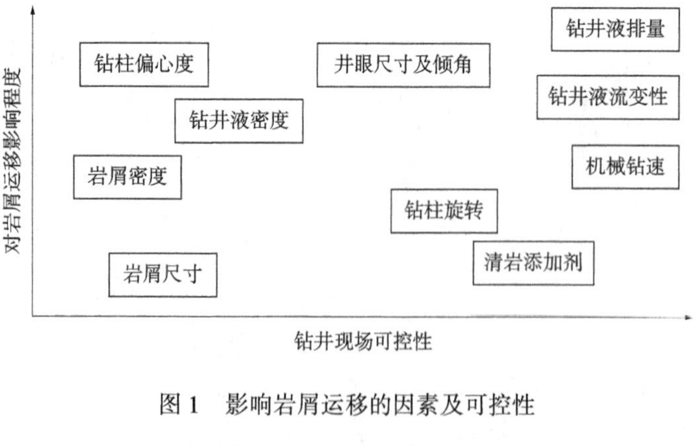

图 1　影响岩屑运移的因素及可控性

作者简介：刘真光，中石化胜利石油工程有限公司渤海钻井总公司，工程师。地址：山东省东营市东营区运河路书香水韵小区；电话：18854651631；邮箱：456LZG@163.com。

1 高效携岩水基钻井液体系优化

1.1 钻井液携岩性能优化指标

在实际钻井过程中，可以通过调控钻井液环空返速及钻井液性能来达到井眼净化的目的。但受地面机组额定功率的限制以及保持井壁稳定的需要，为实现水平井段的最大延伸，就需要钻井液在低密度、低排量、低返速条件下实现高效携岩。因此，选择携岩性能优良的钻井液对于保持井眼清洁十分重要。提高钻井液的动塑比、低剪切黏度、钻井液密度等参数都有利于保持井眼清洁，良好的井眼清洁状况是在钻井液动塑比、低剪切黏度、钻井液密度等参数综合作用下的结果。为了能够进一步定量分析出钻井液性能对携岩的综合影响，张景富基于水平井钻井液携岩模拟实验装置实验结果，提出了层流下评价钻井液携岩能力[6]的参数 Z，见式(1)。

$$Z=\frac{\rho_f}{\rho_s}PV^{YP/PV} \tag{1}$$

式中：ρ_f为钻井液密度，g/cm³；ρ_s为岩屑密度，g/cm³；PV 为钻井液塑性黏度，mPa · s；YP 为动切力，Pa；YP/PV 为动塑比。张景富指出当环空岩屑浓度小于5%时，Z 值临界值为1.5。显然钻井液密度、塑性黏度及动塑比越高，Z 值越大，钻井液携岩效果越好。

1.2 钻井液配方优化

本文以新型流型调节剂 SDR 为主要处理剂，进行钻井液配方初步优化研究。实验浆如下：

1#：1%膨润土浆+1%SDR+0.3%SDJA+0.15%PAM+1%PAC-LV+2%SD505+5%KCl

2#：2%膨润土浆+1%SDR+0.3%SDJA+0.15%PAM+1%PAC-LV+2%SD505+5%KCl

3#：4%膨润土浆+0.5%SDR+0.3%SDJA+0.15%PAM+0.5%PAC-LV+2%GRA

4#：4%膨润土浆+0.3%SDR+0.3%SDJA+0.15%PAM+0.5%PAC-LV+2%GRA

各实验浆经 120℃/16h 老化前后的流变性能实验结果见表 1。由表 1 实验结果可以看出，以流型调节剂 SDR 为主剂的 4#钻井液配方经 120℃/16h 老化前后的流变性稳定，并且 4#实验浆老化后表观黏度适中，动塑比较高，低剪切黏度 Φ_3、Φ_6 值和静切力值都较高，具有较强的静结构力，滤失量也较低。该实验浆携岩能力评价指标 Z 值为 4.04>1.5，满足静态条件下岩屑悬浮或大斜度井段、水平井段的携岩要求。

表 1 不同实验浆配方的流变性能实验结果

序号	实验条件	AV (mPa · s)	PV (mPa · s)	YP(Pa)	$G_{10''}$(Pa)	$G_{10'}$(Pa)	Φ_6	Φ_3	τ_0/μ_p	FL_{API}(mL)
1#	老化前	92	42	50	7.5	9.5	23	16	1.19	5
	老化后	109	55	54	7.5	9.5	22	15	0.98	6
2#	老化前	81.5	33	48.5	6	17.5	22	15	1.47	4.8
	老化后	101	52	49	6.5	12.5	19	13	0.94	4.8
3#	老化前	66	42	24	2.5	8.5	10	9	0.57	8
	老化后	100.5	49	51.5	6	15.5	25	25	1.05	9.2

续表

序号	实验条件	AV (mPa·s)	PV (mPa·s)	YP(Pa)	$G_{10''}$(Pa)	$G_{10'}$(Pa)	Φ_6	Φ_3	τ_0/μ_p	FL_{API}(mL)
4#	老化前	48.5	33	15.5	1.5	5	5	5	0.47	8
	老化后	71	45	26	4.5	12	11	11	0.58	9.6

2 优化配方综合性能评价

2.1 抗污染性能评价

(1) 抗盐污染能力评价。

在优化配方中加入不同质量分数的 NaCl，测试各实验浆在 120℃/16h 老化前后的流变性能，实验结果见表 2。由表 2 实验结果可知，加入 15%NaCl 的 ERD 实验浆老化后表观黏度适中，动塑比较高，低剪切黏度 Φ_3、Φ_6 值和静切力值都较高，具有较强的静结构力，滤失量也较低。并且加入 15%NaCl 钻井液配方的携岩能力评价指标 Z 值为 1.6>1.5。因此，优化配方能够抗 15%NaCl。

表 2 各实验浆配方抗盐性能实验结果

NaCl 加量	实验条件	AV (mPa·s)	PV (mPa·s)	YP(Pa)	$G_{10''}$(Pa)	$G_{10'}$(Pa)	Φ_6	Φ_3	τ_0/μ_p	FL_{API}(mL)
0	老化前	48.5	33	15.5	1.5	5	5	5	0.47	6.4
	老化后	71	45	26	4.5	12	11	11	0.58	6
5%	老化前	57.5	25	32.5	8	12.5	30	26	1.30	6
	老化后	54.5	33	21.5	5	15.5	20	18	0.65	6
10%	老化前	60	24	36	8	12	30	24	1.50	6
	老化后	54.5	37	17.5	2.5	9	15	13	0.47	6.8
15%	老化前	59.5	21	38.5	7.5	10.5	29	23	1.83	5.6
	老化后	45.5	34	11.5	0.5	4	4	4	0.34	6.4

(2)抗钙污染能力评价。

在优化配方中加入不同浓度的 $CaCl_2$，测试各实验浆在 120℃/16h 老化前后的流变性能，实验结果见表 3。由表 3 实验结果可知，加入 1.5%$CaCl_2$ 的实验浆老化后表观黏度适中，动塑比适中，低剪切黏度 Φ_3、Φ_6 值和静切力值都较高，具有较强的静结构力，滤失量也较低。并且加入 1%$CaCl_2$ 的钻井液配方的携岩能力评价指标 Z 值为 1.7>1.5。因此，优化配方能够抗 1%$CaCl_2$ 污染。

(3)抗劣土污染能力评价。

在优化配方中加入不同质量分数的劣土，测试各实验浆在 120℃/16h 老化前后的流变性能，实验结果见表 4。所用劣土为塔河油田跃满 6 井 7000m 处钻屑，研磨过 100 目。由表 4 实验结果可知，加入 10%劣土的优化配方老化后表观黏度适中，动塑比适中，低剪切黏度 Φ_3、Φ_6 值和静切力值都较高，具有较强的静结构力，滤失量也较低。并且劣土加量为 10%的钻井液配方携岩能力评价指标 Z 值为 1.9>1.5。因此，优化配方能够抗 10%劣土。

表 3　不同实验浆配方抗钙性能实验结果

$CaCl_2$ 加量	实验条件	*AV* (mPa·s)	*PV* (mPa·s)	*YP*(Pa)	$G_{10''}$(Pa)	$G_{10'}$(Pa)	Φ_6	Φ_3	τ_0/μ_p	FL_{API}(mL)
0	老化前	48.5	33	15.5	1.5	5	5	5	0.47	6.4
	老化后	71	45	26	4.5	12	11	11	0.58	6
0.5%	老化前	79.5	29	50.5	11.5	14	40	33	1.74	7.6
	老化后	67	46	21	1.5	2	4	4	0.46	8.2
1%	老化前	81	37	44	10.5	12.5	43	40	1.19	9.4
	老化后	49.5	36	13.5	6	8	21	20	0.38	10.4
1.5%	老化前	63.5	33	30.5	10	14	31	30	0.92	10
	老化后	32.5	27	5.5	2	4	4	4	0.20	10

表 4　不同实验浆配方抗劣土性能实验结果

劣土加量	实验条件	*AV* (mPa·s)	*PV* (mPa·s)	*YP*(Pa)	$G_{10''}$(Pa)	$G_{10'}$(Pa)	Φ_6	Φ_3	τ_0/μ_p	FL_{API}(mL)
0	老化前	48.5	33	15.5	1.5	5	5	5	0.47	6.4
	老化后	71	45	26	4.5	12	11	11	0.58	6
5%	老化前	48.5	35	13.5	1	4	4	4	0.39	5.6
	老化后	64	45	19	2	5	5	5	0.42	5.6
10%	老化前	53.5	38	15.5	1.5	5	5	4	0.41	5
	老化后	65	47	18	2	3.5	6	4	0.38	5

2.2　抗温性能评价

测试优化配方在不同温度热滚 16h 前后的流变性能，为了提高钻井液配方的抗温性能，加入了 0.5%的抗氧化剂 KYJ-1，实验结果见表 5。由表 5 可知，优化配方在 150℃/16h 老化后表观黏度适中，动塑比较高，低剪切黏度 Φ_3、Φ_6 值和静切力值都较高，具有较强的静结构力，滤失量也较低。并且 150℃/16h 老化后优化配方的携岩能力评价指标 *Z* 值为 1.6>1.5。因此，优化配方能够抗 150℃。

表 5　不同老化温度下实验浆的流变性能实验结果

老化条件	实验条件	*AV* (mPa·s)	*PV* (mPa·s)	*YP*(Pa)	$G_{10''}$(Pa)	$G_{10'}$(Pa)	Φ_6	Φ_3	τ_0/μ_p	FL_{API}(mL)
120℃/16h	老化前	48.5	33	15.5	1.5	5	5	5	0.47	6.4
	老化后	71	45	26	4.5	12	11	11	0.58	6
150℃/16h	老化前	46.5	33	13.5	1	3	3	3	0.41	5.8
	老化后	46	28	18	3.5	4	10	9	0.64	10.8
180℃/16h	老化前	48	33	15	1	4.5	3	3	0.45	5.4
	老化后	28.5	20	8.5	3	4	7	7	0.43	28

2.3 加重性能评价

调整优化配方的密度，然后测试各实验浆在 120℃/16h 老化前后的流变性能，实验结果见表 6。由表 6 实验结果可知，调整密度后的实验浆配方在 120℃/16h 老化后动塑比较高，低剪切黏度 Φ_3、Φ_6 值和静切力值都较高，具有较强的静结构力，滤失量也较低，但是表观黏度上升较大。并且密度为 1.46g/cm^3 的钻井液配方携岩能力评价指标 Z 值为 4.6>1.5。因此，优化配方的加重性能较好。

表 6　不同密度的实验浆配方实验结果

密度 (g/cm^3)	实验条件	AV (mPa·s)	PV (mPa·s)	YP(Pa)	$G_{10''}$(Pa)	$G_{10'}$(Pa)	Φ_6	Φ_3	τ_0/μ_p	FL_{API}(mL)
1.04	老化前	48.5	33	15.5	1.5	5	5	5	0.47	6.4
	老化后	71	45	26	4.5	12	11	11	0.58	6
1.24	老化前	70	48	22	2	9.5	7	5	0.46	4.8
	老化后	89	59	30	2.5	9.5	10	9	0.51	5.8
1.46	老化前	91	61	30	4.5	16	11	11	0.49	4.6
	老化后	101.5	69	32.5	3	11.5	9	7	0.47	5.2

3 结论

（1）以新型流型调节剂 SDR 为主要处理剂，优化了一套水基钻井液配方：4%膨润土浆+0.3%SDR+0.3%SDJA+0.15%PAM+0.5%PAC-LV+2%GRA。

（2）优化配方能够抗温 150℃，在 120℃/16h 老化后的 Φ_3 值为 11，静切力为 12Pa，具有较高的低剪切黏度和较强的静结构力；动塑比为 0.58，动塑比较高，剪切稀释性较好。优化配方携岩性能突出、综合性能优良。

参考文献

[1] 张景富，俞庆森，严世才．侧钻井钻井液携屑能力试验研究[J]．石油钻采工艺，2000，22(2)：12-16.

[2] 王文广，翟应虎，黄彦，等．冀东油田大斜度井及水平井岩屑床厚度分析[J]．石油钻采工艺，2007，19(5)：5-7.

[3] 宋洵成，王振飞，徐小龙，等．大位移井岩屑床危害及处理措施研究[J]．石油科技论坛，2012，31(2)：40-42.

[4] 徐坤吉，熊继有，陈军，等．深井水平井水平段水力延伸能力评价与分析[J]．西南石油大学学报(自然科学版)，2012，34(6)：101-106.

[5] 鄢捷年．钻井液工艺学[M]．东营：中国石油大学出版社，2012.

高温对聚乙二醇和氯化钾协同抑制黏土矿物表面水化的影响机理

黄丹超[1]　罗平亚[1,2]　白　杨[2]　谢　刚[2]

（1. 西南石油大学化学化工学院；2. 西南石油大学石油与天然气工程学院）

【摘　要】 为了满足深井和超深井的钻探工作以及解决井壁稳定问题，研究高温对黏土矿物表面水化抑制剂的抑制机理的影响势在必行。本文通过电导率分析、元素分析、原子吸收分光光度仪分析、X-射线衍射分析研究了高温对聚乙二醇和氯化钾协同抑制黏土矿物表面水化的影响机理。实验表明，高温可以增强聚乙二醇和氯化钾相互作用、脱附作用以及聚乙二醇与蒙脱土的氢键相互作用，从而降低聚乙二醇-蒙脱土基底间距，增强聚乙二醇和氯化钾协同抑制黏土矿物表面水化的能力。

【关键词】 井壁稳定；抑制剂；聚乙二醇；抑制机理

在钻进水敏性地层时经常会发生严重的井壁稳定问题[1-4]。当水敏性页岩接触水基钻井液时，黏土矿物的水化和膨胀会导致井壁不稳定，这会引起一系列井下事故的发生，包括井壁坍塌、井眼收缩、卡钻和钻头泥包等[5-8]，从而大幅增加钻井周期和成本[9-10]。虽然油基钻井液可以很好地抑制黏土矿物的水化膨胀作用，但油基钻井液具有成本高、污染环境、安全性差等问题，限制其在国内推广使用。为此，具有油基钻井液的高抑制性能，且成本低、能满足环保要求的钻井液以及抑制剂已成为是国内外研究热点。同时，随着油气资源的不断开采，剩余油气资源的钻探难度越来越大，深部油气资源也逐渐成为勘探发展的重点。在深井超深井钻井过程中，高温环境是不可避免的，高温对处理剂性能有严重的影响。

聚合醇作为一种水基钻井液抑制剂，在毒性和生物降解性方面满足国际环境标准[11]。此外，多元醇有着水溶性、润滑性、热稳定性和水基钻井液中常规处理剂兼容性等优点[12,13]。大量的油田现场应用和实验研究表明在氯化钾（KCl）存在时多元醇展现出优异的抑制能力[12]。在印度的 Sobhasan 油田，KCl-PHPA-多元醇被用来维持井眼稳定并降低钻杆扭矩[14]。多元醇和碳酸钾作为一种抑制剂被应用于阿尔巴尼亚的卡尼纳油田[15]。对于聚乙二醇（PEG）和 KCl 的协同抑制机理，在 PEG 和 K^+之间存在络合效应，这能削弱钾离子的水化作用[16,17]。Boulet 证明 PEG 和 KCl 能将蒙脱土的层间距降低到 1.40nm，层间的 PEG 分子为单层构象[18]。然而，目前国内外没有关于高温下聚乙二醇和氯化钾的协同抑制黏土表面水化的抑制机理的研究。本章通过微观结构分析，研究了高温对聚乙二醇和氯化钾协同抑制黏

基金项目：“十三、五”国家科技重大专项“页岩气水平井水基钻井液技术研究”（2016ZX05002001-001）和中国石油天然气集团公司科学研究与技术开发项目“井筒工作液新材料新体系基础研究”（2016A-3903）。

作者简介：黄丹超（1990—），2020 年获得西南石油大学化工工程与技术专业博士学位，现就职于西南石油大学化学化工学院，助理研究员，主要从事钻井液技术研究工作。联系方式：202099010153@ swpu. edu. cn。

土水化的影响机理。

1 实验材料和仪器

(1) 实验试剂：钠蒙脱土(NANOCOR公司)，氯化钾，聚乙二醇(分子量500)。

(2) 万分之一电子天平，真空干燥箱，X-射线衍射仪(荷兰帕纳科公司)，电导率仪(上海仪电科学仪器股份有限公司)，台式低速离心机，恒温水浴磁力搅拌器，元素分析仪(德国elementar公司)，原子吸收分光光度仪(岛津公司)，滚子加热炉(青岛同春滚子加热炉)。

2 实验方法

2.1 样品制备方法

将钠蒙脱土(CEC：113meq/100g)在150℃下烘干24h。称取1.0g烘干后的钠蒙脱土于20mL碘量瓶中，并加入25mL去离子水，在30℃下搅拌3h，得到分散的钠蒙脱土悬浮液。配制不同KCl浓度的溶液。称取25mL不同浓度的KCl溶液，并分别加入钠蒙脱土悬浮液中，搅拌12h。用离心机将搅拌后的悬浮液在4000r/min的转速下离心20min，移去上层清液，收集固相，得到湿态钠蒙脱土复合物。将湿态钠蒙脱土复合物移入烘箱中，在150℃下烘干24h，将烘干后的固体研磨成粉，得到干态钠蒙脱土复合物。

高温下实验样品的制备：将钠蒙脱土(CEC：113meq/100g)在150℃下烘干24h。称取1.0g烘干后的钠蒙脱土于20mL碘量瓶中，并加入25mL去离子水，在30℃下搅拌3h，得到分散的钠蒙脱土悬浮液，并将悬浮液加入带四氟内衬的老化罐中。配制不同浓度的KCl和PEG的溶液。称取25mL不同浓度的抑制剂溶液加入老化罐，然后将老化罐放入滚子加热炉中。在不同温度下热滚12h，热滚后对悬浮液进行离心处理。离心处理以及后续样品制备方法与上述常温样品制备一致。

2.2 微观分析方法

(1) 电导率测试。首先使用电子分析天平称量电解质和溶剂，配制指定浓度的待测溶液。再将溶液倒入可密封的收集瓶中，然后将收集瓶放入带磁力搅拌的恒温水浴锅中，在不同温度下磁子低速搅拌12h。最后利用上海仪电科学仪器股份有限公司DDS-307A电导率测试仪测定溶液电导率。

(2) 元素分析。取微量的干态蒙脱土复合物粉末放入元素分析仪的自动进样器中。使用德国Var10EL-Ⅲ型号的元素分析仪进行检测。

(3) 原子吸收风光光度仪分析。①将蒙脱土复合物粉末在150℃下烘干24h，向瓷皿中称取1g烘干后蒙脱土复合物。②向瓷皿中加入6mL浓硫酸和10mL浓硝酸，放置1h左右，待完全作用后，置于砂浴中蒸干，并放置至室温。③加入57mL浓硫酸，并加入去离子水稀释至1000mL，煮沸30min。自然降温到室温后，过滤并反复洗涤残渣。④用SHIMADZU AA-6300C原子分光光度计对滤液进行检测，测定指定元素含量。

(4) X-射线衍射法。X-射线衍射法是研究黏土矿物和相关抑制膨胀最广泛的使用技术。这提供了测定黏土矿物硅酸盐层的基底间距的一个简便方法。采用X Pert PRO MPD型X-射线衍射仪对以上所准备的样品进行X射线衍射分析，以Cu为靶。衍射波长$\lambda=0.154056$nm，工作电压为40kV，电流为30mA，扫描角度$2\theta=3^\circ\sim40^\circ$。

3　微观分析研究

3.1　电导率分析

在25℃和50℃下，测试了不同浓度KCl水溶液的电导率，然后加入相同量的PEG，测试水溶液的电导率并扣除了空白溶液电导率（纯水溶液：5.47ms/cm；PEG水溶液：23.1ms/cm），结果见表1。随着KCl浓度的增加，导电率不断地增加，这是由于溶液中游离态钾离子数量的增加导致溶液的电导率的增加。随着PEG的加入，电导率降低，说明了PEG与钾离子之间形成了一种配位结构，使钾离子由游离态变成了结合态，从而引起溶液的电导率降低。将25℃和50℃下电导率差进行对比，可以发现温度升高，电导率差也会变高，由此证明升高温度可以增强PEG和KCl之间的配位作用，即增强相互吸引作用。

表1　不同浓度KCl和PEG水溶液电导率

KCl(B)(ms/cm)	PEG(A)+(B)	(A)+(B)(ms/cm)	[(A)+(B)]-(B)(μs/cm)(50℃)	[(A)+(B)]-(B)(μs/cm)(25℃)
1.26	15.30∶1	1.16	103	57
2.38	7.65∶1	2.26	120	100
3.45	5.10∶1	3.16	290	120
5.28	3.83∶1	5.02	260	140
5.39	3.06∶1	4.85	540	190
6.85	2.55∶1	6.25	600	320

3.2　元素分析

由于钠蒙脱土中具有衡量的微量有机碳[19]，因此可以通过碳元素分析来评价蒙脱土中有机物的吸附含量。图1是不同浓度PEG和KCl在不同温度下抑制钠蒙脱土水化后蒙脱土复合物的碳含量。对于5%PEG加量，随着热滚温度的增加，蒙脱土复合物中PEG吸附量呈现出降低的趋势。这是由于随着温度的升高，在蒙脱土表面的PEG分子会发生脱附现象，吸附量降低。

对于3%PEG和10%KCl作为协同抑制剂与5%PEG和10%KCl作为协同抑制剂，不同温度下抑制作用后的蒙脱土复合物碳元素含量变化呈现相同的趋势。从25℃到50℃，碳元素含量增加。从50℃到200℃，碳元素含量缓慢降低。这是由于在PEG和KCl协同作用中，高温对PEG的吸附的影响主要有两个方面：(1)温度升高促进PEG和KCl之间的协同作用，增加PEG和钾离子之间的相互吸引力，可以增加PEG的吸附量；(2)由于PEG在蒙脱土表面的吸附为物理吸附，随着温度的升高脱附作用使得PEG吸附量降低。对于以上不同浓度PEG和10%KCl协同作用，随温度的

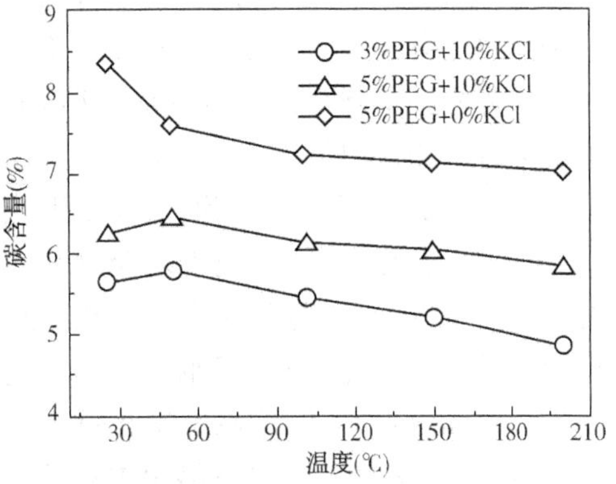

图1　不同浓度PEG和KCl在不同温度下抑制水化后蒙脱土复合物的碳含量

升高都呈现出先增加后降低的趋势。这是由于在温度较低的时候，第一个作用成为最主要的作用，温度升高促进协同作用，导致 PEG 吸附量增加。当温度高于 50℃后，第三个作用成为最主要的作用，随着温度的升高，更多表现为脱吸附作用，导致 PEG 吸附量降低。

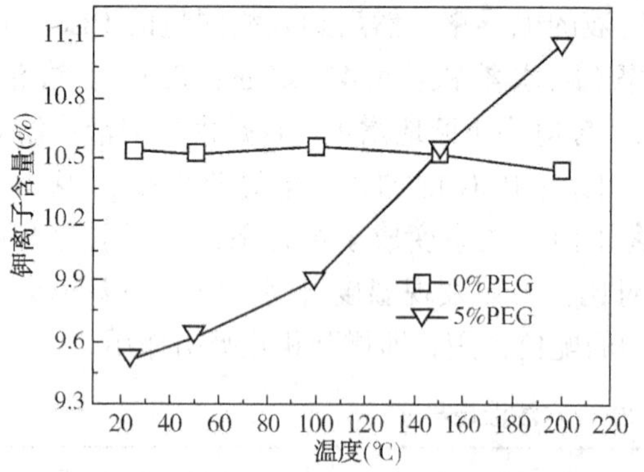

图 2　不同浓度 PEG 和 10%KCl 在不同温度下抑制钠蒙脱土水化后蒙脱土复合物的钾离子含量

3.3　原子吸收分光光度仪分析

原子吸收分光光度计是一种研究蒙脱土中钾离子含量的有效方法。图 2 是不同浓度 PEG 和 10%KCl 在不同温度下抑制钠蒙脱土水化后蒙脱土复合物的钾离子含量。对于单独 10%KCl 作为抑制剂时，随着热滚温度的升高，蒙脱土中钾离子吸附含量没有发生太大的变化。由于钾离子的半径与硅氧四面体中六元环的内切圆半径相匹配，钾离子可以与六元环中氧原子发生配位作用，形成稳定的配位化合物。同时钾离子也存在于六元环外，与硅氧四面体中的氧原子形成 6，9 和 12 配位体[20,21]。有研究已经证明，在硅氧六元环内外的钾离子可以相互转换位置，但是它们并不会脱离黏土矿物表面[22,23]。因此，表明钾离子和蒙脱土表面有着较强的吸附能力，不会随着温度升高而改变。

对于 5%PEG 和 10%KCl 作为协同抑制体系，在不同温度下抑制钠蒙脱土表面水化后，蒙脱土复合物中钾离子含量随着热滚温度的升高而呈现上升趋势。在 PEG 和 KCl 协同作用中，高温对钾离子的吸附主要有以下两个方面影响：(1) 高温促进 PEG 和 KCl 之间协同作用，增加 PEG 和 KCl 之间的吸引力，从而增加钾离子含量；(2) 高温会使 PEG 发生脱附现象，在蒙脱土表面给钾离子的吸附提供了位置，从而导致钾离子吸附量增加，以上两个作用都会使钾离子吸附量增加。因此，随着温度升高，蒙脱土复合物中钾离子含量会升高。

3.4　X-射线衍射分析

X-射线衍射分析是研究蒙脱土基底间距的一种有效的方法。图 3 是 5%PEG 和不同浓度 KCl 作为协同抑制剂，在不同条件下抑制蒙脱土水化后，测得的蒙脱土干态和湿态的基底间距。其中抑制过程的条件为：150℃下热滚 12h。对比热滚前后湿态蒙脱土复合物基底间距的变化，即将 a，c 两条线进行对比。常温下抑制蒙脱土水化后，湿态蒙脱土复合物基底间距为 1.39nm(c)，不随 KCl 浓度的变化而变化。当抑制过程在 150℃下热滚 12h 后，湿态蒙脱土复合物基底间距从 1.33nm 缓慢增加到 1.36nm(a)。热滚抑制后蒙脱土复合物基底间距低于常温抑制后蒙脱土复合物基底间

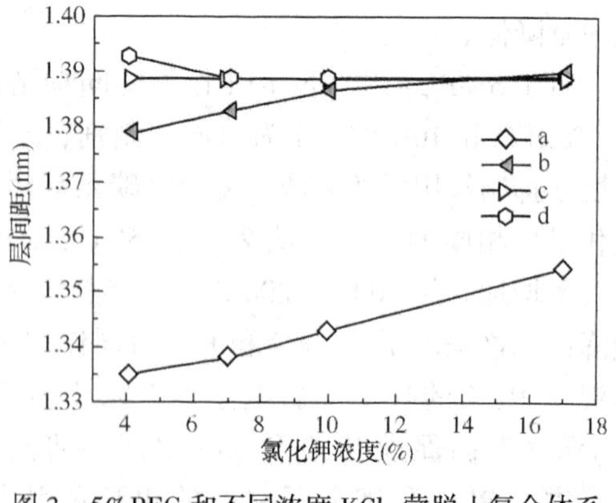

图 3　5%PEG 和不同浓度 KCl-蒙脱土复合体系干湿态基底间距

(a) PEG-湿态蒙脱土复合物(热滚)；(b) PEG-干态蒙脱土复合物(热滚)；(c) PEG-湿态蒙脱土复合物(常温)；(d) PEG-干态蒙脱土复合物(常温)

距，这是由于高温下 PEG 和钾离子的相互作用加强，钾离子作为锚定点将 PEG 拉向蒙脱土表面的引力变大，从而降低了 PEG 构象的高度，降低蒙脱土复合物基底间距。同时，蒙脱土复合物基底间距随 KCl 浓度的升高而缓慢上升过程有悖常理。通常而言，KCl 浓度的增加会增加蒙脱土层间的钾离子吸附量，并增强钾离子和 PEG 的相互作用，降低 PEG 构象的高度，降低蒙脱土复合物基底间距，但是这和实验结果相悖。这是由于钾离子与 PEG 分子在蒙脱土表面存在竞争吸附关系，层间钾离子数目的增加，钾离子会更多地占据蒙脱土表面，同时将部分聚乙二醇链挤入层空间，从而增大蒙脱土复合物的基底间距。

更为有趣的现象发生在高温下进行抑制作用后，湿态蒙脱土复合物基底间距为 1.33～1.36nm，烘干后干态蒙脱土基底间距上升到 1.39nm 左右。通常而言，烘干过程中水分的挥发会导致层空间的空隙减少和基底间距的降低。但是烘干后基底间距的上升和通常的认识相违背。这是由于热滚过程中 PEG 分子内应力降低，结构柔性加强，导致 PEG 分子中氢原子和蒙脱土表面氧原子生成了更多的氢键。热滚后再自然降温的过程中，氢键不会断裂，因此依然维持较低的基底间距。进一步对湿态蒙脱土复合物进行烘干的过程中，由于脱离的水溶剂环境，氢键强度降低，同时升高温度也会降低氢键强度[24,25]，这使得在烘干过程中 PEG 分子中氢原子和蒙脱土表面氧原子之间的氢键强度降低而发生断裂，从而导致 PEG 构象高度增加，蒙脱土复合物基底间距增加。

为了研究不同的温度对基底间距的影响，以 5%PEG 和 10%KCl 作为抑制剂，在不同温度下进行抑制作用，测定抑制后干湿态蒙脱土复合物基底间距，结果如图 4 所示。随着热滚温度的升高，干态蒙脱土复合物和湿态蒙脱土复合物基底间距都呈现降低趋势。从图 1 和图 2 可以看出，随着热滚温度的升高，钾离子含量快速上升，PEG 呈现先增加后下降的趋势。在 PEG 上升过程中，钾离子通过与 PEG 相互作用，使 PEG 构象向二维平面构象变化，PEG 构象的高度降低，从而降低干态和湿态蒙脱土复合物基底间距。在 PEG 下降过程中，不仅有钾离子对 PEG 构象的改变作用，还有 PEG 含量降低也会导致干态和湿态蒙脱土复合物基底间距的降低。

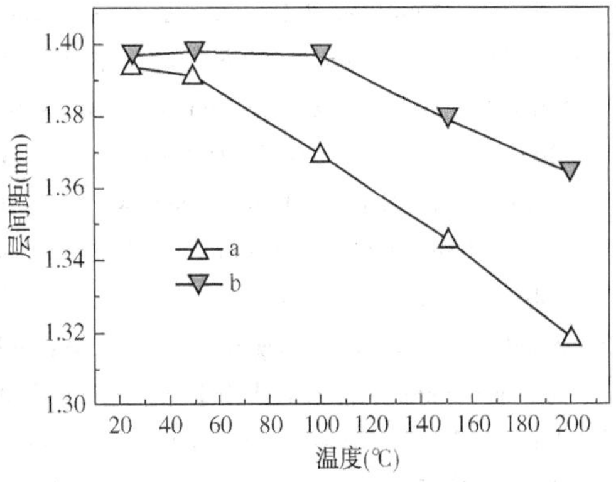

图 4　不同温度热滚后 PEG 和 10%KCl-蒙脱土复合体系干湿态基底间距
(a) 5%PEG-湿态蒙脱土复合物；
(b) 5%PEG-干态蒙脱土复合物

4　结论

(1) 高温通过多种作用使得 PEG-蒙脱土复合物的基底间距降低，从而增强 PEG 和 KCl 的协同抑制能力。

(2) 总结了蒙脱土、氯化钾和 PEG 在高温下的相互作用规律。高温下，钾离子和 PEG 相互作用力加强。蒙脱土和钾离子之间相互作用受到温度的影响不大。高温对蒙脱土和 PEG 之间的相互作用有两种相反的作用：一是升高温度促进了 PEG 的脱附作用，相互作用力减弱；二是 PEG 分子中氢原子与蒙脱土表面的氧原子之间形成更多氢键，相互作用力加强。

参考文献

[1] Bol GM, Wong SW, Davidson C J, et al. Borehole stability in shales[J]. SPE Drilling & Completion, 1994, 9(2): 87-94.

[2] Dzialowski A, Hale A, Mahajan S. Lubricity and wear of shale: effects of drilling fluids and mechanical parameters[C]. SPE/IADC Drilling Conference. Society of Petroleum Engineers, 1993.

[3] Li W, Liu J, Zeng J, et al. A Fully Coupled Multidomain and Multiphysics Model for Evaluation of Shale Gas Extraction[J]. Fuel, 2020, 15(278): 118214.

[4] Steiger R, Leung P K. Quantitative determination of the mechanical properties of shales[C]. Paper SPE 18024. SPE Drilling Engineering, 1992, 7(3): 181-185.

[5] Cook JM, Goldsmith G, Geehan T M, et al. Mud/shale interaction: model wellbore studies using X-ray tomography[C]. SPE/IADC Drilling Conference. Society of Petroleum Engineers, 1993.

[6] Mody F K, Hale A H. Borehole-Stability Model To Couple the Mechanics and Chemistry of Drilling-Fluid/Shale Interactions[J]. Journal of Petroleum Technology, 1993: 1093-1101.

[7] Oort V E. On the physical and chemical stability of shales[J]. Journal of Petroleum Science and Engineering, 2003, 38(3): 213-235.

[8] Guo J, Yan J, Fan W. Applications of strongly inhibitive silicate-based drilling fluids in troublesome shale formations in Sudan[J]. Journal of Petroleum Science and Engineering, 2006, 50(3): 195-203.

[9] Khodja M, Canselier P J, Bergaya, et al. Shale problems and water-based drilling fluid optimization in the Hassi Messaoud Algerian oil field[J]. Appl. Clay Sci, 2010, 49: 383-393.

[10] Liu D S, Xue Bing X U, Ji Sheng L, et al. Research and Application of Heavy Mud Technology in Strong Mud-making Formations[J]. Drilling Fluid & Completion Fluid, 2006.

[11] Twynam A J, Caldwell P A, Meads K. Glycol-Enhanced Water-Based Muds: Case History To Demonstrate Improved Drilling Efficiency in Tectonically Stressed Shales[C]. SPE/IADC Drilling Conference. Society of Petroleum Engineers, 1994.

[12] Bland R, Smith G L, Eagark P, et al. Low salinity polyglycol water-based drilling fluids as alternatives to oil-based muds[C]. SPE/IADC Asia Pacific Drilling Technology. Society of Petroleum Engineers, 1996.

[13] Bland R. Water-based glycol systems acceptable substitute for oil-based muds[J]. Oil and Gas Journal, 1992, 90(26): 5.

[14] Brady M E, Craster B, Getliff J M, et al. Highly Inhibitive, Low-Salinity Glycol Water-Base Drilling Fluid For Shale Drilling In Environmentally Sensitive Locations[J]. Society of Petroleum Engineers, 1998.

[15] Isinak A, Smith V, D Alessandro F, et al. Application of a complex polyol drilling fluid in Albania[J]. Oil Gas European Magazine, 2005, 31(3): 124.

[16] Sartori R, Sepulveda L, Quina F, et al. Binding of electrolytes to poly(ethylene oxide) in aqueous solutions [J]. Macromolecules, 1990, 23(17): 3878-3881.

[17] Tasaki K. Poly (oxyethylene) - cation interactions in aqueous solution: a molecular dynamics study [J]. Computational and Theoretical Polymer Science, 1999, 9(3-4): 271-284.

[18] Boulet P, Covency P V, Stackhouse S. simulation of hydrated Li Na and Kmontmorillonite/polymer nanocomposites using large scale molecular dynamics[J]. Chemical physics letters, 2004

[19] R. Wardle, G. W. Brindley. The crystal structures of pyrophyllite, 1Te, and of its dehydroxylate[J]. American Mineralogist: Journal of Earth and Planetary Materials, 1972, 57(5-6): 732-750.

[20] B. C. Bostick, M. A. Vairavamurthy, K. G. Karthikeyan, et al. Cesium Adsorption on Clay Minerals: An EXAFS Spectroscopic Investigation[J]. Environmental Science & Technology, 2002, 36(12): 2670-2676.

[21] W. S. Abdullah, K. A. Alshibli, M. S. Al-Zou'Bi. Influence of pore water chemistry on the swelling behavior of

compacted clays[J]. Applied Clay Science, 1999, 15(5): 447-462.

[22] A. Delville. Structure of liquids at a solid interface: an application to the swelling of clay by water[J]. Langmuir, 1992, 8(7): 1796-1805.

[23] E. S. Boek, P. V. Coveney, N. T. Skipper. Monte Carlo Molecular Modeling Studies of Hydrated Li-, Na-, and K-Smectites: Understanding the Role of Potassium as a Clay Swelling Inhibitor[J]. Journal of the American Chemical Society, 1995, 117(50): 12608-12617.

[24] Y. Tamai, H. Tanaka, K. Nakanishi. Molecular Dynamics Study of Polymer - Water Interaction in Hydrogels. 1. Hydrogen-Bond Structure[J]. Macromolecules, 1996, 29(21): 6750-6760.

[25] T. Okada, K. Komatsu, T. Kawamoto, T. Yamanaka, H. Kagi. Pressure response of Raman spectra of water and its implication to the change in hydrogen bond interaction[J]. Spectrochimica Acta Part A: Molecular and Biomolecular Spectroscopy, 2005, 61(10): 2423-2427.

一种新型钻井液用抗高温高盐聚合物的制备与评价

王志永　陈缘博　夏小春　王超群

（中海油服油田化学研究院）

【摘　要】 通过反相悬浮聚合法，同时采用两种交联剂，将功能性单体 AMPS、NVP 与 AM 共聚制得新型聚合物颗粒。对聚合条件搅拌速度、聚合温度、单体配比、引发剂用量和交联剂配比进行了优化，最终确定最佳合成条件。采用 SEM-EDS 既观察了聚合物颗粒的表面形态又对其进行了元素分析。利用美国 MACROTRAC 公司生产的 S3500 型激光粒度仪测定聚合物颗粒干粉粒径分布。结果表明，AM、AMPS、NVP 单体经引发聚合形成了含有两种交联剂且表面光滑、分散均匀、粒径主要分布在 10~20μm 之间的三元共聚新型聚合物颗粒。将新型聚合物颗粒应用于水基钻井液中，进一步评价其对水基钻井液流变和滤失性能的影响。结果显示，当甲酸钾加重密度为 1.3g/cm^3，聚合物颗粒加量为 2.0wt%时，210℃老化 16h 后，水基钻井液的 API 滤失量仅为 0.6mL，高温高压滤失量仅为 3.8mL(180℃)。新型聚合物颗粒抗高温抗高盐性能优良，降滤失效果明显。

【关键词】 反相悬浮聚合法；新型聚合物颗粒；高温高盐；流变性；钻井液

随着常规油气资源的逐渐衰竭，重油、油砂、页岩油、页岩气、煤层气等非常规油气资源日益成为开发的热点。我国高温高盐油气资源(青海油田狮子沟油藏、华北油田荆丘油田晋 45 断块油藏、青海油田尕斯库勒 E_3^1 油藏[1]、中原油田[2]、塔里木油田[3]、塔河油田[4]和渤海湾[5]等)分布范围广、储量大，将成为缓解我国能源供需矛盾的主要后备能源。我国高温高盐油藏井底温度通常在 180~260℃，矿化度再 $4×10^4$~$16×10^4$mg/L，同时地质条件复杂(大多存在盐膏层)、同一裸眼井段存在多套压力层系等特点，钻探过程中往往由于超高温条件下钻井液失效引发井塌、卡钻、井漏、井喷等重大安全事故，导致钻井成本居高不下，并容易造成储层伤害，对深层油气开发造成重大影响。水基钻井液降滤失剂通常依靠引入功能性单体来提高抗温抗盐性能。功能性单体主要包括：能提高聚合物分子主链热稳定性的单体、带有大侧基或刚性侧基团的单体、含耐水解基团(或可抑制酰胺基水解)的单含缔合基团的单体等[6,7]。Perricone 等[8]以 AM、AMPS 为单体，研制了一种钻井液降滤失剂，其相对分子质量在 2 万左右，抗温达 260℃，抗氯离子 20g/L，抗钙离子 0.28g/L。Thaemlitz 等[9]以丙烯酰胺(AM)、磺酸盐为单体，并适度交联，研制了一种钻井液降滤失剂，抗温达 232℃，抗氯离子 12.6g/L，抗钙离子 0.344g/L，降滤失效果显著。Heier 等[10]以乙烯磺酸盐和乙烯基酰胺化合物为单制备了一种降滤失剂，其抗温达 230℃，抗盐达饱和。Clapper 等[11]以 AM、AMPS、N-乙烯基吡咯烷酮(NVP)等单体研制了抗温 260℃、抗 NaCl 的降滤失剂。Huang 等[12]以丙烯酸(AA)、AMPS、丙烯酸甲酯(MA)和二甲基二烯丙基氯化铵

作者简介：王志永，2019 年毕业于中国石油大学(北京)化学工程与技术专业，博士。现为中海油服油化研究院钻完井液研发工程师，主要研究方向为钻完井液处理剂。Email：wangzhy76@cosl.com.cn；Tel：15210005897。

(DDAC)为原料，合成了一种抗266958mg/L NaCl、5000mg/L $CaCl_2$、抗温245℃的降黏剂。黄维安等[13]以N，N-二乙基丙烯酰胺(DEAM)、AMPS、NVP、DDAC为单体，合成了抗温240℃的降滤失剂HTP-1。Ma[14]AMPS、AM、SSS，2-(甲基丙烯酰氧基)乙基三甲基氯化铵(DMC)为原料，合成了一种滤失剂，抗温达180℃，抗1.0%$CaCl_2$。Xue等[15]胜科1井使用了一种水基钻井液，该钻井液含有聚丙烯酸酯、改性单宁、磺酸盐沥青等添加剂，抗温能力达220℃。王中华[16,17]AM、AMPS、丙烯腈为原料，合成了一种降滤失剂，在盐水钻井液中抗温达200℃，在含1%$CaCl_2$的钻井液中抗温达180℃。王中华以丙烯酰氧丁基磺酸、2-丙烯酰氧-2-甲基丙磺酸钠和N，N-二甲基丙烯酰胺与AM、AA为原料合成了一种降滤失剂，最大抗盐为30%，抗温达220℃。孙金声等[18,19]制出了一种磺化多元共聚物抗高温保护剂，配合使用降滤失剂、封堵剂等，形成的钻井液抗温达240℃，抗盐达2%，抗氯化钙达0.5%。国内外研制的低矿化度水基钻井液最高抗温为240℃但高矿化度高密度水基钻井液抗温能力普遍低于180℃[20,21]AM、AMPS和NVP以及同时采用有机交联剂和金属交联剂合成了一种抗高温抗高盐水基钻井液降滤失剂，以期解决超深井钻探作业过程中高温条件下降滤失剂失效致井壁失稳等一系列问题[22]。

1 实验部分

1.1 主要仪器和材料

AM(丙烯酰胺)，分析纯，北京现代东方精细化学品有限公司；AMPS(2-丙烯酰胺基-2-甲基丙磺酸)，工业级，山东泉鑫化工有限公司；NVP(N-乙烯基吡咯烷酮)，分析纯，TCI-日本东京化成工业株式会社；MBA(N-N'-亚甲基双丙烯酰胺)，化学纯，天津市光复精细化工研究所；金属交联剂（M-C)，实验室自制；KPS(过硫酸钾)，化学纯，天津市光复精细化工研究所；环己烷，分析纯，北京益利精细化学品有限公司；甲酸钾：工业级，寿光市恒通化工有限公司；Span80(失水山梨糖醇脂肪酸酯)，分析纯，北京益利精细化学品有限公司；人工海水，实验室自制，密度1.03g/cm^3；无水乙醇，分析纯，北京益利精细化学品有限公司；SD中压滤失仪、OFI800型旋转黏度计、OFI四联型高温高压失水仪、GW300型变频高温滚子加热炉。

1.2 新型聚合物合成

将一定量Span80置于环己烷中置于50℃水浴中搅拌至澄清透明得油相，一定量AM、AMPS、NVP、MBA、MC 、KPS溶解于一定量自来水中得水相，将油相倒入置于恒温水浴的250mL三口烧瓶中，连接好装置，调整好一定的搅拌速度，恒压缓慢滴加水相溶液，70℃下反应数小时后，用无水乙醇将产物洗涤数次，放入60℃真空烘箱中干燥24h，得白色粉末聚合物颗粒。其中重点考察了搅拌速度、反应温度、单体配比、引发剂浓度、交联剂配比对新型聚合物的粒径大小和抗高温性能影响。

1.3 结构与形貌表征

利用美国FEI公司生产的SIRION 200型扫描电子显微镜对微球大小及表面形貌进行观测，对聚合物颗粒表面进行电子轰击，进行元素定性分析。利用美国MACROTRAC公司生产的S3500型激光粒度仪测定聚合物颗粒干粉粒径分布。

1.4 新型聚合物抗高温高盐性能评价

海水基浆配制：在高搅杯中加入250mL模拟海水，在高速搅拌下加入10.5g所合成的

M-AM/AMPS/NVP 聚合物，高速搅拌 30min，随后加入 205g 甲酸钾，继续高速搅拌 30min，最后将其装入不锈钢老化罐中，在 210 ℃高温滚子炉中老化 16h，随后取出老化罐冷却测定基浆流变性，来判断制备的聚合物的抗高温高盐性能，以此来优化合成条件。

1.5 钻井液流变性能和降滤失性能评价

在高搅杯中加入 250mL 模拟海水，在高速搅拌下加入 5.25g 自制的提粘剂，7.0g 聚合物 M-AM/AMPS/NVP，高速搅拌 30min，随后加入 205g 甲酸钾，继续高速搅拌 30min，加入封堵剂纳米碳酸钙，搅拌 5min，之后加入污染土 REV DUST 和氧化镁，测定热滚前钻井液的流变性和降失水性能，最后将其装入不锈钢老化罐中，在 210 ℃高温滚子炉中老化 16h，随后取出老化罐冷却测定热滚前钻井液的流变性和降失水性能。

2 结果与讨论

2.1 合成条件优化

2.1.1 搅拌速度

合适的搅拌速度是制备均匀新型聚合物颗粒的必要条件之一。搅拌速度直接影响乳液液滴的大小，决定了新型聚合物颗粒的原始粒径。从表 1 的数据（实验 1-4）可以看出搅拌速度从低到高，新型聚合物颗粒在 210℃ 下热滚 16h 后，海水基浆的表观黏度（*AV*）和塑性黏度（*PV*）相差不大，但是动切力 *YP* 值相差较大，分别为 33Pa、32Pa、31Pa 和 19Pa。分析认为，搅拌速度为 500r/min 时制备的新型聚合物颗粒粒径太小，其在高温热滚后会表现出较高的黏度，但是由于较小的颗粒之间水化之后不容易形成交联结构，而较大的颗粒水化之后容易进行二次交联，从而形成网络结构，因此不同的搅拌速度表现出了不同的 *YP* 值。综合考虑最终固定反相悬浮聚合法合成实验的转速为 400r/min。

2.1.2 聚合温度

合适的聚合温度不但决定了反应速率快慢，还会影响反悬体系的稳定性，从而影响实验的成功。在搅拌速度、反应物组成、引发剂用量等实验条件不变的情况下，进行了一系列的不同聚合温度的实验（表 1，实验 5、3、6、7），最终确定最佳聚合温度。从表 1 的数据（表 1，实验 5、3、6、7）可以看出，聚合温度对新型聚合物颗粒的粒径大小影响较小，随聚合温度升高，平均粒径分别为 16.31μm、16.48μm、16.85μm。同时，从表 1 数据中不同聚合温度下制备的聚合物颗粒的流变结果可以看出，聚合温度对所制备的聚合物的抗温抗盐性能影响很小，因为聚合温度只会对聚合反应的快慢和其形貌及分散性产生较大的影响，对聚合物的内部交联结构并不会产生较大的影响。65℃的聚合温度可以提供合适的反应速率和均匀的 M-AM/AMPS/NVP 聚合物颗粒，因此最终确定聚合温度为 65℃并可用于以下所有实验。

2.1.3 单体配比

为了研究单体配比对聚合物颗粒形貌和粒径分布的影响，我们在反应体系中进行了一系列不同单体配比并固定其他反应条件（包括搅拌速度、聚合温度、引发剂用量和交联剂配比等）的实验（表 1，实验 8，3 和 10）。从表 1 的聚合物颗粒流变数据可以看出，不同的 AM/AMPS/NVP 质量比对聚合物颗粒的抗温抗盐性能影响很大。随着 AMPS/NVP 质量比的增大，高温老化后海水基浆的黏度和 *YP* 值都随之增大，这是因为 AMPS 是水溶性更好的单体，其在高温水溶液中更容易水解断链，表现出不抗高温，而随着 NVP 含量的增大，由于

表 1　聚合物颗粒的合成参数优化及性能评价

序号	合成参数						性能评价					
	搅拌速度 (r/min)	KPS (wt %)	AM/AMPS/NVP (wt %)	MBA/MC (wt %)	T (℃)	平均粒径 (μm)	流变性能(210℃热滚 16h)/49℃					
							AV(mPa·s)		*PV*(mPa·s)		*YP*(Pa)	
							B	A	B	A	B	A
1	**200**	1.0	18/1.0/1.0	1.0/3.0	65	46.23	5	97	4	64	1	33
2	**300**	1.0	18/1.0/1.0	1.0/3.0	65	23.27	5	97	4	65	1	32
3	**400**	**1.0**	**18/1.0/1.0**	**1.0/3.0**	**65**	16.48	6	98	4	67	2	31
4	500	1.0	18/1.0/1.0	1.0/3.0	65	8.56	6	97	5	78	1	19
5	400	1.0	18/1.0/1.0	1.0/3.0	**60**	16.31	5	90	3	56	2	34
6	400	1.0	18/1.0/1.0	1.0/3.0	**70**	16.85	5	92	4	57	1	35
7	400	1.0	18/1.0/1.0	1.0/3.0	**75**	①	5	91	4	56	1	34
8	400	1.0	**18/0.0/2.0**	1.0/3.0	65	12.47	7	21	6	17	1	4
9	400	1.0	**18/0.5/1.5**	1.0/3.0	65	13.52	8	48	6	41	2	7
10	400	1.0	**18/1.5/0.5**	1.0/3.0	65	18.63	10	96	9	63	1	33
11	400	**0.5**	18/1.0/1.0	1.0/3.0	65	12.37	5	93	4	58	1	35
12	400	**1.5**	18/1.0/1.0	1.0/3.0	65	15.12	5	94	3	61	2	33
13	400	**2.0**	18/1.0/1.0	1.0/3.0	65	16.08	4	95	3	62	1	33
14	400	1.0	18/1.0/1.0	**1.0/1.0**	65	14.92	11	14	8	8	3	6
15	400	1.0	18/1.0/1.0	**1.0/2.0**	65	15.16	8	33	19	17	1	16
16	400	1.0	18/1.0/1.0	**1.0/4.0**	65	14.84	4	92	57	63	1	29

① 胶块烘干造粒，然后进行流变性能评价。

其具有含 N 五元环结构，在高温水溶液中不易水解，一定程度还可以保护聚合物分子链其他酰胺基的水解，因此表现出较好的抗高温性。但是当 AMPS：NVP 质量比为增大到 3：1 时，聚合物颗粒的流变性能变化不大，表观黏度、塑性黏度和动切力值分别为 96mPa·s、63mPa·s 和 33Pa，由此可见功能单体 AMPS 和 NVP 存在一个合适的质量比，即 AM：AMPS：NVP 质量比为 18：1：1。

2.1.4 引发剂用量

引发剂的加入对反相悬浮聚合的引发起着决定性的作用。为了进一步了解引发剂浓度对新型聚合物颗粒形貌、粒径分布和流变性能的影响。在其他聚合参数(包括搅拌速度、聚合温度、单体配比和交联剂配比等)保持不变的情况下，进行了一系列实验(表 1，实验 11，12，3 和 13)。从表 1(实验 11，12，3 和 13)的流变数据可以看出，引发剂用量的改变对其高温热滚后的黏度和动切力影响很小，这是因为引发剂用量的多少基本不会改变聚合物颗粒内部的交联结构。当引发剂浓度过高时，反应不受控制；剂量太低，会导致反应不足。因此，确定引发剂的最佳用量为 1.0wt%。

2.1.5 交联剂配比

根据 Flory-Huggins 的理论，聚合物颗粒膨胀度随其分子结构上离子基团电荷密度的增大而增大，而随着交联密度和溶液离子强度增大而减小，那么交联剂用量会对聚合物颗粒溶胀性能有一定的影响。而聚合物颗粒溶胀性能间接反映了其抗高温抗高盐性能。交联剂用量过多，制得聚合物颗粒交联密度过大而使吸水溶胀性能变差，但交联剂用量过少，则会造成交联点过少，制得产品内部结构疏松，吸水膨胀后变成半水溶性甚至是水溶性。因此采用固定优化配方中的其他聚合参数(包括搅拌速度、聚合温度、引发剂用量和单体配比等)制备了一系列不同交联剂配比的聚合物颗粒，考察了交联剂配比(MBA/MC)为(1.0：1.0~1.0：4.0)对聚合物颗粒粒径分布和流变性能的影响。从表 1 的数据(表 1，实验 14、15、3 和 16)可以看出不同的交联比对聚合物颗粒的流变性影响较大。随 MBA/MC 比例的增大，聚合物颗粒的抗高温抗高盐性能明显增强，表观黏度、塑性黏度和动切力值都随之增大，但是当交联比为 1.0：4.0 时，聚合物颗粒的流变数据变化不大，这是因为有机交联剂在聚合物当中主要是在聚合过程中起到交联聚合单体形成线性结构的作用，而金属交联剂的作用是在高温水溶液中保护水解的聚合物分子链，二者进行二次交联形成更加致密的三维网络结构[23,24]剂在聚合物分子链中并没有发挥更大的作用。因此有机交联剂与金属交联剂存在最佳比例，最终确定交联剂配比 MBA/MC 为 1.0：3.0。

2.2 SEM-EDS

将反相悬浮聚合法制备的新型聚合物颗粒进行 SEM-EDS 能谱分析。在图 1(a)SEM 照片中的聚合物颗粒表面进行电子轰击，通过脉冲高度分析器的分类计数，最终得到了 X 射线能量分布图，如图 1(b)所示。从能量谱图可以看出，在聚合物颗粒的局部区域检测到了金属元素的存在，所以初步判断所合成的新型聚合物颗粒中是包含有金属交联剂的。

2.3 基于新型聚合物颗粒的高盐钻井液

以新型聚合物颗粒降滤失剂为核心配制了高盐钻井液，配方如下：人工海水 250g、自制提黏剂 5.25g、新型聚合物颗粒降滤失剂 7g、甲酸钾 205g、碳酸钙 42g、微量有机硅消泡剂、污染土 20g。其中，微量的有机硅消泡剂起预防钻井液起泡的作用，$CaCO_3$与污染土起

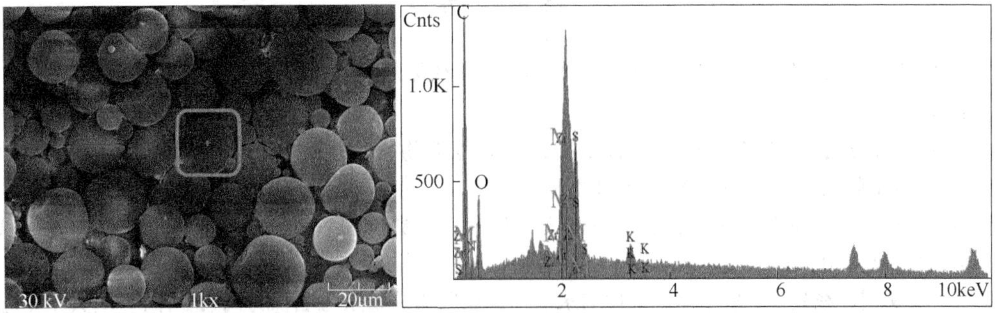

（a）SEM照片　　（b）EDS能谱图

图 1　聚合物颗粒的 SEM 照片和 EDS 能谱图

惰性封堵作用，甲酸钾起加重作用。老化条件为 210℃×16h，流变测试温度为 49℃，API 失水测试条件为室温，100 psi，高温高压滤失量（FL_{HTHP}）测试条件为 180℃，500 psi，表 2 为高盐钻井液的基本性能。由表 2 数据可以看出，基于降滤失剂的高盐钻井液在热滚后黏度有稍许降低，这是因为新型聚合物降滤失剂的主要成分是丙烯酰胺，其形成的聚合物分子链在高温高盐环境会有所断链降解。对比热滚前后钻井液的降失水情况发现，热滚前钻井液的 FL_{API} 和 FL_{HTHP} 分别为 3.4mL 和 14.6mL，而热滚后其 FL_{API} 和 FL_{HTHP} 滤失量分别为 0.6mL 和 3.8mL，钻井液的滤失量明显降低，因为采用反相悬浮聚合法制备的聚合物颗粒降滤失剂是一种超交联的聚合物颗粒，其在高温环境中会吸水胀大，当添加的提粘剂高温降解时，吸水溶胀的聚合物颗粒还同时可以起到提黏作用，由于其特殊的新型结构在封堵方面也表现出一定的优势。由此可见，基于新型聚合物颗粒降滤失剂的钻井液具有很好的抗高温抗高盐性能。

表 2　于降滤失剂的高盐钻井液的基本性能

条件	ρ(g/cm^3)	AV (mPa·s)	PV (mPa·s)	YP (Pa)	Φ_6/Φ_3	Gel (Pa/Pa)	FL_{API} (mL)	FL_{HTHP} (mL)
热滚前	1.40	56	37	19	5/6	9/11	3.4	14.6
热滚后	1.40	50	35	15	4/5	6/7	0.6	3.8

3　结论

（1）采用反相悬浮聚合法，利用 AM、AMPS、NVP 三种单体，同时添加两种交联剂来制备新型聚合物颗粒，以聚合物颗粒的形貌、分散性和抗高温抗高盐性能为指标，对聚合条件搅拌速度、聚合温度、单体配比、引发剂用量和交联剂配比进行了优化，最终确定最佳合成条件。

（2）SEM-EDS 实验结果显示，所制备的聚合物颗粒呈微米级球形状，确定成功合成了同时含有两种交联剂的聚合物颗粒。

（3）基于新型聚合物颗粒降滤失剂的钻井液高温高盐条件下热滚后仍具有较高的黏度、动切力和较低的降滤失量，具有良好的抗高温抗高盐性能。

参考文献

[1] 杨中建，窦红梅，张启汉，等．尕斯库勒油田 E_3^1 油藏深部调驱试验研究[J]．青海石油，2013，31(1)：45-51.

[2] 娄兆彬，李涤淑，范爱霞，等．中原油田文25东块聚合物微球调驱研究与应用[J]．西南石油大学学报(自然科学版)，2012，34(5)：125-132.

[3] 杨胜来，陈浩，冯积累，等．塔里木油田改善注气开发效果的关键问题[J]．油气地质与采收率，2014，21(1)：40-44.

[4] 秦飞，吴文明，杨建清，等．塔河油田堵水选井选层因素分析及方法探讨[J]．西南石油大学学报(自然科学版)，2013，35(6)：121-126.

[5] 常晓峰，孙金声，吕开河，等．一种新型抗高温降滤失剂的研究和应用[J]．钻井液与完井液，2019，36(4)：420-426.

[6] 吕爱敏，朱铁飞，高贵军，等．新型抗高温抗盐钻井液降滤失剂的研究现状[J]．煤炭与化工，2007，30(4)：14-15.

[7] 吴艳利，李晓新．抗高温钻井液降滤失剂的研究进展及发展方向[J]．天津化工，2012，26(5)：9-12.

[8] Perricone A C，Enright D P，Lucas J M. Vinyl Sulfonate Copolymers for High-Temperature Filtration Control of Water-Based Muds[J]. Spe Drilling Engineering，1986，1(5)：358-364.

[9] Thaemlitz C J，Patel A D，Coffin G，et al. New Environmentally Safe High-Temperature Water-Based Drilling-Fluid System[J]. Spe Drilling & Completion，1999，14(3)：185-189.

[10] K. Heier，B. Lambert. Synthetic polymer extends fluid loss control to HPHT environments[J]. World Oil，2005，226(7)：75-76..

[11] Jarrett M，Clapper D. High temperature filtration control using water based drilling fluid systems comprising water soluble polymers：U. S. Patent 7，651，980[P]. 2010-1-26.

[12] Huang W，Zhao C，Qiu Z，et al. Synthesis，characterization and evaluation of a quadripolymer with low molecular weight as a water based drilling fluid viscosity reducer at high temperature(245℃)[J]. Polymer International，2015，64(10)：1352-1360.

[13] 黄维安，邱正松，乔军，等．抗温抗盐聚合物降滤失剂的研制及其作用机制[J]．西南石油大学学报(自然科学版)，2013，35(1)：129-134.

[14] Ma X，Zhu Z，Hou D，et al. Synthesis and performance evaluation of a water-soluble copolymer as high-performance fluid loss additive for water-based drilling fluid at high temperature[J]. Russian Journal of Applied Chemistry，2016，89(10)：1694-1705.

[15] Xue Y，Li G，Li B，et al. Application of super high density drilling fluid under ultrahigh temperature on well Shengke-1[C]//International Oil and Gas Conference and Exhibition in China. Society of Petroleum Engineers，2010，246-252.

[16] 王中华．AMPS/AM/AN 三元共聚物降滤失剂的合成与性能[J]．油田化学，1995，12(4)：367-369.

[17] 王中华，王旭，杨小华．超高温钻井液体系研究(Ⅳ)——盐水钻井液设计与评价[J]．石油钻探技术，2009，37(6)：1-5.

[18] 孙金声，杨泽星．超高温(240℃)水基钻井液体系研究[J]．钻井液与完井液，2006，23(1)：15-18.

[19] 杨泽星，孙金声．高温(220℃)高密度(2.3g/cm^3)水基钻井液技术研究[J]．钻井液与完井液，2007，24(5)：15-18.

[20] Bland R，梁何生．用低矿化度聚乙二醇水基钻井液取代油基钻井液[J]．国外钻井技术，1998，13(3)：37-42.

[21] 于顺明，陈永奇，常淑敏．高矿化度水对钻井液性能的影响[J]．钻井液与完井液，1998，15(4)：44-45.

[22] 戎克生，杨彦东，徐生江，等．抗高温微交联聚合物降滤失剂的制备与性能评价[J]. 油田化学，2018，35(4)：20-25.

[23] Wang Z，Lin M，Gu M，et al. Zr-Induced high temperature resistance of polymer microsphere based on double crosslinked structure[J]. RSC Advances，2018，8(35)：19765-19775.

[24] Wang Z，Lin M，Xiang Y，et al. Zr-Induced Thermostable Polymeric Nanospheres with Double-Cross-Linked Architectures for Oil Recovery [J]. Energy & Fuels，2019，12(33)：10356-10364.

复合盐聚胺封堵防塌钻井液在董13井的应用

王　刚

（中石化胜利石油工程有限公司钻井工艺研究院）

【摘　要】 准噶尔盆地中部4区块地质构造复杂，邻井施工过程中地层垮塌严重，通过分析该区块易塌地层理化性能、地层地应力状况、优选胺基聚醇、复合盐类抑制剂和纳米封堵剂、双模承压剂等复配封堵材料，研发了复合盐聚胺封堵防塌钻井液，结合钻井液在董13井的现场应用，辅助相应的钻井液现场维护处理工艺，解决了该井侏罗系地层井壁垮塌严重等难题，施工中井壁稳定，起下钻、完井作业顺利，井径扩大率小，井身质量显著提高，满足中部4区块复杂地层的安全施工需要。

【关键词】 复合盐；强抑制；复配封堵；垮塌；井壁稳定

董13井位于准噶尔盆地中部4区块坳陷阜康凹陷董6鼻状构造，是一口重点探井，该井设计井深5050m。井壁失稳已经成为制约该区块勘探速度与开发效率的瓶颈问题，该区块地质构造复杂，储层埋藏较深，上部地层棕红色泥岩，易造成水敏性井壁失稳；侏罗系地层易发生应力性垮塌、煤层垮塌及硬脆性泥岩垮塌。由于前期使用的聚磺防塌钻井液和强抑制钻井液体系与地层不匹配，钻井液材料选择不合理，抑制封堵效果不理想，导致在勘探开发中井壁失稳问题严重，多口井由于井壁失稳而导致复杂情况频繁发生，轻者反复划眼，延长钻井周期，重者卡钻，甚至井眼报废，造成了巨大的经济损失。综合该区块地质特征及钻井液施工难点，通过优选主要处理剂，优化钻井液体系配方，研发了复合盐聚胺封堵防塌钻井液体系，该体系性能稳定，抑制性好，封堵性强，润滑防塌效果好，黏土容量限高，流变性易控制，抗污染能力强，保证了董13井的顺利施工，三开平均井径扩大率6.5%，油气层三工河段井径扩大率仅为2.2%，全井井径比较规整，创造了该区块16口井三开井径扩大率最小纪录。

1　井壁失稳机理分析

1.1　力学因素

准噶尔盆地经过多期的构造运动导致地层应力集中，中部4区块位于天山山前构造带，地层深部保持了较强的地应力，特别是侏罗系发育超压，这些地应力被储存在地层岩石中。地层被钻开之前，地下的岩石受到上覆压力、水平方向地应力和孔隙压力的作用，井壁处的应力状态即为原地应力状态，且处于平衡状态。钻开地层后，地层原有的结构力遭到破坏，地应力的作用被显现出来，一旦井眼形成，地应力便沿井眼的径向方向进行释放，施工中如果使用的钻井液体系密度低，钻井液液柱压力不足以平衡地层应力，导致井眼坍塌掉块。

作者简介：王刚（1981—），男，湖北咸宁人，2005年毕业于长江大学应用化学专业，高级工程师，主要从事钻井液现场技术服务及研究工作。E-mail：52784156@qq.com。

1.2 理化性能

准噶尔盆地中部4区块头侏罗系黏土矿物总含量25%左右，而黏土矿物含量分析中，高岭石和绿泥石含量低，而伊利石和伊/蒙混层含量高，特别是蒙脱石以间层黏土矿物伴生的形式存在。通常硬脆性泥页岩的黏土矿物主要以伊利石和伊蒙有序混层为主，黏土矿物水化，导致地层胶结强度降低，外力作用下易坍塌[1]。

1.3 煤层坍塌

侏罗系西山窑组发育煤层，煤层性脆，强度低，在钻具的撞击下易破碎，煤岩中充填的有机物与高 pH 值滤液接触后迅速溶解，降低了煤岩层间胶结力，使其在外力作用下易破碎垮塌。

1.4 构造因素

地层破碎，存在许多孔隙和微细裂缝，并且层理发育性强，这些层理、微裂缝及泥页岩粒间裂隙为钻井液滤液侵入提供了条件。当井眼被钻开后，在压差作用下，钻井液滤液迅速侵入破碎带、层理和微细缝，导致存在于碎屑矿物粒间裂隙处的黏土矿物发生水化作用，使粒间连接力降低，同时降低了裂缝弱面的表面摩擦强度，在外力作用下，不断产生剥蚀掉块，而且滤液将层理和微细裂缝润湿后，会产生较大的正向毛细管压力，在此压力驱动下，水向层理和裂缝的深部运移，虽然不会迅速发生膨胀和变软，但往往加剧泥页岩的水化和分散，扩大泥页岩水化面积，降低了泥页岩的结合强度和层理面之间的结合力，使原处于闭合状态的微细裂缝开启，使原微开的裂缝扩张，进一步诱发井壁失稳。

1.5 钻井液体系和地层不匹配

已完钻井使用聚磺防塌钻井液和强抑制防塌钻井液，通过沥青及超细碳酸钙封堵地层，封堵效果差，强抑制钻井液仅仅增强了体系的抑制性，但没能解决封堵性问题，井壁垮塌依然存在。

1.6 裸眼段压力系数差异大

三开裸眼段上部压力系数1.45，下步目的层压力系数最高2.0以上，上下压力系数差异大，易发生井漏、黏卡、压差卡钻等复杂情况，由于钻井周期长，裸眼段浸泡时间长，钻探中未知因素多，井壁失稳几率增大。

1.7 地层潜在流体污染

侏罗系钻遇高压盐水层，地层水矿化度高达31000mg/L，其中氯离子浓度高于12000mg/L，受氯离子污染，钻井液流变性恶化，钻井液性能失稳直接诱发井壁失稳。

2 钻井液施工难点

中部4区块钻井施工井段长，钻遇地层多，地层岩性及压力体系复杂，上部泥岩地层存在缩径现象，易发生起下钻阻卡；白垩系呼图壁组、清水河组，下部侏罗系齐古组、头屯河组地层泥岩垮塌严重。井壁失稳问题突出，钻井复杂，事故频发，钻井时效低；井径扩大率大，井眼不规整，完井作业周期长，由于对地质构造及地层岩性的认识不清，且使用的钻井液和地层不匹配，导致钻井过程中复杂情况频频发生，特别是侏罗系井壁失稳严重，钻进过程中头屯河组坍塌掉块严重，起下钻困难，多次出现大段划眼等复杂情况，极易发生憋泵及卡钻风险，复杂率高，统计该区块施工的井故障见表1。

表1 中部4区块故障井统计

井号	井深(m)	完钻层位	完井周期(d)	钻井液体系	井下故障	固井质量
董1井	5723	三工河	343	聚磺钻井液	5次卡钻	不合格
董3井	6630	八道湾	558	聚磺钻井液	2次卡钻	合格
董101	5193	三工河	122	聚磺钻井液	3次卡钻	裸眼
董6	5862	八道湾	327	聚磺防塌钻井液	1次卡钻	不合格
董8	5580	八道湾	230	强抑制封堵防塌	电测卡电缆2次	合格
董701	5332	八道湾	146	强抑制封堵防塌	电测卡电缆1次	合格
董801	4550	西山窑	87	强抑制封堵防塌	卡钻1次，卡电缆1次	裸眼
董12	4613	西山窑	93	复合盐强抑制	电测卡电缆1次	裸眼
董704	4810	西山窑	116	强抑制封堵防塌	卡钻1次	合格

3 钻井液技术对策

3.1 合理的钻井液密度

任何由于力学因素引起的井壁垮塌，只有越过力学支撑才能解决，利用力学因素稳定井壁，就是使钻井液液柱压力平衡地层坍塌压力，要求在施工中选用合适的钻井液密度。依据实钻井地层孔隙压力、坍塌压力、破裂压力和邻井施工中钻井液密度情况来确定合理的钻井液密度，保持地层的力学平衡，防止地层坍塌。

3.2 复合盐与聚合物协同提高抑制性

针对地层层理及微裂缝发育及伊蒙混层膨胀不均容易引起井壁坍塌的特点，要求钻井液体系抑制性强，降低泥页岩及黏土矿物的水化膨胀分散程度，防止井壁掉块，从化学上保证井壁稳定。

（1）胺基聚醇独特的分子结构，有一定降低表面张力和升高土浆 pH 值的作用，对黏土颗粒 zeta 电势影响不大，通过离子交换形成了对黏土的束缚，在抑制钻屑分散的同时基本不损害造浆土分散性。与在地层孔隙表面的黏土中最活跃易于水化的基团作用，吸附覆盖在表面，层间水不会从层间排出，能有效地防止黏土的水化膨胀[2]。

（2）利用无机盐类钾离子，与黏土的泥页岩表面进行离子交换，改变黏土的活性，从而控制黏土的水化膨胀性能，常用的有 KCl。

（3）钻井液中的水溶性聚合物 KPAM 吸附在井壁岩层或黏土矿物表面上，形成一层高分子吸附膜，阻止黏土与水的接触，从而抑制泥页岩的水化膨胀，对解理发育的岩层阻止其进一步裂解。

3.3 严密的封堵能力

针对地层特点，应对地层层理、孔隙及微裂隙进行强封堵，要求钻井液体系造壁性强，在井壁上形成不渗透严封堵层，阻止钻井液与地层发生作用，使近井壁地层不受外来流体侵入，避免由此带来的水化膨胀压力而引起的井壁失稳。

3.3.1 颗粒级配封堵

利用沥青类与不同粒径颗粒封堵材料复配，通过有效封堵和形成致密滤饼的方法降低钻井液滤液的侵入，调整封井浆中各种有效固体粒子的级配，形成薄、韧、致密的滤饼，进一步降低滤饼的渗透率，同时协同沥青类防塌剂，封堵地层孔隙，提高防塌效果。

(1) 加入沥青类防塌剂，利用沥青的“软化点”机理，在一定温度和压力下变形，封堵地层层理、裂缝，在井壁处形成良好的内外滤饼，从而在钻井液与地层之间形成一层致密的保护膜，阻止钻井液滤液进入地层，起到保护井壁的作用。

(2) 加入超细碳酸钙，调整钻井液中各种粒径的颗粒合理分布，形成薄、韧、致密的滤饼，进一步降低滤饼的渗透率，同时协同井壁稳定剂，封堵地层孔隙，提高防塌效果沥青封堵机理。

(3) 钻井液中膨润土是主要有用固相，合理的膨润土含量及粒径分布不但可以有效提高钻井液的抗温性能，保证高温下的悬浮和携带，更加可以弥补超细碳酸钙粒度不够细，架桥效果不理想的缺陷，形成致密滤饼，稳定井壁。

3.3.2 膜封堵

膜封堵就是在钻井液体系中加入双模承压剂，使钻井液体系在井壁上形成一层分子膜，在井壁的外围形成保护层，阻止水及钻井液滤液进入地层，封堵地层层理、孔隙及微细裂隙，稳定井壁。

3.3.3 聚合醇封堵

醇类具有浊点效应，当温度超过一定范围后，部分从水中析出，形成乳状油滴，在井内压差的作用下被挤入井壁缝隙并逐渐把缝隙填堵，降低滤失量。吸附作用：醇类能够吸附到黏土矿物表面，形成一层憎水的吸附膜，阻止水分子进入黏土矿物的晶层中，降低黏土的吸水膨胀[3]。

3.4 高矿化度活度平衡

采用复合盐钻井液体系，通过加入 NaCl、KCl 等无机盐，提高钻井液矿化度，利用活度平衡理论，在内外井壁间，通过离子之间的运移，形成正压差，有效支撑井壁。

3.5 良好的流变性

钻井液体系的黏切不宜太低，黏切太低，在井眼内形成紊流，对井壁的冲刷能力强，容易造成坍塌，同时钻井液的悬浮携砂能力减弱，如果井壁出现坍塌现象，不能及时将掉块悬浮携带出，造成下钻不到底，严重者卡钻。黏切太高，钻井液结构力太强，活动钻具或起下钻时波动压力增大，容易引起井壁岩块的松动，也不利于井壁稳定。合理的流变性既满足携砂要求又能减少对井壁稳定的不利影响。

4 钻井液选择

4.1 钻井液配方

基于以上思路，根据董 13 井的地层岩性的特点，对钻井液的抑制性、流变性、封堵防塌、抗温、抗盐、抗污染能力提出了高的要求，二开和三开采用具有强抑制强封堵作用的复合盐聚胺封堵防塌钻井液体系，并制订了相应的维护措施。

体系配方：4%~6%膨润土+0.2%~0.4% 钻井液用聚丙烯酰胺钾盐+1%~1.5% 天然高分子降滤失剂+10%~15%氯化钾+5%~8%氯化钠+0.5%~1%钻井液用胺基聚醇+2%~3%海水抗温降滤失剂+2%~3%超细碳酸钙-7+2%~3%钻井液用纳米封堵剂+3%~4%井壁稳定

剂+2%～3%钻井液用双模承压剂+3%～4%钻井液用磺甲基酚醛树脂 SMP－Ⅱ+0.5%～1%钻井液用有机硅稳定剂+2%～3%聚醚多元醇，其体系主要由无机和有机抑制剂、絮凝包被剂、抗温降滤失剂、防塌剂、润滑剂及封堵材料组成。

4.2 使用目的

（1）复合盐聚胺封堵防塌钻井液使用复合盐和聚胺作为钻井液的抑制剂，依靠聚胺的强抑制性和 K^+ 的嵌入黏土层及 KPAM 絮凝包被剂的多元协同抑制作用，有效抑制了盐膏层的溶解和泥页岩水化膨胀，保持了岩屑的完整和规则，降低了有害固相对钻井液的污染，减少了岩屑在流动过程中的分散，故钻井液性能保持比较稳定。

（2）钻井液中通过加入 NaCl、KCl 等无机盐，提高钻井液矿化度，利用活度平衡理论，在内外井壁间，通过离子之间的运移，形成正压差，有效支撑井壁。降低钻井液中水的活度就能够减少水向近井地带扩散、渗透以及与地层矿物发生物理化学反应的趋势，控制钻井液的活度，以低活度溶液作水相建立的钻井液可有效抑制井下地层常见的各种水化，减少井下复杂。

（3）针对地层特点，应对地层层理，孔隙及微裂隙进行强封堵，加入井壁稳定剂、超细碳酸钙、纳米封堵剂屏蔽暂堵技术、双模承压剂等成膜封堵机理，聚合醇浊点吸附效应，以减少滤液侵入地层，达到优良的保护井壁的效果，从而有效防止井壁失稳。要求钻井液体系造壁性强，在井壁上形成不渗透严封堵层，阻止钻井液与地层发生作用，使近井壁地层不受外来流体侵入，避免由此带来的水化膨胀压力而引起的井壁失稳。在井壁上形成严封堵层后，钻井液液柱压力直接作用在井壁上，而不是因为封堵不严作用到地层里，真正有效发挥钻井液液柱对井壁的支撑作用。

5 钻井液性能评价

在常规聚磺钻井液基础上，通过添加胺基聚醇和复合盐优化设计出了复合盐聚胺防塌钻井液体系，使用重晶石加重至 $1.85g/cm^3$。

5.1 抑制性评价

取邻井董 12 井不同井深岩样，分别采用抑制分散性(即滚动回收)实验和抑制膨胀实验，对复合盐聚胺封堵防塌钻井液的抑制性进行了评价。

由表 2 可以看出，岩屑在聚磺防塌钻井液中回收率比较低，容易水化分散，岩样膨胀率也高，复合盐聚胺封堵防塌钻井液与聚磺防塌钻井液相比，回收率有很大的提高，膨胀率也低，说明其抑制性优于聚磺防塌钻井液。同时做浸泡实验发现，钻屑在清水中浸泡后，钻屑完全散开，说明钻屑具有很强的水敏性，而在钻井液中浸泡后，其形状保持完好，说明钻井液具有很强的抑制性，可以有效阻止钻屑水化分散，体系具有很强的抑制性，能够有效地保持井壁稳定，防止钻屑分散破坏钻井液的流变性和失水造壁性，能够有效保证钻进过程中井壁稳定。

表 2 不同流体滚动回收率及膨胀率对比

井段	岩性	评价流体	滚动回收率(%)	膨胀率(%)
3645～3700m 齐古组	红色、紫红色泥岩、灰色粉砂岩	聚磺防塌钻井液	65	8.3
		复合盐聚胺封堵防塌钻井液	82	6.1

续表

井段	岩性	评价流体	滚动回收率(%)	膨胀率(%)
4380~4505m 头屯河组	褐灰色、棕褐色泥岩、砂质泥岩	聚磺防塌钻井液	70	7.5
		复合盐聚胺封堵防塌钻井液	85	5.6
4660~4710m 西山窑组	深灰色、褐灰色泥岩、砂质泥岩	聚磺防塌钻井液	73	6.7
		复合盐聚胺封堵防塌钻井液	89	5.0

5.2 抗温性能评价

董13井设计井深5050m，地温梯度2.5℃/100m，井底温度达到120℃以上，高温老化之后，要求钻井液流变性能良好，具有优良的抗温性能，因此需对复合盐聚胺封堵防塌钻井液的抗温性能进行评价。

通过表3的实验结果可以得出，在150℃热滚16h后，钻井液体系的流变性和失水，高温高压失水都得到了明显改善，其他性能变化不大。老化后的钻井液分别取上下2部分测定密度，结果是1.83g/cm^{3}和1.85g/cm^3，表明复合盐聚胺封堵防塌钻井液体系在150℃高温下具有较强的沉降稳定性，能满足董13井的钻井需要。

表3 抗温性能评价

性能	*AV* (mPa·s)	*PV* (mPa·s)	*YP* (Pa)	*Gel*(Pa)	*FL*(mL)	pH值	FL_{HTHP} (mL)
常温	36	27	9	3/15	3.6	9	10
150℃ 16h热滚	30	22	8	3/13	3.2	9	9.6

注：FL_{HTHP}是指在3.5MPa，150℃下的高温高压失水。

5.3 抗污染性能评价

取原复合盐聚胺封堵防塌钻井液，分别加入5%膨润土，10%NaCl，3%$CaSO_4$，对钻井液进行污染，然后再做常温和热滚后的实验。

由表4可以看出，在复合盐聚胺防塌钻井液中分别加入5%膨润土时，由于体系中的K离子和聚胺很好的抑制住了膨润土的水化，钻井液流变性基本上没什么变化，失水有所降低。在复合盐聚胺封堵防塌钻井液中分别加入10%NaCl、3%$CaSO_4$时，钻井液的流变性和失水仍然十分良好，说明钻井液抗盐、抗钙污染能力比较强。

表4 复合盐聚胺封堵防塌钻井液抗污染实验

性能	常规性能				150℃ 热滚16h			
	PV (mPa·s)	*YP* (Pa)	*Gel* (Pa/Pa)	*FL* (mL)	*PV* (mPa·s)	*YP* (P)	*Gel* (Pa/Pa)	*FL* (mL)
复合盐聚胺封堵防塌钻井液	27	9	3/15	3.2	22	8	3/13	3.2
原体系+5%膨润土	28	12	4/16	3.6	23	12	3.5/16	3.6
原体系+10%NaCl	26	8	2.5/13	4.0	20	6	2/10	4.6
原体系+3%$CaSO_4$	25	9	4/16	4.4	22	8	3/15	4.8

5.4 润滑性能评价

邻井在三工河段密度都提高到 1.90g/cm^{3}以上，为了减少高密度下压差黏卡的风险，对钻井液润滑性能评价包括滤饼粘附系数及极压润滑性能测定，通过实验得到复合盐聚胺封堵防塌剂钻井液滤饼粘附和极压润滑系数为 0.152 和 0.06，表明该体系具有良好的润滑性能。

5.5 封堵性能评价

实验采用直径为 30~50 目的石英砂作为过滤介质，加入配制好的钻井液，采用中压砂床滤失实验和高温高压砂床滤失实验评价了体系的封堵性能，结果见表 5。

表 5 封堵性能评价

中压实验介质	中压砂床滤失实验(30min)		高温高压砂床滤失量(mL)
	滤失量(mL)	侵入深度(cm)	
聚磺防塌钻井液	0	4.6	16
强抑制防塌钻井液	0	3.2	9.2
复合盐聚胺封堵防塌钻井液	0	2.0	5.0

表 5 看出，和聚磺防塌钻井液及强抑制防塌钻井液体系相比，复合盐聚胺封堵防塌钻井液体系侵入中压砂床深度只有 2.0cm，透过高温高压砂床滤失量的体积只有 5.0mL，表明复合盐聚胺封堵防塌钻井液体系封堵性强，能封堵地层孔隙、层理及微细裂缝，保持井壁稳定。

6 现场应用

6.1 应用井概况

董 13 井是中石化的重点预探井，设计井深 5050m，一开采用 ϕ444.5mm 钻头钻至井深 1005.80m，下入 ϕ339.70mm 表套至井深 1005.08m；二开采用 ϕ311.2mm 钻头钻至井深 3935.00m，下入 ϕ244.50mm 技术套管至井深 3933.45m；三开用 ϕ215.9mm 钻头钻至井深 5050m 完钻，下入 ϕ139.7mm 尾管至 5049.5m。

6.2 维护处理工艺

复合盐聚胺封堵防塌钻井液体系在董 13 井二开和三开井段进行了应用。二开钻遇新近系、古近系、白垩系东沟组、胜金口组、呼图壁组、清水河组及侏罗系齐古组地层，三开主要钻遇侏罗系齐古组底、头屯河组、西山窑组及三工河组，三工河组为本井主要目的层。胜金口组及以上地层钻进钻井液维护处理主要以抑制造浆、防缩径阻卡，提高钻速为主，二开下部和三开地层钻井液维护处理主要以加强抑制封堵，防泥岩掉块坍塌为主，钻进过程中根据井下实际情况及时调整钻井液各项性能确保井眼稳定。

（1）二开后一次性加入 1%~2%氯化钙，上部地层应保持较低的黏切和足够的排量，加强钻井液对井壁的冲刷，有效提高井径扩大率，预防起下钻阻卡，钻进过程中，按照 0.2%~0.5% 聚丙烯酰胺钾盐+1%氯化钙+0.2%~0.5%氨基聚醇配备稀胶液维护钻井液量，保持钻井液较强的抑制性能，防止钻头泥包，每钻进 200~300m，进行短起下作业修复井壁，保持钻井液的低黏、低切、低固相钻进至井深 2300m 后提高钻井液黏度至 35s，加入

LV-PAC 降低失水至 10mL 以下。

（2）钻进至 2500m 胜金口组底转换成低盐钻井液体系，调整钻井液中膨润土含量在 45～55mg/L，加入浓度 1%PAC-LV，对钻井液进行护胶，钻井液黏度 35s 左右，钻井液密度 1.15g/cm^3 以下。加入天然高分子降滤失剂、抗温抗盐防塌降滤失剂降低钻井液失水至 5mL。按循环周，先加入 5%～7%的 KCl，后加入 3%～5%的 NaCl，使其 Cl^-达到 50000mg/L 左右，加盐时，钻井液出现增稠、起泡等现象，加入含有有机硅稳定剂，改性铵盐的胶液降低黏度，调整钻井液流型，加入聚合醇进行消泡，加入 0.5%左右的胺基聚醇抑制剂，然后加入 KFT-2 降低钻井液失水。

（3）钻进至 2700m 进入呼图壁组，一次性加入 2%～3%双模承压剂、2%～3%井壁稳定剂、2%～3%超细碳酸钙-7、1%～2%无水聚合醇，提高钻井液的封堵能力；钻进至呼图壁组底，钻井液中加入含有 1%天然高分子和 1.5%KFT，继续降低钻井液失水至 4mL，同时提高钻井液密度至 1.25g/cm^3，黏度 45s。

（4）进入清水河组之前，钻井液中加入 1%的 SMP-2、2%的超细、1%的井壁稳定剂，降低钻井液高温高压失水至 15mL 以下，提高钻井液密度至 1.30g/cm^3，进入清水河组之后，井浆中加大树脂和抗高温防塌降滤失剂含量，降低钻井液失水至 3mL，高温高压失水降至 12mL 以下。同时加大纳米封堵剂、超细、井壁稳定剂、聚醚多元醇的加量，使其含量都维持在 3%以上，进入齐古组之后，钻井液密度提到 1.40g/cm^3，随着井深增加逐步提高钻井液密度，通过物理力学支撑，提高钻井液的防塌能力，钻至井深 3935m，提高钻井液密度至 1.45g/cm^3。

（5）复合盐聚胺封堵防塌钻井液体系，抑制性强，钻井液中膨润土消耗比较快，切力降低时，则混入浓度 15%护好胶的膨润土浆，提高钻井液的切力。

（6）三开开钻前在套管内利用固控设备将二开井浆充分净化，加入 0.5%天然高分子降滤失剂护胶，同时补充 1%SMP-2 和 1%KFT-2 增强体系的抗盐性，然后按照循环周加入 6%的 KCl，5%NaCl 由低盐钻井液体系转换成复合盐聚胺钻井液体系，体系中 KCl 含量 10%～12%的，NaCl 的含量 6%～8%，Cl^-80000～100000mg/L。

（7）胶液中加入 KPAM、胺基聚醇、KFT-2、SMP-2、DSP-2 等抑制、抗高温材料补充到井浆中，提高钻井液的抗温能力及胶体稳定性，扫塞时按循环周往井浆中加入 3%的井壁稳定剂、2%超细碳酸钙、2%的双模承压剂、2%纳米封堵剂，控制中压失水小于 3mL，高温高压失水在 10mL 以内。

（8）因为地层应力周期性释放，头屯河地层坍塌压力比较大，振动筛返出有掉块，通过混重浆的形式，将钻井液密度提到 1.70g/cm^3，保持井眼力学稳定，利用径向支撑应力，稳定井壁，配制重稠浆塞子推入井中，增加悬浮携带性能，把掉块带出地面。

（9）钻进至井深 4578m 和 4637m 分别进行短起下作业，重点封井井段（3935～4400m），封井浆配方：井浆+20%浓度膨润土浆+2%超细碳酸钙+1%树脂+1%井壁稳定剂+1%聚合醇+10%双模承压剂，短起下井段（4578～4398m，4637～3889m），起钻比较顺利，个别点有显示，活动通过，下钻顺利到底，推重稠浆塞子，没有掉块返出。

（10）钻进至井深 4764m，4938.7m，气测值异常，槽面见油气显示，全烃最高 99.92%，钻井液出入口密度相差 0.2g/cm^3，计算油气上窜速度 32.8m/h，按循环周提密度至 1.95g/cm^3，气测值降至 3%以下且稳定。调整高密度钻井液具有良好流动性、润滑性、合适的切力，维护钻井液性能稳定，维持良好的抗温稳定性、抗油气污染能力。

(11) 起钻前裸眼段打入 50m³封井浆，封井浆中加入 1.5%树脂、1%超细碳酸钙、1%聚醚多元醇、1.5%井壁稳定剂，提高钻井液的抗高温、封堵防塌、抗油气污染、悬浮携带能力。加入 2%白油、2%固体润滑剂、2%超细碳酸钙、2%承压堵漏剂等提高钻井液润滑性，改善滤饼质量、降低渗透率，做好高密度钻井液压差大的防黏工作，电测和下套管作业顺利。

7 钻井液体系的应用效果

7.1 现场应用效果对比

该井使用复合盐聚胺封堵防塌钻井液体系，整个钻进、起下钻作业安全顺利，无遇阻现象，钻井液性能非常稳定，失水小，维护简单。二开创造了该区块单个钻头进尺最高纪录，三开连续正常钻进 6 天没有短起下，节省了大量施工时间。取心、电测、井壁取心等均顺利完成，说明钻井液体系与准噶尔盆地中 4 区块地层情况相配伍，适合在该区块的施工。

7.2 准噶尔盆地中 4 区块完井作业情况统计

从表 6 中可以看出中 4 区块大部分井在三开完井作业期间出现了复杂和故障情况，有些井因为电测复杂，资料没有取全，不仅耽误了钻井施工周期，而且也影响到该区块勘探开发的进程。董 13 井三开完井常规电测无遇阻卡显示，电测顺利，资料取全，节省了完井作业时间，为下一步该区块的施工提供了参考资料。

表 6 中 4 区块完井作业统计

井号	井深(m)	阻卡情况	资料录取情况	测井周期(d)
董 8	5580	阻 2；卡 2，均穿心	部分缺失	23
董 7	5405	阻 3、卡 1	部分缺失	15
董 701	5332	阻 1；卡 1、穿心	部分缺失	16
董 11	5193	无	取全	5
董 703	4300	无	取全	5
董 801	4550	阻 1；卡 2、穿心 1	水平井取全	23.7
董 702	4327	无	取全	5
董 12	4613	卡 1、穿心	电阻率低、核磁烧仪器	18
董 704	4810	阻 3	常规加传输	41
董 18	5395	阻 1	常规加传输	21
董 13	5050	无	常规 取全	5

7.3 三开井径扩大率

复合盐聚胺封堵防塌钻井液性能稳定，钻进中未出现划眼、性能突变、井眼垮塌等复杂。通过表 7 可以看出，董 13 井使用复合盐聚胺封堵防塌钻井液体系，三开平均井径扩大率控制在 6%左右，油层段井径扩大率仅为 2.2%，整体井径比较规整，井径扩大率比邻井都要小。易塌地层头屯河组，董 13 井径扩大率为 8.1%，也比所有邻井都要小，可知复合盐聚胺封堵防塌钻井液体系防塌性能优于聚磺钻井液和强抑制封堵防塌钻井液体系。

表 7　中 4 区块三开和头屯河段井径分析

井号	钻井液体系	头屯河段钻井液密度（g/cm^3）	三开井径平均扩大率（%）	头屯河段扩大率（%）	油层段三工河扩大率（%）
董 7	聚磺防塌钻井液	1.30～1.49	14.19	14.0	15
董 8	强抑制封堵防塌	1.30～1.50	9.66	10.0	5.5
董 701	强抑制封堵防塌	1.38～1.50	10.98	10.5	4.5
董 11	强抑制封堵防塌	1.42～1.50	19.78	19.8	16
董 703	强抑制封堵防塌	1.35～1.45	11.98	12.8	没有钻至三工河
董 801	强抑制封堵防塌	1.40～1.50	13.07	16	没有钻至三工河
董 702	复合盐强抑制	1.35～1.48	9.95	12.8	没有钻至三工河
董 12	复合盐强抑制	1.40～1.53	11.97	11.2	没有钻至三工河
董 704	强抑制封堵防塌	1.50～1.60	15.93	25.41	没有钻至三工河
董 18	强抑制封堵防塌	1.70～1.76	11.9	12.47	没有钻至三工河
董 13	复合盐聚胺封堵防塌	1.55～1.65	6.56	8.10	2.2

8　结论与认识

（1）通过分析中部 4 区块侏罗系井壁失稳机理，制定了井壁稳定的钻井液技术对策，研发了复合盐聚胺封堵防塌钻井液体系。该体系抑制性强，封堵性好，性能稳定，润滑防塌效果好，配合现场钻井液维护处理工艺，形成了中部 4 区块侏罗系井壁稳定钻井液技术。

（2）胺基聚醇和钾离子的抑制分散，复合盐的高矿化度活度平衡，采用不同粒径的刚性和韧性封堵材料复配使用。通过填充微细裂缝和形成优质内外滤饼结合，还利用双膜承压剂物化成膜封堵和聚合醇浊点填充吸附效应，再加上体系具有的高黏土容量限，较低的失水，达到强抑制、强封堵、胶结护壁的作用，保证了复合封堵防塌钻井液体系的封堵防塌效果。

（3）复合盐聚胺封堵防塌钻井液体系在董 13 井进行了应用，解决了该区块长期存在的侏罗系地层井壁失稳卡钻，卡电缆事故频发的顽疾。施工中井壁稳定，井身质量好，井径扩大率小，电测成功率 100%，实现提速提效和发现油气层的目的，为中部区块后续大规模开发提供了有力的技术支撑。

参 考 文 献

[1] 邱春阳，王宝田，何兴华，等．准噶尔盆地中部 4 区块侏罗系井壁稳定钻井液技术[J]．钻采工艺，2015，38(5)：77-80.

[2] 钟汉毅，黄维安，林永学，等．新型聚胺页岩抑制剂性能评价[J]．石油钻探技术，2011(6).

[3] 郭保雨．聚合醇的浊点对钻井液润滑和防塌性能的影响[J]．石油钻探技，2004(4).

无固相弱凝胶钻开液在大斜度注水井中的研究与应用

刘鹏飞[1,2]　王昆剑[1,2]　王　攀[3]　李　进[1,2]　何　斌[4]　柏晓超[4]

（1. 海洋石油高效开发国家重点实验室；2. 中海石油（中国）有限公司天津分公司；3. 中海油能源发展股份有限公司工程技术分公司；4. 中海油田服务股份有限公司）

【摘　要】 在曹妃甸油田开发过程中，为了补充地层能量，同时解决海上平台生产污水处理难题，结合油田地质特征和超大排量回注需求，创新采用“大斜度定向井+裸眼完井”的方式在油田边部部署回注井。这对储层钻开液储层保护效果提出更为严格的要求，针对曹妃甸油田储层具有长泥岩段、高泥质含量的特点，基于此在渤海油田常用无固相弱凝胶 EZFLOW 钻开液体系基础上，通过采用无机盐复配方式提高体系的抑制性，降低钻井液的活度以及钻井液中的固相含量，同时优化体系颗粒级配形成屏蔽暂堵层，最大限度地保护储层。优化后的钻开液体系配方为：0.2% Na_2CO_3+0.2%NaOH+0.4%PF-EZVIS+1.5%PF-EZFLO+8%PF-EZCARB+5%KCl+NaCl，优化后体系具备易返排（返排压力低至 10psi）、易酸化的优点，抗污染能力强，与地层配伍性良好，储层保护效果优异的特点。优化后的钻开液体系在曹妃甸油田大斜度污水回注井中首次成功应用 2 口井，回注量高达 12516m^3/d 和 14155m^3/d，超配注量 9.4%和 23.7%，满足配注要求。应用表明，该技术打破了以往的定向井无法用 EZFLOW 体系的惯例，有效保障了污水回注井日回注量超万立方米的要求，为曹妃甸油田群的有效开发提供了技术保障，具有良好的推广前景。

【关键词】 无固相；钻开液；污水回注；大斜度井；渤海油田

渤海油田经过多年的勘探与开发，部分老油田逐渐进入高含水或超高含水阶段[1-3]，以曹妃甸 Z 油田为例，含水高达 95.19%。高含水或超高含水油田在生产过程中，会有大量的生产污水从产液中分离出来，生产污水处理已成为海上生产平台面临的关键难题[4,5]。同时，海上环保形势日益严峻，进一步增大了海上平台污水处理压力[4]。因此，在油田构造边部钻污水回注井，将生产污水回注地层是海上油田首选的污水处理方式[6,7]。为了满足高含水油田水处理需求，污水回注井的日回注水量均在万立方米以上，多以定向井为主，避免采用水平井单层回注量过大而对储层砂体造成影响。渤海油田常用定向井完井方式为“套管固井+射孔”[8-10]，但该种完井方式受排量限制，不满足超大排量回注要求，因此需采用裸眼完井。曹妃甸 Z 油田储层具有长泥岩段、高泥质含量的特点[11,12]，裸眼完井对储层钻开液的储层保护、防塌和泥岩抑制性要求高。渤海油田定向井储层段钻进主要以聚合物增强阳离子钻井液（简称 PEC）为主，但该钻井液含有固相材料，储保性能和返排性能相对较差，不满足超大排量回注井钻井需求。目前，渤海油田水平裸眼井常用无固相钻开液为 EZFLOW 体系，该体系是一种可逆弱凝胶体系，具有流变性能良好、易降解、易酸化解堵、极易返

基金项目：“十三五”国家重大科技专项“渤海油田高效开发示范工程”（2016ZX05058）。

作者简介：刘鹏飞，高级工程师，1981 年生，就职于中海石油（中国）有限公司天津分公司，主要从事海洋石油钻完井技术研究及管理工作。地址：天津市滨海新区海川路 2121 号渤海石油管理局 C 座。手机：13821935736；电话：022-66500395；E-mail：liupf4@cnooc.com.cn。

排、免破胶、储层保护效果好和环境友好等特点[13-16]，但该体系的防塌性能和泥岩抑制性较差，不适用于长泥岩段、高泥质含量储层钻进作业。因此，亟需对无固相弱凝胶钻开液体系进行优化和升级，以满足超大排量污水回注井的钻井需求。

1　油田地质特征及钻开液性能要求

曹妃甸 Z 油田处于渤海湾盆地埕宁隆起区，位于沙垒田凸起的最高部位，为古近系古隆起背景之上的大型披覆背斜构造。它在工区内发育了完整的潜山背斜构造，构造走向近南北向。潜山主体形态简单，幅度较大，分为南北两个高点。南高点的面积和幅度均大于北高点，馆陶组构造面貌具继承性，与潜山背斜构造相似。从馆陶组到明化镇组沉积时期，主要发育了东部和西部两个断裂带，走向均为北东向，其断层延伸短，为 1.2~5.6km，断距较小，为 5~15m，断层组合较复杂。其边部断裂系统在剖面上呈“Y”字形，断距上大下小，向下逐渐消失于馆陶组内部，向上至明下段顶部较发育。东西两个断裂带构成曹妃甸 Z 构造主体的东、西分界，同时也是曹妃甸 Z 构造的边界断层和成藏断层。

曹妃甸 Z 油田明化镇组和馆陶组储层埋藏浅，岩性较疏松，具高孔高渗的特征，纵向储层物性变化不大。明化镇组储层孔隙度主要分布在 32%~36%之间，平均 32.7%，渗透率在 100~5000mD 之间，平均 2600mD，具有高孔、高渗的特征。馆陶组储层同样具有高孔、高渗的特征，孔隙度在 28%~34%之间，平均孔隙度 29.3%，渗透率在 100~3000mD 之间，平均渗透率 1600mD。Z 油田明化镇组和管陶组储层泥质含量均在 25%以上，呈现出高泥质含量的特点，见表 1。同时，明下段表现为典型的“泥包砂”沉积特征，砂岩含量仅 17%~30%，存在大段的泥岩段。馆陶组地层厚度 220~450m，剖面上为大套砂砾岩夹泥岩，砂层发育，表现为巨厚砂岩、砂砾岩夹泥岩层。

表 1　曹妃甸 Z 油田储层泥质含量统计

开发层位	井名	有效厚度(m)	泥质含量(%)	加权平均泥质含量(%)
明化镇组	Z1	0.9	14.7	29.4
		1.1	34.4	
		1.7		
		1.2	29.3	
		2.6		
	Z2	2.2	34.8	32.4
		5.5	31.5	
馆陶组	Z3	4.9	25.5	25.5
		6.2		
	Z4	0.7	26.3	28.2
		3.3	28.6	
	Z5	1.8	30.6	25.8
		15.0	26.9	
		0.6	12.5	
		0.6	11.5	

由曹妃甸Z油田地质特征可知，储层物性好，对钻开液的封堵承压能力以及储层保护性能要求高。同时，由于长泥岩段和高泥质含量的特点，需要在渤海油田现有的无固相弱凝胶EZFLOW钻开液体系的基础上，进一步优化升级体系在防塌、泥岩抑制性等方面的性能，以满足Z油田超大排量污水回注井的钻开液性能需求。

2 无固相弱凝胶钻开液体系性能优化

EZFLOW钻开液体系基础配方：0.2% Na_2CO_3+0.2% NaOH+0.4% PF-EZVIS+1.5% PF-EZFLO+8% PF-EZCARB+可溶性盐。可通过可溶性盐将体系加重到所需密度，比如氯化钾、氯化钠、甲酸钾、甲酸钠等。该体系通过封堵颗粒的合理匹配，形成致密性超低渗透率滤饼，使滤液侵入深度浅(约1mm)，降低固液相对储层的伤害；同时，该体系可形成正向强封堵反向易返排的滤饼，反向返排压力为2psi，可实现免破胶；滤饼在pH值<3的环境中浸泡可快速完全降解。体系配方中，可溶性钾盐作为密度调节剂的同时，钻遇泥岩起到抑制泥岩水化分散的作用。此外，EZFLOW体系具有较高的低剪切速率黏度有利于悬浮钻屑，提高井眼净化能力，可有效防止大斜度段和水平井段岩屑床的形成。

2.1 封堵承压及返排解堵实验

选用KCl和NaCl复配的方式调节体系密度，同时通过合理的粒径匹配，将基础配方加重至1.20g/cm^3，对优化后的体系进行封堵承压评价、返排压力测定实验和酸化解堵实验，实验结果如图1~图3所示。由图1~图3可得如下结果：

(1) EZFLOW体系具有较好的承压能力，能显著提高地层承压能力，承压不小于20 MPa，且滤失量少。

(2) 返排效果较好，最大突破压力0.691psi，突破后压力下降到0.354psi后保持稳定。

(3) 滤饼在pH值<3的环境中浸泡可快速完全降解。滤饼的渗流通道极易打开，有助于恢复储层的生产能力，具有“单向液体开关”的良好性能。

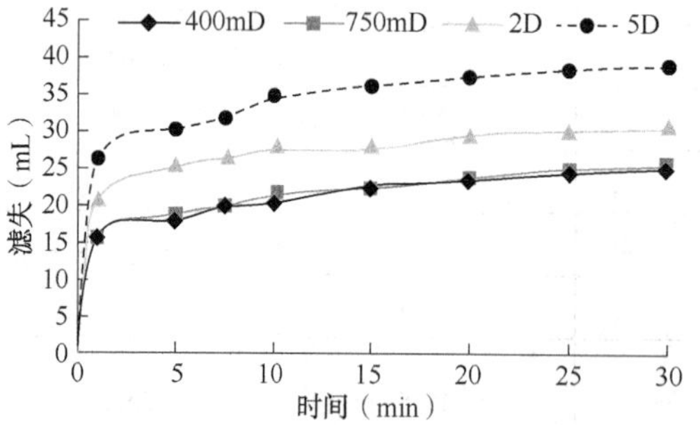

图1 封堵滤失量曲线图

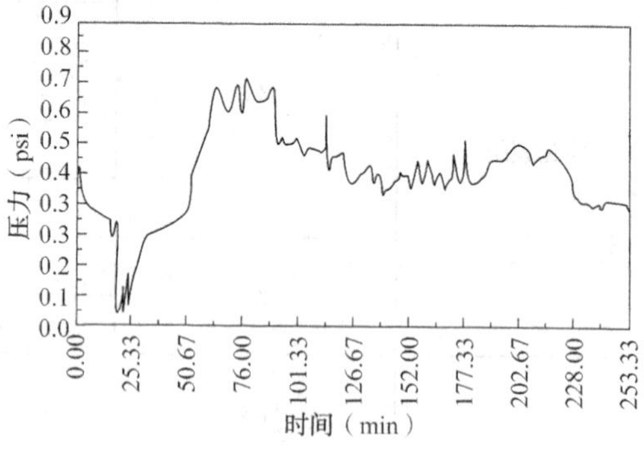

图2 返排压力曲线图

2.2 抗盐能力及抑制性评价

室内实验以8% PF-EZCARB为基浆，用KCl、NaCl和HCOOK分别对体系加重至上限，通过评价其流变和低剪切速率黏度评价抗盐能力，见表2。由表2数据可知，体系抗盐能力强，能够通过盐加重实现体系密度1.07~1.60g/cm^{3}的调整，满足曹妃甸区块大斜度井作业要求。

(a) 解堵前

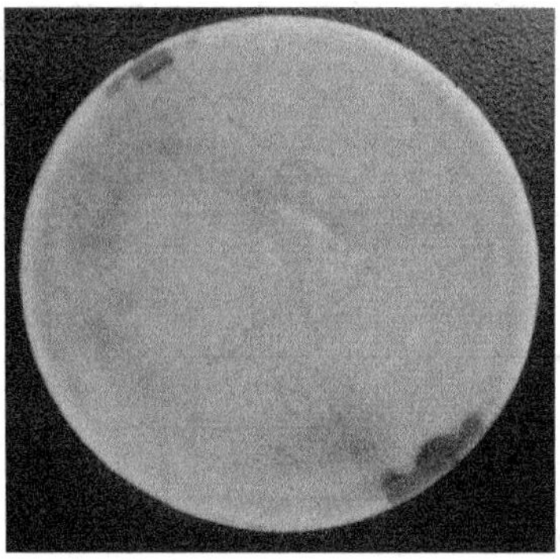

(b) 解堵后

图 3　解堵前后滤饼对比图

表 2　体系加重及抗盐能力评价实验结果

加重剂	密度 (g/cm³)	*AV* (mPa·s)	*PV* (mPa·s)	*YP* (Pa)	Φ_6/Φ_3	$Gel_{10''/10'}$ (Pa/Pa)	LSRV (mPa·s)	pH 值
8%EZCARB	1.07	24.5	10	14.5	14/12	7/8	33189	9
8%EZCARB+KCl	1.10	26	10	16	14/12	7/8	32886	9
	1.22	27	11	16	14/12	7/8	33793	9
8%EZCARB+NaCl	1.12	27	11	16	15/12	7/8	32935	9
	1.27	28	12	16	13/10	7/8	34896	9
8%EZCARB+KCOOH	1.42	32.5	18	14.5	12/10	6/8	31191	9
	1.60	45	30	15	13/10	6/8	25896	9

室内进行了滚动回收率实验，如图 4 和图 5 所示。对比图 4 和图 5 表明，在体系中加入 3%KCl，在 70℃×16h 的实验条件下，滚动回收率从 42%提高到了 91%，表明 3%KCl 加入显著提高了 EZFLOW 钻开液体系的泥岩抑制效果。

图 4　基浆滚动回收率 42%

图 5　基浆+3%KCl 滚动回收率 91%

2.3　储层保护性能评价

由于 EZFLOW 体系未添加黏土相和重晶石粉，避免了高分散的黏土颗粒侵入储层，从根本上消除了污染源。使用盐类加重，通过封堵颗粒的合理匹配，形成致密性超低渗透率滤饼，有利于储层保护，同时体系形成的滤饼易于返排，渗流通道易于重新建立，储层保护效果好。室内分别通过对低、中、高孔渗岩心渗透率恢复值的测定，见表 3。由表 3 可知，EZFLOW 体系在低渗、中渗、高渗岩心渗透率恢复值均超过 80%，储层保护性能优异。

表 3　同渗透性岩心的渗透率恢复值评价实验

岩心编号	K_g (mD)	K_o (mD)	K_{od} (mD)	p_o (MPa)	p_{od} (MPa)	p_{max} (MPa)	R_d (%)
100#(低渗)	28.33	4.33	3.74	0.11	0.114	0.464	86.5
245#(中渗)	731.01	50.57	45.82	0.04	0.03	0.085	90.6
276#(高渗)	3734.69	116.40	94.42	0.005	0.006	0.024	81.1

在储层中液相对地层的伤害远远大于固相对地层的伤害，滤液进入产层极易引起储层岩石间黏土类胶结物的水化膨胀，从而堵塞油气层孔隙与微裂缝。为了更好地抑制泥岩的水化，通过合理的 PF-EZCARB 颗粒级配技术来实现 EZFLOW 体系“屏蔽暂堵”的功能，其原理是利用适当粒径的骨架粒子与变形粒子通过“架桥+填充+压实”，在液柱压力作用下，在井壁表面或浅层形成一层致密的封堵层，阻止钻井液中的颗粒与液相侵入地层，从而降低伤害。在液柱压力解除后，由于地层压力原因能迅速破坏屏蔽层，利于返排，从而达到暂堵的目的。

曹妃甸 Z 油田馆陶储层具有高孔、高渗的特征，储层孔隙度主要分布在 28%～34%之间，渗透率主要分布在 100～3000mD 之间。通过理想充填桥堵配套软件进行计算，结果如图 6 所示，粒径最优化配比为：PF-EZCARB C ∶ PF-EZCARB M ∶ PF-EZCARB F = 0 ∶ 30 ∶ 70。

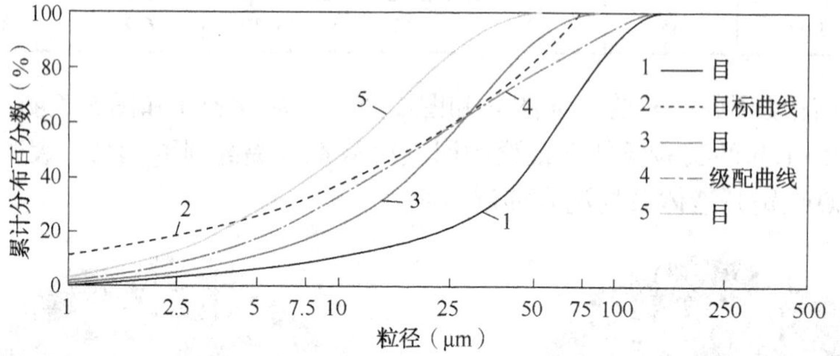

图 6　EZCARB 粒径计算结果

2.4　与原油配伍性评价

通过评价 EZFLOW 体系与曹妃甸 Z 油田原油按 1∶4、2∶3、1∶1、3∶2、4∶1 混合摇匀后，在 70℃恒温下观察油液界面评价配伍性，如图 7 所示。图 7 中量筒从左至右分别代表基浆与原油按 1∶4、2∶3、1∶1、3∶2、4∶混合后配伍性。由图 7 可知，原油与体系混合后油水迅速分离；在 70℃下养护，养护 2h 后，分离界面清晰，未出现乳化、沉淀、絮凝等现象，表现出良好配伍性能。

综上 EZFLOW 钻开液体系性能优化与评价实验结果，曹妃甸 Z 油田边部污水回注井 8½in 定向段优选配方如下：0.2%Na_2CO_3+0.2%NaOH+0.4%PF-EZVIS+1.5%PF-EZFLO+8%PF-EZCARB+5%KCl+NaCl(甲酸钾备用)调整密度。

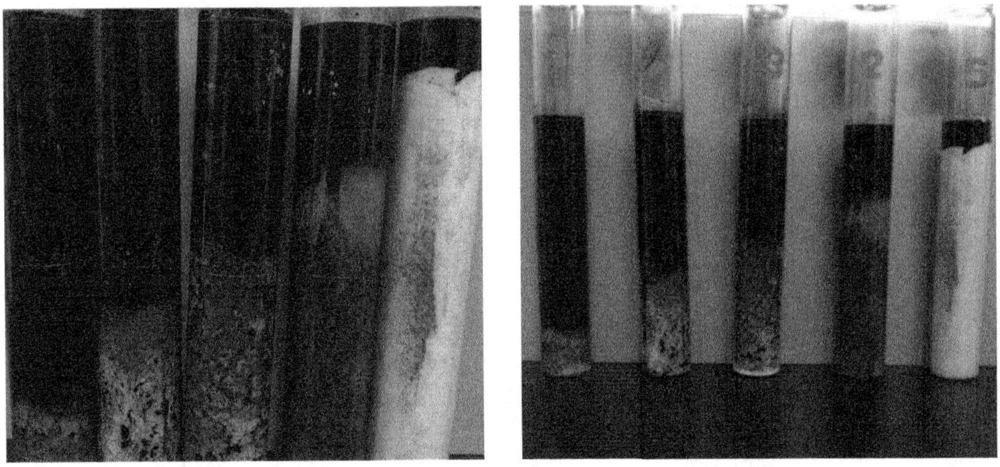

（a）基浆与原油混合　　（b）60℃恒温下养护2h后

图 7　EZFLOW 体系与原油配伍性评价实验结果

3　现场应用

为了解决曹妃甸 Z 油田生产污水的处理问题，在 Z 油田馆陶组 N1gⅢ-2 砂体部署了 Z59 和 Z60 两口边部注水井，用于生产污水的回注。Z59 井和 Z60 井为两口大斜度定向井，最大井斜分别为 74.1°和 77.37°，井深分别为 3241.35m、3731.03m，采用“8½in 裸眼+7in 打孔管”完井方式，以满足日回注量 11440m^3/d 的要求。钻井过程中，这两口井 8½in 井眼钻遇的岩性主要为浅灰色含砾细砂岩和绿灰色泥岩，分别钻遇泥岩段 158.5m 和 159m，结合馆陶组储层高泥质含量的特征，为了满足钻井作业需求，采用优化后的无固相弱凝胶 EZFLOW 钻开液体系，密度为 1.18～1.20g/cm^3。

EZFLOW 钻开液体系在应用过程中，表现出了良好的流变性和强携砂能力，井眼净化能力好、失水小、滤饼薄而致密，较高的低剪切速率黏度有利于悬浮钻屑，整个作业过程未出现井壁失稳情况，钻进过程返砂良好、ECD 值低、倒划顺利，有效防止大斜度段岩屑床的形成，下打孔管顺利到位。EZFLOW 钻开液体系在钻进过程中的流变性能、返砂情况和滤饼分别见表 4 和图 8、图 9 所示。

表 4　EZFLOW 钻开液体系流变性能

流变性能	FV (s)	ρ (g/cm^3)	AV (mPa·s)	PV (mPa·s)	YP (Pa)	Φ_6/Φ_3	$Gel_{10''/10'}$ (Pa/Pa)	LSRV (mPa·s)	FL_{API} (mL)
循环前	60	1.19	38	18	20	12/10	9/12	35865	3.6
循环后	52	1.19	32	17	15	9/8	7/9	30765	3.6

Z59 井和 Z60 井分别于 2020 年 1 月和 2019 年 12 月开始回注，日回注量分别为 12516m^3/d 和 14155m^3/d，分别超配注量 9.4%和 23.7%，污水回注量满足配注要求，Z59、Z60 井回注曲线如图 10 所示。优化后的无固相弱凝胶 EZFLOW 钻开液体系首次在大斜度污水回注井中的成功应用，表明该体系具有良好的防塌、流变性和泥岩抑制性，能很好地稳定井壁，同时具有优良的储层保护性能，有效满足了曹妃甸 Z 油田超大排量污水回注井的钻井需求。同时，为类似储层段的污水回注井应用提供了借鉴和参考，具有良好的推广前景。

图 8　循环均匀后返砂情况

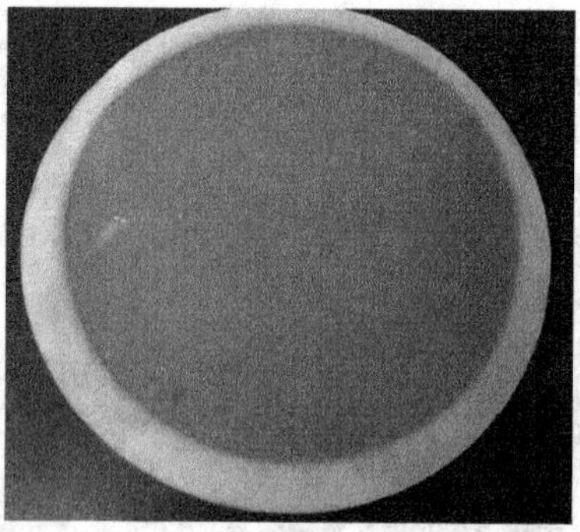

图 9　钻进中钻井液滤饼

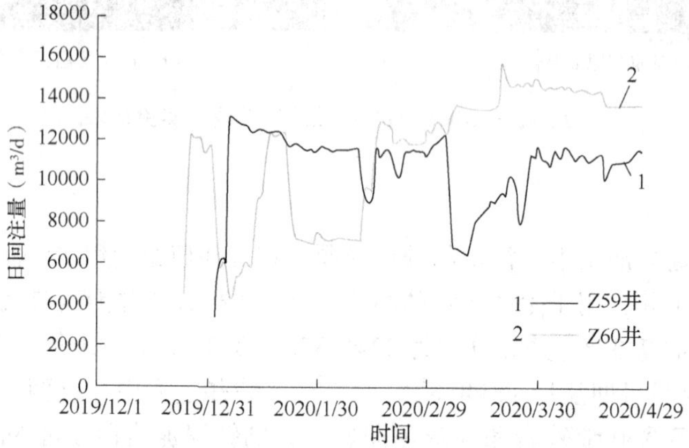

图 10　Z59/Z60 井回注曲线

4　结论

（1）针对曹妃甸 Z 油田地质特征和大斜度污水回注井钻井需求，通过无机盐复配方式和颗粒级配优化，有效增强了 EZFLOW 钻开液体系的抑制性和储层保护性能，通过性能优化和升级，形成了一套满足 Z 油田污水回注井钻井需求的钻开液体系。

（2）EZFLOW 钻开液体系属于性能优良的可逆弱凝胶体系，能够有效阻止钻井液对储层的污染伤害，较高的低剪切速率黏度有利于悬浮钻屑，提高井眼净化能力。同时，优化后体系抑制性强，在钻遇泥岩后，具有很好的抗钻屑污染能力，降低泥岩对储层伤害。

（3）EZFLOW 钻开液体系首次在曹妃甸油田大斜度污水回注井中成功应用，打破了以往的定向井无法用 EZFLOW 体系的惯例，有效保障了污水回注井日回注量超万方的要求，为曹妃甸油田群的有效开发提供了技术保障，具有良好的推广前景。

参 考 文 献

[1] 龚宁，李进，陈娜，等．渤海油田水平井出水特征及控水效果评价方法[J]．特种油气藏，2019，26(5)：147-152.

[2] 李进，龚宁，徐刚，等．渤海油田水平井出水规律特征及影响因素[J]．断块油气田，2019，26(1)：80-83.

[3] 李君宝，韩耀图，林家昱，等．稳油控水技术在渤海油田的研究与应用[J]．非常规油气，2017，4

(1)：75-78.
[4] 亓彦铼，李进，王伟，等．大排量防砂注水一体化管柱研究及应用[J]．化工管理，2020，(3)：114-115.
[5] 罗天琪．油田注水后续污水处理措施探究[J]．化工管理，2019(19)：36-37.
[6] 陈华兴，刘义刚，冯于恬，等．海上聚合物驱油田产出污水回注地层的结垢机理[J]．油田化学，2018，35(4)：691-697.
[7] 何芬，李涛，马奎前，等．海上油田污水回注技术与应用[J]．长江大学学报(自科版)，2014，11(26)：118-121.
[8] 范白涛．渤海油田钻完井技术现状及发展趋势[J]．中国海上油气，2017，29(4)：109-117.
[9] 姜伟．中国海上油田开发中的钻完井技术现状和展望[J]．中国工程科学，2011，13(5)：59-64.
[10] 李进，许杰，龚宁，等．渤海油田疏松砂岩储层动态出砂预测[J]．西南石油大学学报(自然科学版)，2019，41(1)：119-128.
[11] 王昆剑．浅层水平井钻完井技术在曹妃甸油田的应用[J]．石化技术，2016(6)：174-175.
[12] 张继伟，王春林，荣新明．曹妃甸11-2油田高含水水平井酸化研究与应用[J]．石油化工高等学校学报，2018，36(6)：95-100.
[13] 白健华，谭章龙，刘俊军，等．渤海油田水平井用保护储层的无固相修井液技术[J]．钻井液与完井液，2014，31(4)：30-32.
[14] 向雄，杨洪烈，刘喜亮，等．南海西部超浅层气田水平井EZFLOW无固相弱凝胶钻井液研究与应用[J]．石油钻探技术，2018，46(2)：38-43.
[15] 张立民，赵亚宁，卢淑芹，等．无固相弱凝胶钻井完井液在南堡油田的应用[J]．钻井液与完井液，2010，27(2)：81-83.
[16] 张荣，李自立，王洪伟．无固相弱凝胶钻开液延时破胶技术研究[J]．钻井液与完井液，2011，28(2)：42-44.

微纳米封堵井壁稳定技术在准噶尔盆地董18井的应用

刘学明

（中石化胜利石油工程有限公司钻井工艺研究院）

【摘　要】 中石化准噶尔盆地中部区块白垩系清水河组、侏罗系头屯河组砂泥岩互层，地应力大，岩性硬脆，且发育有微裂缝，施工中伴随井壁坍塌，引起井下复杂、事故，井壁稳定问题已成为制约该区块勘探开发的关键性问题；董18井是中部四区块的一口预探井，该井主探清水河组、兼探头屯河组，为解决井壁稳定问题，采用微纳米封堵井壁稳定技术，成功完成董18井钻探任务。

【关键词】 准噶尔盆地中部区块；井壁稳定；微纳米封堵技术；纳米封堵剂

准噶尔盆地中部位于天山山前构造带，受燕山运动的影响，腹部构造形成车—莫古隆起，受喜马拉雅构造运动的影响，车—莫古隆起逐渐演变为南倾单斜。该区块地应力较为复杂，深部地层受挤压影响，保持了较强的地应力状态。同时地层发育微细裂缝，钻井中伴随钻井液侵入，进一步诱发井壁垮塌，事故频发。在准中4区块施工的12口井中，5口井发生卡钻事故，5口井发生电测卡电缆事故，事故发生率极高，归结事故发生的根本原因是井壁稳定问题。

1　区块井壁稳定机理分析

1.1　力学因素失稳

准噶尔盆地中部区块经历过多次向内挤压的地质构造运动，导致地层应力集中，地应力作用明显，钻进中破坏了原有的地层压力的平衡，使水平方向上的应力失去支撑，井筒中地应力便沿井眼的径向方向进行释放，钻井液液柱压力无法平衡，导致井壁失稳。

1.2　物化因素

岩石矿物分析：对准噶尔盆地中部4区块董8井主要垮塌井段头屯河组岩石样本取样分析（表1、表2），从地层全岩矿物分析中看，地层以黏土矿物、石英和斜长石为主；其中黏土矿物伊、蒙混层含量高，高岭石和绿泥石含量低，蒙脱石以与间层黏土矿物伴生的形式存在。伊蒙混层吸水膨胀，由于伊利石和蒙脱石膨胀程度不同，造成其周围的泥页岩受力不均，致使井壁垮塌。另外，同时存在的伊利石、绿泥石、高岭石的无序分布，使水化作用加剧，在构造应力的作用下，井壁失稳加剧。

作者简介：刘学明（1981—），男，山东昌乐人，2003年毕业于山东轻工业学院应用化学专业，高级工程师，主要从事钻井液现场技术及研究工作。E-mail：Liu_ xueming@ qq. com。

表 1　董 8 井全岩矿物 X 衍射分析报告

样品号	井深(m)	层位	全岩矿物组分相对含量(%)								
			黏土矿物	石英	钾长石	斜长石	方解石	白云石	黄铁矿	硬石膏	菱铁矿
1	4153~4338	头屯河	23	34	11	22	2	4	2	1	1
2	4361	头屯河	31	27	12	22	2	2	2	1	1
3	4540~4693	头屯河	22	30	17	25	2	2		2	
4	4693	头屯河	25	27	15	25	2	2	1	2	1

表 2　董 8 井黏土矿物 X-衍射分析报告

样品号	井深(m)	层位	黏土矿物组分相对含量(%)				
			伊/蒙间层	伊利石	高岭石	绿泥石	伊/蒙间层比
1	4153~4338	头屯河	76	19	2	3	65
2	4361	头屯河	85	12	1	2	60
3	4540~4693	头屯河	41	31	11	17	20
4	4693	头屯河	67	21	3	9	20

1.3　结构因素

该区块地层岩石中存在许多微细裂缝，并且层理发育性强，这些层理、微细裂缝为钻井液滤液侵入提供了条件。当井眼被钻开后，在正压差作用下，钻井液滤液迅速侵入层理、微细裂缝，导致存在于微细裂缝中黏土矿物发生水化作用，使联接力降低，在外力作用下，不断产生剥蚀掉块；同时毛细作用，进一步诱发井壁失稳。

取该区块不同深度岩心进行试验，从表 3 测试结果可以看出，采用不同方法测得的中深部岩样孔径均在几纳米至十几纳米范围内，平均孔径为 7.1852~14.4837nm。当泥岩为纳米孔径时，井壁表面难以形成滤饼，常规的固相颗粒难以形成有效封堵，而钻井液滤液仍可进入泥页岩纳米孔隙，导致泥页岩微观界面性质改变，进而引发水化膨胀和失稳。因此，需要采用匹配的纳米封堵材料才能有效封堵纳米尺寸孔隙。

表 3　孔径分析结果数据表　　单位：nm

测试项目	岩心 1	岩心 2	岩心 3	岩心 4	岩心 5
平均孔直径(4V/A by BET)	14.4837	9.3049	13.3425	7.1852	8.5046
BJH 法脱附(圆筒孔模型)平均孔直径(4V/A)	9.74	6.43	8.87	6.40	5.90
BJH 法脱附(圆筒孔模型)最可几孔直径	4.05	4.29	4.04	4.33	2.98
BJH 法吸附(圆筒孔模型)平均孔直径(4V/A)	11.76	8.83	10.43	7.10	8.18
BJH 法吸附(圆筒孔模型)最可几孔直径	2.58	2.33	2.58	1.99	2.57

2 应对对策

2.1 合适的钻井液密度

力学因素引起的井壁垮塌，需要通过物理支撑才能解决。利用物理支撑稳定井壁，就是使钻井液液柱压力平衡地层坍塌压力，要求在施工中选用合适的钻井液密度。依据实钻井地层孔隙压力、坍塌压力、破裂压力来确定合理的钻井液密度，结合邻井施工中钻井液密度使用情况得出，清水河组应采用钻井液密度 1.60g/cm^3，头屯河应采用钻井液密度 1.70g/cm^3。

2.2 较强的抑制性

针对伊/蒙混层膨胀不均容易引起井壁坍塌的特点，要求钻井液体系抑制性强，降低黏土矿物的水化膨胀分散程度，防止井壁坍塌。胺基聚醇抑制剂由于分子链中引入了胺化合物，因而赋予它的页岩抑制性，它的防塌机理不同于普通的聚醚产品，它主要是靠特殊结构牢牢吸附在黏土上，减少黏土层间距，从而阻止水进入地层，起到稳定井壁的作用。

2.3 严密的封堵能力

针对准噶尔盆地中 4 区块硬脆性页岩“微裂缝—裂隙—孔隙”的多尺度特征，采取基于多尺度封堵的协同稳定井壁技术对策：微纳米封堵技术。即设法加强“多尺度”致密封堵作用效果，提升抑制页岩表面水化能力，且有效发挥合理钻井液密度有效应力支撑井壁作用，达到协同强化稳定井壁目的。微纳米封堵技术，优选和细化封堵材料的粒径搭配，并且添加纳米级的颗粒封堵材料，实现更加致密的封堵。采用刚性封堵与弹性封堵相结合，与地层孔径相匹配。

采用纳米级处理剂：钻井液用纳米封堵剂 NP-1，分子链上带有多种吸附基团，能牢固地吸附在泥页岩表面通过颗粒填充形成致密性更高的滤饼；纳米封堵剂粒径在 1~100nm 之间，晶体结构、表面电子结构发生了明显改变，具有空间位阻效应，在钻井液中不团聚，迅速分散，可以进入泥岩地层空隙和层理，阻止水分及钻井液进入地层。钻井液用改性纳米二氧化硅 NS-1 具有分散状态良好、亲水性强、不沉降的特点，解决了常规纳米二氧化硅材料难分散、易团聚的问题。

采用不同粒径的超细碳酸钙，调整钻井液中各种粒径的颗粒合理分布，形成薄、韧、致密的滤饼，进一步降低滤饼的渗透率；同时协同沥青类防塌剂，封堵地层孔隙，提高防塌效果。

3 施工情况

董 18 井位于准噶尔盆地中央坳陷阜康凹陷董 1 井区白垩系岩性圈闭，主探白垩系清水河组、兼探侏罗系头屯河组。设计井深 5310m，实际完钻 5395m；2018 年 12 月 16 日开钻，2019 年 7 月 29 日完钻，钻井周期 147.96 天，平均机械钻速：3.41m/h。

3.1 地质情况

董 18 井地质分层见表 4。该区块易垮塌层位为清水河组和头屯河组，清水河组主要岩性为棕红色、褐色泥岩、粉砂质泥岩，夹灰色、浅灰色泥质粉砂岩、粉砂岩薄层；头屯河组上部以棕红色泥岩为主，夹粉砂岩、细砂岩为主，下部以灰色为主，夹紫色、紫红色泥岩、砂质泥岩与细砂岩、粉砂岩、泥质粉砂岩不等厚互层。

表 4　董 18 井地质分层表

系	统	组	代号	底深(m)	厚度(m)
新近系			N	1450.00	1450.00
古近系			E	2310.00	860.00
白垩系	上白垩统	东沟组	K_2d	3010.00	700.00
	下白垩统	连木沁组	K_1l	3580.00	570.00
		胜金口组	K_1sh	3650.00	70.00
		呼图壁组	K_1h	4316.00	666.00
		清水河组	K_1q	4749.00	433.00
侏罗系	上侏罗统	齐古组	J_3q	4830.00	81.00
	中侏罗统	头屯河组	J_2t	5279.00	449.00
		西山窑组	J_2x	5395.00	116.00

3.2　技术应用

该井施工中钻进 2700m，层位东沟组，提高钻井液密度至 1.20g/cm^3，降低钻井液滤失量至 10mL，开始加入低荧光磺化沥青；钻进至 3000m，层位连木沁组，加入不同粒径的超细碳酸钙(2000~7000 目)，加量 5%；钻进至 3300m，钻井液性能：密度 1.24g/cm^3；漏斗黏度 50s；开始加入 2%抗温防塌降滤失剂、2%磺甲基酚醛树脂逐步转型为强抑制封堵防塌钻井液体系；钻进至 3500m 胜金口组前加入 1%纳米二氧化硅、1%纳米封堵剂；钻井液密度提高至 1.28g/cm^3；钻进 4290m 层位清水河组，提高钻井液密度至 1.60g/cm^3，补充并提高钻井液中纳米封堵材料含量，振动筛返砂正常，无掉块(图 1)。

图 1　董 18 井岩屑情况

3.3　性能控制

钻井液性能见表 5。

表 5　董 18 井钻井液性能表

底深(m)	密度(g/cm^3)	漏斗黏度(s)	塑性黏度(mPa·s)	动切力(Pa)	静切力(Pa/Pa)	FL_{API}(mL)	FL_{HTHP}(mL)	MBT(g/L)	pH 值
新近系 1450 古近系 1510 东沟组 2428	1.08~1.18	35~40	8~15	2~6	1~3/2~9			30~40	8~9
东沟组 3010	1.08~1.20	35~45	11~22	3~9	1~3/6~10	5~10		30~40	9
东沟组 3580 胜金口组 3650	1.20~1.42	45~50	22~25	9~12	3~4/10~12	5~3.6	12	40	9
呼图壁组 4290	1.53	48~55	25~30	12~15	3~6/12~14	3.2	10	40	9
清水河组 4740 齐古组 4800	1.60~1.76	55~76	30~46	14~17	6~8/14~18	3	9	40	9
齐古组 4830 头屯河组 5279	1.70~1.76	76~83	46~53	11~20	8/18~19	2.8~3	8.4~9	45~55	9
西山窑组 5395	1.76~1.98	76~98	53~64	17~30	8~11/18~22	2.6~3	8.4~9	45~60	9.5

4　应用效果

和邻井施工对比情况见表 6。

表 6　邻井施工对比情况

序号	井 号	完钻井深(m)	完钻层位	钻井周期(d)	建井周期(d)	井径扩大率(%)	井下事故
1	董 1	5723.11	西山窑组	324.9	343.65	34.12	5 次卡钻、2 次钻具事故
2	董 6	5862	八道湾组	313.83	327.63	34.01	1 次卡钻事故、1 次固井事故
3	董 3	6630	三工河组	531.92	558.58	11.8	2 次卡钻、6 次钻具事故
4	董 101	5943	三工河组	335.54	359.2	20.82	3 次卡钻事故
5	董 7	5405	三工河组	160.21	360.71	14.19	固井事故
6	董 701	5332	八道湾组	118.31	146.69	10.98	旋转取心遇卡 1 次
7	董 801	4550	西山窑组	48.71	87.67	13.07	1 次卡钻事故、1 次电测遇卡
8	董 18	5395	西山窑组	147.96	174.13	8.72	无

从表 6 中钻井生产数据分析，董 18 井采用级配微纳米封堵技术相比邻井，井径扩大率明显下降，事故减少。

5　结论

微纳米封堵井壁稳定技术在中 4 区块取得了较好的使用效果，采用其技术的董 18 井有效降低了井径扩大率，避免了井下复杂，节约了钻井周期，提高了经济效益，同时，电测施工顺利，取全了地质资料，为进一步开发该区块提供了宝贵的资料。建议在该区块推广使用此项技术。

参考文献

[1] 刘敬平，孙金声．页岩气藏地层井壁水化失稳机理与抑制方法[J]．钻井液与完井液，2016，33(3)：25-29.

[2] 刘喜亮，由福昌，吴素珍，等．页岩井壁失稳机理分析及钻井液对策研究[J]．当代化工，2020，49(1)：129-133.

[3] 孔令印，陈中红，甄园水．准噶尔盆地中部 4 区块地层压力预测方法及应用[J]．河南科学，2019，37(2)：248-254.

[4] 冯天源，荣继光，佟乐，等．钻井液的化学性能对井壁稳定性的影响研究[J]．当代化工．2016(03).

T1810 取心井钻井液技术研究与应用

李鹏程[1]　李英武[1]　李　畅[2]　董　明[1]

（1. 大庆钻探钻井二公司；2. 大庆油田第三采油厂）

【摘　要】 T1810 取心井取心层位为青山口组，青山口组地层岩性特点是大段泥岩层理发育，且砂泥岩互层严重，裂缝和微裂缝发育，脆性较高，与外来液相接触后极易发生剥落、散裂和井塌等失稳现象。在青山口组上部的嫩江组层位，黏土矿物以蒙脱石为主，极易水化分散，如果钻井液抑制性差，也容易造成井壁失稳现象。为满足 T1810 取心井的施工要求，对整井钻井液技术设计、钻井液维护方案进行研究改进，使得钻井液性能稳定，避免出现井塌等复杂问题，保证取心设计完成率。

【关键词】 T1810；取心井；钻井液；技术改进

T1810 取心井位于 QD 油田 DM 地区，根据过去在 DM 地区施工取心井统计，该井施工难点主要有：(1)取心层位为青山口组，且取心段长，施工周期长；(2)嫩江组岩层易水化分散，导致环空憋压，导致井壁失稳，形成恶性循环；(3)青山口组经常性地出现大面积剥落、井塌，复杂处理困难，严重影响取心作业顺利进行。历史资料统计，DM 地区取心井取心设计完成率仅为 28.57%，为了保证 T1810 取心井顺利施工，避免井塌等复杂问题的发生，完成取心作业设计，本文从地层岩性分析，对不同的复杂地层逐一分析研究，有针对性地制定该井钻井液技术方案。

1　地质工程简况

1.1　T1810 井地质简况

DM 地区整体表现为北高东低，西高南低单斜构造，区内断层比较发育，平面分布呈条带状，有近南北和北西向分布的断裂带，小断层也比较发育，尤其在大断裂带附近最为发育。

T1810 取心井取心层位位于位于青山口组，青山口组上部为嫩江组层位(中夹小段姚家组)，嫩江组主要由青灰、灰、灰黑、黑色调为主的泥岩、粉砂质泥岩、油页岩夹细砂岩组成，黏土矿物中蒙脱石含量高，水敏性较强。青山口组自下而上分成三段：一段为灰黑色泥岩、粉砂质泥岩、油页岩，二和三段由灰或灰黑色泥岩、钙质粉砂岩及介形虫层组成，偶夹生物灰岩。泉头组自下而上分成四段：一段由紫红色砾岩、灰色砂岩、杂色泥岩组成；二段为紫红色泥岩与灰或灰白色砂岩互层；三段为灰白色砂岩、紫红色泥质粉砂岩、泥岩夹灰绿色泥岩和砂砾岩；四段由灰色粉细砂岩、灰绿色粉砂质泥岩及紫红色泥岩组成[1]，泉头组

作者简介：李鹏程，1989 年生，2011 年毕业于东北石油大学应用化学专业，现从事大庆钻探工程公司钻井二公司钻井液室钻井液工程师岗位。联系地址：大庆钻探工程公司钻井二公司钻井液室；邮箱：liqwert1234@ sina. com；电话：(0459)5608492。

岩性整体上比较稳定。

1.2 T1810井工程设计简况

T1810井工程设计简况见表1。

表1 T1810井工程设计简况

设计井深	1880m
表层井深	210m
取心对比电测井深	960~1450m
取心井段	1469~1689m
取心进尺	220m
取心层位	青二、三段，青一段
钻井液密度	一开密度1.05~1.28g/cm^3
	二开密度1.23~1.28g/cm^3
	油层密度1.23~1.28g/cm^3
井身结构	0~210m井段钻具组合：ϕ342mm(4B)+钻具止回阀+ϕ178mm钻铤(16~20)m+ϕ210mm方接头+ϕ165mm钻铤(32~40m)+ϕ198mm螺扶+ϕ165mm钻铤(32~40m)+ϕ127mm加重钻杆(45~50m)+ϕ127mm钻杆
	210~1469m井段钻具组合：ϕ220mm(PDC)+ϕ178mm钻铤(16~20m)+ϕ210mm方接头+ϕ165mm钻铤(32~40m)+ϕ198mm螺扶+ϕ165mm钻铤(32~40m)+ϕ127mm加重钻杆(45~50m)+ϕ127mm钻杆
	1469~1689m井段钻具组合：ϕ215.9mm取心钻头+取心筒(MQ215)+ϕ178mm钻铤(36~38m)+ϕ165mm钻铤(72~75m)+ϕ198mm螺扶+ϕ127mm加重钻杆(45~50m)+ϕ127mm钻杆
	1689~1880m井段钻具组合：ϕ215.9mm(PDC)+ϕ178mm钻铤(16~20m)+ϕ210mm方接头+ϕ165mm钻铤(32~40m)+ϕ198mm螺扶+ϕ165mm钻铤(32~40m)+ϕ127mm加重钻杆(45~50m)+ϕ127mm钻杆

2 室内实验

2.1 地层岩性室内实验分析

分别取嫩一段岩块、青二、三段岩块，从表观上可以看出，嫩江组岩块成不规则块状，青山口组岩块为有棱角的片状。将两个试块分别浸泡在1#和2#纯水烧杯中静止，静止48h，观察实验结果。

由实验结果可以看出，浸泡48h后，嫩江组岩块明显出现了分散的状态；而青山口组岩块未出现分散的状态，但仔细观察岩块会发现，岩块表面出现了明显的裂纹，并且周围布满了气泡，气泡明显是岩块中孔隙残存气体。

从岩块浸水实验我们可以得到如下结论，嫩江组层位岩性易水化分散，钻井液技术施工

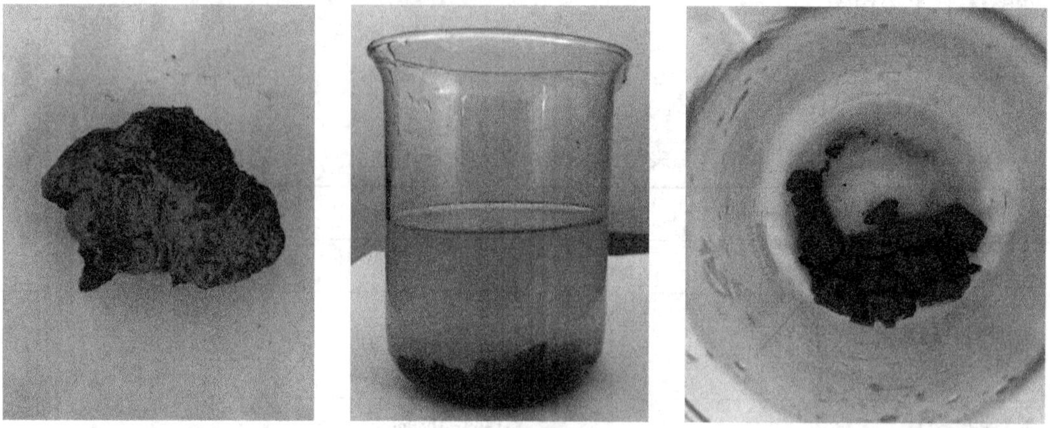

（a）浸泡前岩块　（b）浸泡48h后正面图　（c）浸泡48h后俯视图

图 1　嫩江组地层岩块浸水实验(1#烧杯)

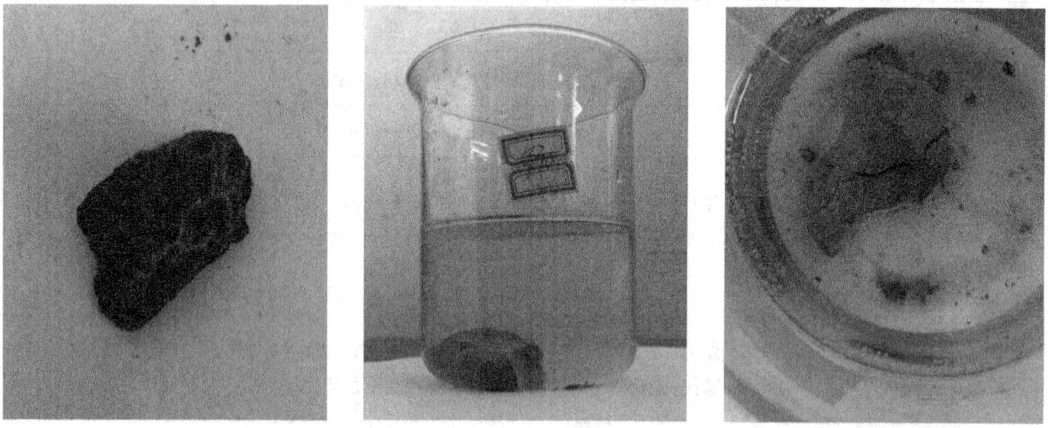

（a）浸泡前岩块　（b）浸泡48h后正面图　（c）浸泡48h后俯视图

图 2　青山口组岩块浸水实验(2#烧杯)

方案思路是提高钻井液抑制性，在该层位钻进作业时抑制井壁水化分散。而青山口组层位岩性不易分散，而岩块之所以会产生裂纹，是因为岩块表面孔隙、微裂缝较多，而岩块内部孔隙度较大，当水进入到孔隙及微裂缝时，因为水分子间的膨胀作用，会提高岩块脆性，降低岩块内部颗粒之间的结构力。针对青山口组钻井液技术施工方案思路：一是提高外界对岩层的压力，即加大对井壁的侧向压力，可通过提高井筒液柱压力实现；二是封堵地层孔隙；三是提高地层岩体部分之间的结构应力，可通过提高钻井液造壁性实现。

2.2　钻井液抑制剂优选

针对嫩江组岩性的水化分散问题，需要优选抑制剂组合。包被剂、阳离子聚合物是常用的抑制剂，二者的主要区别在于包被剂分子链比阳离子聚合物要小，阳离子聚合物介质成正电性，化学式及絮凝机理如图 3 所示。

抑制剂组合方案一：1%包被剂+2%黏土稳定剂；方案二：0.5%阳离子聚合物+2%阳离子稳定剂，分别取相同基浆配制两种体系的钻井液进行全套性能测定。对比结果见表 2、表 3、表 4。

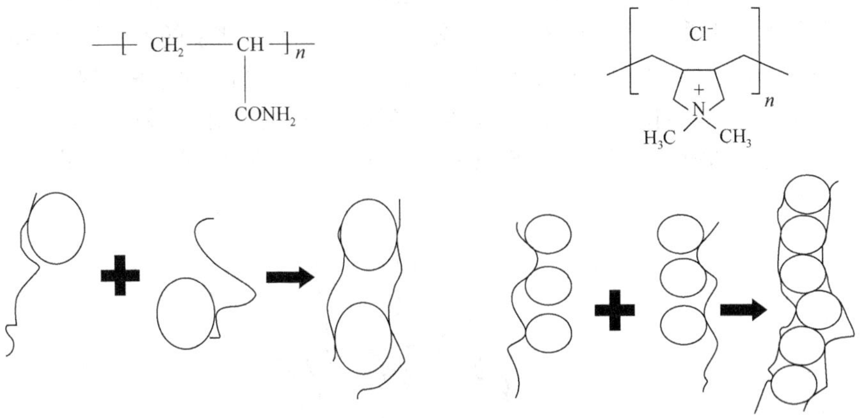

（a）包被剂分子式及絮凝机理　　（b）阳离子聚合物及絮凝机理

图3　不同抑制剂包被抑制机理

表2　原浆性能(未加入抑制剂)

ρ (g/cm³)	FV (s)	Φ_{600}	Φ_{300}	PV (mPa·s)	YP (Pa)	FL (mL)	pH值	固相 (%)	摩阻 (Ω·m)
1.28	55	68	43	25	9	3.6	8.5	12	0.1051

表3　1#钻井液性能(加入1%包被剂和2%黏土稳定剂)

ρ (g/cm³)	FV (s)	Φ_{600}	Φ_{300}	PV (mPa·s)	YP (Pa)	FL (mL)	pH值	固相 (%)	摩阻 (Ω·m)
1.28	68	75	49	26	11.5	3.4	8.5	11	0.0963

表4　2#钻井液性能(0.5%阳离子聚合物和2%阳离子稳定剂)

ρ (g/cm³)	FV (s)	Φ_{600}	Φ_{300}	PV (mPa·s)	YP (Pa)	FL (mL)	pH值	固相 (%)	摩阻 (Ω·m)
1.28	75	88	59	29	15	3.0	8.5	9	0.0699

从实验结果可以看出，2#实验钻井液塑性黏度、动切力性能增长值最大，失水、摩阻、固相性能降低值最大。2#实验钻井液抑制剂组合室内实验评价优于1#实验钻井液抑制剂组合。

2.3　井壁稳定钻井液技术研究

针对青山口组岩性遇水变脆，结合岩性实验结论，制定T1810井井壁稳定钻井液技术方案。提高井筒液柱压力的最好方法就是提高钻井液密度设计，T1810井设计密度为1.23~1.28g/cm³，地质资料显示，钻井液密度可上提0.07~0.12g/cm³。

目前封堵地层孔隙、微裂缝应用良好的钻井液处理剂为非渗透封堵剂(FST-1)，该处理剂物理外观为淡褐色粉状物，容量密度为352~513kg/m³，应用环境pH值8.5±0.5，细度≥40目，粘附力≥0.16mPa。鉴于青山口组的特殊性，为了保证封堵效果，在加入FST-1基础上在孔隙外围布置一层油膜，封堵效果更佳。取心时用的密闭液是用蓖麻油为原料制造的聚氨酯胶黏剂，具有较好的低温性能、耐水解性以及优良的电绝缘性，它的相对密度都大于一般油脂，在空气中几乎不发生氧化酸败，储藏稳定性好，是典型的不干性液体油。将聚氨酯胶黏剂与 FST-1 配合使用，由于液体的流动性，聚氨酯胶黏剂可填补 FST-1 封堵后的剩余空间，并形成油膜，使封堵更佳密实，可以达到更好的非渗透隔水效果。将青山口组岩块浸泡在混合非渗透封堵材料(配合比：5%FST-1+2%聚氨酯胶黏剂+93%基浆)2h 后，做岩性浸水实验(图 4)。

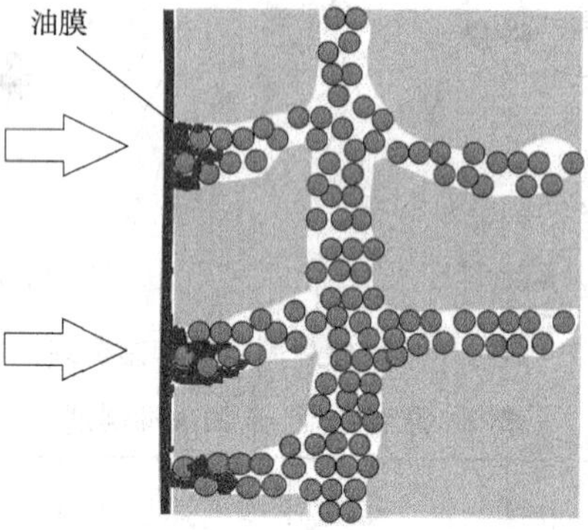

（a）混合材料非渗透封堵机理

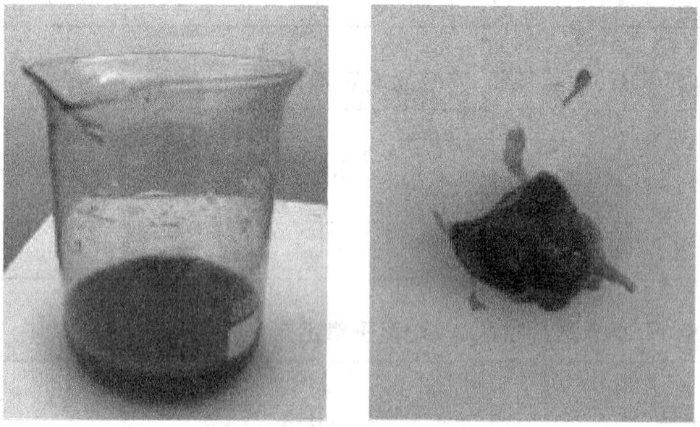

（b）岩块浸泡在混合非渗透封堵材料

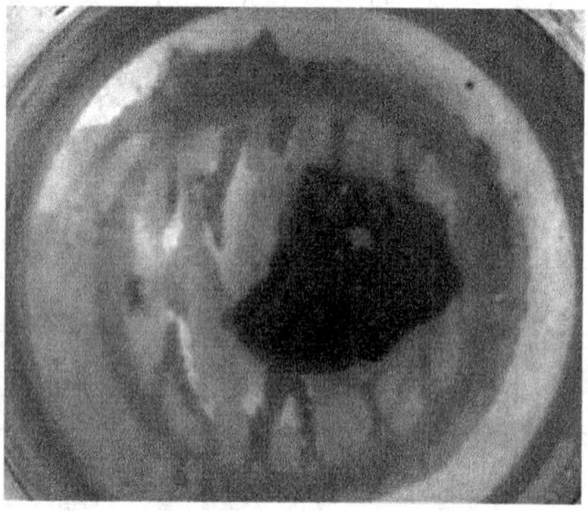

（c）岩块浸水48h后正面图和俯视图

图 4　混合材料非渗透封堵室内实验

可以看出，浸水 48h 后岩块未出现裂纹，表面未见气泡，混合非渗透封堵材料非渗透封堵效果良好。

提高钻井液的造壁性能也就是提升滤饼质量，与以往不同的是，滤饼需要一定的厚度，提高井筒内壁的结构应力。此时，要适当控制钻井液的抑制能力，抑制能力不宜过大。具体步骤：第一步，减少抑制剂加量；第二步，提高膨润土含量；第三步，以改性沥青作为防塌降滤失剂。下面，我们通过室内滤饼实验对比滤饼变化(表 5、表 6 和图 5)。

表 5　原浆性能

ρ (g/cm^3)	FV (s)	Φ_{600}	Φ_{300}	PV (mPa·s)	YP (Pa)	FL (mL)	pH 值	固相含量 (%)	摩阻 (Ω·m)
1.28	62	76	48	28	10	3.2	8.5	10	0.0787

表 6　钻井液性能(原浆+4%膨润土含量+1%改性沥青)

ρ (g/cm^3)	FV (s)	Φ_{600}	Φ_{300}	PV (mPa·s)	YP (Pa)	FL (mL)	pH 值	固相含量 (%)	摩阻 ($\Omega\cdot$m)
1.28	75	82	54	28	13	2.2	8.5	11	0.0787

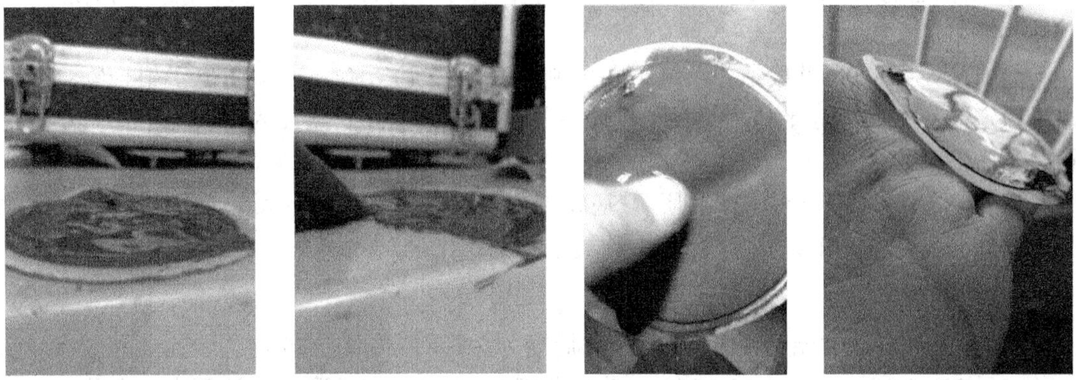

（a）原浆滤饼　　（b）实验浆（原浆+4%膨润土含量+0.5%沥青粉）

图 5　室内滤饼实验

通过实验可以看出，提高膨润土含量和加入改性沥青后，钻井液表观黏度增大，动切力增大，固相含量升高，失水量明显降低，滤饼厚度略有增大，滤饼的整体结构力增大。该处理方案可以达到提高井筒结构应力的效果。

2.4　T1810 井钻井液处理剂配制方案制定

结合室内实验结果，制定 T1810 井钻井液处理剂配制方案，见表 7。

表 7　T1810 井钻井液处理剂配制方案

体系	钾盐共聚物水基钻井液体系
处理剂配制	膨润土粉，HPAN，阳离子聚合物，阳离子稳定剂，降黏剂，JS-1 聚合铝降失水剂，改性沥青，KOH，聚氨酯胶黏剂，复合环保油，低荧光润滑剂，多功能固体润滑剂，非渗透封堵剂，降黏剂，甲基硅酸钠，重晶石粉，WBBS 滤饼界面强化剂

3　现场应用

3.1　钻井液配制

（1）一开钻井液配制：50%老浆+50%清水。

（2）二开钻井液配制：20%老浆+2%膨润土粉+0.5%阳离子聚合物+2%阳离子稳定剂+JS-1 降失水剂，加入 KOH 调整 PH 值在 9~10 范围。

3.2　钻井液现场维护

（1）0~220m 井段钻井液维护：加入清水补充钻井液量。

（2）220~1469m 井段钻井液维护：利用重晶石粉保证钻井液密度在 1.23~1.28g/cm^{3}范围内，利用 KOH 将 pH 值保持在 9~10 范围内。配制胶液(0.2%KOH+0.5%阳离子聚合物+

2%阳离子稳定剂+2%JS-1+2%HPAN+清水)，利用胶液保证钻井液量。利用降黏剂维持钻井液黏度不大于70s。1450m测完对比后，设计变更，钻井液密度提升至1.35g/cm³。

(3) 1469~1689m井段钻井液维护：该井段为取心作业井段，施工周期长，每次取心9m。取心作业前，配制膨润土浆，将钻井液膨润土含量提升至4%，依次加入5%非渗透封堵剂和2%聚氨酯胶黏剂。取心作业过程中，配制胶液(0.2%KOH+0.25%阳离子聚合物+1%阳离子稳定剂+1%改性沥青+清水)，利用胶液保证钻井液量。定期加入复合环保油，控制钻井液摩阻系数。

(4) 1689~1880m井段钻井液维护：配制胶液(0.2%KOH+0.25%阳离子聚合物+1%阳离子稳定剂+1%改性沥青+清水)，利用胶液保证钻井液量。定期加入低荧光润滑剂，控制钻井液摩阻系数。

(5) 完井作业：下套管前，利用甲基硅酸钠调整钻井液黏度不大于55s，加入3%多功能固体润滑剂+5%WBBS。

3.3 应用效果

T1810井钻井液性能见表8，该井全井周期为38天，共取心25筒，中途通井5次，取心总进尺220.35m，总心长216.89m，总收获率98.42%，完成取心设计要求，全井未发生环空憋压、井壁剥落等复杂问题。

表8 T1810井钻井液性能

井深(m)	ρ (g/cm³)	FV (s)	Φ_3 初/终	FL (mL)	滤饼厚度(mm)	pH值	含砂(%)	Φ_{600}/Φ_{300}	PV (mPa·s)	YP (Pa)	固相含量(%)	摩阻电阻率(Ω·m)
一开	1.10	42	1.5/4	3.0	0.5	8	0.2	50/33	17	8	6	0.0437
二开	1.25	55	4/14	2.6	0.5	9.5	0.2	72/46	26	10	10	0.0437
582	1.26	59	4/18	2.4	0.5	9.5	0.8	82/52	30	11	11	0.0963
946	1.26	62	4.5/17.5	2.4	0.5	9.5	0.8	78/50	28	11	11	0.0963
1450	1.28	58	4.5/17	2.2	0.5	9.5	0.7	84/56	28	14	12	0.1051
1469	1.35	64	5/18	2.4	1	9	0.6	88/54	34	10	14	0.0787
1592	1.35	66	4/16	2.0	1	9	0.4	90/60	30	15	14	0.0699
1720	1.35	59	4.5/15.5	2.0	1	9.5	0.5	87/55	32	11.5	14	0.0787
1880	1.35	58	4/15	2.0	1	9	0.6	79/52	27	12.5	14	0.0787
电测	1.35	55	3/12	2.2	1	9	0.5	76/48	28	10	14	0.0699
固井	1.35	52	2.5/10	2.0	0.5	9	0.4	75/50	25	12.5	14	0.0699

4 结论与认识

(1) 研究表明，嫩江组地层岩性易水化分散，青山口组地层岩性不易分散，但长时间在水环境下浸泡，岩块脆性增加。结合研究，有针对性、分阶段的处理两种问题。

(2) 研究表明，钾盐共聚物水基钻井液体系有较好的页岩抑制能力，保证嫩江组地层的顺利施工，保证井身质量。

（3）非渗透封堵剂 FST-1 和聚氨酯胶黏剂的混合封堵材料能较好地封堵青山口组的地层孔隙和微裂缝，阻断游离水进入到孔隙和裂缝中，降低岩块脆化率；在封堵基础上，提高膨润土含量和加入改性沥青能使形成结构力强的滤饼，提高井筒的结构应力，使井壁剥落复杂发生概率降低。

（4）根据 T1810 取心井的钻井液技术方案，保证了取心井的顺利施工，降低了环空憋压、井壁剥落等复杂问题的发生概率，提高取心设计完成率。

参考文献

[1] 李占东，等．松辽盆地北部泥页岩储集层特征[J]．新疆石油地质，2015(1)．

渤斜 931 井三开钻井液技术

李希君　王　伟　赵忠亮　叶洪超

（中石化胜利石油工程有限公司钻井工艺研究院钻井液技术服务中心）

【摘　要】 渤斜 931 井是济阳坳陷沾化凹陷孤北洼陷带的一口定向评价井，在施工工艺上，面临造斜点浅、稳斜段长、水平位移长和摩阻大以及三开穿越的层位多、钻遇多套造浆严重和多段易坍塌掉块的脆硬性泥岩、碳质泥岩和煤线地层等难题。针对工艺难点和地层特点，优选钻井液材料，三开采用复合盐强抑制封堵润滑防塌钻井液体系。现场应用表明，复合盐强抑制封堵润滑防塌钻井液体系，抑制封堵能力强，润滑防塌效果好，保护发现油气层效果好，该井的成功完井为孤北区块同类型井提供了经验。

【关键词】 造斜点浅；稳斜段长；复合盐；封堵；润滑；渤斜 931

渤斜 931 井是 2019 年胜利油气勘探管理中心在孤北区块部署的一口重点定向评价井。在施工工艺上，面临如下难题：造斜点浅、稳斜段长、水平位移长和摩阻大；属于评价井，对钻井液材料要求无荧光或者荧光级别低；测井项目多，对井眼质量要求高；稳斜段穿越的层位多，东营组和上石盒子组泥岩的造浆严重以及钻遇多套易井壁失稳的脆硬性泥岩和碳质泥岩等。针对以上技术难题和地层特点，优选钻井液材料，三开采用复合盐强抑制封堵润滑防塌钻井液体系。施工过程中，该体系抑制封堵能力强，润滑防塌效果好，保证了优快钻井的同时，保护发现油气层，起下钻井眼顺畅，井壁稳定，井径规则，摩阻在可控范围，安全顺利完成了各项施工任务，节约钻井周期 30 天。该体系的成功应用为孤北区块同类型井的施工提供有力的技术支撑。

1　地质工程概况

1.1　地质概况

渤斜 931 井地理位置位于山东省东营市河口区孤岛二水库北，其构造区块为济阳坳陷沾化凹陷孤北洼陷带，钻探目的主探沙三下，兼探奎山段。地质分层及岩性见表 1。

表 1　地质分层及岩性

层位	底深(m)	厚度(m)	主要岩性
平原组	300	300	黏土，砂泥岩
明化镇	1180	880	砂岩、泥岩
馆陶组	1900	720	泥岩、砂岩、砂砾岩

作者简介：李希君（1973. 12—），男，湖南邵东人，1998 年毕业于湘潭大学化学专业，高级工程师，主要从事钻井液现场技术服务和相关研究工作。工作单位：中石化胜利工程有限公司钻井工艺研究院钻井液技术服务中心。邮箱：258187836@ qq. com；电话：13054698499。

续表

层位	底深(m)	厚度(m)	主要岩性
东营组	2370	470	灰色、深灰色泥岩、油泥岩夹砂岩
沙一段	2490	120	灰岩、灰质油泥岩、灰褐色油页岩及生物灰岩
沙二段	2530	40	灰色泥岩、砂质泥岩为主，夹粉砂岩
沙三段	2820	290	泥岩、灰质泥质，油泥岩为主夹砂岩、灰质粉砂岩
中生界	2920	100	硬砂岩、细砂岩、粉砂岩、灰质砂岩为主夹深灰色泥岩、炭质泥岩、灰色中砾岩、泥质白云岩
石千峰组	3300	380	灰色、紫红色细砂岩、粉砂岩、含砾砂岩为主夹泥岩
孝妇河段	3600	300	灰色、紫红色泥岩、砂质泥岩为主
奎山段	3680	80	石英砂岩、含砾砂岩与灰色、紫红色泥岩、砂质泥岩、灰色铝土质泥岩不等厚互层
万山段	3800	120	石英砂岩、含砾砂岩、灰色泥质砂岩为主夹紫色泥岩、砂质泥岩、灰色铝土质泥岩
下石盒子组	3810	10	含砾砂岩、细砂岩、泥质砂岩与灰色、紫红色泥岩、砂质泥岩、黑色炭质泥岩呈不等厚互层，夹黑色煤层

1.2 工程概况

渤斜931井井身结构见表2。

表2 渤斜931井井身结构

开钻次序	钻头尺寸(mm)	井段(m)	套管外径(mm)	套管下深(m)	水泥返高(m)
一开	444.5	207	339.7	206.68	地面
二开	311.2	2072	244.5	2070.30	地面
三开	215.9	4091	139.7	2550~4025	2700

渤斜931井井身轨迹关键点数据见表3。

表3 渤斜931井井身轨迹关键点数据

关键点数据	井深(m)	垂深(m)	水平位移(m)	闭合方位(°)	井斜角(°)
造斜点	299.04	299.03	1.72	251.90	0.70
稳斜点	490.32	485.52	38.11	204.60	22.80
A点	2990.43	2760.00	1069.24	202.78	25.72
B点	3928.13	3600.00	1485.58	203.10	27.86
井底	4091.00	3744.76	1560.17	204.10	24.96
最大井斜点	1350.52	1264.04	402.94	201.70	28.00

2 三开钻井液施工的技术难点及对策

2.1 悬浮携带能力

斜井段长，以及轨迹本身的原因，钻屑在运移阻力和重力作用下易在下井壁形成岩屑床，在停泵和排量不足的情况下，易堆积在下井壁，从而造成起下钻受阻，甚至卡钻，要求钻井液有合适的悬浮携带能力。

2.2 抑制封堵防塌能力

该区块的东营组中下部的灰色泥岩，石千峰组和石盒子组的紫红色泥岩，易吸水膨胀，钻屑易水化分散，造成钻井液性能恶化，需要增强钻井液的抑制性能；沙河街组、中生界和石盒子组的脆硬性泥岩及碳质泥岩煤线易出现坍塌掉块，以及地层倾角存在，斜井段钻进至泥岩段，相比直井段，泥岩更易出现坍塌掉块的现象。在钻井液密度平衡地层应力的情况下，要求钻井液具有较好的抑制封堵防塌能力。

2.3 润滑防卡能力

根据井身的特点，造斜点浅，井深 300m 就开始造斜，增斜钻进至 490m，达到井斜 23°，进入稳斜段，超长的稳斜段，钻具与井壁的接触面积增大，造成钻具在井下的摩阻大，转动时扭矩大，定向钻进时易出现托压现象，钻压释放易出现憋泵。起下钻易出现上提钻具悬重过大，下放遇阻的现象。要求钻井液具有良好的润滑防卡能力。

2.4 封堵防漏的能力

中生界以下地层，具有大段的砂岩，砂砾岩，密度敏感易出现渗漏，泥岩存在裂缝，可能出现漏失，同时目的层石盒子组存在高压油气，后期提密度时必须做到防漏，尽量封堵减少渗透漏失。要求钻井液具有良好的封堵防漏能力。

3 钻井液材料优选及体系配方

防塌封堵剂防塌机理：(1)以物理和化学作用吸附于滤饼上，在本身静电吸附和压力作用下，通过提供合适的架桥填充粒子和可变形粒子，能改善钻井液颗粒级配，使滤饼变薄、韧、致密，改善滤饼质量，降低滤饼渗透率，减少滤失量，有效控制水分渗入地层，实现稳定井壁防止坍塌作用。(2)通过在高温下的变形，高压下产生的压缩，可形成类似于饼状且有交联作用的高强度饼状物，紧贴在井壁上，具有很强的封堵井壁微裂缝的功能，达到防止井壁坍塌的目的。

根据三开工程工艺和钻遇地层的岩性特点，要求钻井液必须具有抑制、防塌、封堵、润滑、抗高温的特点，对材料进行优选，并且材料荧光级别满足录井要求，选择结果如下：(1)基础相选择，油基钻井液成本太高，选择复合盐水基钻井液，氯化钠和氯化钾混合，成本低，抑制性强，比较理想。(2)降滤失剂的选择，降低中压失水，我们选择 LV-CMC、LV-PAC 及褐煤类药品；为了保证钻井液的高温稳定性，后期施工我们选择抗温性好的降滤失剂，如磺甲基酚醛树脂、磺酸盐共聚物降滤失剂等，降低高温高压滤失量，提高钻井液的热稳定性及抗高温能力。(3)防塌封堵剂的选择，要增强对地层孔隙和微裂缝及大段砂岩实施封堵防塌，形成致密的滤饼，我们选择井壁稳定剂、低荧光磺化沥青、超微细碳酸钙等，并且材料荧光级别符合地质录井要求；进入高压油气地层前需提高易漏地层的承压能力，我们选择纤维类随钻封堵剂如单封，随钻承压堵漏剂，酸溶性膨胀堵漏剂等。(4)流型调节剂的选择，要求对复合盐水钻井液体系有较好的调整效果，通过室内实验来确定，取二开的井浆加入复合盐后，会出现盐污染现象，黏切增大，再进行流型调整，实验数据见表4，分别加入改性铵盐，有机硅稳定剂SF-4，硅氟降黏剂SF-1及纳米二氧化硅，加量各为1%，实验结果发现，效果较好的为纳米二氧化硅，最好的为SF-4。(5)润滑剂的选择，要求润滑性好，荧光级别低，针对液体润滑剂选择无荧光白油润滑剂，固体润滑剂选择石墨粉和塑料小球。

表4 流型调节剂优选实验

名称	密度 (g/cm^3)	塑性黏度 (mPa·s)	动切力 (Pa)	静切力 (Pa/Pa)	pH值	API失水 (mL)
井浆	1.28	10	3	1/7	8	4
A	1.25	18	11	5/18	9	6.4
A+1%改性铵盐	1.25	15	7	3/15	9	4.2
A+1%SF-1	1.25	16	8	4/13	9.5	4.8
A+1%SF-4	1.25	15	5	2/10	9.5	4.4
A+1%纳米二氧化硅	1.25	15	6	2.5/11	9.5	4.6

注：A为井浆+5%KCl+5%NaCl+0.5%NaOH+15%清水。

综合以上材料优选考虑：采用复合盐强抑制封堵润滑防塌钻井液体系。

体系基本配方：35%~50%膨润土+0.3%~0.5%烧碱+0.3%~0.5%PAM+7%NaCl+6%KCl+1%LV-CMC+ 2%~3%KFT+2%~3%SMP-1 +0.5%DSP-2 +2%~3%超微细碳酸钙+2%~3%井壁稳定剂+2%~3%无荧光白油润滑剂+1%~2%固体润滑剂+0.5%~1%SF-4 +随钻堵漏剂(依实际)+重晶石粉(依实际)。

性能：$\rho=1.20\sim1.30g/cm^3$，$FV=35\sim45s$，$PV=12\sim20mPa\cdot s$，$YP=4\sim10Pa$，$Gel=1\sim4Pa/6\sim18Pa$，$FL_{API}\leqslant4mL$，pH值=9.5，$FL_{HTHP}\leqslant15mL$，$Cl^-\geqslant50000mg/L$。

4 现场钻井液施工工艺

二开使用氯化钙—聚合物钻井液体系，完成施工井段207~2072m。三开使用复合盐抑制封堵润滑防塌钻井液体系，考虑节省成本，将以二开的钻井液作为基浆，下完套管，钻完水泥塞后，在套管里进行转换。

4.1 三开钻井液维护处理措施

提前准备40m^3优质膨润土浆，膨润土浆配方：淡水+0.3%纯碱+0.5%烧碱+15%土粉，充分水化24h后，加0.2%LV-CMC护胶，加0.3%KFT调流型，备用。

使用稀胶液将二开钻井液稀释，钻塞完成后，在套管里调整基浆黏度30~32s，取样测钻井液的膨润土含量42g/L，比较合适。现场对钻井液进行护胶处理，开泵循环，按循环周加入0.5%~1.2%LV-CMC，加入烧碱，提高pH值至8.5以上，使钻井液中黏土适度分散，再加入2%KFT、2%SMP-1进一步护胶，加药品时，适当补充适量的自由水(清水)，然后加入7%~8%NaCl、6%~8%KCl，加完盐之后，加入流型调节剂，保持合适的黏切，再补充0.3%DSP-2降低中压失水。调整完时性能：$\rho=1.18g/cm^3$，$FV=35s$，$PV=8mPa\cdot s$，$YP=4Pa$，$Gel=1Pa/3Pa$，$FL_{API}=4.2mL$，pH=9.5，$Cl^-=68600mg/L$。基本上达到了预期性能，起钻，换钻具结构准备三开。

东营组(2052~2370m)上部地层钻进过程中地层造浆严重，单纯以聚合物胶液来抑制，达不到效果，黏切会上涨，而采用氯化钠、氯化钾复合盐溶液的抑制能力可以较好地控制地层造浆，阻止黏土分散；同时加入聚合物和胺基聚醇胶液来进一步控制地层的造浆。应用过程中钻井液黏度始终控制在32~38s之间，保证对地层有良好的冲刷，防止地层缩径造成起下钻困难，返出的钻屑包被效果好，不糊筛子。

钻进至垂深2300m(斜深2480m)，即将进入沙河街组，成岩性好，脆硬性泥岩增加，需要提高钻井液的封堵防塌能力，首先使用SF-4(有机硅稳定剂)调整流动性，然后加入2%井壁稳定剂、3%超微细碳酸钙来提高钻井液的封堵防塌能力，并改善滤饼质量，钻井液性能：ρ=1.18~1.20g/cm^3，*FV*=38~42s，*PV*=8~16mPa·s，*YP*=4~8Pa，*Gel*=1~2Pa/3~6Pa，FL_{API}≤4mL，pH=9.5，FL_{HTHP}≤15mL。

进入沙河街组后，继续补充井壁稳定剂、超微细碳酸钙的用量，进一步封堵地层，改善滤饼质量，垂深2850m即将进入中生界，及时补充抗高温材料SMP-1，加量1%~2%，提高钻井液的高温稳定性。适当提高钻井液的密度，提高对地层的支撑，防止泥岩，煤层的坍塌掉块；并保持对油气层一个合适的正压差，减少油气对钻井液的污染。

随着井深增加，钻井液中的固相含量也增加，相对转型初期，滤饼增厚，钻具上提摩阻也随着增大，取井浆进行加润滑剂实验，加入无荧光白油润滑剂RH-1和固体润滑剂(石墨粉)GR-1，对比黏滞系数，来确定固、液润滑剂加量优化参数，实验见表5。

表5 润滑剂加量优化

配方	塑性黏度(mPa·s)	动切力(Pa)	API滤失量(mL)	黏滞系数
1#	15	5	4.0	0.1584
2#	16	6	3.6	0.1051
3#	20	8	3.2	0.0875
4#	17	8.5	3.6	0.1139
5#	19	8.5	3.4	0.1051
6#	18	7.5	3.0	0.0524

注：①取钻进至2350m时的井浆，其性能：ρ=1.18g/cm^3，*FV*=38s，*PV*=15mPa·s，*YP*=5Pa，*Gel*=1.5Pa/6Pa，FL_{API}=4mL，pH=9.5；②2#：1#+2.0%RH-1；3#：1#+3%RH-1；4#：1#+1.0%GR-1；5#：1#+2.0%GR-1；6#：1#+2%RH-1+1%GR-1。

从实验结果可以看出：加入润滑剂都会出现黏切略涨，固体和液体润滑剂配合使用，能达到最佳效果，RH-1：GR-1配方比例为2：1时，效果最佳。

现场钻进至3000m时，按循环周一次性补充2%无荧光白油润滑剂和1%固体润滑剂，效果较好，由原来的上提摩阻140kN，降至80kN，此时钻井液性能：ρ=1.20g/cm^3，*FV*=41s，*PV*=16mPa·s，*YP*=7.5Pa，*Gel*=2Pa/8Pa，FL_{API}=3.2mL，pH=9.5，FL_{HTHP}=12mL/T 130℃，Cl^-=48200mg/L，*f*=0.0513。

实钻井深2961m进入中生界，3136m后钻遇了三套碳质泥岩，厚度不一，最长段达30m，在石千峰组钻遇大段砂岩及砂砾岩，钻进时出现了渗漏，漏速达3m^3/h，及时泵入20m^{3}堵漏浆(堵漏浆配方：15m^{3}井浆+5m^{3}膨润土浆+3%随钻承压堵漏剂+2%超微细碳酸钙)，堵漏浆达到漏层，渗漏量明显减少。3960m进入了下石盒子组，再次钻遇碳质泥岩，及时补充随钻承压堵漏剂、超微细碳酸钙和井壁稳定剂，加强对地层微裂缝的封堵，提高地层的承压能力；随着井深的增加，加入 SMP-1 和 DSP-2 改善钻井液抗温性能，提高钻井液体系的稳定性并进一步控制钻井液的高温高压失水。上石盒子组钻遇大段紫红色泥岩，再次补充 1%~2%氯化钾，提高体系中 K^+ 含量，保证钻井液较强的抑制能力。钻进至 4091m 完钻，完钻时钻井液性能：$\rho=1.28g/cm^3$，$FV=48s$，$PV=20mPa\cdot s$，$YP=8Pa$，$Gel=3Pa/12Pa$，$FL_{API}=3.4mL$，pH=9.5，MBT=33g/L，$FL_{HTHP}=11mL/T130℃$，$Cl^-=53200mg/L$。

4.2 完井液处理措施及应用效果

完钻前 50m，以维持性能稳定为主，钻完进尺后，大排量充分循环，配制防塌润滑钻井液封井，然后短起下钻，监测后效，计算出油气上窜速度，根据油气显示泵入重浆塞控制安全的当量密度，确保油气上窜速度<10m/h。本次测的油气上窜速度为 8.2m/h，在安全范围内。起钻完，更换钻具结构通井，为保证测井安全顺利，起钻前再进行一次 40 柱的短起下，将中生界及以下地层井眼修复一次，充分循环，然后配制封井浆，封闭井段 3000~4091m，封井浆配方：井浆+2%SMP-1+0.3%DSP-2+2%井壁稳定剂（根据需要）+2%润滑剂+0.5%塑料小球（20 目），$FV>80s$，封井浆 $80m^3$；常规测井（包括中子密度）下三趟仪器，都顺利到底，完成了测井各项目的施工。为保证甲方增加的项目——斯伦贝谢公司旋转取心完成，再进行了一次通井，充分循环，并按旋转取心的要求，将钻井液中的塑料小球筛出去，井底干净后，再配制润滑封堵封闭浆封闭裸眼段，由于斜井段太长，旋转取心测井工艺的特殊性，每取一筒心，仪器需在井下静止 10~30min，为降低风险，采取钻杆传输测井，需要取心的段长区间为 2708~4025m，取心 27 筒，下一次仪器顺利完成了所有取心任务，再次验证了该体系的抑制防塌、润滑防卡效果好。旋转取心测井 32h，再组合钻具通井，顺利一次到底，充分循环，起钻后顺利下入尾管，又一次验证了井眼稳定，钻井液润滑性能好。固井前，对钻井液进行处理，降低黏切，补充 SF-4 胶液，黏度降至 45s 左右，固井施工顺利，固井质量合格。

5 结论

（1）三开井段 2072~4091m，采用复合盐强抑制封堵润滑防塌钻井液体系，防塌抑制性好，悬浮携带能力强，井底干净，钻屑重复碾磨少，钻井液性能稳定，机械钻速较高，复合钻进平均机械钻速为：3.5min/m，定向钻进平均机械钻速为：8.2min/m。起下钻顺畅，预期钻井周期 75 天，实际钻井周期 45 天，节约时效取得了良好的经济效益。

（2）与该区块已钻探的 4 口邻井孤北 38 井、渤 930、孤北古 3、孤北古 2 井相比，该体系返屑清晰可辨性好，有利于岩屑录井，保护油气层效果好，有利于发现油气层。统计数据见表 6。

表 6 邻井有关油气层数据统计

井号	完井日期	距本井井口距离（m）	完钻井深（m）	三开平均机械钻速（min/m）	油气显示情况
孤北 38 井	2006.03.15	572	3050	8.53	无
渤 930	2005.07.29	1018	4187	9.78	3552~3667m 气泡 3%~20%

续表

井号	完井日期	距本井井口距离(m)	完钻井深(m)	三开平均机械钻速(min/m)	油气显示情况
孤北古3井	2004.08.28	1348	4510	9.46	无
孤北古2井	2003.11.05	2786	4770	10.75	无
渤斜931	2019.11.07	0	4091	4.53	多套油气层

(3) 渤斜931井三开应用复合盐强抑制封堵润滑防塌钻井液体系，井眼稳定，井径规则，保持适当的井径扩大率，摩阻适中，完井通井时上提摩阻150kN左右，全井的起下钻顺畅，事故率为0，完井测井成功率100%，该体系的成功应用，降低了事故率，并大大缩短了施工周期，值得在该区块推广。该井三开测井的井径数据统计见表7。

表7 三开井径数据统计

井段(m)	段长(m)	井径(in)
2075~2275	200	8.33~9.86
2275~2575	300	9.07~10.07
2575~3025	450	8.74~9.61
3025~3300	275	8.83~9.96
3300~3575	275	8.73~8.94
3575~3900	325	8.95~9.57
3900~4091	191	8.85~9.04
平均		9.20
井径扩大率		8.24%

参考文献

[1] 鄢捷年. 钻井液工艺学[M]. 山东东营：石油大学出版社，2001.

现河庄油区中深井沙河街组井壁失稳与封堵钻井液技术优化

郭　良[1]　丁海峰[2]　吴春国[3]　晏　剑[4]

（中石化胜利工程有限公司黄河钻井总公司）

【摘　要】 现河庄油区属于济阳坳陷东营凹陷中央断裂背斜带构造，施工井钻井液密度较高，施工中井壁失稳容易发生电测遇阻、遇卡等井下复杂和事故。本文针对该油区的地层特性，对现有钻井液体系与处理剂进行优选，在实验强抑制聚磺防塌钻井液体系的基础上，特别针对同一裸眼内存在不同的压力层系的问题，强化了对低压或中压砂岩井段的有效封堵。介绍了该钻井液体系的选择原则、原理和作用，现场处理维护措施及应用情况。实践证明，通过强化封堵措施，在防止粘卡、井塌、井漏等减少井下复杂与事故等方面具有独特的作用。

【关键词】 强抑制；封堵；长裸眼中深井；不同压力；高质量滤饼

现河庄油区属于济阳坳陷东营凹陷中央断裂背斜带构造，目的层为沙三中下段的井，完钻井深在3200～3500m之间，并且多为长裸眼定向井。沙河街组地层沉积较厚达1300～1800m，沙二段、沙三上地层砂岩层段多中间夹杂泥岩层，砂岩地层渗透性强易形成厚滤饼，下部地层压力系数在1.40～1.50之间；沙三中大段泥岩地层易垮塌，造成井下复杂和电测遇阻遇卡，甚至发生卡钻事故。通过统计钻井资料表明，公司近十年来所施工井沙三段井段特别是沙三中井壁坍塌严重，发生了不同程度的复杂情况与故障；前期施工的河143、河166区块个别井井径扩大率超过15%，电测遇阻、遇卡、下钻划眼等复杂情况，从而影响了该油区钻井速度和公司的整体效益。

1　复杂情况与测井遇阻、遇卡原因分析

（1）不同压力层系同处于一裸眼井段。由于该油区地层沙二段、沙三上地层常压，钻井液使用密度1.17g/cm³比较适宜。沙三中、下油气层压力系数较高，钻井液使用密度一般达到1.47～1.53g/cm³才能平衡住高压地层的地层流体流入井内。高、低不同压力层系并存于一较长的裸露井段内，高密度钻井液所形成的高液柱压力，在平衡高压层的同时又对上部低压、中压渗透性强的地层形成了过高的正压差，一是易形成厚滤饼，二是发生钻具与井壁的摩阻增大，粘卡的风险大大增加。

（2）过大的正压差又增加了滤液被压挤入渗透性强的砂岩几率，造成砂岩间的泥岩吸水、水化分散、膨胀、坍塌的风险增加。

（3）过高的液柱压力也易使渗透性地层造成井漏等复杂发生。

（4）沙三中地层泥岩段长层理微裂缝发育，泥页岩较强的水敏性是造成复杂的又一问题，井壁若不能形成高质量内外滤饼，易造成较强水敏性的泥页岩吸水、水化分散、膨胀任意发展，导致井壁不稳定及复杂的发生。

2 钻井液技术思路及措施优化

在综合分析该油区地质构造特点和油藏特点的基础上，结合钻井实际情况，针对易发生复杂的实际情况和各因素，钻井液的技术思路是“强抑制+针对性封堵，以防为主、防治结合”的理念。针对沙二、沙三上砂泥岩互层井段，钻井液以强抑制+随钻封堵承压为主要技术措施；针对沙三段中大段泥岩层理微裂缝地层，钻井液应具有强抑制+随钻封堵防塌为主。通过采取有效的预防措施、优化钻井液抑制与针对性封堵提高防塌性能，稳定易坍塌地层，从技术方案优化、技术交底入手严格管理认真落实各项技术措施，实现安全、高效施工。

(1) 选用抑制性较强的钻井液抑制剂—胺基聚醇与足量的高分子聚合物有机搭配，提高钻井液及其滤液的抑制性。

(2) 采用不同特性不同尺寸并且能过 80 目筛布的暂堵粒子对渗透性地层和大段层理裂隙发育的泥岩段地层进行封堵，采用 1200 目、2000 目不同粒径的超细碳酸钙与沥青类封堵防塌剂，针对不同井段岩性形成化学固壁作用，提高地层封堵承压能力，预防井塌、井漏[1]。

(3) 通过加入不同的惰性粒子，提高钻井液造壁性，迅速形成压力隔离带，加入低荧光沥青类物质，改善滤饼质量；利用表面活性剂提高体系高温能力。

(4) 钻井液配方。通过室内试验与借鉴其他抑制理论，确定配方为：水+5%钠土+0.5% PAM+1%PA-1+3%SMP-1+2%WNP-1+2%~3%暂堵剂+3%超细 $CaCO_3$+3%~4%沥青类封堵防塌剂，形成的钻井液体系对泥页岩和强渗透地层具有强抑制、针对性封堵的效果，是该区块防粘、防塌、防漏的关键。

3 钻井现场实际应用情况

3.1 强抑制性处理

该区块二开上部地层因含有大量的蒙脱石地层，所以快钻期间均采用不落地设备+氯化钙控制过早的造浆，确保超低固相钻进。钻进至东营组努力清除劣质固保持钻井液有效膨润土含量在 50~65g/L 之间，相并进行定性处理，确保钻井液良好的流动性的状态下，一次性加入胺基聚醇 AP-11t，足量加入高分子聚合物，在钻至东营组底部之前，使钻井液聚合物与胺基聚醇含量分别达到 0.5%、1%以上，使钻井液具有良好的抑制性，然后根据钻井液增量补充其含量。

3.2 针对地层不同岩性强化封堵

3.2.1 针对沙二段、沙三上井段砂岩地层强化封堵措施

在钻进入沙一段控制失水，一次加入 2~3t WNP-1 降失水剂，钻进入沙二段，针对该地层砂泥互岩岩性，调整好钻井液性能，在井深 2400m 左右进行短程起下钻，破坏掉井壁上的滞留层和虚滤饼，再提高泵排量并大幅度活动钻具对井壁进一步冲刷清洗，观察振动筛面的钻屑、虚滤饼及砂子干净后，然后进行第一次强化封堵处理。一次性加入承压屏蔽暂堵剂 2~3t、超细碳酸钙(1200)3~4t、沥青类封堵防塌剂 2~3t，对沙二段以上渗透率较高的地层进行封堵，使裸眼井段形成一定的高质量滤饼；钻进中逐渐加重必须保持钻井液对地层的正压差；根据井下实际情况可进行第二次强化封堵处理(方法同上)。主要是在强渗透性地

层，二者形成良好的内外滤饼，阻止钻井液滤液无限的侵入地层，防患于未然。

3.2.2 针对砂三中泥岩微裂缝井段强化封堵措施

沙三中地层泥岩段长微裂缝，地层伊、蒙层理混层，蒙脱石具有较强的水敏性，是造成井壁不稳定的主要问题。钻至2800m在前井段封堵的基础上，再根据泥岩微裂缝理论选用理想的2000目超细碳酸钙为刚性填充剂，选用软化点在100°(±5°)的高酸溶或磺化沥青粉为高温高压可变形填充剂，一次性补充加量分别为1.5%~2%、1%~1.5%，针对该地层的微裂缝形成强封堵阻止滤液进入泥岩内部，再是提高钻井液以及滤液具很强的抑制性，控制API失水<4mL，高温高压失水<15mL，确保在钻进中一旦钻开新井眼则能形成致密而坚韧的内外滤饼，提高已钻开井眼的稳定性能力。

3.3 现场应用效果

通过上述处理剂的合理分级配伍与技术措施优选及落实使用，形成架桥、填充、变形堵塞的物理作用和沥青质的覆盖抑制与疏水化学作用，使钻井液具有强抑制包被+针对性封堵+有效应力支撑等多元的物理化学协同增效固壁的效果，增强井壁的结构强度。破解了同一裸眼井段多套压力层系共存时易发生的漏失、坍塌和粘卡等技术难题，实现了稳定井壁的目的。有效地解决了现河庄油区沙河街组泥页岩水化坍塌及剥蚀掉块、摩阻大粘卡风险、测井遇阻遇卡等难题，保证了井下安全、起下钻畅通、电测及下套管完井作业顺利(表1)。

表1 技术措施应用情况一览表

项目 井号	措施应用 (是 否)	电测情况	复杂情况 类型
河166-斜7	否	3次	划眼36h
河166-斜11	否	3次	水平测井
河166-斜8	是	1次	无
河166-斜9	是	1次	无
河166-斜10	是	2次	断钻具
河143-斜82	否	1次	井径超标
河143-斜83	是	1次	无
河143-斜84	是	1次	无
河143-斜86	是	1次	无
河183-斜31	是	1次	无
河183-斜32	是	1次	无

4 结论与认识

(1) 河166和河143区块前期不同的队伍对该区块地层认识不到位，没有落实应用好该技术措施，造成前期的3口井测井遇阻遇卡使用水平仪器，下钻遇阻划眼，油层井段井径超标等复杂情况，导致建井周期长和甲方扣5%工程款等情况。

（2）在应用该技术措施施工的8口井与之比较，井眼畅通测井顺利，无发生井下复杂情况，口井建井周期缩短3.5天。

（3）个别井为实现定向工程技术措施，加重滞后处理剂加入不及时，钻井液技术措施落实滞后，造成井壁失稳掉块导致故障发生。要严格落实技术措施确保每口井安全施工。

参考文献

[1] 徐同台，刘玉杰，申威，等．防漏堵漏技术[M]．北京；石油工业出版社，1997.

[2] 王树永．侣胺高性能水基钻井液的研究与应用[J]．钻井液与完井液，2008，25(4)：23-25.

抗高温反相乳液增黏剂 DVZ-1 的研究与应用

张　洋[1]　刘永贵[1]　宋　涛[1]　于兴东[1]　许长勇[2]

（1. 中国石油大庆钻探工程公司钻井工程技术研究院；
2. 中国石油大庆钻探工程公司工程技术管理处）

【摘　要】 针对新疆塔东地区深井高温条件导致钻井液流变性变差等问题，采用氧化还原体系，利用反相乳液聚合法，以白油为油相，以 2-丙烯酰胺基-2-甲基丙磺酸(AMPS)、N，N-二甲基丙烯酰胺(DMAM)和 N-乙烯基吡咯烷酮(NVP)为原料，合成了抗高温钻井液用增黏剂 DVZ-1。研究了单体配比、引发剂和反应温度等反应条件对产品性能的影响，借助于红外光谱、热重分析及凝胶色谱仪对合成产物进行了表征，初步评价了产品在钻井液中的增黏性、高温稳定性和降滤失性，并分析了其作用机理。结果表明，DVZ-1 的最佳合成条件为：单体质量分数 50%(相对于水相)，引发剂用量为 0.2%，油水比为 1∶1，复合乳化剂质量分数为 7%(相对于油相)，单体配比为 AMPS∶DMAM∶NVP=1∶4∶0.5(摩尔比)，pH 值 8，反应温度 50℃，反应时间 6h，合成的 DVZ-1 热稳定性好，抗温达 220℃，在淡水、盐水基浆中均有较好的增黏和降滤失作用，在塔东 GC14 井和大庆 XS7-H1 井等 6 口井现场应用过程中有效解决了钻井液高温减稠、窄环空间隙条件下携岩等问题，保障了钻井作业的顺利实施。

【关键词】 新疆塔东；抗高温增黏剂；反相乳液聚合；流变性；钻井液

新疆塔东地区天然气资源丰富，是大庆油田增储上产重要战略接替区。但该地区埋藏深，井底温度高，高温环境下，钻井液中处理剂会发生高温降解、高温交联和高温解吸附等作用，导致钻井液性能恶化，增加钻井风险，严重影响塔东地区钻探进程。因此，用于调整钻井液流变性的增黏剂的抗温性能至关重要，但国内抗温超过 200℃的增黏剂产品仍较少，而且合成方法通常采用水溶液聚合法，该方法生产的产品在后期干燥过程中聚合物官能团会被部分破坏导致产品性能损失，且在现场应用过程中存在溶解性差，加入困难，使用效率低等问题。针对上述问题，通过分子结构设计，笔者引入抗温能力强、对盐不敏感的 AMPS；分子中具有五元环状结构可增加分子链刚性的 NVP；侧链被甲基保护从而在碱性条件下不易水解的 DMAM 作为共聚单体，采用反相乳液聚合法，合成出一种各项性能优良的三元共聚物钻井液用增黏剂 DVZ-1，反相乳液聚合产品合成工艺简单，不需干燥可现场直接使用，且具有溶解速率快，相对分子量高等特点，增黏剂 DVZ-1 有效固含量 28.02%，抗温达 220℃，在塔东 GC14 井和大庆 XS7-H1 井等 6 口井现场应用过程中解决了钻井液高温减稠、流变性差等问题，有效保障了钻井作业的顺利实施。

作者简介：张洋，1982 年出生，硕士，高级工程师，毕业于东北石油大学油气井工程专业，现从事钻井液处理剂研发及钻井液技术研究工作。地址：黑龙江省大庆市红岗区大庆钻井工程技术研究院；电话：0459-4892309；E-mail：zhangyang_zy@cnpc.com.cn。

1 室内合成实验

1.1 实验用试剂与仪器

实验用药品：2-丙烯酰氨基-2-甲基丙磺酸(AMPS)、N-乙烯基吡咯烷酮(NVP)和N，N-二甲基丙烯酰胺(DMAM)均为聚合级；Span80、Tween80，白油均为工业级；NaOH、$K_2S_2O_8$均为试剂级；试验用水均为去离子水。

实验用仪器：尼高力 Nicolet-Nexus670 型傅里叶变换红外光谱仪；耐驰 TG209 热重分析仪；Agilent 1200 凝胶色谱仪；海通达 ZNS-2 型中压滤失仪；海通达 ZNN-D6 型六速旋转黏度计。

1.2 合成方法

将一定比例的 Span80 和 Tween80 加入到白油中，充分搅拌溶解后，形成油相；将一定比例的 AMPS、NVP 和 DMAM 加入到去离子水中，充分搅拌溶解后，用 NaOH 水溶液调节 pH 值至 8，形成水相。将水相和油相加入到四口瓶内，使用 N_2除氧 30min，然后使用均质机乳化 30min，升温至反应温度。将引发剂 $K_2S_2O_8$溶于少量水中，用滴液漏斗滴入反应器中，10min 内滴完。在 N_2保护下反应 6h，得到白色乳液状产品。

1.3 测试方法

1.3.1 理化性能测试

将聚合物乳液用丙酮破乳沉淀，洗涤 3 次后置于 80℃下真空干燥至恒重，研磨粉碎，用红外光谱仪、热重分析仪和凝胶色谱仪对产物的理化性能进行测定。

$$转化率=(W_1/W_0)\times100\%$$

式中：W_1 为聚合产物质量；W_0 为实际投入的单体质量。

1.3.2 应用性能测试

1.3.2.1 基浆的配制

(1) 淡水基浆：在蒸馏水中加质量分数为入 4%膨润土和 0.5%碳酸钠，高速搅拌 20min，室温下养护 24h。

(2) 盐水基浆：在蒸馏水中加质量分数为入 4%的膨润土、0.5%的碳酸钠和 4%的 NaCl，高速搅拌 20min，室温下养护 24h。

1.3.2.2 评价方法

在每份基浆样品中加入一定比例的乳液样品，参照 GB/T 16783—1997《水基钻井液现场测试程序》的钻井液测试方法，对增黏剂在基浆中老化前后的综合性能进行评价。

$$黏度保留率=(高温老化后的表观黏度/高温老化前的表观黏度)\times100\%$$

2 合成条件对产物性能的影响

2.1 引发剂用量的确定

引发剂用量直接影响产物的分子量，决定着增黏剂产品的性能。固定油水质量比为 1∶1，复合乳化剂用量为油相质量的 8%(质量分数)，水相中单体质量分数为 50%，pH 值 8，反应温度 50℃，反应时间 6h，单体配比为 AMPS∶DMAM∶NVP=2∶3∶0.5，引发剂加量对产物性能的影响如图 1 所示。由图 1 可知，随着引发剂加量的增加，产物在淡水基浆中(加量为 2%)的表观黏度呈现出先增加后下降的趋势，当引发剂浓度在 0.2%时，产品在基浆中的表观黏度最高。分析原因是引发剂浓度太低会导致低聚，随着引发剂加量的增加，反应速率逐步加快，导致聚合物分子量降低。

2.2 油水质量比的确定

固定其他反应条件不变，考察油水质量比对合成产物性能的影响如图 2 所示。由图 2 可知，随油水比的增加，合成产物在淡水基浆中的表观黏度有增加趋势，这是因为随着油相的增加，生成的乳化液滴更趋于稳定，有利于聚合物分子量的增长，在综合考虑产品性能及油相成本的同时，选择油水比为 1∶1。

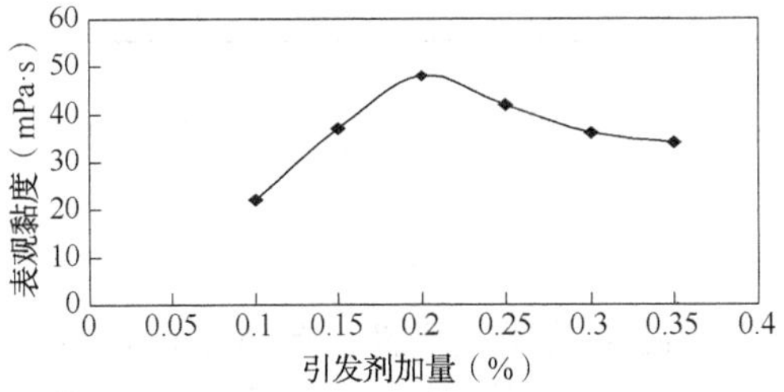

图 1　引发剂用量对产物表观黏度的影响关系曲线

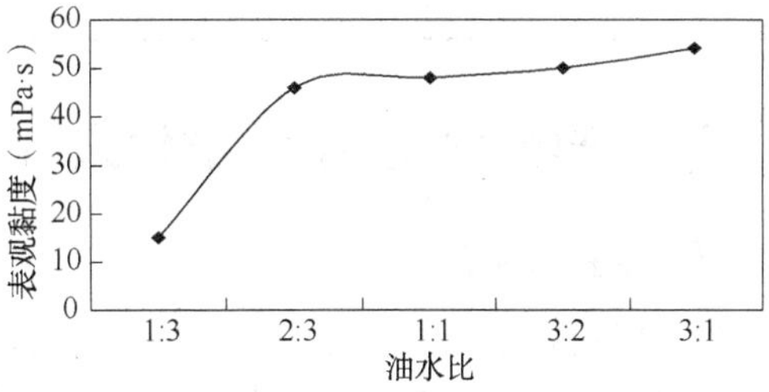

图 2　油水比对产物表观黏度的影响关系曲线

2.3 复合乳化剂用量的确定

固定其他反应条件不变，考察复合乳化剂用量对合成产物的性能影响如图 3 所示。由图 3 可知，随着乳化剂用量的增加，合成产物表观黏度先增加后趋于稳定，可见增加乳化剂用量有助于形成稳定的乳液液滴，在保证产品性能和考虑产品成本的同时，选择复合乳化剂用量为油相质量的 7%。

2.4 单体质量分数的确定

固定其他反应条件不变，考察单体质量分数(相对于水相)对合成产物性的影响如图 4 所示。由图 4 可知，随着单体质量分数的增加，聚合产物表观黏度增加，这是因为单体质量分数增加，链增长速率增大，链长增大，有利于提高聚合产物的表观黏度。但实验过程中发现，当水相中单体质量分数为 55%时体系发生破乳，反应失败。这可能是因为过高的单体含量使反应热不易扩散，从而破坏了乳液胶束的稳定性。因此以 50%作为单体质量分数(相对于水相)进行后续实验。

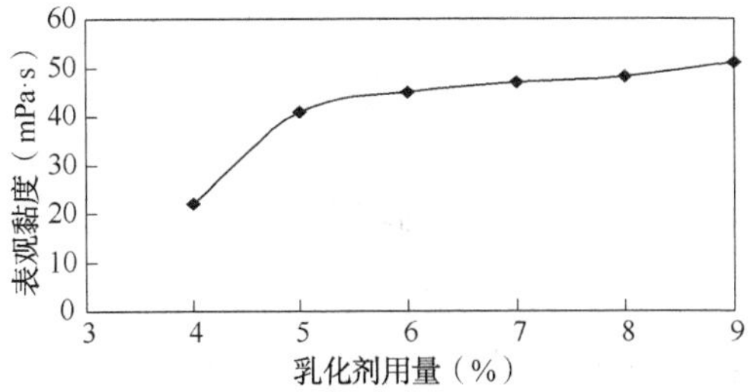

图 3　乳化剂用量对产物表观黏度的影响关系曲线

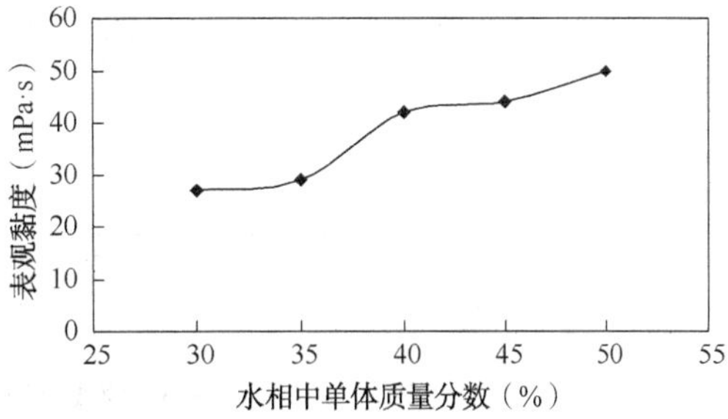

图 4　单体质量分数对产物表观黏度的影响关系曲线

2.5 单体配比的确定

固定其他反应条件不变，考察单体配比对合成产物性能的影响见表 1。由表 1 可知，水化基团和保护基团的比例对合成产物的增黏效果有着较大的影响，增加吸附基团可以增大分子链在黏土表面的吸附膜厚度，并形成多点吸附，提高液相黏度，而当 AMPS：DMAM：NVP 的摩尔比为 1：4：0.5 时，合成产物的增黏效果最好。

表 1　单体配比对合成产物增黏效果的影响

序号	AMPS：DMAM：NVP 摩尔比	AV(mPa·s)	序号	AMPS：DMAM：NVP 摩尔比	AV(mPa·s)
1	3：3：0.5	42	4	1：4：0.5	53
2	2：3：0.5	47	5	1：4：1	49
3	1：3：0.5	51			

3　合成产物 DVZ-1 的结构表征

3.1　理化性能测试

当反应过程中使用的水相为 50g 时，按照前文所确定的反应条件，单体累计投料 50g，白油投料 50g，反应结束经纯化处理后，称重为 46.3g，转化率为 92.6%。凝胶色谱的表征结果显示，该聚合物的 Mn 为 107 万，PDI 为 3.31。

3.2　红外光谱分析

将合成的增黏剂样品经纯化后，用红外光谱仪进行检测，结果如图 5 所示。由图 5 可知，3482cm^{-1}为—NH_2特征吸收峰；2927cm^{-1}为—CH_3基团的特征吸收峰；2669cm^{-1}为—CH_2基团的特征吸收峰；1631cm^{-1}为酰胺的 C=O 基团的振动特征吸收峰；1495cm^{-1}为仲胺的特征吸收峰；1427cm^{-1}为 C—H 基团的面内剪式振动峰；1191cm^{-1}、1060cm^{-1}为磺酸基团的特征吸收峰。由上述结果可知 AMPS、DMAM 和 NVP 三种单体实现了共聚。

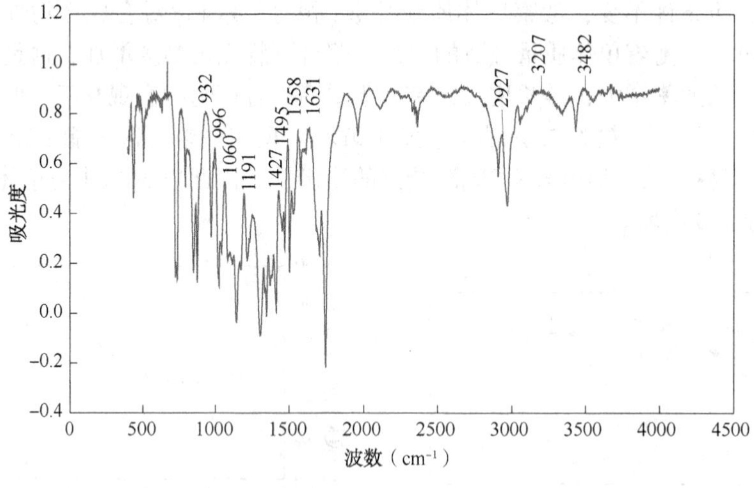

图 5　增黏剂 DVZ-1 的红外光谱图

3.3　热重(TG)测试分析

合成产品的 TG 热失重曲线如图 6 所示。由图 6 可知，该聚合物在 30~193℃热失重为 71.98%，这主要来自于样品中水和溶剂的蒸发，少部分来自未聚合单体及小分子聚合物的挥发，同时说明该单体有效固含为 28.02%。在 298.7~420℃，聚合物开始分解，热失重为

21.87%。420~550℃范围内热失重为4.62%，聚合物的主链开始发生断裂，导致质量下降。在温度达到298.7℃之前，产物未发生明显降解，说明该产品功能性基团并未因为热降解而失效，该产品具有良好的耐温性。

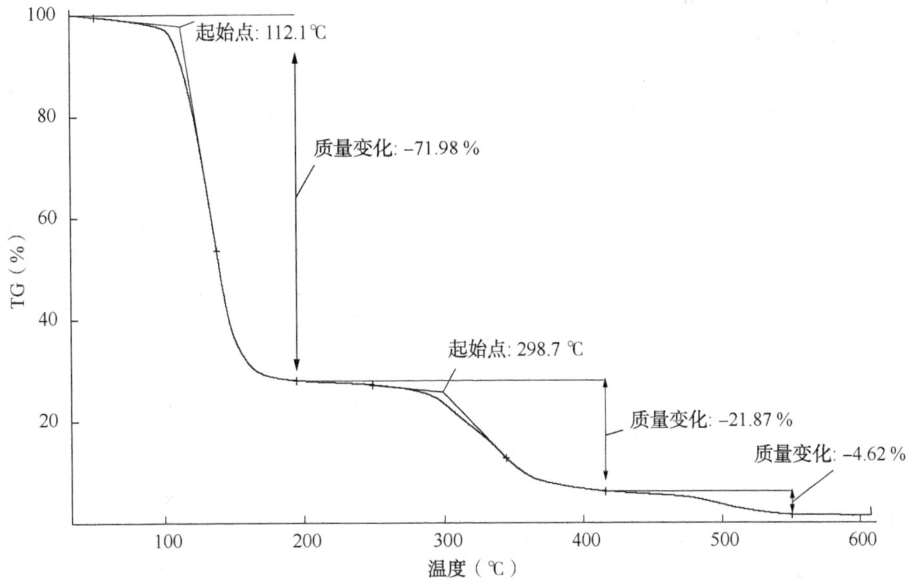

图6　增黏剂DVZ-1的TG曲线

4　DVZ-1性能评价及机理分析

在不同基浆中加入2%的增黏剂DVZ-1样品，测试其在不同基浆中高温热滚前后的表观黏度、API滤失量，并与干粉类增黏剂RIL进行了对比评价(表2)。由表2可知，基浆中加入2%的增黏剂DVZ-1，可将基浆表观黏度增加430%，220℃高温老化后黏度保留率达60.4%；可将盐水基浆的表观黏度增加300%，220℃高温老化后黏度保留率达62.5%，说明该增黏剂抗温达220℃，增黏效果显著；同时，通过增黏剂DVZ-1和RIL对比评价可以看出，在有效含量基本相同条件下，增黏剂DVZ-1抗温性、抗盐性与增黏效果均优于RIL。

表2　不同基浆中增黏剂DVZ-1高温热滚前后性能数据及对比评价表

序号	配方	测试条件	AV(mPa·s)	FL_{API}(mL)	黏度保留率(%)
1	淡水基浆	常温	10	14.4	—
		200℃/16h	8	25.6	—
		220℃/16h	7	28.2	—
		230℃/16h	7	29.4	—
2	淡水基浆+2.0% DVZ-1	常温	53	6.8	—
		200℃/16h	42	8.2	79.2
		220℃/16h	32	13.6	60.4
		230℃/16h	12	46.8	22.6

续表

序号	配方	测试条件	AV(mPa·s)	FL_{API}(mL)	黏度保留率(%)
3	淡水基浆+0.5% RIL（干粉类增黏剂）	常温	31	7.2	—
		200℃/16h	19.5	8.6	62.9
		220℃/16h	7.5	32.2	24.2
		230℃/16h	6.5	52.6	20.1
4	盐水基浆	常温	8	58	—
		200℃/16h	6.5	110	—
		220℃/16h	5	126	—
		230℃/16h	4.5	138	—
5	盐水基浆+2.0% DVZ-1	常温	32	14.6	—
		200℃/16h	23	22.8	71.9
		220℃/16h	20	29.6	62.5
		230℃/16h	6	47.2	18.7
6	盐水基浆+0.5% RIL（干粉类增黏剂）	常温	30	14.8	—
		200℃/16h	17	28.4	56.7
		220℃/16h	7	42.6	23.3
		230℃/16h	5	60.8	16.7

聚合物增黏剂主要通过聚合物分子之间以及聚合物分子和黏土之间的相互作用来产生黏度。除了分子量、单体配比等因素外，聚合物分子主链的耐温性、支链的抗水解性及吸附在黏土表面后黏土的聚结稳定性均是衡量增黏剂性能的重要因素。聚合产物中用于提供水化基团的 AMPS，具有庞大的刚性侧基可提高分子链刚性，扩大分子链的空间位阻，同时 AMPS 中的磺酸基团是强水化基团，聚合物分子吸附于黏土表面后其可产生较厚的水化膜，使黏土粒子不易因碰撞而聚结，使盐的去水化能力变弱，从而增强聚合产物的抗盐性。NVP 单体中具有可进一步增加分子链刚性的五元环状结构，使聚合物分子在水溶液中的疏水区增加，热稳定性增强。DMAM 单体中双烷基取代的酰胺基团(叔酰胺)耐水解性强，甲基取代氢原子后，单体体积增大使共聚物中的空间位阻增大，有利于提高共聚物的热稳定性，同时叔胺基的吸附能力强，可以使钻井液体系在高温下保持网状结构。综上所述，该增黏剂分子结构稳定，高温后被水解、氧化的程度低，综合性能较为优异。

5 现场应用

研制的抗高温增黏剂 DVZ-1 在塔东 CT1 等三口超深井进行了现场试验，三口井完钻井深均在 6500m 以上，井底温度在 180~220℃之间，钻遇地层岩性以碳酸盐岩、白云岩为主，坚硬致密，裂缝发育，易破碎、垮塌，井壁失稳现象较为严重，且四开井段为小井眼钻进，高温及环空间隙小等条件下对钻井液流变性提出了更高的要求。因此，三口井四开前均利用四级固控对钻井液进行充分处理，严格控制膨润土含量，用 0.2% 烧碱+3%降滤失剂+2% DVZ-1 配制 80m^3胶液。原浆与胶液按 1：(0.6~0.8)的比例混合搅拌均匀，钻进过程中采用 2% DVZ-1+3%降滤失剂胶液进行维护，顺利完成四开钻探任务，未出现钻井液高温减稠等问题，携岩效果较好，井下安全。同时，该增黏剂在大庆油田 WS1-H5 井、XS6-H2 井和 XS7-H1 井等三口深层水平井推广应用，钻井过程中性能稳定，有效解决了钻井液高温减稠及深层水平井流变性差等问题，未出现井壁剥落、坍塌、阻卡等复杂，安全钻至设计井深，后续施工顺利，效果较好，推广应用前景广阔。

6 结论

（1）以 2-丙烯酰胺基-2-甲基丙磺酸、N-乙烯基吡咯烷酮和 N,N-二甲基丙烯酰胺为共聚单体，以白油为油相，采用反相乳液聚合法合成了抗高温增黏剂 DVZ-1，并确定了最佳反应条件为：单体质量分数 50%（相对于水相），油水比为 1∶1，复合乳化剂质量分数为 7%（相对于油相），pH 值 8，反应温度 50℃，反应时间 6h，引发剂用量为 0.2%，AMPS∶DMAM∶NVP 的摩尔比为 1∶4∶0.5。

（2）增黏剂 DVZ-1 性能优于国内同类产品 PDRIL，在淡水、盐水及饱和盐水基浆中均有具有良好的增黏降滤失作用，抗温达 220℃，具有较强的抗高温、抗盐能力，在加量较低的情况下即可有效调节钻井液流型，提高钻井液黏度和切力，可在高温高盐超深井中进行推广应用。

（3）抗高温增黏剂 DVZ-1 在塔东 GC10 井和大庆油田 XS6-H2 井等 6 口井进行了现场应用，钻进过程中钻井液具有良好的高温稳定性和流变性，有效解决了钻井液高温减稠、流变性差及窄环空间隙条件下岩屑携带等问题，满足了新疆塔东及大庆深层高温深井对钻井液性能的要求。

参考文献

[1] Audibert A，Rousseau L，Kieffer J. Novel high pressure/high temperature fluid loss reducer for water-based formulation[Z]. SPE50724，1999.

[2] 曹同玉，刘庆普，胡金生．聚合物乳液合成原理性能及应用[M]．北京：化学工业出版社，1999：426-434.

[3] 王中华．N，N-二甲基丙烯酰胺的合成与应用[J]．化工时刊，2001，15(2)：27-28.

[4] 刘德峥．乳液与微乳液聚合及应用[J]．平原大学学报，2002，19(2)：1-4.

[5] 王平全，周世良．钻井液处理剂及其作用原理[M]．北京：石油工业出版社，2003：180-197.

[6] 顾民等．甲基丙烯磺酸钠-N，N-二甲基丙烯酰胺-丙烯酰胺耐温抗盐共聚物的合成[J]．石油化工，2005，34(5)：437-440.

[7] 王中华．钻井液化学品设计与新产品开发[M]．西安：西北大学出版社，2006：86-153.

[8] 陈安猛．耐高温聚合物钻井液降滤失剂的合成及作用机理研究[D]．济南：山东大学，2008.

[9] 高磊．耐温耐盐降滤失剂的合成及与蒙脱土的相互作用研究[D]．济南：山东大学，2010.

[10] 王中华．国内 2011—2012 年钻井液处理剂进展评述[J]．中外能源，2013，18(4)：28-35.

[11] 马诚，谢俊，甄剑武，等．抗高浓度氯化钙水溶性聚合物增黏剂的研制[J]．钻井液与完井液，2014，31(4)：11-13.

[12] 谢彬强，邱正松．基于新型增黏剂的低密度无固相抗高温钻井液体系[J]．钻井液与完井液，2015，32(1)：1-6.

[13] 刘建军，刘晓栋，等．抗高温耐盐增黏剂及其无固相钻井液体系研究[J]．钻井液与完井液，2016，33(2)，5-9.

强抑制盐水钻井液体系的研究与应用

刘振华[1]　贾欣鹏[1]　吴广兴[1]　李英武[2]　许长勇[3]

(1. 中国石油大庆钻探工程公司钻井工程技术研究院；
2. 中国石油大庆钻探工程公司钻井二公司；
3. 中国石油大庆钻探工程公司工程技术管理处)

【摘　要】 大庆油田中浅层水平井钻井施工过程中，当钻遇嫩江组、姚家组、青山口组、泉头组等泥页岩发育地层时存在井壁剥落掉块、钻头泥包、井径不规则、固井优质率低等问题。针对以上情况，开展了不同层位泥页岩黏土矿物组构分析，在此基础上以中、低分子量聚合物处理剂为基础，通过引入无机盐、纳米材料形成协同作用，研制出了一套具有极强井壁稳定能力的盐水钻井液体系。室内研究和现场应用结果表明，该体系具有抑制、封堵能力强，携岩效果好，性能易于控制等特点，有效地解决了泥页岩地层钻进中井壁失稳、钻头泥包等问题，施工井井径规则，平均井径扩大率在10%以内，水平段固井优质率达到90%以上，满足了中浅层水平井高效钻井的需要。

【关键词】 水平井；泥页岩；井壁稳定；盐水钻井液；固井质量

大庆油田上部地层泥页岩发育，且存在微裂缝，钻井施工过程中易发生缩径、井壁剥落掉块、钻头泥包、卡钻等复杂。近年来，由于部分中浅层水平井简化套管结构，泥页岩裸眼井段增长，经钻井液长时间冲刷，导致发生井壁失稳的几率升高。同时，由于黏土的大量侵入，钻井液综合性能难以控制，钻井施工难度进一步加大，常规水基钻井液井已无法较好地满足此类井的钻井施工需求。针对以上情况，本文开展了大庆油田不同泥页岩地层黏土矿物组构分析，针对泥页岩特性利用无机盐、有机处理剂及纳米材料的协同作用，提高了钻井液的抑制、封堵及抗污染能力。现场应用表明，研制的强抑制盐水钻井液体系可有效降低钻井复杂时率、提高井径规则程度及后期固井质量。

1　泥页岩地层黏土矿物组构分析

钻井过程中井壁稳定性与地层中黏土矿物类型和特性、岩石孔隙结构及物性密切相关（表1）。对不同泥页岩地层岩石进行黏土矿物组构分析，主要包括X衍射黏土矿物相对含量分析、岩石扫描电子显微镜分析，以确定不同层位泥页岩黏土矿物种类和含量、微裂缝宽度以及岩石微观形貌特征。

基金项目：国家科技重大专项“松辽盆地致密油开发示范工程”（2017ZX05071）。

作者简介：刘振华，1984年出生，2009年毕业于大庆石油学院钻井工程，硕士，工程师，现在大庆钻探工程公司钻井工程技术研究院钻井液技术研究所从事钻井液技术研究工作。地址：大庆红岗区钻井工程技术研究院；邮箱：liuzhenhua_zy@cnpc.com.cn；联系电话：（0459）4892309。

表 1　不同层位岩石黏土矿物相对含量

序号	层位	岩心描述	黏土矿物相对含量(%)					
			蒙脱石	伊利石	高岭石	绿泥石	伊/蒙混层	绿/蒙混层
1	K_1n_2	泥岩	59	31	10			
2	K_1y_1	泥岩		67		3	28	
3	K_1qn_{2+3}	泥岩		60		2	38	
4	K_1q_1	泥岩		52		8	40	
5	K_1q_4	泥岩		62		7	31	

通过 X 衍射分析结果可知，大庆油田泥岩中黏土矿物含量较高，以蒙脱石、伊利石和伊/蒙混层为主，含有少量绿泥石。蒙脱石水化膨胀性较强，吸水后黏土层间距迅速增大，伊/蒙混层中伊利石和蒙脱石吸水膨胀速率不同，导致二者发生分离影响井壁稳定。从扫描电子显微镜分析结果(图 1)可以看出，泥岩微裂缝较为发育，以构造缝、溶蚀缝和成岩缝等为主，镜下观察的裂缝尺寸在 10~30μm 之间，形态不均、宽度不等。

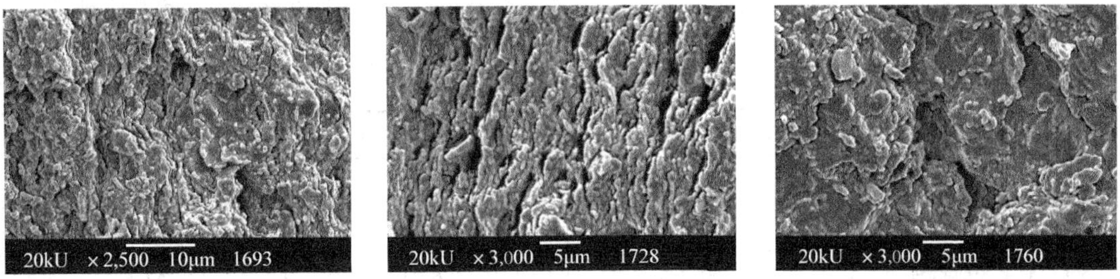

层间缝　　页理缝　　粒间微缝

图 1　微裂缝发育情况显微镜照片

2　盐水钻井液体系室内研究

通过对大庆油田泥页岩地层黏土矿物组构分析可知，其黏土矿物含量高，微裂缝发育，为实现井壁稳定，要求水基钻井液体系在保持较强抑制性的基础上，应重点增强体系对微裂缝的封堵能力。因此，本文根据上述要求，开展盐水钻井液配方研究。

2.1　处理剂优选

2.1.1　聚合物降滤失剂优选

为提高钻井液体系抗污性，降低钻进后期钻井液维护难度，本文将使用中低分子量聚合物降滤失剂。配制 4%膨润土浆作为基浆，在基浆中加入相同量的抗盐降滤失剂后加入 20% NaCl，评价其老化前后(老化条件 120℃×16h)流变性、API 失水大小，评价不同降滤失剂的降滤失效果及抗盐能力，优选出适合体系的降滤失剂，结果见表 2。

表 2　降滤失剂优选数据表

序号	实验条件	Φ_{600}/Φ_{300}	Φ_{200}/Φ_{100}	Φ_6/Φ_3	*Gel*(Pa)	FL_{API}(mL)
1% 1#聚合降滤失剂	老化前	42/29	14/7	6/4	2.5/4	9.8
	老化后	40/28	20/14	6/4	2/4	10.6

续表

序号	实验条件	Φ_{600}/Φ_{300}	Φ_{200}/Φ_{100}	Φ_6/Φ_3	Gel(Pa)	FL_{API}(mL)
1% 2#聚合降滤失剂	老化前	22/14	8/6	4/3	2/4	7.4
	老化后	21/13	8/6	4/3	2/3.5	7.0
1% 3#聚合降滤失剂	老化前	35/21	16/8	2/1	1 /2	7.6
	老化后	33/22	16/12	2/1	1/2	7.4

注：120℃老化 16h。

从表 2 数据可以看出，2#和 3#聚合物降滤失剂高温老化前后黏度、切力适中，API 失水较小，抗温、抗盐效果较好，有利于形成稳定的胶体结构，能够满足体系需求。

2.1.2 抑制剂优选

大庆油田活性软泥岩水化分散能力较强，为实现井壁稳定，必须确保钻井液体系具有较强的抑制能力。本文重点在聚胺抑制剂中优选，利用胺基基团配合 K^+，使其形成协同抑制作用，进一步提高钻井液体系的抑制性能。

使用水化程度较高的嫩江组二段泥岩岩屑进行滚动回收实验，评价不同抑制剂对泥岩的抑制效果，实验数据见表 3。

表 3 抑制剂优选数据表

样品	加入岩屑质量(g)	回收岩屑质量(g)	滚动回收率(%)
清水	50	7.98	15.96
7%KCl	50	24.81	49.62
1% 1#聚胺抑制剂	50	26.21	52.42
1% 2#聚胺抑制剂	50	36.42	72.84
1% 3#聚胺抑制剂	50	33.88	67.76
7% KCl+1%1#聚胺抑制剂	50	40.03	80.06
7% KCl+1%2#聚胺抑制剂	50	47.59	95.18
7% KCl+1%3#聚胺抑制剂	50	43.71	87.42

注：120℃滚动 16h。

由实验数据可以看出，2#有聚胺抑制剂泥岩滚动回收率较高，其与 KCl 复配使用后起到了协同抑制作用，泥岩滚动回收率提升至 95%以上，起到了较好的抑制效果，能够满足钻井液体系强抑制性需求。

2.1.3 封堵剂优选

大庆油田上部地层泥页岩微裂缝较为发育，裂缝尺寸主要集中在 10~30μm 之间。常规封堵剂粒径普遍在 20μm 以上，无法实现对微裂缝的全尺寸封堵。本文将引入纳米材料优化钻井液体系的粒度级配，提高对微裂缝的封堵能力。

目前，常用的钻井液封堵评价方法主要有 HTHP 失水实验、常温砂床封堵实验和高温高压渗透封堵实验三种。现有的封堵评价方法对渗透性地层具有较好的模拟效果，但是无法真实模拟评价钻井液对微裂缝地层的封堵效果。本文采用不同厚度的金属箔片和胶凝材料浇筑出了微裂缝岩心(用流量法测量裂缝宽度)，配合高温高压失水仪外筒和钻井液杯，通过监测 30min 内的漏失量，开展微裂缝岩心封堵评价实验，评价装置示意图如

图 2 所示。通过对比常用的封堵剂及纳米材料的封堵效果，优选出所需封堵剂，数据见表 4。

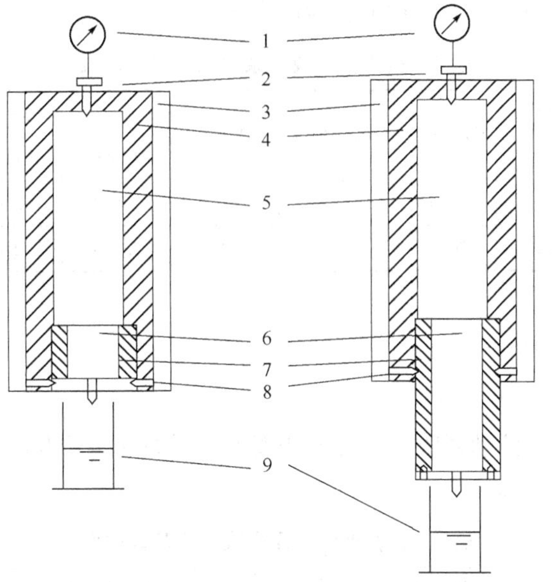

图 2　微裂缝封堵评价装置示意图

1—气源；2—阀门；3—高温高压滤失仪外筒；4—钻井液杯；5—钻井液；6—微裂缝岩心；7—岩心套；8—内六角顶丝；9—量筒

表 4　封堵剂优选数据表

样品	裂缝宽度(μm)	瞬时滤失量(mL)	30min 滤失量(mL)	承压能力(MPa)
2%磺化沥青	10.4	40	全漏失	—
	21.1	8.4	22.6	5
	30.6	11.0	45.2	3.5
2%聚合醇	10.2	55	全漏失	—
	20.7	11.2	47.5	3.5
	30.1	18.7	82.4	3.5
2%磺化沥青+2%纳米聚合物	10.6	5.6	11.2	5
	21.1	6.2	10.4	5
	30.4	5.8	12.7	5

注：120℃老化 16h。

由封堵实验数据可以看出，常用封堵材料中，磺化沥青对于 20~30μm 微裂缝具有较好的封堵能力，当裂缝宽度小于 10μm 时无法形成有效封堵。将磺化沥青与纳米材料复配使用后，实现了对 10~30μm 微裂缝的全尺寸封堵，承压能力提高，有利于提高井壁稳定能力。

2.2　盐水钻井液配方确定

对优选出的处理剂进行复配实验确定了盐水钻井液配方：1%土+1%中分子量聚合物降

滤失剂+0.5%低分子量聚合物降滤失剂+7%KCl+10%NaCl+1.5%聚胺抑制剂+0.5%包被剂+4%$CaCO_3$+2%磺化沥青+2%纳米封堵剂+0.1%XC+3%环保油+重晶石，性能见表5。研制的盐水钻井液体系流变性稳定，失水量低，润滑性优良。

表5　盐水钻井液体系常规性能数据表

配方	密度(g/cm^3)	实验条件	Φ_{600}/Φ_{300}	Φ_{200}/Φ_{100}	Φ_6/Φ_3	*Gel* (Pa)	FL_{API} (mL)	FL_{HTHP} (mL)	极压润滑系数
盐水体系	1.40	常温	71/48	40/27	8/6	2.5/4	2.6	—	0.073
		老化	70/47	39/26	6/4	2.5/4	2.0	10.8	0.082

注：120℃老化16h。

2.3　盐水钻井液性能评价

2.3.1　抑制性评价

使用嫩江组泥岩进行滚动回收及线性膨胀实验，对原水基钻井液、盐水钻井液进行对比评价。见表6和如图3所示。

表6　钻井液体系泥岩滚动实验数据表

配方	加入岩屑质量(g)	回收岩屑质量(g)	滚动回收率(%)
清水	50	7.98	15.96
原水基钻井液	50	42.68	85.36
盐水钻井液	50	47.93	95.86

注：120℃滚动16h。

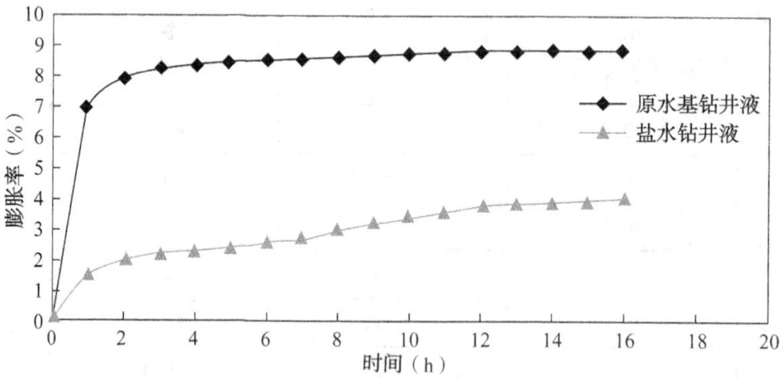

图3　钻井液体系线性膨胀曲线图

由实验数据可以看出，盐水钻井液体系泥岩滚动回收率和线性膨胀率明显优于原水基钻井液体系，表明研制的钻井液体系抑制泥岩水化膨胀的能力明显得到提升。

2.3.2　封堵性评价

利用微裂缝岩心封堵实验，对原有水基钻井液、盐水钻井液进行微裂缝封堵效果对比评价(表7)。由实验数据可以看出，盐水钻井液使用沥青类封堵剂与纳米材料后，对于缝宽20μm以内体的微裂缝形成了有效封堵，与原水基钻井液相比，在降低滤失量与提高承压能力方面都有显著的提升，有利于稳定井壁。

表 7　钻井液体系微裂缝封堵实验数据表

样品	裂缝宽度(μm)	瞬时滤失量(mL)	30min 滤失量(mL)	承压能力(MPa)
原水基钻井液	10.2	28.6	75.2	1
	20.4	6.8	15.6	3.5
	30.7	8.8	33.6	3.5
盐水钻井液	10.2	4.6	8.5	5
	20.7	6.2	10.5	5
	30.1	6.6	11.4	5

注：120℃老化 16h。

2.3.3　抗污染性评价

在盐水钻井液体系中分别加入 10%、15%、20%和 25%嫩江组岩屑粉，评价其抗污染能力，实验数据见表 8。从表 8 中数据可以看出，当岩屑侵入量为 20%时，体系性能仍较为稳定，能够避免钻井后期因泥岩大量侵入后导致钻井液维护困难的情况。

表 8　体系污染性评价实验数据表

岩屑粉加量(%)	密度(g/cm^3)	实验条件	Φ_{600}/Φ_{300}	Φ_{200}/Φ_{100}	Φ_6/Φ_3	*Gel*(Pa)	FL_{API}(mL)
0	1.40	常温	71/48	40/27	8/6	2.5/4	2.6
		老化	70/47	39/26	6/4	2.5/4	2.0
10	1.40	常温	73/49	41/28	7/5	2/3.5	2.6
		老化	72/48	40/27	7/5	2/4	2.2
15	1.40	常温	78/54	44/30	8/6	3/5	2.4
		老化	76/52	41/28	7/5	2/4	2.6
20	1.40	常温	85/56	45/30	9/8	3/5.5	2.8
		老化	86/57	43/27	6/4	2/4	3.6
25	1.40	常温	98/64	51/34	12/10	4.5/6.5	9.2
		老化	100/64	49/31	7/5	2.5/5	6.4

注：老化条件 120℃老化 16h。

3　现场应用

强抑制盐水钻井液体系在大庆油田傚南区块 N249-平 219、N265-262 井进行了现场试验，该区块水平井为 2 层套管结构，钻遇嫩江组、姚家组大段泥岩，裸眼井段长达 1500m 以上，钻进过程中极易发生井壁剥落、坍塌、钻头泥包、卡钻等复杂(表 9)。

2 口井现场试验过程中，钻井液性能稳定，抑制、封堵防塌能力突出，携岩效果良好，未发生井壁剥落、坍塌、钻头泥包等复杂，钻完井施工顺利(表 10)。应用盐水钻井液施工的 2 口井平均井径扩大率<10%，平均机械钻速为 15.32m/h，较常规水基钻井液施工的井相比提高了 12.07%，试验井水平段固井优质率达到 95%以上，较常规水基钻井液施工的井相比提高了 13.5%，取得了较好的效果，有效解决了水基钻井液钻中浅层水平井泥页岩地层

易井壁失稳，井径不规则，后期固井优质率低等难题。

表 9　同区块应用盐水钻井液与常规水基钻井液施工井井径对比数据表

钻井液体系	井号	平均井径扩大率（%）			
		直井段	造斜段	水平段	全井
盐水钻井液	N249-H219	10.32	10.55	7.18	9.35
	N265-H262	10.01	7.72	8.56	8.79
常规水基钻井液	8 口井平均	9.72	13.77	9.79	10.88

表 10　同区块应用盐水钻井液与常规水基钻井液施工井固井质量对比数据表

钻井液体系	井号	固井质量(优质段率)(%)		
		直井段	造斜段	水平段
盐水钻井液	N249-H219	93.8	74.21	96.27
	N265-H262	56.7	82.62	97.11
常规水基钻井液	8 口井平均	21.11	30.54	82.52

4　结论与认识

（1）大庆油田上部地层泥页岩中黏土矿物含量较高，以蒙脱石、伊利石和伊/蒙混层为主，含有少量绿泥石，且微裂缝发育，如何提高井液体系的抑制和封堵能力是实现井壁稳定的关键。

（2）以中、低分子量聚合物处理剂为核心，通过引入无机盐、纳米材料形成协同作用，研制出了一套强抑制盐水钻井液体系。体系抗温 120℃，泥岩滚动回收率>95%，极压润滑系数<0.1，可实现对 10~30μm 缝宽微裂的有效封堵，承压 5MPa。

（3）通过现场试验表明，盐水钻井液体系具有抑制、封堵能力强，携岩效果好，性能易于控制等特点，可有效降低泥页岩地层水平井钻井复杂时率，提高井径规则程度与固井质量。

参 考 文 献

[1] 鄢捷年．钻井液工艺学[M]．东营：中国石油大学出版社，2011：28-34.
[2] 王波．页岩微纳米孔缝封堵技术研究[D]．成都：西南石油大学，2015.
[3] 闫晶．封堵评价用微裂缝岩心的模拟及模拟封堵实验[J]．探矿工程，2018，45(5)：19-21.

油包水乳化钻井液体系的稳定性研究与应用

贾国亮　安建利　郑永太

（中石化中原石油工程有限公司技术公司）

【摘　要】 随着我国页岩气的大力开发，油基钻井液在页岩气水平井应用越来越普遍，特别是油包水乳化钻井液，具有良好的抗温性、抑制性、润滑性和抗污染能力，成为页岩气水平井开采的首选钻井液体系。油包水乳化钻井液体系的稳定性是评价该体系性能优劣的关键因素，本文通过考察乳化剂、有机土、石灰、加重材料、$CaCl_2$盐水浓度、油水比等因素对体系稳定性的影响，优选油包水乳化钻井液的最佳配方；在四川威远区块、重庆涪陵区块和渝西区块进行了应用，效果良好。

【关键词】 页岩气水平井；油包水乳化钻井液；稳定性；乳化剂

近几年，随着我国页岩气的大力开发，油基钻井液在岩气水平井应用越来越普遍，特别是油包水油基钻井液，具有良好的润滑性、强抑制性、稳定井壁能力、极强的抗盐和钻屑污染能力、具有现场维护简单、可循环再利用等优势，成为页岩气水平井开采的首选钻井液体系。油包水乳化钻井液是一种热力学不稳定体系，体系中的各种处理剂都对钻井液的稳定性起着不同程度的影响，稳定性是评价该体系性能优劣的关键因素。本文通过考察乳化剂，有机土、石灰、加重材料、$CaCl_2$盐水浓度、油水比等因素对体系稳定性的影响，优选油包水乳化钻井液的最佳配方，在四川威远区块、重庆涪陵区块和渝西区块进行了应用，良好效果。

1　室内实验

1.1　乳化剂种类及加量对油包水乳化钻井液的影响

选用主乳 SMEMUL-1、辅乳 SMEMUL-2 和粉状乳化剂 PEMUL 作为乳化剂，以西南工区现场油包水乳化钻井液体系为基础做对比实验，考察乳化剂种类及加量对油包水乳化钻井液体系的影响，实验结果见表 1。

表 1　不同乳化剂及加量下油基钻井液性能（油水比 80∶20，密度 1.54g/cm³）

配方	乳化剂类型及加量	Φ_{600}/Φ_{300}	Φ_6/Φ_3	AV (mPa·s)	PV (mPa·s)	YP (Pa)	Gel (Pa/Pa)	E_S (V)	动塑比	FL_{HTHP} (mL)
1#	3.5%SMEMUL-1	54/34	9/7	27	20	7	3.5/4.5	416	0.350	2.8
2#	3.5%PEMUL	50/29	6/4	25	21	4	2.5/3.5	418	0.190	3.0

作者简介：贾国亮，中石化中原石油工程有限公司技术公司钻井液分公司，工程师，现从事钻井液技术研究与现场应用工作。电话：15239307028；E-mail：762087030@ qq. com。

续表

配方	乳化剂类型及加量	Φ_{600} /Φ_{300}	Φ_6 /Φ_3	AV (mPa·s)	PV (mPa·s)	YP (Pa)	Gel (Pa/Pa)	E_S (V)	动塑比	FL_{HTHP} (mL)
3#	3.5%SMEMUL-1+1.5%SMEMUL-2	54/34	9/7	27	20	7	3.5/4.5	619	0.350	2.4
4#	2.5%SMEMUL-1+1.0%PEMUL+1.5%SMEMUL-2	55/34	9/7	27.5	21	6.5	3.5/4.5	626	0.400	2.5
5#	1.75%SMEMUL-1+1.75%PEMUL+1.5%SMEMUL-2	52/32	8/6	26	20	6	3.5/4.5	621	0.300	2.6
6#	3.5% PEMUL+1.5%SMEMUL-2	52/31	7/5	26	21	5	3/4	598	0.261	2.6
7#	3.5%SMEMUL-1++1.0%PEMUL+1.5%SMEMUL-2	54/34	9/7	27	20	7	3.5/4.5	729	0.350	2.2

注备：老化条件：16h×120℃；流变性测试温度：65℃；E_S 测试温度：50℃；HTHP 滤失测试条件：3.5MPa×120℃。

从表1可知：(1)单一主乳、粉乳体系(1#和2#)的 E_S 分别是416V和418V，E_S 都不高；在辅助乳化剂的配合下(3#和6#)，E_S 有明显的升高(416V→619V，418V → 598V)；(2)在1.5%的辅助乳化剂不变、主乳3.5%和主乳+粉乳总量为3.5%(3#、4#、5#)的情况下，E_S 变化不大，分别为619V、626V和621V；(3)在1.5%的辅助乳化剂不变，主乳3.5%+粉乳1%的(7#)情况下，E_S 升高至729V；(4)单独使用粉状乳化剂的乳状液体系黏度、切力略低；(5)说明两种及以上的表面活性剂在界面上吸附、复配的乳化剂会形成一种复合界面膜，这种复合膜比单一的表面活性剂形成的界面膜紧密、强度高。选择合适的主乳、辅乳和粉状乳化剂及一定合理比例地搭配使用，能增加乳状液的界面黏度、吸附膜强度和厚度，提高乳状液的稳定性。

1.2 有机土加量对油包水乳化钻井液的影响

实验中采用最佳复合乳化剂及添加量为基础，对比不同有机土加量对体系稳定性的影响，实验结果见表2。

表2 不同有机土加量的油基钻井液性能(油水比80:20，密度1.54g/cm³)

配方	有机土加量	Φ_{600}/Φ_{300}	Φ_6/Φ_3	AV (mPa·s)	PV (mPa·s)	YP (Pa)	Gel (Pa/Pa)	E_S(V)	动塑比	FL_{HTHP} (mL)
1#	2.0%	54/34	9/7	27	20	7	3.5/4.5	619	0.350	2.4
2#	2.5%	82/53	13/10	41	29	12	5/7	678	0.413	2.2
3#	3.0%	112/75	24/19	56	37	19	8/9	751	0.513	2.0

注备：老化条件：16h×120℃；流变性测试温度：65℃；E_S 测试温度：50℃；HTHP 滤失测试条件：3.5MPa×120℃。

从表2可知，体系随着有机土加量的增加，体系的黏度、切力等流变性参数增大，E_S 也升高。高密度油基钻井液中，有机土加量不宜超过2.5%。

1.3 生石灰加量对油包水乳化钻井液的影响

实验中采用最佳复合乳化剂及添加量为基础，对比不同生石灰加量对体系稳定性的影响，实验结果见表3。

表3 不同有机土加量下油基钻井液性能（油水比 80：20，密度 1.54g/cm³）

配方	生石灰加量	Φ_{600}/Φ_{300}	Φ_6/Φ_3	AV (mPa·s)	PV (mPa·s)	YP (Pa)	Gel (Pa/Pa)	E_S (V)	动塑比	FL_{HTHP} (mL)
1#	3.0%	54/34	9/7	27	20	7	3.5/4.5	619	0.350	2.4
2#	4.0%	56/35	9/7	28	21	7	3.5/4.5	631	0.333	2.3
3#	5.0%	57/36	9/7	28.5	21	7.5	3.5/4.5	640	0.357	2.2

注备：老化条件：16h×120℃；流变性测试温度：65℃；E_S 测试温度：50℃；HTHP 滤失测试条件：3.5MPa×120℃。

从表3可知，体系随着生石灰加量的增加，体系的黏度、切力等流变性参数变化不大，E_S 略有升高，高温高压滤失量略有降低。

1.4 不同油水比对油包水乳化钻井液的影响

实验采用最佳复合乳化剂及添加量为基础，不同油水比对体系稳定性的影响，实验结果见表4。

表4 不同油水比的油基钻井液性能（密度 1.54g/cm³）

配方	O/W	Φ_{600}/Φ_{300}	Φ_6/Φ_3	AV (mPa·s)	PV (mPa·s)	YP (Pa)	Gel (Pa/Pa)	E_S (V)	动塑比	FL_{HTHP} (mL)
1#	90/10	50/31	7/5	25	19	6	3/4	750	0.316	2.2
2#	80/20	54/34	9/7	27	20	7	3.5/4.5	619	0.350	2.4
3#	70/30	66/41	10/8	33	25	8	4/5	508	0.320	2.6
4#	60/40	86/54	12/9	43	32	11	4.5/6	406	0.343	2.8

注备：老化条件：16h×120℃；流变性测试温度：65℃；E_S 测试温度：50℃；HTHP 滤失测试条件：3.5MPa×120℃。

从表4可知，体系随着盐水量的增加，油水比降低，体系的黏度、切力等参数变大，流变性变差，E_S 下降，高温高压滤失量略有增大。在乳化剂加量相同的前提条件下，油水比越高的乳状液中，表面活性剂分子平均吸附到油相与水滴之间的界面层的量就会更大，在油水界面膜上排列的更加紧密、更加坚固，越有利于形成更为稳定的乳状液；相反地，随着油水比的不断降低，油基钻井液的破乳电压不断降低，即稳定性不断变差。

1.5 盐水浓度对油包水油基钻井液的影响

实验中采用最佳复合乳化剂及添加量为基础，油水比 80：20，不同盐水浓度对体系稳定性的影响，实验结果见表5。

从表5可知，体系随着盐水浓度的增加，体系的黏度、切力等流变性参数变化不大，高温高压滤失量不变，E_S 略有降低。说明盐水浓度高了水相密度也升高，油水相的密度差就增加，乳状液的动力学稳定性降低了，乳化两者的难度就增大，乳化效果呈现下降趋势。

表 5　不同盐水浓度下油基钻井液性能(密度 1.54g/cm³)

配方	$CaCl_2$	Φ_{600}/Φ_{300}	Φ_6/Φ_3	*AV* (mPa·s)	*PV* (mPa·s)	*YP* (Pa)	*Gel* (Pa/Pa)	E_S (V)	动塑比	FL_{HTHP} (mL)
1#	10%	52/33	8/7	26	19	6	3.5/4.5	630	0.316	2.4
2#	20%	54/34	9/7	27	20	7	3.5/4.5	619	0.350	2.4
3#	30%	60/38	9/8	30	22	8	4/5	585	0.363	2.3

注备：老化条件：16h×120℃；流变性测试温度：65℃；E_S 测试温度：50℃；HTHP 滤失测试条件：3.5MPa×120℃。

1.6　不同密度对油包水乳化钻井液的影响

实验中采用最佳复合乳化剂及添加量为基础，油水比 80∶20，盐水浓度 20%，不同钻井液密度对体系稳定性的影响，实验结果见表 6。

表 6　不同密度时的钻井液性能

配方	密度 (g/cm^3)	Φ_{600}/Φ_{300}	Φ_6/Φ_3	*AV* (mPa·s)	*PV* (mPa·s)	*YP* (Pa)	*Gel* (Pa/Pa)	E_S (V)	动塑比	FL_{HTHP} (mL)
1#	1.54	54/34	9/7	27	20	7	3.5/4.5	619	0.350	2.4
2#	1.85	72/46	11/8	36	26	10	4/5	728	0.385	2.2
3#	2.05	110/67	15/11	55	43	12	5/6	810	0.279	2.0
4#	2.25	136/82	18/14	68	54	14	7/8	717	0.259	2.6

注备：老化条件：16h×120℃；流变性测试温度：65℃；E_S 测试温度：50℃；HTHP 滤失测试条件：3.5MPa×120℃。

基础配方：0#柴油 320mL+盐水 80mL(20% $CaCl_2$)+2%有机土+4%油基降滤失剂+3.5% SMEMUL-1+1.5%SMEMUL-2+3%生石灰+重晶石。

从表 6 可知，体系随着重晶石的增加，钻井液密度升高、黏度、切力等参数增大、动塑比先增大而后降低、流变性先好而后变差，E_S 明显升高，但密度过高，E_S 反而有所下降，高温高压滤失量开始略有降低而后增大。说明随着加重材料量的加大，体系的黏度增大，乳状液稳定性也随之有一定程度的增强，但加重材料量过多，要么不能在分散水珠表面形成完整的吸附膜，体系稳定性差；要么过剩的固体颗粒聚集在水珠之间，体系的流变性变差。

2　现场应用

2.1　四川威远区块

威 2××H××-1 井是部署在川中古隆中斜平缓带西南部的威远背斜构造东翼斜坡区，位于四川内江市威远县铺子湾镇长石村 16 组的一口页岩气水平开发井。2019 年 4 月 8 日至 30 日，中原技术公司提供油基钻井液技术服务，井段 1957m(2498～4455m)，水平位移 1765.2m，密度 1.95～2.02g/cm³。钻井液润滑性、抑制性能优越，携砂能力强，流变性能良好，钻进中井壁稳定、摩阻低、钻速快，定向和起下钻顺利，钻完井作业安全高效。主要性能：密度为 1.95～2.02g/cm³、*FV* 为 68～78s、*PV* 为 50～60mPa·s、*YP* 为 10～15Pa、*Gel* 为 4～6/8～10Pa/Pa，*FL* 为 0～0.2mL、*VS* 为 39%～44%，FL_{HTHP}为 1.6～2.6mL，E_S 为 780～1580V，油水比 82∶18～90∶10(表 7)。

基础配方：基液(0#柴油)+盐水(23%浓度 $CaCl_2$)+2%～4%主乳化剂+1%～3%辅助乳化

剂+1%~2%粉状乳化剂+1%~2%有机土+3%~5%油基降滤失剂+2%~4%生石灰粉+2%~4%超细钙+1%~3%油基封堵剂+重晶石(油水比 80:20)。

表 7 威 2××H××-1 井钻井液性能

井深(m)	密度(g/cm^3)	漏斗黏度(s)	碱度	FL_{HTHP}(mL)	Φ_{600}/Φ_{300}	Φ_6/Φ_3	*Gel*(Pa/Pa)	*PV*(mPa·s)	*YP*(Pa)	含油(%)	含水(%)	固含(%)	油水比	E_S(V)
2507	1.95	72	1.8	2.6	120/70	14/9	5/8	50	10	50	11	39	82/18	780
2718	2.00	74	1.9	2.2	132/80	15/10	5/8	52	14	49	11	40	82/18	820
3039	1.99	68	1.8	2.2	132/81	15/10	5/8	51	15	49	8	43	86/14	1160
3254	1.99	70	1.8	2.0	136/82	15/10	5/9	54	14	50	7	43	88/12	1260
3475	2.00	72	1.9	1.6	140/85	16/10	5/9	55	15	51	6	43	89/11	1280
3676	2.00	70	1.9	1.6	138/84	15/9	5/8	54	15	51	6	43	89/11	1250
3876	2.01	69	1.9	1.8	136/82	15/9	5/8	54	14	51	7	42	88/12	1290
4049	2.02	73	1.9	1.8	142/86	16/10	5/9	54	15	51	7	42	88/12	1260
4220	2.00	75	1.8	1.8	146/88	16/10	5/10	58	15	52	6	42	90/10	1300
4455	2.00	77	1.7	2.0	149/90	16/10	5/10	59	15.5	51	6	43	90/10	1580

2.2 重庆涪陵区块

焦页 1××-1HF 井是部署在川东高陡褶皱带白马向斜带白马南斜坡，位于重庆市武隆县白云乡莲池村 6 组的一口开发井。2018 年 12 月 22 日至 2019 年 1 月 18 日，由中原技术公司提供技术服务，井段 2018m(3368~5386m)，水平位移 2052.86m，密度 1.38~1.43g/cm^3。钻井液润滑性、抑制性能优越，携砂能力强，流变性能良好，钻进过程中井壁稳定、摩阻低、钻速快，通井电测下套管顺利。

基础配方：基液(0#柴油)+盐水(20%浓度 $CaCl_2$)+1%~2%有机土 3%~5%主乳化剂+1%~3%辅助乳化剂+0.5%~1.5%粉状乳化剂+3%~5%油基降滤失剂+3%~5%生石灰粉+2%~4%超细钙+1%~3%油基封堵剂+重晶石(油水比 75:25~80:20)。

主要性能：密度为 1.38~1.43g/cm^3、*FV* 为 64~72s、*PV* 为 27~34mPa·s、*YP* 为 8~11Pa、*Gel* 为 3~5/8~10Pa/Pa，FL_{API}为 0~0.2mL、FL_{HTHP}为 1.6~2.6mL，*VS* 为 24%~31%，E_S 为 618~985V，油水比为 78:22~83:17。

2.3 重庆渝西区块

足 2××H2-2 井是部署在四川盆地渝西区块西山构造，位于重庆市铜梁区石鱼镇东店村 9 社的一口预探井。2019 年 6 月 5 日至 9 月 20 日，由中原技术公司提供钻井液技术服务，井段 2859m(3507~6366m)，水平位移 2534.7m，密度 2.06~2.12g/cm^3。甲方在 A 靶点和 B 靶点的检测中性能达标，井眼稳定、畅通，定向和起下钻顺利，钻完井作业安全高效。

基浆配方：基液(0#柴油)+盐水(23%浓度 $CaCl_2$)+3%~5%主乳化剂+1%~3%辅助乳化剂+0.5%~1.5%粉状乳化剂+1%~2%有机土+0.5%~1.0%润湿剂+3%~5%油基降滤失剂+2%~4%生石灰粉+2%~4%超细钙+1%~3%油基封堵剂+重晶石(油水比 80:20)。

主要性能：密度为 2.06~2.12g/cm^3、*FV* 为 59~82s、*PV* 为 52~76mPa·s、*YP* 为 10~

18Pa、Gel 为 3~5/5~12Pa/Pa，FL_{API}为 0~0.4mL、FL_{HTHP}为 1.0~2.0mL，VS 为 40%~49%，油水比为 87∶13~93∶7，E_S 为 728~1750V。

由于地层和定向仪器的因素，四开施工时间长达三个多月，井底温度高 136~146℃，更加考验了油基钻井液的乳化稳定性和沉降稳定性。

3 结论

（1）选择合适的液体主乳、辅乳和粉状乳化剂并一定比例的复合搭配使用，能增加乳状液的界面黏度、吸附膜强度和厚度，提高油包水钻井液体系的稳定性。

（2）有机土、降滤失剂、生石灰都能起到一定程度的辅助乳化作用，配合乳化剂按照一定比例复合搭配使用，会起到 1+1>2 的作用。

（3）根据地层水的活度，选择适应的盐水浓度，不要过高；根据油基钻井液的不同密度，选择比较经济的油水比。

（4）在电稳定性良好的情况下，随着重晶石的增加，体系的黏度增大，E_S 明显升高，乳状液稳定性也有一定程度的增强；但加量过高，E_S 反而有所下降，过量的加重材料破坏了体系的电稳定性，流变性变差。在高密度钻井液加重时，最好同时加入适量的润湿剂，及时润湿重晶石、提高体系的沉降稳定性和电稳定性。

参 考 文 献

[1] 王中华．国内外油基钻井液研究与应用进展[J]．断块油气石田，2011，18(4)：533-537.

[2] 林永学，等．中国石化页岩气油基钻井液技术进展与思考[J]．石油钻探技术，2014，42(4)：7-13.

[3] 熊邦泰．油基钻井液乳状液稳定性机理研究[D]．武汉：长江大学，2012.

[4] 庄严，等．油水比对油基钻井液流变性的影响[J]．科学技术与工程，2016(4)：238-242.

[5] 鄢捷年．钻井液工艺学[M]．东营：中国石油大学出版社，2012.

[6] 贾国亮，等．高密度油基钻井液体系的研究与应用[J]．钻井工程，2018(4)：64-67

钻井液用泥页岩抑制剂支化聚醚胺的研制及工业化应用

司西强　王中华　王忠瑾

（中石化中原石油工程有限公司钻井工程技术研究院）

【摘　要】针对胺基抑制剂存在的抑制性能和配伍性能不能同时兼顾的矛盾，以及产品生产工艺条件苛刻、成本较高等问题，在分子设计思路指导下，采用先醚化活化、再胺化的方法，研制出了强抑制、抗高温、配伍性好、绿色环保、性价比高的泥页岩强抑制剂支化聚醚胺产品PEA-1。性能评价结果表明，支化聚醚胺产品具有突出的抑制防塌性能，抗高温及配伍性好，无毒环保。当产品含量≥0.3%时，200℃热滚16h，其对钙土的相对抑制率已经高达99.28%，且趋于平稳，随着含量增加，相对抑制率最高达100%；产品在钻井液中可抗温达220℃；产品在6%膨润土浆中加量不超过0.5%时，表观黏度变化值不超过4.0mPa·s，API滤失量变化值不超过8.5mL，在发挥强抑制效果的同时兼具较好的配伍性能；产品EC_{50}值为521400mg/L，远大于排放标准30000mg/L。形成了成熟的产品工业生产技术。产品生产工艺条件温和，能耗小，易操作，无三废排放，工业品性能与室内产品一致；产品与不同区域不同地层钻井液适应性好，产品适用于强水敏性泥页岩、含泥岩、泥岩互层等易坍塌地层的钻井施工。截至目前，已在陕北、山西、新疆、四川、中原、内蒙古、东北等地区51口井应用，抑制防塌效果突出，加量较小时即可发挥优异的抑制效果，加量较大时，在发挥强抑制剂性能的同时，不会对钻井液流变性和滤失量造成不良影响，配伍性好，该产品较好地满足了现场井壁稳定技术要求，经济效益和社会效益显著，应用前景广阔。

【关键词】支化聚醚胺；泥页岩抑制剂；井壁稳定；抗高温；高配伍；绿色环保

油气钻探过程中的井壁失稳问题一直是影响钻井施工顺利进行的主要因素，特别是在深井、超深井、水平井、定向井和大斜度井日益增多的情况下，上述问题就显得尤为突出。据统计，90%以上的井壁失稳发生在泥页岩及含泥岩等易坍塌地层[1-3]。研究表明，影响井壁稳定的因素主要是物理化学因素和力学因素。从物理化学的角度来说，如果钻井液抑制性不足，泥页岩及含泥岩地层的黏土矿物在与水基钻井液相互作用的过程中极易吸水膨胀分散，

基金项目：中石化石油工程公司重大科技攻关项目"基于分子尺寸控制的系列聚胺抑制剂研制与应用"（SG18-19K）、中石化集团公司重大科技攻关项目"页岩气水平井APD水基钻井液技术应用研究"（JP18038-3）、中石化集团公司重大科技攻关项目"烷基糖苷衍生物基钻井液技术研究"（JP16003）联合资助。

作者简介：司西强，男，1982年5月出生，2005年7月毕业于中国石油大学（华东）应用化学专业，获学士学位，2010年6月毕业于中国石油大学（华东）化学工程与技术专业，获博士学位。现任中石化中原石油工程公司钻井工程技术研究院首席专家，研究员，主要从事新型钻井液处理剂及钻井液新体系的研究及技术推广工作。近年来以第1发明人申报发明专利48件，已授权17件，发表论文80余篇，获河南省科技进步奖等各级科技奖励20余项。地址：河南省濮阳市中原东路462号中原油田钻井院；电话：15039316302；E-mail：sixiqiang@163.com。

导致地层强度降低，地层应力分布发生变化，造成井壁失稳。可以说，井壁失稳与黏土矿物的水化膨胀分散作用密切相关，当钻遇泥页岩等易坍塌地层时，在钻井液中加入抑制剂是解决井壁失稳的最有效途径之一[4-7]。因此，研制高性能泥页岩强抑制剂，抑制地层黏土矿物的水化膨胀分散，对有效提高井壁稳定性、降低钻井成本、增加经济效益、保证安全钻进意义重大[8-15]。随着对井壁稳定机理认识的不断加深，近年来泥页岩抑制剂研究的针对性越来越强，发展较快[16-18]。

据大量文献调研发现，在当前的认知水平下，胺基类产品仍被认为是抑制能力最强、应用最广泛的一类有机材料[19-22]。人们习惯上将小阳离子、大阳离子等季铵类产品及胺基聚醚产品统称为聚胺。早在20世纪80年代，季铵类产品(小阳离子、大阳离子)就广泛应用于钻井液中，但由于其阳离子化程度高，与阴离子处理剂配伍性差，使其应用受到一定限制。其间人们尝试通过引入极性基团以减少阳离子基团的比例，如固相化学清洁剂。20世纪90年代末，国外将胺基聚醚(其他行业作为环氧树脂固化剂，是一种成熟的工业品)引入钻井液体系，形成了高性能水基钻井液(High Performance Water Based Mud，HPWBM)。胺基聚醚作为高性能水基钻井液的主抑制剂，通过嵌入及拉紧黏土晶层起到井壁稳定作用，但其胺基吸附活性位少，加量大，在钻井液中抑制效果并不突出。总的来说，前期胺基类产品的抑制性能和配伍性能往往不能同时兼顾，且生产工艺条件苛刻，成本较高。

针对上述情况，重点从强化钻井液的抑制性和配伍性等功能出发，开展强抑制、抗高温、配伍好、绿色环保的泥页岩强抑制剂的研究攻关，有效解决泥页岩、含泥岩等易坍塌地层的井壁失稳难题，符合现场技术亟需，具有较好的前瞻性、创新性和实用性。本文对泥页岩抑制剂支化聚醚胺PEA-1产品的研制及工业化应用情况进行介绍，以期对钻井液同行具有一定借鉴作用。

1 实验材料及仪器

1.1 实验材料

产品合成原料：多元醇起始剂A，分析纯；端羟基醚化剂B，分析纯；氯代环氧化物桥接剂C，分析纯；有机胺D，实验室自制；长链烷基磺酸催化剂E，分析纯。

钻井液配浆原料：钠膨润土，工业品；碳酸钠，分析纯；钙膨润土，工业品；黄原胶(XC)；工业品；高黏度羧甲基纤维素钠(HV-CMC)，工业品；低黏度羧甲基纤维素钠(LV-CMC)，工业品；磺化沥青(FT)，工业品；聚合物增黏剂(80A51)，工业品；磺化褐煤(SMC)，工业品；磺化酚醛树脂(SMP)，工业品；氢氧化钠，工业品；氯化钠，工业品；氯化钾，工业品；天然岩屑(云页平6井2087~2345m)等。

1.2 实验仪器

ZNCL-TS恒温磁力搅拌器，河南爱博特科技公司；六速旋转黏度计，XGRL-4A高温滚子加热炉，LHG-2老化罐，GJS-B12K变频高速搅拌机，青岛海通达专用仪器厂；DZF-6050真空干燥箱，上海创博环球生物科技有限公司；BL200S精密电子天平，上海勤酬实业有限公司。

2 产品分子设计及合成设计

2.1 产品分子设计

为能够准确快速的获得具有特定功能的产品，需提前对拟合成的产品分子结构进行设计。因为产品的功能来源于产品分子性质，而产品分子性质取决于产品分子结构，因此在分子设计前，需要对拟合成产品分子的功能做一个限定，根据功能需要来筛选具有特定官能团的原料，并对合成条件进行预测。本节对泥页岩抑制剂支化聚醚胺 PEA-1 产品的分子设计及合成设计进行了概述。

2.1.1 分子设计理念

支化聚醚胺 PEA-1 产品分子设计需遵循如下理念：

(1) 绿色环保。保证所用原料和得到产品无毒或低毒，所配制钻井液绿色环保；完井后钻井液易于无害化处理。

(2) 性能满足要求。产品具有特定官能团，以满足性能要求(如抗温、抑制、配伍等)；产品形成主体骨架结构必须稳定，满足抗温性要求。

(3) 成本低。原料来源丰富，廉价易得，产品成本低。

2.1.2 分子设计思路

通过控制合适的主链缩聚度，保证产品分子随滤液进入地层实现强抑制效果；通过化学反应使分子具有伯胺、仲胺基等功能基团，设计得到近井壁稳定的支化聚醚胺分子结构。由于其分子量较小，可使其尽可能少的在钻井液中固相颗粒表面上吸附，尽可能多的随滤液进入近井壁地带，通过嵌入及拉紧晶层，抑制地层黏土矿物的水化膨胀分散，防止井壁失稳。

支化聚醚胺产品的分子设计思路如下：

(1) 在分子结构主链上引入季铵基团。通过主链与季铵基团的共轭效应，改变分子电子云分布，提升抗温性能；同时主链季铵基团辅助提升吸附能力；另外，季铵基团兼具杀菌及延缓降解性能。

(2) 在分子结构上引入伯胺基团。通过伯胺的强吸附能力，随滤液进入近井壁地带，嵌入及拉紧黏土晶层，实现强抑制作用。

(3) 确保在分子主链上含有烷基或羟烷基侧链，用以削弱分子的阳离子特性，提升配伍性能。

(4) 控制分子结构的合适主链缩聚度，保证产品分子可随滤液进入近井壁地带实现强抑制。

设计得到近井壁稳定的支化聚醚胺产品分子结构，使其尽可能减少在钻井液中固相颗粒表面上的吸附，尽可能多的随滤液进入近井壁地带，通过嵌入及拉紧黏土晶层，抑制地层黏土矿物的水化膨胀分散，防止井壁失稳。

2.1.3 分子设计过程

依据分子设计思路，进行分子设计：

(1) 通过缩聚反应，以多元醇为起始剂，引入端羟基醚化剂、氯代环氧化物桥接剂，使分子主链上含有烷基或羟烷基侧链，削弱分子的阳离子特性，提升配伍性。

(2) 通过胺化反应，在氯代支化聚醚上引入胺基基团，通过主链与胺基的共轭效应，改变分子电子云分布，提升抗温性能；主链胺基基团辅助提升吸附能力；胺基基团兼具杀菌及延缓降解性能。

(3) 通过胺化反应，在分子结构上引入伯胺基团，通过伯胺的强吸附能力，随滤液进入近井壁地带，嵌入及拉紧黏土晶层，预防和抑制井壁坍塌。

(4) 通过合理优化缩聚反应及胺化反应条件，控制合适主链缩聚度，得到合适大小的产品分子，保证产品分子随钻井液滤液进入地层实现强抑制。

2.1.4 理论设计结构

通过分子设计，得出了支化聚醚胺产品的理论分子设计结构，如图1和图2所示。

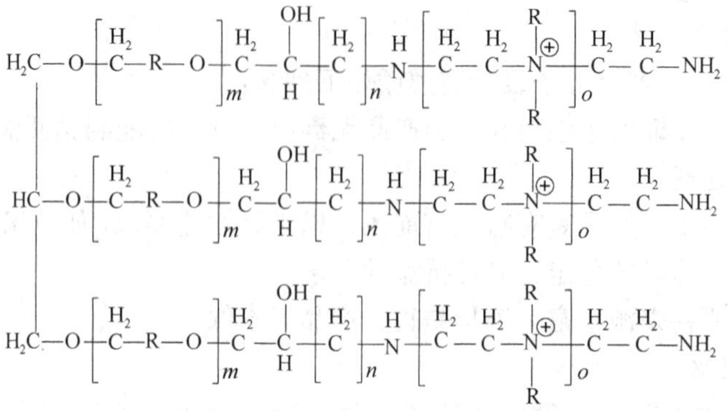

m=1~16中的整数；n=1，2；o=0，1，2，3，4；R为—CH_2—CH_2OH—CH_2OH。

分子量范围为：550~3500。

图1 支化聚醚胺产品的理论分子设计结构

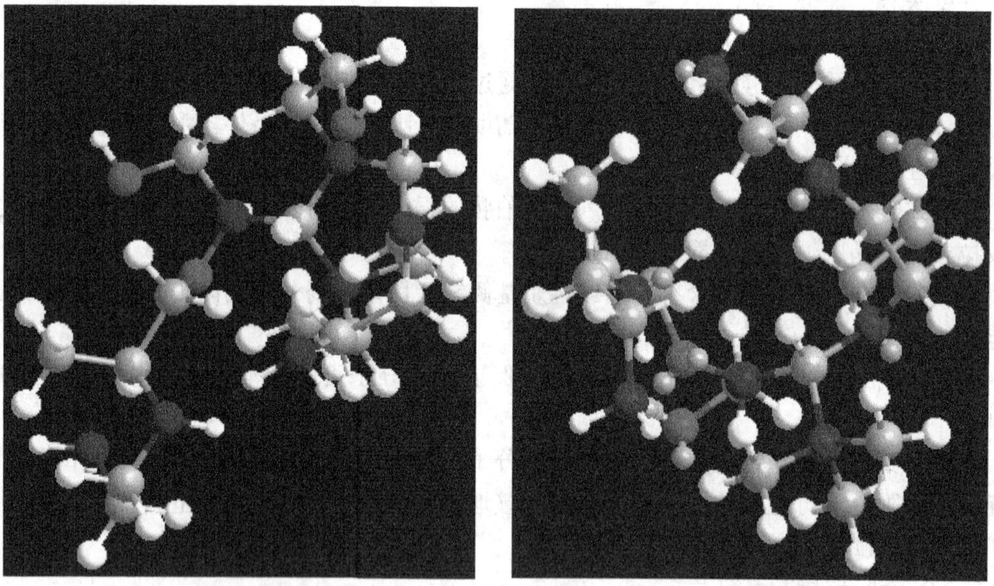

（a）能量优化前　　（b）能量优化后

图2 支化聚醚胺产品理论分子结构简化模型图

在确保满足环保要求的前提下，设计得到支化聚醚胺产品的理论分子结构。使其尽可能减少在钻井液中固相颗粒表面上的吸附，尽可能多的随滤液进入近井壁地带，拉紧晶层间距，防止井壁坍塌。

2.2 产品合成设计

在产品分子设计的基础上，对其进行合成设计，合成设计的关键是合成原料的选择和合成方法的确定。

2.2.1　合成设计原则

通过对设计得到的产品理论分子结构进行拆分，保证所用原料(合成子、合成单元)易得，反应易行，合成路线及合成工艺需满足以下原则：

(1) 合成工艺简单、合成操作步骤少，尽量简化反应流程，减少人工成本。

(2) 合成反应采用常压加热反应，条件温和，降低设备要求及生产成本，易于实现工业化生产。

(3) 采用选择性好的合成方法，产品收率高，副产物少。

(4) 产品成品液态易流动，无须后处理，方便出料，方便包装储存。

(5) 产品为液态，避免了干燥粉碎过程中由于降解、交联等造成的不利影响，在钻井液中溶解速度快，溶解时间远小于循环周期，使用方便，效果好。

2.2.2　合成设计思路

合成单元拆分：按照原料质优价廉易得，反应条件温和、工艺简单、原料及产品绿色环保的原则，将产品的理论分子结构拆分为多元醇起始剂、醚化剂、氯代环氧化物桥接剂、有机胺等基本合成单元，指导所用合成原料的筛选。支化聚醚胺的理论分子结构拆分示意图如图3所示。

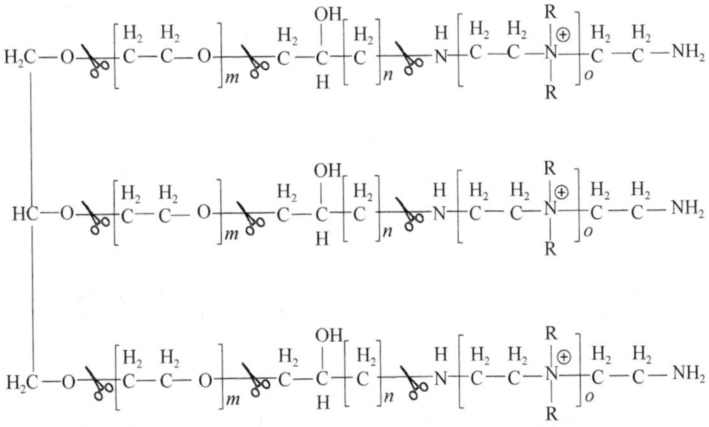

图3　支化聚醚胺产品理论分子结构拆分示意图

拆分得到合成支化聚醚胺所需的合成原料之后，再通过合适的化学反应进行合理组合，提出如下反应步骤：

(1) 醚化：多元醇起始剂通过与端羟基醚化剂发生缩聚反应，生成支化聚醚。

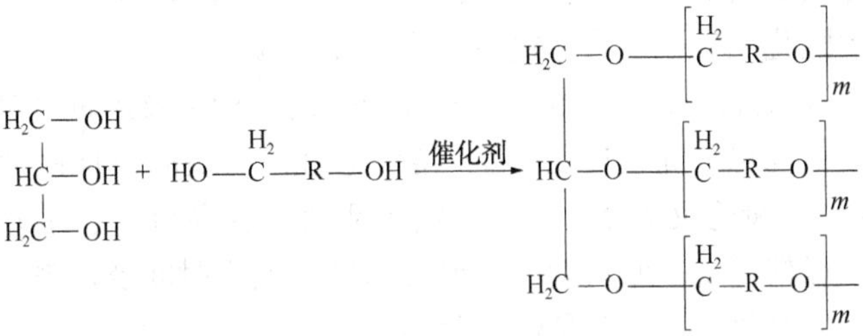

(2) 氯代活化：支化聚醚与桥接剂氯代环氧化物发生缩聚反应，生成氯代支化聚醚，为后续胺化反应提供活性反应点。

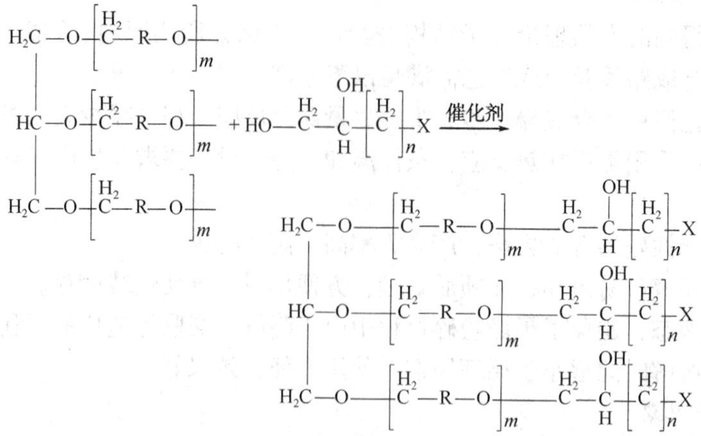

(3) 胺化：氯代支化聚醚与有机胺发生胺化反应，生成支化聚醚胺。

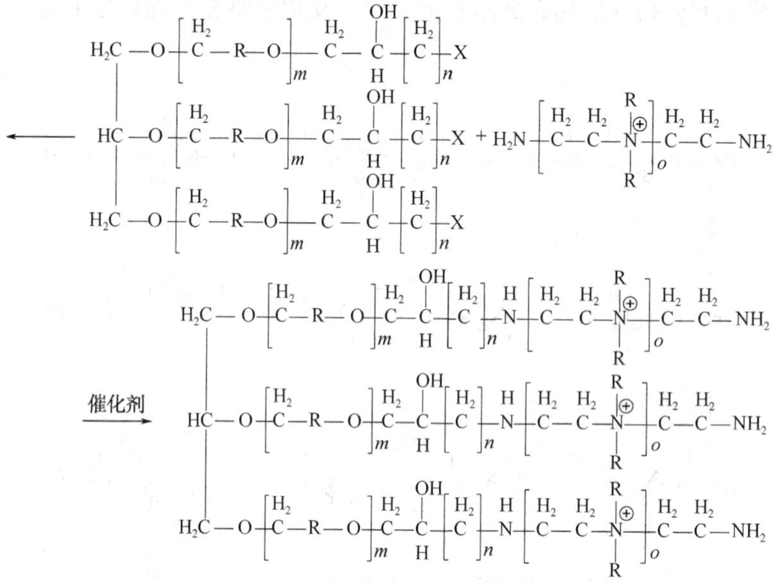

3 产品合成研究、结构表征及性能评价

3.1 产品合成研究

研究确定了支化聚醚胺 PEA-1 的合成方法为：多元醇起始剂与端羟基醚化剂、氯代环氧化物桥接剂先发生醚化反应，再与有机胺发生胺化反应。

产品合成方法、合成原料及合成所需质子酸催化剂的种类及用量确定后，在此基础上进行了产品合成工艺条件优化，优化过程主要包括：(1)足够快的搅拌速度，消除原料内扩散效应对反应的影响；(2)醚化反应条件；(3)氯代活化反应条件；(4)胺化反应条件。考察的工艺参数主要有：搅拌速度、原料配比、反应温度、反应时间及加料方式等。

支化聚醚胺产品的优化合成工艺条件如下：

(1) 在搅拌速度为 1000r/min 的条件下，将 0.4mol 多元醇起始剂 A、0.4mol 端羟基醚化剂 B、6%长链烷基磺酸催化剂 E(占多元醇起始剂的质量百分数)加入装有冷凝和搅拌装置的四口烧瓶，搅拌混合均匀，在96℃反应2.0h，得到支化聚醚。

（2）在上述反应液中加入0.4mol桥接剂氯代环氧化物C，搅拌均匀，在102℃下反应1.0h，降至室温，得到氯代支化聚醚。

（3）在上述反应液中缓慢加入0.6mol胺基化试剂有机胺D，保持反应温度在84~94℃，反应4.0h，降至室温，即得到黄褐色黏稠状透明液体，即为支化聚醚胺产品。

在上述优化合成工艺条件下制备得到支化聚醚胺产品，经过减压蒸馏、提纯分离，得到纯化后的产品样品，用于产品结构表征。

3.2 产品结构表征

3.2.1 红外光谱分析

为了确定支化聚醚胺产品的分子结构，需要对纯化后的支化聚醚胺产品样品进行红外光谱分析。所用仪器为傅里叶变换红外光谱仪，所用方法为涂膜法。通过对产品中特征官能团-OH、C-O-C、伯胺基、仲胺基、C-N键等对应的特征吸收峰进行分析来检验所得产物是否为目标产物。支化聚醚胺产品的红外光谱表征结果如图4所示。

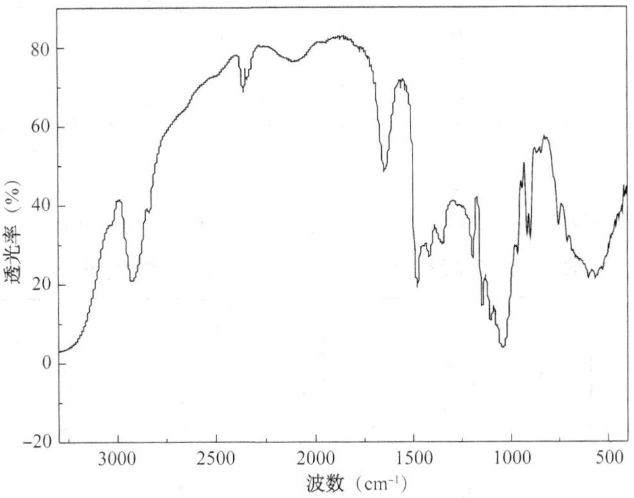

图4 支化聚醚胺产品红外谱图

如图4中支化聚醚胺的红外谱图显示，1151cm^{-1}为C—O—C的伸缩振动峰，1050~1100cm^{-1}为羟基中C—O键的伸缩振动峰，可确定含有聚醚结构；1419cm^{-1}为C—N键的吸收峰，1196cm^{-1}为C—N键的弯曲振动峰，3380cm^{-1}为N—H的吸收峰，可确定含有胺的结构。综合上述结果，支化聚醚胺产品分子结构中含有羟基、醚键、C—N键、胺基等特征结构，初步确定其分子结构为理论设计结构。下面通过核磁共振、元素分析等其他表征手段来进一步确定产品分子结构。

3.2.2 核磁共振分析

对提纯后的支化聚醚胺产品样品进行了^{1}H核磁共振分析。支化聚醚胺产品的^{1}H核磁共振谱图如图5所示。

对支化聚醚胺产品分子结构的氢原子归属标号结果如图6所示。

支化聚醚胺产品分子结构中氢原子的化学位移见表1。

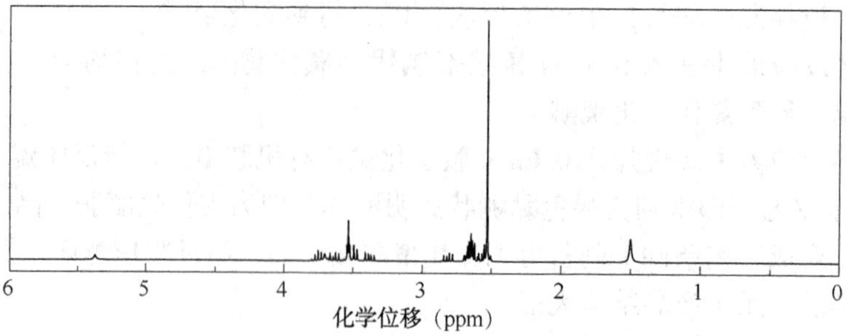

图 5　支化聚醚胺产品的^{1}H 核磁共振谱图

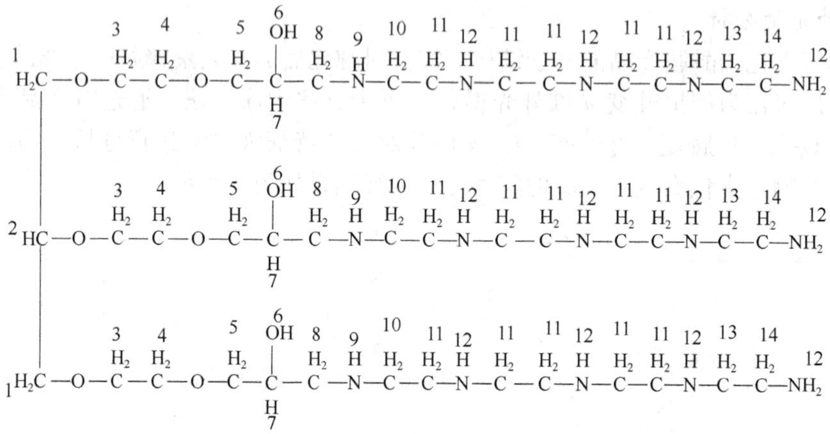

图 6　支化聚醚胺产品分子结构中氢原子的归属标号结果

表 1　支化聚醚胺产品分子结构中氢原子的化学位移

氢原子编号	化学位移(ppm)	氢原子编号	化学位移(ppm)
1	3.48	8	2.81
2	3.70	9	3.70
3	3.52	10	2.67
4	3.54	11	2.53
5	3.63	12	1.50
6	5.37	13	2.66
7	3.75	14	2.62

对提纯后的支化聚醚胺产品样品进行了^{13}C 核磁共振分析。支化聚醚胺产品的^{13}C 核磁共振谱图如图 7 所示。

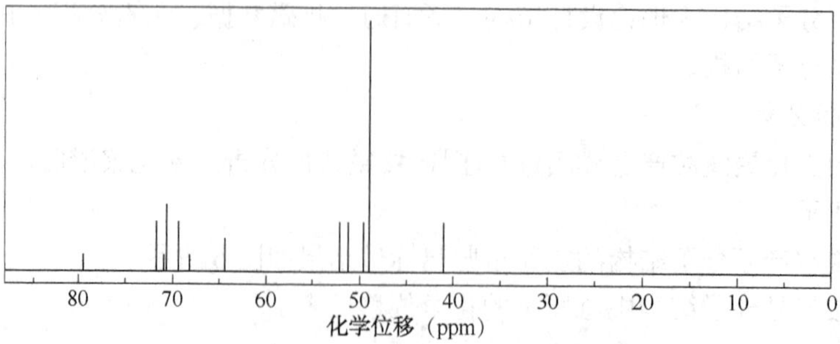

图 7　支化聚醚胺产品的^{13}C 核磁共振谱图

对支化聚醚胺产品分子结构的碳原子归属标号结果如图 8 所示。

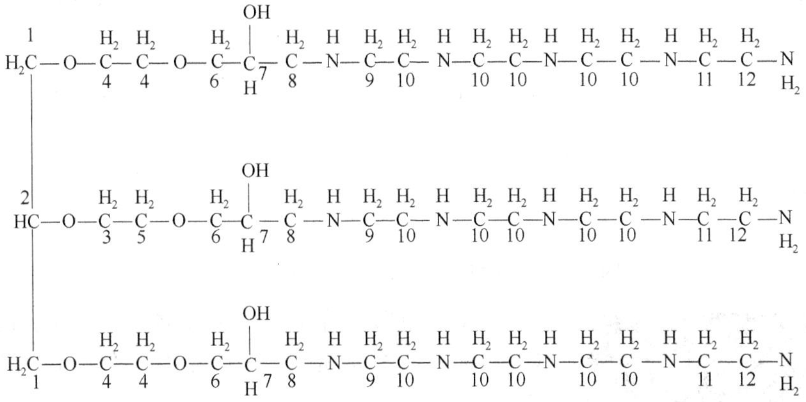

图 8　支化聚醚胺产品分子结构中碳原子的归属标号结果

支化聚醚胺产品分子结构中碳原子的化学位移见表 2。

表 2　支化聚醚胺产品分子结构中碳原子的化学位移

碳原子编号	化学位移(ppm)	碳原子编号	化学位移(ppm)
1	64.40	7	69.40
2	79.50	8	52.10
3	68.20	9	49.60
4	70.70	10	49.00
5	71.00	11	51.20
6	71.80	12	41.00

通过对图 5~图 8、表 1 和表 2 中支化聚醚胺产品的 ^{1}H 核磁共振谱图和 ^{13}C 核磁共振谱图及相关信息进行分析，进一步确定了其分子结构与理论设计相符。

3.2.3　元素分析

通过红外光谱分析和核磁共振分析，基本确定了支化聚醚胺的分子结构，为得到更准确的产品分子结构式，对得到的提纯产品样品进行了元素分析，结果见表 3。

表 3　支化聚醚胺产品元素分析数据

元素	理论含量(%)	实测含量(%)	元素	理论含量(%)	实测含量(%)
C	52.53	52.64	O	14.99	15.03
H	10.60	10.49	N	21.88	21.84

注：分子通式为：$C_{42}H_{101}O_9N_{15}$。

由表 3 中数据可以看出，实际合成支化聚醚胺产品样品的元素分析结果与其理论分子结构的计算结果吻合较好，所以最终确定合成的支化聚醚胺产品分子结构如图 9 和图 10 所示，相对分子质量为 960.37。

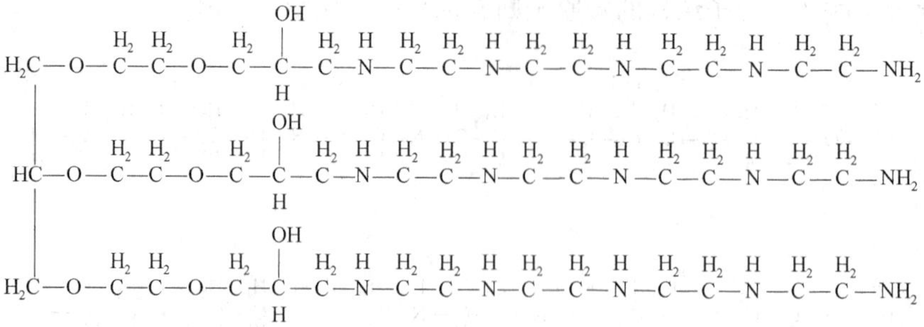

图 9　支化聚醚胺产品的实际合成分子结构

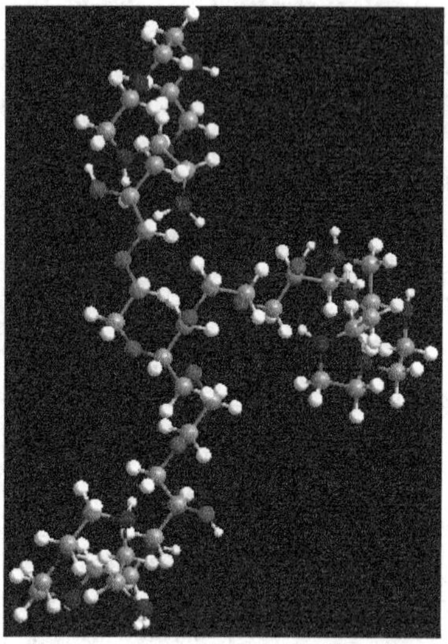

图 10　支化聚醚胺产品实际合成分子的结构模型

支化聚醚胺产品分子的总键能为 48.4633kcal/mol，摩尔质量为 960.37g/mol，是一种中等分子量的泥页岩强抑制剂。

经分析化学实验测试，支化聚醚胺产品的胺值为 6.5mmol/g，具有较多的胺基吸附活性位。

3.2.4　支化聚醚胺 PEA-1 分子结构

通过对合成的支化聚醚胺产品样品进行红外光谱、^{1}H 核磁共振、^{13}C 核磁共振和元素分析，最终确定合成的支化聚醚胺产品分子结构如图 9 和图 10 所示，分子中含有羟基、醚键、C-N 键、胺基等特征结构。

3.3　产品性能测试

对制备得到的泥页岩抑制剂支化聚醚胺 PEA-1 产品的抑制性能进行了性能评价，主要包括抑制性能、抗温性能、配伍性能、生物毒性等。

3.3.1　抑制性能

（1）岩屑回收率。对不同含量的支化聚醚胺产品水溶液进行岩屑回收率评价实验，所用岩屑为陕北延长油田云页平 6 井 2087~2345m 处岩心，该岩心岩性为紫红色软泥岩，极易水化膨胀分散。岩心一次回收实验条件为：200℃热滚 16h，岩心二次回收实验条件为：清水介质中 200℃热滚 2h。结果如图 11 所示。

由图 11 可以看出，随着支化聚醚胺含量的增加，岩屑回收率呈上升趋势。在支化聚醚胺含量较低时即可达到较高的岩屑回收率，当含量达 0.7%时，岩屑回收率超过 95%，之后随着支化聚醚胺含量升高，岩屑回收率基本趋于平稳，由于高含量时产品在钻屑上的吸附量增大，产品吸附量大于岩屑水化损失量，岩屑回收率最高达 100.68%。

（2）相对抑制率。将不同含量支化聚醚胺 PEA-1 加入到钙土基浆中，考察抑制剂对钙土基浆的相对抑制率。老化实验条件为：200℃，16h。相对抑制率评价结果如图 12 所示。

由图 12 中实验结果可以看出，随着支化聚醚胺含量的增加，相对抑制率呈上升趋势。当支化聚醚胺含量≥0.3%时，其对钙土的相对抑制率已经高达 99.28%，且趋于平稳，最高为 100%。可以认为，当支化聚醚胺含量≥0.3%时，即可充分发挥其优异的抑制黏土矿物水化膨胀分散的能力。

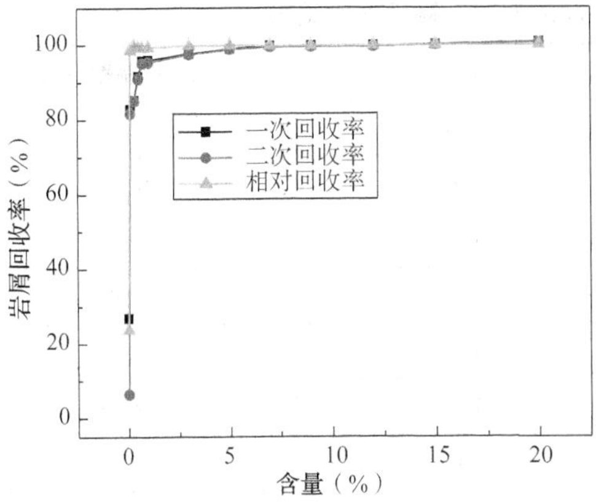

图 11　支化聚醚胺含量对岩屑回收率影响

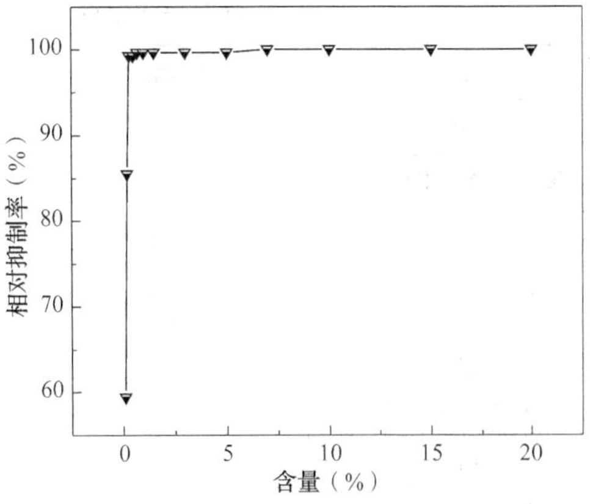

图 12　不同含量支化聚醚胺产品对相对抑制率的影响

（3）产品对土浆粒度分布影响。为考察支化聚醚胺产品对预水化膨润土浆中的固体粒度分布的影响，对不同支化聚醚胺加量条件下的6%膨润土浆的粒度分布进行了考察。老化实验条件为：200℃，16h。所用仪器为 LS 13320 XR 激光衍射粒度分析仪。支化聚醚胺对膨润土浆的粒度分布影响结果见表 4。

表 4　支化聚醚胺 PEA-1 加量对膨润土浆粒度的影响

PEA-1 加量（%）	D_{50}（μm）	D_{90}（μm）	D_{99}（μm）	Dav（μm）	S/V（cm^2/cm^3）	<2μm（%）	<20μm（%）
0	4.44	16.49	37.21	7.24	15247.84	8.91	93.18
0.1	4.33	16.12	38.67	7.16	15491.05	9.24	93.41
0.2	4.09	13.63	23.90	6.24	16194.04	9.93	95.89
0.3	4.32	15.97	36.87	7.06	15522.91	9.21	93.41
0.5	4.10	13.71	31.88	6.31	16124.07	9.62	95.54
1.0	3.83	12.36	29.19	5.82	16925.85	10.66	96.47
1.5	3.90	12.85	29.29	5.92	16707.91	10.37	96.34
3.0	3.87	11.40	23.98	5.48	16889.12	10.22	97.81

由表 4 中测试数据可以看出，不同加量的支化聚醚胺产品加入到 6%的预水化膨润土浆中，200℃高温滚动 16h 后，随着支化聚醚胺加量的增大，预水化膨润土浆的平均粒径呈降低趋势，粒子比表面积呈升高趋势。这是因为支化聚醚胺抑制住了固体粒子的水化膨胀分散，表现出来的结果就是黏土粒子处于不水化状态，黏土颗粒半径减小，同时黏土颗粒的比表面积升高。

3.3.2　抗高温性能

通过考察不同老化温度下支化聚醚胺产品对钙土基浆的相对抑制率，来评价支化聚醚胺产品的抗高温性能。固定支化聚醚胺加量为 0.3%不变，改变老化温度，实验条件为：对应温度下热滚 16h。不同老化温度下支化聚醚胺对钙土的相对抑制率评价结果见表 5。

表 5　不同老化温度下支化聚醚胺的相对抑制率评价结果

钻井液	老化温度(℃)	Φ_{100}	相对抑制率(%)
基浆	120	193	—
基浆+0.3%PEA-1	120	5.0	97.41
基浆	160	157	—
基浆+0.3%PEA-1	160	3.0	98.09
基浆	200	138	—
基浆+0.3%PEA-1	200	1.0	99.28
基浆	220	94	—
基浆+0.3%PEA-1	220	2.0	97.87
基浆	240	198	—
基浆+0.3%PEA-1	240	4.0	97.98

由表 5 中实验数据可以看出，老化温度对钙土基浆的 100r/min 读数影响较大，但从相对抑制率结果来说，老化温度的变化对相对抑制率的数值影响不大。当老化温度为 220℃时，支化聚醚胺对钙土基浆的相对抑制率>97%，可认为支化聚醚胺在 220℃时仍然对黏土矿物的水化膨胀分散起到较强抑制作用，且钻井液流变性能稳定，支化聚醚胺在钻井液中可抗温达 220℃。

3.3.3　配伍性能

作为泥页岩抑制剂来说，在钻井液中的配伍性能主要表现在与膨润土的配伍性，因此，为了考察支化聚醚胺与钻井液的配伍性能，只需重点考察支化聚醚胺与膨润土的配伍性。考察了不同加量的支化聚醚胺产品对 6%预水化膨润土浆的流变性能及失水的影响，老化实验条件为：200℃，16h。支化聚醚胺对膨润土浆的配伍性评价结果见表 6。

表 6　支化聚醚胺 PEA-1 对膨润土浆流变及失水的影响

PEA-1 加量(%)	*AV*(mPa·s)	*PV*(mPa·s)	*YP*(Pa)	*FL*(mL)	pH 值
0	8.5	8.0	0.5	36.5	7.5
0.1	7.0	6.0	1.0	37.5	8.0
0.2	6.0	5.0	1.0	38.5	8.0
0.3	6.0	5.0	1.0	40.0	8.0

由表 6 中实验结果可以看出，当支化聚醚胺在 6%预水化膨润土浆中的加量不超过 0.3%时，表观黏度变化值不超过 2.5mPa·s，中压失水变化值不超过 3.5mL，产品对预水化膨润土浆的流变性能及失水性能影响较小，可在发挥强抑制效果的同时表现出较好的配伍性能。在实际现场施工过程中，支化聚醚胺产品的具体加量应根据现场井浆的实际情况(膨润土含量、劣质固相含量等)，并结合现场小型试验结果来确定。

3.3.4　生物毒性

采用发光细菌法测试了泥页岩抑制剂支化聚醚胺 PEA-1 产品的生物毒性。测试结果显示，所合成 PEA-1 产品样品 EC_{50}值高达 521400mg/L，远高于排放标准 30000mg/L(参照国标：GB/T 15441—1995 水质急性毒性的测定发光细菌法)。得出结论为，合成得到的支化聚醚胺 PEA-1 产品无生物毒性，绿色环保。

4 产品工业生产技术

4.1 产品工业生产工艺

支化聚醚胺 PEA-1 产品的工业生产工艺如下：

(1) 将 150 质量份长链烷基磺酸催化剂投入到带有搅拌装置、冷凝回流装置、反应液冷却装置的反应釜中，继续加入 800 质量份的多元醇起始剂、1000 质量份的端羟基醚化剂，混合均匀，在 96℃反应 2.0h；接着加入 1200 质量份的氯代环氧化物桥接剂，搅拌均匀，在 102℃下反应 1.0h，降至室温，得到氯代聚醚。

(2) 在上述反应液中缓慢加入 1800 质量份的胺基化试剂(缓慢分批加入)，保持反应温度在 94℃，反应 4.0h，降至室温，即得到黄褐色黏稠状透明液体，即为支化聚醚胺产品；最终出料与加入物料平衡。

(3) 对产品随机取样测试其性能，确保产品质量合格。

(4) 出料，装桶，张贴产品标签及合格证，在阴凉处保存备用。

4.2 工艺优点

最终形成的支化聚醚胺 PEA-1 产品的工业生产工艺主要有以下优点：

(1) 反应条件温和、节能。整个生产过程只需在较低温度(≤102℃)、常压下进行，反应时间短，化学反应为自身放热反应，能耗低。

(2) 可操作性强。反应温度范围较宽，反应较缓和，易于控制；多为液体原料，可直接泵入反应釜，操作安全，劳动强度低。

(3) 绿色环保。生产过程无“三废”排出，绿色环保，生产原料及产品均无毒。

5 产品现场应用

5.1 产品现场应用概况

截至目前，支化聚醚胺 PEA-1 产品已在陕北、山西、新疆、四川、中原、内蒙古、东北等地区 51 口井应用，抑制防塌效果突出，加量较小时即可发挥优异的抑制效果，加量较大时，在发挥强抑制剂性能的同时，不会对钻井液流变性和滤失量造成不良影响，配伍性好，该产品较好地满足了现场井壁稳定技术要求，经济效益和社会效益显著，应用前景广阔。

5.2 产品现场应用效果

支化聚醚胺 PEA-1 产品的现场应用效果如下：

(1) 支化聚醚胺产品抑制防塌效果显著。

支化聚醚胺泥页岩强抑制剂对现场强水敏性泥页岩、含泥岩、泥岩互层等易坍塌地层表现出显著的井壁稳定效果，以及优异的预防井壁坍塌及井壁坍塌后的现场补救能力，为陕北、山西、中原、内蒙古等地区易坍塌地层的井壁失稳难题提供了良好的解决方案。

山西 YH45-20-1H 井三开水平段由于未钻遇砂岩目的层，为寻找砂岩目的层，按甲方要求，共钻开了三个水平段，结果钻遇岩性显示均为强水敏软泥岩地层，由于三个水平段均未找到砂岩目的层，故甲方通知完钻。在 YH45-20-1H 井的二开造斜段、三开水平段钻进过程中，在现场井浆中加入 0.3%的支化聚醚胺产品，对钻遇的石千峰、石盒子组的紫红色、灰黑色软泥岩表现出优异的抑制水化膨胀分散的效果，确保了三个泥岩水平段的井壁稳

图 13　山西 YH45-20-1H 井加入支化聚醚胺后振动筛返砂情况

定，未出现任何坍塌掉块，避免了造斜段托压、卡钻等井下复杂情况，机械钻速显著提高，钻井综合成本显著降低。YH45-20-1H 井现场井浆中加入支化聚醚胺产品后，从振动筛返出的钻屑形状完整，干燥且聚结成团，如图 13 所示，有利于振动筛对钻井液中有害固相的及时清除，较好地保持了钻井液清洁。

内蒙拐 13 井跟前期邻井相比，该井井身结构由三开制井身结构简化为二开制井身结构，二开裸眼段长近 2000m，银根组、苏红图组、巴音戈壁组含有大段红棕色、灰色、灰黑色软泥岩，泥岩含量高达 90%以上，泥岩吸水后易膨胀、垮塌，导致缩径与垮塌共存，银根组与下部苏红图组及巴音戈壁组在同一个裸眼段，随着钻井周期延长，钻井液对银根组地层的浸泡时间必然大大延长，从而对银根组的井壁稳定要求更高，否则将影响后期的起下钻、电测等施工。该井二开裸眼段井壁失稳风险极大，施工难度较前期三开制的邻井显著增加，且前期施工的拐 5 侧井及拐 12 侧井，出现了完井电缆测井频繁遇阻的问题，最终不得不采用钻具输送完成电测，严重影响了勘探开发进度。部分邻井银根组与苏红图组交界面的井径扩大率见表 7。

表 7　部分邻井银根组与苏红图组交界面附近井径扩大率

井号	井深(m)	地层层位	井径扩大率(%)
拐参 1 井	1600	银根组	17.6
拐 2 井	1400	银根组	27.9
拐 4 井	1675	银根组	79.5
拐 5 侧井	1909	银根组	93.2
拐 8 井	1530	银根组	40.6
拐 9 井	1475	银根组	44.2

因此，为进一步强化井壁稳定效果，在拐 13 井二开钻至银根组、苏红图组、巴音戈壁组等软泥岩地层时，在现场井浆中加入 0.1%~0.3%支化聚醚胺产品，将现场井浆转化为支化聚醚胺—复合盐钻井液体系，对钻遇的强水敏性软泥岩表现出了强效的抑制防塌效果，钻进过程中井壁一直保持稳定，井径规则，应用井段井径扩大率仅为 4.32%，电测及下套管一次成功。支化聚醚胺产品对拐 13 井银根组、苏红图组、巴音戈壁组的强水敏软泥岩地层表现出突出的抑制效果。

拐 13 井在钻至二开巴音戈壁组时，振动筛返出的棕色泥岩岩屑完整，并可见附着 PDC 钻头切削印，岩屑照片如图 14 所示。

拐 13 井苏红图组—巴音戈壁组钻出的井眼较为规则，从井径数据来看，基本没有糖葫芦井眼，平均井径扩大率为 3.73%，与邻井苏红图组—巴音戈壁组的平均井径扩率 9.03%相比，拐 13 井应用支化聚醚胺产品后该井段的平均井径扩大率有较大幅度下降，钻进过程中返出岩屑规则，起下钻畅通。

(2) 支化聚醚胺产品对现场井浆适应性好。

从分子设计结构来看，支化聚醚胺产品分子主链上含有多个羟烷基或烷基侧链，可明显削弱分子的阳离子特性，提升配伍性能。其加入钻井液后对钻井液流变性能不会产生不良影响，且略有降失水效果，保证了现场使用时钻井液性能的稳定。

图 14　拐 13 井振动筛返出的巴音戈壁组棕色泥岩

陕西 YB013-H03 井三开 2274~3271.5m 井段加入支化聚醚胺产品后，对钻井液流变性能基本无影响，钻井液无须进行大幅度调整，保证了现场使用时钻井液性能的稳定。支化聚醚胺产品对 YB013-H03 井三开井浆的适应性较好，与流型调节剂、降滤失剂等协同作用，可优化钻井液流型，改善滤饼质量，使滤饼变得薄韧致密。加入 0.2%支化聚醚胺 PEA-1 前后 YB013-H03 井的三开钻井液性能见表 8。

表 8　YB013-H03 井加入支化聚醚胺产品前后的三开钻井液性能变化

钻井液	*FV* (s)	*AV* (mPa · s)	*PV* (mPa · s)	*YP* (Pa)	*YP/PV* [Pa/(mPa · s)]	$G_{10'}/G_{10''}$ (Pa/Pa)	FL_{API} (mL)	pH 值
井浆	51	21.5	17.0	4.5	0.26	3.0/7.0	6.4	9
井浆+0.2%PEA-1	54	22.0	17.0	5.0	0.29	4.0/9.0	6.2	9

内蒙拐 13 井二开 2050~3275m 井段使用支化聚醚胺产品，该产品加入前，在现场井浆中加入支化聚醚胺产品后，对钻井液流变性能无不良影响，略有增黏提切效果，钻井液无须进行大幅度调整，保证了现场使用时钻井液性能的稳定。支化聚醚胺产品与拐 13 井二开井浆的适应性较好，与井浆中的流型调节剂、降滤失剂等配套处理剂协同作用，可优化钻井液流型，改善滤饼质量，保障了现场钻井施工的顺利进行。该井二开的现场 KCl 钻井液中加入 0.1%~0.3%支化聚醚胺产品前后的钻井液部分性能见表 9。

表 9　拐 13 井加入支化聚醚胺产品前后部分钻井液性能

钻井液	*FV* (s)	*AV* (mPa · s)	*PV* (mPa · s)	*YP* (Pa)	*YP/PV* [Pa/(mPa · s)]	$G_{10'}/G_{10''}$ (Pa/Pa)	*FL* (mL)
井浆	39	13.5	10	3.5	0.35	0.5/1.0	4.8
井浆+0.1%~0.3%PEA-1	40	19.0	15	4.0	0.27	0.5/1.0	4.2

(3) 支化聚醚胺产品低温下流动性好。

支化聚醚胺产品在内蒙拐 13 井的应用时间为 2019 年 12 月份，当时外界环境温度为 -15~-25℃，支化聚醚胺在往现场井浆中加入时，流动性较好，呈液态黏稠流动状。通过支化聚醚胺产品在拐 13 井严寒环境下的流动状态，可以认为该产品在内蒙古、新疆、东北等极端严寒条件下使用时，不会冻结，能够直接倒入现场井浆中，避免了高温加热等额外处理措施，可节省大量人力物力。

6 结论

(1) 针对胺基抑制剂存在的抑制性能和配伍性能不能同时兼顾的矛盾，以及产品生产工艺条件苛刻、成本较高等问题，在分子设计思路指导下，采用先醚化活化、再胺化的方法，研制出了强抑制、抗高温、配伍性好、绿色环保、性价比高的泥页岩强抑制剂支化聚醚胺PEA-1产品。

(2) 得到了支化聚醚胺 PEA-1 产品性能评价结果。产品具有突出的抗高温强抑制性能，当产品含量≥0.3%时，200℃热滚 16h，相对抑制率达 99.28%；产品抗温达 220℃；同时产品配伍性好，成本低，无生物毒性。

(3) 形成了支化聚醚胺 PEA-1 产品工业生产技术。产品生产工艺条件温和，能耗小，易操作，无三废排放，工业品性能与室内产品一致；产品与不同区域不同地层钻井液配伍性好，适用于强水敏性泥页岩、含泥岩、泥岩互层等易坍塌地层的钻井施工，

(4) 实现了产品的较大规模现场应用，抑制防塌效果突出。产品在陕北、山西、新疆、四川、中原、内蒙古、东北等地区应用 51 口井，在发挥强抑制剂性能的同时，对钻井液流变性和滤失量无不良影响，该产品较好地满足了现场井壁稳定技术要求，实现了绿色、安全、高效钻进，经济效益和社会效益显著，应用前景广阔。

(5) 在现有胺基抑制剂研究基础上，继续优化开展基于不同分子尺寸、具有不同功能基团、发挥不同抑制机理的胺基系列强抑制剂的研制及应用，用于解决现场高活性泥页岩等易坍塌地层的井壁失稳及地层造浆问题，满足现场复杂地层更高的技术要求。

参考文献

[1] 王中华．钻井液及处理剂新论[M]．北京：中国石化出版社，2017：77-81.

[2] 王中华．关于聚胺和“聚胺”钻井液的几点认识[J]．中外能源，2012，17(11)：1-7.

[3] 王倩，周英操，唐玉林，等．泥页岩井壁稳定影响因素分析[J]．岩石力学与工程学报，2012，31(1)：171-179.

[4] 李劲松，翁昊阳，段飞飞，等．钻井液类型对井壁稳定的影响实例与防塌机理分析[J]．科学技术与工程，2019，19(26)：161-167.

[5] 赵凯，樊勇杰，于波，等．硬脆性泥页岩井壁稳定研究进展[J]．石油钻采工艺，2016，38(3)：277-285.

[6] 张兴来，罗健生，郭磊，等．聚胺抑制剂 PF-UHIB 与膨润土相互作用机理[J]．油田化学，2016，33(2)：195-199.

[7] 鲁娇，方向晨，黎元生，等．聚胺抑制剂和蒙脱土的作用机理[J]．石油学报(石油加工)，2014，30(4)：724-729.

[8] 郭文宇，彭波，操卫平，等．钻井液用低聚胺类页岩抑制剂的结构与性能[J]．钻井液与完井液，2015，32(1)：26-29.

[9] 王维恒，董樱花，方颖，等．聚胺抑制剂 DEG 对水基钻井液抑制性的影响[J]．科学技术与工程，2014，14(9)：144-146.

[10] 潘一，廖松泽，杨双春，等．耐高温聚胺类页岩抑制剂的研究现状[J]．化工进展，2020，39(2)：686-695.

[11] 钟汉毅，邱正松，黄维安，等．聚胺高性能水基钻井液特性评价及应用[J]．科学技术与工程，2013，13(10)：2803-2807.

[12] 赵欣，邱正松，石秉忠，等．深水聚胺高性能钻井液试验研究[J]．石油钻探技术，2013，41(3)：

35-39.
[13] 鲁娇，方向晨，王安杰，等．聚胺抑制剂黏度和阳离子度与页岩相对抑制率的关系[J]. 石油学报(石油加工)，2012，28(6)：1043-1047.
[14] 钟汉毅，黄维安，林永学，等．新型聚胺页岩抑制剂性能评价[J]. 石油钻探技术，2011，39(6)：44-48.
[15] 钟汉毅，邱正松，黄维安，等．聚胺水基钻井液特性实验评价[J]. 油田化学，2010，27(2)：119-123.
[16] 黄进军，田月昕，谢显涛，等．水基钻井液用聚胺抑制剂研究与性能评价[J]. 化学世界，2018，59(9)：590-597.
[17] 张国，徐江，詹美玲，等．新型聚胺水基钻井液研究及应用[J]. 钻井液与完井液，2013，30(3)：23-26.
[18] 钟汉毅，邱正松，黄维安，等．新型聚胺页岩水化抑制剂的研制及应用[J]. 西安石油大学学报(自然科学版)，2013，28(2)：72-77.
[19] 储政．国内聚胺类页岩抑制剂研究进展[J]. 化学工业与工程技术，2012，33(2)：1-5.
[20] 鲁娇，方向晨，王安杰，等．国外聚胺类钻井液用页岩抑制剂开发[J]. 现代化工，2012，32(4)：1-5.
[21] 陈楠，张喜文，王中华，等．新型聚胺抑制剂的实验室研究[J]. 当代化工，2012，41(2)：120-122.
[22] 邱正松，钟汉毅，黄维安．新型聚胺页岩抑制剂特性及作用机理[J]. 石油学报，2011，32(4)：678-682.

胺基钻井液体系新认识

骆小虎　韦风云　赵同林　袁　媛　赵后春

（中国石油集团长城钻探工程有限公司钻井液公司）

【摘　要】 以自主研发的胺基抑制剂、纳微米封堵剂和乳液大分子构建了 GWHP-FLEX 高性能胺基钻井液体系，通过在辽河油区部分区块、四川威远、乍得 H 区和尼日尔 Agadem 油田应用，解决泥页岩井壁失稳问题，在应用过程中对该体系有了新的认识：抗高温环保问题；胺基抑制剂起泡问题；胺基钻井液体系盐的选择。

【关键词】 胺基钻井液；胺基抑制剂；应用；认识

随着国外高性能水基钻井液技术的引进，国内各勘探公司和科研院所开展广泛的研究，用来解决复杂地层井壁失稳问题。相对于传统水基钻井液，高性能水基钻井液具有较强的抑制、防塌、防泥包、防阻卡性能，有助于提高钻速等优点。

1　体系构建

胺基钻井液的基本组成为：黏土分散抑制剂、大分子类包被抑制剂、化学和或物理封堵剂、降滤失剂、增黏提切剂、防泥包润滑剂等。

长城钻探钻井液公司以自主研发的胺基抑制剂 GWHP Inhibit、纳微米成膜封堵剂 GWHP FLEX Seal、乳液大分子 GW AMAC 为主剂，研究形成了一系列 GWHP-FLEX 高性能胺基钻井液配方。针对不同区块，不同地层，筛选不同的处理剂解决目标地层的井壁失稳问题。

2　体系主处理剂的作用机理

胺基抑制剂是胺基钻井液的核心处理剂，常见的作用机理：(1)通过季铵阳离子或者质子化阳离子吸附在泥页岩表面，中和黏土表面负电荷，降低黏土水化斥力[1]；(2)分子量小的胺基抑制剂可以进入黏土层间，阻止水分子进入[2]；(3)胺基抑制剂与黏土表面形成氢键作用，强化吸附，减弱黏土水化；(4)胺基抑制剂的亲水基团除了形成水化膜阻止水分子进入泥岩内部，还减少了电荷中和的现象，减少抑制剂对体系性能的影响，提高抑制剂的配伍性。

纳微米成膜封堵剂 GWHP FLEX Seal 的作用机理：(1)核壳结构，内部刚性颗粒粒径为纳米、微米级可调，外层包裹柔性聚合物；(2)柔性聚合物含有的亲水基团和阳离子基团，吸附在黏土上形成牢固的封堵膜；(3)调整合成工艺可以得到特定粒径范围的成膜封堵剂，匹配地层孔缝。

基金项目：中国石油集团油田技术服务有限公司统筹项目“年度重点工程钻完井提速提效技术研究”中课题“海外重点作业区块提速提效技术研究与应用”(2020T-002-004)。

3 现场应用

目前胺基钻井液体系已经在辽河油区、四川威远、乍得 H 区和尼日尔 Agadem 油田得到应用，通过不断的探索和尝试，提高对该体系的认识。

3.1 在辽河油区应用

辽河油区地层分布见表 1，各区块地层存在较大差异，且一些层位在部分区块缺失。从 2017 年开始胺基钻井液体系陆续在辽河油区的兴古 7、桃 30、双 229、沈 257、红 28、雷 88 等区块应用，主要施工井段为东营组和沙河街组的二开或三开井段。东营组和沙河街组地层蒙脱石含量高，造浆严重，施工时钻井液膨润土含量高，钻井液黏度控制困难。根据不同区块地层特点，分层位、有针对性的调整钻井液的抑制性和封堵性，有效解决上部活性黏土层水化失稳，下部硬脆性泥页岩防塌等难题。2019 年，该体系在集团公司重点工程兴古 7-H177 井、油田公司重点井沈 268-H102 井、双 229-36-72 井等十余口井成功应用，创造了多项施工纪录。

表 1　辽河油区地质分层

地层					岩性特征	地质风险
界	系	统	组	段		
新生界	第四系	更新统	平原组	Qp	灰白色、浅灰色砂砾层和灰黄色、紫红色黏土互层，有少量细砂岩	防塌
	新近系	中新统	馆陶组	Ng	灰白色块状砾岩、夹灰绿色泥岩、灰白色细砂岩	防塌
	古近系	渐新统	东营组	Ed	灰白色砂砾岩、含砾砂岩	防喷、防漏、防塌
		始新统	沙河街组	Es_1	灰绿、灰、紫红色泥岩与灰白色含砾砂岩，长石砂岩不等厚互层	防喷、防漏、防塌
				Es_3	深灰、灰、绿灰泥岩和灰白色砂岩	防喷、防漏、防塌
				$Es_{4上}$	厚层灰褐色、深灰色泥岩局部夹薄层状灰白色含砾砂岩、粉砂岩	防漏、防塌、防卡
				$Es_{4下}$	一套灰绿色细砂岩、粗砂岩及砂砾岩	防漏、防塌、防卡

兴古 7-H177 井为四开井型，三开井段（2729～3747m）采用 ϕ311.1mm 钻头，井斜 53.7°，垂深 2568.48m，水平位移 2430.09m，使用 KCl 胺基钻井液体系施工。

（1）施工难点：

① 沙三段造浆，重复研磨明显，膨润土含量高；

② 沙三段易塌，井斜角接近地层倾角，井壁稳定差；

③ 超过 1000m 大井眼 53°稳斜，携砂困难；

④ 扭矩达到顶驱极限，排量、转速达到极限。

（2）施工效果：

① 该井段钻井液性能稳定，塑性黏度得到了较好的控制，返出岩屑成锯齿状（图 1），中完膨润土含量控制在 30g/L 左右；

② 钻井液具有良好的抑制、封堵、携砂能力，短起下钻正常，未出现挂卡现象，井径

规则，平均井径扩大率 4.15%（图 2 和表 2）；

③ 纯钻进时间为 102.5h，53°机械钻速达 9.93m/h，较甲方设定周期缩短 60%，刷新了油区 12¼in 井段一趟钻进尺最多、12¼in 井段单只钻头进尺最多、12¼in 井段钻完进尺时间最短纪录。

图 1　返出钻屑形态

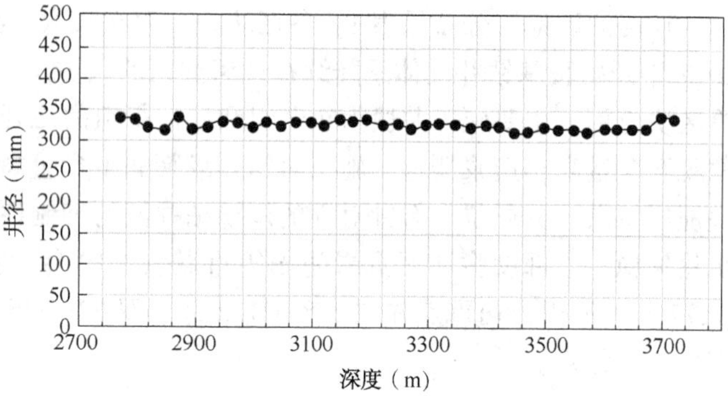

图 2　兴古 7-H177 井三开井径

表 2　兴古 7-H177 井三开井段钻井液性能

深度（m）	ρ（g/cm^3）	FV（s）	FL_{API}（mL）	Gel（Pa/Pa）	AV（mPa·s）	PV（mPa·s）	YP（Pa）	MBT（g/L）	固相含量（%）
2760	1.42	70	3.7	2.5/7	31	20	11	20	14
2835	1.44	68	3.8	2/8	39.5	28	11.5	21	15.5
3036	1.46	70	3.8	2.5/8	39	27	12	23	16.5
3221	1.47	69	3.9	2.5/10	40	28	12	26	17.5
3470	1.48	71	3.8	2.5/12	39	28	11	29	18
3550	1.52	68	3.7	2.5/14	39	28	11	31	19

图 3　循环罐中钻井液表面漂浮泡沫

技术人员尝试保证体系抑制性能的情况下减少 KCl 的加量或者不加盐。使用淡水胺基钻井液体系进行几口井的应用，取得较好的效果，但施工中出现钻井液起泡现象。如图 3 所示，罐面漂浮一层泡沫，泵压下降，在混入少量油和/或者消泡剂后，泵压很快恢复正常。

3.2　在四川威远应用

2019 年，胺基钻井液体系在四川威 202 区块二开井段使用，现场应用 40 多口井。该区块雷口坡组、嘉陵江组石膏层易发生缩颈，飞仙关、长兴组和龙潭组泥岩易造浆缩颈，茅口组、栖霞组地层破碎垮塌，容易掉块卡钻。钻井液性能见表 3。

表 3　威远区块二开胺基钻井液性能

深度（m）	地层	ρ（g/cm^3）	FV（s）	FL_{API}（mL）	Gel（Pa/Pa）	AV（mPa·s）	PV（mPa·s）	YP（Pa）
790	须家河	1.34	42	5	3/4	32	26	6
1146	雷口坡	1.43	44	4.8	3/4	27.5	21	6.5
1757	飞仙关	1.49	45	4	4/6	31.5	24	7.5
2235	长兴	1.57	56	3.8	4/6	38	28	10
2613	茅口	1.58	59	3.8	3/8	39	30	9

使用该体系后，平均万米划眼降低了 35%，卡钻事故率降低 70%。特别是在威远最深井威 202H82 和威 202H83 平台，钻井液密度高，地层破碎卡钻风险极高，加大胺基抑制剂的用量，施工顺利。“630 重点工程”威 202H34-3 井创造了二开钻井周期 9 天、机械钻速 16.79m/h、威远区块二开施工一趟钻完钻等多项区块新纪录。

3.3　在乍得 H 区块应用

乍得 H 区块属于 Bonger 湖相沉积盆地，油层地质年代为上白垩系，地层主要分为 7 个层位(见表 4)，各区块地层的埋藏深度和厚度存在差异，某些区块缺失某个或某几个层位。储层主要分布在 Mimosa、Prosopis 和 Basement 三个地层，施工事故多是 Ronier、Kubla 地层的缩径，Mimaosa 地层的垮塌，引起的划眼、电测遇阻等。

表 4　地质分层

地层	岩性特征	地质风险
Quaternary-Tertiary	砂岩/泥岩	井漏、井塌
Baobab	砂岩/泥岩	钻头泥包、缩径、卡钻
Ronier	页岩/砂岩/泥岩	钻头泥包、缩径、卡钻
Kubla	页岩/盐岩	钻头泥包、缩径、井塌、卡钻
Mimosa	页岩/盐岩/砂岩	钻头泥包、缩径、井塌、卡钻
Prosopis	页岩/砂岩	井漏、井喷、卡钻
Basement	花岗岩/辉长岩	井漏、井喷

甲方环保要求严苛，禁止使用油基钻井液，水基钻井液中氯离子浓度小于 3000mg/L[3]。前期使用 Bio-Pro 环保型钻井液[4]施工，但钻井过程仍存在不少问题，如井眼缩径和井壁坍塌和起钻遇阻卡仍然制约着机械钻速的提高。经研究体系升级为甲酸钾胺基钻井液体系(表 5)。配方使用处理剂种类少，未使用磺化处理剂，不含氯，无毒环保。返出钻屑形态如图 4 所示。

图 4　返出钻屑形态

该体系抑制封堵性能较好，解决了乍得区块存在的井壁失稳、潜山层漏失等技术难题，确保起下钻畅通，缩短了完井周期，电测一次成功率在97%以上，较使用前提高8%以上。2019年，该套体系在现场应用50多口井。

表5　某井胺基钻井液性能

深度(m)	ρ (g/cm^3)	FV (s)	FL_{API} (mL)	Gel (Pa/Pa)	PV (mPa·s)	YP (Pa)
596	1.30	54	5.0	2/4	18	14
772	1.34	55	4.8	2/4	20	14
1046	1.42	55	4.8	3/5	21	14
1343	1.49	56	4.8	3/5	22	14
1648	1.52	58	4.8	4/6	23	14

3.4　在尼日尔Agadem油田应用

Agadem油田位于尼日尔东南部，钻遇地层自上而下分为Recent、Sokor Shales、Low velocity shale、Sokor Sandy Alternaces和Madama5个层位，见表6。Sokor Sandy Alternaces为主力含油气层段，自下而上依次发育E5、E4、E3、E2、E1共计5套砂层组。施工事故发生层段大多为Sokor Shales、Low velocity shale和Sokor Sandy Alternaces，上部地层的黏土层为软泥岩，容易引起缩径，下部地层的黏土层是硬脆性泥岩，容易发生剥落掉块，而且地层胶结程度较差，稳定性差[5]。

表6　地质分层

年代	地层	岩性特征	地质风险
中新世—第四纪	Recent	以纯沙为主，未固结砂岩，下部含黏土夹层、粗砂和砾岩、中粗细砂岩，含大量石英、部分长石的杂色软黏土。中粗粒状砂岩夹层，棕色/暗黄色页岩和灰色页岩	井漏、井塌和卡钻
渐新世	Sokor Shales	泥岩及成岩性差的软泥岩，黏土岩，砂岩页岩夹层，胶结差	井塌、缩径、钻头泥包、卡钻
	Low velocity shale	砂岩黏土互层	缩径、井塌、卡钻
始新世	Sokor Sandy Alternaces	互层砂岩和黏土岩，软泥岩	井漏、卡钻
底层	Madama	巨厚砂岩	井漏

随着勘探开发的深入，定向井和水平井增多，为进一步提高钻井时效和产能建设，使用KCl胺基钻井液替代KCl聚合物体系进行Sokor Shales和Low velocity shale及Sokor Sandy Alternaces层段施工。该体系配方处理剂种类少，未使用磺化处理剂(表7)。

表 7　某井胺基钻井液性能

深度（m）	地　层	ρ（g/cm^3）	*FV*（s）	FL_{API}（mL）	*Gel*（Pa/Pa）	*PV*（mPa·s）	*YP*（Pa）
603~1426	Recent	1.07~1.15	55~60	5.2~4.8	1~2.5/2~5	17~19	9~11
1426~1851	Sokor Shales	1.15~1.21	52~53	4.8~4.0	2.5/3~5	16~19	11~13.5
1851~2046	Low Velocity	1.21~1.22	51~56	4.0~3.8	2.5/3~5.5	18~19	11.5~13.5
2046~2380	Sokor Sandy Alternaces	1.22	51~55	3.8~3.4	2~2.5/3.5~5.5	21~24	11.5~13.5

目前，现场应用 10 余口井，与 KCl 聚合物体系相比胺基钻井液的优势体现在以下 5 个方面：

（1）抑制性更强：Low velocity Shale 地层缩颈现象明显缓解，减少了起下钻划眼时间；膨润土含量和固相含量维持在较低水平，平台井钻井液回用率达到 100%。

（2）润滑性好：最大井斜超过 50°，稳斜段 500m 以内时，滑动钻进基本无拖压现象。

（3）防泥包效果好：起钻至地面后钻头和扶正器干净无泥包。

（4）滤饼韧性好，强度高。

（5）井径规则，井眼扩大率相对较低。

4　新认识

针对四个不同区块，使用不同的胺基钻井液配方，有效地解决了施工层段井壁失稳问题，提高了体系抑制防塌能力，减少了井下复杂情况，缩减了钻井周期。在现场应用过程中形成了 3 点新的认识：

（1）抗高温环保问题。目前研究的胺基钻井液体系抗温性和环保性存在一定矛盾，无法兼得，制约体系应用范围。需要增加抗高温环保型处理剂的研发投入，提高胺基钻井液抗温性的同时减小体系的毒性。

（2）胺基抑制剂起泡问题。有的胺基抑制剂产品存在起泡现象，现场使用存在隐患，建议在分子设计时加以规避或者在体系应用之前筛选适用的消泡剂。

（3）胺基钻井液体系盐的选择。胺基钻井液体系可以分为盐水和淡水两种，盐水体系一般使用无机盐（KCl、NaCl、海水）或者有机盐（甲酸钾、甲酸钠等）。胺基体系盐水浓度可调，相对于淡水体系，盐的加入可以协同提高体系的抑制性。有机盐抑制性较强，无氯，单价较高；无机盐使用广泛，氯离子虽然无毒，但却有污染地下水的风险，有些地区禁用。因此，在现场应用前需要综合考虑各种因素。

参 考 文 献

[1] 刘建设，马京缘，屈炜佳，等．环保型页岩抑制剂壳聚糖铵盐的性能研究[J]．云南化工，2019，46(5)：26-30.

[2] 屈沅治．泥页岩抑制剂 SIAT 的研制与评价[J]．石油钻探技术，2009，37(6)：53-57.

[3] 杨海军、屈沅治、张毅，等．乍得 H 区块井壁失稳及钻井液技术浅析[J]．钻井液与完井液，2011，28(5)：31-33.
[4] 张金波、彭小红、高峰，等．环保钻井液 Bio-Pro 体系在乍得的成功应用[J]．钻井液与完井液，2009，26(1)：67-68.
[5] 孙荣华，赵冰冰，王波，等．尼日尔 Agadem 油田井壁稳定性技术对策[J]．长江大学学报(自然科学版)，2019，16(6)：24-29.

基油类型及其理化性质对油基钻井液性能的影响研究

李　燕　骆小虎　袁长晶　南　旭　周　伟　谢明东　杨　新

（中国石油集团长城钻探工程有限公司钻井液公司）

【摘　要】随着石油开采技术的发展，深井以及特殊工艺井钻井技术的进步，油基钻井液得到了广泛应用，根据不同的施工性能和环保要求，油基钻井液基油种类日渐增多，不同基油的性能和属性各不相同。本文通过对不同种类基油的物理性质、化学成分和构成的钻井液体系性能进行分析，基油作为油基钻井液的连续相，对钻井液性能有着决定性的影响，尤其是基油的运动黏度、极性强度和异构化程度与钻井液黏度、乳化性能和失水造壁性有很强的关联性。室内通过上述规律对四川页岩气在用白油基钻井液进行优化，引入柴油基钻井液并开展了气制油油基钻井液和非标柴油油基钻井液试验，现场应用良好，拓宽了四川页岩气油基钻井液开采技术。

【关键词】基油；油基钻井液；钻井液性能；四川页岩气

随着勘探开发的发展，深井、大斜度定向井、水平井以及页岩气井等复杂井的日益增多，对钻井液性能的要求越来越高，油基钻井液因具有能抗高温、抗盐钙侵、有利于井壁稳定、润滑性好和对油气层损害程度较小等优点[1,2]，得到了广泛应用。纯油基钻井液采用油作为基础液，而油包水乳化钻井液油相体积一般为60%~90%，占比较大，目前普遍使用的基油为柴油、气制油和白油等，柴油基钻井液具有热稳定性好，抗污染能力强的优点；气制油油基钻井液具有运动黏度低，有助于降低钻井液黏度与当量循环密度，生物降解能力强，毒性低，环境保护性能好的优点[3]；白油基钻井液相对于柴油基钻井液芳烃含量低，对储层伤害小，具有更高的低剪切速率黏度和较强的动、静态悬砂能力；非标柴油具有柴油的基本性质，配制成本低的优点。因此，如何利用各基油油基钻井液优点的同时，进一步找出基油影响钻井液性能的因素，成为了钻井液工作者关注的重点。

1　基油分类

目前用于钻井液的基油有矿物油、合成油和生物油，分类标准有很多种，随着石油勘探开发过程中环境意识的增强，对钻井液的排放环境要求日益严格，国际石油和天然气生产商协会 OGP 将基油按芳香烃含量原则分为三类，第一类是高芳香烃基油，芳香烃含量在5%~35%，原油、柴油和普通矿物油属于此类，第二类是中芳香烃含量基油，芳香烃含量在0.5%~5%，低毒矿物油属于此类，第三类是低芳香烃含量基油，芳香烃含量<0.5%，酯、直链烷烃、高精度矿物油和聚 α-烯烃属于此类。

2　基油概述

目前钻井液普遍使用的基油为柴油、白油和气制油，基本化学成分为烷烃、环烷烃、芳

作者简介：李燕，高级工程师，本科，1976年生，毕业于江汉石油学院化学工程与工艺专业，主要从事钻井液技术研究。电话 18042717503；E-mail：lh_zyly@cnpc.com.cn。

香烃，由于基油的生产工艺各不相同，组分也有所差异。

柴油是轻质石油产品，复杂烃类混合物。主要由原油蒸馏、催化裂化、热裂化、加氢裂化、石油焦化等过程生产的柴油馏分调配而成；也可由页岩油加工和煤液化制取。柴油的标号依据其凝固点划分，钻井液常用型号为 0 号柴油，柴油属于第一类基油。

非标柴油是指没有到达国家标准的 0 号柴油，主要是通过蒸馏燃料油或通过混合石脑油、芳烃、MTBE 等化工原料直接调和的油。此类非标柴油各项质量指标均达到现行的国家标准，包括难度要求较高的十六烷值都可以达到国家标准，非标柴油属于第一类基油。

白油别称石蜡油，是一种无色透明的液态烃混合物，是原油经过物理蒸馏、高温裂化、提纯、溶剂分离等过程得到的。根据其在 40℃下的运动黏度作为分类编号标准，钻井液常用的白油型号有 3 号白油和 5 号白油[4]，此类基油属于第二类基油。

气制油是以天然气为原料，经催化聚合（费托法合成）反应制成的大分子烷烃类物质，钻井液用气制油按组成和性质不同，分为 Saraline 185V、Sarapar 147、Saraline 98V、Saraline 200[5]。其中 Saraline 185V 广泛用于钻井液中，此类基油属于第三类基油。

埃克森美孚 Escaid 110 是一种碳氢溶剂，属于高精度矿物油，该类油是溶剂精制或溶剂精制结合加氢精制除去油中有害杂质精炼而成，此类基油属于第三类基油。

3 不同基油物理性质及化学成分

3.1 不同种类基油物理性质

钻井液用基油 Escaid 110、Saraline 185V、3 号白油、5 号白油、0 号柴油、非标柴油的物理性质见表 1 和图 1。可以看出：Escaid 110、Saraline 185V 运动黏度较低，Saraline 185V 苯胺点最高。

表 1 钻井液常用基油物理性质

特　性		Escaid 110	Saraline 185V	3 号白油	5 号白油	0 号柴油	非标柴油
$\rho/(g/cm^3)$		790~810	768~792	实测	实测	810~850	820~860
运动黏度（mm^2/s）@40℃		1.5~1.75	<2.85	2.0~5.0	4.14~5.06	3.0~8.0	2.0~4.5
闪点（℃）	≥	70	82	80	110	57	64
芳烃含量（mg/kg）	≤	0.5	0.1	0.5	11	11	15
硫含量（mg/kg）	≤	1	3	2	1	50	150
倾点（℃）	≤	-30	-20	-3	-5	-18	-15
苯胺点（℃）		76	94.8	80	78.6	60	59
馏程（℃）		205~240	206~318	210~320	164~365	177~371	190~359

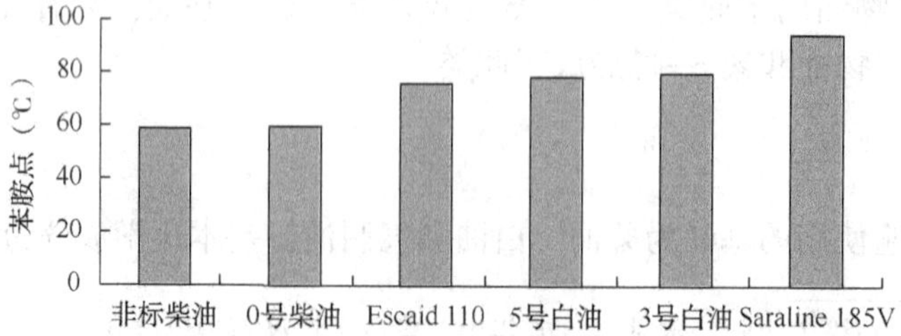

图 1　不同种类基油苯胺点

3.2 钻井液不同基油化学成分

表2展示了不同基油化学成分，可以看出 Saraline 185V 组分最为简单，异构化程度最高；其次组分简单的是 Escaid 110；而白油、柴油的组分较为复杂，除了结构简单的直链、异构烷烃之外，还包含环烷与芳环结构，其中非标柴油的芳香烃含量最高。

表2 钻井液常用基油的化学成分

成　分	直链烷烃	异构烷烃	环烷烃	芳香烃	碳原子数
Escaid 110	25%	25%	50%	—	10~16
Saraline 185V	15%	85%	—	—	12~21
3号白油	9.5%	30%	60%	0.5%	18~30
5号白油	49%	10%	36%	5%	16~31
0号柴油	30%	30%	30%	10%	10~22
非标柴油	25%	28%	33%	14%	8~25

由图2可知，Escaid 110 的碳数分布最窄，其次是 Saraline 185V，碳数分布较广的是5号白油。

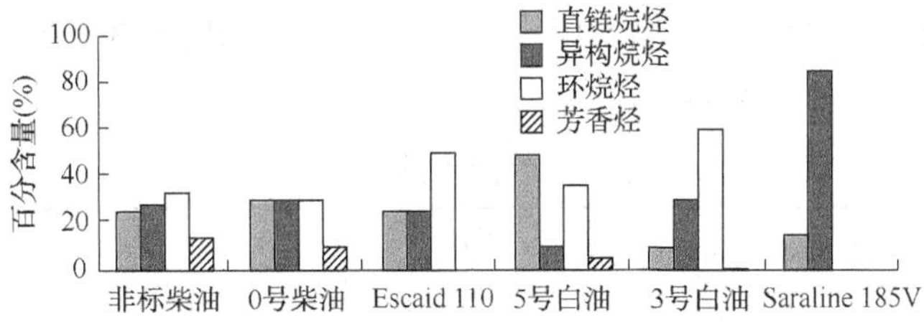

图2 不同种类基油化学成分分布图

4 影响基油性能的原因

4.1 对黏度的影响

烷烃是饱和烃，都是以σ键相连，键比较牢固，而且 C-Hσ 键的极性又很小，因此烷烃是很稳定的化合物。尤其是直链烷烃，具有更大的稳定性。因此，基油所含烃类中，以直链烷烃的黏度指数最高，其次是异构烷烃，并且随着分支程度的增加而下降，各种烃类的黏度指数由高到低的顺序是：直链烷烃>异构烷烃>环烷烃>芳烃。可知5号白油的黏度最高，基油的黏度随分子量的增大而上升，随温度的升高而下降，随压力的增高而逐渐变大，在高压时显著增大。

4.2 对溶解性的影响

基油是非极性溶剂，根据"相似互溶"的原理，苯胺点越高，其对极性有机化合物溶解能力越弱，因此，苯胺点高的基油对处理剂的非极性要求越高。

5 常用基油油基钻井液性能评价

5.1 实验用基油密度、流变性和运动黏度

从表3可知，5号白油碳数分布最广，直链烷烃含量最多，表现出运动黏度和流变参数

最大，Escaid 110 碳数分布最窄，直链烷烃和异构烷烃含量较少，表现出运动黏度和流变参数最小。

表 3 实验用基油的密度、流变性和运动黏度性能表

样 品	ρ(g/cm³)	Φ_{600}	Φ_{300}	Φ_{200}	Φ_{100}	Φ_6	Φ_3	运动黏度(mm²/s)@40℃
Escaid 110	0.792	4	2	1.5	1	0	0	1.67
Saraline 185V	0.776	7	3.5	2	1	0	0	2.69
3 号白油	0.802	7.5	4	2.5	1.5	0	0	2.48
5 号白油	0.822	12.5	6	4	2	0.5	0	4.41
0 号柴油	0.814	5	3	2	1	0	0	2.30
非标柴油	0.831	5.5	3	2.5	1	0	0	2.40

注：密度、流变性测试温度为 15℃。

5.2 钻井液性能评价

取相同体积钻井液常用基油 Escaid 110、Saraline 185V、3 号白油、5 号白油、0 号柴油和非标柴油，按照 1#、2#、3#和 4#钻井液配方配制不同密度油包水体系钻井液。测试各体系性能，结果见表 4~表 7。

1#配方：470mL 基液(油水比 85 : 15)+乳化剂+3.5%有机土+3%石灰+2%降滤失剂+2%封堵剂+重晶石(密度 1.2g/cm³)。

表 4 1#配方钻井液性能

配 方	E_S (V)	Φ_6/Φ_3	$G_{10''}/G_{10'}$ (Pa/Pa)	AV (mPa·s)	PV (mPa·s)	YP (Pa)	FL_{HTHP} (mL/mm)
Escaid 110	1823	8.5/7	3.5/4.5	30.25	20.5	9.75	1.6/1.5
Saraline 185V	1665	8.5/7.5	4/5	32.5	24.5	8	2.8/2.5
3 号白油	1953	10.5/9.5	4.5/6	37	25	12	2/2.5
5 号白油	2000	13.5/12	5.5/6.5	43	28	15	2/1.5
0 号柴油	2000	13.5/12	5.5/7	38.25	24	14.25	1.4/1.5
非标柴油	2000	13.5/12	6/6.5	39	24	15	1.3/1

注：①老化条件为 120℃、16h；②测定温度 65℃。

2#配方：300mL 基液(油水比 85 : 15)+乳化剂+3.2%有机土+3%石灰+1.5%降滤失剂+2%封堵剂+重晶石(密度 1.5g/cm³)。

表 5 2#配方钻井液性能

配 方	E_S (V)	Φ_6/Φ_3	$G_{10''}/G_{10'}$ (Pa/Pa)	AV (mPa·s)	PV (mPa·s)	YP (Pa)	FL_{HTHP} (mL/mm)
Escaid 110	1818	12/10.5	5/6	39.5	28	11.5	1.6/1.5
Saraline 185V	1573	12/10.5	5.5/6	39.5	29	10.5	3.4/2
3 号白油	2000	14/12	7/7.5	47	32	15	2.4/2
5 号白油	2000	18/15.5	8/9.5	56.5	39	17.5	1.0/1.5
0 号柴油	2000	17.5/15	7.5/8.5	48.5	33	15.5	1.0/1
非标柴油	2000	16/14.5	7.25/7.5	46	32	14	0.6/1

注：①老化条件为 120℃、16h；②测定温度 65℃。

3#配方：300mL 基液(油水比 85：15)+乳化剂+2.2%有机土+3%石灰+1.2%降滤失剂+2%封堵剂+重晶石(密度 1.9g/cm³)。

表 6　3#配方钻井液性能

配　方	E_S (V)	Φ_6/Φ_3	$G_{10''}/G_{10'}$ (Pa/Pa)	AV (mPa·s)	PV (mPa·s)	YP (Pa)	FL_{HTHP} (mL/mm)
Escaid 110	2000	9/8	4/5	41.5	33	8.5	1.0/1.5
Saraline 185V	1802	9.5/8.5	4/5	42.5	32.5	10	4.5/2.5
3 号白油	2000	12/10.5	5.5/6	53.5	41	12.5	1.2/2
5 号白油	2000	17/15	7.5/8	68	50	18	1.0/1.5
0 号柴油	2000	12.5/11	5.5/7	51.5	38	13.5	1.0/1.5
非标柴油	2000	9.5/8	4/5	47	37	10	1.0/1.5

注：①老化条件为 150℃、16h；②测定温度 65℃。

4#配方：300mL 基液(油水比 85：15)+乳化剂+1.6%有机土+3%石灰+1%降滤失剂+2%封堵剂+重晶石(密度 2.1g/cm³)。

表 7　4#配方钻井液性能

配　方	E_S (V)	Φ_6/Φ_3	$G_{10''}/G_{10'}$ (Pa/Pa)	AV (mPa·s)	PV (mPa·s)	YP (Pa)	FL_{HTHP} (mL/mm)
Escaid 110	1959	6.5/5.5	3/4	43.5	37	6.5	1.0/1.5
Saraline 185V	1823	9/8	4/4.5	52.5	43	9.5	3.4/2.5
3 号白油	2000	10.5/9	4.5/5.5	61	49	12	2.0/2.0
5 号白油	2000	15/16	6.5/8.5	78	60	18	1.2/1.5
0 号柴油	2000	8.5/7	3.5/5	51	41.5	9.5	1.4/1.5
非标柴油	2082	8/6.5	3.5/4.5	51	43.5	7.5	1.6/1.5

注：①老化条件为 150℃、16h；②测定温度 65℃。

(1) 基油运动黏度对体系黏度的影响。

对照图 3、图 4 表观黏度和塑性黏度变化规律和基油运动黏度规律与体系性能存在一定的联系，运动黏度最高的 5 号白油，表现在体系中的黏度也是最高，运动黏度最低的 Escaid110 形成的体系黏度也最低。虽然 Saraline185V 的运动黏度仅次于 5 号白油，但在低温区，异构化程度较高的烷烃分子会抑制分子间相互作用的急剧增强，从而防止钻井液黏度急剧增大[4]。因此，在实验中 Saraline 185V 的运动黏度虽然比 3 号白油、5 号白油和柴油高，但形成的体系黏度较低。随着温度升高，抑制力减弱 Saraline185V 体系黏度呈上升规律。

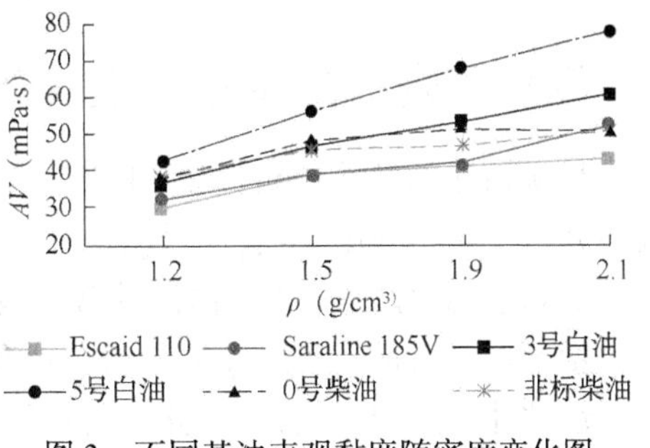

图 3　不同基油表观黏度随密度变化图

3 号白油、柴油和非标柴油在低温低密度体系中表观黏度和塑性黏度相差不多，当密度大于 1.9g/cm³时表观黏度和塑性黏度呈现与运动黏度相同规律，3 号白油>非标柴油>柴油。

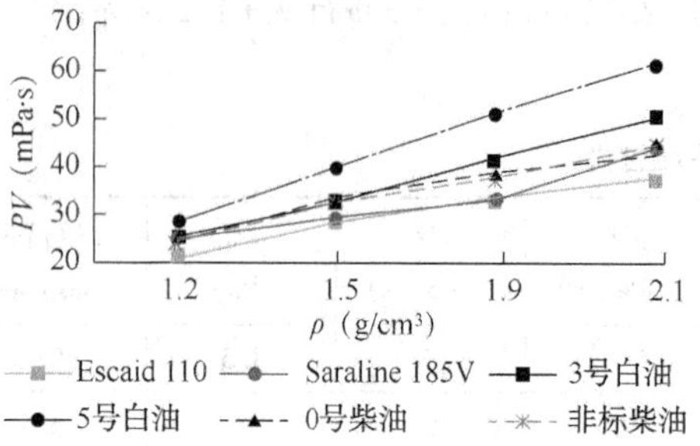

图 4　不同基油塑性黏度随密度变化图

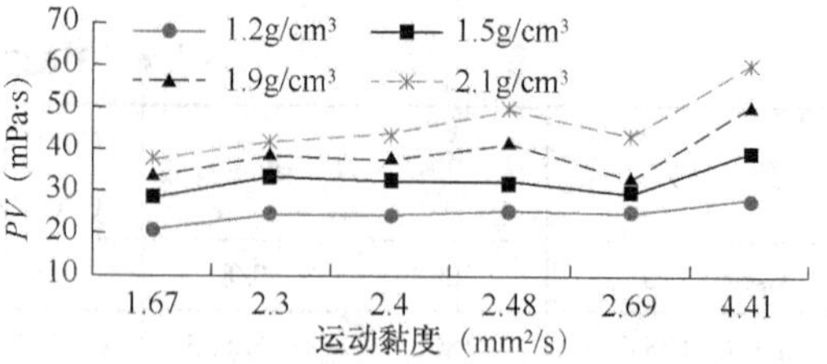

图 5　各基油不同密度点塑性黏度随运动黏度变化图

（2）基油极性对体系乳化性能的影响。

从以上四种不同密度的体系性能可以看出，Saraline 185V 的破乳电压最低，这是因为基油是非极性溶剂，苯胺点越高，其对极性有机化合物溶解能力越弱，水为强极性溶剂，根据"相似互溶"的原理，苯胺点高的基油对其溶解的处理剂的非极性要求越高，从实验可以看出相同处理剂配制出的钻井液，苯胺点相对较高的 Saraline 185V 的破乳电压较其他基油破乳电压低。因此，在形成油基钻井液体系时，应考察基油的苯胺点，对于苯胺点较高的基油，选择极性较高的其他处理剂或提高体系溶解性。

（3）基油对体系失水造壁性的影响。

从以上四种不同密度的体系性能可以看出，Saraline 185V 的高温高压失水最大，滤饼质量虚厚，3 号白油高温高压失水略低于 Saraline 185V，滤饼质量也存在虚厚的现象，而 Escaid 110、非标柴油和 0 号柴油失水相近，滤饼质量薄韧。这也与各基油的溶解性有关，根据"相似互溶"的原理，苯胺点低的基油更容易溶解钻井液中的其他化学品，苯胺点高导致 Saraline 185V 乳化后水滴的分散程度较其他基油低，降低了水滴堵塞滤饼孔隙的作用，因此在体系中表现出失水较大的现象。

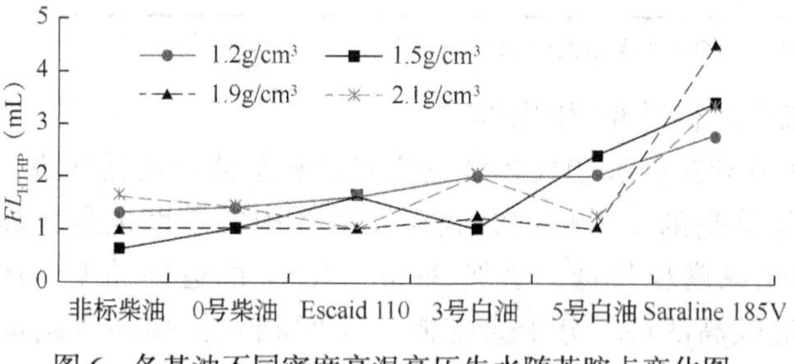

图 6　各基油不同密度高温高压失水随苯胺点变化图

6　四川页岩气油基钻井液实验

长城钻探钻井液公司自 2014 年参与四川页岩气开采，油基钻井液施工采用 3 号白油油基钻井液，截至 2018 年底 3 号白油油基钻井液施工近 140 口井，从施工情况来看，存在卡钻、倒划眼现象严重。3 号白油苯胺点较高，对其他处理剂的相容性较弱，导致失水较大滤饼质量不好，需进一步提高体系封堵性和滤饼质量，使井壁稳定性得到提升。室内对四川 3 号白油钻井液进行了优化，同时进行了柴油基钻井液替换白油基钻井液施工，并开展了气制油钻井液和非标柴油油基钻井液试验。

6.1 白油基钻井液优化实验

室内对乳化剂、降滤失剂、封堵剂进行了优选，构成优化后体系配方，通过优化实验，2019 年以来施工 60 口井卡钻、倒划眼现象明显下降。白油钻井液性能见表 8。

优化前配方：300mL 基液(油水比 85∶15)+乳化剂 A+1.6%有机土+3%石灰+1.5%降滤失剂 A+重晶石(密度 2.0g/cm^3)。

优化后配方：300mL 基液(油水比 85∶15)+乳化剂 B+1.6%有机土+3%石灰+1.5%降滤失剂 B+1.5%封堵剂+重晶石(密度 2.0g/cm^3)。

表 8　白油钻井液优化性能表

配　方	条件	E_S (V)	Φ_6/Φ_3	$G_{10''}/G_{10'}$ (Pa/Pa)	PV (mPa·s)	YP (Pa)	FL_{HTHP} (mL/mm)
优化前配方	老化前	847	10/8	4.5/6	36	9	4.8/2.5
	老化后	1105	8/7	4/5	37	3	
优化后配方	老化前	1030	11/10	5/7	43	11	2.5/1.5
	老化后	1560	10/9	4/5.5	38	5.5	

注：150℃高温老化 16h。

6.2 柴油替换白油实验

配方：300mL 基液(油水比 85∶15)+乳化剂 B+1.6%有机土+3%石灰+1.5%降滤失剂 B+1.5%封堵剂+重晶石(密度 2.0g/cm^3)。

表 9　柴油替换白油钻井液性能表

实验条件	E_S (V)	Φ_6/Φ_3	$G_{10''}/G_{10'}$ (Pa/Pa)	PV (mPa·s)	YP (Pa)	FL_{HTHP} (mL/mm)
老化前	1318	9/7	3/5	41	11	
老化后	1896	5/6	2.5/4.5	35	6	1.0/1.0

注：150℃高温老化 16h。

从表 9 中实验结果可见，柴油替换白油钻井液 HTHP 滤失量略小、滤饼较薄，破乳电压较高，*PV* 略低，有利于降低钻井液流变性控制难度。

6.3 气制油油基钻井液实验

配方：300mL 基液(油水比 85∶15)+乳化剂 B+1.6%有机土+3%石灰+1.5%降滤失剂 B+1.5%封堵剂+重晶石(密度 1.6g/cm^3)。

表 10　气制油替换白油钻井液性能表

实验条件	E_S (V)	Φ_6/Φ_3	$G_{10''}/G_{10'}$ (Pa/Pa)	PV (mPa·s)	YP (Pa)	FL_{HTHP} (mL/mm)
老化前	886	8/7	3.5/5	43	10	—
老化后	835	6/5	2.5/3.5	39	6.5	4.9/3.0 (150℃)

注：150℃老化 16h。

与柴油和白油同样配方，高温高压失水较大，滤饼厚而虚，破乳电压较低，通过优选乳化剂和降滤失剂、封堵剂，对气制油与其他处理剂溶解进行完善提高。

表 11　气制油钻井液优化后性能表

条　件	E_S (V)	Φ_6/Φ_3	$G_{10''}/G_{10'}$ (Pa/Pa)	AV (mPa·s)	PV (mPa·s)	YP (Pa)	FL_{HTHP} (mL/mm)
老化前	1203	8/7	3/4	44	35	7	—
老化后	1459	6/5	3/4	39	33	6	2.8/2.0

注：150℃老化 16h。

6.4　非标柴油油基钻井液实验

配方：300mL 基液(油水比 85 ∶ 15)+乳化剂+1.6%有机土+3%石灰+1.5%降滤失剂+1.5%封堵剂+重晶石(密度 2.0g/cm^3)。

表 12　非标柴油钻井液性能表

条　件	E_S (V)	Φ_6/Φ_3	$G_{10''}/G_{10'}$ (Pa/Pa)	PV (mPa·s)	YP (Pa)	FL_{HTHP} (mL/mm)
老化前	1084	13/11	5.5/6.5	48	14.5	—
热滚 150℃/16h	2082	8/6.5	3.5/4.5	43.5	7.5	2.4/1.5
静置 150℃/72h	1247	6.5/5	3/4.5	40	7	3/2.0

注：测试温度 65℃。

非标柴油经热滚和静置实验后，性能良好，长时间静置后具有较好的稳定性。

7　现场应用

7.1　白油基钻井液现场应用情况

2019 年长城钻探钻井液公司在页岩气开发中采用优化后的 3 号白油油基钻井液体系，该体系具有动塑比高，携岩能力强，强封堵低滤失的优点，现场施工 60 口井，很好地满足威远—长宁—昭通三地三开水平段对钻井液的施工性能要求。其中长宁 209H15-6 井，完井井深 6006m，水平段长 2556m，创造了长宁最深完钻井深记录。从现场施工过程中发现，该白油基油基钻井液体系有较好的乳化稳定性和流变性能；井壁稳定能力强，平均井径扩大率 <3%，有效保障了起下钻和下套管顺畅；动塑比高，携岩能力强，有效解决长水平段岩屑携带问题。

其中威 204H7-4 完井井深 5620m，水平段长 1650m，三开完钻周期 31.3 天；威 202H7-4 完井井深 4672m，水平段长 1562m，三开完钻周期 36.5 天；威 202H55-2 完井井深 4650m，水平段长 1643m，三开完钻周期 30.2 天。

7.2　柴油基钻井液现场应用情况

目前，柴油基钻井液技术在四川页岩气施工 31 口井，其中威远区块“630 工程”威 202H34 平台 4 口长水平段井三开采用柴油基钻井液，使用过程中未出现因钻井液导致的井下故障，起下钻通畅、无掉块，井径规则，顺利交井，创页岩气威远区块超长水平井施工多个新纪录。威 202H34-4 井，完井井深 5270m，水平段长 2020m；威 202H34-2 井，完井井深 5335m，水平段长 2305m。威 202H34-3 井，完井井深 5590m 水平段长 2500m。

7.3 气制油油基钻井液现场应用情况

目前四川项目部共进行了 4 口井的气制油油基钻井液体系施工，分别是宜宾-昭通区块的宁 216H1-3 井、宁 216H1-4 井和叙永区块的阳 102H33-1 井、阳 102H33-2 井，其中宁 216H1-3 井完钻井深 4550m，水平段长 2000m，三开完钻周期 34d，施工顺利；阳 102H33-1 井完钻井深 3810 米，水平段长 1500m，三开完钻周期 22.5d，施工顺利；宁 216H1-4 井井深 4700m，水平段长 2100m，三开完钻周期 37.5d，施工顺利；阳 102H33-2 井井深 3910m，水平段长 1540m，三开完钻周期 28.5d，施工顺利。有效防止了井下复杂情况的发生，表明气制油油基钻井液体系性能满足施工要求。

7.4 非标柴油油基钻井液现场应用情况

目前长城钻探钻井液公司在四川共完成 5 口井非标柴油油基钻井液体系施工，分别是威 202H58-1、威 202H58-4、威 202H82-4、威 202H83-3 和威 202H83-4，未完钻 3 口井威 202H56-2、威 202H82-3 和威 202H82-6，完钻各井性能见表 13。

表 13 非标柴油完钻井性能

井号	井深 (m)	中完井深 (m)	ρ (g/cm^3)	FV (s)	Φ_6/Φ_3	PV (mPa·s)	YP (Pa)	FL_{HTHP} (mL/mm)
威 202H58-1	4679	2844	2.14	80	9/7	70	14.5	2.0/1.0
威 202H58-4	5184	3068	2.13	82	9/7	75	13.5	2.0/1.0
威 202H82-4	5410	3017	2.18	80	7/5	76	11.5	1.6/1.0
威 202H83-3	5260	3164	2.19	80	9/7	78	12.5	1.0/1.0
威 202H83-4	5350	3088	2.19	66	8/6	75	10.5	1.8/1.0

从表 13 可以看出，非标柴油在现场施工中各项性能均能满足施工需要，可以作为油基钻井液基油推广应用。

8 结论

（1）体系的乳化稳定性和高温高压失水与基油的极性有一定的相关性。苯胺点低的基油更容易溶解其他处理剂，表现出较好的高温高压失水和乳化稳定性。因此，建议在苯胺点高的基油体系中，选择极性较高的其他处理剂或提高体系溶解性，要重点优选乳化剂、有机土和降滤失类的处理剂。

（2）体系的黏度与基油运动黏度有较高的关联性，运动黏度高的基油其形成的体系黏切较高，具有高的悬浮岩屑的能力，在施工中可以根据要求选择适宜的基油进行施工。

（3）在考虑运动黏度的同时要注意基油烷烃的异构化程度，在低温区，异构化程度较高的烷烃分子会抑制分子间相互作用的急剧增强，从而防止钻井液黏度急剧增大。

（4）室内通过对四川页岩气在用白油基钻井液进行优化，引入柴油基钻井液并开展了气制油油基钻井液和非标柴油钻井液试验，现场应用良好，拓宽了页岩气油基钻井液开发技术。

参 考 文 献

[1] 王中华．国内外油基钻井液研究与应用进展[J]．断块油气田，2011，18(4)：500-537.

[2] 杨雪山，鄢捷年，马鹏程，等．油基钻井液在高温高压下的密度预测新模型[J]．钻井液与完井液，2012，29(4)：5-8.

[3] 任金萍．油基钻井液技术进展研究[J]．西部探矿工程．2019，8：55-56.

[4] 胡润涛．油基钻井液油相组成分析与有机改性材料在油基钻井液中的作用机理分析[D]．山东：山东大学，2019.

[5] 徐同台，彭芳芳，潘小镛，等．气制油的性质与气制油钻井液[J]．钻井液与完井液，2010，27(5)：75-78.

新型高性能钻井液润滑剂 SMLUB-S 研究

宣　扬　林永学　钱晓琳　刘　珂　王海波　金军斌

（中国石化石油工程技术研究院）

【摘　要】 本文通过模拟生物体关节滑液中生物大分子润滑素分子结构，设计出了具有“瓶刷状”结构的新型高效钻井液润滑剂 SMLUB-S，并成功实现了室内合成。通过原子力显微镜、透射电镜等手段对 SMLUB-S 进行了表征，证明了合成产物“瓶刷状”的微观形貌。通过极压润滑等试验手段对 SMLUB-S 进行了性能评价。结果表明 SMLUB-S 抗温达 140℃，5%膨润土浆中加入 1% SMLUB-S 于 140℃老化后的摩阻系数为 0.028，展现了优异的润滑性和较好的耐温性能。但 SMLUB-S 对钻井液的流变性会产生一定程度的负面影响，而且 pH 值对其润滑性影响也较大。通过吸附量试验、水接触角等试验揭示了 SMLUB-S 的作用机理，研究表明较好的吸附性与较强的水合作用是其具有优异润滑性能的主要原因。

【关键词】 润滑剂；钻井液；摩阻；水合润滑；合成

1　引言

水平井因能有效增大储层泄油气面积，增大缝洞钻遇率，已成为油气勘探开发的重要技术手段。从增大水平井储层裸露面积角度考虑，期望尽可能增加储层中井眼的水平段长度，然而长水平段水平井施工作业过程中钻具和井壁及套管之间存在较大的摩阻和扭矩，容易导致起下钻困难、机械钻速慢、钻压传递困难、断钻具等诸多井下复杂和事故，难以持续有效钻进。因此，高摩阻是制约长水平井水平段延伸长度的核心难题之一，对钻井液的润滑性提出了很高的要求。

由于具有良好的润滑性、黏温性、热氧化稳定性等特性，目前水基钻井液中常用的高性能润滑剂主要为脂肪酸酯类[1-12]。脂肪酸酯是一种两亲性大分子，其亲水端牢固吸附在摩擦副表面，长链疏水端规整的朝向外侧排列，从而将金属间的摩擦转变为摩擦系数相对较低的疏水长链间的摩擦。然而由于疏水长链之间容易相互缠结，使得长链间的摩擦系数仍不容忽视，因此传统的脂肪酸酯类润滑剂通常难以将钻井液摩阻系数降低到 0.05 以下。

在生物体内，相对运动的界面之间能够表现出极低摩擦现象[14-16]，如人体关节软骨之间的摩擦系数仅为 0.001~0.03。由于生物组织内部及周围环境充满了可流动的水，因此良好的生物润滑通常通过水润滑实现[17-21]。通常在高载荷条件下，摩擦界面的润滑水层极易被破坏而失去润滑效果。然而，在生物润滑体系中，生物大分子润滑物质能够通过与水分子的强相互作用在摩擦面之间形成牢固的水化层，使润滑体系在高载荷下仍能形成良好的润滑膜，达到极为高效的润滑性能。因此，笔者受生物体极低摩擦现象的启发，通过模仿生物大分子润滑物质的化学结构，设计并合成了新型高性能水基钻井液润滑剂 SMLUB-S，并进行了性能评价和作用机理研究。

2　新型高性能润滑剂合成研究

2.1　新型高性能润滑剂分子结构设计

生物体关节实现极低摩擦的根本原因是水合润滑[17-21]——通过生物润滑剂与水分子的强相互作用在摩擦界面之间形成水化层。图 1 为水化层的形成及水合润滑机理示意图[22]。水分子从整体上来说是电中性的，但强偶极作用使得水分子与带电荷基团具有强相互作用，可在带电基团周围形成较难移除的水化层。因此，摩擦界面上形成的这种致密、稳定的水化层可以承载巨大的法向载荷。同时，水化层之间存在的排斥效应有效避免了水化层的重叠。此外，水化层中的水分子可以自由流动，从而能够更好地适应外界剪切力的作用。正是这些特性使水合润滑产生了优异的摩擦学性能。

水合润滑普遍存在于生物体内相对运动的界面之间。以动物滑膜关节润滑系统为例，其优异的润滑性能主要来源于关节滑液。J Israelachvili 教授[13]系统地研究了透明质酸在关节软骨润滑中的作用，发现关节滑液主要由透明质酸、糖蛋白、蛋白多糖等水溶性生物大分子组成，其中起主要润滑作用的组分是糖蛋白和蛋白多糖。这两种组分都是具有“瓶刷状”结构的生物大分子，其主链为多肽，刷状侧链为多糖分子，可高度水化，且分子链之间充满了可流动的水的特性构成了关节滑液优异润滑性能的基石。

受生物体关节滑液高效水合润滑作用的启发，笔者将新型高性能润滑剂 SMLUB-S 设计为一种具有“瓶刷状”结构的聚合物。主链为带正电荷的聚合物，以利于通过静电作用在带相反电荷的井壁以及钻具表面上牢固吸附。刷状侧链为电中性强亲水性聚合物，用于结合大量水分子。这样可以形成紧密吸附的边界润滑层，起到良好的水合润滑效果(图 2)。

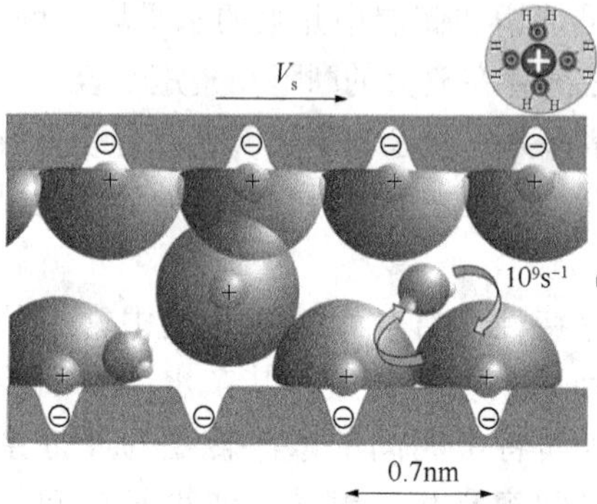

图 1　水合润滑机理示意图[22]

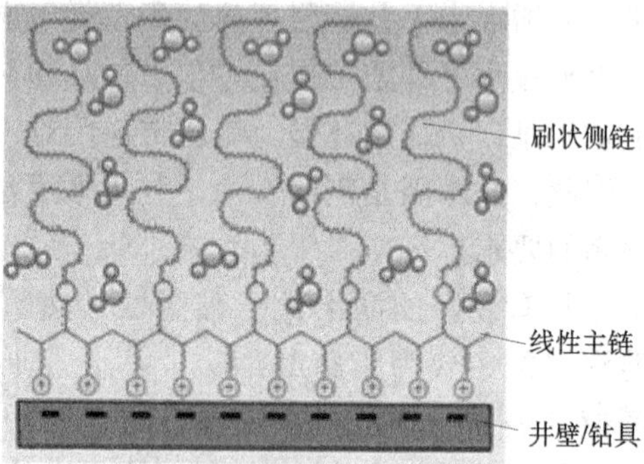

图 2　新型高性能润滑剂 SMLUB-S 设计机理示意图

2.2　新型高性能润滑剂合成思路

根据目标分子结构，设计了一个两步反应的新型高性能润滑剂 SMLUB-S 制备思路。第一步反应是将同时具有多个羧基和胺基的单体通过缩聚反应合成出具有线性结构且带大量羧基或胺基官能团的主链。第二步反应是在第一步合成的主链上通过酰胺化反应接枝强亲水的聚合物作为刷状侧链(图 3)。

2.3　新型高性能润滑剂结构表征

2.3.1　原子力显微镜

通过原子力显微镜(AFM)表征了新型高性能润滑剂 SMLUB-S 的分子形貌(图 4)。从图

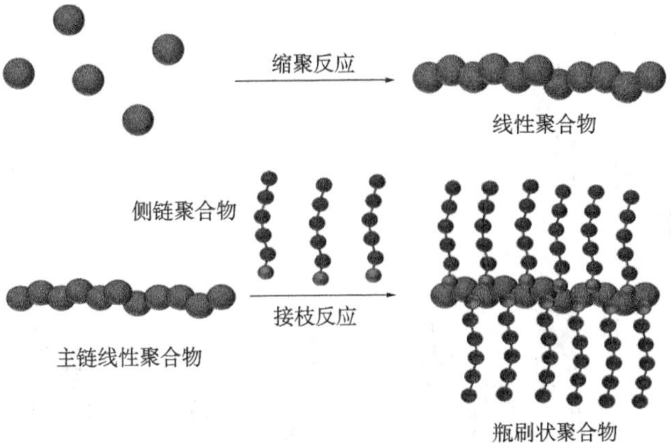

图 3　新型高性能润滑剂 SMLUB-S 合成路线

中可以清晰观察到 SMLUB-S 的规整的"瓶刷状"结构，分子主链长约 200nm，刷状侧链长约 20nm，与设计的主、侧链分子量比例较为一致。

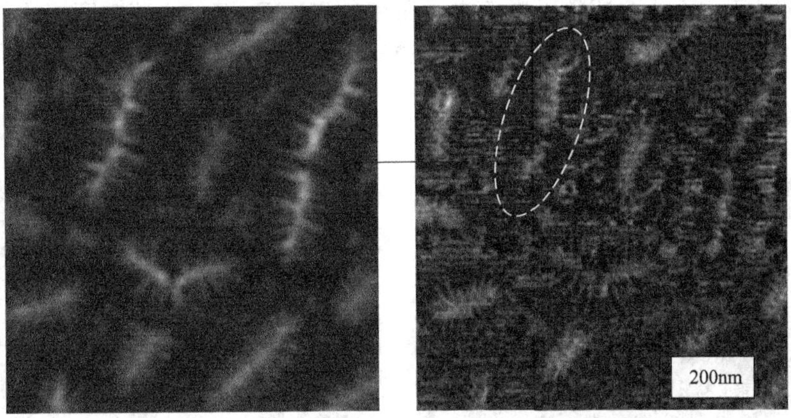

(a)　(b)

图 4　SMLUB-S 的原子力显微镜(AFM)照片

2.3.2　透射电镜

采用透射电镜(TEM)对 SMLUB-S 的分子形貌进行表征(图 5)。从图中同样能够观察到"瓶刷状"分子结构的存在，进一步印证了 AFM 实验的观察结果。

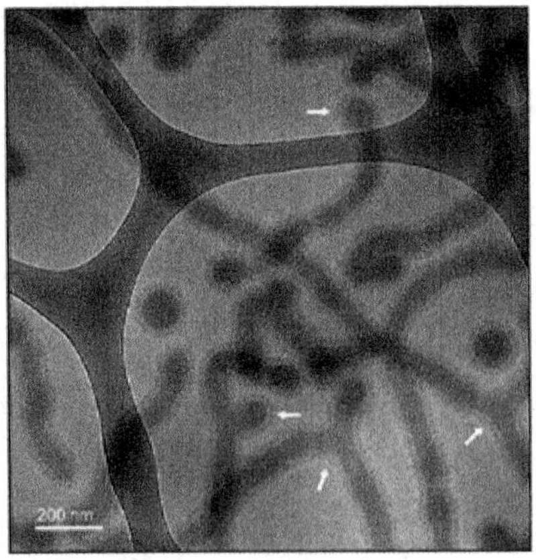

图 5　SMLUB-S 的透射电镜(TEM)照片

3　新型高性能润滑剂性能评价

3.1　膨润土浆中润滑性评价

通过极压润滑试验考察了新型高性能润滑剂 SMLUB-S 在膨润土浆中的润滑性，结果如图 6 所示。从图中可以看出，5%膨润土浆的摩阻系数为 0.45，加入 SMLUB-S 后摩阻系数显著下降。当 SMLUB-S 加量为 1%时，摩阻系数为 0.032，相比纯膨润土浆下降幅度达 92.9%。

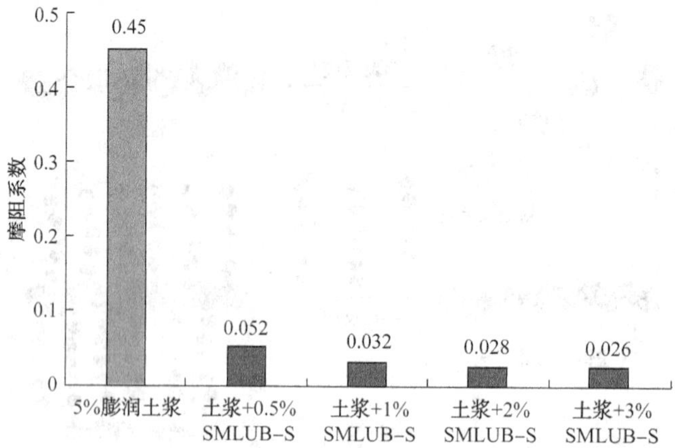

图 6　膨润土浆加入不同浓度 SMLUB-S 后的摩阻系数

图 7 展示了膨润土浆中加入 1% SMLUB-S 前后极压润滑试验滑块的磨痕形貌。从图中可以看出，纯膨润土浆中摩擦后的滑块表面磨损程度较严重，磨痕较深且表面有大量粗糙颗粒存在。而在含 SMLUB-S 的土浆中摩擦的滑块表面磨痕明显较浅，且非常规整，展现了 SMLUB-S 较好的润滑抗磨作用。

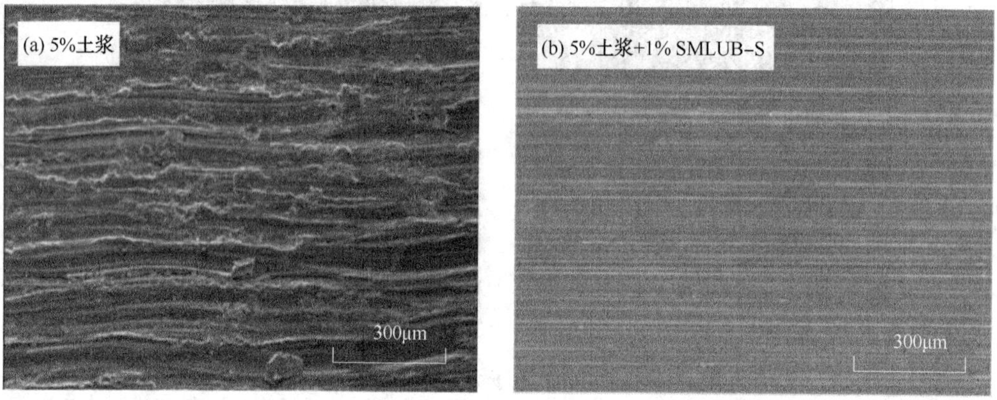

图 7　膨润土浆加入 SMLUB-S 前后滑块磨痕对比

3.2　耐温性评价

在 5%膨润土浆中加入 1%新型高性能润滑剂 SMLUB-S，于不同温度老化 16h 后通过极压润滑试验考察了 SMLUB-S 的耐温性，结果如图 8 所示。从图中可以看出，随着老化温度从 80℃提高到 140℃，摩阻系数变化幅度很小。当老化温度达到 140℃时摩阻系数仍保持在 0.028。但当老化温度进一步提高到 160℃时摩阻系数有了相对较大幅度的提升，达到 0.045。这说明 SMLUB-S 的耐温性至少达 140℃以上。

3.3　钻井液中润滑性评价

通过极压润滑试验考察了新型高性能润滑剂 SMLUB-S 在聚磺钻井液中的润滑效果，以及对聚磺钻井液体系流变性和滤失量的影响，结果见表 1。

聚磺钻井液基浆配方：4%膨润土+ 0.2% XC + 0.3% PAC-LV +3% SMP-Ⅱ + 3% SMC+ 2% DWFT-1+ 2% QC-Ⅱ +$BaSO_4$(ρ=1.30g/cm^3，pH=9)。

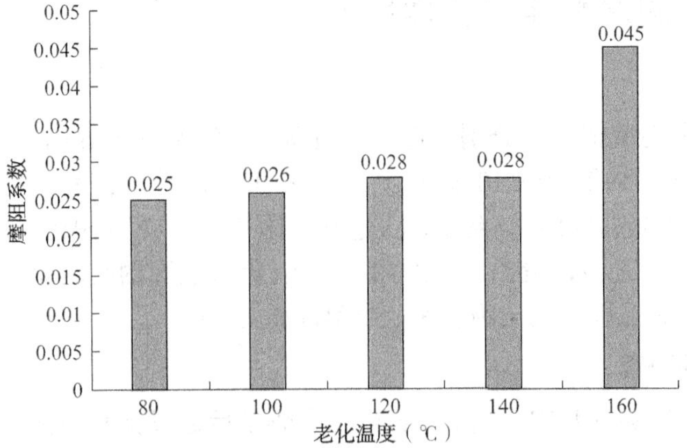

图 8　老化温度对 SMLUB-S 润滑性影响（老化 16h）

表 1　SMLUB-S 对钻井液流变性和滤失量的影响（140℃老化）

配方	AV（mPa·s）	PV（mPa·s）	YP（Pa）	$Gel_{10''/10'}$（Pa/Pa）	FL_{API}（mL）	摩阻系数	滤饼黏滞系数
钻井液基浆	27	20	7	2/5	4.8	0.145	0.1051
钻井液基浆+1.0% SMLUB-S	30	21	9	3/7	4.4	0.048	0.0611
钻井液基浆+1.5% SMLUB-S	32	22	10	4/8	4.0	0.033	0.0524
钻井液基浆+2.0% SMLUB-S	36	24	12	5/10	3.8	0.026	0.0437

从表 1 中可以看出，聚磺钻井液基浆中加入 SMLUB-S 后，摩阻系数从 0.145 下降到 0.026，说明 SMLUB-S 与聚磺钻井液体系具有较好的配伍性，能够发挥较好的润滑性能。此外，随着 SMLUB-S 的加入，体系的滤失量 FL_{API} 也从 4.8mL 下降到 3.8mL。然而体系的表观黏度、动切力等流变参数也随 SMLUB-S 加量的增加而增大。说明 SMLUB-S 对聚磺钻井液的流变性有一定程度的负面影响。

通过极压润滑试验考察了 pH 值对新型高性能润滑剂 SMLUB-S 润滑性的影响，结果如图 9 所示。从图中可以看出，随着 pH 值从 7 增大到 12，摩阻系数逐渐增大，说明高 pH 值环境不利于发挥 SMLUB-S 润滑性能。这可能是因为随着 pH 值的增加 SMLUB-S 分子主链的质子化作用会减弱，正电荷含量降低，从而削弱了其在金属表面的吸附能力。

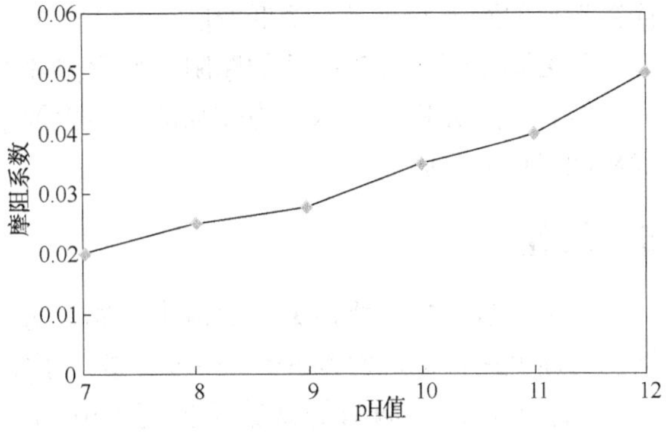

图 9　pH 值对 SMLUB-S 润滑性影响

4 新型高性能润滑剂作用机理研究

4.1 吸附性研究

通过可见—紫外分光光度计分别测定了新型高性能润滑剂 SMLUB-S 在氧化铁和二氧化硅表面的吸附等温线，结果如图 10 所示。从图 10 中可以看出，无论是氧化铁还是二氧化硅，SMLUB-S 均能在较短时间内(约 2min)达到吸附平衡，说明 SMLUB-S 在这两种基材表面的吸附性较强。此外还可以看出，SMLUB-S 在氧化铁表面的吸附量明显高于在二氧化硅表面，说明 SMLUB-S 在金属氧化物表面的吸附性相对更强。

4.2 润滑膜亲水性研究

将光滑金属片用 1% SMLUB-S 溶液浸泡 2h，烘干后通过接触角测量仪测定了水在其表面的接触角，并与未经 SMLUB-S 处理的水接触角进行对比，结果如图 11 所示。

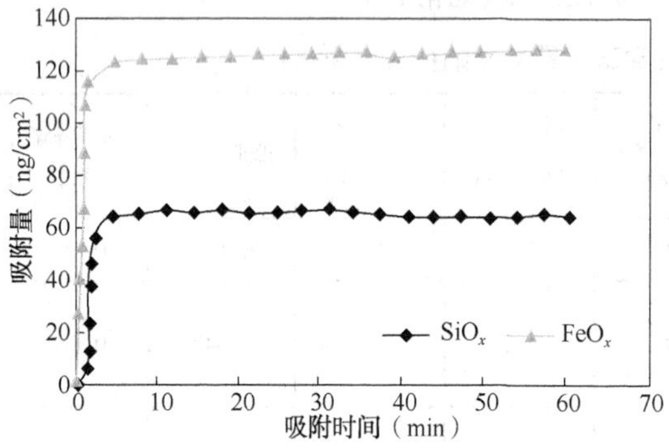

图 10 SMLUB-S 在氧化铁和二氧化硅表面的吸附等温线

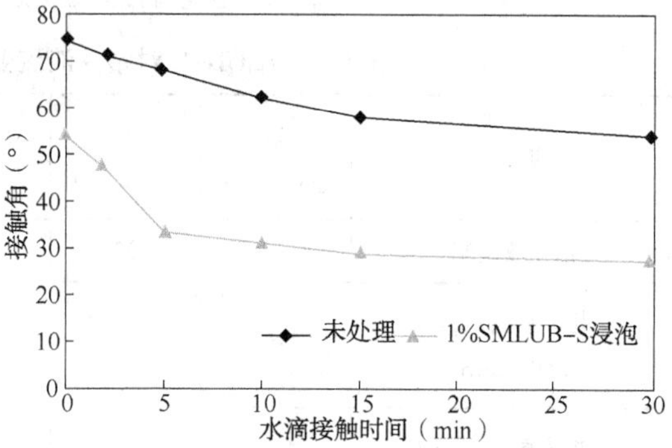

图 11 金属表面吸附 SMLUB-S 前后的水接触角随时间的变化曲线

从图中可以看出，水在未处理的光滑金属片表面的接触角(30min)是 54.4°，而 SMLUB-S 吸附后表面的水接触角仅为 27.7°，说明 SMLUB-S 的吸附使金属片表面的亲水性显著提升，这也证明了 SMLUB-S 具有较强的水合作用。这种水合润滑作用与常规的钻井液润滑剂作用机理完全不同。常规润滑剂(例如矿物油、植物油、合成酯)主要是通过疏水的烷基分子链的排斥、承压等作用降低摩阻，但是长烷基链之间也会相互缠绕，因此尽管摩擦阻力显著低于固体表面间的摩阻，但仍不可忽视。而瓶刷结构的 SMLUB-S 主要是通过刷状侧链形成的致密水化膜来降低摩阻，由于水分子具有一定的流动抗剪作用，因此水化膜间的摩擦阻力要小于长烷基链间的摩阻，使得整体润滑性优于常规钻井液润滑剂。

综合上述分析，可以认为较强的吸附性及水合作用是新型高性能润滑剂 SMLUB-S 具有优异润滑性的原因。

5 结论

(1) 通过模拟生物体关节滑液中生物大分子润滑素分子结构，设计出了具有“瓶刷状”结构的新型高性能润滑剂 SMLUB-S 并进行了室内合成和结构表征。

(2) 通过极压润滑等试验手段对 SMLUB-S 进行了润滑性能评价。SMLUB-S 抗温达 140℃以上，5%膨润土浆+1%SMLUB-S 于 140℃老化后的摩阻系数为 0.028，展现了优异的耐温和润滑性能。但 SMLUB-S 对钻井液的流变性会产生一定程度的负面影响，而且 pH 对其润滑性的影响也较大。

（3）通过吸附量、水接触角等试验研究了 SMLUB-S 的润滑作用机理。结果表明较强的吸附性与水合作用是 SMLUB-S 具有优异润滑性能的主要原因。

参考文献

[1] 董晓强，王琳，杨小华．水基钻井液润滑剂研究进展[J]．中外能源，2012，17(10)．

[2] 何远信，陶士先．环保型高效润滑剂(Glub)的研制与应用[J]．探矿工程(岩土钻掘工程)，2006(4)．

[3] 李丽，曾颖峰，刘伟等．一种新型水基高效液体润滑剂性能评价及应用[J]．钻井液与完井液，2015，22(3)．

[4] 祝学城．高效润滑剂阳离子 X 的性能和应用[J]．玻璃钢/复合材料，2012(S)．

[5] 邱维清．钻井液用抗温抗盐润滑降滤失剂 SLJWP 的制备及性能评价[J]．石油化工应用，2014，33(11)．

[6] 姚俊兵，马平．含氮有机硼酸酯润滑添加剂与其他添加剂协同作用考察[J]．润滑油，2016，21(2)．

[7] 王奕，杨凤林，张兴文，等．化学品生物降解性的评价与预测[J]．化工环保，2002，22(4)．

[8] 李辉，史俊，卢永斌，等．含 B-O 螺环的特种表面活性剂作为钻井液润滑剂的可行性研究[J]．油田化学，2014，31(1)．

[9] 王怀文，刘维民．植物油作为环境友好润滑剂的研究概况[J]．润滑与密封，2004(5)．

[10] 杜勇，刘红研，张春辉，朱建华．环境友好润滑剂的开发[J]．合成润滑材料，2005，32(4)．

[11] 肖稳发，罗春芝．改性聚合多元醇水基润滑剂的研究[J]．钻采工艺，2005，28(4)．

[12] 陈娟．新型水基润滑剂 NSR-1 的研制与性能评价[J]．石油天然气学报(江汉石油学院学报)，2008，30(2)．

[13] Tadmor R，Chen N，Israelachvili J. Normal and shear forces between mica and model membrane surfaces with adsorbed hyaluronan[J]. Macromolecules，2003，36：9519-9526.

[14] Erdemir A. Genesis of superlow friction and wear in diamondlike carbon films[J]. Tribology International，2004，37(11-12)：1005-1012.

[15] Berman D，Deshmukh S A，Sankaranarayanan S K R S，et al. Macroscale superlubricity enabled by graphene nanoscroll formation[J]. Science，2015，348(6239)：1118-1122.

[16] Penkov O，Kim H-J，Kim H-J，et al. Tribology of graphene：A review[J]. International Journal of Precision Engineering and Manufacturing，2014，15(3)：577-585.

[17] Liu P，Liu Y，Yang Y，et al. Mechanism of Biological Liquid Superlubricity of Brasenia schreberi Mucilage[J]. Langmuir，2014，30(13)：3811-3816.

[18] Li J，Zhang C，Luo J. Superlubricity achieved with mixtures of polyhydroxy alcohols and acids[J]. Langmuir，2013，29(17)：5239-5245.

[19] Li J，Liu Y，Luo J，et al. Excellent Lubricating Behavior of Brasenia schreberi Mucilage[J]. Langmuir，2012，28(20)：7797-7802.

[20] Luo J，Lu X，Wen S. Developments and unsolved problems in nano-lubrication[J]. Progress In Natural Science，2001，11(3)：173-183.

[21] Ma Z Z，Zhang C H，Luo J B，et al. Superlubricity of a mixed aqueous solution[J]. Chinese Physics Letters，2011，28(5)：056201.

[22] Klein J. Hydration lubrication[J]. Friction，2013，1：1-23.

一种高性能水基钻井液性能评价及现场应用

崔小勃　杨海军　刘人铜　张家旗　李承杰

（中国石油集团工程技术研究院有限公司）

【摘　要】 大位移井钻井过程中，存在摩阻大、扭矩高，井眼清洁困难，井壁易失稳，机械钻速慢等复杂情况。室内评价了一种高性能水基钻井液的流变性能、抑制性能、润滑性能以及对环境的伤害。150℃高温热滚实验前后流变性变化幅度较低，膨胀实验中膨胀率7%，与饱和氯化钾溶液相当；LC_{50}值合格，均大于140000ppm。针对大位移井钻井特点，将高性能水基钻井液在JX1-1B28井的8½in井段现场应用。现场应用表明高性能水基钻井液在大位移井钻井中具有良好的推广前景。

【关键词】 高性能；水基钻井液；大位移井；评价；应用

大位移井油气层钻穿距离长，揭露储层面积大，采收率高于常规开发井[1]。用大位移井开采小断块油气藏及稠油、低渗油气藏具有显著的经济效益。因此大位移井已成为开采边际油田的最有效手段。大位移井钻井液技术是大位移井钻井技术的核心技术之一。保持井壁稳定，降低钻具摩阻、扭矩，井眼净化好、环保是大位移井钻井液技术的关键和难点[2]。室内评价了一种适用于大位移井的高性能水基钻井液体系，并在大位移井JX1-1B28井的8½in井段钻井作业中应用，取得了良好的效果。

1　主要处理剂性能评价

1.1　页岩抑制剂HRS

近年来，以聚胺为主剂的钻井液以其优异的抑制性及良好的环保特性深受重视。本体系选用的页岩抑制剂HRS是一种脂肪族伯胺聚醚，水溶液呈弱碱性，能有效抑制页岩膨胀。

表1数据表明HRS溶液的线性膨胀率降低56.38%，页岩滚动回收率提高56.75%，而氯化钾的线性膨胀率降低21.52%，页岩滚动回收率提高45.01%，说明HRS具有较强的抑制能力，且在相同浓度下抑制性能强于氯化钾。

1.2　包被剂HCA

聚合物HCA是一种分子量适中的阳离子聚丙烯酰胺，提供钻屑包被和页岩稳定作用。通过页岩滚动分散实验评价不同包被抑制剂的抑制性能，结果见表2。实验结果表明，包被抑制剂HCA的页岩滚动回收率最高，由此优选为包被抑制剂。

基金项目：中国石油集团公司课题"重点上产地区钻井液评估与技术标准化有形化研究"（编号：2019D-4226）资助。

作者简介：崔小勃（1979—），2003年毕业于中国石油大学（北京）石油工程专业，获工学硕士学位，现供职于中国石油集团工程技术研究院有限公司，长期从事钻井液研发与应用工作。地址：北京市昌平区西沙屯桥西中石油科技园A34地块A301室；电话：010-80162079；E-mail：cuixiaobo79@126.com。

表 1　抑制性评价

抑制剂	加量(%)	线性膨胀率(%)	线性膨胀率降低率(%)	滚动回收率(%)	滚动回收率提高率(%)
空白	3	52.5		23.7	
氯化钾	3	41.2	21.52	43.1	45.01
氯化钠	3	43.9	16.38	38.2	37.96
硅酸盐	3	28.4	45.9	50.8	53.35
聚合醇	3	34.2	34.86	48.2	48.23
HRS	3	22.9	56.38	54.8	56.75

表 2　包被剂性能评价

配方	回收率(%)	配方	回收率(%)
淡水	23.8	淡水+3%HRS+0.4%KPAM	87.5
淡水+3%HRS+0.4%PAM	77.3	淡水+3%HRS+0.4%PHPA	84.2
淡水+3%HRS+0.4%PF-PLUS	88.3	淡水+3%HRS+0.4%FA367	90.8
淡水+3%HRS+0.4%Ultracap	91.05	淡水+3%HRS+0.4%HCA	92.6

1.3　流型调节剂

室内对目前国内常用的几种生物聚合物进行了评价对比，分别用淡水和6%KCl溶液配制，表3的测试结果表明：XCD和XC-LV按1.5：1的复配物溶液的流变参数与某国外钻井液公司使用的FLO-VIS溶液相当，因此确定XCD和XC-LV复配物为高性能水基钻井液的流型调节剂。

表 3　流型调节剂优选及性能评价

生物聚合物名称	Φ_{600}	Φ_{300}	Φ_6	Φ_3
FLO-VIS	93/22.5	76/15	39/3	35/3
黄原胶	78/9	61/5	21/0	19/0
XC-LV	84.5/23	67/15.5	30.5/3	24.5/3
XCD	91/20.6	71/15	27.5/3	23.5/3
XCD：XC-LV(1.5：1)	94/25	75/14	37/3.5	33/3.5

1.4　润滑剂 HSL

室内对一种改性动植物油类即多羟基化合物润滑剂进行了评价。

在500mL蒸馏水中加入1g碳酸钠、25g钠膨润土，高速搅拌20min，在25℃的密闭容器中养护24h，即得实验用基浆。用EP极压润滑仪测定基浆和基浆+1.0%HSL的润滑性能。在3.44MPa压差下测定，经计算得到基浆润滑系数为0.185，加入1.0%HSL后的基浆润滑系数为0.09，润滑系数大幅降低。

2　高性能水基钻井液性能评价

高性能水基钻井液是一种低固相水基钻井液体系，能够最大限度地抑制泥页岩水化，稳定井壁，该抑制剂完全水溶，无毒，具有成膜作用[2]。该体系能提高井眼清洁效果，保持高机械钻速。可使用淡水或海水配制，适用于陆地及海上钻井，可有效降低摩阻。[3]。室内在研制和优选出主要处理剂的基础上，优选出了适合大位移井的高性能水基钻井液的基本配方：(4%～6%)KCl+(1%～3%)HRS+(0.3%～0.5%)HCA+(0.3%～0.5%)流型调节剂(XCD：XC-LV=1：1.5)+(0.5%～1%)PAC-LV+(1.0%～1.5%)DYFT-2+(2%～4%)润滑剂HSL+杀菌剂+消泡剂。

2.1 流变性能及失水评价

室内使用高温滚子加热炉加热至150℃评价高性能水基钻井液的抗温性能。从实验结果表4看出，塑性黏度略有上升，动切力、初终切有所下降，流变性能变化较小，失水略有增加。

表4 高性能水基钻井液150℃高温热滚后基本性能参数

实验条件	Φ_{600}	Φ_{300}	Φ_6	Φ_3	PV(mPa·s)	YP(Pa)	Gel(Pa/Pa)	FL_{API}(mL)
热滚前	56	39	8	7	17	11	7/9	3.8
热滚后	55	37	7	5	18	9.5	10/12	4.2

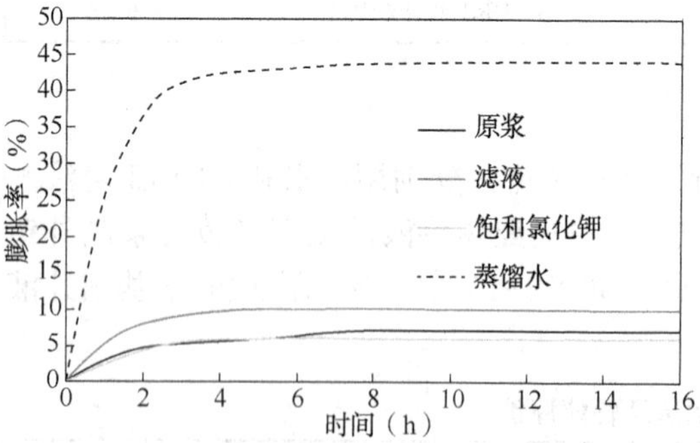

图1 膨润土岩心柱在不同介质中浸泡后的膨胀率

2.2 抑制性能评价

室内使用膨胀实验对高性能水基钻井液抑制性能进行评价。图1为泥岩心柱在四种介质中的膨胀率曲线。可以看出，膨润土在蒸馏水中的膨胀率高达44%，在高性能水基钻井液滤液中膨胀率为10%，在原浆中膨胀率为7%，在饱和氯化钾溶液中膨胀率为6%，高性能水基钻井液原浆抑制性良好。

2.3 润滑性能评价

高性能水基钻井液体系存在着良好的天然润滑性，加入的HSL除使粘结最小化外，更提升了体系的润滑性。在较高比重体系中(1.68g/cm^3)，HSL的加入使摩擦系数降到0.15以下，使钻井液润滑性能大幅提高。

2.4 生物毒性评价

表5列出了高性能水基钻井液配方较广范围的水生生物的毒性(LC_{50})试验结果，结果表明高性能水基钻井液LC_{50}值合格，均大于140000ppm[4]。

表5 高性能水基钻井液LC50值实验结果

序号	钻井液配方	LC_{50}(ppm)
1	5%HRS+1.15%HCA	141000
2	密度1.23g/cm^3的现场高性能水基钻井液(20%NaCl)3%HRS+0.7%HCA+3%HSL	152300
3	密度1.90g/cm^3的实验室高性能水基钻井液(20%NaCl)3%HRS+0.3%HCA+3%HSL	363000
4	密度1.32g/cm^3的实验室高性能水基钻井液(海水)3%HRS+0.8%HCA+3%HSL	210500

3　现场应用

3.1　施工情况

高性能水基钻井液已经在 JX1-1 油田试验。该油田属于正常的温压系统，地层属于砂泥岩，黏土矿物含量高，胶结较为疏松，部分泥页岩段富含蒙脱石[5]。储层岩性以细砂岩为主，局部为粉砂岩，岩性较为疏松。B28 井是部署在 JX1-1 油田的一口大位移井，$12\frac{1}{4}$in 井段采用 KCl/Polymer 体系，钻井过程中，通井不顺畅，挂卡严重，摩阻扭矩较大，常出现憋泵蹩扭矩情况，随后在 $8\frac{1}{2}$in 井段为避免出现事故复杂采用了高性能水基钻井液。表 6 为 B28 井基本数据。

表 6　B28 井基本数据

井名	井型	井底斜深(m)	井底垂深(m)	井底位移(m)	水垂比	井眼尺寸(in)×井深(m)
B28	大位移井	4133	1413	3547.8	2.51	$22\frac{1}{2}$×135
						$17\frac{1}{2}$×995
						$12\frac{1}{4}$×3090
						$8\frac{1}{2}$×4133

B28 井完钻斜深 4128m，垂深 1413m，水垂比 2.51，井底井斜角 84°，$12\frac{1}{2}$in 井段及 $17\frac{1}{2}$in井段采用海水膨润土浆，$12\frac{1}{4}$in 井段从 995m 钻至 3090m，井段长 2095m，使用 KCl/Ploymer 钻井液体系，钻进期间，短起通井 6 次，期间频繁出现憋泵蹩扭矩，挂卡，严重时憋漏地层，大幅延长施工周期及井下安全。短起情况详细记录见表 7。

表 7　$12\frac{1}{4}$in 井段短起情况

序号	短起井段(m)	所用时间(h)	短起情况统计
1	1827~795	8.5	短起顺畅，下钻至 900m 遇阻，划眼至井底
2	2751~1800	27.5	倒划至 2026m。憋泵，蹩扭矩，憋漏地层。倒划至 1950m，井漏。1930~1800 m 期间频繁蹩扭矩。划眼下钻时，沙泥岩互层段划眼困难
3	2363~1810	33.75	2200~2020m，1950~1810m，频繁蹩扭矩，憋泵，倒划困难
4	3083~1810	37.25	2980~2830 沙泥岩互层段频繁憋泵，蹩扭矩
5	3083~2003	22.5	2850m、2455m、2300m 遇卡 6~8tf，2003~2005m 遇卡 6~12tf，活动钻具通过
6	2647~2120	14.75	2600~2583m 遇卡 8~12tf，活动钻具通过。2451~2400m，2290~2260m，2148~2120m 频繁憋压，蹩扭矩

为了减少事故复杂，节省成本，$8\frac{1}{2}$in 井段计划钻进 1043m，决定使用高性能水基钻井液，$8\frac{1}{2}$in 井段从 3083m 到 4133m，井斜角达到 84°，钻柱扭矩大，但未出现蹩扭矩等情况，钻井液性能见表 8。

表 8　钻井液性能表

斜深/垂深（m/m）	ρ（g/cm³）	Φ_6/Φ_3	PV（mPa·s）	YP（Pa）	Gel（Pa/Pa）	FL（mL）
3083/1220	1.23	11/10	27	12.5	5.5/5	3.8
3110/1222	1.22	8/7	17	8.5	4/3.5	3.9
3333/1249	1.22	9/8	17	9.5	4.5/4	4
3510/1280	1.23	8/7	17	9	4.5/4	3.8
3693/1313	1.22	9/8	18	8.5	4.5/5	3.8
3890/1345	1.22	9/8	18	9	4.5/4	3.7
3999/1359	1.23	10/9	18	9.5	5/4.5	3.6
4087/1378	1.22	10/9	18	9	5/4.5	3.6
4133/1413	1.23	10/9	18	9.5	5/4.5	3.5

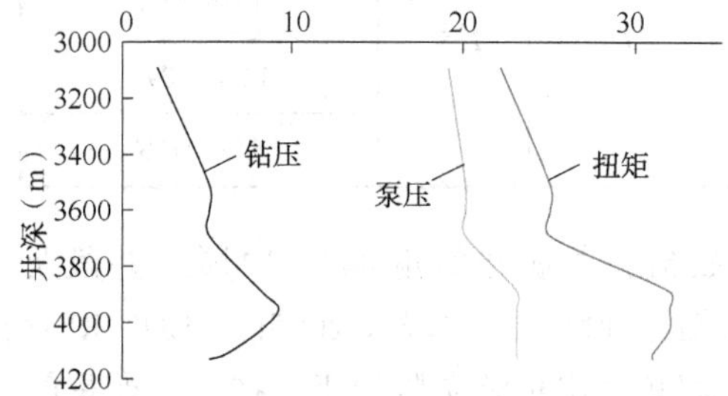

图 2　钻压、扭矩、泵压与井深关系曲线

图 2 为钻压、扭矩、泵压随钻井深度变化曲线。整个井段短起 3 次，仅在 3350～3210m 深度偶有憋泵，其余 2 次短起顺畅。8½in 钻进过程中，扭矩泵压总体变化正常，表明高性能水基钻井液总体性能优异。

3.2　钻井液维护措施

（1）整个井段避免密度大幅波动，调整幅度每次以 0.01g/cm³ 为宜。

（2）密切关注扭矩、泵压以及振动筛处返砂情况调节钻井液流变参数。

4　结论

（1）室内评价高性能水基钻井液流变性能好且稳定，抑制性强，润滑性好，生物毒性小。

（2）现场应用表明，高性能水基钻井液能够有效加强大位移井井壁稳定，减小摩阻及扭矩，减少起下钻次数，缩短建井周期。

参 考 文 献

[1] 谢彬强，邱正松，黄维安，等．大位移井钻井液关键技术[J]．钻井液与完井液，2012，29(2)：76-82.

[2] 张克勤，何纶，安淑芳，等．国外高性能水基钻井液介绍[J]．钻井液与完井液，2007，24(3)：68-69.

[3] 胡达平．高性能水基钻井液研究进展[J]．中国新技术新产品，2014(8)：94.

[4] 王东，冯定，张兆康．海上油田废弃钻井液的毒性评价[J]．环境科学与管理，2011，36(6)：79-80.

[5] 汪志臣，廖刚，苏克松，等．金县 1-1 油田储层段钻井液体系研究[J]．精细石油化工进展，2008，9(11)：14-15.

油基钻井液用复合型纳微米封堵剂的研究

倪晓骁[1]　高　珊[1]　闫丽丽[1]　刘人铜[1]　王建华[1]　贺根博[2]

（1. 中国石油集团工程技术研究院有限公司；2. 中国石油大学(北京)）

【摘　要】 针对油基钻井液钻页岩油气藏常常钻遇井壁失稳的难题，本文以改性纳米二氧化硅为纳米级无机填料，丁苯乳液为微米级填料，以麦芽糊精作为粘接桥堵作用复合研制了适用于油基钻井液的复合型纳微米封堵剂 FHP-1。通过性能表征发现，其粒径分布范围在 100nm~6μm，抗温达 400℃以上。性能评价可知，3%浓度的 FHP-1 使得油基钻井液的高温高压滤失量降低至 2.2mL，相对于基浆，加入 FHP-1 的油基钻井液形成的滤饼渗透率降低率达 67%以上，浸泡后的岩心抗压强度提高 77%以上。满足钻页岩油气藏时油基钻井液中的应用要求。

【关键词】 油基钻井液；纳微米封堵剂；井壁稳定

随着我国经济的不断发展，对油气资源的需求量也不断增长，常规油气的开采已难以满足国内的油气需求，因此，我国的石油勘探开发的主战场慢慢由常规能源向非常规能源转变，尤其是页岩油气。页岩油气主要存在于页岩地层，不同于常规地层，其主要存在裂缝发育成熟、地层倾角大等特征。在开采的过程中主要采用深井、超深井以及水平井等钻井方式；同时在钻井液随着钻井过程容易沿着储层小主应力方向钻进而侵入发育成熟的层理或裂缝中，从而造成钻井液循环损耗，近井壁地带孔隙压力不断提高，进一步引发井壁失稳等井下复杂事故。因此，这对于钻井液的性能提出了更高的要求，尤其是封堵能力。本文通过改性纳米二氧化硅，丁苯乳液以及麦芽糊精复合形成具有纳微米多级尺寸的纳微米封堵剂 FHP-1，在岩石表面形成封堵层，阻止钻井液侵入储层，增强近井壁地带岩石强度，最终实现维持井壁稳定的目的。

1　实验部分

1.1　实验原料与仪器

无水乙醇，去离子水，纳米二氧化硅，KH570，甲氧基三乙氧基硅烷，氢氧化铵，3#白油，有机土，乳化剂，氧化钙，氯化钙，页岩岩心，重晶石等。

梅特勒—托利多同步热分析仪(TGA)，梅特勒—托利多粒径测试仪(FBRM)，场发射环境扫描电镜(SU8010)，点载荷测试仪等。

1.2　纳米二氧化硅表面改性

由于常用的纳米二氧化硅表面多为亲水亲油的亲液性能，而本研究主要应用于油基钻井

基金项目：中国石油重大现场试验项目“深层页岩气有效开采关键技术攻关与试验”(2019F-31)，《重点上产地区钻井液评估与技术标准化有形化研究》(2019D-4226)和中石油工程院院级课题(CPET201911)的联合资助。

作者简介：倪晓骁(1990—)，男，博士，现在主要从事钻井液、油田化学技术研究工作。地址：北京市昌平区黄河街 5 号院 1 号楼；电话：18810061210；E-mail：nixxdr@cnpc.com.cn。

液中，因此首先需要对纳米二氧化硅表面的润湿性能进行改性，增强其亲油润湿性。在三口烧瓶中将一定量的纳米二氧化硅分散于乙醇/水的混合溶液中，置于超声波仪器中超声分散30min，然后加入氢氧化铵调节溶液 pH 值为 9~10，使纳米二氧化硅表面充分水化。调整水浴锅温度至 65℃，加入 KH570 和甲氧基三乙氧基硅烷，在 350r/min 的机械搅拌下反应 4h，得到表面改性的纳米二氧化硅。

1.3 复合型纳微米封堵剂的研制

首先将改性后的纳米二氧化硅与丁苯乳液按照 1∶10 的质量比进行混合，在 500r/min 的转速下充分搅拌均匀，然后加入一定量的麦芽糊精作粘接桥堵作用连接纳米级的改性纳米二氧化硅和微米级的丁苯乳液从而形成复合型纳微米封堵剂 FHP-1。

1.4 FHP-1 性能表征

1.4.1 粒径分析

封堵剂颗粒的粒径大小是决定其与页岩油气藏孔喉匹配性的重要参数。因此，首先对页岩储层的岩心进行孔喉分析。本实验首先对页岩岩心的端面进行离子打磨成光滑的平面，从而除去表面结构的影响，然后置于扫面电镜仪内进行观察。由图 1 可知，页岩岩心的孔喉主要由两部分组成，一部分为存在的大量纳米级的孔喉，同时在层理之间存在微米级别的孔缝，这些都是油基钻井液进入储层的通道。

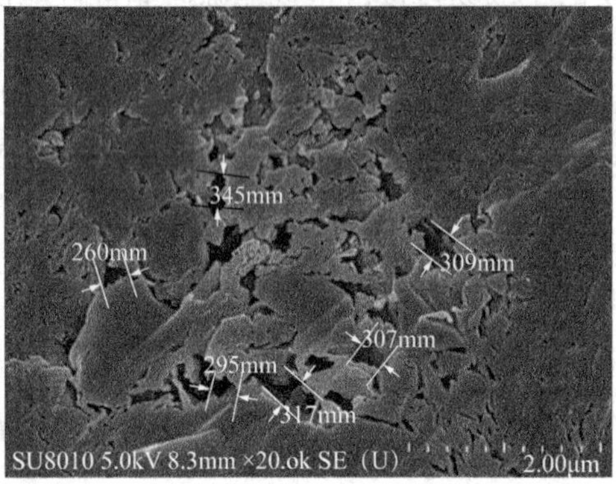

(a)

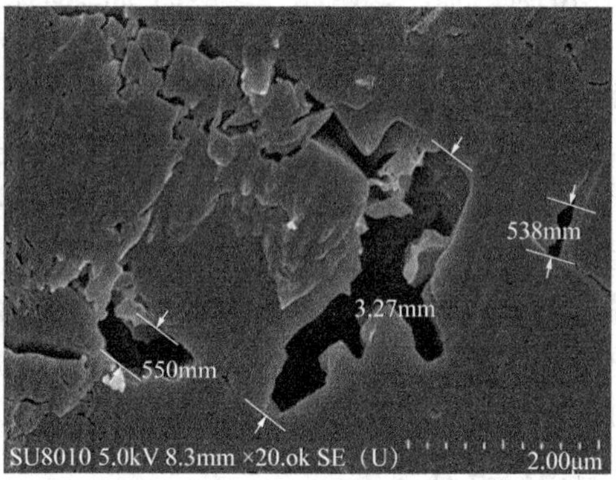

(b)

图 1 页岩表面扫描电镜图

同时，对本研究的复合型纳微米封堵剂进行粒径表征，在本实验中利用 FBRN 测量了 FHP-1 在 3#白油中的分散粒径分布图。由图 2 分析可知，纳微米封堵剂 FHP-1 的尺径分布范围同样由两部分组成：一部分是由于复合产品中存在的纳米级粒径的改性纳米二氧化硅，粒径范围主要在 100~600nm；另一部分主要是微米级的丁苯乳液，粒径范围主要分布在 1~6μm。从而形成了具有纳微米多级尺寸的纳微米封堵剂，能够对页岩储层中纳微米级别的孔缝进行有效封堵。

1.4.2 热稳定性分析

由于页岩油气藏大多为深层储层，因此纳微米封堵剂 FHP-1 的热稳定性也是影响其作用效果的重要因素。本实验利用同步热分析仪考察 FHP-1 的质量随温度的变化，实验结果如图 3 所示。通过实验数据分析可知，100℃前随着温度的升高整体的质量百分含量有少量降低，这是由于丁苯乳液中的水分受热蒸发造成的。随着温度的继续升高至 400℃左右的过程中，一部分吸附水分开始受热蒸发。随着温度的进一步升高，纳微米封堵剂 FHP-1 的质量百分含量开始呈现急剧下降的趋势，这一阶段主要是由于纳微米封堵剂 FHP-1 的丁苯乳液受热分解。此时处理剂的性能将会因此破坏。所以本研究研发的纳微米封堵剂 FHP-1 能够抗 400℃高温，适用于钻页岩气井的油基钻井液。

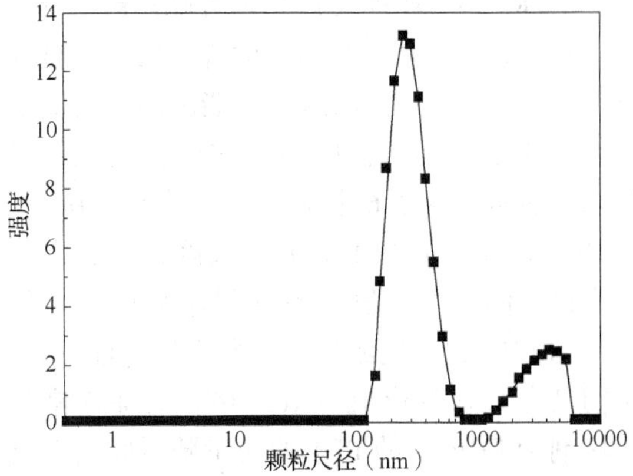

图 2 复合型纳微米封堵剂 FHP-1 粒径图

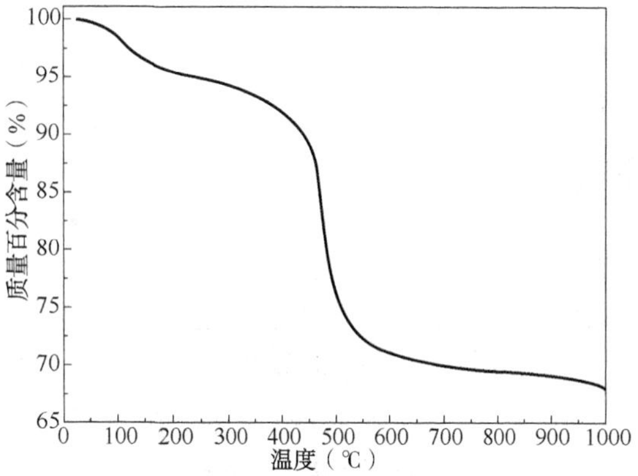

图 3 复合型纳微米封堵剂 FHP-1 热重图

1.5 FHP-1 性能评价

1.5.1 FHP-1 对油基钻井液性能影响研究

本实验配制的油基钻井液体系配方如下：

柴油：水(80：20)+4%乳化剂+2%有机土+4%氧化沥青+2%润湿剂+5%氧化钙+重晶石(ρ=1.4g/cm^3)。

在上述油基钻井液配方中加入不同质量百分含量的 FHP-1，然后在 150℃条件下老化 16h，对其流变性及滤失性进行评价，结果见表 1。由表 1 中数据可知，FHP-1 的加入会在一定程度上增大体系的表观黏度、塑性黏度和动切力，同时能够降低油基钻井液的高温高压滤失量。3%加量的 FHP-1 使得油基钻井液的高温高压滤失量降低至 2.2mL，相对于初始体系降低 57%。说明本文研发的 FHP-1 在油基钻井液中具有良好的封堵性能，同时 FHP-1 与油基钻井液具有良好的配伍性。

表 1 FHP-1 对油基钻井液性能影响

FHP-1 质量百分含量(%)	*AV*(mPa·s)	*PV*(mPa·s)	*YP*(Pa)	*FL*(mL)
0	28	23	5.11	5.2
1	31	26	5.11	3.6
3	34.5	29	5.62	2.2
5	36	30	6.13	1.8
7	38	31	7.15	1.5

1.5.2 FHP-1 对滤饼渗透率的影响

本实验分别考察不同浓度的 FHP-1 对滤饼渗透率的影响，实验结果如图 4 所示。由图 4 分析可知，加入 FHP-1 的油基钻井液形成的滤饼渗透率明显降低。同时由滤饼的扫描电镜图 5 可以发现，FHP-1 使得原本粗糙且孔喉发育的滤饼表面变得光滑，且孔喉也被很好地封堵了。当加入的 FHP-1 的浓度达到 3%时，相对于初始体系形成的滤饼渗透率降低率达 67%以上。继续加大 FHP-1 的浓度，滤饼的渗透率降低幅度大大降低。说明 FHP-1 具有

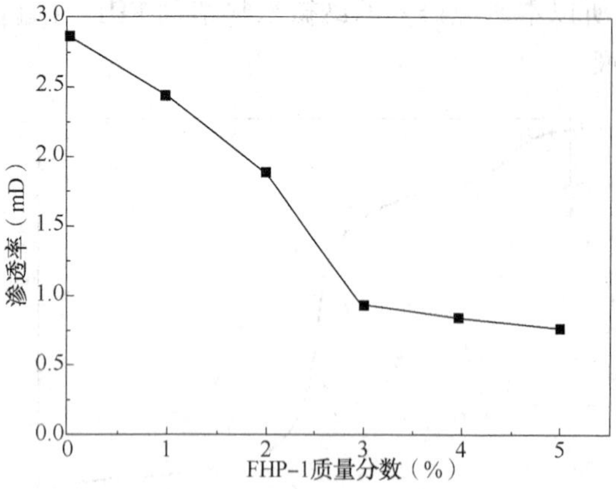

图 4　复合型纳微米封堵剂 FHP-1 对滤饼渗透率的影响

良好的降低滤饼渗透率的效果，且其在油基钻井液中的最优浓度为 3%。

1.5.3　FHP-1 对砂盘 PPT 滤失性能的影响

本实验分别考察 3% 的常规封堵剂和 FHP-1 对 3μm 砂盘的封堵性能的影响，测试温度为 150℃，压差为 13.79MPa，测试结果如图 6 所示。由图 6 中结果分析可知，相对于常规封堵剂，FHP-1 能够有效降低砂盘 PPT 滤失量。同时可以发现不含封堵剂的油基钻井液的 PPT 滤失量随时间的变化呈线性关系，说明其未对砂盘形成有效封堵，而加入常规封堵剂和 FHP-1 的 PPT 滤失量随时间的变化呈对数关系，说明封堵剂均可以对岩心形成层层封堵。常规封堵剂只能通过其微米级尺径颗粒对砂盘进行封堵，而 FHP-1 由于其具有纳微米多级尺寸，不仅能够封堵微米级的砂盘，同时其具有的纳米级颗粒能够在微米级封堵的基础上进一步封堵形成更致密的封堵层，从而具有更佳的封堵效果。

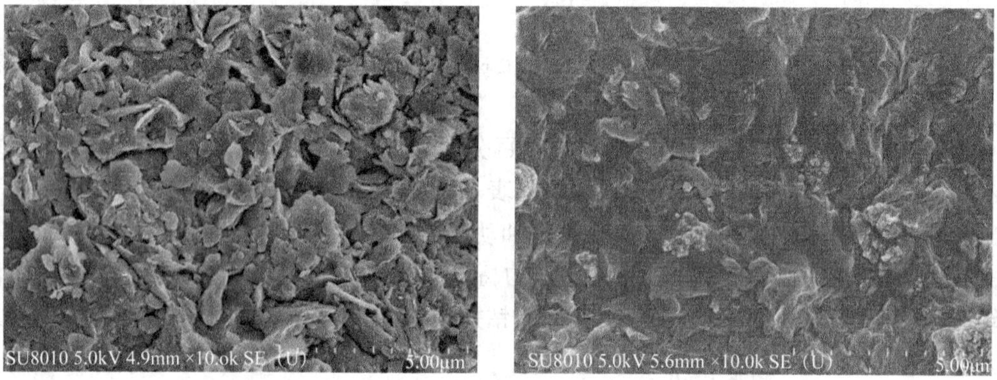

(a)　　(b)

图 5　FHP-1 封堵前后滤饼表面扫描电镜图

1.5.4　FHP-1 对岩心抗压强度的影响

岩心抗压强度大幅降低是导致储层井壁失稳的重要影响因素，本实验利用点载荷实验分别考察不同尺径的颗粒及不同封堵剂对岩心抗压强度的影响，结果如图 7 所示。由图 7 分析可知，相对于基浆浸泡的页岩岩心，纳米二氧化硅和丁苯乳液加入油基钻井液中能够在一定程度上使得页岩岩心的抗压强度得到一定程度的提高。其中纳米二氧化硅能够对纳米级的孔喉形成封堵，减弱油基钻井液的液相对页岩结构的破坏，但是其未能对微米级的孔缝形成封堵，而丁苯乳液由于其

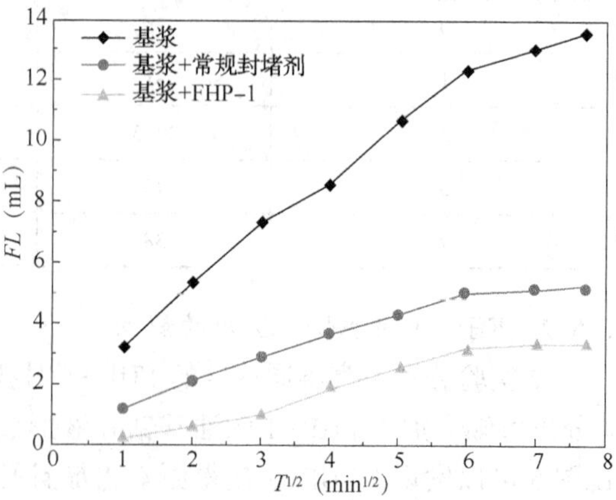

图 6　不同种类封堵剂对油基钻井液 PPT 滤失量的影响

粒径较大能够对微米级的孔缝进行封堵，同时丁苯乳液具有一定的胶结能力，从而大大增强岩心的抗压强度。而使用具有纳微米多级尺寸的 FHP-1 对页岩进行封堵后，不仅能够对多级孔缝进行封堵，同时兼具有良好的胶结性能，相对于基浆中浸泡的岩心，其岩心抗压强度提高率达 77%以上，且其性能优于常规封堵剂。

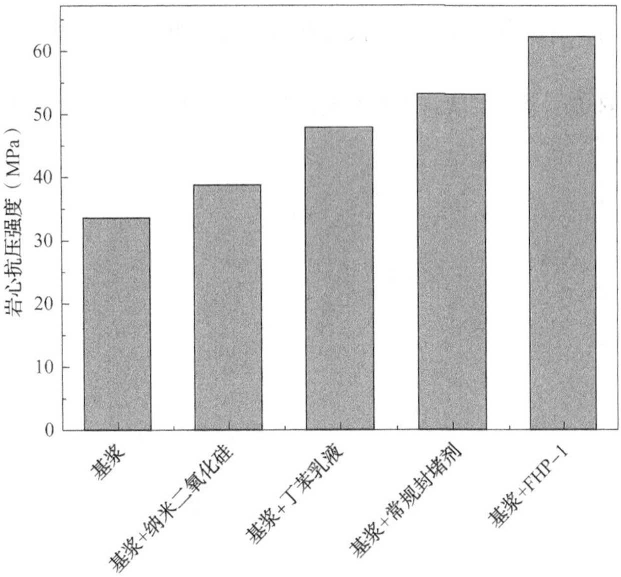

图 7　封堵剂对岩心抗压强度的影响

2　结论

（1）以纳米级尺寸的改性纳米级二氧化硅、微米级尺寸的丁苯乳液以及麦芽糊精为粘接桥堵作用研制了具有纳微米多级尺寸的复合型纳微米封堵剂 FHP-1。

（2）通过性能表征可知，多级尺寸的 FHP-1 粒径分布范围为 100nm～6μm，粒径分布范围宽，耐温性能达 400℃以上，适用于钻探页岩油气藏时使用的油基钻井液。

（3）通过性能评价可知，FHP-1 与油基钻井液具有良好的配伍性，对形成的滤饼形成有效封堵从而降低体系滤失量，3%浓度的 FHP-1 使得体系的高温高压滤失量降低至 2.2mL，滤饼的渗透率降低率达 67%以上。同时能够提高岩心抗压强度达 77%以上，且其性能均优于单一的纳米级尺寸和微米级尺寸的颗粒以及常规封堵剂。

参 考 文 献

[1] 胡进科，李皋，陈文可，等．国外页岩气勘探开发综述[J]．重庆科技学院学报(自然科学版)，2011，1(4)：72-75，83.

[2] 张蔚，蒋官澄，王立东，等．无黏土高温高密度油基钻井液[J]．断块油气田，2017，24(2)：277-280.

[3] 张凡，许明标．一种油基膨胀封堵剂的合成及其性能评价[J]．长江大学学报自然科学版：理工卷，2010(3)：507-509.

[4] 王晓军．新型低固相油基钻井液研制及性能评价[J]．断块油气田，2017，24(3)：421-425.

[5] 王华平，张铎，张德军．威远构造页岩气钻井技术探讨[J]．钻采工艺，2012，35(2)：9-11.

[6] 徐加放，邱正松，黄晓东．谈钻井液封堵特性在防止井壁坍塌中的作用[J]．钻井液与完井液，2008，

25(1)：3-5.
[7] 胡文军，刘庆华，卢建林，等．强封堵油基钻井液体系在 W11-4D 油田的应用[J]．钻井液与完井液，2007，24(3)：12-15.
[8] 何振奎，刘霞，韩志红，等．油基钻井液封堵技术在页岩水平井中的应用[J]．钻采工艺，2013，36(2)：101-104.
[9] 王建华，李建男，闫丽丽，等．油基钻井液用纳米聚合物的封堵剂的研制[J]．钻井液与完井液，2013，30(6)：5-8.
[10] 刘振东，刘国亮，高扬，等．纳微封堵剂在页岩油藏水平井中应用[J]．中外能源，2015，20(9)：54-58.

川西海相雷口坡组破碎性地层井壁稳定机理分析

甄剑武　张亚云　林永学　高书阳

（中国石化石油工程技术研究院）

【摘　要】针对川西海相雷口坡组破碎性地层井壁失稳频发的技术难题，通过开展 XRD、SEM 和滚动回收率测试等基础理化测试分析，结合考虑多弱面效应和力化耦合作用的井壁失稳模型研究，分析了川西海相雷口坡组破碎性地层井壁失稳机理及主控因素。研究表明：雷口坡地层主要以白云岩和方解石为主，黏土含量低，水化分散能力弱，多尺度非连续破碎结构和非水化型水岩损伤作用是其井壁失稳的主控因素；随弱面组数的增加，岩石的强度各向异性愈发显著，坍塌压力增大，安全钻井的优势方位与倾角选择减少；当倾角由 0°增大到 90°时，坍塌压力具有先增加，后平稳，再逐渐减小的趋势；坍塌压力随弱面内聚力和内摩擦角的增大而显著降低，且内摩擦角的影响更显著，但随弱面胶结强度升高坍塌压力的降低的具有一定的极限。

【关键词】破碎性地层；多弱面；力化耦合；井壁失稳；川西海相雷口坡组

1　引言

川西海相雷口坡组碳酸盐岩气藏资源丰富、储量大，目前已获控制储量 1764.97×10^8m^3，是中石化勘探开发的重点领域之一[1,2]。但受关口断裂—彭县断裂挟持作用，彭州地区地质构造复杂，地层破碎，导致钻井过程中井壁失稳问题严重。据统计川西地区 6 口井共发生 13 次卡钻，卡钻主要层位须四—雷口坡组，卡钻等复杂时效共计损失时间约 230 天，卡钻几率 62.5%，其中雷四段卡钻几率 77.8%；掉块卡钻 7 井次，卡钻几率 77.8%，进而使川西地区的增储上产，安全高效建井面临巨大挑战。

裂缝性或破碎性等非连续结构地层的井壁失稳问题是国内学者和工业界研究的热点与难点[3-8]。Ehtesham 等[9,10]建立离散元数值模型对裂缝性泥页岩地层井壁稳定性进行了研究，zhang 等[11,12]将裂缝性地层视为双重孔隙介质，分别运用有限元和解析方法获得了井周应力分布，朱荣东等[13]探讨运用地层裂缝尖端的应力强度因子变化来判断井壁失稳情况，曹园运用直剪实验测定了裂缝面的黏聚力与内摩擦角，分析了力化耦合条件下裂缝性地层的坍塌压力。赵志国基于裂缝性失稳模型，分析了顺北 1 井区桑塔木组火成岩侵入体的井壁失稳特征。赵向达[14]分析了层理性破碎地层的井壁失稳问题。张广垠分析加蓬区块破碎地层井壁失稳机制。梁文利[15]实验分析了涪陵破碎性页岩的井壁失稳机理。

本文针对川西海相雷口坡组破碎性地层的井壁失稳难题，基于 XRD、SEM 和滚动回收率测试等室内基础理化测试分析，探索川西海相雷口坡组破碎性井壁失稳机理，考虑川西海相雷口坡组地层的非连续结构与非水化型水岩损伤特征，开展耦合多弱面效应和力化耦合作

作者简介：甄剑武(1973—)，男，1995 年毕业于河南大学化学工程专业，2011 年获石油大学(北京)油气井工程专业工学硕士学位，高级工程师，主要从事钻井液技术研究工作。E-mail：zhenjw.sripe@sinopec.com。

用的井壁失稳模型研究，分析雷口坡地层的井壁失稳特征及主控因素，为形成和指导川西海相雷口坡组破碎性地层井壁稳定控制技术具有重要意义。

2 川西海相破碎地层基础理化特征

2.1 破碎性地层矿物组分特征

选用川西地区雷口坡组地层井下岩心，开展了 XRD 全岩矿物组分和分散性测试，分析其矿物组分及水化分散与膨胀特征。XRD 测试结果见表 1。结果表明，雷口坡组地层以白云石和方解石为主，含极少量黏土矿物。

表 1 雷口坡组地层矿物组分特征

编号	井段(m)	矿物种类(%)						黏土(%)
		石英	钾长石	斜长石	方解石	白云石	硬石膏	
W1	6241~6243	—	—	—	—	91.6	5.3	—
	6241~6243	—	—	—	—	93.9	6.1	—
W2	5792~5796	0.2	—	—	—	99.8	—	—
	5725~5727	—	—	—	38.9	61.1	—	—
W3	5822~5823	—	—	—	96.6	3.4	—	—
	5808~5810	—	—	—	86.2	13.8	—	—
	5763~5766	—	—	—	1.0	99.0	—	—

分散性测试表明，热滚前后岩样(图 1)没有发生明显破碎、坍塌或剥落，保持了较为完整的状态，岩样平均滚动回收率均接近或超过 99%，结合热滚后岩样变化，说明其具有较低的分散特性。但通过钻井液浸泡前后岩石的质量损失和离子测试可发现，钻井液浸泡前后，质量损失明显，最高可达 6%，且溶液中离子种类增加显著。

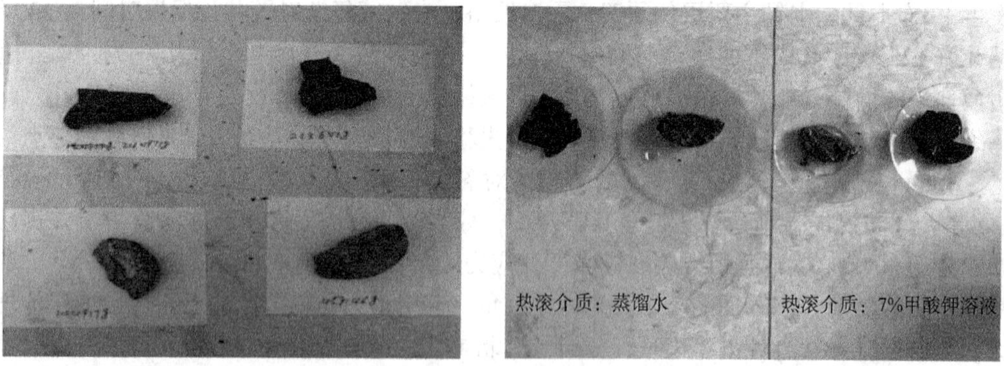

图 1 热滚前后岩样宏观形貌

2.2 破碎性特征非连续结构特征

川西海相地区典型井雷口坡组井下岩心如图 2 所示，观察发现海相雷口坡地层，岩性宏观破碎严重。借助 SEM 分析发现(图 3)，雷口坡组地层岩石致密，部分岩样微裂缝、孔隙发育，其中裂缝缝宽 2~5μm，粒间孔隙大小为 1~10μm 为主，具有显著的多尺度非连续结构特征。

借助 XRD、SEM 和滚动回收率等室内试验表征，结合井下岩心观察及成像测井数据分析可知，海相雷口坡地层，主要以白云岩和方解石等碳酸盐类矿物为主，黏土含量低，水化分散和膨胀能力弱，但受构造作用影响，宏观尺度岩性破碎严重，且微裂缝发育，是导致其井壁失稳严重的关键因素。同时，虽然彭州地区雷口坡组地层黏土水化能力弱，但具有明显的溶蚀损伤现象，且多尺度非连续结构的存在，为流体侵入地层提供了大量通道，因此非黏土水化型水岩损伤作用也是其井壁失稳的关键诱因之一。基于上述分析，本文充分考虑川西海相雷口坡组地层的非连续结构与非水化型水岩损伤特征，建立了考虑多弱面效应和力化耦合作用的井壁失稳模型，分析雷口坡地层的井壁失稳特征及主控因素，揭示其井壁失稳机理。

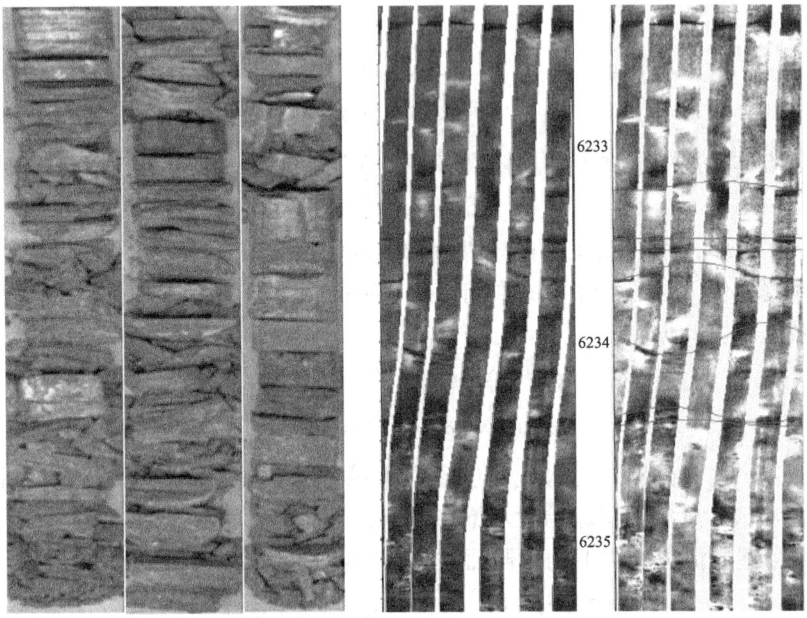

图 2　川西海相地区雷口坡组井下岩心及成像测井

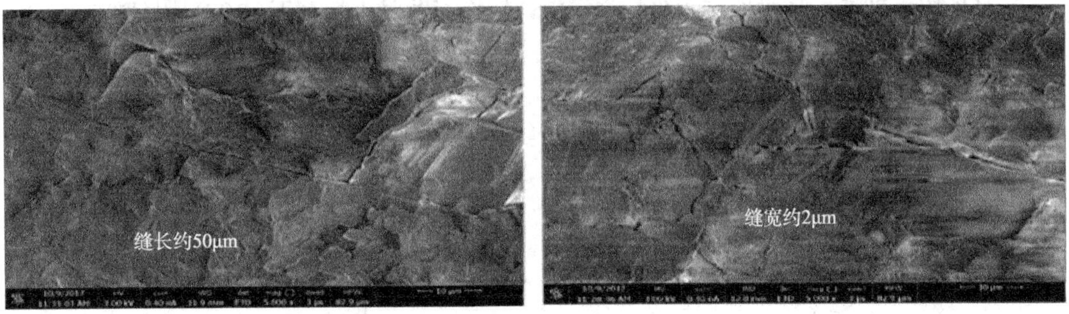

图 3　雷口坡组 SEM 图像

3　川西海相破碎地层井壁稳定模型研究

3.1　破碎性地层多弱面强度破坏准则

弱面(层理、页理或天然构造缝)的存在将显著降低岩石强度，其对岩石强度的影响可以被称为岩石的强度各向异性[16,17]。仅包含一组弱面的岩体，其强度的大小取决于弱面软弱程度以及弱面法向与主应力方向的关系(图 4)。然而，破碎性地层而言，其往往包含多组弱面且处于流体环境中。因此，基于单弱面的破坏失效模型不能解释川西海相破碎性地层的井壁失稳现象，需要建立在流体作用下包含多组软弱面的破碎性地层强度破坏准则。

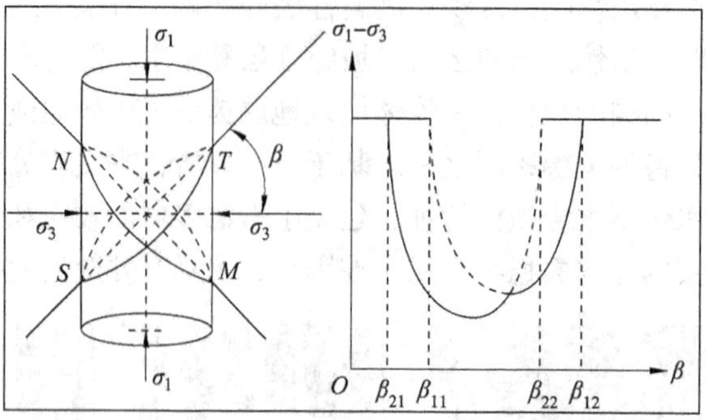

图 4　含多弱面的岩心与强度示意图

在不考虑流体作用的条件下，岩体沿着多弱面发生破坏时，其强度破坏准则为

$$\tau_{\mathrm{o}}=C_{\mathrm{o}}^{(i)}+\tan\varphi_{\mathrm{o}}^{(i)}\boldsymbol{\sigma}_{\mathrm{x}}^{o}(i) \tag{1}$$

式中：$C_{\mathrm{o}}^{(i)}$、$\varphi_{\mathrm{o}}^{(i)}$ 分别是第 i 组弱面的内黏聚力和内摩擦角。

考虑流体浸泡作用对岩石强度的影响，建立不同含水饱和度条件下，其与内黏聚力和内摩擦角的关系如下：

$$\begin{aligned}C_{\mathrm{o}}^{(i)}(s)&=C_{\mathrm{o}}^{(i)}+a(S_{\mathrm{w}}-S_{\mathrm{o}})\\ \varphi_{\mathrm{o}}^{(i)}(s)&=\varphi_{\mathrm{o}}^{(i)}(s)+b(S_{\mathrm{w}}-S_{\mathrm{o}})\end{aligned} \tag{2}$$

式中：$C_{\mathrm{o}}^{(i)}(s)$、$\varphi_{\mathrm{o}}^{(i)}(s)$分别是含水饱和度条件下第 i 组弱面的内黏聚力和内摩擦角；S_{w} 和 S_{o} 为岩心的含水饱和度、地层原始含水饱和度；a 和 b 为拟合系数。

因此，可以建立流体作用下的多弱面破坏准则：

$$\tau_{\mathrm{o}}(S)=C_{\mathrm{o}}^{(i)}(S)+\tan\varphi_{\mathrm{o}}^{(i)}(S)\boldsymbol{\sigma}_{\mathrm{x}}^{o}(i) \tag{3}$$

3.2　远场地应力转换

远场地应力转换：从主地应力坐标系(PCS)转换至井眼坐标系下(BCS)[18](图 5)。

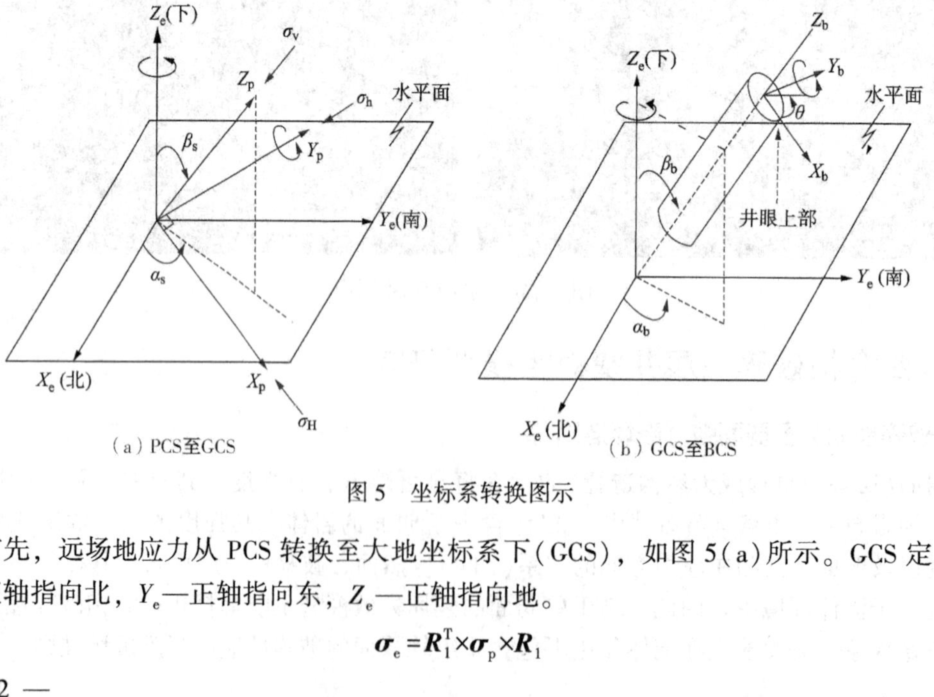

（a）PCS至GCS　　（b）GCS至BCS

图 5　坐标系转换图示

首先，远场地应力从 PCS 转换至大地坐标系下(GCS)，如图 5(a)所示。GCS 定义为：X_{e}—正轴指向北，Y_{e}—正轴指向东，Z_{e}—正轴指向地。

$$\boldsymbol{\sigma}_{\mathrm{e}}=\boldsymbol{R}_1^{\mathrm{T}}\times\boldsymbol{\sigma}_{\mathrm{p}}\times\boldsymbol{R}_1 \tag{4}$$

$$
\boldsymbol{R}_1=\begin{Bmatrix} \cos\alpha_s\cos\beta_s & \sin\alpha_s\cos\beta_s & \sin\beta_s \\ -\sin\alpha_s & \cos\alpha_s & 0 \\ -\cos\alpha_s\sin\beta_s & -\sin\alpha_s\sin\beta_s & \cos\beta_s \end{Bmatrix};\ \boldsymbol{\sigma}_p=\begin{Bmatrix} \sigma_H & 0 & 0 \\ 0 & \sigma_h & 0 \\ 0 & 0 & \sigma_v \end{Bmatrix} \tag{5}
$$

式中：α_s 和 β_s 分别是最大主应力的方位角以及上覆岩层应力和 Z_e—正轴的夹角；$\boldsymbol{\sigma}_p$ 是 PCS 坐标系下的远场地应力张量；$\boldsymbol{\sigma}_e$ 是 GCS 坐标系下的远场地应力张量。

然后，远场地应力从 GCS 坐标系转换至 BCS 坐标系下，如图 5(b)所示。

$$
\boldsymbol{\sigma}_b=\boldsymbol{R}_2\times\boldsymbol{\sigma}_e\times\boldsymbol{R}_2^T=\begin{Bmatrix} \sigma_{xx}^b & \tau_{xy}^b & \tau_{xz}^b \\ \tau_{yx}^b & \sigma_{yy}^b & \tau_{yz}^b \\ \tau_{zx}^b & \tau_{zy}^b & \sigma_{zz}^b \end{Bmatrix} \tag{6}
$$

$$
\boldsymbol{R}_2=\begin{Bmatrix} \cos\alpha_b\cos\beta_b & \sin\alpha_b\cos\beta_b & \sin\beta_b \\ -\sin\alpha_b & \cos\alpha_b & 0 \\ -\cos\alpha_b\sin\beta_b & -\sin\alpha_b\sin\beta_b & \cos\beta_b \end{Bmatrix} \tag{7}
$$

式中：α_b 和 β_b 是 BCS 坐标系下的井斜方位角、井斜角；$\boldsymbol{\sigma}_b$ 是 BCS 坐标系下的远场应力张量；θ 是井周角，如图 5(b)所示。

定义弱面的法线方向为 X_0，则全局坐标系定义的正北方向 X_g 与法线方向在水平面的投影夹角为 α_0，即弱面倾向。地层产状坐标系的 Z_0 轴与水平面的夹角为弱面倾角 β_0，则 Z_g 轴与 Z_0 的夹角为 $180°-\beta_o$，如图 6 所示。因此，全局坐标系与地层产状坐标系换矩阵如下：

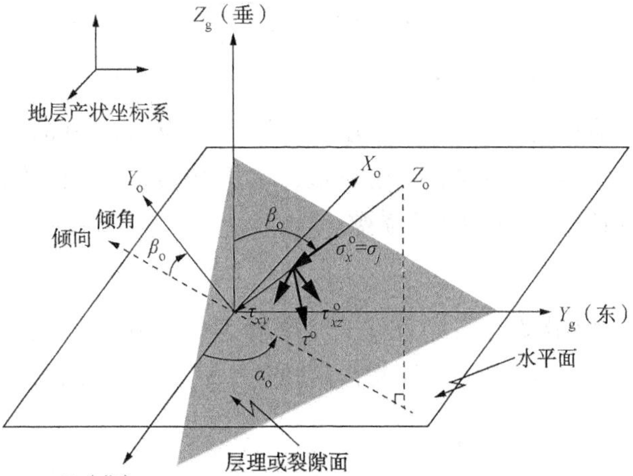

图 6　弱面坐标系与大地坐标系转换图示

$$
O=\begin{bmatrix} \cos\alpha_0\cos(90°-\beta_0) & \sin\alpha_0\cos(90°-\beta_0) & \sin(90°-\beta_0) \\ \sin\alpha_0 & \cos\alpha_0 & 0 \\ -\cos\alpha_0\cos(90°-\beta_0) & -\sin\alpha_0\cos(90°-\beta_0) & \cos(90°-\beta_0) \end{bmatrix} \tag{8}
$$

将远场地应力从 BCS 坐标系转换至 OCS 坐标系下，如下所示：

$$
\boldsymbol{\sigma}_0=O\times\boldsymbol{\sigma}_b\times O^T=\begin{Bmatrix} \sigma_{xx}^O & \tau_{xy}^O & \tau_{xz}^O \\ \tau_{yx}^O & \sigma_{yy}^O & \tau_{yz}^O \\ \tau_{zx}^O & \tau_{zy}^O & \sigma_{zz}^O \end{Bmatrix} \tag{9}
$$

3.3 围岩应力分布

将破碎性碳酸盐地层考虑为一种弹性各向同性介质，井壁围岩受到远场应力、孔隙压力、液柱压力和径向钻井液滤失的工作作用。因此，基于叠加原理，直井井筒井周应力分布可表示为：

$$\begin{cases}\sigma_r=\dfrac{R^2}{r^2}p_i+\dfrac{\sigma_H+\sigma_h}{2}\left(1-\dfrac{R^2}{r^2}\right)+\dfrac{\sigma_H-\sigma_h}{2}\left(1+\dfrac{3R^4}{r^4}-\dfrac{4R^2}{r^2}\right)\cos2\theta\\ \sigma_\theta=-\dfrac{R^2}{r^2}p_i+\dfrac{\sigma_H+\sigma_h}{2}\left(1+\dfrac{R^2}{r^2}\right)-\dfrac{\sigma_H-\sigma_h}{2}\left(1+\dfrac{3R^4}{r^4}\right)\cos2\theta\\ \sigma_z=\sigma_v-2\upsilon(\sigma_H-\sigma_h)\dfrac{R^2}{r^2}\cos2\theta\\ \tau_{r\theta}=-\dfrac{\sigma_H-\sigma_h}{2}\left(1-\dfrac{3R^4}{r^4}+\dfrac{2R^2}{r^2}\right)\sin2\theta\\ \tau_{\theta z}=\tau_{rz}=0\end{cases}\tag{10}$$

考虑钻井液滤失作用的井壁围岩应力分布可表示为：

$$\begin{cases}\sigma_r=p_i+\delta\phi(p_i-p_p)\\ \sigma_\theta=-p_i+(\sigma_H+\sigma_h)-2(\sigma_H-\sigma_h)\cos2\theta+\delta\left[\dfrac{\alpha(1-2\upsilon)}{1-\upsilon}-\phi\right](p_i-p_p)\\ \sigma_z=-cp_i+\sigma_V-2\upsilon(\sigma_H-\sigma_h)\cos2\theta+\delta\left[\dfrac{\alpha(1-2\upsilon)}{1-\upsilon}-\phi\right](p_i-p_p)\\ \tau_{\theta z}=2\tau_{yz}\cos\theta,\ \tau_{r\theta}=\tau_{rz}=0\end{cases}\tag{11}$$

式中：σ_h 为水平最小地应力，MPa；σ_H 为水平最大地应力，MPa；p_p 为地层孔隙压力，MPa；p_i 为液柱压力，MPa；δ 为井壁渗透系数，取值 0~1；υ 为泊松比；α 为有效应力系数；ϕ 为孔隙度，c 为 Hossain 应力修正系数。

3.4 弱面应力分布

确定弱面处发生摩擦滑动的临界条件，需要确定作用在弱面上的合剪应力[19]。公式(9)描述了某个弱面上的法向应力 σ_{xx}^O 和两个剪切应力 τ_{xy}^O、τ_{xz}^O，将这两个剪切应力合成为一个剪应力 τ^O：

$$\tau^O=\sqrt{(\tau_{xy}^O)^2+(\tau_{xz}^O)^2}\tag{12}$$

4 影响因素分析

选用川西地区某井地质力学参数对影响井壁稳定的关键工程地质因素进行分析，见表2。

表2 关键岩石力学参数

关键参数	数　值
抗拉强度	7.73MPa
抗压强度	293.91MPa
弹性模量	41.07GPa
泊松比	0.178

续表

关键参数	数值	
内聚力	33.3687MPa	
内摩擦角	34.5569°	
弱面内聚力	8.75MPa	
弱面内摩擦角	24.38°	
最大主应力	(NW135°)	86.27MPa
		2.538MPa/100m
最小主应力		61.39MPa
		1.806MPa/100m
垂向主应力	2.55MPa/100m	
地层压力系数	1.2	

4.1 弱面组数的影响

为了分析弱面组数对坍塌压力的影响，分别讨论岩石本体破坏、单一弱面破坏和多弱面破坏三种情况。由图7可知，当发生单一弱面破坏时，坍塌压力当量密度极值由本体破坏的0.73g/cm^{3}提高到1.37g/cm^3，同时可供安全钻井的方位明显减少，除了270°到330°的井斜方位角，造斜和水平钻进均易造成井壁失稳。随弱面组数的进一步增多，安全密度窗口进一步变窄，且坍塌压力云图的非对称性进一步变大，说明随着弱面组数的增多，安全钻井的优势方位与倾角，即井眼轨迹的选择愈发重要。

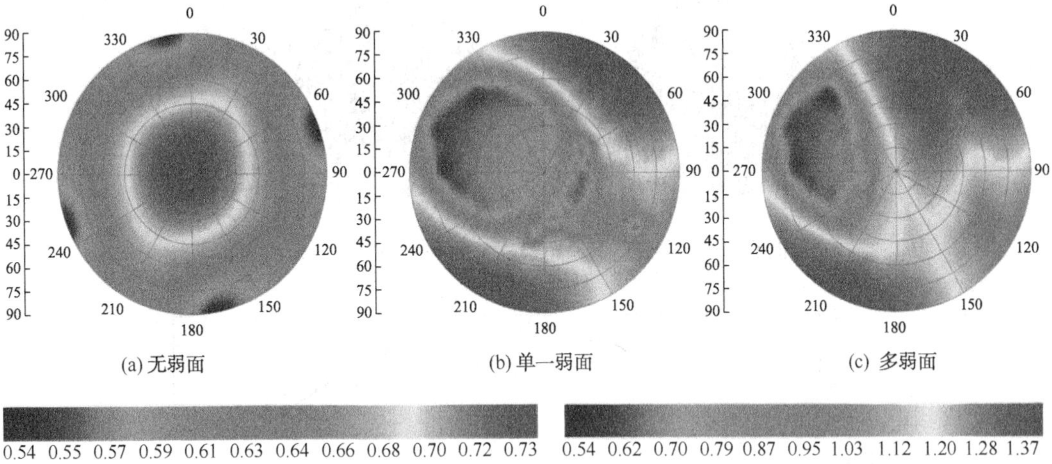

(a) 无弱面　(b) 单一弱面　(c) 多弱面

图7　弱面组数坍塌压力的影响

4.2 弱面产状的影响

为分析弱面产状对破碎地层井壁稳定的影响，开展了定方位变弱面倾角和定倾角变方位两种模式下单一弱面情况下的坍塌压力分析。

定方位变弱面倾角模式下的井周坍塌压力云图如图8所示。分析可知，单一弱面井周的坍塌压力云图依然具有较好的对称性，但安全钻井方位随着倾角增大变化显著，在低倾角下(0°~15°)，安全钻井方位位于120°~160°或300°~340°方位，且定向井和水平井钻井均具有一定的安全密度区间。中倾角(30°~60°)范围内，弱面对坍塌压力的影响最显著，坍塌压力较大，且定向井和水平井的安全密度区间很窄。高倾角(75°~90°)范围内，安全钻井方位位于20°~80°或200°~260°方位之间，且定向井和水平井的安全钻井密度区间较大。同样，如图9所示，随着倾角由0°增大到90°，坍塌压力具有先增加，在中倾角范围内达到持续峰值，随后在高倾角范围时逐渐减小。

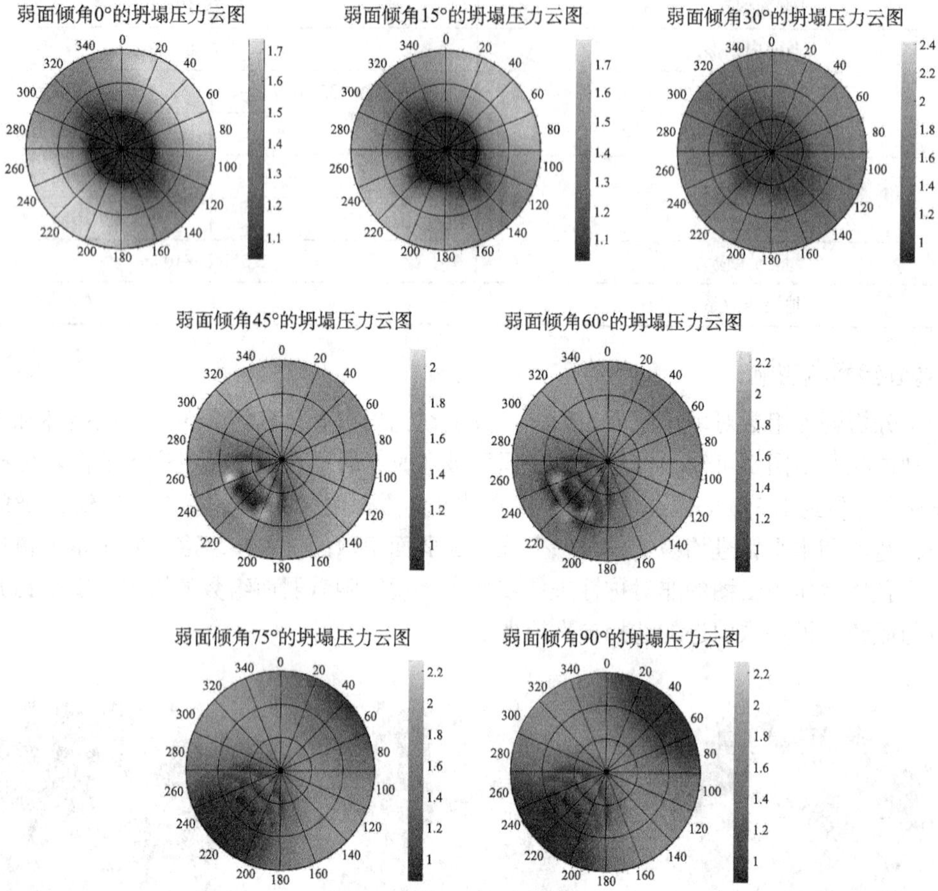

图8　定方位变弱面倾角模式下的井周坍塌压力云图

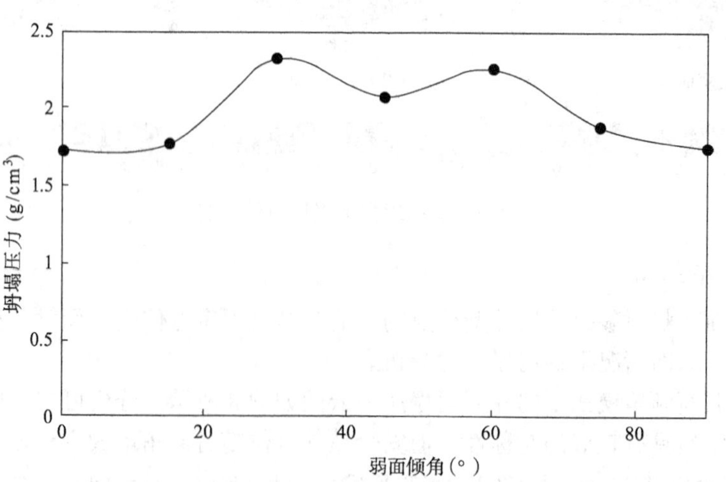

图9　定方位变弱面倾角模式下的井周坍塌压力

4.3 弱面胶结强度影响

为分析弱面胶结对破碎地层井壁稳定的影响，开展了定内摩擦角变内聚力和定内聚力变内摩擦角两种模式下坍塌压力分析(图 10)。研究表明，坍塌压力随弱面内聚力和内摩擦角的增大而显著降低，且内摩擦角的影响更显著，降低率达 53.8%。但随弱面胶结强度升高坍塌压力的降低的具有一定的极限，超过一定限度之后即转化为岩石基质剪切破坏。

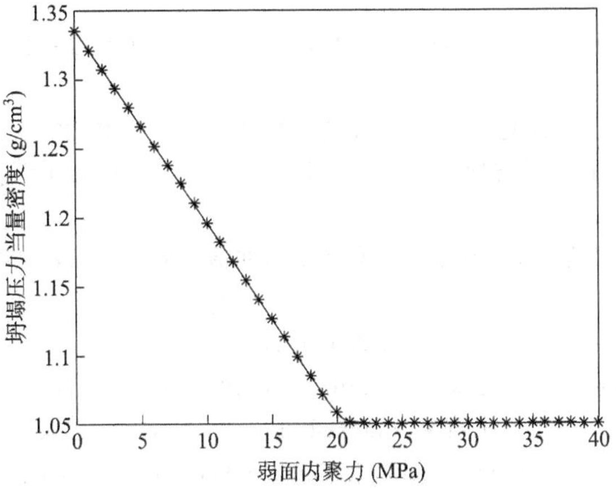

(a) 坍塌压力随弱面内聚力的变化

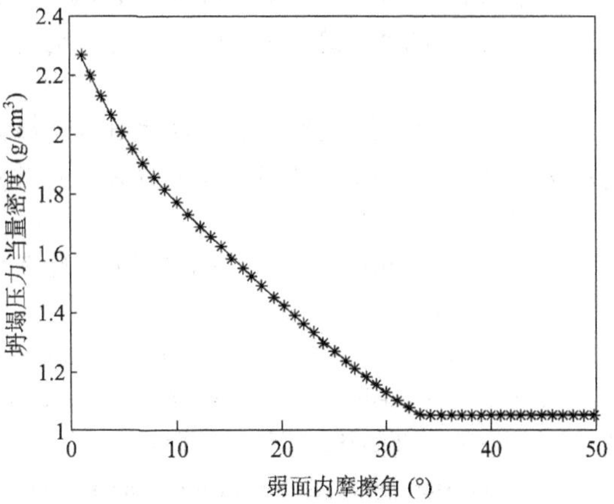

(b) 坍塌压力随弱面内摩擦角的变化

图 10 井周坍塌压力随内聚力和内摩擦角的变化

5 结论

本文通过开展川西雷口坡组地层岩心的 XRD、SEM 和滚动回收率测试等室内基础理化测试分析，揭示其井壁失稳机理，建立了考虑多弱面效应和力化耦合作用的井壁失稳模型，分析雷口坡地层的井壁失稳特征及主控因素，获得如下认识：

(1) 川西海相雷口坡地层，主要以白云岩和方解石等碳酸盐类矿物为主，黏土含量低，水化分散和膨胀能力弱，但受构造作用影响，宏观尺度岩性破碎严重，且微裂缝发育，是导致其井壁失稳严重的关键因素。同时，彭州地区雷口坡组地层具有明显的溶蚀损伤现象，且多尺度非连续结构的存在，为流体侵入地层提供了大量通道，因此非黏土水化型水岩损伤作用也是其井壁失稳的关键诱因之一。

(2) 随着弱面组数的增加，岩石的强度各向异性愈发显著，坍塌压力云图的非对称性进一步变大，坍塌压力增大，说明安全钻井的优势方位与倾角选择减少，即井眼轨迹的选择与控制难度增大。

(3) 弱面产状对坍塌压力影响显著，安全钻井方位随着倾角增大变化显著，随着倾角由 0°增大到 90°，坍塌压力具有先增加，在中倾角范围内达到持续峰值，随后在高倾角范围时逐渐减小。

(4) 坍塌压力随弱面内聚力和内摩擦角的增大而显著降低，且内摩擦角的影响更显著，但随弱面胶结强度升高坍塌压力的降低的具有一定的极限，超过一定限度之后即转化为岩石基质剪切破坏。

参 考 文 献

[1] 吴小奇，陈迎宾，翟常博，等. 川西坳陷中三叠统雷口坡组天然气气源对比[J]. 石油学报，2020，8

(41)：918-927.

[2] 陈超．川西中段海相雷口坡组成藏地质特征及富集规律研究[D]．浙江大学，2017.

[3] Liang C, Chen M, Jin Y, et al. Wellbore stability model for shale gas reservoir considering the coupling of multi-weakness planes and porous flow[J]. Journal of Natural Gas Science and Engineering. 2014, 21: 364-378.

[4] Shi X, Zhuo X, Xiao Y, et al. Wellbore Stability in Layered Rocks: A Comparative Study of Strength Criteria[J]. Journal of Energy Resources Technology, 2020, 142(6).

[5] 曹文科，邓金根，蔚宝华，等．页岩层理弱面对井壁坍塌影响分析[J]．中国海上油气，2017，29(2)：114-122.

[6] 姚如钢，何世明，龙平，等．破碎性地层坍塌压力计算模型[J]．钻采工艺，2012，35(1)：21-23.

[7] 姚良秀，张乐启．新1井严重破碎地层钻井技术分析与探讨[J]．西部探矿工程，2009，21(6)：77-80.

[8] 魏文忠，王广书，吕国俭．新1井严重破碎带地层钻井技术难点及对策[J]．石油钻探技术，2006，34(6)：27-29.

[9] Karatela E, Taheri A. Three-dimensional hydro-mechanical model of borehole in fractured rock mass using discrete element method[J]. Journal of Natural Gas Science and Engineering, 2018, 53: 263-275.

[10] Karatela E, Taheri A, Xu C, et al. Study on effect of in-situ stress ratio and discontinuities orientation on borehole stability in heavily fractured rocks using discrete element method[J]. Journal of Petroleum Science and Engineering, 2016, 139: 94-103.

[11] Meng M, Baldino S, Miska S Z, et al. Wellbore stability in naturally fractured formations featuring dual-porosity/single-permeability and finite radial fluid discharge[J]. Journal of Petroleum Science and Engineering, 2019, 174: 790-803.

[12] Zhang J, Bai M, Roegiers J C. Dual-porosity poroelastic analyses of wellbore stability[J]. International Journal of Rock Mechanics and Mining Sciences, 2003, 40(4): 473-483.

[13] 朱荣东，陈平，夏宏泉，等．裂缝井壁力学稳定性研究[J]．断块油气田，2007，14(005)：56-58.

[14] 赵向达．层理性破碎地层井壁失稳机理及预测模型研究[J]．黑龙江科技信息，2012(26)：60.

[15] 梁文利．涪陵破碎性地层井壁失稳影响因素分析及技术对策[J]．天然气勘探与开发，2018，41(2)：70-73，82.

[16] 金衍，陈勉．井壁稳定力学[M]．北京：科学出版社，2012.

[17] 陈勉，金衍，张广清．石油工程岩石力学[M]．北京：科学出版社，2008.

[18] N. A Y, Cui L. Poroelastic solutions in transversely isotropic media for wellbore and cylinder[J]. International Journal of Solids & Structures, 1998, 35(34-35): 4905-4929.

[19] Cui L, Cheng H D, Abousleiman Y. Poroelastic Solution for an Inclined Borehole[J]. Journal of Applied Mechanics, 1997, 64(1): 32-38.

油基钻井液的高温高压流变性与沉降稳定性规律研究

闫丽丽　王建华　倪晓骁　刘人铜　杨浩伟　高　珊　张　蝶

（中国石油集团工程技术研究院有限公司）

【摘　要】 随着勘探开发的不断深入，高温高压深井超深井逐渐增加，油基钻井液成为钻井首选。但油基钻井液处理剂受温度和压力的影响，会发生降解、交联、甚至固化等，导致钻井液的流变性发生巨变，同时易发生加重材料沉降分层堆积现象，严重影响了作业安全，甚至会导致钻井无法进行。为了准确掌握油基钻井液在井底高温高压下的性能，分别采用 OFITE 高温高压流变仪和高温高压沉降稳定分析仪评价了高密度油基钻井液在不同温度和压力作用下的流变特性和沉降性能，发现提高油基钻井液的高温高压流变稳定性，可以改善其高温高压沉降稳定性；研发了一种纳米乳液稳定剂，可以明显改善高密度油基钻井液在高温高压作用下的流变稳定性和沉降稳定性。

【关键词】 油基钻井液；高温；高压；流变性；沉降稳定性

我国陆上剩余油气资源中，39%的石油和 57%的天然气分布在深层超深层，已成为国家能源战略的重要领域。但这些资源储层温度高、压力系数大，如，塔里木库车山前超深层年产气 $190\times10^8m^3$，但井底高温（200℃）、高压（200MPa）、巨厚盐膏层（4500m）和高压盐水层（压力系数 2.6）并存；西南深层页岩油气资源丰富，但储层埋藏深（川东震旦系>8000m）、温度高（部分达 210℃）、压力系统复杂等。相比水基钻井液，油基钻井液具有抗污染能力强、润滑性好、抑制性能强、抗温能力强等优势，成为上述复杂深井超深井的钻井首选。对浅部地层钻井而言，温度、压力对钻井液流变性影响不大，但在深部地层，温度、压力综合作用对钻井液流变性影响较大。高温作用下，高密度油基钻井液的切力会降低，无法悬浮加重材料，导致其分层堆积沉降和钻井液性能变差，从而引起井筒失稳、井漏、压差卡钻和井控等问题[1]。尤其是近年来，作业者为了减少混浆和运输损失，多数选择将油基钻井液直接转换为试油完井液，而试油完井液在整个过程中一直处于高温（大于 150℃）静止状态，因此，高密度油基完井液在长时间（10～15d）静置后，加重材料的沉降风险更大[2]。Salem Basfar[3]研发了一种聚合物，可以提高高密度油包水钻井液的塑性黏度、屈服点和凝胶强度，从而提高了体系的沉降稳定性，但其并没有研究该剂在高压环境下的流变性和沉降特性。为了确保高温高压井的钻进安全，文中开展了高密度油基钻井液在高温高压条件下流变性与沉降稳定性的规律研究，研制了一种纳米乳液稳定剂，可以明显改善高密度油基钻井液在高温高压作用下的流变稳定性和沉降稳定性。

基金项目：由中国石油集团项目《重点上产地区钻井液评估与技术标准化有形化研究》（2019D-4226）和中石油重大现场试验项目《深层页岩气有效开采关键技术攻关与试验》（2019F-31）联合资助。

作者简介：闫丽丽，女，1984 年 12 月出生，2013 年 6 月毕业于中国地质大学（北京），获博士学位。现就职于中国石油集团工程技术研究院有限公司，高级工程师。地址：北京市昌平区黄河街 5 号院 1 号楼；电话：80162089；E-mail：yanlilidr@ cnpc. com. cn。

1 纳米乳液稳定剂的研制

通过乳液聚合，优选亲水亲油单体，研制了一种双亲型纳米乳液稳定剂，扫描电镜形貌图如图 1 所示。采用聚焦光束反射测量仪器(FBRM)评价了该稳定剂在油包水乳液(80%柴油+4%主乳化剂+4%辅乳化剂+20%氯化钙水溶液(浓度为 20%))中的分散情况，如图 2 所示。由图 2 可知，油包水乳液中的小尺寸(<10μm)液滴的峰值强度小于 100，加入纳米乳液稳定剂后，小尺寸液滴的峰值强度大幅增加，表明该纳米乳液稳定剂能够阻止油包水乳液中的液滴聚并，从而提高油包水乳液的稳定性。

2 高温高压下流变性和沉降稳定性的测定

2.1 测试仪器

高温高压流变性采用美国 OFI 实验仪器公司制造 OFITE 高温高压流变仪计测定，测试最高温度可达 260℃，最高压力可达 207MPa，剪切速率范围为 $0\sim1022s^{-1}$。该黏度计配有用于监控实验过程的软件，温度、压力和剪切速率均可通过程序控制，自动升温、升压方便、快速、精确，操作简便。

高温高压沉降稳定性采用自行研制的高温高压沉降稳定分析仪测定，测试最高温度可达 200℃，控温精度：±1℃；最高压力可达 100MPa，恒压精度：±0. 1MPa；通过程序自动控制温度和压力的升降。

图 1 纳米乳液稳定剂的 SEM 图

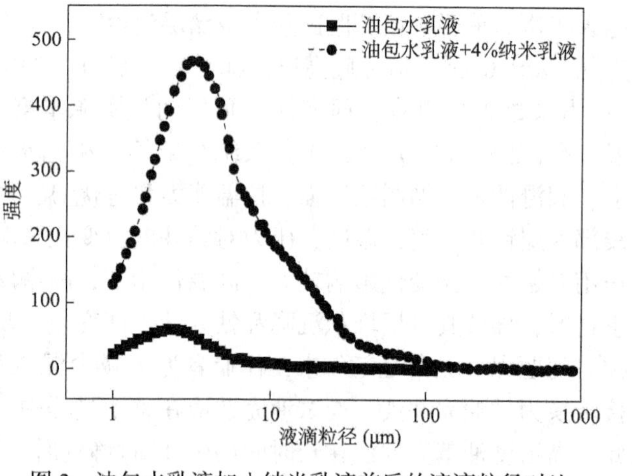

图 2 油包水乳液加入纳米乳液前后的液滴粒径对比

2.2 测试样品和方法

基于现场需求，配制了两种不同密度($1.60g/cm^3$ 和 $1.85g/cm^3$)的油基钻井液，共 4 个样品，具体配方见表 1。

表 1 实验所用油基钻井液样品

序号	密度(g/cm^3)	油水比	配方
1	1. 60	80 : 20	柴油+3. 5%主乳化剂+3. 5%辅乳化剂+20%氯化钙溶液+2%有机土+4%降滤失剂+3%CaO+重晶石

续表

序号	密度(g/cm³)	油水比	配　方
2	1.6	80∶20	柴油+3.5%主乳化剂+3.5%辅乳化剂+20%氯化钙溶液+2%有机土+3%纳米乳液稳定剂+4%降滤失剂+3%CaO+重晶石
3	1.85	80∶20	柴油+4%主乳化剂+4%辅乳化剂+20%氯化钙溶液+2.5%有机土+4%降滤失剂+4%CaO+重晶石
4	1.85	80∶20	柴油+4%主乳化剂+4%辅乳化剂+20%氯化钙溶液+2.5%有机土+4%纳米乳液稳定剂+4%降滤失剂+4%CaO+重晶石

3　结果分析

3.1　高温高压对高密度油基钻井液沉降稳定性的影响

分别对4个油基钻井液样品进行了150℃/50MPa静置24h、180℃/80MPa静置24h高温高压沉降稳定性实验，实验结束分别测钻井液上下部密度，并用静置沉降因子(*SF*)=下部密度/(上部密度+下部密度)来表示沉降稳定性的大小。实验结果如图3所示。由图3可知，4个样品在150℃/50MPa静置24h后仍然具有良好的沉降稳定性；1#样品和3#样品在180℃/80MPa静置24h后沉降稳定性变差，尤其是高密度油基钻井液3#样品在高温高压作用下更容易出现沉降现象；但加入纳米乳液稳定剂的2#和4#样品在180℃/80MPa静置24h后，沉降指数分别为0.501和0.502，没有发生沉降现象，表明纳米乳液稳定剂可以改善高密度油基钻井液的高温高压沉降稳定性。

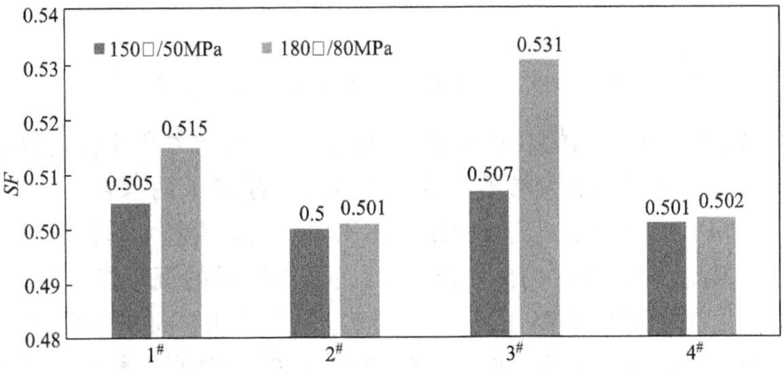

图3　高温高压对高密度油基钻井液沉降稳定性的影响

3.2　温度和压力对高密度钻井液流变稳定性的影响

考虑到3#样品在180℃/80MPa静置24h后发生沉降现象，因此对180℃/80MPa静置24h后的样品3#和4#进行了高温高压流变实验，在温度为50℃、150℃和180℃时，分别测定其在压力42MPa、63MPa和84MPa下钻井液的流变参数，每组测试选用600r/min、300r/min、200r/min、100r/min、6r/min和3r/min共6个转速，根据各转速时黏度计的读数，计算钻井液样品的表观黏度*AV*、塑性黏度*PV*和动切力*YP*，测试结果如图4所示。

由图4可知，两种油基钻井液的表观黏度、塑性黏度和动切力均随温度的升高而减小，随压力的升高而增大；温度一定时，两种钻井液的表观黏度、塑性黏度和动切力均随着压力的升高而增大；压力一定时，两种钻井液的表观黏度、塑性黏度和动切力均随着温度的升高而降低。

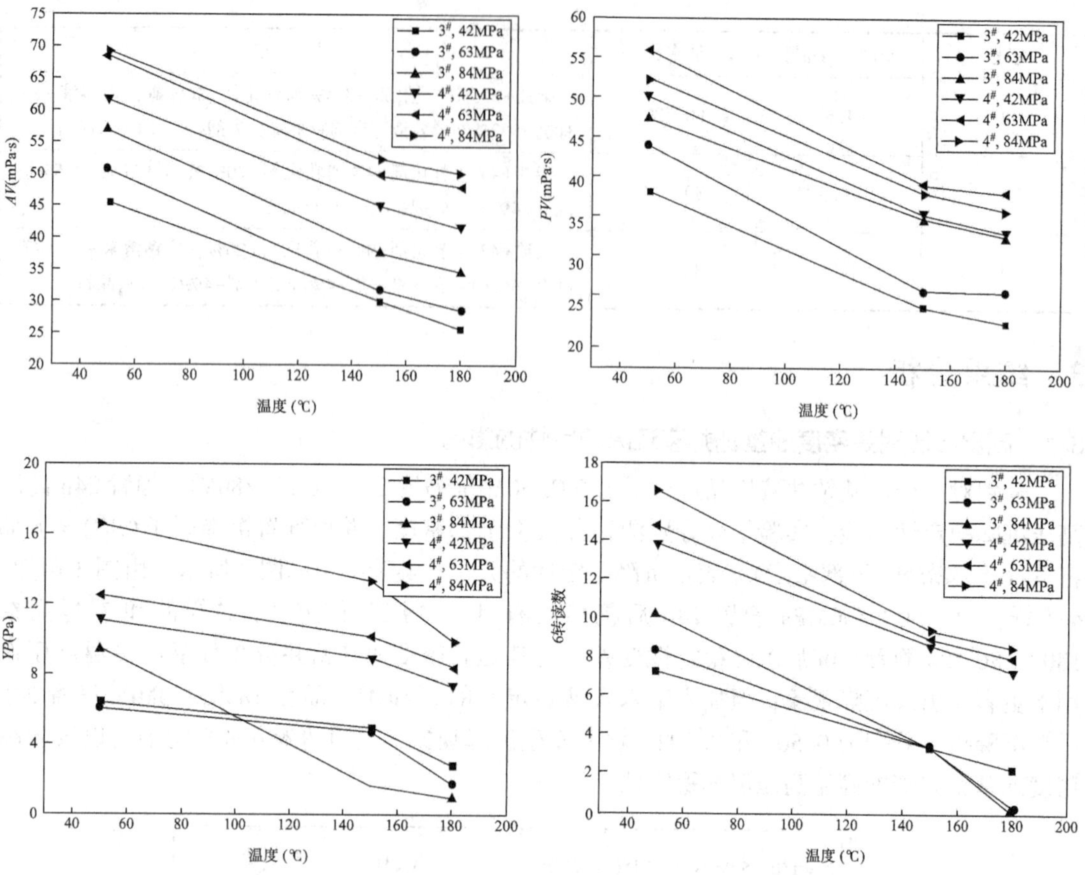

图4　3#和4#钻井液样品在高温高压条件下的流变参数对比

由图4还可以看出，4#样品的表观黏度、塑性黏度、动切力和6转读数在相同温度和相同压力条件下均高于3#样品的流变参数，这与4#样品中添加了纳米乳液稳定剂有关。其中，3#样品在低温(小于150℃)低压(小于63MPa)作用下，动切力和6转读数均变化较小，具有较好的悬浮特性，因此，该体系在150℃/50MPa静置24h后的沉降指数为0.507(图3)，没有重晶石沉降发生。在84MPa的高压作用下，随温度的上升，3#样品的动切力和6转读值大幅降低，180℃时，动切力小于1Pa，6转读值为0，表明该体系在高温高压(180℃/84MPa)作用下，悬浮稳定性变差，因此，易出现加重材料沉降，与图3中3#样品的沉降指数相吻合；4#样品的动切力和6转读值在高温高压(180℃/80MPa)条件下分别为10Pa和8.5，保持了较高的数值，表明该体系在高温高压作用下仍然具有良好的悬浮稳定性，因此，该钻井液样品即使在高温高压(180℃/80MPa)静置24h后，沉降指数为0.502(图3)，没有发生加重材料沉降现象；同时表明研发的纳米乳液稳定剂可以提高该油基钻井液体系的空间网架结构力，防止颗粒聚并(图2)，从而能够起到改善高密度油基钻井液的高温高压沉降稳定性的作用。

3.3　模拟井下温度和压力的流变特性

在实际钻井过程中，温度和压力同时随井深的增加而增大。为了更详细模拟井下温度和压力的变化对钻井液性能的影响，进一步测定2#钻井液样品的高温高压流变特性。设定井深为5500m，地面温度为15℃，地温梯度按3℃/100m计算，地层压力按钻井液液柱压力计算，模拟温度和压力为 50℃/常压、100℃/44MPa、120℃/54MPa、140℃/66MPa、160℃/78MPa、180℃/87MPa；测试不同温度压力下的 6 速和初终切。2#样品的流变参数随温度和压力的变化曲线如图 5 所示。

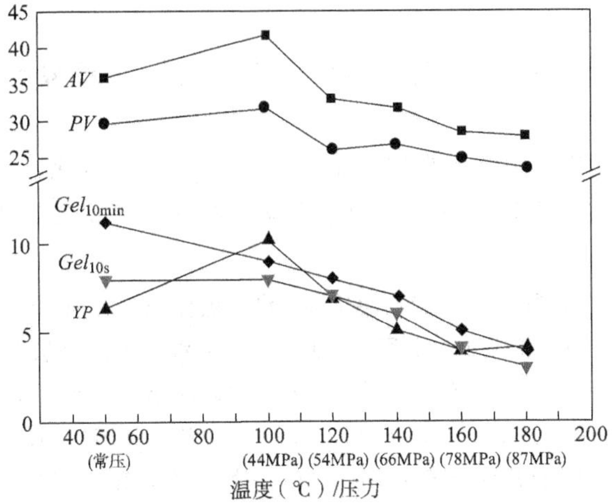

图 5　2#钻井液样品在高温高压条件下的流变参数

由图 5 可看出，浅部地层低温低压下（小于 100℃/44MPa），表观黏度、塑性黏度、动切力随着地层的深入而成增加趋势，表明压力对流变参数的影响占主导地位；当继续钻进至深部地层时，表观黏度、塑性黏度、动切力呈降低趋势，但降低较为平缓，表明此时井下高温引起表观黏度的降低会由于压力增大使表观黏度增加而得到部分补偿，但整体前者降低的程度远远超过后者增加的程度[4]，因此，在深井地层，钻井液的表观黏度、塑性黏度、动切力是随井深的增加而逐渐减小的，此时温度对流变参数的影响大于压力的影响。除此，由图 5 还可以看出，2#样品即使在高温高压下（大于 160℃/78MPa），仍然保持一定的动切力和凝胶强度，表明其具有良好的悬浮稳定性，保持该体系在 150℃/50MPa 静置 24h 和 180℃/80MPa 静置 24h 后均无沉降现象（图 3），进一步证明了研发的纳米乳液稳定剂可以改善高密度油基钻井液的高温高压沉降稳定性。

4　结论

（1）温度一定时，油包水钻井液的表观黏度、塑性黏度和动切力均随着压力的升高而增大；压力一定时，表观黏度、塑性黏度和动切力均随着温度的升高而降低。在深部井段，温度对油基钻井液流变性的影响大于压力的影响。

（2）研发了一种纳米乳液稳定剂，能够阻止油包水乳液中的液滴聚并，提高油包水钻井液的高温高压流变稳定的和沉降稳定性。

参 考 文 献

[1] 侯瑞雪．抗高温高密度全油基钻井液及沉降稳定性研究[D]．大庆：东北石油大学，2014.

[2] 鄢捷年，洪世铎，宗习武，等．用 Amott/USBM 法评价完井液及其组分对砂岩的润湿作用[J]．石油勘探与开发，1993，20(5)：82-91.

[3] IPTC 20095. 2020.

[4] 鄢捷年，赵雄虎．高温高压下油基钻井液的流变特性[J]．石油学报，2003，24(3)：104 -109.

高温超致密储层流体敏感性实验方法研究

张杜杰[1,2,3]　金军斌[1,2]　李大奇[1,2]　康毅力[3]

(1. 页岩油气富集机理与有效开发国家重点实验室；2. 中石化石油工程技术研究院；
3. 油气地质及开发工程国家重点实验室·西南石油大学)

【摘　要】 超致密气藏埋深大、储层温度高，潜在流体敏感性强，极低的基块渗透率导致行业标准法评价储层流体敏感性不再适用。因此，有必要综合考虑储层温度条件和渗流特征，研究新的实验方法评价超致密储层流体敏感性。本文以超深超致密砂岩气藏为研究对象，探索采用高温高回压液测法和改进的压力衰减法进行基块岩样流体敏感性评价。模拟储层实际温度(150℃)条件，采用高温高回压法评价储层水敏及碱敏性，并采用改进的压力衰减法对水敏岩样进行二次水敏评价。实验结果显示：高温高回压法测试基块岩样水敏程度中等偏弱，碱敏程度为强；改进的压力衰减法评价基块岩样水敏程度中等偏弱，两种实验结果具有较好一致性。结论认为：两种流体敏感性评价方法都充分模拟了储层温度条件。高温高回压法提高实验测试速度，扩大了稳态法测试储层流体敏感性的适用范围。改进的压力衰减法弥补了常规压力衰减法工作流体无法高效注入岩心的不足，可以有效减小实验误差。两种评价方法对超致密气藏储层损害评价具有借鉴意义。

【关键词】 超致密；砂岩气藏；高温；高回压；流体敏感性；评价方法

致密砂岩储层孔喉细小，黏土矿物发育，钻井开发过程中极易遭受严重的工作液损害[1-9]。为了提高入井工作液储层保护性能，减少甚至避免入井工作液对储层造成的伤害，设计合理的储层流体敏感性评价方法至关重要。目前的储层流体敏感性评价方法主要包括两种：常规稳态法和压力衰减法[10,11]。常规稳态法以行业标准法为代表，适用于空气渗透率大于 1mD 的碎屑岩储层岩样[12]，对致密储层而言实验时间长，误差大，适用性差。压力衰减法[13]由游利军和康毅力等针对致密储层流体敏感性实验评价提出，作为流体敏感性评价的新方法，压力衰减法具有评价渗透率范围广、评价结果精度高、可行性强、易操作等特点。根据流体敏感性损害机理，压力衰减法测试需要在不同工作液损害前向岩心内注入 2~3PV(孔隙体积)工作液流体，压力衰减法向岩心内驱替流体仍然采用常规的恒压驱替方法，对超致密砂岩气藏来说，极低的渗透率导致注入速度慢、实验耗时长。

为此，本文充分考虑高回压对岩样渗流效率的影响，提出采用高温高回压液测致密砂岩储层流体敏感性实验评价方法和改进的压力衰减法，对超致密砂岩气藏开展储层流体水敏、碱敏性评价实验。分析两种实验方法的实验原理，对比两种实验测试结果，探究高温高回压液测致密砂岩储层流体敏感性评价方法和改进的压力衰减法在致密储层流体敏感性评价中的可行性。研究成果对准确高效评价致密储层流体敏感性具有重要借鉴意义。

作者简介：张杜杰，1989 年生，男，汉族，山东东营人，博士(后)，主要从事钻井液理论与技术理论与研究工作。E-mail：zhangdj. sripe@ sinopec. com。

1 实验样品与实验步骤

采用的实验岩样取自超致密砂岩气藏，储层埋深大，平均储层温度可达 150℃，为典型的超高温超致密砂岩气藏。储层基块致密，天然微裂缝发育，实验室气测孔隙度范围主要分布于 1%~5%之间，平均 3.11%；气测渗透率范围主要分布于 0.005~0.035mD 之间，平均 0.015mD。储层岩石以岩屑长石砂岩为主，含少量长石岩屑砂岩。黏土矿物发育，其中伊利石、伊/蒙间层矿物占比最大，且多分布于孔喉等渗流的关键位置，潜在流体敏感性强[9,10]。采用高温高回压液测法评价致密砂岩储层水敏、碱敏流体敏感性损害程度，并将水敏岩样的高温高回压法测试结果与改进的压力衰减法测试结果进行对比分析。

1.1 岩样及流体选取

实验岩心取自中国某超深致密砂岩气藏，基础物性及进行的相关实验见表 1。

表 1 实验岩样基础物性

岩心编号	长度（cm）	直径（cm）	气测孔隙度（%）	气测渗透率（mD）	孔隙体积（cm^3）	实验类型	评价方法
A1-1	5.404	2.486	3.59	0.00589	1.02	水敏	高温高压/压力衰减
A1-2	5.172	2.471	3.18	0.00141	0.79	水敏	高温高压
A1-3	5.191	2.471	3.40	0.00577	0.85	碱敏	高温高压
A1-4	5.071	2.469	3.52	0.00684	0.85	碱敏	高温高压

水敏实验模拟地层水根据矿场地层水离子组分分析结果，实验室配制相同组分及矿物度的工作液。实验流体分别为地层水、次地层水(1/2 矿化度地层水)及蒸馏水，模拟地层水配方见表 2。碱敏实验工作流体类型是根据地层水配方，配制相同矿化度的 KCl 模拟地层水，根据地层水初始 pH 值及钻井完井液等工作液 pH 值设定实验流体 pH 值。地层水分析结果显示，原始地层水 pH=6.16，为弱酸性。工区现用油基钻井完井液滤液 pH 值为 10.37~11.38。因此，碱敏实验工作液 pH 值分别设定为 pH=6.5、pH=7.5、pH=8.5、pH=10、pH=11.5 和 pH=13。

表 2 模拟地层水配方

矿物类型	$NaHCO_3$	Na_2SO_4	NaCl	KCl	$MgCl_2$	$CaCl_2$	总矿化度
含量(mg/L)	563.24	649.22	185905.74	12441.50	3524.50	6153.32	209237.52

1.2 实验步骤及评价指标

1.2.1 高温高回压液测法

（1）为了克服常规稳态测试方法的不足，本文提出采用加高温高回压液测法评价致密砂岩储层基块岩样流体敏感性。为了模拟地层温度条件，实验过程中中间容器及岩心夹持器均为电加热至 150℃，实验装置如图 1 所示。

实验步骤：(1)岩心老化处理后抽真空加压 20MPa 饱和模拟地层水 48h；(2)将岩心装入岩心夹持器内，设置围压为 15MPa，温度设定 150℃；(3)将回压值设定为 5MPa，同时向

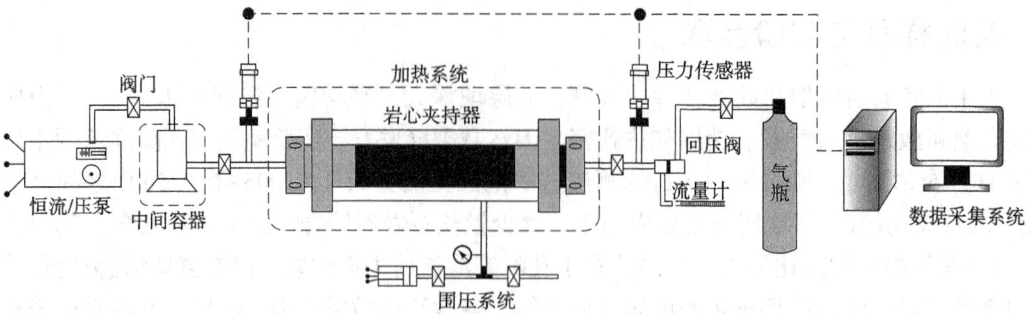

图1　高温高回压液测致密砂岩储层流体敏感性评价装置

岩心出/入口端注入模拟地层水提高岩心出/入口端至回压阀设定值；(4)通过恒流恒压泵逐渐增大入口端压力至12MPa后，保持恒压状态向岩心内部注入流体；(5)待驱替流体流过岩心2~3PV后，停止驱替待岩心与工作液反应12h。反应完成后重新进行驱替，使用移液管计量出口端流量；(6)待一种类型工作液测定完成后，更换次一级流体，重复(4)、(5)实验步骤，直至实验结束；(7)整理实验数据及实验装置。

1.2.2　改进的压力衰减法

实验装置与高温高回压液测法使用同一台装置。根据康毅力、游利军等压力衰减法专利中设计的实验步骤进行实验，具体实验步骤见专利。实验操作过程中，注意出口端始终预加回压，实验温度保持150℃。压力衰减前向岩心内注入2PV工作流体，充分反应12h后，开始进行压力衰减实验。入口端压力值衰减至$(p_i+p_h)/2$结束该类型工作液评价，记录压力半衰期T_r，评价指标为流体敏感性指数D_k。

为了对比改进的压力衰减法与高温高回压液测法，在水敏实验评价过程中待每种工作液稳态法测定完成后进行压力衰减法测试，对比实验结果。

2　实验结果

2.1　高温高回压液测法实验结果

2.1.1　水敏实验结果

用高温高压液测法评价了A1-1、A1-2岩样水敏性，实验结果如图2所示，储层水敏评价结果见表3。

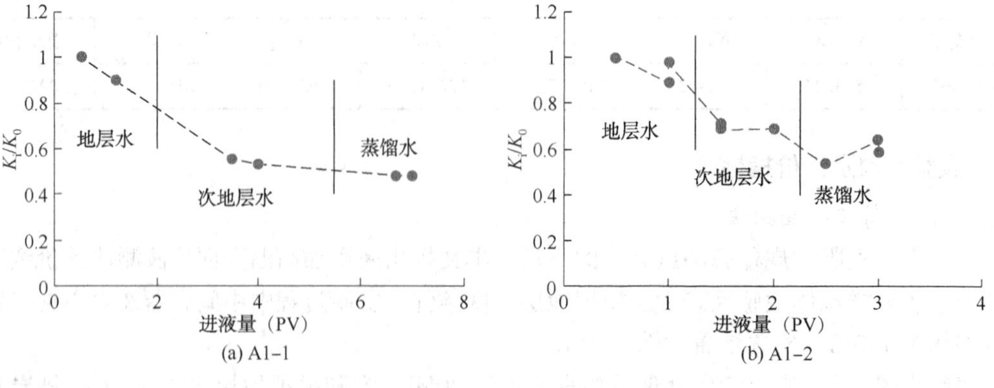

图2　高温高回压液测水敏实验评价结果

由图 2 可以看出，工作流体更换为次地层水(1/2 矿化度地层水)时，岩样渗透率发生明显降低；工作流体更换为蒸馏水时，渗透率仍有小幅降低。由表 3 可知该气藏水敏程度为中等。分析认为由于伊利石、伊/蒙间层矿物的存在，流体更换为次地层水时可能造成黏土矿物分散运移，矿化度减低可能使水膜厚度增大，最终导致岩心渗流能力降低。

表 3　高温高回压法液测岩心水敏损害程度

岩样类型	岩心号	孔隙度(%)	气测渗透率(mD)	水敏指数	水敏程度
基块	A1-1	3.59	0.00589	0.41	中等偏弱
基块	A1-2	3.18	0.01408	0.52	中等偏强

2.1.2　碱敏实验结果

用高温高压液测法评价了 A1-3、A1-4 岩样碱敏性，实验结果如图 3 所示，储层水敏评价结果见表 4。

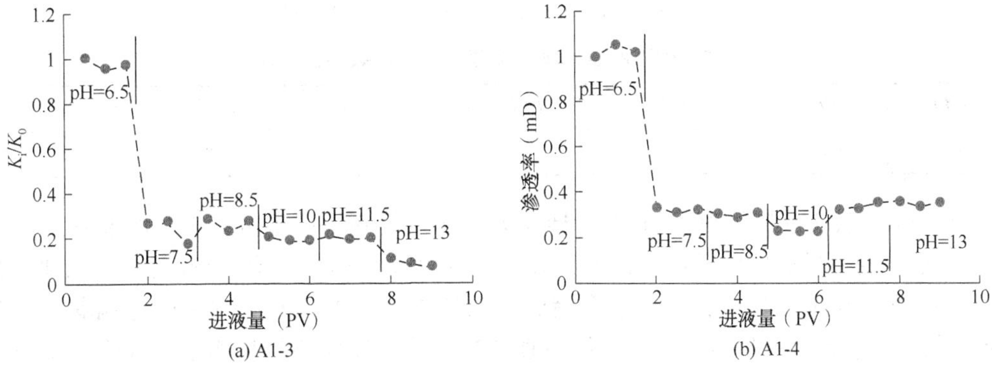

图 3　高温高回压液测法碱敏实验评价结果

根据实验曲线图 3 可以看出，当工作流体更换为 pH=7.5 的工作液时，岩心渗透率显著降低。随着工作液 pH 值继续升高，岩心渗透率基本稳定。由表 4 可知，岩心渗透率伤害率普遍大于 70%，碱敏程度为强，结合裂缝岩样碱敏数据分析可知临界 pH 值约为 8.5。分析认为高 pH 值工作液可能溶蚀胶结物，导致微粒失稳脱落、分散和运移堵塞渗流通道，进而引起渗透率降低。

表 4　岩心碱敏损害程度

岩心号	K(mD)	pH 值	6.5	7.5	8.5	10	11.5	13	伤害程度
A1-3	0.005768	K_i/K_0	1.000	0.227	0.227	0.186	0.194	0.083	强
		损害率(%)	/	77.23	77.23	81.34	80.54	91.68	
A1-4	0.00684	K_i/K_0	1.000	0.30	0.286	0.217	0.319	0.331	强
		损害率(%)	—	70	71.4	78.3	68.1	66.9	

2.2　改进的压力衰减法实验结果

使用改进的压力衰减法评价 A1-1 基块水敏性，实验结果如图 4 所示，该储层段水敏评价结果见表 5。通过监测压力半衰期 T_r，计算流体敏感性指数 D_k。

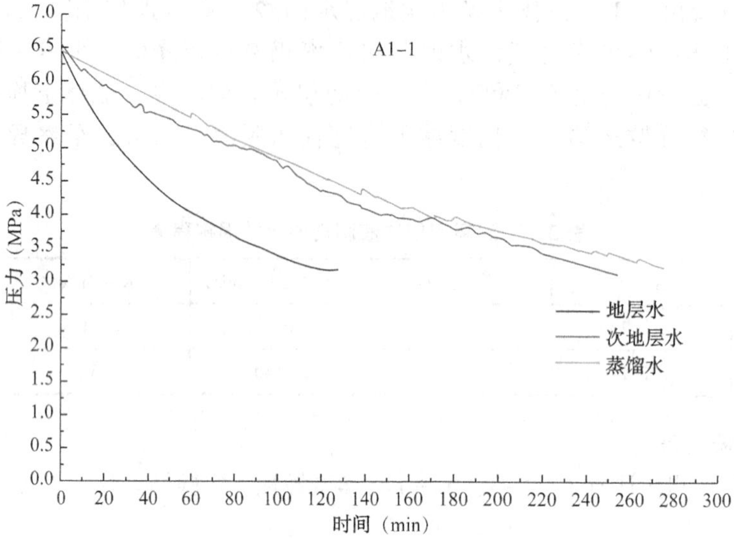

图 4　改进的压力衰减法液测水敏实验评价结果

表 5　改进的压力衰减法液测岩心水敏评价结果

岩心编号	流体类型	地层水	次地层水	蒸馏水	水敏指数(D_k)	水敏程度
A1-1	T_r(min)	140.08	253.62	274.73	0.45	中等偏弱

分析图 4、表 5 分析可知，A1-1 岩样压力衰减时间在地层水时衰减时间较短，工作流体为次地层水时衰减时间明显增大，工作流体更换为蒸馏水时，压力衰减时间与次地层水衰减时间略有延长但非常接近，通过计算储层水敏指数为 0.45，水敏程度中等偏弱。结合图 2、图 3 析认为，高温高回压液测法与压力衰减法评价水敏实验结果相近。说明高温高回压液测法与改进的压力衰减法均可有效评价储层流体敏感性。

3　讨论

3.1　行业标准法存在问题

行业标准法是评价常规储层流体敏感性的主要手段，实验中以恒定工作液注入速度的测试方法计算不同工作液反应后的岩心渗透率，以此评价储层流体敏感性。针对致密储层，很多学者依然采用行业标准法评价储层流体敏感性。然而，行业标准法在该类储层的使用过程中表现出很多问题。首先，敏感性流动实验评价方法(SY/T 5358—2010)明确指出本标准适用于空气渗透率大于 1mD 的碎屑岩储层岩样敏感性评价，而绝大多是的致密储层气测渗透率均小于 1mD；其次，行业标准法在驱替及水—岩反应过程均在常温下进行。目前的致密储层埋深较大，储层处于高温环境，部分学者已经证实高温对储层流体敏感性有较大影响[14]，行业标准法不能充分反映储层流体敏感性；第三，行业标准法以恒流模式进行，驱替，较高的恒定流速极易导致入口端憋压。如果围压随之升高易，可能导致出口端在应力作用下渗透率大幅度降低。较低的恒定流速在出口端不易计量，造成较大的实验误差。

3.2　高回压提高液测渗透率原理

超致密储层基块岩样渗透率低，常规稳态法液监测出口端流量困难，测试过程耗时。通常气测岩心渗透率时通过加 1～2MPa 回压消除滑脱效应，提高储层岩石渗透率测试精度。

通常认为加回压将提高岩心流动阻力，降低岩心渗流能力，不适用于液测致密储层渗透率。本文调研及探索实验发现，岩心驱替过程中预加岩心出口端回压不仅不会降低岩心渗流能力，反而可有效提高工作流体的流入效率，提高流体通过岩心的能力。实验原理总结为3点：(1)加高回压促使小孔道参与流通，渗流通道增多；(2)增大孔隙压力压缩了水膜厚度[15]，增大了渗流截面积，进而提高储层的流体注入能力；(3)出口端预加回压有助于降低岩心出口端有效应力，降低岩心出口端应力敏感造成的渗透率降低程度，有效提高岩心渗透率。

3.3 改进实验方法可行性分析

3.3.1 高温高回压液测法可行性分析

高温高回压液测法采用常规的稳态法监测不同流体处理岩心后的渗透率，渗透率评价机理非常清楚。该方法充分利用高回压可以提高致密岩心渗透率的特点，充分模拟地层实际温度条件，开展流体敏感性实验。同时，高温实验过程中，高回压可以有效提高流体沸点，防止高温条件下流体沸腾引起实验误差[16]。由于地层水矿物溶解度普遍随着温度的升高而升高，因此实验过程中不会出现盐结晶的现象。综上认为，高温高回压液测法评价致密储层流体敏感性可行。

3.3.2 改进的压力衰减法可行性分析

由于常规稳态法不适用于超致密储层，部分学者提出使用压力衰减法评价超致密储层流体敏感性。压力衰减法具有不计量岩心出口端流量，通过监测流体通过岩心时压力随时间的变化情况进而评价流体敏感损害程度的优势。根据岩心流体敏感性损害机理，不同类型的工作流体必须与岩心充分反应，因此在进行压力衰减法测试需要向岩心内注入不同类型工作液2~3PV。对于渗透率小于0.1mD的岩心，常规的注入方式已经无法达到注入要求。采用改进的压力衰减法，在更换工作液类型时预加高回压，提高流体的更换效率。压力衰减时，保持出口端加高回压，防止工作流体蒸发增大实验误差。常规的压力衰减法评价时，分析认为压力变化为[17]：

$$p = p_{\mathrm{i}} \mathrm{e}^{-\frac{600KA}{\mu L C_{\mathrm{w}} V_{\mathrm{o}}} t} \tag{1}$$

确定评价指标为改进的压力半衰期。改进的压力半衰期 T_{r} 指当入口端压力由初始值衰减至 $(p_{\mathrm{i}}+p_{\mathrm{h}})/2$ 的时间。

由式(1)可知，当入口端压力由 p_{i} 变化为 $(p_{\mathrm{i}}+p_{\mathrm{h}})/2$ 时，半衰期为 T_{r}，代入公式(1)得：

$$\frac{1}{2}(p_{\mathrm{i}} + p_{\mathrm{h}}) = p_{\mathrm{i}} \mathrm{e}^{-\frac{600KA}{\mu L C_{\mathrm{w}} V_{\mathrm{o}}} t} \tag{2}$$

整理公式(2)可得：

$$K = \left(\frac{\mu L C_{\mathrm{w}} V_{\mathrm{o}} \ln \dfrac{2p_{\mathrm{i}}}{p_{\mathrm{i}} + p_{\mathrm{h}}}}{600A} \right) \frac{1}{T} \tag{3}$$

对于特定仪器，实验过程中固定入口端压力及出口端回压，$\dfrac{\mu L C_{\mathrm{w}} V_{\mathrm{o}} \ln \dfrac{2p_{\mathrm{i}}}{p_{\mathrm{i}} + p_{\mathrm{h}}}}{600A}$ 可认为是常数。由公式(3)可知半衰期与渗透率成反比，即渗透率最大时半衰期最小，因此敏感性指数 D_{k} 为：

$$D_k = \frac{K_{max} - K_{min}}{K_{max}} = \frac{\frac{1}{T_{min}} - \frac{1}{T_{max}}}{\frac{1}{T_{min}}} = \frac{T_{max} - T_{min}}{T_{max}} \quad (4)$$

3.4 改进实验方法的优势

实验模拟研究区块气藏地层实际温度 150℃，较充分地反映了地层实际条件。改进的实验方法实验时预加回压，有助于提高岩心的注入能力，可以有效缩短实验时间，同时降低实验误差。改进的压力衰减法可使流体顺利注入岩心，可保证不同类型工作液与岩石充分反应，减小实验的系统误差。出口端预加回压可较大幅度提高工作液沸点，减小由于高温工作液蒸发引起的实验误差。同时，由于改进的实验方法可以有效地提高致密砂岩岩心渗透率，这将扩展液测法评价致密砂岩敏感性的渗透率范围，对超致密砂岩气藏储层损害评价具有重要借鉴意义

4 结论

（1）高温高回压液测法实验结果显示储层基块水敏程度中等偏弱，碱敏程度强；改进的压力衰减法评价储层基块水敏程度中等偏弱。两种实验方法结果具有较好的一致性。

（2）高温高回压法改进了常规稳态法评价储层流体敏感性，模拟了储层温度条件，提高了实验速度和实验精度，扩大了稳态法测试储层流体敏感性的储层物性范围。

（3）改进的压力衰减法提高了工作液注入岩心的效率，降低了工作液未充分流入岩心而导致的实验误差，进一步缩短了压力衰减法的测试时间。

（4）高温高回压液测法和改进的压力衰减法都能够较快、准确的评价超致密储层流体敏感性，同时扩展了液测法评价流体敏感性的渗透率范围，对超致密砂岩气藏储层损害评价具有重要借鉴意义。

参考文献

[1] 康毅力，罗平亚，徐进，等．川西致密砂岩气层保护技术：进展与挑战[J]．西南石油大学学报，2000，22(3)：5-8.

[2] 滕学清，张洁，朱金智，等．迪那 3 区块致密砂岩气藏损害机理及储层保护技术[J]．钻井液与完井液，2015，32(1)：18-21.

[3] 朱华银，蒋德生，安来志，等．川西地区九龙山构造砾岩储层敏感性实验分析[J]．天然气工业，2012，32(9)：40-43.

[4] 王富华．低渗透致密砂岩气藏保护技术研究与应用[J]．天然气工业，2006，26(10)：89-91.

[5] 尹昕．大牛地气田砂岩储层敏感性实验研究[J]．天然气工业，2005，25(8)：31-34.

[6] 张浩，康毅力，李前贵，等．鄂尔多斯盆地北部致密砂岩气层黏土微结构与流体敏感性[J]．钻井液与完井液，2006，22(6)：22-25.

[7] Elkewidy T I. Evaluation of formation damage/remediation potential of tight reservoirs[C]// SPE165093-MS present at the SPE European Formation Damage Conference & Exhibition.，5-7 June 2013，Noordwijk，The Netherlands，DOI：http：//dx. doi. org/10. 2118/165093-MS

[8] Qutob H，Byrne M，LR Senergy. Formation Damage in Tight Gas Reservoirs[C]//SPE174237-MS present at the SPE European Formation Damage Conference and Exhibition，3-5 June 2015，Budapest，Hungary，DOI：http：//dx. doi. org/10. 2118/174237-MS.

[9] Bennion D B. An overview of formation damage mechanisms causing a reduction in the productivity and injectivity of oil and gas producing formations[J]. Journal of Canadian Petroleum Technology, 2002, 41(11): 29-33.
[10] 康毅力，张晓磊，游利军，杜新龙．压力衰减法在大牛地致密储层流体敏感性评价中的应用[J]. 钻井液与完井液，2013，30(6)：81-84.
[11] 任茂，苏俊霖，欧彪，游利君．压力衰减法在评价储层流体敏感性中的应用[J]. 钻井液与完井液，2013，30(3)：41-42.
[12] 2010 SYT. 储层敏感性流动实验评价方法 [S]. 中华人民共和国石油天然气行业标准[D]. 2010.
[13] 游利军，康毅力，杜新龙，李相臣．一种确定致密岩心损害的方法：中国，200910058286.8 [P]. 2012-06-20.
[14] 张昌铎，康毅力，游利军，杨玉贵，兰林．深层高温裂缝性致密砂岩气藏流体敏感性实验研究[J]. 钻采工艺，2010，33(4)：83-86.
[15] 俞杨烽，康毅力，游利军．水膜厚度变化—特低渗透砂岩储层盐敏性的新机理[J]. 重庆大学学报：自然科学版，2011，34(4)：67-71.
[16] Christanti Y, Ferrara G, Ritz T, Busby B, Jeanpert J, Abad C, et al. A New Technique to Control Fines Migration in Poorly Consolidated Sandstones-Laboratory Development and Case Histories[C]//SPE143947-MS present at the SPE European Formation Damage Conference, 7-10 June, Noordwijk, The Netherlands 2011, DOI: http://dx.doi.org/10.2118/143947-MS.
[17] 杜新龙．低渗透微裂缝砂岩油层损害评价方法及损害机理研究[D]. 成都：西南石油大学，2009.

浅谈信息化建设在钻井液领域中的发展

林阳升

（中国石油集团川庆钻探工程有限公司钻井液技术服务公司）

【摘　要】 信息化技术在物流、金融服务、实体经济等领域应用已经构建起当今企业管理的主流，各企业的管理逐步由粗放化走向精细化，由单兵作战走向联合共享管理，由柜台式走向全天候管理，由被动反应走向主动预见，由风险隐蔽走向风险防范。气势磅礴的信息化飓风已经从世界各处向我们呼啸而来，钻井液行业必须在快速的现代化信息节奏中转变，及时应对当前形势下带来的机遇和挑战，用现代化信息技术突破生产技术、管理运行瓶颈，创造出一代钻井液行业新模式。

【关键词】 信息化；钻井液；新模式；瓶颈

企业信息化建设是指企业利用计算机技术、网络技术等一系列现代化技术，通过对生产数据资源的深度开发和广泛利用，串联生产、经营、管理、决策信息孤岛，从而提高企业管理效率和水平，提升经济效益和竞争力。

在信息化高速发展的今天，完全依靠天赋和直觉的日子，已经一去不复返，当气势磅礴的信息化飓风从世界各处向我们呼啸奔腾压来之际，石油行业是否做好了准备？钻井液行业发展在信息化大潮中将何去何从？它会带给我们怎样的机遇与挑战？

1　目前钻井液所处形势

20 世纪后期，数字化钻井帮助石油公司打破了地域空间限制和专业局限，实现了专业集成，具有良好的辅助决策功能，为石油公司创造了巨大的财富。各专业化钻井服务商都在思考如何在经济与技术巨大市场竞争中屹立不败之地，做好技术的提炼和传承，生产运行的高效组织，人力资源精确配置，经营策略清晰分析及决策。这是世界各大钻井服务公司利用信息思维优化管理探索的方向，也是公司由生产向生产经营管理型转换必须面对的思考。对标国外优秀管理举措，公司在自身特点上存在如下瓶颈：

一是传统口传心授，手把手教导的传承模式落伍于时代。依托于传统，大量的经验数据、经典配方、对复杂故障处理的思维得不到有效地吸收和保存，应景式管理缺乏底层专业化研究，技术浮在面上，执行力也随之大打折扣。

二是基于传统工艺的钻井液技术研发与迭代已经不适合于新形势的要求。传统的技术设计思路基于大量的实验数据进行开展，所需人力、物力极为庞大。在当今管理要求人员精

基金项目：川庆钻探工程有限公司钻井液技术服务公司课题《生产运行管理系统设计与开发》ZJY2018-2。

作者简介：林阳升，助理工程师，大学本科，1994 年生，毕业于电子科技大学应用化学专业，现在从事钻井液领域信息化工作。地址：四川省成都市成华区猛追湾街 26 号；邮箱：linys_ sc@ cnpc. com. cn；电话：15008226119，028-86010880。

简、运转高效的背景下，已严重制约技术的发展。

三是新的人力资源结构及用工模式影响公司可持续发展。非专科学习的人员大量进入专业性很强的领域，企业人员流动性大，一直在某领域进行潜心研究和领悟的工程技术人员越来越少，导致传统技术的集成、传承逐步出现空档。

四是企业自身并未意识到信息化对现代管理转型的需要。公司仍处于报表管理模式阶段，工作效率低下，数据分析片面，管理流程冗长，决策支撑不足等问题，反映出现代化信息管理思维还未构建，利用信息技术冲击完成企业组织和业务流程的重组仍未起步。

所以，为了打造企业良性生存环境，拥有良好竞争力，内外因素倒逼公司必须从技术的有形化构建、盘活有限人力资源、管理效率和执行力、担当精神等方面进行全面提升。油服公司在2020年下发的“四化”建设工作方案中也明确指出，坚持问题导向、需求导向、目标导向，强化系统推进、总结提升、精准实施，围绕创新管理，科学制定实施方案，借助信息化建设推动公司高质量发展再上新台阶无疑是最重要手段之一。

2 钻井液信息化建设策略

2.1 思路启发

作为钻井液属于传统重工业，钻井液专业人员普遍对企业信息化认识不足，观念不强，未把信息化放到提高管控水平和建立科学高效的业务流程体系的重要位置。所以，钻井液专业的信息化建设必须基于信息化、网络化的意识去思考企业管理问题，确保信息化建设在企业发展中的功效及时、有效地发挥出来。

同时，钻井液信息化建设建设并非是一项立竿见影的工作，而是长期的系统工程，需要稳定的政策和发展思路作支撑。领导层应拟定预期目标，从上至下宣贯，统一发展思路，让大家看到信息化建设的好处，有了群众基础，自然“人心齐泰山移”。钻井液信息化建设整体规划应以可持续发展为基础通过信息技术探索发现生产、运行、经营等板块的新模式。信息化建设前期，要从整个钻井液的制度需求出发，进行统筹规划，精细部署，了解每一个部门，每一项流程的信息化需求，从管理的规章制度出发，理清资料台账间的关系，做好管理体系间的数据融合，保证数据信息实现共享，避免建设信息孤岛。

2.2 总体布局

2.2.1 搭建适合钻井液自身发展的信息平台

搭建“钻井液运行管理系统”，优先实现生产技术管理信息化，同时带动经营管理的优化升级：根据公司信息化建设的总体部署和安排，前期以基层减负为基础，生产运行为突破口的方式，打破部门界限，推动公司内部的管理协作，提升数据使用效率，助力基层资料减负，通过现场录入基础数据，后台抓取信息自动生成各级报表，避免之前不同层级、不同业务部门报表重复输入相同数据的情况。同时前期重点建设以业务为导向的核心模块，如钻井液倒运、钻井液配制、材料消耗等模块，在实现业务管理优化的同时，通过后续统计分析数据挖掘，助推公司经营管理更上一台阶。

2.2.2 根据不同部室需求定制对应功能

整合公司内部需求，实现数据交互与联动：各部门根据自身业务需要，提出对该系统的近期和中长期需求。近期需求是通过生产数据，解决目前较为紧要的需要，如结算时、物资供应时需要的生产数据；中长期需求是希望通过系统完善的业务管理，如考勤管理、综合检查、绩效考核、风险预警。公司职能部门根据各部室相关业务对生产数据和信息的需求，先建立需要录入的数据总表，再进行整合，形成整合后的数据需求列表。同时利用科学算法，完善系统统计分析功能，提供高质量的“定制服务”，从而实现“一次录入，多次抓取”数据使用模式，达到生产与经营管理的联动。后续逐步实现对不同数据的收集汇总，利用随机采样分析法、样本分析法等形成各级各类报表，从而得到区域化的规律、趋势，形成一套完整的生产运行机制，对现场复杂做到快速反应，提高微观层面数据分析的准确性，建立有效的大数据库，快速发现管理中哪一环节出现问题，在系统内实现联动及时解决问题。

3 信息化建设变革

3.1 信息化建设开发与应用

3.1.1 建设信息化平台

建设一个有高计算性能、高可扩展性、基于“业务主导的自服务模式(Bus iness-User-Driven)”的核心准则，可以自助探索式实时数据可视化智能分析平台。支持多维分析、图表分析，具备丰富的WEB表单组件，支持丰富而灵活的事件响应机制，提供数据展现类WEB系统的零编码开发能力。在进行数据分析的同时，还能支撑设计WEB数据展现的可视化系统，实现“大数据的分析和可视一体化”。能够快速完成数据获取、图形分析、报表编排、报告发布，快而有效的响应不断变更和迭代的数据分析需求。

3.1.2 实现单井生产状态分析

主要针对单井的钻井液使用情况、物资使用情况、材料使用情况、作业队工作情况、运输等自作业队成立直至完井的过程进行分析，形成相应的图表，显示钻井液、物资等在不同阶段的使用变化，如有异常则系统自动预警提示。通过对单价生产状态的实时分析，可全面掌握每个井在人、材、物、料、环上的情况，为管理人员决策提供了有效的数据支持。

3.1.3 实现多井生产状态分析

形成多井之间相同业务的横向比对，可分析同类井的相同业务加权均值，作为后期同类井生产管理的指导，同时也能够通过同类井的比对发现人、材、物、料、环等方面各作业队的管理水平和执业能力，从而更好地指导作业队工作，推动人员能力提升等。

3.1.4 汇集成本分析

实时汇总单井、多井、区块的成本数据，并对成本消耗情况进行分析，指导作业队、各业务口管理部门、财务部进行系统化的成本管理，也能够提升成本概预算准确度，使公司的财务可控、能控，推动成本节约。

3.2 信息化建设效果

软件方面，作为公司的信息化建设，实现作业队层面的全覆盖，通过解决“现场减负问题、提高机关管理效率、强化过程监管”为抓手，逐步建立了“基层数据及时录入和自动采集，生产运行报表自动生成，管理数据使用互联互通”三大版块的钻井液运行管理系统，通过纸质台账电子化、电子资料信息化的方式，绘制钻井液脑图，分析单井全要素。该系统基本实现对公司相关生产管理数据的现场实时填报、综合查询分析、数据管理、综合展示，以现场作业队数据收集为基础，搭建生产数据资源池，支撑公司对生产管理业务的监控，实现对成果数据的规范化管理，优化业务管理，提高工作效率，为减负工作提供了重要的技术手段。目前，钻井液公司运行管理系统通过前期的基础性建设，已在川渝地区作业队全面上线，推广作业队 113 支，应用井次 300 余口，覆盖公司机关部室 7 个，二级单位 5 个。使用运行系统后明显提高了工作效率，填报报表时间由原来的 30min 缩短到 10min；收集现场物资由原来纸质手工变为实时监管，统计分析单井、区块、公司等物资消耗情况由人工统计 2 天缩短到 20min 筛选统计导出即可。经调研，整套系统运行下来作业队平均提升时效 59%，后辅单位平均提升时效 43%，综合平均提升时效 51%，解放了劳动力，同时加快了生产信息的集成，便于专家和工程师快速反应、及时解决问题。

硬件方面，建立公司的远程指挥中心，打通信息孤岛，完成与一体化平台的交互，打通录井曲线、录井视频、生产运行平台等功能，丰富完善 RTOC 作业模式，通过大屏实时监管，异常实时提醒，进度实时追踪等功能，改变传统作业模式，实现办公效率、办公思路的大转变。利用作业现场传感器自动采集分析平台如钻井液在线监测仪器、重晶石白油在线检测仪器、钻井现场视频监控等，利用现场的传感设备、图像识别技术对现场的部分工作进行自动采集，减少人工干预的程度，不但减轻现场工作人员的劳动强度，同时可极大降低误差，对需要进行实时监督的工作起到的积极的作用。构建数据采集系统，将现有传感设备的数据进行前端采集传输，统一进入系统进行数据存储分析，利用传感器实时回传的数据替代过去需人工填报系统的工作。利用图像识别技术，通过移动设备拍摄的照片、视频，现场监控的实时视频，对现场环境(如安全标牌等)、作业队人员利用人脸识别、特殊物体建模识别等，进行自动检查、考勤等自动识别。实现智能化远程管控，发现异常主动上报管理人员和管理部门，有效减轻工作量的同时，达到了全维管控的目的。

3.3 进一步深化公司信息化建设

(1) 钻井液公司持续打造作业队人员的移动应用系统，将前期涉及作业队现场应用的如性能检测、工作交接、储备重浆检查、现场培训、复杂故障、事故事件处置等进行业务重构、迁移至移动端，让作业队人员在工作的同时就利用移动设备实时上报，让系统应用融入到日常工作中，同时增加音视频记录，管理人员可实时了解现场状况。同时可打造现场工作视频检查、指导、培训等业务，充分利用移动设备的作用，建立机关部门与作业队的现场交流渠道。将原 PC 端的应用迁移至移动端，实现性能巡检、综合检查等工作的移动应用管理，打通外出人员与本部门管理人员、其他部门协作人员的业务实时交互渠道。移动应用是未来信息化建设的主要应用途径，能有效解决时空交互问题，同时提高沟通效率，现场应用效果明显。

(2) 进一步完善企业管理的业务线，深化业务应用细节的同时，将人员、资金成本、材料采购评估等更多业务进行系统化管理。研发作业队人员、外出人员的管控管理，通过对人员的基础信息、证书材料、人脸、工作路径等实现考勤、人员能力、履职路径等的管理，为人员考核、岗位培训提升提供全方位的管理信息；强化目前的材料、劳保物资、安全设施设备、实验器具的管理；通过前期对材料、物资等相关业务的梳理应用，增加资金成本管理，对每个井的生产成本进行登记、分析，从而以井、区块、材料类型、事件类型等维度充分分析成本消耗的情况，为管理人员展示不同维度的成本情况，为企业资金管理提供成本数据；强化材料物资的运输管理，利用存量、消耗情况和 GIS 系统的信息，利用智能算法，比对最优运输路径等，从而给转运、采购提供充分的决策信息指导；构建井史模块，实现公司所有井的井史纵览，对井史信息进行多维度比对，为优化生产作业、管理机制提供数据支持。

(3) 利用现有系统中的数据，启动数据统计、决策分析的应用。建设企业 BI 报表系统，对系统中的材料消耗、材料转运、钻井液转运、物资采购分析、作业情况分析、钻井液材料消耗等进行统计分析，自动组合按需形成作业队长、后辅单位管理人员所需的各类报表。同时加强与其他系统的融合，消除信息孤岛，扩展数据容量，将平台由钻井液公司走向全世界。

4 结语

对钻井液公司发展来说，必须坚持以生产为主线，产出为导向，以融合技术状态、质量管控为要素，以生产任务分析、生产资源分析、智能决策功能为目标，大力发展信息化建设。下步，必须在信息化建设中才能利用互联网新技术对传统产业进行全方位改造，提高全要素生产率，释放数字对经济发展的放大、叠加、倍增作用，优化管理流程，从而提高企业管控能力，降低管理成本，以进一步提高企业的经济效益和核心竞争力为目的，开拓钻井液新领域。

抗温抗盐抗水解的丙烯酰胺聚合物降滤失剂研制

赖晓晴　张天怡　张晶莹　沈艳清　徐　路

（中国石油集团工程技术研究院有限公司）

【摘　要】 NaOH 中的 Na^+可作为一种优质的阳离子交换剂，在以钠基膨润土为基础造浆材料的钻井液中，提供足够 Na^+，确保膨润土在使用过程中具备良好的水化膨胀性能。常规的丙烯酰胺类聚合物中含有酰胺基团，在 NaOH 存在条件下，易水解成为羧酸基，从而失去原有的性能。因而作为环保型钻井液用降滤失剂的丙烯酰胺类产品必须具备良好的抗 NaOH 水解能力，确保在使用过程中保持良好的性能。本文介绍一种新型抗 NaOH 水解、抗温（180℃）抗盐（30%）抗钙（1%）的降滤失剂 DRCJ-R，在 40%NaOH 条件下，加量为 2%~3%时就具有良好的降滤失效果。

【关键词】 环保钻井液；丙烯酰胺聚合物；降滤失剂；抗水解；抗温抗盐

钠基膨润土是钻井液的基础材料，它自身具有强的吸湿性和膨胀性，可吸附 8~15 倍于自身体积的水量，体积膨胀数倍至 30 倍，在水介质中能分散成胶凝状和悬浮状，这种流体具有一定的黏滞性、触变性、润滑性和较强的阳离子交换能力。在钻井施工过程中为了确保钠基膨润土的稳定性，即碱性状态，通常需要通过加入氢氧化钠中提供足够量的 Na^+来实现。然而对于各种钻井液处理剂，氢氧化钠的存在有着的不同的作用和效果，对于丙烯酰胺类聚合物钻井液，分子链上含有的酰胺基团（-CONH-）在氢氧化钠存在条件下易水解成羧酸基团（-COOH），使其失去原有性能，这是因为酰胺基团在钻井液中的作用是吸附基团，而羧基是水化基团，这种在氢氧化钠条件下官能团的变化，导致功能较大的变化，致使钻井液性能发生较大的改变，如黏度变稀，滤失增大，甚至无法控制等，严重时会使钻井液体系失去原有的性能。

随着国家对环境保护的日益关注，环保型产品越来越受到青睐，丙烯酰胺和多糖类产品因其环保型倍受到关注。多糖类产品由于分子链中含有醚键，易断裂，这类产品具有良好的抗盐性，但它的抗温性不足，只能在井温不高的地层使用。丙烯酰胺聚合物成为研究环保型抗温抗盐降滤失剂的重要研究内容。近年来磺甲基酚醛树脂、磺化褐煤树脂、磺化沥青及同类产品由于色度，由甲醛和苯酚等单体缩聚而成，这些单体易致癌物，替代这类产品的呼声越来越高。本项研究以丙烯酰胺和丙烯酸为主体研制成功一种抗温抗盐降滤失剂，这种降滤失剂抗温达 180℃，抗 NaCl30%和抗 $CaSO_4$1%以上。

1　实验部分

1.1　主要原料

DMC：试剂级，国药集团；

SSS：分析纯，上海嘉辰化工有限公司；

作者简介：赖晓晴，高工，主要从事环保型钻井液处理剂和钻井液技术研究，工作于中国石油集团工程技术研究院有限公司。联系电话：010-80162087。

AMPS：山东潍坊泉鑫化工有限公司；

AM：试剂级，国药集团；

AA：试剂级，津同乐泰化学公司；

二甲基二烯丙基氯化铵：试剂级，国药集团；

NaOH：分析纯，国药集团；

过硫酸钾：分析纯，国药集团。

1.2 制备方法

将5.69g SSS溶于100mL去离子水中，依次加入4.38g AMPS，0.83g DMC和2.43g AM，3.56g AA，0.86g二甲基二烯丙基氯化铵，待全部溶解后，用NaOH调整pH值至7.5，通入N_2 30min，加入0.002g过硫酸钾，在45℃条件下反应7h得到共聚物，将共聚物用无水乙醇反复洗涤，造粒，烘干，粉碎，得到产品。

1.3 基浆和样品浆配制

基浆一，去离子水中加入6%钠基膨润土，高搅20min，中间至少中断两次，刮下杯壁上的粘附物，在25℃±1℃下密闭养护24h，作为基浆。

基浆二，去离子水中加入6%钠基膨润土和4%评价土，高搅20min，中间至少中断两次，刮下杯壁上的粘附物，在25℃±1℃下密闭养护24h，作为基浆。加入评价土的目的是模拟劣质固相对钻井液性能的影响。

在基浆中加入一定量的样品，充分搅拌后，加入一定量分析纯氯化钠和硫酸钙，再加入40%氢氧化钠10mL，高速搅拌20min，中断两次以刮下粘附在杯壁上的浆液，养护16h以上，在160℃下恒温滚动老化16h后，测试钻井液性能。

1.4 钻井液流变性和滤失量测定

通过ZNN-D6六速黏度计测试钻井液的流变性，使用SD3型三联失水仪测试钻井液的API滤失量，GGS71-B型高温高压失水仪测试钻井液的高温高压滤失量。

2 结果与讨论

2.1 不同DRCJ-R加量下钻井液性能研究

15%NaCl和1%$CaSO_4$可看作模拟盐膏层。本项研究考察160℃经16h热滚（高温下水解）条件下，不同加量降滤失剂DRCJ-R经受盐膏层污染后，钻井液的pH值降低，用40% NaOH溶液10mL中和这些酸性物，保持钻井液处于碱性状态下钻井液性能的变化，实验结果见表1。

表1 不同加量下DRCJ-R的钻井液性能

基浆类型	DRCJ-R加量(%)	AV(mPa·s)	FL_{API}(mL)	pH值	FL_{HTHP}(mL)
基浆一	1.5	32	7	9.7	58
	2	40	4.6	9.7	32
	3	53	3.8	9.7	22
基浆二	1.5	36	9	9.7	64
	2	43	5.8	9.7	34
	3	65	4.5	9.7	24

表 1 表明，随着降滤失剂 DRCJ-R 加量的增加，钻井液的表观黏度增加，滤失量降低，尤其是高温高压滤失量，随着加量的增加，降低速度更快。这是因为本降滤失剂采用了屏蔽技术，对酰胺基团(-CONH-)进行保护，防止在氢氧化钠条件下水解，使其能正常发挥作用。即丙烯酰胺类降滤失剂是通过吸附基团——酰胺基团(-CONH-)吸附在黏土颗粒表面，水化基团羧酸基团(-COOH)伸展在液相中吸附更多的自由水，束缚住钻井液中的自由水，确保钻井液低自由水含量，达到降低滤失量的作用。本项实验表明，随着 DRCJ-R 加量的增加，相同条件下吸附基团和水化基团数量均增加，滤失量随着 DRCJ-R 加量增加，水化基团增多，滤失量显著降低，HTHP 滤失量降低更明显；黏度同时上升，而 pH 值保持不变，也用实验说明氢氧化钠没有对 DRCJ-R 产生水解作用，DRCJ-R 随着加量的增加，黏度和滤失量并没有因为水解而造成钻井液性能变差等现象。

基浆中加入评价土是为了模拟劣质固相对钻井液性能的影响，实验结果表明，加入 4%的评价土后，钻井液性能与不加评价土相差不大，说明该降滤失剂还具有良好的抗劣质钻屑污染能力。

2.2 不同温度对 DRCJ-R 钻井液性能研究

随着勘探向地球深层开发力度的增加，钻遇井底更高温度要求越来越多。本项研究考察 DRCJ-R 在 180℃和 190℃条件下经受 15%NaCl 和 1%$CaSO_4$污染后，经过 40%NaOH10mL 水解后 16h 后钻井液性能的变化。实验结果见表 2。

表 2 不同加量和不同温度下 DRCJ-R 的钻井液性能

基浆类型	加量(%)	温度(℃)	AV(mPa·s)	FL_{API}(mL)	pH 值	FL_{HTHP}(mL)
基浆一	2	180	36	5.6	9.3	35
	3		47	4.2	9.3	26
	2	190	32	7.8	9.3	42
	3		43	4.6	9.3	32
基浆二	2	180	37	6.4	9.3	36
	3		49	4.6	9.3	28
	2	190	36	8.4	9.3	43
	3		45	4.8	9.3	34

表 2 表明，DRCJ-R 在 15%NaCl 和 1%$CaSO_4$污染条件下，180℃热滚(水解)16h 后，仍具有良好的降滤失效果，表观黏度也承着加量的增加而升高，说明 DRCJ-R 在 180℃条件下仍具有良好的钻井液性能，且受劣质钻屑的影响不大。温度升高至 190℃，钻井液性能各项指标有下降的趋势，而 pH 值保持不变，说明 190℃时，DRCJ-R 没有产生水解，而是由于温度高后，DRCJ-R 本身的抗温性有变化，是因为分子链受到高温冲击引起的变化，与水解基本无关。这项实验研究表明，DRCJ-R 在 15%NaCl 和 1%$CaSO_4$污染条件下，抗温最高可达 190℃。同样，劣质固相对钻井液抗温性能影响不大。

2.3 纯盐膏层条件下钻井液性能

纯盐膏层是深井钻进时常会钻遇的问题，考察纯盐层钻进时钻井液处理剂抵抗高浓度 Cl^-和石膏污染能力是评价处理剂性能的一项必要指标。评价 160℃和 180℃受 30%NaCl 和 1%$CaSO_4$污染两种条件下钻井液性能的变化，探讨 DRCJ-R 高温条件下的钻井液性能变化。

实验结果见表3。

表3　3%DRCJ-R在不同温度下受纯盐膏层污染的钻井液性能

基浆类型	温度(℃)	AV(mPa·s)	FL_{API}(mL)	pH值	FL_{HTHP}(mL)
基浆一	160	47	3.8	9.3	22
	180	44	4.0	9.3	26
基浆二	160	49	4.4	9.3	22
	180	46	4.5	9.3	27

表3表明，DRCJ-R在3%加量条件下，160℃和180℃的温度对钻井液性能影响不大。随着温度升高表观黏度从47mPa·s降至44mPa·s，受到评价土污染后，表观黏度从49mPa·s降至46mPa·s，比未加评价土的浆体略有升高，属于基本无影响。对于滤失量，随着温度的升高，也是略有上升22mL上升至26mL，在评价土存在条件下，HTHP滤失量从22mL上升至27mL，也属于影响不大的范围。一系列的实验表明，该降滤失剂抗温可达180℃，抗纯盐膏层的污染。

本实验中DRCJ-R评价的是指定温度下热滚，也是该温度下的高温高压滤失量的评价方法。

2.4　2%$CaSO_4$对钻井液性能的影响

以钠基膨润土为基础造浆材料的钻井液体系是一种胶体，$CaSO_4$是石膏的主要成分，是一种电解质，极易压缩这种胶体的双电层结构，造成钻井液性能的变化。该变化类似石膏点豆腐，通过絮凝有效固相，凝析出自由水，造成滤失量变大。本项实验在模拟盐膏层的条件下提高$CaSO_4$加量，考察对钻井液性能的影响，实验结果见表4。

图4　$CaSO_4$对钻井液性能的影响

基浆类型	$CaSO_4$加量	AV(mPa·s)	FL_{API}(mL)	pH值	FL_{HTHP}(mL)
基浆一	15%NaCl+1%$CaSO_4$	53	3.8	9.7	22
	15%NaCl+2%$CaSO_4$	55	3.9	9.7	20
基浆二	15%NaCl+1%$CaSO_4$	65	4.5	9.7	24
	15%NaCl+2%$CaSO_4$	68	4.6	9.7	22

注：3%DRCJ-R，160℃

表4表明，提高$CaSO_4$的加量，无论是否加入评价土，表观黏度有增加，从53mPa·s和65mPa·s上升至55mPa·s和68mPa·s，而高温高压滤失量略有下降，从22mL和24mL分别降至20mL和22mL，这种高温高压滤失量无疑地说明，钠基膨润土形成的胶体，没有因为$CaSO_4$的絮凝作用而造成的自由水增多，说明DRCJ-R具有很好的抵抗电解质絮凝的作用，能较好地保持钻井液性能的稳定，也说明其抗污染能力强。

2.5　机理分析

降滤失剂作用机理之一是通过吸附在黏土颗粒表面的吸附基团和增强黏土的水化能力的水化基团在井壁形成低渗透率、柔韧及薄而致密的滤饼，从而降低钻井液体系的滤失量[1,2]。对于丙烯酰胺类聚合物、吸附基团为酰胺基团(—CONH—)、水化基团为羧酸基团(—COOH)，在NaOH存在条件下，通常酰胺基团水解成羧基，吸附基团减少，水化基团增多，处理剂易失去了与膨润土的关联，不易形成致密的滤饼，即使水化基团多，吸附更多的自由水，但是不能形成滤饼的屏蔽作用，滤失量仍然会大幅度增加。

DRCJ-R 形成抵抗 Cl^- 和 Ca^{2+} 污染是由两个因素组成。因素一，它是一种两性离子丙烯酰胺类聚合物，其分子链上的净电荷为负，加入无机盐中和分子侧链基团上的负电荷，并对基团电荷产生屏蔽作用，达到抑制高分子链弯曲的目标。这种屏蔽作用使其在盐水，包括 Ca^{2+} 侵入时也具有良好的抵抗作用，同时这种屏蔽和保护作用在 NaOH 存在时，无法进攻酰胺基团(—CONH—)，达到防止水解的目的。高分子链在盐水中的伸展，也有助于分子链上的吸附基团与膨润土的吸附，水化基团伸向钻井液体系中的束缚自由水能力，结合聚丙烯酰胺的膜效应和黏土颗粒的密集堆集作用，形成薄而致密的滤饼，使其在高温和盐水条件下也具有良好的降滤失作用。因素二，该处理剂分子结构设计时，在将酰胺基团(—CONH—)屏蔽住，通过增加分子链的刚性，避免盐存在条件下的分子链的卷曲，达到抗水解、抗温抗盐的目标。这两个因素的协同，更有助于降滤失剂 DRCJ-R 在不同恶劣条件下保持良好的性能。

降滤失剂的本质是通过与钠基膨润土的相互作用在井壁形成一层钻井液与井壁岩石之间的隔离层，这种隔离层可以通过吸附基团的吸附作用、固相颗粒的密集堆集作用或通过膜状物形成，这些作用相互协同增效，有利于形成弹性和柔性好，能抵抗水解和盐的侵扰的阻隔层，即薄、致密而有弹性的滤饼，达到良好的降滤失效果。DRCJ-R 就是通过这种屏蔽效应和吸附、堆集和膜状物协同作用达到抗水解、抗温抗盐污染的效果。

3 结论

（1）丙烯酰胺类聚合物降滤失剂 DRCJ-R 在 160～180℃，30%NaCl 和 1%～2%$CaSO_4$污染条件下，加量为 2%～3%时，仍能表现良好的钻井液性能，同时还具备良好的抗劣质固相污染能力。

（2）丙烯酰胺类聚合物降滤失剂 DRCJ-R 在 15%NaCl 和 1%$CaSO_4$污染条件下，最高抗温可达 190℃。

（3）丙烯酰胺类聚合物降滤失剂 DRCJ-R 在 40%氢氧化钠溶液中具有良好的抗水解能力，是一种良好的抗 NaOH 的水解型抗温抗盐降滤失剂。

（4）丙烯酰胺类聚合物降滤失剂 DRCJ-R 具有良好的抗 $CaSO_4$污染能力，提高 $CaSO_4$的加量，钻井液性能基本无变化。

（5）该处理剂通过多方位协同作用，吸附基团的吸附作用、固相颗粒的密集堆集作用或通过膜状物形成共同达到形成薄、致密而有弹性的滤饼，达到降低滤失量的作用。

参 考 文 献

[1] 王平全，周世良．钻井液处理剂及其作用原理[M]．北京：石油工业出版社，2003.

[2] 郑锟．抗高温水基钻井液降滤失剂合成及体系性能研究[D]．成都：西南石油大学，2008.

深井及海洋钻井钻井液技术研究及应用

深部潜山低固相抗高温水基钻井液性能研究

史　野[1,2]　夏景刚[2]　黄达全[1,2]　张克正[1,2]　刘平江[2]　崔节磊[2]

（1. 天津市复杂条件钻井液企业重点实验室；2. 中国石油集团渤海钻探工程有限公司）

【摘　要】 深部潜山储层油藏具有高温低压的特点，为满足储层保护需要，要求深部潜山钻井液使用低固相抗高温体系，但是目前国内该类型钻井液抗温能力不足，无法满足深井施工要求；开发一种新型低固相抗高温水基钻井液，对该钻井液进行抗温能力评价、抗污染能力评价、抑制性能评价、稳定性评价、高温高压流变性能评价、滤饼清除能力评价。评价结果表明：该钻井液抗温性能良好，经 240 ℃老化 16h 后，180℃高温高压失水小于 15mL，能够保持较好的流变性，抗盐达到饱和，抗钙达到 1.2×10^4ppm，抗岩屑侵 10%，抑制性能优异，稳定性能好，滤饼具有良好的清除能力，不会阻碍油气流到井的通道；整体性能优异，满足井下施工要求，具有较好的应用前景。

【关键词】 低固相；抗高温；水基钻井液；性能

随着世界能源需求的进一步增加和石油钻井技术的发展，浅埋油气资源已不能完全满足日益增长的能源消耗，因此勘探开发深层传统油气资源页岩气，致密气、致密油等油气资源已成为我国油气开发的重点方向[1-5]。由于深层潜山油藏裂缝发育段分布广，勘探潜力大，是冀东、辽河油田近年来勘探开发部署的重点领域。深潜山油藏具有埋藏深、温度高（220℃以上）、地层压力系数低（1.01～1.06）等特点，是典型的高温低压油藏[6-8]。因为直接关系到深潜山井的寿命和产量，因此在钻完井过程中，希望在产层内使用低膨润土低固相水基钻井液体系。目前低膨润土低固相水基钻井液存在高温稳定性不好、降滤失性能差等难题，难以满足深部潜山油气藏的高效开发需求。

通过研究形成的低固相抗高温钻井液抗温达到 240℃，180℃高温高压失水小于 15mL；通过 fann50SL 高温高压流变仪测得 1000psi，200℃下钻井液体系的流变参数，通过线性拟合，满足赫—巴模式；通过 Turbiscan 近红外稳定分析仪测定钻井液稳定性良好；通过高温动态线性膨胀量测定仪测试该体系具有良好的抑制性能；抗污染能力强，抗盐达到饱和，抗钙达到 1.2×10^4ppm，抗黏土侵 10%；具有良好的储层保护性能。

1　低固相抗高温钻井液配方

通过前期形成的低固相抗高温技术的基础上[9]，将抗温增黏剂、抗高温降滤失剂进行调整，得到配方如下：

3%膨润土+0.2%NaOH+1%BZ-KGJ+2%BZ-SDNP+1%高温稳定剂+1%纳米 SiO_2+3%超

基金项目：天津市科技计划项目“非常规和深层油气资源开发钻井液关键技术研究”（项目编号 19PTSYJC00120）。

作者简介：史野，渤海钻探工程有限公司泥浆技术服务分公司，工程师，天津市大港油田红旗路东。电话：（022）25922500，13642107723；E-mail：shi_ ye@ cnpc. com. cn。

细钙+8%KCl+6%抗氧化剂+3%抗高温润滑剂(ρ=1.10~1.15g/cm^3)。

2 低固相抗高温钻井液性能评价

2.1 抗温性能评价

低固相抗高温钻井液依次经210℃×16h、220℃×16h、230℃×16h 、240℃×16h热滚老化，实验结果见表1。从表1看出，经高温阶梯式热滚老化后钻井液的抗温性能十分突出，在240℃的高温老化下依然保持较好的粘切，180℃的高温高压失水随着老化温度的升高逐渐降低，降滤失效果高于目前其他同比钻井液。

表1 低固相抗高温钻井液抗温性能测试

实验条件	*AV* (mPa·s)	*PV* (mPa·s)	*YP* (Pa)	*YP/PV* (Pa/mPa·s)	*Gel* (Pa/Pa)	FL_{API} (mL)	FL_{HTHP} (mL)
热滚前	40	32	8	0.25	1.5/5.5	4.6	18
210℃老化后	70	50	20	0.40	3/5.5	3.6	16
220℃老化后	76	54	22	0.41	4/6	3.1	14.8
230℃老化后	58	42	16	0.38	4/6	3.0	14.6
240℃老化后	87	60	17	0.28	1.5/5.0	3.2	15.0

注：高温高压失水是测180℃、3.5MPa下的失水。

2.2 抗盐钙侵、抗黏土侵能力评价

2.2.1 抗盐、抗钙性能评价

钻井施工过程中过程经常会碰到盐岩，膏盐层，钻井液在Na^+、Ca^{2+}的干扰下，会发生黏度、切力上升，流变性变差，严重时失去流动性，同时滤失量猛增，容易发生井下复杂。因此，评价体系的抗盐能力十分必要。室内采用10%、20%NaCl，0.5%~1.5%$CaCl_2$评价低固相抗高温钻井液的抗盐钙能力，性能见表2、表3。

通过表2 、表3数据可以看出，该钻井液在饱和盐溶液中，1.5% $CaCl_2$中仍然具有良好的流变性能和滤失量，其盐溶液200℃热滚24 h后，流变性与滤失量较热滚前变化不大，说明该低固相抗高温钻井液抗盐能力突出，可抗饱和盐，抗钙1.2×10^{4}ppm。

表2 低固相抗高温钻井液抗盐能力评价

实验方案	条件	*AV* (mPa·s)	*PV* (mPa·s)	*YP* (Pa)	*YP/PV* (Pa/mPa·s)	*Gel* (Pa/Pa)	FL_{API} (mL)	FL_{HTHP} (mL)
基浆		40	32	8	0.2561	1.5/5.5	4.6	18
基浆+10%NaCl	老化前	38	30	8	0.267	1.5/5.5	4.4	17.2
	老化后	46	37	9	0.243	1.5/5.5	4.4	16.8
基浆+20%NaCl	老化前	31	25	6	0.240	1.0/5.5	4.2	16.6
	老化后	50.5	42	8.5	0.202	1.0/5.5	4.3	16

注：(1) 高温高压失水是测180℃、3.5MPa下的失水。

(2) 老化条件为200℃，16h。

表 3　低固相抗高温钻井液抗钙能力评价

实验方案	条件	AV (mPa·s)	PV (mPa·s)	YP (Pa)	YP/PV (Pa/mPa·s)	Gel (Pa/Pa)	FL_{API} (mL)	FL_{HTHP} (mL)
基浆		40	32	8	0.25	1.5/5.5	4.6	18
基浆 +0.5%$CaCl_2$	老化前	38	29	9	0.3103	1.5/7	4.8	20.0
	老化后	47	35	12	0.3429	2.5/6	5.0	20.6
基浆 +1.0%$CaCl_2$	老化前	37	29	8	0.2759	1/6	5.6	19.6
	老化后	34	21	13	0.619	1.5/2	5.4	22.8
基浆 +1.5%$CaCl_2$	老化前	37	27	10	0.3704	2/10	6.4	14.0
	老化后	38	25	13	0.52	2/3	5.2	16.0

注：(1) 高温高压失水是测 180℃、3.5MPa 下的失水。
(2) 老化条件为 200℃，16h。

2.2.2　抗劣质土污染性能评价

在钻进时，钻井液经常受到黏土及钻屑等细小颗粒的影响。因此对低固相抗高温钻井液抗黏土侵能力进行评价。测定该钻井液在含 5%、10%黏土环境中的性能，结果见表 4。

表 4　低固相抗高温钻井液抗黏土侵能力评价

实验条件	AV (mPa·s)	PV (mPa·s)	YP (Pa)	YP/PV (Pa/mPa·s)	$Gel/$ (Pa/Pa)	FL_{API} (mL)	FL_{HTHP} (mL)
实验浆	40	32	8	0.25	1.5/5.5	4.6	18
加 5%土粉	38.5	31	7.5	0.2419	2/7	4.8	16
加 10%土粉	42	32	10	0.31	2/9	4.8	17.2

从表 4 可以看出，该钻井液具有良好的抗黏土侵能力，细小颗粒对其稳定性无冲击，流变性稳定，滤失量低，能够满足现场的要求。

2.3　抑制性能评价

通过滚动回收率实验和页岩膨胀率实验评价低固相钻井液配方的抑制性能。选用大港油田沙河街组钻屑，通过分散实验评价低固相抗高温钻井液的抑制水化分散性能。如图 1 所示，由图 1 可知，低固相高效抗高温体系具有较高的岩屑回收率(89.2%)。实验结果表明，低固相高效抗高温钻井液具有较强的抑制泥页岩水化分散能力。选用二级膨润土，通过膨胀实验评价了低固相抗高温钻井液的抑制水化膨胀性能，如图 2 所示。从图 2 看出，低固相抗高温钻井液 24h 的页岩膨胀率为 22.91%，远低于清水的膨胀率(83.56%)。因此低固相抗高温钻井液具有优良的抑制膨润土水化膨胀的能力。

2.4　高温高压流变性能评价

由于温度对水基钻井液性能影响较大，因此，研究抗高温水基钻井液高温高压流变性时，主要测试钻井液在高压下随温度的变化情况。我们设定压力为 1000psi，用 200℃老化后的低固相抗高温钻井液来测定 100~200℃高温高压流变数据，具体测试结果如图 3 所示。由该图 3 可得出，经 200℃高温老化后的低固相高效抗高温体系在高温高压条件下基本属于塑性流体；不同剪切速率下，体系的剪切力随着温度上升而降低，且高剪切速率下其剪切力的下降幅度要更大些。

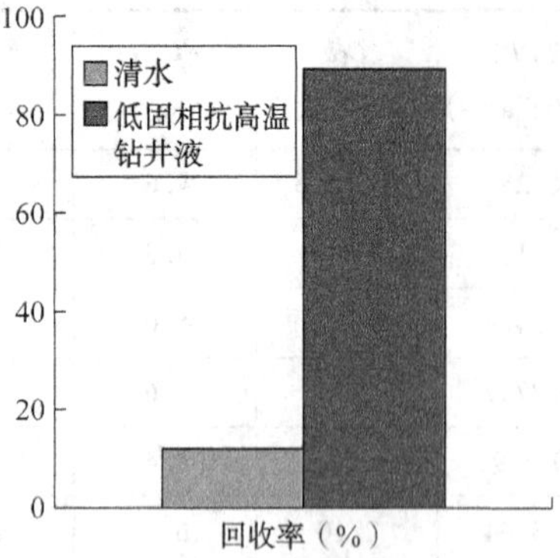

图 1　低固相高效抗高温抑制水化分散性能评价

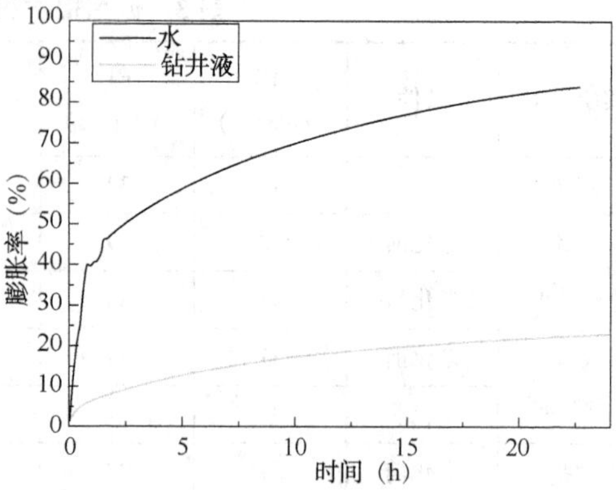

图 2　低固相高效抗高温抑制水化膨胀性能评价

低固相抗高温钻井液表观黏度、塑性黏度和动切力的随温度的变化规律如图 4 所示。由图 4 可看出，温度对体系表观黏度、塑性黏度和动切力影响较大，随着温度升高，体系的表观黏度、塑性黏度和动切力均明显降低，200℃时动切力大于塑性黏度。

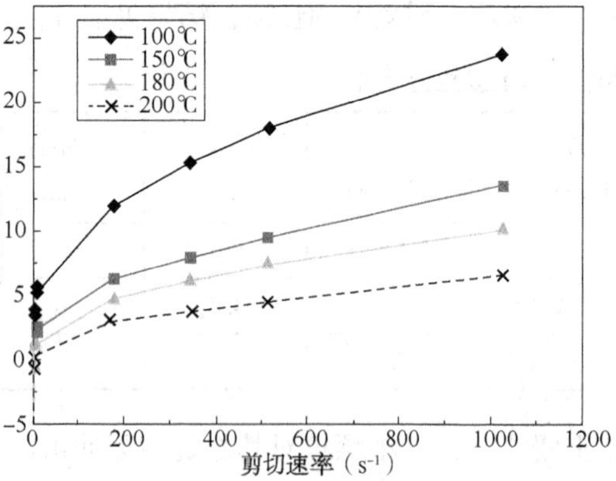

图 3　低固相抗高温钻井液在不同温度下流变曲线图

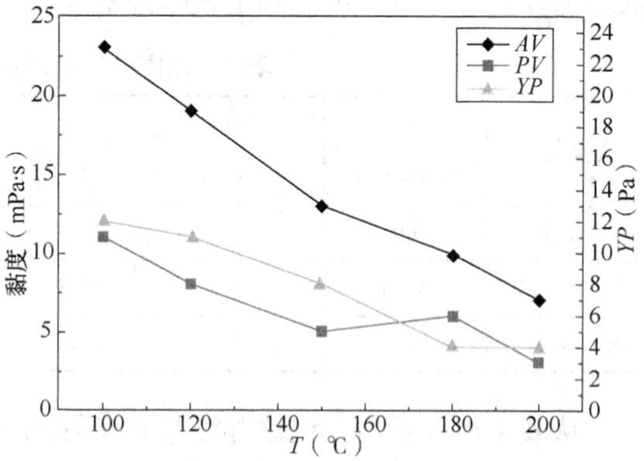

图 4　体系表观黏度、塑性黏度和动切力随温度变化曲线

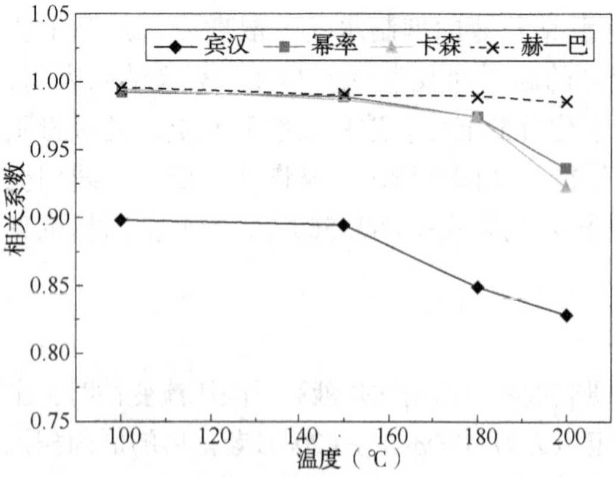

图 5　四种流变模式在不同温度下的拟合相关系数图

目前用来描述钻井液流变性能的模式有：宾汉模式、幂律模式、卡森模式和赫—巴式模式。利用线性回归方法对实验数据进行拟合，所得拟合方程和拟合效果比较分别见表 5 和图 5。

从图 5 可看出，在各种温度条件下赫—巴三参数模式的相关系数较其他模式大，这表明由拟合方程计算出的数据与真实测值之间的拟合密切性好；而宾汉模式和卡森模式的相关系数随着温度升高急剧降低，尤其是温度越高拟合效果越较差。因此，认为描述低固相高效抗高温水基钻井液高温高压流变性能的最佳模式是三参数赫—巴模式，也是用来对钻井液进行工程拟合的最好模式。

表 5　不同温度下各种流变模式拟合方程表

温度	流变方程			
	100℃	150℃	180℃	200℃
宾汉模式	$\tau=6.66744+0.51637\gamma$	$\tau=2.68249+0.33565\gamma$	$\tau=1.61458+0.32816\gamma$	$\tau=0.42874+0.00766\gamma$
幂率模式	$\tau=2.1044\gamma^{0.3462}$	$\tau=0.6071\gamma^{0.4486}$	$\tau=0.3530\gamma^{0.4864}$	$\tau=0.1171\gamma^{0.5899}$
卡森模式	$\tau^{1/2}=9.437^{1/2}+0.08162^{1/2}\gamma^{1/2}$	$\tau^{1/2}=0.1667^{1/2}+0.17254^{1/2}\gamma^{1/2}$	$\tau^{1/2}=0.403E-18^{1/2}+0.10273^{1/2}\gamma^{1/2}$	$^{1/2}=0.48E-18^{1/2}+0.03709^{1/2}\gamma^{1/2}$
H-B 模式	$\tau=2.16+1.038\gamma^{0.437}$	$\tau=-0.246+0.697\gamma^{0.429}$	$\tau=-2.31+1.411\gamma^{0.3116}$	$\tau=-2.58+1.304\gamma^{0.27667}$

2.5　稳定性能评价

利用 Turbiscan 近红外稳定分析仪测定样品高度处背散射光强度变化，经过微积分处理得到体系的稳定性常数 TSI 值，TSI 值越低说明越稳定，通过图 6 可知，低固相抗高温钻井液 24h 后整体的 TSI 值仍然小于 0.62，说明该体系稳定性能优异。

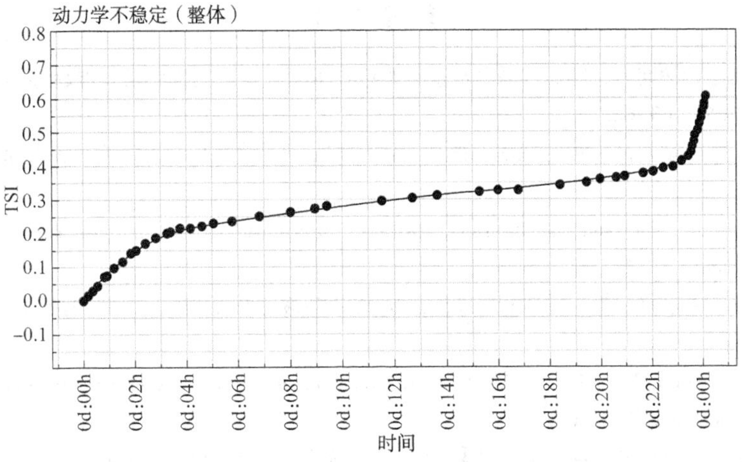

图 6　沉降稳定性性能图

2.6　滤饼清除能力评价

任何妨碍油气从井眼周边进入井底的现象被叫做油气层的伤害，这直接影响到油气井的产能。所以保护油气层不被污染至关重要。本文通过观察滤饼的自动降解情况来评价低固相抗高温钻井液对油气层的伤害，滤饼浸泡在体积分数为 20% 的盐酸溶液，观察滤饼的变化情况，实验的结果如图 7~图 9 所示。由图 7~图 9 能够看出，滤饼在清除液中，3h 会很快地降解清除，不会阻碍油气流到井的通道。

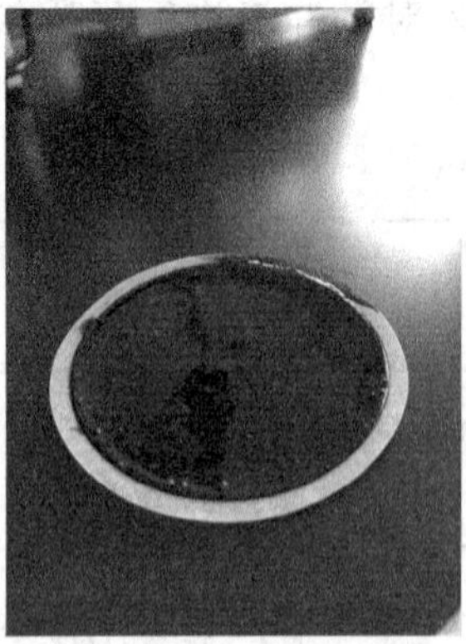

图 7　滤饼

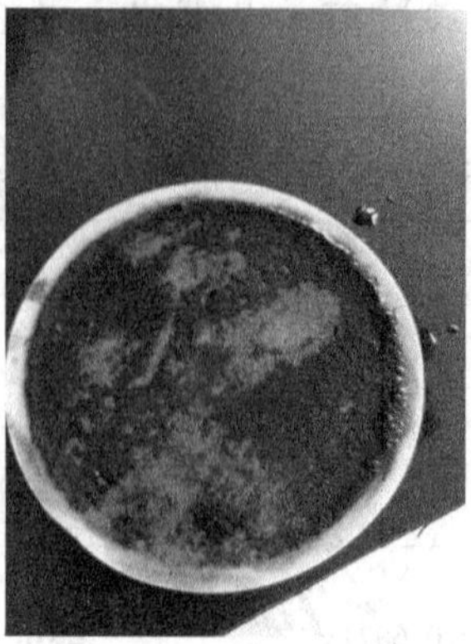

图 8　2h 滤饼清除情况

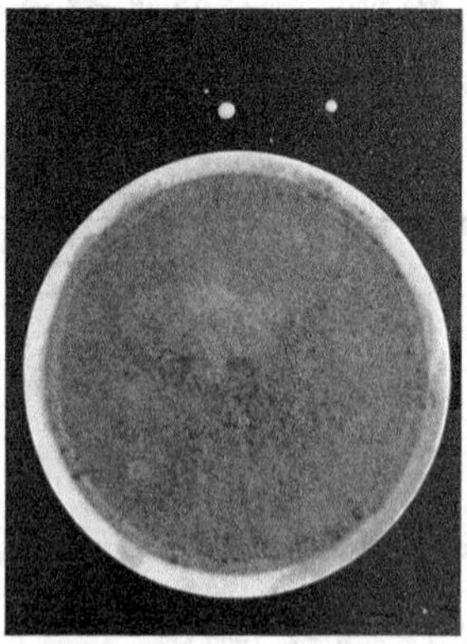

图 9　3h 滤饼清除情况

3　结论

（1）加入自研的改性抗温增黏剂 BZ-SDNP，抗高温降滤失剂 BZ-KGJ，通过大量的正交实验，与其他处理剂进行复配，形成的低固相抗高温钻井液抗温能力达 240℃。

（2）该体系抗温性能良好，经 240℃老化 16h 后，180℃高温高压失水小于 15mL，能够保持较好的流变性，抗盐达到饱和，抗钙达到 1.2×10^4ppm，抗岩屑侵 10%，抑制性能优异，稳定性能好。

（3）低固相抗高温钻井液形成的滤饼具有良好的清除能力，不会阻碍油气流到井的通道。

参考文献

[1] 朱宽亮，王富华，徐同台，等．抗高温水基钻井液技术研究与应用现状及发展趋势[J]. 钻井液与完井液，2009，26(5)：60-68.

[2] 孙金声，张希文，钻井液技术的现状、挑战、需求与发展趋势[J]. 钻井液与完井液，2011，28(6)：67-76.

[3] B. L. Fitzgeruld，A. J. Mccount，M. Brangetoo. Drilling Fluid plays key role in Developing the Exreme HTHP，Elgin/Frakin Field，SPE59188.

[4] 许洁，乌效鸣，朱永宜，等．抗 240℃超高温水基钻井液室内研究[J]. 钻井液与完井液，2015，32(1)：10-13.

[5] CAENN R，DARLEY H C H，GRAY G R. Composition and properties of drilling and completion fluids[M]. Gulf Professional Publishing，2011.

[6] 张立民，赵亚宁，卢淑芹，等．无固相弱凝胶钻井完井液在南堡油田的应用[J]. 钻井液与完井液，2010，27(2)：81-83.

[7] M. A. Tehrani，SPE，A. Popplestone，SPE，M-I Swaco，etc. Water-Based Drilling Fluid For HP/HT Applications SPE 105485.

[8] 黄维安，王在明，胡中志，等．低固相超高温水基钻井液研究及应用[J]. 钻井液与完井液，2015，32(2)：1-5.

[9] 夏景刚，史野，左洪国，等．一种环保型抗高温钻井液技术[J]. 钻井液与完井液，2020，37(1)：1-5.

强化致密封堵水基钻井液技术在准噶尔盆地的研究与应用

柴金鹏[1]　刘湘华[1]　王宝田[2]

（1. 中石化胜利石油工程有限公司塔里木分公司；
2. 中石化胜利石油工程有限公司钻井工艺研究院）

【摘　要】 针对准噶尔盆地清水河组、头屯河组地层的井壁失稳问题，重点研究了准噶尔盆地硬脆性页岩地层钻井液防塌技术对策，提出了基于多尺度封堵的协同稳定井壁技术对策，其中多尺度封堵微纳米裂隙是解决硬脆性页岩地层井壁失稳问题的关键。利用新研发的封堵防塌剂 SDOS 和微纳米封堵剂 WS-1 等，构建了适用于开发井、探井的两套"多尺度"致密封堵水基钻井液体系，钻井液抗温达 150℃，HTHP 滤失量小于 8mL，有效地封堵页岩微纳米尺度裂隙，抗污染能力强。室内研究和现场试验表明，两套钻井液体系在硬脆性页岩地层的井壁稳定作用效果明显，复杂地层井段平均井径扩大率小于 10%，较好地解决了准噶尔盆地硬脆性页岩地层的井壁失稳问题。

【关键词】 准噶尔盆地；硬脆性页岩；防塌钻井液；多尺度封堵；微纳米封堵剂

准噶尔盆地是我国陆上第四大含油气盆地，勘探面积达 $7.76\times10^4km^2$，油气资源当量超过 10×10^8t，具有良好的油气资源勘探开发前景，已成为中国石化西部新区勘探开发的重点油气区块[1]。但准噶尔盆地油气储层埋藏较深，区域地质构造复杂，面临诸多钻井工程技术难题，显著影响了复杂油气勘探开发的综合效益[2-4]。其中，硬脆性页岩地层在高地应力条件下的井壁失稳，极易诱发井壁坍塌、起下钻遇阻、卡钻等钻井复杂情况，同时山前构造带地应力强且复杂，钻井液安全密度窗口窄，进一步加剧了硬脆性页岩地层的井壁失稳难题[5-7]。统计资料表明，准噶尔盆地油气钻探开发中存在井壁失稳问题的井数占总井数的 50%以上，每年由此造成的经济损失超 8000 万元。因此，硬脆性页岩地层的井壁失稳已经成为制约准噶尔盆地复杂油气勘探开发的关键技术难题之一。

针对准噶尔盆地硬脆性页岩地层的井壁失稳问题，本文重点开展了准噶尔盆地硬脆性页岩地层钻井液防塌技术对策、"多尺度"致密封堵水基钻井液体系等研究工作，提出了基于多尺度封堵的协同稳定井壁技术对策，构建了适用于开发井、探井的两套"多尺度"致密封堵水基钻井液体系，形成了准噶尔盆地硬脆性页岩地层"多尺度"致密封堵水基钻井液技术，为准噶尔盆地复杂油气勘探开发提供了钻井液技术支撑。

1　基于多尺度封堵的协同稳定井壁技术对策探讨

研究表明，准噶尔盆地硬脆性页岩的微观组构具有"微米裂缝—纳米裂隙"的多尺度特

作者简介：柴金鹏，男，1974 年生，高级工程师，2018 年获中国石油大学(华东)油气井工程专业工学博士学位，现任胜利石油工程公司钻井液技术高级专家，主要从事钻井液技术研究与管理工作。E-mail：jpchai@ 163. com。

征(图1)，其中硬脆性页岩地层微裂缝与纳米尺度裂隙发育是导致井壁失稳的关键影响因素[8]。因此，针对准噶尔盆地硬脆性页岩的微纳米缝隙发育特征，结合多元协同井壁稳定新理论，提出了基于多尺度封堵的协同稳定井壁技术对策，为准噶尔盆地硬脆性页岩地层防塌钻井液优化提供依据。

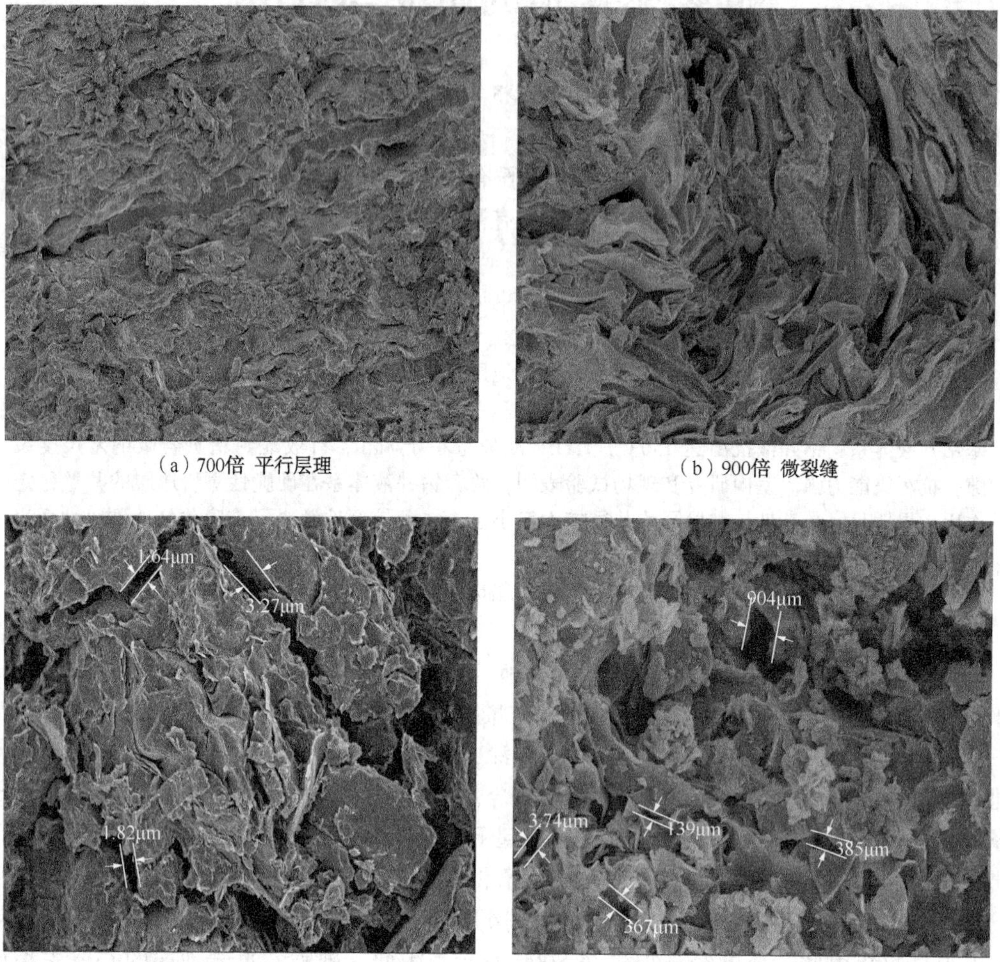

（a）700倍 平行层理　（b）900倍 微裂缝

（c）1800倍 微裂缝　（d）9000倍 纳米裂隙

图1　头屯河组页岩扫描电镜图

1.1　“多尺度”致密封堵-固结井壁作用

对于微纳米尺度缝隙发育的硬脆性页岩地层，加强钻井液封堵—固结井壁能力，阻止钻井液压力传递与滤液侵入，是实现复杂地层井壁稳定控制“标本兼治”的关键措施[9]。一方面能够阻止压力传递与滤液侵入，可减弱页岩表面水化效应，尽可能地保持近井壁的原有岩石强度；另一方面也为发挥有效应力支撑井壁作用奠定基础。

目前现场钻井施工过程中，往往优先通过提高钻井液密度来改善井壁失稳问题，但由于准噶尔盆地硬脆性页岩地层微纳米尺度缝隙发育，层理断续发育，若钻井液封堵-固结井壁能力不足，单纯通过提高钻井液密度来维持井壁稳定，将会进一步加剧钻井液压力传递与滤液侵入，促进页岩水化作用，产生更显著的水化应力，反而削弱了钻井液流体压力的有效应力支撑井壁作用，形成“井壁失稳—提高密度—失稳加剧—再提密度”的恶性循环。

因此，针对准噶尔盆地硬脆性页岩的微纳米缝隙发育特征，提出了基于多尺度封堵的协同稳定井壁技术对策，即选用新型微纳米封堵剂、化学封堵剂等有效封堵纳米尺度裂隙，同时选用沥青类封堵防塌剂等复配使用，协同强化封堵页岩微裂缝，显著降低页岩渗透率、提高页岩膜效率，阻缓压力传递与滤液侵入，最终实现硬脆性页岩的“多尺度”致密封堵效果，同时也为提高钻井液密度的有效力学支撑井壁作用提供必要条件。

1.2 合理密度有效应力支撑井壁作用

确定合理的钻井液安全密度窗口，通过有效应力支撑井壁是保证井壁力学稳定性的必要条件。但在前期勘探开发过程中，复杂地层井段钻井液密度小于或接近于地层坍塌压力，也是导致准噶尔盆地硬脆性页岩地层井壁失稳的重要原因之一。因此，利用准噶尔盆地已钻井的实测地层压力、地层破裂压力实验等数据资料，并将已钻井的压力评价结果作为约束，采用井震联合反演方法获得了预探井 D-12 井的井筒岩石物理数据，定量预测了预探井 D-12 井的头屯河组地层压力、坍塌压力、破裂压力等三压力剖面(表 1)，为合理钻井液密度优选提供了重要参考。

表 1　头屯河组地层压力预测结果

地层	深度 (m)	井壁稳定相关压力(g/cm^3)			
		孔隙压力	坍塌压力	闭合压力	破裂压力
头屯河三段	4370	1.03	1.51	1.75	2.02
头屯河二段	4565	1.08	1.56	1.82	2.03
头屯河一段	4811	1.17	1.60	1.85	2.05

表 1 为头屯河组地层压力预测结果。分析可知，预探井 D-12 井的头屯河组地层孔隙压力系数小于 1.20，属正常压力系统；预测地层坍塌压力的当量密度为 1.5～1.65g/cm^3(未考虑页岩水化作用影响)；预测地层破裂压力的当量密度为 1.95～2.05g/cm^3。如钻遇裂缝发育易漏失地层时，地层漏失压力约等于裂缝闭合压力，其当量密度约为 1.80g/cm^3。综上所述，基于准噶尔盆地复杂地层三压力预测结果，结合区域地质力学分析结果，预探井 D-12 井头屯河组钻井液密度提高至 1.60～1.65g/cm^3，可较好地实现合理钻井液密度有效应力支撑井壁作用，有助于增强硬脆性页岩地层的井壁稳定性。

1.3 强化抑制页岩表面水化作用

在加强钻井液“多尺度”封堵性能的基础上，仍需要增强钻井液体系的水化抑制性能，减少水化应力，尽可能阻缓页岩水化引起的井壁岩石强度降低，协同强化页岩井壁稳定性。前期勘探开发过程中，采用复合盐水钻井液体系，一定程度上缓解了准噶尔盆地硬脆性页岩地层的井壁失稳问题，因此，本文首选采用氯化钾、氯化钠作为低成本复合无机盐抑制剂，一方面可以提高钻井液的水化抑制性能，另一方面还可以降低钻井液水活度，以发挥有限化学活度平衡防塌作用。此外，在重点探井钻井施工中，为了尽量避免复合盐水钻井液对电阻率测井的影响，选用聚胺强抑制剂[10]，替代无机盐抑制剂，增强钻井液的水化抑制性能。

2 准噶尔盆地“多尺度”致密封堵水基钻井液体系优化

以现场钻井液体系配方作为参考，重点优化了钻井液流变滤失、微纳米封堵等关键性能，构建了“多尺度”致密封堵水基钻井液体系，并进行了综合性能评价。此外，由于复合盐水钻井液侵入可以显著降低地层电阻率，严重干扰电阻率测井的资料求取，影响储层厚度的划分和特性参数的解释精度。因此，在保证钻井液水化抑制性能的前提下，进一步优化构建了适用于探井的“多尺度”致密封堵水基钻井液体系，为该地区预探井的钻井施工提供钻井液技术支撑。

2.1 钻井液处理剂优选

通过钻井液配伍性实验，优选了增黏剂、降滤失剂、封堵剂、润滑剂等关键处理剂，为钻井液体系配方优化提供了依据。其中，两性离子聚合物 FA367 作为增黏包被剂；磺化酚醛树脂 SMP-II 用以提高钻井液的滤失造壁性能；微纳米封堵剂 WS-1 与化学封堵剂 DLP-1 发挥“物理—化学”协同致密封堵作用，有效封堵微纳米尺度缝隙；封堵防塌剂 SDOS、粒径级配超钙 QS-2 主要用于增强钻井液封堵防塌性能；KCl、NaCl 复合无机盐可以提高钻井液的水化抑制性能，还可以降低钻井液水活度，以发挥有限化学活度平衡防塌作用；聚胺强抑制剂 SDJA 增强钻井液体系的抑制性，保证预探井钻井液的水化抑制性能；润滑剂 LUBE 提高钻井液减摩降阻性能；加入氢氧化钠来调节钻井液 pH 值，保证化学封堵剂 DLP-1 的均匀分散；硅氟降黏剂 SF260 则是用于调节钻井液的黏度与切力，保持良好的钻井液流型。

其中，封堵防塌剂 SDOS 是以含油污泥为原料，通过沥青化和乳化分散等工艺制备而成，其软化点在 50~120℃可调，油溶率超过 50%，充分利用了含油污泥的有效组分，且不产生二次污染物[11]。微纳米封堵剂 WS-1 则是利用苯乙烯基类单体、丙烯酸类单体、纳米二氧化硅等原材料，采用乳液聚合方法制备而成，其具有“刚性核+塑性壳”结构，既能够保证微纳米封堵剂的封堵承压能力，也可改善微纳米封堵剂的可变形填充—封堵效果[12]。

2.2 钻井液配方优化

基于单剂优选实验结果，构建了“多尺度”致密封堵水基钻井液体系 YHDF-1（开发井）、YHDF-2（探井）等，具体优化实验体系配方如下：YHDF-1（开发井）体系配方：4.0%膨润土浆 + 0.5%NaOH + 0.15%FA367 + 3.0%SMP-Ⅱ + 3.0%SPNH + 2.0%SDOS + 2.5%WS-1 + 1.0%DLP-1 + 5.0%NaCl + 3.0%KCl + 5.0%QS-2 + 3.0%LUBE + 2.0%SF260（重晶石加重至 1.6g/cm^3）；YHDF-2（探井）体系配方：4.0%膨润土浆 + 0.5%NaOH + 0.15%FA367 + 3.0%SMP-II + 3.0%SPNH + 2.0%SDOS + 2.5%WS-1 + 1.0%DLP-1 + 0.7%SDJA-2 + 5.0%QS-2 + 3.0%LUBE + 2.0%SF260（重晶石加重至 1.6g/cm^3）。

2.3 钻井液综合性能评价

在钻井液体系配方优化基础上，重点评价了“多尺度”致密封堵水基钻井液体系 YHDF-1、YHDF-2 的流变滤失、水化抑制、封堵防塌、抗污染、润滑等综合性能。

2.3.1 流变滤失性能评价

在 150℃/16h 热滚前后，YHDF-1、YHDF-2 体系的流变、滤失性能基本保持稳定，黏度与切力变化不大，具有“低粘高切”的流变性能特征，中压滤失量小于 2mL，高温高压滤失量小于 8mL，滤失量小，说明 YHDF-1、YHDF-2 体系的抗温能力可达 150℃，满足准噶尔盆地复杂地层钻井施工要求。评价结果见表 2。

表 2　钻井液的流变滤失性能评价结果

体系	实验条件	AV（mPa·s）	PV（mPa·s）	YP（Pa）	Gel（Pa）	FL_{API}（mL）	FL_{HTHP}（mL）	pH 值
YHDF-1	热滚前	78.0	63.5	14.5	3.5/8.5	1.6	—	11
	热滚后	64.0	54.0	10.0	2.5/7.5	1.4	5.8	10
YHDF-2	热滚前	78.0	64.0	14.0	6.0/12.0	2.0	—	11
	热滚后	74.0	63.0	11.0	5.0/9.5	1.4	6.4	10

2.3.2　抑制页岩水化性能评价

采用准噶尔盆地清水河组天然岩样，测试了 YHDF-1、YHDF-2 体系的抑制水化分散性能，测试结果如图 2 所示。分析可知，天然岩样的清水滚动回收率仅为 30.06%，具有极强的水化分散性能；而 YHDF-1、YHDF-2 体系的滚动回收率分别为 95.53%、95.67%，说明 YHDF-1、YHDF-2 体系具有良好的抑制页岩水化分散性能。

以标准二级膨润土为测试样品，采用页岩膨胀仪，测试了 YHDF-1、YHDF-2 体系的抑制水化膨胀性能，测试结果如图 3 所示。分析可知，膨润土岩样在清水中迅速水化膨胀，8h 线性膨胀率大于 55%；膨润土岩样在 YHDF-1、YHDF-2 体系中的水化膨胀率显著降低，8h 线性膨胀率分别降低至 2.75%、3.75%，说明 YHDF-1、YHDF-2 体系具有良好的抑制粘土水化膨胀性能。

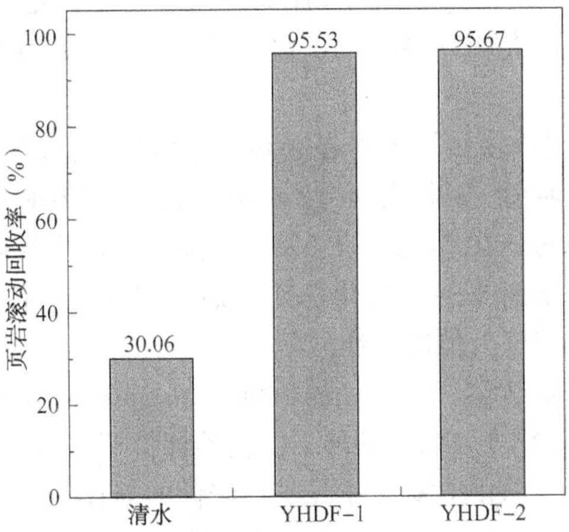

图 2　页岩滚动回收率实验结果

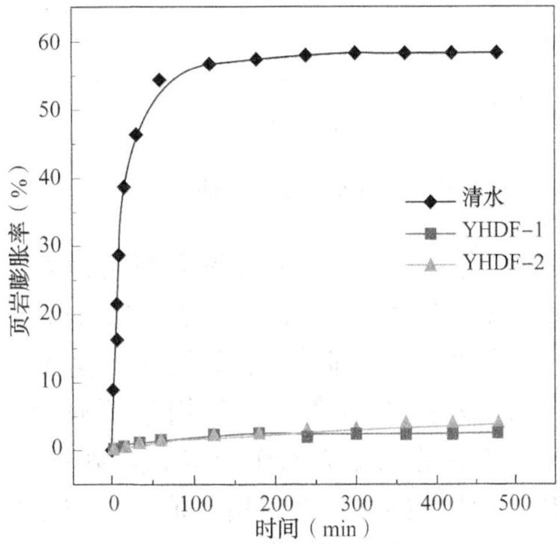

图 3　页岩水化膨胀实验结果

综上，YHDF-1、YHDF-2 体系均具有良好的抑制页岩水化分散、膨胀性能，满足硬脆性页岩的水化抑制性能要求。此外，采用新型聚胺强抑制剂 SDJA 代替复合无机盐抑制剂，仍可以保持良好的水化抑制性能，较好地解决了重点预探井施工中复合盐水钻井液对电阻率测井的影响问题。

2.3.3　封堵防塌性能评价

采用微纳米封堵剂 WS-1 与化学封堵剂 DLP-1，并与封堵防塌剂 SDOS 等复配使用，实现硬脆性页岩微纳米尺度缝隙的致密封堵，是准噶尔盆地硬脆性页岩防塌钻井液的关键技术措施之一。因此，采用砂床封堵实验、裂缝封堵实验、压力传递实验、砂盘封堵实验等，综合评价了新优化的 YHDF-1、YHDF-2 体系封堵防塌性能。

(1) 砂床封堵实验。利用 20~40 目、60~80 目石英砂作为模拟砂床，评价了 YHDF-1、YHDF-2 体系的渗透封堵性能。分析可知，YHDF-1 体系的 20~40 目、60~80 目砂床滤失量均为 0mL，20~40 目、60~80 目砂床的侵入深度分别为 3.9cm、2.3cm；YHDF-2 体系的 20~40 目、60~80 目砂床滤失量均为 0mL，20~40 目、60~80 目砂床的侵入深度分别为 3.4cm、1.9cm，说明 YHDF-1、YHDF-2 体系的具有较好的砂床封堵性能。

(2) 裂缝封堵实验。采用多功能钻井液堵漏评价仪，常温条件下评价 YHDF-1、YHDF-2 体系对 200μm、400μm 模拟裂缝的封堵效果。分析可知，对于 200μm 模拟裂缝，YHDF-1、YHDF-2 体系的封堵承压能力可达 8MPa，未发生钻井液漏失；而对于 400μm 模拟裂缝，YHDF-1、YHDF-2 体系封堵承压能力也可达 8MPa，钻井液漏失量均小于 50mL，具有良好的裂缝封堵性能。

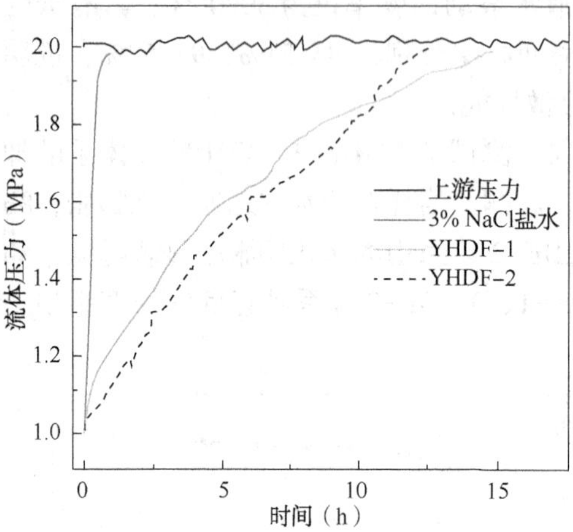

图 4　压差传递实验曲线

(3) 压力传递实验。选用准噶尔盆地天然页岩岩样，利用泥页岩水化—力学耦合模拟实验装置，实验评价了 YHDF-1、YHDF-2 体系的阻止压力传递与滤液侵入性能。图 4 为压差传递实验结果。分析可知，当上游、下游实验流体都为 3%NaCl 时，下游流体压力迅速增大，仅仅需要 0.9h 左右就可以完全“穿透”岩心，即上游、下游压力相等；当上游实验流体更换为 YHDF-1、YHDF-2 后，上游流体压力“穿透”页岩岩心所需时间均大幅增加了 10 倍以上，分别为 14.7h、12.5h。

进一步计算页岩岩心渗透率可知，页岩岩心的原始渗透率为 $4.12\times10^{-7}\mu m^2$，YHDF-1、YHDF-2 作用后，页岩岩心渗透率显著降低为 $2.86\times10^{-8}\mu m^2$、$4.32\times10^{-8}\mu m^2$。上述实验结果说明 YHDF-1、YHDF-2 体系中加入微纳米封堵剂 WS-1 与化学封堵剂 DLP-1 等封堵材料，可有效封堵硬脆性页岩的纳米尺度裂隙，阻缓压力传递与滤液侵入。

(4) 砂盘封堵实验。利用渗透性封堵实验装置[13]（Permeability Plugging Appertus，PPA），选用渗透率为 400mD 超低渗砂盘，在 150℃/7.0MPa 条件下，实验评价了 YHDF-1、YHDF-2 体系的渗透性封堵性能，并与现场钻井液 QFD 体系进行了封堵性能对比。由图 5 可知，现场钻井液 QFD 体系的 PPA 滤失量较高(39.2mL)，而新构建的 YHDF-1、YHDF-2 体系的 PPA 滤失量则显著降低，分别为 17.8mL、13.2mL。

进一步分析图 6 可知，砂盘滤失量与时间平方根呈线性相关，且直线在 y 轴上的截距即为瞬时滤失量，而直线的斜率为静态滤失速率，与现场钻井液 QFD 体系相比，新优化的 YHDF-1、YHDF-2 体系的瞬时滤失量为 0.7mL、1.0mL，静态滤失速率为 $1.6mL/min^{1/2}$、$1.0mL/min^{1/2}$，其具有良好的渗透性封堵性能。

2.3.4　抗污染性能评价

采用 10%氯化钠、0.5%氯化钙、8%评价土作为钻井液污染物，实验评价了 150℃/16h 热滚后 YHDF-1、YHDF-2 体系的抗污染性能。由表 3 可知，加入 10%氯化钠、0.5%氯化钙、8%评价土后，YHDF-1、YHDF-2 体系保持了良好的流变滤失性能，其黏度、切力变化不大，中压滤失量小于10mL，说明YHDF-1、YHDF-2体系的抗污染性能良好。

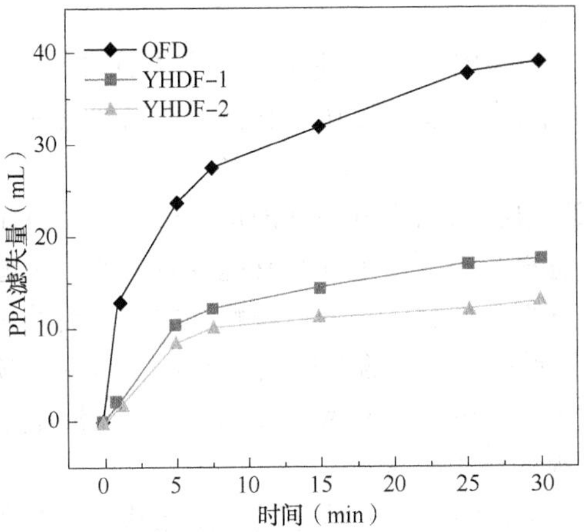

图5　PPA砂盘滤失量曲线

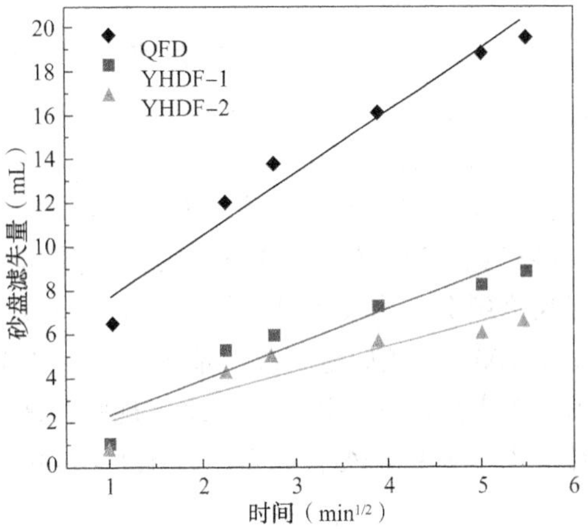

图6　静态滤失速率曲线

表3　YHDF-1与YHDF-2体系抗污染性能评价结果

配方	实验条件	*AV*（mPa·s）	*PV*（mPa·s）	*YP*（Pa）	*Gel*（Pa）	FL_{API}（mL）	pH值
YHDF-1	热滚前	78.0	63.5	14.5	3.5/8.5	1.6	11
	热滚后	64.0	54.0	10.0	2.5/7.5	1.4	10
+10%NaCl	热滚前	97.0	84.0	13.0	8.0/20.0	5.8	10
	热滚后	95.0	87.0	8.0	8.5/16.0	7.0	9
+0.5%$CaCl_2$	热滚前	107.5	81.0	26.5	16.0/28.0	6.8	9.5
	热滚后	75.5	56.0	19.5	11.5/14.0	9.4	8.5
+8%评价土	热滚前	61.5	43.0	18.5	3.5/6.0	4.4	10
	热滚后	55.0	40.0	15.0	3.0/5.0	4.4	10
YHDF-2	热滚前	78.0	64.0	14.0	6.0/12.0	2.0	11
	热滚后	74.0	63.0	11.0	5.0/9.5	1.4	10
+10%NaCl	热滚前	84.0	65.0	19.0	10.0/21.0	5.2	10
	热滚后	76.0	59.0	17.0	9.0/16.5	6.0	9
+0.5%$CaCl_2$	热滚前	104.0	95.0	29.0	23.0/35.0	7.2	9
	热滚后	86.5	69.0	17.5	9.5/13.5	8.1	9
+8%评价土	热滚前	74.0	51.0	23.0	8.0/12.0	3.2	10
	热滚后	70.0	52.0	18.0	7.0/11.0	4.6	10

2.3.5　润滑性能评价

利用极压润滑测试仪、滤饼黏滞系数测试仪，实验评价了YHDF-1、YHDF-2体系的润滑性能。分析可知，YHDF-1、YHDF-2体系均具有良好的润滑性能，极压润滑系数分别为0.126、0.134，滤饼黏滞系数分别为0.078、0.084，能够基本满足定向井的减摩降阻要求。

3 现场试验

“多尺度”致密封堵水基钻井液体系 YHDF-1、YHDF-2 分别应用于评价井 D-72 井、预探井 D-12 井的三开钻井作业，取得了良好的现场试验效果，较好地解决了准噶尔盆地硬脆性页岩地层井壁失稳问题。

预探井 D-12 井三开试验井段采用的“多尺度”致密封堵水基钻井液体系（YHDF-2）钻井液性能稳定，流变滤失性能良好，可有效地封堵清水河组、头屯河组硬脆性页岩的微裂缝与纳米尺度裂隙，未发生井壁垮塌掉块以及其他井下复杂情况，三开井段顺利完钻，测井一次成功率 100%，较好地解决了清水河组、头屯河组硬脆性页岩的井壁失稳问题。其中，预探井 D-12 井三开试验井段井径总体规则，清水河组平均井径扩大率为 7.96%，头屯河组平均井径扩大率为 9.86%，满足了预探井钻井完井工程的施工要求。

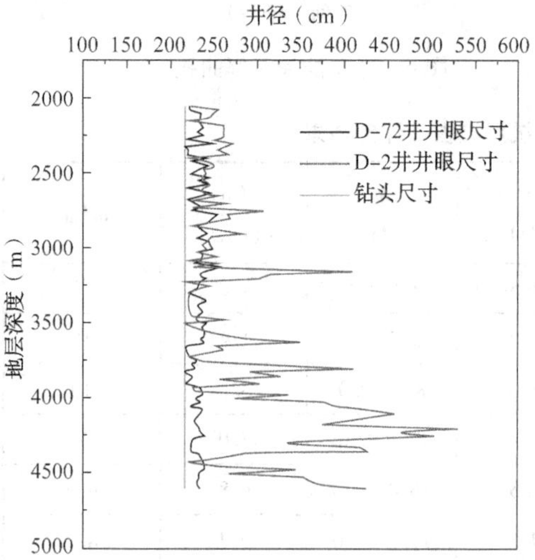

图 7 试验井 D-72 与邻井 D-2 的三开井径曲线对比

评价井 D-72 井现场试验结果表明，“多尺度”致密封堵水基钻井液体系（YHDF-1）的流变性、滤失性可调控性强，封堵防塌性、防卡润滑性能优异，且现场处理、维护方便，维护周期较长。此外，在复杂地层井段钻进中，未出现过井壁剥落掉块等复杂情况，起下钻畅通无阻，较好地解决了清水河组、头屯河组硬脆性页岩的井壁失稳问题，且电阻率测井一次成功率 100%，保证了钻井作业的安全施工。通过对比发现，邻井 D-2 井头屯河组地层段（4065～4310m）平均井径扩大率为 29.28%，最大井径扩大率为 146.51%，而现场试验井 D-72 井头屯河组地层段（4110～4470m）平均井径扩大率仅为 6.78%，最大井径扩大率为 9.95%，取得了良好的现场试验效果（图 7）。

4 结论与认识

（1）提出了基于多尺度封堵的协同稳定井壁技术对策。特别是，多尺度封堵微米裂缝与纳米裂隙，是准噶尔盆地硬脆性页岩地层防塌钻井液的关键技术措施。

（2）利用新研发的封堵防塌剂 SDOS 和微纳米封堵剂 WS-1，构建了适用于开发井、探井的两套“多尺度”致密封堵水基钻井液体系。

（3）现场试验表明，两套钻井液体系综合性能较好，硬脆性页岩地层井壁稳定作用效果明显，复杂地层井段平均井径扩大率均小于 10%，较好地解决了准噶尔盆地硬脆性页岩地层的井壁失稳问题。

参考文献

[1] 陈建平，王绪龙，邓春萍，等．准噶尔盆地油气源、油气分布与油气系统[J]．地质学报，2016，90(3)：421-450.

[2] 李轶，张达清，王俊文，等．准噶尔盆地南缘山前高陡构造高密度水基钻井液技术研究[J]．长江大学

学报(自然科学版)，2016，13(35)：84-87.
[3] 曾武强，郑基烜，冯才立，等．准噶尔盆地南缘山前构造高难度深井钻井工艺技术[J]．天然气工业，2000，20(1)：44-47.
[4] 杜青才．准噶尔南缘复杂构造地质力学分析与井下复杂机理研究[D]．成都：西南石油学院，2004：18-28.
[5] 孙连环．准噶尔盆地井壁稳定性研究[D]．青岛：中国石油大学(华东)，2009：1-6.
[6] 刘四海．准噶尔盆地南缘山前构造复杂地层钻井液技术[J]．石油钻探技术，2003，31(4)：33-34.
[7] 姚良秀．准噶尔盆地钻井关键技术研究与应用[D]．西安：西安石油大学，2010：12-18.
[8] 邱春阳，吴晓文，秦涛，等．准噶尔盆地永进油田井壁稳定钻井液技术研究[J]．鲁东大学学报(自然科学版)，2015(4)：375-379.
[9] 邱正松，徐加放，吕开河，等．"多元协同"稳定井壁新理论[J]．石油学报，2007，28(2)：117-119.
[10] 邱正松，钟汉毅，黄维安．新型聚胺页岩抑制剂特性及作用机理[J]．石油学报，2011，32(4)：678-682.
[11] 柴金鹏，刘均一，邱正松，等．含油污泥资源化制备钻井液用封堵防塌剂与应用[J]．中国石油大学学报(自然科学版)，2018，42(2)：172-180.
[12] 柴金鹏．准噶尔盆地硬脆性页岩地层防塌钻井液技术研究[D]．青岛：中国石油大学(华东)，2018：66-70.
[13] Mostafavi V., Hareland G., Belayneh M., et al. Experimental and mechanistic modeling of fracture sealing resistance with respect to fluid and fracture properties[C]. ARMA 11-198, 2011.

渤海油田工程地质一体化钻井液优选技术

陈　卓　董平华　何瑞兵　岳　明

（中海石油（中国）有限公司天津分公司）

【摘　要】 渤海油田经过多年勘探，针对不同的地层特征，形成了多套钻井液体系。然而，由于缺乏统一的优选标准，钻井液体系的选择更多依靠工程师的经验。本文基于风险的概念，在分析地层特征、地层深度、水深、裸眼井段长度、钻井液性能、钻井排量、井眼扩径率等地质、工程因素对钻井风险的影响基础上，提出了钻井风险量化方法。将量化后的钻井风险代入钻井成本计算公式中，以钻井成本最低为考核指标，建立了适用于渤海油田的工程地质一体化钻井液优选技术。该技术提供了一种能直观、定量、综合地反映钻井液适用性的方法。

【关键词】 钻井液；抑制剂；工程；一体化；风险评估

渤海油田整体地质条件复杂，一方面，强烈的地质构造活动使得渤海油田广泛分布断层，扰乱了地应力的分布；另一方面，渤海油田不同地层间的物理力学行为特征相差较大，地层情况复杂。“地质构造运动强”+“地层特性复杂”造成了渤海油田倒划眼、阻卡、憋压憋扭矩等复杂情况频繁发生，制约了渤海油田的安全高效开发。

渤海油田经过多年勘探，针对地层特征，形成了多套钻井液体系：膨润土钻井液[1]、有机正电胶 PEC 钻井液[2]、小阳离子 JFC 钻井液[3]、胺基硅醇 JFC 钻井液[4]、氯化钾聚合醇钻井液等针对易水化地层的钻井液，HIBDRILL 体系钻井液[5]、含有硅酸盐的低黏土相聚合物钻井液[6]、有机盐钻井液[7]、微泡沫钻井液[8]、ONE DRILL 钻井液等针对裂缝性地层的钻井液。然而由于缺乏统一的优选标准，在设计及现场施工时，工程师往往参考邻井钻井液使用情况或自身经验来确定最终的实用钻井液体系。

在满足钻井安全的条件下，为了尽量提高钻井时效及降低钻井成本，以钻井成本为最终考核指标，依托风险定量评估技术，综合考虑地质、工程对钻井时效的影响，建立了适用于渤海油田的工程地质一体化钻井液优选技术。该技术提供了一种能直观、定量、综合地反映钻井液适用性的方法。

1　渤海油田地质特征及钻完井难点

渤海油田钻遇地层主要有平原组、明化镇组、馆陶组、东营组、沙河街组及潜山地层等。其中，浅部地层如平原组、明化镇组和馆陶组，以软泥岩与弱固结砂岩为主，多为河流相，沉积环境横向变化剧烈，地层特性在横向上存在较大的差异。在钻井过程中阻卡情况严重，倒划眼频繁，循环过程中均不同程度的返出黏软岩屑，硬质碎屑和大量泥团，井壁缩径和扩径现象并存，部分井甚至存在套管阻卡和憋压现象[10]。中深部地层如东营组、沙河街组及潜山地层，

作者简介：陈卓，中海石油（中国）有限公司天津分公司，中级职称，天津市滨海新区海川路 2121 号。电话：18810906017；E-mail：1241295765@ qq. com。

岩性复杂，广泛存在硬脆性泥页岩，部分发育火成岩，地层存在裂缝、微裂缝，钻井液侵蚀后出现井壁坍塌，返出较多碎屑及掉块，导致严重阻卡现象频繁发生。而且中深部地层压力体系复杂，部分区块高压分布，起压快，压力台阶多，井壁失稳现象更为严重[11]。

2 渤海油田钻井液体系

2.1 浅部地层常用钻井液

渤海浅部地层常用的钻井液体系按抑制性的大小可分为(表1)：膨润土钻井液、有机正电胶PEC钻井液、小阳离子JFC钻井液、胺基硅醇JFC钻井液、氯化钾聚合醇钻井液等。膨润土钻井液由烧碱、纯碱、膨润土及淡水配制而成，基本无抑制性，在钻井过程中，需要依靠膨润土的造浆能力，提高钻井液的悬浮携岩性能，并配以大排量钻井参数，将岩屑循环至井口。有机正电胶PEC钻井液与小阳离子JFC钻井液属于“软抑制”钻井液，通过在钻井液体系中添加Na^+、阳离子化合物等实现对泥岩的抑制。“软抑制”钻井液的水化膨胀抑制性较弱，但更易保持岩屑的完整性，便于岩屑的清除。胺基硅醇JFC钻井液根据“适度抑制”理论，引入聚胺和胺基硅醇等有机阳离子抑制剂，其独特的分子结构，可充填在黏土晶片之间，将晶片束缚在一起，有效地减少页岩从周围的溶液中吸附水分子的倾向，还可以在黏土表面形成一层疏水基团朝外具有疏水特性的吸附层，从而抑制泥岩膨胀。氯化钾聚合醇钻井液属于强抑制钻井液，主要依靠K^+抑制黏土水化膨胀。K^+离子的半径与黏土硅氧四面体底面由氧形成的六角氧环的半径相近，且K^+的水化能较小，较容易进入黏土晶层间隙，与黏土晶片进行较牢固的结合，从而抑制了黏土的水化膨胀。但K^+的晶格嵌入抑制机理又容易导致近井壁硬化，影响泥岩地层起下钻效率。

表1 明化镇组泥岩滚动分散实验结果

体　系	岩样回收率(%)
清水	2. 13
阳离子	77. 65
有机正电胶	79. 92
胺基硅醇	81. 34
氯化钾聚合醇	90. 82

2.2 中深部地层常用钻井液

渤海油田中深部地层广泛存在硬脆性泥页岩，部分存在火成岩，裂缝、微裂缝发育。为了防止钻井液侵入裂缝性地层，针对裂缝性地层的特性，渤海油田研制了不同类型的封堵型钻井液体系(表2)，包括：HIBDRILL体系钻井液、含有硅酸盐的低黏土相聚合物钻井液、有机盐钻井液、微泡沫钻井液、ONE DRILL钻井液等。

表2 钻井液封堵机理

体　系	基础原理	封堵机理
HIBDRILL	页岩的“漏失半透膜”特征、聚二醇的浊点行为	(1) 增加盐度降低水相活度，提高页岩膜效率来实现逆向渗透压； (2) 水溶的聚二醇进入页岩后，在较高的井底静态温度下相分离、乳化，从而封堵地层

续表

体　系	基础原理	封堵机理
含硅酸盐的低黏土相聚合物钻井液	页岩的微裂隙是流体主要通道	(1) 硅酸钠溶液与孔隙流体中二价离子形成凝胶状沉淀堵塞孔隙； (2) 有机盐作为钻井液主要抑制剂，降低钻井液滤液活度，减少渗流
有机盐钻井液	活度平衡理论、液相-固相协同封堵性理论	(1) 提高液相黏度，提高钻井液滤液的在微裂隙中的渗流阻力； (2) 采用1.5%沥青树脂和1%改性石墨，嵌入微裂隙中，封堵微裂隙的同时提高井壁润滑性
微泡沫钻井液	泡沫群体的封堵作用	气泡液膜具有很高的表面黏度，极易在孔隙壁上产生黏附，并迅速堆积聚集，形成高切高黏的泡沫群体结构，从而实现对孔隙的封堵
ONE DRILL 钻井液	页岩的微裂隙是流体主要通道	(1) 多糖聚合物和纤维素具有较好的滤失控制功能，可提高钻井液中黏土颗粒的聚结稳定性； (2) 分子结构为直链型，且分子链上含有酰胺基和胺基等强吸附基团，可以吸附在黏土颗粒表面，起到良好的增稠、包被和抑制作用

2.3　钻井液体系优选难点

渤海油田面临的主要问题是浅部地层的水化坍塌问题与中深部地层的裂缝发育问题。单纯提高钻井液的抑制封堵性能，虽然能最大程度地降低钻井风险，却提高了钻井成本，限制了钻井时效。以膨润土钻井液钻进技术为例，将“非储层段要安全和快速钻进”作为作业原则，通过适当扩大井径，减少了起下钻和下套管期间钻具阻卡等非生产时间，反而提高了生产时效，降低了生产成本。因此，在选择钻井液体系时应综合考虑地质因素与工程因素。

3　工程地质一体化钻井液优选技术

渤海油田地质条件复杂，在满足钻井安全的条件下，为了尽量提高钻井时效及降低钻井成本，需要同时考虑地质和工程对钻井液的需求。以钻井成本为最终考核指标，依托风险定量评估技术[12-15]，综合考虑地质、工程对钻井时效的影响，建立了适用于渤海油田的工程地质一体化钻井液优选技术。

3.1　工程地质一体化技术理论基础

将钻井成本分为三个部分，钻井工具及钻井液材料成本、生产时间作业成本、非生产时间作业成本。

$$\begin{cases} C_t = C_m + C_P + C_{NP} \\ C_P = c \times t_P \\ C_{NP} = c \times t_{NP} \\ t_{NP} = R \times t_{NP\ max} \end{cases} \tag{1}$$

式中：C_t 为钻井总成本，万元；C_m 为钻井工具及钻井液材料成本，万元；C_P 为生产时间作业成本，万元；C_{NP}为非生产时间作业成本，万元；c 为钻井日费，万元/天；t_P 为生产作业时间，天；t_{NP}为非生产作业时间，天；R 为钻井风险系数，由风险定量评估技术确定；t_{NPmax}为区块已钻井最大非生产作业时间。

根据风险来源，钻井风险可分为地质风险和工程风险。其中，地质风险属于不可控因素，包括地层特征、地层深度、水深等。工程风险属于可控因素，包括裸眼井段长度、钻井液性能、钻井排量、井眼扩径率等。假设针对某井的钻井设计存在 N 套方案，P_n 为其中的一套方案。将 P_n 方案的地质风险大小以向量 G_n 表示：

$$G_n = (g_1,\ g_2,\ g_3 \cdots g_m) \tag{2}$$

式中：m 为地质风险个数，g_m 为第 m 个地质风险的评分，值域为[0，1]。

将工程风险大小以向量 E_n 表示：

$$E_n = (e_1,\ e_2,\ e_3 \cdots e_l) \tag{3}$$

式中：l 为地质风险个数，e_l 为第 l 个工程风险的评分，值域为[0，1]。

GS_n 为地质风险的后果严重度：

$$GS_n = (gs_1,\ gs_2,\ gs_3 \cdots gs_m) \tag{4}$$

式中：gs_1 为第 1 个地质风险的后果严重度，值域为[-1，1]。

ES_n 为工程风险的后果严重度：

$$ES_n = (es_1,\ es_2,\ es_3 \cdots es_l) \tag{5}$$

式中：es_1 为第 1 个工程风险的后果严重度，值域为[-1，1]。

根据风险定量评估技术，综合考虑地质风险与工程风险，定义 P_n 方案的广义钻井风险系数 R_n 为，

$$R_n = (G_n,\ E_n)^T :\ (GS_n,\ ES_n)^T \tag{6}$$

P_n 方案的钻井风险系数 $R = R_n / R_{nmax}$，其中，R_{nmax}为区块已钻井的最大钻井风险系数，将钻井风险系数代入式(1)中即可得到 P_n 方案的成本 C_{tn}。

令最优成本 $C_{tbest} = \min(C_{t1},\ C_{t2},\ \cdots,\ C_{tN})$，该成本对应的钻井方案即为最优钻井方案。

3.2 应用实例

利用工程地质一体化钻井液优选技术对渤海某油田 12¼in 井眼的两种钻井液方案进行优选。该油田自上而下钻井揭示的地层为：第四系平原组、新近系明化镇组、馆陶组、古近系东营组。其中，12¼in 井眼钻遇地层为明化镇组与馆陶组上部，不存在浅层气、不整合面及断层。钻井主要风险为地层水化坍塌。为了提高模型实用性，对工程地质一体化钻井液优选技术进行简化，取地质风险因素为：水深、地层岩性、地层黏土矿物含量。工程风险因素为：钻井液抑制性、钻井排量、井眼扩径率。

(1) 地质风险(固有风险)评分。

根据录井资料显示，12¼in 井眼钻遇地层岩性主要为棕红色泥岩与浅灰色细砂岩互层，以泥岩为主。利用 X 射线衍射仪，通过 XRD 衍射方法确定录井岩屑中的矿物组分(图 1)。明化镇组、馆陶组活性软泥岩黏土矿物含量很高，达到了 38%~47%，其中黏土含量主要以伊蒙混层为主，含量在 83%~86%，且伊蒙混层中以蒙脱石为主，占比 65%~70%。地质风险评分见表 3。地质风险属于固有风险，与钻井方案无关。

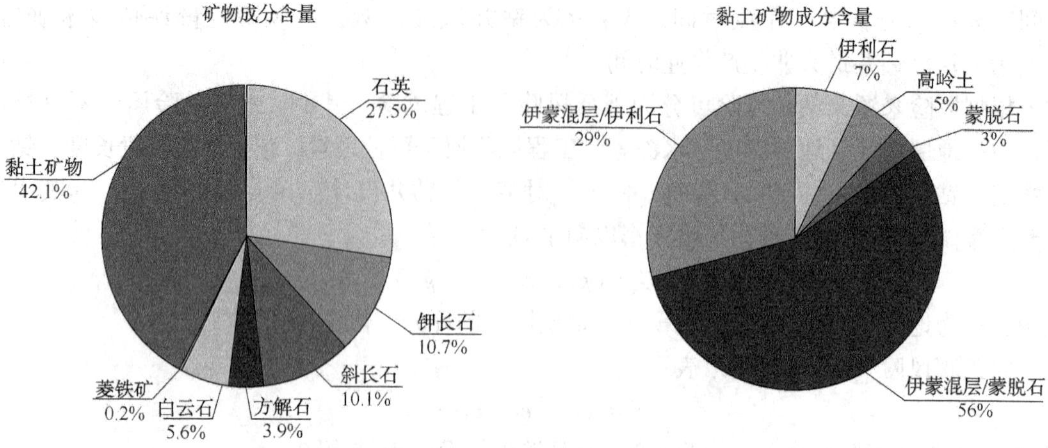

图1　矿物成分平均含量

表3　地 质 风 险

地 质 风 险	地质风险大小评分	后果严重度
水深：16m	0.2	0.3
岩性：以泥岩为主	0.5	0.8
黏土矿物含量：平均42%	0.7	0.7
蒙脱石含量：占黏土平均59%	0.8	0.7

（2）工程风险评分。

在已钻井中，主要存在两套钻井液工程方案：氯化钾聚合物钻井液与胺基硅醇JFC钻井液。两种钻井液的抑制性能见表4。适当扩大井径，可以减少起下钻和下套管期间钻具阻卡的风险，钻井液抑制性能与井眼扩大率成反比，但井径扩大会带来井眼清洁问题，在实际钻井中需要增大钻井液排量来携带岩屑。图2为不同钻井液条件下，坍塌压力随时间的变化规律。图3为不同井眼扩径率下，清洁井眼所需的最小排量。根据实验与计算结果，结合专家经验，对两套钻井液方案的工程风险进行评分(表4)。

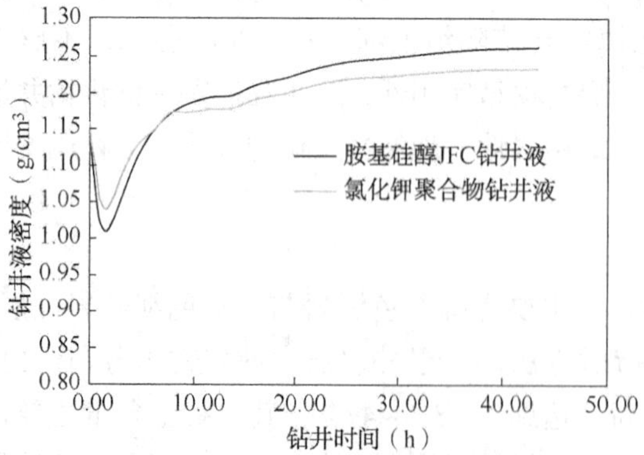

图2　钻井液体系对坍塌周期的影响

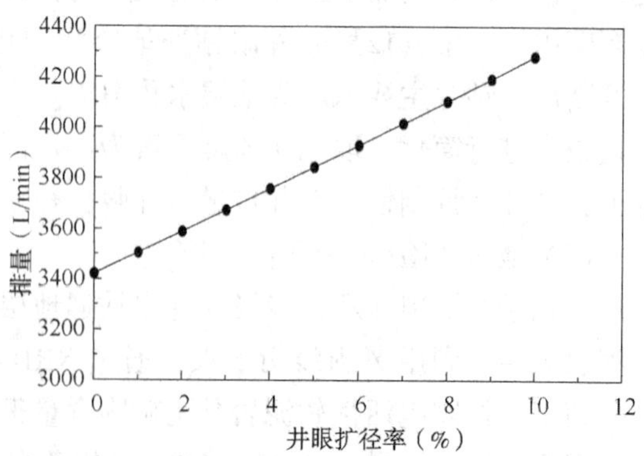

图3　井眼扩径率与最小排量

表4 工程风险

钻井液方案	工程风险	工程风险大小评分	后果严重度
氯化钾聚合物钻井液	抑制性	0.9	-0.7
	井眼扩大率	0.1	-0.2
	排量	0.2	0.3
胺基硅醇 JFC 钻井液	抑制性	0.8	-0.7
	井眼扩大率	0.6	-0.9
	排量	0.3	0.3

（3）钻井液方案对比优选。

根据钻井风险评分，对两种钻井液方案的成本进行了对比（表5），对比结果显示，虽然氯化钾聚合物在抑制性及钻井液材料成本上有优势，但是由于胺基硅醇 JFC 钻井液允许井径适当扩大，结合大排量清洗井眼的工程措施，反而降低了工程风险，提高了作业效率。综合考虑地质、工程对钻井成本的影响，该油田应选择胺基硅醇 JFC 钻井液作为 12.25in 井段的钻井液体系。

表5 钻井成本

钻井液方案	地质、工程风险系数	钻井液材料成本（万元/m^3）	钻井日费（万元）	钻井天数	钻井成本（万元）
氯化钾聚合物钻井液	0.92	0.19	108	8.30	921.1
胺基硅醇 JFC 钻井液	0.50	0.39	108	7.25	833.7

4 结论

渤海油田地质条件复杂，钻井液优选面临多因素的考量。为了尽量提高钻井时效及降低钻井成本，以钻井成本为最终考核指标，建立了适用于渤海油田的工程地质一体化钻井液优选技术。

（1）经过多年的发展，针对易发生水化的浅部地层和裂缝发育的中深部地层，渤海油田形成了一系列的抑制封堵型钻井液体系。

（2）以钻井成本为最终考核指标，依托风险定量评估技术，综合考虑地质、工程对钻井时效的影响，建立了适用于渤海油田的工程地质一体化钻井液优选技术。

（3）根据工程地质一体化钻井液优选技术，对渤海某油田 12¼in 井段的两种钻井液方案进行了对比。虽然氯化钾聚合物在抑制性及钻井液材料成本上有优势，但综合考虑地质、工程因素的影响，采用胺基硅醇 JFC 钻井液体系钻井时效更高、工程风险更低。为了兼顾安全与钻井成本，该油田应选择胺基硅醇 JFC 钻井液作为 12¼in 井段的钻井液体系。

参考文献

[1] 叶周明，刘小刚，马英文，等．膨润土钻井液深钻技术在渤海某油田的应用[J]．石油钻采工艺，2015(06)．

[2] 王伟，李国钊，于志杰，等．PEC 有机正电胶钻井液体系在 BZ 25-1 油田的应用[J]．中国海上油气，2006(1)．

[3] 徐博韬，孙鹏，陈忠华，等．低黏高切阳离子钻井液在渤海油田大斜度大位移井的应用[J]．化学与生

物工程，2012(11).
[4] 林家昱，谢涛，王晓鹏，等．胺基硅醇JFC钻井液在渤海油田的应用研究[J]．天然气与石油，2018，36(6).
[5] 马超，袁则名，孙晓飞，等．渤海南部BZ34-3区块井壁稳定性分析与钻井液应用[J]．石油化工应用，2019，38(5).
[6] 赵雄虎，肖玉颖．渤海中部BZ34-2EW区块防塌钻井液试验研究[J]．中国石油大学学报(自然科学版)，1998(5).
[7] 董平华，等．渤海油田大井眼深钻综合钻井液维护技术[J]．石油钻采工艺，2018(S).
[8] 张荣，莫成孝．抗高温海水微泡沫钻井液实验研究[J]．钻井液与完井液，2008(6).
[9] 李蔚萍，向兴金，舒福昌，等．渤海油田PEM聚合物水基钻井液废弃物固液分离技术研究[J]．石油与天然气化工，2009(2).
[10] 崔国杰，谢荣斌，祝国伟，等．渤海油田大位移井提速提效创新技术与实践[J]．中国海上油气，2019(5).
[11] 邓建明，马英文．渤海中深层天然气田钻完井关键技术现状及展望[J]．石油钻采工艺，2018(6).
[12] 李乾．石油天然气钻井工程风险量化技术[J]．价值工程，2015(26).
[13] 张洪梅，李俊荣，尹立华．石油天然气钻井工程风险量化技术[J]．中国安全生产科学技术，2012，8(8).
[14] 孙运．石油天然气钻井工程风险量化技术研究[J]．石化技术，2016(3).
[15] 李智勇，牛旭明，锁延锋，等．信息安全风险评估中的风险计算[J]．无线电通信技术，2006(2).

国产抗高温高密度油基钻井液技术在克深24-11井的应用

李 龙 杨海军 王建华 程荣超 崔小勃 张家旗

（中国石油集团工程技术研究院有限公司）

【摘 要】 库车山前构造所面临的高温、高压、高矿化度的复合盐膏层、高压盐水层等井下苛刻条件，钻井液技术面临着极大的技术瓶颈亟待解决。克深24-11井采用国产抗高温高密度油基钻井液技术，有效解决了盐膏层段恶性阻卡与目的层段井壁失稳难题，保障了井下作业的安全。此外，盐膏层及目的层钻进工期显著缩短，效率大幅度提高，钻井提速效果显著。国产高密度油基钻井液技术能有效保障复杂地质条件下深井安全高效钻井，为塔里木油田深层油气资源安全高效开发提供强有力的技术保障。

【关键词】 高密度油基钻井液；盐膏层；钻井提速；现场应用

库车山前在5000m以上深井地层温度高达150～190℃，高温、高压、高矿化度等井下苛刻条件对钻井液提出新挑战，钻井液技术必须解决“三高”所带来的一系列难题[1-6]。克深24-11井是塔里木盆地库车坳陷克拉苏构造带克深2区块克深24断块上一口开发井，设计井深6412m（完钻井深6422m），钻井液最高密度2.45g/cm^3，地层温度149.6℃。三开井段巨厚盐岩、石膏夹泥岩，地层普遍为高压-超高压，局部存在高压盐水层、蠕变层，易溢流、漏失、缩径、卡钻。四开井段地应力强，且为高压系统，储层裂缝较发育，易发生井漏、溢流及卡钻等风险[7-10]。

本井三开井段使用抗高温高密度油基钻井液钻进过程中，曾出现溢漏并存的情况，三开井段总共出盐水9.28m^3，污染钻井液150m^3。该井顺利完钻，表明了国产抗高温高密度油基钻井液能够很好地解决油基钻井液盐水污染及高温条件下流变性难以控制等难题。

1 地质工程概况

1.1 地质简况

克深24-11井从上至下依次将钻遇新近系康村组、库车组、康村组、吉迪克组、库姆格列木群、白垩系巴什基奇克组。钻井过程中面临的主要难题为：新近系库车组、康村组、吉迪克组均会钻遇砾石，对钻头磨损大，蹩跳严重，地层易垮塌，需注意防卡、防斜；库姆格列木群膏盐岩段以巨厚层状白色泥质盐岩、中厚层白色膏质盐岩为主，夹含膏泥岩、泥质云岩、泥岩与盐岩互层等，可能发育裂缝，具有易缩径、溢流、井漏、卡钻等风险。白垩系

基金项目：中国石油天然气股份有限公司重大科技专项“塔里木盆地大油气田增储上产关键技术研究与应用”（2018E-1808）、中石油天然气集团有限公司科学研究与技术开发项目“阿克纠宾盐下复杂碳酸盐岩水平井高效钻完井技术研究”（2019D-4507）、中石油天然气集团有限公司科学研究与技术开发项目“裂缝性恶性漏失新型堵漏材料研发及工艺技术研究”（2018D-5009-05）。

巴什基奇克组以厚—巨厚层状棕褐、灰褐色细砂岩、粉砂岩为主，夹薄层褐色泥质粉砂岩，地应力较强，且为高压系统，预测可能发育裂缝，易发生井漏、溢流及卡钻等风险。

1.2 工程简况

该井一开使用 ϕ660.4mm 钻头，采用膨润土—聚合物钻井液钻至 206.05m；二开使用 ϕ444.5mm 钻头，采用聚合物—聚磺钻井液钻至 4133m；三开使用 ϕ311.1mm 钻头，采用油基钻井液钻至 6262m；四开采用 ϕ215.9mm 钻头，采用油基钻井液钻至 6422m 完井。

2 钻井液技术难点及对策

2.1 钻井液技术难点

（1）山前地质条件过于复杂，要求钻井液体系具有较好的抗高温、抗盐膏污染性能，且密度要求更高，目前山前超深井使用钻井液密度达到 2.55g/cm^3 以上（克深 24-11 井钻井液设计密度 2.45g/cm^3），已钻井最高温度达到 185℃以上，盐含量达到 190000mg/L 以上。

（2）深部地层巨厚膏盐岩层对钻井液性能的稳定性造成严重的影响。

（3）深井段井眼直径小，对钻井液的流变性要求极高。为满足高密度钻井液悬浮性能，要求钻井液必须具有一定的黏度和切力，而小井眼钻井则需要低黏切，以保证有效降低循环压力损耗。

（4）同一裸眼段的安全密度窗口窄，导致溢流、井漏同存现象时有发生。同一裸眼段存在着高压盐水层与低压漏层，钻井液密度需要反复调整。调整过程中，要求钻井液性能必须稳定且易于调整。

（5）高压盐水层分布无规律，导致钻井过程中钻遇盐水层常常成为遭遇战。一旦出现高压盐水，必须使用很高的钻井液密度才能压稳盐水层继续钻进，而此过程中往往会造成钻井液性能恶化，引起井下的复杂[7-10]。

2.2 钻井液技术对策

（1）采用抗高温高密度油基钻井液技术，解决巨厚膏盐岩层或高压盐水层污染和井壁稳定问题。

（2）采用合理的钻井液密度，以平衡地层压力。

（3）采用合理的防漏堵漏措施，以减少油基钻井液的漏失，降低钻井成本。

（4）采用合理的钻井参数和工程技术措施。

塔里木油田在克深 7 井首次引进国外的抗高温高密度油基钻井液，在克深 7 井盐膏层及目的层的应用取得成功后，根据油基钻井液的应用范围及成本，在克深、大北、迪北等区块规模化推广使用高温高密度油基钻井液，先后应用了一百余口，取得了很好的应用效果。但油基钻井液自身存在价格昂贵、井漏成本高等难题，还需要从油基钻井液国产化、防漏堵漏等方面进行技术攻关。

3 国产高温高密度油基钻井液研究

评价国产高密度油基钻井液体系在密度下流变性能、抗高温能力及稳定性，实验结果见表 1。由表 1 中的数据可以看出，在高密度下油基钻井液始终保持着良好的热稳定性和沉降稳定性，随着密度的上升，破乳电压值也随之上升，当密度达到 2.45g/cm^{3}时，热滚后的破乳电压值达到 1488V，高温高压滤失量小于 10mL，且热滚前后的流变性能稳定，表观黏度、塑性黏度以及切力变化不大，乳化剂的润湿性好。

表 1　不同密度油基钻井液性能评价

ρ(g/cm³)		*AV*(mPa·s)	*PV*(mPa·s)	*YP*(Pa)	*Gel*(Pa/Pa)	FL_{HTHP}(mL)	E_S(V)
1.8	热滚前	34	29	5	2.5/3	7.4	845
	热滚后	35	30	5	3/4		1020
1.9	热滚前	43.5	38	5.5	2.5/3.5	7.5	1012
	热滚后	43	37	6	3/3.5		937
2.0	热滚前	49	42	7	3/4	8.2	1066
	热滚后	47	41	6	3/3.5		1149
2.2	热滚前	56	49	7	3/4	8.3	1271
	热滚后	58	50	8	3.5/4.5		1199
2.35	热滚前	63.5	56	7.5	3.5/4	8.9	1405
	热滚后	65	57	8	4/4.5		1327
2.45	热滚前	74	67	7	4/5	9.4	1358
	热滚后	79	69	10	5/5.5		1488

油基钻井液配方：4% DR-EM(主乳化剂)+4% DR-CO(辅乳化剂)+1.5% DR-GEL(有机土)+20%$CaCl_2$溶液+4% DR-COAT(降滤失剂)+5%CaO+重晶石，油水比 85：15。

通过配制不同油水比的油基钻井液，来测定其流变性能、破乳电压值等来优选出最佳的油水比，实验数据见表 2。由表 2 中的数据可以看出，随着钻井液油水比的下降，国产油基钻井液的塑性黏度、表观黏度、动切力也随之增大，破乳电压值略有下降，不同油水比的钻井液热滚前后流变性能变化不大，重晶石悬浮良好，热稳定性强。

表 2　不同油水比钻井液性能评价

油水比(O/W)		*AV*(mPa·s)	*PV*(mPa·s)	*YP*(Pa)	*Gel*(Pa/Pa)	E_S(V)
95：5	热滚前	64	61	3	1/2	1626
	热滚后	65.5	61	4.5	2/2.5	1703
90：10	热滚前	72	68	4	2/2.5	1528
	热滚后	70	65	5	2/3	1487
85：15	热滚前	77	70	7	3/3.5	1264
	热滚后	80	71	9	5/6	1086
80：20	热滚前	82.5	73	9.5	3/4	1125
	热滚后	89	78	11	5/5.5	1203

分别用体积比为 10%、20%、30%、40%、50%、60% 和 70% 的盐水对密度为 2.45g/cm³国产油基钻井液进行了抗污染实验，评价不同浓度的盐水对钻井液流变性能的影响，实验数据见表 3。

表 3　钻井液抗饱和盐水污染性能评价

饱和盐水加量(%)	ρ(g/cm³)	*AV*(mPa·s)	*PV*(mPa·s)	*YP*(Pa)	*Gel*(Pa/Pa)	E_S(V)
0	2.45	71	66	5	2/3	1399

续表

饱和盐水加量(%)	ρ(g/cm³)	*AV*(mPa·s)	*PV*(mPa·s)	*YP*(Pa)	*Gel*(Pa/Pa)	E_S(V)
10	2.34	66	59	7	3/4	1321
20	2.22	71	60	11	4/5.5	1131
30	2.10	79	65	14	5.5/7	917
40	1.99	89	71	18	7/8	741
50	1.88	102.5	81	21.5	8/9.5	662
60	1.76	123.5	97	26.5	9/10	484
70	1.64	—	—	—	11/12.5	322

由表3的数据可以看出，随着盐水加量的增加，破乳电压值逐渐下降，黏度逐渐增加，当盐水侵比例大于60%时，破乳电压值降至400V以下，体系逐渐失去流动性。

由表4可知，自主研发的高温高密度钻井液体系与国外公司的产品相比，流变性能、滤失量、破乳电压与国外同类产品相差不大，热滚前后的流变性能更加稳定，切力适中，各项性能指标与国外产品性能指标基本相当。

国产高温高密度油基钻井液抗温能力可达200℃以上，最高密度可达2.6g/cm³，具有良好的流变性能，且具有良好的抗盐和饱和盐水污染能力，综合性能良好，能满足塔里木油田山前区块超深复杂地层的钻井技术要求。

表4　各油基钻井液性能评价结果(2.0g/cm³，油水比85∶15)

配　方		ρ (g/cm³)	*AV* (mPa·s)	*PV* (mPa·s)	*YP* (Pa)	*Gel* (Pa/Pa)	FL_{HTHP} (mL)	E_S (V)
国产体系	滚前	2.0	49	42	7	3/4	8.2	1066
	滚后	2.0	47	41	6	3/3.5		1149
克深205井井浆	滚前	2.0	69	58	11	2.5/3.5	6.4	615
	滚后	2.0	59	57	2	1.5/2.5		532
国外Ⅰ	滚前	2.0	76.5	60	16.5	6.5/8	5.8	1147
	滚后	2.0	66.5	62	4.5	1/3		550
国外Ⅱ	滚前	2.0	62	47	15	6/6.5	7.0	1420
	滚后	2.0	67	58	9	4.5/7.5		1523

4　高温高密度油基钻井液技术的应用

4.1　三开井段

三开抗高温高密度油基钻井液，配方如下：(2%~4%)主乳化剂DR-EM+(1%~3%)辅乳化剂DR-CO+(1%~3%)润湿剂DR-WET+(1%~2%)有机土DR-GEL+(1%~1.5%)降滤失剂DR-COAT+(1%~3%)CaO+(21%~26%)$CaCl_2$盐水+0#柴油+重晶石，油水比(80/20~95/5)，密度2.30~2.45g/cm³。

三开钻井液根据井下需要维持钻井液密度在2.4g/cm³左右，钻井液油水比(OWR)为80/20~95/5，钻井液体系的电稳定性在400V以上。维持较低的塑性黏度，动切力保持在3~12Pa间，保证钻井液具有良好的携岩能力及较低的ECD。通过增加适当的降滤失剂来保持 HTHP 滤失量<4mL(140℃)以内，注意监测油基钻井液的静切力，防止油基钻井液长时间静置时重晶石加重剂发生沉降，加入适量的辅乳化剂改善重晶石的润湿性。及时跟踪钻井液碱度，保持未溶生石灰 5~9kg/m³。振动筛采用目数为 180~200 目的筛布。

三开钻进至 5868.98m，发现溢流 0.2m³，立即关井，关井后核实溢流量 0.4m³，关井观察，立压 0(钻具内带有浮阀)，套压 2.3MPa，压井准备。使用密度 2.43g/cm³ 的钻井液节流循环(排量 14~23L/s，立压 7.5~18.2MPa，套压 2.3↗0MPa，返出密度最低 2.38g/cm³，氯根 22500↗35000mg/L，折算出水量 4m³)，停泵开井观察，出口无外溢，复杂解除。溢流原因分析：钻遇库姆格列木群高压盐水层，钻井液密度低，液柱压力不能平衡地层压力，造成溢流。三开井段总共出盐水 9.28m³，污染油基钻井液 150m³。

克深 24-11 井三开井段，4133~6262m，对钻井液性能进行维护，钻井液性能见表 5。该体系在高温高密度高盐条件下具有良好的流变性能和抑制能力，且可保持井壁稳定、在起下钻及下套管等一系列施工过程中，没有出现遇阻、卡钻等复杂，大大提高了钻井安全系数和时效，为钻井施工提供了有力的支持。

表 5　克深 24-11 井 12¼in 井段钻井液基本性能

井深(m)	ρ(g/cm³)	FV(s)	PV(mPa·s)	YP(Pa)	Gel(Pa)	FL_{HTHP}(mL)	E_S(V)
4178	2.33	102	73	7	2.5/5.5	2.0	481
4375	2.35	102	74	7	2.5/5.5	2.0	524
4640	2.38	108	74	8	3/5.5	2.0	621
5059	2.41	100	81	7	3/5.5	1.9	600
5600	2.40	98	82	7.5	3/5.5	2.2	645
5878	2.43	103	91	6	3.5/5.5	2.2	650
6078	2.43	101	95	5.5	3/5.5	2.4	620
6262	2.43	90	96	5	3/5	2.6	658

4.2　四开井段

四开抗高温高密度油基钻井液，其配方如下：(1%~3%)主乳化剂 DR-EM+(1%~2%)辅乳化剂 DR-CO+(1%~3%)润湿剂 DR-WET+(2%~2.5%)有机土 DR-GEL+(0.5%~1%)降滤失剂 DR-COAT+(1%~3%)CaO+(21%~26%)$CaCl_2$盐水+0#柴油+重晶石，油水比(85/15~95/5)，密度 1.73~1.83g/cm³。

四开井段处于白垩系巴什基奇克组，钻探深度 6262~6422m，地层温度 149.6℃。由于井深，起下钻等非钻进时间长达 72h，对钻井液的抗高温能力及静态沉降稳定性提出了很高的要求。钻进至井深 6284.94m、6384.87m、6394.16m、6402.80m、6422m 发生 5 次井漏。加入随钻堵漏剂，配方：0.4%ZDS-1+1.6%ZDS-2+1.2%ZDS-3+1.2%ZDS-4，堵漏均成功。井漏原因分析：地层裂缝发育导致井漏。本井累计漏失油基钻井液 108.15m³。

表 6 为四开钻进时钻井液现场实测性能。现场施工结果表明，国产抗高温高密度油基钻井液高温条件下性能稳定，没有较大的性能变化。施工过程中起下钻及电测、下套管顺畅，无遇阻及开泵困难现象。

表 6　克深 24-11 井 8½in 井段钻井液基本性能

井深(m)	ρ(g/cm³)	*FV*(s)	*PV*(mPa·s)	*YP*(Pa)	*Gel*(Pa)	FL_{HTHP}(mL)	E_S(V)
6267.5	1.7	60	34	4.5	2/4	3.2	470
6347	1.7	60	32	4	2/4	3.2	530
6384	1.7	62	3	5	3/4.5	3.2	542
6401	1.7	62	35	5	3/4.5	3.2	522
6420	1.7	61	38	5	3/5.5	3.4	532
6422	1.7	62	38	5	3/5.5	4.0	501

4.3　应用效果分析

在克深 24-11 井采用抗高温高密度油基钻井液钻进盐膏层与储层段，取得了很好的应用效果。与邻井相比，大大减少井下复杂情况，缩短钻完井周期。

(1)克深 24－11 井钻井周期为 120d，同比邻井平均钻井周期缩短 90.5d；机械钻速 6.44m/h，同比邻井平均机械钻速提高 86.1%。克深 24-11 井采用国产油基钻井液，盐膏层及目的层钻进工期显著缩短，效率大幅度提高，钻井提速效果显著。

(2)创造了 3 项指标：同区块钻井周期最短(120d，较同区块最短周期 152d，缩短 32d)、油基钻井液应用井段钻进时间最短(36d，比同区块最快纪录 46d 提前 10d)两项纪录、平均机械钻速最高(6.44m/h，比同区块最快纪录 4.28m/h 提高 50.5%)(表 7)。

表 7　KES24-11 与邻井同井段油基钻井液钻井情况对比

井号	井深(m)	钻井周期(d)	三开			四开		
			段长(m)	钻井工期(d)	平均机械钻速(m/h)	段长(m)	钻井工期(d)	平均机械钻速(m/h)
KES24-1	6502	152	2152	37	5.46	153	9	1.06
KES24-2	6352	269	2167.9	55	3.75	188.1	17	0.82
KES24-11	6422	120	2129	29	7.67	160	7	2.05

5　结论与认识

(1) 抗高温高密度钻井液能有效解决盐膏层段恶性阻卡与目的层段井壁失稳难题，未出现因钻井液原因而导致卡钻或其他事故，很好地保障了井下作业的安全。

(2) 克深 24-11 井采用国产油基钻井液技术，盐膏层及目的层钻进工期显著缩短，效率大幅度提高，钻井提速效果显著。

(3) 自主研发的高温高密度油基钻井液高温下具有良好的流变性能和滤失性能，抗污染能力强，抑制性强，井壁稳定性好，具有优异的综合性能，能满足库车山前深井超深井现场钻井工程的需求。

参 考 文 献

[1] 李龙，尹达，王建华．高温高密度油基钻井液技术及其在塔里木油田山前复杂深井中的应用研究[C]. 2014 年全国钻井液完井液技术交流研讨会，2014，18-27.

[2] Melton H R，Smith J P，Mairs H L，et al. Environmental aspects of the use and disposal of non aquous drill-

ing fluids associated with offshore oil & gas operations[C]. SPE 86696, 2004.
[3] Nasr-El-Din H A, Al-Otaib M B I, Al-Qah Tani A A, et al. An effective fluid formulation to remove drilling fluid mud cake in horizontal and multi-lateral wells[J]. SPE Drilling & Completion, 2007, 22(1): 26-32.
[4] Yin D, Li L, Xu X G, et al. Application of high density non-aqueous fluid technology in the efficient development and production of super-deep complicated formations in the Tian Mountain Front Block[C]. IADC/SPE 180690, 2016.
[5] Abdo J, Haneef D M, Nano-enhanced drilling fluids: pioneering approach to overcome uncompromising drilling problems[J]. Journal of Energy Resources Technology, 2012, 134: 1-6.
[6] Zhu J Z, Li L, Li L, et al. Application of UDM-2 drilling fluid technology in the development of upper-deep oil and gas resources in Tarim Basin[C]. SPE 176933, 2015.
[7] Li L, Xu X G, Zhu J Z, et al. Application of innovative high-temperature high-density oil-based drilling fluid technology in the efficient exploration and development of ultra-deep natural gas resources in west China [C]. IPTC 18600, 2016.
[8] Zakaria M F, Husein M, Hareland G. Novel nanoparticle-based drilling fluid with improved characteristics[C]. SPE 156992, 2012.
[9] 李龙，朱金智，李磊．超高密度油基钻井液技术在克深9区块超深复杂地层中的应用[C]. 2016年全国钻井液完井液技术交流研讨会，2016，576-582.
[10] Ma C, Li L, Yang Y P, *et al.* Study on the effect of polymeric rheology modifier on the rheological properties of oil-based drilling fluids[J]. IOP Conference Series: Materials Science and Engineering, 2017, 269: 83-88.

川东地区抗高温抗污染油基钻井液研究与应用

沈欣宇[1]　李颖颖[2]　刘　媛[1]

（1. 中国石油西南油气田公司工程技术研究院；2. 中国石油集团工程技术研究院有限公司）

【摘　要】 四川盆地川东地区寒武系高台组地层发育大段膏盐层，易溶解成“大肚子”，出现沉砂、垮塌和掉块，且膏盐层的塑性蠕动，缩径，影响井下安全钻进，对钻井液性能要求极高，并且膏盐层埋深深，井底温度高，致使钻井液性能稳定周期短，处理频繁，性能波动大，不利于井下安全钻进。通过优选油基钻井液关键处理剂，采用抗高温乳化剂、亲油胶体、封堵剂等，形成一套抗高温油基钻井液体系，保障了川东地区震旦系—寒武系超深井膏盐层安全钻进。

【关键词】 四川盆地；川东地区；超深井；膏盐层；油基钻井液

四川盆地川东地区震旦系—下古生界发育筇竹寺组、灯影组、陡山沱组三套烃源层，具备良好的油气成藏条件，是下步勘探的重要领域。以震旦系—下古生界为目的层的井埋深达到8000m左右，寒武系高台组地层发育大段膏盐层，巨厚膏盐层易溶解成“大肚子”，出现沉砂、垮塌和掉块，且膏盐层的塑性蠕动，缩径，影响井下安全钻进，对钻井液性能要求极高，并且膏盐层埋深深，井底温度高，致使钻井液性能稳定周期短，处理频繁，性能波动大，不利于井下安全钻进，是该地区震旦系—寒武系超深井钻井最大挑战之一。20世纪80年代以来，共钻井5口，其中4口井因为寒武系套管挤毁、钻井液污染、卡钻等原因提前完钻。通过优选油基钻井液关键处理剂，采用抗高温乳化剂、亲油胶体、封堵剂等，形成一套抗高温、抗污染的高密度油基钻井液体系，密度可高达2.50g/cm^3，抗温达200℃以上、破乳电压在1000V以上，保障了川东地区震旦系—下古生界超深井膏盐层安全钻进。

1　基本地质情况

川东地区是盆地内重要的含气区，其范围东起七跃山断裂带，西至华蓥山断裂带，北抵大巴山前缘，南至石油沟，由北东—南西向条形高陡背斜和开阔的丘陵平坝相间组成，从上到下发育有侏罗系、三叠系、二叠系、石炭系、志留系、奥陶系、寒武系、震旦系，高陡背斜轴部大都出露二、三叠系地层，而开阔的丘陵平坝则出露侏罗系砂泥岩地层，其中寒武系高台组发育大套厚层膏盐岩，且在川东地区广泛分布，据川东地区已钻井资料与地震解释成果，该套膏盐岩层厚度普遍大于50m（图1）。

基金项目：西南油气田公司重大科技专项课题“川东地区复杂构造盐下钻完井工艺技术研究”（编号：2016ZD01-04）。

作者简介：沈欣宇（1984—），2008年毕业于西南石油大学石油工程专业，现从事深井超深井钻井工艺技术研究及设计工作，工程师。地址：四川省成都市青羊区小关庙后街25号；电话：028-86010430；E-mail：shenxiny@ petrochina. com. cn。

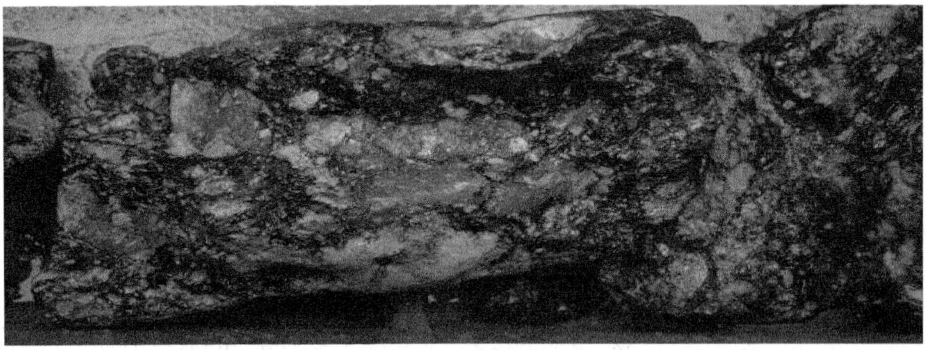

图 1　建深 1 井寒武系膏盐层岩心照片

2　钻井液面临的挑战

寒武系埋藏深、膏盐层发育，对于钻井液挑战极大，膏盐层井段主要是以石膏、盐岩以及膏质泥岩等构成，由于盐的溶解及含盐地层水化分散作用易造成井径扩大及井壁垮塌，由于上覆地层压力的作用，巨厚盐膏层塑性变形易造成缩径，随巨厚盐膏层而来的“盐水侵”“钙镁侵”等易导致钻井液受到严重污染，井下高温对钻井液稳定性具有较大影响。因此，超深膏盐层地层钻井要求钻井液具有优良的抗高温、抗污染性能，同时对于超深井来说，还要求其具有良好的润滑性，以确保膏盐层安全钻井。

3　抗高温抗污染油基钻井液研究

水基钻井液钻盐膏层存在钻井液性能恶化和井壁失稳等风险，而油基钻井液抗盐水污染能力强，在施工过程中有较大优势。针对川东地区震旦系—寒武系盐下超深井，为保证井下安全，优选采用油基钻井液体系。

针对深层巨厚盐膏层、高温、高压和高压盐水并存的钻井难题，通过减少主乳化剂分子结构活性基团，提高高温下乳化剂稳定性，利用辅乳化剂分子上具有多点亲水的吸附基团提高乳化效率，优选了降滤失剂、封堵剂等，采用抗高温乳化剂、亲油胶体、封堵剂等，形成一套抗高温、抗污染的油基钻井液体系。其密度可高达 2. 50g/cm^3，抗温达 200℃以上，破乳电压在 1000V 以上，高密度下仍具有良好流变性和沉降稳定性。

推荐配方：油+增黏剂(2%~4%)+氯化钙水溶液(26%$CaCl_2$)+主乳化剂(2%~3%)+辅乳化剂(2%~3%)+降滤失剂(2%~3%)+防塌封堵剂(2%~3%)+生石灰(2%~4. 5%)+重晶石。

3. 1　高密度性能评价

通过对密度 1. 85~2. 5g/cm^{3}在 180℃条件下热滚前后性能对比评价，随着密度的增加，其流变性逐渐变差，但在密度高达 2. 5g/cm^{3}的情况下，仍具有良好的流变性和沉降稳定性(表 1)。

表 1　不同密度性能评价(油水比 85∶15，180℃热滚)

密度(g/cm^3)		*AV* (mPa · s)	*PV* (mPa · s)	*YP* (Pa)	Φ_6/Φ_3	*Gel* (Pa/Pa)	E_S (V)	FL_{HTHP} (mL)
1. 85	滚前	36. 5	30	6. 5	7/6	3/4	1090	/
	滚后	37. 5	32	5. 5	6/5	2. 5/4	860	7. 0

续表

密度(g/cm^3)		AV (mPa·s)	PV (mPa·s)	YP (Pa)	Φ_6/Φ_3	Gel (Pa/Pa)	E_S (V)	FL_{HTHP} (mL)
2.00	滚前	48	39	9	9/8	4/5	1139	/
	滚后	47	39	8	9/8	4/5	1006	8.0
2.35	滚前	96.5	84	12.5	12/10	5/6	1806	/
	滚后	85	74	11	12/10	5/6	1090	8.2
2.50	滚前	120.5	106	14.5	14/11	5.5/7	1125	/
	滚后	135.5	123	12.5	12/9	4.5/6	1150	8.0

3.2 抗高温性能评价

通过对密度2.0g/cm^3该体系钻井液分别在180℃、200℃、220℃条件下热滚16h，从不同温度热滚前后性能可以看到，高温下该体系流变性能总体变化不大，随着温度增加，稳定性逐渐变差，但200℃情况下，破乳电压仍能达到600V以上，抗温性较强(表2)。

表2 不同老化温度后性能评价(2.0g/cm^3)

温度(℃)		AV (mPa·s)	PV (mPa·s)	YP (Pa)	Φ_6/Φ_3	Gel (Pa/Pa)	FL_{HTHP} (mL)	E_S (V)
180	滚前	47	38	9	16/15	12.5/16.5	2047	
	滚后	53	46	7	7/6	5/12.5	1526	3.2
200	滚后	39	35	4	5/4	1.75/2	625	5.2
220	滚后	45	43	2	4/3.5	1.75	492	7

3.3 抗污染性能评价

分别用5%$CaSO_4$、5%NaCl、5%钻屑对2.5g/cm^3钻井液进行抗Ca^{2+}、Na^+污染能力实验，从实验结果看，污染前后钻井液性能及沉降稳定性未见明显变化，钻井液无沉淀生成，具有较强Ca^{2+}、Na^+能力(表3)。

表3 抗污染性能评价(油水比：90：10，2.50g/cm^3)

配方		AV (mPa·s)	PV (mPa·s)	YP (Pa)	Φ_6/Φ_3	Gel (Pa/Pa)	E_S (V)	备注
5%$CaSO_4$	滚前	101	89	12	12/10	5/5.5	1462	
	污染后	101	87	14	12/10	5/6	1025	
	滚后	113.5	105	8.5	10/8	4.5/5	1213	无沉淀
5%NaCl	滚前	101	89	12	12/10	5/5.5	1462	
	污染后	91	80	11	11/9	4.5/5.5	1178	
	滚后	103	94	9	10/8	3.5/4.5	954	无沉淀
5%钻屑	滚前	101	89	12	12/10	5/5.5	1462	
	污染后	100	91	9	11/9	4.5/5.5	1825	
	滚后	98.5	91	7.5	9/7	4/5.5	1317	无沉淀
热滚条件：170℃，16h，50℃								

分别用体积比为 10%、20%、30%、40%、50%、60%、70%的盐水对密度为 2.45g/cm^3 的油基钻井液进行了污染实验，测试盐水侵对流变性的影响。实验结果表明：随着盐水加量的不断增加，钻井液破乳电压逐渐下降，表观黏度、塑性黏度和屈服值先下降再逐渐增加，当盐水侵比例大于 60%时，破乳电压下降到 600V 以内，乳液稳定性变差，钻井液逐渐失去流动性(表 4)。总体上，该油基钻井液具有较强抗盐水侵能力。

表 4 不同比例盐水侵后钻井液性能变化

盐水加量(%)	ρ(g/cm^3)	AV(mPa·s)	PV(mPa·s)	YP(Pa)	Φ_6/Φ_3	E_S(V)
0	2.45	71	68	3	5/4	2048
10	2.34	66	59	7	8/6	2033
20	2.22	71	60	11	10/8	1371
30	2.10	79	65	14	12/10	1131
40	1.99	89	71	18	14/11	917
50	1.88	102.5	81	21.5	16/13	741
60	1.76	123.5	97	26.5	19/14	662
70	1.64	/	/	/	25/20	484

注：测试流变性温度为 65℃。

4 现场应用及效果

五探 1 井、楼探 1 井寒武系高台组使用该油基钻井液体系，安全顺利钻至中完井深，起下钻摩阻 5~15tf、扭矩 17~22kN·m，平均井径扩大率仅为 4.8%左右；五探 1 井 7046m 取样开展室内评价，能够抗 180℃和 200℃老化，钻井液性能稳定，满足膏盐层安全钻井对钻井液的性能要求，有力保障两口井成功钻达地质目标(图 2)。

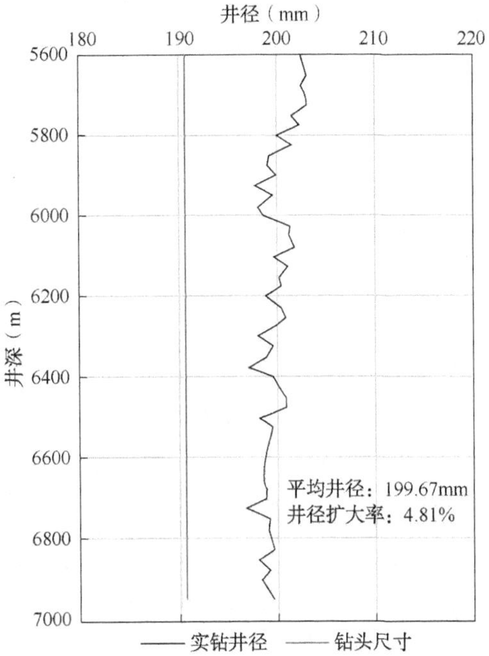

图 2 楼探 1 井 190.5mm 井眼膏盐层井段井径曲线

5 结论与建议

(1) 通过优选乳化剂、降滤失剂、封堵剂等，形成了一套抗高温、抗污染的油基钻井液体系，其密度可高达2.50g/cm^3，抗温达200℃以上，破乳电压在1000V以上，高密度下仍具有良好流变性和沉降稳定性。

(2) 针对川东地区寒武系巨厚膏盐层易缩径、井眼易扩径、钻井液易污染等难题，采用抗高温、抗污染的油基钻井液体系能有效避免井下复杂问题，确保膏盐层安全快速钻进。

参考文献

[1] 刘晓燕，毛世发，史沛谦．国内油基钻井液技术进展评述[J]．石化技术，2020(5)：259+255.

[2] 邵宁．油基钻井液体系乳化剂的合成与性能研究[D]．中国地质大学(北京)，2020.

[3] 吴涛，王志龙，杨龙龙，等．盐水侵污对油基钻井液性能的影响及机理[J]．油田化学，2019(4)：571-576+581.

[4] 邱康，宫吉泽，方华良，等．油基钻井液对泥岩特性影响实验研究[J]．海洋石油，2019(4)：61-64+88.

[5] 周研，蒲晓林．油基钻井液用降滤失剂研究现状[J]．化学世界，2020(1)：7-15.

[6] 侯为民，汪夯志．高温高密度油基钻井液在四川盆地页岩气井中的应用[J]．长江大学学报(自然科学版)，2019(12)：28-30+6-7.

[7] 代一钦，梁文利．油基钻井液降黏剂研制及现场应用[J]．江汉石油职工大学学报，2019(6)：39-42.

[8] 曾祥禹．国内外钻井液技术进展及对钻井液的有关认识[J]．西部探矿工程，2020(10)：75-76.

[9] 秦波波，赵世贵，叶礼圆，周博，章楚君．高密度柴油基钻井液的研究及应用[J]．山东化工，2020(16)：128-129+131.

[10] 孙伟，彭洁，王倩，等．抗高温油基钻井液用提切剂的研制及性能评价[J]．精细石油化工，2020(4)：19-24.

[11] 刘政，李俊材，邵平．准南地区霍尔果斯构造超高密度油基钻井液技术应用[J]．天然气勘探与开发，2020(2)：71-78.

高密度复合盐钻井液体系在义184区块的应用

刘 伟

（中石化胜利工程有限公司钻井工艺研究院）

【摘　要】 高密度复合盐钻井液体系具有良好的流变性、抑制性、护壁性、抗温性，并且具有较强的抗金属离子污染能力以及抗油气污染能力。高密度复合盐钻井液具有液相黏度低、固相颗粒级配合理，有利于提高机械钻速，降低钻井周期。高密度复合盐钻井液体系成功地解决了义184区块二开小循环钻进上部地层造浆严重的问题，解决了东营组上部造浆严重而底部易坍塌的难点，解决了长裸眼井下部地层定向脱压的难点，解决了沙三段油泥岩水化坍塌的难点，克服了沙四段密度窗口窄，易出现反复交替的油气侵和井漏的难点。

【关键词】 高密度；复合盐；抑制性；流变性

随着油气勘探开发区域不断扩大，深井、超深井越来越多。储层埋藏相对较深、地层压力变化大、岩性复杂多变，钻探较为困难，时效低，成本高。常规钻井液体系难以解决钻井液高固相含量、滤液高矿化度、性能不稳定、滤失量过高等技术难题。高密度复合盐钻井液体系具有良好的流变性、抑制性、护壁性、抗温性，并且具有较强的抗金属离子污染能力以及抗油气污染能力。高密度复合盐钻井液具有液相黏度低、固相颗粒级配合理，有利于提高机械钻速，降低钻井周期。

1　室内评价实验

本文通过室内实验对比高密度复合盐钻井液体系和高密度聚合物钻井液体系的流变性、抑制性等。

1#高密度复合盐钻井液体系配方（密度1.70g/cm^3）：5%膨润土+0.3%～0.5%PAM+7%KCl+5%NaCl+2%KFT+2%SMP-1+0.5%DSP-2+3%～5%超细$CaCO_3$+2%～3%井壁稳定剂+1%SF-4+重晶石粉。

2#高密度聚合物钻井液体系配方（密度1.70g/cm^3）：5%膨润土+0.3%～0.5%PAM+2%KFT+2%SMP-1+0.5%DSP-2+3%～5%超细$CaCO_3$+2%～3%井壁稳定剂+1%SF-4+重晶石粉。

1.1　流变性评价

流变性是评价高密度钻井液的一个重要指标，实验中用六速旋转黏度仪测量两种钻井液的流变性。将1#、2#分别在150℃下热滚16h后，对比老化前后钻井液性能。实验结果见表1。

作者简介：刘伟（1982—），男，山东省茌平县人，2009年毕业于中国石油大学（华东）油气井工程专业，现就职于钻井工艺研究院钻井液技术服务中心，主要从事钻井液技术服务及新技术现场推广工作。联系电话：18678639122；E-mail：liuw699.ossl@sinopec.com。

表1　流变性评价实验结果

实验条件		AV(mPa·s)	PV(mPa·s)	YP(Pa)	动速比	Gel(Pa/Pa)
1#	老化前	19	22	8	0.36	2/8
	老化后	21	24	9	0.38	2.5/10
2#	老化前	31	30	16	0.53	4/14
	老化后	39	34	22	0.65	6/18

实验结果表明，在相同的膨润土含量下，高密度复合盐钻井液体系表观黏度、动速比和初终切均低于高密度聚合物钻井液体系，说明其流变性好。并且老化后的数据对比分析，高密度复合盐钻井液体系抗温性优于高密度聚合物钻井液体系。

1.2　页岩滚动回收实验

泥页岩的水化分散、剥蚀掉块是其主要特性，因此，测定泥页岩的分散状态是评价制剂抑制性能的重要手段和方法。由于页岩的分散性能直接关系到井壁的稳定性，因此，它是对井壁稳定性进行宏观评价的一项重要指标。

选取义184-1井的岩屑为评价岩样，选用蒸馏水、1%氨基聚醇、复合盐钻井液滤液、2%甲酸钾和2%硅酸钠溶液作为被评价溶液，将岩样放入盛有被评价溶液的老化罐中，在120℃下热滚16h，再将岩样和被评价溶液倒入40目的标准筛，将筛余物清洗、干燥后称重，最后进行评价，评价结果如图1所示。

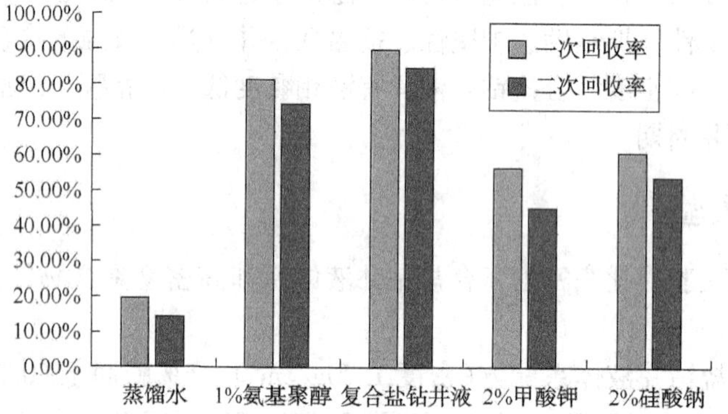

图1　页岩滚动回收率

由图1可以看出，高密度复合盐钻井液体系有较高的页岩回收率，特别是二次回收率较高，说明高密度复合盐钻井液体系能长期高效的抑制黏土分散，有利于保证井壁稳定以及保护油气层。

1.3　抗黏土侵评价实验

3#：1#+2%膨润土粉。

将3#静置2天后测膨润土含量57.2g/L。

对比表2中黏土污染前后钻井液性能，表明黏土侵入后对钻井液流变性能影响不大，黏土在复合盐钻井液中不能水化分散，高密度复合盐钻井液体系有良好的抗黏土侵性能。

表 2 抗黏土侵评价实验结果

实验条件	AV(mPa·s)	PV(mPa·s)	YP(Pa)	动速比	Gel(Pa/Pa)
1#	19	22	8	0.36	2/8
3#	19.5	23	8	0.35	2/8.5

1.4 抗 Ca^{2+}侵评价实验

义 184 区块沙三段地层中含有大量白色膏泥岩，高密度复合盐体系需要具有良好的抗钙离子污染能力，所以本实验在 1#中加入 0.4%$CaCl_2$评价其抗钙污染能力。

4#：1#+0.4%$CaCl_2$。

从表 3 中的实验结果可以看出，加入 0.4%的氯化钙后，流变性影响不大，动切力略有上涨，API 失水和高温高压失水也略有上涨，但涨幅不大。说明该体系抗钙污染能力较强。

表 3 抗黏土侵评价实验结果

实验条件	FL_{API} (mL)	FL_{HTHP} 120℃(mL)	pH 值	AV (mPa·s)	PV (mPa·s)	YP (Pa)	Gel (Pa/Pa)
1#	3.2	11.2	9	19	22	8	2/8
4#	3.4	11.6	9	20	23	8.5	2.5/9

2 高密度复合盐钻井液体系在义 184 区块的应用

义 184 区块位于渤南油田南部，区域构造位置为沾化凹陷渤南洼陷北部，东靠孤岛凸起。目前，区块剩余探明未动地质储量 2776×10^4t。开发层位为沙四上 3、4 砂组，油藏类型为构造—岩性油藏，油藏中深 3800m，地层压力 58.4MPa，饱和压力 15.59MPa，孔隙度 11%，渗透率 5.5mD，原油黏度 9.7mPa·s，气油比 94.3m^3/t。根据测试资料，该块原始地层压力为 50.59~62.09MPa，平均为 58.4MPa，饱和压力 15.59MPa。地层压力系数为 1.54~1.62，平均 1.56。油层温度 163℃，计算温度梯度为 3.71℃/100m，属高温系统。

2.1 钻井液技术难点

(1) 600~1300m 泥岩段造浆严重；

(2) 钻穿 1900~2000m 馆陶底厚层状底砾岩时的钻井液携岩问题；

(3) 2400~2800m 东营组中部泥岩造浆，东营组底存在易垮塌泥岩段；

(4) 沙河街埋深 3000m 以下，钻进时定向脱压严重；

(5) 沙四段压力窗口窄，易出现反复交替的油气侵和井漏。

2.2 钻井液体系优选

根据地质特点、工程设计以及技术难点，根据各层位岩性特征，在不同井段优选了钻井液体系(表 4)。

表 4 钻井液体系选择

井段(m)	钻井液体系
一开	清水

续表

井段(m)		钻井液体系
二开	约 1300	钙处理钻井液
	1300~2300	聚合物钻井液
	2300~二开井底	聚合物强抑制润滑防塌钻井液
三开		高密度复合盐钻井液

2.3 三开钻井液技术措施

义 184 区块钻井液体系应具有良好的流变性，抗温性，井壁稳定性以及抗污染能力，根据以上特点义 184 区块优选了复合盐钻井液体系，配方如下：

5%膨润土+0.3%~0.5%PAM+7%KCl+7%NaCl+2%KFT+2%SMP-1+0.5%DSP-2+3%~5%超细 $CaCO_3$+2%~3%井壁稳定剂+1%SF-4+重晶石粉。

现场处理与维护：

(1) 三开按照体系配方处理钻井液，调整性能至：密度：1.50~1.55g/cm³，*FV*：45~50s，*PV*：15~25mPa · s，*YP*：6~12Pa，*Gel*：2~4Pa/6~18Pa，API 失水≤4mL，HTHP 失水≤12mL。

(2) 沙三段下地层以灰色泥岩、灰质泥岩、灰质油泥岩为主夹薄层灰质粉砂岩、细砂岩。灰质油泥岩剥蚀掉块严重，容易造成井下复杂情况，施工时钻井液主要应强化防塌措施：一是使用抑制封堵效果好的防塌钻井液体系；二是使用抗高温类降滤失剂(本井主要使用磺甲基酚醛树脂、磺酸盐共聚物降滤失剂)，尽量降低钻井液的高温滤失量，提高钻井液的热稳定性及抗高温能力；三是使用改性沥青和超细碳酸钙加强对地层孔隙和微裂缝实施封堵，形成致密的滤饼，阻止滤液进一步侵入；四是进入沙河街地层前提高钻井液密度，做好防喷工作；五是保持合适的流变参数和排量，随着井深的增加，逐步提高钻井液的黏切指标，形成平板型层流，减轻钻井液对井壁的冲蚀；最后尽可能减少起下钻及开泵压力激动，减小钻具对井壁扰动或撞击。

(3) 沙三段地层含有油泥岩，钻遇油泥岩时，钻井液应保持良好的流变性和致密的滤饼，控制黏度视情况加入 0.5%~1.5%硅氟稳定剂。

(4) 钻至 3450m 钻井液密度提高至 1.60g/cm³，漏斗黏度 45~50s。钻进过程中及时补充封堵类材料，控制改性沥青和超细碳酸钙含量分别在 2%~3%、4%~5%，进一步增强钻井液的封堵性能，减少滤液侵入，进一步提高抑制防塌能力。

(5) 井深 3550m 密度提高至 1.72g/cm³，漏斗黏度 45~50s，补充 2%~3%SMP-1 提高钻井液抗高温抗盐能力，钻井液中压失水、高温高压失水必须严格控制在设计要求范围内，API 失水小于 4mL，高温高压失水小于 12mL。

(6) 3650m 控制密度 1.72g/cm³，维持 API 失水小于 4mL，黏度控制 50~60s，*Gel*=3~6Pa/6~20Pa。

(7) 3800m 钻遇含膏泥岩，膏泥岩易溶解在钻井液中，导致钻井液黏切增大，滤失量增大。钻井液中 SMP-1 的含量提高至 3%~4%，增强钻井液抗钙抗盐污染能力。加入 1%SF-4 保持钻井液良好的流变性。

(8) 全井加重要均匀，每个循环周提高密度不超过 0.03g/cm³，原则上钻进时全烃值低于 20%不提高钻井液密度。起钻前，认真做短起下作业，下钻到底测量计算油气上窜速度，根据油气上窜速度以及井深确定是否提高钻井液密度，如果需要再提高钻井液密度，可以提前在钻井液中加入纤维类堵漏剂预防井漏的发生。

(9) 钻进过程，使用好固控设备，控制固相含量及含砂量在设计范围内；补充胶液采用细水长流法加入，维持钻井液性能相对稳定，避免性能大起大落，出现复杂情况。

(10) 在钻达油层井段前 100~150m 调整好钻井液性能(密度、滤失量、固相含量等参数)满足设计要求，做好油气层保护工作，控制在 API 失水在 4mL 以内，控制 HTHP 失水在 12mL 以内，满足保护油层的需要。

(11) 进入目的层井段后每次起钻前要确定井下油、气、水层的压力情况，搞好短程起下钻，测量循环周，确定油、气、水的上窜速度在安全范围内，方可起钻。

(12) 加强坐岗，要注意观察井口返浆情况以及振动筛上的岩屑返出量、岩屑形状的变化，及时调整钻井液性能，防油气侵防漏。

2.4 应用效果

“高密度复合盐钻井液体系”在渤南油田义 184 区块共应用 29 口井，分为 5 个钻井平台和 2 口单井，施工周期 13 个月，施工安全正常。

(1) “高密度复合盐钻井液体系”现场施工中，保持了较好的流变性能，中压失水和高温高压失水比较容易控制。三开分段钻井液性能见表 5。

表 5　三开分段钻井液性能

井深 (m)	密度 (g/cm^3)	漏斗黏度 (s)	塑性黏度 (mPa·s)	屈服值 (Pa)	初切/终切 (Pa/Pa)	pH 值	失水 (mL)	滤饼厚 (mm)	FL_{HTHP} (mL)
3461	1.63	46	18	8	4/15	9	3.6	0.5	13
3518	1.62	47	20	8.5	3.5/12	9	2.8	0.5	12
3642	1.66	46	20	7.5	3.5/12	9	3.0	0.5	10.6
3705	1.76	58	28	9	3/15	9	2.6	0.5	9.2
3780	1.75	56	26	9	3/13.5	9	2.2	0.5	9.2
3885	1.75	53	26	9.5	3/14	9	2.0	0.5	8.8
3972	1.76	56	29	10	3/15	9	2.0	0.5	8.6
4001	1.75	56	29	10.5	3.5/16	9	2.0	0.5	8.6
4042	1.76	60	30	11	4/16	9	2.0	0.5	8.6
4069	1.80	65	32	12	5/16	9	2.0	0.5	8.6

(2) 钻进过程中未发生坍塌掉块、卡钻憋泵、钻头泥包等复杂情况，起下钻和下套管作业顺畅，电测一次成功率 100%，三开平均井径扩大率 3.2%。

(3) “高密度复合盐钻井液体系”固相含量低，尤其是亚微米颗粒浓度低，从而可大幅度提高机械钻速。义 184 区块施工的 29 口井平均机械钻速比前期施工井提高 30%，有效地提高了钻井速度，同时减少了钻井液对油层的浸泡时间，减少了钻井对储层的伤害(图 2)。

(4) “高密度复合盐钻井液体系”性能稳定，实现了不同井组间重复利用，利用率 100%。29 口井减少钻井液排放总计 1000 立方米，有效减低了废弃钻井液处理费用。

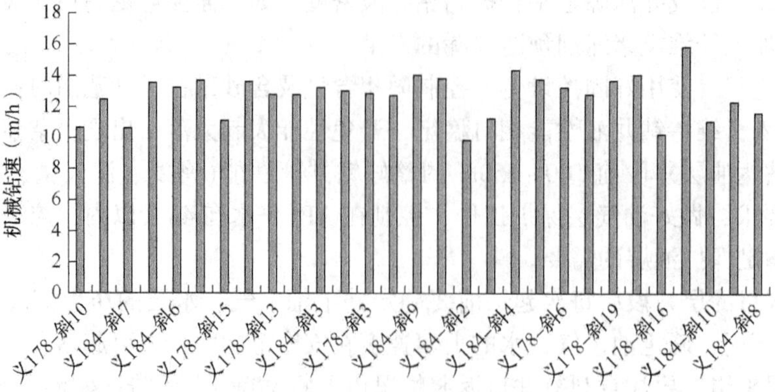

图 2　义 184 区块井机械钻速统计

3　结论与建议

（1）室内实验表明，高密度复合盐钻井液体系具有良好的流变性，并且抗高温性优于普通聚合物体系。通过页岩滚动回收实验，说明高密度复合盐钻井液体系抑制性强，具有优秀的井壁稳定性。高密度复合盐体系还具有良好的抗黏土侵、抗钙侵能力。

（2）钻进过程中严格控制钻井液的含盐量，是保证油泥岩井段井径规则的关键。现场施工中要密切观察工程参数的变化，根据井下情况随时调整钻井液密度．以平衡地层压力，确保安全钻井。高密度钻井液必须严格控制膨润土含量(5%以内)，以达到一个充足的固相容限空间，便于高密度钻井液的性能处理，保证钻井液性能稳定。

（3）“高密度复合盐钻井液体系”在胜利油田义 184 区块开发中得到了成功的应用。现场应用证明，高密度复合盐钻井液体系性能稳定，流变性能稳定，并且有优良的抑制性能和防塌能力。

参考文献

[1] 石艺．川庆钻探高性能水基钻井液首试成功[J]．石油钻采工艺，2017(4)：412-412.

[2] 李茂．高性能水基钻井液应用研究[J]．化工管理，2017(6)：25-25.

[3] 孙举，王中华，王善举，等．强抑制性高钙盐聚合物钻井液体系的研究与应用[J]．断块油气田，2011(4)：541-544.

[4] 姚良秀，甘赠国．复合盐钻井液体系研究及应用[J]．中国科技信息，2017(23)：58-59.

[5] 黄强，刘明华．超高密度钻井液的性能研究[J]．油田化学，2011(2)：122-125.

[6] 刘榆，宋元森，彭云涛，等．新型高钙复合盐钻井液体系的研制与应用[J]．西部探矿工程，2004(4)：68-70.

博孜12井巨厚盐膏层段油基钻井液技术

周菽宁　谢建辉　张丽宁　廖　锐　李萧杰

（西部钻探钻井液分公司）

【摘　要】 博孜12井四开井段(4247~6817m)为巨厚盐膏层段，五开段为目的层。其地层以褐色泥岩，白色盐岩，白色石膏，膏泥岩及白云岩为主，地层水敏性强，易造成井眼缩径、垮塌；当量钻井液密度窗口窄，易发生溢流和井漏事故，为本井事故复杂多发井段；为解决本井复杂井段施工，实现提速提效，确定采用油基钻井液体系。通过对油基钻井液配方的优化和调整，并对优化后的钻井液性能进行评价，达到预期的施工要求，现场施工过程中，油基钻井液能有效地净化井眼，润滑性、抑制性能、抗温性能良好，抗污染性能良好，性能稳定；井径扩大率小，对盐膏层段的蠕变和缩径有很好的效果；无复杂事故，缩短了钻井周期，现场应用效果良好。

【关键词】 巨厚盐膏层；提速提效；油基钻井液；抑制性能；抗污染性能

塔里木库车山前克拉苏构造带克深区带博孜段与阿瓦特段结合部已钻的地层主要有第四系西域组，新近系库车组、康村组、吉迪克组，古近系苏维依组、库姆格列木群，白垩系巴什基奇克组、巴西改组、舒善河组。该井四开井段钻遇库姆格列木群巨厚膏岩层，其裸眼井段长且岩性复杂，井壁稳定性差，钻井面临诸多挑战。针对地质特点和钻井液技术难点，确定油基钻井液配方并进行现场应用[1-9]。

1　盐膏层段钻井技术难点

1.1　盐膏层段岩性特点

博孜12号构造白垩系叠置于三叠系、侏罗系生烃中心之上，是油气垂向运移的指向区，储集层为白垩系巴什基奇克组和巴西改组砂岩，盖层为库姆格列木群组巨厚膏盐岩，库姆格列木地层以褐色泥岩，白色盐岩，白色石膏，膏泥岩及白云岩为主。盐间欠压实泥岩吸水膨胀速度快，膨胀率高，地层倾角大，盐岩层，石膏层水敏性强，地层易水敏性缩径。白云岩段易钻遇高压盐水层，井漏和溢流风险大。

1.2　四开、五开钻井液当量密度窗口窄

本井四开(盐膏层)、五开(目的层)压力系数差异较大(表1)，且多套白云岩段易钻遇高压盐水层，地层欠压实程度明显，且常钻遇“呼吸性”地层。易引起多产层和多漏层同时出现在同一裸眼井段以及复杂压力系统地层在钻进过程中的喷漏同存，最终导致井控困难、钻井液污染和复杂的井下问题。因此，油基钻井液的抑制、封堵性，抗污染性能具有重要意义。

表 1　地层压力系数

地　　层	压力系数	地　　层	压力系数
库姆格列木群	1.69~1.90	巴西改组	1.77
巴什基奇克组	1.78	舒善河组	1.78

1.3　本井膏盐层裸眼段长地层温度高

四开盐膏层(4247~6817m)段长 2570m，井眼尺寸 ϕ241.3mm，井眼大，井段长，且地层温度 150℃，对钻井液体系的稳定性和维护造成一定的困难。

2　油基钻井液性能评价

结合本井地层特点以及钻井中存在的问题，通过处理剂室内评价优选，形成一套柴油基钻井液配方：(85∶15)255mL 柴油+2%主乳(BaraMUI694)+4%辅乳(BaraMUI685)+1%润湿剂(DRILTREAT)+1.5%有机土(GELTONE)+5%CaO+4%降失水剂(BaraFLC514)+1%封堵剂(BARSA)+2%KH−n+45mL(25%$CaCl_2$ 溶液)+重晶石。

2.1　抗温性能评价

选择密度为 2.30g/cm^{3}的油基钻井液配方，在不同温度老化后测定流变性、滤失性以及电稳定性，试验结果见表 2。

表 2　油基钻井液体系抗温性评价

老化温度(℃)	*AV*(mPa·s)	*PV*(mPa·s)	*YP*(Pa)	*Gel*(Pa)	FL_{HTHP}(mL)	E_S(V)
120	51	43	8	3/4.5	2.4	1250
150	53	44	9	3/5	2.8	1212
170	54	46	8	4/6	3.2	1198

备注：老化时间 16h　　HTHP 温度与老化温度一致　测试温度 65℃

结果：不同温度的高温老化后，体系黏度变化小，破乳电压高，高温高压滤失量低。所用处理剂全部通过抗高温老化评价、配伍性优选，形成的钻井液体系具有良好的高温稳定性。

2.2　抗岩屑污染性能评价

选择密度为 2.30g/cm^{3}的油基钻井液配方，取库车山前四开井段的膏泥岩岩屑，敲细、过 100 目筛，按照 3%、5%、10%、15%的加量分别加入钻井液，高搅 5min 后，装入老化罐，老化后测定流变性、滤失性以及电稳定性，试验结果见表 3。

表 3　油基钻井液体系抗岩屑污染性评价

污染比例	*AV*(mPa·s)	*PV*(mPa·s)	*YP*(Pa)	*Gel*(Pa)	FL_{HTHP}(mL)	E_S(V)
3%	54	45	9	3/4.5	2.8	1210
5%	56	47	9	3.5/5	2.8	1250
10%	61	51	10	4/5	2.8	1140
15%	66	55	11	4/5.5	2.8	1190

注：(1)老化温度 160℃时间 16h；(2)HTHP 温度与老化温度一致；(3)测试温度 65℃。

结果：此油基钻井液体系受盐膏层岩屑污染后，黏度变化小，对流变性影响较小，对高温高压滤失量无明显影响，破乳电压无明显影响，该体系抑制能力较强，抗盐膏层污染能力较强。

2.3 抗盐水污染性能评价

选择密度为 2.30g/cm^3 的油基钻井液配方，模拟库车山前地层盐水(氯化钠和氯化钙复配：氯化钠 18%+氯化钙 10%)，按照 10%、20%、30%、40%、50%的体积量分别加入钻井液，高搅 5min 后，装入老化罐，老化后测定钻井液的密度、流变性、破乳电压，然后静止 24h 判断其是否有沉淀破乳等现象，试验数据见表 4。

表 4 油基钻井液体系抗盐水污染性评价

污染比例(%)	ρ (g/cm^3)	*AV* (mPa·s)	*PV* (mPa·s)	*YP* (Pa)	*Gel* (Pa)	E_S (V)	静置 24h 现象
10	2.20	55	46	9	4/5	880	无沉淀未破乳
20	2.12	61	50	11	5/7	700	无沉淀未破乳
30	2.05	81	65	16	7.5/10	585	无沉淀未破乳
40	1.99	86	67	19	8/10.5	540	无沉淀未破乳
50	1.94	102	78	24	10/12	465	无沉淀未破乳

备注：老化温度 160℃时间 16h；测试温度 65℃。

结果：该油基钻井液体系能抗 50%盐水侵，随着盐水侵程度加重，体系黏度及切力呈增大趋势，破乳电压降低，尤其是盐水侵超 20%后变化明显；但体系无明显分层，破乳现象；乳状液稳定性较强。

3 油基钻井液现场应用

3.1 油基钻井液配方

根据前期室内试验及评价数据，现场油基钻井液配方如下：

(85∶15)255mL 柴油+2%主乳(BaraMUI694)+4%辅乳(BaraMUI685)+1%润湿剂(DRIL-TREAT)+1.5%有机土(GELTONE)+5% CaO+4%降失水剂(BaraFLC514)+1%封堵剂(BARSA)+2%KH-n+45mL(25%$CaCl_2$ 溶液)+重晶石。

3.2 油基钻井液现场性能维护措施

(1) 流变性控制。若黏度过高，及时判定黏度增高的原因，降黏的最好方式是通过提高基础油的加量改变油水比的方式进行调整，并同时补充乳化剂和适量的石灰，以保持钻井液性能的稳定；当 6r/min 读值低于 6 时，则可通过加入流型调节剂的方式进行适当提高。

(2) 密度控制。现场若需降低钻井液密度，必须通过加入油基钻井液基液的方式进行处理，同时根据密度降低程度的不同调整其他处理剂的加量。在处理时，先倒出多余的高密度钻井液，保留最低的循环量即可，再向循环的油基钻井液中均匀混入基液，同时要做好钻井液进出口密度的监测工作。现场若需提高钻井液密度，则可直接向井浆内加入重晶石粉或其他加重材料，但在加重的同时，要补充适量的润湿剂和乳化剂，防重晶石聚集沉降。

(3) 固相含量控制。保证固控设备运转良好，钻进中要求振动筛开动率 100%、筛布 200~220 目，除砂器、除泥器使用率达 80%以上，离心机有效开动率应满足钻井液相关的性能要求，以“净化”保“优化”。严格控制好低密度固相含量(LGS)，正常情况下，LGS 低于7%，对钻井液性能影响不大。若LGS高于7%后，必须保证离心机的使用率，以控制或降低LGS，确保钻井液性能稳定。

（4）盐水侵预防。时刻关注地层岩性变化，了解地质预告。做好与邻井资料的比对。进入高压水层前使用合适的钻井液密度，压稳高压水层是关键。若发生高压盐水层的盐水侵，应对受污染钻井液进行回收，然后调整钻井液的密度，力求一次压稳高压水层。污染浆回收后及时加入足量的乳化剂和基油调整油水比，性能满足要求后，可再次使用。

3.3 油基钻井液现场性能。

该井4.5开段使用油基钻井液钻井液性能稳定，井下正常，见表5。

表5 现场盐膏层油基钻井液综合性能

井深（m）	密度（g·cm³）	漏斗黏度（s）	塑性黏度（mPa·s）	动切力（Pa）	初切（Pa）	终切（Pa）	Φ_6/Φ_3	破乳电压（V）	油水比	150℃ HTHP滤失量（mL）	150℃ HTHP滤失量滤饼厚（mm）
4340	2.2	71	41	11	3.5	5	8/7	1250	86：14	2.6	2
4625	2.2	69	41	10	4	5.5	8/7	1310	86：14	2.8	2
4964	2.2	69	42	10	4	5	8/6	1330	86：14	2.4	2
5124	2.25	73	44	12	5	6	9/8	1300	86：14	2	1.5
5400	2.23	66	43	9	3.5	4.5	8/7	1188	84：16	1.8	1.5
5636	2.19	66	43	8	3	4	7/6	1233	85：15	1.8	1.5
5984	2.19	67	44	8	3	4	7/6	1198	84：16	1.8	2
6245	2.19	66	44	7	3.5	4	7/6	1148	85：15	1.8	2
6500	2.19	68	44	8	3	4.5	7/6	1112	85：15	1.8	1.5
6817	2.19	70	45	8.5	3	5	7/6	1007	86：14	1.6	1.5

3.4 应用效果

博孜12井钻井过程中，井眼净化效果好，对盐膏层段的蠕变和泥岩的缩径有较大的改善，全井润滑性良好，无任何粘卡现象。四开段平均井径扩大率为2.01%，井眼相对规则，相对于水基钻井液较好的控制了失水、防止了水敏性地层的缩径和垮塌，护壁作用明显，抗盐膏能力强，抗温性能优，无复杂事故发生。钻井机速明显提高，有效缩短了钻井周期，实现提速提效。创博孜区块最厚盐层中完纪录，有效的加快了博孜区块油气勘探的步伐。相同施工段与临井对比见表6和表7。

表6 盐膏层段机速对比

井　　号	博孜12井	博孜3井	博孜1井
机械钻速（m/h）	2.74	1.28	2.29

表7 盐膏层段工期对比

井　　号	博孜12井	博孜3井	博孜1井
施工工期（d）	237	287	356

4 结论

（1）博孜12井盐膏层具有盐膏含量高，钻井液当量密度窗口窄，盐膏层间泥岩具有缩径、坍塌和掉块严重的特点。

（2）油基钻井液性能稳定，抗污染能力强，在钻进过程中控制好油基钻井液的流变性、密度、油水比、破乳电压、固相含量，做好封堵工作是油基钻井液保证井下安全的关键控制因素。

（3）油基钻井液有效防止了水敏性地层的缩径和垮塌，对于解决库姆格列木群组巨厚膏盐岩段的蠕变缩径及泥岩掉块、坍塌的护壁作用明显，可有效降低复杂时率，缩短钻井周期，对于复杂地层有很好的应用效果，在山前区块有很好的应用前景。

参考文献

[1] 石秉忠，胡旭辉，高书阳，等．硬脆性泥页岩微裂缝封堵可视化模拟试验与评价[J]．石油钻探技术，2014(3)：32-37.

[2] 鄢捷年，罗平亚．抗高温抗盐失水控制剂—磺甲基酚醛树脂(SMP)作用机理的研究[J]．石油钻采工艺，1982，(2)：81-83.

[3] 朱宽亮，王富华，徐同台，等．抗高温水基钻井液技术研究与应用现状及发展趋势(Ⅱ)[J]．钻井液与完井液，2009，26(6)：56-64.

[4] 黄维安，邱正松，曹杰，等．钻井液用超高温抗盐聚合物降滤失剂的研制与评价[J]．油田化学，2012，29(2)：133-137.

[5] 赵忠举，徐同台．国外钻井液新技术[J]．钻井液与完井液，2000，17(2)：32-36.

[6] 田野，张敬畅，左凤江，等．乳化石蜡的研制与评价[J]．钻井液与完井液，2008，25(4)：29-30.

[7] 徐同台．钻井工程防漏堵漏技术[M]．北京，石油工业出版社，1997.

[8] 李家学，黄进军，罗平亚，等．随钻防漏堵漏技术研究[J]．钻井液与完井液，2008，25(3)：25-28.

[9] 黄进军，罗平亚，李家学，等．提高地层承压能力技术[J]．钻井液与完井液，2009，26(2)：69-71.

[10] 黄维安，邱正松，钟汉毅．高密度钻井液加重剂的研究[J]．国外油田工程，2010，26(8)：37-40.

超高温水基钻井液基础理论与新技术展望

邱正松[1] 汤志川[1] 钟汉毅[1] 赵 欣[1] 毛 惠[2] 高 鑫[1] 单 恺[1]

(1. 中国石油大学(华东)石油工程学院；2. 成都理工大学能源学院)

【摘 要】 针对超高温水基钻井液性能调控技术世界性难题，以往国内外学者侧重在抗高温有机处理剂研发以及配浆土、加重材料的改性处理等方面开展了大量研究工作，并取得了一些重要成果，但至今未能彻底解决。本文基于超高温水(亚临界水)特性及其对水基钻井液主要处理剂作用的显著影响分析，提出了有机处理剂高温失效的一种新机制，即超高温水的“热致相分离”作用；探讨了深井超高温条件下水基钻井液性能调控技术的新思路，并指导新型抗高温水基钻井液用聚合物处理剂分子结构优化设计，试制了环保型抗高温纳米镶嵌共聚物降滤失剂、环保型聚合物微球高温降滤失剂和新型抗高温疏水缔合聚合物降滤失剂等产品。基于高温高压水分子特性分析的超高温水基钻井液基础理论的原始创新，可望实现超高温水基钻井液技术的重大突破。

【关键词】 深井超高温；超高温水特性；聚合物处理剂；高温失效机理；水基钻井液

随着我国油气勘探逐渐向深层、超深层发展，超高温水基钻井液技术面临更大挑战[1]。在高温条件下水基钻井液易发生高温降黏，或高温增稠现象。前者会导致钻井液在深井高温井段携岩能力显著下降，甚至难以悬浮加重材料或携带岩屑；后者则容易导致钻井液流动性变差，难以正常循环，甚至造成憋泵等。此外，高温还会破坏钻井液的滤失造壁性，导致滤饼变厚，滤失量剧增，甚至引发井下复杂事故。近年来，国内学者着重在抗高温水基钻井液处理剂研发以及配浆土、加重材料的改性处理等方面已开展了大量研究工作，并取得了多项新成果。其中，先后研制出了多种抗高温聚合物类处理剂，但其抗超高温降滤失造壁性、流变性及高温稳定性等综合性能不够理想，在很大程度上制约了超高温水基钻井液性能的有效调控，与国外同类产品相比存在较大差距[2-8]。

在前期研究基础上，本文首次提出并重点分析了高温高压(亚临界)条件下水的物理化学性质的变化规律及其对水基钻井液处理剂作用效果的显著影响，提出了聚合物处理剂超高温失效的一种新机制，即超高温水的“热致相分离”作用；探讨了超高温条件下水基钻井液性能调控的新思路，以此指导新型抗高温水基钻井液用聚合物处理剂分子结构的优化设计，并尝试制备了几种新型抗高温水基钻井液处理剂。基于高温高压水分子特性分析的超高温水基钻井液基础理论创新，可望推动超高温水基钻井液技术革新。

1 高温高压条件下水分子特性及其对水基钻井液处理剂功效的影响

超高温水是指水在高压下从沸点温度(100℃)逐渐加热到超临界点温度(374℃)但仍然保持液体状态的水，通常也被称为亚临界水、过热水、高压热水或热液态水。深层钻井过程中，由于钻井液在井下处于超高温高压条件，因此，作为水基钻井液连续相的水分子通常处于亚临界状态[9]。由于高温水的物理化学性质发生明显变化，如相比常压下的液态水，其介电常数(极性)随着温度的逐渐升高而减小，水的黏度和表面张力随温度的升高而降低，离子积常数随温度的升高而逐渐增大，氢键作用及氢键密度随温度的逐渐升高而逐渐降低等[10,11]。高温水的物理化学性质的显著变化，将改变甚至妨碍钻井液处理剂功用的有效发挥。众所周知，在其他相关的化学交叉学科领域，正是基于高温水(亚临界水)的物理化学特性，则其通常被用作萃取溶剂、化学反应媒介、充当反应物或酸碱催化剂等[12-16]。然而，在钻井液领域以往却忽视了高温水(亚临界水)的特性变化及其对钻井液处理剂及体系性能的显著影响，笔者认为这也在很大程度上制约了高温水基钻井液基础理论的原始创新与技术突破。

1.1 高温高压对水分子物理化学性质的影响规律及高温水(亚临界水)特性的新认识

(1) 温度、压力对水的介电常数和极性的影响及高温水的“热致相分离”作用机理。

介电常数反映了物质的极化性质，水的介电常数大小对无机或有机化合物在其中的溶解度有重要影响。物质的介电常数与极性的相互关系见表1。常温常压下，水通常被视为一种强极性物质。如20℃常压下水的相对介电常数约为80.1F/m，25℃常压环境下，水的相对介电常数为78.5F/m；正己烷作为一种非极性物质，20℃常压下的介电常数约仅为1.89F/m。

表1 物质介电常数与极性的关系

相对介电常数	极性强弱	相对介电常数	极性强弱
>3.6	强极性	<2.8	非极性
2.8~3.6	弱极性		

当压力一定时，水的相对介电常数随温度升高而降低，10MPa下水的相对介电常数随温度的变化如图1所示。从图1可以看出，10MPa时水的相对介电常数随温度升而降低明显，300℃下其相对介电常数约为20F/m，较常温下的相对介电常数下降了约75%，表明其极性逐渐减弱，因此高温水(高压热水)对非极性物质的溶解性逐渐增强，对极性物质的溶解能力反而逐渐减弱。

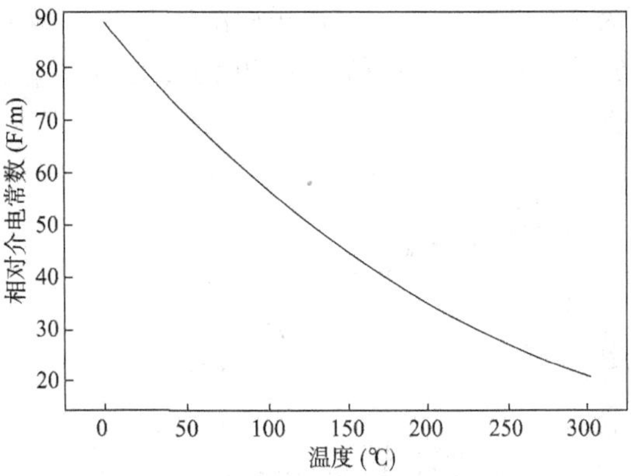

图1 10MPa条件下水的相对介电常数随温度的变化关系

目前室内常用的部分溶剂的相对介电常数见表2。从表2中不难发现，在5MPa条件下，超高温250℃时水的介电常数约为27F/m，其极性与25℃时甲醇(相对介电常数33F/m)和乙醇(相对介电常数24F/m)大致相当，这表明在250℃条件下，水的极性较常温下大大降低，可以溶解许多中等极性和低极性的化合物，在此条件下原来室(低)温下易溶于水的某些强极性化合物将转变为难溶状态，甚至析出，类似于常温下水溶性高分子聚合物在乙醇中的析出作用，即导致所谓的“热致相分离”现象。随温度和压力升高，高温水(高压热水)物理化学性质的转变，是“热致相分离”现象的重要影响因素。由此分析可知，在深层/深地高温高压条件下，水基钻井液中部分有机处理剂也会产生“热致相分离”现象，此时其实际功效将显著降低，甚至失效，促使超高温水基钻井液性能恶化，可诱发严重的井下复杂事故。

表 2　常用溶剂的相对介电常数

溶剂	介电常数(F/m)(20℃，0.1MPa)	溶剂	介电常数(F/m)(20℃，0.1MPa)
水	80	甲基乙基酮	18.51
亚临界水(250℃，5MPa)	27	丙酮	20.7
超临界水(>374℃，>22.1MPa)	5-15	乙醇	24
正己烷	1.89	甲醇	33
苯	2.27	乙腈	37.5
二氯甲烷	8.93		

（2）高温高压对水的氢键作用的影响。

水的介电常数受水分子间氢键和水分子内部的偶极矩影响，而温度和压力对水分子氢键和偶极矩均具有重要影响。水分子间的氢键作用是水在常温常压下呈液态的根本原因。常温常压下，水分子在氢键作用下形成网状的水分子簇等构造，当温度升高时水分子间的氢键作用减弱，形成氢键的密度也减小。水分子间平均氢键数量随温度的变化如图 2 所示；其离子积常数随温度变化如图 3 所示。从图 2 和图 3 可以看出，在不同模型模拟条件下，水分子间形成氢键的平均数量随温度的逐渐增加而逐渐降低，离子积常数随温度升高而显著增加。在高温高压作用下，水分子间氢键作用减弱，绝大部分水分子以小水分子簇形式聚集，氢键断裂和较小的水分子簇的形成，致使在较小水分子簇内部的氢离子和氢氧根离子的浓度较高，这也是亚临界水具有较高离子积常数的重要原因。常温常压下，水的离子积浓度约为 $10^{-14}mol/kg^2$，对应其 pH 值为 7；在 250℃下，其离子积浓度升高了约 1000 倍，高达 $10^{-11}mol/kg^2$，对应其 pH 值约为 5.5，不同温压条件下 pH 值的巨变，也可显著影响超高温水基钻井液中部分处理剂功用的有效发挥。

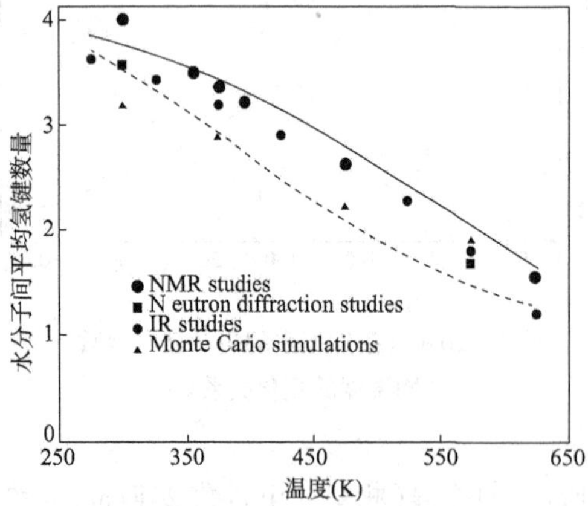

图 2　水分子间平均氢键数量随温度的变化规律

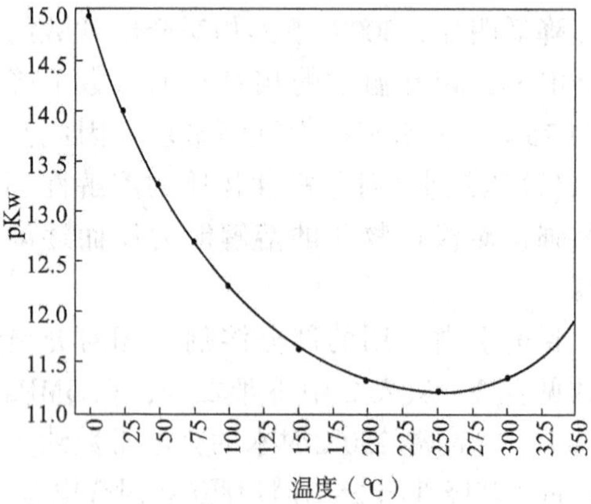

图 3　饱和蒸气压下水的离子浓度随温度的变化规律

1.2　高温水(高压热水)的“热致相分离”作用机理及“萃取”现象

高温高压条件下高分子聚合物水溶液的相态变化行为将显著影响水基钻井液性能及处理剂作用功效。水基钻井液中某些高分子聚合物处理剂在深井高温高压条件下也会发生“热致相分离”现象[17]。通常，高分子化合物存在上临界溶解温度(UCST，the upper critical solution temperature)和下临界溶解温度(LCST，the lower critical solution temperature)[18]，当环境温度超过 UCST 时，高分子化合物多组分体系溶液完全相容，低于 UCST 时为部分相溶；当环境温度低于 LCST 时，高分子化合物多组分体系溶液完全相容，高于 LCST 时为部分相溶。水基钻井液中大部分高分子化合物溶液同时存在 UCST 和 LCST(如含较多水化基团的高分子增粘剂、高分子降滤失剂等)，如图 4 所示。当温度介于 UCST 和 LCST 时，聚合物完全溶解在水中，而当温度高于 LCST 或低于 UCST 时，该聚合物在水中的溶解性较差，产生相分离，即转为部分溶解状态。

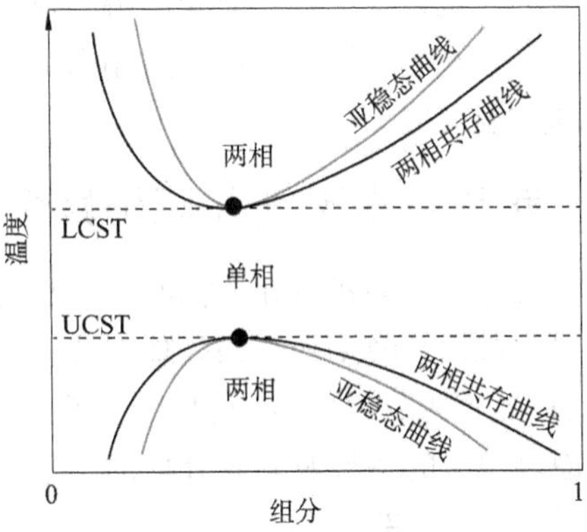

图 4　高分子化合物水溶液的上临界溶解温度和下临界溶解温度

具有 LCST 的高分子聚合物(如环糊精、黄原胶、聚丙烯酰胺等)随温度变化时的分子链的伸展与卷曲及在固体表面的吸附形态，如图 5 所示。当温度逐渐升高时，伸展溶解在水溶液中的此类高分子聚合物逐渐随温度的升高而发生卷曲变形，当温度超过 LCST 时，发生相分离；同理分析可知，当该聚合物吸附在固体表面时，温度较低时分子链一端吸附在固体(如配浆常用的黏土颗粒等)表面，另一端伸展在水溶液中，而当温度超过 LCST 时，伸展在水溶液中的分子链逐渐发生卷曲变形，最终将导致此类聚合物或高分子化合物在钻井液中的实际作用功效大大减弱，甚至完全失效[8,19]。

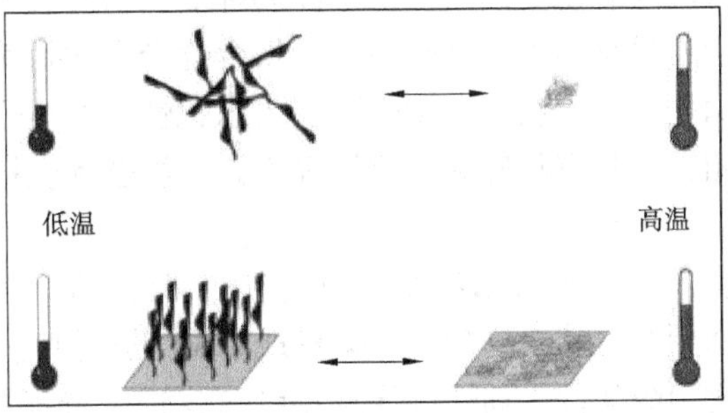

图 5　温度升高时具有 LCST 的高分子聚合物在水中的溶解特性变化

高温高压(亚临界)条件下水分子的缔合结构、氢键等均会显著变化。常温常压条件下，水作为一种中等极性的优良溶剂，通常可以很好地溶解极性有机化合物，但其对极性较低的有机化合物的溶解性较低。而在高温高压亚临界条件下，随着温度的升高，水分子间的氢键作用逐渐减弱，从而可使水分子与低极性(常温下即表现为疏水性)的溶质分子更加接近，进而促使疏水的溶质分子转为溶解状态，即为高温水(亚临界水)导致的“萃取”现象[20]。

众所周知，褐煤类、沥青类、木质素类等往往是深井超高温水基钻井液中常用的重要处理剂。在高温高压(亚或超临界)水中，褐煤类等处理剂将会发生“萃取”反应[20]，并具有较高的转化率及较高的萃取产率，其“萃取”反应主要从 220~250℃开始发生，其萃取反应产物中包含油类、沥青质、CH_4、H_2、CO 及其他低碳烷烃和烯烃等[21]。近期高温实验也表明，超高温(220~260℃)老化后水基钻井液性能的变差或恶化，通常会伴随较强刺激性(异味）气体的逸出。高温老化实验在一定程度上初步验证了高温水的“热致相分离”作用及“萃取”现象。因此，高温水的“热致相分离”作用，是深层高温水基钻井液性能变差或恶化的重要原因，也是除了高温氧化降解、高温裂解等以外，水基钻井液处理剂高温失效的一种新机制，必须高度重视，并深化应用研究，有望实现超高温钻井液基础理论的原始创新及关键技术的重要突破。

2 超高温水基钻井液用聚合物类处理剂分子结构设计的新思路

根据上述分析可知，深井中超高温高压条件下水分子的物理化学性质将发生显著改变，此时水基钻井液中聚合物处理剂分子结构即使未发生高温氧化降解或高温裂解，也会因高温水的“热致相分离”作用及“萃取”现象，导致主要处理剂高温减效，甚至超高温失效。充分考虑高温水的特性及其对处理剂功效的重要影响，有望开辟超高温聚合物处理剂分子结构优化设计的新思路。

2.1 增强并确保水基钻井液处理剂分子结构的高温稳定性

深井超高温易促使抗温能力不足的聚合物分子结构产生热氧化降解，甚至热裂解，进而完全失效，导致钻井液性能的严重恶化。因此，首先必须确保处理剂分子结构本身的高温稳定性。通过聚合物分子结构（主链、官能基团）及分子构象的优化设计，可有效增强其高温稳定性。众所周知，单键间的化学稳定性及刚性大小顺序为 C—O<C—N<C—C，其中 C—C 键为非极性键，键能较大，化学稳定性高，常作为主链单键的首选。由于单键可旋转，刚性差，因此高分子主链不可全部由单键构成，应引入共轭双键。通过引入空间位阻大、极性强的抗温侧链取代基，也可增强高聚物的刚性及抗高温性能。另外，还需优化设计聚合物分子空间构象，目前梳型结构、星型结构应用较多，如聚合物分子主链为 C—C 结构，耐温基团呈梳型可排列在主链的两侧；聚合物分子中也可引入水化性强的离子基团，或对聚合物主链起到保护作用大分子基团，或具有特殊缔合侧链等方式，综合优化抗高温聚合物分子结构及分子构象。

近年来相关研究表明[22]，由于无机纳米颗粒具有超高表面能、热稳定性和刚性等优点，以镶嵌共聚法将无机纳米颗粒组装至高分子骨架搭成的网架孔隙中，有望将无机纳米材料的刚性、热稳定性和聚合物的耐盐性、韧性等优点相结合，进一步提高处理剂的高温稳定性，这也为抗高温水基钻井液处理剂研发提供了新思路。

2.2 高度重视并设法改善水基钻井液处理剂分子与高温水的相容性及配伍性

相关研究表明[23]，氢键作用、π-π 电子共轭作用以及具有富电子基团与缺电子基团的高分子共混时产生的分子间的电荷转移作用等，均可促进多组分高分子聚合物溶液的相容性。因此，在研制新型抗超高温水基钻井液高分子聚合物处理剂时，应该高度重视并充分考虑多种高分子聚合物水溶液中的相容性及配伍增效性问题，以更好地指导新型处理剂分子结构及聚集态结构的优化设计。例如，采用镶嵌（嵌段）共聚物结构，或引入耐温型温敏单体，在高温下易形成带有部分疏水基团的缔合结构，或引入合适交联单体使分子链间形成缔合结构，提高聚合物处理剂之间及与水分子的高温相容性及配伍性。

3 新型抗高温水基钻井液用聚合类处理剂的试制

新型抗高温水基钻井液用聚合物类处理剂分子结构优化设计中，充分考虑了高温水的

“热致相分离”作用对钻井液处理剂功效的显著影响，尝试制备出了抗高温疏水缔合聚合物降滤失剂、环保型抗高温纳米镶嵌共聚物降滤失剂、环保型抗高温聚合物微球降滤失剂等。

3.1 抗高温疏水缔合聚合物降滤失剂

超高温环境下，水基钻井液用聚合物分子结构易发生热氧化降解，甚至热裂解，同时聚合物处理剂在高温水中易受到“热致相分离”作用，进而影响其有效作用浓度，减弱其功效。为减小高温的不良影响，同时增强处理剂的抗盐抗钙性能，通过合理优化抗高温处理剂分子结构，同时合理引入温敏缔合单体，制备了疏水缔合聚合物降滤失剂 SDCW-1。

SDCW-1 和其他常用降滤失剂经 180℃/16h 热滚前后在饱和评价土浆(配方为：400mL 自来水+0.3%NaOH+36%NaCl+10%评价土)和高含二甲金属离子复合盐水评价土浆浆(配方为：400mL 自来水+5%NaCl+0.5%$CaCl_2$+1.5%$MgCl_2$+0.375%$NaHCO_3$+10%评价土)中的降滤失效果如图 6 所示。从图 6 可知，在饱和盐水评价土浆中，加入不同降滤失剂后滤失量均大幅降低，其中加入 SDCW-1 的降滤失效果最好，热滚前后的滤失量分别为 4.8mL 和 4mL；在高含二价阳离子基浆中，加入 SDCW-1 后实验浆的滤失量分别为 6.6mL 和 5.2mL，作用效果好于 Driscal D，表明 SDCW-1 在高矿化度。高二价金属离子评价土浆中具有优良的降滤失效果和抗温性能。SDCW-1 分子中含有七元环侧链刚性侧链，其空间位阻较大，使聚合物分子链内旋转困难，增强了聚合物分子刚性，提升了其抗温能力；其次，分子中含有七元环侧链的链节，高温作用下课发生疏水缔合，在高温水的“热致相分离”及“萃取”作用下，疏水缔合结构可在高温水中充分分散，进而改善了与溶剂的相容性，提高了其在高温下的作用效果。

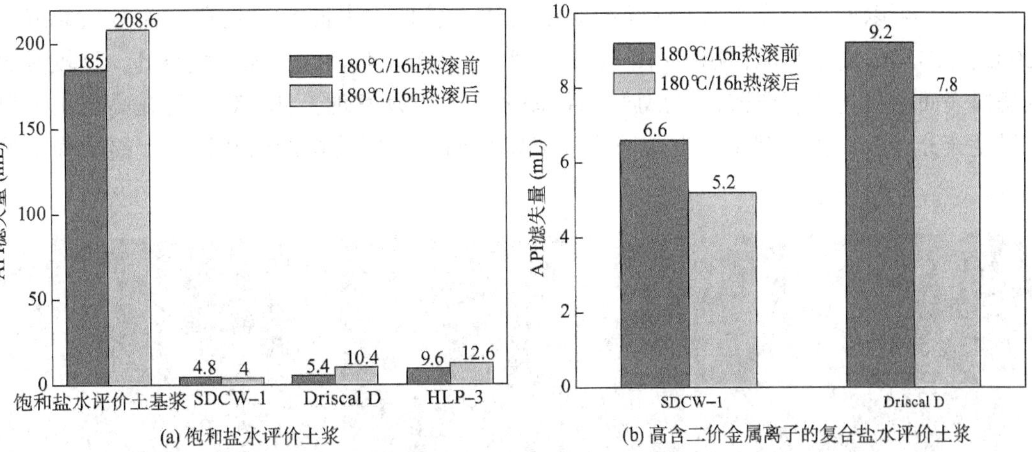

(a) 饱和盐水评价土浆　　(b) 高含二价金属离子的复合盐水评价土浆

图 6　SDCW-1 在淡水基浆和饱和盐水基浆中的降滤失效果

3.2 环保型抗高温纳米镶嵌共聚物降滤失剂

目前大部分常用的环保类钻井液处理剂均以天然高分子材料为原料，通过复配共混、简单改性制备而成[24]。由于天然高分子材料自身的特点[25]，其抗温性能较国外先进水平有较大差距。尤其是在超高温条件下，天然高分子材料极易受高温水的“热致相分离”及“萃取”作用影响，进而导致部分或完全失效。为此，基于温敏疏水单体接枝的环保高分子聚合物，结合纳米材料优势，采用镶嵌共聚法试制了一种环保型抗高温纳米镶嵌共聚物降滤失剂 SDCW-2。

实验测试了 SDCW-2 的降 API 滤失和高温高压滤失效果，测试结果如图 7 所示。从图 7 可以看出，随热滚温度升高，实验浆的 API 滤失量先总体趋于不变，后逐渐上升；高温高压滤失量先减小后增大，在约 180℃ 时高温高压滤失量最小。200℃/16h 热滚后实验浆的 API 滤失量约为 9mL，高温高压滤失量约为 20mL，表明该环保产品在高温下具有良好的降滤失作用效果。

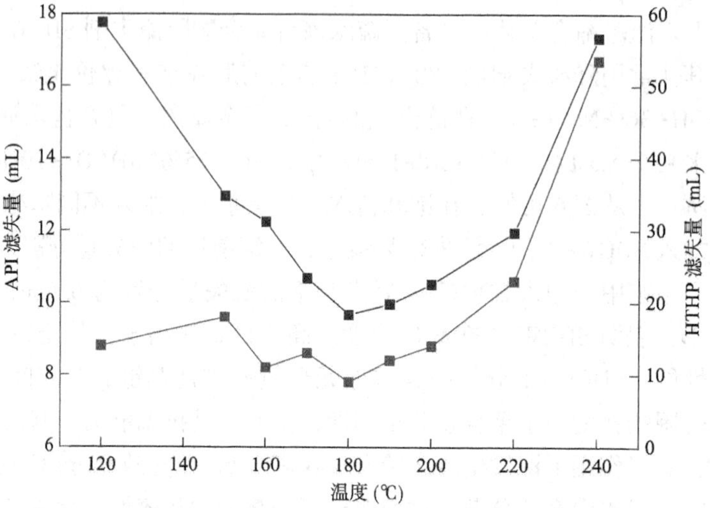

图 7　实验浆不同温度老化后的 API 滤失量和 HTHP 滤失量

采用扫描电子显微镜观察 200℃ 高温高压滤失量测试后所得滤饼，其测试结果如图 8 所示。从图 8 可以发现，空白样滤饼[图 8(a)]质量较低，表面粗糙且存在大量微裂缝；经 200℃、3.5MPa 高温高压作用后[图 8(b)]，滤饼表面无明显微孔隙、微裂缝，且较实验基浆滤饼表面明显光滑、致密，局部放大后[图 8(c)]可以发现，SDCW-2 可在高温水中以纳米尺度充分分散于实验浆中，有效吸附在滤饼表面，封堵滤饼的微孔缝，大幅改善了滤饼质量。

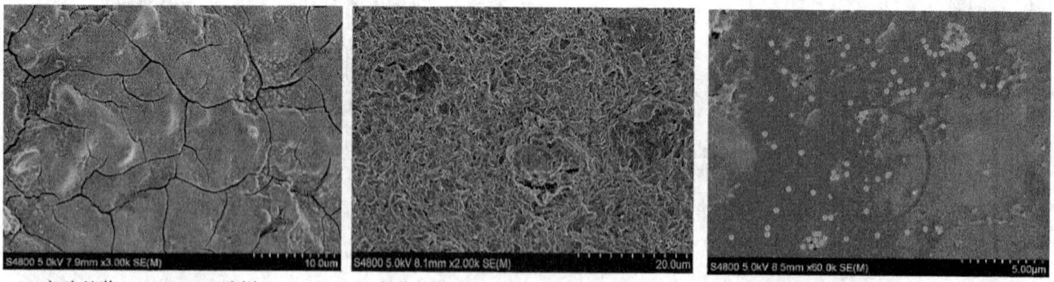

(a) 实验基浆120℃HTHP 滤饼 (×3000)　(b) 实验基浆+1%SDCW-2 200℃HTHP 滤饼 (×2000)　(c) 实验基浆+1%SDCW-2 200℃HTHP 滤饼 (×60000)

图 8　滤饼扫描电镜分析照片

SDCW-2 的生物毒性测试及生物可降解性测试结果见表 3、表 4。从测试结果可知，SDCW-2 的 EC_{50} 值约为 5.42×10^4 mg/L>30000mg/L，BOD_5/COD_{Cr}>15%，表明 SDCW-2 无毒，且较易生物降解。

表 3　环保型抗高温纳米镶嵌共聚物降滤失剂生物毒性测试结果

名称	分析结果			分级参照标准	
	EC_{50}	EC_{50}拟合值	毒性分级	EC_{50}	毒性级别
SDCW-2	>3 万	5.42 万	无毒	<1	剧毒
				1~100	高毒
				100~1000	中等毒性
				1000~10000	微毒
				>10000	实际无毒
				>30000	排放标准

表 4　环保型抗高温纳米镶嵌共聚物降滤失剂生物可降解性测试结果

名称	BOD_5(mg/L)	COD_{Cr}(mg/L)	BOD_5/COD_{Cr}(%)	生物可降解性
SDCW-2	5.68	35.6	15.96	较易降解

3.3　环保型抗高温聚合物微球降滤失剂试制

天然环保类钻井液处理剂抗温性能有待提高，通过分子结构优化设计，合理控制其高温萃取产物结构并加以利用，可一定程度减弱高温对水基钻井液处理剂的不良影响，提高环保型钻井液处理剂的抗高温作用效果。以天然高分子聚合物为原料，以环氧氯丙烷等为交联剂，采用反相乳液聚合法制备了环境友好的聚合物微球高温降滤失剂 SDCW-3，其扫描电镜照片如图 9 所示。

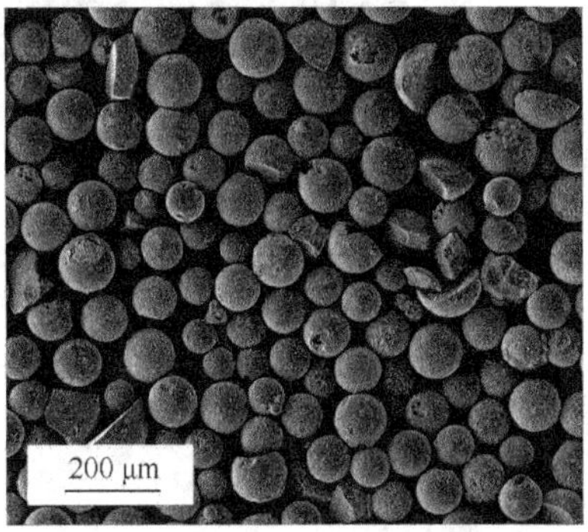

图 9　环保型聚合物微球高温降滤失剂的微观形貌(×200 倍)

实验测试了不同 SDCW-3 加量下，实验浆 API 滤失量降低率(与 4%膨润土浆对比)随热滚温度的变化，测试结果如图 10 所示。从图 10 可以看出，在相同热滚温度下，随着 SDCW-3 浓度的增加，滤失量降低率逐渐增加；在相同浓度下，随着热滚温度的增加，滤失量降低率总体上呈现出升高的趋势。当热滚温度超过 160℃后，滤失量降低率总体上出现台阶式上升。当热滚温度低于 160℃时，滤失量降低率总体上小于 50%；而当热滚温度高于 160℃时，滤失量降低率总体上大于 55%。说明在该温度范围内，温度越高，SDCW-3 降滤失性能越好。由此可见，SDCW-3 表现出与常规降滤失剂显著不同的特点。

SDCW-3 经不同温度热滚后的剩余固体扫描电镜照片如图 11 所示。从图 11(a)可以看出，经 140℃高温作用后，聚合物微球部分颗粒发生了降解破碎，但仍有大量球形颗粒存在。进一步提高热滚温度至 200℃时，在图 11(b)中观察到了 1~2μm 左右的球形颗粒以及大量纳米球形颗粒聚集体。这表明，在高温高压条件下，在高温水的“热致相分离”“萃取”作用和水热碳化反应作用下，SDCW-3 发生部分分解，形成纳米或微米级的碳微球[26]。研究表明[27]，160℃时聚合物微球开始分解，生成少量的碳微球[28]，进一步升高温度后，纳米级碳微球的形成有助于聚合物微球提高滤饼的致密程度，封堵滤饼微孔，从而进一步改善滤饼质量，提高其在超高温下的降滤失效果。

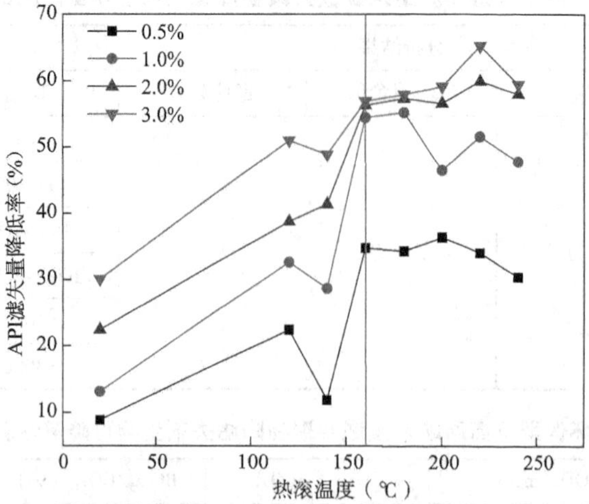

图 10 不同温度热滚前后 API 滤失量降低率随热滚温度的变化

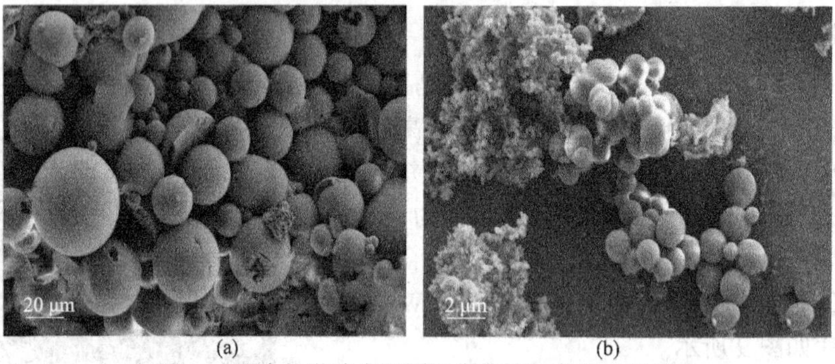

图 11 聚合物微球在不同温度热滚后的微观形貌

4 结论及认识

(1) 提出并揭示了高温高压(亚临界)条件下水的物理化学性质的变化规律及其对水基钻井液处理剂作用的显著影响，指出了聚合物处理剂超高温失效的新机制，即超高温水的“热致相分离”作用及“萃取”现象。

(2) 探讨了超高温条件下水基钻井液性能调控的新思路，在增强水基钻井液处理剂分子结构的高温稳定性的基础上，设法改善水基钻井液处理剂与高温水分子的相容性及配伍性等，有助于指导新型抗高温水基钻井液用聚合物处理剂分子结构的优化设计。

(3) 基于高温高压水分子特性分析的超高温水基钻井液基础理论创新，有望研发出新型环保抗高温水基钻井液降滤失剂等，将推动实现超高温水基钻井液关键技术突破。

参考文献

[1] 刘四海，蔡利山．深井超深井钻探工艺技术[J]．钻井液与完井液，2002(6)：121-126+163.

[2] Spooner M, Magee K, Otto M, et al. The Application of High Temperature Polymer Drilling Fluid on Smackover Operations in Mississippi[J], 2004.

[3] Zhao F, Cui H, Sun Y, et al. High-temperature Drilling Fluid Resolves Slim Hole Long Horizontal Interval Challenges in the Jilin Oilfield[J]. International Journal of Petroleum Science & Technology, 2013, 7(1).

[4] 贾存龙．浅谈适应高温钻井液的处理剂[J]．甘肃科技，2012，28(21)：77-78.

[5] 王中华. 超高温钻井液体系研究（Ⅰ）——抗高温钻井液处理剂设计思路[J]. 石油钻探技术，2009（3）：7-13.
[6] 杨小华. 国内超高温钻井液研究与应用进展[J]. 中外能源，2012.
[7] Hilscher L W，Clements W R. High-Temperature Drilling Fluid for Geothermal and Deep Sensitive Formations [J]，1982.
[8] Qi C，Luo P，Zhao Q，et al. Application of a New Family of Organosilicon Quadripolymer as a Fluid Loss Additive for Drilling Fluid at High Temperature [J]. Journal of Applied Polymer Science，2013，128（1）：28-40.
[9] Hallett P D，Baumgartl T，Young I M. Subcritical Water Repellency of Aggregates from a Range of Soil Management Practices[J]. Soil Science Society of America Journal，2001，65(1)：184-190.
[10] Ju Z，Howard L R. Subcritical Water and Sulfured Water Extraction of Anthocyanins and Other Phenolics from Dried Red Grape Skin[J]. Journal of Food Science，2005，70(4)：S270-S276.
[11] Pei A，Zhang L，Jiang B，et al. Hydrogen production by biomass gasification in supercritical or subcritical water with Raney-Ni and other catalysts[J]. Frontiers of Energy & Power Engineering in China，2009，3（4）：456-464.
[12] Steven B，Grabanski，Carol B，et al. Comparisons of Soxhlet extraction，pressurized liquid extraction，supercritical fluid extraction and subcritical water extraction for environmental solids ：recovery，selectivity and effects on sample matrix[J]. Journal of Chromatography A，2000，892(1)：421-433.
[13] 黄园园，金赞芳，刘丽，等. 亚临界水中聚酰亚胺的解聚及其单体稳定性的研究[J]. 环境科学学报，2011，31(10).
[14] 王刚，王宝凤，李文，等. 亚临界水脱除煤中硫的实验研究[J]. 燃料化学学报，2005，33(5)：630-632.
[15] 谢文，袁兴中，曾光明，等. 催化剂对亚临界水中生物质液化行为的影响[J]. 资源科学，2008，30（1）：129-133.
[16] 赵超. 超声强化亚临界水提取枸杞多糖的研究[D]. 华南理工大学，2014.
[17] Watchararuji K，Goto M，Sasaki M，et al. Value-added subcritical water hydrolysate from rice bran and soybean meal[J]. Bioresource Technology，2008，99(14)：6207-6213.
[18] 罗时忠. 环境敏感单分子胶束的制备及其相转变行为研究[D]. 中国科学技术大学，2006.
[19] Asghari F S，Yoshida H. Acid-Catalyzed Production of 5Hydroxymethyl Furfural from d Fructose in Subcritical Water[J]. Industrial & Engineering Chemistry Research，2013，45(7)：2163-2173.
[20] 吴仁铭. 亚临界水萃取在分析化学中的应用[J]. 化学进展，2002，14(1).
[21] 蔡基智，林杰. 植物精油提取新技术的研究进展[J]. 精细与专用化学品，20(1)：14-16.
[22] 姚如钢，蒋官澄，李威，等. 新型抗高温高密度纳米基钻井液研究与评价[J]. 钻井液与完井液，2013(2)：25-28.
[23] 姜胶东. 聚合物共混：Ⅱ. 聚合物的相容性[J]. 高分子通报，1993(3)：178-184.
[24] 王中华. 国内外钻井液技术进展及对钻井液的有关认识[J]. 中外能源，2011，16(1)：48-60.
[25] 汪怿翔，张俐娜. 天然高分子材料研究进展[J]. 高分子通报，2008(7)：66-76.
[26] Serban B-C，Bumbac M，Buiu O，et al. CARBON NANOHORNS AND THEIR NANOCOMPOSITES：SYNTHESIS，PROPERTIES AND APPLICATIONS. A CONCISE REVIEW [J]. Annals of the Academy of Romanian entists：Series on Mathematics and its Applications，2018，11(2)：5.
[27] Shin Y，Wang L Q，Bae I T，et al. Hydrothermal Syntheses of Colloidal Carbon Spheres from Cyclodextrins [J]. Journal of Physical Chemistry C，2008，112(37)：14236-14240.
[28] Sun X，Li Y. Colloidal carbon spheres and their core/shell structures with noble-metal nanoparticles[J]. Angew Chem Int Ed Engl，2004，43(5)：597-601.

轮探1超深井钻井液技术

罗绪武[1]　任　超[1]　杨　川[2]　孙爱生[3]　谢建辉[1]　王瑞虎[1]

(1. 西部钻探钻井液分公司；2. 塔里木油田实验检测研究院；
3. 塔里木油田油气田产能建设事业部)

【摘　要】 轮探1井中国石油塔里木油田分公司在塔北隆起布的一口集团公司级的一级风险探井；完钻井深8882m，是目前亚洲最深井；该井四开井段奥陶系、下寒武系、震旦系地质资料少及井壁易失稳等诸多技术难点，对水基钻井液抗温能力、防塌能力考验极大。通过优选抗温材料SMP-3，DYFT-2。经过室内试验研究，形成了一个流变性好、抑制性强、抗温性强、沉降稳定性好、抗污染能力强的KCl聚磺钻井液配方，并在该井四开井段取得了成功应用。施工过程中通过封堵材料协同作用应对剥落垮塌，通过固控设备严格控制固相含量，通过适量提高K^+含量提高深部钻井液抑制性，最终实现该井的顺利施工。

【关键词】 轮探1井；抗高温；防塌；水基钻井液

1　超深井钻井液技术难点

随着油气勘探开发向深部地层逐渐发展，深井甚至超深井钻探成为油气井工程领域面临的难题之一[1-4]。目前国际上对于深井、超深井及特超深井较为通行的划分方法为：完钻井深4500~6000m的直井为深井，6000~9000m的直井为超深井，超过9000m的直井为特超深井[5]。在超深井钻探过程中，随着钻探深度的增加，地层压力明显增大，施工时必须使用较高密度的钻井液以平衡地层压力。

在钻探超深井时，国内外常常使用高密度油基钻井液，因为油基钻井液具有更好的润滑减阻、稳定井壁等性能。但是，油基钻井液的使用不仅使成本急剧增加，更会带来严重的环境问题。因此，发展性能可与油基钻井液相匹配的水基钻井液成为高密度钻井液的发展趋势。目前，高密度钻井液体系性能的维护是深井钻井液技术的难点[7]，归结起来如下：(1)井温高，对钻井液抗温性要求高。目前，使用磺化材料配制的三磺钻井液可抗温160~200℃，需要进一步研究抗温性更强的钻井液处理剂。(2)加重材料的引入易提高钻井液的黏度和切力，使钻井液流变性变差；另外，加重材料易发生沉降，造成钻井液密度不均。(3)地层压力高且压力系统多、压力梯度悬殊。这要求钻井液具有良好的防黏卡性能[8]。(4)地质条件复杂，且超深井裸眼段长，裸眼段井壁失稳严重，需要根据不同地层特点严格控制钻井液的密度、流变性、失水造壁性及抑制防塌等性能。(5)碳酸盐岩裂缝性气藏的油气层保护技术难题。由于地层裂缝在井下原始状态下受地应力的作用，其宽度随应力的变化而变化，所以在地面测得的岩心裂缝宽度与井下实际裂缝宽度有较大的差别，导致无法制定具体、针对性强的油气层保护技术措施[8]。

轮探1井是中国石油塔里木油田分公司在塔北隆起布的一口集团公司级的一级风险探井；设计井深8850m，完钻井深8882m。该井自上而下钻遇第四系、新近系、古近系、白垩系、侏罗系、三叠系、鹰山组、蓬莱坝组、下丘里塔格、阿瓦塔格、沙依里克、吾松格尔、肖尔布拉克组、玉尔吐斯组、奇格布拉克组等地层，主要目的层为震旦系的奇格布拉克组。该井采用常用四开备五开的井深结构设计，实际井身结构：ϕ720mm 导管×20m+ϕ473.08mm×800m+ϕ339.7mm×5504.70m+ϕ244.5mm×7475.67m+ϕ177.8×(7149.99~8860)m。该井先后使用了膨润土浆、聚合物、KCl 聚磺及 KCl 抗高温聚磺钻井液。

四开预计钻入震旦系奇格布拉克组地层，目前塔里木区块还没有进行过该地层实钻，地质资料少，井下风险高，可能存在 H_2S 和 CO_2 等酸性气体对钻井液污染的可能。同时，下部地层破碎压力不清，极易发生破碎垮塌，引起井壁失稳等复杂情况。预计井温达 180℃ 左右，提高钻井液的抗温能力和维护高温流变性是本井的重点和难点。

2 钻井液体系室内研究

在总结和提炼该区块钻井液施工使用配方基础上，优选抗高温钻井液材料，形成本井钻井液施工配方：2%膨润土浆+3%SMP-3+3%SPNH+3%SF+1%AP220+5%FT-1A+3%DYFT-2+3%YX+3%RF-9+0.3%NaOH+0.5%SP-80+1%SF-260-2+7%KCl+重晶石(1.55)。

2.1 抗温能力评价

按照配方配制钻井液，并在不同问题条件下测试钻井液流变性能。见表 1。

表 1 高温稳定性评价(180℃)

热滚时间(h)	*AV*(mPa·s)	*PV*(mPa·s)	*YP*(Pa)	*Gel*(Pa/Pa)	FL_{HTHP}(mL)	沉降稳定性
16	20	15	5	3.0/5	10	好
24	21	16	5	2.0/5	10	好
72	22.5	18	4.5	2.0/5	10	好

注：热滚温度 180℃，高温高压滤失条件为 180℃、4.2MPa。

由表 1 可以看出，在 180℃ 高温作用下，随着热滚时间的增加，钻井液的表观黏度、动切力及静切力变化幅度非常小，高温高压滤失量保持不变，说明该钻井液体系具有良好的流变性和滤失造壁性，钻井液热滚 72h 后的性能依然可以满足常规钻井要求，这说明该钻井液具有良好的热稳定性。

2.2 封堵防塌性能

根据邻井资料及实钻情况，在进入奥陶系鹰山组后垮塌、掉块现象非常严重，采用优选沥青材料，提高钻井封堵能力，该配方在 180℃ 条件下热滚 72h 高温高压滤失量仅为 10mL，因此该体系具有良好的封堵防塌性能。

2.3 润滑性

加入不同种类的润滑剂材料，实测对比发现该体系配方均有良好的润滑性能，摩擦系数均小于 0.05，同时该体系中润滑剂在热滚以后变化不大，该体系润滑性能良好，见表 2。

表 2 摩擦系数对比情况

配 方	热滚时间(h)	摩 阻 系 数
基浆	0	0.0437
	24	0.0524

续表

配　方	热滚时间(h)	摩阻系数
基浆+2%LE-5	0	0.0437
	24	0.0437
基浆+2%SFR-1	0	0.0349
	24	0.0349

注：热滚温度180℃。

2.4 抑制性评价

选取塔里木油田轮南区块奥陶系泥岩岩屑，对钻井液的抑制性进行评价。岩屑在所配制的钻井液中进行16h和32h与清水进行回收率对比试验。试验结果表明该体系经过长时间热滚后回收率仍然高达96.42%及95.55%，远大于清水的50.96%及32.46%，同时时间增加一倍，但是岩屑的回收率降低比例远小于清水中岩屑回收率降低值，说明该钻井液体系具有良好的抑制性能，可以抑制泥页岩水化膨胀和分散，防止井壁失稳，见表3。

表3　抑制性评价试验

体　系	岩屑回收率(%)	
	16h	32h
清水	50.96	32.46
基浆	96.42	95.55

注：热滚温度180℃。

2.5 沉降稳定性评价

钻井液必须具有良好的悬浮稳定性和沉降稳定性。采用静态沉降测试法评价钻井液沉降稳定性，实验结果见表4。实验结果表明，钻井液在180℃热滚16h后，静止24h、48h及72h后，玻璃棒直接到底，并伴随清脆声音，沉降系数小于0.52，钻井液上部无析水现象，整体无分层现象，这说明该钻井液体系沉降稳定性好，具备良好的沉降稳定性。

表4　沉降稳定性试验

静止时间(h)	$\rho_{上}$(g/cm^3)	$\rho_{下}$(g/cm^3)	SF	描　述
24	1.55	1.55	0.500	杯底无沉淀，玻棒直接到底
48	1.55	1.55	0.500	杯底无沉淀，玻棒直接到底
72	1.54	1.56	0.503	杯底无沉淀，玻棒直接到底

注：热静止温度180℃。

2.6 抗污染能力评价

按照配方配制好基浆，按照基浆增加膨润土浆和碳酸氢钠的含量，经过180℃老化24h后测定钻井液性能，结果见表5。由表5可知，随着膨润土加量逐渐增大，经高温作用老化分散后，钻井液的流变性和滤失造壁性变化幅度不大，且钻井液性能依旧符合使用要求，可见该体系钻井液对膨润土污染具有良好的稳定性；当碳酸氢钠加量在3%以内时，钻井液的流变性和滤失性变化不是太大，只是稍微增加，但仍然符合设计要求，因此该体系具有良好的抗碳酸氢钠污染能力。

表 5　污染能力数据表

配方	ρ(g/cm³)	*Gel*(Pa/Pa)	*PV*(mPa·s)	*YP*(Pa)	FL_{API}(mL)	FL_{HTHP}(mL)
基浆	1.55	1/4	20	6	2.4	9.6
3%膨润土	1.55	1.5/6	22	8	2.6	9.8
5%膨润土	1.55	2/8	28	10	2.8	9.8
8%膨润土	1.55	3/12	32	13	2.8	10
2%碳酸氢钠	1.55	1.5/6	24	10	3.0	11
3%碳酸氢钠	1.55	2/7	30	14	3.2	12

注：热静止温度 180℃，高温高压滤失条件为 180℃、4.2MPa。

3　现场应用

3.1　一开 ϕ558.8mm 井段(0~800m)

施工难点：重点防窜，大井眼排练受限，导致环空返速低，不能及时携带出井眼，井眼清洁困难等。

重点措施如下：(1)200m 前以膨润土浆(浓度为 8%~10%)开钻，保持钻井液高膨润土含量，以高黏度、高切力保护井口。(2)200m 后密切观察振动筛返出岩屑的情况，等钻过散砂层，振动筛返出砂样比较成型后，逐步补充水化好的大分子胶液，降低钻井液漏斗黏度至 40s 左右，配合大排量冲刷井壁，进行快速钻进。(3)根据渗透量大小，加入(1%~2%)粒径为 0.025~0.015mm(600~800 目)超细碳酸钙，对渗透性地层进行封堵，改善滤饼质量、减小渗透量。(4)强化固相控制，100%开启四级固控设备，勤掏罐。(5)及时短起拉划井壁。(6)钻至中完钻井深后，大排量充分循环，用稠浆将岩屑清除干净，保证井眼清洁，800m 套管仅用时 18h 一次顺利到底。

3.2　二开 ϕ431.8mm 井段(800~5504m)

二开井段上部使用聚合物钻井液体下部使用 KCl 聚璜体系钻进，该段主要难点为裸眼段长，井壁易发生坍塌、掉块；库车组，吉迪克组砂岩、泥岩和页岩发育，易发生剥落掉块，起下钻中易出现遇阻卡现象。

维护措施：本井段地层砂泥岩互层，钻井液处理以包被抑制及流变性控制为重点，坚持使用大排量钻进，以保证钻屑的携带，保证井眼畅通。工程上坚持每钻进 300m 左右短起下一次，修整井壁，井下异常时加密短起下钻。(1)密度、黏切尽可能使用设计低限，应用聚合物体系。起下钻阻卡的预防：强包被、大排量、高效固控、短起下钻，按照新思路，本井采用两种包被剂复配使用(QBY 和 NMI-4)，包被剂加量预计加量为 0.1%~0.2%，低黏切、失水适当，保证快速、安全钻井。渗漏的预防：随钻堵漏剂 TP-2、200 目石灰石粉封堵、SQD-98(细)。(2)随井深增加和泥岩成分增多逐步控制失水量。最大限度保证大排量钻进，冲刷井壁。减少钻屑的迟到时间，以减少钻屑在钻井液中浸泡分散的时间，进而减少钻屑因在井下滞留时间长而造成的机械物理破碎与分散，使钻屑尽可能保持刚钻成的形状，以有利于地面固控清除。(3)在 4670m 之前调整基浆膨润土含量、固相含量、pH 值，加入 1.5%~2%防塌剂，使用 SP-8 控制失水量 8~6mL，加入 SMP-3/2、SPNH、SF 等抗温钻井液材料，一次性加入 7%~5%KCl 转化为 KCl 聚磺钻井液体系 Cl^- 35000(mg/L)左右，增强钻井液抑制性、抗温能力及防塌能力。侏罗系前逐步提高密度至 1.30g/cm³，井壁稳定前提下执行高限低值，利用屏蔽暂堵增强钻井液防漏堵漏能力，加强三叠系(4800～5240m)封堵，以3%～4%胶体沥青，二叠系前复配1%～1.5%200目石灰石粉、1.5%TP-2加强封堵造壁，提高承压力。侏罗系以下井段以包被抑制剂、润滑、防塌及流变性的控制为重点，控制低塑性黏度、适当屈服值，满足井眼岩屑净化和岩屑悬浮。(4)做好钻井液防塌性能、悬浮携带性能调整的同时，做好润滑防卡工作。强化抑制、封堵，采用合适密度，严格控制API失水小于6mL，HTHP失水小于15mL，以防止垮塌和掉块，最大限度地降低井径扩大率，提高井眼质量。(5)日常维护中，所有降失水剂类必须配成胶液，充分水化后，按循环周均匀补入井浆。润滑剂、沥青粉可按循环周直接加入井浆中。补充胶液要细水长流，并按循环周进行，防止钻井液性能大幅度波动。(6)认真搞好固控工作，严格四级固控。转成聚磺体系后使用200目的筛布，除砂器、除泥器满负荷运转，并保证使用效果，最大限度地及时除去有害固相，加重前离心机使用率100%，加重后根据进尺及钻井液性能合理使用。每次短起下钻或起钻时，必须清洗沉降罐，保证钻井液清洁。(7)轮探1井二开电测一次到底，技术套管用时68.5h顺利一次到底。

3.3 三开 ϕ311.2mm 井段(5504～7475m)

轮探1井于2018年11月12日使用KCl聚磺防塌钻井液开始三开钻进作业，2019年2月28日02：30钻进至7475.67m三开中完；本段进尺：1970.97m，钻井天数：70.93d，机械钻速：1.16m/h；平均井径：316.65mm，扩大率：0.98%；本段施工中全程钻进安全顺利；本段设计进尺至6802m，加深至7475.67m，全程钻井液性能稳定，井下正常，未发生任何事故复杂，中完电测、下套管用仅时66h顺利到底，创国内244.5mm套管一次下深纪录。

该段主要施工难点：裸眼段长，单开次钻遇地层压力多，钻井液钻井液量大，维护处理困难。

主要维护措施：(1)钻水泥塞过程中，做好钻井液的预处理，防止水泥污染。钻完水泥塞后，用膨润土浆、胶液及时调整钻井液性能，使之满足携砂及悬浮、包被抑制、低滤失、润滑性好的要求。(2)本井段钻遇石炭—奥陶系地层，钻井液处理以防塌性能维护为重点，保持较高屈服值，以保证钻屑的携带。同时在良好防塌性能基础上，深部井段定向钻进，注意维护钻井液抗高温性能和润滑防卡功能。(3)钻井液维护聚磺抗温材料为主，维持体系含盐量，强化抑制性，提高液相密度，降低固含；根据维护量、高温性能、井下情况以干剂或高浓度碱液补充抗温材料和防塌剂。(4)做好钻井液防塌性能、悬浮携带性能调整的同时，做好润滑防卡工作。强化抑制、封堵，采用设计密度高限，严格控制API失水小于5mL，HTHP失水小于14mL，以防止垮塌和掉块。

3.4 四开 ϕ431.8mm 井段(7475～8882m)

轮探1井于四开2019年3月25日使用三开钻塞钻井液调整性能完成了四开KCl抗高温聚璜钻井液体系的转化，开始四开钻进作业，2019年6月23日钻进至井深8882m完井：本段进尺1406.33m，钻井天数：91.5d，机械钻速：0.64m/h；平均井径：239.5mm，扩大率：8.44%，完井作业电测8趟均一次到底，下尾管作业用时50h顺利一次到底，刷新国内套管下深纪录。

3.4.1 钻井液性能维护

本井段钻井液的重点工作是：加强钻井液的抗温能力，封堵造壁能力，抗污染能力和注重储层保护，主要性能维护措施：(1)四开前按前期小型实验做好基础配方验证；四开施工中优选抗温钻井液材料 SMP-3、DYFT-2，三开钻井液中加入抗温能力较强的材料，配制成胶液，配方：(0.3%NaOH+4%SMP-3+4%SPNH+3%SF+5%FT-1A+3%DYFT-2+1%SF-260)，改造为四开钻井液，维护中加入 7%KCl、0.2%SP-80、3%RF-9。储备好重粉和重浆做好井控工作。(2)日常维护要加强固控设备的使用，尽可能使用细目振动筛筛布，最大限度除去有害固相，清洁钻井液，并勤清锥形罐。(3)补充胶液时，一定要细水长流，并按循环周进行，防止钻井液密度不匀；使用离心机的过程中，要均匀加重。(4)通过加入润滑剂、固体润滑剂和改善滤饼质量降低摩擦系数，劣质固相对摩擦系数的影响较大，充分使用好固控设备，含砂量一定要控制在 0.3%以下。(5)严格控制滤失量，钻井液材料仍然选用抗温的降滤失材料，如 SMP-2/SMP-3、SPNH、SF 等。(6)防塌材料配合使用，合理搭配，以保证井眼的稳定。(7)该井段预防 H_2S，根据需要加入除硫剂，同时提高钻井液的 pH 值到 9.5 左右，现场按要求储备除硫剂。(8)做好油气层保护，钻井液性能达到设计要求，特别是钻井液密度要控制在设计范围之内，钻开油气层前 50m，应用屏蔽暂堵保护油气层技术，加入 2%~3%油溶树脂+2%~4%超细碳酸钙 YX。钻井液中加入适量的表面活性剂，降低钻井液滤液的界面张力。钻井液公司通知甲方相关部门上井取样，进行渗透率恢复值检测，达到要求后方可打开油气层。钻达设计井深后，充分循环，清洁井眼，在裸眼井段注入防卡性能较好的封闭钻井液，保证电测和下步施工的顺利进行。

3.4.2 四开钻井液性能

整个四开段施工过程中，钻井液性能稳定，见表 6。钻井液密度从 1.40g/cm³起步，完钻密度到 1.45g/cm³，钻井液黏度一直维持在 40~50s 之间，塑性黏度保持在 13~20mPa·s 之间，说明该体系抗温能力好，抑制性能力强，维护措施得当。

表 6 四开钻井液性能

取样井深(m)	层位	测试温度(℃)	密度(g/cm³)	漏斗黏度(s)	pH 值	*PV*(mPa·s)	*YP*(Pa)	*Gel*(Pa/Pa)	FL_{API}(mL)	FL_{HTHP}(mL)	摩阻系数
7487	O	140	1.40	48	10	16	5.5	3/8	4.2	12	0.0787
7561	∈3xq	140	1.40	47	10	17	5	3.5/9	2.6	10.2	0.0699
7764	∈3xq	145	1.40	41	10	15	5	3/6	2.6	10.2	0.0699
7949	∈3xq	150	1.40	42	10	16	5	2/5.5	2.2	9	0.0699
8156	∈3xq	150	1.40	43	10	15	6	2.5/6	2	8.6	0.0699
8256	∈3xq	150	1.45	43	10	16	6	2.5/6	2	8.6	0.0699
8365	∈	155	1.45	41	10	17	6.5	2.5/6	2	8.2	0.0699
8556	∈	165	1.45	41	10	15	6.5	2.5/6	1.8	8.2	0.0699
8641	∈	165	1.45	40	10	14	6	2.5/5.5	1.8	8.2	0.0699
8745	∈	170	1.45	42	10	15	6.5	3/6	1.8	8.2	0.0699
8848	∈	170	1.45	41	10	13	5.5	2.5/5	1.8	8.4	0.0699
8879	∈	170	1.45	41	10	13	5.5	2.5/5	1.8	8.4	0.0699
8882	∈		1.45	41	10	13	5.5	2.5/5	1.8	8.4	0.0699

3.4.3 四开井径数据

本井四开段实测电测得出，平均井径扩大率仅为 8.44%，小于设计要求不大于 10%的

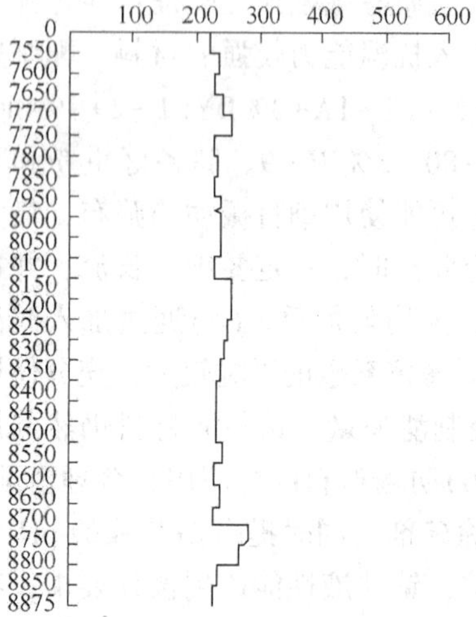

图 1　四开井径数据图

平均井径扩大率，其中，最大井径 293.9mm，井深为 8750m，最小井径 218.7mm，井深 7550m，从图 1 中数据可以看出，四开段井径规则，说明该体系具有良好的封堵造壁能力，保证了井壁的稳定。

4 结论

(1) 本井使用钻井液配方合理，维护措施得到，整个四开施工过程钻井液性能稳定，井下正常，优选出的材料发挥出应有的作用，高温高压滤失量小于 10mL，抗温 180℃。

(2) 应对剥落垮塌要多手段、多举措协同作用；本井采用了化学与物理防塌并重、全程协同封堵强化造壁性能，确保井壁稳定，四开井径扩大率只有 8.44%，体现了优良的防塌性能。

(3) 定期补充 KCl，保持钻井液中有效 K^+ 含量，有利于整个钻井液抗温能力和抑制性和钻井液性能稳定。

参考文献

[1] 吕志强，王书琪，尹达，等. 轮东 1 井超深井钻井液技术[J]. 钻井液与完井液，2008(6)：36-38+92.

[2] 吴正良，甘平西，王悦坚. 塔深 1 井 8408 米超深井钻井液技术[J]. 钻采工艺，2008(5)：17-21+165.

[3] 王俊梅，谢刚，马仁杰，等. 抗高温水基钻井液技术研究[J]. 广州化工，2019，47(16)：85-87.

[4] 林永学，王伟吉，金军斌. 顺北油气田鹰 1 井超深井段钻井液关键技术[J]. 石油钻探技术，2019，47(3)：113-120.

[5] 蒋祖军，郭新江，王希勇. 天然气深井超深井钻井技术[M]. 北京：中国石化出版社，2011：1-21.

[6] 刘四海，蔡利山. 深井超深井钻探工艺技术[J]. 钻井液与完井液，2002，19(6)：121-126.

[7] 鄢捷年. 钻井液工艺原理[M]. 东营：中国石油大学出版社，2011：149-150.

[8] 闫光庆，张金成. 中国石化超深井钻井技术现状与发展建议[J]. 石油钻探技术，2013，41(2)：1-6.

盐家油田丰深斜 11 井钻井液技术

丁海峰　李文明　晏　剑　席雁鸣

（中国石化胜利石油工程黄河钻井总公司）

【摘　要】 盐家油田自 2019 年以来先后部署了丰深斜 101、丰深斜 11 等多口井深超过 4000m 的深探井，施工井为四开井身结构，以往在该地区施工时，沙河街组地层垮塌现象严重，钻井液性能不稳定，通过优选强抑制封堵钻井液体系和复合盐水封堵钻井液体系，钻井液抗温、抗污染能力明显增强，滤失及流变性能易于控制，井壁稳定，确保了该区块的钻井安全施工。

【关键词】 盐家油田；抗高温；强抑制钻井液；封堵；复合盐水钻井液

盐家油田丰深斜 11 井以沙四段砂砾岩为主要目的层，早期施工井在钻井过程中出现了沙河街组泥岩垮塌现象严重，钻井液性能不稳定，钻井液成本高的特点。在丰深斜 11 井根据地层的特点，分别应用强抑制封堵钻井液体系及复合盐封堵钻井液体系，钻井液抗温、抗污染能力明显增强，滤失及流变性能易于控制，井壁稳定，取得了较好的效果。

1　地质概况

丰深斜 11 井平原组、明化镇组以疏松泥岩及砂岩主；馆陶组、东营组以泥岩及砂岩为主；沙一段、沙二段、沙三段为泥岩、砾砂岩、粉砂岩为主；沙三下、沙四段以灰色泥岩、灰质泥岩、油泥岩、盐膏、岩盐、油页岩、砂砾岩为主。

2　井身结构

该井为四开井身结构，表层封过疏松地层，二开技套封承压能力较低的沙三上地层，三开技套封沙三、沙四段高压盐膏层，四开为常压层。

3　钻井液主要技术难点

（1）二开井段主要是控制地层造浆，防止地层缩径，控制沙三上地层的稳定。

（2）三开井段是井壁不稳定井段。沙三中、沙三下、沙四段泥岩、油泥岩、油页岩、灰质泥岩厚度大，层理及微裂隙发育，易于垮塌掉块。

（3）沙三段、沙四段油气水层压力系数高，而且有盐膏层对钻井液产生污染。

（4）井温高、施工周期长、碳酸盐的溶解，都会使钻井液流变性能、滤失性能不易于控制。

作者简介：丁海峰（1970 年—），中国石化胜利石油工程有限公司黄河钻井总公司技术发展科，高级工程师，主要从事钻井液现场技术管理工作。地址：山东省东营市黄河钻井总公司技术发展科；电话：（0546）8720199，18562018183；E-mail：dinghaifeng. ossl@ sinopec. com。

4 分段钻井液体系的选择

本井二开井段主要是沙三上地层选择以有机胺为主的强抑制钻井液体系；三开井段垮塌严重，而且要穿盐膏层，选择强抑制复合盐钻井液体系，既要抑制盐膏的溶解，也要抑制封堵泥页岩，抑制性通过复合盐与有机胺复配，封堵性能通过纳米聚酯；四开井段采用有机胺为主的强抑制钻井液体系，使用纳米二氧化硅提高钻井液体系的抗温性能，本文重点以三开、四开井段选择钻井液体系配方。

4.1 钻井液体系配方确定

（1）抑制剂评价。根据表1试验结果，因此选择AP-1为体系主抑制剂。

表1 抑制性评价试验结果

序号	试验液	一次岩屑回收率（%）	二次岩屑回收率（%）	三次岩屑回收率（%）	线膨胀量（mm）
1	水	45.26	16.78	8.54	14.11
2	0.5%胺基聚醇	86.24	84.20	81.56	5.08
3	7%氯化钾	64.57	50.65	36.72	6.27
4	0.5%胺基聚醇+25%复合盐	95.31	91.22	89.13	3.35

注：岩屑回收率实验条件，使用丰深4井沙三段钻屑120℃下热滚24h，岩屑颗粒6~10目。线性膨胀试验用岩心也使用此钻屑压制，试验时间7h。

（2）配方确定。在经过试验确定配方范围基础上，采用多组实验确定了各处理剂加量，形成了强抑制封堵钻井液体系和复合盐封堵钻井液体系配方分别为：

复合盐封堵钻井液体系配方：4%钠土+0.5%PAM+1%WNP-1+2%SMP-2+2%SPNH+0.5%DSP-1+2%NP-1+1%NS-1%+18%NaCl+7%KCl+0.5%AP-1+1%SF-4。

强抑制封堵钻井液体系配方：4%钠土+0.5%PAM+3%SMP-2+3%SPNH+0.5%DSP-1+2%NP-1+1%NS-1%+1%AP-1+1%SF-4。

4.2 抗温抗钙能力试验

因本井下部地层会遇到碳酸盐污染，钻井液中提前加入一定量的钙，阻止碳酸氢根的污染，将以上配方钻井液加重至1.75g/cm³，在150℃下热滚24h后，加入0.2% $CaCl_2$进行污染试验。试验结果见表2。

从表2评价试验结果可以看出，该钻井液体系加入0.2%$CaCl_2$，流变性能及滤失性能变化幅度较小，说明该体系配方具备较强的抗高温抗钙污染能力，满足抗膏污染。

表2 Ca^{2+}污染能力评价试验结果

状态	*AV*(mPa·s)		*Gel*(Pa/Pa)		FL_{API}(mL)		FL_{HTHP}滤饼厚度/(mL/mm)	
	热滚前	热滚后	热滚前	热滚后	热滚前	热滚后	热滚前	热滚后
加$CaCl_2$前	47	42	3/9	3/8	1.6	2.4	6.6/1.5	8.4/1.5
加$CaCl_2$后	51	46	4/10	2/7	1.8	2.8	7.8/1.5	10.0/2.0

注：加0.2% $CaCl_2$后的滤液测量钙离子含量达到790mg/L，氯离子含量达到1.45×10^5mg/L。

4.3 配方抑制性能试验

对配方进行了抑制性能评价，将以上配方钻井液加重至1.75g/cm³，在150℃下热滚

24h 后，加入 6%高岭土进行污染试验。试验结果见表 3。

表 3　高岭土污染能力评价试验结果

状　态	Φ_{600}	Φ_{300}	Φ_6	Φ_3	*Gel* (Pa/Pa)	*AV* (mPa·s)	*PV* (mPa·s)	*YP* (Pa)
加土前	88	55	13	3	2/9	44	33	11.0
加土热滚前	91	58	14	4	3/12	45.5	33	12.5
加土热滚后	93	60	15	5	3/13	46.5	33	13.5

从表 3 可以看出，该钻井液体系配方加入 10%高岭土，流变性能变化不大，说明该体系具备较强的抑制能力。

5　现场应用

5.1　丰深斜 11 井现场应用

5.1.1　设计情况

丰深斜 11 井位于济阳坳陷东营凹陷北部陡坡带东段丰深斜 11 砂体较高部位，是一口探井，设计井深 4690m。

井身结构设计，ϕ444.5mm 钻头一开，下入 ϕ339.7mm 表层套管 202m；以 ϕ311.1mm 钻头二开，下入 ϕ244.5mm 技术套管 2002m；以 ϕ215.9mm 钻头三开，悬挂 ϕ177.8mm 尾管 4308m 并回接至井口；以 ϕ152mm 钻头四开，悬挂 ϕ114.3mm 尾管 4580m 完井。

设计造斜点 2433m，最大井斜 32.6°，井底垂深 4480m，斜深 4690m。

钻井液密度设计：2002～4308m 井段，1.30～1.70g/cm^3；4308～4690m 井段，1.08～1.12g/cm^3。

5.1.2　一开井段(0～202m)

清水开钻，循环罐保持最少循环量，3.5～4m^3/min 排量钻进严格控制固相含量，使钻井液保持低黏切低固相性能，$\rho<1.10$g/cm^3，$FV<30$s。一开完钻，钻井液适度造浆，完钻时 *FV* 要达到 40s 左右，保证表层套管的顺利下入。

5.1.3　二开井段(0～2002m)

这一阶段的主要任务是严格控制钻井液固相含量，保持低黏切低固相性能，实现最大限度的快速钻进及井眼清洁。

二开采用不落地工艺小循环钻进，保持低黏低切低固相性能，实现快速钻进。钻进过程中排量达到 40～50L/s。进入沙一段，钻井液中加入 1%LV-CMC、2%KFT 逐渐将滤失量控制在 5mL，然后加入 0.5%的有机胺，钻井液转换为强抑制钻井液体系。

5.1.4　三开井段(2002～4308m)

该段地层以灰质泥岩为主，其次为油泥岩、油页岩、盐膏、岩盐[1]这一阶段的主要任务是保持井壁稳定，钻井液性能稳定，选用复合盐封堵钻井液体系。在技套内处理钻井液，降低钻井液固相含量，控制膨润土含量为 35～45g/L，对钻井液进行护胶，然后加入 10%的 NaCl 和 7%的 KCl，将钻井液转为复合盐钻井液体系，加入 0.5%的有机胺，提高钻井液的抑制防塌能力，进入沙三中 2600m，对泥页岩进行封堵防塌，加入 3%的纳米聚酯提高钻井液的封堵防塌能力，井深 3600m 将钻井液中再加入 8%～10%的 NaCl，钻井液转化为高浓度复合盐钻井液体系，然后钻盐膏层，提高钻井液抗盐污染能力，通过定期补充优质预水化膨润土浆，保持钻井液中的钙离子浓度保持钙离子大于500mg/L，钻井液中加入1%的纳米二氧化硅既能封堵地层，也能调整钻井液的流变性。三开钻井液性能见表4。

表4　三开井段钻井液性能表

	井深 (m)	ρ (g/cm³)	FV (s)	PV (mPa·s)	YP (Pa)	Gel (Pa/Pa)	FL (mL)	FL_{HTHP} (mL)	MBT (g/L)	Cl^- (mg/L)	Ca^{2+} (mg/L)
低盐	2280	1.20	38	16	4	1/5	4.2	20	55	76000	120
高盐	3650	1.55	45	24	6	2/8	3.8	12	36	1.36×10^5	630
完钻	4308	1.75	56	31	9	3/9	3.2	11	34	1.43×10^5	570

完钻时钻井液性能为，ρ：1.75g/cm³，FV：56s，FL_{API}：3.2mL，FL_{HTHP}：12mL，Gel：3Pa/9Pa，PV：31mPa·s，YP：9Pa，pH值：8，MBT：34g/L，Cl^-：1.43×10^5mg/L，Ca^{2+}：570mg/L。

该井自2202m三开，钻遇的都是泥岩、灰质泥岩、油泥岩、油页岩、盐膏、盐岩，钻井液性能稳定，没有黏切大幅度升高、滤失量增大等受污染现象，钻井液漏斗黏度在42~56s之间，FL_{HTHP}稳定在11~12mL。振动筛返出钻屑砂样清晰，未见有掉块出现。起下钻正常，从未出现阻卡现象，钻井液没有出现污染。完井测井井径数据显示，2202m至4308m井段，平均扩大率2.76%，井底温度150℃，邻井井径扩大率12.6%。

5.1.5　四开井段(4308~4690m)

该井段为沙四上。该段地层以砂砾岩为主，含有少量的泥岩、灰质泥。钻井液应从抗高温、抗油气污染、抑制封堵防塌。使用配制的膨润土浆与二开强抑制钻井液进行混合后加入2%的SPNH、2%的SMP-1、0.5%的DSP-1、1%的NS-1、0.5%的AP-1、1%的SF-4、2%的NP-1，充分循环并调整钻井液性能，达到强抑制封堵钻井液体系的要求。四开钻井液性能见表5。

表5　四开井段钻井液性能表

	井深 (m)	ρ (g/cm³)	FV (s)	PV (mPa·s)	YP (Pa)	Gel (Pa/Pa)	FL (mL)	FL_{HTHP} (mL)	MBT (g/L)	Cl^- (mg/L)	Ca^{2+} (mg/L)
开钻	4360	1.12	42	11	4	2/6	3.4	11	36	7.6×10^3	640
完钻	4650	1.15	48	13	6	2/8	2.8	10	34	1.4×10^4	520

完钻时钻井液性能为，ρ：1.15g/cm³，FV：48s，FL_{API}：2.8mL，FL_{HTHP}：10mL，Gel：2Pa/8Pa，PV：13mPa·s，YP：9Pa，pH值：8，MBT：34g/L，Cl^-：1.43×10^5mg/L，Ca^{2+}：570mg/L。

该井四开井段钻井液性能稳定，无垮塌掉块，电测施工顺利，井径扩大率2.6%。

6　结论与认识

通过在丰深斜11井，分段应用强抑制钻井液体系和复合盐封堵钻井液体系，见到了良好的效果。泥页岩、油泥岩、油页岩井壁稳定，井径扩大率也只有6.2%，盐膏、岩盐井径扩大率也只，4.2%。体系中加入有机胺增强体系抑制能力，纳米聚酯、纳米二氧化硅具有一定的封堵作用。保持一定的Ca^{2+}含量可控制碳酸氢根的污染，避免钻井液性能反复变化。

参考文献

[1] 万绪新．济阳坳陷新生界地层井壁失稳原因分析及对策[J]．石油钻探技术，2012，36(5)：1-5.

大位移定向井钻井液技术研究

朱晓峰　潘爱双

（大庆钻探工程公司钻井一公司）

【摘　要】 大位移井在施工过程中，与直井相比，钻柱与井壁接触面积增大，摩阻增加；井眼清洗不力；井壁不稳定导致缩径、坍塌等复杂情况，增加了钻进和起下钻过程中的扭矩与摩阻，容易导致卡钻事故的发生等。为保障钻井施工的顺利进行，解决大位移定向井井壁稳定、减摩降阻、井眼净化等问题，我们对现有钾盐共聚物钻井液体系进行了改进。通过对防塌封堵剂和润滑剂的优选，形成了大位移定向井钻井液配方，并在现场施工的 9 口井中进行应用，施工井平均井径扩大率为 3.45%，施工顺利，无复杂发生。

【关键词】 大位移；井壁稳定；减摩降阻；钻井液

近年来为实现持续稳产，提高油田开发效率，同时油田发展到中后期地面制约情况突出，大庆油田中浅大位移定向井工作量呈逐年增加趋势。大位移定向井施工过程中，钻具与井壁接触面积大，接触时间长，在压差的作用下，容易发生黏附卡钻等事故复杂[1]。另外，由于井眼轨迹的原因，岩屑不易返出，井眼净化问题突出。急需研究一套能够满足大位移定向井施工要求的钻井液技术。因此我们对现有的钾盐共聚物钻井液体系进行了改进，形成一套大位移定向井钻井液技术。对钻井提质提效，减少事故复杂，有重大意义。

1　室内实验

1.1　防塌封堵剂优选

对常用的几类防塌封堵剂进行了高温高压条件下的防塌效果实验，试验中使用的防塌封堵材料浓度为 4%。

从图 1 可以看出白沥青的封堵效果最好，30min 高温高压滤失量控制在 12mL。

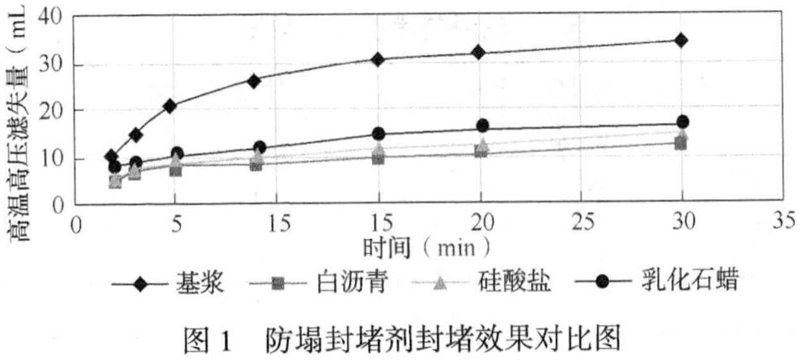

图 1　防塌封堵剂封堵效果对比图

对沥青类防塌封堵剂进行了高温高压条件下的防塌效果实验，实验中使用的防塌封堵材

作者简介：朱晓峰，大庆钻探工程公司钻井一公司，工程师。电话：04595602951/13766785584；E-mail：w_yu_w@163.com。

料浓度为4%。

从图2中可以看出实验中沥青类封堵剂都具有较好的封堵效果，但荧光效果明显，限制它在探井上的应用。白沥青具有较好的封堵效果同时，荧光效果明显低于其他材料，不影响录井，探井也可以使用。

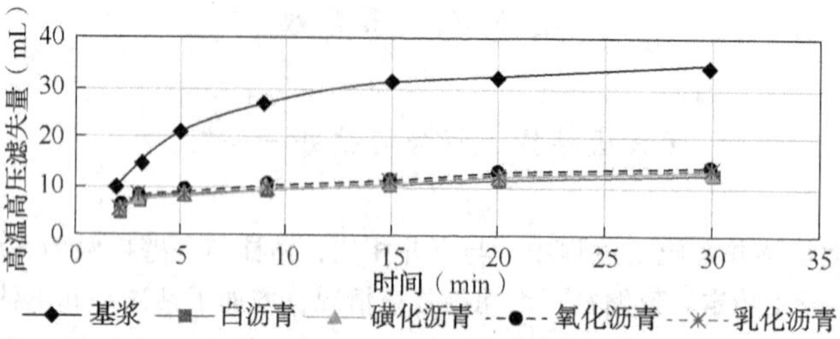

图2　沥青类封堵剂封堵效果对比图

1.2　防塌封堵剂加量确定

现有钾盐共聚物钻井液体系配方：

膨润土4%+WYDZ-1 0.3%+HX-D 0.3%+NPAN 1%+JS-Ⅰ1.2%+JS-Ⅱ1.2%+SF260 1%作为基浆，白沥青加量分别为0.8%(1号样)、1.2%(2号样)、1.6%(3号样)的样品进行对比试验，结果见表1。

表1　不同浓度白沥青样品实验效果对比表

	1号样	2号样	3号样
FL(mL)	4.8	3.9	3.7
FL_{HTHP}(mL)	14.3	11.1	10.8

从实验结果来看，中压滤失量和高温高压滤失量随着白沥青的含量增加而减小，但是加量为1.2%和1.6%时，中压滤失量和高温高压滤失量变化已经相差不多，所以从节约成本考虑，我们选定白沥青加量为1.2%。

1.3　润滑剂的优选

润滑剂的优选方法采用了EP-B型润滑仪进行优选评价(图3)。润滑剂优选实验数据见表2。

表2　润滑剂优选实验数据表

名　　称	蒸馏水校准时扭矩表读数	基浆扭矩表读数	添加润滑剂扭矩表读数
环保油	35.6	30.7	25.3
润滑剂RHJ	35.1	27.0	17.3
固体润滑剂石墨	33.5	24.9	24.1
复配润滑剂	36.9	24.5	16.9

依据下列公式对测量数据进行处理：

校正系数(CF)=水的标准读数÷蒸馏水校准时表的读数=34÷蒸馏水校准时表的读数

润滑系数=扭矩表的读数×修正系数÷100

扭矩降低的百分比取决于用润滑剂处理过的样品的扭矩读数相对于未处理的同种样品的

读数之比。在一定负荷下，扭矩降低百分比的计算公式如下：

$$\text{扭矩降低的百分比} = 1 - BL/AL \times 100$$

式中：BL 为在恒定负荷的作用下，添加了润滑剂处理的样品的扭矩读数；AL 为在恒定负荷的作用下，未处理样品的扭矩读数。

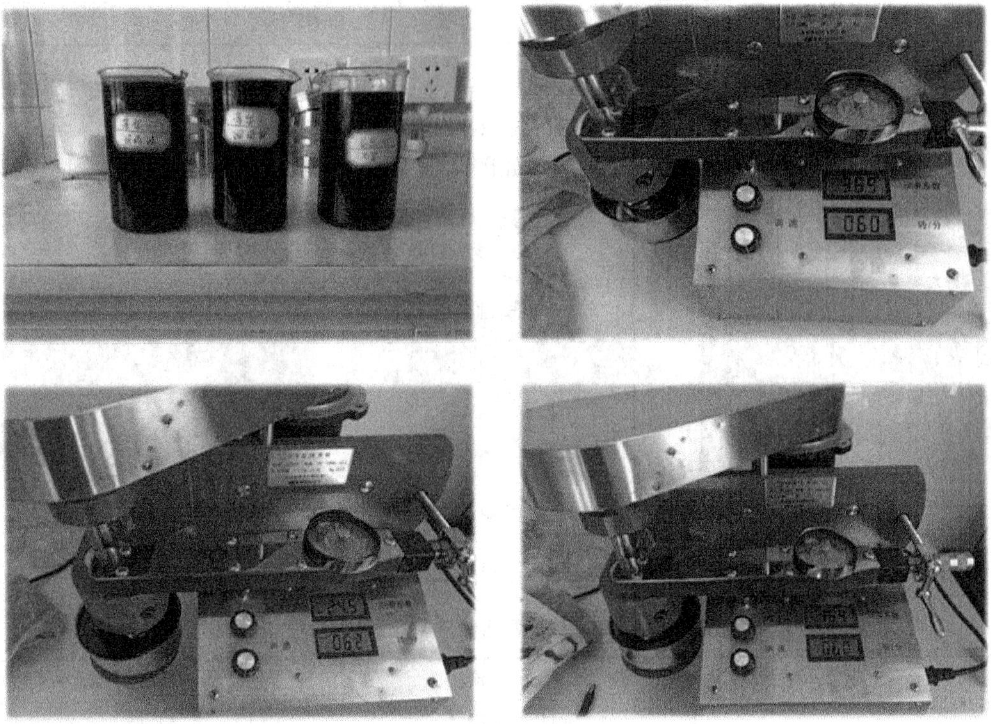

图 3　润滑剂优选实验

润滑剂润滑效果对比见表 3。

表 3　润滑剂润滑效果对比表

产　　品	环　保　油	润滑剂 RHJ	石　　墨	润滑剂复配
润滑系数	0. 242	0. 168	0. 245	0. 156
扭矩降低百分比(%)	17. 6	35. 9	3. 2	31. 0

通过上述实验可以看出，液体润滑剂 RHJ 效果最好，石墨效果最差。石墨效果最差原因分析，实验仪器是钢壁结构，和井壁不同，难以镶嵌，所以润滑作用体现不明显。

经过综合分析，虽然液体润滑剂 RHJ 效果最好，但是单一使用液体润滑剂 RHJ 对钻井液流变性能影响较大，所以我们选择润滑剂复配使用，因为复配的润滑剂润滑效果和液体润滑剂 RHJ 相差不大，而且复配润滑剂中的石墨作用时间更长。

1. 4　大位移定向井钻井液体系配方及评价

1. 4. 1　大位移定向井钻井液体系配方

膨润土 4%+WYDZ-1 0. 3%+HX-D 0. 3%+白沥青 DWF-1 1. 2%+NPAN%+JS-Ⅰ1. 2%+JS-Ⅱ1. 2%+SF260 1%+3%润滑剂 RHJ+3%环保油+2%石墨。

1. 4. 2　大位移定向井钻井液体系评价

（1）热稳定性评价。

按配方配制钻井液，在室温及120℃热滚后测得常规性能见表4。

表4　热稳定性对比表

试验条件	ρ(g/cm^3)	*AV*(mPa·s)	*PV*(mPa·s)	*YP*(Pa)	*FL*(mL)	pH值
室温	1.10	23	19	10.5	3.7	9.0
120℃热滚	1.10	24	21	13.0	3.6	9.0

从表4可以看出钻井液在经过120℃热滚后常规性能测量的数据与室温下测得的数据变化不大，说明大斜度大位移定向井钻井液体系热稳定性强。

(2) 抑制能力评价。抑制能力实验过程如图4所示。

图4　实验过程图

选取升75-斜035井嫩二段岩屑，做两组岩屑回收平行实验，实验结果见表5。

表5　井嫩二段岩屑回收平行实验对比表

岩屑序号	试验液	岩屑回收率(%)
1	钾盐共聚物	81.48
	大斜度大位移定向井钻井液	87.35
2	钾盐共聚物	80.90
	大斜度大位移定向井钻井液	86.64

由图4可以看出，大位移定向井钻井液体系回收率均高于钾盐共聚物钻井液体系的回收率，说明具有很强的抑制性，能有效提高岩屑回收率，有利于井壁稳定。

(3) 抗污染性能评价。在钻井液中加入膨润土，对各参数进行评价对比，结果见表6。

表6　膨润土污染实验对比表

序号	配方	*AV*(mPa·s)	*PV*(mPa·s)	*YP*(Pa)	*FL*(mL)	备注
1	钻井液	23	19	10.5	3.7	室温
		24	21	13	3.6	120℃/16h
2	钻井液+3%膨润土	27	22	11	3.2	室温
		26	25	14	3.3	120℃/16h
3	钻井液+5%膨润土	29	24	13	3.0	室温
		33	29	17	3.0	120℃/16h

由表6可以看出，加入膨润土后，钻井液黏度、切力及滤失量变化很小，说明膨润土在该钻井液中基本不分散，大位移定向井钻井液体系具有良好的抗黏土侵的能力。

(4) 润滑性能评价。准备大位移定向井钻井液和麦克巴钻井液，利用中压滤失仪获得滤饼，通过钻井液黏滞系数测定仪测得滤饼黏滞系数，共进行三组平行实验，得到数据见表7。

表7 黏滞系数对比表

黏 滞 系 数	1	2	3
麦克巴钻井液	0.0524	0.0524	0.0612
大位移定向井钻井液	0.0524	0.0524	0.0524

另外，使用极压润滑仪，选取麦克巴钻井液与大位移定向井钻井液做润滑系数对比实验，实验结果见表8。

表8 润滑系数对比表

润 滑 系 数	1	2	3
麦克巴钻井液	0.147	0.152	0.150
大位移定向井钻井液	0.156	0.161	0.158

通过黏滞系数和润滑系数实验数据可以看出，大位移定向井钻井液体系的润滑性与在水平井中施工的麦克巴钻井液体系润滑性能相差不大，说明大位移钻井液体系具有很好的润滑性能。

2 现场试验

2.1 大位移定向井钻井液维护处理方案研究

针对大位移定向井的井壁稳定、井眼净化和减磨降阻等施工难点，通过对原有的钻井液体系进行改进，制定应对上述问题的维护处理方案来确保施工顺利进行，具体维护处理方案如下：

(1) 钻进过程中，钻井液的性能维护主要以补充胶液为主，WDYZ-1 和 NPAN 的水溶液为辅，进入嫩二段前提高 WDYZ-1、HX-D、NPAN 的加量，提高钻井液的抑制能力，降低滤饼的渗透率。

(2) 定向前按钻井液总量的 1.2%加入白沥青，钻进时适当的补入白沥青，以提高钻井液的封堵性。

(3) 定向前按钻井液总量的 1%加入石墨，井斜角达到 20°时，一次性加入环保油和润滑剂各 2tf，以后根据定向钻进时摩阻情况适当补入，提高钻井液的润滑性，控制摩阻系数在 0.08 以内。

(4) 当漏斗黏度超过 65s 时，及时用 SF260 水溶液按循环周处理，混入钻井液中，漏斗黏度控制在 50~65s。

(5) 使用好振动筛、除砂器以及离心机，充分净化钻井液，有效降低钻井液的固相含量，提高滤饼质量。

(6) 完钻后大排量洗井，充分净化井眼，为完井作业做好准备，完井阶段下套管前，一次性加入 1t 塑料微珠，就像在该井段置入无数个“微型轴承”，以减少套管下入时的摩擦阻力，确保套管下入顺利。

2.2 现场应用效果

大位移定向井钻井液在 9 口井进行了现场试验，施工井基本情况见表 9。

表 9 大位移定向井钻井液现场试验对比表

井　　号	井深 (m)	井斜 (°)	井底位移 (m)	钻进周期 (d)	井径扩大率 (%)	事故复杂时率 (%)
GX8603	2295	33.8	871.86	8.58	6.73	0
Z78-X52	1716	39.3	801.45	3.92	0.12	0
Z86-X70	1660	39.43	775.91	5.83	4.82	0
F238-X130	1782	39.42	797.06	6.88	4.21	0
Z82-X72	1662	40.22	802.59	5.88	5.3	0
F172-X135	1784	42.31	839.62	4.72	5.02	0
S75-X035	1895	40.84	808.57	4.58	2.83	0
ZF52-X37	2328	37.28	921.69	9.08	1.51	0
S68-X6	1830	41.48	767.54	6.00	0.51	0

施工井平均井深 1884m，平均井斜 39.34°，平均井底位移 820.70m，平均钻进周期 6.16d，平均井径扩大率 3.45%，事故复杂时率 0%。

3 结论

通过以往对大位移定向井施工难点的认识及大量的室内实验确定了大位移定向井钻井液配方，并进行了相关评价，评价结果表明该钻井液体系能够满足大位移定向井钻井需要。在现场共试验 9 口井，各项技术指标完全符合要求。通过本课题得到以下结论：

（1）在现有的钾盐共聚物钻井液体系基础上进行改进，解决了大位移定向井井壁稳定、减磨降阻、井眼净化等问题。

（2）润滑剂优选采用了固液润滑剂复配形式进行现场试验，取得了很好的效果。

参 考 文 献

[1] 徐同台，赵忠举 .21 世纪初国外钻井液和完井液技术[M]. 北京：石油工业出版社，2004.

罗家油区深层钻井液技术难点及对策

张高峰　李云贵

（中石化胜利石油工程有限公司渤海钻井总公司）

【摘　要】 罗家油区深层处于济阳坳陷沾化凹陷罗家鼻状构造带，北临渤南洼陷，南靠陈家庄凸起，深层钻探目的为了解罗家鼻状构造带，主探沙三中，兼探沙四下亚段新含油气情况。由于钻探储层埋藏较深，地质情况非常复杂，钻井过程中存在高密度复合盐钻井液维护处理、高压层出水、上漏下涌等技术难点。从高密度钻井液流变性、稳定性控制技术，防漏堵漏、高压层钻井液调整技术方面介绍了钻井液技术难点，提出了相应的技术对策，为钻井液技术方案的优化和钻井提速提效提供指导和借鉴。

【关键词】 罗家油区；高密度；钻井液；稳定性；流变性；防漏堵漏

罗家油区深层处于济阳坳陷沾化凹陷罗家鼻状构造带，北临渤南洼陷，南靠陈家庄凸起，深层钻探目的为了解罗家鼻状构造带，主探沙三中，兼探沙四下亚段新含油气情况。由于罗家油区深层存在高温、高压、盐岩及多压力系统，钻井液密度在 $1.85g/cm^3$ 以上，高密度钻井液需要大量的加重剂，给钻井液性能调控带来了很多的困难。钻遇高压地层的钻井过程中，存在高压水层、上漏下涌等复杂故障。现阶段罗家油区深层地质构造复杂，高密度复合盐钻井液应用给钻井勘探带来很多技术难点。

（1）邻井深层可参考资料少，新探井地层压力、坍塌压力等重要地质参数不清晰，平衡地层压力的钻井液密度很难确定。

（2）同一裸眼井段出现多套压力体系，造成上漏下涌、卡钻、垮塌，同时预防技术难题。

（3）高密度钻井液流变性、稳定性控制问题比较突出。在合理的复合盐钻井液维护下，可以保证体系具有较好的性能，但这种工作状态易受到处理剂配伍、维护方案的合理性、各种污染（如盐膏层、高矿化度地层水、固相等）均会造成钻井液性能维护处理工作的复杂化。

（4）固控设备的使用受到了很大的限制。高密度情况下，为了尽可能减少加重剂的损失，通常是停止使用离心机，只使用振动筛和除砂器，虽然可以保证加重剂的损耗降至最低，但同时进入体系中的较细的钻屑也无法得到有效清除，影响高密度钻井液性能的调控。

（5）高密度钻井液体处理剂配伍选择较难。对钻井液体系的抑制性、润滑性、低滤失量、滤饼质量控制，各类钻井液处理剂选择配伍，现场使用须要谨慎。因为高密度体系钻井液性能不稳定、流动性变差现象，有许多是由于钻井液处理剂选择使用不当引起。

（6）高密度体系理想固容量的确定比较困难。高密度钻井液体系随着密度的增加，其中的固相含量也随之成正比例增加，这样就导致固相含量在一个较高的水平，所带来的最直接

作者简介：张高峰，高级工程师，现就职中石化胜利石油工程公司渤海钻井总公司。地址：山东省东营市河口区钻井街 5 号；电话：13793982362；E-mail：zhangzheyan2009@sina.com。

威胁是钻井液流动性变差。

随着罗家油区深部油气勘探开发，针对高密度钻井液稳定性、流变性控制，防漏堵漏、高压层钻井液调整技术难点，提出了相应的技术对策，以期为钻井液技术方案的优化和钻井提速提效提供指导和借鉴。

1 高密度钻井液流变性、稳定性控制技术

罗家油区深部井段钻井，使用高密度复合盐钻井液，主要钻遇地层为沙三、沙四地层，钻井液密度在1.60~1.85g/cm^3，沙四下亚段高压层钻井液密度在1.85~1.90g/cm^3。

1.1 钻屑、加重剂固相的控制

一是加强对固控设备的使用，最大程度上降低钻屑在钻井液中的积累程度，对高密度复合盐钻井液来说，振动筛筛布选择150目以上，才能实现高效清除钻屑，这是控制高密度钻井液稳定性、流变性的核心。二是由可溶性盐类，提高钻井液液相密度，降低钻井液固相的体积份数。复合盐钻井液无机盐主要由KCl、NaCl分两个成分，在保6%KCl的基础上，尽量加大NaCl含量，使钻井液液相密度增加，可降低钻井液中重晶石粉的固相体积份数，使固相颗粒粒度及级配，既满足失水造壁要求，又能获得“足够”的游离自由水，有利于高密度复合盐钻井液流变性流变性和稳定性的调整。

1.2 膨润土含量控制

合理膨润土含量的确定是控制高密度钻井液性能的核心。保持高密度钻井液良好的流变性和稳定性，必须对膨润土含量进行严格的控制，膨润土含量过高，或过低都会影响高密度钻井液的流变性和稳定性。高密度钻井液应将膨润含量控制在“黏土量限”以内，低于上限、靠近下限。同时固含也必须保持最低，加重前无论是冲稀还是替换，一次性地将膨润土含量、固相含量调至不同密度钻井液体系所需的最低量限，获得更多游离自由水，实现高密度钻井液良好流变性和稳定性。

膨润土含量的控制，从钻井液基浆密度时就开始控制，在未加重之前基浆钻井液密度控制在1.10g/cm^3后，随着加入重晶石粉钻井液密度的提高，膨润土含量要控制在比较低的范围。密度达到1.60g/cm^3以上时，钻井液密度每提高0.10g/cm^3，要加入钻井液体积5%~8%的处理剂复合胶液，在保持钻井液性能稳定的情况下，达到降低膨润土含量目的，使高密度保持钻井液流变性的稳定性。钻井液密度在1.85g/cm^3以上时，膨润土含量控制在16~20g/L，从而可保证钻井液具有很好的流变性。

1.3 钻井液的强抑制性

复合盐钻井液抑制性主要以HPAM、胺基聚醇，对黏土、钻屑、加重剂的分散抑制作用。复合盐钻井液体系有较强的抑制性，其中，HPAM有效含量要维持在0.2%~0.3%，胺基聚醇有效含量要维持在0.5%左右，从而达到抑制泥岩分散的目的。依据实测钻井液性能，调配处理剂复合胶液，钻进过程中及时补充各种钻井液处理剂，维持处理剂的有效含量，在保证钻井液抑制性、润滑性、低滤失量、滤饼质量的同时，控制好流变性和稳定性。

1.4 处理剂配伍选择

处理剂组合品种精、少，避免处理剂多而杂带来的副作用，充分发挥单一功能处理剂的效能，减少体系中游离自由水的损失。处理剂选择要抗盐、抗钙、抗土侵(包括岩屑)污染能力强，钻井液维护处理的加入，要提前做好定型试验，实现高密度钻井液良好流变性和稳定性。

1.5 pH 值的控制

高密度复合盐钻井液 pH 值不能太高，正常钻进 pH 值控制在 9~10 之间，可以在最大程度上保证磺化类处理剂的效能发挥，以利用高密度复合盐钻井液流变性、稳定性的维护处理，监测 pH 值的变化情况，及时调整 pH 值到合理范围，以利于钻井液性能稳定。在盐膏层井段适当提高钻井液 pH 值至 10~11，配合 0.5%钻井液用硅氟类降黏剂维护处理，保持钻井液很好的流动性。

2 防漏堵漏、高压层钻井液调整技术

罗家油区深部沙四下亚段存在高压低渗油、水层，并且同一裸眼段存在多层压力系统，使得钻井液密度窗口较窄，在钻开高压地层后，出现水侵、上漏下涌等复杂故障。具体技术对策：

（1）合理设计井身结构，技术套管封隔上部低压地层。罗家油区钻井存在多层压力系统，沙二段砂岩地层承压较低，深部沙四下亚段存在高压层，钻井过程中打开高压层后，随着钻井液密度的提高，上部砂岩地层承受不住井眼液柱压力发生井漏，给钻井施工造成困难。

（2）处理井漏做到“预防为主、防治结合、综合堵漏”。采用细颗粒纤维状堵漏剂，随钻防漏、堵漏，降低渗漏性地层在钻进中的钻井液漏失速度和漏失量。在随钻防漏、封堵漏失量较大的情况下，堵漏选用复配堵漏材料，把颗粒状、纤维状堵漏材料搭配使用，以增强堵漏效果。

（3）钻井液受油气水侵钻井液调整：油气水侵污染钻井液，使钻井液密度降低，滤失量升高，导致井壁坍塌掉块，下钻遇阻划眼等井下复杂故障。下钻开泵注意观察振动筛返出钻井液变化情况，加密测量钻井液密度，排放出对油气水侵密度低于 1.50g/cm^3 的钻井液，钻井液性能调整按复合盐钻井液配方比例，加入等浓度处理剂复合胶液维护处理钻井液，恢复良好的钻井液性能。

（4）沙四下亚段高压渗层的钻井液密度确定。正常钻进钻井液密度在 1.80g/cm^3，基本能够平衡地层压力。完钻短期下、起钻静止，钻井液受油气水侵入井筒，钻井液密度降至 1.10g/cm^3，返出大量油气水。要求完钻起钻前多次短程起下钻，测量循环周，确定安全钻井液密度范围，同时配制高密度润滑钻井液，从井底封过高压油气水层至技套，以缓解电测过程中的油气水侵入。罗斜 363 井完钻钻井液密度 1.80g/cm^3，完井作业钻井液密度在 1.87~1.90g/cm^3。

3 结论与建议

（1）高密度复合盐钻井液中有足够的自由水，可保持高密度钻井液流变性、稳定性。

（2）钻井液加重不完全依靠重晶石，可以通过提高钻井液滤液密度，不影响钻井液密度而减少重晶石用量。

（3）尽量降低膨润土含量，钻井液在密度超过 1.80g/cm^3，膨润土含量控制在 16~20g/L。

（4）从体系的抑制性、流变性和润滑性入手选择各类钻井液处理剂，等浓度胶液维护钻井液流变性能，有助于钻井液性能的稳定。

参 考 文 献

[1] 鄢捷年．钻井液工艺学[M]．东营：石油大学出版社，2001(5)．
[2] 蔡利山，胡新中，刘四海，等．高密度钻井液瓶颈技术问题分析及发展趋势探讨[J]．钻井液与完井液，2007(9)．
[3] 刘永福．高密度钻井液的技术难点及其应用[J]．探矿工程，2007(5)．
[4] 刘常旭，张茂奎，王平全，等．国内外高密度水基钻井液体系研究现状[J]．西部探矿工程，2005(5)．
[5] 赵怀珍，薛玉志，等．超高密度高温钻井液流变性影响因素研究[J]．钻井液与完井液，2009，26(1)：12-15.

高密度抗高温水包油钻井液技术的应用

范　利　张文慧

（大庆钻探工程公司钻井四公司）

【摘　要】长*气田主力目的层为登娄库组、营城组、沙河子组，气藏埋深3500m以上。根据储层岩性构成、岩石孔缝发育特征、地层水性质，为发现气藏使用水包油钻井液进行欠平衡施工，满足勘探要求；气侵严重，能够及时调整密度，满足安全施工要求。通过确定油水比，优选乳化剂、降滤失剂、流型调节剂、防塌剂、随钻堵漏剂，形成高密度抗高温水包油钻井液。现场施工中，通过合理调整，钻井液性能稳定，实现同一裸眼段，应用同一套钻井液体系，进行欠平衡、近平衡、过平衡施工，满足施工要求。

【关键词】高密度；抗高温；水包油；流型调节；气侵

长*气田主力目的层为登娄库组、营城组、沙河子组，气藏埋深3500m以上。以往储层段勘探应用的钻井液体系主要为抗高温低密度水基聚合物钻井液和欠平衡水包油钻井液。水基钻井液固相含量偏高，易封堵孔隙和微裂缝，伤害储层，而且滤液与地层岩石、流体配伍性不理想，降低渗透率，影响发现及保护气层；欠平衡水包油钻井液悬浮能力差，钻遇高压气层后，加重困难，影响施工安全；油包水钻井液费用较高。针对水基钻井液、欠平衡水包油钻井液、油包水钻井液存在的不足，吉林探区首次开展高密度抗高温水包油钻井液的研究，在长深X井进行试验应用，在优化钻井液性能和流变参数的前提下，使用一套钻井液实现高温条件下欠平衡、近平衡、过平衡钻井施工，满足安全钻井要求，并有效保护、发现储层。

1　地层特点

本区钻井揭示地层自上而下依次为：第四系、新近—古近系大安组、白垩系上统的明水组、四方台组、白垩系下统的嫩江组、姚家组、青山口组、泉头组、登娄库组、营城组和沙河子组。

1.1　岩性构成

通过岩心在FMI动态图像上交错层理发育特征，以及常规自然伽马、电阻率数值，对岩性进行判断。登娄库组主要为细砂岩、泥质粉砂岩、粉砂质泥岩、泥岩；营城组主要为流纹岩、凝灰岩、火山角砾岩；沙河子组主要为细砂岩、泥质粉砂岩、泥岩。

1.2　岩石物性及孔隙发育特征

由岩心镜下观察和扫描电镜分析：火山岩储层发育的登娄库组、营城组，以凝灰岩或安山质晶屑凝灰岩为主储层，孔隙度4.5%~11%，渗透率0.05~10mD。碎屑岩储层发育的沙

作者简介：范利，大庆钻探工程公司钻井四公司，工程师。地址：吉林省松原市青年大街4255号；电话：15943827108；E-mail：374714592@qq.com。

河子组，储层孔隙度6%~12%，渗透率0.01~1mD。根据岩心观察、井壁取心、镜下薄片分析，该区主要发育构造缝、成岩缝、溶蚀缝，大多数缝宽0.1mm以下，以方解石和石英填充。

1.3 地层水性质

通过完成井营城组、沙河子组地层水化学分析，该地区深层水型为$NaHCO_3$型和Na_2SO_4型。

2 室内研究

根据长深区块深层地质特点，为发现气藏使用水包油钻井液进行欠平衡施工，满足勘探要求；气侵严重，能够及时调整密度，满足安全施工要求。

2.1 配方优选

（1）确定油水比。水包油钻井液中含油量超过75%时，体系的性质会发生反转，因此含油量最大不能超过75%。由实验结果看出，油水比65：35以下乳化效果较好，针对钻遇地层水导致油水比逐渐下降的现象，选择油水比65：35。

（2）优选乳化剂。通过HLB值初选、界面张力测定、电导率测试、离心试验、静止观察等，优选出烷基酚聚氧乙烯醚作为乳化剂，欠平衡或近平衡条件下加量6%、高密度条件下加量8%。

（3）优选降滤失剂。阳离子缩合物FRJ-2，加入后使电导率、滤失量迅速降低，保护分散相液滴，使乳状液更稳定，加量3%。

（4）优选流型调节剂。木质素类降黏切剂与水包油型钻井液配伍良好，能够有效改善高温、高密度条件下钻井液的流型，提高携岩能力，加量1%。

（5）优选防塌剂。磺化沥青与水包油型钻井液配伍良好，能够有效改善滤饼质量，并具有较强的抑制泥岩分散作用，促进井壁稳定，加量2%。

（6）根据探井施工要求，结合该地区的孔缝特点（易发生渗透性、诱导性井漏），发生井漏后，以可酸化的碳酸钙为架桥粒子，并优选以纤维材料、吸水树脂为主要成分的SQD，能够有效提高钻井液的封堵微裂隙能力。

通过对乳化剂、降滤失剂、流型调节剂、防塌剂、油水比的综合分析，形成如下配方：

35%水+6%乳化剂+65%柴油+3%FRJ-2+少量烧碱（调pH值）（欠/近平衡钻进配方）；需用重晶石加重，乳化剂加量提至8%；出现坍塌掉块，加入2%磺化沥青。

2.2 体系评价

2.2.1 热稳定性评价

抗温能力评价见表1。

表1 抗温能力评价

试验条件	塑性黏度（mPa·s）	动切力（Pa）	滤失量（mL）	析油量（mL）
室温	40	20	2	0
120℃/24h	40	20	2	0
190℃/24h	35	17	2	2
200℃/24h	30	15	4	10

试验表明：该钻井液抗温能力达到190℃。

2.2.2 抗污染评价

（1）抗钙侵见表2。

表2 抗钙侵评价

试 验 液	塑性黏度(mPa·s)	动切力(Pa)	滤失量(mL)
基浆	40	20	2
基浆+1% $CaCl_2$	41	21	2.1
基浆+2% $CaCl_2$	44	22	3
基浆+3% $CaCl_2$	48	24	4

（2）抗土侵见表3。

表3 抗土侵评价

试 验 液	塑性黏度(mPa·s)	动切力(Pa)	滤失量(mL)
基浆	40	20	2
基浆+1%膨润土	41	21	2.1
基浆+2%膨润土	42	21	2

（3）抗水侵评价见表4。

表4 抗水侵评价

试 验 液	塑性黏度(mPa·s)	动切力(Pa)	滤失量(mL)
基浆	40	20	2
基浆+5%水	35	16	3
基浆+10%水	30	12	4.5

按照Q/SY 1408—2011抗污染评价方法进行评价。结果表明：该体系具有良好的抗钙、水、土、天然气污染能力。

2.2.3 抑制性评价

页岩回收率评价见表5。

表5 页岩回收率评价

序 号	6~10目页岩岩屑	190℃ 24h后回收率(%)
蒸馏水	优选配方+20.01g岩屑	45.2
聚合物钻井液	优选配方+20.05g岩屑	85.4
水包油钻井液	优选配方+20.03g岩屑	95.3

试验说明：该钻井液具有较好的抑制泥页岩分散作用。

2.2.4 悬浮能力评价

将搅拌好的钻井液，静置24h后，分别测量上、下部分钻井液密度。试验表明，该体系密度在1.6g/cm^{3}以内，静置24h上下密度差控制在0.15g/cm^{3}以内，具有悬浮较多重晶石粉的能力。

3 现场应用

长深X井是部署在长岭断陷神字井洼槽鼻状构造带上的一口深层探井，采用水包油钻井液进行三开欠/近/过平衡钻井施工，完钻井深5560m。

3.1 钻井液配制及维护

（1）首先加入水、6%乳化剂，充分搅拌溶解。

（2）加入65%柴油，充分搅拌，形成乳状液后，加入3%稳定剂，有条件开泵循环，利用高速剪切，利于乳化剂和油水两相的分散。

（3）使用烧碱调整pH值至9，使用超细碳酸钙调整密度至1.05g/cm^{3}进行欠平衡施工。

（4）欠平衡钻进过程中，4585~4868m(营城组)测后效点火成功5次、钻遇良好气层一个，点火成功，持续2h，钻井液密度未大幅调整。钻井液维护以按配方补量为主。

（5）4868~5198m，为保障施工安全，采用近平衡钻井施工，使用重晶石调整密度1.1~1.15g/cm^3。

（6）处理气侵。钻至沙河子组，钻遇发育良好气层，点火成功，全烃峰值91%，使用重晶石调整密度至1.26g/cm^3，全烃值30%，将压井液密度加至1.45g/cm^3，置替井浆，火焰熄灭，持续19h。将钻井液密度加至1.45g/cm^3，置替压井液后进行下步施工。5198m后至完钻又点火成功20次，钻井液密度最高达到1.6g/cm^3。

（7）流型调节。加重至1.2g/cm^{3}左右时，即出现黏度升高现象(最高至150s)，首先采用兑入30%~50%新浆的方式进行处理，效果明显。5198m后，密度调至1.45g/cm^{3}以上时，黏度再度升高(120s)，将油水比逐渐调至50：50左右，并将乳化剂含量提高至8%，同时加入0.5%~1%木质素，将黏度控制在56~90s。

（8）防塌。沙河子组出现严重气侵后，钻进过程中返出少量掉块，在提高密度的同时，加入1%~2%沥青类助剂，提高防塌能力。

（9）堵漏。沙河子组加重后，出现渗透性井漏8次，累计漏失150m^3，发生渗漏后，立即使用1%~2%超细碳酸钙、2%酸溶性堵漏剂进行随钻堵漏，有效提高地层承压能力，未发生严重井漏。

3.2 取得效果

（1）良好的抗温抗盐能力。实测井底温度180℃，根据经验公式：$T_c=T_o+H_{垂}/168$测算，井底循环温度最高130℃；地层水矿化度达到32000mg/L，钻井液无分层现象，滤失量控制在0.5~1.6mL，具有较强的抗温抗盐能力。

（2）密度调整范围大。密度调整范围1.05~1.6g/cm^3，在吉林探区首次将水包油钻井液调整至1.6g/cm^3，表明该体系具有较强的悬浮能力。

（3）润滑防卡效果突出。三开钻进过程中，优选配伍良好的降滤失剂、沥青类防塌剂，确保架桥粒子与填充粒子合理匹配，形成薄而致密的滤饼，三开钻进过程无阻卡现象。

（4）充分净化井眼。钻进过程中，根据地层特点和钻井液性能，漏斗黏度始终保持55s以上，钻速较快时，适当提高环空返速，并合理短起修整井壁，满足有效破岩及携岩要求，提高清洗效果；钻井液初终切之差保持在8Pa以内，确保停止循环时切力迅速增加，恢复循环时不影响开泵泵压。通过采取合理措施，确保振动筛滤去的岩屑量与钻速相比正常，充分净化井眼。

（5）有效发现并保护储层。现场施工中，储层保护效果明显，长深 X 井为该区块部署探井中，首次发现主力气藏。

4 结论

（1）良好的抗温、抗盐性能及易调整的流变性，满足深层钻井施工要求；

（2）密度调整范围大，可满足同一裸眼段，不同地层压力施工要求；

（3）有效发现储层，并保障钻井施工安全。

参考文献

[1] 鄢捷年．钻井液工艺学[M]．东营：中国石油大学出版社，2006.

[2] 朱黎鹞，李留仁，马彩琴．长岭火山岩气藏水平井开发技术[J]．西安石油大学学报，2009，12(5)：53-56.

[3] 霍宝玉等，彭商平，于志纲．高密度水包油钻井液在川西深水平井的应用[J]．钻井液与完井液，2013，30(1)：45-48.

顺北4井超深井复杂地层钻井液技术应用

宋晓勇　苗文静

（中石化华北石油工程有限公司西部分公司）

【摘　要】 顺北4井是部署在塔里木盆地塔中北坡顺托果勒低隆，顺北Ⅳ号断裂带的一口重点探井，完钻井深为8270m。该井自五开7230m奥陶系却尔却克组使用抗高温高密度聚磺混油钻井液体系，钻井液密度最高达2.22g/cm^3；使用高密度钻井液施工了12个月。应用结果表明，该钻井液具有良好的抗温性(170℃)；控制钻井液pH值为9.5~11，既有利于处理剂功效的发挥，又有利于保持钻井液有良好的热稳定性；在钻井液中加入原油和表面活性剂，有利于抑制黏土水化分散、高温表面钝化，提高了钻井液的高温稳定性；高软化点沥青在高温条件下有良好的变形性，有利于改善滤饼质量，从而降低高温高压滤失量。

【关键词】 高密度钻井液；抗高温钻井液；抑制性；防塌；超深井

顺北4井是部署在塔里木盆地塔中北坡顺托果勒低隆，顺北Ⅳ号断裂带的一口重点探井，完钻井深为8270m。本井为超深井，井底温度达到170℃以上，井底温度高，在高温下维护钻井液稳定性难度大，大斜度定向段钻进对钻井液的润滑性要求较高，同时对随钻测斜仪器抗高温要求高。

1　地质工程简况

1.1　地质概况

顺北4井是塔里木盆地塔中北坡顺托果勒低隆，顺北Ⅳ号断裂带的一口重点探井，完钻井深为8270m。新生界、白垩系上部地层成岩差，钻速快，要求钻井液有很好的携岩洗井能力和维护井壁能力，注意防止垮塌及卡钻；下部地层易渗漏缩径；泥岩吸水膨胀剥落掉块、甚至垮塌，要求钻井液具有强的抑制能力和防塌能力；自却尔却克组地层以下普遍存在异常高压，奥陶系一间房组、鹰山组裂缝可能发育，容易发生井漏、垮塌等，深部地层岩石压实程度高，地层可钻性差，机械钻速低。对钻井液性能要求较高，要严格控制钻井液密度、排量、泵压等钻井参数。本井为超深井，井底温度将达170℃以上，井底温度高，在高温下维护钻井液稳定性难度大。井壁掉块严重，阻卡频繁，对钻井液的润滑性要求较高，同时对随钻测斜仪器抗高温要求高。建议使用高温高密度聚磺混油钻井液体系，该体系的抗高温性能和润滑性能，确保井下安全顺利。

1.2　工程概况

裂缝发育的却尔却克组极易出现井漏和井壁失稳。加强钻井液的高温高压失水控制及提高封堵性，防止因失水大、挤进裂缝，造成掉块剥落垮塌。井下失稳、钻进蹩扭频繁、通井处理困难。井下温度高，钻头有因高温淬火变色的现象。六开井深井口钻具负荷大。裸眼段井眼尺寸和环空间隙小易造成钻具磨损。井眼轨迹反复降斜增斜不平滑，个别点易疲劳磨损，且底部钻具抗扭强度低。井下高温高压的环境对定向仪器的要求特别高，极易出现故障。顺北4井井身结构见表1。

表1 顺北4井井身结构表

开　次	钻头尺寸(mm)	中完井深(m)	套管尺寸(mm)	套管下深(m)
一开	660.4	601.86	508	601.86
二开	444.5	4123.3	365.13	4122
三开	333.38	6431	273.1	6429.33
四开	241.3	7180	206.4+193.7	7179.48
五开	165.1	7499.06	回填水泥塞	
五开(开窗侧钻)	165.4	7548	回填水泥塞	
五开(侧钻)	165.4	7777	139.7	7777
六开	120.65	8270		

2 钻井液技术难点及措施

(1) 奥陶系却尔却克组主要发育灰质泥岩、粉砂质泥岩、泥灰岩和火成岩侵入体。火成岩侵入体胶结性差，应力大，易坍塌；与砂泥岩地层交界面间发育微裂缝，发生井漏的风险较高。钻进该地层前，调整好钻井液性能，提高随钻封无堵和防塌性能，控制API失水≤4mL，HTHP失水≤10mL，加入多功能随钻堵漏剂，补充沥青类防塌剂，确保钻井液的封堵防踏能力，强化井眼稳定性。

(2) 建议使用1.80g/cm^{3}以上钻井液密度揭开火成岩侵入体，视井内情况逐步调整钻井液密度，使用合理的钻井液密度平衡火成岩侵入体地层的应力，防止井壁发生坍塌。

(3) 钻进火成岩侵入体过程中需进一步强化钻井液抑制性，补充氯化钾、多元共聚物降滤失剂等材料增强钻井液抑制防塌能力。提高抑制性的同时要保证钻井液的携岩性能。

(4) 深部地层温度在170℃左右，地层温度较高。务必要增强钻井液的抗温、耐温能力。钻井液实验要求在170℃热滚48h后，常温静止24h上下无密度差；170℃静止7天后，无明显固体沉降物，沉降系数≤0.54，保证钻井液具有良好的流变性、抗温及沉降稳定性。

3 现场应用情况

3.1 施工简介

第五开次由于地质预测与实钻差异大，发生了严重的井壁掉块井内复情况杂，共进行了二次回填侧钻。第一次自7180m钻进至7499.08m，水平位移92.28m，回填侧钻。第二次自7027.98m钻进至7548m，回填侧钻。第三次自7100钻进至五开中完井深7777m，钻遇地层主要为却尔却克组和恰尔巴克组。第六开次自7777m钻至完钻井深8270m，钻遇地层为一间房组和鹰山组。

3.2 五开钻井液技术措施要点

奥陶系却尔却克组存在大段深灰色泥岩，性脆，井壁稳定性差，易水化剥落掉块，使用的钻井液体系为：聚磺混油钻井液，需增强钻井液的抑制性与防塌性能。在确保井控安全的前提下，要控制合理的钻井液密度，预防大量漏失。根据五开地层特性及技术难点，制定钻井液方案如下：

(1) 五开钻井液基础配方及主要处理剂。

五开采用高温高密度聚磺混油钻井液体系的基本配方：2.5%～3.0%膨润土+0.1%～0.2%纯碱+0.2%～0.3%抗高温聚合物+0.2%～0.3%抗氧化剂+5%～8%抗温降失水剂+2%超细碳酸钙+1%～3%非渗透剂+0.5%乳化剂+5%～7%原油。

处理添加剂：(抗氧化剂、超细碳酸钙、稀释剂、流型调节剂、低分子量降滤失剂)。

小型试验配方：井浆+2% QS-2+3% SMP-2+3% SML-4+3% SPNH+2% SMC+0.5% PFL-H+0.5% LV-PAC+1.0% PB-1。

小型实验与钻井液实际性能对比见表 2。

表 2 小型实验与钻井液实际性能对照表

项 目	ρ (g/m^3)	FV (s)	PV (mPa·s)	YP (Pa)	Gel (Pa/Pa)	C_s (%)	pH 值	FL (mL)	K (mm)	V_s (%)	V_b (kg/m^3)	K_f	FL_{HTHP} (mL)
小型实验钻井液性能	2.05	65	28	9.5	6/15	0.1	10	3.6	0.5	32	21	0.06	10
钻井液性能	2.05	70	30	12	7/15	0.1	11	3.6	0.5	32	21	0.06	10

(2) 五开钻井液维护措施：

① 利用上开次井浆扫水泥塞，根据扫塞情况，向井浆中加入适量纯碱。并放掉受水泥污染的井浆，最大限度清除水泥对钻井液的污染。适量补充预水化好的膨润土浆和高浓度胶液，调整钻井液性能，使之达到设计性能要求。

胶液配方：1%～2%磺化材料(磺化褐煤、褐煤树脂、磺化酚醛树脂Ⅰ型或磺化酚醛树脂Ⅱ型)+0.2%～0.5%抗高温抗盐降滤失剂+0.5%聚阴离子纤维素+0.3%～0.5%高密度润滑剂+0.1%烧碱+1%～2%超细碳酸钙+1%～2%抗高温降滤失水剂。

② 开钻前调整密度不低于 1.80g/cm^3，保证密度均匀，通过胶液补充降滤失剂、防塌剂、抑制剂等处理剂，胶液均匀补充至循环井浆中，保持钻井液性能稳定(图 1)。

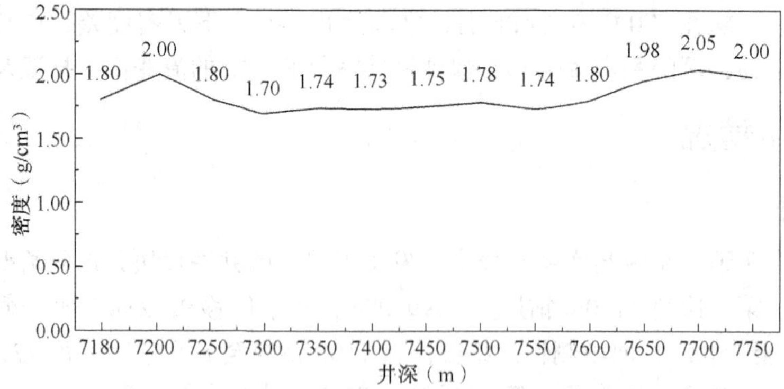

图 1 五开密度曲线图

③ 钻遇大段深层硬脆性泥岩，为提高钻井液防塌抑制性，按配方要求加入 30～50kg/m^3 氯化钾、5～10kg/m^3 聚胺抑制剂、2～4kg/m^3 聚丙烯酸钾提高抑制性，采用抗高温防塌剂、高软化点沥青防塌剂、纳微米封堵剂复配超细碳酸钙等封堵剂，加量不得低于 30kg/m^3，保证钻井液的抑制和防塌性能，能及时封堵微裂缝，防止泥岩水化造成剥落掉块。

④ 严格控制钻井液失水，API 失水控制在 4mL 以内，高温高压失水控制在 10mL 以内。加入 1%~2%超细碳酸钙、1%~2%纳微米封堵剂等改变滤饼质量，使滤饼薄而韧；加入高效随钻封堵剂、单向屏蔽暂堵剂等随钻堵漏材料，可以实现提高地层承压能力，起到防漏的效果。

⑤ 加大磺化类抗温处理剂用量在 50kg/m^{3}以上，同时加入磺酸盐共聚物、聚阴离子纤维素、抗氧化剂等确保钻井液体系抗温性能。结合摩阻及起下钻情况，适时补充高质量润滑剂，确保钻井液润滑性良好，降低摩阻，减少阻卡。

3.3 六开钻井液技术措施要点

钻遇地层为奥陶系一间房组和鹰山组，碳酸盐岩储层溶洞、裂缝较发育，易发生漏失、溢流等复杂情况，切实做好井控安全工作。在井控安全的前提下，控制好钻井液密度，预防恶性漏失。完钻井深达 8270m，根据顺北 4 井定向仪器数据，该井井底平均温度为 157℃左右，详见表 3。

表 3 井下温度测定表

	井段(m)	井底温度(℃)	循环温度(℃)
第一趟钻	7777.00~7782.39	157	142
第二趟钻	7782.39~7798.00	156	145
第三趟钻	7798.00~7824.09	157	150
第四趟钻	7895~7965.28	159	154

优选抗温处理剂、抗高温护胶剂，可辅以表面活性剂或抗氧化剂，加强钻井液的抗温、耐温能力，维持良好的流变性。针对地层岩性特点及预测工程技术难点，制定钻井液方案如下：

(1) 六开钻井液基础配方及处理剂。

聚磺混油钻井液体系的基本配方：2.5%~3.0%膨润土+0.1%~0.2%纯碱+0.2%~0.3%抗高温聚合物+0.2%~0.3%抗氧化剂+5%~8%抗温降失水剂+2%超细碳酸钙+1%~3%非渗透剂+0.5%乳化剂+6%~8%原油。

处理添加剂：抗氧化剂、超细碳酸钙、稀释剂、非渗透处理剂、单向压力屏蔽剂、超细石灰石等。

小型实验钻井液配方：井浆+2% QS-2+3% SMP-2+3% SML-4+3% SPNH+2% SMC+0.5% PFL-H+0.5% LV-PAC+2.0% PB-1。

小型实验与钻井液实际性能对比见表 4。

表 4 小型实验与钻井液实际性能对照表

项 目	ρ (g/cm^3)	FV (s)	PV (mPa·s)	YP (Pa)	Gel (Pa/Pa)	C_s (%)	pH 值	FL (mL)	K (mm)	V_s (%)	V_b (kg/m^3)	K_f	FL_{HTHP} (mL)
小型实验性能	1.95	55	26	7	5/14	0.1	10	2.6	0.5	29	22	0.05	9.2
钻井液性能	1.95	58	25	8	5/15	0.1	11	2.2	0.5	28	28	0.05	9.8

① 按配方要求加入处理剂，调整钻井液性能达到设计要求，六开钻进过程中，及时补充原油及乳化剂，确保定向钻进顺利。

② 优选抗高温处理剂，磺化类材料加量在 80kg/m³以上，确保钻井液具有良好的抗温性能。

③ 处理剂高温降解及膨润土高温减稠，均会造成 pH 值下降。加强钻井液 pH 值检测，及时补充烧碱，控制 pH≥10(具体加量以小型实验为依据)。

④ 加强钻井液的日常监测维护，储层段务必增强钻井液的常温、高温沉降稳定性，要求 170℃静置 72h 后，无明显固体沉淀物，沉降系数<0.54；发生漏失后，吊灌浆性能应与井浆性能一致，具有良好的流变性、抗高温和沉降稳定性能(表 5)。

表 5　沉降试验数据表

井　浆	密度(g/cm³)	实验条件	上部钻井液密度(g/cm³)	下部钻井液密度(g/cm³)	沉降稳定系数 *SF*
8270m 循环井浆	1.89	180℃、24h	2.00	2.075	0.509
		180℃、72h	2.05	2.19	0.517
		180℃、7d	2.02	2.19	0.520

结论：对循环井浆高温沉降测试结果表明，井浆经 180℃老化后具有良好的沉降稳定性能，*SF*<0.54，满足钻进对井浆沉降稳定性的要求。

(2) 六开钻井液维护措施：

① 地质预测顺北 4 井井底温度高，须加强抗温材料的补充，磺化类材料加量在 80kg/m³以上，抗盐抗高温稀释剂在 5～10kg/m³，确保钻井液的抗温、耐温能力，维护流变性能稳定。

② 优选抗高温性能良好的多元共聚物降滤失剂、磺化酚醛树脂、褐煤树脂及抗盐抗高温稀释剂等处理剂，保证钻井液的抗高温性能。

③ 根据实钻情况及地震资料分析，钻遇地层断裂带裂缝发育，钻井液通过强化微纳米封堵减小压力传导，严格控制失水降低水力尖劈效应。

④ 开钻前补充 1.5%超细碳酸钙(1200 目)+1.5%超细碳酸钙(2500 目)+1%～3%高温高压屏蔽剂(化点 165～170℃)+1%～3%高软化点阳离子乳化沥青(软化点 165～170℃)。

⑤ 控制 HTHP 失水≤10mL，初失水≤1.0mL(初失水指测定 HTHP 失水时，温度到达测试温度后，打开底部阀杆瞬时收集的滤液体积)，快速在破碎地层形成致密滤饼。

4　复杂井段技术难点及处理措施

4.1　大段硬脆性泥岩地层及灰岩夹层

五开主要钻遇奥陶系上统却尔却克组，地层岩性主要为厚灰色泥岩、灰质泥岩偶夹灰色泥灰岩，地层易出现水化剥落垮塌掉块。钻井液密度调整至 1.80g/cm³左右，该地层存在一定的水化特性，钻井液日常维护应强化封堵，严格控制失水，降低因井浆抑制性不足、失水大造成水化剥落垮塌的风险。钻进期间做好抑制、润滑、失水以及防塌性能维护工作。

4.2　破碎带地层

针对在奥陶系却尔却克组下部 7512～7592m 可能钻遇破碎带，容易发生放空、井漏等复杂情况，提前准备好堵漏浆，钻井液中保证随钻堵漏材料的有效含量。并且钻井液中提前加入 0.5%～1.0%的除硫剂，预防万一断层贯通储层，气体上窜，气体内可能含有硫化氢，造成钻具氢脆。

钻遇破碎带后钻井液配方：4%~4.5%膨润土+0.1%~0.2%纯碱+0.2%~0.3%抗高温聚合物+5%~8%聚磺抗温降失水剂+2%阳离子磺化沥青+0.5%高效抗高温降失水剂+0.5%聚阴离子纤维素。

4.3 高压高温地层

地层温度高，钻进过程中及时补充含磺酸盐基团降滤失剂、磺化材料、聚阴离子纤维素等处理剂，保持其有效含量稳定。提高钻井液高温稳定性，保持高密度钻井液具有良好的流变性、抑制和润滑性能。依据地层特点，钻井液应“主封堵、辅抑制、严格控制滤失量”，并采用“少聚多磺”原则强化钻井液抗温能力。

聚磺混油钻井液体系的基本配方：1.5%~2.5%膨润土+0.2%~0.3%纯碱+0.2%~0.4%烧碱+2%~3%抗高温降滤失剂+6%~9%抗温磺化材料+2%~3%抗高温镶嵌成膜防塌剂+1%~2%高温流型调节剂+0.5%~1.0%抗高温护胶剂+2%~4%高酸溶储保型封堵剂+1%~1.5%高密度润滑剂+4%~6%原油。

处理添加剂：抗氧化剂、超细碳酸钙、非渗透处理剂、单向压力屏蔽剂，石灰石加重剂等。

为保证良好的携岩效果，及时补充土浆，保证返砂正常。优选抗高温性能良好的聚合物、磺化酚醛树脂、褐煤树脂等处理剂配成浓胶液，及时补充抗氧化剂、含磺酸盐基团处理剂、聚阴离子纤维素等，磺化材料加量在6%以上，确保钻井液具有良好的抗温性能。调整钻井液 pH 值大于 11，加入足量除硫剂，防止硫化氢对钻具和人员的损害。

5 施工效果评价

(1) 顺北 4 井六开采用抗高温高密度混油钻井液体系。钻井液维护以抗高温为主，在井控安全的前提下，调整钻井液流型，补充 2%~3%高酸溶暂堵材料，未发生漏失。

(2) 顺北 4 井在钻井液中加入沥青质封堵防塌剂如 FF-Ⅱ、SMNA-1、SPT-2、YK-H、FF-Ⅲ等，钻井液性能稳定，返出钻屑颗粒大，棱角分明。

(3) 顺北 4 井在抗高温抗盐降滤失处理剂的使用，SMP-1、SMC、PFL-H、PAC-LV、SML-4 等加入钻井液后，降失水效果较好同时还能有效地改善滤饼质量，形成致密而韧性的滤饼，钻井液实验性能较为明显。

(4) 顺北 4 井六开共进行 8 趟钻进作业(包括 4 趟定向+复合钻进、4 趟复合钻进)。定向纠斜及复合钻进期间，钻井液性能稳定，井壁稳定，少见薄状掉块出现，占返砂量<5%。8 趟起下钻作业均无明显挂卡及遇阻现象。钻进期间 8 趟起下钻作业无阻卡显示，通井无明显阻卡点、4 趟测井顺利到底，表明井浆保持良好的高温沉降稳定性能，顺利完成顺北 4 井六开钻井液施工任务。

参考文献

[1] 牛晓，王悦坚，刘庆来，等．秋南 1 井高密度钻井液应用技术[J]．钻井液与完井液，2008(9)：25-5.

[2] 林永学，王伟吉，金军斌．顺北油气田鹰 1 井超深井段钻井液关键技术[J]．石油钻探技术，2019(5)：47-3.

TZ4 区块聚合物体系延迟转磺试验研究及现场应用

刘裕双[1]　吴晓花[2]　陈　林[2]　任玲玲[2]　王双威[1]　李　龙[1]

（1. 中国石油集团工程技术研究院有限公司；2. 中国石油塔里木油田分公司）

【摘　要】 聚磺钻井液因抗温性能好、封堵防塌效果优异在塔里木油田台盆区、库车山前上部地层广泛应用。但是，聚磺钻井液体系有大量的添加剂，成本较高，且其各类重金属污染物、有机污染物及石油类、盐类物质含量高，对环境造成危害风险较大。TZ4 区块石炭系目的层埋深 4000m 左右，井底温度约 90℃，且二叠系火成岩发育少或不发育，具备全井使用聚合物钻井液体系的基础。本文通过优选处理剂，形成了一套抑制性、封堵性优异，抗温 100℃的低成本聚合物钻井液体系，现场应用效果较好，为该区块实现降本增效及磺化废弃物减量化提供了有力支撑。

【关键词】 聚合物钻井液；聚磺钻井液；试验研究；现场应用

1　塔里木油田 TZ4 区块钻井液体系应用情况

TZ4 区块位于塔里木盆地塔中隆起，自上而下钻遇第四系、新近系、古近系、侏罗系、三叠系、二叠系、石炭系（表 1）。目的层埋深约 4000m，井底温度约 90℃。

表 1　地层岩性描述

层　位	岩屑描述
第四系—新近系	黏土、泥岩、砂质黏土
古近系	砂质黏土，砂岩夹泥岩
侏罗系	砂岩、含砾不等粒砂岩为主夹褐色泥岩
三叠系	砂岩，含砾砂岩与泥岩不等厚互层
二叠系	泥岩、粉砂质泥岩夹细砂岩、粉砂岩、火成岩（0~24m 凝灰岩）
石炭系	灰岩、泥岩、砂岩、砂质泥岩、生屑灰岩、含砾砂岩、石英砂

已钻井全井采用水基钻井液体系，一开采用常规膨润土—聚合物体系（密度 1.08~1.15g/cm^3），二开采用（氯化钾）聚合物/聚磺体系（密度 1.10~1.30g/cm^3）。已钻井一般在三叠系底部转为聚磺体系，井径扩大率可控，满足工程钻进要求。聚磺体系抗温性能、封堵防塌性较好，但是因体系含有磺化酚醛树脂、褐煤树脂、乳化沥青等处理剂，成本较高，且具有一定毒性，各类重金属污染物、有机污染物及石油类、盐类物质含量高，对环境造成危害风险大。此外，磺化钻井液废弃物处理费用也较聚合物体系高。聚合物、聚磺体系典型配方及处理方式见表 2。

作者简介：刘裕双，工程师，1990 年生，2016 年获西南石油大学材料物理与化学专业硕士学位，现主要从事钻井液技术研究工作。地址：北京市昌平区沙河镇西沙屯桥西中国石油创新基地 A34 地块；电话：010-80162082；E-mail：liuyshdr@cnpc.com.cn。

表 2　聚合物、聚磺体系典型配方及处理方式

钻井液体系	典型配方	处理方式
聚合物体系	3%土浆+0.1% NaOH+0.2%大分子+0.6%中分子+0.6%复合铵盐+3-5%KCl+0.5%润滑剂+重晶石	机械脱水后，井场资源化利用
聚磺体系	3%土浆+0.5%NaOH+0.5%增黏剂+2-4%酚醛树脂+2-4%褐煤树脂+2-4%防塌剂+0.5%SP-80+0.2%润滑剂+5-7%KCl+重晶石	罐体收集，拉至处理站集中处理(高温氧化技术)

随着对地层认识的深入(该区块火成岩不发育或较薄)、钻井液技术进步及磺化废弃物减量化要求，尝试通过室内研究优选处理剂形成能满足 TZ4 区块全井段安全快速钻进的低成本聚合物体系。

2　聚合物体系处理剂优选及性能评价

2.1　聚合物体系处理剂优选

常用聚合物钻井液体系简单，处理剂少，易维护，但抗温性、封堵性较聚磺体系差。要实现钻井液延迟转磺的目的，必须优选抗温、增黏效果好的大分子包被剂、抗温降滤失剂以及应对易坍塌地层的封堵防塌剂等。通过室内试验优选了大分子聚合物、降滤失剂、封堵剂等，形成了抗温、封堵性较好的优选聚合物体系。试验结果见表 3。优选聚合物体系性能与 TZ4 区块现场所使用的聚磺钻井液体系性能相当。

表 3　优选聚合物体系、现场用聚磺体系性能对比

钻井液类型	密度 (g/cm^3)	漏斗黏度 (s)	塑性黏度 (mPa·s)	动切力 (Pa)	初切 (Pa)	终切 (Pa)	滤失量 (mL)
优选聚合物体系	1.30	43	18	5.5	1	5	4.6
现场用聚磺体系（二叠系，80℃）	1.28	45	14	7	2	6	4

注：(1)聚合物体系配方：3%膨润土浆+0.3%烧碱+0.3%大分子聚合物+2%降滤失剂+0.4%复合铵盐+5%氯化钾+5%白沥青+2%聚合醇+0.5-1%润滑剂；

(2)聚磺体系配方：3%膨润土浆+0.4%烧碱+0.2%大分子聚合物+3%磺化酚醛树脂+3%褐煤树脂+2%沥青类防塌剂+1%润滑剂+5%氯化钾。

2.2　优选聚合物体系抗温性评价

分别在 60℃、80℃、100℃条件下滚动老化 16h，然后将试样在 11000r/min 条件下搅拌 5min，按照 GB/T 16783.1—2014 标准，分别测定试样老化后的密度和流变性(45℃)、高温高压滤失量(测试温度同滚动老化温度)及滤饼厚度、低温低压滤失量及滤饼厚度和 pH 值，测定试样老化后的滤饼黏滞系数，实验数据及结果见表 4。优选聚合物体系加重至 1.30g/cm^3，100℃×16h 条件下滚动老化，性能较稳定。TZ4 区块，井底温度基本低于 100℃，优选聚合物体系满足抗温要求。

2.3　优选聚合物体系抑制性评价

参考 SY/T 5613—2016 标准，将三叠系、二叠系泥岩岩屑粉碎并使用试验筛取粒径 6 目~10 目的岩屑，分别称取在 105℃条件下烘干 4h 的岩屑试样约 40.00g 至 50.00g 置于 350mL 钻井液试样和清水中，分别在不同温度条件下滚动老化 16h 后，倒出液体和岩屑通过

40 目试验筛回收并用清水筛洗 1min，将筛余岩屑试样在 105℃条件下烘干至恒重，计算岩屑滚动回收率，实验数据及结果见表 5、图 1。优选聚合物钻井液体系对三叠系、二叠系泥岩抑制性较好。

表 4　优选聚合物体系抗温性能评价

老化条件	密度 (g/cm^3)	表观黏度 (mPa·s)	塑性黏度 (mPa·s)	动切力 (Pa)	静切力 初切/终切 (Pa/Pa)	滤失量/滤饼厚度 (mL/mm)	高温高压滤失量/滤饼厚度 (mL/mm)	pH 值	滤饼黏滞系数
滚动老化 60℃×16h	1.30	18.2	14.5	3.6	1.4/1.9	6.0/0.5	/	8.0	0.0699
滚动老化 80℃×16h	1.30	20.5	17.5	2.8	0.5/1.4	5.5/0.5	12.5/1.0	8.0	0.0524
滚动老化 100℃×16h	1.30	20	17	3	1.0/1.2	8.8/3.0	21.0/8.2	8.0	0.0743

表 5　优选聚合物体系抑制性能评价

配方/样品	岩　屑	试验条件	岩屑滚动回收率(%)
清水	二叠系泥岩	60℃×16h	16.50
钻井液		60℃×16h	82.78
清水		80℃×16h	17.20
钻井液		80℃×16h	89.75
清水		100℃×16h	15.70
钻井液		100℃×16h	77.38
清水	三叠系泥岩	60℃×16h	18.35
钻井液		60℃×16h	83.25
清水		80℃×16h	18.10
钻井液		80℃×16h	83.18
清水		100℃×16h	21.40
钻井液		100℃×16h	70.82

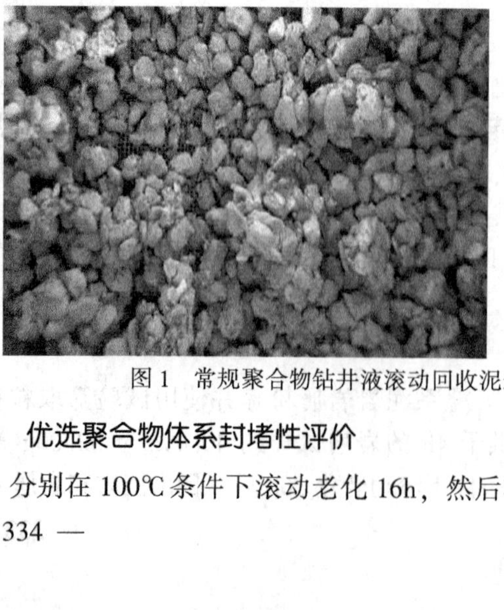
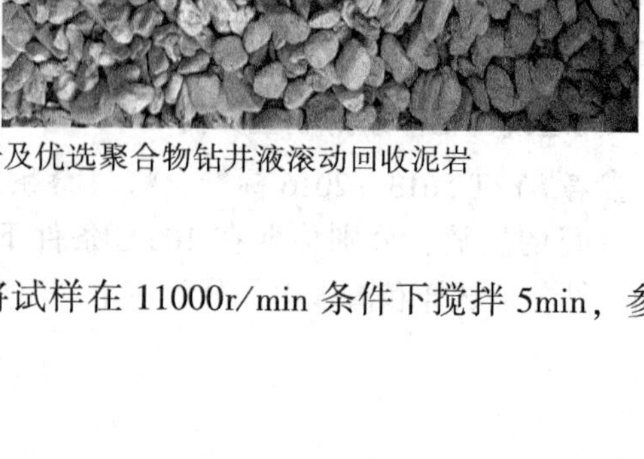

图 1　常规聚合物钻井液滚动回收泥岩及优选聚合物钻井液滚动回收泥岩

2.4　优选聚合物体系封堵性评价

分别在 100℃条件下滚动老化 16h，然后将试样在 11000r/min 条件下搅拌 5min，参考

Q/SY TZ 0043—2001 标准，使用高温高压动失水仪测定各配方试样在与其滚动老化相同温度、压差 3.5MPa 及转速 200r/min 条件下的瞬时、20min、40min、60min、80min、100min 和 120min 的动态滤失量，实验数据及结果见表 6。优选聚合物体系与聚磺体系相比较，封堵性能相当。

表 6　优选聚合物体系抗温性能评价

体系	瞬时滤失量（mL）	20min 滤失量（mL）	40min 滤失量（mL）	60min 滤失量（mL）	80min 滤失量（mL）	100min 滤失量（mL）	120min 滤失量（mL）
常规聚合物	0.0	13.0	21.0	27.0	31.0	35.0	39.0
优选聚合物	0.5	1.6	4.8	6.8	8.9	10.2	11.4
聚磺	0.4	3.8	6.0	7.2	8.0	8.6	9.8

3　现场应用

TZ4-X 井全井段使用聚合物钻井液体系钻进。表 7 为 TZ4-X 井聚合物钻井液性能参数，钻井液的流变性能始终保持稳定，井径扩大率控制在 12%以内，该聚合物钻井液体系可满足 TZ4 区块现场钻井施工的要求。聚合物钻井液体系始终保持良好的黏切，提高了携砂效率，增大了井眼清洁度，保证了三叠系、二叠系等重点井段的井壁稳定性。井眼较规则，在起下钻及下套管等一系列施工过程中，没有出现遇阻、卡钻等复杂情况。此外，全井使用聚合物钻井液，节约了钻井成本，减少了磺化废弃物，为钻井现场节能减排、降本增效提供了有力的支持。

表 7　TZ4-X 井聚合物钻井液体系实钻性能参数

层位	密度（g/cm^3）	黏度（s）	塑性黏度（mPa·s）	动切力（Pa）	静切力初切/终切（Pa/Pa）	滤失量/滤饼厚度（mL/mm）	平均井径扩大率（%）
三叠系	1.22~1.25	40	10~12	5~5.5	1/5	10~8/0.5	8.57%
二叠系	1.26~1.27	40~43	11~15	5.5~6.5	1/5	8/0.5	11.68
石炭系	1.28	43~45	18	5.5	1/5	4/0.5	6.49

4　结论与认识

（1）通过优选大分子聚合物、抗温降滤失剂、封堵剂形成了一套强抑制性、封堵性较好、抗温 100℃的聚合物钻井液体系。

（2）优选聚合物钻井液体系在 TZ4-X 井全井段成功应用，钻井液的流变性能始终保持稳定，井径扩大率控制在 12%以内，没有出现遇阻、卡钻等复杂情况。

（3）TZ4 区块可使用聚合物钻井液体系深部钻进，延迟转磺或替代聚磺钻井液体系，可节约钻井成本，减少磺化废弃物，为钻井现场节能减排、降本增效提供了有力的支持。

枫 1 井灯影组破碎地层防塌钻井液技术研究与应用

王　昆　龙大清　肖　平　叶剑锋　黄　桃

（中石化中原石油工程西南钻井分公司）

【摘　要】 枫 1 井是中石化部署在建南区块的一口风险探井，是建南区块第一口成功钻穿寒武系覃家庙组盐层的井，钻探目的是预探枫箱坝构造下震旦系灯影组储层发育情况及含气性，完钻井深 7965m。寒武系覃家庙组膏盐岩盖层发育，盐层下部的震旦系灯影组地层复杂、极易垮塌失稳且地层温度高达 180℃。五开井段 7716～7726.52m 因前期钻井液密度过低，井壁垮塌十分严重，该段电测井径扩大率高达 45.98%，取出岩心显示地层破碎、微裂缝发育，因此，井壁稳定和“大肚子”及大小井眼携砂就成为施工的主要难点。结合该井段岩性分析结果，经室内大量研究，最终研发形成了枫 1 井五开灯影组破碎地层钾基聚磺防塌钻井液技术。经现场应用证实，该技术防塌抑制封堵性能优异，成功解决了震旦系灯影组破碎地层垮塌难题，保证了五开后期各工序的安全施工。该钻井液技术对类似井的安全高效钻井可提供重要的参考和指导意义。

【关键词】 风险探井；灯影组；破碎地层井壁稳定；“大肚子”；大小井眼携砂；防塌钻井液

枫 1 井是中石化部署在建南区块的一口风险探井，为五开制井，完钻井深 7965m，完钻层位震旦系灯影组。本井是建南区块第一口成功钻穿寒武系覃家庙组盐层的超深风险探井，盐层下部无邻井资料参考，只有参考邻区同层位地层的施工情况进行准备。在施工前对安岳县高石梯构造、犍为县金石构造在灯影组的施工情况进行了详细认真分析，发现在灯影组施工存在三大难题：(1)上述两个区域灯影组地层均属于低压层，易漏；(2)灯影组地层破碎，微裂缝发育，属于易垮塌地层；(3)本井灯影组地层埋藏更深，井温较高(达 180℃)，钻井液体系需要考虑抗温、抗污染问题。针对可能出现的井漏问题准备了用于高温高压的堵漏材料及堵漏技术；针对井壁失稳及抗温、抗污染问题，室内通过筛选钻井液关键处理剂、优化钻井液体系配方，最终研制出了一套针对五开灯影组破碎地层强抑制、强封堵和抗高温能力强的钾基聚磺防塌水基钻井液体系。该技术现场应用效果显著，保证了五开后期安全钻进，该钻井液技术对类似井的安全高效钻井可提供重要的参考和指导意义。

1　技术难点分析

1.1　井壁失稳严重

枫 1 井震旦系灯影组地层具有塑性强、压实强度高、破碎性和微裂缝发育的特点，钻井作业时极易发生井壁失稳现象[1]。现场元素录井分析(图 1)和 XRD 岩样矿物组分分析(表 1)表明：灯影组地层岩样主要以白云岩为主，同时含有少量的硬脆性岩石石英和微量的黏土矿物。

作者简介：王昆，1984 年出生，工程师，2008 年毕业于西南石油大学，现主要从事钻井液技术研究与应用工作。电话：18190701551；E-mail：286109837@qq.com。

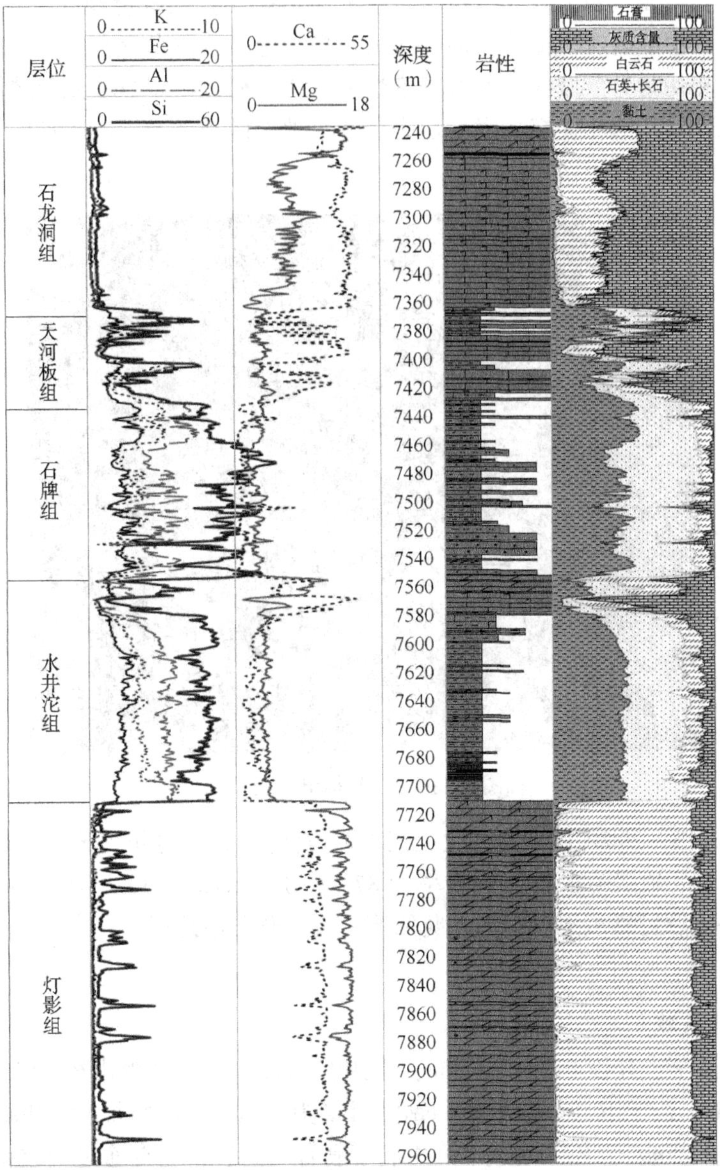

图 1　F1 井地层元素分析剖面图(7260~7960m)

表 1　灯影组岩样分析数据表

取样井深（m）	矿物百分含量(%)					
	石英	黏土矿物	钾长石	白云石	斜长石	方解石
7726	4.47	1.31	0	94.22	0	0
7770	5.39	1.82	0	92.79	0	0
7834	19.47	2.23	0	78.3	0	0
7902	22.22	2.56	0	75.22	0	0
7957	4.29	2.84	0	92.87	0	0

通过灯影组井段 7757.00~7764.00m 取心，从岩心、岩屑薄片观察，岩心溶蚀孔、洞、

微裂缝较为发育，主要被白云岩、少量石英全充填。采用扫描电镜观察了掉块的表面形貌，如图2所示，从图中可以看出掉块表面存在大量微裂缝。该段发育有三个破碎带，垂直节理与薄层状层理互相切割导致破碎，井壁稳定性差，结构松散，裂缝填充胶结性差，自由水易沿溶蚀孔缝侵入地层，液相尖端易发生压力传递，地层微裂缝增压连通扩展引起井壁失稳垮塌是井壁失稳的主要原因[2]。

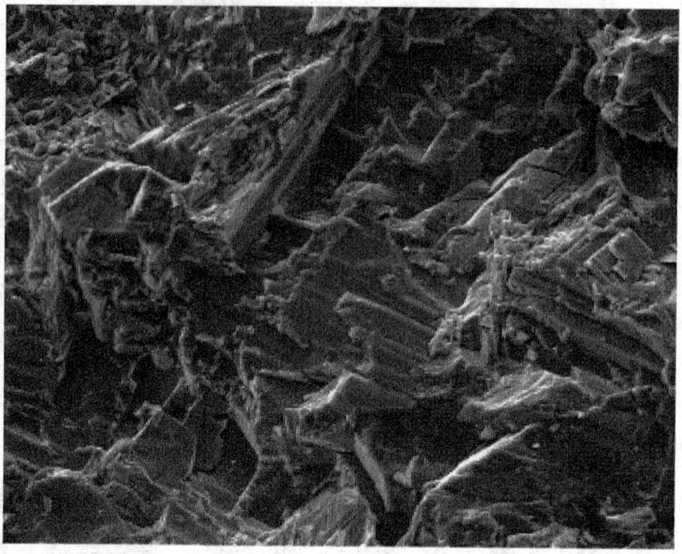

图2 掉块的扫描电镜观察

采用SY/T 5613—2000《泥页岩理化性能试验方法》，研究分析白云岩地层岩样的水化特性，结果表明白云岩地层清水滚动回收率为87%(180℃×16)，16h后的常温常压线性膨胀率为11%，结果表明灯影组地层为弱水化膨胀、弱水化分散地层。

1.2 井眼携砂

1.2.1 大小井眼携砂

本井四开尾管下入井段6731~7716m，未进行回接，上部套管内径315.32mm，下部尾管内径193.70mm。由于五开小井眼使用钻井排量为15L/s，流体进入大井眼后环空返速从1.03m/s下降至0.25m/s。环空返速下降不利于套管内携岩，只有通过调控钻井液合理的流变性参数来增强携砂、悬砂能力。此外，钻井液高温高压下易发生高温增稠，流变性维持难度增大。

1.2.2 "大肚子"井段携砂

由于枫箱坝构造没有一口井钻穿过寒武系覃家庙组地层，无参考资料，只有根据相距500km以上的犍为县金石构造和安岳县高石梯构造来预测灯影组地层可能遇到的问题，据这两个构造的取心资料显示：岩心显示溶蚀孔、洞、微裂缝发育。实钻过程中存在局部破碎带，施工过程中如果使用密度不当或封堵不及时，可能会出现"糖葫芦"井眼，钻井液携砂困难，特别是"大肚子"井段携砂尤其困难。

1.3 钻井液抗温性能

本井五开井眼尺寸为ϕ165.1mm、井底温度180℃。在高温条件下，钻井液中的高分子添加剂会逐渐降解、失效；同时高温还会引起黏土钝化，造成钻井液性能恶化，性能的恶化可造成钻井液黏切和高温高压失水升高，从而发生小井眼卡钻事故[3]。

2 枫1井灯影组破碎地层防塌钻井液技术研究

灯影组地层为弱水化膨胀、弱水化分散地层，防塌钻井液研究技术路线：(1)优选抗温、抗污染材料，组成基本的抗高温体系，满足抗温、抗污染要求。(2)采用抗温抗压较强的架桥粒子作为主封堵剂，如刚性封堵剂和纳米封堵剂NF等，粒径范围涵盖纳米—微米，对地层微裂缝实施广谱封堵；选用在高温下可乳化成胶状的变形封堵剂作为辅助封堵剂，强化其黏结变形作用，形成致密、光滑且韧性极强的封堵层，确保对地层的有效封堵。(3)选用合适的钻井液密度提供应力支撑，以平衡地层坍塌应力，稳定井壁。(4)提供高浓度的K^+离子(K^+离子浓度大于等于30000μg/g)，以消除地层中少量黏土矿物对井壁稳定的影响。

2.1 室内材料优选

针对本井五开的地质情况，体系使用的材料需要满足抗温、抗污染及抗压要求，组分需要有：强抑制材料解决少量泥页岩对井壁失稳的影响；同时需要有可靠、有效的封堵剂实施广谱封堵，粒径范围主要涵盖0.2~100μm之间，上限可适当放宽，能很好地将高温高压滤失量控制在12mL以下，且滤饼致密、光滑，对折不开裂，满足封堵防塌要求；体系整体抗温、抗污染满足抗180℃、抗饱和盐和钙离子500μg/g要求。

2.1.1 封堵剂优选

钻井施工时，由于钻井液液柱压力始终略高于地层孔隙压力，驱使了钻井液的滤液进入地层，产生“压力穿透效应”，使滤液沿微裂缝继续侵蚀，导致孔隙压力增大，白云岩强度降低，引起地层垮塌[4]。因此，首先需要解决的是如何对地层实施封堵，阻断滤液大量进入地层。

枫1井五开灯影组岩心电镜分析结果表明(表2)：该地层微裂缝缝宽范围为23~76μm，个别地方缝宽达到了100μm。根据填充理论，重点封堵23~100μm空间，优选架桥粒子范围17~75μm，优选填充粒子范围7~33μm，次级填充粒子粒径范围为1~8μm，最后一级填充粒子0.25~2μm。室内通过采用NKT2010-L激光粒度分析仪对常用的封堵剂进行粒度分析，最终优选出刚性封堵剂GSZ-2和固体润滑剂LUB-S作为架桥粒子，天然沥青TL-1和油溶性暂堵剂SCL作为填充粒子、超细碳酸钙QS-2作为次级填充粒子，纳米封堵剂NF作为最后一级填充粒子构成粒径范围为0.2~138μm封堵体系，以致达到对破碎地层溶蚀孔洞、微裂缝、破碎结理刚柔结合全面致密封堵的效果[5]。

表2 测试封堵剂粒径大小实验表

样　　品	类　　型	粒径(μm)
TL-1	柔性填充粒子	26~52
SCL	柔性填充粒子	32~66
NF	最后一级填充粒子	0.2~0.7
GSZ-2	刚性架桥粒子	78~138
LUB-S	刚性架桥粒子	34~70
QS-2	次级填充粒子	1-10

通过对各种封堵材料进行了多次不同规格比例的配方实验，筛选出了封堵级配效果较好的浓度为9%的第11号配方(架桥粒子：填充粒子：次级填充粒子：最后一级填充粒子=3：

4∶1∶1)。最终实验表明11号配方的高温高压失水最小，滤饼光滑、致密且滤饼对折不开裂，具有极强的强度和韧性，并且对钻井液流变性影响相对较小(表3)，封堵能力满足施工要求。

表3　封堵剂对比评价实验表

编号	配方(150℃/16h 老化)	*AV*(mPa·s)	*YP*(Pa)	FL_{HTHP}(mL/150℃)
1	基浆	44	6	21.6
2	基浆+2%GSZ-2+5%TL-1+1%NF	88	14	12.2
3	基浆+2%GSZ-2+5%TL-1+1%QS-2	84	13	14.4
4	基浆+2%GSZ-2+5%SCL+1%NF	92	16	11.4
5	基浆+2%GSZ-2+5%SCL+1%QS-2	89	16	13.0
6	基浆+2%GSZ-2+5%LUB-S+1%NF	80.5	11.5	16.6
7	基浆+2%GSZ-2+5%LUB-S+1%QS-2	74	10	17.8
8	基浆+2%GSZ-2+3%TL-1+2%SCL+1%NF	89	14	10.6
9	基浆+82%GSZ-2+3%TL-1+2%LUB-S+1%NF	83.5	12.5	12.0
10	基浆+2%GSZ-2+3%SCL+2%LUB-S+1%NF	84	13	11.8
11	基浆+2%GSZ-2+2%TL-1+2%SCL+1%LUB-S+1%NF+1%QS-2	82	11	9.2
12	基浆+2%GSZ-2+2%TL-1+1%SCL+2%LUB-S+1%NF+1%QS-2	82	13	10.8
13	基浆+2%GSZ-2+1%TL-1+2%SCL+2%LUB-S+1%NF+1%QS-2	85.5	13.5	10.8

注：基浆配方为2%膨润土+0.5%KOH+5%SMP-3+2%KGJ-1。

2.1.2　抗温材料优选

2.1.2.1　树脂材料优选

磺甲基酚醛树脂(SMP-2、SMP-3、CSMP)、多元树脂DYSZ-1和液体树脂JD-6主要用于深井、超深井的水基钻井液，具有很强的抗温抗污染能力，能有效地降低钻井液高温高压滤失量，本井要求树脂抗温能力达到180℃，而且还应与其他钻井液材料具有良好的配伍性。实验表明：三型磺甲基酚醛树脂SMP-3在180℃降高温高压滤失量最好，并且能够改善钻井液流变性(表4)。因此优选SMP-3为五开灯影组钻进期间维护处理的抗高温树脂降失水剂。

表4　树脂对比实验表

编号	配方(180℃/16h 老化)	*AV*(mPa·s)	*YP*(Pa)	*Gel*(Pa/Pa)	FL_{HTHP}(mL/150℃)
1	基浆	86	17	12/31	26.8
2	基浆+5%SMP-2	74.5	15.5	10.5/27	21.8
3	基浆+5%SMP-3	49.5	8.5	5.5/14	12.6
4	基浆+5%DYSZ-1	66.5	14.5	9/19	16.8
5	基浆+5%CSMP	63	12	8/20	16.6
6	基浆+5%JD-6	72	16	10.5/25	19.8

注：基浆配方为现场4开井浆+20%水，4开井浆为饱和盐水并含10%氯化钾。

2.1.2.2 抗温性聚合物材料优选

抗温性聚合物能够降低钻井液滤失量，还能提高钻井液高温胶体稳定性，较好的起到护胶作用。在高温条件下，不仅不会高温降解，还能提高钻井液动塑比，增强钻井液剪切稀释和岩屑的携带能力。对抗高温聚合物降滤失剂 KGJ-1、腈硅聚合物 SO-1、高温高压降滤失剂 PFL-L、高温高压降滤失剂 PFL-M 进行对比实验，要求抗高温聚合物必须满足抗温180℃和一定的抗盐能力。实验表明：高温聚合物降滤失剂 KGJ-1 在抗 180℃和 10%KCl 条件下，不仅具有较好的降滤失能力，而且保持了较好的流变性(表5)。因此优选 KGJ-1 作为五开灯影组钻进期间维护处理的抗高温聚合物材料。

表5 抗高温聚合物对比实验表

编号	配方（180℃/16h 老化）	*AV*（mPa·s）	*YP*（Pa）	*Gel*（Pa）	FL_{API}（mL）	FL_{HTHP}（mL/150℃）
1	基浆+10%KCl	94.5	19.5	15.5/38	8.8	34.8
2	基浆+10%KCl+2%KGJ-1	51.5	11.5	6.5/16	2.8	10.8
3	基浆+10%KCl+2%SO-1	49.5	11	6/14	4.2	14.6
4	基浆+10%KCl+2%PFL-L	62.5	14.5	9.5/21	6.8	20.5
5	基浆+10%KCl+2%PFL-M	88	17	12.5/32	5.2	15.4

注：基浆配方为现场4开井浆+20%水，4开井浆为饱和盐水并含10%氯化钾。

2.2 震旦系灯影组钻井液配方研究

枫1井五开震旦系灯影组地层钻井液体系通过对常规钾基聚磺防塌钻井液体系进行改进，提高体系的热稳定性及抑制性，使用不同粒径、不同类型的封堵材料，对地层缝洞实施封堵，同时选择合适的钻井液密度，就是在保证钻井液热稳定性的前提下，从抑制、封堵、应力支撑来解决枫1井五开震旦系灯影组地层的垮塌问题。最后形成的钻井液配方为：钾基聚磺防塌钻井液配方：2%膨润土浆+0.5%KOH+10%KCl+5%磺甲基酚醛树脂 SMP-3+3%磺化单宁 SMT+2%抗高温聚合物降滤失剂 KGJ-1+2%刚性封堵剂 GSZ-2+2%TL-1+2%SCL+1%NF+1%LUB-S+1%QS-2+重晶石。该体系经过 180℃/16h 老化后冷却至 60℃测得的性能见表6。实验表明：经过 180℃高温老化后流变性及失水造壁性仍然较好，优选的处理剂符合深井震旦系灯影组钻井液抗温性、防塌性要求。

表6 配方实验性能表

ρ（g/cm^3）	*AV*（mPa·s）	*YP*（Pa）	*Gel*（Pa/Pa）	FL_{API}（mL）	FL_{HTHP}（mL/150℃）
1.60	48	6.5	3/13	3.4	11.2
1.80	55	7	3.5/14	3.4	10.8
2.00	61	8.5	5/17.5	2.8	9.6

3 枫1井灯影组破碎地层携砂技术研究

3.1 大小井眼携砂问题的解决

本井四开未进行回接，上部套管内径较大，裸眼段最大排量为 15L/s，牙轮+最简化钻具泵压为 24~27MPa，已接近泵功率极限。裸眼段环空返速为 1.03m/s，流体进入上部套管后环空返速降至了0.25m/s，如果钻井液满足不了携砂要求，容易在大小套管悬挂处堆积，引起卡钻事故。若钻井液黏切过低，满足不了携砂要求；若钻井液黏切过高，将出现钻井液高温增稠，更不利于携砂和井下安全，因此，采用了适当提高钻井液黏切的方式来增强携砂能力[6,7]。针对大小井眼携砂问题，枫1井主要采取了以下措施：(1)尽可能提高钻井排量的同时，并通过控制固相含量、膨润土含量，调整好钻井液流变性；(2)采用携砂纤维举砂，尽量保持井眼清洁；(3)起钻时，扶正器和钻头进入大套管时，应降低起钻速度，防止卡钻；若遇卡时，大排量循环，上下划眼，破坏砂桥。

3.2 冲洗液与举砂液联合携砂研究

"大肚子"井眼比大小套管悬挂处堆砂更严重，主要原因是"大肚子"处井径更大，环空返速急剧下降，形成涡流，钻屑、小掉块都无法顺利通过，形成砂桥，影响施工，甚至造成卡钻。单纯使用稠浆举砂作用甚微，需要采取新的方法来解决。基于上述考虑，本井研制了冲洗液与举砂液联合应用的方法，解决了"大肚子"井眼携砂问题。

3.2.1 冲洗液的研究

根据固井前冲洗液成熟经验，冲洗液黏切较低，能较好地冲刷井壁的虚滤饼和降低"大肚子"钻井液的黏切。冲洗液理想状态是达到较低的紊流临界返速状态($Re \geqslant 2100$)。但受钻井泵功率、冲洗液性能和井径大小的影响，无法达到该状态。但通过Re公式[8]可以得出结论：Re值越高，冲洗液对井壁冲刷能力越强，环空携岩效率尤其是通过井下大肚子井段时净化效果较好。

$$Re=\frac{9800(D_{\mathrm{h}}-D_{\mathrm{p}})v_{\mathrm{a}}^{2}\cdot\rho_{\mathrm{m}}}{\tau_{\mathrm{y}}(D_{\mathrm{h}}-D_{\mathrm{p}})+12v_{\mathrm{a}}\cdot\mu_{\mathrm{p}}}$$

式中：Re为环空雷诺数；D_{h}为井径，mm；D_{p}为钻杆外径，mm；v_{a}为环空返速，m/s；ρ_{m}为钻井液密度，g/cm^3；τ_{y}为屈服值，Pa；μ_{p}为塑性黏度，mPa·s。

实验冲洗液配方如下：

1#：0.5%膨润土浆+0.5%KOH+8%KCl+5%磺甲基酚醛树脂SMP-3+2%褐煤树脂SPNH+2%磺化单宁SMT+2%TL-1+2%SCL+重晶石。

2#：0.5%膨润土浆+0.3%KOH+8%KCl+5%磺甲基酚醛树脂SMP-3+5%磺化单宁SMT+2%TL-1+2%SCL+重晶石。

3#：0.3%膨润土浆+0.3%KOH+8%KCl+5%磺甲基酚醛树脂SMP-3+5%磺化单宁SMT+重晶石。

4#：0.3%膨润土浆+0.3%KOH+8%KCl+5%磺甲基酚醛树脂SMP-3+5%磺化单宁SMT+2%高密度分散剂SMS-19+重晶石。

通过室内实验和冲洗液对大肚子环空携岩效果展开理论假设计算(表7)，分别计算了假设大肚子井径扩大率为40%、50%两种情况下的雷诺数。计算所需工程参数为：钻杆外径$D_{\mathrm{p}}=120.7$mm，钻头外径为165.1mm，施工排量取极限值15L/s。结果表明4#配方的Re值最大越接近紊流状态，因此优选出最佳的冲洗液配方为4#配方。图3表明在一定的环空返速条件下提高密度可以一定程度提高大肚子环空雷诺数，有利于井眼净化，但是密度对大肚子环空雷诺数影响有限，而钻井液的动切力、塑性黏度对雷诺数的影响作用较大。

表 7 实验冲洗液配方性能以及雷诺数表

序列	配方	ρ (g/cm³)	PV (mPa·s)	YP (Pa)	FL_{HTHP} (mL/150℃)	Re_1	Re_2
1	1#	1.80	29	6.5	12.2	529.	543
2		1.85	31	6.6	12	552	545
3		1.9	32	6.4	12	555	570
4	2#	1.80	27	5	10.8	662	681
5		1.85	28	5	11	674	695
6		1.9	29	5	12	687	709
7	3#	1.80	24	4.5	12.2	737	759
8		1.85	26	4.5	12.4	744	768
9		1.9	27	4.5	12.2	757	782
10	4#	1.80	20	2	12.6	1390	1456
11		1.85	21	2	11	1404	1473
12		1.9	21	2	11	1467	1512

备注：性能测试条件为：180℃/4h老化后冷却至60℃测得，Re_1 表示假设大肚子井径扩大率为40%时冲洗液雷诺数，Re_2 表示假设大肚子井径扩大率为50%时冲洗液雷诺数。

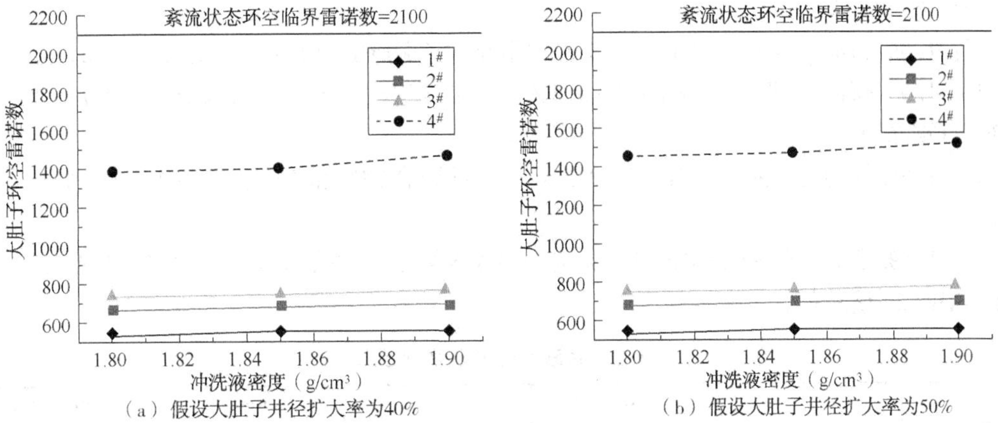

图 3 雷诺数与冲洗液密度关系曲线

测定滤饼厚度降低率的实验方法：采用HDF-1型高温高压动态失水测定仪在170℃条件下测定F1井钻井液加入一定量水后的HTHP动态失水和滤饼厚度，将测试完毕带滤饼的滤纸重新装回HDF-1型高温高压动态失水测定仪里，然后再将四种配方的冲洗液测定HTHP动态失水和滤饼厚度。

表 8 冲洗液对滤饼厚度降低率表

配 方	滤饼厚度(mm)	滤饼厚度降低率表(%)
基浆	24	0
配方 1	18	25.00
配方 2	14	41.67

续表

配　　方	滤饼厚度(mm)	滤饼厚度降低率表(%)
配方 3	13	45.83
配方 4	11	54.17

从雷诺数预测及室内滤饼冲刷实验数据可以看出：配方 4 基本能满足清洗、消除扰动的需要，作为超深井冲洗液比较合适。

3.2.2　举砂液的室内研制与评价

以前使用的高黏切钻井液具有较强的携砂能力。高黏切钻井液一旦黏切太高，会导致流变性差，钻井泵上水效率低，影响举砂效果。因此，通过现场摸索，根据 5~10 目石英砂回收率优选出满足高摩阻、高拉挂、高浮力、强网架结构力特性的举砂液。

测定 5~10 目石英砂回收率的实验方法：加入干燥、粒径为 5~10 目石英砂 300g 至 HDF-1 型高温高压动态失水仪内，然后倒入举砂液，在 180℃条件下测定 HTHP 滤失量，测完后将釜体呈水平状将举砂液倒出干净，并用角匙将釜体内的周围固体清理干净，最后将带有滤饼的滤纸取出，将滤饼上的 5~10 目石英砂全部收集洗净，烘干，称重计算，得出石英砂回收率，石英砂回收率愈低，举砂效果越好。由举砂液流变性及石英砂回收率实验数据优选出 4#配方为最佳举砂配方，其动塑比为 0.39Pa/mPa·s，接近于平板型层流动塑比 0.4~0.5Pa/mPa·s，实验研究获得了较好的举砂效果(表 9)。

举砂液配方如下：

1#：1.5%膨润土浆+5%SMP-3+1%高黏乳液聚合物 HP+1%矿物纤维 GXW-2+重晶石。

2#：1.5%膨润土浆+5%SMP-3+0.5%抗高温聚合物降滤失剂 KGJ-1+1%矿物纤维 GXW-2+重晶石。

3#：1.5%膨润土浆+5%SMP-3+0.5%抗高温聚合物降滤失剂 KGJ-1+1%携砂剂+重晶石。

4#：1.5%膨润土浆+5%SMP-3+1%抗高温聚合物降滤失剂 KGJ-1+1%携砂剂+2%矿物纤维 GXW-2+重晶石。

表 9　举砂液性能及举砂效果

配方	ρ (g/cm^3)	PV (mPa·s)	YP (Pa)	YP/PV (Pa/mPa·s)	石英砂回收率 (%)
1#	1.80	49	11.2	0.22	54.00
2#	1.80	35	10.2	0.29	9.5
3#	1.80	34	12.8	0.37	6.2
4#	1.80	43	16.9	0.39	2.50

4　现场应用

4.1　井壁稳定技术应用

枫 1 井五开使用钾基聚磺防塌钻井液体系，开钻初期因考虑灯影组地层井漏的可能性较大，钻井液密度从 1.90g/cm^3降至 1.35g/cm^3开钻，钻至井深 7725m 发现井壁失稳，掉块严重。当时钻井液的高温高压滤失量在 10mL 左右(测试温度 160℃)，滤饼光滑、致密且韧性很好，判断主要是应力支撑不足，经与甲方协商后，逐步将钻井液密度上调至 1.85g/cm³，并将钻井液 K^+ 离子浓度从 25000mg/L 上调至 35000mg/L 以上，同时在已加入封堵剂的基础上增加了 2%的刚性封堵剂，井下逐渐恢复正常。钻井液经过调整后，井下掉块逐渐减少，仅在地层破碎的井段存在零星小掉块，其他井段无掉块。(图 4)。

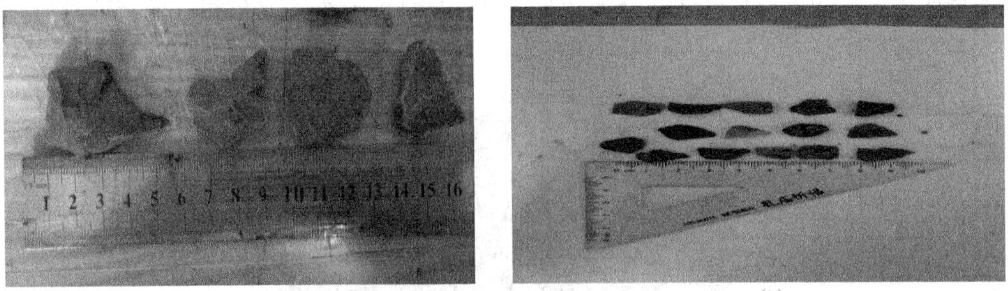

(a) (b)

图 4　常规聚磺钻井液返出的掉块(a)和钾基聚磺防塌钻井液返出的掉块(b)

起钻前，采用软化点低的天然沥青 TL-1 和油溶性暂堵剂 SCL 配制成低黏切钻井液注入裸眼段。一方面对裸眼段护壁；另一方面防止井底钻井液长时间静止引起高温增稠，通过一系列措施，有效地解决了超深井井壁失稳问题(图 5)，井径曲线无大幅波动说明井眼规则。

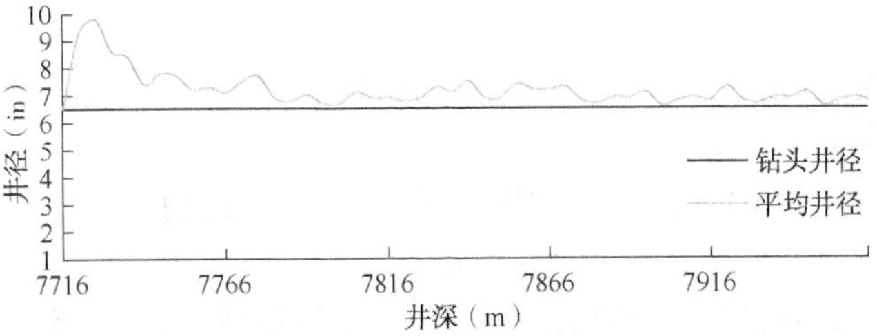

图 5　枫 1 井五开电测井径曲线图

体系调整前钻井液密度及性能都没有达到最佳状态，上部出现“大肚子”井眼，该井段(7716~7726.59m)电测平均井径扩大率高达 45.98%。采取相应防塌措施后(井段 7726.52~7965m)电测平均井径扩大率降为 11.82%，五开井段(7716~7965m)电测平均井径扩大率 16.92%(包含上部大肚子井段)，体系调整以后井径扩大率明显降低说明钻井液防塌效果优良，基本解决了破碎地层的井壁失稳问题。

4.2　携砂技术的现场应用

枫 1 井五开由于没有邻井资料参考，在钻进过程中因密度过低导致地层出现了严重垮塌，井段 7716~7726.52m 平均井径扩大率为 45.98%，已经形成了井径较大的“大肚子”井段。实钻过程中，经常出现憋钻井泵、扭矩憋停现象。如果处理不当有可能引起其他井下复杂和事故[8]。以前采用了高密度高黏切钻井液和携砂剂进行举砂，效果均不明显；针对“大肚子”井段，枫 1 井主要采取了以下措施：(1)满足井下钻进条件下，尽可能多钻进尺，使井底远离“大肚子”井段后，井底岩屑均匀的上返，不易在“大肚子”井段堆积；(2)若“大肚子”井段堆积岩屑和掉块较多，及时采用冲洗液与举砂液联合携砂技术进行举砂；(3)在钻进过程中，尽可能提高排量，并加强划眼，防止“大肚子”井段形成砂桥引起卡钻事故；(4)起钻时，充分循环钻井液，振动筛没有明显岩屑时，注入悬浮能力强的钻井液封闭裸眼段；

(5) 下钻至“大肚子”井段遇到阻卡时，开泵上下划眼几次，直到停泵上提下放没有阻卡显示时，再继续下钻。

采用了该技术后，携砂效率明显提高，振动筛返出了大量的大约 1cm 掉块(图6)，井眼清洁状况逐步改善，将“大肚子”井段的掉块带出后，井下恢复正常，达到了安全钻进的要求。现场证明：冲洗液与举砂液联合携砂技术针对“大肚子”井段具有很强的携砂能力。

图6　采用冲洗液与举砂液联合携砂技术返出的掉块

5　结论与认识

(1) 针对已经垮塌形成的“大肚子”，采用冲洗液与举砂液联合携砂技术可以有效解决砂床堆积问题，具有推广价值。

(2) 针对深部破碎性地层防塌，采用钾基聚磺防塌钻井液技术可以很好地解决井壁失稳问题，在类似地层防塌中具有重要的借鉴意义。

(3) 解决井壁失稳问题需要对地层进行分析，了解地层的特性，然后制定具有针对性的解决方案。对于水敏、非水敏垮塌同时存在的地层，必须是抑制防塌、封堵防塌、应力支撑同步解决才能从根本上解决井壁失稳问题。

参 考 文 献

[1] 王睿，王兰．川中震旦系灯影组井壁失稳机理及防塌钻井液技术[J]．石油钻采工艺，2019，42(2)：108-111.

[2] 朱金智，邹盛礼．塔参1井破碎性白云岩地层防塌技术[J]．石油钻采工艺，1999，27(2)：36-37.

[3] 王平全，余冰洋，王波，时海涛，李红梅．常用磺化酚醛树脂性能评价及分析[J]．钻井液与完井液，2015，32(2)：29-33.

[4] 汪鸿，杨灿，周雪菡，张涛，叶顺友，揭家辉．风险探井花深1X井深部破碎带地层钻井液技术[J]．钻井液与完井液，2016，36(2)：208-213.

[5] 李成，白杨，丁洋，许晓晨，范胜，罗平亚．顺北油田破碎地层井壁稳定钻井液技术[J]．钻井液与完井液，2020，37(1)：15-22.

[6] 罗人文，龙大清，王昆，等．马深1井超深井钻井液技术[J]．石油钻采工艺，2016，38(5)：588-593.

[7] 梁奇敏，侯本权，方丽超．多约束条件下的钻井液排量优选研究[J]．石油机械，2013，41(8)：13-16.

[8] 高锐．大肚子井眼与工程复杂情况的分析与探讨[J]．西部探矿工程，2018，6：53-54.

超高温水基钻井液技术研究进展

张 雁 屈沅治 张志磊 王 韧 杨 峥

（中国石油集团工程技术研究院有限公司）

【摘 要】 随着常规油气资源的不断衰减及油气钻采的日益深入，深层超深层钻探已成为油气资源的重要获取路径与方向。油气钻井深度越来越深，钻遇地层温度也越来越高，对钻井技术特别是钻井液技术提出了更高要求。高温超高温条件下钻井液性能不稳定是深井超深井钻井过程中遇到的突出问题之一。为此，在结合超高温钻井实际需求的基础上，阐述了超高温水基钻井液的研究进展与技术现状，并探讨了超高温水基钻井液发展方向。

【关键词】 超高温；水基钻井液；技术现状；发展方向

2008—2018 年，全球在 4000m 以深地层新增油气探明储量 234×10^8t 油当量，约为同期全球新增储量的 60%以上，油气钻探最大深度 12869m[1]。随着我国塔里木、准噶尔、川渝、松辽、柴达木以及南海西部等重点油气区块开发不断向深层进军，高效开发及利用深层超深层油气资源，对提升我国能源保障水平，缓解能源对外依存压力，保障国家能源安全具有重大意义，加强深层超深层油气资源的高效勘探与效益开发是油气产业可持续发展的必然选择。

超高温钻井液技术是深层超深层钻井的关键技术之一。超高温井段所使用的钻井液一般有油基、水基、合成基三种，考虑环保及降成本等方面的需求，本文主要讨论研究水基钻井液。在超高温环境下（205~260℃）[2]，水基钻井液往往面临抗温能力不足，无法安全钻井的难题。钻井液中关键处理剂通常由于高温交联不稳定、易发生分子降解，去水化及高温解吸附等作用，无法有效发挥性能，导致深层超深层的钻探目标难以实现，很多超高温深井甚至面临难以打成的挑战，因此，亟需厘清现今超高温水基钻井液存在的技术难点，加快研制性能优良的关键处理剂，构建高效超高温水基钻井液体系。

1 水基钻井液超高温工况下面临的技术挑战

水基钻井液主要由造浆黏土、处理剂、钻屑及水组成，其效能优劣与钻井液中的黏土、处理剂及其相互作用密切相关。超高温条件下，水基钻井液中的造浆黏土及处理剂均受不同程度影响。

基金项目：中国石油集团工程技术研究院有限公司青年基金项目“超高温（300℃）水基钻井液抗温机理研究”（编号：CPETQ201931）及“特深井井下复杂井段处理技术研究”（编号：CPETQ201901）；中国石油天然气集团有限公司科学研究与技术开发项目“抗温 240℃ 以上的环保井筒工作液新材料”（编号：2020A-3913）和“8000m 级复杂超深井优快钻完井技术集成与应用”（编号：2019D-4210）。

作者简介：张雁（1989—），女，工程师，博士，2010 年毕业于中国石油大学（华东）石油工程专业，2019 年获中国地质大学（北京）石油与天然气工程专业博士学位，目前主要从事钻井液技术研究。E-mail：zhangyandr@cnpc.com.cn。

1.1 水基钻井液热稳定性

钻井液处理剂及黏土矿物的稳定性均受超高温影响而降低。聚合物类关键处理剂(如降滤失剂等)因超高温作用易发生高温降解、高温交联等作用，而黏土矿物易发生高温聚结、表面钝化等作用，另外，超高温还会削弱处理剂在黏土表面的吸附作用，影响处理剂效能发挥。

1.2 水基钻井液效能

在处理剂及造浆黏土超高温性能失稳的综合影响下，根据处理剂及黏土矿物类型和含量的不同，钻井液会发生高温增稠、减稠、胶凝、固化、滤失量增加、pH 值失稳等变化，进而导致钻井液效能变弱甚至完全失效。针对超高温(240℃)环境对 10 种国内外最新研制的抗高温聚合物类处理剂产品基本性能影响进行了研究(图 1)。

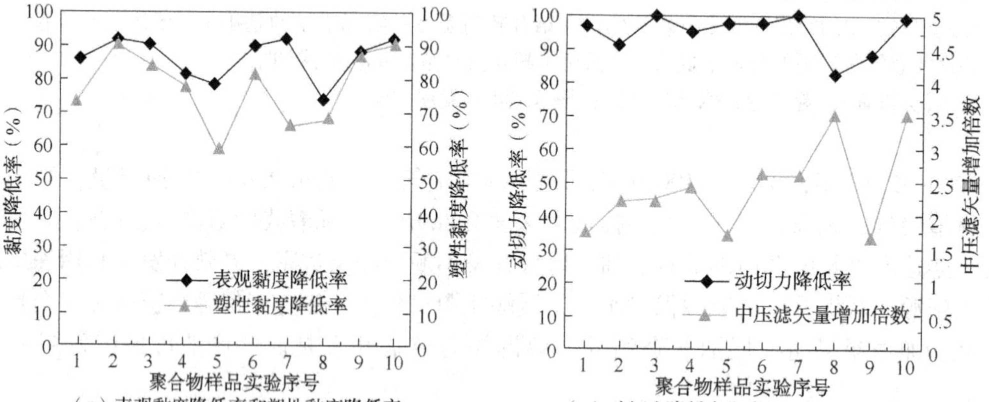

（a）表观黏度降低率和塑性黏度降低率　（b）动切力降低率和中压滤失量增加倍数

图 1　240℃老化前后抗高温聚合物类产品在 4%基浆中性能

1.3 水基钻井液用量

为保证在超高温钻井过程中钻井液发挥必要的效能，与浅层常规钻井相比会耗费更大量的处理剂，且随着温度的升高及钻进时间的增加，处理剂消耗增多，深井超深井钻井液的技术难度也越大，高效勘探与效益开发难以实现。

2 超高温对水基钻井液效能影响作用机理

水基钻井液抗超高温的技术难点在于如何调节并保障钻井液在超高温工况下的性能稳定性，要研究解决钻井液抗超高温这一技术难题，需首先厘清超高温对水基钻井液效能影响作用机理。

2.1 处理剂超高温降解作用机理

对无机处理剂而言，超高温通过加剧无机离子热运动而增强其穿透能力，但对有机处理剂的影响则较为复杂。在超高温作用下，钻井液有机处理剂易发生超高温降解作用，高分子聚合物分子链断裂包括主链断裂、亲水基团与主链联结链的断裂两种。高分子主链断裂使处理剂相对分子质量减小，高分子性质变弱或消失，进而部分甚至全部失效；亲水基团与主链联结链的断裂削弱了处理剂亲水性，处理剂的抗盐、抗钙能力随之降低，大大影响其效能发挥。

以降滤失剂为例，聚合物降滤失剂在超高温环境下发生降解作用，聚合物分子构象改变严重影响钻井液的滤失造壁性能，滤饼虚而厚，滤失量特别是高温高压滤失量增加(图 2)。

处理剂热稳定性差极大地限制了其在超高温水基钻井液中的效能。

2.2 处理剂超高温交联作用机理

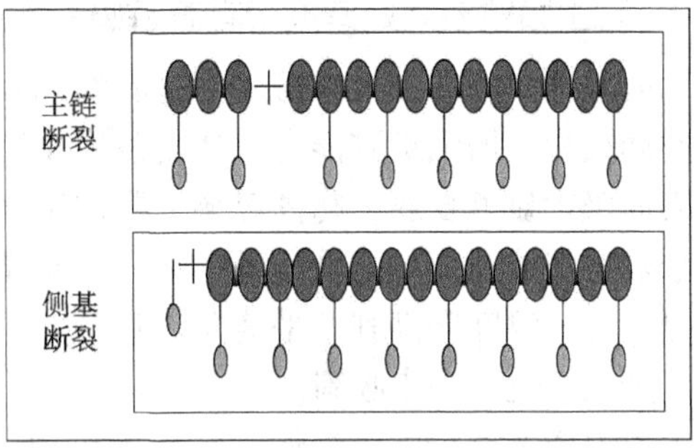

图 2 超高温降解作用示意图

在超高温环境下，聚合物类处理剂水溶性分子因不饱和键及活性基团的存在通常会发生交联或自由基聚合反应，相对分子量增大，例如当温度超过 200℃时，钻井液处理剂分子中羟甲基与活泼氢发生脱水缩合生成亚甲基桥，是导致部分钻井液处理剂发生高温交联的主要原因，且随着矿化度的升高、离子强度的增加而愈加严重。结合前述处理剂超高温降解作用，处理剂超高温交联作用对钻井液性能有正、反两种影响可能性。若交联适度，适当增加聚合物相对分子质量，则可部分抵消超高温降解作用的破坏性，甚至聚合物处理剂会发生改性增效。但若交联过度，形成超大分子或体型交联高分子，则会使聚合物水溶性变差，严重时发生胶凝，丧失流动性，失去水溶性处理剂功效，从而影响钻井液效能。

超高温引起的处理剂降解和交联反应，对水基钻井液性能影响是双面的(图 3)。在减缓和防止超高温对处理剂发生破坏作用的同时，应进一步适度调控，合理利用超高温对处理剂的增效作用，实现对钻井液性能的控制及优化。

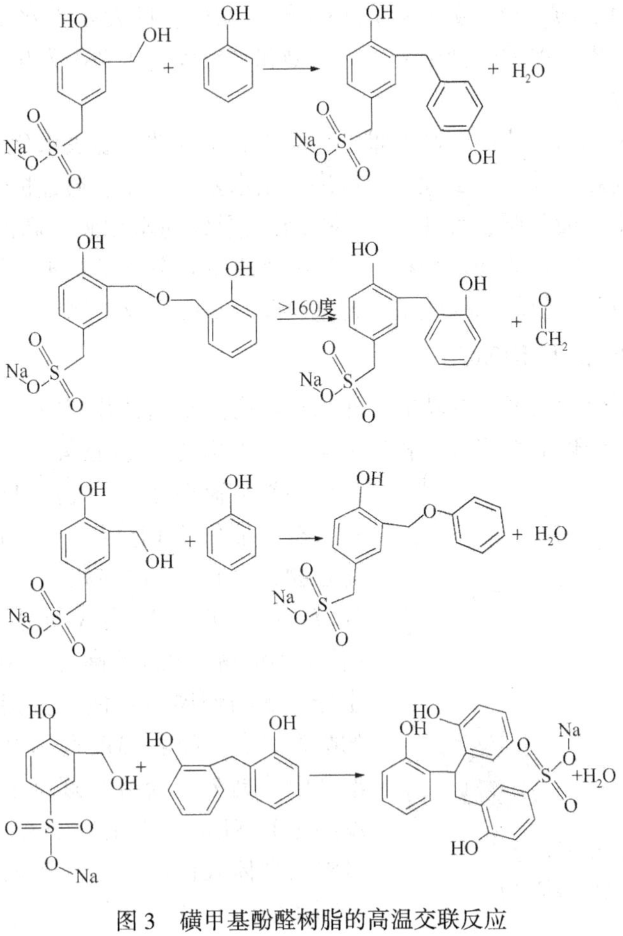

图 3 磺甲基酚醛树脂的高温交联反应

2.3 黏土颗粒表面处理剂超高温解吸附作用机理

处理剂吸附在黏土颗粒表面是其性能发挥的基础，通过多点吸附于黏土颗粒改善体系原有空间架构，增强护胶能力，从而发挥作用。超高温使分子热运动加剧，从而使处理剂在黏土表面吸附显著变弱，超高温解吸附作用会使处理剂护胶能力下降，黏土颗粒更为分散，钻井液热稳定性及其效能受显著影响，从而导致超高温滤失量剧增、流变性难以控制。吸附为放热反应，温度升高利于平衡向解吸附方向进行；另外温度升高，处理剂分子及黏土颗粒热运动加剧，也不利于吸附。

以聚合物类降黏剂为例，其降黏机理主要有两方面：一是通过吸附在黏土矿物颗粒表面，增加黏土矿物胶体分散体的 Zeta 电位，降低其形成空间网架结构的能力，从而实现降黏或流变性调控；二是这类降黏剂能与大分子聚合物形成络合物而降低聚合物水溶液的液相黏度，或者降黏剂与钻井液中的高分子聚合物发生相互作用，降黏剂一定程度上遮盖高分子聚合物的吸附基团，达到削弱高分子聚合物同钻井液中的黏土颗粒间形成的桥联结构，或者降黏剂能够使高分子聚合物分子链收缩，进而达到降低聚合物钻井液黏度或调节聚合物钻井液流变性的目的。

2.4 黏土颗粒超高温去水化作用机理

随着工况温度的升高，黏土颗粒在水中发生水化分散、高温钝化、去水化等作用。在超高温条件下，黏土颗粒去水化作用占据主导地位，其表面和处理剂分子中亲水基团的水化能力急剧变弱，水化膜变薄，导致处理剂的护胶能力减弱，即发生去水化作用，出现高温聚结，滤失量增大等现象，严重时会促使高温胶凝和高温固化等情况发生，使得钻井液体系性能变差甚至完全失效。

因此，要破解水基钻井液抗超高温难题，解决黏土的超高温去水化问题是关键。去水化作用的强弱除受温度影响外，一定程度上取决于亲水基团类型。通过极性键或氢键水化的基团，高温去水化作用一般较强；而由离子基团水化形成的水化膜，高温去水化作用相对较弱。可在钻井液中加入特定的处理剂材料，这些处理剂在分子结构本身抗超高温的同时，还需具有超高温下易与黏土吸附的磺酸基、羟基、胺基等强水化基团。

2.5 处理剂热致相分离作用机理

水溶性高分子聚合物处理剂的功能和作用在超高温水基钻井液中非常重要，然而超高温环境下高分子聚合物处理剂水溶液的相态变化直接影响其性能(图 4)。理论上讲，水基钻井液中各类型高分子聚合物或化合物在超高温环境中极有可能发生相分离，一相为高分子聚合物或化合物含量较低的“稀相”，另一相为其含量较高的“浓相”，即出现热致相分离现象。具有 LCST (低临界溶解温度) 的高分子聚合物随温度变化发生分子链的伸展与卷曲，直接影响其在固体表面的吸附状态。随着温度逐渐升高，伸展溶解在水溶液中的高分子聚合物逐渐发生卷曲变形，当温度超过 LCST 时，发生相分离；同理，当该聚合物吸附在固体表面时，温度较低时分子链一端吸附于固体表面，另一端伸展在水溶液中，而当温度

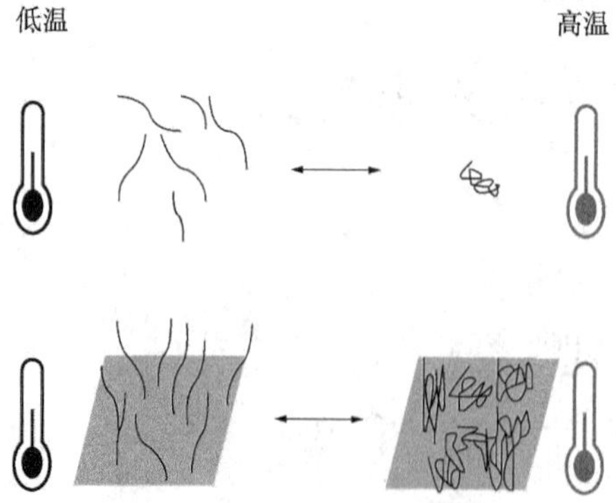

图 4　不同温度下高分子聚合物处理剂的溶解特征

超过 LCST 时，伸展在水溶液中的分子链逐渐发生卷曲变形，最终将导致该聚合物或高分子化合物的功效大大减弱及失效[3-7]。

2.6 亚临界水对处理剂的萃取作用机理

亚临界水指在一定压力条件下，从常压沸点温度（100℃）逐渐上升至超临界温度（374℃）仍保持液态的水[8,9]。超高温钻井过程中，钻井液中的水通常处于亚临界状态，流体微观结构的簇状结构、离子缔合结构、氢键、离子水合等发生显著变化，与常温常压下水的物理化学性质有明显差异[10-16]。毛惠认为在超高温工况下，亚临界水可萃取复杂天然高分子类水溶性钻井液处理剂的部分组分，导致水溶性处理剂超高温失效。

在常温常压下，水的极性较强，作为一种优良溶剂可以很好地溶解极性有机化合物，但对极性低的有机化合物的溶解性较差。在亚临界条件下，随着温度升高，水分子之间的氢键作用逐渐减弱，水由强极性渐变为低极性，水分子与低极性溶质分子极性更加接近，可将溶质按极性由低到高萃取出来，从而影响处理剂性能。

3 超高温水基钻井液技术研究进展

在深井、超深井的钻进过程中，所用钻井液是关乎钻井成败的关键，本文从关键处理剂及其构成的钻井液进行了综述。

3.1 超高温水基钻井液处理剂

超高温水基钻井液性能好坏的关键是抗超高温处理剂。近年来，各国研究人员在超高温降滤失剂、降黏剂、增黏剂、储层保护剂等钻井液关键处理剂研发方面开展了大量的研究。

3.1.1 降滤失剂

钻井液降滤失剂是石油钻井中用量最大的钻井液处理剂之一，对维护钻井液性能稳定、安全高效钻井起到至关重要的作用。国外在抗超高温降滤失剂研究方面起步较早，发展迅速，并已具有较成熟的工业化生产能力。Dicker^{t}[17]以 AMPS、AM 和 N-乙烯基-N-烷基酰胺（NVNAAM）等为原料研制开发了两种耐高温降滤失剂，在超过 200℃条件下均具有良好的降滤失效果，它们形成的钻井液体系在 pH 值为 8～11.5 的范围内综合性能最佳。美国的 Patel[18]以 AMPS 为聚合单体，以 N,N′-亚甲基-双丙烯酰胺（MBA）为交联剂合成了一种水基钻井液用的高温降滤失剂，该剂在 205℃下抗温能力良好，且抗钙镁性能出众。Thaemlitz 等[19,20]研究开发了两种新型钻井用聚合物，并以此为主剂获得了一种环境友好型抗高温水基钻井液体系，体系耐温可达 232℃，具有良好的流变性能和降滤失性能，与传统抗高温钻井液相比该体系组成简单，环境友好，淡水海水均可配制，可满足不同环境条件下的钻井施工。Soric 和 Heier[21,22]以乙烯基胺（VA）和乙烯基磺酸（VS）单体为原料共聚获得了一种抗温 230℃以上的降滤失剂 Hostadrill 4706，相对分子质量在 5×10^5～10×10^5之间，抗盐性能突出，降滤失效果好。由该剂与其他材料配成的水基钻井液在克罗地亚 5 口气井的现场试验表明，超高温下该体系性能稳定，钻井进展顺利，且对储层伤害极小，完钻后这几口天然气井与邻井相比，产率提高 151%～279%。以下介绍几种抗超高温降滤失剂代表产品[23]，德国 BASF 公司推出了高温降滤失剂 Polydrill，一种相对分子质量在 2×10^5左右的磺化聚合物，抗温达 260℃，超高温下降滤失效果好，具有很强的抗污染抗盐能力，可抗盐至饱和，抗钙、镁含量可达 4.5×10^4～10×10^4μg/g，在业内被广泛应用。ARCO 公司生产的 Mil-Tem 是一种由磺化苯乙烯（SS）和马来酸酐（MA）共聚而成的降滤失剂，抗温达 229℃，相对分子质量在

1000~5000之间。贝克休斯公司开发的 Pyro-Trol 和 Kem Seal 是两种抗高温降滤失剂，二者均为该公司的专利产品。其中 Pyro-Trol 是 AMPS 和 AM 的共聚物，而 Kem Seal 为 AMPS 与 N-烷基丙烯酰胺(NAAM)的共聚物，通常两者配合使用。现场使用效果表明，两者均具有出众的高温稳定性能，可用于 260℃超高温地层。

国内研究人员针对超高温水基钻井液降滤失剂也做了大量工作。常晓峰、孙金声等[24]将4-乙烯基吡啶(VP)、N，N-二甲基丙烯酰胺(DMAA)、2-丙烯酰胺-2-甲基丙磺酸(AMPS)、N-乙烯基己内酰胺(NVCL)以过硫酸铵和亚硫酸氢钠作为氧化还原体系进行自由基共聚反应，合成了抗温达 260℃的一种新型降滤失剂 PDANV。王中华等[25]合成的丙烯酰胺/丙烯酰氧丁基磺酸/N，N-二甲基丙烯酰胺三元共聚物降滤失剂在淡水钻井液、盐水钻井液和饱和盐水钻井液中均具有较强的降滤失和提黏切能力，即使经过 240℃/16h 高温老化后仍能有效地控制钻井液的滤失量。杨小华等[26]合成了一种低相对分子质量的抗高温降滤失剂 PFL-L，该剂热稳定性好，高温高盐条件下可显著降低钻井液滤失量，同时还能很好地控制钻井液黏度，抗温 220℃，抗 NaCl 达 36%。该降滤失剂在徐闻 X-3 井三开长裸眼井段进行了现场应用，取得了良好的应用效果。黄维安等[27]以 2-甲基-2-丙烯酰胺基丙磺酸(AMPS)、N-乙烯基吡咯烷酮(NVP)、二甲基二烯丙基氯化铵(DM-DAAC)和 N，N-二乙基丙烯酰胺(DEAM)等共聚研制出超高温抗盐降滤失剂 HTP-1，抗温达 240℃，HTP-1 在淡水基浆、淡水加重基浆、饱和盐水基浆和复合盐水基浆中均具有优异的抗高温(240℃)降滤失效果，优于国外 Driscal(240℃)和国内 PMHA-Ⅱ(220℃)，已成功在胜科 1 超深井和泌深 1 超深井进行了应用试验。苏俊霖等[28]研制的降滤失剂 NFL-1 含有 SiO_2纳米颗粒，加入钻井液中可以改善高分子化合物的特性。实验表明在 3%膨润土基浆中添加 3% NFL-1 降滤失剂后，其 API 滤失量为 6.2mL，在 220℃下热滚 16h，API 滤失量仍然能够控制在 7.8mL，具有良好的降滤失效果。曲建峰等[29]通过氧化石墨烯(GO)与丙烯酰胺(AM)、2-丙烯酰胺基-2-甲基丙磺酸(AMPS)、二甲基二烯丙基氯化铵(DMDAAC)、醋酸乙烯酯(VAC)共聚，制备了氧化石墨烯/聚合物降滤失剂 GOJ。实验表明，在相同加量下，GOJ 在 220℃下的降滤失能力优于国外产品 Driscal-D。

3.1.2 润滑剂

国外抗超高温水基钻井液润滑剂产品丰富，像 Alpine 化学公司开发的 QUICK SLIDE，是一种适用于高温高压水基钻井液的润滑悬浮微珠，BHI 公司的 LATILUBE 润滑剂，Roquette 公司的 POLYSORB 75/05/75 系列产品是高温高压钻井液润滑剂。

国内研究人员也作了大量工作，杨芳等[30]对将纳米碳球应用于钻井液高温润滑剂中进行了深入研究，认为纳米碳球表面光滑、强度较高，在钻井液体系中能够起到很好的润滑作用，且不易破碎，实验表明该材料在 250℃下仍然能够起到很好的润滑作用。随着纳米碳球加量的增多，润滑系数显著降低，当加量为 0.4%时，润滑系数的下降率最大达 22.8%，润滑效果良好。孙金声等[31]研制的高效润滑剂 GXRH 是一种含高分子脂肪酸和脂化剂的聚酯化合物，具有较高的耐磨性，稳定性好，抗温 200℃，抗盐性能好，环保可降解，满足了钻井液对润滑剂的要求。李斌等[32]以长链脂肪酸、小分子多元醇等为原料合成出多元醇合成酯主剂，然后与极压添加剂复配形成了水基钻井液用润滑剂 SDL-1，可抗温 180℃并能抵抗 30%NaCl 和 30%$CaCl_2$的污染。实验表明，经 30min 摩擦后，SDL-1 能有效减少划痕，降低表面磨损，抗磨效果优于国外润滑剂 DFL。邱正松等[33,34]采用硅烷偶联剂 KH570 对纳米 SiO_2进行超声表面改性，再与表面活性剂 S1、菜籽油等复配制得纳米润滑剂 SD-NR，另外还通过在植物油提取物中引入硫、磷、硼等活性元素，合成出一种钻井液用极压抗磨添加剂，与表面活性剂、基础油等复配制备出了润滑剂 SDR，研究表明，SD-NR 与 SDR 均可抗温 180℃以上，极压润滑持效性强，极压膜强度高。张晓刚等[35]研究了一种无荧光生物质润滑剂 ZYRH，ZYRH 荧光等级小于 3 级、乳化稳定性好、抗温达 200℃、抗盐达饱和，在卫 455 井、文 23 储气库等 25 口井进行的现场应用均取得良好效果。

3.1.3 降黏剂

国外的抗超高温降黏剂代表产品有：Anchor 公司的 ANCO THIN HTL 是高温稳定的聚合物类降黏剂，Ava 公司的 AVALIG 改性褐煤及 AVATHIN 木质素磺酸盐处理剂，Baroid 公司的 THERMA-THIN、BASF 公司的 ALCOMER 74L 及 POLYTHIN、Coatex 公司的 COATEX FP 30s、Ecofluids 公司的 ECOSULFONATE、M-I SWACO 公司的 SPERSENE I、NOV 公司的 LIQUI-THIN D、Scomi 公司的 HYDRO-THIN HT 等。

国内研究人员贾敏等[36]合成的超高温抗盐低分子聚合物 HTP-2 具有显著的抗温降黏效果。优化合成工艺条件为：反应温度 60℃，反应时间 30min，引发剂用量 3wt%，链转移剂用量 1.43wt%，n(AA)：n(AMPS)：n(UA)：n(DMDAAC)= 9：11：6：6。经 240℃老化 16h 后的降黏效果优于国外的 Descofl，优于国内经 220℃老化 16h 的聚合物降黏剂 xy-28，降黏及耐温抗盐能力强。王富华等[37]通过自由基聚合研制了低相对分子质量(6000～8000)的水溶性两性离子聚合物降黏剂 JNL-1，抗温达 240℃，分子主链为 C—C 键、C—S 键和高价阳离子螯合键，分子链上带有三种电性的官能团，其中吸附基团为非离子腈基(15%～20%)、酰胺基(10%～15%)和高价金属阳离子(Zr^{4+}、Fe^{2+})螯合基团(10%～15%)，水化基团为磺酸基(50%～65%)。赵晓非等[38]以苯乙烯、衣康酸为原料，经过共聚、磺化得到超高温水基钻井液降黏剂 SSHIA，抗温 260℃，加量 0.3%时，可使淡水钻井液在 260℃老化 16h 后的表观黏度由 59mPa·s 降至 32mPa·s，满足高温深井及复杂井对钻井液降黏的要求。杜俊涛等[39]以丙烯酸、衣康酸、2-丙烯酸酰胺基-2-甲基丙磺酸和苯乙烯为单体，分别合成了两种聚合物降黏剂。在降黏剂加量 0.5%的淡水基浆于 260℃老化 16h 后，二者降黏率分别为 76.81%和 59.54%，降切率达 72.26%和 71.53%，降黏效果良好。李洋等[40]以苯乙烯磺酸钠、2-丙烯酰胺基-2-甲基丙磺酸、丙烯酸等耐温抗盐单体，通过水溶液聚合得到抗高温聚合物降黏剂 PTPY-1，抗温 220℃，抗盐达饱和，在含 2% $CaCl_2$的基浆中性能优良。对比工业产品 SF-260 具有很好的降黏降切效果。樊泽霞等[41]合成出了磺化苯乙烯-水解马来酸酐共聚物降黏剂 SSHMA，耐温 230℃以上，抗盐性良好，加入 0.3% SSHMA 使淡水钻井液在 230℃老化 16h 后的表观黏度由 64mPa·s 降至 28mPa·s 以下，降黏率大于 56%。

3.1.4 增黏剂

增黏剂除了发挥增黏作用外，通常还具有调整钻井液动切力、静切力、黏弹性、滤失性及改善滤饼质量的作用，对井壁稳定和油层保护等有重要意义。国外代表产品主要有意大利 Ava 公司的 VISCOTRON、哈里伯顿 Baroid 公司的 THERMA-VIS、贝克休斯 BHI 公司的 MAGMA-GEL 等，均可用作高温高压水基钻井液的增黏剂，此外，美国 TBC 公司的 GLYSOL SF 400M 是一种高分子聚乙二醇，用作增黏剂的同时还起到高温稳定作用。

邱正松等[42]以 N-乙烯基己内酰胺(NVCL)为温敏性单体，对苯乙烯磺酸钠(SSS)为亲水性单体，N，N-亚甲基双丙烯酰胺(MBA)为交联剂，采用自由基胶束乳液聚合法研制出了抗高温钻井液聚合物增黏剂(SDTP)，该剂具有优异的增黏性能、热稳定性及温敏特性，在淡水基浆和盐水基浆中经220℃、16h老化后的表观黏度保持率分别为90.81%和95.95%，以此剂为基础的水基抗高温钻井液体系在冀东油田深部潜山储层成功进行了现场应用，该处理剂能够在深部超高温地层、低膨润土含量及低密度钻井液体系中有效发挥增黏作用。谢彬强等[43]2-甲基-2-丙烯酰胺基丙磺酸钠(NaAMPS)、N-乙烯基己内酰胺(VCL)、二乙烯苯(DVB)为共聚单体，采用自由基胶束聚合法制备了新型抗高温聚合物增黏剂SDKP，实验表明，SDKP在2.5%低膨润土钻井液中的抗温能力达230℃，在无固相钻井液中的抗温能力达190℃，其在钻井液中具有良好的抗温性能和增黏性能，抗温增黏效果优于国外同类代表产品HE300。闫丽丽等[44]以2-丙烯酰胺基-2-甲基丙磺酸(AMPS)、N，N-二甲基丙烯酰胺(DMAM)和丙烯腈(AN)为单体，与其他材料进行复配，通过反相微乳液聚合制得增黏剂PADA，其热分解温度为350℃，在饱和盐水钻井液中抗温能力达170℃，在钻井液体系中表现出良好的增黏、降滤失性能，以该剂为主处理剂的低固相钻井液体系，在乍得Mongo W-1井现场进行了先导试验，效果显著。覃勇等[45]利用微波辅助法合成了纯度较高的纳米级锂皂石，平均粒径仅为29.72nm，该剂抗温200℃以上，同时抗盐抗钙效果好。随着锂皂石浓度从0.3%增加到1.5%，4%膨润土基浆的黏度、切力以及动塑比均显著增大，滤失量也逐渐降低，说明锂皂石还具有一定的降滤失效果。张现斌等[46]以2-甲基-2-丙烯酰胺基丙磺酸(AMPS)、丙烯酰胺(AM)、N-乙烯基吡咯烷酮(NVP)和N，N-二甲基丙烯酰胺(DMAM)为单体，通过自由基共聚法制备了耐温抗盐聚合物增黏剂ANAD，具有大分子侧链、刚性基团及极性基团，性能优良，分子链初始分解温度为328℃，在淡水基浆和15%盐水基浆中的抗温能力分别为230℃和180℃，ANAD的抗温、抗盐、增黏及抗剪切性能均优于国内常用增黏剂80A51。

3.1.5 高温保护剂

提升钻井液抗超高温性能除了尽量选用抗超高温处理剂外，还可以通过加入高温保护剂提升钻井液的抗温效果，一是利用其中的表面活性成分与聚合物的相互作用，增加聚合物分子上的亲水基团，克服高温去水化作用和取代基脱落造成的分子亲水性的不足；二是加入具有还原基团的处理剂，除掉钻井液中的溶解氧，阻止处理剂发生降解反应。国外代表产品主要有意大利Ava公司的AVAEXTEMP及AVATEMPEX，美国M-I SWACO公司的PTS-200，美国Tetra的PAYZONE750及TETRA TEMPERATURE EXTENDER、Baroid公司的AQUATONE-S非离子表面活性剂等系列产品。

张斌等[47]采用丙烯酰铵(AM)、2-丙烯酰胺基-2-甲基丙磺酸(AMPS)、苯乙烯磺酸钠(SSS)为单体，多元共聚得到抗高温保护剂材料GBH，该材料水溶性好、抗盐抗钙污染能力强，在超高温下能够快速并强烈吸附于黏土，有利于防止黏土去水化、高温聚结、具强护胶能力。以GBH为基础，优选与之配套的其他处理剂材料，形成了抗温240℃、密度2.5g/cm^{3}的水基钻井液配方，在莫深1、古城4、轮东1、克深2及克深1等井成功进行了现场应用。王富华等[48]研制了高温护胶剂GHJ-1护胶效果好，抗温可达240℃，抗盐、钙性能优良，与深井常用的磺化类处理剂配伍性良好，能大幅提高钻井液体系整体性能。颜磊等[49]研制了一种高温护胶剂HDC，配合相应的高温降滤失剂和封堵剂等其他配伍性处理剂，得到了抗温达260℃的高温水基钻井液。该钻井液抗温性能好，经260℃高温老化后，仍能保持稳定的流变和滤失性能。许洁等[50]采用反相乳液聚合方法研制出抗240℃的油包水型高温稳定剂MG-H2，该剂具有球状高分子柔性搭接、增强悬浮稳定性和半刚性微粒黏度特性，能实现对钻井液黏度、润滑、滤失性能的综合控制。

3.1.6 防塌封堵剂

为了解决超高温地层钻井过程中井壁失稳的难题，研究人员围绕封堵防塌开展了大量工作。钻井液领域常用的封堵剂主要有乳化沥青、磺化沥青和氧化沥青等沥青类处理剂，及硅酸盐以及聚合醇类处理剂，其中，沥青类处理剂的封堵防塌效果最为突出。国外代表产品[51]主要有 Chevron 公司的沥青磺酸钠盐和沥青磺酸钾盐等 Soltex 系列产品、AVA 公司开发的 AVATEX 和 AVOIL FR/HT 沥青防塌处理剂、KMC 公司的 CONFI-TROL HT PLUS 高软化点沥青产品、BH DF 公司开发的 CARBO-TROL HT 沥青处理剂和 Progress 公司开发的 PRO-TEX 等。此外，贝克休斯公司开发的 MAX-PLEX 铝基防塌处理剂可通过电性中和、离子吸附和化学沉淀作用，减弱泥页岩膨胀，封堵孔喉及微裂缝，强化井壁。MI 公司将乙二醇和多羟基有机单体共聚得到一种环保纳米成膜剂，其可在泥页岩表面形成纳米膜，起到井壁稳定作用。

暴丹等[52]基于耐热高分子和无机矿物材料，分别研制出抗高温高强度的刚性架桥颗粒（SDHTP-1）及堵漏纤维（SDHTF-1）两种堵漏材料。这两种堵漏材料抗温性能好，抗压强度高，沉降稳定性好，可用于提高高温封堵层整体结构强度，在 220℃、48h 高温老化后仍保持原貌，质量损失率小。王伟吉[53]等以苯乙烯（St）、甲基丙烯酸甲酯（MMA）为单体，以过硫酸钾为引发剂，采用乳液聚合法制备了纳米聚合物微球封堵剂 SD-seal，该封堵剂粒度均匀，分散性好，分解温度高达 402.5℃，热稳定性好。谢刚等[54]发明了一种抗温 250℃的水基钻井液用纳米聚合物封堵剂。将哌嗪、二乙烯三胺溶解在水或有机溶剂中，加入二乙烯基砜，二乙烯基砜、哌嗪、二乙烯三胺的摩尔比为 2∶1∶1～3∶1∶1，沉淀、洗涤，真空干燥后得纳米聚合物封堵剂，该封堵剂可以有效阻止钻井液滤液侵入地层，防止井壁坍塌等事故的发生，适用于超深井超高温页岩地层的纳米封堵。孔勇等[55,56]研发了抗温 200℃、具有刚性结构及高温形变能力的抗高温封堵防塌剂 SMNA-1，高温下仍具有很强的黏滞性，可在微裂缝处形成滞留，封堵微裂缝。该研究团队还以沥青为主要原料研发了具有高温变形、弹性封堵、黏结固壁等功能的抗高温封堵剂 FT-200，抗温 200℃，可使泥页岩渗透率降低 70% 以上，改善滤饼质量，降低高温高压滤失量，有效封堵硬脆性泥岩微裂缝，提升钻井液封堵防塌性能，在新疆顺北 1-1H 井三开井段现场应用近 1300m，试验井段平均井径扩大率仅 6.88%，应用效果良好。

3.1.7 储层保护剂

目前，钻完井储层保护技术主要有物理颗粒暂堵、屏蔽暂堵技术及欠平衡钻井技术，主要形成了以级配碳酸钙为代表的可酸溶封堵材料、四氧化三锰为代表的可酸溶加重材料、油溶树脂为代表的可油溶性材料以及润湿控制材料等几大类材料。方俊伟等[57]研制了主要由可酸溶纤维、可酸溶填充材料及弹性石墨组成的抗高温可酸溶暂堵体系，提出了“钻井液性能控制+可酸溶暂堵体系”的储层保护对策。该暂堵体系抗温 180℃，酸溶率大于 85.0%，渗透率恢复率大于 87.0%，适用于缝宽 1.0mm 以下的裂缝性储层。将该可酸溶暂堵技术应用于 SHB1-10H 井后，储层保护效果明显，投产后产油量达 90.0m^3/d，较邻井产油量大幅提高。何仲等[58]开发了一种由颗粒材料、高酸溶抗高温纤维材料、高温弹性材料和纳米材料组成的屏蔽暂堵剂 SMHHP，该暂堵剂抗温 200℃以上，封堵性强、暂堵效果好、酸溶率高，对钻井液流变性影响小，0.2mm 裂缝承压大于 7MPa，砂粒为 0.28～0.90mm 的砂床侵入深度小于 3cm，岩心渗透率恢复值达到 93.9% 以上，酸溶率大于 82.1%，适用于超高温储层段。

3.2 超高温水基钻井液体系

目前，国内外研究人员通过研制各种抗超高温降滤失剂、防塌封堵剂、高温保护剂等配套处理剂，已形成多种抗超高温水基钻井液体系。Ava 公司研发的 AVAGELTERM 是可抗温 230℃以上的高温高压环保钻井液体系，Baroid 公司的 THERMA-DRIL 及 Ecofluids 公司的 ECOTHERM 是高温高压钻井液体系，Scomi 公司的 HYDRO-THERM 及威德福公司的 WEL-DRILL PLUS 是高温水基钻井液体系。贝克休斯 A. Witthayapanyanon 等[59]研制的新型钻井液已在东南亚最高温井(井底温度为 253℃的勘探气井)成功应用，该钻井液密度 2.16g/cm^3，超高温下性能稳定，试验过程中未见重晶石沉降，96h 静态老化试验，流变性稳定。美国 Exxon 公司 Julianne Elward-Berry 等[60]研究的环保型超高温水基钻井液，流变性稳定，应用于莫比尔湾超高温井(246℃)，现场应用效果良好。哈里伯顿公司 Kay A. Galindo 等[61]研制的无黏土高性能水基钻井液成功应用于超高温井(205℃)，钻井液密度 1.2~2.0g/cm^3，具有稳定的流变性能，该钻井液包括新型合成聚合物型增黏剂、流型调节剂、降滤失剂等。该团队[62]还研制了抗温 218℃的高性能水基钻井液，新型超高温聚合物处理剂的加入使其具有良好的增黏性、降滤失性及悬浮稳定性。伊朗 Pars 钻井液公司 Mojtaba Kalhor Mojammadi 等[63]研制的高温无泡沫水基钻井液，利用特殊聚合物及处理剂，在高温高压下仍有良好的流变性能、降滤失性、抑制性及润滑性，同时具有低毒性。斯伦贝谢公司 Balakrishnan Panamarathupalayam 等[64]研究的多功能高温水基钻井液体系，采用高支化合成聚合物有效避免了黏土胶凝问题，同时稳定性好，钻井液体系密度 1.1~1.9g/cm^3，抗温 205℃以上。

国内针对抗高温水基钻井液也进行了长期攻关，目前超高温淡水钻井液体系抗温能力总体基本达到抗温 240℃。孙金声等[65]研制了一种抗温 240℃的水基钻井液体系，体系主要由抗高温保护剂、高温降滤失剂、封堵剂、增黏剂等组成。抗高温保护剂 GBH 可大幅提高磺化聚合物的抗高温降滤失性、高温稳定性及体系整体抗温性能。该钻井液体系在 240℃下具有良好的高温稳定性，高温高压滤失量低，并具有良好的流变性、抑制性和抗钻屑污染能力，已在准噶尔、塔里木等地深井成功应用。邱正松等[66]为满足河南油田泌深 1 井深层钻井对钻井液高温稳定性和防塌技术的需求，以自研降滤失剂 HTP-1 及降黏剂 HTP-2 为基础研制出了抗温 245℃，密度 1.2g/cm^{3}的超高温水基钻井液，其具有高温稳定性强、润滑性好以及页岩抑制能力、封堵能力及抗污染能力强等优点。杨文权等[67]以 AMPS 等抗高温单体为主要原料合成的聚合物 BH-HFL 作为降滤失剂，及纳米润滑防塌剂 BH-RDJ 等构建了抗 230℃的低固相钻井液配方，该体系在超高温条件下的流变性能仍能有效满足携岩要求，该钻井液体系已在杨税务区块成功开展 7 口井现场应用。许洁等[68-71]针对松科二井(完钻井深 7018.88m，实测井底温度 241℃)确定了 3 套适用于不同高温井段的钻井液配方，即抗温 180℃的氯化钾聚磺钻井液(用于层段 2806.2~5600m，井底温度为 85~184℃)；抗温 230℃的超高温聚合物钻井液(用于层段 5600~6505m，井底温度为 184~229℃)；抗 250℃超高温的甲酸盐聚合物钻井液(用于层段 6505~7108.88m，井底温度为 229~241℃)。这 3 种体系均具有良好的高温稳定性和剪切稀释性，且高压滤失量低，抗温能力突出。胡小燕等[72]以抗高温聚合物降滤失剂 HR-1 和改性腐植酸 HS-1，与优选的抗高温封堵剂、高温稳定剂进行配伍性研究，构建了密度 1.05~2.30g/cm^{3}抗温 270℃的钻井液体系。张丽君等[73]利用自主研发的抗高温降滤失剂 MP488、抗盐高温高压降滤失剂 HTASP-C、流型调节剂 CGW-6，配合使用其他处理剂，形成了抗温达 260℃、密度为 2.35g/cm^{3}的钻井液体系。李公让等[74]综合 Duratherm 体系、Therma 高温水基钻井液的优点，以国外某公司产品为主处理剂，研制出了一种超高温度(260℃)水基钻井液，该体系具有好的抗污染性，并在胜科1井四开成功应用。其主要处理剂包括：(1)DriscalD抗高温(260℃)聚合物降滤失剂，具有超高温稳定性及好的环境保护、抗盐性能；(2)Desco单宁基产品，抗温220℃以上，具有较好的环境保护性能，是普通铁铬木质素磺酸盐产品和褐煤质产品作用的4~6倍，且可在各种pH值范围内使用；(3)磺化沥青Soltex作润滑剂，无使用温度上限，可将钻井液润滑性能提高15%~30%。

4 认识与展望

油气勘探开发的持续深入对超高温钻井提出了更高要求，需要各方配合，协同发展，其中，对超高温水基钻井液性能的提升与调控尤为关键。

(1)深入研究超高温水基钻井液技术基础理论。不断探索水基钻井液抗超高温作用机理及性能调控技术，提升钻井液抗超高温机理认识，与高分子材料、胶体界面化学、物理化学等交叉学科融会贯通，多维度进行钻井液抗超高温微观机理探究。

(2)研发新型超高温水基钻井液处理剂。超高温处理剂是水基钻井液发挥性能的基础，在优化升级传统钻井液处理剂的同时，积极探索仿生材料、纳米材料等新型材料在钻井液领域的应用，有望实现性能提升。

(3)构建新型超高温水基钻井液体系。随着深层超深层油气资源勘探开发的深入，钻井液体系的构建在考虑抗温的基础上，还需充分考虑储层友好、安全环保、多功能高效能等多个方面。

参考文献

[1] 马永生．加强多学科交叉融合研究推动中国海相深层油气勘探开发新突破[N]．中国科学报，2020-5-27(3).

[2] Ahmad I, Akimov O, Bond P, et al. Drilling Operations in HP/HT Environment[C]. SPE 24829-MS, 2014.

[3] Charlet G, Delmas G. Thermodynamic properties of polyolefin solutions at high temperature: 1. Lower critical solubility temperatures of polyethylene, polypropylene and ethylene-propylene copolymers in hydrocarbon solvents[J]. Polymer, 1981, 22(9): 1181-1189.

[4] Charlet G, Ducasse R, Delmas G. Thermodynamic properties of polyolefin solutions at high temperature: 2. Lower critical solubility temperatures for polybutene-1, polypentene-1 and poly(4-methylpentene-1) in hydrocarbon solvents and determination of the polymer-solvent interaction parame[J]. Polymer, 1981, 22(9): 1190-1198.

[5] Pearce, Eli M. Polymers: Chemistry and physics of modern materials[J]. Journal of Polymer Science Part A Polymer Chemistry, 1992, 30(8): 1777-1777.

[6] Rimmer S, Carter S, Rutkaite R, et al. Highly branched poly-(N-isopropylacrylamide)s with arginine/glycine/aspartic acid(RGD)-or COOH-chain ends that form sub-micron stimulus-responsive particles above the critical solution temperature[J]. Soft Matter, 2007, 3(8): 971-973.

[7] Ward M A, Georgiou T K. Thermoresponsive terpolymers based on methacrylate monomers: Effect of architecture and composition[J]. Journal of Polymer Science Part A Polymer Chemistry, 2010, 48(4): 775-783.

[8] 王荣春，卢卫红，马莺．亚临界水的特性及其技术应用[J]．食品工业科技，2013，34(8)：373-377.

[9] 戚聿妍，王荣春．亚临界水中化学反应的研究进展[J]．化工进展，2015，34(10)：3557-3562.

[10] García-Marino M, Rivas-Gonzalo J C, Ibáñez E, et al. Recovery of catechins and proanthocyanidins from winery by-products using subcritical water extraction[J]. Analytica Chimica Acta, 2006, 563(1): 44-50.

[11] Reddy H K, Muppaneni T, Sun Y, et al. Subcritical water extraction of lipids from wet algae for biodiesel production[J]. Fuel, 2014, 133(5): 73-81.
[12] Eckert C A, Chandler K. Tuning fluid solvents for chemical reactions[J]. The Journal of supercritical fluids, 1998, 13(1): 187-195.
[13] Watchararuji K, Goto M, Sasaki M, et al. Value-added subcritical water hydrolysate from rice bran and soybean meal[J]. Bioresource technology, 2008, 99(14): 6207-6213.
[14] Akiya N, Savage P E. Roles of water for chemical reactions in high-temperature water[J]. Chemical reviews, 2002, 102(8): 2725-2750.
[15] Bicker M, Endres S, Ott L, et al. Catalytical conversion of carbohydrates in subcritical water: A new chemical process for lactic acid production[J]. Journal of Molecular Catalysis A: Chemical, 2005, 239(1): 151-157.
[16] Salak Asghari F, Yoshida H. Acid-catalyzed production of 5-hydroxymethyl furfural from D-fructose in subcritical water[J]. Industrial & Engineering Chemistry Research, 2006, 45(7): 2163-2173.
[17] DICKERT J J, HEILWEIL I J. Vinyl sulfonate amide copolymer and terpolymer combinations for control of filtration in water based drilling fluids at high temperature: US, 4608182[P]. 1986.
[18] PATEL A D. Water-based drilling fluids with high temperature fluid loss control additive: US, 5789349 [P]. 1998.
[19] THAHAEMLITZ C J, PATEL A D, COFFIN G, et al. New environmentally safe high-temperature water-based drilling fluid system[C]. SPE 57715, 1999.
[20] THAHAEMLITZ C J, PATEL A D, COFFIN G, et al. A new environmentally safe high temperature, water-base drilling fluid system[C]. SPE 37606, 1997.
[21] SORIC T, HUELKE R. Uniquely engineered water-base high temperature drill-in fluid increases production, cuts costs in Croatia campaign[C]. SPE/IADC 79839, 2003.
[22] HEIER K H. Synthetic polymer extends fluid loss control to HP/HT environments[J]. World Oil, 2005(7): 75-76.
[23] 徐同台，赵忠举.21世纪初国外钻井液和完井液技术[M]. 北京：石油工业出版社，2004.
[24] 常晓峰，孙金声，吕开河，等. 一种新型抗高温降滤失剂的研究和应用[J]. 钻井液与完井液，2019, 36(4): 420-426.
[25] 王中华，周乐群，王旭. AM/AOBS/DMAM共聚物超高温钻井液降滤失剂合成[J]. 精细与专用化学品，2009, 17(19): 21-22+24+2.
[26] 杨小华，钱晓琳，王琳，等. 抗高温聚合物降滤失剂PFL-L的研制与应用[J]. 石油钻探技术，2012, 40(6): 8-12.
[27] 黄维安，邱正松，徐加放，等. 超高温抗盐聚合物降滤失剂的研制及应用[J]. 中国石油大学学报(自然科学版)，2011, 35(1): 15.
[28] 苏俊霖，蒲晓林，任茂，等. 高温无机/有机复合纳米降滤失剂NFL-1研究[J]. 钻采工艺，2012, 35(4): 75-78.
[29] 曲建峰，邱正松，郭保雨，等. 氧化石墨烯新型抗高温降滤失剂的合成与评价[J]. 钻井液与完井液，2017, 34(4): 9-14.
[30] 杨芳. 纳米碳球耐高温钻井液润滑剂的研究[D]. 长春：吉林大学，2013.
[31] 孙金声，潘小镛，刘进京. 新型钻井液用润滑剂GXRH的研制[J]. 钻井液与完井液，2002(6): 18-19+149.
[32] 李斌，蒋官澄，王金锡，等. 水基钻井液用润滑剂SDL-1的研制与评价[J]. 钻井液与完井液，2019, 36(2): 170-175.
[33] 邱正松，王伟吉，黄维安，等. 钻井液用新型极压抗磨润滑剂SDR的研制及评价[J]. 钻井液与完井

液，2013，30(2)：18-21.
[34] 王伟吉，邱正松，钟汉毅，等．钻井液用新型纳米润滑剂 SD-NR 的制备及特性[J]. 断块油气田，2016，23(1)：113-116.
[35] 张晓刚，单海霞，李彬，等．环保无荧光生物质润滑剂 ZYRH 的性能与应用[J]. 油田化学，2019，36(2)：196-200.
[36] 贾敏，黄维安，邱正松，等．超高温(240℃)抗盐聚合物降黏剂的合成与评价[J]. 化学试剂，2015，37(12)：1067-1072.
[37] 王富华，王瑞和，王力，等．钻井液用抗高温抗盐钙聚合物降黏剂 JNL-1 的研制与评价[J]. 油田化学，2009，26(1)：1-4.
[38] 赵晓非，胡振峰，张娟娟，等．磺化苯乙烯-衣康酸共聚物超高温钻井液降黏剂的研制[J]. 石油天然气学报，2009，31(5)：105-108+432.
[39] 杜俊涛，刘立新，陈娟娟，等．两种 2-丙烯酸酰胺基-2-甲基丙磺酸类抗高温钻井液降黏剂的合成与评价[J]. 精细石油化工，2015，32(2)：16-20.
[40] 李洋．抗高温水基钻井液降黏剂的研制[D]. 中国石油大学(北京)，2016.
[41] 樊泽霞，王杰祥，孙明波，等．磺化苯乙烯—水解马来酸酐共聚物降黏剂 SSHMA 的研制[J]. 油田化学，2005(3)：195-198.
[42] 邱正松，毛惠，谢彬强，等．抗高温钻井液增黏剂的研制及应用[J]. 石油学报，2015，36(1)：106-113.
[43] 谢彬强，邱正松，郑力会．水基钻井液用抗高温聚合物增黏剂的研制及作用机理[J]. 西安石油大学学报(自然科学版)，2016，31(1)：96-102.
[44] 闫丽丽，孙金声，王建华，等．新型抗高温抗盐钻井液增黏剂 PADA 的制备与性能[J]. 石油学报(石油加工)，2013，29(3)：464-469.
[45] 覃勇，马克迪，蒋官澄．水基钻井液用锂皂石增黏剂的合成及性能研究[J]. 钻井液与完井液，2016，33(3)：20-24.
[46] 张现斌，李欣，陈安亮，等．钻井液用抗高温聚合物增黏剂的制备与性能评价[J]. 油田化学，2020，37(1)：1-6+16.
[47] 张斌．超深井、超高温钻井液技术研究[D]. 中国地质大学(北京)，2010.
[48] 王富华．抗高温高密度水基钻井液作用机理及性能研究[D]. 中国石油大学(华东)，2009.
[49] 颜磊，蒋卓，王大勇，等．干热岩抗高温钻井液体系研究[J]. 化学与生物工程，2015，32(7)：55-58.
[50] 许洁．超高温水基钻井液技术及其流变模型研究[D]. 中国地质大学，2015.
[51] World Oil' Fluids Guide 2006. World Oil，2006，6：61.
Drilling，Completion & Workover Fluids. World Oil，2015，6：3-34.
[52] 暴丹，邱正松，邱维清，等．高温地层钻井堵漏材料特性实验[J]. 石油学报，2019，40(7)：846-857.
[53] 王伟吉，邱正松，黄维安，等．纳米聚合物微球封堵剂的制备及特性[J]. 钻井液与完井液，2016，33(1)：33-36.
[54] 谢刚，罗平亚，邓明毅．一种水基钻井液用纳米聚合物封堵剂及其制备方法[P]. CN104927051 A.
[55] 孔勇，杨小华，徐江，等．抗高温强封堵防塌钻井液体系研究与应用[J]. 钻井液与完井液，2016，33(6)：17-22.
[56] 孔勇，杨小华，徐江，等．抗高温防塌处理剂合成研究与评价[J]. 钻井液与完井液，2016，33(2)：17-21.
[57] 方俊伟，张翼，李双贵，等．顺北一区裂缝性碳酸盐岩储层抗高温可酸溶暂堵技术[J]. 石油钻探技术，2020，48(2)：17-22.

[58] 何仲，刘金华，方静，等．超高温屏蔽暂堵剂 SMHHP 的室内实验研究[J]．钻井液与完井液，2017，34(6)：18-23.
[59] A. Witthayapanyanon，K. A. Nasrudin，F. Wahid，et al. Novel Drilling Fluids Enable Record High-Temperature，Deep-Gas Exploration Well Offshore Peninsula of Malaysia[R]. SPE170557，2014.
[60] Julianne Elward - Berry，J. B. Darby. Rheologically Stable，Nontoxic，High - Temperature，Water - Based Drilling Fluid[R]. SPE-24589，1997.
[61] Kay A. Galindo，Weibin Zha，Hui Zhou，et al. Clay-Free High Performance Water-Based Drilling Fluid for Extreme High Temperature Wells[R]. SPE173017，2015.
[62] Kay A. Galindo，Weibin Zha，Hui Zhou，et al. High Temperature，High Performance Water-Based Drilling Fluid for Extreme High Temperature Wells[R]. SPE173773，2015.
[63] Mojtaba Kalhor Mojammadi，Shervin Taraghikhah，Koroush Tahmasbi Nowtaraki，et al. A Brief Introduction to High Temperature and Foam Free Water Based Drilling Fluids[R]. SPE180541，2016.
[64] Balakrishnan Panamarathupalayam，Cedric Manzoleloua，Linus Sebelin，et al. Multifunctional High Temperature Water-Based Fluid System[R]. SPE195009，2019.
[65] 孙金声，杨泽星．超高温(240℃)水基钻井液体系研究[J]．钻井液与完井液，2006，23(1)：15-18.
[66] 邱正松，黄维安，何振奎，等．超高温水基钻井液技术在超深井泌深 1 井的应用[J]．钻井液与完井液，2009，26(2)：35-36+42+131.
[67] 杨文权，张宇，程智，等．超高温钻井液在杨税务潜山深井中的应用[J]．钻井液与完井液，2019，36(3)：298-302，307.
[68] 许洁，乌效鸣，朱永宜，等．抗 240℃超高温水基钻井液室内研究[J]．钻井液与完井液，2015，32(1)：10-13.
[69] 许洁，乌效鸣，王稳石，等．松科二井超高温钻井液技术[J]．钻井液与完井液，2017，35(2)：29-34.
[70] 许洁，朱永宜，乌效鸣，等．松科二井取心钻进高温钻井液技术[J]．中国地质，2019，46(5)：1184-1193.
[71] 黄聿铭，张金昌，郑文龙．适于深部取心钻探井超高温聚磺钻井液体系研究[J]．地质与勘探，2017，53(4)：0773-0779.
[72] 胡小燕，王 旭，张丽君，等．超高温 270℃水基钻井液体系研究[J]．精细石油化工进展，2016，17(6)：8-12.
[73] 张丽君，王旭，胡小燕，等．抗 260℃超高温水基钻井液体系[J]．钻井液与完井液，2015，32(4)：5-8.
[74] 李公让，薛玉志，刘宝峰，等．胜科 1 井四开超高温高密度钻井液技术[J]．钻井液与完井液，2009，26(02)：12-15+129.

超高温高密度钻井液技术研究与应用

李　雄[1,2]　金军斌[1,2]　杨小华[1,2]　王海波[1,2]　董晓强[1,2]　杨　帆[1,2]

（1. 页岩油气富集机理与有效开发国家重点实验室；2. 中国石化石油工程技术研究院）

【摘　要】 在深部超高温高压地层环境下，钻井液普遍存在流变性差及难调控、高温高压失水增大、重晶石沉降等问题，导致井下复杂发生。本文从抗温、降滤失、控制黏切、提高沉降稳定性能等方面提出了钻井液体系的设计思路，基于研发的超高温封堵降滤失剂 SMPFL-UP、超高温高密度分散剂 SMS-H 等核心处理剂，优选抗高温封堵防塌剂 SMNA-1、高温稳定剂 GWW、高效润滑剂 SMJH-1 等关键配套处理剂，经过配方优化及评价，研发了一套超高温高密度钻井液体系（SMUTHD），抗温达 220℃。SMUTHD 密度不超过 2.40g/cm^{3}时，经 220℃老化后流变性能稳定、HTHP 滤失量小于 12mL、极压润滑系数为 0.178，在 220℃下静置 7 天沉降系数（SF）小于 0.54，表现出良好流变性能、滤失性能和高温沉降稳定性能。在顺南蓬 1 井五开成功应用，井底温度 207.4℃，实钻钻井液密度 1.75～1.80g/cm^3，井浆 SF<0.52，性能稳定，井下安全。SMUTHD 的成功研发及现场应用，有力保障了深部油气层的勘探发现、增储建产和低成本高效开发，提高了我国超高温高密度钻井液技术的自主化水平。

【关键词】 超高温；高密度；水基钻井液；顺南蓬 1 井

在深部高温高压地层，越来越多油气井使用高温、高密度钻井液施工。如国外的美国、北海，国内的大庆徐家围子地区、南海莺琼盆地[1,2]等地区。国内采用高温或高密度钻井液施工的井数逐渐增多。高温钻井液应用的代表井有泌深 1 井[3]（236℃）、胜科 1 井[4]（235℃）、徐闻 X3 井[5]（211℃）；高密度钻井液应用的代表井有官深 1 井[6]（重晶石加重，2.87g/cm^3）等。应用温度和密度都高的钻井液体系，国内鲜有实际应用报道。

大量钻井实践表明，采用重晶石加重的高密度钻井液在高温下普遍存在流变性能调控难、HTHP 滤失量大、固相加重材料沉降等难题。在钻井现场，高温高密度钻井液容易出现“加重增稠—处理降黏—加重材料沉降（引发井下复杂，同时使钻井液密度降低）—再次加重”的恶性循环，钻井液的流变性能和高温沉降稳定性能难以兼顾。此外，处理剂高温降解失效是导致钻井液的 HTHP 滤失量增大和流变性能变化的主要原因之一。

随着我国油气资源勘探向深部地层挺进，性能优良、高温沉降稳定性能突出的超高温高密度钻井液体系对深部超高温高压地层安全钻进、提速提效有着极其重要的意义[7]。

1　设计思路

由于超高温高密度钻井液体系的特殊性，决定了其应用井段不会含有多类型地质与工程目标，因此体系设计和构建时考虑的要素相对较少。本文主要围绕超高温高密度钻井液流变

作者简介：李雄，副研究员，现在从事高温高密度钻井液、钻井液工艺技术研究工作。工作单位：中国石化石油工程技术研究院；地址：北京市朝阳区北辰东路 8 号北辰时代大厦 702 室；电话：010-84988573，18610676801；E-mail：lixiong.sripe@sinopec.com。

性能、滤失性能和高温沉降稳定性能调控难题，进行体系设计及评价。

（1）钻井液被应用于现场，需满足钻井施工“安全、优质、高效”的原则，首要原则就是做到保证施工的安全性，确保满足钻井需要。这要求体系本身抗温且性能稳定。

（2）高密度带来的高固含，会导致两方面的难题：一是钻井液体系的沉降稳定性与流变性的“跷跷板”效应；二是井下有钻具时，钻井液体系失稳、加重材料沉降带来的灾难性后果。因此，保持钻井液体系稳定性与流变性的平衡至关重要。可在体系中采用高密度、高纯度重晶石，同时使用超高温高密度分散剂，来维持钻井液高温沉降稳定性能和流变性能的平衡。

（3）超高温对膨润土、处理剂和膨润土—处理剂相互作用都会产生影响，主要表现为钻井液 pH 值降低、处理剂降解加速和黏土的高温分散、高温聚结、高温钝化现象，进而影响钻井液滤失量增大、黏度上升或下降、沉降稳定性变差等。可在体系中引入超高温封堵降滤失剂，维持体系较低黏度、切力和滤失量，提高抗温能力。

（4）超高温高密度钻井液体系多应用于深井、超深井，钻具在井下的摩阻不可小觑。可在体系中引入高效润滑剂，提高其润滑、防卡性能。

此外，在体系中引入适量的高温稳定剂，对膨润土颗粒护胶，可提高其高温稳定性。引入适量的无机盐，维持膨润土颗粒适度分散，有利于流变性能调控。维持体系 pH 值在合理水平，有利于处理剂发挥更高效作用。

2 配方与性能评价

2.1 核心处理剂研发

2.1.1 超高温封堵降滤失剂

利用 Materials Studio 软件进行分子结构设计，在分子中引入环状结构、链烷基磺酸基及含可反应的活性点树枝状交联结构。通过接枝共聚和微交联工艺，合成出了具有可溶胀封堵和抗高温吸附作用的超高温封堵降滤失剂（SMPFL-UP）。分子结构中，交联聚合物形成的体型溶胀微区充当封堵粒子，微区周围的线型聚合物分子发挥水溶性和吸附性的作用(图 1)。

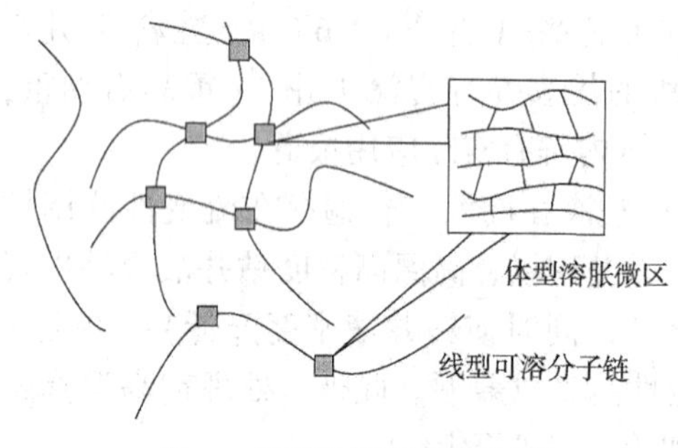

图 1　超高温封堵降滤失剂分子结构设计示意图

SMPFL-UP 与各种阴离子型、阳离子型和两性复合离子型钻井液处理剂配伍性好、环境友好，用量少，作用时间长，维护处理方便。与常用的聚合物降滤失剂相比，其水溶液黏度更低，降滤失效果突出，经 220℃ 老化 16h 后测试 180℃ 的 HTHP 滤失量小于 22mL。满足超高温高密度钻井液体系的滤失量控制需求，应用在超高温（可达 220℃）环境下优越性更为显著。

图 2 是该产品与收集的国内外降滤失剂样品的对比评价结果，实验基础配方：4%膨润土浆+15%评价土+0.2%烧碱+3%降滤失剂，经 220℃ 老化 16h 后测试 180℃ 的 HTHP 滤失量。结果表明，加入 SMPFL-UP 的实验配方 HTHP 滤失量仅为 6mL，优于其他产品，效果显著。

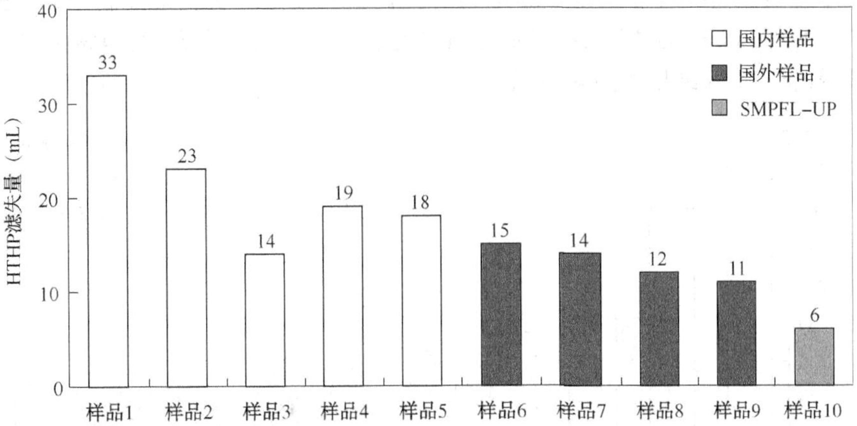

图 2　抗高温降滤失剂样品对比评价结果

2.1.2　超高温高密度分散剂

大量的固相使高密度钻井液黏切升高、剪切稀释性差，不利于施工，也会聚结沉降影响钻井安全，超高温下这些问题更突出。为此，在分子中引入螯环结构、刚性苯环及含多反应活性点的结构，通过原料优选及工艺优化，合成出超高温高密度分散剂(SMS-H)。分子中羟基、胺基和磺酸基占有一定比例，有利于高温下吸附和水化，确保被分散的加重剂颗粒表面水化膜在超高温下仍具有一定厚度，阻止其聚集、沉降，维持体系的高温沉降稳定性。

此外，SMS-H 还有利于改善高密度钻井液的高温流变性能。图 3 是 SMS-H 与收集的国内外高密度分散剂样品的降黏率对比评价结果，实验配方为：基浆(4%膨润土+重晶石粉，密度 2.20g/cm^3)+1%分散剂。结果表明，密度 2.20g/cm^{3}的基浆中加入 SMS-H，经 220℃老化 16h 后降黏率高达 65%，远优于其他同类产品。

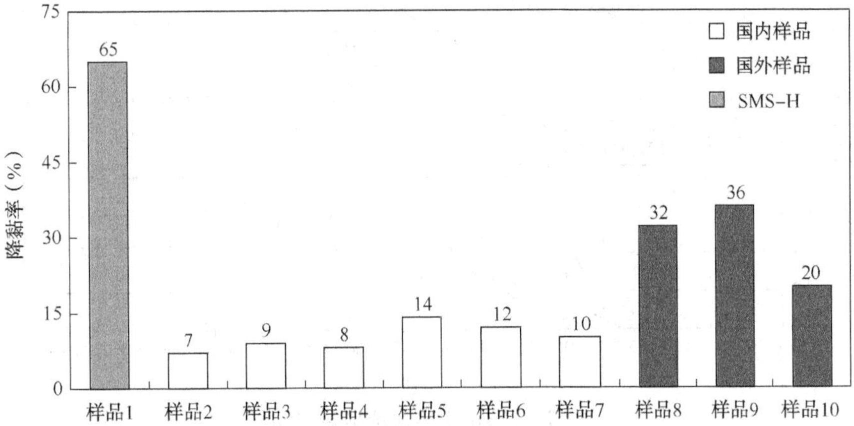

图 3　国内外分散剂样品降黏率对比评价结果

SMS-H 有利于高密度钻井液的高温流变性能和沉降稳定性能的调控，尤其适用于密度大于 2.20g/cm^{3}的钻井液体系，与钻井液处理剂配伍性好，环境友好，用量少，作用周期长，维护处理方便。

2.2　处理剂优选

2.2.1　抗高温封堵防塌剂

为增强超高温高密度钻井液体系的防塌能力、改善滤饼质量，收集了国内外抗高温封堵防塌剂样品，参考标准 SY/T 5794—2010 进行了评价和优选。实验浆配制完成，经 220℃老化 16h，高速搅拌 20min 后测定 180℃的 HTHP 滤失量。实验浆配方为：4%膨润土+4%评价土+2.5%防塌剂，实验结果如图 4 所示。

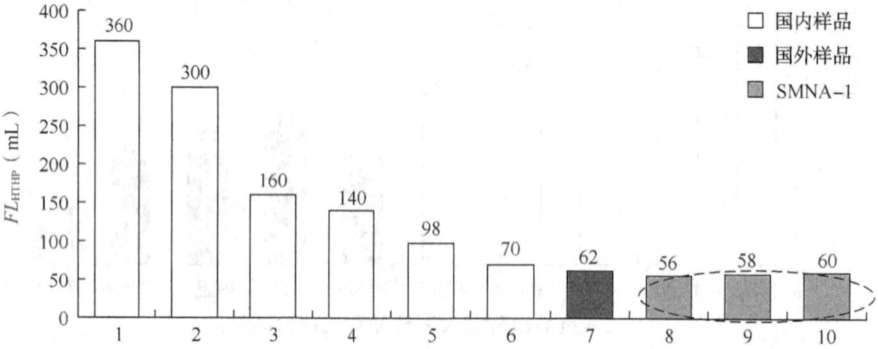

图 4　抗高温封堵防塌剂对比评价结果

由图 4 可知，加入 SMNA-1 的实验浆 HTHP 滤失量最低，其封堵和改善滤饼质量的能力明显优于国内产品，略优于国外同类产品。采用压力传递实验，进一步评价其封堵泥页岩微裂缝的能力，结果如图 5 所示。由图 5 可知，使用 SMNA-1 可有效封堵阻隔压力传递，在驱动压力为 6MPa 下，可将末端的压力降至 3MPa，效果优于国内外其他样品，表明其封堵降滤失效果显著。可优选为超高温高密度钻井液体系的封堵防塌剂。SMNA-1 是一种抗温达 200℃以上，具有刚性结构和高温形变能力的封堵防塌处理剂[8]。

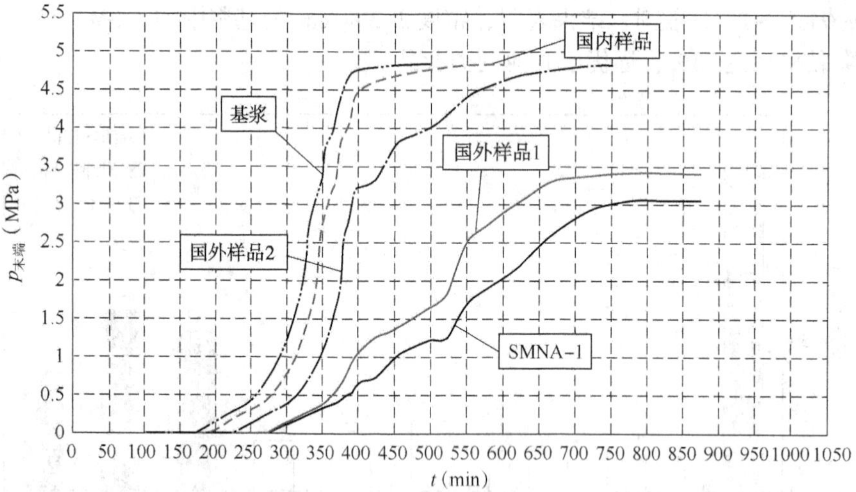

图 5　压力传递实验评价结果(6MPa)

2.2.2　高温稳定剂

研究高密度钻井液流变参数随温度的变化规律时发现，随着温度升高，高密度钻井液的流型指数 n 值逐渐增大、稠度系数 K 值逐渐减小(图 6)，即剪切稀释性降低、流变性能变差，稠度降低、悬浮稳定性变差，导致加重材料容易沉降，不利于井下安全。为此，需要优选高温稳定剂，促进核心处理剂发挥更高效作用。

大多数高温稳定剂产品的分子中含有强吸附和水化基团，可增强膨润土颗粒的 Zeta 电位和水化膜厚度，防止膨润土颗粒高温去水化后聚结失去稳定性，从而提高钻井液体系的高温稳定性。评价了乳液类、硬质石蜡类等 3 种高温稳定剂样品，基浆配方：4%膨润土+1% PAC-ULV+3%SMC+3%SMP+0.2%NaOH，加重到密度 2.00g/cm^3，分别测试经 200℃长时间静置老化后钻井液体系的 HTHP 滤失量和沉降系数(SF)，结果见表 1。

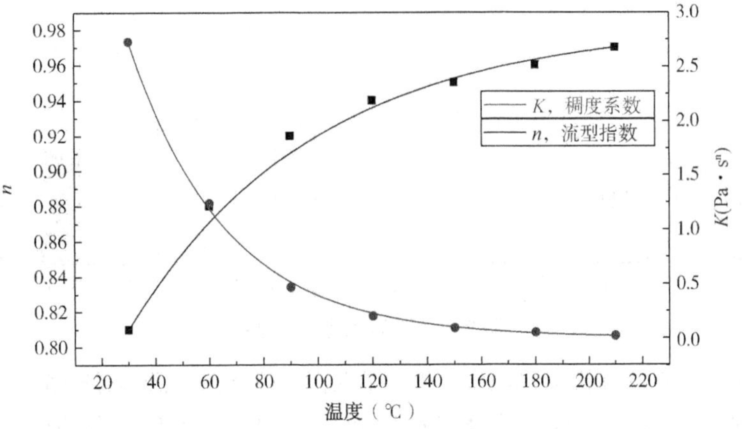

图 6　温度对高密度钻井液流变参数影响规律

表 1　高温稳定剂对高密度钻井液滤失量和沉降系数的影响评价结果

实验配方	实验条件	FL_{HTHP}(mL)	*SF*
基浆	200℃×16h	26	沉降严重
基浆+1.5%产品 A（乳液类）	200℃×16h	22	0.55
	200℃×48h	28	0.56
	200℃×72h	30	0.57
基浆+1.5%产品 B（硬质石蜡）	200℃×16h	18	0.53
	200℃×48h	24	0.54
	200℃×72h	28	0.55
基浆+1.5%GWW（乳液类）	200℃×16h	9.6	0.51
	200℃×48h	12.2	0.52
	200℃×72h	16.8	0.53

由结果可知，加入了乳液类产品 GWW 的钻井液，经 200℃静置老化达 16~72h 后，沉降系数最低，且 HTHP 滤失量最小。因此，选用 GWW 作为体系的高温稳定剂，促进体系中核心处理剂在高温下发挥更高效作用。

2.2.3　高效润滑剂

在钻井液体系中添加润滑剂是为了降低钻具在井下的摩阻。在高密度钻井液中，选择润滑剂要同时考虑其物理存在状态和化学性质。高密度钻井液本身固相含量很高，固体润滑剂可能不再适用；大多数液体润滑剂加入高密度钻井液中，由于相界面由原来的水—固两相变为水—固—油三相，导致阻力增加，如果选材或使用不当，效果会适得其反。评价了国内外常用的 10 种润滑剂样品的配伍性和性能。实验基浆配方：4%膨润土+1%PAC-ULV+3%SMC+3%SMP+0.2%NaOH，重晶石加重到密度 2.20g/cm^3，润滑剂加量为 1%，经 220℃老化 16h，用 EP-B 型极压润滑仪测实验浆的极压润滑系数，与基浆对比计算降低率，实验结果整理后见图 7。

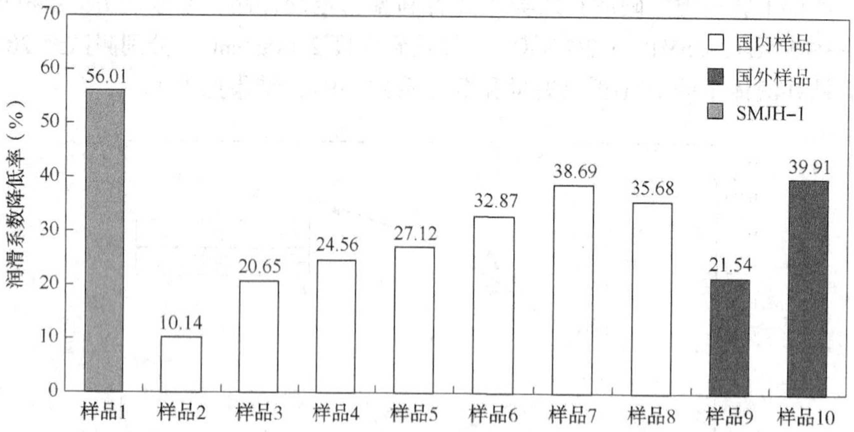

图 7　润滑剂优选实验结果

由图 7 可知，1%的润滑剂 SMJH-1 加入基浆后，其润滑系数降低 56.01%。SMJH-1 表现出了最优的润滑性能，可优选为体系的高效润滑剂，提供超高温高密度钻井液的润滑性能。

2.3　体系性能评价

根据设计思路，以研发的 SMPFL-UP 和 SMS-H 为核心，辅以优选的 SMNA-1、GWW 和 SMJH-1 等抗高温处理剂，采用重晶石加重，构建和研发了超高温高密度钻井液体系（SMUTHD）。其中，SMNA-1 为以油溶性骨架材料通过偶联、取代、交联等反应，研制的具有高温广谱变形、弹性封堵、黏结固壁等功能的封堵防塌剂；SMJH-1 是一种含有极压元素的改性酯类，可在高极压下与钻具表面发生摩擦化学反应，生成"铆固"的润滑膜。上述 SMNA-1、SMJH-1 等和 2 种核心处理剂配伍性好，具有协同增效作用。基础配方：1.0%~1.5%膨润土浆+0.2%~0.8%超高温封堵降滤失剂（SMPFL-UP）+6%~8%树脂类降滤失剂（SMC、SMP-3、SPNH）+1%~2%高效润滑剂（SMJH-1）+1%~3%抗高温封堵防塌剂（SMNA-1）+1%~2%超高温高密度分散剂（SMS-H）+1%~1.5%高温稳定剂（GWW）+烧碱。

将基础配方加重至密度为 2.20~2.40g/cm^{3}的体系，经 220℃高温老化，评价高温沉降稳定性能、流变性能、HTHP 滤失量和润滑性能等。

2.3.1　高温沉降稳定性

沉降稳定性反映了加重钻井液中加重剂颗粒在各种条件下（如 HTHP 环境、盐污染等）保持均匀分布的能力，文献[9]介绍了钻井液沉降稳定性的多种评价和预测方法。现阶段评价加重钻井液的沉降稳定性尚没有统一标准，钻井现场通常采用文献[10，11]中介绍的静态沉降方法评价，使用沉降系数（*SF*）来量化钻井液的沉降稳定性，即先将待测钻井液长时间静置，然后使用下层的密度除以上、下层密度之和。显然，*SF* 最小值为 0.50，表示上、下层密度相等，没有发生沉降。现场一般认为，当 $SF \leqslant 0.54$ 时，体系的沉降稳定性满足施工要求。该方法可以比较客观地反映高密度体系的沉降稳定性。

$$SF=\rho_{\text{bottom}}/(\rho_{\text{bottom}}+\rho_{\text{top}})$$

采用沉降系数评价方法，评价了 SMUTHD 的高温沉降稳定性能，实验结果整理后如图 8 所示。密度为 2.20~2.40g/cm^{3}的钻井液在 220℃高温下静置老化 1~10 天，所有实验配方的 *SF* 值均小于 0.54，显示出良好的高温沉降稳定性能。

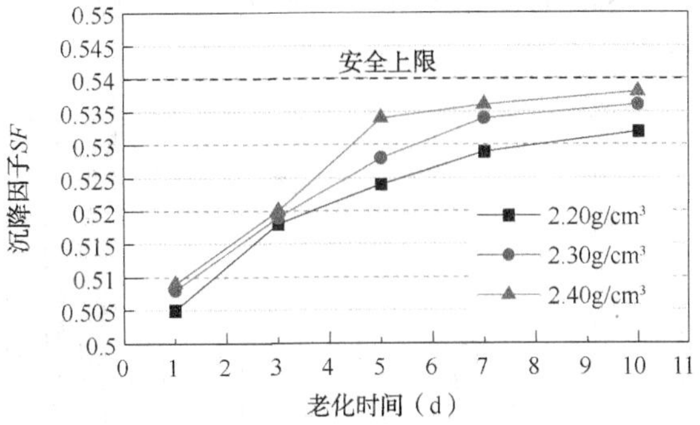

图 8　SMUTHD 在 220℃下的沉降系数评价结果

2.3.2　流变性能和 HTHP 滤失性能

根据基础配方，分别配制了密度为 2.20～2.40g/cm^3的超高温高密度钻井液，配方为：

1.5%膨润土浆+0.5%SMPFL-UP+3%SMC+3%SMP-3+2%SPNH+1.5%GWW+1%SMJH-1+3%SMNA-1+1.5%SMS-H+0.3%$CaCl_2$+0.5%NaOH+重晶石。

测试经 220℃老化前后的流变性能和 HTHP 滤失量，实验结果见表 2。

表 2　SMUTHD 经 220℃高温老化前后性能评价结果

实验条件	密度(g/cm^3)	*Gel*(Pa/Pa)	*PV*(mPa·s)	*YP*(Pa)	FL_{HTHP}(mL)	pH 值
常温	2.20	6.5/12	62	10	—	—
220℃/16h		5/9	36	11	7.6	9
220℃/65h		4.5/10	37	12	7.8	9
常温	2.31	3.5/13	92	20	—	—
220℃/16h		11/17	56	24.5	9.8	9
220℃/65h		12/20	58	28	10.2	8
常温	2.40	5.5/22	98	47	—	—
220℃/16h		12/22	76	24	11	8
220℃/65h		14/25	96	40	11.8	8

由实验结果可知，密度为 2.20～2.40g/cm^3的钻井液分别经过 220℃高温老化 16h 和 65h 后，均表现出良好的流变性能和滤失性能。其中，SMPFL-UP 分子中的“溶胀微区”充当封堵粒子，其周围的线型聚合物分子发挥水溶性和吸附性的作用，提高了钻井液的抗温能力，保证了 HTHP 滤失量小于 12mL。此外，钻井液经过不同时间的老化，其性能变化较小，表明体系抗温能力达到 220℃，且持续抗温时间长。

2.3.3　高温润滑性能

使用 EP 极压润滑仪分别测试了密度为 2.20～2.40g/cm^3的 SMUTHD 经 220℃老化 65h 和 202h 后的润滑系数，结果如图 9 所示。

由图 9 可知，随着密度升高，SMUTHD 的润滑系数逐渐增大；同一密度下，体系的润滑系数随着老化时间的增加呈增大趋势。SMUTHD 在不同密度、不同老化时间下，经 220℃高温老化后极压润滑系数均小于 0.18，表现出了良好的润滑性能。

根据上述性能评价结果可知，最高密度为 2.40g/cm^3的 SMUTHD，经 220℃高温老化后流变性稳定、HTHP 滤失量<12mL、极压润滑系数为 0.178，经 220℃静置 7 天后 $SF \leq 0.54$。

体系中各处理剂协同增效，SMUTHD 表现出了良好的流变性能、高温沉降稳定性能、润滑防卡性能和 HTHP 滤失性能。

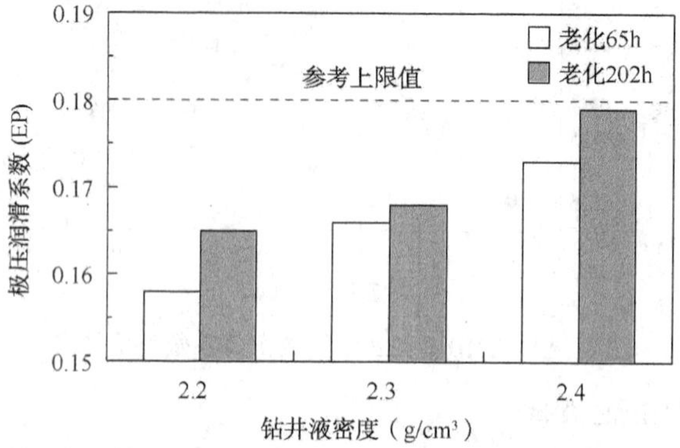

图 9　SMUTHD 润滑性能评价结果

3　顺南蓬 1 井五开现场应用

顺南蓬 1 井部署于新疆维吾尔自治区巴音郭楞蒙古自治州且末县境内，地处沙漠腹地，位于塔中Ⅰ号断裂带下盘古城墟隆起西缘 18 号断裂带，所属的区块为新疆境内几个高地温梯度区块之一。该井为中国石化重点风险探井，设计井深 7600m，井型为直井，五开井身结构。

五开钻遇地层有奥陶系下统蓬莱坝组、寒武系上统下丘里塔格组，蓬莱坝组主要岩性为厚层状灰白色白云岩，下丘里塔格组主要岩性为灰色、白云岩。预测井底温度达 200℃以上，施工最高钻井液密度达 2.00g/cm³以上，高温高压地层环境给钻井液施工及维护提出了挑战，要求施工期间钻井液满足 205℃下 7 天的 *SF* 不超过 0.54。

针对上述难点，五开采用了性能优良，沉降稳定性能突出的 SMUTHD 钻井液施工，实钻井段为 7080～7661m，累计进尺 581m，取心 9 次。完钻井深 7661m，井底温度高达 207.4℃，实钻钻井液密度 1.75～1.80g/cm³，钻井液性能见表 3。

表 3　顺南蓬 1 井五开实钻钻井液性能

井深 (m)	地层	密度 (g/cm³)	*FV* (s)	*PV* (mPa·s)	*YP* (Pa)	*Gel* (Pa)	FL_{HTHP} (mL)	*MBT* (kg/m³)
7080	鹰山组	1.76	50	25	9.5	2.5/3.5	8.6	31
7103	鹰山组	1.77	45	25	7.5	3.5/7.0	10.8	28
7248	鹰山组	1.78	45	22	13	6.6/11	10.4	26
7318	鹰山组	1.80	47	22	17.5	7/10.5	9.0	25
7325	鹰山组	1.80	47	22	17.5	7/10.5	9.0	25
7589	蓬莱坝组	1.75	46	20	15	7/11	10.8	25
7661	下丘里塔格组	1.76	50	22	16.5	10/15	10.0	25

顺南蓬 1 井五开施工期间钻井液性能稳定，振动筛返砂正常，起下钻井下无遇阻现象，取心过程顺利。SMUTHD 在现场应用中表现出良好的流变性能和 HTHP 滤失性能。五开井浆的漏斗黏度(*FV*)为 45～50s，塑性黏度(*PV*)为 20～25mPa·s，动切力(*YP*)保持在 7.5～17.5Pa 之间，190℃的 HTHP 滤失量小于 11.0mL。该井五开 SMUTHD 的应用被甲方评定为优秀。

此外，评价了顺南蓬 1 井五开不同工况下钻井液的沉降稳定性能，结果见表 4。

表 4　顺南蓬 1 井实钻钻井液沉降系数评价结果

编号	静置时间(d)	上层密度(g/cm^3)	下层密度(g/cm^3)	*SF*	备　注
1	6	1.850	1.955	0.514	7176.91m 静置 60.5h 后的井浆
2	3	1.893	2.031	0.518	井浆
3	6	1.969	2.091	0.515	井浆
4	7	1.922	2.070	0.518	第三趟取心前井浆
5	4	1.831	1.945	0.515	完钻井浆

注：高温静置老化温度为 205℃。

由表 4 可以看出，起下钻期间井底静置 60.5h 的井浆、钻进井浆、取心井浆和完钻井浆的 *SF* 均小于 0.52，低于设计要求的 0.54，确保了井下安全。

4　结论

（1）以自主研发核心处理剂为基础，通过优选配伍处理剂，形成了一套采用重晶石加重、具有良好流变性能和沉降稳定性能的超高温高密度钻井液体系 SMUTHD。体系密度 2.20~2.40g/cm^3、抗温达 220℃，7 天 220℃沉降系数 *SF* 小于 0.54。

（2）SMUTHD 在顺南蓬 1 井五开应用，表现出良好的流变性能、HTHP 滤失性能和高温沉降稳定性能。其中，完钻井底温度 207.4℃，施工钻井液密度 1.75~1.80g/cm^3，HTHP 滤失量<11mL，7 天高温沉降系数 *SF*<0.52。

（3）SMUTHD 在顺南蓬 1 井成功应用，表明了该体系配制、维护和关键性能的调控措施和工艺得到验证，解决了超高温高密度钻井液流变性、HTHP 滤失量和高温沉降稳定性能等难以控制的技术难题，保证超深地层钻井施工的安全，实现了超高温高密度钻井液技术的重大突破。

参 考 文 献

[1] Adamson K, Birch G, Gao E, et al. High-pressure, high-temperature well construction[J]. Oilfield Review, 1998(6): 36-49.

[2] 张勇. 南海莺琼地区高温高压钻井技术的探索[J]. 天然气工业, 1999, 19(1): 71-75.

[3] 袁建强, 何振奎, 刘霞. 泌深 1 井钻井设计与施工[J]. 石油钻探技术, 2010, 38(1): 42-45.

[4] 李公让, 薛玉志, 刘宝峰, 等. 胜科 1 井四开超高温高密度钻井液技术[J]. 钻井液与完井液, 2009, 26(2): 12-15.

[5] 王显光, 任立伟. 超高温降滤失剂在徐闻 X3 井成功应用[J]. 石油钻探技术, 2010, 38(6): 112.

[6] 林永学, 杨小华, 蔡利山, 等. 超高密度钻井液技术[J]. 石油钻探技术, 2011, 39(6): 1-5.

[7] 王中华. 国内外超高温高密度钻井液技术现状与发展趋势[J]. 石油钻探技术, 2011, 39(02): 1-7.

[8] 孔勇, 杨小华, 徐江等. 抗高温强封堵防塌钻井液体系研究与应用[J]. 钻井液与完井液, 2016, 33(6): 17-22.

[9] 王建, 彭芳芳, 徐同台, 等. 钻井液沉降稳定性测试与预测方法研究进展[J]. 钻井液与完井液, 2012, 29(5): 79-83.

[10] Jason Maxey, Rheological. Analysis of static and dynamic sag in drilling fluids[J]. Annual transactions of the Nordic Rheology Society, vol. 15, 2007.

[11] Jefferson D T. New procedure helps monitor sag in the field[C]. ASME 91-PET-3. Energy Sources Technology Conference and Exhibition, New Orleans, 20-24 Jan 1991.

超深井复杂地层高温高密度油基钻井液技术

王显光　韩子轩　李大奇　李　胜　林永学

（中国石油化工股份有限公司石油工程技术研究院）

【摘　要】 顺北油田奥陶系地层破碎，地层坍塌掉块严重，严重影响了钻井施工安全，延长了钻井作业周期。根据顺北油田奥陶系地层地质特点，优化形成强封堵抗高温高密度油基钻井液体系，该体系抗温200℃、密度达2.50g/cm³、动塑比可达0.30以上、高温高压滤失量低于4mL。在顺北多口超深水平井与定向井应用，性能稳定，钻进期间井壁稳定，起钻摩阻5~10t，下钻摩阻4~6t，未发生任何井下复杂。现场应用表明，该体系综合性能优良，较好地解决了顺北油田奥陶系破碎地层井壁易失稳，长水平段井眼清洁难和摩阻偏大等难题。

【关键词】 顺北油田；超深复杂井；奥陶系；井壁失稳；油基钻井液

顺北油田位于塔里木盆地，储层平均埋深大于8000m，属于高温、高应力缝洞型断溶体油气藏。该区块发育13条断裂带，其中5号断裂带北段及以西断裂带处于扭曲挤压段，高应力断裂岩体区，井筒失稳风险高。近年来，区块多口井钻遇奥陶系破碎地层，坍塌掉块严重，阻卡频繁，导致数次回填侧钻，极大地延误了勘探开发进程，经济效益损失巨大。当前，奥陶系破碎地层坍塌失稳已成为制约顺北油田勘探开发的重大技术难题之一。为解决顺北油田破碎带井壁失稳难题，针对顺北油气田地层特点和超深水平井钻井施工需求，研发了强封堵高温高密度油基钻井液体系，并在多口井进行了探索应用，取得了良好应用效果。

1　顺北油田油基钻井液技术难点

1.1　地层温度高

顺北油田储层为一间房组、鹰山组，地温梯度约为1.98~2.65℃/100m，平均2.17℃/100m，顺北超深井井温较高，井底温度一般在150~190℃之间，其中5#断裂带储层温度在155~180℃之间，需确保钻井液具有良好的抗温性和高温稳定性。

1.2　地层破碎

顺北油气田5号断裂带处于扭曲挤压段，井筒失稳风险较大，奥陶系地层受挤压构造影响，地层破碎程度高，地层坍塌掉块严重、阻卡频繁；同时，该区域奥陶系普遍存在辉绿岩侵入体，导致坍塌压力大幅增高，实钻过程中钻井液密度差异大。上述地质因素导致多口井

基金项目：国家科技重大专项课题“彭水地区常压页岩气勘探开发示范工程”（2016ZX05061）部分研究内容。

作者简介：王显光（1979—），男，山东青州人，高级工程师，2007年毕业于中国科学院理化技术研究所油田化学专业，获博士学位，现主要从事非常规资源开发用钻井液新材料与新技术研究工作。联系方式：（010）84988192，wangxg.sripe@sinopec.com。

数次回填侧钻，极大地延误了勘探开发进程，经济效益损失巨大。钻井液需具有出众的封堵防塌能力。

1.3 水平井携岩

为提高油气产量，顺北油气田多采用超深定向井或水平井开发模式，井深普遍大于7500m，定向造斜段设计造斜率15°/30m，水平段长多大于800m。定向井造斜率高，摩阻大，造斜段定向钻进时，容易引起钻具定向困难。超深小井眼定向段与长水平段，由于排量小、环空返速低，易在井底形成岩屑床，导致摩阻增加、起下钻困难，造成井下复杂。这要求钻井液具有较好的润滑性和优良的流变性，方能满足超深井造斜段及长水平段润滑以及携岩的双重要求。

1.4 漏失风险

顺北区块由于地质构造的挤压和扭曲作用，奥陶系地层断裂带附近缝网发育，存在大量张开和闭合裂缝，且裂缝对密度变化敏感，易开启扩大，引起漏失；碳酸盐岩储层溶蚀孔洞、裂缝发育，钻井过程中易漏失，其中5#断裂带单井平均漏失283m^3。钻井液需具有较强的封堵能力。

1.5 完井要求

顺北区块由于井深超过8000m，完井过程中测井、测试管柱下入等工序耗时周期长，为保障上述施工安全，要求储层段钻井液具有良好的高温沉降稳定性，在储层温度下静置老化72h后，无明显固体沉淀物或沉降稳定系数≤0.54。

2 油基钻井液体系构建及性能评价

2.1 处理剂研选

充分考虑顺北油气田奥陶系的地层特点，实验室研选了高温乳化剂、抗高温流型调节剂、随钻防漏材料等处理剂，构建了适用于顺北油气田的强封堵高温高密度油基钻井液体系。

2.1.1 抗高温乳化剂

室内从高温乳化剂分子角度进行结构设计，研发了多活性点大分子主乳化剂SMEMUL-H和辅乳化剂SMEMUL-2，该乳化剂具有良好的乳化性能和抗高温性(表1)。室内利用电稳定性测试法对上述乳化剂在柴油中的乳化效果进行了评价，同时与国外乳化剂进行了性能对比(图1)。

表1 油包水乳状液200℃老化后性能

乳化剂名称与加量	E_S (V)	PV (mPa·s)	YP (Pa)
2% SMEMUL-H	404	14	3.0
3% SMEMUL-H	520	16	4.0
6% SMEMUL-H	821	17	5.5
3% SMEMUL-H+1% SMEMUL-2	579	18	6.0
3% SMEMUL-H+1.5% SMEMUL-2	616	18	6.5

注：基浆：0#柴油+25%$CaCl_2$盐水(油水比80：20)+1.5%有机土+2.0%氧化钙。

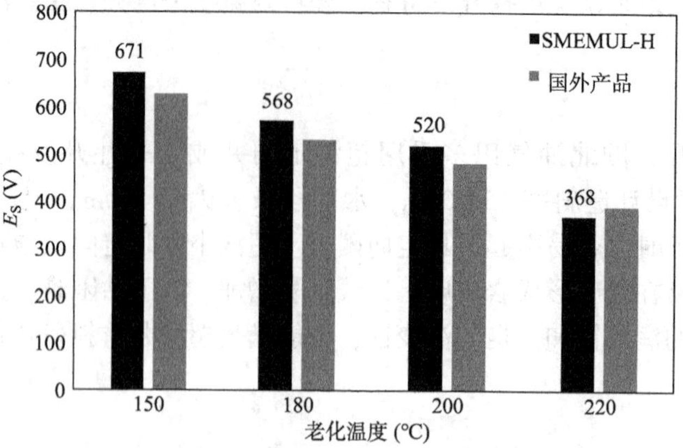

图 1　国内外乳化剂性能对比

实验结果表明，SMEMUL-H 在柴油中具有良好的高温乳化稳定性，同等加量下，破乳电压与国外同类产品相当；在乳状液中，2%加量 200℃老化 16h 后，乳状液破乳电压 E_S 也可大于 400V。当 SMEMUL-H 加量 3%，SMEMUL-2 加量 1.5%时，同时其流变性能也保持稳定，具有合理的黏切。

2.1.2　高温流型调节剂

室内研制多分支油溶性聚合物抗高温流型调节剂 SMHSFA-H。该多分支聚合物是一种新型的具有三维拓扑结构的聚合物，与传统线性聚合物相比，在油相中具有更好的溶解性、溶液低黏度、多功能性、多端基易进行化学改性等特点，其枝状结构在油相中可伸展，通过其多个活性位点，在乳化液滴间、有机土颗粒间形成物理连接，可有效减少有机土的用量，并显著提升油基钻井液的结构力，保障高密度油基钻井液具有良好的悬浮稳定性能。

在高温乳化剂 SMEMUL-H 评价配方的基础上，确定了基础评价配方，在高密度下对比流型调节剂不同加量下、高温老化前后油基钻井液的乳化稳定性和流变性能，实验结果见表 2。

基础配方：柴油+25% $CaCl_2$溶液（油水比 80：20）+3%SMEMUL-H+1.5% SMEMUL-2+1.0%有机土+3% CaO+1.5%SMHSFA-H+重晶石（密度 2.0g/cm^3）。

表 2　高温流型调节剂对油基钻井液性能的影响

样品	老化温度	E_S (V)	黏度计读数 Φ_{600}	Φ_{300}	Φ_6	Φ_3	*Gel* (Pa)	*PV* (mPa·s)	*YP* (Pa)	*YP/PV*
基础配方	老化前	495	60	34	5	4	2/3.5	26	4	0.15
	老化后	519	52	29	4	3	2/3	23	3	0.13
基础配方+1% SMHSFA-H	老化前	815	96	62	11	9	5/8.5	34	14	0.41
	老化后	759	86	53	9	8	4.5/7.5	33	10	0.30
基础配方+2% SMHSFA-H	老化前	1005	132	86	13	12	7/10.5	46	20	0.43
	老化后	932	120	76	11	9	6.5/9.5	45	16	0.36

注：老化条件：200℃/16h。

实验结果表明，基础油基钻井液配方在 200℃高温下具有较好的乳化稳定性，但整体切力较低、结构力较弱。随着高温流型调节剂 SMHSFA-H 的使用，钻井液的动塑比由 0.13 显著上升至0.36、破乳电压也大幅增强，且加量越大，上升幅度越大，表现出良好提升高温流变性能性能效果。

2.1.3 油基降滤失剂

国内外油基钻井液用降滤失剂主要为沥青类、腐植酸酰胺类和高分子聚合物类降滤失剂。沥青类降滤失剂在高温油基钻井液体系中发生形变，有助于提高滤饼质量、降低体系的滤失量。腐植酸酰胺类降滤失剂通过腐植酸与有机胺反应，增强了腐植酸的亲油性，在油相中分散，起到较好的降滤失效果。高分子聚合物类降滤失剂通过油溶性聚合物单体聚合而成，可在油基钻井液中吸油膨胀形成聚合物微凝胶，和其他固相颗粒一起形成致密的滤饼，达到降滤失的作用。在大量实验的基础上，优选了3种不同类别的降滤失剂，评价了其对油基钻井液滤失量、乳液稳定性、流变性能的影响(表3)。

基本配方如下：柴油+25% $CaCl_2$溶液(油水比80：20)+3%SMEMUL-H+1.5% SMEMUL-2+1.0%有机土+3% CaO+3%降滤失剂+1.5%SMHSFA-H+重晶石(密度2.0g/cm^3)。

表3 不同类型油基钻井液降滤失剂对体系性能的影响

降滤失剂	*PV*(mPa·s)	*YP*(Pa)	*Gel*(Pa/Pa)	E_S(V)	FL_{HTHP}(mL)
基浆	34	11.5	4.5/8.5	832	16.0
沥青类-A	36	12.0	5.5/9.5	987	2.0
腐殖酸类-B	42	7.0	2.5/6.0	712	5.8
聚合物类-C	52	10.0	5.0/11.0	926	4.6

注：老化条件：200℃×16h。

实验数据表明，随着三类不同降滤失剂的加入，油基钻井液的高温高压滤失量均显著降低，说明降滤失剂的加入有利于控制油基钻井液的高温高压滤失量。综合流变性能与降滤失效果，选用沥青类-A作为高温高密度油基钻井液用降滤失剂。

2.1.4 随钻防漏材料SMSD-1

针对油基钻井液特点，以改善滤饼质量，降低渗透率，降低滤失损耗为目的，采用架桥封堵、变形填充的方式来封堵漏失通道，优选了刚性架桥材料、纤维拉筋材料和变形填充材料不同组分，合理级配构成了油基钻井液用随钻防漏堵漏材料SMSD-1。

室内采用FA无渗透钻井液滤失仪，测试评价了SMSD-1在油基钻井液200℃高温老化后的封堵性能。将350mL的20~40目砂子倒入筒状可透视的滤失仪中，再倒入500mL油基钻井液，在室温，0.70MPa条件下，测试30min内钻井液渗透情况。从实验结果可以看出(表4)，与未加入封堵剂相比，油基钻井液中加入4%SMSD-1后，砂床侵入深度小于4cm，表明该体系能有效降低钻井液在井筒渗漏通道的漏失量。

基浆配方：柴油+25% $CaCl_2$溶液(油水比80：20)+3%SMEMUL-H+1.5% SMEMUL-2+1.0%有机土+3% CaO+3%降滤失剂+1.5%SMHSFA-H。

表4 SMSD-1砂床侵入实验

实验浆	实验条件	滤失量(mL)	浸入深度(cm)
基浆	老化前	全失	穿透
	老化后	全失	穿透

续表

实验浆	实验条件	滤失量(mL)	浸入深度(cm)
基浆+1%SMSD-1	老化前	0	5.0
	老化后	0	5.5
基浆+2%SMSD-1	老化前	0	4.0
	老化后	0	5.0
基浆+4%SMSD-1	老化前	0	2.0
	老化后	0	2.5

注：老化条件：200℃×16h。

2.2 钻井液配方及性能评价

以高温乳化剂、高温流型调节剂、随钻防漏材料为核心材料，结合润湿剂、有机土、油基降滤失剂等处理剂，构建了强封堵高温高密度油基钻井液体系，配方如下。

0#柴油+25% $CaCl_2$盐水（油水比 65：35～90：10）+3.0%～3.5% SMEMUL-H+1.5%～2.0% SMEMUL-2+0.5%～1.0% SMWET+0.5%～1.0%有机土+1.0%～2.0% SMHSFA-H+1.0%～2.0%降滤失剂+2.0%～3.0% SMSD-1+重晶石。

室内重点考察了体系抗温性、高温高压乳化稳定性、高温高压流变性以及沉降稳定性。

2.2.1 抗高温性能

测试不同密度的油基钻井液老化前后的性能，见表5。从表5可以看出，该油基钻井液在200℃老化后，乳化性能稳定，体现出较好的低黏高切特性，破乳电压均在800V以上，高温高压滤失量在4.0mL以下，表明该体系具有较好的流变性、抗温性以及乳化稳定性。

表5 高密度油基钻井液性能

ρ(g/cm^3)	实验条件	E_S(V)	PV(mPa·s)	YP(Pa)	Gel(Pa/Pa)	$FL_{HTHP-180℃}$(mL)
1.80	老化前	932	32	11	4.5/7.5	—
	老化后	887	30	9	4.0/7.0	3.0
2.00	老化前	960	45	15	6.5/8.5	—
	老化后	855	42	10	5.0/8.0	3.2
2.20	老化前	1169	66	16	7.0/9.5	—
	老化后	1065	58	13	6.0/9.0	3.0
2.50	老化前	1669	102	18	9.0/12.0	—
	老化后	1465	86	15	7.0/10.5	3.4

注：老化条件：200℃/16h。

2.2.2 高温高压乳化稳定性能

利用高温高压油基钻井液乳化稳定性评价仪器评价油基钻井液在高温高压条件下的乳化稳定性。将配制好的钻井液装入测试釜体，在常压、2～10MPa下，调节温度在30～200℃，测试不同温度下对应的破乳电压值。实验结果如图2所示，从实验结果可以看出，高密度油基钻井液在高温高压条件下，破乳电压比较稳定，破乳电压在800V以上。常温常压下和200℃、10MPa条件下的破乳电压对比，降低率在7%～12%之间，体现出较好的乳化稳定性。

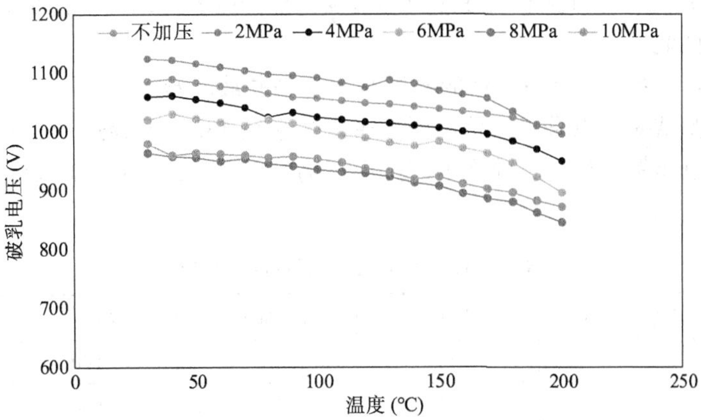

图 2　密度 2.0g/cm³(油水比 80/20)高温高压下的破乳电压

2.2.3　高温高压流变性能

与水基钻井液相比，油包水乳化钻井液流变性受压力影响较大，在高温下可保持较高的黏度。为有效模拟井下高温高压情况，采用 FANNiX77 全自动高温高压流变仪对油基钻井液高温高压流变性进行测试。

油基钻井液配方：0# 柴油+25% $CaCl_2$ 盐水(油水比 80 ∶ 20)+3.0% SMEMUL-H+1.5% SMEMUL-2+0.5% SMWET+0.5%有机土+1.0%SMHSFA-H+2.0%降滤失剂+2.0% SMSD-1+重晶石。

高温高压实验表明，温度压力同时作用下，油基钻井液现场测试条件(60℃、常压)与高温高压(153℃、140MPa)模拟拟井底条件相比，塑性黏度与动切力几乎不变，表明井下高温高压条件下，钻井液流变性稳定，具有良好的携岩能力，这对于超深井定向段与水平段的井眼清洁具有重要的意义。

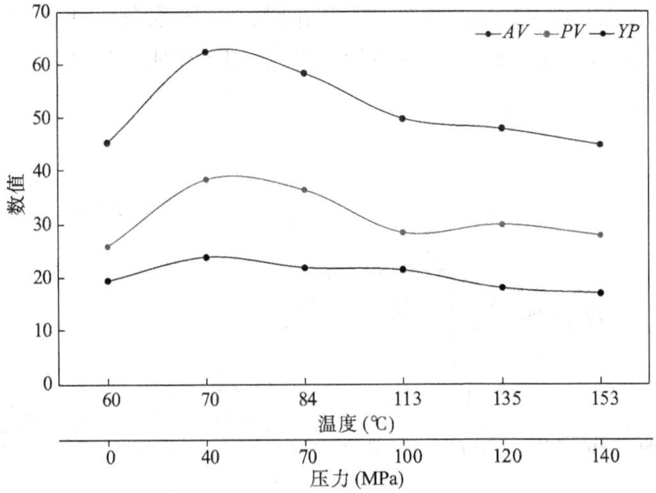

图 3　油基钻井液高温高压流变实验

2.2.4　沉降稳定性能

顺北高温高压超深井对油基钻井液体系的沉降稳定性有较高要求，实验室模拟高温长时间静置条件，在 180℃条件下静置老化 48~96h 后，去除分离油，将剩余部分从上到下平均分为 2 部分，测量最上层和最下层钻井液的密度，根据以下公式计算体系的沉降系数，同时测试油基钻井液性能。

沉降系数=下层钻井液的密度/(下层钻井液的密度+上层的密度)

由表 6 的实验结果可以看出，该高温高密度体系在 180℃下经过 96h 静置老化，体系的流变性能和破乳电压保持稳定，体系的沉降因子为 0.530，能够满足现场完井作业过程中沉降稳定性需求。

表 6　油基钻井液体系沉降稳定性能

t(h)	*PV*(mPa·s)	*YP*(Pa)	*Gel*(Pa/Pa)	E_S(V)	沉降系数 *SF*
0	31	10	4/5	860	—
48	36	11	5/6	960	0.512
72	37	14	5/6	1085	0.528
96	37	14	5/6	1072	0.530

3　现场应用

3.1　顺北 A 井

顺北 A 井是中国石化部署在塔里木盆地顺托果勒低隆的一口探井，目的层为奥陶系一间房组及鹰山组，该井设计井深 7955m，井底温度 165℃。

该井位于两条断裂之间，属于强挤压断裂，岩体破碎，奥陶系桑塔木组为硬脆性泥岩、弱面发育，井壁失稳风险较大。四开采用水基钻井液钻至奥陶系桑塔木组 7222m，井壁失稳严重，钻进过程返出大量掉块，蹩扭严重，扭矩 20~25kN·m，频繁蹩停顶驱。于井深 7263.21m 转换油基钻井液，转换油基钻井液后，返砂及岩屑正常，没有掉块及阻卡现象，扭矩 9~12kN·m，比较稳定，未发生蹩停顶驱现象，节约钻井周期 25d。

测井结果显示，7200~7263m，破碎泥岩井段，应用水基，平均井径扩大率 37.5%；7264~7320m，破碎泥岩井段，转油基体系后，井径比较规则，平均井径扩大率 9%(图 4)。

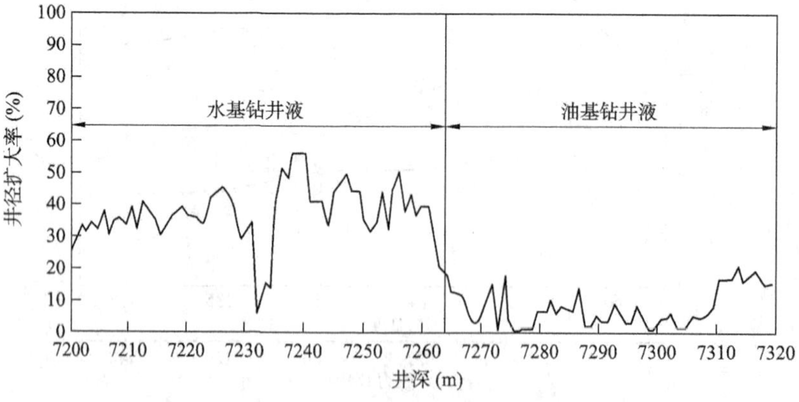

图 4　顺北 A 井泥岩破碎井段井径扩大率对比

从四开桑塔木破碎泥岩井段，水基钻井液与油基钻井液施工情况对比分析，油基钻井液的润滑性与封堵防塌性比较优异，井壁稳定，适合解决破碎性泥岩地层的井壁失稳问题。

3.2 顺北B井

顺北B井是中国石化部署在塔里木盆地顺托果勒低隆的一口超深探井，目的层为奥陶系一间房组及鹰山组。该井设计井深8724.35m，井底温度171℃。

该井五开自7708m开钻，至7740m开始定向施工，钻进至7780m以后返出岩屑掉块明显增加，(片状灰岩掉块含量10%~20%，直径15~30×7~15mm)，频繁出现憋泵现象，立压上升，通过优化钻井液性能仍发生憋泵现象。为保障施工安全，决定采用强封堵高温高密度油基钻井液体系施工。

自井深7887m采用油基钻井液定向钻进，顺利钻至完钻井深8725m，油基钻井液进尺838m。五开钻进期间油基钻井液性能稳定，起钻摩阻5~10t，下钻摩阻4~6t，扭矩范围2~3.5kN·m，起下钻井眼通畅、返砂细且均匀，憋泵及掉块蹩停顶驱现象消失，顺利完钻。

油基钻井液施工期间性能见表7。从表7可以看出，油基钻井液体系流变性能稳定，高温高压滤失量低，破乳电压大于500V，性能满足长水平段施工要求。

下钻到底测后效，井底返出油基钻井液密度差变化见表8。完井期间油基钻井液在井底高温高压条件下静置时间超过50h，在井底温度173℃、压力132MPa工作条件下返出的井浆密度差较小，充分表明了钻井液在高温高压下具有稳定的流变性能与悬浮稳定性，有效保障了超深井钻井与完井施工的井下安全。

表7 五开油基钻井液性能

井段 (m)	ρ (g/cm^3)	*FV* (s)	*PV* (mPa·s)	*YP* (Pa)	*Gel* (Pa/Pa)	FL_{HTHP} (mL)	油水比	E_S (V)
7887~8725	1.60	52~55	35	8.0	3/5	2.6	80/20	560
	1.65	53~57	36	8.0	3/5	2.4	82/18	660
	1.68	58~62	38	8.0	3/5.5	2.4	82/18	685

表8 钻井液井底长时间高温静置密度变化

井深 (m)	井底温度 (℃)	静置时间 (h)	井浆密度 (g/cm^3)	最低密度 (g/cm^3)	最高密度 (g/cm^3)	密度差 (g/cm^3)
8056	165	50.1	1.63	1.58	1.65	0.07
8177	165~170	40.8	1.65	1.60	1.66	0.06
8481	165~170	56.2	1.68	1.64	1.70	0.05
8685	173	86.8	1.68	1.59	1.64	0.05

4 结论及认识

(1) 顺北油气田奥陶系地层高温、高应力，地层破碎，裂缝和孔洞较发育，井壁失稳风险较大，对钻井液抗高温性能、防漏防塌性能、沉降稳定性以及携岩提出较高要求。

(2) 研制出高温乳化剂和抗高温流型调节剂系列产品，优选配套处理剂，构建了强封堵高温高密度油基钻井液体系，该体系耐温200℃，密度最高达2.5g/cm^3，动塑比可达0.30以上，性能优良。

(3) 现场应用表明，油基钻井液体系对于奥陶系破碎泥岩地层有良好的适应性，对于破碎性灰岩地层也具有较好的防塌效果，对于保障顺北油气田超深定向井与水平井的钻井安全与提质提效具有重要的应用价值与推广意义。

参考文献

[1] 谢建辉，鲁小庆，张丽宁，等．油基钻井液在克深 35 井的应用[J]．石化技术，2020，27(8)：102-105.

[2] 赵文，孙强，张恒．抗高温高密度油基钻井液在塔里木油田大北 12X 井的应用[J/OL]．钻井液与完井液，2020：1-10.

[3] 王星媛，陆灯云，吴正良．抗 220℃高密度油基钻井液的研究与应用[J/OL]．钻井液与完井液，2020：1-9.

[4] 王建华，闫丽丽，谢盛，等．塔里木油田库车山前高压盐水层油基钻井液技术[J/OL]．石油钻探技术，2020：1-8.

[5] 王学龙，何选蓬，刘先锋，等．塔里木克深 9 气田复杂超深井钻井关键技术[J]．石油钻探技术，2020，48(1)：15-20.

[6] 李成，白杨，于洋，等．顺北油田破碎地层井壁稳定钻井液技术[J]．钻井液与完井液，2020，37(1)：15-22.

[7] 刘政，李俊材，蒋学光．强封堵高密度油基钻井液在新疆油田高探 1 井的应用[J]．石油钻采工艺，2019，41(4)：467-474.

[8] 张跃，张博，吴正良，等．高密度油基钻井液在超深复杂探井中的应用[J]．钻采工艺，2013，36(6)：95-97.

[9] 刘金牛，宋元成，李金锁，等．油基钻井液在顺 9 区块的应用[J]．内蒙古石油化工，2013，39(18)：140-141.

[10] 林永学，王伟吉，金军斌．顺北油气田鹰 1 井超深井段钻井液关键技术[J]．石油钻探技术，2019，47(3)：113-120.

顺北油气田辉绿岩钻井液技术分析及应用

李　凡　李大奇　张　国　张杜杰　王伟吉　刘金华

（中国石化石油工程技术研究院）

【摘　要】针对顺北油气田辉绿岩钻井复杂，收集了顺北20余口辉绿岩完钻井的资料，分析辉绿岩井壁失稳现状，为了明确辉绿岩井壁失稳机理，研究了辉绿岩组构特征、理化性能、岩石力学特征、钻具振动对井壁稳定的影响，通过实验及文献的综合分析，明确了辉绿岩井壁失稳机理。主要包括：(1)微裂缝的弱面效应易诱发辉绿岩岩体井壁垮塌失稳；(2)钻具的扭转振动、横向振动会辉绿岩井壁失稳产生较大影响。在此基础上，提出辉绿岩井壁稳定钻井液技术对策："合理密度+强封堵+稠塞携带+合理钻具组合、细化工程操作"，并对钻井液体系进行优化。该技术对策在顺北X井三开应用，顺利钻穿厚度为22m的辉绿岩地层，钻进过程中没有出现明显复杂，起下钻正常，钻进过程中良好的钻井液性能确保了辉绿岩井段的井身质量，测井结果显示，辉绿岩(6934~6956m)井段平均井径扩大率6%。

【关键词】辉绿岩；强封堵；井壁稳定；钻井液

顺北油田属于顺托果勒隆起构造带，位于沙雅隆起、卡塔克隆起和阿瓦提坳陷、满加尔坳陷之间，包含四区块，面积19979km^2，油气资源量17×10^8t。该油田属于断溶体油气藏，储层段埋深7500~8800m，是目前世界上油藏埋深最深的油气田之一，具有超深、超高压、超高温的特点[1]。顺北油田在钻井过程中遭遇辉绿岩侵入体坍塌、卡钻等复杂严重地影响了井身质量和油气的勘探开发，地震资料显示顺北一区桑塔木组辉绿岩侵入体分布面积广，主要分布在东北和西南部、顺8北中部，面积283km^2，占比一区总面积的6.4%，辉绿岩地层易垮塌，钻井过程中存在大量硬质掉块(图1)，阻卡严重，给钻井带了极大复杂。

辉绿岩为浅侵入岩，属于火成岩的一种，常见的玄武岩及凝灰岩均为喷出火成岩类，两者之间成岩环境存在明显差异。在火成岩井壁失稳研究方面，丁锐[2]等针对辽东湾、渤海湾及其邻近的冀东油田和大港油田东部钻遇的火成岩地层井壁稳定技术进行了研究，提出了强抑制、强封堵、低失水的多元醇防塌钻井液体系；朱宽亮[3,4]等针对南堡油田馆陶组底部玄武岩地层易发生坍塌掉块及井漏等复杂事故，利用玄武岩坍塌压力预测分析的成果，确定了合理的钻井液密度，同时优选出了强封堵、强抑制的KCl成膜封堵低侵入钻井液，使南堡油田玄武岩地层井壁稳定技术得到突破性进展。前期研究工作主要研究玄武岩、凝灰岩等喷出岩井壁垮塌问题，辉绿岩侵入体井壁垮塌问题的相关研究鲜见报道。本文所研究的顺北油田辉绿岩侵入体埋深大（6000~7000m）、井底温度高、井眼尺寸小，给钻井带来了很大

图1　辉绿岩掉块

的挑战。为此，笔者调研了顺北完钻井的辉绿岩侵入体概况，对已钻遇辉绿岩井的情况进行统计分析，结合室内实验，明确了辉绿岩的井壁失稳机理，提出了辉绿岩钻井液技术对策，并在现场应用。

1 顺北区块辉绿岩井壁失稳现状分析

针对顺北油气田辉绿岩井壁失稳复杂，调研了完钻井的辉绿岩侵入体概况，截止到目前为止，顺北区块总共有26口井在钻井过程中钻遇辉绿岩，绝大部分位于1#、5#断裂带。其中有16口位于1#断裂带，占比61.5%，7口位于5#断裂带中部，占比26.9%。4#、7#、11#断裂带总共3口井钻遇辉绿岩侵入体，占比11.6%。总体上来说1#断裂带遭遇辉绿岩侵入体的井较多。另外，1#断裂带辉绿岩侵入体大部分位于桑塔木组(占比81.2%)，1#断裂带北部辉绿岩埋深小于7000m，厚度主要20~30m；1#断裂带南部辉绿岩埋深大于7000m，大部分厚度小于15m，以辉绿岩薄层为主。5#断裂带辉绿岩侵入体大部分位于石炭系(占比71.4%)，埋深浅，为5000~6000m，辉绿岩厚度小于10m，以薄层为主。

辉绿岩在揭开后出现大量硬质掉块，由于辉绿岩埋深大、密度大、井眼尺寸小，产生掉块之后，不能及时清洁井底，聚集在钻头上方、下方的辉绿岩导致起下钻不顺畅且憋泵憋扭矩，影响正常钻进，严重时易导致卡钻、断钻具故障，为了减缓钻进时产生掉块的复杂，现场主要通过提高密度来增加应力支撑，但是辉绿岩岩体存在微裂缝，提高密度后容易导致微裂缝的宽度增加，诱发井漏，给钻井带来了新的复杂。

2 辉绿岩侵入体井壁失稳机理分析

2.1 辉绿岩组构特征分析

2.1.1 全岩矿物分析

通过实验，分析了SHB1-18H、SHB1-13井辉绿岩矿物含量，结果见表1。由表1可知，辉绿岩主要以斜长石为主，含有石英、菱铁矿及少量黏土矿物。初步判断辉绿岩为纯力学井壁坍塌失稳，不存在水化效应。

表1 辉绿岩全岩及黏土矿物组分

类别	全岩矿物组成(%)								黏土矿物组成(%)			
	石英	辉石	钾长石	斜长石	白云岩	菱铁矿	方解石	黏土	蒙脱石	云母	高岭石	绿泥石
SHB1-18H (6791~6796m)	4	7	0	78	0	0	6	3	27	56	0	17
SHB1-18H (6797~6785m)	4	6	0	77	0	0	8	3	14	46	0	40
SHB1-13 (6993.0m)	5	10	0	77	0	0	2	5	24	52	0	23
SHB1-11 (7210m)	3	8	0	80	0	0	7	2	28	50	0	22

2.1.2 微观结构特征分析

采用扫描电镜测试了岩样的微观结构，结果如图2所示。由图2可以看出，辉绿岩岩体发育有微裂缝，裂缝缝宽普遍在0.38~1μm范围内，具有较大尺寸的裂缝长度。通过文献

[5]可知，桑塔木辉绿岩侵入体的形成是晚奥陶世西昆仑-阿尔金洋盆与塔里木板块南缘俯冲碰撞触发了幔源玄武质岩浆向桑塔木地层走滑断裂中侵入、冷却结晶所致，由于不同岩石矿物冷凝速度及冷凝收缩作用，固化过程中，岩浆自身以及岩浆与桑塔木泥岩接触面等位置易产生节理缝和砾间缝。

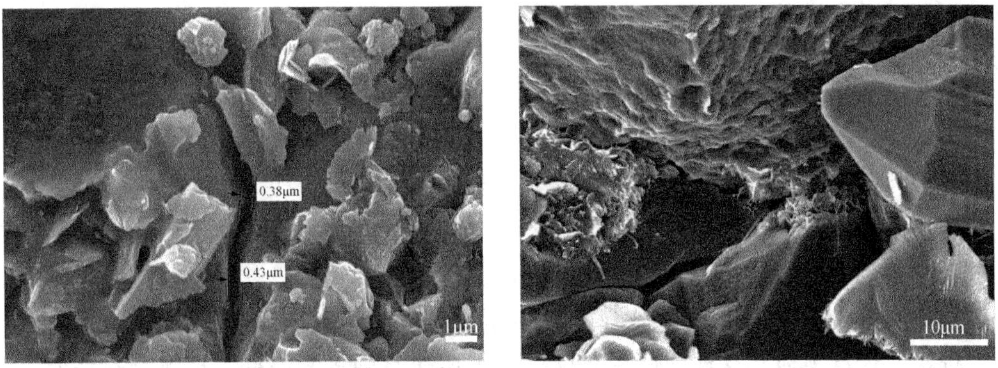

图2　扫描电镜照片

2.2　辉绿岩理化性能分析

研究了辉绿岩在140℃、3.5MPa条件下的线性膨胀率，其在滤液及水中几乎不膨胀。实验中测试了辉绿岩在140℃的清水、钻井液中的滚动16h的回收率，其滚动回收率为97%以上，体现了辉绿岩岩样不易分散、稳定性好的特点(表2)。

表2　辉绿岩理化性能分析

井　　号	线性膨胀率(%)		滚动回收率(%)	
	清水	钻井液	清水	钻井液
SHB1-18H(6791~6796m)	0.45	0.43	97.9	98.5
SHB1-13(6993.0m)	0.32	0.28	98.4	98.6
SHB1-19(6940m)	0.43	0.44	98.3	98.9

2.3　辉绿岩岩石力学特性分析

2.3.1　微裂缝对辉绿岩力学性能的影响

微裂缝对辉绿岩力学性能影响如图3所示。由图3可知，均质无裂缝岩样单轴抗压强度为50~60MPa，弹性模量为10~11GPa，而发育微裂缝的辉绿岩，其岩石力学强度为5~10MPa，弹性模量则为3~7GPa。通过对比发现，发育微裂缝的辉绿岩，其单轴抗压强度下降幅度达80%，弹性模量下降幅度达50%左右。以上结果表明，微裂缝的存在对辉绿岩岩体力学参数影响显著。

2.3.2　钻井液浸泡对辉绿岩力学性能的影响

研究了现场钻井液体系浸泡前后辉绿岩力学参数，评价了现场钻井液体系对辉绿岩岩体力学参数的影响规律，如图4所示。由图4可知，浸泡前单轴抗压强度达65~70MPa，静态弹性模量达25~35GPa，使用现场钻井液浸泡辉绿岩48h后(浸泡温度140℃，压力40MPa)，其单轴抗压强度降低到62~64MPa，静态弹性模量降低到22~32GPa。单轴抗压强度降低幅度为5%，静态弹性模量降低幅度为5%，以上结果表明，现场钻井液浸泡效应对辉绿岩强度影响较小。

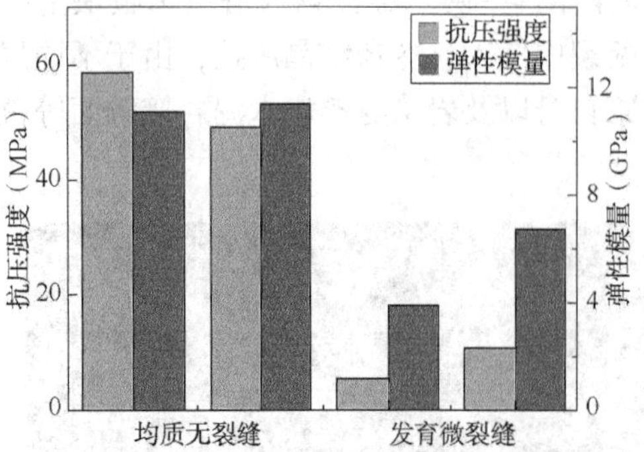

图3 无裂缝与有裂缝辉绿岩岩石力学测试

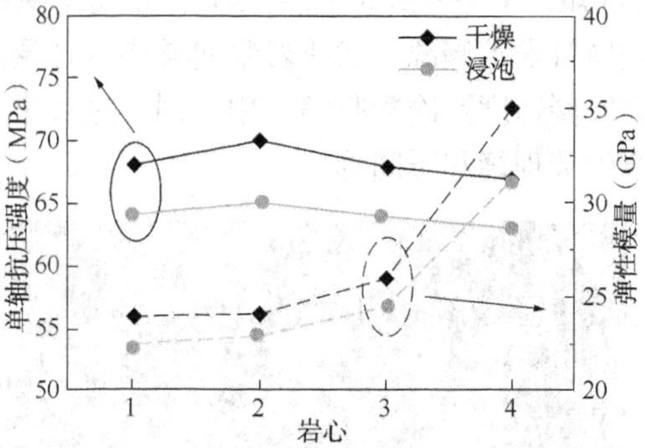

图4 钻井液浸泡对岩石力学的影响

2.4 钻具振动对井壁稳定的影响分析

钻柱主要有三种振动形式：轴向振动、扭转振动和横向振动，三种振动在井下同时发生且相互耦合，其最剧烈、最具破坏性的极端表现形式分别称为跳钻、黏滑和涡动[6]。国内外大量研究表明，钻井时钻柱振动引起的钻柱碰击井壁会对井壁稳定产生致命影响[7-10]，张鹤、王明杰[11]等，通过有限元模拟分析了超深井钻柱振动激励机制、钻柱动力学特征，结果表明黏滑振动会加剧BHA(底部钻具组合)的涡动，减小钻压和增大转速均可以消除钻柱的黏滑振动，但增大转速会诱发更为剧烈的BHA涡动，导致井径扩大率增加。

2.4.1 扭转振动对井壁稳定的影响

扭转振动容易造成钻柱疲劳失效、钻头磨损，并降低钻头的机械钻速。利用顶驱钻井时，地面转速基本恒定，扭转振动发生时，为维持恒定的地面转速，井口扭矩的波动幅度会变大，因此在地面通过观测井口扭矩的变化可以判断井下钻柱扭转振动是否严重。钻头与岩石相互作用是造成钻柱发生扭转振动的主要原因，而黏滑振动是扭转振动最剧烈的表现形式，钻柱的黏滑振动会造成钻头的过度磨损。以顺北A井为例进行分析(辉绿岩井段7506~7530m)，前期钻进过程中参数变化正常，钻时基本维持10min/m左右，钻进至7513m钻时逐渐变慢，且扭矩波动较大，变化异常，直至钻进至7517m时，钻时约85min/m，决定起钻。钻头出井后保径208mm(原尺寸215.9mm)，水眼畅通，除主切削齿外，全部崩掉，钻头磨出环形槽，钻头出井目测新度20%，如图5所示。

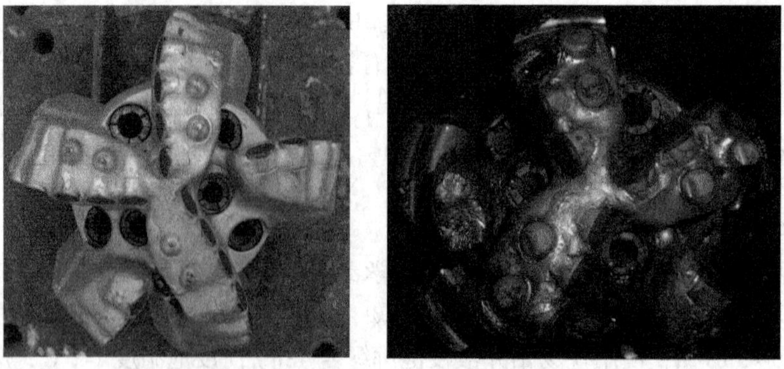

图5 顺北A井辉绿岩钻进井段钻头前后对比照

2.4.2 横向振动对井壁稳定的影响

横向振动主要发生在BHA段，不仅会造成BHA的疲劳失效，而且会引起井眼扩径和井壁失稳，破坏井筒。以同一钻井公司承担的顺北B、顺北C为例进行对比分析，顺北B井辉绿岩层段为6842~6870m，厚度28m，顺北C井辉绿岩层段为6892~6917m，厚度25m，层位、厚度、钻井液体系、性能相同，但是钻进时的钻进参数有差别，参数见表3。顺北B井转速为40~50r/min，井径扩大率为22.6%，顺北C井转速为30~40r/min，井径扩大率为9.8%，上述有限元模拟说明，增大转速会诱发更为剧烈的BHA涡动，而涡动会引起井眼扩径，这就解释了为什么相同钻井公司、相同辉绿岩层位、厚度、钻井液体系、性能的情况下，钻速越大，井径扩大率越大，现场数据与模拟的结果反映趋势相一致。同时，Carlos R. 和 Helio Santos[12]等学者也认为造成辉绿岩层井径扩大的原因很可能是由于钻柱横向振动引起的钻柱碰击井壁造成井壁岩石的失稳剥落，而不应该把原因归结于钻井液与井壁岩石的水化作用，还指出特别是在硬岩层中井壁稳定受钻柱振动的影响会更大，因为硬脆性岩石、强度高而弹塑性差的力学特征，该类岩石在高温高压下受应力破坏变形较小，很难发展为延性流动释放应力，容易发生脆性应力失稳坍塌。

表3　钻进参数对比

井号	井段(m)	层厚(m)	钻压(kN)	转速(r/min)	排量(L/s)	立压(MPa)	井径扩大率(%)
顺北B	6842~6870	28	40	40~50	17	20	22.6
顺北C	6892~6917	25	60	30~40	16	20	9.8

2.5　井壁失稳机理分析

通过室内实验、理论分析，得出辉绿岩井壁失稳机理如下：(1)辉绿岩地层主要以斜长石为主，含有微量黏土矿物，岩屑在清水中的滚动回收率达到约97%，高温高压线性膨胀率很低，表明辉绿岩地层属于非膨胀性地层，滤液的浸泡不会对岩体本身产生影响；(2)辉绿岩地层细观、微观裂缝发育，钻井液进入地层深部后，导致近井壁地带孔隙压力升高，孔隙压力的增加弱化了钻井液对井壁岩石的有效支撑作用，导致井眼失稳；另外，微裂缝的存在，使得辉绿岩地层缝间易连通，容易发生漏失，同时不同角度的微裂隙，导致辉绿岩长期强度有差异[8]；(3)在井底高应力条件下，硬脆性辉绿岩易于产生剪切破坏[9]；(4)钻具的横向振动、纵向振动、扭转振动及其协同作用会对含有微裂缝的辉绿岩井壁造成很大的影响。以上因素的共同作用下，导致辉绿岩地层易发生失稳复杂。

3　辉绿岩井壁稳定技术对策

通过对桑塔木组辉绿岩井壁稳定影响因素的分析，提出辉绿岩井壁稳定钻井液技术对策。

3.1　合理密度支撑

由于辉绿岩地层破碎，难以取心，因此无法得到辉绿岩岩石力学参数，也就无法进行相应模拟。本文主要通过对工区已钻遇辉绿岩井的资料详细的分析，发现随着对地层认识的增加和技术进步，辉绿岩钻井液技术经历了“提密度”“钻穿降密度”“强化携岩降密度”、“合理密度”四个阶段。同时，分析了不同阶段辉绿岩地层井径扩大率的情况，发现目前辉绿岩的钻进密度基本保持在1.6~1.65g/cm^3，井径扩大率比较稳定(小于15%)，具有较好效果。

3.2　强化封堵

基于“强化封堵”的思路，在原有辉绿岩钻井液体系(1$^{\#}$)的基础上，优选复合沥青材料，同时引入不同粒径的刚性超细碳酸钙及纳微米封堵剂，形成的封堵体系为 1.5% SMNA-1+1% DYFT+1% 800 目超细碳酸钙+1.5% 1250 目超细碳酸钙+1.5% 2500 目超细碳酸+1.5%纳微米封堵剂，构建了强封堵防塌钻井液（$2^{\#}$）。通过实验研究了 $1^{\#}$、$2^{\#}$体系在高温高压滤失仪及 PPA 上的滤失情况（实验温度 140℃）、沙盘截断面的 SEM 及两个体系的粒径分布。

表 4　$1^{\#}$、$2^{\#}$辉绿岩钻井液体系

体　　系	配　　方
$1^{\#}$体系：抑制防塌钻井液	3.0%~4.0%膨润土+0.2%~0.3%纯碱+0.2%~0.4%烧碱+0.2%~0.3%包被剂+0.5%~1.0%多元共聚物降滤失剂+3%~6%抗高温降滤失剂+0.5%~1%聚胺抑制剂+5%~7%氯化钾+1%~3%高软化点沥青
$2^{\#}$体系：强封堵防塌钻井液	3.0%~4.0%膨润土+0.2%~0.3%纯碱+0.2%~0.4%烧碱+0.2%~0.3%包被剂+0.5%~1.0%多元共聚物降滤失剂+3%~6%抗高温降滤失剂+0.5%~1%聚胺抑制剂+5%~7%氯化钾+1%~2% SMNA-1+0.5%~1.5% DYFT+1%~2% 800 目超细碳酸钙+1%~2% 1250 目超细碳酸钙+1%~2% 2500 目超细碳酸+1%~3%纳微米封堵剂

3.2.1　滤失性能

由图 6 可知，$2^{\#}$体系的初始水和高温高压滤失量较 $1^{\#}$体系有所降低，$1^{\#}$体系的初始水为 2.2mL、高温高压滤失量为 12.4mL，加入复合封堵防塌剂之后形成的 $2^{\#}$体系，其初始水及高温高压滤失量都降低，分别为 0.8mL、9mL，说明复合封堵剂能有效降低钻井液的滤失量；对比图 6(a)、图 6(b)可知，使用与地层结构更相近的沙盘，其滤失量小于滤纸滤失量，进一步证明了复合封堵剂具有良好的封堵效果。

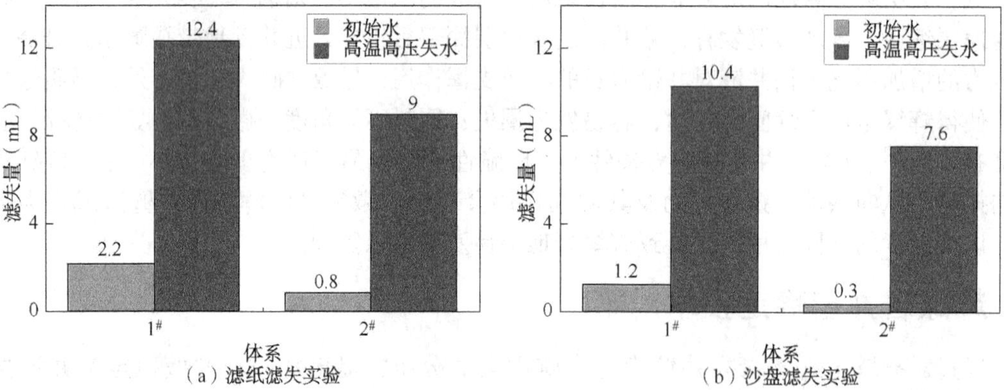

（a）滤纸滤失实验　（b）沙盘滤失实验

图 6　滤失量实验

3.2.2　SEM 分析

图 7 为图 6 中 PPA 实验后沙盘中内滤饼的扫描电镜照片。由图 7 可知，加入复合封堵剂之前，沙盘截面上显示存在一定的微裂缝，而加入复合封堵剂之后，微裂缝消失，沙盘的滤饼变得致密，可阻挡钻井液侵入地层。

3.2.3　粒径分布分析

对比分析了 $1^{\#}$体系、$2^{\#}$体系的粒径分布图，结果如图 8 所示。由图 8(a)可知，$1^{\#}$体系粒径分布为 0.4~105μm，400nm~20μm 占比 30%；由图 8(b)可知，$1^{\#}$体系粒径分布为 0.1~300μm，100nm~20μm 占比 70%，表明加入复合封堵剂之后，体系粒径更合理。

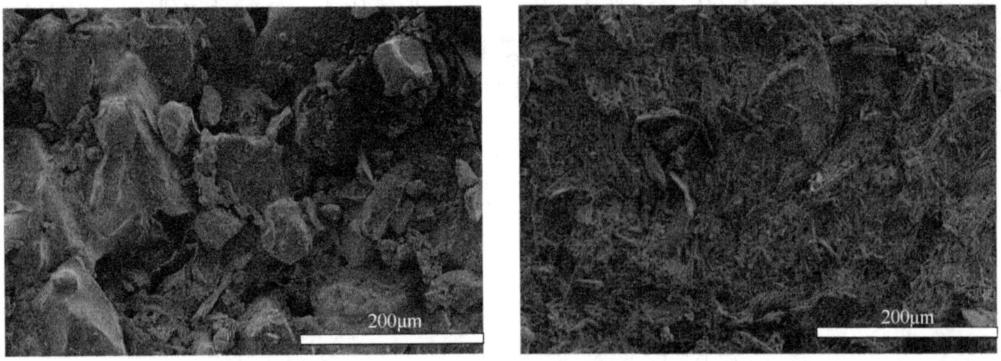

（a）1#体系的沙盘截面　　　（b）2#体系的沙盘截面

图 7　沙盘截面 SEM

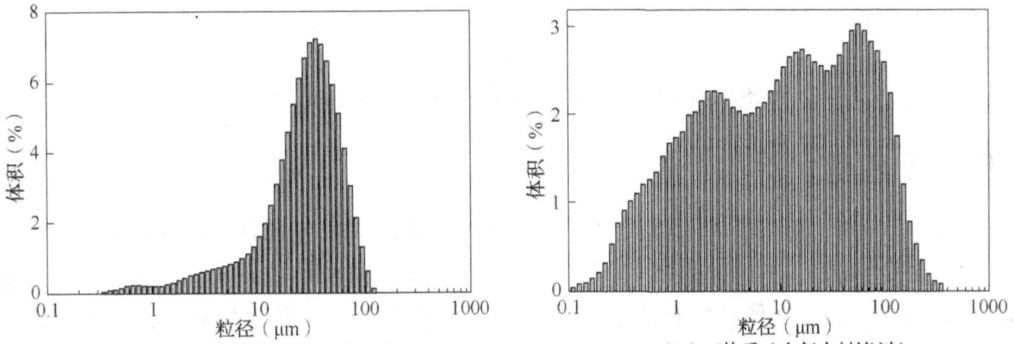

（a）1#体系（未加复合封堵剂）　　　（b）2#体系（含复合封堵剂）

图 8　钻井液粒径分布

通过室内研究，并结合现场实际情况，针对辉绿岩地层，可通过添加多级配纳微米封堵材料，充填、封堵微裂缝，严格控制 API 中压失水<4mL、HTHP 高压失水<10mL(初失水<1mL)，确保高温高压失水滤饼薄而致密且坚韧，降低压力穿透效应，达到井壁稳定。

3.3　高效携岩

单纯依靠提高钻井液密度不能有效抑制辉绿岩井段坍塌和扩径，钻井施工中的主要问题就是将岩屑及时带出，避免重复切削以及发生蹩钻甚至卡钻，首先可调整流型(动塑比 0.35 以上)保证携岩，另外定时泵入稠塞，携带侵入体掉块。可使用高切力稠塞、高黏度稠塞、等不同类型的稠塞，保证黏度大于 200s，密度大于 1.80g/cm^3。

3.4　合理钻具组合、细化工程操作

针对辉绿岩地层的钻进，应简化钻具组合，不带扶正器，增大掉块上返通道，通过统计分析，发现使用异形齿 PDC+光钻铤的钻具组合效果较好。另外为了减缓钻柱的扭转振动、涡动对辉绿岩井壁稳定的影响，同时保护钻头，可弱化机械参数(推荐钻压<50kN，转速 20~40r/min)，侵入体钻进时尽量不要上提。

4　现场应用

顺北 X 井地质预测 6920~6940m 钻遇侵入体。钻至 6900m 时，钻井液密度 1.65g/cm^3、黏度 52s、塑黏 21mPa·s、失水 4.0mL、高温高压失水 11.4mL。对性能进行优化，调整性

能为密度 1.65g/cm³、黏度 60s、塑黏 27mPa·s、失水 3.0mL、高温高压失水 9.4mL。该体系顺利钻穿厚度为 22m 的辉绿岩地层，钻进过程中没有出现明显复杂，起下钻正常，钻进过程中良好的钻井液性能确保了辉绿岩井段的井深质量。测井结果显示，辉绿岩(6934~6956m)井段平均井径扩大率 6%(图 9)。

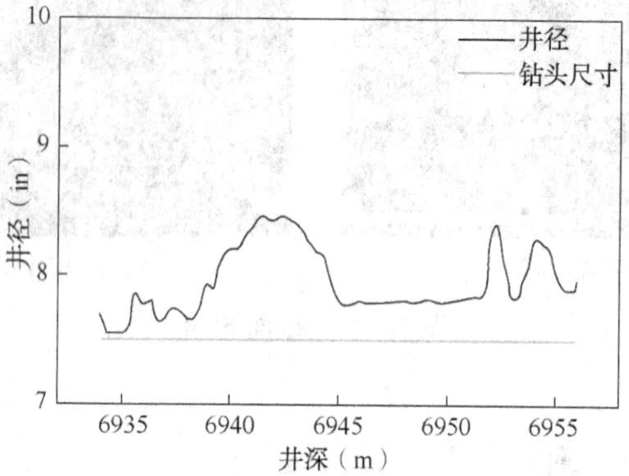

图 9 顺北 X 井三开辉绿岩段(6934~6956m)井径

5 结论及建议

(1) 通过对顺北油田桑塔木组辉绿岩侵入体井壁失稳现状进行分析的基础上，明确了辉绿岩基井壁失稳机理，为此提出了："合理密度+强封堵+稠塞携带+合理钻具组合、细化工程操作"的措施，该措施能较好解决顺北油田桑塔木组辉绿岩侵入体井壁失稳掉块复杂，为顺北区块超深井安全钻进提供了保障。

(2) 在钻柱动力学模拟方面，通过瑞利阻尼模型模拟钻井液对钻柱振动的影响只考虑了钻井液黏性，建议后期在进行钻具震动对辉绿岩井壁稳定影响时，考虑辉绿岩组构特征、力学性能，考虑钻柱内部和环空钻井液随钻柱一同运动对辉绿岩的影响，考虑钻柱轴向振动、横向振动和扭转振动相互之间的耦合对辉绿岩井壁稳定的影响。

(3) 根据顺北实钻，二叠系以下地层发育多套辉绿岩侵入体薄层，层位不定，尚无手段可准确预测火成岩侵入体。多口井钻遇地质未提示的火成岩侵入体，给钻井带来了巨大挑战，因此需要提高地质的预测精度，完善薄层侵入体的研究。

参考文献

[1] 林永学，王伟吉，金军斌．顺北油气田鹰 1 井超深井段钻井液关键技术[J]．石油钻探技术，2019(3).

[2] 丁锐，邱正松，李健鹰，等．强烈蚀变火山岩地层组构及其防塌钻井液研究[J]．石油大学学报(自然科学版)，2000，24(5)：14-16.

[3] 朱宽亮，吴晓红，宫丽，等．南堡油田馆陶组玄武岩井壁稳定技术的研究[J]．钻井液与完井液，2010(2)：31-34+94.

[4] 周祥林，张麒麟，惠正文，等．查干凹陷火山岩与泥岩地层安全钻井影响因素分析[J]．断块油气田，2013，20(6)：813-816.

[5] 马庆佑，唐照星，韩强．塔里木盆地早古生代桑塔木组辉绿岩 SHRIMP 锆石 U-Pb 年龄及成因讨论[J]．西北地质，2018，51(1)：137-143.

[6] 张鹤．超深井钻柱振动激励机制及动力学特性分析[D]．上海大学，2019.

[7] 刘伟吉．钻柱碰击以及井筒内压对井壁稳定性的影响[D]．西南石油大学，2014.

[8] 吕苗荣，沈诗刚．钻柱黏滑振动动力学研究[J]．西南石油大学学报(自然科学版)，2014，36(006)：150-159.

[9] Yigit A S，Christoforou A P. Stick-Slip and Bit-Bounce Interaction in Oil-Well Drillstrings[J]. Journal of Energy Resources Technology，2006，128(4)：p. 268-274.

[10] Melakhessou H，Berlioz A，Ferraris G. A nonlinear well-drillstring interaction model [J]. Journal of Vibration & Acoustics，2003，125(1)：46-52.

[11] 王明杰．超深井钻柱动力学特性分析及动态安全性评价[D]．上海大学，2016.

[12] Placido J C R，Santos H M R，Galeano Y D. Drillstring Vibration and Wellbore Instability[J]. Journal of Energy Resources Technology，2002，124(4)：217-222.

顺北油田硬脆性泥岩井壁稳定钻井液技术

张　栋[1,2]　徐　江[1,2]　李大奇[1,2]

（1. 中国石化石油工程技术研究院；2. 页岩油气富集机理与有效开发国家重点实验室）

【摘　要】 顺北油田具有地质构造复杂、储层埋藏深的特点。该地区三叠系和志留系地层多为硬脆性泥岩，在钻进过程中易出现井壁失稳、漏失、坍塌卡钻等井下故障。为此，通过对该地区已完钻井钻进过程中遇到的复杂情况进行统计，发现在该地区硬脆性泥岩钻进时极易出现又塌又漏的复杂情况。同时对上述硬脆性泥岩失稳机理进行分析，发现泥岩水化分散是井壁失稳的主要原因。基于上述失稳机理，确定了在硬脆性泥岩地层钻进时采取以防为主、抑制防塌和随钻堵漏相结合的钻井液技术思路，为国内外硬脆性泥岩地层钻探提供了技术借鉴。

【关键词】 顺北油田；硬脆性泥岩；井壁稳定；钻井液；抑制；封堵

硬脆性泥岩井壁失稳一直是国内外钻探过程中普遍存在而未能很好解决的问题，其对钻进过程带来的影响主要表现在以下几个方面：(1)钻探成本大幅提高；(2)钻探周期大幅延长；(3)易造成遇阻、卡钻、井眼掉块等井下故障[1]。调查显示，钻探过程中泥页岩地层约占地层总数的70%，而90%以上的井塌发生在泥页岩地层，其中硬脆性泥页岩地层约占2/3,软泥页岩地层约占1/3[2]。目前顺北油田勘探开发过程中，为实现降本增效，多以同一开次钻穿多套地层[3]，在长裸眼井段钻进过程中需要面对三叠系和志留系泥岩水化分散复杂情况，如果处理不当将会导致坍塌掉块、卡钻、井径扩大等井壁失稳问题[4,5]，因此对该问题进行深入研究是顺北油田提质提效的基础。

针对硬脆性泥岩井壁稳定性问题，国内外学者从不同角度进行了大量的理论与实验研究，从井周应力分布、岩石本构关系及岩石强度准则的研究到钻井液对井壁稳定影响的研究，国内外学者提出了大量的井壁稳定模型，然而井壁失稳问题依旧没有得到很好解决。早期针对硬脆性泥岩井壁稳定性的研究多集中于地应力及岩石强度的作用，结果导致在国内外长期以来都采用加重钻井液的方法克服井壁失稳。实际上井壁坍塌是力学—化学相互耦合作用的结果，Yew 和 Chenevert 在井壁稳定性分析过程中首次考虑力学与化学因素的共同影响[6,7]，接下来 Hale 和 Mody 基于上述力化耦合思想，首次利用等效孔隙压力法得到孔隙压力计算公式[8]。进入20世纪80年代后，随着岩性测试技术的进步，在考虑力化耦合作用的前提下，学者们尝试从微观层面揭示硬脆性泥页岩水化过程中裂缝的发展规律，并分析其对井壁稳定性的影响，进而制定出井壁稳定技术对策，为硬脆性泥岩井壁稳定性研究提供一种新的思路[9-11]。

目前，针对硬脆性泥岩井壁稳定性问题，国内外学者提出了大量的计算模型和技术对策，然而其适用性依然具有很大的局限性，硬脆性泥岩井壁失稳问题依旧没有得到很好的解决。本文首先对顺北油田硬脆性泥岩失稳现状进行统计，对其井壁失稳机理进行深入分析，最后有针对性地提出了使该地区井壁保持稳定的综合措施，为该区块的高效开发提供了技术支撑。

1 顺北油田硬脆性泥岩失稳现状

顺北油田三叠系和志留系等地层多为泥岩，钻井过程中极易发生井壁剥落掉块甚至垮塌等井下故障[12]。目前顺北油田勘探开发主要集中在该地区的 1 号断裂带和 5 号断裂带，上述两条断裂带为北—东向大型走滑断裂带，存在明显的差异[13]。顺北 1 号断裂带位于顺托果勒低隆北部，断穿 $T_7^0 \sim T_9^0$，断裂长约 24km，平面几何分段性强。顺北 5 号断裂带贯穿塔北隆起、顺托果勒低隆以及塔中隆起，其中段雁列正断层控制了志留系碎屑岩中裂缝—洞穴型储集空间的发育。为了解决顺北油田硬脆性泥岩井壁失稳技术难题，本文对顺北 1 号断裂带和 5 号断裂带钻井过程中出现的硬脆性泥岩失稳现状分别进行了统计分析，为探究顺北油田硬脆性泥岩失稳机理提供数据支撑。

图 1 给出了顺北 5-7 井和顺北 1-20 井复杂时效统计。可以看出，在三叠系和志留系地层钻进时易发生坍塌卡钻，顺北 5-7 井三叠系卡钻处理时效占该井复杂时效的 37.02%，顺北 1-20 井三叠系和志留系卡钻处理时效共占该井复杂时效的 97.47%。其中顺北 5-7 井三叠系共发生三次卡钻故障，都是由于二叠系堵漏处理时间过长，导致三叠系井眼揭开之后与钻井液长时间接触，最终引起井壁失稳。表 1 给出了顺北油田已完钻 9 口井的三叠系和志留系复杂统计，同样发现在三叠系和志留系地层钻进时易发生井壁失稳故障，需要花费大量的时间去处理，对钻井时效和质量造成极大的影响。其中志留系地层钻进时发生卡钻故障，多伴随漏失发生，比如顺北 5-8 井在志留系地层钻进时发生又塌又漏的井下复杂，处理上述复杂共耗费 40 天，导致勘探开发成本大幅提高。出现上述复杂情况主要是因为堵漏作业处理时间较长，导致井壁围岩所受到的静液柱压力波动较大，并且井壁与钻井液长时间接触，进一步增大了井壁失稳的风险。

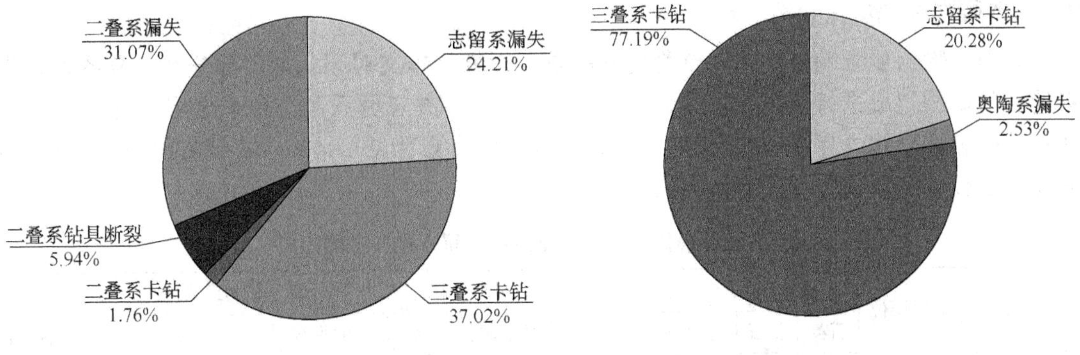

（a）顺北5-7时效分析　（b）顺北1-20复杂时效分析

图 1　顺北 5-7 井和顺北 1-20 井复杂时效统计

表 1　顺北油田部分井三叠系和志留系复杂统计

断裂带	井号	三叠系		志留系	
		复杂情况	时间(d)	复杂情况	时间(d)
5 号	顺北 5-7	卡钻侧钻至原井深	30.60	漏失	20.00
	顺北 5-8	井漏导致垮塌卡钻	22.00	漏失伴随井壁失稳	40.00
	顺北 5-9			漏失伴随井壁失稳	24.50
	顺北 5-10			卡钻侧钻至原井深	9.70

续表

断裂带	井号	三叠系		志留系	
		复杂情况	时间(d)	复杂情况	时间(d)
1号	顺北 1			卡钻	22.10
	顺北 1-12	井漏导致垮塌卡钻	53.00	漏失	22.00
	顺北 1-20	卡钻	12.50	卡钻	3.30
	顺北鹰 1	钻具断裂	3.80		
	顺北评 1			卡钻	6.50

通过统计可以发现顺北油田硬脆性地层钻进过程中，存在的技术难点主要包括：(1)三叠系和志留系地层易发生井壁失稳现象，钻进时井壁周边岩块易发生剥落和坍塌，导致井径变得不规则，造成起下钻阻卡。(2)在志留系地层钻进时易于发生漏失，引起井筒内液柱压力波动较大，同时堵漏作业处理时间过长，导致井壁与钻井液长时间接触，造成又塌又漏的井下复杂。

2 顺北油田硬脆性泥岩失稳机理

顺北油田地层十分复杂，含多套泥页岩地层和2套火成岩地层[14]，这也就导致该地区钻进过程中极易发生复杂事故。井壁失稳只有在井壁围岩所受的应力大于其本身的力学强度时才会发生，其实质是力学不稳定[15]。井壁稳定性受很多因素影响，如地应力状态、井壁围岩分布、岩石矿物组成、岩石渗透率、井斜角、方位角以及钻井液的性能等。分析研究认为，钻井液密度窗口窄、地层岩性易水化分散、地层裂缝发育是导致硬脆性泥岩地层井壁失稳的主要原因。

2.1 地层岩性易水化分散

岩石矿物组成影响该地层井壁稳定性的重要因素。本文对顺北油田部分井三叠系和志留系地层的矿物组成进行了统计，见表2。研究表明，该井三叠系和志留系岩层中的石英、方解石等硬脆性矿物含量在50%左右，黏土矿物平均含量为29.04%，黏土矿物中伊/蒙混层矿物含量较高，属典型的硬脆性泥岩。

表2 顺北油田部分井三叠系和志留系地层矿物组成

井号	取样层位	全岩矿物组成(%)					黏土矿物组成(%)				
		石英	长石	方解石	铁白云石	黏土矿物	伊利石	蒙脱石	伊/蒙混层	绿泥石	高岭石
顺北蓬 1	三叠系	38.7	13.8	6.2	2.2	44.7	17.1	24.2	44.5	6.0	8.2
顺北 1-2H	三叠系	47.0	18.0	0.0	0.0	33.73	5.0	0.0	72.0	5.0	18.0
顺北 3	三叠系	51.0	18.0	4.0	0.0	30.0	13.0	0.0	66.0	13.0	8.0
顺北鹰 1	志留系	40.35	13.07	5.39	1.35	39.83	44.6	24.4	11.9	7.0	13.0
顺北 1-2H	志留系	59.0	12.0	2.0	1.0	26.0	32.0	0.0	47.0	15.0	6.0

页岩回收率和泥页岩膨胀率是评价地层岩性水化分散能力的重要指标，页岩回收率越弱、膨胀率越大，表明页岩水化能力越强。表3给出了顺北油田部分井硬脆性泥岩理化性质。由表3可知，顺北鹰1井志留系泥岩岩样在清水中的滚动回收率为76.4%，在清水中的线性膨胀率为11.6%，属于弱分散、弱膨胀泥岩；顺北蓬1井三叠系泥岩岩样在清水中的滚

动回收率为25.0%，在清水中的线性膨胀率为10.0%，属于强分散、弱膨胀泥岩。顺北3井三叠系泥岩岩样在清水中的滚动回收率为7.6%，在清水中的线性膨胀率为21.2%，属于强分散、强膨胀泥岩。整体来看，顺北油田三叠系和志留系硬脆性泥岩稳定性较差，极易发生水化分散，出现井壁失稳故障。

表3　顺北油田部分井硬脆性泥岩理化性能

井号	地层	清水回收率(%)	清水膨胀率(%)
顺北鹰1	志留系	76.4	11.6
顺北蓬1	三叠系	25.0	10.0
顺北3	三叠系	7.6	21.2

2.2　钻井液密度窗口窄

地层被钻开前，地下岩石在上覆压力、孔隙压力和水平方向地应力的共同作用下达到应力平衡状态。当地层被钻开后，原有的应力平衡状态被打破，岩层原先对井壁的支撑被井筒内钻井液作用于井壁的压力所取代，从而导致井壁周围应力的重新分布。井筒内钻井液作用于围岩的压力与井筒液柱压力有关。如果钻井液密度低于当量钻井液密度，此时井筒内液柱压力小于地层坍塌压力，井壁围岩处于力学不稳定状态，导致井壁坍塌。钻井液密度大于当量钻井液密度，会导致大量的钻井液进入地层，造成地层中的黏土矿物水化加剧，引起围岩强度降低及地层孔隙压力增大，造成井壁坍塌，这也凸显出钻进过程中合理设置钻井液密度的重要性。在顺北油田三叠系和志留系等硬脆性泥岩地层钻进时，钻井液安全密度窗口窄，加上该地区长裸眼井段钻进过程中需要面对多套复杂地层，因此建立安全合理的钻井液密度窗口显得尤为重要。对于钻井工程而言，准确预测地层孔隙压力、坍塌压力、破裂压力和漏失压力是确定钻井液密度窗口和井深结构的主要依据。

图2给出了顺北5-5H井地层压力剖面图。通过图2(a)可以看出三叠系坍塌压力当量密度为1.15~1.31g/cm^3，二叠系漏失压力当量密度和坍塌压力当量密度分别为1.25g/cm^{3}和1.00~1.32g/cm^3，在上述地层钻进时为了防止发生漏失，钻井液密度应该为1.15~1.25g/cm^3，但是密度太小会加大井壁失稳的风险，因此在三叠系钻进时设计密度为1.20~1.23g/cm^3，进入二叠系以后，将钻井液密度控制在1.25g/cm^3。通过图2(b)可以看出志留系地层坍塌压力当量密度为1.20~1.40g/cm^3，漏失压力当量密度为1.37g/cm^3，为了防止在该地层钻进发生漏失，密度应该为1.20~1.37g/cm^3，但是密度设计太小会加大井壁失稳的风险，因此该地层钻井液设计密度为1.35g/cm^3。通过分析可以发现在顺北油田三叠系和志留系硬脆性泥岩地层钻进时存在钻井液密度窗口较窄的问题。

2.3　地层裂缝发育

研究人员采用电子显微镜对顺北油田三叠系和志留系硬脆性泥页岩地层岩样的微观特征进行了观察，得到了硬脆性泥岩地层的微观特点。张平[16]对顺北蓬1井三叠系地层岩样的微观特征进行了研究，发现该井三叠系地层微裂缝和层理较为发育，连通性较好，裂缝宽度为1~14μm。张尊[17]对顺北3井三叠系柯吐尔组岩样的微观特征进行了研究，发现该井柯吐尔组地层泥岩微裂缝都较为发育，其宽度1~4μm居多，部分为3~10μm，少量为15~20μm。分析认为，顺北地区三叠系和志留系地层裂缝和孔隙都较为发育，在液柱压力、毛细管力等驱动力作用下，滤液会沿着微裂缝和层理侵入地层内部，并与地层岩石发生水化作用，导致地层结构强度降低，最终将会使围岩在裂缝等力学弱面发生剥落掉块和坍塌[18-20]。

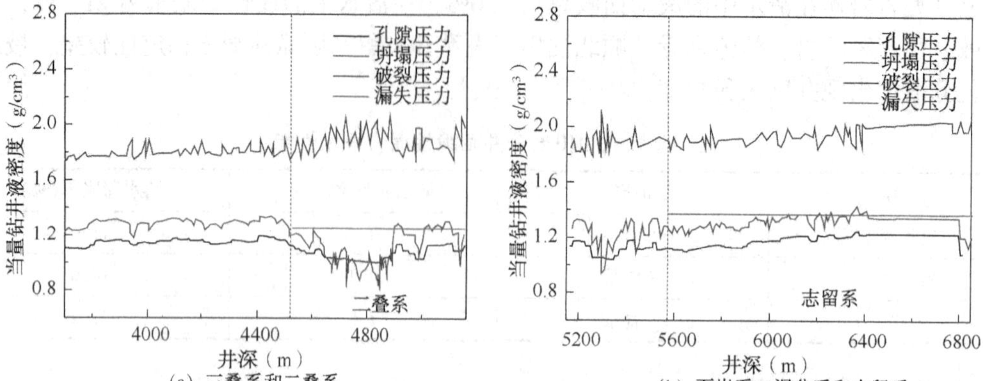

(a) 三叠系和二叠系　(b) 石炭系、泥盆系和志留系

图 2　顺北 5-5H 井地层压力剖面图

本文采用扫描电子显微镜对顺北鹰 1 井志留系柯坪塔格组岩石微观结构进行了观察，结果如图 3 所示。发现该地层泥岩微裂缝和层理较为发育，宽度为 0.5～5.92μm，这为钻井液侵入岩层提供了通道，加剧了地层的水化作用，导致井壁围岩结构强度降低，容易发生井壁失稳。

图 3　顺北鹰 1 井志留系柯坪塔格组岩石微观结构

从钻井液密度窗口、地层岩性水化分散程度、地层裂缝发育程度三个方面分析，可以看出在顺北油田三叠系和志留系等硬脆性泥岩钻进时容易发生井壁失稳现象，同时也凸显出钻井液对于井壁稳定性的重要性。因此钻进过程中，在保证工程措施合理的情况下，可通过调整钻井液性能来防止硬脆性泥岩井壁失稳发生。顺北油田三叠系和志留系多为硬脆性泥岩，容易发生水化分散，因此遏制钻井液或滤液侵入地层缝隙，保证钻井液高效携岩，是该地层井壁稳定的关键。为了避免硬脆性泥岩钻进过程中出现又塌又漏的情况，在该地层钻进时既要防止发生漏失，又要注意井壁失稳。因此既要提高钻井液的抑制能力，又要强化钻井液的封堵能力。

3 顺北油田硬脆性泥岩失稳钻井液技术对策

根据前文对顺北油田硬脆性泥岩井壁失稳机理的分析，提出了适用于顺北油田硬脆性泥岩井壁失稳的钻井液对策。推荐采取以防为主、抑制防塌和随钻堵漏相结合的钻井液对策，即在保持合理钻井液密度的前提下，向钻井液中加入一定量的随钻堵漏和抑制材料，达到抑制井壁周围泥岩水化分散的作用，同时在壁面形成一层致密封堵层，阻缓压力传递和钻井液滤液侵入，防止裂缝开启及延伸，从而达到防塌和防漏的目的。

（1）严格控制钻井液密度及黏度。在三叠系和志留系等硬脆性泥岩层钻进时，应保证钻井液性能处于稳定的，防止性能出现较大的波动。同时确保钻井液具有良好的剪切变稀性质，避免停泵再启动之后压力波动过大导致井壁失稳。在确保携岩效率的情况下，尽量降低环空返速，防止井壁过分冲刷侵蚀。

（2）强化钻井液的携岩能力。通过调节钻井液的流变性能，使钻井液在井筒内的流动由尖峰型层流转变为平板型层流，增大钻井液的流核尺寸。保证了钻井液在高温高压环境下具备优异的携岩能力，可有效降低因携岩能力或携岩效率不足导致的卡钻风险。同时确保钻井液的动塑比达到合理值，如果该比值过小，将导致尖峰型层流；如果过大，将会因为动切力过大导致泵压增大。

（3）强化钻井液抑制能力。在确保钻井液具备良好携岩能力的前提下，通过加入聚胺、氯化钾和高分子聚合物使钻井液达到良好的抑制性，进而延长三叠系、志留系地层的稳定性，减少井壁的剥蚀坍塌。在该地层钻进时应适当提高氯化钾和聚胺的含量，同时根据地层岩性的变化及时补充聚胺和氯化钾的消耗。

（4）强化钻井液封堵能力。通过选用合适的封堵材料，保证材料具有合理的粒度级配，能在围岩表面形成一层致密滤饼，减缓压力传递及滤液渗漏。由于长裸眼井段地层温度跨度大，因此可以选用多种不同软化点的沥青，这样既能兼顾新钻地层的井壁稳定性，还能兼顾上部已钻地层的井壁稳定性。

（5）保持井眼清洁。井壁失稳出现剥落掉块后，首先保持低排量、低钻压钻进，将井底掉落的岩块进行研磨破碎，然后采取大排量循环进行清除。无法研磨或携带的较大掉块，可适当提高钻井液黏度和切力，保持小排量循环钻进，使其平铺在井底，避免堆积造成阻卡。同时还需要采用重稠塞对井眼进行清洗，保持井眼清洁，防止坍塌、卡钻等井下故障的发生。

4 现场应用效果

顺北 1-16H 井位于新疆沙雅县境内，其构造位于顺托果勒低隆北缘，采用四开井身结构。其三叠系（3532~4359m）砂泥岩互层发育，泥岩易吸水膨胀导致剥落掉块，砂岩易形成虚厚滤饼导致粘卡，应加强钻井液抑制封堵性能。根据二叠系地层特点及邻井顺北 5-6 井、顺北 1-2H 井二叠系钻井情况，该井二叠系发生漏失风险大，导致上部三叠系地层极易受到钻井液滤液浸泡，造成剥落掉块，地层垮塌。因此，本井二开钻进时应充分做好防漏、堵漏措施及抑制、封堵防塌措施，确保安全钻井。图 4 给出了顺北 1-16H 二开井径曲线，二开钻进及中完作业安全顺利，井下无复杂故障，井筒质量良好，二开平均井径扩大率 4.87%，其中三叠系平均井径扩大率为 6.3%，二叠系平均井径扩大率为 5.42%，井眼质量均优于设计要求。图 5 为顺北 1-16H 三叠系地层返出岩屑图片，可以看出，返出钻屑完整，尺寸均匀，棱角分明。整个二开施工过程未发生一次因钻井液性能不良所造成的停钻处理及井下复杂情况。

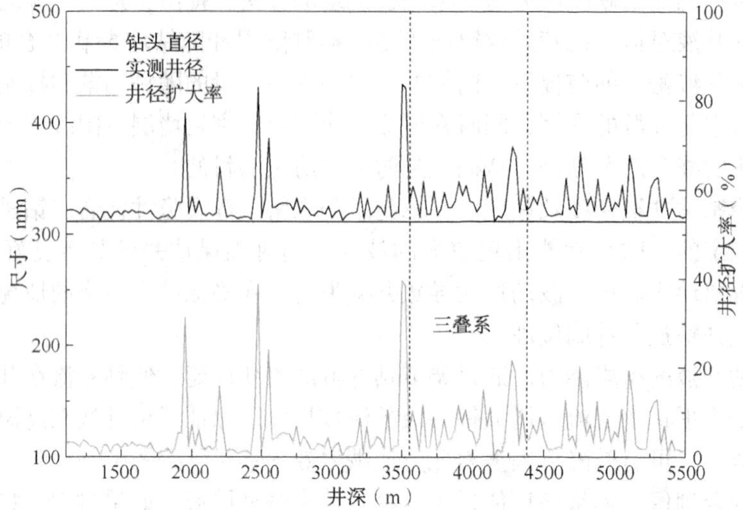

图 4　顺北 1-16H 井二开井径曲线

图 5　顺北 1-16H 井三叠系返出岩屑曲线

志留系柯坪塔格组(6260~6710m)含有大段硬脆性泥岩，地层可钻性差，井壁失稳问题较为突出。施工钻进时，除了确保钻井液密度给予井壁足够的物理支撑力，同时还需要强化钻井液对不稳定地层的化学协同防塌能力，通过沥青质封堵防塌剂，辅以刚性封堵粒子，以提高井浆的失水造壁和封堵防塌能力。另一方面为防止志留系上部裸眼薄弱地层因为提密度可能出现的漏失，向井浆中补充屏蔽暂堵细颗粒材料，优化井浆的随钻封堵能力，适当提高上部地层裸眼井段的承压能力。图 6 给出了顺北 1-16H 井三开井径曲线，可以看出该井三开井眼质量良好，井径平均扩大率为 7.73%，其中志留系柯坪塔格组井段井径平均扩大率仅为 3.47%，井径质量优于设计要求。图 7 为顺北 1-16H 井志留系地层返出岩屑图片，可以看出，返出钻屑完整，钻头切削痕迹明显，棱角分明。整个三开施工过程未发生一次因钻井液性能不良所造成的停钻处理及井下复杂情况。

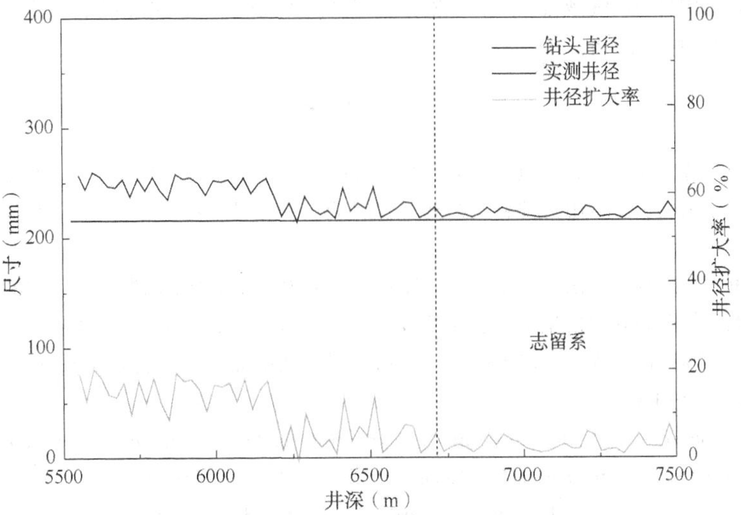

图 6　顺北 1-16H 井三开井径曲线

图 7　顺北 1-16H 井志留系地层返出岩屑

5　结论和建议

（1）顺北油田三叠系和志留系地层易发生井壁失稳，导致井径变得不规则，造成起下钻阻卡。同时长裸眼钻进中安全密度窗口较窄，极易发生又塌又漏的井下复杂，造成极大的经济损失。

（2）顺北油田三叠系和志留系等泥岩地层，微裂缝、层理等弱面发育，水化分散、水化导致的应力集中和裂缝扩展是导致井眼失稳的主要原因。钻进中采用复合沥青封堵防塌剂、不同软化点沥青、不同粒径刚性及变形粒子，封堵地层微裂隙，避免水化诱导裂缝所引起的井壁垮塌，保持井壁稳定。

（3）根据顺北油田硬脆性泥岩失稳机理，钻进过程中推荐采取以防为主、抑制防塌和随钻堵漏相结合的钻井液对策，即在保持合理钻井液密度的前提下，向钻井液中加入一定量的随钻堵漏和抑制材料，抑制井壁围岩水化分散的同时，在环空壁面形成一层致密封堵层，阻缓压力传递和钻井液滤液侵入。

（4）钻进过程中根据现场施工情况及钻井液性能状况，合理提高钻井液的携岩能力，降低钻井液中有害固相的含量。

参考文献

[1] 邓虎，孟英峰，陈丽萍，等．硬脆性泥页岩水化稳定性研究[J]．天然气工业，2006，26(2)：73-76.

[2] 陈蓓，鄢捷年，王建华．适用于硬脆性泥页岩地层的水基钻井液技术研究[J]．西部探矿工程，2009，7：50-53.

[3] 金军斌．塔里木盆地顺北地区长裸眼钻井液技术[J]．探矿工程(岩土钻掘工程)，2017，44(4)：5-9.

[4] 潘丽娟，刘彪．长裸眼井筒强化钻井液技术[J]．石油实验地质，2016，38(S1)：78-82.

[5] 范胜，宋碧涛，陈曾伟，等．顺北5-8井志留系破裂性地层提高承压能力技术[J]．钻井液与完井液，2019，36(4)：431-436.

[6] Rosana F T, Chenvert M E, Mukul Sharma M. The Role of Osmotic Effects in Fluid Flow Through Shale [J]. Journal of Petroleum. Science and Engineering, 2000, 25(1): 25-35.

[7] Yew C H, Chenevert M E. Well Bore Stress Distribution Produced by Moisture Adsorption[R]. SPE 19538.

[8] Hale A H, Mody F K. Experimental Investigation of the Influence of Chemical Potential on Wellbore Stability [R]. SPE 23885.

[9] 赵峰，唐洪明，孟英峰，等．微观地质特征对硬脆性泥页岩井壁稳定性影响与对策研究[J]．钻采工艺，2007，30(6)：16-18.

[10] 石秉忠，夏柏如．硬脆性泥页岩水化过程的微观结构变化[J]．大庆石油学院学报，2011，35(6)：28-34.

[11] 陈金霞．适用于硬脆性泥页岩的钻井液井壁稳定性评价方法[J]．油田化学，2018，35(3)：527-532.

[12] 林永学，王伟吉，金军斌．顺北油气田鹰 1 井超深井段钻井液关键技术[J]．石油钻探技术，2019，47(3)：113-120.

[13] 李山明，宋全友，李宝刚，等．阿满地区顺北 1 号走滑断裂带差异性及油气富集规律[J]．河南科学，2019，37(5)：797-805.

[14] 李大奇，高伟，杜欢，等．顺北 1-2H 井二开长裸眼井筒强化技术[J]．西部探矿工程，2017，5：31-33.

[15] 鄢捷年．钻井液工艺学[M]．东营：石油大学出版社，2001，356-357.

[16] 张平．顺北蓬 1 井 ϕ444.5mm 长裸眼井筒强化钻井液技术[J]．石油钻探技术，2018，46(3)：27-33.

[17] 张尊．顺北区块三叠系柯吐尔组井壁稳定技术研究[D]．中国地质大学(北京)，2018.

[18] 俞杨烽．富有机质页岩多尺度结构描述及失稳机理[D]．成都：西南石油大学，2013.

[19] ZHAO Tianyi, LI Xiangfang, ZHAO Huawei, et al. Molecular simulation of adsorption and thermodynamic properties on type Ⅱ kerogen: influence of maturity and moisture content [J]. Fule, 2017, 190(1): 198-207.

[20] 金军斌．塔里木盆地顺北区块超深井火成岩钻井液技术[J]．石油钻探技术，2016，44(6)：17-23.

[21] 李成，白杨，于洋，等．顺北油田破碎地层井壁稳定钻井液技术研究及应用[J]．钻井液与完井液，2019.

长岭深层致密气抗高温水基钻井液技术

于　洋[1]　孙伟旭[1]　温广波[2]　赵景原[3]

（1. 吉林油田钻井工艺研究院；2. 渤海钻探钻井一公司；3. 东北石油大学）

【摘　要】松辽盆地南部长岭深层致密气目的层埋深4900~5800m，井底温度180~200℃，在钻进过程中，由于地温梯度高、裸眼段长、井壁失稳、地层漏失等问题，给施工带来极大挑战，对钻井液的抗温性、流变性、封堵性等有较高要求。通过实验形成抗高温水基钻井液体系，室内评价满足施工要求，现场应用2口井，施工过程中钻井液性能稳定效果良好，满足长岭深层致密气施工要求。

【关键词】长岭深层；抗高温；抗温能力；井壁稳定；漏失

1　地质和工程概况

长岭深层致密气位于长岭断陷神字井洼槽鼻状构造带，该区主要目的层为营城组和沙河子组。营城组以火山岩相为主，发育火山—陆源碎屑沉积建造，岩性主要是安山岩、凝灰岩、流纹岩、玄武岩等储集体，孔隙度3%~6%，渗透率0.05~10mD，局部发育裂缝；沙河子组以湖相沉积为主，发育扇三角洲和辫状河三角洲砂体，埋深3800~6800m，储层孔隙度4%~6%，渗透率0.01~1mD，局部存在裂缝，沙河子组具备良好储集条件。

该地区探井采用三开直井井身结构，预探神字井洼槽营城组火山岩、沙河子组碎屑岩含气性，寻找接替领域。表层套管下至明水组地层，封隔浅水层等不稳定地层，技术套管下至登娄库组顶部，封固泉头组及以上地层，满足井控要求并为三开钻井创造有利条件，生产套管下至沙河子组。井深为4900~5800m，钻井液体系为抗高温水基钻井液体系，完钻后采用套管完井。

2　施工难点

（1）井底温度高，对钻井液抗温性要求高。

由于井深达5800m，井底温度高，最高温度可达200℃左右，随着井底温度的增加，黏土颗粒分散、聚结、钝化，导致钻井液高温固化，同时大多数聚合物易分解或降解，引起增稠、胶凝、固化等现象，钻井液的各项性能将随之变差，滤饼质量变差[1]。因此钻井液应具有良好抗高温能力、长时间高温热稳定性、高温沉降稳定性、高温高压滤失性以及良好的流变性能和携岩能力。

（2）井壁不稳定问题。

该区钻遇地层较为复杂，登娄库组和营城组交界面有断层；如图1所示，通过对角砾岩

作者简介：于洋（1985—），男，东北石油大学，吉林油田公司钻井工艺研究院，高级工程师，从事钻井液技术研究工作，吉林省松原市宁江区长宁北街1546号，电话：18943482931。

里氏硬度测试，可以看出砾石胶结处里氏硬度较差，说明营城组地层中所含的玄武岩、凝灰岩、角砾岩等胶结力不稳，易发生井壁坍塌掉块，且掉块尺寸较大，如图 2 所示，掉块及时返出较为困难[2]；沙河子组的多煤层极易发生井壁不稳定问题。而探井对发现要求较高，施工过程中须保证低密度钻进，因此如何控制钻井液密度保证地层不发生漏失，同时能够压稳高压气层，保证井壁稳定，实现近平衡钻井，保证井控和井下安全为攻关重点[3]。

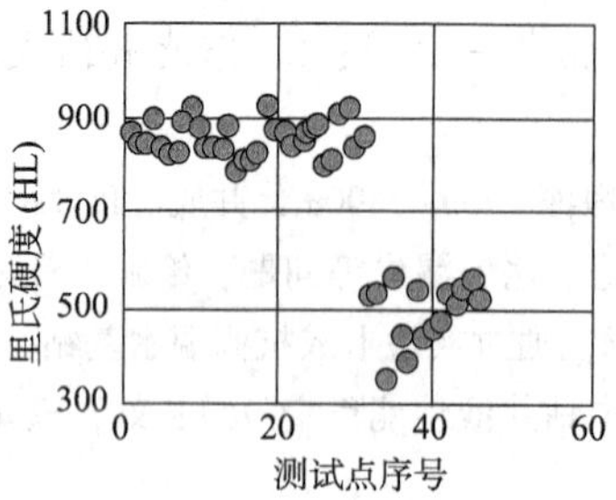

图 1　长深 B 井砾岩里氏硬度测试

图 2　营城组井壁掉块

（3）钻遇储层较多，裸眼段较长。

三开钻进时钻遇储层较多，登楼库组、营城组、沙河子组三套储层，且储层内岩性变化大，储层性质较复杂。如图 3 所示，营城组裂缝发育，地层压力系数较低、沙河子组地层压力系数较高，上部易漏、下部易塌。此外，由于裸眼段长达 2000m 以上，并且要钻穿多套地层压力系统，因此对于钻井液密度的合理确定和控制增加了技术难度。

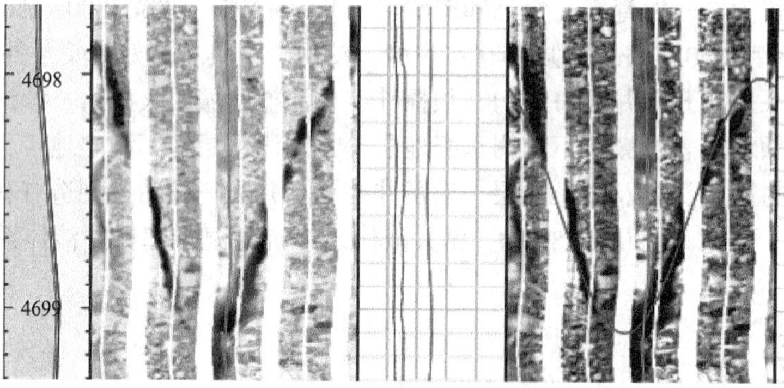

图 3　营城组裂缝

（4）易发生气侵，钻井液脱气效率低，影响评价准确性。

钻井液脱气能力对气测录井准确性影响较大，因低密度、低黏切施工，钻进过程中极易发生气侵，甚至发生井涌、井喷，而如果钻井液黏切大，脱气能力将受到一定限制，给施工增加一定难度，影响地质判断，从而影响评价准确性。

3　抗高温钻井液室内评价

结合实际情况，为确保安全钻井和有利于油气层发现，同时有效应对三开钻进面临的井底温度高、储层多、裸眼段长等复杂工况，最终选择水基钻井液进行施工，有如下优点：可平衡地层压力，满足非欠平衡钻进，满足井壁稳定需求，且加重后保持较好的脱气性，节约成本，有利于环保，便于排放等。

与中石油工程技术研究院和东北石油大学共同研发，优选多种抗高温钻井液处理剂，最终形成可抗220℃高温的钻井液体系，配方为：4%膨润土+5%GJL-Ⅱ(高温降滤失剂)+2%GFD-Ⅰ(高温封堵剂)+3%GFD-Ⅱ(高温防塌剂)+3%高温润滑剂+0.2%GZN(高温增黏剂)+重晶石。对此配方进行了如下室内评价。

3.1 抗温性能评价

采用不同密度钻井液观察其在高温下的各项性能的变化，由表1~表3可以看出，抗高温水基钻井液热滚后流变性较好，不会发生稠化和胶凝，表观黏度和动切力随着老化温度变化不大，流变性能保持稳定，说明该钻井液具有较好的抗温能力。

表1 密度为1.3g/cm³钻井液在不同温度下老化后性能

温度(℃)	老化情况(16h)	*AV*(mPa·s)	*PV*(mPa·s)	*YP*(Pa)	*G′/G″*(Pa/Pa)	FL_{API}(mL)	FL_{HTHP}(mL)	pH值
室温	热滚前	22.5	20	2	1/1	0.5		9
180	热滚后	27	18	9	1.5/5	1.6	12.2	9
200	热滚后	29	21	8	1.5/2	3	14.8	9
220	热滚后	29	22	7	2/2.5	2	17.3	9

表2 密度为1.5g/cm³钻井液在不同温度下老化后性能

温度(℃)	老化情况(16h)	*AV*(mPa·s)	*PV*(mPa·s)	*YP*(Pa)	*G′/G″*(Pa/Pa)	FL_{API}(mL)	FL_{HTHP}(mL)	pH值
室温	热滚前	28	22	6	1/1	0.5		9
180	热滚后	32	23	9	1.5/5	0.8	12.2	9
200	热滚后	29	21	8	1.5/2	3	16	9
220	热滚后	29	22	7	2/2.5	2	17.3	9

表3 密度为1.7g/cm³钻井液在不同温度下老化后性能

温度(℃)	老化情况(16h)	*AV*(mPa·s)	*PV*(mPa·s)	*YP*(Pa)	*G′/G″*(Pa/Pa)	FL_{API}(mL)	FL_{HTHP}(mL)	pH值
室温	热滚前	32.5	30	2.5	1/1	0.5		9
180	热滚后	31	27	4	1.5/5	0.8	13.2	9
200	热滚后	33.5	28	5.5	1.5/2	2.5	14.6	9
220	热滚后	29	21	8	4/5	2	13.5	9

将钻井液在180℃和220℃条件下老化，观察其粒度分布情况，由图4和图5可知，随着温度的增加，钻井液粒度分布无明显变化。综合以上实验，证实该抗高温钻井液体系有较好的抗温能力，并且该配方简单实用，同一配方就可适用于不同的温度(180~220℃)和密度(1.3~1.7g/cm³)，该配方具有较宽的适应性范围，满足不同井下温度和压力系数工况条件。

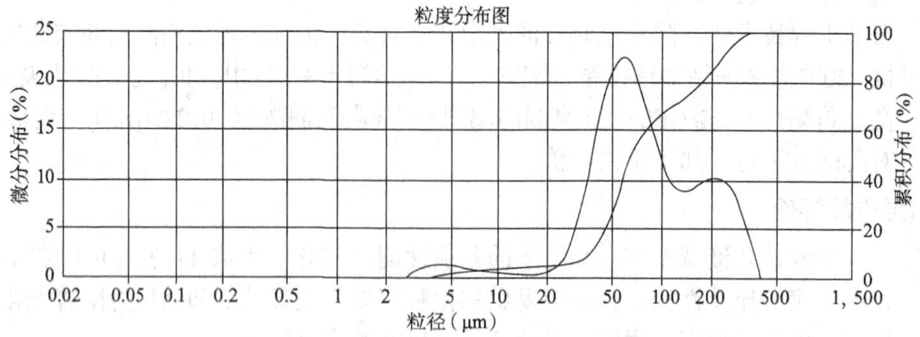

图 4　180℃老化后钻井液粒度分布图

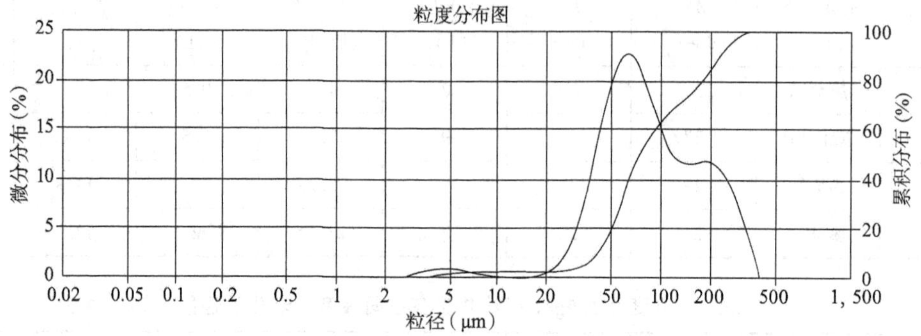

图 5　220℃老化后钻井液粒度分布图

3.2　抗温稳定性性能评价

观察密度为 1.4g/cm³的钻井液在 220℃下不同老化时间后的各项性能，见表 4。在老化 42h、66h、84h 后，表观黏度和动切力虽略有增长，但流变性保持相对较为稳定，其他各项性能无明显变化，说明该钻井液体系具有一定的抗高温稳定性。

表 4　密度为 1.4g/cm³钻井液在 220℃下不同老化时间后性能

时间（h）	老化情况	*AV*（mPa·s）	*PV*（mPa·s）	*YP*（Pa）	*G′/G″*（Pa/Pa）	FL_{API}（mL）	FL_{HTHP}（mL）	pH 值
0	热滚前	28.5	26	2.5	1/2	2	—	9
42	热滚后	23	17	6	2/2.5	3.2	11.2	9
66	热滚后	23.5	18	5.5	3/3.5	3.2	12.4	9
84	热滚后	32.5	21	11.5	8.5/9	3.5	13.2	9

3.3　抑制性评价

由表 5 可见，在原基础配方 4%膨润土的基础上加入 8%的膨润土，220℃老化前后均具有良好的流变性，且滤饼质量保持较好，说明该钻井液体系有较强的抑制性，可有效适用于地层胶结力不稳定、易发生掉块的营城组地层。

表 5　密度为 1.4g/cm^3钻井液在 220℃下不同膨润土加量的性能

膨润土加量	老化情况 16h	*AV* (mPa·s)	*PV* (mPa·s)	*YP* (Pa)	G'/G'' (Pa/Pa)	FL_{API} (mL)	FL_{HTHP} (mL)	pH 值
基础配方+2%膨润土	热滚前	21	19	2	1/2	2	—	9
	热滚后	18.5	17	1.5	1/2	2.2	10.8	9
基础配方+4%膨润土	热滚前	21.5	19	2.5	1/2	1.8	—	9
	热滚后	20	19	1	1/2	1.7	12	9
基础配方+6%膨润土	热滚前	25	20	5	1/2	1.5	—	9
	热滚后	20	16	4	1/2	1.8	11	9
基础配方+8%膨润土	热滚前	30.5	25	5.5	1/2	1.6	—	9
	热滚后	32	28	4	1/2	1.5	9.2	9

3.4　储层保护性能评价

由于钻遇储层较多，钻井液进入油气层后，极易伤害油气层，因此储层保护技术尤为重要。由图 6 所示，钻井液的具有良好的封堵性能，2h 的动滤失量仅为 2.8mL。此外该抗高温钻井液体系具有良好的储层保护性能，由图 7 可知，污染后岩心的渗透率恢复值达到 84.6%。

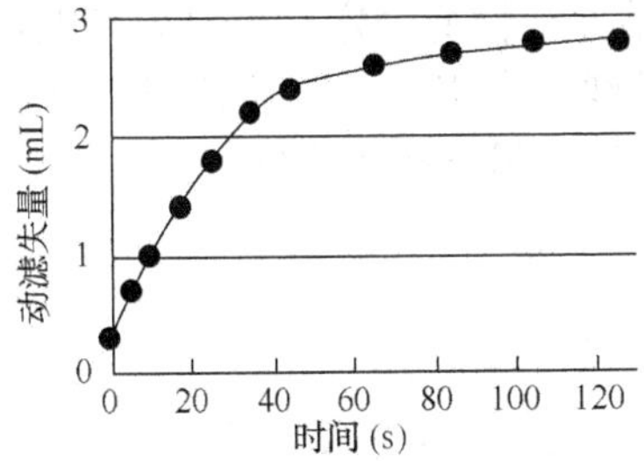

图 6　动滤失量与时间关系

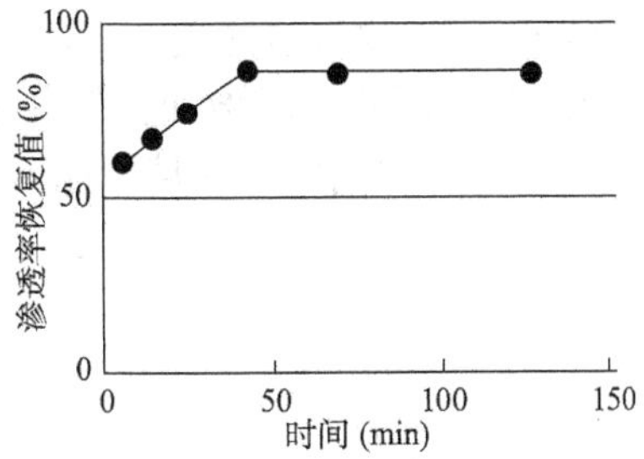

图 7　渗透率恢复值与时间关系

3.5　沉降稳定性

老化后的钻井液在静置过程中易发生沉淀、聚结现象。在 180℃和 220℃条件下，钻井液老化 4h 后观察其沉降稳定性，如图 8 和图 9 所示。随着温度的升高钻井液聚结现象不明显，说明该抗高温钻井液有较好的沉降稳定性，可满足在长岭深层高温条件下施工。

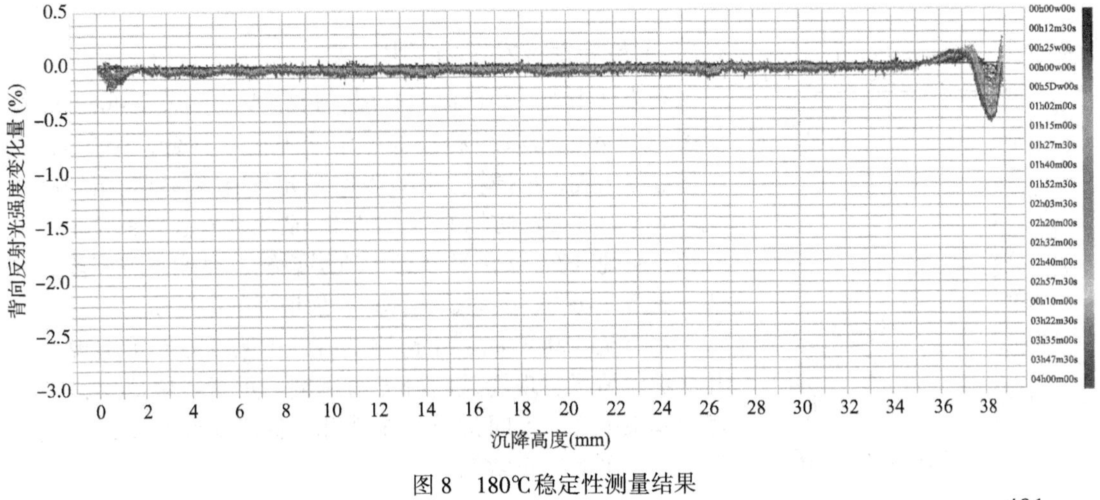

图 8　180℃稳定性测量结果

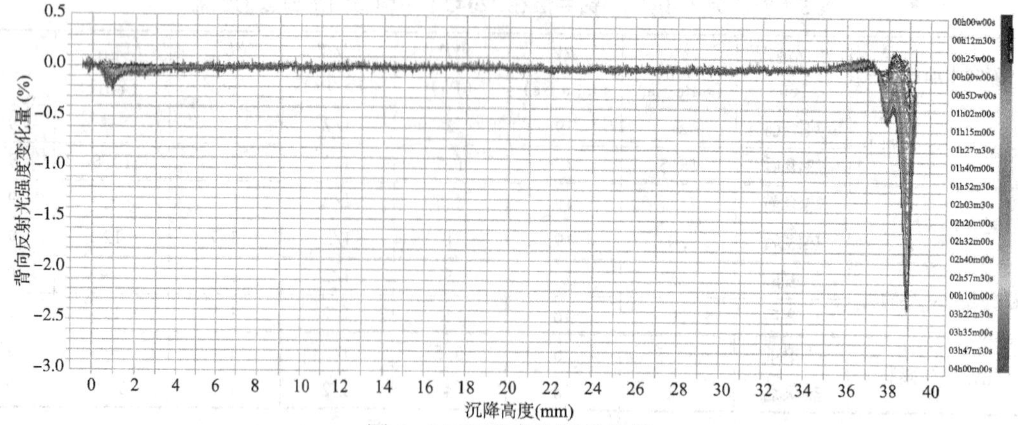

图 9　220℃稳定性测量结果

4　现场应用效果

4.1　抗高温钻井液现场性能

目前现场应用两口井。长深 A 井已完钻，完钻井深 4940m，井底温度 165℃；长深 B 井目前井深 5504m，井底温度达到 185℃。施工过程中钻井液性能稳定，未出现高温增稠、减稠情况。而随着井深的不断增加，钻井液携岩能力受到一定限制，因此适当提高黏度和切力，如图 10 所示，提高钻井液携岩能力，保障井眼畅通，最终顺利完钻。

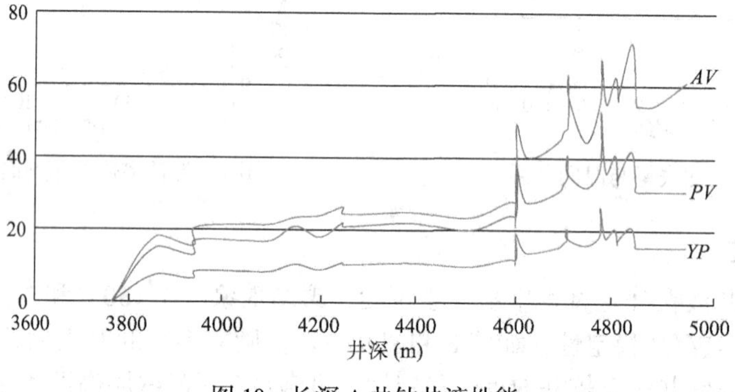

图 10　长深 A 井钻井液性能

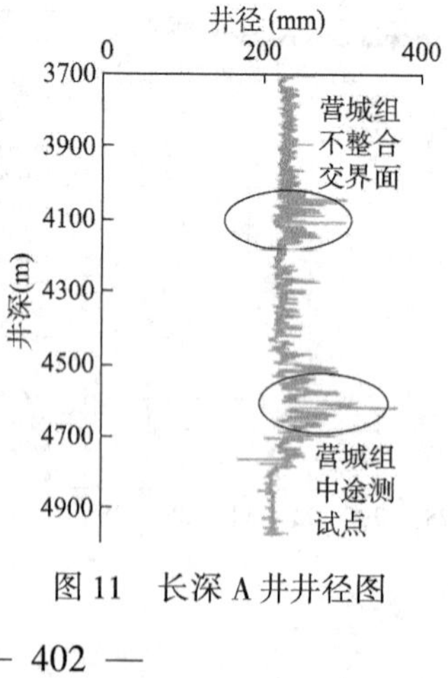

图 11　长深 A 井井径图

4.2　井壁稳定技术现场应用

登娄库组地层为砂泥岩互层，长深 A 井钻进至 4067m 时，如图 11 所示。营城组和登娄库组交界面不整合，存在断层，钻进过程出现大量掉块，因此及时补充与地层温度配伍的高软化点沥青，在提高防塌能力的同时，适当补充刚性颗粒超细碳酸钙，实现刚性+软化复合封堵地层裂缝、裂隙及破碎段，并适当提高动切力，及时返出掉块，保证安全穿过断层。

钻进至 4594m 时，中途测试后由于地应力作用出现严重井壁坍塌情况，现场及时补充防塌剂，重新封堵地层，同时优化稠浆配方，及时进行稠浆洗井，保障井筒通畅，防止卡钻，建立平衡后正常钻进。

现场取长深A井营城组掉块测试滚动回收率，见表6。在长深A井钻井液中回收率高达94.8%，说明现场超高温钻井液体系有较好的抑制性，即便全程低密度施工，仍然保持较好的井壁稳定性。

表6 营城组掉块滚动回收率实验结果

样品	实验项目	长深A井
滚动回收（长深A营城组掉块）	初始质量(g)	30.07
	回收总质量(g)	28.51
	8目(g)	26.82
	20目(g)	1.65
	40目(g)	0.04
	总回收率(%)	94.8

4.3 承压技术现场应用

由于营城组地层裂缝发育，且地层承压能力较差，极易发生漏失，优选不同类型、不同粒径的堵漏材料，见表7。在钻进过程中通过3次不同程度的承压堵漏，实现钻井液密度1.37g/cm^{3}而不发生漏失，同时能够压稳高压气层，实现了近平衡钻井，保证了井控和井下安全。

为了提高固井质量，在完井后实施承压堵漏技术，优选抗高温堵漏剂配合使用提高地层承压能力，完井承压达到9MPa，有效防止固井过程中井漏，保证水泥返高达到设计要求，节约大量开采成本。

表7 长深A井承压情况

施工描述	井深(m)	堵漏剂配方	承压(MPa)
钻井堵漏	4698	7.5%复合堵漏剂+5%竹纤维(100目)+2.5%细目钙(800目)+2.5%酚醛树脂+5%膨润土	3
	4698	15.5%复合堵漏剂+17.5%竹纤维(40目)+2.5%细目钙(800目)+2.5%酚醛树脂+5%膨润土	6.5
	4940	7%复合堵漏剂+3.5%竹纤维(10目)+7%竹纤维(40目)+3.5%竹纤维(100目)+7%细目钙(800目)+7%膨润土+1%SMP	8
完井承压	4940	10%复合堵漏剂+5%竹纤维(10目)+8%竹纤维(40目)+4%竹纤维(100目)+4%细目钙(800目)+4%膨润土+1%磺化沥青	9

5 结论

攻关形成抗高温水基钻井液体系，在220℃高温条件下，该体系具有良好的流变性、抑制性、低密度井壁稳定性，现场应用2口井，取得良好应用效果，说明该水基钻井液可满足长岭深层致密气施工要求。

参考文献

[1] 许洁，朱永宜，乌效鸣，等．松科二井取心钻进高温钻井液技术[J]．中国地质．2019，46(5)：1184-1192.

[2] 任文希，李皋，孟英峰，等．深层致密气藏钻井液技术难点及对策[J]．石油天然气学报．2014，36(8)：103-106.

[3] 李晨曦．抗高温水基钻井液研究现状及发展趋势[J]．西部探矿工程．2018，7：65-66.

准噶尔盆地南缘地区高温高密度油基钻井液技术研究

赵 利[1] 李 锐[2,3] 付超胜[1] 屈沅治[2] 耿 愿[2] 高世峰[2]

(1. 中国石油集团西部钻探工程有限公司钻井液公司；2. 中国石油集团工程技术研究院有限公司；3. 西南石油大学化学化工学院)

【摘 要】 准噶尔盆地南缘地区岩石地层层理、纳微米裂缝十分发育，富含有机质，水敏性很强，断裂带发育，地层压力高，水平主应力差异大。采用水基钻井液钻遇该地层时，存在岩石分散造浆、高密度钻井液性能难以控制及易垮塌掉块和卡钻等技术难点，导致钻井过程中井壁失稳现象频发。目前，新疆油田在南缘地区部署的深井主要采用油基钻井液体系。但是，在钻井过程中，尤其是遇到破碎性地层时，坍塌、卡钻、遇阻事故频发，一般的油基钻井液体系无法满足安全钻井的需求。本文针对南缘地区钻井过程中遇到的技术难点进行了研究和分析，在对南缘地区钻井现场的油基钻井液体系进行性能评价的基础上，构建了适合南缘地区的高温高密度油基钻井液配方，为解决南缘井壁失稳难题提供了技术指导。

【关键词】 油基钻井液；高温高密度；性能评价；体系构建

准噶尔盆地南缘地区的上部地层为山前洪积多回旋无胶结巨厚砾石堆积，疏松，地层倾角大，富含岩石，钻进中地层坍塌难以控制。中下部地层以古近—新近系安集海河组为代表的地质情况异常复杂，岩石黏土矿物含量大于70%，以蒙皂石为主，绿泥石和高岭石含量较少，伊利石居中，存在强坍塌应力及由沉积速度快引起的超高压地层流体。针对南缘地区的地层特点，目前新疆油田在南缘地区部署的深井主要采用油基钻井液体系。针对南缘山前古近系巨厚塑性泥岩地层安集海河组采用油基钻井液技术，必须具有稳定井眼和净化井眼的能力。杨虎、谢建安等[1-3]通过大量室内实验，优选出适合古近系安集海河组和紫泥泉子组的柴油基钻井液配方，并根据霍尔果斯背斜安集海河组井筒温度与地层压力情况，开展了优化高密度柴油基钻井液的性能评价，包括沉降稳定性、封堵性、抗地层水和岩屑污染能力和高低温流变稳定性等。

近年来，随着南缘地区勘探规模和勘探目标的加大[4]，对油基钻井液的性能要求也越来越高，针对南缘地区深井钻井面临的高温高压、井壁失稳等难题，一般的油基钻井液无法满足钻井的需求，导致井下事故频发[5]。所以亟需开展南缘地区油基钻井液性能评价研究，来支撑南缘地区复杂深井的优快钻井，加快实现南缘地区勘探开发的整体突破[6]。本文针对南缘地质特点和勘探开发需求，进行了处理剂的研发，构建了一套适合南缘地区的高温高密度油基钻井液体系，表现出良好的性能，具有较广的应用前景。

1 钻井技术难点

（1）南缘地区岩石矿物以脆性矿物石英、膨胀性矿物蒙皂石和易分散性矿物伊/蒙混层

作者简介：李锐，西南石油大学化学化工学院研究生，邮编：610500，电话：15775850773，E-mail：1319975749@ qq. com。

为主，黏土矿物含量高，属于典型的易膨胀、易分散和强水敏性地层，导致钻井过程中遇阻、卡钻以及水敏地层的水渗事故频发，井壁失稳垮塌现象严重，现场运用的油基钻井液无法有效解决现场井壁失稳问题[7]。

(2) 南缘地区地层压力异常，钻井液安全密度窗口过窄，导致液柱压力与地层孔隙压力不均衡，当钻进到安集海河组时，地层压力上升，钻井液密度不足以支撑井壁，所以需要提高钻井液密度来平衡地层的压力。

(3)南缘地区岩石富含有机质，纳微米孔隙发育，如果孔隙没有得到有效的封堵，虽然可以通过提高钻井液的密度来平衡地层压力[8,9]，但是高密度的油基钻井液会沿着孔隙深入到地层，导致地层孔隙压力过大，无法平衡液柱压力，引起井壁垮塌，所以需要提高油基钻井液的封堵性[10]。

(4) 南缘地区地层复杂，需要不断优化油基钻井液配方，增强油基钻井液体系的配伍性，保证高温高密度油基钻井液具有良好的流变性和封堵性。

2　高温高密度油基钻井液性能评价及优化

2.1　现场油基钻井液常规性能评价

分别从南缘地区高 102 井、高 101 井、呼探 1 井、高泉 5 井和乐探 1 井正在使用的油基钻井液中进行了取样，对取得的样品进行了常规性能评价。

性能评价结果显示，高 102 井使用的油基钻井液老化前表现出良好的乳化性和流变性，但是经过高温 180℃老化 16h 后，破乳电压降到了 600V 以下，且高温高压滤失量增大；高 101 井和高泉 5 井使用的油基钻井液经过高温 180℃ 老化 16h 后流变性变差，增稠严重；呼探 1 井使用的油基钻井液老化前后乳化性能均比较差；乐探 1 井使用的油基钻井液老化后破乳电压大幅度降低，且滤失量较大。

五口井取样分析结果可知，现场使用的油基钻井液普遍抗温效果较差，为了改善高温下油基钻井液的封堵性、降滤失性和乳化性，以增强油基钻井液的适应性，需研选抗高温封堵剂、降滤失剂、乳化剂等处理剂，以满足现场深层高温钻井的需求。

从准噶尔盆地南缘现场取回的井浆的基本配方为 1#：180mL3#白油+10mL$CaCl_2$水溶液+1.5%有机土+6%主乳化剂+2%辅乳化剂+6%降滤失剂+6%CaO+1147g 重晶石(4.3g/cm^3)。

配方性能：钻井液密度为 2.5g/cm^3，油水比为 90：5，$CaCl_2$水溶液浓度为 35%。

处理剂厂家：3#白油购自山东星隆新材料有限公司，氯化钙购自山东德坤生物科技有限公司，有机土购自淄博同益化工科技有限公司，主乳化剂、辅乳化剂购自淄博海杰化工有限公司，降滤失剂购自河南元春化工有限公司，氧化钙购自湖南皕成科技股份有限公司，重晶石购自聊城鑫开金属制品有限公司。

2.2　主要处理剂的研制及性能评价

针对南缘地区井底高温、高压的地质条件，结合现场在用油基钻井液体系，研制出了可以抗 200℃高温的封堵剂、降滤失剂、主乳化剂、辅乳化剂处理剂，并分别对单剂进行了性能评价。

2.2.1　抗高温封堵剂

以苯乙烯和丙烯酸丁酯为原料，采用反相乳液聚合法合成的 HT-BA 封堵剂，测试表明研制的封堵剂能明显提高钻井液封堵效率，抗温达 200℃。

（1）HT-BA 封堵剂突破压力测定。

突破压力测定采用平流泵驱替，实验装置如图 1 所示，实验具体过程是使油基钻井液通过含有人造裂缝的岩心，刚开始时驱替压力不断上升最后会突然下降，此时的压力即为正向突破压力，然后在岩心的另一端用去离子水进行反向突破压力，压力刚开始时会上升，最后突然下降，此时为反向突破压力。实验采用 5mLmin 的流量对 1#配方+3%HT-BA 封堵剂油基钻井液进行驱替，正向驱替压力为 30MPa，反向驱替压力为 3MPa。实验结果表明 HT-BA 封堵剂具有良好的承压能力。

图 1　平流泵驱替装置图

（2）HT-BA 封堵剂封堵性能评价。

采用砂床渗透滤失实验对比加入 HT-BA 封堵剂前后的油基钻井液的滤失性，测试结果见表 1。

表 1　砂床渗透滤失实验

体　系	侵入深度(cm)			
	瞬时侵入	5min	10min	15min
1#	2	3.8	4.1	4.1
1#+3%HT-BA 封堵剂	0.4	0.8	0.9	0.9

注：1#(现场用油基钻井液)：180mL3#白油+10mL$CaCl_2$水溶液(35%)+1.5%有机土+6%主乳化剂+2%辅乳化剂+6%降滤失剂+6%CaO+1147g 重晶石(4.3g/cm^3)。

砂床渗透滤失实验结果可知，加了 HT-BA 封堵剂的油基钻井液侵入深度明显低于没有加 HT-BA 封堵剂的油基钻井液，表明 HT-BA 封堵剂具有良好的封堵性能。

（3）HT-BA 封堵剂抗温性能评价。

将 HT-BA 封堵剂在高温条件下进行 1d、3d、5d、7d 的老化砂床侵入深度实验，通过测试 7d 后砂床的侵入深度来评价其抗温性能，测试结果见表 2。

表 2　砂床侵入深度实验

温度(℃)	侵入深度(cm)			
	1d	3d	5d	7d
180	1	1.1	1.1	1.1
200	1.1	1.3	1.3	1.4

实验结果可知，7d 后砂床的渗透率依然很低，180℃条件下只有 0.1cm 的波动，200℃条件下波动幅度稍大一些，但是依然很低，证实了 HT-BA 封堵剂具有良好的抗温性，在 200℃的高温条件下性能依然能够保持稳定。

2.2.2 抗高温降滤失剂

以丙烯酸为原料，采用化学接枝法合成的油溶性 HT-FLA 降滤失剂。将 HT-FLA 降滤失剂与现场使用的降滤失剂进行抗温性比较，实验结果见表 3。

表 3 抗高温降滤失剂性能评价

温度（℃）	体系	实验条件 热滚 16h	Φ_{600}/Φ_{300}	Φ_{200}/Φ_{100}	Φ_6/Φ_3	*Gel*（Pa/Pa）	E_S（V）	FL_{HTHP}（mL）
180	1#	滚前	149/92	71/47	22/21	10/12	2077/2062/2070	
		滚后	136/79	63/35	14/12	9/11	786/880/821	7.4
	2#	滚前	156/103	86/58	35/25	9/10	2106/2002/1938	
		滚后	141/85	76/46	21/17	8/10	1863/1928/2001	2.4
200	1#	滚前	136/78	71/40	18/16	9/11	1638/1556/1597	
		滚后	131/75	69/35	17/14	7/8	624/635/555	10.9
	2#	滚前	140/69	72/50	16/14	9/10	1821/1756/1720	
		滚后	137/65	71/48	16/13	9/11	1654/1689/1541	3.3

注：1#（现场用油基钻井液）：180mL 3#白油+10mL$CaCl_2$水溶液（35%）+1.5%有机土+6%主乳化剂+2%辅乳化剂+6%降滤失剂+6%CaO+1147g 重晶石（4.3g/cm^3）

2#（室内高温高密度油基钻井液）：180mL 3#白油+10mL$CaCl_2$水溶液（35%）+1.5%有机土+6%主乳化剂+2%辅乳化剂+6%HT-FLA 降滤失剂+6%CaO+1147g 重晶石（4.3g/cm^3）。

由降滤失性能测试结果可知，1#在 180℃条件下热滚后滤失量较高，在 7mL 以上，热滚温度上升到 200℃后，乳化性能明显变差，且滤失量已经超过了 10mL；相比 180℃热滚而言，2#在经过 200℃热滚后滤失量略微有所上升，但是滤失量依然保持在 4mL 以下，且流变性和乳化性都相对稳定。实验结果表明 HT-FLA 降滤失剂可以抗 200℃高温，且与现场使用的降滤失剂相比，具有更好的降滤失效果。

2.2.3 抗高温乳化剂

主乳化剂：以脂肪酸和酸酐为原料合成了 HT-ME 主乳化剂，HT-ME 主乳化剂在高温条件下性能保持稳定，抗温达 200℃。

辅乳化剂：以有机酸和链状有机胺为原料合成了 HT-CE 辅乳化剂，对于高温高密度油基钻井液控制效果良好，抗温达 200℃。

将 HT-ME 主乳化剂和 HT-CE 辅乳化剂与现场使用的乳化剂进行抗温性比较，结果见表 4。

表 4 抗高温乳化剂性能评价

温度（℃）	体系	实验条件 热滚 16h	*AV*（mPa·s）	*PV*（mPa·s）	*YP*（Pa）	Φ_6/Φ_3	*Gel*（Pa/Pa）	E_S（V）
180	1#	滚前	41	35	5	6/5	3/3.5	785
		滚后	47	38	7	8/7	4/4.5	558
	2#	滚前	51	45	9	9/8	3/3.5	1321
		滚后	56	48	9	10/9	4/4.5	1189

续表

温度（℃）	体系	实验条件 热滚 16h	*AV*（mPa·s）	*PV*（mPa·s）	*YP*（Pa）	Φ_6/Φ_3	*Gel*（Pa/Pa）	E_S（V）
200	1#	滚前	63	56	9	9/8	4/5	647
		滚后	69	61	8	9/8	4/5	356
	2#	滚前	85	70	9	9/10	3/4	1130
		滚后	74	63	9	9/11	3/4	995

注：1#（现场用油基钻井液）：180mL 3#白油+10mL$CaCl_2$水溶液（35%）+1.5%有机土+6%主乳化剂+2%辅乳化剂+6%降滤失剂+6%CaO+1147g 重晶石（4.3g/cm^3）

2#（室内高温高密度油基钻井液）：180mL 3#白油+10mL$CaCl_2$水溶液（35%）+1.5%有机土+6%HT-ME 主乳化剂+2% HT-CE 辅乳化剂+6%降滤失剂+6%CaO+1147g 重晶石（4.3g/cm^3）。

由乳化性能测试结果可知，不同温度条件下热滚的后 1#（现场用油基钻井液）的破乳电压降低明显，200℃热滚后其破乳电压降到了 400V 以下；2#（室内高温高密度油基钻井液）高温下仍保持良好的乳化稳定性，虽热滚后破乳电压有所降低，但破乳电压均大于 950V。表明添加 HT-ME 主乳化剂和 HT-CE 辅乳化剂后，优化的油基钻井液体系比现场在用的体系具有更好的抗温效果。

综上，与现场油基钻井液中使用的主处理剂性能对比表明，研制出的 HT-BA 封堵剂、HT-FLA 降滤失剂、HT-ME 主乳化剂和 HT-CE 辅乳化剂均具有更好的抗温性能，可抗温 200℃。通过单剂评价，初步构建出高温高密度油基钻井液配方 3#：180mL3# 白油 + 10mL$CaCl_2$水溶液（35%）+1.5%有机土+6%HT-ME 主乳化剂+2%HT-CE 辅乳化剂+6%HT-FLA 降滤失剂+HT-BA 封堵剂+6%CaO+1147g 重晶石（4.3g/cm^3）。

2.3 高温高密度油基钻井液性能评价

构建的高温高密度油基钻井液体系在 200℃下热滚不同时间后，测试其体系的流变性能、乳化稳定性及降滤失性能的实验结果见表 5。

表 5 高温高密度油基钻井液性能评价

热滚温度（℃）	密度（g/cm^3）	表观黏度（mPa·s）	塑性黏度（mPa·s）	*Gel*（Pa/Pa）	E_S（V）	FL_{HTHP}（mL）
老化前	2.5	128.0	110.0	9/13	2086/2059/2071	
200℃/16h	2.5	113.0	97.0	7/12	2052/2034/2040	1.1
200℃/32h	2.5	106.0	91.0	7/11	1856/1934/1940	1.8
200℃/48h	2.5	120.0	98.0	10/11	1800/1714/1690	2.4
200℃/72h	2.5	127.0	114.0	10/13	1856/1934/1940	2.7

注：3#：180mL 3#白油+10mL$CaCl_2$水溶液（35%）+1.5%有机土+6%HT-ME 主乳化剂+2%HT-CE 辅乳化剂+6%HT-FLA 降滤失剂+HT-BA 封堵剂+6%CaO+1147g 重晶石（4.3g/cm^3）

实验结果表明，构建的高温高密度油基钻井液在 200℃条件下热滚 72h 后依然保持良好的流变性、乳化稳定性和降滤失性。

2.4 高温高密度油基钻井液抗污染性评价

将高温高密度油基钻井液进行了高温 200℃老化 16h 前后的抗 20%清水、20%盐水、5%岩屑粉和 5%石膏粉的污染实验，抗污染实验结果见表 6。

表 6　高温高密度油基钻井液抗污染性评价

项　　目	热滚温度（℃）	表观黏度（mPa·s）	塑性黏度（mPa·s）	*Gel*（Pa/Pa）	E_S（V）	FL_{HTHP}（mL）
20%清水	老化前	120.0	89.0	10/13	601/613/598	
	200℃/72h	121.0	96.0	7/9	460/457/472	3.8
20%盐水	老化前	134.0	90.0	15/17	946/932/941	
	200℃/72h	147.5	117.0	6/9	448/451/441	2.0
5%岩屑粉	老化前	103.0	101.0	4/7	2085/2079/2091	
	200℃/72h	107.0	105.0	3/6	2083/2080/2080	3.6
5%石膏粉	老化前	115.0	115.0	4/6	2031/2047/2030	
	200℃/72h	99.0	97.0	2.5/4	1243/1258/1237	3.6

由表 6 可知，该体系抗岩屑、石膏污染能力较强，抗清水、复合盐水污染能力相对较差，需在钻遇出水层时及时监控性能，补加油相。

3　结论及建议

（1）研制的抗高温、高密度油基钻井液处理剂包括 HT-BA 封堵剂、HT-FLA 降滤失剂、HT-ME 主乳化剂和 HT-CE 辅乳化剂，抗温能力可达 200℃，与南缘地区现场使用的处理剂相比表现出更好的抗温性，能进一步满足现场钻井的需要。

（2）构建的高温高密度油基钻井液表现出良好的流变性、乳化性和降滤失性，在 200℃下老化 72h 后性能依然稳定，具有广泛的应用前景。

（3）构建的高温高密度油基钻井液具有较强抗污染性，适应性很强。

（4）建议针对南缘地区的破碎性地层，通过封堵机理研究，研发新型的封堵剂，构建强封堵油基钻井液体系。

参 考 文 献

[1] 杨虎，周鹏高，石建刚，等．霍尔果斯背斜安集海河组巨厚泥岩油基钻井液技术[J]．科学技术与工程，2019，19(20)：180-186.

[2] 谢建安．超高密度油基钻井液技术在霍 11 井的应用[J]．新疆石油天然气，2018，14(3)：39-42.

[3] 陈勉，金衍．深井井壁稳定技术研究进展与发展趋势[J]．石油钻探技术，2005，33(5)：28-34.

[4] 孙平安．准噶尔盆地南缘油气源对比研究[D]．南京：南京大学，2012.

[5] 杜青才．准噶尔南缘复杂构造地质力学分析与井下复杂机理研究[D]．成都：西南石油学院，2004.

[6] 刘尊文，王裕亮，曹广宇．新疆南缘井壁失稳的技术研究[J]．西部探矿工程，2007，19(4)：62-63.

[7] 卓鲁斌，石建刚，吴继伟，等．准噶尔盆地南缘钻井技术进展，难点及对策[J]．西部探矿工程，2020，32(2)：75-77，80.

[8] 路宗羽，徐生江，叶成，等．准噶尔南缘膏泥岩地层高密度防漏型油基钻井液研究[J]．油田化学，2018，35(1)：1-7，30.

[9] 于雷，张敬辉，刘宝锋，等．微裂缝发育泥页岩地层井壁稳定技术研究与应用[J]．石油钻探技术，2017，45(3)：27-31.

[10] 刘政，李俊材，蒋学光．强封堵高密度油基钻井液在新疆油田高探 1 井的应用[J]．石油钻采工艺，2019，41(4)：467-474.

环保钻井液及废弃物处理技术研究与应用

可生物降解的油基钻井液体系研究

周晓宇

(辽河油田公司钻采工艺研究院)

【摘 要】 油基钻井液普遍存在着基础油难于降解、不可再生等缺点。因此，进行了可再生型生物合成基础油钻井液体系研究。利用天然生物油脂通过催化加氢、分子异构等合成了生物合成基础油。以生物合成基础油和改性有机土为主，通过其他钻井液添加剂及优化加量，形成了可再生生物合成基钻井液体系，并评价了其性能。生物合成基础油是C12-24的支链异构烷烃混合物，具有优良的安全环保性和黏温特性。可再生生物合成基钻井液体系的高温高压滤失量低于12mL，沉降稳定性好，破乳电压都高达768V以上，96h LC50值都大于1000000mg/L，能抗20%地层水和10%劣土的侵入，岩屑滚动回收率达到98.06%，经其污染岩心的渗透率恢复率达到了83.5%~92.3%。研究结果表明，生物合成基础油具有低毒环保、可降解、可再生等技术优势，由其配制的钻井液在乳液稳定、抗污染、润滑、抑制、储层保护、安全环保等方面均表现出良好的性能，完全可满足复杂地质条件对钻井液的需求。

【关键词】 油基钻井液；可降解；低毒环保；储层保护；可持续发展

随着石油天然气勘探开发的不断深入，钻遇高温高压地层、泥页岩地层等复杂地层的概率越来越大，对钻井液的性能要求越来越高。因此，油基钻井液的应用越来越多，但随着环境保护的要求越来越严，其面临的问题也日益凸显[1-2]。早期油基钻井液的基础油多为柴油，其毒性高、难降解，污染严重根本无法达到环保要求[3-5]。现在最常用的基础油是低毒矿物精炼油即白油，其芳烃组分含量虽然很低，但仍存在降解周期长的缺点。随着对生态保护越来越重视、对钻井液提出了更高的要求，所以需要研究低毒、可降解、可再生的环境友好型钻井液用基础油及环保的油基钻井液。近期研制出很多合成型基础油，如酯类、醚类和聚烯类基础油，还有由饱和烷烃、烯烃合成的气制油，以及对石化原料油进行分子重整、精制提纯的各类合成基础油[6-8]。合成基础油虽然具有无毒、高闪点、可降解等有点，但其都是石化类的不可再生物质。因此，利用天然生物油脂通过催化加氢、分子异构等方法合成了可再生的生物基础油，并通过优选其他钻井液添加剂，形成了可再生生物合成基钻井液。性能评价结果表明，其性能达到优质高效钻井要求，且生物毒性很低，具有很好的环保性能。

1 可生物降解基础油和有机土的选择

生物质是指一切有生命的、可以生长的有机物质，包括动物、植物和微生物。与化石物质相比，生物质具有来源广、可再生、无污染和广泛分布的特点，是一种取之不尽、用之不竭的可再生资源[9-11]。以生物质为原料开发的生物合成基钻井液，即可解决钻井工程对钻井

作者简介：周晓宇(1986—)，女，黑龙江省鸡西市人，2012年获东北石油大学油气井工程专业硕士学位，现在辽河油田公司钻采工艺研究院工作，工程师，主要从事井壁稳定、钻完井液体系设计、油气层保护等方面的研究。电话：18704242022；E-mail：324802691@qq.com。

液性能的要求又可解决与环保可持续发展之间的矛盾，实现钻井液废弃物的源头控制。

动植物油脂、微生物油脂、地沟油等餐饮废弃油脂都可以作为可降解基础油的原料油，天然油脂的分子结构是含双键或不含双键的直链脂肪酸甘油酯，而且不同种类、不同来源的天然原料油的分子结构差异较大，需要有针对性地进行分子结构重整，才能得到性能优良且稳定的钻井液用基础油。天然原料油与催化剂在200~500℃，2~15MPa的条件下，通过加氢使不饱和键饱和生成长链正构烷烃，同时除去分子中所含的氧、氮、磷和硫等杂质。接下来，正构烷烃在金属位上脱氢生成烯烃，然后烯烃在酸性位上发生质子化反应生成正构碳正离子，随后正构碳正离子发生重整、去质子化反应生成烯烃，最终，烯烃转移到金属位上并加氢生成异构烷烃，即为可生物降解基础油。

可生物降解基础油是 C_{12}~C_{24} 的支链异构烷烃混合物，苯胺点很高且几乎不含芳烃和硫，96h LC_{50} 大于1000000mg/L。闪点较高，这表明其无毒，且在生产、储运、应用过程中安全性高。其在低温段(0~20℃)黏度变化的幅度很小，容易配制出性能优良的钻井液，且所配制钻井液的性能易于维护。测试性能见表1。

有机土分散在基础油中起到增黏提切的作用，同时起降滤失和维持乳化体系稳定的作用，其性能好坏直接影响钻井液的流变性、滤失造壁性和乳状液的稳定性。常规有机土在矿物油或合成类基础油中的成胶率普遍低于10%，其原因是合成类基础油主要为饱和烷烃，极性弱，而常规有机土在这类极性弱的基液中不能充分发挥增黏提切的作用。测试性能见表2。

表1　油基钻井液基础油的性能参数

性　质	天然气制油	白油	BP8313	柴油	Mentor26	生物合成基础油
外观	无色液体	无色液体	无色液体	棕黄色液体	无色液体	无色液体
色度	1	2	2	5	2	1
密度(kg/m³)	851	810	785	841	838	793
闪点(℃)	110	144	83	83	74	129
苯胺点(℃)	88	83	80	57	78	90
倾点(℃)	15	77	41	47	41	55
终沸点(℃)	321	316	250	335	250	338
芳烃含量(mg/kg)	1.2	2	2.0%	30%~50%	10%~20%	0.5
硫含量(mg/kg)	1	3	13	250		2
运动黏度(20℃)(mm²/s)	3.0	5.8	2.7	5.9	2.7	2.5
96h LC_{50}(mg/L)WSF	>1000000	>1000000	820000	80000	480000	>1000000

注：实验方法依据《GB/T 19147—2013 车用柴油》标准和API RP13H钻井液生物鉴定推荐作法测得。

表2　新型有机土在基础油中的性能

基　础　油	成胶率(%)		*AV*(mPa·s)	*PV*(mPa·s)	*YP*(Pa)
柴油	滚前	100	13.0	11.2	1.8
	滚后	99	14.7	13.0	1.7
白油	滚前	79	14.0	12.0	2.0
	滚后	77	13.8	11.9	1.9

续表

基础油	成胶率(%)		AV(mPa·s)	PV(mPa·s)	YP(Pa)
天然气制油	滚前	85	12.5	10.9	1.6
	滚后	80	13.7	12.2	1.5
生物合成基础油	滚前	77	10.3	8.8	1.5
	滚后	73	11.8	10.4	1.4

注：老化条件是150℃热滚16h，冷却至室温后高速搅拌5min，以上实验方法依据“Q/SY 1817—2015 油基钻井液用有机土技术规范 5.4 胶体率的测定”和“GB/T 16783.2—2012 石油天然气工业钻井液现场测试 第2部分 油基钻井液 6 黏度和切力的测定”标准进行。

由表2可以看出，改性有机土不但在柴油中有很高的成胶率，而且在极性很弱的合成类基础油中的成胶率也比较理想，其在生物合成基础油中的成胶率为79%~83%，加入改性有机土的可生物降解基础油的黏切性能很稳定。这表明可生物降解基础油和改性有机土相互聚结胶联形成的空间网状结构即使经过高温老化也没有破坏，凝胶稳定性反而增强，说明改性有机土具有良好的成胶性和配伍性。

2 可再生生物合成基钻井液配方及性能评价

以弱极性可生物降解基础油形成稳定的油基钻井液有一定的难度，尤其是表面活性剂类处理剂对乳状液的稳定性起到决定作用[13-15]。乳化剂分子在油、水界面会形成一层坚固的膜，同时降低油水界面张力，有利于形成稳定的乳化层，并且能够增大粒子间的碰撞阻力，提高乳状液的稳定性；润湿剂具有促使重晶石和有机土表面从亲水转变为亲油的作用，实现润湿反转从而提高钻井液的稳定性。笔者通过优选各种处理剂及优化其加量，确定了可生物降解的油基钻井液基本配方：可生物降解基础油+$CaCl_2$溶液(25%)+3.0%改性有机土+3.0%聚酰胺主乳化剂+2.0%酰胺基胺辅乳化剂+1.5%改性季铵盐润湿剂+2.0%提切剂+2.0%改性橡胶封堵剂+2.0%改性树脂降滤失剂+1.0%磺化树脂降滤失剂+1.0%CaO+重晶石粉(密度可调整为0.90~2.25kg/L)，油水比90∶10~70∶30。

表3 钻井液的基本性能

密度(g/cm^3)	条件	表观黏度(mPa·s)	塑性黏度(mPa·s)	动切力(Pa)	静切力(Pa)	API滤失量(mL)	高温高压滤失量(mL)	破乳电压(V)	96h LC_{50}(mg/L)
0.90	老化前	19	15	4	1.3/1.7	1.8	11.9	1504	>1000000
	老化后	30	23	7	1.6/2.0	1.3	9.7	1874	
1.20	老化前	29	21	8	2.0/2.4	1.5	9.2	1665	>1000000
	老化后	37	26	11	2.2/3.1	1.0	8.8	1730	
1.50	老化前	32	22	10	2.2/3.5	1.2	7.0	1422	>1000000
	老化后	47	34	13	2.9/4.8	0.8	6.4	1601	
1.85	老化前	43	31	12	2.9/5.2	0.8	6.2	1134	>1000000
	老化后	54	39	15	3.5/5.5	0.6	5.3	1377	
	静置24h	66	45	21	5.2/8.3	0.7	6.2	1090	

续表

密度（g/cm^3）	条件	表观黏度（mPa·s）	塑性黏度（mPa·s）	动切力（Pa）	静切力（Pa）	API 滤失量（mL）	高温高压滤失量（mL）	破乳电压（V）	96h LC_{50}（mg/L）
2. 25	老化前	59	42	17	3. 2/5. 7	0. 4	3. 2	768	>1000000
	老化后	70	39	18	4. 3/6. 8	0. 3	2. 4	955	
	静置 24h	78	50	28	7/10. 5	0. 6	4. 0	976	

注：热滚条件是150℃、16h，高速搅拌5min后测量，高温高压条件是150℃、3. 45MPa。以上实验方法依据“GB/T 16783. 2—2012 石油天然气工业 钻井液现场测试 第2部分 油基钻井液”标准进行。

由表3可以看出：可生物降解的油基钻井液随着密度增大，黏度和切力均增大、滤失量降低，破乳电压升高；不同密度的生物合成基钻井液整体上均具有较理想的流变参数，破乳电压都高达768V以上，即使经过180℃高温也完全可以保持稳定的乳液状态；高温高压下依然可以吸附和沉积形成致密的滤饼，滤失量只有2. 4 ~ 11. 9mL；96h LC_{50}均大于1000000mg/L。密度为2. 25g/cm³的可生物降解的油基钻井液经过高温老化静置24h后，钻井液上、下部的密度差仅为0. 18g/cm³，未出现重晶石沉降和基油析出的现象。这表明，可生物降解的油基钻井液具有理想且稳定的性能，符合高温深井、高温高压水平井钻井对钻井液性能的要求，而且生物毒性很低，具有很好的环保性能。

通过分析可知，可生物降解的油基钻井液对泥页岩有很强的抑制作用，有利于井壁的长期稳定，可防止井壁坍塌等事故发生。可生物降解的油基钻井液的润滑系数达到0. 03，表明该钻井液润滑性能好，可以降低钻井过程中的摩擦阻力，且明显优于传统的水基钻井液和白油油基钻井液。

可生物降解的油基钻井液抗污染的性能良好，至少可以抗20%水或10%劣质土的侵入污染，如污染物加量继续增加后，体系的性能肯定会进一步变差。可生物降解的油基钻井液对泥页岩水化分散作用有较强的抑制作用，保护复杂地层稳定，可防止井壁坍塌等事故。可生物降解的油基钻井液的摩擦系数很小，表明该钻井液润滑性能好，可以降低钻井过程中的摩擦阻力，且明显优于传统的水基钻井液和柴油油基钻井液，为定向井、水平井钻井技术大面积推广解决关键问题。

可生物降解的油基钻井液会对不同渗透率的岩心造成不同程度的伤害，对渗透率低岩心的造成的伤害较大，但渗透率恢复率全部达到了83. 5%以上，说明该钻井液且具有理想的滤失和封堵性能，能够在岩心上形成高质量滤饼阻止对储层的损害，储层保护效果较好。

3 结论

（1）针对现有的石化类基础油的环保性能差的缺点，利用天然生物原料油脂通过催化加氢脱杂、异构化等反应合成了非酯类生物合成基础油，其具有高闪电、高苯胺点、无毒等优良性能。其是利用来源广泛的生物质合成的，具有可再生的技术优势。

（2）以可生物降解基础油与改性有机土为主，通过优选其他钻井液添加剂及优化加量，形成了一套流变性能稳定、抑制性强、润滑性能良好、储层保护性能好、安全环保的可生物降解的油基钻井液体系。

（3）进一步优化可生物降解的油基钻井液的配方，提高可生物降解的油基钻井液的性能，以满足复杂地质条件下对钻井液的要求及安全环保的法规要求。

参考文献

[1] 王中华．国内外油基钻井液研究与应用进展[J]．断块油气田，2011，18(4)：533-537.

[2] 王中华．国内钻井液处理剂研发现状与发展趋势[J]．石油钻探技术，2016，44(3)：1-8.

[3] 林永学，王显光．中国石化页岩气油基钻井液技术进展与思考[J]．石油钻探技术，2014，42(4)：7-13.

[4] 孙明波，乔军，刘宝峰，等．生物柴油钻井液研究与应用[J]．钻井液与完井液，2013，30(4)：15-18.

[5] 杨洁，徐同台，武星星，等．生物柴油钻井液的研究[J]．钻井液与完井液，2013，30(6)：36-40.

[6] 胡友林，乌效鸣，岳前升，等．深水钻井气制油合成基钻井液室内研究[J]．石油钻探技术，2012，40(6)：38-42.

[7] 王茂功，徐显广，孙金声，等．气制油合成基钻井液关键处理剂研制与应用[J]．钻井液与完井液，2016，33(3)：30-34，40.

[8] 万绪新，张海青，沈丽，等．合成基钻井液技术研究与应用[J]．钻井液与完井液，2014，31(4)：26-29.

[9] 单海霞，王中华，徐勤，等．生物质基液 PO-12 的合成与性能评价[J]．石油钻探技术，2017，45(4)：41-45.

[10] 单海霞，王中华，何焕杰，等．生物质合成基液 LAE-12 的合成及性能研究[J]．钻井液与完井液，2016，33(2)：1-4.

[11] 翟西平，殷长龙，刘晨光．油脂加氢制备第二代生物柴油的研究进展[J]．石油化工，2011，40(12)：1364-1369.

[12] 解宇宁．低毒环保型油基钻井液体系室内研究[J]．石油钻探技术，2017，45(1)：45-50.

[13] 王旭东，郭保雨，陈二丁，等．油基钻井液用高性能乳化剂的研制与评价[J]．钻井液与完井液，2014，31(6)：1-4.

[14] 张建阔，王旭东，郭保雨，等．油基钻井液用固体乳化剂的研制与评价[J]．石油钻探技术，2016，44(4)：58-64.

[15] 陶怀志，吴正良，贺海．国产油基钻井液 CQ-WOM 首次在页岩气威远 H3-1 井试验[J]．钻采工艺，2014，37(5)：87-90.

渤海油田废弃钻井液絮凝剂优选与应用

张羽臣　林家昱　董平华　岳　明

（中海石油（中国）有限公司天津分公司）

【摘　要】 海洋石油环保具有执法趋严、作业量大、平台空间条件受限等特点，传统“海上回收+拖轮运输+陆地处理”模式面临巨大挑战。在钻井的作业中产生的钻屑较多，不可避免地会产生大量废弃钻井液，随着环保要求日益严格，废弃钻井液处理技术也越来越受到重视。因此应用将回收的水基钻井液经絮凝压滤处理后，固废装箱转运处理厂的方式对废弃钻井液进行处理的方式在海上油田逐渐进行应用。本文通过筛选了五种絮凝剂进行了废弃钻井液的处理，通过初步试验，选择了聚合 $AlCl_3$、聚合硫酸铁和含铁复合絮凝剂进行了进一步的对比筛选试验。结合絮凝后压滤液的指标，选出含铁絮凝剂为渤海废弃钻井液的最合适絮凝剂且添加量分别为16kg/t、12kg/t、12kg/t、16kg/t。在秦皇岛 33-1 南油田进行了现场试验，通过向废弃钻井液中加入含铁絮凝剂，配合压滤一体机大大提高了废弃钻井液的处理量，不仅能有效地从源头实现减量化而且液相经处理后达到了回用标准，同时能够降低石油开采成本。

【关键词】 渤海油田；废弃钻井液；环保；絮凝剂

随着海上环保形势的日趋严格，渤海湾设定了多区域生态保护红线区，生态红线区内要求实现污染物及废弃物“零排放”[1]。在钻井的作业中产生的钻屑较多，不可避免地会产生大量废弃钻井液。为了满足钻井技术的需要，钻井液中常常添加各种化学处理剂，因此废弃钻井液中影响和危害环境的成分非常复杂，如果处理不当会对环境造成污染。水机钻井液属于固体废物，不属于危险废物。在《国家危险废物》（2016 版）中对于石油和天然气开采行业，只有以废矿油为连续相配制的钻井液，最后产生的废弃钻井液、油泥油脚、含油污泥才属于危险废物。在 2016 年版的《国家危险废物名录》中，没有提及以水基为连续相配制钻井液的废物问题，即水基钻井液没有列入该名录，因此不属于危险废物范畴。废弃钻井液中危害环境的主要成分是烃类、盐类、各类聚合物、重晶石中的杂质和沥青等，COD 高、矿化度高、色度高、悬浮物含量高、污染负荷大。随着环保要求日益严格，废弃钻井液处理技术也越来越受到重视[2-4]。

针对以上现实状况，针对渤海油田废弃钻井液，通过对比不同的絮凝剂进行了实验研究，优选了最优的絮凝剂，使钻井液固液分离，并对固液分离后的压滤液进行了测试。经过处理后的废弃钻井液，可经过压滤一体机，进行初级固液分离，分选筛出的滤液泵抽至压滤设备进行终极固液分离，滤液重复使用，钻屑榨干吨包回收，在钻井平台即可完成对钻屑的快速减量和废弃钻井液的回收利用[5]，大大减少了废弃钻井液的回收处理成本。

作者简介：张羽臣（1981—），男，天津人，高级钻井工程师，学士学位，现就职于中海石油（中国）有限公司天津分公司，主要从事于海洋石油钻完科研生产研究工作。联系方式：（022）66501124；E-mail：zhangych3@ cnooc. com. cn。

1 废弃钻井液的危害及处置方法

1.1 废弃钻井液对海洋的影响

渤海各油田目前均采用水基钻井液，相对油基钻井液和合成基钻井液，对环境污染程度要小很多，但其中的芳香烃类、有毒化学物质、重金属等也会对海洋环境造成较大影响。如不经处理排海，废弃物中的有机物等会导致水体富营养化，导致赤潮，严重影响海洋水生物的生存。此外，钻井废弃物内的烃类、化学合成剂及重金属类物质也会在浮游生物、水藻、甲壳类及鱼类动物体内富集，干扰系统生态平衡，也会对人类海洋食品安全间接造成威胁[6-8]。

1.2 渤海钻井废弃物的处置方法

渤海钻井废弃物传统处置方法主要分为两种：排海和回收，未钻入油气层段的废弃钻井液及钻屑满足 GB 4914—2008《海洋石油勘探开发污染物排放浓度限值》相关要求，并经所在海域主管部门批准后排海处理；钻入油气层的废弃钻井液及钻屑利用专用的回收箱回收，通过船舶运至陆地交于有相应资质的处理厂进行集中无害化处理[9]。但随着环保要求的日趋严格，很多区块已全面实施“零排放”。

在海上钻屑处理过程中，将回收的水基钻井液，经絮凝压滤处理后，固废装箱转运处理厂，滤液现场重复利用。在压滤前首先进行絮凝作业，针对不同钻井液体系给出了不同的絮凝剂[10,11]，通过加入化学絮凝剂改变钻井液的物理、化学性质，破坏其胶体体系，促使悬浮的细小颗粒聚结成较大的絮凝体，再采用压滤、离心等机械手段进行固液分离，分离钻井液中的固、液两相，液相可以重复配浆或达标排放。

2 絮凝剂优选

2.1 破胶原理

因为钻井液中加入了大量的各种护胶剂，致使废弃钻井液体系中具有表面活性的固体比普通污泥要高很多，废弃钻井液脱稳的难度也就大大增加了。通过加入各种化学处理剂(絮凝剂)改变钻井液的物理、化学性质，破坏钻井液的胶体体系，促使悬浮的细小颗粒聚结成较大的絮凝体，再由过滤、离心等机械手段达到固液分离的目的，这种方法就称为化学强化固液分离，而选择一种好的絮凝剂对更好地研究脱稳固化处理有着更重要的意义。絮凝的原理就是通过把聚合物分解成小分子量的碎片来降低液体的黏度的过程。

2.2 絮凝剂的筛选

根据以上对絮凝原理的阐述，絮凝后废弃钻井液中会有较大量的高分子物质同黏土一起分离出来。因此，絮凝剂不选用阳离型高分子材料，主要考虑无机盐类及无机混凝剂，初步选定的物质有：聚合 $AlCl_3$，$Al_2(SO_4)_3$，聚合硫酸铁，盐酸新研制絮凝剂等，实验选用 5 种絮凝剂对渤海油田钻井液进行筛选实验研究絮凝效果。

将聚合 $AlCl_3$配制成 10%的溶液，$Al_2(SO_4)_3$配制成 10%的溶液，聚合硫酸铁配制成 20%的溶液，浓盐酸稀释配制成 2mol/L 的溶液及将含铁复合絮凝剂配制成 10%的溶液，取一定量的废弃钻井液盛于烧杯中，逐滴加入配制好的聚合 $AlCl_3$溶液并搅拌，随着聚合 $AlCl_3$溶液的加入，废弃钻井液开始变得更稠，慢慢地有较多絮体从中分离出来，并有少量清液从中析出，此时絮凝完成，具体的各絮凝剂的效果见表 1。

表1　絮凝固液分离效果

絮凝剂	出水体积(%)	COD(mg/L)	备　注
聚合 $AlCl_3$	56	3234	
$Al_2(SO_4)_3$	32	4019	效果一般
聚合硫酸铁	46	3156	
盐酸	66	3008	出水强酸性
含铁复合絮凝剂	70	2987	

根据实验及絮凝后出水率情况可以看出，聚合 $AlCl_3$、聚合硫酸铁、盐酸和含铁复合絮凝剂的絮凝效果相对来说较好。由于单独使用盐酸进行絮凝，絮凝出水的 pH 值较低需加碱进行调节，使处理工艺流程增加。盐酸是液体运输过程较麻烦且盐酸具有一定的腐蚀性使用过程存在一定的危险性。因此选择聚合 $AlCl_3$、聚合硫酸铁和含铁复合絮凝剂进行对比筛选实验，具体的絮凝效果见表2至表4，如图1所示。

表2　聚合 $AlCl_3$ 用量对絮凝分离效果的影响

聚合 $AlCl_3$ 用量(mg/L)	絮凝后离心分离出水		
	出水体积(%)	COD(mg/L)	备　注
0	6	5542	固液分离不明显，浑浊
2	17	5389	固液分离不明显，浑浊
4	30	4267	固液分离明显，液体浑浊
6	42	3839	固液分离明显，液体稍浑浊
8	53	3369	固液分离明显，液体稍浑浊
10	54	3234	固液分离明显，液体清澈

表3　聚合硫酸铁用量对絮凝效果的影响

聚合硫酸铁用量(mg/L)	絮凝后离心分离出水		
	出水体积(%)	COD(mg/L)	备　注
0	5	5609	固液分离不明显，浑浊
4	19	5421	固液分离不明显，浑浊
8	38	3824	固液分离明显，液体稍浑浊
12	46	3156	固液分离明显，液体清澈
16	47	3098	固液分离明显，液体清澈

表4　含铁复合絮凝剂对絮凝固液分离效果的影响

含铁絮凝剂用量(mg/L)	絮凝后离心分离出水		
	出水体积(%)	COD(mg/L)	备　注
2	11	5854	固液分离不明显，浑浊
4	18	3852	固液分离明显，浑浊
6	44	3343	固液分离明显，液体稍浑浊
8	66	2987	固液分离明显，液体清澈
10	67	2856	固液分离明显，液体清澈

图 1　不同浓度的絮凝剂的加入废弃钻井液实验效果

2.3　固液分离后压滤液性能

安装滤布，压紧滤板，配制脱水剂溶液，静止半小时，将钻井液和脱水剂的一定比例在污泥沉淀容器中混合均匀，测过滤后的性能，见表 5。

表 5　废弃钻井液絮凝后压滤液指标

名　　称	Ca^{2+}(mg/L)	Mg^{2+}(mg/L)	HCO_3^-(mg/L)	CO_3^{2-}(mg/L)	Cl^-(mg/L)	总 Fe(mg/L)
废弃钻井液	48096	87516	—	—	83357	11.8

根据絮凝实验结果选出含铁絮凝剂为渤海废弃钻井液的最合适絮凝剂且添加量分别为 16kg/t、12kg/t、12kg/t、16kg/t。固液分离结果表明板框压滤工艺更适用于渤海废弃钻井液絮凝后的固液分离，出水水质稳定对后续水处理影响较小。

3　絮凝剂在渤海油田的实际应用

秦皇岛 33-1 南油田是渤海油田第一个零排放开发项目，属于农业渔业区，要求废弃物全回收，首次采取“环保体系+平台减量+EPS 工作船”模式，其中平台减量主要采用在废弃钻井液通过分选晒后，向滤液中加入絮凝压裂液使固液分离，进而使用压滤一体机进行处理，自 2019 年 7 月导管架钻井作业至 10 月已顺利完成 7 口井的钻井作业，整体效果较好。过程减量减排工艺流程如图 2 所示。

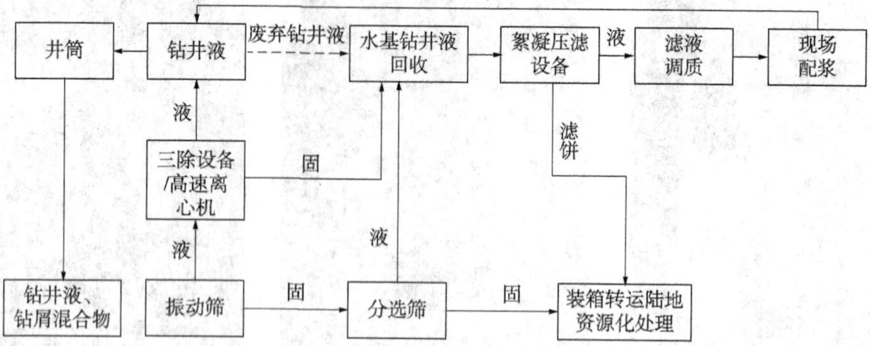

图 2　过程减量减排工艺流程

通过向废弃钻井液中加入含铁絮凝剂，配合压滤一体机处可处理废弃钻井液理量 130~150m^3/d，废组昂敬业减量可达 80%；表层和 12¼in 上部井段，因钻速较快、钻井液量大，平台主要搭配分选筛处理岩屑，EPS 工作船处置钻井液；可满足 12¼in 下部井段正常钻井液和岩屑处理；同时增加了自动操作程序与控制按钮，使得人工操作更加简便。

废弃钻井液通过物理、化学方法不仅能有效地从源头实现减量化而且液相经处理后达到了回用标准。废弃钻井液减量处理不仅解决了其对环境危害，消除了潜在威胁，同时使得资源得到了有效利用，为石油开采降低成本。

4　结论

（1）渤海各油田目前使用的水基钻井液对环境污染程度要小，但如不经处理排海仍会造成较大污染，随着海上环保形势的日趋严格，逐渐应用将回收的水基钻井液经絮凝压滤处理后，固废装箱转运处理厂的方式对废弃钻井液进行处理。

（2）通过筛选了聚合 $AlCl_3$、$Al_2(SO_4)_3$、聚合硫酸铁配、盐酸及含铁复合絮凝剂五种絮凝剂进行了废弃钻井液的处理，通过初步试验，选择了聚合 $AlCl_3$、聚合硫酸铁和含铁复合絮凝剂进行了对比实验。

（3）结合絮凝后压滤液的指标，选出含铁絮凝剂为渤海废弃钻井液的最合适絮凝剂且添加量分别为 16kg/t、12kg/t、12kg/t、16kg/t。

（4）在秦皇岛 33-1 南油田进行了现场试验，通过向废弃钻井液中加入含铁絮凝剂，配合压滤一体机可处理废弃钻井液理量 130~150m^3/d，不仅能有效地从源头实现减量化而且液相经处理后达到了回用标准，同时能够降低石油开采成本。

参考文献

[1] 张羽臣，林家昱，霍宏博，等．海上钻井废物管理原则及处理技术探讨[J]．油气田环境保护，2019，29(4)：1-3+7+68.

[2] 周礼．废弃水基钻井液无害化处理技术研究及应用[D]．成都：西南石油大学，2014.

[3] 邢希金，耿亚楠．新环保法给海上钻井流体处理带来的挑战及对策[J]．石油工业技术监督，2016，32(8).

[4] 陈澈．论述含油钻屑处理技术[J]．科技创新与应用，2012(5Z)：18-18.

[5] 董秀梅．含油污泥脱水减量技术研究[D]．东营：中国石油大学，2010.
[6] 于娜娜，邓平，王笃政．石油破乳技术进展[J]．精细石油化工进展，2011，12(6)：17-22.
[7] 苏勤，何青水，张辉，等．国外陆上钻井废弃物处理技术[J]．石油钻探技术，2010，38(5)：106-110.
[8] 王东，冯定，张兆康．海上油田废弃钻井液的毒性评价及无害化处理技术研究进展[J]．环境科学与管理，2011，36(6)：78-83.
[9] 国家海洋环境监测中心．GB 4914—2008《海洋石油勘探开发污染物排放浓度限值》[S]．北京：中国标准出版社．
[10] 张烁，庞建勇，孙林柱，等．PAM 絮凝剂对钻孔黏土废弃钻井液脱水性能的影响[J]．安徽理工大学学报(自然科学版)，2014，34(1)：34-38.
[11] 石常省，谢广元，吴玲．絮凝剂在压滤脱水中的作用[J]．选煤技术，2003(3)：19-21.

负压减量在海上钻井中的应用效果及评价

岳　明　张羽臣　林家昱　王桂萍

（中海石油（中国）有限公司天津分公司）

【摘　要】 渤海海上钻井平台主要分自升式钻井平台和模块钻机，其中部分老旧的钻井固控设备配置数量少，设备能力降低，大大降低了井口返出的钻屑和钻井液分离效果，在部分井段存在振动筛筛布堵塞，跑浆现象严重，返出的钻屑含液率高，在受限制排放区域作业时，回收总量大幅增加，且造成大量钻井液材料的浪费。为能更好地解决传统振动筛固液分离效果差的问题，本文分析了振动筛跑浆原因，优选出了能够更高效处理钻屑的负压抽吸振动筛，并针对性地提出了高气量气刀，并集成负压振动筛、储罐及负压减量附属设施成橇，实现了负压振动筛的海上应用。海上采用并行传统振动筛与负压振动筛的方式同时处理钻屑，负压振动筛分离效果远优于传统振动筛，水基钻井液分离后的钻屑中，钻井液含量不高于40%，钻井液含量相对于普通振动筛可减少60%，尤其在表层钻进及三开过程处理效果最好，能够很好地实现固相减量。

【关键词】 负压减量；固液分离；钻屑；跑浆；固相减量

近年海上钻井作业量逐年增加，尤其渤海油田作业量增长迅速，单口井产生的钻屑及钻井液量大，为减少排放物对环境的影响，落实新形势下环保要求，渤海油田成立了工程技术类废弃物处置专项工作组，针对海上钻完井作业进行了一系列减排措施，海上钻井过程产生岩屑及钻井液量大，且在部分软泥岩井段，传统固控系统处置效果不理想，岩屑含液率最高可达100%以上，为能实现钻井废弃物固液分离处置装置能使液相与固相废弃物有效分离，减少液相排放或回收量，液相循环利用，减少运送回陆地的固相，减少浪费钻井液材料，同时运输及处置成本，助力渤海综合治理攻坚战行动计划[1-2]。

渤海油田大部分上部地层平原组、明化镇组，多为软泥岩，常规振动筛存在堵塞筛布、跑冒钻井液、岩屑含水量过高等问题[3]。为了更好地分离钻井液的液相与固相，去除岩屑，因此通过分析传统振动筛的跑浆原因，针对性提出改进措施。将改进的负压振动筛进行了现场应用，并与传统振动筛、离心机的效果进行对比，取得了较好的应用效果。

1　钻屑高含液机理研究

针对渤海砂岩段地层，现有传统固控设备处理效果较差，部分井段经振动筛处理后的固相含钻井液率高达100%～200%，作业过程造成大量钻井液材料流失[4]，且经传输系统转移至封闭式岩屑箱沉淀后，超过30%～60%深度为液态，导致额外占用大量的岩屑箱。为更好实现携岩后钻井液与岩屑的高效分离，通常采用更换较大目数筛布降低钻井液流失，但大目数的筛布会造成过大颗粒进入钻井液沉砂池，大大增加钻井液固相含量，导致钻井液性能不

作者简介：岳明(1984—)，男，学士学位，中级工程师职称，现主要从事钻完井、装备及海上钻完井废弃物处置研究工作。地址：天津滨海新区塘沽海川路2121号。

能稳定。传统振动筛在海上应用普遍[5]，但是始终存在部分井段跑浆的问题，岩屑与钻井液分离不彻底，造成跑浆原因的包括振动筛激振力不足，钻井液过筛性差(黏度大，非均质)，岩屑特性(泥岩易黏滞成团状)，振动筛角度调整不正确、筛布选用不合理以及筛面堵塞，其中筛面堵塞是造成岩屑与钻井液分离不彻底最主要的原因。筛面堵塞包括表面堵塞和孔眼堵塞，相应的堵塞机理、应对措施及解决思路具体见表 1。

表 1　振动筛网堵塞机理及处置手段

堵塞分类	表面堵塞	孔眼堵塞
产生机理	钻井液性能黏稠，受表面张力影响浮在筛网表面，钻屑下行受阻	钻屑颗粒与筛眼尺寸接近，运动过程易卡在筛孔内
主要处置手段	外力冲刷； 提高晒面仰角，增加筛面滞留时间	更换低目数筛布； 冲水； 钢丝刷清洁

通过对筛面堵塞以往应对措施的调研及分析，本文结合直线式振动筛钻井液及履带式传输振动筛钻井液受力(图 1、图 2)的对比分析，提出了进一步的解决方案[6-8]。

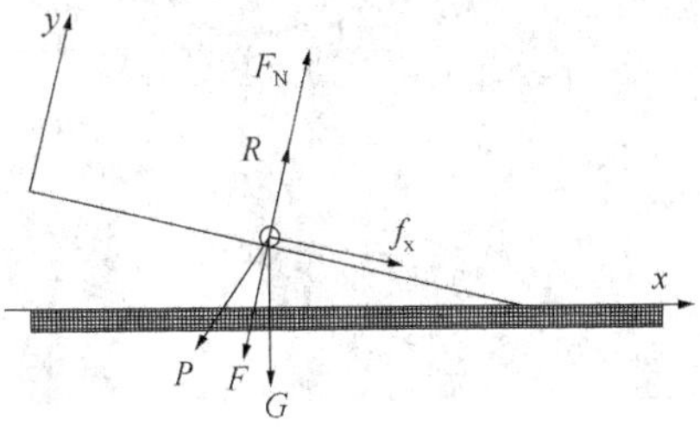

图 1　直线式振动筛钻井液受力分析

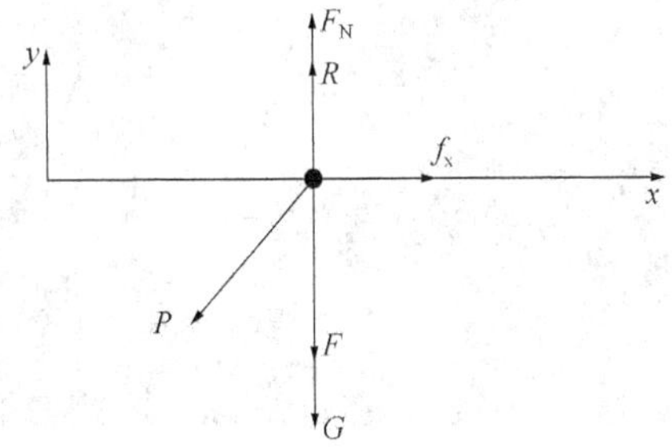

图 2　履带式传输振动筛钻井液受力

根据图 1，可以得到固相颗粒分别在 x 和 y 方向上的受力情况为

$$\begin{cases} F_x = G\sin\alpha + f_x - P_x \\ F_y = F_N - G\cos\alpha - F - P_y + R \end{cases} \tag{1}$$

式中：G 为固相颗粒重力；α 筛面倾角(直线振动筛中 $\alpha=0°$)；$f_x=\mu F_N$，表示固相颗粒在 x 方向上所受摩擦力，μ 为摩擦系数，F_N 为固相颗粒对筛面的正压力；R 为钻井液对颗粒的黏结力；P_x，P_y 为固相颗粒在 x，y 方向上的惯性力。

$$\begin{cases} P_x = m(a_x + \Delta\ddot{x}) \\ P_y = m(a_y + \Delta\ddot{y}) \end{cases} \tag{2}$$

根据图 2，可以得到固相颗粒分别在 x 和 y 方向上的受力情况为

$$\begin{cases} F_x = f_x - P_x \\ F_y = F_N - G - F - P_y + R \end{cases} \tag{3}$$

式中：G 为固相颗粒重力；f_x，表示固相颗粒在 x 方向上所受摩擦力，F_N 为固相颗粒对筛面的正压力；R 为钻井液对颗粒的黏结力；P_x，P_y 为固相颗粒在 x，y 方向上的惯性力。

$$\begin{cases} P_x = m(a_x + \Delta\ddot{x}) \\ P_y = m(a_y + \Delta\ddot{y}) \end{cases} \tag{4}$$

通过图 1、图 2 及式(1)、式(3)的分析，负压振动筛相比直线式振动筛没有了筛面倾角，因此如果解决表面堵塞问题，可增加分力 F，克服颗粒物与钻井液黏滞力，进而增加过筛动力，通过筛布的横向运移，提供前进动力，岩屑随筛布运动至振动筛前段。对于孔眼堵塞，则可以增加一个反向的力，进行反向清洗孔眼[9]。

2 集成负压及微振振动筛装置

2.1 负压工艺

传动的振动筛主要依靠重力及电动机上抛力进行筛分工作，为了提高筛分效率，研究人员提出增加负压抽吸力。目前将“负压力”成功应用于返回钻井液固控系统的有两种形式：一种是 Cubility 公司的负压振动筛，一种是 MI-SWACO 公司的直线振动的负压分离设备。在经过传统振动筛方案对比分析后，发现履带式负压振动筛(图 3)进行技术具有更大的应用前景[11]。

(a) 橇装图

(b) 处理效果图

图 3 履带式负压振动筛

相较传统振动筛方案，负压振动筛这种新型废弃物处理方法能够增强油井控制，减小环境风险。完全封闭式系统采用真空原理和输送带，不会有油雾排放，且无低频振动产生的噪声，能够有效改善工作环境。

2.2 负压振动筛橇装结构

海上平台空间有限，对于岩屑处理设备的占地面积及重量有严格要求，通过调研目标平台场地空间，并结合设备的自身情况，完成了负压振动筛的橇装结构的设计。其布局如图 4 所示，负压振动筛装置主要有负压固液分离器、钻井液罐、真空泵、钻井液搅拌器、电气控制柜，离心泵安装等，其中负压固液分离系统橇长 6.8m，宽 4m，高 3.5m，岩屑输送泵及其管线、岩屑箱、螺旋输送机不包括在内；橇装系统钻井液罐容积约 $16m^3$；罐体上布置负压固液分离器、真空泵、钻井液搅拌器、电气控制柜，离心泵安装在橇底座右方，混凝土输送泵的放置在橇的前方，岩屑箱在橇的左方，螺旋输送机放在负压固液分离器固相出口处与岩屑箱进料口对齐；在橇底座上，形成具有收集、传输、分离和控制的一套的自动分离控制系统，不仅提高单井层间配注效果，还对整个区块水驱效果大有裨益，极大地优化了储层开发效果；此外针对负压振动筛创新性的增加了气刀(图 5)，通过对筛布吹气，能够有效缓解筛布堵塞的问题[10]。

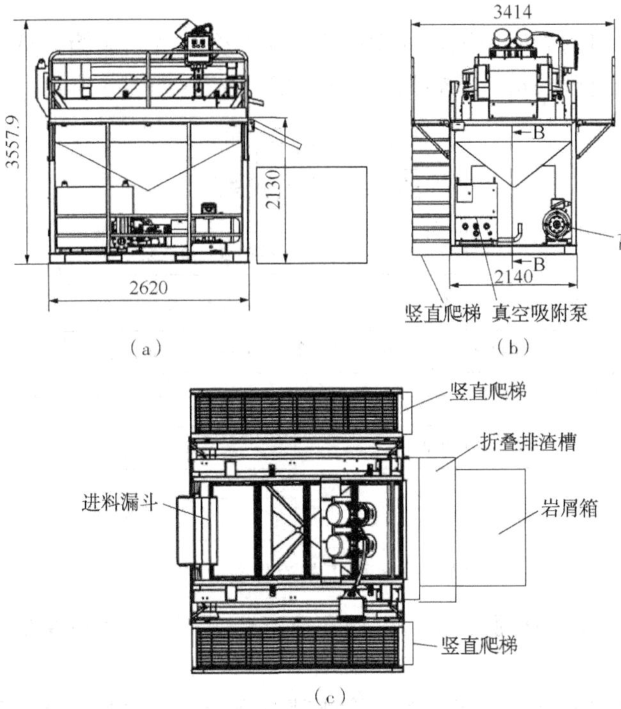

图 4　负压分离系统总体布局

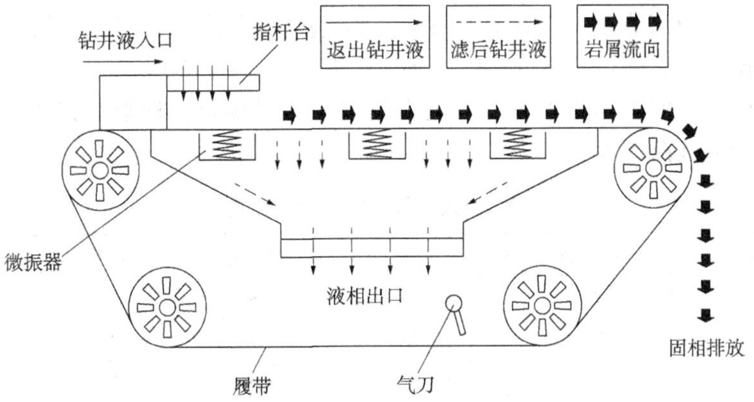

图 5　负压振动筛原理图

负压振动筛主要流程如下。

(1) 钻井固控系统处理之后的固液混合物通过螺旋输送机进入混凝土输送泵进料口，混凝土输送泵通过高压内衬钢丝软管将固液混合物送入负压固液分离器进料口。

(2) 固液混合物经负压固液分离器处理之后，液体从出口进入钻井液罐，固体从出口进入螺旋输送机，由螺旋输送机把固体输送进入岩屑箱。

(3) 气刀打开，能够有效将筛布孔内堵塞的岩屑粒垂落。

(4) 钻井液罐内液体经离心泵抽出进入钻井固控系统再次循环利用。

3　履带式负压振动筛海上应用

负压振动筛在完成陆上调试运行后运至海上钻井平台，首次应用采用在 HYSY194 支持平台。2018 年 12 月设备随同 H194 被运至 QHD32-6 某平台，作为其支持平台，进行随钻过程中岩屑减量化工作。

负压振动筛固相出口的岩屑通过螺旋输送器输送至旁边的岩屑箱。负压振动筛分离后的钻井液进入缓冲罐，经过砂泵送至沉砂池，其实验工艺流程如图 6 所示。

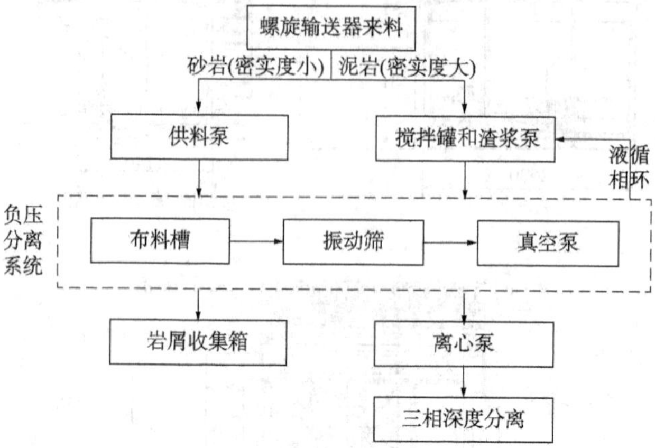

图 6　实验工艺流程图

数据检测分为入口含液率检测、出口固相含液率检测、入口钻井液性能检测及出口滤清液性能检测四大部分。

入口钻井液性能检测及出口滤清液性能检测部分测定的是密度、表观黏度、塑性黏度、动切力、静切力、pH 值。

12 月 21 日至 22 日期间设备是直接接入一级返回钻井液，负压振动筛进口和出口的钻井液含液率对比可以看出：井口返回钻井液含液不稳定，在 200%～780%区间波动较大；经过负压振动筛处理后的固相含液率基本上为 50%，效果稳定；随着筛布速率的增加，处理后的钻井液含液率逐渐增大(表 1)。

表 1　入口与出口含液率比较

取样位置	取样编号	毛重(g)	净重(g)	液重(g)	含液率(%)
入口	1222-11	42.81	7.30	35.51	486.44
	1222-12	53.95	16.06	37.89	235.93
	1222-13	53.95	16.84	37.11	220.37
	1222-14	61.05	12.94	48.11	371.79
出口	1222-21	77.17	62.83	14.34	22.82
	1222-22	76.63	61.28	15.35	25.05
	1222-23	74.15	49.40	24.75	50.10
	1222-24	72.83	49.23	23.60	47.94

对传统振动筛、离心机、负压振动筛的排出固相分别进行取样并分析，相较于传统固控减量化设备，负压振动筛的减量程度大，处理效果更稳定，基本上在 50%左右；另外负压振动筛随着筛布目数增大，处理效果更好，但是过大的筛布目数会影响处理量。

在海上试验过程中，为了进一步检验设备处理能力，先后将设备作为一级与二级固控设备，并对其处理固相进行了采样分析，对比数据可以发现：负压振动筛无论作为一级或二级固控减量化装备，处理后的固相含液率均可达到 50%左右，进一步证明该设备的稳定性；

与此同时，也可以看到负压振动筛作为二级深度减量化装备，其处理效果更优，对设备的冲击也较小，能有效延长其使用寿命；即便在处理含液率大幅降低的前提下，作为二级减量化装备，负压振动筛仍具有相当稳定的深度脱水能力。

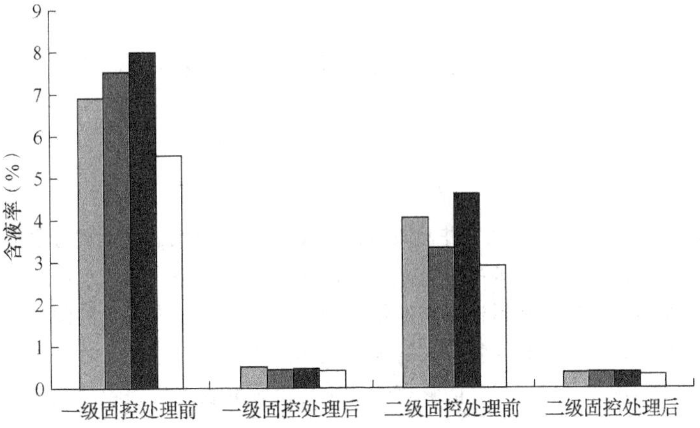

图 7　负压振动筛作为一级与二级固控效果比较

4　结论

(1) 负压减量工艺能够大幅降低岩屑含液率，受钻井液体系及岩屑物理特性影响，含液率会有一定波动。

(2) 升级后气刀能够大大改善筛面堵塞问题，通过增加进气量提高处理效率。

(3) 对于大部分水基钻井液体系，负压振动筛能够实现现场减量。

(4) 负压工艺在渤海应用处于起步阶段，进一步研究钻井液体系与不同岩性的匹配效果，岩屑含液率还能够进一步降低。

参考文献

[1] 曾玉彬，黄锋，刘世海，等．钻井废弃物的生物处理技术研究进展[J]．精细石油化工进展，2008，9(2)：42-45.

[2] 杨路．基于筛分过程的固液分离振动筛参数优化研究[D]．青岛：中国石油大学(华东).2015.

[3] 王龙，齐明明，陈培元，等．渤海 F 油田明化镇组下段Ⅳ油组沉积微相研究[J]．重庆科技学院学报(自然科学版)，2017，19(6)：8-12.

[4] 吕志鹏，朱宏武，张思，等．振动筛轨迹对钻经振动筛固相运移的影响[J]．中国粉体技术.2015.

[5] 刘文欣．国外振动筛技术分析与评述[J]．选煤技术，2015(2)：88-91.

[6] 柳忠彬，杨泽武．振动筛质心偏移对筛箱侧壁的影响[J]．石油机械，2012(6)：42-45.

[7] 徐倩，邓嵘，李艳萍，等.2 中新型钻井振动筛[J]．石油矿场机械，2010，39(8)：53-56.

[8] 侯勇俊，李文霞，吴先进，等．负压钻井液振动筛上固相颗粒运移规律研究[J]．工程设计学报，2018，v.25(04)：105-111.

[9] 王宏伟，刘军，刘继亮．国外新型钻井振动筛研究进展[J]．石油矿场机械，2011，40(3)：72-76.

[10] 雷厅．循环筛网负压振动筛钻井液流动规律研究[D]．成都：西南石油大学，2018(7).

海上钻完井废弃物终端无害化处置技术

岳 明 谢 涛 张 磊 霍宏博

（中海石油（中国）有限公司天津分公司）

【摘　要】 钻井产生的钻屑及钻井液具有产生量高，热值低，化学成分复杂的特点，在部分海域不允许排放入海。目前主要处置方式为：固化填埋、焚烧、生产水泥等。本文针对渤海钻完井废弃物全部按照危废混装运送回陆地带来的成本和处理难度增加的问题，对海上钻井废弃物主要成分进行分析，运用废弃物源头管控及检测的方法实现分类，并提出运送至陆地后进行资源化、无害化利用的处置技术，能够有效解决传统废弃物终端处置高能耗、高成本、高风险的问题。

【关键词】 钻完井废弃物；无害化处置；废弃物源头管控

近年渤海钻完井作业量逐年递增，带来丰富油气资源的同时，也产生了大量的钻完井废弃物，这些废弃物在早期大部分都是可以排放入海的，但是随着国家环保法律趋严，越来越多海上油田需要回收处置废弃物。本文以渤海油田为例，对废弃物主要管理思路及资源化方向展开探讨。随着主体区块勘探开发日渐衰竭，为保障渤海油田持续稳产3000万吨的目标，位于农渔业区、生态保护区附近的油田数量占比也越来越大，在这些区域从事钻完井作业，产生的钻完井废弃钻井液及钻屑不能排放入海，按照以往的方法，都是通过岩屑箱和污油罐回收，并通过作业船舶运送回陆地危险废物回收企业。被称为“史上最严厉”新《环境保护法》对于违规污染环境的情况提出“按日计罚、查封扣押、限产停产、信息公开”的四套具体办法，并提出企业应当优先使用清洁能源，采用资源利用率高、污染物排放量少的工艺、设备以及废弃物综合利用技术和污染物无害化处理技术，减少污染物的产生。

1　渤海钻完井废弃物主要情况

1.1　渤海钻完井废弃物主要组成特点

钻完井废弃物是海上油气田勘探开发钻完井过程中产生的污染物，其从来源看主要包括：钻井过程的钻井液、岩屑[1]；固井过程中的水泥浆与钻井液混合液；完井过程中的钻井液、完井液和洗净液；增产过程中使用的酸化、压裂液以及地层侵入液。主要成分是岩石、黏土、盐类、油及多种化学添加剂，其中主要污染物为化学添加剂和油。钻完井废弃物主要成分复杂、种类多、很难通过一套工艺全部解决所有井段的废弃物处置问题。

1.2　钻完井废弃物产生量

经测算，以常规井眼3000m为例，以海水膨润土浆、PEM及EZFLOW为代表钻井液体系，采用$13\frac{3}{8}$in+$9\frac{5}{8}$in+7in井身结构，能够产生钻屑及钻井液多达1800m^3以上，这些钻井液需要占用大量的容器及处理成本，在经过海上井身结构优化、钻井液体系简化、固控系统升级、增加固液分离装置后[2]，每口井仍有1000m^3左右需要拉回陆地。

1.3 渤海钻完井废弃物处置面临的问题

1.3.1 源头分类不彻底

渤海钻完井废弃物回收容器主要是岩屑箱及污油罐，容器容积有限，且井口返出的钻井液及岩屑汤汤水水混装入岩屑箱，造成岩屑箱数量严重不足，转运造成困难。

1.3.2 危险废物回收企业处置能力不足

回收企业处置能力不足的直接原因是水基钻井液及钻屑全认作危险废物。渤海钻完井作业使用的是水基钻井液体系，因此上部地层钻进过程产生的废弃钻井液、钻屑也是以水基钻井液成分为主，水基钻井液的环境危害性虽然非常小，但是水基钻井液使用了较多的化学成分，且地层返出的岩屑对于环境的影响也不确定，中国海油作为我国第三大石油公司，同样担负着保护绿水青山的责任，因此把所有钻完井废弃物全按照危险废物转运及处置，但是随着全回收开发项目越来越多，产废量也逐年增加，越来越多按照危险废物回收的钻屑及钻井液给回收企业带来非常大的压力，甚至曾一度造成海上废弃物积压影响钻井作业。

1.3.3 处理成本高

渤海回收的钻屑及钻井液收费在 1500～3000 元之间，因可接受危险废物的企业数量有限，且按照危险废物处置以焚烧为主，水基钻井液热值极低，造成能耗高，处置成本居高不下，增加了产废单位的处置费用支出。

2 国内外无害化处置技术

海洋钻完井废弃物无害化处置技术在国外起步较国内早，且处置方式受当地法规政策、钻井液体系、设备能力等因素影响，呈现多元化发展的趋势。2015 年之后国内外主流的无害化处置技术主要有以下几种。

2.1 固化法

固化法[3]是通过向废弃钻井液中加入一定数量的固化剂，废弃钻井液与固化剂之间发生一系列物理、化学反应，将有毒有害物质封固在固化物中，降低有毒有害物质的转移扩散。该方法能有效控制 COD、Cr 和总铬的污染。作业前对废弃物中毒害物质类型进行检验，优选合适的固化剂，常用的固化剂有石灰、石膏、硅酸盐、矿渣和水泥等。但是该方法仅仅是对有害成分进行了隔离，并不能真正意义上消除钻井废弃物的危害，且主要应用于陆地。

2.2 废弃水基钻井液固井技术

此技术主要是利用废弃的钻完井钻井液的降失水性和悬浮性，选用氧化钙及活化剂进行前期处理，再加入高炉水淬矿渣，此时钻井液性能与常规油气井古井用水钻井液接近[4]。该工艺能大幅减少待回收处理的废弃钻井液，而且作为固井材料能够实现真正意义上的无害化处理。

2.3 钻屑及钻井液回注技术[5]

岩屑回注就是将钻井废弃物(主要为岩屑、地层砂、污水、废弃钻井液等)从固控设备传输到回注加工处理设备，经过研磨、筛选并添加处理剂造浆，使钻屑颗粒大小和浆体流变性能满足回注要求，然后用高压注入泵把研磨后的废浆通过套管环空或者回注井。回注主要分生产井套管环空回注和回注专用井回注。回注技术在国内如蓬莱 19-3 油田曾得到成功应用，回注时岩屑浆体中固相含量低于 20%，密度为 1.0g/cm^3 左右。实现了海上钻井产生钻屑“零排放”(图 1)。

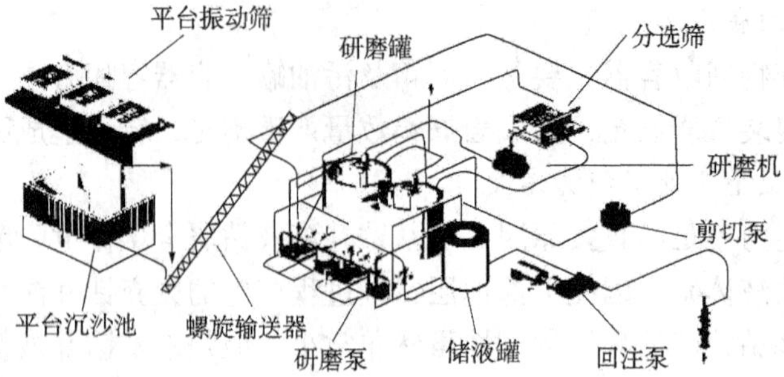

图 1　钻屑及钻井液回注工艺

2.4　废弃钻屑热解吸技术

热解吸[6]指的是将钻完井产生的废弃岩屑或者钻井液固相通过加热，使钻屑中的水和油通过蒸馏方式从中提取出来，再通过冷凝收集，减少固相中油的含量，但是对于含油量较少的水泥浆及钻屑，蒸馏物主要是以水为主。

热解吸工艺在处理过程中会产生粉尘、尾气，因此需要配套的处理工艺，目前在国外油田应用较多。

2.5　制造水泥技术

钻屑及钻井液中，通过高温回转窑进行焚烧，去除有害成分后，可以作为水泥窑制造水泥的原料，能够实现废弃物资源化利用，该技术近几年在国内发展比较快，能够有效解决钻井废弃物全过程管理的问题。

3　环渤海终端无害化处置技术

与国外及国内其他海域油田相比，渤海最大的特点是钻完井全是以水基钻井液进行作业，钻井液服务公司单一且稳定，钻井液成分认识清晰，因此对于水泥钻井液的无害化处置有较大的优势，但是因渤海地域范围广，各地区底层钻井液体系分布也有很大区别，因此对渤海钻完井废弃物终端的无害化处置也带来很大难度。通过近几年的专项攻关，渤海对于钻完井废弃物源头及过程减量控制技术已经有了较为成功的经验，部分处置技术也已经在开发井项目得到应用，但是废弃物终端的处置超过总废弃物回收总成本的 50%，且因废弃物定性问题造成全部按照危险废物回收，处置能力及成本都严重制约着开发效率及效益。现阶段环渤海终端无害化处置方案需要通源头管理控制，检测鉴定分类、一般固废与危险废弃物分类处置的总体路线，优选出适合渤海水基钻井液体系的废弃物无害化处置手段。

3.1　废弃物特性鉴定

废弃物从海上钻井平台产生后，需要通过船舶运输至码头并交给有处理资质的回收企业，在转运及处理过程中，而运输和回收处置这两个环节却分别需要海事部门和生态环境部门两个不同的许可单位。海事部门主要是负责转运环节的管理，生态环境部门主要是负责回收后处理环节的管理。通过将废弃物特性进行定性后，在转运及处理环节就可以有针对性处理，而不是以危险货物和危险废物高标准，造成高成本低效率。渤海主要钻完井废弃物种类见表 1。

表 1　渤海钻完井废弃物种类

废 物 名 称	产 废 流 程
岩屑(无油)	井眼钻进
岩屑(含油)	井眼钻进
钻井液	钻井转完井
钻井液(废压裂液、支撑剂混合物)	压裂充填
钻井液(酸液、苏打中和液)	酸洗钻杆
钻井液(废盐水)	下生产管柱
钻井液(水泥混合液)	固井作业

3.1.1　转运环节鉴定

依据《国际海运危险货物规则》，平台产生的废弃物在不确定是否为危险货物的情况下，可通过有资格的鉴定机构出具鉴定报告认定货物的危险属性，而依据《中华人民共和国海洋环境保护法》(简称《环保法》)规定中华人民共和国缔结或者参加的与海洋环境保护有关的国际条约与本法有不同规定的，适用国际条约的规定。因此在渤海运输的废弃物必须通过国际海运危险货物认定或鉴定，鉴别后通过船舶运输返回码头，如图 2 所示。

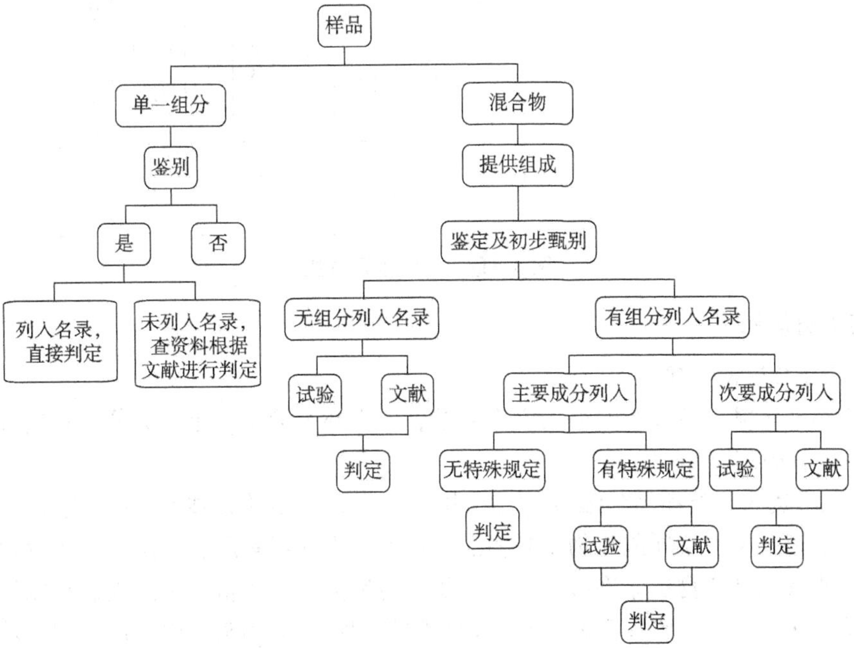

图 2　危险货物鉴别方法

3.1.2　处理环节鉴定

根据《环保法》，列入国家危险废物名录或根据国家规定的危险废物鉴别标准和鉴别方法认定的具有危险特性的废物都认作危险废物。而渤海使用的水基钻井液，未列入最新的国家危险废物名录，只能通过国家环保部门指定的鉴定机构对废弃物样品进行检测，以确定废弃物是否为危险废物。

鉴定的步骤主要是：首先作为产废单位要提交危险废物鉴别申请书，结合水基钻井液、岩屑的产生特性、污染特性和钻井的不同地层钻井液、岩屑样品的初步检测结果进行危险特性初筛工作，目的是较准确选取危险特性鉴别因子，能减少后期大量样品的检测项目，提高效率并可节省费用。钻井液和岩屑中可能存在的危害物质包括来自重晶石、黏土和各种化学试剂中的重金属及有机物。根据以上判断，对选取的一口井的不同地层的样品按照腐蚀性、急性毒性、浸出毒性、易燃性、反应性、毒性危害成分项目进行初步的全样分析检测。通过检测筛选出后期需检测的危险特性鉴别因子。然后参照《危险废物鉴别工作指南》，并结合危险特性初筛结论编制鉴别工作方案。方案编制完成后经专家论证通过，即可开展采样检测及危险废物鉴别报告编制工作。最后经专家论证通过后，确定为合法的鉴定报告。鉴别报告要包含基本情况、鉴别工作过程、检测情况及综合分析及鉴别结论，经过鉴定后的废弃物回到陆地后就有了一般固体废物或者危险废物的"身份证"，可根据特性选择处置方式。

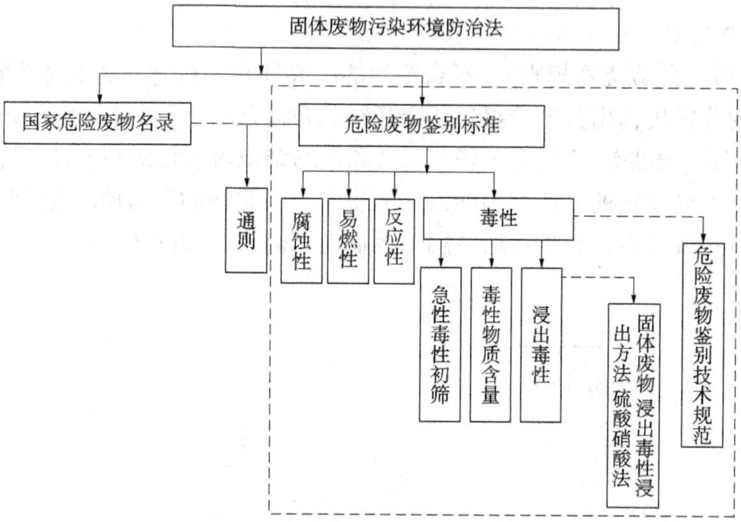

图 3　危险废物鉴别方法

3.2　废弃物分类储运

3.2.1　普通货物运输管理

普通货物在运输环节没有严格的管理要求，申报环节简单，上岸方便，运输效率较高。

3.2.2　危险货物运输管理

依据《危险货物分类和品名编号》以及《国际海运危险货物规则》，海上钻完井废弃钻井液及岩屑属于第九类：杂项危险物质和物品，包括危害环境物质，其属于二级危险货物，在运输过程需要有危险货物运输许可，托运人要在转运前进行货报，承运人进行船报，填写危险货物运输声明，且抵达码头后要经有危险货物装卸资质的码头上岸，严重制约着上岸地点的选择。

3.3　废物终端无害化处置路线探讨

3.3.1　一般废物处置典型路线

(1) 预处理后烧砖。

钻完井钻屑及钻井液经检测鉴定为一般固体废物，可交有处理能力的企业进行初期的处理，到达处理站后，先进行检测来进行药剂配方的配制。液相通过破胶压滤进行固液分离，压滤出的液相经过滤处理后，可以通过对外开放的陆地采油厂联合站进行回注；固相翻抛添加药剂降解，并经专业检测机构进行取样检测，检测合格后，将固相拉运至砖厂进行资源化利用，作为制砖的生产原料[7]。

一般，传统烧砖主要有两大特点。首先主要材料要有页岩和黏土。其次烧砖主要靠煤烧制，能耗大、污染高。但是随着国家开始管控用于烧砖的黏土，大量砖厂面临着无土可少的囧况，现在的烧砖原材料逐渐由河道淤泥、建筑垃圾、油田固化钻井液、城镇污水处理厂剩余污泥及一般工业污泥等组合原料替代了黏土烧砖。

水基钻井液固相及钻屑经过初步处理后，热值低，在原料匹配时加入粉煤灰等具有高热残值的原料进行匹配，经高温引燃后砖体即可依靠自身热量维持自燃。温度可达到1000℃左右，而加入海上返回的钻屑及钻井液固相烧成的砖的各项指标均达到制砖标准，是真正意义上的资源化无害化。[8]而经过鉴定对将非危险废弃物交由普通处理厂及制砖厂，能够大幅降低回收门槛，节约费用，提高效率。

(2) 生物化学处理。

生物处理钻完井废弃物的方法有很多种，主要的思路是引入降解菌和营养物质，通过降解菌的代谢过程，实现污染物同步分解。生物处理后的废弃物再经过化学药剂处理，达到无毒无害标准。生物降解的最大缺点是处理周期长，但是一般废弃物中含油量极低，利用生物处理技术的反应周期能够大幅缩短。随着环保要求的提高，在企业降本增效的大背景下，生物修复方法成本低、处理过程无二次污染、最终产物为二氧化碳、水和脂肪酸，随着国内油田的工程化应用，以及海上钻完井废弃物鉴定方案逐步成熟，利用生物修复方法处理海上钻井废弃物将会是一种有效的手段。

3.3.2 危险废物处置路线

(1) 焚烧处置。

焚烧实质上是一种热氧化过程，生成物为水蒸气、CO_2、酸性气体产物、粉尘和不易再燃烧的固体残渣。而决定危险废物焚烧是否彻底的最关键因素是温度、停留时间、湍流、供氧量以及进料条件，在900~1300℃条件下焚烧效果较好。

焚烧步骤如下：危险废物焚烧前在化验室先对危险废物进行分析鉴别，然后根据其性质和热值等参数进行配伍。通过配伍热值较高的共燃物能够降低焚烧炉能耗。配伍后的废物经上料机和输送机进入回转窑内，在焚烧炉内加热、干燥、汽化和燃烧，燃烧产生的烟气进入二次燃烧室。回转窑内长达近1小时的停留时间和850℃以上的高温，使危险废物基本燃尽；二燃室强烈的气体混合使得烟气中未完全燃烧物完全燃烧达到有害成分分解所需的高温(1100℃)。烟气经过脱硝装置，换热器、半干式极冷塔和中和塔处置后经布袋除尘，二级喷淋吸附后，最后再经除尘系统后，达标排放。焚烧过程废弃物污染危害性大幅降低。

(2) 水泥窑协同处置。

水泥窑协同处置是水泥工业提出的一种新的废弃物处置手段，经废弃物处理厂家焚烧后的废弃物，各项指标经检测合格，可以作为制造水泥的原材料。

废弃物经过匹配后投入水泥窑，在进行水泥熟料生产的同时实现对固体废物的无害化处置过程。水泥生产本身是高能耗、原料需求量大，且自身为重污染行业，在协同处置废弃物的过程中能够降低单独处理的污染物排放及热量消耗，是真正意义上的报团取暖。

4 废弃物终端无害化前景展望

(1) 海上油气田大规模开发还会持续许多年，废弃物产生总量大、持续时间长，国家环保法律日趋严格，无害化处置方式在不久的将来会成为减排必经之路。

（2）废弃物特性鉴定能够有效解决废弃物分类不清，污染危害程度定性难的问题，经鉴定分类后，水基钻井液产生的钻完井废弃物80%以上可以按照一般废弃物处置，能够大幅降低转运及处置难度和成本。

（3）传统的焚烧法能够彻底消除危险废弃物的危害特性，但是能耗高，处理成本高，因此制砖、水泥窑协同处置会成为过渡时期非常有效的处置手段。

参考文献

[1] 黄鸣宇．废弃钻井液固化处理技术研究[D]．大庆：东北石油大学，2011：11.

[2]《海洋钻井手册》编委组．海洋钻井手册[M]．北京：石油工业出版社，2011.

[3] 张文华，辛秀琴．废弃钻井液固化工艺及设备[J]．石油钻采工艺，1996(1)：52-53。

[4] 陈礼仪．钻井液转化为水泥浆技术的研究[J]．天然气工业，1998，18(6)：57-59.

[5] 安文忠，陈建兵，牟小军，等．钻屑回注技术在国内油田的首次应用[J]．石油钻探技术，2003，31(1)：22-25.

[6] Zupan，T. and Kapila，M. Thermal Desorption of Drill Mud and Cuttings in E cuador：The Environmental and Financially Sound Solution[C]. SPE 61041，SPE International Conference on Health，Safety，and the Environment in Oil and Gas Exploration and Production，Stavanger，Norway，26-18 June 2000.

[7] 万书宇，谢昆，胡恒，等．水基钻屑制备烧结砖技术研究及应用[J]．油气田环境保护，2018，28(5)：22-25.

[8] 王朝强，梅绪东，何敏，等．我国页岩气油机钻屑处理及其资源化利用前景[J]．粉煤灰综合利用，2017，5(8)：57-61.

单相微乳清洗液及其含油钻屑清洗技术研究

蓝　强[1]　孙德军[2]　夏　晔[1]　赵芮光[2]

（1. 中国石化胜利石油工程有限公司钻井工艺研究院；2. 山东大学化学与化工学院）

【摘　要】 针对水基钻井液废弃固相中含有物质难以有效清除，对环境造成较大影响的难题，本文以 AEC-9Na 和 D-OA 为复合表面活性剂，以正丁醇为助表面活性剂，辅以少量乙二胺四乙酸后，研制出单相微乳清洗液。该清洗液可以在高矿化度条件下使用，还可以将固相颗粒表面的亲油性反转为亲水性，从而达到很好的洗油目的。对矿场钻屑清洗实验结果表明，该清洗液能够将水基钻屑中的含油量降低至 1.0%以下，其他有机物质降低 50%以上。

【关键词】 单相微乳液；钻屑清洗；复合表面活性剂；高矿化度；亲水性

水基钻井液中含有较多的油类物质，完钻后进行简单液固分离，但钻屑中还含有较多的油基物质[1]，其主要来源包括：一是作为润滑剂或井壁稳定剂外加的矿物油、沥青等，如中国海油渤海油田潜山地层钻进时采用海水中加入 20%的气制油或白油[1]；二是钻遇油层时原油、沥青的侵入也成为水基钻井液中油类污染物，特别是中国石化伊朗雅达油田 Kazh-dumi 层稠油质沥青的侵入，现场检测含油量曾高达 30%[2]。另外，钻井施工中用于控制滤失、黏切、封堵等性能的高分子有机材料在水基钻井液废弃后也成为有机污染物来源[3]。因此，如果将水基钻井液的固体废物就地回注或填埋，残余油类等在土壤中的降解性很差，毒性较大，在自然环境中经长期降水淋洗或冻融等作用下仍对环境造成污染，对植物生长和动物栖息的环境造成较大的影响。

因此，有必要在钻屑填埋之前进行脱油处理。其中，化学清洗分离技术因其易操作、可回收油、成本低，已成为国内外研究的热点和重点之一[1-6]。其中微乳液具有超低界面张力、较强的增溶能力，相比有机溶剂具有低毒性、不易挥发、无闪点、不易燃等优点[7-10]。同时可以通过调节微乳液 pH 值等方法调整微乳液相态，使微乳液分层，有望回收油相好重复利用微乳液。同时，微乳液还可以用于处理有机溶剂和原油污染的土壤、清洗农用污泥以及油砂分离等领域，拥有广阔的研究价值和应用潜力。

1　单相微乳清洗液的制备

以 AEC-9Na 和 D-OA 复合表面活性剂为主，辅以助表面活性剂正丁醇，加入不同油相制备单相微乳液，其制备步骤如下：

（1）室温条件下，将 AEC-9Na、D-OA 与盐水溶液混合，搅拌溶解至透明，制备表面

基金项目：国家重大专项课题“致密油气开发环境保护技术集成及关键装备”（编号：2016ZX05040-005）部分研究内容。

作者简介：蓝强（1978—），男，广西桂平人，2007 年博士毕业于山东大学胶体与界面化学专业，现就职于胜利石油工程公司钻井工艺研究院，研究员，主要从事钻完井液技术研究工作，联系方式：（0546）6383194，mlanqiang@ 136. com。

活性剂水溶液；

（2）加入一定量的助表面活性剂正丁醇，继续搅拌至透明；

（3）加入少量油相，得到澄清均一透明的单相微乳清洗液。

其中，两种表面活性剂总浓度的质量分数为10%（AEC-9Na 与 D-OA 质量比为 2∶1），水相的质量分数为5%的 NaCl 溶液，助表面活性剂正丁醇浓度的质量分数为5%（占表面活性剂水溶液），油相加量的质量分数为0.5%（占表面活性剂水溶液）。磁力搅拌 15~30min，转速 300~500r/min。

2 单相微乳清洗液的性能表征

2.1 单相微乳清洗液的相行为研究

固定表面活性剂和助表面活性剂质量比为2∶1，并将其视为一个组分（S），质量分数为5%的氯化钠盐水视为水相（W），加入的油相为第三相（O）。先按照质量比2∶1称取表面活性剂 AEC-9Na 和 D-OA，在氯化钠盐水中充分搅拌溶解，然后注入助表面活性剂正丁醇，混合均匀澄清后，再在搅拌的条件下滴加气制油、柴油、甲苯或白油，目测体系的澄清状态来观察单相微乳液体系是否达到了最大增溶能力，最后记下最大增溶油量。不断增加 S 相的浓度，并记录油相的加量，得到拟三元相图，结果如图1所示。

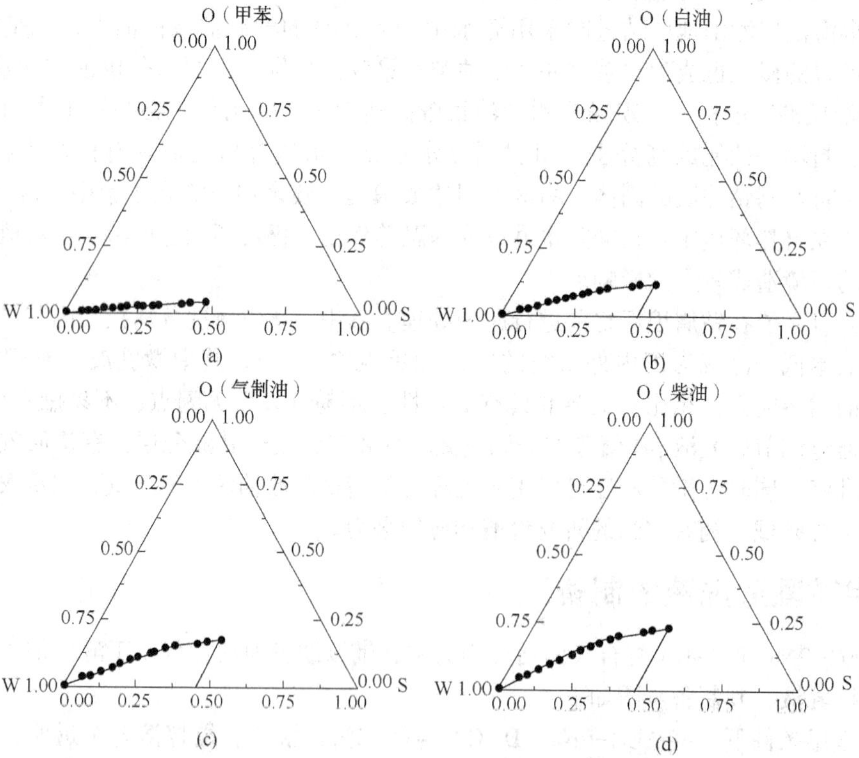

图1 盐水/AEC-9Na/D-OA/甲苯、白油、气制油、柴油拟三元相图

从图1结果可知，体系在一定范围内均能形成单相微乳液，且增溶能力随表面活性剂浓度增高而增强，因为表面活性剂浓度越大，形成的胶束聚集结构越多，有更多的内部空间增溶油相。被增溶油相分子的碳链长度在一定程度上也可以影响单相微乳液的增溶能力。由于

油分子的碳链越长，导致越过微乳液栅栏层进入胶束的距离越大，单相微乳液增溶长碳链油相越困难。反之，油分子的碳链越短，其穿透距离变短，降低了穿透阻力，加强了界面膜中C、H之间的相互作用，从而增大单相微乳液的对油相的增溶能力，单相微乳液增溶油相的能力大小为：柴油>气制油>白油>甲苯。

形成的单相微乳液澄清透明，其外观如图2所示。

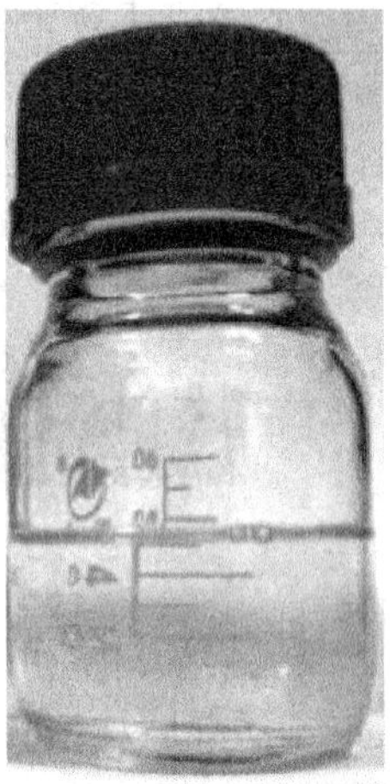

图2 单相水包油型微乳液外观

2.2 螯合剂对单相微乳清洗液耐钙盐能力的影响

由于制备的单相微乳液中所需表面活性剂D-OA和AEC-9Na中均因含有—COO⁻基团，而显得不耐钙盐，导致当氯化钙浓度大于300mg/L时，无法形成单相微乳液。在体系中加入一定量的螯合剂，在室温30℃下，固定表面活性剂AEC-9Na和D-OA总浓度的质量分数为10%，二者质量复配比为2∶1，将二者溶于具有一定矿化度的$CaCl_2$盐水溶液中，加入正丁醇进行充分搅拌。其中表面活性剂与助表面活性剂质量比为2∶1，盐水中$CaCl_2$的浓度为0mg/L、100mg/L、300mg/L、500mg/L、700mg/L、1000mg/L、3000mg/L、5000mg/L、7000mg/L、10000mg/L，继续考察其增溶能力，其结果如图3所示。

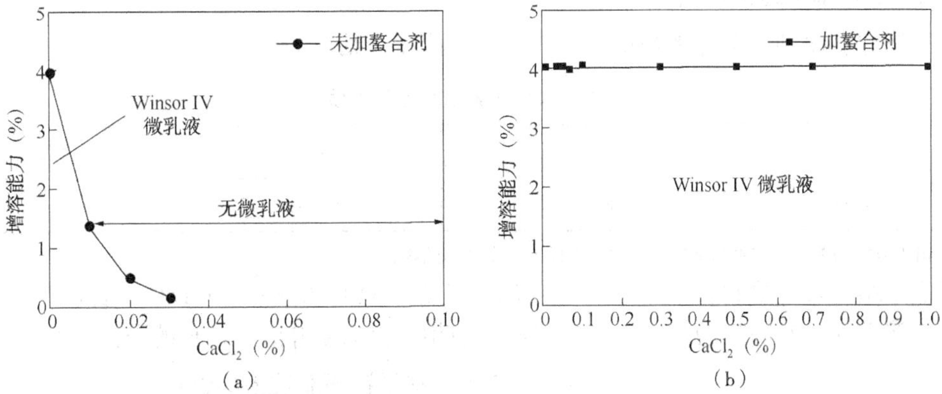

图3 螯合剂对单相微乳液耐钙盐能力的影响

鉴于柠檬酸钠、乙二胺四乙酸（EDTA）等螯合剂与金属离子（Ca^{2+}、Ba^{2+}）的强结合作用，将Ca^{2+}包合到螯合剂内部，变成稳定的化合物，从而减弱离解产生的—COO—基团与Ca^{2+}碱的相互吸引力，使得在较强Ca^{2+}浓度下，Ca^{2+}无法与—COO⁻基团结合生成沉淀，从而恢复D-OA和AEC-9Na的表面活性，制备出性能相当的单相微乳液。

最终确定的钻屑微乳清洗液配方为：质量分数为10%复合表面活性剂（AEC-9Na与D-OA质量比为2∶1），水相的质量分数为5%的NaCl溶液，助表面活性剂正丁醇浓度的质量分数为5%（占表面活性剂水溶液），甲苯加量的质量分数为0.5%，乙二胺四乙酸浓度的质量分数为0.3%。

2.3 单相微乳清洗液对固相表面润湿性的影响

微乳液的清洗效率与其在对固相界面润湿性的改变有直接的关系[11]，因此，有必要研究微乳液对界面润湿性的影响。将干净玻璃片浸入原油中30min，取出后在室温30℃下晾干，然后测被污染玻璃片与水滴的接触角；将被原油污染的玻璃片在微乳液中浸泡30min，取出后在室温下晾干，再测经微乳液处理后的玻璃片与水滴的接触角，结果如图 4 所示。

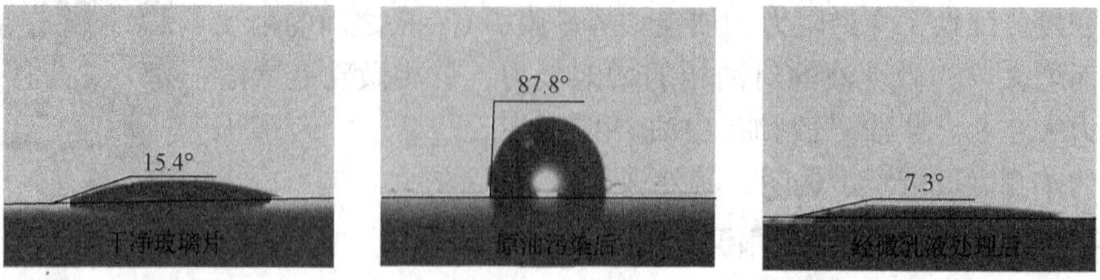

图 4　单相微乳液处理前后水滴和玻璃片间接触角的变化

经过测量，干净的玻璃片的接触角 θ 约为 15.4°；被原油污染过的亲水界面后 θ 约为 87.8°，润湿性从水润湿变为油润湿，水滴在该平面上不再易于铺展。经过微乳液处理后，θ 约为 7.3°，润湿性为水润湿，这从侧面说明，微乳液的脱油效果显著。

3　钻屑微乳清洗液清洗钻屑作用研究

根据前面形成的基本配方，接下来考察其对含油钻屑的清洗能力，实验中所用钻屑为胜利油田某井的含油水基钻屑，编号分别为 X5-3990，下面研究其清洗作用。

3.1　水基钻屑基本理化性质

经过测定，得到了两种水基钻屑的基本理化性质，见表 1。

表 1　水基钻屑基本理化性质

名称	含油率(%)	含水率(%)	含固率(%)
X5-3990	4.69~5.11	34.10~34.12	60.77~61.21

注：由于取样的差异，故水基钻屑样品取 3 次样，得出其初始物性。

从表 1 结果可以看到，水基钻屑的含油率较低，只有 4.69%~5.11%，含固率比较高，这与含油污泥还是有明显的差别，从外观看，油相应该为钻井液中常见的长链烷烃。

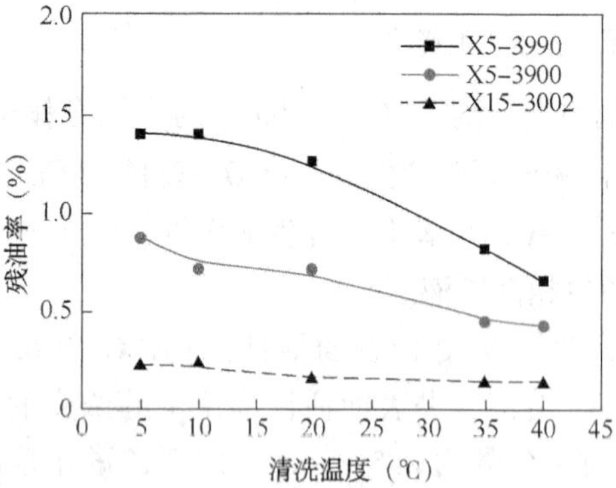

图 5　温度对三种水基钻屑清洗效果的影响

3.2　水基钻屑清洗效果评价

为了研究水基钻屑的清洗效果，收集胜利油田的水基钻屑样品 X5-3990，进行清洗实验。首先确定温度改变对水基钻屑残油率的影响，设置温度变化范围为 5~40℃，固定清洗时间 30min，搅拌转速 180r/min，固液比 1∶2，实验结果如图 5 所示。

从图 5 结果可以看出，随温度的逐渐升高，经微乳液处理后的三种水基钻屑残油率均有不同程度的降低，水基钻屑 X5-3990 变化最显著，清洗温度高于 30℃后，残油率可以降至 1.0%以下。另外，对于水基钻屑 X5-3900 和 X15-3002，经过微乳液处理之后，所有温度范围内残油率均能降低至 1.0%以下，可能是因为这两种水基钻屑本身的含油率很低，处理难度较小。

为了考察温度对清洗效率的影响，研究了油水界面张力随温度的变化，结果如图6所示。

从图6结果可以看出，随着清洗温度的增加，单相微乳液的动态界面张力从室温30℃的0.1512mN/m大幅度降到60℃的0.000097mN/m，解释了残油率随着温度的增加而下降，证明了单相微乳液在较高温度下，有很好的清洗能力。

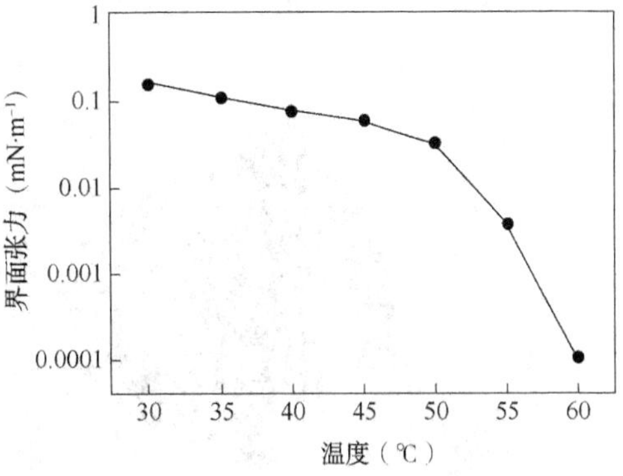

图6 不同温度下白油—单相微乳液平衡界面张力图

随后研究水基钻屑处理过程中搅拌转速、清洗时间和固液比的影响，以此确定较佳的微乳液处理水基钻屑清洗参数。初始清洗参数设定：清洗时间30min，搅拌转速200～300r/min，清洗温度室温20℃，固液比1：2。通过优化参数来减少操作成本，进一步研究清洗时间和搅拌速率对水基钻屑清洗效率的影响，结果如图7所示。

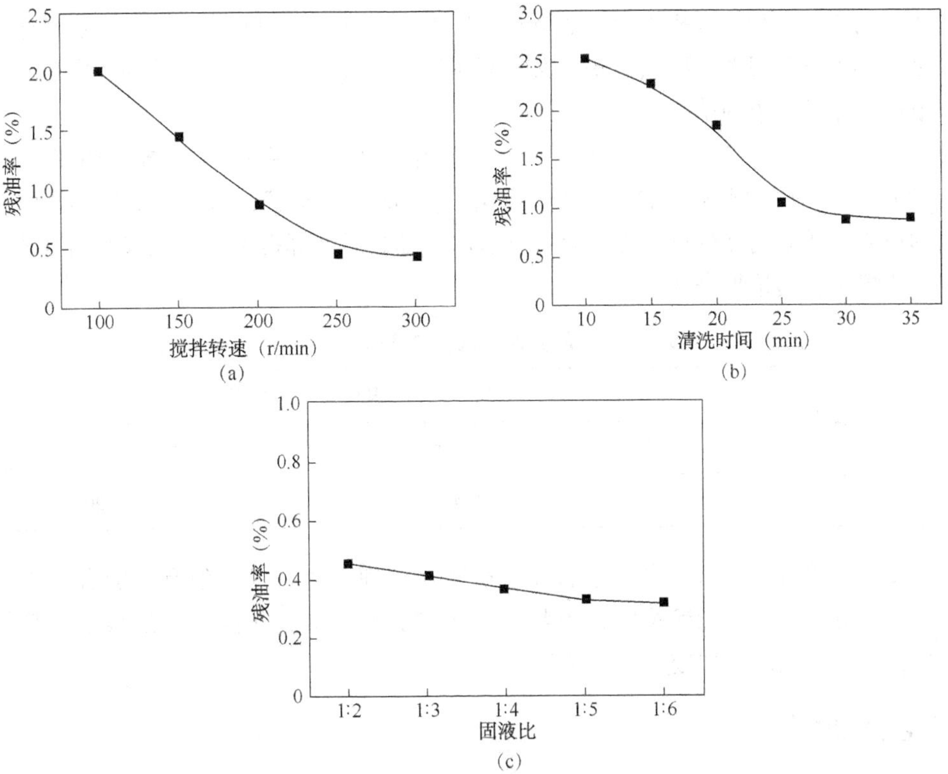

图7 搅拌转速、清洗时间和固液比对水基钻屑X5-3990清洗效果的影响

从图7结果可以看出，微乳液对水基钻屑的处理效果比较明显。在分别改变搅拌转速和清洗时间后，水基钻屑残油率有较大幅度的降低，而固液比的改变对清洗效果的促进作用并不明显，可能的原因是在较低钻屑含油率时，1：2的固液比是足够的，因此清洗转速和时

间均有所下调，室内清洗水基钻屑较佳的条件为：清洗转速250r/min、时间为30min和固液比1∶2。另外，微乳液经过处理之后，均能将含油钻屑降低至较低水平，达到了水基钻井液含油固体废物经微乳液处理之后低于1%的指标。处理前后钻屑如图8所示。

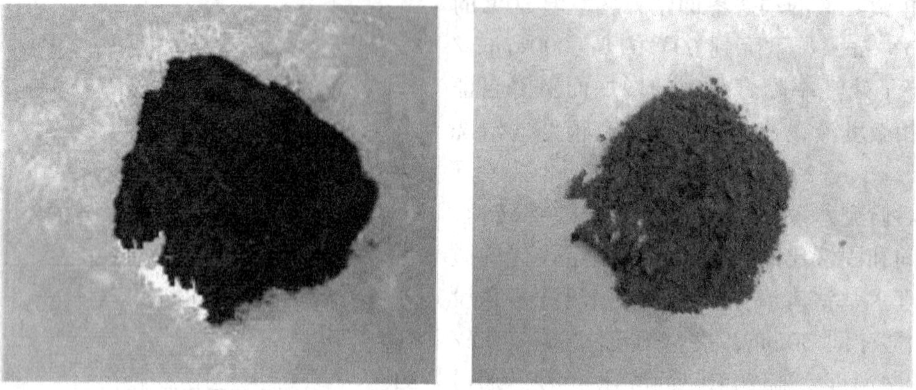

（a）处理前　（b）处理后

图8　含油钻屑经单相微乳液处理前后效果图

从图8结果可以看出，处理前后的水基钻屑外观图形成了鲜明的对比，图8(a)为水基钻屑的典型代表，油相与水相以及钻屑颗粒之间混合完全，紧密黏附在一起，但是经过微乳液处理之后，可以直观地看到钻屑基本又恢复了原色，说明水基钻屑中的油相实现了很好的去除，取得了比较理想的结果。

随后研究了处理前后其他有机物的含量变化情况，实验中参考国家环境保护标准HJ761—2015《固体废物有机质的测定灼烧减量法》，测定了水基钻屑中有机质的含量，根据钻屑经灼烧之后质量的减少量，然后除去含水和含油之后计算得到。以此来判断其他有机物的含量变化情况，结果见表2。

表2　水基钻屑其他有机物含量(灼烧减量法)

编号	其他有机物含量(%)	
	处理前	处理后
X5-3990	6.43	3.20

从表2的结果可以看出，水基钻屑经过微乳液处理后实现了其他有机物含量减半的目标，这表明，微乳液不仅能够增溶油类物质，还能够增溶部分非极性不是很强的其他处理剂，如聚合物等，从而达到较好的清洁目的。

4　结论及建议

（1）复配超两亲分子D-OA和AEC-9Na，制备了一种效清水基钻屑高洗微乳液，其配方为：质量分数为10%的复合表面活性剂(AEC-9Na与D-OA质量比为2∶1)，水相的质量分数为5%的NaCl溶液，助表面活性剂正丁醇浓度的质量分数为5%(占表面活性剂水溶液)，甲苯加量的质量分数为0.5%，乙二胺四乙酸浓度的质量分数为0.3%。

（2）室内模拟清洗水基钻屑结果表明，采用该清洗液可将残油率降到1.0%以下，取得了比较好的钻屑清洗效果。

（3）经灼烧减量法测证明，单相微乳液清洗后，水基钻屑中的其他有机物含量可达到减半的目标。

建议：进一步开展钻屑现场清洗作业。

参 考 文 献

[1] 许晗，郝思琪，孙帅，等．SDBS 微乳液体系用于含油污泥处理的工艺研究[J]．清洗世界，2019，35(3)：17-18.

[2] 倪银，强琳辉，陈永生，等．微乳液体系制备及对含油污泥清洗性能的研究[J]．当代化工，2019，48(10)：2235-2239.

[3] 毛飞燕，杨洁，黄群星，等．含油污泥 2 级分离系统集成及处理工艺优化[J]．环境工程学报，2016，10(9)：5107-5114.

[4] 李斐，刘景涛．微乳液体系冲洗油基钻井液的技术研究[J]．石化技术，2015，4：174-174.

[5] 位华，何焕杰，王中华，等．油基钻屑微乳液清洗技术研究[J]．西安石油大学学报：自然科学版，2013，28(4)：90-94.

[6] 张东生，陈爽，刘涛，等．含油污泥微乳化处理工艺研究[J]．环境工程，2013，5：99-104.

[7] 于涛，罗石琼，丁伟，等．烷基芳基磺酸盐结构对微乳液相行为的影响[J]．应用化学，2012，29(9)：1060-1064.

[8] 赵柏杨，夏连晶．低渗透油藏内烯烃磺酸盐微乳液体系配方优选及性能评价[J]．油田化学，2020，37(1)：102-108.

[9] 赵英杰，郝建华，李芳芳，等．微乳有机酸体系的研究与应用[J]．油气田环境保护，2018，28(6)：41-44，57.

[10] 周丹，古亮，李泰余，等．姬塬油田长 8 油藏多组分复合微乳胶束液增注工艺技术研究[J]．石油化工应用，2017，36(9)：19-23.

[11] 王平，王钧科，南天界，等．华池油田 152 区长 3 储层缓速酸深部酸化工艺应用研究[J]．钻采工艺，2004，27(2)：29-31，38.

合成基钻井液在胜利页岩油水平井的应用

陈二丁[1]　赵红香[1]　张海青[1]　张高峰[2]　邱春阳[1]　李　波[1]

（1. 胜利石油工程有限公司钻井工艺研究院；2. 渤海钻井总公司）

【摘　要】 胜利济阳坳陷渤南洼陷页岩油储层岩性为深灰色泥岩、灰褐色油泥岩和油页岩不等厚互层，页岩层理和微裂缝发育，在前期钻井施工中常遇到坍塌掉块、井漏等井壁失稳问题。针对以上施工难点，选用强抑制、高效润滑、抗污染、安全环保的合成基钻井液，并优选出刚性颗粒、纳米二氧化硅、可变性材料等封堵剂，提高地层的封堵防塌能力。并在胜利义页平1井成功应用，有效解决了三开水平段井壁失稳、悬浮携带、润滑防卡等难题，为加快胜利页岩油的勘探开发提供了技术保障。

【关键词】 合成基钻井液；页岩油；水平井

胜利页岩油大多位于渤海湾盆地济阳坳陷沙河街组，有机质成熟度在0.5%~1.1%，有机碳含量在1%~9%，分布面积较广、厚度较大，展现出良好的页岩油开发潜力[1-2]。其中渤南洼陷有42口井见到良好的油气显示，义182、义187等井获高产工业油流，展示出夹层型页岩油良好的勘探潜力。但是页岩油地质构造复杂，页岩层理、微裂隙较发育，钻井过程中采用水基钻井液易发生剥蚀、掉块等复杂情况。同时，页岩地层钻井液密度窗口较窄，钻井过程中易发生钻井液漏失，甚至反复塌漏的复杂情况[3-4]。

合成基钻井液体系具有安全、环保、强抑制、抗污染等优点，并在胜利强水敏地层、新疆永进油田等都已经成功应用，如2018年在中国石化重点评价井永3侧平1井成功应用，解决了清水河组、西山窑组地层井壁失稳问题，该井实现自喷，日产油在50t以上，打破了永进油田10年沉寂。针对胜利页岩储层地质特征，完善合成基性能并在胜利页岩油井应用。

1　页岩储层地质特征及钻井液施工要求

1.1　页岩储层地质特征

渤南洼陷地层自上而下发育新生界的第四系平原组，新近系明化镇组、馆陶组，古近系的东营组，沙河街组的沙一段、沙二段、沙三段。沙三段岩性以灰褐色油页岩，深灰色泥岩、灰质泥岩为主、下部夹灰色泥质白云岩、泥灰岩、泥质粉砂岩等。地层矿物成分主要包括石英、方解石、白云石、黄铁矿等脆性矿物含量大于70%，脆性指数在0.4%左右，黏土矿物以伊利石和伊/蒙混层为主(图1、图2)。

基金项目：中石化石油工程公司项目“合成基钻井液在页岩油气藏中的先导试验”(编号：SG19-69X)。

作者简介：陈二丁(1973—)，男，研究员，现在胜利石油工程有限公司钻井工艺研究院从事钻井液研究和新技术推广工作，地址：山东省东营市东营区北一路827号，手机号：15266018111，邮箱：chenerding297@sinopec.com。

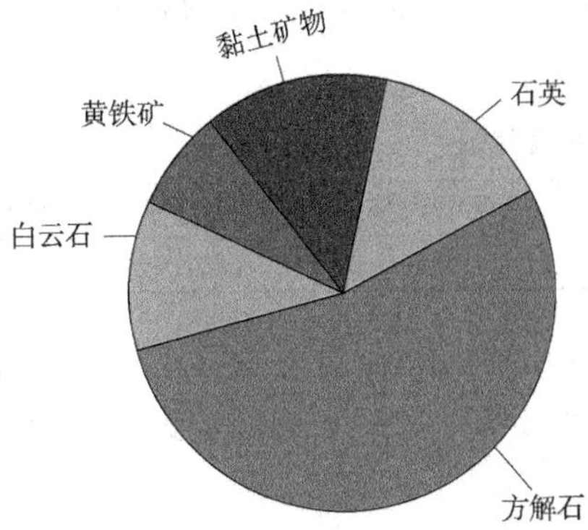

图 1　页岩地层岩石矿物含量

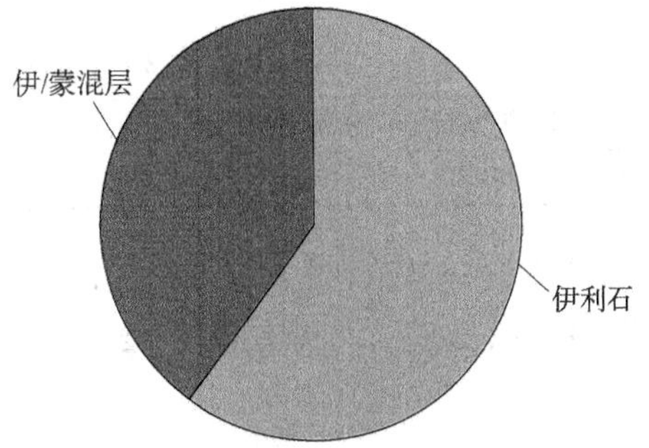

图 2　黏土矿物分析结果

有机质矿物含量越高，孔隙及裂缝越发育，储层储集能力越好。页岩的储集空间主要有基质孔隙和裂缝，其孔径大小为微米—纳米级，以纳米级为主，微裂缝十分发育[1]（表 1）。

表 1　页岩储层孔隙类型[1]

孔隙类型	载体	形状	尺寸（μm）
粒间孔隙	石英	方形	0.1~1.5
晶间孔隙	方解石重结晶晶体	椭圆、长条形	0.08~0.8
溶蚀孔隙	黏土矿物、方解石	长条形	0.2~2
油基孔隙	有机质与碎屑颗粒间	长条形、不规则	0.1~1.5
裂缝	构造缝、层间缝等	长条形	2~8

1.2　页岩油钻井液施工要求

由于页岩地层岩石非均质性及微裂缝发育，钻遇裂缝性页岩地层后，在井底压差、毛细管力、化学势差等驱动下，钻井液滤液进入微裂缝后，造成井壁周围地层孔隙压力升高，降低了钻井液对井壁提供的压差支撑作用。同时黏土矿物的水化膨胀，改变了地应力的分布，加剧了井壁失稳程度。因此，地层矿物组分及微米—纳米级尺度裂缝发育是导致页岩油地层井壁失稳的内在主要因素[5-6]。

结合前期施工情况以及储层岩石矿物分析，沙三段存在硬脆性泥页岩，易剥落掉块引发井下事故；沙三下发育高压，预测压力系数在 1.50~1.60 之间，地温梯度约为 3.74℃/100m。要求钻井液性能包括以下几个方面。

（1）保证钻井液具有优良的抑制能力，以减少黏土矿物的水化分散，保持井壁稳定。

（2）保证井控安全和地层压力平衡，钻井液密度窗口窄，须选择合理的钻井液密度。密度低则发生剥蚀掉块，密度略高则发生渗漏。

（3）提高钻井液体系的封堵能力，达到封堵微细裂缝的目的。

（4）在高温下具有良好的稳定性，抗温达到 150℃以上。

（5）保证钻井液的润滑性，减少水平段钻进过程中产生的摩阻和扭矩，保证施工顺利。

2　页岩油合成基钻井液室内研究

2.1　钻井液配方

合成基钻井液是一种以合成基液为连续相的钻井液，合成基液具有较高的闪点，更安全；芳香烃含量低、苯胺点高，更环保；运动黏度低，黏度受温度变化的影响较小，可以适用于不同温度地层需要[7-8,10]（表2）。

表2 合成基液的物理特征

理化指标	闪点（℃）	倾点（℃）	运动黏度（mm^2/s）	芳烃含量（%）	苯胺点（℃）	生物毒性（mg/L）
合成基液	120	−40	2.6	<0.1	>80	$>10^5$

基本配方：合成基液（油水比 90：10～75：25）+1%～3%主乳化剂+1%～3%辅乳化剂+1%～3%润湿剂+1.5%～2.5%有机土+2%～3%碱度调节剂+2%～3%降滤失剂+25% $CaCl_2$ 溶液+加重剂。

2.2 钻井液性能评价

2.2.1 流变性评价

为适应页岩油储层钻井要求，分别配制 1.5g/cm³、1.8g/cm³、2.1g/cm³ 不同密度的合成基钻井液，并分别在 150℃下热滚 16h，测试其流变性（表3）。

表3 不同密度合成基钻井液性能

密度（g/cm^3）	项目	E_S（V）	*AV*（mPa·s）	*PV*（mPa·s）	*YP*（Pa）	*Gel*（Pa/Pa）	*FL*（mL）	FL_{HTHP}（mL）
1.5	老化前	1280	17.5	14	3.5	2/2.5	0	
	老化后	1765	21	16	5	3/4	0	10.0
1.8	老化前	1827	27	23	4	3.5/4.5	0	
	老化后	1897	36	25	11	4.5/5	0	7.4
2.1	老化前	1558	62.5	55	7.5	5/6.5	0	
	老化后	1885	66	53	13	6/7.5	0.2	7.0
2.3	老化前	1831	69	58	11	6/7.5	0	
	老化后	2012	79	65	14	7/10	0.4	5.2

注：油水比为 80：20。

从表3可以看出，不同密度的合成基钻井液流变性能稳定，动塑比>0.3，电稳定性好，破乳电压>1000V，说明体系具有良好的剪切稀释性和稳定性。当密度再增加时，为防止固相含量高引起的黏度效应，可以通过控制油水比及润湿剂加量，保证钻井液体系的稳定性。

2.2.2 抗温性评价

选择密度为 1.8g/cm³ 的合成基钻井液体系，分别在 120℃、150℃、180℃下滚动老化16h，测试其流变性和稳定性，结果见表4。

表4 合成基钻井液抗温性能

实验温度	E_S（V）	*AV*（mPa·s）	*PV*（mPa·s）	*YP*（Pa）	*Gel*（Pa/Pa）	*FL*（mL）	FL_{HTHP}（mL）
室温	1827	27	23	4	3.5/4.5	0	
120℃/16h	1827	28.5	22	6.5	3.5/4.5	0	7.0
150℃/16h	1897	36	25	11	4.5/5	0	7.4
180℃/16h	880	26	23	3	2/2.5	0	9.0
200℃/16h	650	23.5	21	2.5	2/2.5	0.8	12.0

注：油水比为 80：20。

由表 4 可看出，该合成基钻井液具有良好的抗温性能，180℃老化 16h 后体系的流变性能和稳定性能仍然维持在一个较好的水平，可以满足页岩油水平段井底温度高的要求。

2.2.3 抑制性评价

分别采用页岩岩屑滚动回收率及页岩线性膨胀高度等方法测试合成基钻井液体系的抑制性能(表 5)。

表 5 岩屑回收率、页岩线性膨胀高度实验

体系	一次回收率(%)	二次回收率(%)	膨胀高度(mm/8h)
清水	34.5	17.2	8.2
油基钻井液	96.7	95	1.1
合成基钻井液	97.8	95.4	1.0

注：合成基钻井液密度为 1.8g/cm^3，油水比为 80：20。

从表 5 可以看出，合成基钻井液和油基钻井液的线性膨胀高度及一次和二次页岩回收率相近。说明合成基钻井液具有优异的抑制页岩膨胀和分散的能力。

2.2.4 封堵性能评价[7,8]

选择刚性架桥颗粒、纳米二氧化硅、可变性封堵剂作为封堵剂，并按照一定的粒度级配复配而成，形成多序列粒径颗粒分布，能够在微裂缝或孔隙中形成较为稳定的致密封堵层，从而提高封堵层的承压能力。

利用 Fann-389 渗透率封堵测试仪，将渗透率(2μm^2)的陶瓷滤片作为渗透率介质，测试 3.5MPa、150℃条件下 PPA 滤失量，评价合成基钻井液的封堵能力。实验数据见表 6。

表 6 钻井液封堵性能测试

钻井液	*PV*(mPa·s)	*YP*(Pa)	*Gel*(Pa/Pa)	E_S(V)	PPA 滤失量(mL)
基本配方+2%刚性架桥颗粒	26	10.5	4.5/5.5	1920	7.2
基本配方+2%纳米二氧化硅	24	12	4/5	2047	7.0
基本配方+2%可变形封堵剂	29	10	4/5	2047	6.8
基本配方+2%纳米二氧化硅+2%可变形封堵剂	28	9.5	4.5/5.5	2047	5.0
基本配方+2%刚性架桥颗粒+2%可变形封堵剂	27	9	4/5	2047	5.2
基本配方+1%刚性架桥颗粒+2%纳米二氧化硅+1%可变形封堵剂	34	9	4.5/6.5	2047	3.8

注：合成基钻井液密度为 1.8g/cm^3，油水比为 80：20。

由表 6 可见，加入不同封堵剂后，合成基钻井液的流变性能保持稳定，复配刚性架桥颗粒、纳米二氧化硅、可变形堵剂后，合成基钻井液 PPA 滤失量大幅度的降低，说明体系具有良好的封堵能力。

2.2.5 抗污染性能评价

分别评价合成基钻井液抗水污染、抗原油污染、抗膨润土、抗盐等性能，测试钻井液的流变性和电稳定性，考察对钻井液性能的影响，结果见表 7。

表 7 合成基钻井液抗污染试验

抗污染	加量(%)	E_S(V)	AV(mPa·s)	PV(mPa·s)	YP(Pa)	Gel(Pa/Pa)
水	0	1280	30	23	7	3.5/5
	10	1050	32	24	8	3.5/5
	20	918	39	30	9	4.5/5.5
	25	567	33.5	28	5.5	3/4.5
抗原油	5	1357	40	32	8	4/5
	10	1410	43	34	9	5/7
	15	1553	44	35	9	5/7
	20	1874	45	36	9	5/7
膨润土	5	1599	38	32	6	3.5/5.5
	10	1931	46	40	6	4.5/7
	15	1858	44.5	37	7.5	4.5/7.5
	20	1624	53	46	7	5/8.5
NaCl	10	1226	34.5	27	7.5	3.5/5.5
	15	977	35.5	32	3.5	3.5/5.5
	20	708	34.5	32	2.5	3/4.5

注：合成基钻井液密度为 1.8g/cm^3，油水比为 80：20。

从表 7 可以看出，随着水污染量的增加，引起合成基钻井液体系破乳电压降低及黏切升高，现场限制使用水清洗振动筛等，防止自由水进入合成基钻井液，并适当加入基础油或乳化剂提高乳化稳定性，调控流变性，处理后体系的性能能够恢复到较好的水平[7-10]。

随原油加量的增大，合成基钻井液破乳电压升高，说明加入原油有利于合成基钻井液的稳定。

随着膨润土加量的增大，合成基钻井液塑性黏度和动切力有所增大，现场钻进时可加入适量的润湿剂进行调整。并加强固相控制，利用高速离心机等固控设备，去除体系中无用的黏土固相[7-10]。

随着 NaCl 加量的增大，合成基钻井液破乳电压有所降低，黏度切力逐渐增加，加量在25%时破乳电压大于 400V，表明合成基钻井液体系具有较好的抗盐污染能力[7-10]。

2.2.6 沉降稳定性评价

在 1000mL 量筒中加入 100mL 密度为 1.8g/cm^3 的合成基钻井液，在不同时间段测定量筒上下层钻井液的比重差，实验结果见表 8。

表 8 钻井液沉降稳定性评价

时间(h)	1	5	10	15	20	30	35	45	60
密度差(g/cm^3)	0	0	0.01	0.01	0.01	0.02	0.02	0.02	0.03

注：合成基钻井液密度为 1.8g/cm^3，油水比为 80：20。

由表 8 数据可见，放置 60h 密度差仅为 0.03g/cm^3，说明该体系具有较好的悬浮稳定性。

2.2.7 润滑性评价

利用滤饼黏附系数仪和 EP 极压润滑仪，测定了合成基钻井液润滑性能，见表 9。

表 9 钻井液润滑性能评价

钻井液体系	极压润滑系数	滤饼黏附系数
合成基钻井液	0.06	黏不上

注：合成基钻井液密度为 1.8g/cm³，油水比为 80：20。

3 合成基钻井液在义页平 1 井的应用

义页平 1 井属于济阳坳陷沾化凹陷渤南洼陷，是油气勘探管理中心部署的一口预探井，目的是了解渤南洼陷沙三下页岩油含油气情况。该井一开 Φ444.5mm 钻头钻至井深 501m，Φ339.7mm 表套下深 500m；二开 Φ311.2mm 钻头钻至井深 3375m，Φ244.5mm 套管下深 3373m；三开 Φ215.9mm 钻头钻至井深 4900.82m 完整，水平段长 942m，三开段使用合成基钻井液。

3.1 现场施工维护

（1）合成基钻井液密度控制在设计下限开钻；钻进至 3975m，遭遇异常高压层，钻井液气侵较为严重，钻井液密度逐渐提至 1.84g/cm³，有效防止了气侵；钻遇 4687m 发生钻井液渗透性漏失，降低钻井液密度至 1.80g/cm³，实行欠平衡钻进。

（2）定期检测合成基钻井液性能，及时补充润湿剂和乳化剂，调控钻井液流变性。加重钻井液时按照循环周进行，每个循环周加重钻井液密度不超过 0.03g/cm³。

（3）沙河街组钻遇多个断层，目的层有微裂缝发育，加大不同粒度碳酸钙、纳米二氧化硅、可变性材料的加量，提高钻井液对微裂缝的封堵能力，减少钻井液的漏失。

（4）合理使用固控设备，振动筛和一体机使用率达到 100%。

（5）严格执行短程起下钻措施，每钻进 300m 进行一次短起，破除岩屑床，净化井眼。

（6）严格控制起下钻速度，防止起下钻速度过快造成过大的压力激动引发井下复杂（表 10）。

表 10 义页平 1 井钻井液性能

井深 (m)	密度 (g/cm³)	*AV* (mPa·s)	*PV* (mPa·s)	*YP* (Pa)	*Gel* (Pa/Pa)	FL_{HTHP} (mL)	E_S (V)
3357	1.53	58	27	5.5	2.5/4	3.4	692
3364	1.65	53	26	8	3/4.5	3.4	770
3721	1.72	52	25	12.5	4.5/6	3.6	1968
3748	1.74	57	38	10	4/7	3.9	1825
3917	1.75	54	38	12	4/7	3.6	1811
4900	1.85	72	39	15	5.5/10	3.7	2047

3.2 应用效果

义页平 1 井钻井周期 88.01d，三开水平段平均机械钻速达 11.20m/h，相对于邻井水平段同层位水基钻井液施工的机械钻速提高 131.88%。合成基钻井液钻进期间岩屑上返及时，钻屑均质、棱角分明，水平段井径规则，井径变化率低于 3%，起下钻顺利摩阻小，后期压裂管柱顺利下入，说明井眼清洁无岩屑床。整个三开过程钻具无黏卡现象，下套管顺利。

义页平 1 井后期压裂试油产量良好，采用连续油管开采。该井的成功实施对胜利页岩油大规模勘探开发具有重要的标志性意义。

4 结论

（1）合成基钻井液体系具有良好的抗温性、封堵性、润滑性等，性能稳定、维护方便。

（2）义页平 1 井使用合成基钻井液有效解决了井壁失稳、储层保护等问题，提高了页岩油水平井机械钻速，获得了良好的油气显示。

（3）建议加强合成基钻井液循环利用次数，以推动其在胜利页岩油藏的推广使用，带动整个济阳凹陷中演化程度区页岩油的勘探开发。

参考文献

[1] 姜在兴、张文昭、梁超，等．页岩油储层基本特征及评价要素[J]．石油学报．2015，35(1)；184-195.

[2] 刘毅，渤海湾盆地济阳坳陷沙河街组页岩油储层特征研究[D]．成都：成都理工大学，2018：1-10.

[3] 万绪新，刘振东，侯业贵，等．胜利油田页岩油藏钻井液技术[J]．探矿工程，2015，42(9)：25-30.

[4] 刘振东，刘国亮，高杨，等．页岩油藏油基钻井液技术[J]．天然气与石油，2014，32(5)：64-67.

[5] 王良，唐贵，韩慧芬，等．国内页岩储层钻井液技术研究进展[J]．钻采工艺，2017，40(5)：22-25.

[6] 仝继昌，秦雪峰，张娜，等．河南油田陆相页岩油水平井钻井配套技术[J]．内蒙古石油化工，2012，24：109-111.

[7] 孙荣华．全油合成基钻井液在永 3-侧平 x 井的应用[J]．钻采工艺，2019，42(4)：97-99.

[8] 万绪新，张海青，沈丽，等．合成基钻井液技术研究与应用[J]．钻井液与完井液，2014，31(4)：26-29.

[9] 唐国旺，宫伟超，于培志，等．强封堵油基钻井液体积的研究和应用[J]．探矿工程，2017，44(11)：21-25.

[10] 沈丽，王宝田．气制油合成基钻井液流变性能影响评价[J]．石油与天然气化工，2013，42(1)：53-57.

大庆油田模块钻机钻井液循环系统改进与应用

赵　阳　毛伟汉

(中国石油大庆钻探工程公司钻井三公司)

【摘　要】 目前大庆油田模块钻机仍在使用传统的钻井液循环系统，这套系统存在着人工掏砂劳动强度大、耽误工时、钻井液池占地面积大难以满足环保要求等问题。针对这种情况，通过研究对钻井液循环罐进行升级和改造，并采用自主研发卧式螺杆泵替代立式砂泵，再配合使用可拆卸的移动钻井液储集池，从而形成了一套与现有模块钻机相匹配的新型钻井液循环系统。现场应用表明，这套循环系统不仅实现了整个钻井过程中钻井液及废弃物不落地的目标，很好地保护了环境，并且避免了传统的挖坑做法，在节约挖坑成本和保护耕地的同时，还减少了人工进行清砂排砂的劳动量。研究结果表明，这套模块钻机新型循环系统为大庆油田现有模块钻机循环系统的更新升级提供了研究方向，具有广阔的应用前景。

【关键词】 模块钻机；循环系统；锥形罐；螺杆泵；钻井液池；环保

大庆油田目前模块钻机常用的循环系统包括钻井泵、钻井液池、钻井液槽(罐)、地面管汇、钻井液净化设备和钻井液调配设备等装置。井筒内返出的钻井液依次经过1#和2#循环罐，再由钻井泵泵入井内。从以往现场施工经验看，每钻一口井循环罐内的沉砂都需要工人下入钻井液罐内用铁锹把泥砂从排砂口铲出。这种方式工人劳动强度大，工作条件差，效率低，已限制了钻井技术的发展。为满足环保要求，对循环罐进行改装，将立式砂泵换成卧式螺杆泵，再配合使用可拆卸的移动储集钻井液池，从而形成一套新的钻井液循环系统，在不影响钻井液性能条件下，既保护了环境，节约了挖钻井液池成本，还减少了人工进行清砂排砂的劳动量，平均每口井能节约7~8t重晶石粉，具有较好的经济效益[1-2]。

1　传统循环系统存在问题及解决方案

1.1　传统循环系统存在问题分析

大庆油田模块钻机钻井工艺按不同开次分为两个阶段，一开钻导眼，采用老浆开钻与清水自然造浆工艺，井内返出的钻井液经过地面循环沟流入砂泵池，然后经过罐上振动筛进入循环系统；二开井段从表层底部至完钻井深，按需要用各种处理剂配制钻井液以满足施工要求，井内返出的钻井液经过地面振动筛(或直接经地面循环沟)流入砂泵池，然后经过罐上振动筛进入循环系统。循环系统含有两个循环罐，其中1#循环罐安装一套振动筛，一个搅拌器，罐内有一个沉砂锥型罐，两个隔仓，留做沉砂用；2#循环罐布有一个除砂器，罐内有两个搅拌器，两个隔板，每一个隔板仓内都会有约20cm高的沉砂[3-4]。

作者简介：赵阳，1986年生，2008年毕业于西南石油大学石油工程专业，现工作于大庆钻探工程公司钻井三公司钻井技术服务分公司，从事钻井液管理工作，工程师。通信地址：大庆市红岗区八百垧钻井三公司钻井技术服务分公司钻井液室，赵阳(收)；E-mail：116009406@qq.com；电话：0459-4983101。

这套传统循环系统存在以下几方面的问题。

(1) 钻井液池是传统循环系统中必不可少的部分，且占地面积较大，会因为挖钻井液池增加一定成本，还会造成大量土地或者耕地污染，环保性差。

(2) 整个循环过程中，1#罐内的锥形罐及2#罐内的隔板底部会产生大量沉砂，均需要人工入罐进行清理，排入钻井液池。增加人工劳动强度的同时，还存在一定的安全隐患。

(3) 传统循环系统中，钻井液罐上安装的电气电路也存在一定安全隐患，而且每次搬家的安装、架线和拆线工作量也比较大，还会造成部分电缆线损失。

(4) 循环系统钻井液罐之间大部分采用钻井液槽联通，会因为密封不严或者钻井液流量大等原因，造成钻井液的跑冒滴漏，影响井场环境卫生。

1.2 解决方案

根据模块钻机循环系统存在的问题，结合现场施工技术特点，在满足钻井需求和环保要求的同时，对新循环系统的研究提出了以下设计方案。

(1) 由于钻机下船底座高度受限，不能直接在井口安装钻井液不落地系统，所以对两个循环罐进行改装，达到取消地面钻井液坑、不用人工清砂排砂的目的。

(2) 采用自主研发的卧式螺杆泵取代立式砂泵，配合可拆卸移动储集钻井液池的应用，实现整个施工过程中钻井液及废弃物不落地的目标。

2 新型循环系统研究

2.1 循环罐改装

如图1所示，传统循环系统含有两个循环罐，其中1#循环罐上安装有一套振动筛，一个搅拌器，罐内有一个沉砂锥型罐，两个隔仓，留做沉砂用。锥形罐底部的排淤口经常被振动筛筛出的泥砂覆盖，而使锥形罐无法排除沉砂。例如以前施工过的P1井，因井壁发生坍塌，振动筛清除的泥砂和和岩屑填满整个锥形罐，必须每天人工清除振动筛下面的沉砂，否则会挡住锥形罐的排淤口，使锥形罐无法排淤[5]。

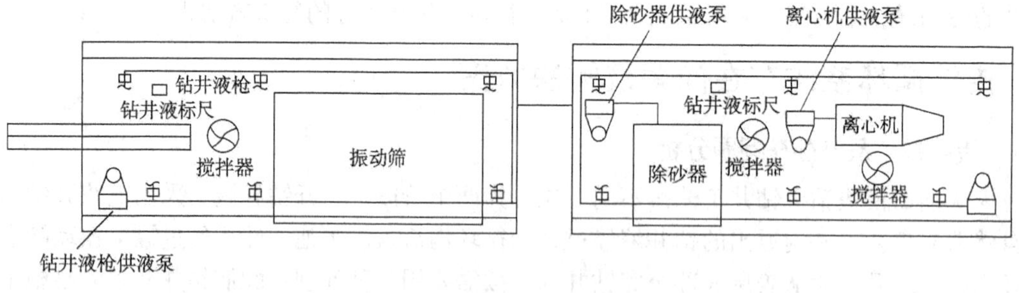

图1 传统钻井液循环罐示意图

2#循环罐装有一个除砂器，罐内有两个搅拌器，两个隔板，每一个隔板仓内都会有约20厘米高的沉砂，要清除这些沉砂，必须使用搅拌器搅起部分泥砂，但钻井液罐内会有死角，死角处的沉砂无法搅起，沉砂清除率也不是很高。

所以，为了减少人工劳动强度，提高除砂效率，采用以下改进措施：(1)将1#循环罐内沉砂用的锥形罐取消，在1#罐的振动筛上安装2台80目进口筛布，组成双筛，可以将钻屑最大限度在进罐前清除掉；(2)将2#罐内的两个隔舱去掉，并配备2台除砂器，增加除砂器处理量，可将 2#罐 80%以上钻井液进行处理，大幅降低含砂量；(3)为保证除砂效率，提高 1#和 2#罐上的搅拌器下放至距离罐底更近的距离，使搅拌器充分搅动钻井液，减少沉砂死角的形成，以便立式泵将钻井液入下一个循环步骤；(4)在钻井液罐底部增加高压钻井液喷射枪，替换掉原有的钻井液枪，将搅拌器无法搅拌到的死角沉砂清除干净，进一步提高除砂效率；(5)在 2#罐上增加一台除砂器，进一步降低钻井液的含砂量，改善钻井液性能。具体改装示意图如图 2 所示。

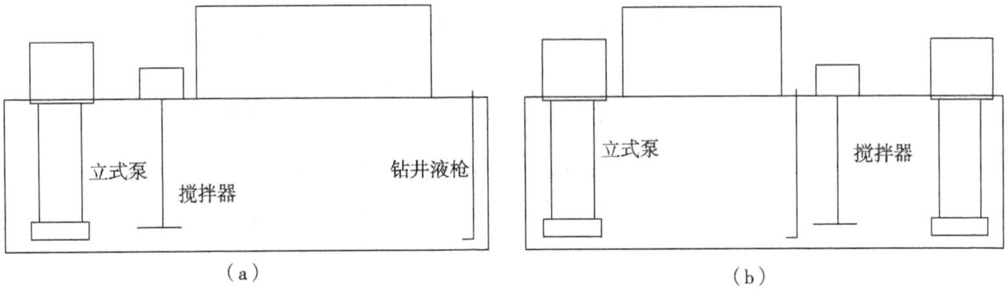

图 2　新型钻井液循环罐改造示意图

2.2　钻井液不落地系统研究

2.2.1　卧式螺杆泵改进

在现场施工过程中，传统立式砂泵存在着振动和噪声大、电能消耗高、稳定性差、维修不便等问题。针对这种情况，自主设计了一种结构简单、维修方便、备件和电能消耗少的卧式螺杆泵。安装后的效果图如图 3 所示。在现场应用时，这套卧式螺杆泵具有适应性强、流量平稳、压力脉动小、自吸能力高、耐腐蚀、效率高、节省电能等特点，这是立式砂泵所不能替代的[6]。

图 3　卧式螺杆泵井场安装图

2.2.2　可拆卸储集池

传统钻井液循环系统，从振动筛、除砂器和除泥器等固控设备上分离出的钻屑等废弃物会直接排放到地面钻井液池中。这种做法不仅会增加挖钻井液池的成本，更会严重污染环境。根据固控设备使用情况和井场条件，设计和焊接了 4 个可拆卸和移动的钻井液废弃物储集池，每个至少能盛放 100m^3钻井液废弃物。如图 4 所示，在振动筛下面放置 2 个储集池，除砂器和除泥器下面各放置 1 个。这样可以做到点对点式的收集、暂时储存，实现液相和固相的不落地，且地面不用挖钻井液池，产生的钻井液废弃物可以随时拉走进行处理，环保效果明显[7-8]。

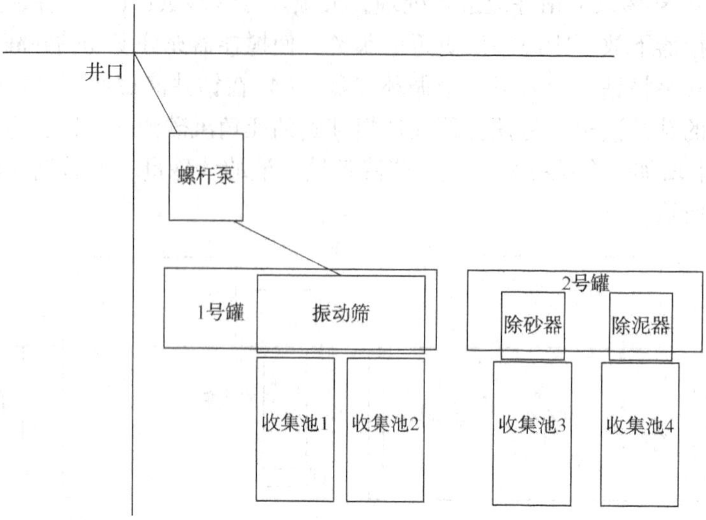

图 4　循环系统示意图

3　现场应用及效果分析

改进完善后的新型循环系统 2018 年在大庆油田 X4-40-X610、B2-20-XB285 等 4 口井进行了现场应用。现场施工前，在井架与坡道之间挖一个砂泵池，池内卧入铁质收集箱，由砂泵将钻井液抽入循环导管进入缓冲池，通过螺杆泵举升到循环罐振动筛，即可实现钻井液不落地循环。如图 5 所示，在振动筛、除砂器出口的下方安装可拆卸移动的储集池，用体积小、易于迁装的可移动储集钻井液池替代地面钻井液池，由固控设备清除的废弃物直接进入可移动的钻井液池，与生产进度同步收集，然后由车辆运往集中储存处理点。这样既减小了对环境的污染，而且占地全部可以复原，最大程度减少了土地使用量、降低了钻井总成本。

图 5　不落地钻井液废弃物收集池

在现场应用过程中，通过去掉 1#钻井液罐中锥形罐和 2#钻井液罐隔舱的基础上，采用在罐四周均匀布置高压钻井液枪、加长立式泵探入深度、配备高效振动筛等技术措施，一方面解决了罐内固相的沉积，减少了人工清罐的劳动量；另一方面固相得到有效控制，钻井液中的无用固相及时清除，使钻井液性能达标。

同时，卧式螺杆泵的使用，既解决了钻井液从井内返出后落地；也改善了钻井液性能，钻井液不经过立式砂泵的抽吸而通过螺杆泵进入罐内，极大地减小了钻屑的进一步分散，钻井液性能得到改善。见表 1，X4-40-X610 井钻井液性能，比使用传统循环系统的 X4-30-X611 井的钻井液性能更优异，含砂量更少，钻井液滤失量也更低。

表 1　X4-40-X610 井钻井液性能

井号	井深(m)	密度(g/cm³)	黏度(s)	滤失量(mL)	塑性黏度(mPa·s)	含砂(%)
新循环系统(X4-40-X610)	200	1.25	47	3.0	16	0.8
	380	1.23	51	2.8	18	0.7
	600	1.24	50	2.6	26	0.7
	900	1.44	55	2.6	24	0.8
	1160	1.50	57	2.8	24	0.6
传统循环系统(X4-30-X611)	210	1.25	49	6	18	2
	430	1.23	51	5.2	16	1.7
	650	1.24	52	3.8	24	1.8
	920	1.43	58	3.2	26	1.6
	1160	1.49	60	3.2	24	1.5

应用新型循环系统，在施工结束后循环罐内的钻井液用泵抽走，剩下 20cm 高度，罐底沉砂很少，不用人工下罐掏砂，解决了沉砂清理问题和工人劳动强度的问题，不影响搬家和下口井使用。同时，由于去掉了锥形沉砂罐，一定程度降低了石粉沉淀造成的浪费。见表 2，使用新型循环系统的试验井，平均每口井比使用传统循环系统的井节约重晶石粉 6.75t，节约成本 6 万余元。

表 2　石粉用量统计表

循环系统	井号	石粉用量(t)	平均用量(t)
新型循环系统	X4-40-X610	40	28.75
	B2-20-XB285	25	
	B2-20-XB283	25	
	B2-20-XBS286	25	
传统循环系统	X4-30-X611	45	35.50
	B2-10-XB2110	32	
	B2-10-XB2103	35	
	B2-10-XB2109	30	

4　结论与建议

(1) 新型循环系统的使用，解决了清理沉砂问题，降低了工人劳动强度，减少了土地的使用量，达到了环境保护的目的，同时，使钻井液性能得以改善，并节约了石粉的用量，创造了一定的经济效益和社会效益，具有广阔的应用前景。

(2) 现场试验也表明实施方案和设备还需进一步调整和完善，首先需要完善性价比更高的举升设备，同时钻井液加药和加重设备也需要进行改进与完善。

参考文献

[1] 华北庄. 钻井液处理系统的设计[J]. 石油机械，1992，20(1)：42-47

[2] 胡永建，邹和均，席梅卿，等. 一种新型接钻具钻井液防溅装置[J]. 石油矿场机械，2001，40(5)：

77-80.
[3] 卢胤锟，赵霄．现代石油钻井技术的新进展及发展方向[J]. 石化技术，2016，23(11)：213.
[4] 陈勇，蒋祖军，练章华，等．水平井钻井摩阻影响因素分析及减摩技术[J]. 石油机械，2013，41(9)：29-32.
[5] 张东海．降压解卡技术在中原油田的应用[J]. 石油钻探技术，1994，22(4)：33-35.
[6] 王学文．节能工作面临的形势和任务[J]. 石油石化节能．2016，6(11)：1-3.
[7] 彭金龙．潜油直驱式螺杆泵技术研究与应用[J]. 石油石化节能．2016，6(4)：36-38.
[8] 陆树祥．稳定砂泵扬量的改进措施[J]. 有色金属(选矿部分)，1988(06)：25-27.

钻井液用磺化胺基烷基糖苷高效润滑剂的研制及性能

司西强　王中华　雷祖猛　谢　俊

（中国石化中原石油工程有限公司钻井工程技术研究院）

【摘　要】 烷基糖苷成膜润滑效果较好，但加量大、成本高，吸附能力差，抗温不足，针对烷基糖苷作为润滑剂的缺点，通过分子理论设计，引入磺酸基、胺基、长链烷基等功能基团，制备得到磺化胺基烷基糖苷高效润滑剂 LAPG 产品。对 LAPG 产品性能进行了评价测试，具有突出的抗高温润滑性能，且配伍性好，无毒环保。0.2%LAPG 产品水溶液极压润滑系数为 0.0582；160℃高温老化 16h，1.0%LAPG 产品使 5%膨润土浆的润滑系数由 0.397 降至 0.059，润滑系数降低率达 85.14%；LAPG 产品可抗温达 200℃，适用于高温高摩阻地层的润滑防卡；1.0%LAPG 产品对 5%钠膨润土浆的流变性能影响不大，表观黏度由 4.0mPa·s 升高至 5.0mPa·s，降滤失作用明显，中压滤失量由 39.0mL 降至 32.0mL，中压滤失量降低值达 7.0mL，表现出较好的配伍性能；LAPG 产品 EC_{50} 为 483200mg/L，无毒环保。磺化胺基烷基糖苷高效润滑剂 LAPG 产品可有效解决高温深井超深井、长裸眼井、大斜度定向井、长水平井的摩阻控制难题，避免托压卡钻等井下复杂，实现安全、高效钻进，预计具有较好的推广应用前景。

【关键词】 磺化胺基烷基糖苷；高温；高密度；润滑剂；环保；降摩减阻

近年来，随着深井超深井、长水平段水平井、大位移井等高难度井越来越多，对钻井液润滑防卡要求越来越高，特别是长水平段、高密度等工况下的润滑防卡难题亟待解决[1-5]。前期在钻井液中混入原油、柴油、白油等矿物油能够较好满足井下润滑防卡需要，但是随着环保要求的日益严格，矿物油类润滑剂应用受限，因此，研发绿色环保型高性能润滑剂已成为主要发展趋势[6-8]。国内外在植物油脂、动物油脂类润滑剂方面开展了较多工作[9,10]，产品种类较多，性能不能很好地满足目前水平井长水平段、高密度钻井液以及高温条件下的摩阻控制要求。

基金项目：中国石化石油工程公司重大科技攻关项目“磺化胺基烷基糖苷研制及应用”(SG18-18J)、中国石化集团公司重大科技攻关项目“页岩气水平井 APD 水基钻井液技术应用研究”(JP18038-3)、中国石化集团公司重大科技攻关项目“烷基糖苷衍生物基钻井液技术研究”(JP16003)、中国石化集团公司重大科技攻关项目“改性生物质钻井液处理剂的研制与应用”(JP17047)、中国石化集团公司重大科技攻关项目“硅胺基烷基糖苷的研制与应用”(JP19001)联合资助。

作者简介：司西强，男，1982 年 5 月出生，2005 年 7 月毕业于中国石油大学(华东)应用化学专业，获学士学位，2010 年 6 月毕业于中国石油大学(华东)化学工程与技术专业，获博士学位。现任中石化中原石油工程公司钻井工程技术研究院首席专家，研究员，主要从事新型钻井液处理剂及钻井液新体系的研究及技术推广工作。近年来以第 1 发明人申报发明专利 48 件，已授权 17 件，发表论文 80 余篇，获河南省科技进步奖等各级科技奖励 20 余项。通信地址：河南省濮阳市中原东路 462 号中原油田钻井院，电话：15039316302，E-mail：sixiqiang@163.com。

前期研究表明，烷基糖苷产品是国际公认的首选“绿色”功能产品，主要表现出吸附成膜、配伍性好、绿色环保等优点。在水基钻井液中，烷基糖苷作为润滑剂可在井壁和钻具表面吸附形成疏水膜，表现出优异润滑性能[11-16]，但其仍存在加量大(>35%)、吸附能力差、抗温不足等缺陷。

因此，在充分发挥烷基糖苷环保、润滑优势基础上，通过化学反应在烷基糖苷分子结构上引入磺酸基、胺基、长链烷基等功能基团，研发出集润滑性优异、抗高温、配伍性好、绿色环保、低成本于一体的磺化胺基烷基糖苷润滑剂 LAPG 产品，突破现场技术瓶颈，符合现场技术亟需。产品研制和应用意义重大，主要表现在：一方面，可有效解决目前水平井长水平段、高密度钻井液的高摩阻难题，避免托压卡钻等井下复杂，利于缩短钻井周期，降低钻井成本；另一方面，可进一步完善烷基糖苷衍生物产品系列技术的战略布局，促进钻井液领域技术进步。该产品应用于现场，预计具有较好的经济效益和社会效益，具有较好的推广应用前景。本文对磺化胺基烷基糖苷润滑剂 LAPG 产品进行了合成研究、结构表征及性能评价，以期对国内外钻井液同行有一定借鉴作用。

1 实验材料及仪器

1.1 实验材料

烷基糖苷，工业品；磺化试剂，工业品；环氧桥接剂，分析纯；多元醇，分析纯；三烷基醇胺，分析纯；长链烷基苯磺酸，分析纯；钠膨润土，工业品。

1.2 实验仪器

ZNCL-TS 恒温磁力搅拌器，河南爱博特科技公司；六速旋转黏度计，XGRL-4A 高温滚子加热炉，LHG-2 老化罐，GJS-B12K 变频高速搅拌机，EP-2A 极压润滑仪，青岛海通达专用仪器厂；DZF-6050 真空干燥箱，上海创博环球生物科技有限公司；BL200S 精密电子天平，上海勤酬实业有限公司；FTIR-850 傅立叶变换红外光谱仪，江苏天瑞仪器股份有限公司。

1.3 基浆配制方法

5%预水化膨润土浆的配制方法如下：

在 1L 水中加入 2.5g 无水碳酸钠和 50g 钻井液实验用钠膨润土，搅拌 20min 后，室温养护 24h 后制得。

2 产品理论分子设计

磺化胺基烷基糖苷润滑剂 LAPG 的分子设计思路如下：

(1) 选用环保、润滑性好的烷基糖苷为原料，引入胺基提高分子吸附量，同时，胺基具有抑菌杀菌作用，基团位阻大，可减缓烷基糖苷的生物降解，提高烷基糖苷抗温能力。

(2) 引入长链磺烷基，分子由非离子型转变为阴离子型，可提高分子配伍性和抗钙能力；引入长链烷基又可以提高分子润滑性。

(3) 设计得到磺胺基烷基糖苷润滑剂 LAPG 产品分子，具有环保、润滑性好、配伍性好、吸附强、抗温等特点。

根据上述分子设计思路的阐述，磺化胺基烷基糖苷润滑剂 LAPG 产品应具有以下理论分子结构，如图 1 所示。

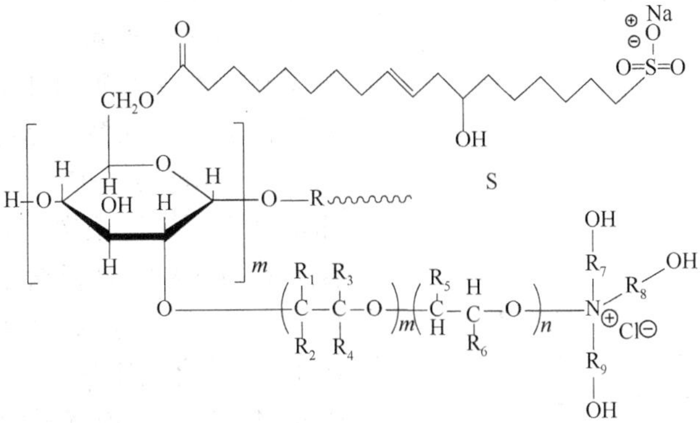

图 1　磺化胺基烷基糖苷润滑剂 LAPG 产品理论分子设计结构

如图 1 所示的磺化胺基烷基糖苷润滑剂 LAPG 产品理论分子设计结构中，含有烷基糖苷主体单元、长链磺酸基、聚醚、多烷基醇胺等功能基团，表现出较好的抗高温润滑性能，且配伍性好，无毒环保。

3　产品合成研究及性能评价

3.1　产品室内合成

磺化胺基烷基糖苷润滑剂 LAPG 产品的具体制备方法如下。

将 0.4mol 烷基糖苷 APG、0.06mol 长链烷基苯磺酸、0.04mol 环氧桥接剂、0.06mol 多元醇、0.08mol 磺化试剂加入配有冷凝回流装置和搅拌装置的四口烧瓶中，在 1000r/min 搅拌速度下混合均匀，升温至 90~105℃，反应 1.0~2.0h；在上述反应液中加入 0.6~1.0mol 三烷基醇胺，搅拌混合均匀，在 70~90℃下反应 3.0~5.0h，降至室温，得到红褐色黏稠状液体，即为磺化胺基烷基糖苷润滑剂 LAPG 产品。

磺化胺基烷基糖苷润滑剂 LAPG 产品的红外光谱如图 2 所示。

由图 2 可知，2830~2950cm^{-1} 为甲基和亚甲基中 C-H 键的伸缩振动峰，1500cm^{-1} 为 C-O-C 的伸缩振动峰，可确定有糖苷结构；1419cm^{-1} 为 C-N 键的吸收峰，3380cm^{-1} 为 N-H 的吸收峰，可确定含有胺的结构；1068cm^{-1} 为磺酸基的特征吸收峰，可确定含有磺酸基团。综合上述分析结果，磺化胺基烷基糖苷润滑剂 LAPG 产品分子结构中含有糖苷、醚键、C-N 键、胺基、磺酸基等特征结构，验证了产品分子设计思路的准确性。

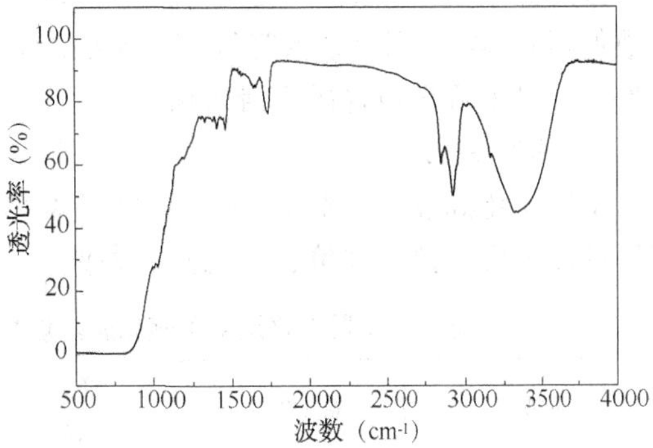

图 2　磺化胺基烷基糖苷润滑剂 LAPG 产品红外光谱图

3.2　产品性能测试

对制备得到的磺化胺基烷基糖苷润滑剂 LAPG 产品样品进行了性能评价，主要包括润滑性能、抗温性能、配伍性能和生物毒性。

3.2.1　润滑性能

对磺化胺基烷基糖苷润滑剂 LAPG 产品水溶液的润滑性能进行了评价。不同含量磺化胺基烷基糖苷润滑剂 LAPG 产品水溶液的极压润滑系数测试结果如图 3 所示。

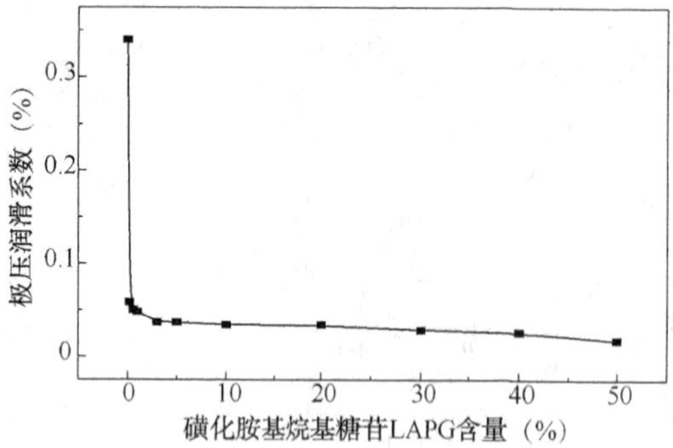

图 3　不同含量磺化胺基烷基糖苷产品的极压润滑系数

由图 3 中实验结果可以直观地看出，随着磺化胺基烷基糖苷 LAPG 含量的增加，其水溶液的极压润滑系数呈降低趋势。当磺化胺基烷基糖苷 LAPG 产品含量为 0.2%时，其水溶液极压润滑系数为 0.0582，当磺化胺基烷基糖苷 LAPG 产品含量≥1.0%时，其水溶液极压润滑系数趋于平稳，低至 0.017～0.036。综合上述分析表明，磺化胺基烷基糖苷 LAPG 产品具有优异的润滑性能。

对不同含量的磺化胺基烷基糖苷润滑剂 LAPG 产品在 5%钠膨润土浆中的润滑性能进行了测试评价，老化实验条件：160℃、16h，实验结果见表 1。

表 1　不同含量磺化胺基烷基糖苷产品对膨润土浆的极压润滑系数

配方	样品示数	清水示数	润滑系数	润滑系数降低率(%)
基浆	49.0	42.0	0.397	—
基浆+0.5%LAPG	11.0	42.0	0.113	71.53
基浆+1.0%LAPG	7.5	43.0	0.059	85.14
基浆+2.0%LAPG	6.0	43.0	0.047	88.05

由表 1 中实验数据可以看出，在 160℃高温下老化 16h，磺化胺基烷基糖苷 LAPG 产品在 5%膨润土浆中表现出较好的润滑性能，随着加量增大，膨润土浆的润滑系数呈降低趋势。当磺化胺基烷基糖苷 LAPG 产品加量为 1.0%时，膨润土浆的润滑系数低至 0.059，润滑系数降低率达 85.14%；当磺化胺基烷基糖苷 LAPG 产品加量为 2.0%时，膨润土浆的润滑系数低至 0.047，润滑系数降低率达 88.05%。磺化胺基烷基糖苷 LAPG 产品在高温低加量条件下即可表现出较好的润滑效果。

3.2.2　抗温性能

不同老化温度下，对 1.0%磺化胺基烷基糖苷润滑剂 LAPG 产品在 5%钠膨润土浆中的润滑性能进行了测试评价，老化实验条件：不同温度、16h，实验结果见表 2。

表 2　不同老化温度下磺化胺基烷基糖苷产品对膨润土浆的极压润滑系数

配方	老化条件	样品示数	清水示数	润滑系数	润滑系数降低率(%)
基浆	160℃、16h	49.0	42.0	0.397	—
基浆+1.0%LAPG	160℃、16h	7.5	43.0	0.059	85.14
基浆	180℃、16h	50.0	42.0	0.405	—
基浆+1.0%LAPG	180℃、16h	8.0	42.0	0.065	83.95
基浆	200℃、16h	50.0	42.0	0.405	—
基浆+1.0%LAPG	200℃、16h	9.0	42.0	0.073	81.98

由表 2 中实验数据可以看出，随着老化温度的升高，磺化胺基烷基糖苷 LAPG 产品在5%膨润土浆中的润滑系数呈逐渐升高趋势，但润滑系数降低率在 200℃ 高温老化后仍>80%。综合分析表明，磺化胺基烷基糖苷 LAPG 产品在土浆中高温老化后仍具有较好的润滑效果，可抗温达 200℃，适用于高温地层的润滑防卡。

3.2.3 配伍性能

考察了不同含量的磺化胺基烷基糖苷润滑剂 LAPG 产品对 5%钠膨润土浆的流变及滤失性能进行了评价。老化实验条件：160℃、16h。实验结果见表 3。

表 3 不同含量磺化胺基烷基糖苷产品对膨润土浆的流变及滤失性能影响结果

配方	AV (mPa·s)	ΔAV (mPa·s)	FL_{API} (mL)	ΔFL_{API} (mL)	pH 值
基浆	4.0	—	39.0	—	8.0
基浆+0.5%LAPG	4.0	0	33.0	6.0	8.0
基浆+1.0%LAPG	5.0	1.0	32.0	7.0	8.0
基浆+2.0%LAPG	5.0	1.0	32.0	7.0	8.0

由表 3 中实验结果可以看出，磺化胺基烷基糖苷润滑剂 LAPG 产品对 5%钠膨润土浆的流变性能影响不大，随着加量增大，土浆的表观黏度基本不变；产品对 5%钠膨润土浆具有明显的降滤失作用。具体来说，加入 1.0%LAPG 产品后，基浆的表观黏度由 4.0mPa·s 升高至 5.0mPa·s，表观黏度变化值仅为 1.0mPa·s，中压滤失量由 39.0mL 降至 32.0mL，中压滤失量降低值达 7.0mL。综合分析表明，磺化胺基烷基糖苷润滑剂 LAPG 产品具有较好的配伍性能。

3.2.4 生物毒性

采用发光细菌法测试了磺化胺基烷基糖苷润滑剂 LAPG 产品的生物毒性。测试结果显示，所合成 LAPG 产品样品的 EC_{50} 为 483200mg/L，远高于排放标准 30000mg/L(参照国标：GB/T 15441—1995 水质急性毒性的测定发光细菌法)。得出结论为，合成得到的磺化胺基烷基糖苷润滑剂 LAPG 产品无生物毒性，绿色环保。

4 结论

（1）为充分发挥烷基糖苷环保、润滑优势，克服其加量大、成本高的不足，通过化学反应在烷基糖苷分子结构上引入磺酸基、胺基、长链烷基等功能基团，研发出高温润滑性好、高配伍、绿色环保的磺化胺基烷基糖苷润滑剂 LAPG 产品。

（2）得到了磺化胺基烷基糖苷润滑剂 LAPG 产品的制备方法。将烷基糖苷 APG、长链烷基苯磺酸、环氧桥接剂、多元醇、磺化试剂按一定配比加入反应器中，搅拌混匀，升温至 90~105℃，反应 1.0~2.0h；加入三烷基醇胺，搅拌混匀，在 70~90℃ 下反应 3.0~5.0h，即得磺化胺基烷基糖苷润滑剂 LAPG 产品。

（3）得到了 LAPG 产品性能评价结果。产品具有突出的抗高温润滑性能，且配伍性好，无毒环保。160℃高温老化 16h，1.0%LAPG 产品使 5%膨润土浆的润滑系数由 0.397 降至 0.059，润滑系数降低率达 85.14%；产品抗温达 200℃，适用于高温高摩阻地层的润滑防卡；产品对膨润土浆流变性无不良影响，且降滤失效果明显，表现出较好的配伍性能；产品无毒环保。

（4）LAPG 产品可有效解决高温深井超深井、长裸眼井、大斜度定向井、长水平井的摩阻控制难题，避免托压卡钻等井下复杂，实现安全、高效钻进，应用前景广阔。

参考文献

[1] 王中华．钻井液及处理剂新论[M]．北京：中国石化出版社，2017：77-81.

[2] 王中华．国内钻井液及处理剂发展评述[J]．中外能源，2013，18(10)：34-43.

[3] 宋明全，王悦坚，江山红．塔河油田深井超深井钻井液技术难点与对策[J]．石油钻探技术，2005，33(5)：80-82.

[4] 韩来聚，牛洪波．对长水平段水平井钻井技术的几点认识[J]．石油钻探技术，2014，42(2)：7-11.

[5] 谢彬强，邱正松，黄维安，等．大位移井钻井液关键技术问题[J]．钻井液与完井液，2012，29(2)：76-82.

[6] 宣扬，钱晓琳，林永学，等．水基钻井液润滑剂研究进展及发展趋势[J]．油田化学，2017，34(4)：721-726.

[7] 屈沅治，黄宏军，汪波，等．新型水基钻井液用极压抗磨润滑剂的研制[J]．钻井液与完井液，2018，35(1)：34-37.

[8] 樊好福，司西强，王中华．水基钻井液用绿色润滑剂研究进展及发展趋势[J]．应用化工，2019，48(5)：1192-1196.

[9] 王中华．中国天然材料改性钻井液处理剂现状与开发方向[J]．中外能源，2018，23(8)：28-35.

[10] 苗留洁．利用废弃动植物油脂合成钻井液用润滑剂的研究与应用[J]．石化技术，2018，25(5)：208.

[11] 赵虎，司西强，王康，等．烷基糖苷及衍生物在钻井液中的润滑性研究[J]．能源化工，2017，38(5)：66-70.

[12] 司西强，王中华，王伟亮．聚醚胺基烷基糖苷类油基钻井液研究[J]．应用化工，2016，45(12)：2308-2312.

[13] 司西强，王中华，赵虎．钻井液用烷基糖苷及其改性产品的研究现状及发展趋势[J]．中外能源，2015，20(11)：31-40.

[14] 魏风勇，司西强，王中华，等．烷基糖苷及其衍生物钻井液发展趋势[J]．现代化工，2015，35(5)：48-51.

[15] 司西强，王中华，魏军，等．阳离子烷基葡萄糖苷钻井液[J]．油田化学，2013，30(4)：477-481.

[16] 司西强，王中华，魏军，等．钻井液用阳离子甲基葡萄糖苷[J]．钻井液与完井液，2012，29(2)：21-23.

常用水基钻井液处理剂及体系环保指标探讨

于 盟 王 波 张茉楚 华桂友 许溢华 杨 洋 程子强

（中国石油集团长城钻探工程有限公司钻井液公司）

【摘 要】完全符合环保标准的处理剂，难以满足现场对抗温抗盐的需求，而目前抗温抗盐效果较好的磺化类和沥青类处理剂又难以全部达到环保指标要求，处理剂环保性能与功能性存在较大矛盾。本文通过大范围检测苏里格地区钻井液处理剂和体系的环保指标，并结合现场施工需求，对现有环保标准中钻井液处理剂环保指标参数和检测方法进行了探讨，提出了几点认识：一是标准中检测方法多样、变量因素较多、选择性较大，应该对关键信息进行明确规定，保证数据重复性、对比性；二是目前标准中检测方法和环保指标适用范围有一定局限，应该对检测方法和环保指标进行深度优化，提高标准的适用性和合理性。

【关键词】环保标准；检测方法；环保指标；探讨

随着国家绿色发展和可持续发展战略的不断深入和推进，石油钻井行业环境保护标准和要求日益严格[1]，而油田进入中后期，普遍采用深井和超深井进行勘探开发，施工中处理剂环保性能要求与抗温抗盐施工需求之间的矛盾也日益凸显。本文对苏里格现场使用15种、六大类常用处理剂和两种常用体系的环保指标按照现行标准进行了大量检测工作，针对实验过程中发现的问题和得出的实验数据，进行了详细分析和探讨，提出了一些关于现行标准的见解和建议。

1 环保钻井液现行标准

在钻井液及其废弃物排放方面，许多欧美发达国家都已有各自的标准或要求，这些国家主要关注生物毒性、重金属含量、生物降解和含油量。目前国内还没有统一的排放标准，但也有相关国家标准、地方标准[2]和行业、企业标准，当其废弃时需满足国家和所处环境当地法规要求[3]，见表1。

表1 国内外钻井液环保标准汇总

序号	地域	标准等级	标准内容
1	国内	国家标准	液相：GB 8978—1996《污水综合排放标准》、GB 4914—2008《海洋石油勘探开发污染物排放浓度限值》、GB 18486—2001《污水海洋处置工程污染控制标准》、GB 3838—2002《地表水环境质量标准》、GB/T 14848—2017《地下水质量标准》、GB 5084—2005《农田灌溉水质标准》、GB 11607—1989《渔业水质标准》
2			固相：GB 5085.1—2007《危险废物鉴别标准腐蚀性鉴别》、GB 18597—2001《危险废物贮存污染控制标准》、GB 18598—2001《危险废物填埋污染控制标准》、GB 18484—2001《危险废物焚烧控制标准》、GB 18599—2001《一般工业固体废物贮存、处置场污染控制标准》、GB 4284—1984《农用污泥中污染物控制标准》、GB 15618—1995《土壤环境质量标准》
3		行业标准	单剂：SY/T 6787—2010《水溶性油田化学剂环境保护技术要求》和SY/T 6788—2010《水溶性油田化学剂环境保护技术评价方法》

续表

序号	地域	标准等级	标准内容
4	国内	地方标准	新疆：《油气田钻井固体废物综合利用污染控制要求》，要求针对油气田勘探开发过程中产生的废弃钻井液(包括水基和油基等钻井液体系的废弃钻井液)及岩屑，其pH值、重金属、苯并芘、含油率、COD和含水率6项达到要求的污染物限值，方可作为可利用资源，用于铺设服务油田内部的各种道路、铺垫井场、固废场封场覆土及作为自然坑洼填充材料
5			鄂尔多斯：【2014】91号文件《鄂尔多斯市天然气开发环境保护管理办法》试行；鄂托克旗要求全部实行钻井液不落地处理工艺
6		企业标准	中国石油2014年出台《钻井液与钻屑处理管理规定(暂行)》(油勘〔2014〕172号)，在环境敏感区，应采用不落地或集中处理技术，实施钻井废液与钻屑的固液分离无害化处理，处理后无法回收利用的液相须达到GB 8978—1996《污水综合排放标准》和地方环境保护要求的排放等级方可排放，处理后的固相应达到GB 15618—2008《土壤环境质量标准》和地方环境保护相关要求
7	国外	国家标准	美国：要求必须通过生物毒性及游离油试验，当糠虾生物试验法96h的LC_{50}低于30000mg/L时不得排放；游离油采用静态光泽试验当钻井液及其废弃物进入水体后，水体表面不得出现光泽现象
8			加拿大：禁止向海洋排放含柴油及高芳香烃原油的钻屑，而基础油及钻井液处理剂要通过生物毒性试验，钻屑含油量不得大于30g/100g干钻屑
9			英国：明确禁止有毒及生物难降解的添加剂的排放；水基钻井液及钻屑需要通过《奥斯陆—巴黎协议》的毒性测试才可以排放；油基钻井液及钻屑要求含油量小于1%才可以排放
10			荷兰：要求非油基钻井液必须通过生物毒性试验证明，符合标准才能排放
11			挪威：要求钻井液只要能通过生物毒性试验均可排放，即藻类和贝属动物的EC_{50}大于1000mg/L，双壳贝EC_{50}大于1mg/L，钻屑含油量小于10%(干重)可以排放

2 环保钻井液评价指标

国家排放标准作为综合标准，排放要求严格，控制指标种类多[4]，且大部分标准只针对排放端和单剂；石油钻井行业在一般情况下，按照石油行业和企业标准进行环保性能评价[5]。

(1) 生物毒性是考察钻井液短期内对周围环境中存活生物致死率的指标。生物毒性包括急性毒性和慢性毒性；急性生物毒性试验方法包括糠虾试验法(美国环保局正式批准用于钻井液毒性评价的唯一方法)、发光细菌法(EC_{50})、藻类生长抑制试验、蚤类活动抑制试验、鱼类急性毒性试验和小鼠急性毒性试验。

国内钻井液毒性测试应用最多的是发光细菌法，菌种为费希尔弧菌，该方法检测灵敏，精度高，时间短，操作简单，但不同标准规定的指标参数不同。参考SY/T 6787—2010《水溶性油田化学剂环境保护技术要求》，生物等级为无毒EC_{50}>20000mg/L；参考中国石油企业标准Q/SY 111—2007《油田化学剂、钻井液生物毒性分级及检测方法发光细菌法》，生物等级为无毒EC_{50}>25000mg/kg；参考《钻井液环保性能评价技术规范》(2019年报批稿)，环保钻井液生物等级为无毒EC_{50}>30000mg/L；国内海洋钻井采用糠虾(卤虫)试验法，参考

GB 18420.1—2009《海洋石油勘探开发污染物生物毒性第 1 部分：分级》，我国一级海域标准 LC_{50}≥30000mg/kg。

（2）重金属是毒性物质，在生物体内累积会导致环境中的动植物中毒。重金属测试采用原子吸收分光光度法、原子荧光光度法、电感耦合等离子发射光谱法，重金属含量控制标准参考 SY/T 6787—2010《水溶性油田化学剂环境保护技术要求》，总镉最高允许含量为20mg/kg、总汞最高允许含量为 15mg/kg、总铅最高允许含量为 1000mg/kg、总铬最高允许含量为 1000mg/kg、总砷最高允许含量为 75mg/kg。检测方法参考 SY/T 6788—2010《水溶性油田化学剂环境保护技术评价方法》，需要硝酸、高氯酸、高锰酸钾或草酸对不同样品进行消解，参考 HJ 776—2015 标准，只用硝酸进行消解和稀释。

（3）生物降解性是考察钻井液对周围环境带来的长期影响。目前国际上评定有机物生物降解性的方法很多，主要有 BOD/COD 比值评定方法、生化呼吸线评定方法、利用脱氢酶活性的测定和三磷酸腺苷(ATP)量的测定、目标物浓度变化等方法。英国、澳大利亚等国均推荐采用 OECD 和 ISO 系列标准对钻井废物的生物降解性进行评价。

目前国内比较通用的方法是通过 BOD_5/COD_{cr}来表征钻井液及材料的生物降解性，BOD 检测的是五日生化需氧量，采用稀释与接种法，COD 采用重铬酸法。参考 SY/T 6787—2010《水溶性油田化学剂环境保护技术要求》，较易降解，BOD_5/COD_{cr}需不小于 0.05，个别著作把 BOD_5/COD_{cr}≥15%作为较易降解标准，见表 2。

表 2　环保性能评价指标标准(SY/T 6787—2010)

生物毒性		重金属离子检测		生物降解性能	
生物毒性等级	发光细菌 EC_{50} (mg/L)	项目	最高允许含量 (mg/kg)	$Y=BOD_5/COD_{Cr}$	降解程度
剧毒	<1	总汞/Hg	15	≥0.05	易
重毒	1~100	总砷(As)	75	—	—
中毒	101~1000	总镉(Cd)	20	0.01≤Y<0.05	较难
微毒	1001~20000	总铅(Pb)	1000	—	—
无毒	大于 20000	总铬(Cr)	1000	Y<0.01	难

3　处理剂环保性能评价

选取苏里格现场使用处理剂，进行其水溶液环保性能评价[6]；处理剂的评价浓度以现场使用浓度为主，检测项目包括生物毒性(发光细菌法)、重金属检测和生物降解性；对水溶性处理剂按照给定浓度配制实验液，对于非水溶性处理剂依据给定浓度，在水平振荡器上振荡 8h，静止 16 小时，取中层悬浮液测生物毒性，取过滤液测 BOD、COD 和重金属。

3.1　生物毒性(EC_{50})

（1）检测设备：MicroTox © M500 毒性分析仪。

（2）检测方法：执行 Q/SY 111—2007 标准。

苏里格现有处理剂生物毒性实验数据见表 3。

表 3 苏里格现有处理剂生物毒性实验数据

处理剂/项目	检测浓度(%)	EC_{50}(mg/L)	生物毒性等级
液体润滑剂无荧光	2.00	26539	无毒
固体润滑剂 油性石墨	1.50	不溶于水	—
钻井液用两性离子聚合物强包被剂 FA-367	0.30	54387	无毒
多元包被抑制剂	0.1	178300	无毒
聚胺	1.00	363800	无毒
磺化沥青 FT-1A	2.00	10570	微毒
防塌剂 GWEA-I 钻井液用防塌润滑剂乳化沥青	0.10	23500	无毒
纳米乳液封堵剂	2.00	样品浑浊	—
钻井液用降滤失剂 JJFD-Ⅰ高效封堵降滤失剂-120	2.00	19090	微毒
水解聚丙烯腈铵盐 NH_4-HPAN	2.00	6700	微毒
预胶化淀粉	3.00	193860	无毒
磺甲酚醛树脂 SMP-Ⅱ	1.00	86050	无毒
聚阴离子纤维素 PAC-LV	1.00	—	—
聚阴离子纤维素 PAC-HV	0.50	190846	无毒
黄原胶 XC	0.30	充满气泡	—

3.2 化学毒性(重金属)

(1) 检测设备：电感耦合等离子体发射光谱仪 HK-8100。

(2) 检测方法：执行 HJ 776-2015 标准。

苏里格现有处理剂重金属离子检测实验数据见表 4。

表 4 苏里格现有处理剂重金属离子检测实验数据

处理剂/项目	检测浓度(%)	Hg(mg/kg)	As(mg/kg)	Cd(mg/kg)	Pb(mg/kg)	Cr(mg/kg)	指标
液体润滑剂无荧光	—	—	—	—	—	—	—
固体润滑剂 油性石墨	—	—	—	—	—	—	—
聚合物强包被剂 FA-367	0.10	0.005	3.45	0.524	2.4	161	达标
多元包被抑制剂	0.01	0.004	<下限	<下限	3556	<下限	达标
聚胺	1.00	0.008	<下限	<下限	<下限	<下限	达标
磺化沥青 FT-1A	2.00	0.052	10.1	1.23	2.27	43.1	达标
钻井液用防塌润滑剂乳化沥青	—	—	—	—	—	—	—
纳米乳液封堵剂	—	—	—	—	—	—	—
钻井液用降滤失剂 JJFD-Ⅰ	2.00	0.012	<下限	<下限	<下限	3.42	达标
水解聚丙烯腈铵盐 NH_4-HPAN	1.00	0.007	2.11	10.6	95	35.9	达标
预胶化淀粉	3.00	0.005	<下限	<下限	5.88	3.37	达标
磺甲酚醛树脂 SMP-Ⅱ	1.00	0.017	2.05	128	734	102	不达标
聚阴离子纤维素 PAC-LV	0.50	0.093	4.35	0.708	11.5	0.25	达标
聚阴离子纤维素 PAC-HV	0.10	0.013	4.41	0.213	9.31	194	达标
黄原胶 XC	0.10	0.004	4.31	7.27	18.6	79.3	达标

3.3 生物降解性(BOD_5/COD_{Cr})

(1) 检测设备：生化需氧量测定仪 LH-BOD601；多参数水质测定仪 5B-3B(V8)。

(2) 检测方法：BOD_5执行 HJ 505-2009 标准；COD_{Cr}执行 HJ/T 399-2007 标准(表 5)。

表 5 苏里格现有处理剂生物降解性能实验数据

处理剂/项目	检测浓度(%)	BOD_5(mg/L)	COD_{Cr}(mg/L)	BOD_5/COD_{Cr}	指标
液体润滑剂无荧光	2	800	54780	0.014	较难降解
固体润滑剂 油性石墨	1.5	0	不水溶	0	难降解
两性离子聚合物强包被剂 FA-367	0.3	0	1896	0	难降解
多元包被抑制剂	0.5	0	3536	0	难降解
聚胺	1	120	9872	0.012	较难降解
磺化沥青 FT-1A	2	0	4846	0	难降解
钻井液用防塌润滑剂乳化沥青	2	2200	49960	0.044	较难降解
纳米乳液封堵剂	2	3100	34010	0	难降解
钻井液用降滤失剂 JJFD-Ⅰ	2	0	2860	0	难降解
水解聚丙烯腈铵盐 NH_4-HPAN	2	0	25130	0	难降解
预胶化淀粉	3	1040	4966	0.21	易降解
磺甲酚醛树脂 SMP-Ⅱ	1	240	12130	0.019	较难降解
聚阴离子纤维素 PAC-LV	1	0	8112	0	难降解
聚阴离子纤维素 PAC-HV	0.5	0	4124	0	难降解
黄原胶 XC	0.3	460	2830	0.16	易降解

3.4 结果分析

根据 SY/T 6787—2010 中环保指标的要求，生物毒性大于 20000mg/L、生物降解性不小于 0.05、重金属含量符合标准要求的处理剂判定为符合环境保护要求，评价结果详见表 3 至表 5。

(1) 生物毒性：8 种处理剂属于无毒，占比 53%；3 种处理剂为微毒，占比 33%；5 种降滤失剂除预胶化淀粉为无毒外，铵盐、高效封堵降滤失剂-120 和磺化沥青 FT-1A 共 3 种主要抗温防塌降滤失剂的生物毒性均为微毒，对环境会产生一定毒害和污染，不符合环保标准要求。

石墨不溶于水，不成线性，无法出结果；PAC-LV 在保证可流动状态的黏度下，不出值；黄原胶样品中充满气泡，不成线性，无法出结果；纳米乳液封堵剂的样品呈现浑浊状态，影响发光量读值，无法得出准确结果。以上实验现象说明：采用 Q/SY 111—2007 标准中方法制备样品液，制备过程中会出现多种问题，导致无法进行检测，而且该方法也不适合会导致样品产生浑浊的处理剂，证明现行环保标准在处理剂生物毒性的检测方法上存在短板，需要完善。

（2）化学毒性：水溶性处理剂中多元包被抑制剂铅超标，不环保；磺甲酚醛树脂 SMP-Ⅱ镉超标，不环保；其他水溶性处理剂重金属离子含量都符合环保要求。非水溶性处理剂由于不水溶，样品分层，或制备滤液时全部被过滤掉，现有的重金属检测方法并不适合非水溶性处理剂。

（3）生物降解性：只有多糖类和天然高分子类处理剂生物降解性较好，较容易测出 BOD，人工合成及抗一定温度处理剂均较难降解，抗温性越好，越不易分解，BOD 越小；从 BOD、COD 数据可看出，淀粉、黄原胶和纳米乳液封堵剂的 BOD/COD 大于 0. 05，属于易降解处理剂，无荧光液体润滑剂、聚胺、乳化沥青和磺甲酚醛树脂 SMP-Ⅱ 0. 01<BOD/COD<0. 05，属于较难降解处理剂，其他处理剂 BOD 均低于仪器检测下限，数值为 0，按照现行标准判定，属于难降解处理剂，也可能是由于选取本地池塘水作为接种液水质较好，微生物种类和菌落总数少，处理剂未能与微生物反应所导致。

虽然多糖和天然高分子类处理剂在生物降解性能方面优于其他处理剂，但是在抗温性能上受到很大限制，不能应用于深井和高温井作业；而目前国内深井中被广泛使用的主要抗温降滤失剂和沥青类防塌剂生物毒性大、难降解，可替代产品少[7]，环保性能要求与现场施工需求矛盾突出，亟待解决。可以尝试使用化学降解和物理化学降解的方法在排放端对其降解能力进行评价和判定，并制定相应环保指标要求，符合标准要求后即可排放。

4 体系环保性能评价

由中国石油集团安全环保技术研究院有限公司、中国石油集团工程技术研究院有限公司、中国石油川庆钻探工程有限公司共同起草，制定了中华人民共和国石油天然气行业标准——《钻井液环保性能评价技术规范》，2019 年 10 月 21 日提交报批稿，根据该规范，钻井液的重金属、生物毒性、生物降解性符合表 7 要求且未列入《国家危险废物名录》，可判定为环保型钻井液。

4.1 体系配方

（1）淡水体系：1%膨润土+0. 2%NaOH+0. 5%PAC-LV+1%改性淀粉+1. 2%高效封堵降滤失剂-120+1%SMP-2+0. 25%乳液大分子 GWIN-AMAC+1%ZKSA 抑制剂+0. 2%XC+1%HY-268 液体封堵剂+2%无荧光液体润滑剂 RH-3+98g 重晶石。

（2）氯化钾体系：1%膨润土+0. 2%NaOH+0. 4%PAC-LV+1%改性淀粉+1. 2%高效封堵降滤失剂-120+1%SMP-2+0. 3%乳液大分子 GWIN-AMAC+1%ZKSA 抑制剂+0. 27%XC+5%KCl+1. 5%HY-268 液体封堵剂+2%无荧光液体润滑剂 RH-3+85g 重晶石。

4.2 环保性能评价

苏里格现有体系环保指标实验数据见表 6，环保型钻井液的环保评价标准值见表 7。

表 6 苏里格现有体系环保指标实验数据

钻井液体系	生物毒性		化学毒性				降解性能			
	EC_{50}(mg/L)	等级	Hg	As	Cd	Pb	Cr	BOD_5	COD_{Cr}	BOD_5/COD_{Cr}
淡水体系	1581000	无毒	0. 007	0. 2655	0. 1284	0. 2813	<0. 005	3500	20770	0. 17
氯化钾体系	1888000	无毒	0. 008	0. 575	0. 3597	<0. 015	<0. 005	3600	24080	0. 15

表 7　环保型钻井液的环保评价标准值

生物毒性		重金属离子检测		生物降解性能
生物毒性等级	发光细菌 EC_{50}(mg/L)	项目	最高允许含量(mg/kg)	BOD_5/COD_{Cr}
无毒	≥30000	总汞(Hg)	15	≥5%
		总砷(As)	75	
		总镉(Cd)	15	
		总铅(Pb)	1000	
		总铬(Cr)	1000	

4.3　结果分析

(1) 铅和铬两种重金属全部低于检测限(铅<0.015，铬<0.005)，可以说明重金属含量很低，仪器无法显示数值，全部实验数据证明钻井液体系重金属含量符合环保标准要求。

(2) 从环保指标实验数据来看，按照现行标准，体系的生物毒性、生物降解能力和重金属离子含量都符合环保标准要求。

5　分析与讨论

(1) 现行标准 BOD 检测方法包括稀释与接种法和微生物传感器快速测试法，两种方法对比：稀释与接种法通过 5d 培养，检测培养前后溶解氧的质量浓度之差，计算得出 BOD_5的值，该方法时间长，但更直接，使用更普遍；快速检测法是通过微生物与有机物反应消耗氧气，氧电极附近恒定氧气流产生恒定电流，再转换为 BOD 数据，该方法时间短，适合测试大量样品，是一种间接检测方法。

(2) 标准 HJ 505—2009 规定，获取接种液的有多种选择：包括未受工业废水污染的生活污水、含有城镇污水的河水或湖水、污水处理厂的出水以及单独驯化微生物的方法，同时也未对不同样品应该使用何种办法获取接种液作出合理建议和提示，对检测人员如何获得合适的接种液造成严重困扰；且不同地域、不同来源接种液中含有菌落的种类和数量也不一样，得出的 BOD 检测数据也势必不同。考虑到废弃物的地域特征属性，建议在标准中明确接种液的来源地应为废弃物所在地，来源应为废弃物较易接触的水源，并在检测结果中详细标注其菌类种类及数量级。

(3) 处理剂抗温性能越好，生物降解越难，仅用 BOD/COD 比值来判定抗温处理剂生物降解性能或者环保性能不合理，新疆地方政府规定油田环保标准对生物降解能力只检测 COD，建议去除对抗温处理剂 BOD 的检测要求，直接测 COD，或者直接取消 BOD/COD，采用更为合理的方法和标准来判定其降解性能。

(4) 对于非水溶性处理剂和样品呈现浑浊状态的处理剂，采用发光细菌法无法得出准确数值，建议使用糠虾试验、蚤类活动抑制试验等活体动物试验方法进行检测，这类方法可比较直观、准确地反映出这两类处理剂的生物毒性。

(5) 使用水溶性处理剂检测方法(SY/T 6788—2010)对非水溶性处理剂进行环保指标检测，大多无法成功提取合格样品，导致仪器无法出结果、不能得出准确数值或直接故障，应该建立非水溶性油田化学剂检测方法和标准。

(6) 将淀粉类产品进行适度交联，赋予产物一定的体型结构，从而提高产品耐降解能力，或者引入抗温单体接枝共聚，提高产物的抗温能力，既保证生物毒性无毒，又能抗温，能解决大多数抗温降滤失剂生物毒性超标的问题。

（7）借鉴海洋石油环保要求和国外相关标准，建议把生物毒性、重金属含量、含油量和pH值四类八项指标作为环保钻井液体系关键环保指标进行明确要求，生物降解性不再做明确要求；而对于重晶石等无机矿物类材料应该增加重金属含量、放射性指标检测要求，其他指标可不做要求。

参考文献

[1] 潘丽娟，孔勇，牛晓，等．环保钻井液处理剂研究进展[J]．油田化学，2017，34(4)：734-738.

[2] 吴泽舟，游靖，张勇．钻井液环保性能标准的现状与对策[J]．石油工业技术监督，2019，35(12)：20-23.

[3] 陈文．国内外石油勘探开发环境标准浅析[J]．石油工业技术监督，2014，30(3)：38-41.

[4] 王蓉沙，周建东，刘光全．钻井液废弃物处理技术[M]．北京：石油工业出版社，2001.

[5] 许毓，邓皓，孟国维，等．钻井液环保性能评价与分析方法研究[J]．油气田环境保护，2007，17(1)：43-46，62.

[6] 高赛男，宋玉平，秦等社，等．乌审旗地区废弃钻井液环境影响因素分析及建议[J]．石油工业技术监督，2019，35(5)：52-55.

[7] 邢希金，王荐，何松，等．关于我国环保钻井液标准的探讨[J]．石油工业技术监督，2018，34(5)：18-22.

改性烷基糖苷抗高温泥页岩抑制剂 SNAPG 的研制与应用

司西强　王中华

（中国石化中原石油工程有限公司钻井工程技术研究院）

【摘　要】 针对目前胺基类抑制剂易破坏胶体稳定性、配伍性差和烷基糖苷加量大、成本高、高温易发酵的技术难题，通过分子理论设计，采用先醚化、再胺化、再磺化的三步反应方法合成得到了改性烷基糖苷 SNAPG 产品，并对其进行了提纯分离。对纯化的产品样品进行了红外光谱分析和元素分析，确定了产品分子结构。对产品性能进行了评价测试，结果表明：产品对无土相、饱和盐水、聚磺等钻井液流变性无不良影响，使滤失量略有降低；0.5%产品的页岩一次回收率为 90.32%，相对回收率>99%；0.5%产品对钙土基浆相对抑制率为 98.51%；产品耐温达 332℃；产品 EC_{50} 为 506800mg/L，远大于排放标准 30000mg/L。该产品与现场常用水基钻井液配伍性好，具有优异的抗高温抑制性能，无毒环保，适用于高温高活性泥页岩、含泥岩、泥岩互层等易坍塌地层及页岩油气水平井的钻井施工，在四川普陆 3 井、新疆顺北 71X 井、巴楚 BT11X 井等三口井现场应用，抑制防塌效果显著，应用前景广阔。

【关键词】 钻井液处理剂；改性烷基糖苷；抗高温；泥页岩抑制剂；抑制防塌；绿色环保

一方面，随着世界环保要求的日益严格，国内外为实现绿色钻井液的目标开展了大量的工作，绿色钻井液的关键是钻井液处理剂及材料的绿色化[1-2]，天然生物质材料及衍生物成为研发绿色高性能钻井液处理剂的首选原料来源[3-5]；另一方面，随着油气勘探开发范围不断扩大，深井超深井、大斜度定向井、长段水平井越来越多，钻遇的高温高活性泥页岩、含泥岩、泥岩互层等复杂地层越来越多，井壁稳定难度越来越大[6-8]。现有抑制剂虽能较好解决(高活性)泥页岩地层井壁失稳问题，但对(高温+高活性)泥页岩易坍塌地层的井壁稳定效果仍有待提高。烷基糖苷是来源于淀粉的一类小分子聚糖，其在钻井液中加量大(>35%)，

基金项目：中国博士后科学基金第 5 批特别资助项目“钻井液用两性甲基葡萄糖苷的合成及其作用机理”(2012T50641)、中国博士后科学基金第 50 批面上资助项目“钻井液用糖苷基季铵盐的合成及其抑制机理研究”(2011M501194)、中国石化集团公司重大科技攻关项目“页岩气水平井 APD 水基钻井液技术应用研究”(JP18038-3)、中国石化集团公司重大科技攻关项目“烷基糖苷衍生物基钻井液技术研究”(JP16003)、中国石化集团公司重大科技攻关项目“改性生物质钻井液处理剂的研制与应用”(JP17047)、中国石化集团公司重大科技攻关项目“硅胺基烷基糖苷的研制与应用”(JP19001)联合资助。

作者简介：司西强，男，1982 年 5 月出生，2005 年 7 月毕业于中国石油大学(华东)应用化学专业，获学士学位，2010 年 6 月毕业于中国石油大学(华东)化学工程与技术专业，获博士学位。现任中石化中原石油工程公司钻井工程技术研究院首席专家，研究员，主要从事新型钻井液处理剂及钻井液新体系的研究及技术推广工作。近年来以第一发明人申报发明专利 48 件，已授权 17 件，发表论文 80 余篇，获河南省科技进步奖等各级科技奖励 20 余项。通信地址：河南省濮阳市中原东路 462 号中原油田钻井院，电话：15039316302，E-mail：sixiqiang@ 163. com。

抗温性能较差(<130℃)，上述不足限制了其进一步应用推广[9-12]。胺基抑制剂(Amine inhibitor)产品是目前应用最广泛、效果最好的一类泥页岩强抑制剂，目前常用的有聚醚胺、聚胺等[13-19]。20世纪90年代末，国外将聚醚胺(环氧树脂固化剂)引入钻井液，形成了高性能水基钻井液(HPWBM)。聚醚胺作为主抑制剂，通过嵌入及拉紧黏土晶层起到井壁稳定作用，易生物降解，配伍性好，但其胺基吸附活性位少，加量大，在钻井液中抑制效果并不突出。近年来国内兴起了“聚胺热”，在水基钻井液中应用非常普遍，其分子结构上含多个胺基强吸附基团，抑制黏土水化膨胀分散效果突出，但与阴离子处理剂配伍性差、絮凝膨润土，严重破坏钻井液胶体稳定性。总的来说，现有胺基抑制剂存在抑制性与配伍性难以兼顾的矛盾。因此，在这种形势下，充分考虑烷基糖苷分子的环保、抑制性能优良等优势和胺基类抑制剂的强抑制优点及配伍性不足，通过合适的化学反应[20-22]，在烷基糖苷分子结构上引入聚醚、胺基、磺酸基等官能团，制备得到改性烷基糖苷产品。改性烷基糖苷产品具有抗高温强抑制、配伍性好、无毒环保等优点，可有效解决高温高活性泥页岩等易坍塌地层的井壁失稳、地层造浆等井下复杂难题，利于提高机械钻速，缩短钻井周期，降低钻井成本，同时满足绿色环保要求，实现现场钻井施工的绿色、安全、高效钻进。该研究符合现场技术亟需，开拓了钻井液技术领域新的发展方向，符合绿色化学的发展方向，有利于促进国内外钻井液领域技术进步，预计具有较好的经济效益和社会效益，具有较好的推广应用前景。本文对改性烷基糖苷抗高温强抑制剂SNAPG产品进行了合成研究、表征分析及性能评价，并初步进行了现场应用，以期对钻井液同行具有一定的启发及指导作用。

1 实验部分

1.1 材料与仪器

烷基糖苷APG-1、长链烷基磺酸、环氧桥接剂A、多元醇I、胺基取代烷基磺酸均为分析纯；有机胺N4为实验室自制；钠膨润土、钙膨润土、黄原胶(XC)、高黏度羧甲基纤维素钠(HV-CMC)、低黏度羧甲基纤维素钠(LV-CMC)、纤维素类封堵剂(WLP)、磺化沥青(FT)、聚合物增黏剂(80A51)、聚合物降滤失剂(COP-LFL/HFL)、磺化褐煤(SMC)、磺化酚醛树脂(SMP)、原油、氢氧化钠、碳酸钠、氯化钠均为工业品；天然岩屑(云页平6井2087~2345m)等。

500mL四口烧瓶；5m^3反应釜；35cm球形冷凝管；ZNCL-T智能磁力恒温搅拌器；DZF-6050真空干燥箱；FTIR-850傅里叶变换红外光谱仪；PerkinElmer 2400型元素分析仪；TGA1550热重分析仪。

1.2 SNAPG的合成

将0.4mol环氧桥接剂A、5%长链烷基磺酸(占烷基糖苷质量的百分数)、0.4mol多元醇I、3.2~4.0mol水加入装有冷凝回流和搅拌装置的四口烧瓶，搅拌混合均匀，在98~102℃下反应0.5~2.0h后，接着加入0.4mol烷基糖苷APG-1，在95~100℃反应1.0~3.0h，得到烷基糖苷聚醚，降至室温；在上述反应液中缓慢加入0.4~0.6mol有机胺N4，控制温度在70~95℃左右，反应3.0~5.0h，得到醚胺基烷基糖苷；继续在上述反应液中加入0.4mol胺基有机溶剂和0.4mol氨基取代烷基磺酸S3，在70~80℃下反应1.0~3.0h，降至室温，即得红褐色黏稠状的改性烷基糖苷产品SNAPG。SNAPG产品可直接在高温高活性泥页岩地层作为抑制防塌剂使用。

1.3 SNAPG 的提纯

将浓缩得到的红褐色膏状固体用石油醚(馏程 60~90℃)萃取 2~3 次，除去未反应的有机胺、多元醇、醚化剂等，其中红褐色膏状固体与石油醚的质量比为 1.0：2.0~6.0；将石油醚洗涤过的产品用丙酮洗涤 2~3 次，除去未反应的烷基糖苷，其中石油醚洗过的产品与丙酮质量比为 1.0∶1.0~3.0；将丙酮洗过的产品用氨水洗涤 1~2 次，除去未反应的氨基磺酸，其中丙酮洗过的产品与氨水质量比为 1.0∶0.2~1.0；将氨水洗过的产品用无水乙醇或乙醚浸泡洗涤，再用乙酸乙酯或二氯甲烷浸泡洗涤，除去对烷基苯磺酸催化剂、尿素、聚醚、聚醚胺、聚糖等杂质，其中氨水洗过的产品与无水乙醇、乙醚质量比为 1.0∶0.2~1.0∶0.2~1.0，与乙酸乙酯、二氯甲烷质量比为 1.0∶0.2~1.0∶0.2~1.0。把洗涤纯化后的改性烷基糖苷 SNAPG 产品经低温真空干燥，再进行冷冻干燥，得到黄色结晶状固体，所得物质即为提纯后的改性烷基糖苷 SNAPG 产品，用于产品表征分析。

2 结果与讨论

2.1 产品的表征及结构确定

2.1.1 红外光谱分析

为了确定 SNAPG 产品的分子结构，对其进行了红外光谱分析。SNAPG 提纯产品的红外谱图如图 1 所示。

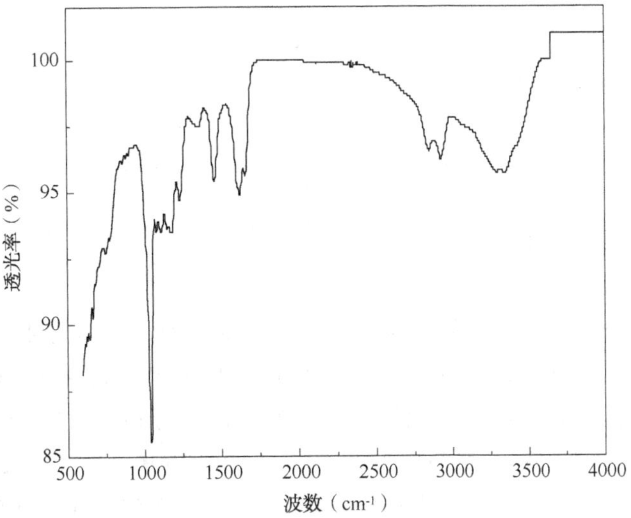

图 1 改性烷基糖苷 SNAPG 产品的红外光谱图

由图 1 可知，3380cm^{-1}为 O-H 键的伸缩振动峰，2830~2950cm^{-1}为甲基和亚甲基中 C-H 键的伸缩振动峰，可确定有糖苷结构；1151cm^{-1}为 C-O-C 键的伸缩振动峰，1050~1100cm^{-1}为羟基中 C-O 键的伸缩振动峰，可确定含有聚醚结构；1419cm^{-1}为 C-N 键的吸收峰，1196cm^{-1}为 C-N 键的弯曲振动峰，3380cm^{-1}为 N-H 键的吸收峰，可确定含有胺的结构；1190cm^{-1}、1068cm^{-1}、620cm^{-1}、530cm^{-1}为磺酸基的主要特征峰，确定含有磺酸基。综合上述结果，改性烷基糖苷产品分子结构中含有羟基、糖苷、醚键、C-N 键、胺基、磺酸基等特征结构。

2.1.2 元素分析

使用热重分析仪，得到了改性烷基糖苷 SNAPG 提纯产品的元素定量组成，结果见表 1。

表1 改性烷基糖苷 SNAPG 提纯产品的元素定量组成

元素	理论含量(%)	实测含量(%)
C	43.66	43.56
H	8.20	8.26
N	12.12	12.23
O	30.46	30.29
S	5.55	5.66

由表1中数据可以看出，实际合成改性烷基糖苷样品的元素分析结果与其理论分子结构的计算结果吻合较好，所以最终确定合成的改性烷基糖苷分子结构如图2所示，相对分子质量为577.69。

2.1.3 产品分子结构

结合改性烷基糖苷 SNAPG 提纯产品的红外光谱和元素分析结果，确定了其分子结构如图2所示。图中：R为甲基、乙基、丙基或丁基；*m* 为1~10；*n* 为1~10；*o* 为0~4。

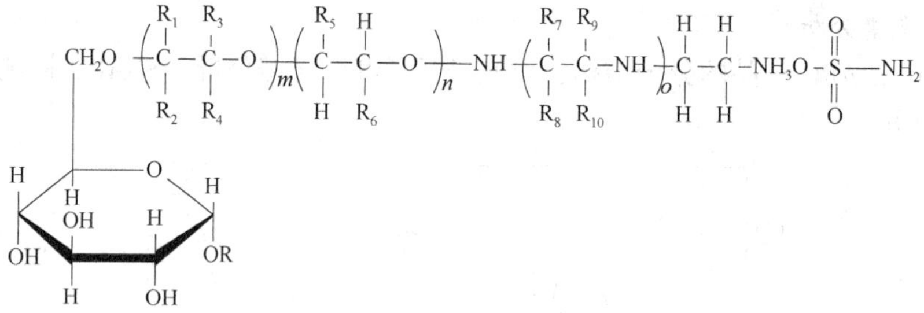

图2 改性烷基糖苷 SNAPG 产品分子结构

2.2 SNAPG 产品性能评价

2.2.1 配伍性能

评价了 SNAPG 产品在无土相钻井液、饱和盐水钻井液、聚磺钻井液中的配伍性能。以现场钻井液作为基浆，加入0.5%的 SNAPG 产品，老化实验条件150℃、16h，评价加入 SNAPG 前后的钻井液性能变化。钻井液配方组成如1#~6#所示。1#：无土相钻井液，5%~15%APGS+0.3%XC+0.5%HV-CMC+0.5%LV-CMC+3%WLP+2%FT+0.2%NaOH。2#：无土相钻井液+0.5%SNAPG。3#：饱和盐水钻井液，4%土+0.5%HV-CMC+0.5%LV-PAC+0.15%XC+0.5%80A51+2%SMP+2%SMC+36%NaCl+0.2%NaOH。4#：饱和盐水钻井液+0.5%SNAPG。5#：聚磺钻井液，4%土+0.3%LV-PAC+0.3%LV-CMC+0.2%HV-CMC+3%SMP+3%SMC+4%FT+7%KCl+0.2%NaOH。6#：聚磺钻井液+0.5%SNAPG。

改性烷基糖苷 SNAPG 产品与现场常规钻井液的配伍性评价结果见表2。

表2 改性烷基糖苷 SNAPG 产品与现场钻井液的配伍性评价结果

编号	钻井液	*AV* (mPa·s)	*PV* (mPa·s)	*YP* (Pa)	*YP/PV* Pa/(mPa·s)	*G'/G"* (Pa/Pa)	*FL* (mL)	pH值
1#	无土相钻井液	20.5	12.0	8.5	0.71	2.5/3.5	9.6	9.0
2#	无土相钻井液+0.5%SNAPG	24.5	14.0	10.5	0.75	4.5/6.0	7.2	9.5

续表

编号	钻井液	AV（mPa·s）	PV（mPa·s）	YP（Pa）	YP/PV Pa/（mPa·s）	G′/G″（Pa/Pa）	FL（mL）	pH值
3#	饱和盐水钻井液	44.0	31.0	13.0	0.42	3.5/15.0	1.8	8.0
4#	饱和盐水钻井液+0.5%SNAPG	42.0	30.0	12.0	0.40	3.5/15.0	1.6	8.0
5#	聚磺钻井液	43.0	25.0	18.0	0.72	3.5/12.0	5.0	9.0
6#	聚磺钻井液+0.5%SNAPG	34.5	22.0	12.5	0.57	2.0/8.0	3.6	9.0

由表2中数据可以看出，改性烷基糖苷SNAPG产品对无土相钻井液略有增黏提切作用，对饱和盐水钻井液略有降黏作用，对聚磺钻井液具有较明显的降黏切作用；改性烷基糖苷SNAPG产品对无土相钻井液、饱和盐水钻井液、聚磺钻井液均具有一定降滤失作用。总的来说，改性烷基糖苷SNAPG产品对现场钻井液流变性无不良影响，可使滤失量降低，表现出较好的配伍性能。

2.2.2 抑制性能

对不同含量的改性烷基糖苷SNAPG产品水溶液进行岩屑回收率评价实验，所用岩屑为陕北延长油田云页平6井2087～2345m处4～10目(筛孔径为1.74～5.45mm)的岩心，该岩心岩性为紫红色软泥岩，极易水化膨胀分散。岩心一次回收实验条件为：150℃热滚16h。岩心二次回收实验条件为：清水介质中150℃热滚2h，岩心回收采用40目筛(筛孔径为0.425mm)。结果如图3所示。

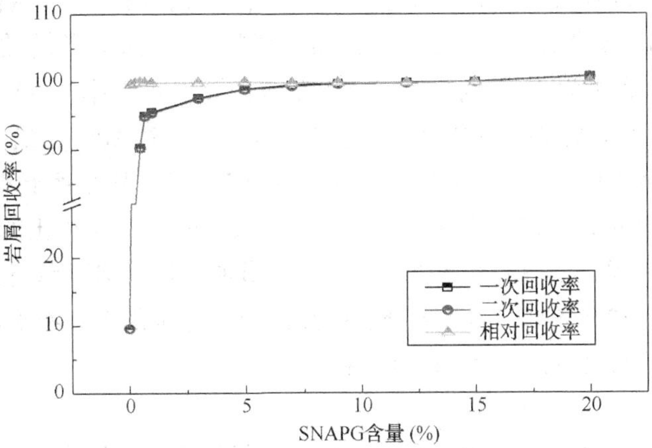

图3 改性烷基糖苷SNAPG产品含量对岩屑回收率影响

由图3中实验结果可以看出，随着改性烷基糖苷SNAPG产品含量的增加，岩屑回收率成升高趋势，最终趋于平稳。在改性烷基糖苷SNAPG含量较小的情况下即可对岩屑的水化膨胀分散起到较强的抑制作用，随着SNAPG含量的增加，岩屑回收率越来越高，这说明在含量较低时，SNAPG含量是影响岩屑回收率的关键因素。当SNAPG含量较高时，特别是SNAPG含量≥0.7%后，岩屑一次回收率>95%，岩屑二次回收率>94%，岩屑相对回收率>99%，随着SNAPG含量增加，岩屑回收率已经趋于平稳。当SNAPG含量≥15%时，岩屑回收率超过100%，这是因为当SNAPG含量增加到一定程度，产品在岩屑表面的吸附量增大，当产品吸附量大于岩屑分散量时，就导致岩屑的回收率>100%。综上所述，SNAPG含量较低时即可达到较高的岩屑回收率，当含量达 0.5%时，岩屑回收率超过 90%，之后随着 SNAPG 含量升高，岩屑回收率基本趋于平稳，由于高含量时产品在钻屑上的吸附量增大，岩屑回收率最高达 100.81%。

考察了改性烷基糖苷 SNAPG 含量对钙土相对抑制率的影响。实验条件为：150℃，16h。SNAPG 含量对钙土的相对抑制率影响结果如图 4 所示。

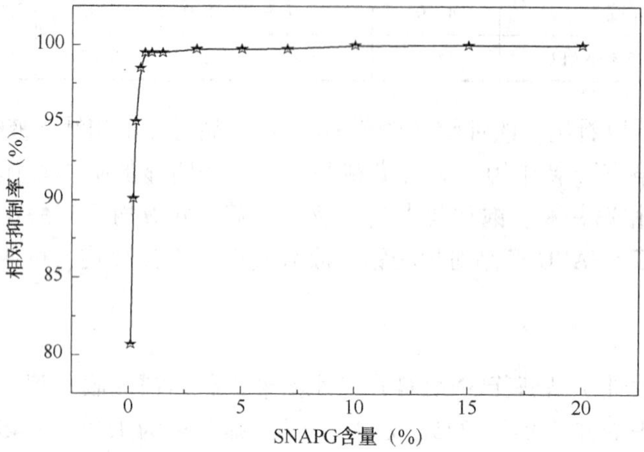

图 4　不同含量 SNAPG 产品对钙土基浆相对抑制率的影响

由图 4 中实验结果可以看出，随着改性烷基糖苷 SNAPG 产品含量的增加，对钙土基浆的相对抑制率呈先急剧升高后趋于平稳的规律。具体来说，当改性烷基糖苷 SNAPG 含量仅为 0.1%时，其对钙土基浆即可表现出较明显的抑制水化膨胀分散的效果，相对抑制率为 80.69%；当 SNAPG 含量为 0.2%时，其对钙土基浆的相对抑制率达 90.10%；当 SNAPG 含量为 0.3%时，其对钙土基浆的相对抑制率达 95.05%；当 SNAPG 含量为 0.5%时，其对钙土基浆的相对抑制率达 98.51%；当 SNAPG 含量为 0.7%时，其对钙土基浆的相对抑制率达 99.50%。从上述分析可以看出，当 SNAPG 含量≥0.5%时，其对钙土的相对抑制率已经高达 98.51%，且趋于平稳，随着 SNAPG 含量的继续增加，相对抑制率最高达 100%。可以认为，当 SNAPG 含量≥0.5%时，即可充分发挥其优异的抑制黏土矿物水化膨胀分散的能力，保障现场高温易坍塌地层钻进过程中的井壁稳定。

2.2.3　抗温性能

采用热重法对所合成 SNAPG 产品的热稳定性进行了评价。测试试样采用制备的 SNAPG 提纯产品样品 5mg，在氩气氛保护下，以 10℃/min 的升温速度从室温升温到 500℃，记录得到测试样品的热重曲线，如图 5 所示。

由图 5 中实验结果可以得出，改性烷基糖苷 SNAPG 产品发生明显失重的转折温度是 332℃，332℃之前 SNAPG 产品分子一直保持较好的热稳定性，这说明改性烷基糖苷产品 SNAPG 产品分子本身抗温可达 332℃，具有非常好的抗高温稳定性能。

通过考察不同老化温度下改性烷基糖苷 SNAPG 产品对钙土基浆的相对抑制率，来评价 SNAPG 产品的抗高温性能。固定改性烷基糖苷产品 SNAPG 加量为 0.5%不变，老化温度点选取 120℃、150℃、180℃、200℃、220℃、240℃，老化实验条件为：对应温度下热滚 16h。不同老化温度下 SNAPG 对钙土的相对抑制率评价结果见表 3。

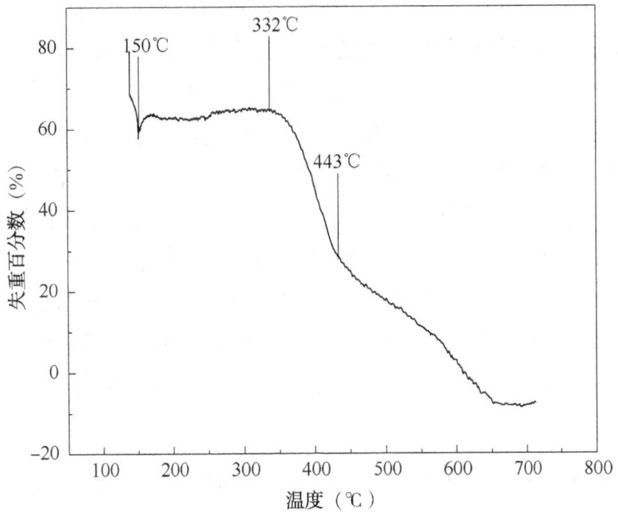

图 5　改性烷基糖苷 SNAPG 产品热重曲线

表 3　不同老化温度下 SNAPG 产品的相对抑制率评价结果

钻井液	老化温度(℃)	Φ_{100}	相对抑制率(%)
基浆	180	155	—
基浆+0.5%SNAPG	180	2	98.71
基浆	200	138	—
基浆+0.5%SNAPG	200	1	99.28
基浆	220	94	—
基浆+0.5%SNAPG	220	2	97.87

由表 3 中实验数据可以看出，老化温度对钙土基浆的 100 转示数影响较大，但从相对抑制率结果来说，老化温度的变化对相对抑制率的数值影响不大。具体来说，当老化温度为 180℃时，0.5%的 SNAPG 对钙土的相对抑制率为 98.71%；当老化温度为 200℃时，0.5%的 SNAPG 对钙土的相对抑制率为 99.28%；当老化温度为 220℃时，0.5%的 SNAPG 对钙土的相对抑制率为 97.87%。从上述分析结果可以看出，当老化温度为 220℃时，SNAPG 对钙土基浆的相对抑制率>97%，可认为 SNAPG 在 220℃时仍然对黏土矿物的水化膨胀分散起到较强抑制作用，且钻井液流变性能稳定，SNAPG 在钻井液中可抗温达 220℃。

2.2.4　生物毒性

采用发光细菌法测试了 SNAPG 产品的生物毒性。测试结果显示，所合成 SNAPG 产品样品的 EC_{50}高达 506800mg/L，远高于排放标准 30000mg/L(参照国标：GB/T 15441—1995 水质急性毒性的测定发光细菌法)。得出结论为，合成得到的改性烷基糖苷 SNAPG 产品无生物毒性，绿色环保。

3　SNAPG 产品现场应用

3.1　概况

在高温强水敏性泥页岩、含泥岩等易坍塌地层的钻进过程中，在钻井液滤液抑制性较差的情况下，地层温度越高，钻井液滤液的分子热运动越剧烈，对地层黏土矿物的水化膨胀分散作用越强烈，从而引起井壁失稳和地层黏土造浆严重，严重时可造成井眼缩径、井眼垮塌及钻井液流变性能恶化；同时，钻井液中的有机抑制剂在高温下易降解，失去抑制防塌作用，且会影响其他处理剂作用的发挥。因此，在这种情况下，改性烷基糖苷抗高温强抑制剂SNAPG 产品作为一种具有强效抑制防塌性能的抗高温钻井液处理剂，可把抑制性能不足的钻井液改造成为具有强效抑制防塌效果的钻井液，同时使钻井液具有较好的固相清洁性能，且钻井液流型不会受到影响。改性烷基糖苷抗高温强抑制剂 SNAPG 产品在四川普光普陆 3 井、新疆顺北 71X 井、新疆山前巴楚 BT11X 井等三口井进行了现场应用，产品抑制防塌效果显著，与钻井液配伍性好，无生物毒性，绿色环保，可有效抑制高温易坍塌地层黏土矿物的水化膨胀分散，减少或避免井壁失稳，满足现场易坍塌地层钻井液对井壁稳定的要求。

3.2 现场应用效果

改性烷基糖苷抗高温强抑制剂 SNAPG 产品的具体现场应用情况和现场应用效果总结如下。

(1)产品抑制防塌效果显著。

改性烷基糖苷抗高温强抑制剂 SNAPG 产品保证了普陆 3 井二开下沙溪庙组和千佛崖组等紫红色泥岩、灰色深灰色泥岩等易坍塌地层的井壁稳定，对顺北 71X 二开三叠系、二叠系地层的强水敏性泥岩、泥岩互层及 BT11X 井三开二叠系地层的泥岩、砂泥岩互层具有较好的井壁稳定效果。总的来说，改性烷基糖苷 SNAPG 产品对现场强水敏性泥岩、泥岩互层等易坍塌地层表现出显著的预防井壁坍塌及井壁坍塌后的现场补救能力，井壁稳定效果突出，避免了托压卡钻等井下复杂情况，利于提高机械钻速。普陆 3 井应用井段平均井径扩大率仅为 7.67%，井径控制效果非常理想，产品的抑制防塌效果在现场三口应用井得到充分证明。

普陆 3 井使用 SNAPG 将现场聚磺钾盐钻井液转化为高性能水基钻井液后，应用井段井径扩大率如图 6 所示。

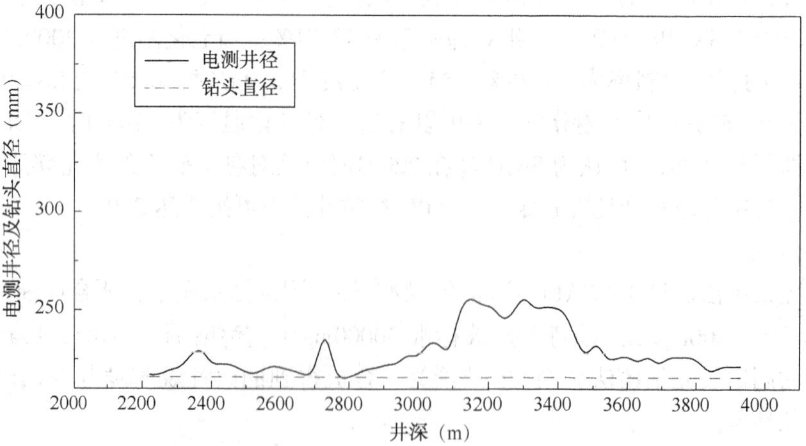

图 6　普陆 3 井加入 SNAPG 后应用段井径曲线图

普陆 3 井二开加入 SNAPG 产品后，试验井段段(2750~3979m)平均钻时为 20.71min/m，换算为机械钻速为 2.90m/h，二开应用井段机械钻速如图 7 所示。

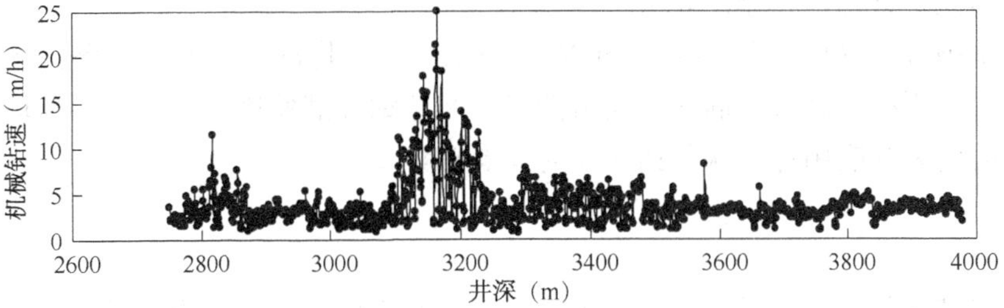

图 7　普陆 3 井二开应用井段机械钻速

（2）产品与钻井液配伍性好。

改性烷基糖苷 SNAPG 产品与现场钻井液的配伍性好，加入钻井液后，对钻井液流变性无不良影响，且略有降滤失作用，其中，普陆 3 井应用井段钻井液 API 失水由转换前 3.4mL 降至转换后 3.0mL，顺北 71X 井应用井段钻井液 API 失水由转换前 4.8mL 降至转换后 4.2mL，BT11X 井应用井段钻井液 API 失水由转换前 5.0mL 降至转换后 3.8mL，改性烷基糖苷 SNAPG 产品可在井壁吸附成膜，减少滤液侵入井壁的量，降低滤液侵入导致的地层应力剥蚀掉块。

四川普陆 3 井加入 SNAPG 产品转换前后的钻井液性能见表 4。

表 4　普陆 3 井加入 SNAPG 产品转换前后的钻井液性能

钻井液	密度（g/cm^3）	*FV*（s）	*AV*（mPa·s）	*PV*（mPa·s）	*YP*(Pa)	*G'*/*G''*（Pa/Pa）	*FL*（mL）	pH 值
转换前	1.25	60	26	22	4	0.5/0.5	3.4	12.0
转换后	1.33	65	47	34	13	1.5/4.0	3.0	9.5

新疆顺北 71X 井二开钾胺基聚磺钻井液中加入改性烷基糖苷 SNAPG 产品前后的钻井液性能见表 5。

表 5　顺北 71X 井二开钾胺基聚磺钻井液加入 MSG 前后钻井液性能结果

钻井液	密度（g/cm^3）	*FV*（s）	*AV*（mPa·s）	*PV*（mPa·s）	*YP*（Pa）	*G'*/*G''*（Pa/Pa）	*FL*（mL）	pH 值
转换前	1.25	46	28	23	5.0	2.0/6.0	4.8	9.0
转换后	1.25	47	29	23	6.0	2.5/7.0	4.2	9.0

BT11X 井三开钾胺基聚磺钻井液中加入改性烷基糖苷 SNAPG 产品前后的钻井液性能见表 6。

表 6　BT11X 井三开钾胺基聚磺钻井液加入 MSG 前后钻井液性能结果

钻井液	密度（g/cm^3）	*FV*（s）	*AV*（mPa·s）	*PV*（mPa·s）	*YP*（Pa）	*G'*/*G''*（Pa/Pa）	*FL*（mL）	pH 值
转换前	1.60	47	33	26	7.0	1.0/8.0	5.0	9.0
转换后	1.60	50	37	29	8.0	2.0/9.0	3.8	9.0

（3）产品无生物毒性，绿色环保

改性烷基糖苷 SNAPG 产品 EC_{50}>500000mg/L，无生物毒性，绿色环保，作为强抑制剂加入钻井液中使用或以其为主剂配制成高性能近油基钻井液使用，均不会对环境造成不利影响，该产品的研制及应用符合绿色钻井液的发展趋势。

4 结论

（1）以烷基糖苷、环氧桥接剂、多元醇、氨基取代烷基磺酸等为原料，在长链烷基磺酸催化下，采用先醚化、再胺化、再磺化的三步反应方法合成得到了改性烷基糖苷 SNAPG 产品。

（2）得到了改性烷基糖苷 SNAPG 产品的优化合成工艺。将 0.4mol 环氧桥接剂 A、5% 长链烷基磺酸、0.4mol 多元醇 I、3.2～4.0mol 水搅拌混合均匀，在 98～102℃下反应 0.5～2.0h 后，加入 0.4mol 烷基糖苷 APG-1，在 95～100℃反应 1.0～3.0h，得到烷基糖苷聚醚，降至室温；缓慢加入 0.4～0.6mol 有机胺 N4，在 70～95℃反应 3.0～5.0h，得到醚胺基烷基糖苷；加入 0.4mol 胺基有机溶剂和 0.4mol 氨基取代烷基磺酸 S3，在 70～80℃反应 1.0～3.0h，降至室温，即得红褐色黏稠状的改性烷基糖苷 SNAPG 产品。该产品可直接在高温高活性泥页岩地层作为抑制防塌剂使用。

（3）对改性烷基糖苷 SNAPG 产品进行了提纯，通过红外光谱、元素分析等表征手段确定了产品分子结构；热重分析结果表明，SNAPG 产品耐温达 332℃，具有较好的高温稳定性。

（4）评价得到了改性烷基糖苷 SNAPG 产品性能。产品与现场钻井液配伍性好，对钻井液流变性无不良影响，略有降滤失效果；0.5%SNAPG 对钙土基浆的相对抑制率达 98.51%；产品 EC_{50}高达 506800mg/L，远高于排放标准为 30000mg/L，无生物毒性，绿色环保。

（5）改性烷基糖苷抗高温强抑制剂 SNAPG 产品在四川普光普陆 3 井、新疆顺北 71X 井、新疆山前巴楚 BT11X 井等三口井进行了现场应用，产品抑制防塌效果显著，与钻井液配伍性好，无毒环保，可有效抑制高温易坍塌地层黏土矿物的水化膨胀分散，减少或避免井壁失稳，应用前景广阔。

参考文献

[1] 王中华．钻井液及处理剂新论[M]．北京：中国石化出版社，2017：77-81.

[2] 王中华．钻井液化学品设计与新产品开发[M]．西安：西北大学出版社，2013：208-236.

[3] 杨小华．生物质改性钻井液处理剂研究进展[J]．中外能源，2009，14(8)：41-46.

[4] 王中华．国内天然材料改性钻井液处理剂现状分析[J]．精细石油化工进展，2013，14(5)：30-35.

[5] Clark R. K.. The impact of environmental regulations on drilling fluid technology[A]. 1994, SPE 27979.

[6] 李大奇，康毅力，刘大伟，等．温度对超深井非水化地层安全钻井的影响[J]．石油钻采工艺，2008，30(6)：52-57.

[7] 刘玉石，黄克累．井眼温度变化对井壁稳定的影响[J]．石油钻采工艺，1996，18(4)：1-4.

[8] 樊相生，马洪会，冉兴秀．马深 1 超深井四开钻井液技术[J]．钻井液与完井液，2017，34(2)：57-63.

[9] Issam I., Ann P. H.. The application of methyl glucoside as shale inhibitor in sodium chloride mud[J]. Jurnal Teknologi, 2009, 50(S): 53-65.

[10] 雷祖猛，司西强．国内烷基糖苷钻井液研究及应用现状[J]．天然气勘探与开发，2016(2)：72-74.

[11] 魏风勇，司西强，王中华，等．烷基糖苷及其衍生物钻井液发展趋势[J]．现代化工，2015(5)：48-51.
[12] 司西强，王中华，赵虎．钻井液用烷基糖苷及其改性产品的研究现状及发展趋势[J]．中外能源，2015，20(11)：31-40.
[13] 王中华．高性能钻井液处理剂设计思路[J]．中外能源，2013，18(1)：36-46.
[14] 王中华．关于聚胺和"聚胺"钻井液的几点认识[J]．中外能源，2012，17(11)：1-7.
[15] 王中华．钻井液处理剂现状分析及合成设计探讨[J]．中外能源，2012，17(9)：32-40.
[16] 王中华．2013-2014 年国内钻井液处理剂研究进展[J]．中外能源，2015，20(2)：29-40.
[17] 王中华．2011-2012 年国内钻井液处理剂进展评述[J]．中外能源，2013，18(4)：28-35.
[18] 王中华．国内钻井液及处理剂发展评述[J]．中外能源，2013，18(10)：34-43.
[19] Zhong H Y, Qiu Z S, Huang W A, et al. The Development and Application of a Novel Polyamine Water-based Drilling Fluid[J]. Liquid Fuels Technology, 2014, 32(4)：497-504.
[20] 司西强，王中华．钻井液用聚醚胺基烷基糖苷的合成及性能[J]．应用化工，2019，48(7)：1568-1571.
[21] 高小芃，司西强，王伟亮，等．钻井液用聚醚胺基烷基糖苷在方 3 井的应用研究[J]．能源化工，2016，37(5)：23-28.
[22] 司西强，王中华，王伟亮．聚醚胺基烷基糖苷类油基钻井液研究[J]．应用化工，2016，45(12)：2308-2312.

环保型生物质合成树脂降滤失剂室内性能研究

单海霞　王中华　周启成　位　华　周亚贤

（中国石化中原石油工程有限公司钻井工程技术研究院）

【摘　要】 绿色高性能钻井液已经成为发展趋势，而降滤失剂作核心处理剂，不仅要求其抗温、抗盐、降滤失性能好，还要求产品绿色、易生物降解。本文以木质素为原料，经生物降解和化学反应得到生物质合成树脂降滤失剂 LDR-501。性能测试结果表明：BOD_5/COD_{Cr}为 0.26，可生物降解；EC_{50}为 440000mg/L，无毒；浊点盐度为 160g/L，180℃老化 16h 后基浆的高温高压滤失为 18.6mL，抗温、抗盐、降滤失性能好。环保型生物质合成树脂降滤失剂的成功研发，为促进生物质资源在钻井液领域的应用，提高水基钻井液绿色环保性奠定了基础。

【关键词】 降滤失剂；生物质；木质素；合成树脂；生物可降解性

降滤失剂作为钻井液的重要处理剂，对于稳定井壁、保护油气层起着重要作用。磺化酚醛树脂降滤失剂（以 SMP 为代表）因具备优良的稳定性和高温高压降滤失性被广泛采用，但随着国家环保要求提高，降滤失剂除了具备抗温、抗盐、高温高压降滤失性能好之外，还应绿色、易生物降解。本文围绕绿色化学品、绿色合成的发展方向，利用可再生的生物质资源——木质素为原料，经生物降解和化学反应合成出一种绿色环保、抗温、又可以生物降解的生物质合成树脂降滤失剂，代号为 LDR-501。性能评价表明，产品降滤失性能优良、抗温抗盐能力强、可生物降解，与钻井液配伍性好。产品作为抗高温水基钻井液普适性降滤失材料，可解决钻井液抗温性与环保性之间的矛盾，还可以为环境敏感地区、环保要求高地区的钻井材料提供一种选择，具有广阔的应用前景。

1　生物质合成树脂降滤失剂的制备思路

木质素是自然界天然含有苯环的生物质材料，本身抗温性能好，是环保型树脂类降滤失剂合成的理想原料。但其本身还不能直接用作抗高温，抗盐的降滤失剂，需要对其进行改性。本文利用生物酶定向催化的手段，将木质素大分子解聚成富含芳香基、酚羟基、醇羟基等活性基团的小分子，然后利用分子重排、化学聚合等反应，一方面提高主链刚性，利用空间体积和空间位阻效应，增强抗温性；另一方面利用空间体型结构的吸附点，提高在黏土上的吸附性、吸附厚度及抑制性，形成低渗透性致密滤饼，使生物质合成树脂降滤失剂的性能满足抗高温、抗盐、降滤失需求。

2　生物质合成树脂降滤失剂的性能评价

2.1　理化性能和环保性能

按照标准 SY/T 5094—2017《钻井液用降滤失剂 磺甲基酚醛树脂 SMP》、SY/T 6787—

基金项目：中原石油工程公司科技攻关项目“钻井液用生物质合成树脂降滤失剂的研制”（编号：2019202）；中国石化石油工程公司科技攻关项目“水基钻井液用生物质合成树脂降滤失剂研制”（编号：SG19-82K）

作者简介：单海霞（1982—），女，山东高密人，博士研究生，2010 年毕业于江南大学应用化学专业，主要从事生物质功能材料（油田化学品）研究。E-mail：33280006@ qq. com。

2010《水溶性油田化学剂环境保护技术要求》对产品性能进行测定，同时对比分析了 LDR-501 和 SMP-Ⅱ的理化性能和环保性能，结果见表 1，数据表明，LDR-501 水溶性较好，易水解，浊点盐度为 160g/L，表明产品抗盐能力强，生物降解性 BOD_5/COD_{Cr} 为 0.26，属于可生物降解，是传统磺化酚醛树脂降滤失剂 SMP-Ⅱ的 21 倍，生物毒性 EC_{50} 为 440000mg/L，是国家规定的指标 44 倍，表明产品无毒，绿色环保(表 1)。

表 1　LDR-501 与 SMP-Ⅱ理化性能和环保性能

产品	理化性能				环保性能	
	干基质量分数(%)	水不溶物(%)	浊点盐度(g/L)	荧光级别	生物降解性 BOD_5/COD_{Cr}	发光细菌 EC_{50}(mg/L)
LDR-501	97.7	1.2	160	2.5	0.26	440000
SMP-Ⅱ	95.1	2.4	160	—	0.01	9700

2.2　基浆中降滤失性能

按照 SY/T 5241—1991《水基钻井液用降滤失剂评价程序》，分别配制淡水基浆和盐水基浆，向其中加入不同质量分数的 2%、3%、4%、5%、6%的 LDR-501(与 SMC 复配)，在不同温度的室温、120℃、150℃、180℃条件下老化 16h，测定基浆的 API 失水，评价产品在基浆中的降滤失剂性能，结果如图 1、图 2 所示。其中淡水基浆配方：4%膨润土+4%评价土+0.3%Na_2CO_3，盐水基浆配方：4%膨润土+4%评价土+4%NaCl+0.3%Na_2CO_3。

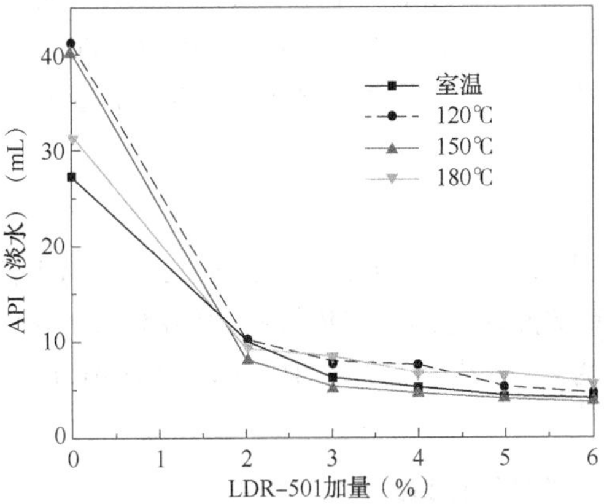

图 1　不同加量对淡水基浆 API 失水的影响

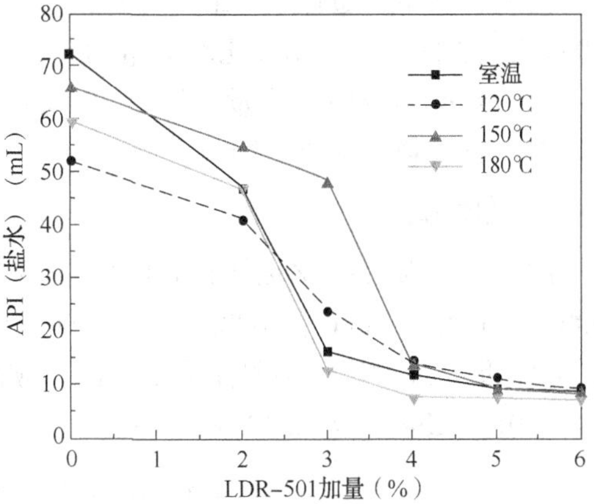

图 2　不同加量对盐水基浆 API 失水的影响

由图 1、图 2 可知，随着 LDR-501 加量的增加，淡水基浆和盐水基浆的 API 失水逐渐下降，温度分别在室温、120℃、150℃、180℃老化条件下，在淡水基浆中，产品加量 3%时，API 失水范围在 5.6~8.4mL，降低率达 73.4%~86.0%；在盐水基浆中，产品加量 5%时，API 失水范围在 7.0~10.8mL，降低率达 79.2%~88.2%，显示出良好的降滤失效果。分析其原因，本产品利用是以具有空间体型结构的酶解木质素为主原料合成，保留了木质素吸附点多的特点，通过交联剂，增加主链长度和刚性，达到抗温降滤失的效果，阴阳离子的引入，增强了水化抑制能力。

2.3　基浆中抗盐性能

考察 5%产品加量在基浆中抗盐性能，分别加入不同量的 5%、10%、15%、20%、

25%、30%的 NaCl，测定其在 150℃、180℃老化后的基浆性能。结果见表 2，基浆配方为：4%膨润土+4%评价土+5%LDR-501+5%SMC+0.3%Na_2CO_3。

表 2　不同含盐量对钻井液性能影响

NaCl (%)	老化温度 (℃)	*AV* (mPa·s)	*PV* (mPa·s)	*YP* (Pa)	*Gel* (Pa/Pa)	FL_{HTHP} (mL)
5	150	16	7	9	4/4.5	10.4
10		18	8	10	5/5.5	11.2
15		20.5	9	11.5	6/6.5	13.2
20		35.5	16	19.5	6/7	17.6
25		38	18	20	6/8	21.6
30		45.5	20	25.5	10/11	32.4
5	180	14	7	7	5/8	9.4
10		16	8	8	5.5/11	11.8
15		19	9	10	6/12	18.6
20		34	21	13	9.5/12	19.4
25		38.5	22	16.5	10/13	24.6
30		40	23	17	11/14	36.6

由表 2 可知，随着盐含量的增加，基浆的黏度也随之增加，加量 25%NaCl 时，150℃和 180℃老化条件下，高温高压滤失量均小于 25mL，当加量 30%NaCl 时，150℃和 180℃老化条件下，高温高压降滤失量分别是 32.4mL、36.6mL，表明降滤失剂 LDR-501 抗盐能力可达 25%，具有较强的抗盐能力。

2.4　抗温性能

配制密度为 1.65g/cm^3的钻井液，向其中加入 5%质量分数的 LDR-501，在不同温度 120℃、150℃、180℃、200℃下老化 16h，评价其抗温性能，并与传统磺化酚醛树脂降滤失剂 SMP-Ⅱ进行对比。结果见表 3，钻井液配方为：4%基浆+5%LDR-501+5%SMC+1.0% PAMS601+0.5%铵盐+0.1%NaOH+7%KCl。

表 3　不同老化温度对钻井液性能变化影响

条件	产品	*AV* (mPa·s)	*PV* (mPa·s)	*YP* (Pa)	*Gel* (Pa/Pa)	FL_{HTHP} (mL)
120℃	LDR-501	52	41	11	4/5	8.4
	SMP-Ⅱ	50	39	11	5.5/6	9.6
150℃	LDR-501	65	51	14	3/5.5	12.4
	SMP-Ⅱ	68	53	15	3/5.5	13.6
180℃	LDR-501	48	38	10	3/5	10.4
	SMP-Ⅱ	51	40	11	3/4.5	12.6
200℃	LDR-501	54	41	13	4.5/7	30.6
	SMP-Ⅱ	58	44	14	5.5/7	29.4

由表 3 可知，在 120~180℃老化条件下，LDR-501 与钻井液的配伍性良好，钻井液均具有良好的流变性和高温高压滤失性，高温高压滤失量在 8.4~12.4mL，优于相同条件下 SMP-II，在大于 200℃的老化条件下，钻井液黏度上升，高温高压失水为 30.6mL，分析其原因，在此温度下产品自身采用生物质材料有降解，后期继续研发生物质抗高温单体，来满足抗 200℃的要求。

2.5 长期老化性能

配制密度为 1.65g/cm^3 的钻井液，向其中加入 5%质量分数的 LDR-501，老化温度 180℃条件下，持续老化时间分别为 16h、32h、48h、72h、96h、168h，测定钻井液流变性能，考察产品长期老化性能，并与 SMP-Ⅱ进行对比，结果见表 4，钻井液配方为：4%基浆+5%LDR-501+5%SMC+1.0%PAMS601+0.5%铵盐+0.1%NaOH+7%KCl。

表 4 不同老化时间对钻井液性能的影响

老化时间(h)	产品	*AV* (mPa·s)	*PV* (mPa·s)	*YP* (Pa)	*Gel* (Pa/Pa)	Φ_6/Φ_3	*FL* (mL)	FL_{HTHP} (mL)
16	LDR-501	48	38	10	3/5	7/5	1	10.4
	SMP-Ⅱ	51	40	11	3/4.5	6/5	1.8	12.6
32	LDR-501	58	46	12	2.5/5	6/4	1.4	8.4
	SMP-Ⅱ	56	40	16	3.5/6.5	8/7	2.6	12.8
48	LDR-501	48.5	41	7.5	2/3.5	7/4	0.8	9.6
	SMP-Ⅱ	60	45	15	3/6	9/8	1.8	14
72	LDR-501	66.5	46	20.5	5.5/6.5	10/8	1.8	11.4
	SMP-Ⅱ	50	38	12	3/5	9/5	2.2	12.4
96	LDR-501	56	43	13	3/5.5	10/5	0.8	11
	SMP-Ⅱ	44.5	33	11.5	3/5	11/6	1.6	12
168	LDR-501	77	54	23	7/15	18/13	1.8	10.8
	SMP-Ⅱ	69.5	48	21.5	6/12	16/12	1.8	10.8

由表 4 可知，产品在聚磺钻井液体系中，温度 180℃条件下，持续老化 168h，高温高压降滤失量为 10.8mL，中压失水和高温高压失水均优于 SMP-II，表明产品具有良好的长期稳定性，但此时表观黏度达到 77mPa·s，钻井液出现增稠，分析其原因，随着老化时间的增长，钻井液体系中自由水减少，可以通过维护补浆改变钻井液流型。

2.6 现场井浆配伍性

分 3-1 井是位于四川省宣汉县毛坝镇弹子村的一口定开发评价井，设计井深为 5982m，斜深为 6406.56m，完钻斜深为 6620m，钻井液体系为聚磺封堵防塌润滑钻井液，井浆基本情况：ρ=1.69g/cm^3、漏斗黏度为 49s、固相为 26%、膨润土含量为 21g/L、氯根为 119635mg/L，分别加入 1.0%LDR-501 进行性能维护，在 150℃条件下老化 16h 后，并于 SMP-Ⅱ进行对比，结果见表 5，钻井液配方为：0.3%NaOH+3%~4%SMP-2+2%膨润土+2%～3%FT-1+2%～3%SCL+1%LV-PAC+0.5%PAMS-150+0.3%DS-301+20% NaCl。

表5 产品与井浆配伍性实验

井浆	*AV* (mPa·s)	*PV* (mPa·s)	*YP* (Pa)	*Gel* Pa/Pa	FL (mL)	FL_{HTHP} (mL)
井浆	62.5	45	17.5	7/16	3.2	28.8
井浆+1%LDR-501	71	48	23	9/19	0.6	12.8
井浆+1%SMP-Ⅱ	70	49	21	8/18	0.8	15.2

由表5可以看出，加入1%LDR-501井浆的高温高压失水降低了55%，从28.8mL降到12.8mL，钻井液流型与加入同样加量SMP-Ⅱ基本一致，失水优于SMP-Ⅱ，表明LDR-501与现场井浆的配伍性良好，具有现场应用前景。

3 结论

(1) 以木质素为原料，经生物降解和化学反应得到生物质合成树脂降滤失剂LDR-501，具有降滤失性能好，抗盐能力强，可生物降解，与井浆配伍性良好的特点，具有广阔应用前景。

(2) 产品LDR-501综合性能与SMP-II相当，环保优势突出，为促进生物质资源在钻井液领域的应用，提高水基钻井液绿色环保性奠定了基础。

参考文献

[1] 李尧，黄进军，杨国兴，等．阳离子化磺化两性酚醛树脂降滤失剂XNSMP-Ⅲ的研制[J]．油田化学，2009，26(4)：351-353.

[2] 黄宁．天然多元酚制备磺化酚醛树脂降滤失剂的研究[J]．精细石油化工，1996，4：9-11.

[3] 于培志，李均，吴文辉．两性离子型酚醛树脂钻井液降滤失剂的合成与性能[J]．油田化学，2004，21(1)：1-4.

[4] 张丽君，王旭，胡小燕，等．抗温270℃钻井液聚合物降滤失剂的研制[J]．石油化工，2017，46(1)：117-123.

[5] 王中华，王旭，杨小华．超高温钻井液体系研究(Ⅱ)——聚合物降滤失剂的合成与性能评价[J]．石油钻探技术，2009，37(4)：1-6.

[6] 马喜平，朱忠祥，侯代勇，等．抗高温钻井液降滤失剂的评价及其作用机理[J]．石油化工，2016，45(4)：453-460.

[7] 张喜凤，李天太，施里宇，等．深井抗高温高密度盐水钻井液实验研究[J]．西安石油大学学报：自然科学版，2007，22(5)：37-41.

[8] LI Yidan，Elisabeth R，Argillier J F. Correlation between filter cake structure and filtration properties of model drilling fluids[C]. SPE 28961，1995.

[9] 黄维安，邱正松，乔军，等．抗温抗盐聚合物降滤失剂的研制及其作用机制[J]．西南石油大学学报：自然科学版，2013，35(1)：129-134.

[10] 许娟，黄进军，李春霞，等．抗高温降滤失剂PAX的合成及性能[J]．西南石油学院学报，2004，26(2)：57-59.

生物质乳化剂的应用及评价

张　弌　马　金　李　彬　周亚贤

（中国石化中原石油工程有限公司钻井工程技术研究院）

【摘　要】 针对传统矿物油基钻井液用乳化剂与生物质合成基液 LAE-12 配伍性较差的问题，以生物质基液 LAE-12 的极性特点为依据，根据乳化剂的作用机理，以天然植物油为原料，研制出一种“聚酯酰胺醚类”乳化剂。该乳化剂与生物质合成基液配伍性好，环保性好、易生物讲解，加量低，配制的钻井液油水比最低可达 70：30，抗温 170℃，长期老化 7 天、静置沉降 3 天性能仍可保持稳定。研制的乳化剂不仅可配制密度 1.4~2.5g/cm^3 的生物质合成基钻井液的，而且同样可适用于柴油、白油等传统矿物油基钻井液。目前，生物质乳化剂已形成成熟的制备工艺和生产技术，在涪陵、威远、川南等工区 18 口井推广应用，配制的钻井液性能优良，乳化稳定性好，加量低，平均消耗较低，持效性好。

【关键词】 生物质；乳化剂；钻井液；环保

合成基钻井液不仅具有油基钻井液的优点，而且具有可生物降解、无毒和环保等优点。在全世界范围内，使用合成基钻井液的地区包括墨西哥湾、北海、远东、欧洲大陆、南美等地区，可以看出使用绿色、环保的合成基钻井液逐渐成为一种趋势。生物质合成基钻井液是由中国石化中原石油工程有限公司钻井工程技术研究院研制的钻井液体系，该钻井液相比于传统合成基钻井液具有更强的环保性能和更低的成本。然而，依据室内实验的研究结果，生物质合成基钻井液抗温能力和低油水比性能尚有不足。综合分析原因，不足之处主要与体系的稳定性有关，而乳化剂正是影响体系稳定的关键所在。

目前生物质合成基钻井液所选用的乳化剂依旧是针对矿物油基钻井液研发而成，鉴于矿物油与生物质合成基液 LAE-12 结构上的显著不同，导致了传统乳化剂与基液的配伍性较差，特别是在高温条件下乳化剂在油水界面容易解吸附而失去作用，造成体系的电稳定性大幅度下降，导致油水分层，重晶石沉淀，严重影响了体系的整体性能。

因此，本文以生物质基液 LAE-12 的极性特点为依据，根据乳化剂的作用机理，以天然植物油为原料，研制出一种“聚酯酰胺醚类”乳化剂。该乳化剂与生物质基液配伍性更好，通过结构上各基团间的氢键、分子间作用力等，大幅增强钻井液的稳定性。研制的乳化剂不仅可配制密度 1.4~2.5g/cm^3 的生物质合成基钻井液的，而且同样可适用于柴油、白油等传统矿物油基钻井液。

1　乳化剂比例和加量优化

1.1　主、辅乳化剂的比例

配制密度为 1.4g/cm^3、1.8g/cm^3、2.1g/cm^3、2.5g/cm^3 的生物质合成基钻井液，其中密度为 1.4g/cm^3、1.8g/cm^3、2.1g/cm^3 的钻井液，油水比为 80∶20，乳化剂总加量为 6%；

作者简介：张弌（1992—），男，助理工程师，2014 年毕业于重庆科技学院应用化学专业，就职于中国石化中原石油工程有限公司钻井工程技术研究院，从事环保型钻井液体系及处理剂的研究工作。通信地址：457001 河南省濮阳市中原东路 462 号钻井工程技术研究院，电话：0393-4899843，13383933165，E-mail：443465720@qq.com。

密度为 2.5g/cm^{3}的钻井液，油水比为 90∶10，乳化剂总加量为 8%。在 135℃下老化 16h，考察不同主、辅乳化剂比例对钻井液性能的影响，结果见表 1。由表 1 可知，随着辅乳化剂比例的提高，钻井液表观黏度、塑性黏度、切力不断下降，表明随着比例提高，体系中的重晶石被润湿，体系中的液滴适度分散，所形成的胶体粒径分布较为均匀。当主、辅乳比例在 1∶1~5∶1 时，不同密度体系流变参数适中，黏度、切力较为合适，破乳电压稳定。

表 1 主、辅乳化剂比例钻井液性能影响

ρ (g/cm^3)	比例	AV (mPa·s)	PV (mPa·s)	YP (Pa)	Gel (Pa/Pa)	FL_{HTHP} (mL)	E_S (V)
1.4	1∶1	38.0	30.0	8.0	3.0/3.5	3.0	834
	1∶5	31.0	24.0	7.0	3.5/4.0	2.8	842
1.8	1∶1	49.0	40.0	9.0	4.0/5.0	3.0	875
	1∶5	43.0	34.5	8.5	4.0/5.0	3.0	872
2.1	1∶1	58.5	48.5	10.0	4.0/5.0	4.4	955
	1∶5	55.0	440	10.0	4.0/5.0	4.2	1020
2.5	1∶1	94.0	75.0	19.0	8.0/9.0	5.0	1076
	1∶5	86.0	74.5	11.5	4.5/5.0	4.6	1095

1.2 乳化剂加量

配制密度为 1.4g/cm^3、1.8g/cm^3、2.1g/cm^3、2.5g/cm^3，主、辅乳化剂比例 1∶5 的生物质合成基钻井液，其中密度为 1.4g/cm^3、1.8g/cm^3、2.0g/cm^{3}的钻井液油水比为 80∶20，密度为 2.5g/cm^{3}的钻井液油水比为 90∶10。在 135℃下老化 16h，考察不同乳化剂加量对钻井液性能的影响，结果见表 2。由表 2 可知，随着乳化剂加量不断提高，钻井液表观黏度、塑性黏度、切力不断下降，破乳电压和高温高压滤失量较为稳定。对于中低密度体系，当加量为 3%~5%时，体系性能适中，加量为 6%时，体系性能无明显变化，因此乳化剂加量为 3%~5%。对于高密度体系，由于密度提高，重晶石增加，需要更多的乳化剂来润湿重晶石表面，当加量为 5%~7%时，体系性能较好，乳化剂加量可为 5%~6%。同理，对于超高密度体系乳化剂加量应为 7%~10%。

表 2 乳化剂加量对钻井液性能影响

ρ (g/cm^3)	加量(%)	AV (mPa·s)	PV (mPa·s)	YP (Pa)	Gel (Pa/Pa)	FL_{HTHP} (mL)	E_S (V)
1.4	4	32.5	24.0	8.5	4.5/5.0	3.0	786
	5	33.5	25.0	8.5	4.5/4.5	3.0	812
	6	31.0	24.0	7.0	3.5/4.0	2.8	842
1.8	4	45.0	36.0	9.0	4.0/5.0	4.0	806
	5	43.0	34.0	9.0	4.0/5.0	3.4	842
	6	43.0	34.5	8.5	4.0/5.0	3.0	872
2.1	5	69.0	55.0	14.0	5.5/7.0	4.6	920
	6	55.0	44.0	10.0	4.0/5.0	4.2	1020
	7	58.0	47.0	11.0	4.5/6.0	4.2	1084

续表

ρ (g/cm³)	加量(%)	AV (mPa·s)	PV (mPa·s)	YP (Pa)	Gel (Pa/Pa)	FL_{HTHP} (mL)	E_S (V)
2.5	7	91.5	80.0	11.5	6.0/7.0	5.2	1042
	8	86.0	74.5	11.5	5.0/6.0	4.6	1095
	10	84.0	73.0	11.0	5.0/6.0	4.6	1145

2　乳化剂在钻井液中的性能

2.1　油水比

配制密度为1.4g/cm³、1.8g/cm³、2.1g/cm³、2.5g/cm³，主、辅乳化剂比例均为1∶5，乳化剂加量分别为4%，4%，6%，6%，8%的生物质合成基钻井液。在135℃下老化16h，考察不同油水比对钻井液性能的影响，结果见表3。由表3可知，对于高密度的钻井液，其油水比最低可达到70：30，对于超密度的油基钻井液，其油水比最低可达到90：10。

表3　不同油水比对钻井液性能影响

ρ (g/cm³)	油水比	AV (mPa·s)	PV (mPa·s)	YP (Pa)	Gel (Pa/Pa)	FL_{HTHP} (mL)	E_S (V)
1.4	80∶20	32.5	24.0	8.5	4.5/5.0	3.0	786
	70∶30	59.0	40.0	19.0	7.0/8.0	2.8	612
1.8	80∶20	45.0	36.0	9.0	4.0/5.0	4.0	806
	70∶30	64.0	46.0	18.0	7.0/8.0	3.2	702
2.1	80∶20	55.0	44.0	10.0	4.0/50	4.2	1020
	70∶30	86.0	70.0	16.0	8.0/9.0	3.6	845
2.5	95：5	82.0	76.0	11	5.0/60	5.2	1203
	90∶10	86.0	74.5	11.5	5.0/6.0	4.6	1095

2.2　抗温和长期老化能力

配制密度为2.1g/cm³，油水比80∶20，主辅乳化剂比例为1∶5，乳化剂加量为6%的生物质合成基钻井液，并在145℃、150℃、160℃、170℃下老化16h，考察体系的高温老化性能，同时考察了150℃、170℃下连续老化3d和7d时钻井液的性能变化，结果见表4。由表4可知，体系在145℃、150℃、160℃、170℃下均具有良好性能，长期老化3d和7d性能稳定，破乳电压较高，高温高压滤失量较低，说明生物质乳化剂在体系中抗温可达170℃。

表4　钻井液高温下的性能

老化温度 (℃)	老化时间	AV (mPa·s)	PV (mPa·s)	YP (Pa)	Gel (Pa/Pa)	FL_{HTHP} (mL)	E_S (V)
145	16h	51.5	42.0	9.5	3.0/4.0	4.2	995
150	16h	51.0	41.0	10.0	4.0/4.5	4.6	955
	3d	51.5	47.0	8.0	2.5/3.5	5.2	902
	7d	48.0	43.0	5.0	1.5/2.0	5.8	895

续表

老化温度（℃）	老化时间	*AV*（mPa·s）	*PV*（mPa·s）	*YP*（Pa）	*Gel*（Pa/Pa）	FL_{HTHP}（mL）	E_S（V）
160	16h	60.5	53.0	7.5	2.5/4.0	4.8	924
170	16h	50.0	43.0	7.0	3.0/4.0	4.8	1080
	3d	44.0	37.0	7.0	2.0/3.0	5.2	996
	7d	40.0	35.0	5.0	2.0/3.0	6.0	803

2.3 钻井液的沉降稳定性能

配制1.8g/cm^3、2.0g/cm^3、2.1g/cm^3、2.3g/cm^3、2.5g/cm^{3}五个密度的生物质合成基钻井液，测试五个密度钻井液在静置1d和3d后的上下层密度差，实验结果见表5。由表5可知，五个密度梯度的油基钻井液在静置1d时，密度差最大不超过0.02，静置3d时，密度差最大不超过0.08，说明生物质合成基钻井液具有较好的沉降稳定性。

表5 生物质合成基钻井液沉降稳定性评价

ρ（g/cm^3）	时间（d）	$\Delta\rho$（g/cm^3）
1.8	1	0.01
	3	0.03
2.0	1	0.01
	3	0.03
2.1	1	0.02
	3	0.04
2.3	1	0.02
	3	0.05
2.5	1	0.02
	3	0.08

2.4 抗污染性能

配制密度为2.1g/cm^3，油水比为80∶20，主辅乳化剂比例为1∶5，乳化剂加量为6%的生物质合成基钻井液，在不同清水和钻屑加量下，135℃老化16h并测定钻井液性能结果见表6。由表6可知，用生物质乳化剂配制的油基钻井液具有较好的抗污染能力，抗水和钻屑污染可达20%。

表6 不同污染物对钻井液的性能影响

污染物	加量（%）	*AV*（mPa·s）	*PV*（mPa·s）	*YP*（Pa）	*Gel*（Pa/Pa）	FL_{HTHP}（mL）	E_S（V）
水	0	55.0	44.0	10.0	4.0/5.0	4.2	1020
	5	56.0	46.0	10.0	2.0/2.5	3.4	960
	20	58.0	44.0	14.0	2.5/3.0	2.0	862

续表

污染物	加量 (%)	AV (mPa·s)	PV (mPa·s)	YP (Pa)	Gel (Pa/Pa)	FL_{HTHP} (mL)	E_S (V)
钻屑	0	55.0	44.0	10.0	4.0/5.0	4.2	1020
	5	56.0	49.0	10.0	2.5/3.5	4.4	997
	20	60.0	52.0	12.0	3.0/3.5	4.4	982

2.5 乳化剂的适应性

配制密度为2.1g/cm^3，油水比为80∶20，主、辅乳化剂比例为1∶5，乳化剂加量为6%的柴油、白油体系，并在135℃下老化16h，测定钻井液性能，结果见表7。由表7可知，研制的乳化剂具有良好的适应性，在不同基础油体系中均具有良好的流变性能和滤失量控制能力。

表7 不同钻井液体系性能

基础油	AV (mPa·s)	PV (mPa·s)	YP (Pa)	Gel (Pa/Pa)	FL_{HTHP} (mL)	E_S (V)
柴油	55.0	48.0	7.0	2.5/3.0	4.0	968
白油	47.5	44.0	3.5	1.5/2.0	4.0	952

2.6 乳化剂的环保性

评价了生物质乳化剂和生物质合成基钻井液的环保性能，LD_{50}、EC_{50}和BOD_5/COD_{Cr}指标见表8。根据国家标准GB/T 21605—2008和石油天然气行业标准SY/T 6787—2010中对毒性的分级判定，生物质乳化剂和生物质合成基钻井液无毒、绿色环保，易降解。

表8 生物质合成基钻井液的环保性*

指标	LD_{50}(g/kg)	EC_{50}(g/L)	BOD_5/COD_{Cr}
基液	>5	>100	0.67
主乳化剂	>5	>50	0.48
辅乳化剂	>5	>50	0.40

*：LD_{50}>5g/kg，微毒；EC_{50}>20g/L，无毒；BOD_5/COD_{Cr}≥0.25，易生物降解。

3 现场应用

生物质乳化剂已形成成熟的制备工艺和生产技术，在涪陵、威远、川南等工区18口井推广应用，配制的钻井液体系稳定，表现出配制和维护的钻井液乳化稳定性好、加量低、消耗低、持效性好等特点。

3.1 钻井液配制及维护

焦页5-S3HF井是部署在川东南地区川东高陡褶皱带包鸾—焦石坝背斜带焦石坝构造高部位的一口开发井，设计完钻井深为斜深4340m，焦页5-S3HF井二开中完井深2395m，因在小河坝组发生漏失问题套管下深2048m，剩347m未下到底，考虑到井下安全问题，为提高后期钻进安全系数，三开出套管20m即2068m侧钻，同时因龙马溪组上层易发生漏失，因此应做好防漏、堵漏、防塌措施。本井三开井段 2389~4336m，水平位移 1603m，油水比 70：30~82：18，密度 1.35~1.45g/cm^3，见表 9。

焦页 5-S3HF 井按配方：柴油+20%$CaCl_2$水+2%有机土+2%主乳化剂+2%辅乳化剂+4%油基降滤失剂+3%CaO+1%超细钙+1%FD-1，配制密度 1.35g/cm^3，油水比为 80：20 的钻井液柴油 100m^3，主乳化剂 2t，辅乳化剂 2t。钻井液性能见表 7。由于现场没有高剪切条件，因此配制钻井液破乳电压较低，经过高温井底循环后，破乳电压会逐步提升。

表 9　新浆及老浆性能

	ρ (g/cm^3)	AV (mPa·s)	PV (mPa·s)	YP (Pa)	Gel (Pa/Pa)	FL_{HTHP} (mL)	E_S (V)	油水比
新浆	1.35	34.0	30.0	4.0	2.0/3.0	4.6	470	79：21
老浆	1.45	90.0	74.0	16.0	6.0/9.0	8.0	530	60：40

钻井液循环后的性能见表 10，在钻进循环过程中，由于不断高速剪切，且高温的促进分散作用，钻井液破乳电压逐渐升高。油水比最低可达 70：30，这主要是由于老浆含水较高以及替浆时发生的水侵造成。该井施工期间，钻井液整体性能稳定，未发生漏失钻井液维护配方：柴油+20%$CaCl_2$水+0.5%有机土+0.5~1%主乳化剂+0.5~1%辅乳化剂+1~2%油基降滤失剂+3%CaO。

表 10　不同井段钻井液性能

井深 (m)	ρ (g/cm^3)	FV (s)	AV (mPa·s)	PV (mPa·s)	YP (Pa)	Gel (Pa/Pa)	FL_{HTHP} (mL)	E_S (V)	油水比
2488	1.35	58.0	41.0	35.0	6.0	2.0/3.0	2.8	480	73：27
2508	1.37	60.0	42.0	36.0	6.0	2.0/30	2.6	524	72：28
2570	1.38	58.0	41.0	35.0	6.0	2.0/3.0	2.4	595	70：30
2652	1.40	56.0	42.0	36.0	6.0	2.0/3.0	2.0	611	70：30
2735	1.40	55.0	40.0	34.0	6.0	2.0/3.0	2.0	830	76：24
3030	1.40	58.0	43.0	36.0	7.0	3.0/4.0	2.0	900	76：24
3265	1.42	60.0	45.0	39.0	6.0	3.0/4.0	2.0	950	76：24

3.2　乳化剂加量低

焦页 26 平台是部署在川东南地区川东高陡褶皱带包鸾-焦石坝背斜带焦石坝构造高部位的一口开发井。设计完钻井深为斜深 5360m，目的层为上奥陶统五峰组—下志留统龙马溪组下部页岩气层。焦页 26-9HF 井三开井段 2384~5364m，水平位移 2375m，油水比 79：21~82：18，密度 1.36~1.45g/cm^3。焦页 26-12HF 井三开井段 2545~5014m，进尺 2469m，水平位移 1851m，油水比 79：21~83：17，密度 1.36~1.45g/cm^3。对比了焦页 26-9HF 井、焦页 26-10HF 井、焦页 26-11HF 井、焦页 26-12HF 井的乳化剂用量，对比结果见表 11。由表 11 可知，焦页 26-9HF 与焦页 26-10HF 相比，乳化剂加量减少 33.3%，与焦页 26-11HF 相比，乳化剂加量减少 11.1%。由图 1 可知，焦页 26-9HF 井使用生物质乳化剂，经过钻进，破乳电压由 600V 很快提升至 900V，并继续提升至 1000V；焦页 26-10HF 和焦页 26-11HF 井，经钻进，破乳电压由 600V 先降至 500V，而后缓慢提升并保持至 900V。综上，使用生物质乳化剂加量有所减少，且乳化稳定性更高。

表 11　不同井位乳化剂用量情况表

井号	乳化剂用量(t)	柴油用量(m^3)	乳化剂加量(%)
焦页 26-9HF	7.2(自主产品)	180.0	4.0
焦页 26-10HF	9(市售产品 A)	151.0	6.0
焦页 26-11HF	4.8(市售产品 B)	106.0	4.5
焦页 26-12HF	6.16(自主产品)	134.0	4.6

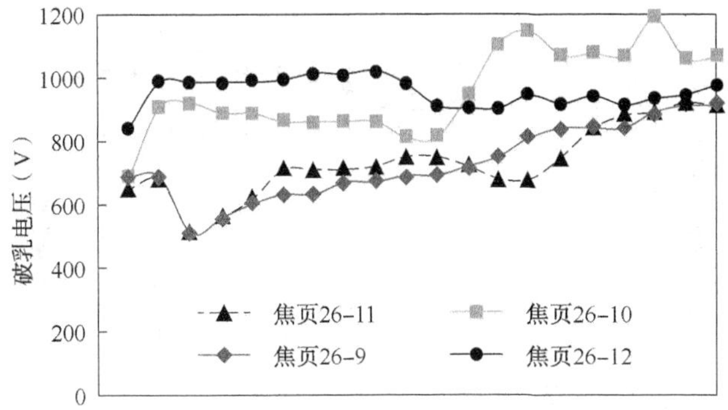

图 1　不同井位破乳电压走势

3.3　乳化剂持效性好

焦页 9-S3HF 井钻进井段 2215~4493m，水平位移 2001m。该井现场无老浆储备，全井共配制新浆 378m^3，生物质乳化剂加量为 3.8%，钻井液性能稳定，油水比 81：19~83：17，密度 1.37~1.43g/cm^3，破乳电压 700~1100V，井眼稳定、清洁、畅通，定向和起下钻顺利。

继焦页 9-S3HF 后，焦页 9-S2HF 井开始三开钻进，由于疫情影响，道路封闭，材料无法运送到井场，基于焦页 9-S3HF 井钻井液性能较稳定，循环钻进 12d，进尺 2314m(井段 2250~4564m)，全井未补充乳化剂，破乳电压维持在 750~900V，加上焦页 9-S3HF 井固井期间钻井液静止 4d，累计 16d 保持稳定。焦页 9-S3HF 井、焦页 9-S2HF 井钻井液性能见表 12、表 13，焦页 9-S2HF 井破乳电压走势如图 2 所示。由图 1 可以看出，生物质乳化剂作用周期长，持续乳化稳定性好，钻进期间破乳电压维持在 789~883V 之间，黏度在 66~79s 之间，钻井液性能稳定，流型较好。

表 12　焦页 9 平台两口井钻井液性能

井号	井深	ρ (g/cm^3)	FV (s)	Gel (Pa/Pa)	FL_{API} (mL)	PV (mPa·s)	YP (Pa)	E_S (V)
焦页 9-S3HF	2225	1.37	55.0	4.0/5.0	0.8	31.0	8.0	729
	2466	1.39	57.0	4.0/5.0	0.8	31.0	7.0	895
	3614	1.43	60.0	5.5/7.0	0.8	36.0	8.0	1083
	4493	1.42	58.0	5.0/7.0	0.6	33.0	8.0	1085

续表

井号	井深	ρ (g/cm^3)	*FV* (s)	*Gel* (Pa/Pa)	FL_{API} (mL)	*PV* (mPa·s)	*YP* (Pa)	E_S (V)
焦页 9-S2HF	2256	1.40	65.0	5.0/7.0	0.6	36.0	9.0	854
	2846	1.40	66.0	5.0/7.0	1.2	37.0	9.0	807
	3951	1.40	75.0	5.5/7.5	1.4	39.0	10.0	837
	4564	1.41	79.0	5.5/7.5	1.4	38.0	11.0	789

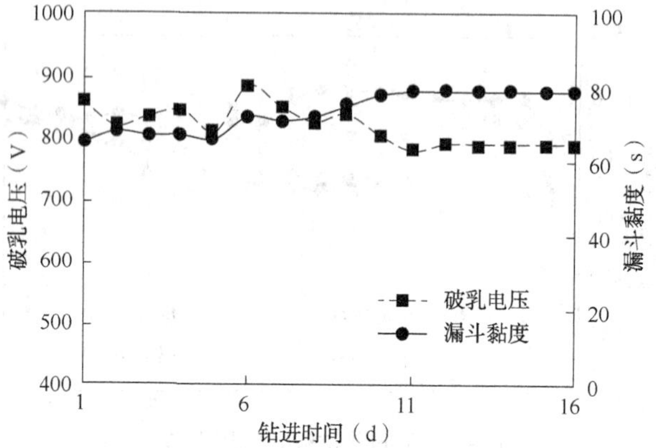

图 2　焦页 9-S2HF 井钻井液性能走势

3.4　平均消耗量较低

对已施工的 7 口井进行统计，平均消耗 0.041~0.075m^3/m（工区平均消耗 0.08m^3/m）。消耗量低与产品的结构特点密切相关。生物质乳化剂属于酰胺醚类产品，与传统酰胺类乳化剂相比，醚键的引入一方面可增加产品的成膜性，同时能降低产品的渗透性，使乳化剂仅仅是包裹在岩屑表面，经过机械离心后与岩屑分离进入循环系统，显示出平均消耗量低。

表 13　不同井位钻井液平均消耗量

井号	ρ (g/cm^3)	老浆 (m^3)	新浆 (m^3)	消耗 (m^3)	进尺 (m)	消耗 (m^3/m)
焦页 26-9HF	1.36~1.49	200.0	180.0	130.0	2980	0.044
焦页 26-12HF	1.36~1.45	230.0	134.0	100.0	2469	0.041
焦页 5-S2HF	1.35~1.45	170.0	150.0	120.0	1883	0.064
焦页 5-S3HF	1.35~1.45	600	300.0	120.0	1947	0.062
焦页 8-4HF	1.37~1.46	120.0	290.0	147.0	1957	0.075
焦页 9-S3HF	1.37~1.43	0.0	378.0	143.0	2278	0.063
焦页 9-S2HF	1.39~1.41	320.0	37.0	137.0	2314	0.059

4　结论

以生物质基液 LAE-12 的极性特点为依据，根据乳化剂的作用机理，以天然植物油为原料，研制出的一种“聚酯酰胺醚类”乳化剂，与生物质基液配伍性好，在不同密度的体系中加量较低、乳化稳定性好，油水比最低可达 70∶30，抗温 170℃，长期老化 7d、静置沉降 3d 性能稳定，抗污染能力强，环保性好，无毒、绿色环保，易降解，且适用于柴油、白油等传统矿物油基钻井液。

生物质乳化剂已形成成熟的制备工艺和生产技术，在涪陵、威远、川南等工区 18 口井推广应用，配制和维护的钻井液体系稳定，加量可减少 11%～33%，平均消耗量较低，在不补充维护的情况下，可持续 16d 保持乳化稳定。

参考文献

[1] 杨小华，王中华．2015—2016 年国内钻井液处理剂研究进展[J]．中外能源，2017，22(6)：32-40.

[2] 李午辰．国外新型钻井液的研究与应用[J]．油田化学，2012，29(3)：362-367.

[3] 代秋实，潘一，杨双春．国内外环保型钻井液研究进展[J]．油田化学，2015，32(3)：435-439.

[4] 潘一，刘天龙，杨双春．国内外海洋钻井液研究现状[J]．油田化学，2015，32(2)：292-295.

[5] 吴涛，王志龙．环保型钻井液的研究现状及发展趋势[J]．化学与生物工程，2018，35(10)：1-5.

[6] 单海霞，王中华，何焕杰，等．生物质合成基液 LAE-12 的合成及性能研究[J]．钻井液与完井液，2016，33(2)：1-4.

HBQ-G1 环保水基钻井液体系的构建及应用

黎　然[1]　杨　欢[1]　张瀚奭[2]　明　爽[1]　赵晓丽[1]　张佳寅[1]　万预立[3]

（1. 中国石油西南油气田分公司工程技术研究院；
2. 中国石油工程技术研究院有限公司；3. 中国石油西南油气田物资分公司）

【摘　要】 针对目前环保型钻井液体系应用效果不理想、成本高等问题，采用前期合成的3种无毒、易降解的处理剂，优化出一套 HBQ-G1 环保型钻井液体系，配方为：水+3%土浆+4%～8%降滤失剂(JY-1B)+0.1%～0.3%抑制剂(YFKN)+3～5%封堵剂(JHS-01)+8～10%KCl+重晶石。室内评价结果表明，该环保型钻井液体系流变性良好；150℃热滚 72h 后流变性、滤失量基本保持稳定，具有良好的抗高温稳定性；120℃热滚 16h 条件下进行一次二次页岩回收试验结果为 98.96%和 84.31%；用 5%钻屑污染后流变性能稳定，高温高压滤失量变化小于 1.2mL，具有优良的抗钻屑污染能力；150℃静恒 72h 上下密度差仅为 0.02g/cm^3；生物毒性、生物降解性及金属含量等均符合环保指标；钻井液废液的压滤液颜色几乎透明。HBQ-G1 环保钻井液体系在西南油气田的 12 口井中获得成功应用。现场应用表明，该钻井液体系性能稳定、抑制防塌性强；具有良好的环境保护能力，无井下复杂事故发生。

【关键词】 环保型钻井液体系；钻井液润滑性；抑制防塌；环境保护

随着我国产业结构转型升级，矿业经济已经朝绿色、低碳、循环方向发展，其中绿色矿山创建就是一项重要的改革举措。绿色矿山要求：“建立绿色钻井液鼓励推广制度，禁止使用铬木质素类稀释剂、酚类或甲醛类杀菌剂等处理剂”。因此，逐步推广使用绿色钻井液体系，打造绿色钻井工程，是推进绿色矿山建设的重要需求。

目前环保钻井液主要有硅酸盐类、烷基葡糖苷类、多元醇类及合成基类等[1-11]，这些环保型钻井液毒性小、易降解且污染小，但是受井下特种作业环境的制约，应用效果不理想。为了解决环保型钻井液体系的不足，还要使其性能达到聚磺钻井液的要求，本研究工作采用前期室内合成的 3 种无毒、可生物降解的环保型处理剂，通过配方优化构建出配伍性良好的 HBQ-G1 环保型钻井液体系。

HBQ-G1 环保型钻井液体系达到了无毒、去色及可生物降解，同时钻井液的基本性能得到了进一步的优化，降低了钻井成本，探索了环保型钻井液无法兼顾生产和环保的技术难题，从而有利于环保钻井工程技术的发展。

1　HBQ-G1 环保型钻井液的构建

为了使环保型钻井液满足封堵性、抑制性、流变性及润滑性好等要求，采用前期研发的

基金项目：西南油气田分公司项目“川西二叠系、川中震旦系深井超深井钻完井技术研究——环保型去磺化钻井液技术研究与试验”(编号：1719A000503002)资助。

作者简介：黎然，工程师，现从事钻井液检测与研发工作。地址：四川省成都市小关庙后街 25 号，电话：(028)86010408，E-mail：1411249329@qq.com。

无色、无毒、易生物降解且金属含量达标的核心处理剂，降滤失剂 JY-1B、抑制剂 YFKN、封堵剂 JHS-01。

降滤失剂 JY-1B 为丙烯酸酯共聚物，以小分子聚合物组装得到的半生物质接枝聚合物，该聚合物具有极好的环境友好适应性，耐温性最高可达 150℃，耐盐性达饱和盐水。降失水性能优异，高温(150℃条件下)高压失水≤15mL，并与其他聚合物助剂的配伍性良好。

封堵剂 JHS-01 是利用有机高分子聚合物乳化聚合作用合成的纳米级乳状物，是一种可变形的封堵聚合物微粒，可通过物理作用减少孔隙压力传播从而达到封堵效果。

抑制剂 YFKN 是以小分子长链铵盐、K^+单体借助非共价键相互作用而得到的聚合物，该抑制键有小分子 NH_4、K^+提高了对泥页岩的抑制性。

通过考察不同加量下体系的基本性能，最终形成 HBQ-G1 环保型钻井液的基本配方如下。

水+3%土浆+4%~8%降滤失剂(JY-1B)+0.1%~0.3%抑制剂(YFKN)+3%~5%封堵剂(JHS-01)+8%~10%KCl+重晶石，该钻井液密度范围为 1.05~2.00g/cm^3。

HBQ-G1 体系是一种聚合物水基钻井液体系，由于其特殊的分子结构与传统意义上的线型聚合物的无规则团结构不同，其分子的独特结构使具有良好的流变性。另外体系具有分子之间可成膜的特殊分子结构，使其钻井液失水量能控制到极低，并能有效控制井壁。由于钻井液中有大量大分子单体和小分子聚合物使其钻井液具有良好的溶解性，其聚合物表面有大量的官能团存在，通过端基官能团的改性可以赋予钻井液良好的耐温性和环境相容性。

2 HBQ-G1 环保型钻井液的性能评价

2.1 基本性能

HBQ-G1 性能指标见表 1，HBQ-G1 钻井液外观如图 1 所示。

表 1 HBQ-G1 性能指标表

密度(g/cm^3)	热滚条件	*PV*(mPa·s)	*YP*(Pa)	*Gel*		FL_{API}(mL)	FL_{HTHP}(mL)	摩阻系数
				初切(Pa)	终切(Pa)			
1.02~1.20	—	10~25	6~14	1~4	2~5	≤5	≤5	≤0.13
	150℃/16h	8~17	4~10	1~3	2~4	≤5	≤5	≤0.13
1.21~1.40	—	14~24	6~14	1~4	2~5	≤5	≤7	≤0.13
	150℃/16h	12~22	4~10	1~3	2~5	≤5	≤7	≤0.13
1.40~1.50	—	20~35	6~14	1~4	2~6	≤5	≤10	≤0.13
	150℃/16h	18~30	4~10	1~3	3~6	≤5	≤10	≤0.13
1.50~1.60	—	22~48	8~16	2~5	2~7	≤5	≤10	≤0.13
	150℃/16h	20~42	5~12	2~4	3~6	≤5	≤10	≤0.13
1.60~1.70	—	30~56	8~18	2~5	2~10	≤5	≤10	≤0.13
	150℃/16h	26~50	6~14	2~4	4~8	≤5	≤10	≤0.13
1.70~1.80	—	50~80	10~24	2~6	2~12	≤5	≤15	≤0.13
	150℃/16h	45~64	7~15	2~4	5~10	≤5	≤15	≤0.13

注：*AV* 代表表观黏度，*PV* 为塑性黏度，*YP* 为动切力，*Gel* 为初切和终切，FL_{API}为 API 失水，FL_{HTHP}为 HTHP 失水，下同。

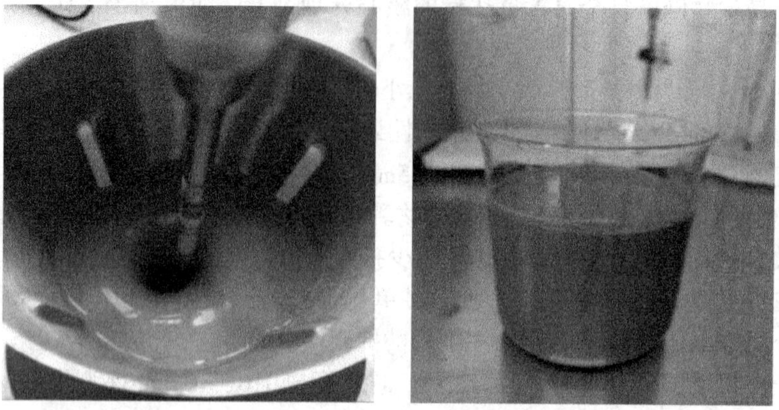

图 1　HBQ-G1 钻井液外观

2.2　抗温稳定性评价

将钻井液在 150℃下热滚 16h、24h、48h 及 72h 测试其流变性能、滤失量，实验结果见表 2 和图 2。

表 2　HBQ-G1 钻井液体系抗温稳定性实验结果

老化时间	密度（g/cm³）	*AV*（mPa·s）	*PV*（mPa·s）	*YP*（Pa）	*Gel*（Pa/Pa）	FL_{API}（mL）	FL_{HTHP}（mL）
16h	1.80	71	60	10.6	3/5	2.6	10.6
24h	1.81	72	61	10.6	3/8	2.8	11.2
48h	1.81	73	61	11.5	2.5/7.5	2.6	11.2
72h	1.81	70	59	10.6	2.5/7.5	2.8	10.5

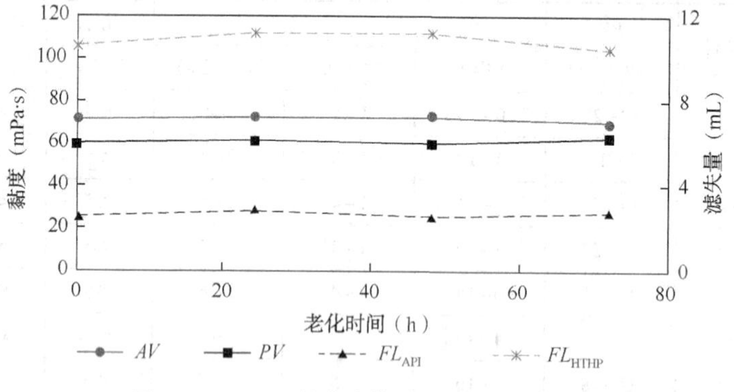

图 2　HBQ-G1 钻井液体系抗温稳定性变化

从性能变化曲线来看，去磺化钻井液在 72h 以内流变性、滤失量基本保持稳定，具有良好的抗高温稳定性。

2.3　抗盐稳定性评价

将 HBQ-G1 钻井液分别加入 5%、10%NaCl，在 150℃下老化 16h 后测试其流变性能、滤失量，实验结果见表 3。

表 3　HBQ-G1 钻井液体系抗盐稳定性实验结果

加量	密度 (g/cm^3)	*AV* (mPa·s)	*PV* (mPa·s)	*YP* (Pa/Pa)	*Gel* (Pa)	FL_{API} (mL)	FL_{HTHP} (mL)
0%NaCl	1.80	73.5	58	14.9	2.0/5.0	1.8	9.2
5%NaCl	1.80	64.5	53	11.0	2.0/6.0	2	9.8
10%NaCl	1.80	63	52	10.6	2.0/6.5	2	10.6

HBQ-G1 钻井液在 10%NaCl 加量以内黏度、切力随加量的增加而变小，滤失量基本保持稳定，具有良好的抗盐污染能力。

2.4　抗钙稳定性评价

将 HBQ-G1 钻井液分别加入 5%、10%NaCl，在 150℃ 下老化 16h 后测试其流变性能、滤失量，实验结果见表 4。

表 4　HBQ-G1 钻井液体系抗钙稳定性实验结果

加量	密度 (g/cm^3)	*AV* (mPa·s)	*PV* (mPa·s)	*YP* (Pa)	*Gel* (Pa/Pa)	FL_{API} (mL)	FL_{HTHP} (mL)
0%$CaCl_2$	1.78	73	58	14.4	2.0/5.0	2.4	8.6
1%$CaCl_2$	1.78	82.5	68	13.9	3.0/8.0	2.8	8.8
3%$CaCl_2$	1.79	85	70	14.4	3.0/9.2	3.2	12.8

HBQ-G1 钻井液在加入 $CaCl_2$后，黏度、滤失量以及初切和终切随着 $CaCl_2$加量的增加都有一定程度上涨，但 3%加量情况下性能仍处于可以接受范围，具有良好的抗石膏污染能力。

2.5　抗劣土污染性能评价

将 HBQ-G1 钻井液分别加入 3%、5%沙溪庙组页岩岩屑，在 150℃ 下老化 16h 后测试其流变性能、滤失量，实验结果见表 5。

表 5　HBQ-G1 钻井液体系抗劣土稳定性实验结果

加量	密度 (g/cm^3)	*AV* (mPa·s)	*PV* (mPa·s)	*YP* (Pa)	*Gel* (Pa/Pa)	FL_{API} (mL)	FL_{HTHP} (mL)
0%劣土	1.80	73.5	58	14.9	3.0/6.5	2.4	9.2
3%劣土	1.80	75	59	15.4	3.0/6.5	2.4	9.8
5%劣土	1.80	77	61	15.4	3/7.0	2.6	10.4

随着劣土量增加，黏度及滤失量仅有小幅上升，劣土加量 5%情况下性能保持稳定，HBQ-G1 钻井液具有优良的抗劣土污染能力。

2.6　沉降稳定性评价

将钻井液在 150℃ 下热滚 16h，分别静置 32h、48h、72h 后投玻璃棒开展测试，测试结果玻璃棒均能到底听见撞击声；测试老化罐上层及下层钻井液密度，静止不同时间后上下层密度几乎一致，说明该体系具有良好的沉降稳定性，能够防止重晶石下沉，实验结果见表 6。

表 6　HBQ-G1 钻井液沉降稳定性实验结果

时间(h)	0	16	32	48	72
上层密度(g/cm^3)	1.84	1.84	1.84	1.83	1.83
下层密度(g/cm^3)	1.84	1.84	1.84	1.85	1.85

2.7　体系抑制性评价

选取四川地区沙溪庙组泥页岩，进行泥页岩滚动回收率实验 120℃热滚 16h 后检测所剩烘干岩屑质量，并进行二次热滚回收实验。实验表明磺化钻井液抑制性优于聚磺钻井液，具有强抑制性，可有效防止泥页岩的水化膨胀、分散，防止井壁垮塌，实验结果见表 7。

表 7　HBQ-G1 钻井液抑制性实验结果

实验组	老化前岩屑质量(g)	一次滚动回收率/%	二次滚动回收率/%
清水	50	10.70	—
聚磺体系	50	79.47	64.51
HBQ-G1 体系	50	98.96	84.27

2.8　环保性能

将聚磺钻井液和 HBQ-G1 钻井液进行《SY/T 6787—2010 水溶性油田化学剂环境保护技术要求》《Q/SYTZ 0111—2004 环保型钻井液环保评价规范》等规范测试，结果见表 8。

表 8　HBQ-G1 钻井液环保性实验结果

环保参数	控制标准	①	②	HBQ-G1 体系	聚磺体系
生物毒性	EC_{50}	≥20000	≥30000	41500	3828
生物降解性	BOD_5(mg/L)			10480.2	66848
	COD_{Cr}(mg/L)			16812	91760
	BOD_5/COD_{Cr}(%)	≥5	≥10	62.3	72.9
重金属元素	总汞(mg/L)	≤15	≤15	0.02	0.33
	总镉(mg/L)	≤20	≤20	4.92	56.32
	总铬(mg/L)	≤1000	≤1000	6.97	797.02
	总铅(mg/L)	≤1000	≤1000	7.77	116.9
	总砷(mg/L)	≤75	≤75	0.38	10.93

注：① SY/T 6787—2010 水溶性油田化学剂环境保护技术要求。

② Q/SYTZ 0111—2004 环保型钻井液环保评价规范要求。

③ 环保测定相关数据值由成都理工大学能源学院提供。

结果表明 HBQ—G1 体系环保性能全面优于聚磺钻井液，符合油田化学剂相关环保标准规范的要求，能够极大的降低处理成本及时间。从后续处理来看，钻井液经过简单的沉淀、压滤后，颜色基本透明。说明此环保型钻井液在环保方面优势大，有利于后期对完钻后的钻井液废液进行处理，钻井液废液压滤后压滤液颜色如图 3 所示。

图 3　HBQ-G1 钻井液废液压滤后压滤液颜色情况

3　现场应用情况

HBQ-G1 体系已在川渝地区不同区块施工超过 12 余口井并试验成功，包括秋林 X1 井、秋林 X2 井、西充 X 井、云锦 X 井等，现以 WBQ006H1 井为例介绍其现场应用。

3.1　WBQ006H1 井概况

WBQ006H1 井是以沙溪庙组为目的层的滚动评价水平井。该井具有纵向上油气显示活跃，且以砂、泥岩为主，二开裸眼段长、水平段长、井壁稳定存在风险、井眼清洁存在挑战，以及要求接近油基钻井液的抑制性、润滑性等要求。另外根据已钻井沙溪庙组气样分析结果，甲烷平均含量为 93%，邻井现场测定天然气中 H_2S 含量 0.005g/m^3左右，该区沙溪庙组属于微含硫低含凝析油气藏，在钻井过程中需做好预防 H_2S 安全预案。

3.2　现场应用情况

一开井段(0~304m)采用密度为 1.05g/cm^3的预水化膨润土浆，循环携砂，保证井眼干净，顺利下入套管。

二开导眼井段(304~1888m)，造斜点 1003.49m(井斜 1.25°)，最大井斜 46.21°(测深 1830m、垂深 1653.21m)，入靶点 A 测深 1830m(垂深 1653.21m、井斜 46.21°)，靶心距 478.23m。二开导眼段采用 HBQ-G1 环保型钻井液体系，提高体系抑制性和防塌性等。全井取心 9 趟，心长 113.14m，收获率 96.23%，取心时间共 21.08d，井眼长时间浸泡未出现垮塌和缩径现象，表明该体系的优良抑制性和防塌能力，见表 9。

表 9　WBQ006H1 井二开导眼 HBQ-G1 钻井液性能

井深(m)	密度(g/cm^3)	*FV*(s)	*AV*(mPa·s)	*YP*(Pa)	*Gel*(Pa/Pa)	FL_{API}(mL)	pH 值	滤饼厚(mm)	*kF*	含砂(%)
700~929	1.20~1.24	42~45	15~20	3~5	1~1.5/2.5~3	3~4	10~11	2~2.5	0.0875~0.1	0.2
1010~1310	1.24~1.26	40~46	16~20	3~5	1~1.5/2.5~4	2~3	10~11	2~2.5	0.0875~0.1	0.3
1444~1537	1.24~1.26	40~46	16~20	3~5	1~1.5/2.5~4	2~3	10~11	2~2.5	0.0875~0.1	0.3
1609~1888	1.24~1.26	40~46	16~20	3~5	1~1.5/2.5~4	2~3	10~11	2~2.5	0.0875~0.1	0.3

二开水平井段(1000.0~2375.62m)，点 A 井深 1760m，水平段长 611m，顺利完成设计

要求。水平段采用密度为 1.25~1.40g/cm³的 HBQ-G1 钻井液体系，及时调整钻井液的悬浮携带能力。为了使井眼润滑通畅，选用具有能在金属表面形成极压润滑膜的改性蓖麻酸酯类环保润滑剂 WNRH-1，加量在 5%以内就具有优良的润滑能力。该段最大井斜 93.02°，最大狗腿 8.45°/30m 情况下，起下钻摩阻在 5t 以内(图 4、图 5)。

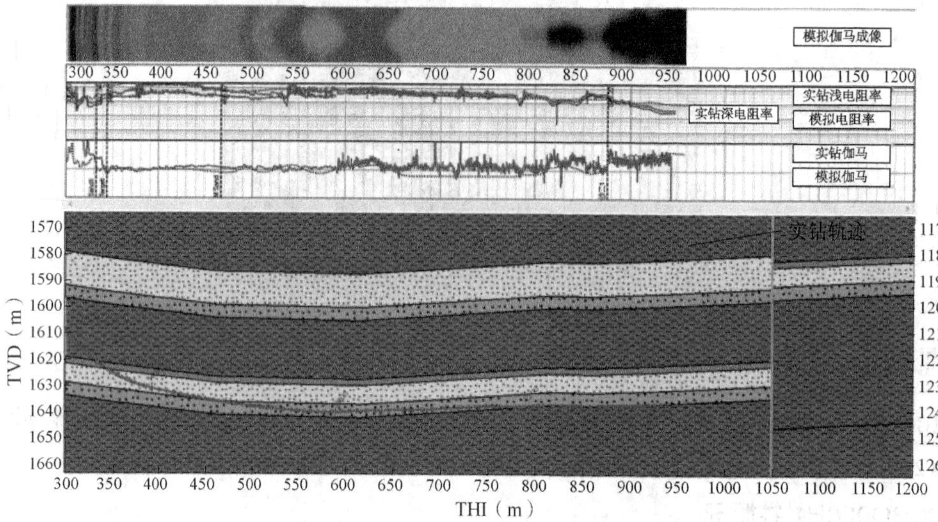

图 4　WBQ006H1 井地质与实钻模型

图 5　WBQ006H1 泥页岩屑返出情况

完井后井径曲线如图 6 所示。

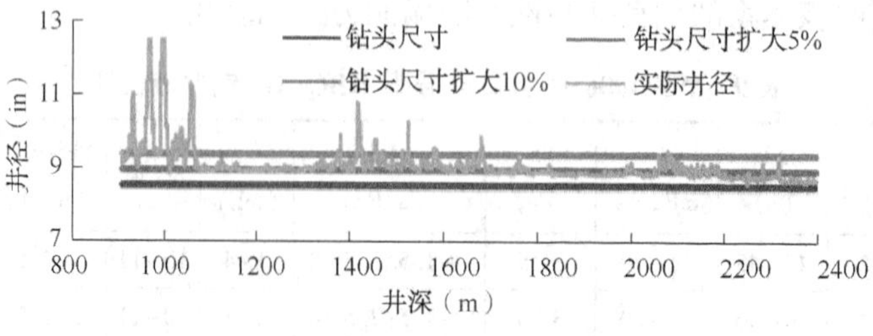

图 6　WBQ006H1 井径变化

井眼规则，无掉块。后由于地层变化，钻遇泥岩，返出棱角分明。综合井径扩大率为 6.93%。而该井段具体钻井液性能见表 10。

表 10　WBQ006H1 井二开水平段 HBQ-G1 钻井液性能

井深 (m)	密度 (g/cm^3)	*FV* (s)	*PV* (mPa·s)	*YP* (Pa)	*Gel* (Pa/Pa)	FL_{API} (mL)	FL_{HTHP} (mL)	*kF*/极压系数
100~1374	1.33~1.35	42~45	15~20	3~5	1~1.5/2.5~3.5	3~4	8~9	0.0875~0.1/0.054~0.056
1422~1569	1.34~1.36	44~46	18~22	4~5	1~1.5/2.5~3.5	3~4	8~9	0.0875~0.1/0.053~0.056
1728~1863	1.35~1.36	43~45	19~23	4~5	1~1.5/2.5~4	3~4	8.5~9	0.0875~0.1/0.054~0.057
1950~2106	1.38~1.40	44~48	20~25	4~5	1~1.5/2.5~4.5	3~4	8~9.5	0.0875~0.1/0.052~0.058
2138~2304	1.36~1.39	43~46	19~24	4~5	1~1.5/2.5~4.5	3~4	8~9.5	0.0875~0.1/0.053~0.056

二开水平段钻井周期为 16.5d，平均机械钻速为 6.25m/h，钻井液密度最高为 1.40g/cm^3。随着钻井的深入，钻井液密度逐渐提高，HBQ-G1 钻井液的各项参数变化较小，说明该钻井液性能良好，满足现场施工的要求。完钻后，单扶三扶顺利到底，电测顺利完成，套管下入顺利，固井顺利。

3.3　应用效果及分析

HBQ-G1 环保型钻井液体系在 WBQ006H1 井的现场应用结果表明，该体系综合性能优良，有利于高效顺利钻井。

（1）钻井液综合性能优。HBQ-G1 环保型钻井液体系的抑制防塌性明显优于聚磺钻井液体系。二开导眼施工中未发生井壁失稳现象，取心 20 多天未发生井壁垮塌现象。钻井液流变性好，易于维护调整，能有效悬浮携带钻屑，井眼净化能力强，井壁清洁，全井段施工起下钻顺畅。

（2）降低复杂事故时间。WBQ006H1 井通过增强封堵，对井眼强化，防止井壁垮塌。

（3）有利于保护油气层。钻进期间钻屑易清洗，无黏附滤饼，形成的滤饼致密薄韧，对井壁和油层均起到了很好的保护作用。此外，二开钻进取心为 113.14m，收获率为 96.23%，水平段钻进施工顺利，完钻电测一次成功，很好地满足了油层保护的要求。

4　结论与建议

由三种无毒、可生物降解的核心处理剂及无机辅助材料构建出 HBQ-G1 环保型钻井液体系，该体系具有良好的流变性、抑制性、抗钻屑污染性、润滑性，环保性能满足环境保护标准要求；废弃的钻井液颜色较浅处理难度较低。

HBQ-G1 环保型钻井液体系在川渝地区 12 余口井中获得成功应用。现场应用表明，该钻井液性能稳定，抑制防塌性能优于聚磺钻井液，钻井效率高，井下复杂较少，有效降低了投入成本。

参 考 文 献

[1] 马岩，罗均龙．环保型钻井液研究现状及发展探讨[J]．工程建设与设计，2019(24)：129-130.

[2] 吴泽舟，游靖，张勇，等．钻井液环保性能标准的现状与对策[J]．石油工业技术监督，2019，35(12)：20-23.

[3] 李旭方，熊正强．抗高温环保水基钻井液研究进展[J]．探矿工程(岩土钻掘工程)，2019，46(9)：32-39.

[4] 陈建君．环保钻井液技术的发展现状分析及趋势探讨[J]．中国石油和化工标准与质量，2019，39

(17)：134-135.
[5] I I Dzhanzakov，Sh M Medetov，G E Imangalieva，V D Bashirov，R F Sagitov. Analysis of the environmental status and measures for safety and environmental protection in oil and gas producing areas[J]. IOP Conference Series：Materials Science and Engineering，2019，560(1).
[6] 聂育志．环保钻井液技术的发展现状分析及趋势探讨[J]．化工管理，2019(14)：109-110.
[7] 韩来聚，李公让．胜利油田钻井环保技术进展及发展方向[J]．石油钻探技术，2019，47(3)：89-94.
[8] 周洪奎．环保钻井液技术进展研究[J]．西部探矿工程，2018，30(9)：89-90.
[9] 严康，郑以华，阮彪，等．准噶尔盆地新型环保型钻井液研究与应用[J]．化学工程师，2018，32(12)：45-50.
[10] 刘潇潇．国内外环保性钻井液的研究进展探讨[J]．石化技术，2018，25(12)：278.
[11] 秦岩．新型环保水基钻井液应用实践[J]．西部探矿工程，2018，30(9)：39-41+45.

水基环保钻井液研究与应用进展

陈　龙[12]　杨　谋[1]　倪　锐[3]　杨　欢[2]　周代生[2]

（1.“油气藏地质及开发工程”国家重点实验室·西南石油大学；
2. 中国石油西南油气田分公司工程技术研究院；
3. 中国石油西南油气田分公司质量安全环保处）

【摘　要】 环保型钻井液技术是环境污染控制技术在钻井工程中的具体应用和体现，可使钻井生产的全过程中能实施源头污染控制，最大限度地减少污染，减少钻井废物量，实施废物的综合利用，满足钻井工程安全、优质、快速、高效需要，既保护油气层又保护环境，确保钻井液添加剂及体系无毒无害环境可接受。近年来，国内在新型钻井液添加剂及体系的研究、保护油气层钻井液研究、钻井废弃钻井液和钻井污水处理研究方面做了大量且卓有成效的工作。随着我国石油工业的发展以及环境保护法律法规的日益严格，开展钻井工程环境污染与综合治理已势在必行。

【关键词】 环保钻井液；环保处理剂

随着我国产业结构转型升级和供给侧结构性改革的纵深推进，矿业经济已经朝绿色、低碳、循环方向发展，矿业管理正在发生重大转变，其中绿色矿山创建就是一项重要的改革举措。2017 年，国土资源部、财政部、环境保护部等六部门联合印发了《关于加快建设绿色矿山的实施意见》，全面部署了绿色矿山创建的总体要求和建设要求等工作。根据《油气田企业绿色矿山创建验收量化评分表》中 2. 2. 1 要求：“建立绿色钻井液鼓励推广制度，钻采工程设计中优先采用环境友好的绿色钻井液体系；建立钻井液处理剂限制清单，禁止使用铬木质素类稀释剂、酚类或甲醛类杀菌剂等处理剂。钻井过程配备完善的固控系统，降低钻井液损耗”。

目前最为广泛使用的水基钻井液为聚磺钻井液体系，由于磺酸基具有极强的水化能力，聚磺钻井液两性离子中的阳离子与黏土颗粒中的负离子会产生强烈的吸附作用，形成致密的溶剂化层，实现良好的护胶作用。另外，由于磺化类处理剂中的分子结构，具有热稳定性强的特性，在温度 200℃甚至更高的温度下，都不会有明显的降解，使得聚磺钻井液两性离子具有良好的抗高温的性能。由于聚磺钻井液具有优秀稳定的抗高温抗盐能力且成本较低，聚磺钻井液被广泛应用于超过 3000m 以上的深井、高温井以及地层复杂的井。

但根据多项环保性能检测结果显示，磺化体系钻井液在色度、生物毒性和化学毒性方面均超过国家标准要求，且远大于其他体系的钻井液，分析原因与其配制过程中加入的磺化酚醛树脂、磺化沥青等磺化物有关，除此之外，磺化钻井液体系在色度、石油类含量、重金属含量方面也存在部分超标。

由于聚磺体系钻井液具有极高的稳定性，在自然条件下极难降解，对环境的影响范

作者简介：陈龙，从事钻井液评价与研发工作。地址：四川省成都市新都区新都大道 8 号，电话 (028)028-86010408，E-mail：172579163@ qq. com。

围大，时间长，目前国内对聚磺钻井液废液的处理方法主要集中在后期处理上，如固化法、固液分离法、微生物降解法等方法。固化法是处理废弃钻井液的主要方法，但固化后的废弃物会导致掩埋区域土壤通透性大大降低、土壤板结，后续环境风险大；采用固液分离法可以实现悬浮物和油类的去除，但 COD 值仍然较高，需要进一步深度处理，成本较高，整体工艺不成熟；微生物降解法对油类的去除率较高，但因为细菌始终无法具备普遍适用性，且无法降解所有污染物，难以达到广泛推广的目的，需要针对性的实验选菌，周期和成本无法控制，现场应用受到限制。综上所述，聚磺钻井液废弃物处理程序复杂，难度大，处置后也难以达到环境保护要求，因此，为最大限度减轻钻井液对环境的不利影响，实施源头污染控制，研究去磺化的能满足钻井工程要求的水基环保钻井液体系具有重要意义。

1　环保钻井液体系研究进展

1.1　甲基葡萄糖苷(MEG)钻井液体系

甲基葡萄糖苷(MEG)是一种生物添加剂，无毒易生物降解，具有良好的润滑性、流动性、页岩抑制性和成膜封堵性，与其他钻井液添加剂相比成本低。低损害环保 BLI 钻井液：主要由阳离子包被剂 CAL-90 和生物润滑抑制剂 BLI 组成。

BLI 由甲基葡萄糖甙经磺化后衍生而来，并复配以杀菌剂和抗氧剂，抗温 120℃。BLI 是一种带有独特环状结构的四羟基多元醇，结构稳定，不易被氧化，对碱液稳定，属极性较弱的表面活性剂。可在井壁表面形成憎水油膜，具有良好的抑制性、润滑性和储层保护效果。BLI 无毒，可生物降解，满足环保要求。钻井液配方为：4%～5%土粉+0.5%～0.7%CAL-90+0.1%～0.2%SF-260+2%～2.5%JJFT-1(聚酯封堵剂)+0.1%～0.2%纯碱(工业级)+0.05%～0.1%氢氧化钾(工业级)+4%～5%BLI+0.8%～1%HCE(降滤失剂)+重晶石粉。

1.2　聚合醇钻井液体系 PEM

聚合醇钻井液是在水基钻井液中加入具有浊点效应的聚合醇配制而成的，主要成分为聚乙二醇(PPG)或聚多醇，但该体系需添加大量的 KCl 与聚合醇复配使用，造成钻井液的盐度较高，易造成土壤的盐碱化。

聚合醇(JLX)是一种环境可接受的非离子型钻井液处理剂。多元醇钻井液体系：应用在钻井液添加剂的多元醇主要有乙二醇、甘油、醇的羟乙基化物和甘油酯等。复合多元醇 SYP-1——配制环保型钻井液的理想润滑防塌剂；多元醇树脂(FGA)钻井液；水基抑制剂 PE-I，PE-I 为多元醇改性物质。

1.3　聚胺类钻井液体系

含胺水基钻井液是近年来开发的符合钻井过程多方面要求的钻井液。国内外学者研究了聚胺泥页岩抑制剂、聚醚二胺抑制剂、环氧丙基三甲基氯化铵(小阳离子)抑制剂、阳离子聚丙烯酰胺(大阳离子)抑制剂、两亲性聚胺酸抑制剂、聚醚二胺化合物抑制剂和疏水性胺抑制剂等。

UltraDrill 高性能水基钻井液：UltraHib(碱性抑制剂)和 UltraCap(阳离子聚丙烯酰胺)为抑制剂、PAC-LV(PAC-R)(聚阴离子纤维素)为降滤失剂、MC-VIS(黄原胶)为增黏剂、UltraFree(表面活性剂)为防黏结/钻速增效润滑剂。SD-A 水基钻井液：4%膨润土浆+3%

SD-A+0.5%SD-E+1%PAC-LV+0.3%XC+3%SD-506。

1.4 有机盐钻井液体系

有机盐钻井液由有机盐、降滤失剂、增黏剂、包被剂配制而成，其特点为抑制性强、流变性好、固相含量低，且有机盐的加入能将钻井液中黄原胶 XC 抗温能力提高到 180℃以上。钻井液用有机盐主要为甲酸盐。目前北京培康佳业公司开发出两类有机盐 Weight2 和 Weight3，Weight2 与甲酸钠性质相似，Weight3 与甲酸钾性质相似。

甲酸盐钻井液体系：由甲酸的碱金属盐、聚合物增黏剂和降滤失剂等组成。其中甲酸盐的碱金属盐为钻井完井液提供适当的密度，不需要固体加重剂，就可使该体系的相对密度达到 1.7~2.3。生物聚合物黄原菌胶(XC)来控制流变性，用低相对分子质量丙烯酸聚合物(PAC)和超低相对分子质量 PAC 混合物或淀粉类产品来控制滤失量。

1.5 硅酸盐钻井液体系

硅酸盐钻井液是一种与环境相容性好、不挥发、安全、无毒性的无机非金属，硅酸盐钻井液具有抑制性好、无毒、低成本、无荧光、不影响录井等优点，被公认为是一种既能适应复杂地层要求又能满足环保可持续发展要求的经济型钻井液体系。以稀流体为主，以黄原胶 XC、聚丙烯酸盐 PAC 和改性淀粉等作为稳定剂。

1.6 合成基钻井液体系

合成基钻井液是以人工合成有机物(如醚类、酯类和合成烃类等)为连续相，盐水为分散相，加入乳化剂、稳定剂、降滤失剂和流型调节剂等组成的一种逆乳化悬浮体系。醚和酯不含任何有毒的芳香烃物质，易生物降解；合成烃易降解，但毒性稍微偏高。Bio-drill 钻井液主要以有机硅和聚合醇作为处理剂，具有对页岩抑制性强、润滑性好、防塌能力强等特点，在有效解决井下安全问题的同时，满足环保要求。SBM-II 合成基钻井液主要是由专项降失水剂 FLB 以及气制油 SGO 组成。该钻井液体系具有滤失量低、流变性能好、抑制性及稳定性较强的特点。

1.7 多羟基化合物钻井液

多羟基化合物钻井液是近年来出现的一种以多羟基化合物为主而配制的钻井液体系。多羟基化合物属于非离子型的表面活性剂，具有室温下溶于水的特征，但当温度升至其浊点时，多羟基化合物变为水不溶物，以油滴的形式存在与水中，油滴可以吸附在井壁上，或在钻屑表面包被，形成类似油的一层憎水膜，从而使钻井液的抑制、防塌和润滑性能提高。由于多羟基化合物具有油基钻井液优异的防塌润滑性能，又称为可替代油基钻井液的水基钻井液。

1.8 镶嵌屏蔽钻井液

镶嵌屏蔽钻井液是一种新型的无膨润土或低膨润土钻井液体系，它主要由水、镶嵌屏蔽剂、降滤失剂和加重剂组成，组成简单、维护方便。该钻井液的主处理剂为镶嵌屏蔽剂，由其配制的钻井液具有封堵能力强、抑制性好、固相含量低、无污染、适应性广及易配制的特点。

镶嵌屏蔽钻井液由水、镶嵌屏蔽剂和加重剂组成，脱离了黏土分散体系理论，由镶嵌屏蔽剂提供所需要的各种钻井液性能，由可溶性盐提高密度，成分简单，维护方便。镶嵌屏蔽钻井液体系不使用黏土或使用少量的黏土(1%)，抑制性好，黏土在其中基本不分散，固相含量低、亚微米颗粒数量少。钻井液体系内的固相是钻进过程中产生的钻屑，通过使用合理的固控设备，固相含量一般控制在5%以内，而密度为1.2g/cm^{3}的常规钻井液固相含量在15%左右，密度越高固相含量随之增加。镶嵌屏蔽钻井液的固相含量低和亚微米颗粒数量少的特点，使其机械钻速大大提高，经实验同等条件下可使钻速提高2~4倍。

该体系可用海水、卤水、淡水等多种水配制，对配浆水没有特殊的要求，配制时成本不增加。而常规钻井液在用海水、卤水配制时将大幅度提高成本。

1.9 胺铝高性能钻井液

高性能水基钻井液又称胺基钻井液，在国外应用较广。高性能水基钻井液主要由页岩抑制剂、包被剂、分散剂和降滤失剂组成，其实质是应用了一种新的阳离子胺基聚合物和一种铝基聚合物。该钻井液有更高的抑制能力和防泥包能力，符合环保要求，并具有成膜作用，其效果与油基钻井液相当，该体系可以认为是替代油基钻井液且又能安全钻进的一类性能更高的水基钻井液。

胺基聚醇有独特的分子结构，可充填在黏土层间，并把它们束缚在一起，有效地减少黏土的吸水倾向；胺分子通过金属阳离子吸附在黏土表面，或者是在离子交换中取代了金属阳离子形成了对黏土的束缚。铝聚合物能够起到稳定井壁和保护油气层的作用主要原因是在条件适当的情况下，铝能够形成两性氢氧化物，当pH值较高时，这种氢氧化物能够溶于水，而当pH值降到5~6之间时，就会生成沉淀。一般钻井液的pH值在7~10之间，呈现碱性，加入铝聚合物，铝以络离子的形式存在，完全溶于钻井液。当钻井液循环入地层，铝聚合物随钻井液滤液进入地层岩石孔隙中时，遇到pH值较低的地层水(一般pH值在5~6之间)，铝络离子就会生成沉淀，封堵孔喉或微孔隙中，起到减少压力传递和保护油气层的作用。

2 环保钻井液处理剂

环保型钻井液体系的基础配方主要由包被剂、降滤失剂、防塌剂、抗高温防塌剂等4种环保添加剂组成。根据GB 8978和GB 4284标准规定的方法检测钻井液添加剂的化学毒性，用BOD_5/COD_{Cr}指标评价钻井液添加剂和体系的生物降解性，以发光细菌法评价其生物毒性。主要污染源为润滑剂(油类)、防塌剂(沥青类)、油保剂(沥青类)、高温稀释剂(铬类)，钻井废弃液的主要污染物是COD、油，其次是重金属污染。

2.1 加重剂

环保型加重剂：重晶石粉、BGH-1、铁矿粉、重粉Ⅱ、Weight1、Weight2、BGH-Ⅱ。

2.2 降滤失剂

环保型降滤失剂：MST-10、提切剂1、抗高温环保降失水剂、JHG-2、OCL-HDF-1、NAT-20、LY-1、HFT-301。

在地层温度不高的地区，改性淀粉是应用最多的环保降滤失剂。以玉米淀粉为原料研制的复合离子型改性淀粉降滤失剂CSJ，抗盐可达饱和、抗温可达140℃。改性羧甲基淀粉加量为2%时，其降滤失率约为46%，抗盐、抗钙性能较好，具有一定抗温能力。以马铃薯淀粉和氯乙酸为主要原料，通过交联—醚化制备了交联—羧甲基复合变性淀粉CCMS。将醚化淀粉和接枝淀粉按质量比1∶1复配后用作钻井液降滤失剂。降滤失剂FL-W20通过在淀粉分子中植入无毒的无机元素Si，既增强了淀粉的降滤失性能，又将抗温性能提高到150℃，同时抗盐和抗钙能力表现突出。

2.3 增黏剂

环保型增黏剂：KPAM、PAC-HV、XCD、HEC、IND-10。

2.4 页岩抑制剂

防塌抑制剂乙基葡糖苷，抗温可达 150℃，且易生物降解。以高级脂肪醇树脂为原料，经水溶性加工后制得的白沥青 W-ASP。环氧乙烷与环氧丙烷共聚物在碱性条件下与一种天然大分子反应制得的仿磺化沥青。聚醚型多元醇防塌剂 SYP-1，抑制作用和润滑性能良好，且无毒，并易生物降解。多羟基化合物和环氧化合物共聚而成的多羟基聚合物防塌剂 CXC-1、天然高分子与烯烃类单体合成的强力抑制防塌剂 QYJ、金属盐催化降解和阳离子化反应制得的阳离子化改性多元醇防塌剂 SD-306。实验中选择 SD-202、OSAM-K、FT-1、SD-301 和 SD-302 防塌抑制剂进行筛选，结果是 SD-301 的抑制效果较好，页岩回收率提高率为 85.7%。

2.5 降黏剂

环保型降黏剂：SF-260。高温降黏剂：评价 GD-18、XY-28、SF-1 降黏剂的降黏效果发现，硅氟降粘剂 SF-1 和 GD-18 降黏效果较好，SF-1 高温下降黏效果更优。

2.6 润滑剂

润滑剂研究的主要目标是环保无毒、无荧光或弱荧光、不影响录井、易降解，对钻井液流变性影响较小，不起泡，能提高钻井液抗温和抗盐能力。表面活性剂和矿物油作为主要原料合成的润滑剂，如 OCL-RQ、OCL-RH、Glub、ET-4 等；聚醚(多元醇)润滑剂，如 SYT-2，聚醚润滑剂 JMR，有机硅改性聚合多元醇润滑剂 Siliconl；改性膨润土固体润滑剂。都具有较好的润滑性、抗温性和环保性。

环保型润滑剂：聚合醇类润滑剂 PE-1、PE-2、SYP-2。环保型润滑剂聚合醚 HLX：由天然物质经精炼提纯后，在一定温度、压力和缩合剂的作用下与低分子烷氧基化合物缩合而成。聚合醚可抗温达到 150℃。

无毒润滑剂：研制出了新型高效无毒防塌润滑剂 FXJS-2。该剂属于聚多元醇类润滑剂，由烯醇类单体和乙二醇类单体在一定条件下聚合而成，主要官能团为羟基基团，符合环境无害化要求。改善钻井液的润滑性，提高抑制页岩膨胀能力，同时起到防塌润滑作用。而且聚多元醇在地层岩石表面形成憎水薄膜，阻止滤液进入地层，利于油气层保护。

2.7 堵漏剂

堵漏剂一般分为三类：纤维、薄片和颗粒状堵漏剂。该类材料为惰性材料，对钻井液环保性能影响不大。

2.8 包被剂

常见的包被剂有两种，即天然大分子包被剂 IND-30 与人工合成包被剂 FA367。

2.9 天然物质改性处理剂

植物聚合糖及其衍生物钻井液处理剂。如淀粉及其衍生产品：改性淀粉等。纤维素及其衍生产品：羧甲基纤维素 CMC(由棉纤维、针叶木浆、竹浆、稻草制得)、羟乙基纤维素 HEC(由棉短绒或纸浆柏制得)、羧甲基羟乙基纤维素、聚阴离子纤维素 PAC、纤维素接枝共聚物、纳米改性 CMC 及抗温抗盐降滤失剂 CMST 等。纤维素类处理剂在钻井液中具有提黏、降滤失等作用。

用天然物质改性得到的新型环保的钻井液处理剂，如淀粉改性而成的新型页岩抑制剂AC-34，淀粉或丙烯酰胺接枝共聚物，抗高温改性淀粉KTD降滤失剂和抗温改性淀粉DFD-140等；木质素改性而成的无铬木质素钻井液降黏剂XL-1等。另外还有人工合成的如增黏型无荧光降滤失剂TC-1和无毒钻井液降黏剂等。

3 水基环保钻井液适应性分析

国外公司已有成熟的环保钻井液技术，并在四川地区成功应用。自2010年以来，在荷兰皇家壳牌集团(中国)四川非常规气项目50余井次的钻井工作中，成功运用了新型钻井液配方、钻井液回收技术和固控配套技术，取得了较好的环保的应用效果。

国内近年来环保钻井液技术发展迅速，对本地区环保钻井液应用提供了重要技术支撑。开展了基于聚合醇、合成酯和植物油等类型润滑剂的研制工作，陆续研发了多种环保润滑剂，已在大港、长庆等油田成功应用；针对传统防塌处理剂难以达到地方环保要求，开发出了多羟基糖苷防塌剂DTG-1和聚乙烯多胺等环保防塌处理剂；环保降滤失剂方面，在淀粉分子结构上引入抗温单体，提高改性淀粉的抗温性能，满足现场施工条件；聚乙烯多胺等抑制防塌剂可替代钻井液中的KCl，成功解决了川渝地区KCl—聚合物钻井液体系易与环境中有机物生成三致效应的氯代化合物而影响生态环境的问题。

针对合成基等环保钻井液价格昂贵的为题，目前已在四川地区采取了工厂化、密集性的开发方式，可回收重复利用。主要方式是建设专业化的钻井液处理站，减少钻井液的初期配制和回收处理时间，缩短现场施工时间，达到上井即用，完钻即回收，大大节约成本。

4 对策及建议

针对目前存在的问题以及研究方向，在未来环保钻井液技术的研究方向上应当注意：

(1) 简化施工工艺步骤，尽量使钻井周期缩短，节约成本；

(2) 采用价格低廉，来源丰富的无毒可降解纯天然材料进行改性研究，降低费用，从源头上减少污染问题；

(3) 研发配伍性好的多功能化处理剂，例如兼具降滤失和增黏双重作用的抗高温环保处理剂，以适应多种地层结构，减少处理剂类型的加入，简化操作；

(4) 注重先进生物技术、纳米技术、吸附技术等的引用，以及性能优良易降解成膜剂等各种处理剂的研发，进一步开发高效高性能环保钻井液处理剂；

(5) 由于钻井液中需要加入无机盐，故需保证选用的无机盐与地层环境矿化度和盐类一致，并以“低盐度”作为基本原则；

(6) 基于绿色环保材料建立清洁钻井体系，并提高其循环利用性能。

环保钻井液技术应当作为石油钻井领域研发和应用的重点，加强保障施工人员安全的环保钻井液技术以及天然处理剂的研究，同时平衡经济效益、生态环境以及社会效益间的关系，以技术创新为着重点，综合工业废物利用以及废弃钻井液处理技术，在保证环境保护的同时降低费用。

参考文献

[1] 马岩，罗均龙．环保型钻井液研究现状及发展探讨[J]．工程建设与设计，2019(24)：129-130.

[2] 吴泽舟，游靖，张勇，等．钻井液环保性能标准的现状与对策[J]．石油工业技术监督，2019，35

(12)：20-23.
[3] 李旭方，熊正强．抗高温环保水基钻井液研究进展[J]．探矿工程(岩土钻掘工程)，2019，46(09)：32-39.
[4] 陈建君．环保钻井液技术的发展现状分析及趋势探讨[J]．中国石油和化工标准与质量，2019，39(17)：134-135.
[5] 聂育志．环保钻井液技术的发展现状分析及趋势探讨[J]．化工管理，2019(14)：109-110.
[6] 周洪奎．环保钻井液技术进展研究[J]．西部探矿工程，2018，30(9)：89-90.
[7] 刘潇潇．国内外环保性钻井液的研究进展探讨[J]．石化技术，2018，25(12)：278.
[8] 秦岩．新型环保水基钻井液应用实践[J]．西部探矿工程，2018，30(9)：39-41+45.

油基钻井液及其废弃物回收处理技术在海上探井的应用

李　乾　邱　康　张　瑞

（中国石油化工股份有限公司上海海洋油气分公司石油工程技术研究院）

【摘　要】 近几年，为解决大斜度定向井和大位移井钻井中所面临的井眼清洁困难、摩阻扭矩大、井壁不稳定等诸多难题，东海油气田的开发井开始采用油基钻井液体系，取得了良好的使用效果。油基钻井液相比于水基钻井液，抑制性更强，润滑性更好，有利于保持井壁稳定，从而降低钻具遇阻、遇卡事件的发生频率。本文首先对油基钻井液在东海油气田已钻开发井的使用情况进行分析研究，之后对油基钻井液在东海探井中的适用性与其废弃物回收处理方法的可行性进行理论研究，将在开发井中应用的油基钻井液使用工艺、方法扩展至东海的探井中加以应用。现场应用结果表明，该套工艺、方法切实可行，满足海上环保要求，保障了油基钻井液的成功使用，有利于实现东海探井安全高效钻进目标。

【关键词】 开发井；油基钻井液；抑制性；井壁稳定；探井；废弃物回收处理

目前，东海油气田开发采用了许多大斜度定向井或大位移井，由于井斜角度大、大斜度稳斜段长等因素，使其面临着井眼清洁困难、摩阻扭矩大、井壁稳定性不足等诸多难题。在早期开发井钻井中采用水基钻井液，通过不断改进其配方，引入氯化钾、甲酸钾、聚合醇等组分，降低了自由水含量、提高了钻井液抑制性和润滑性，也只是在一定程度上解决了上述难题。近几年，为了进一步解决上述问题，在东海引入油基钻井液体系，在多口开发井中进行了尝试性应用，取得了良好使用效果。

相比水基钻井液，油基钻井液抑制性更强，润滑性更好，有利于保持井壁稳固，有效解决润滑防卡等问题[1-4]。本文首先对油基钻井液在东海油气田已钻开发井的使用情况进行分析研究，之后对油基钻井液在东海探井中的应用与其废弃物回收处理技术的可行性进行理论研究，顺利地将油基钻井液的使用工艺、方法扩展到了探井中应用。现场应用结果证明，该套工艺、方法可满足在东海探井使用油基钻井液的安全高效钻井与环保要求，具有较广的应用前景。

1　油基钻井液在已钻开发井中的使用情况

东海油气田近几年在钻进大斜度定向井和大位移井时，钻井液体系以油基钻井液体系为主。油基钻井液是以基油作为连续相水作为分散相的油包水乳化钻井液，东海所用油基钻井液基油为白油，与国内陆上油基钻井液常用的柴油相比，白油由于芳香烃含量低，毒性小且易于生物降解，可以减轻环保压力，并且具有良好的流变性、热稳定性和电稳定性[5-7]。表1为各类基油性质对比，可以看出，白油所含芳烃最少、毒性最低，满足海上环保要求。

作者简介：李乾，男，出生于 1990. 04. 22。2008—2012 年本科就读于西南石油大学石油工程专业，2012—2013 年在胜利油田井下作业公司工作，2013—2016 硕士就读于中国石油大学(北京)油气井工程专业，2016 年至今在中国石油化工股份有限公司上海海洋油气分公司工作，从事钻完井工艺研究，工程师。通信地址：上海市浦东新区商城路 1225 号；电话：18721693312；E-mail：liqian. shhy@ sinopec. com。

表1 各类基油性质对比

性质	Mentor26	气制油	白油	柴油
外观	无色液体	无色液体	无色液体	棕黄色液体
密度(kg/m^3)	828	850	800	830
闪点(℃)	91	110	160	85
芳烃含量(%)	14.4	18.0	13	45
黏度(mPa·s)	2.6	4.1	1.9	2.9

东海近几年所钻的几口开发井在 ϕ311.15mm 井眼使用 MO-DRILL 油基钻井液，施工过程顺利，起下钻遇阻频率显著降低。表2为东海五口井的实钻情况，现场应用情况表明，MO-DRILL 油基钻井液性能稳定、抑制性强、流变性和润滑性能好，极大地降低了起下钻遇阻、遇卡等复杂情况的发生频率，缩短了建井周期，节约了钻井费用。

表2 东海五口开发井实钻情况统计

井名	斜深(m)	垂深(m)	井斜(°)	井底温度(℃)
A	4480	4183	90.8	155
B	5050	3360	65.4	125
C	2826	2308	48	90
D	4679	4494	18.4	156
E	6714	4345	70.3	152

2 油基钻井液配制与废弃物处置方法

近几年，在东海探井钻井过程中，由于下部地层黏土矿物含量高，泥页岩易水化膨胀，并且地层应力交错频繁，因此，地层易剥落掉块造成井壁失稳坍塌，导致钻具起下钻遇阻情况频繁发生，甚至出现钻具卡钻、落井等严重事故，影响了钻井效率。为了实现安全高效钻井目标，考虑借鉴开发井经验，在探井中使用油基钻井液体系。油基钻井液在东海探井中使用需要解决两个难题，一是东海探井一般井深较深，井下温度高，需要保证油基钻井液在高温高压条件下各项性能的稳定；二是需要解决油基钻井液废弃物的有效处置问题，如何安全高效地进行油基钻井液废弃物处置，直接关系到油基钻井液在探井中的使用成本与海上环保安全问题。因此，需要建立一套适合于东海探井油基钻井液使用的工艺、方法。

2.1 油基钻井液配制

近几年东海探井的钻进深度逐步向 4000m 以下更深部地层推进，深部地层地温更高，对钻井液的抗温能力有更高要求。为了保证油基钻井液在高温高压条件下良好的滤失性，在常规 MO-DRILL 油基钻井液中，推荐加入高温降滤失剂如 PF-MOFAC 等。根据表2可知，白油虽然毒性低，但其黏度偏低，另外，油基钻井液普遍存在黏度随温度升高而下降从而导致切力低、悬浮岩屑性能不足的问题[8-10]，针对东海垂深在 4000m 以上的探井，采用环保型白油基钻井液时，还应添加高性能流型调节剂如 PF-MOVIS 等，解决油基钻井液黏度随井深增加温度升高所导致的岩屑悬浮能力下降的问题。针对东海深探井推荐的钻井液配方见表3。

表 3　抗高温 MO-DRILL 油基钻井液推荐配方

材料名称	用量(kg/m³)	材料名称	用量(kg/m³)
白油	油水比：70：30~85：15	$CaCl_2$	250
PF-MOEMUL	16~32	PF-MOCOAT	4~8
PF-MOWET	3~6	PF-MOALK	20~40
PF-MOGEL	15~30	PF-MOHFR	20~30
PF-MOVIS	8~15	PF-MOFAC	10~20
PF-MOLSF	15~25		

MO-DRILL 油基钻井液各添加剂的加量在初始配制阶段均以推荐配方的低限加料，整个配制流程分为五步：

(1) 首先按设计油水比加入低毒性白油；

(2) 依次加入 PF-MOEMUL、PF-MOCOAT、PF-MOWET，搅拌均匀；

(3) 加入 PF-MOALK，搅拌均匀，再加入 PF-MOGEL，搅拌均匀；

(4) 加入 $CaCl_2$ 水溶液，搅拌均匀；

(5) 加入 PF-MOHFR、PF-MOFAC、PF-MOLSF 搅拌均匀；

(6) 用重晶石加重至所需密度后，再加入 PF-MOVIS，搅拌均匀。

需要注意的是，主乳化剂 PF-MOEMUL 与辅乳化剂 PF-MOCOAT 要遵循 4∶1 比例添加，每次在配制新胶时，根据对钻井液流变性能的需要，按需添加流型调节剂 PF-MOVIS。

2.2　含油岩屑回收处理

油基钻井液在使用过程中会产生含油钻屑，需要按照国家法律法规要求进行处理[11]。我国对海上含油钻屑的排放要求，按不同的排放海域分为三级：一级海域要求含油量≤1%，二级海域≤3%，三级海域含油量≤8%方可排放[12]。东海属于三级海域，因此，东海探井使用油基钻井液产生的含油钻屑经过处理后，含油量小于 8%即可排放入海。目前国内外油基钻井液含油岩屑的回收处理技术有多种，表 4 为主要的几种含油岩屑回收处理技术的对比[13-16]。

表 4　含油岩屑处理技术对比

处理技术	甩干+离心	热蒸馏	空化射流	化学破乳	溶剂萃取	生物修复
配套设备	成熟	成熟	实验阶段	试验阶段	成熟	试验阶段
岩屑处理后含油量	6%~8%	<1%	<1%	<2%	<1%	<3%
占地面积	小	小	小	小	大	大
能量消耗	低	高	低	低	高	低
使用成本	低	高	中	中	中	高

通过对各类含油岩屑处理技术进行对比，认为对于东海三级海域，甩干+离心处理技术可以在钻井现场实现除油达标排放目标，既能满足岩屑含油量要求，而且占地面积小、使用成本低，利于海上钻井平台使用(图 1)。

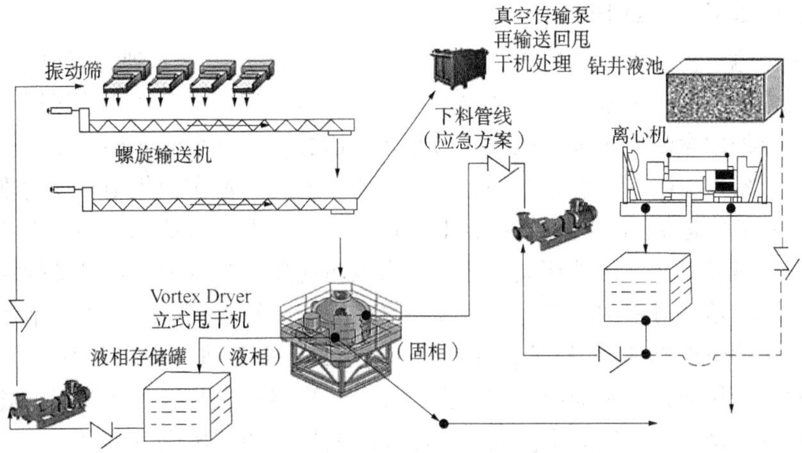

图 1　甩干+离心处理技术流程示意图

图 1 为设计的甩干+离心处理法进行海上含油岩屑处理的工艺流程。整个流程主要包含甩干机和离心机两个核心组件，据此，工艺流程分为两步，构成一级和二级分离。

（1）一级分离。

在振动筛处对含油岩屑收集处理：从振动筛处，改造、加装螺旋输送机用于输送含油岩屑，确保含油岩屑不会造成二次污染，既不能落地，也要确保岩屑不被机械粉碎破坏。将岩屑传输到立式甩干机处，由立式甩干机将大颗粒岩屑与含有小颗粒岩屑(污泥)的液相进行固液分离，可重复利用的液相进入液相存储罐，再通过管路泵送回振动筛，固液分离处理后的岩屑通过实时的含油量检测，达标后方可排放入海。若不达标，则将岩屑全部收集，再进行后续的深度回收处理。表 5 为实验测定的含油岩屑经甩干机处理后的含油量及含水量。

表 5　甩干机处理后岩屑含油及含水量实验表

样品	甩干机转速(r/min)	含油量(%)	含水量(%)
含油岩屑甩干前	—	15.1	21.7
甩干后样 1#	1500	8.2	15.7
甩干后样 2#	1750	7.1	14.3
甩干后样 3#	2000	6.5	12.5
甩干后样 4#	2250	6.2	11.8
甩干后样 5#	2500	6.0	11.1

见表 5，经甩干处理后，含油岩屑含油量可以大幅降低。根据室内实验分析，现场甩干机的转速应控制在 1750~2250r/min，保证设备的应用适应性并且可以降本节能。

（2）二级分离。

在离心机处对含油岩屑收集处理：对含有小颗粒岩屑(污泥)的液相通过离心机进行进一步处理，离心机处分离出的液相通过管路输送到钻井液池，回收利用，分离出的小颗粒小粒径的含油岩屑(污泥)则通过岩屑收集箱收集后进行后续的深度处理。离心机是利用机械离心原理来实现油基钻井液固相与液相分离的。离心力计算公式为

$$F=m\times\omega^2\times r \tag{1}$$

式中：F 为离心力，N；m 为质量，kg；ω 为角速度，rad/s；r 为离心半径，m。

2.3 深度除油技术适用性研究

前文所述经甩干机处理后的岩屑仍然可能会有一小部分未能达到排海要求，除此之外，离心机产生的含油污泥、油基钻井液从码头运输到平台过程中产生的含油污泥、污油，沉砂池和钻井液池等处的含油污泥等，也需要采取处理措施，以满足海上环保要求。受钻井平台空间及现场作业条件的限制，在钻井平台上对上述岩屑、污泥实现集中处理的难度较大，因此，可考虑将其集中运输到临近支持平台上，在支持平台上配备油基钻井液废弃物处理设备进行集中处理。通过调研国内外相关技术，认为以污泥热解装置为核心设备的深度除油技术可以满足东海海域钻井过程中油基钻井液废弃物的二次除油处理要求。该技术通过热解处理可以将废弃物含油量控制到2%以下，并且能够有效回收基油进行循环利用。

深度除油技术目前在番禺油田、涪陵页岩气田、惠州石化基地等地进行了尝试性实验与现场应用，取得了良好的应用效果。表6为深度除油技术的现场应用情况。

表6 深度除油技术现场应用效果

样品	处理方式	含水率(%)	含油率(%)	含固率(%)
涪陵页岩气含油钻屑	处理前	7.30	18.40	74.30
	甩干	0.66	7.46	91.88
	深度除油	0.00	1.00	99.00
番禺油田含油钻屑	处理前	5.00	15.00	80.00
	深度除油	≤1.00	≤0.80	≥98

深度除油技术的整个工艺流程如图2所示。首先，通过螺旋输送泵或柱塞泵将钻井过程中产生的油基钻屑、污泥等废弃物输送至减压热解釜装置内，热解釜采用高频电磁感应电源加热，在高温真空状态下，随着釜内搅拌桨叶转动，含油废弃物在容器内逐步裂解、碳化，通过30~60min的反应时间，油基钻井液的基油和水以气体馏分的形式分离出来形成裂解气，裂解气经冷凝装置处理后，分离出含油污水以及不凝析的有机气体，回收含油污水进暂存箱(缓冲罐)，经后续分离处理后，回收的油类可再次进入钻井液循环系统，污水可根据含油量进行排放或再次用于配浆。不凝有机气则通过尾气处理装置进行净化处理后达标排放。在热解釜内残存的固态残渣回收到渣土冷却箱中进行后续的无害化处理，根据实验与现场作业经验，固态残渣含油率一般在2%以下。图3为减压热解釜装置外观。

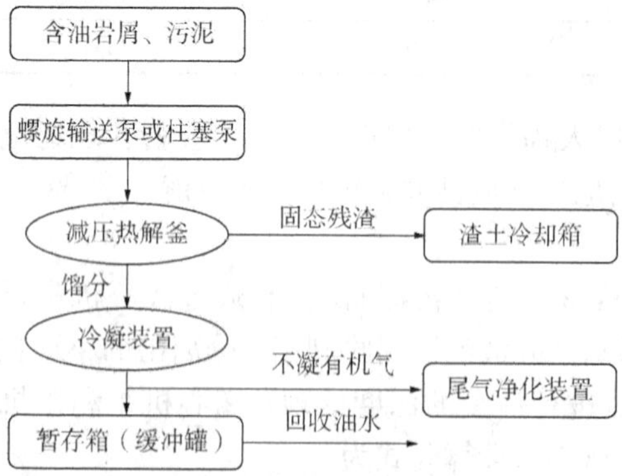

图2 深度除油技术流程示意图

图3 减压热解釜装置实物图

3 现场应用

抗高温 MO-DRILL 油基钻井液及其废弃物回收处理技术在东海 L2 和 L3 井进行了现场应用，其中，深度除油技术的相关设备安装在临近的 H1 平台上。L2 井实钻井深 4480m，采用四开次井身结构，三开 ϕ311.15mm 和四开 ϕ215.9mm 井段使用白油基钻井液体系。L3 井实钻井深 4679m，采用三开次井身结构，三开 ϕ311.15mm 井段使用白油基钻井液体系。

3.1 油基钻井液使用效果评价

两口井钻井施工过程都较为顺利，无复杂情况发生。返出岩屑泥岩成型，棱角分明(图 4)，表现为一面平整，另一面 PDC 齿印清楚，泥岩岩屑掰断后，里面干燥且纹理清晰，充分验证了油基钻井液对于泥页岩水化膨胀具有很好的抑制作用。使用在这两口井的油基钻井液的性能见表 7。

图 4 现场返出岩屑情况

表 7 抗高温 MO-DRILL 油基钻井液性能参数

井名	井眼尺寸 (mm)	*FV* (s)	*PV* (mPa·s)	*YP* (Pa)	$Gel_{初}$ (Pa)	$Gel_{终}$ (Pa)	FL_{HTHP} (mL/30min)	E_S (V)
L2	311.15	52~70	14~23	7~12	2.5~4.5	4.5~7	2~3	430~570
	215.9	59~77	18~27	7~10	3~4	4.5~7	2.8~5	460~810
L3	311.15	49~58	15~25	7.5~10	2~3	3.5~5	2~2.4	420~500

以 L3 井为例，将其与使用低自由水钻井液的 L1、B1、K4 井钻井液滤失量与井径扩大率进行对比(图 5、图 6)，L3 井钻井液高温滤失量比邻井常温滤失量都还要低，全井段滤失量维持在 3mL 以内，平均井径扩大率在 5%以内，远小于邻井，且没有严重扩径井段。根据对比可以看出，油基钻井液滤失量尤其是高温滤失量更小，能够有效抑制泥页岩的水化膨胀，保持井眼规则，防止井壁垮塌造成严重扩径。

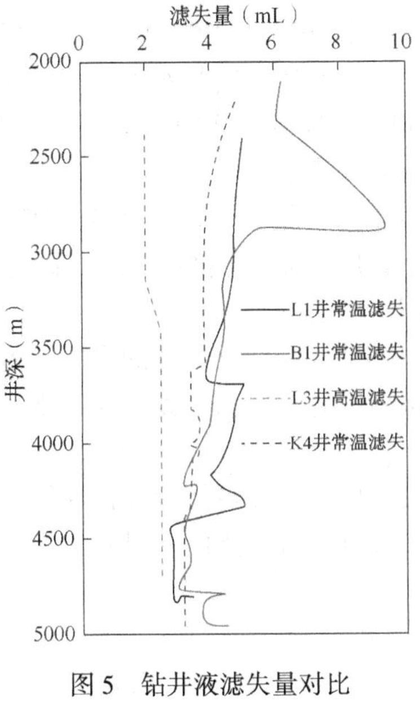

图 5 钻井液滤失量对比

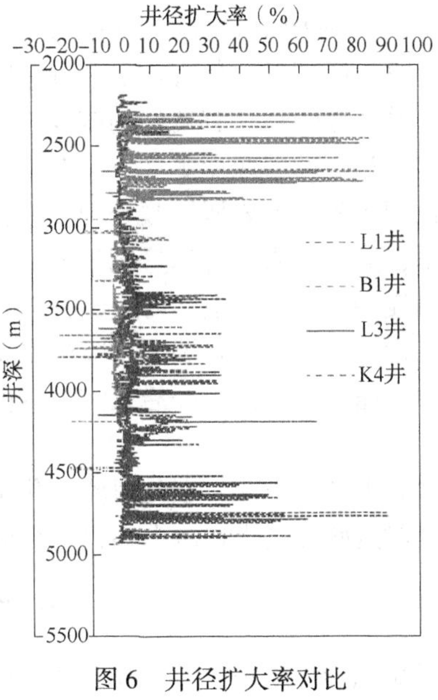

图 6 井径扩大率对比

3.2 油基钻井液废弃物回收处理

L2 和 L3 井在钻井平台上采用了一台立式甩干机和两台离心机对钻井液废弃物进行回收处理(图 7)。

图 7 平台油基钻井液回收处理设备安装实物图

经立式甩干机处理后的岩屑含油量基本在 8%以下，满足直接排海条件。两台离心机，一台 DERRICK D-1000 液压离心机，用于处理沉砂池钻井液，另一台华油飞达离心机，用于处理甩干机分离出的液相，两台离心机处理能力均为 $40m^3/h$。离心机分离出来的含油污泥回收后由运输船运送到了临近的 H1 平台，利用 H1 平台安装的深度除油设备，对钻井平台无法处理的岩屑、污泥及污油进行处理，处理后的固态残渣含油率小于 3%，满足直接排放要求。

4 结论建议

(1) 在常规 MO-DRILL 油基钻井液中，加入高温降滤失剂 PF-MOFAC 和高性能流型调节剂 PF-MOVIS，形成了一套适合于东海深探井的抗高温油基钻井液体系。现场应用结果显示，该套油基钻井液体系具有良好的流变性和触变性，破乳电压较高，高温高压滤失量低，有利于维持井壁稳定性，减少了井下复杂情况的发生频率。

(2) 对比国内外含油岩屑回收处理技术，针对东海海域含油岩屑排放要求，选择甩干+离心处理技术，处理后岩屑含油量低于 8%，满足海上含油岩屑排放要求，同时，处理设备占地面积小、使用成本低，便于海上钻井平台使用。

(3) 在临近支持平台上安装深度除油设备，对钻井平台无法处理的岩屑、污泥及污油进行二次处理的思路是可行的，今后东海海域的环保要求趋于严格，该处理思路具有一定的借鉴意义。

(4) 针对海上钻井作业，空化射流和化学破乳这两种含油岩屑处理技术具有较高的应用前景，后续应对这两种技术在海上钻井平台的适用性进行进一步深入研究。

参 考 文 献

[1] 刘雪婧，罗健生，刘刚，等. MO-DRILL 油基钻井液体系研究及在大位移井应用[J]. 当代化工，2018，47(10)：2206-2210.

[2] 李胜，夏柏如，王显光，等．油基钻井液施工工艺技术[J]．钻采工艺，2017，40(2)：82-85.
[3] 陈亚男．油包水乳化钻井液研究[D]．中国石油大学(华东)，2013.
[4] 邱康，宫吉泽，方华良，等．油基钻井液对泥岩特性影响实验研究[J]．海洋石油，2019，39(04)：61-64.
[5] 张欢庆，周志世，刘锋报，等．白油基钻井液体系研究与应用[J]．钻采工艺，2016，39(3)：99-102+115.
[6] 徐涛．高密度白油基钻井液研究[D]．中国石油大学(华东)，2015.
[7] 杨双春，韩颖，侯晨虹，等．环保型白油基钻井液研究和应用进展[J]．油田化学，2017，34(4)：739-744.
[8] 余可芝，李自立，耿铁，等．油基钻井液在番禺 30-1 气田大位移井中的应用[J]．钻井液与完井液，2011，28(2)：5-9.
[9] 李路，许明标，由福昌，等．一种深水用白油基恒流变钻井液体系的建立与评价[J]．当代化工，2017，46(2)：268-270.
[10] 刘雪婧，赵春花，侯瑞雪，等．一种油基钻井液流行调节剂性能评价方法[J]．精细石油化工，2016，33(4)：19-22.
[11] 李学庆，杨金荣，尹志亮，等．油基钻井液含油钻屑无害化处理工艺技术[J]．钻井液与完井液，2013，30(4)：81-83.
[12] 王磊，王超．海上油基钻井液含油钻屑除油处理技术研究[J]．现代工业经济和信息化，2017，7(7)：35-36.
[13] 朱迪斯，冯美贵，翁炜，等．废弃钻井液处理技术进展[J]．地质装备，2018，19(4)：15-18.
[14] Ralph L. Stephenson. Thermal Desorption of Oil from Oil-Based Drilling Fluids Cutting: Processes and Technologies[J]. SPE88486, 2004.
[15] C. G. Street, S. E. GuiGard. Treatment of Oil-Based Drilling Waste Using Super-critical Carbon Dioxide [J]. University of Alberta Journal of Canadian Petroleum Technology, 2009, 2628.
[16] 杨新，李燕，杨金荣，等．油基钻井液废弃物处理技术及经济性评价[J]．钻井液与完井液，2014，31(3)：47-49.

深层页岩气负压振动筛协同减量油基钻屑技术

夏海英 黄 璜 任 茂 杨 丽 陈智晖

（中国石化西南油气分公司石油工程技术研究院）

【摘 要】 深层页岩气井水平段开发主要采用油基钻井液，因此产生了大量的油基岩屑，若不及时有效处理，会造成严重的环境污染。但油基岩屑处置费用高，办理资质难，因此从源头上减少油基岩屑处置量，提高油基钻井液回收利用率，是保证页岩气高效环保开发的关键。研究从强化固控设备的质量和处理效率的源头出发，分析了负压振动筛的技术原理，根据现场实际，形成配套的负压振动筛固控新技术实施方案，在 WY46 平台 4 口井应用效果显著，钻井液性能稳定，有利于清除钻井液中的无用固相，钻屑含油量明显降低，与采用常规振动筛的邻井相比，单井钻井液损耗量减少约 30.8%，产生的钻井废弃物减少约 22.39%，能够有效提高油基钻井液回收率，实现油基钻屑源头减量。

【关键词】 油基钻井液；油基钻屑；固控设备；负压振动筛；钻屑减量

在深层页岩气开发过程中，为安全高效地完成钻井作业，在水平段使用油基钻井液钻井，产生了大量的油基岩屑。如果油基岩屑中的油和污染物不及时处理，一旦随雨水进入水体则会造成严重污染。国外初期比较有代表性的处理技术有固化法、坑内密封填埋法、注入安全地层或环形空间法等[1,2]，现阶段国外应用前景较好的废弃油基钻井液处理技术主要有热解吸技术、摩擦热解吸技术、微波法以及超临界流体萃取技术等[3-5]。我国对废弃油基钻井液处理技术的研究起步较晚，主要研究成果出现在 2000 年以后，李学庆等[6-12]开展了钻井废弃物处理技术的研究工作，取得了一定的治理效果，刘婷婷等[13,14]认为较领先的处理技术是化学反应-强化分离+无害化处理技术除油率可达 90%。但是这些技术大都存在二次污染、成本较高、处理条件苛刻和现场实施困难等缺点。本文从源头上减少油基岩屑处置量，提高油基钻井液回收利用率的思路出发，强化固控设备的质量和使用效率，创新性利用负压振动筛的工作原理，合理配套现场实施方案，跟踪分析现场试验效果，明确了负压振动筛能够最大限度地提高钻井液回收率，协同减量油基钻屑，是保证页岩气高效环保开发的关键。

1 负压振动筛技术原理

负压振动筛技术是一套封闭式固控系统[15-20]（图 1），在结合传统振动筛的基础上，主要利用真空系统在振动筛内提供负压气流产生压差并结合筛布传送技术从钻井液中滤出固体，技术参数见表 1，能够有效提高固体清除效率，减少钻井液损耗，回收的钻井液质量高，最大限度地减少废物量并保持钻井液的良好性能，与常规振动筛相比（表 2），该技术的

基金项目：中国石化“十条龙”科技攻关项目《威远—永川深层页岩气开发关键技术》（编号：P18058）

作者简介：夏海英，1975 年生，女，辽宁抚顺，2007 年毕业于中国石油大学（北京）应用化学专业，高级工程师，主要从事钻井液与完井液、储层损害与控制理论及技术研究。地址：四川省德阳市龙泉山北路 298#；电话 13568235614；E-mail：342787506@ qq. com。

应用不仅可以减少钻井液的浪费，而且极大程度地改善了工作环境。

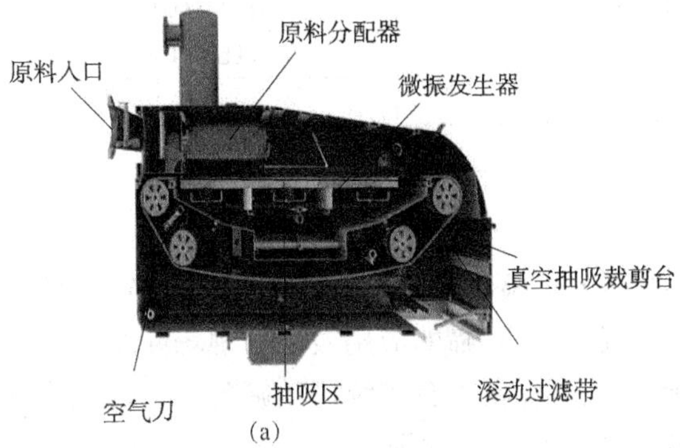

(a)

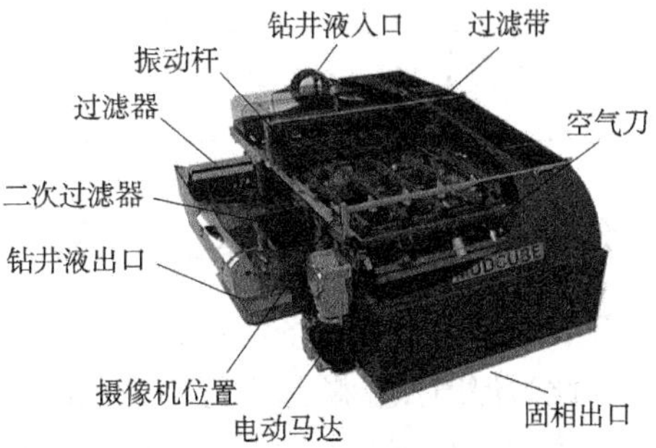

(b)

图 1　负压振动筛结构图

表 1　负压振动筛技术参数表

项目内容	技术参数
处理量	$180m^3/h$
传送 1 带最高目数	320 目
额定压缩空气工作压力	0.6~0.8MPa
激振器空气消耗量	$1.94m^3/min$@0.6MPa
空气刀满负荷空气消耗量	$4.5m^3/min$@0.6MPa
固液分离后岩屑含液量(水基)	<40%
固液分离后岩屑含油量(油基)	<10%
主机功率	2×0.75kW
主机设计最高使用温度	85℃
真空泵功率	11kW
真空泵设计使用最高温度	120℃
材质(除过滤支撑网和真空泵主体和叶轮)	SS316L
主机外形尺寸(mm)	2778×1930×1288
主机进出液口	267mm
主机质量(kg)	1250
真空泵外形尺寸(mm)	1200×600×1455
真空泵进出口尺寸	167mm
真空泵质量(kg)	420

表 2　负压振动筛技术与传统振动筛技术对比情况表

对比项目	传统振动筛	负压振动筛
固液分离技术	振动筛振动	负压真空吸入
过滤	运用大量的筛网	用一个过滤带
产生固废量	高	低
钻井液利用率	低	高
噪声	大	小
振动	剧烈	几乎不振动

续表

对比项目	传统振动筛	负压振动筛
污油气	排到大气	封闭系统不外排
作业方式	人工	遥控(自动化)
设备重量	重	轻

2 负压振动筛现场实施方案

开展负压振动筛现场应用，目前没有相关应用经验可以参考，存在不可预见的影响因素，因此为保障试验顺利进行，最大限度地发挥负压振动筛的应用效果，现场配制振动筛采取2+1模式，如图2所示，即2台负压振动筛，同时保留1台传统振动筛备用。若试验过程中，2台负压振动筛不能保障固控效果，可利用备用普通振动筛清除无用固相，保证钻井液性能，达到固相控制的目的，除气器、除砂除泥清洁器、离心机等固控设备仍按常规配置安装在循环系统中的相应位置。

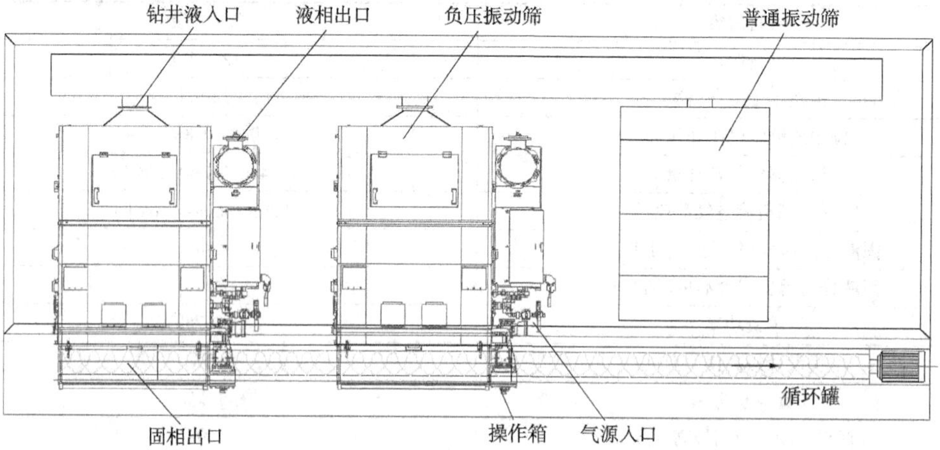

图2 振动筛配制方案

3 WY46平台现场试验

WY46平台部署在四川盆地川西南坳陷北部白马镇向斜构造，共8口井，负压振动筛先后在WY46-4HF、WY46-3HF、WY46-1HF、WY46-2HF井开展了现场试验，总进尺达到8229m，见表3。

表3 四口试验井三开施工基本情况

井号	三开井深始(m)	三开井深止(m)	三开段长(m)	三开钻井周期(d)
WY46-4HF	3340	5410	2070	37.13
WY46-3HF	3247	5320	2073	32.46
WY46-1HF	3264	5305	2041	29.48
WY46-2HF	3230	5275	2045	17.79

图 3　负压振动筛安装在 WY46 平台安装情况

3.1　油基钻井液性能

对现场钻井液性能进行了跟踪评价，由表 4 和表 5 可以看出，负压振动筛治理后对钻井液性能影响不大，钻井液密度在 2.04～2.16g/cm³，漏斗黏度为 61～85s，塑性黏度 58～79mPa·s，动切力 11～16Pa，固相含量≤47%，满足钻井要求，但负压振动筛有利于钻井液中无用固相的清除，钻井液中低密度固相含量明显降低。

表 4　WY46 平台三开钻井液实钻性能

井号		密度(g/cm³)	漏斗黏度(s)	塑性黏度(mPa·s)	动切力(Pa)	高温高压滤失量(mL)	高温高压滤饼厚度(mm)	初切力(Pa)	终切力(Pa)	固相含量(%)	含砂量(%)
试验井	WY46-4HF	2.07～2.16	66～85	59～79	11～16	≤3	1.0～1.3	3～5	8～13	38～47	≤0.3
	WY46-3HF	2.06～2.14	71～85	64～70	11～16	≤2.8	1.5	4～5	12～13	40～47	≤0.2
	WY46-1HF	2.04～2.15	61～80	59～65	11～16	≤3.2	1.5	4～6	12～15	43～46	≤0.15
	WY46-2HF	2.12～2.13	61～70	58～64	13～16	≤3.2	1.2	4～7	12～14	45～47	≤0.15
邻井	WY46-5HF	2.00～2.08	70～87	52～63	12～14	≤3.2	1.0～1.5	4～5	9～16	38～46	≤0.2
	WY46-6HF	2.07～2.09	62～80	54～61	10～14	≤2.6	1.0～1.5	3.5～5	10～16	40～45	≤0.2
	WY46-7HF	2.01～2.10	66～80	60～64	10～14	≤2.9	1.0～1.5	4～6	11～16	41～48	≤0.2

表 5　WY46-4HF 油基钻井液性能对比

取样地点	密度(g/cm³)	六速黏度计读数	初切力(Pa)	终切力(Pa)	固相(%)	油相(%)	低密度固相(%)	电稳定性(V)
常规振动筛出品	2.16	221/132/98/60/12/10	6.5	17	48	43.5	18.9	878
负压振动筛出口	2.12	206/122/91/57/10/7	7	18	47	45	17.4	1050

3.2　油基钻井液损耗

对开展试验的 4 口井三开油基钻井液的损耗量进行了跟踪监测，见表 6，钻井液损耗量在 160.54～200.6m³，每钻进 1m 约损耗 0.08m³，一口井平均损耗 171.6m³，与采用常规振动筛的邻井相比，钻井液损耗量平均减少 30.8%，如图 4 所示。

表 6　WY46 平台三开油基钻井液用量统计

井号		应用段长（m）	老浆量（m^3）	新浆量（m^3）	总浆量（m^3）	剩余量（m^3）	消耗量（m^3）	损耗系数（m^3/m）
试验井	WY46-1HF	2041	238	213.71	451.71	274.71	177	0.09
	WY46-2HF	2045	227.68	214.6	442.28	294.07	148.21	0.07
	WY46-3HF	2073	204	242.9	446.9	286.36	160.54	0.08
	WY46-4HF	2070	235.2	264.7	499.9	299.3	200.6	0.10
	平均	2057	226.22	233.97	460.2	288.61	171.6	0.08
邻井	WY46-5HF	2528	260	328	588	306	282	0.11
	WY46-6HF	2295	217	324.3	541.3	294.3	247	0.11
	WY46-7HF	2103	224	308.11	532.11	293.11	239	0.11
	WY46-8HF	1874	220.6	306.37	526.97	302.97	224	0.12
	平均	2200	230.4	316.70	547.10	299.10	248	0.11

注：损耗系数——折算成每钻进 1m 损耗的钻井液量。

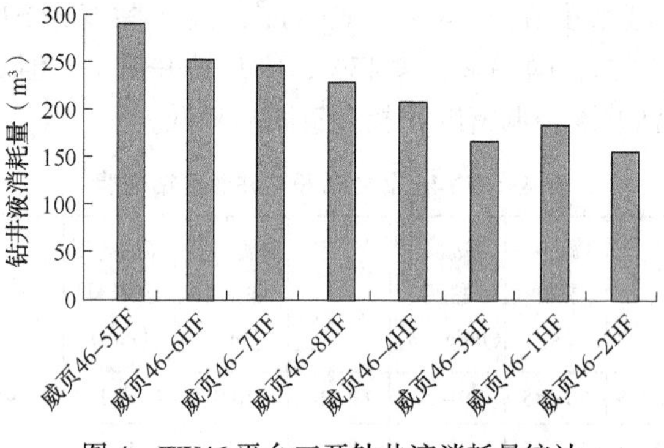

图 4　WY46 平台三开钻井液消耗量统计

3.3　油基钻屑产生量

跟踪了 4 口试验井钻屑含油量及三开钻井废弃物总量，由表 7 可以看出，应用负压振动筛后钻屑含量明显降低，负压振动筛产生的钻屑明显比常规振动筛干燥(图 5)，应用了负压振动筛后，钻井废弃物总量为 1640.4t，平均一口井为 410.1t，与同平台采用常规振动筛的邻井相比，钻井废弃物量单井平均减少了 22.39%(表 8)。

表 7　WY46-4HF 井钻屑含油量跟踪情况

序号	设备类型	岩屑含油量(%)	平均含油量(%)
1	负压振动筛	12.11	12.59
2		12.28	
3		12.25	
4		13.72	

续表

序号	设备类型	岩屑含油量(%)	平均含油量(%)
5	常规振动筛	12.02	13.01
6		13.59	
7		13.44	

(a) 常规振动筛　　(b) 负压振动筛

图 5　WY46-4HF 井振动筛出口钻屑对比图

表 8　WY46 平台三开钻废产生量统计

井号		替浆产生(t)	钻进产生(t)	固井产生(t)	其他(t)	加入石灰(t)	总计(t)
试验井	WY46-1HF	26	429.26	42	9	34	540.26
	WY46-2HF	22	300.7	40	12	32	406.7
	WY46-3HF	23.52	271.96	36	11	44.5	386.98
	WY46-4HF	69.04	302.92	35	10	26	442.96
	平均	35	326	38	11	34	444
邻井	WY46-5HF	38.2	511.11	48	15	58.4	670.71
	WY46-6HF	27	334.52	42	11	46.1	460.62
	WY46-7HF	20	465.27	29	12	31.9	558.17
	WY46-8HF	22	483.6	40	15	70.4	631
	平均	27	449	40	13	52	580

3.4　钻井作业环境

负压振动筛本身无高强度振动，机械噪声低(低于 68dB)，而且内部配有真空空气循环系统，井中返出的高温钻井液散发的水气、油雾及其他有害气体可被负压吸除(图 6)，经过专门设计的气体过滤装置进行过滤，油雾测量值仅为 0.087mg/m^3(图 7)，有效改善了钻井作业环境。

图 6　MudCube 振动筛和传统振动筛使用中的筛面对比

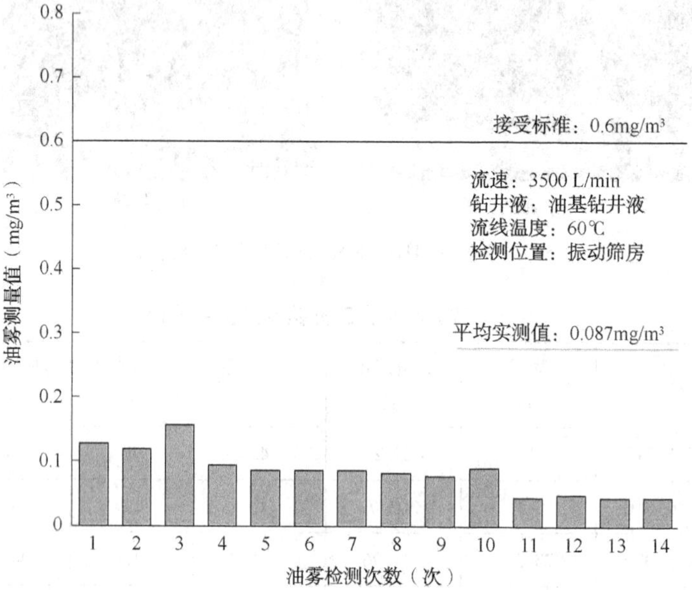

图 7　油雾检测

4　结论

（1）负压振动筛在 WY46 平台现场应用效果显著，有利于清除钻井液中的无用固相，钻井液性能稳定，钻屑含油量明显降低，与采用常规振动筛的邻井相比，单井钻井液损耗量减少约 30.8%，产生的钻井废弃物减少约 22.39%。

（2）负压振动筛噪声小、负荷低，能够有效吸除净化水气、油雾及其他有害气体，有效改善钻井作业环境，满足 HSE 要求。

参 考 文 献

[1] Garry R. Barnes. On site Treatment of Oily Drilling Waste in Remote Areas[J]. SPE 8848.

[2] ORESHKIN D V, CHEBOTEAV, A N, PERFILOV V A. Disposal of Drilling Sludge in the Production of Building Materials[J]. Precedia Engineering, 2015(111): 607-611.

[3] D. Pierce, C. Gaddis, B. Wood. Lessons Learned From Treating 500, 000 Tons of Oil-based Drill Cuttings on

Five Continents[J]. EADC/SPE Drilling Conference held in Miami, U. S. A. , 2006.
[4] C. G. Street, S. E. GuiGard. Treatment of Oil-Based Drilling Waste Using Supercritical Carbon Dioxide[J]. Journal of Canadian Petroleum Technology. 2009, 48(6): 26-29.
[5] A. J. Murray, M. Kapila, G. Ferrari, et al. Friction-Based Thermal Desorption Technology: Kashagan Development Project Meets Envionmental Compliance in Drill-Cuttings Treatment and Disposal[J]. SPE Annual Technical Conference and Exhibition held in Denver, U. S. A. , 2008.
[6] 李学庆，杨金荣，尹志亮，等. 油基钻井液含油钻屑无害化处理工艺技术[J]. 钻井液与完井液，2013，30(4)：81-84.
[7] 何敏，张思兰，王丹，等. 油基钻屑热解处理技术[J]. 环境科学导刊，2017，(36)：57-60.
[8] 陈立荣，叶永蓉，蒋学彬，等. 油气钻井节能减排及清洁生产措施实践[J]. 油气田环境保护，2009，19(1)：23-26.
[9] 苏勤，何青水，张辉，等. 国外陆上钻井废弃物处理技术[J]. 石油钻探技术，2010，38(5)：106-110.
[10] 刘涛. 陆上石油钻井废弃物综合处理技术探讨[J]. 安全、健康和环境，2008，8(7)：29-30.
[11] 赵吉平，任中启，刘爱军，等. 废弃钻井物的二次利用和无害化处理[J]. 石油钻探技术，2003，31(1)：37-39.
[12] 韩应合，李俊波. 废弃钻井液无害化处理技术及应用[J]. 特种油气藏，2005，12(2)：100-102.
[13] 刘娉婷，黄志宇，邓皓，等. 废弃油基钻井液无害化处理技术与工艺进展[J]. 油气田环境保护，2012，22(6)：57-60.
[14] 李欣. 油气田钻井废弃物的处理原则和工艺[J]. 环境工程，2003，21(3)：58-59.
[15] 朱继发，范德顺. 密闭式钻屑脱液离心机在钻井液处理中的应用[J]. 石油机械，2005，33(9)：83-85.
[16] 陈立荣，何天鹏，易建生，等. 钻井固废固液分离技术装备综述[J]. 石油化工安全环保技术，2019，35(1)：60-66.
[17] 周思柱，李旭东，吕志鹏，等. 负压钻井振动筛的动力选择性分析[J]. 机械设计与制造，2018，10(10)：43-46.
[18] 侯勇俊，李文霞，吴先进，等. 负压钻井液振动筛上固相颗粒运移规律研究[J]. 工程设计学报，2018，25(4)：465-471.
[19] 赵国珍，张明洪，李君裕. 钻井振动筛工作理论与测试技术[M]. 北京：石油工业出版社，1996.
[20] 谢江浩，马燕钊，张羽臣，等. 旋带式负压振动筛上固相颗粒运移规律研究[J]. 石油矿场机械，2020，49(2)：15-21.

钻井液防漏堵漏及承压堵漏技术

油基钻井液条件下堵漏材料研究新进展

梁文利　林子旸　王　帅

（中国石化江汉石油工程有限公司页岩气开采技术服务公司）

【摘　要】随着页岩气作为非常规资源的开发，为了长水平段井壁稳定和降摩减阻的要求，采用油基钻井液技术，但是油基钻井液条件下的漏失仍然是头等技术难题，为了梳理近年来国内外油基钻井液堵漏材料及配套技术的发展，有必要对近年来油基堵漏技术的发展进行研究分析归纳，为页岩气的高效开发提供良好的技术支撑。目前国内主要是以水基钻井液的堵漏材料为主，比如核桃壳、锯末、随钻堵漏剂、超细碳酸钙等，但仍然研究出了一些新型堵漏材料，根据调研有 18 项堵漏技术，比如弹性石墨、柔性石墨、纤维等。国外的堵漏材料是水基和油基通用型的，根据调研有 7 项堵漏技术，所研制的堵漏材料强度明显好于国内。国内外总体而言均是朝着抗高压、抗油降解、抗高温的方向发展。

【关键词】油基钻井液；堵漏材料；进展

目前国内页岩气主要区块有涪陵、长宁、威远以及宜昌等区块，目前产层油基钻井液漏失存在的问题有：产层油基钻井液漏失次数多，一次性堵漏成功率低。产层漏失比例大，漏失量大，油基钻井液随钻封堵能力需要强化。堵漏材料在高温和油基钻井液环境下，抗压强度大幅度降低。针对产层的漏失主要是采用水基钻井液类型的堵漏材料，水基常用堵漏材料在油基条件下不膨胀、不搭桥成网，形成的封堵层强度低，不致密。国内外不同研究院所及技术服务单位开发了一些堵漏材料及配套技术，对这些技术进行梳理分析归纳，对技术优势和存在的技术问题，进行研究分析，有利于现场技术服务人员的选材、用材，从而提高一次性堵漏成功率。

1　国内油基钻井液堵漏材料及技术

1.1　地沟油皂碱堵漏剂

长江大学采用地沟油用作油基钻井液堵漏浆，该堵漏浆主要是利用地沟油中含有的酯类与强碱性材料反应生成的皂碱，封堵漏失地层。该堵漏浆在常温下反应缓慢，温度上升后皂化反应速度加快，从而形成皂碱封堵漏失地层。通过调节激活剂（ACT）溶液的浓度，从而控制堵漏浆体系的稠化时间。堵漏浆主要材料：地沟油、碱性材料（使用各种碱性物质，如碳酸钠、氧化钙、碳酸氢钠等按不同比例复配而成）；激活剂（ACT）；加重材料。该油基堵漏浆在 80℃、44MPa 条件下的稠化时间为 218min，最高稠度 90BC，形成的皂碱抗压强度 2.8MPa。

1.2　不同漏速下的堵漏技术

中国石化江汉油田分公司依据不同的漏失类型和漏失速度，采取不同的堵漏技术对策。

作者简介：梁文利（1979—），男，工程师，硕士，现主要从事钻井液技术研究及技术服务工作。电话：15826568878，E-mail：nijiang2007@163.com。

(1) 渗透或裂缝性地层。采用单封、刚性堵漏剂、酸溶性暂堵剂、核桃壳(0.5~1mm)、石棉纤维等配制稠浆打入井内静止堵漏。

(2) 裂缝性地层，漏速 10~30m^3/h。采用抗反吐交联成膜堵漏技术，引入耐油浸的颗粒材料、遇油膨胀的颗粒材料、提高韧性的纤维材料以及致密填充材料，满足油基堵漏要求。通过抗高温、高强度堵漏材料的颗粒级配、化学交联，形成弹性封堵体，承压大于 15MPa，抗返吐大于 3MPa。

(3) 裂缝地层，漏速 30m^3/h 至失返。采用新型化学固结堵漏技术，引入正电性纳米级 Ba-Al-Si 材料，电位+28mV，粒径 10~25nm，堵漏浆易进入地层漏失通道，与地层发生电性吸引而滞留；混入柴油后强度有所下降，但 48h 强度仍可达到 10MPa 以上。

1.3 随钻防漏堵漏技术

长江大学非常规油气湖北省协同创新中心研究了三种类型的堵漏剂：刚性堵漏剂、柔性堵漏剂、弹性封堵剂。堵漏剂抗温>1000℃，常温下抗压能力为 16MPa，一旦多颗粒形成架桥就具有相当强的抗压能力。柔性堵漏剂是一种油基胶凝材料，在温度达到 60℃以后产生一个可塑性好的高强度柔性堵剂。弹性封堵剂：H-Seal(100~300μm)，在 5~70MPa 压力作用下被压缩，但可以在压力撤销后无损地回弹到其原有的形状。现场应用情况：该随钻堵漏剂三种材料在焦页 44-3HF、焦页 17-4HF、焦页 65-3HF 等井成功应用 20 多井次。均能够顺利完钻，未发生钻井液漏失。

1.4 抗高温堵漏剂

中国石油大学(华东)采取刚性颗粒、弹性颗粒、纤维材料和片状材料等不同类型防漏堵漏材料复合协同作用，在高温地层堵漏作业中，抗高温刚性颗粒聚苯硫醚高温稳定性好，强度高不易破碎，可用作架桥颗粒；小粒径矿物颗粒(石灰石、方解石等)易于悬浮，抗压强度高，可作为微细填充颗粒；弹性石墨高温老化后有良好的弹性特征，可作为高温堵漏弹性变形颗粒；云母片高温老化性能良好，可作为高温堵漏片状填塞材料；抗高温无机矿物纤维高温环境中不易降解，断裂强度高，可作为高温堵漏纤维材料，最后得到新型抗高温高强度堵漏剂。

1.5 温敏形状记忆特性的智能化堵漏材料

中国石油大学(华东)开发了一种水泥基智能堵漏材料，由 Cu-Zn-Al 形状记忆合金、短切棉纤维、柠檬酸和硅酸盐水泥组成。首先将丝状形状记忆合金缠绕成弹簧状，表面涂覆一层柠檬酸(黏结剂)，放在混有短切棉纤维的水泥中滚动成球，制备成 5~15mm 粒径的球状核壳结构的水泥基智能堵漏材料。该智能堵漏材料能在 120℃下成功封堵 2.0cm 宽的裂缝，漏失量小于 120mL，封堵时间小于 4min，承压能力达到 5MPa。通过控制激活温度和调整粒径分布，可适用于不同温度、尺寸的裂缝性漏失及溶洞性恶性漏失。

1.6 壳核式油基钻井液堵漏剂

中国石油渤海钻探公司：研制了一种壳核式油基钻井液堵漏架桥颗粒，架桥颗粒采用在碳酸钙颗粒表面包覆一层亲油高聚物形成的壳核结构颗粒，其中，亲油高聚物为丙烯酸丁酯、苯乙烯和甲基丙烯酸十八酯的高分子聚合物；该堵漏剂颗粒在原有堵漏架桥颗粒的表面附上一层亲油高聚物膜，降低了原来堵漏剂颗粒的脆性，承压能力达到 5MPa 以上，降低了堵漏颗粒的密度，增加了悬浮性和亲油性。

1.7 可控时固化油基堵漏浆

中国石油集团川庆钻探工程有限公司：研制了一种可控时固化油基堵漏浆及其制备方法。可控时固化油基堵漏浆的原料配比为：水 1~10 份；控时反应剂 0.4~4 份；基础油 5~25 份；有机土 0.05~1 份；加重剂 10~50 份；乳化剂 0.3~1 份；固化剂 70~110 份。该堵漏浆即使在较高浓度固化剂含量下，100℃条件下初凝时间可控，无需添加缓凝剂，堵漏效果好，固化成型后产品承压强度最高达 4.9MPa。

1.8 膨胀型油基防漏堵漏钻井液体系

中国石油川庆钻探公司研究出一种膨胀型堵漏剂，其可选择性地吸收油水混合体系中的油，具有温度敏感延时膨胀特性，并具有一定的抗压以及成膜能力。堵漏浆配方：钻井液基浆+0.5%纤维类堵漏材料-1+2%纤维类堵漏剂-2+2%吸油膨胀型聚合物+2%石墨类堵漏材料+3%复合型堵漏剂 FD-1(0.045-2mm)+1.5%复合型堵漏剂 FD-2(10~45μm)+其他复合堵漏剂。能够封堵 1~5mm 的缝板，承压 7MPa。在长宁 X-1 井应用该堵漏技术承压从 2.05g/cm^3 提高到 2.10g/cm^3，无漏失。该堵漏配方现场堵漏作业一次成功率大于 60%，防漏配方在试验井段 2.10~2.45g/cm^3 高密度条件下，油基钻井液总渗漏量控制在 10m^3 以内，封堵防漏效果良好。

1.9 强封堵油基钻井液体系

中国地质大学(北京)工程技术学院将封堵材料按照一定比例加入油基钻井液体系中，具体配方为：油基基浆+1%乳化沥青+1%刚性堵漏剂+2%随钻堵漏剂+0.5%柔性堵漏剂。在焦页 195-1HF 井的现场应用和与邻井焦页 200-1HF 井等数口井的对比，强封堵油基钻井液体系的应用大大降低了漏失风险和漏失成本，节省了 11d 的钻井周期。

1.10 球状凝胶复合封堵剂

中国石化中原石油工程有限公司钻井工程技术研究院：研制出了球状凝胶复合封堵剂。配方：1%~3%球状凝胶+1%~3%刚性粒子+0.4%~0.6%片状材料+1%~3%矿物纤维。在油基钻井液中加入 2.4%球状凝胶复合封堵剂后，石英砂床封堵承压能力由 2MPa 提高至 17MPa。该球状凝胶复合封堵剂在涪陵地区 66 口井的现场应用结果表明，可随钻封堵微孔、微裂缝，防止或减少钻井液漏失，从而有效降低油基钻井液的钻进损耗。

1.11 水基堵漏浆与油基钻井液混合的沉淀隔离新工艺

塔里木油田克深 7 井采用高密度全油基钻井液钻开盐层，在实施压井作业过程中发生了严重漏失。在采用专用油基钻井液配套堵漏材料和桥塞堵漏未成功后，采用了水基堵漏浆与油基钻井液混合的沉淀隔离新工艺，在堵漏材料中引入了国外高强度承压材料，将其与膨胀效果好的核桃壳等材料复配使用，堵漏成功。高密度水基堵漏浆配方：5%核桃壳(粗)+6%核桃壳(中粗)+5%雷特材料(片状)+3%STEEL SEAL(钢封)-400+3%STEEL SEAL(钢封)-1000+4%SQD-98+1%锯末。

1.12 一种多面锯齿金属颗粒作为骨架材料的随钻堵漏钻井液

中国石油塔里木油田公司研制了一种铝合金材料，该材料为多面锯齿状铝合金颗粒，3~80 目，D50 介于 0.2~0.8mm，莫氏硬度 5~6，对以高密度油基钻井液为基浆，高刚性架桥：铝合金颗粒、碳酸钙颗粒。纤维成网：短纤维处理剂。变形填充材料为：甲基丙烯酸酯橡胶、废旧轮胎胶粉。堵漏钻井液封堵强度超过 25MPa。现场试验效果表明，某井应用高密度油基钻井液日均漏失量约为50m^3，采用铝合金材料防漏堵漏后钻进无漏失，顺利钻穿储层。

1.13 一种可变形油基钻井液用堵漏剂和一种膨胀型油基钻井液堵漏剂

南化集团研究院研制了一种可变形油基堵漏剂，以正硅酸酯为硅源，以浓氨水为催化剂、以硅烷偶联剂为表面修饰剂，制备二氧化硅纳米球；以二氧化硅纳米球为核，加入乳化剂，以及吸油单体，其中平均粒径在50~870nm之间。该堵漏剂在油中经过1h膨胀倍数可达1.8倍，能够适用不同尺寸及形状的空隙或者裂缝。另外研制了一种油基膨胀型堵漏剂，其组分由油溶性膨胀材料、改性纤维、核桃壳、碳酸钙等组成。具体组成为10%~20%油溶性膨胀材料、10%~30%改性纤维、30%~50%核桃壳、10%~30%碳酸钙。该堵漏剂在有种具有良好的膨胀特性、能够封堵5mm以下的裂缝，抗压强度达到7MPa。

1.14 一种油基钻井液裂缝型漏失堵漏材料

中国石油川庆钻探研究院研制了一种油基钻井液裂缝型漏失堵漏配方。包括两个组分，A组分：直径0.01~1mm，长度0.50~10cm的纤维材料组成。B组分由不同的亲油型刚性颗粒材料(有机土、滑石粉、改性纳米二氧化硅)组成。能够提高油基钻井液堵漏成功率，增强地层承压能力，对1~5mm裂缝，抗压强度可达到7MPa。

1.15 一种油基钻井液复合型堵漏剂

中国石油川庆钻探工程技术研究院研制了一种油基钻井液用复合型堵漏剂，20%~25%堵漏材料、0.5%~2%纤维材料、5%~20%油溶胀材料、20%~40%亲油性超细颗粒材料、10%~20%亲油性片状材料。对于5mm裂缝、抗压强度可达7MPa。堵漏材料：石灰石粉、核桃壳、杏核壳、纤维材料：雷特纤维、聚丙烯腈纤维、聚氨酯弹性纤维、聚对苯二甲酸丁二醇酯纤维。油溶胀材料：丙烯酸丁酯、橡胶粉等；亲油性超细刚性颗粒为滑石粉；亲油性片状材料为鳞片石墨、弹性石墨、膨胀石墨。

1.16 一种油基钻井液树脂堵漏剂

成都瑞吉星化工公司研制了一种油基钻井液堵漏剂，包括溶胀性纤维30%~35%，填充材料10%~15%，架桥材料20%~35%；溶胀树脂10%~20%，表面活性剂10%~15%；高分子聚合物0.5%~1%。其中纤维是棉籽壳；填充材料有蛭石粉、石英粉、石灰石粉；架桥材料有玉米心粉、碳纤维、秸秆粉、纸屑等。溶胀性树脂为改性植物树脂；表面活性剂为硬脂酸盐；聚合物为丙烯酸和丙烯酰胺的共聚物。

1.17 油基钻井液随钻防漏技术

中国石油大学(华东)石油工程学院，研制了新型油基钻井液随钻防漏堵漏材料，优选了刚性架桥颗粒、弹性填充颗粒、高强度微细纤维、软化颗粒等不同类型钻井液防漏堵漏剂。刚性架桥颗粒以碳酸钙、石英砂为主；弹性填充颗粒选用不同粒径的石墨类弹性填充颗粒，具有较好的可变形性与韧性，通过挤压变形及弹性膨胀作用，能够自适应封堵不同形状和尺寸的孔隙或裂缝；微细纤维材料采用惰性微细纤维材料，该材料结构呈“针状或棒状”，其强度高、耐高温，改性后能够均匀分散在油基钻井液中，且不会显著影响钻井液性能。软化颗粒用沥青材料，该类颗粒在地层中受温度影响后，能够根据裂缝形状进行变形填充，起到挤压变形充填封堵作用。

2 国外油基钻井液堵漏材料及技术

2.1 形状记忆聚合物用作堵漏材料

美国路易斯安那州立大学研究了一种热固性形状记忆聚合物的智能堵漏材料，借助漏层温度激活后发生膨胀，不仅能封堵漏失通道，阻止钻井液漏失，膨胀后还能增加井周应力，提高钻井液安全密度窗口，既可以用作钻井液防漏堵漏材料，又可以用作井壁强化材料。该智能堵漏材料和油基及合成基等不同类型的钻井液配伍性好。在高温激活状态下，智能堵漏材料不仅依靠膨胀架桥封堵裂缝，还通过相互黏结性能提高裂缝承压能力。

2.2 Well-seal 堵漏材料

雪佛龙化学品公司采用纤维状、薄片状和颗粒状材料，混合形成新型堵漏材料，该型堵漏材料为弹性材料，弹性模量达到965kpsi，回弹率可达到20%。可根据漏失程度选择堵漏材料，适用于油基钻井液，抗压强度高(>8000psi)，吸水率低，破碎强度低，相较于碳酸钙或大理石颗粒，更不易压碎。该材料软化点在193~260℃之间，可发生轻微变形，形成更好的封堵效果。

2.3 Diaseal M 堵漏材料

菲利普斯公司的Diaseal M堵漏材料是一种高效的、高固相、高滤失性的堵漏材料。当堵漏液中的水或油经过挤压进入漏失地层后，钻井液形成固体堵塞，将漏失地层堵住。Diaseal M堵漏材料形成的堵塞是在地层之中，而非近井眼地带，不会污染钻井液，不易被循环的钻井液和钻杆所破坏。堵漏浆主要材料：Diaseal M、加重材料(重晶石粉)(图1)。

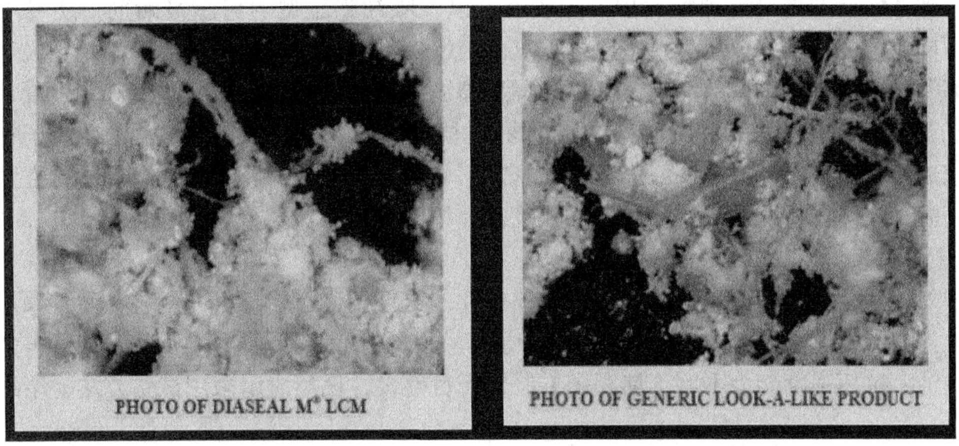

图1 Diaseal M 堵漏材料

2.4 Rebound 堵漏材料

Rebound堵漏材料为一种弹性的、有棱角的石墨材料，适用于多孔地层和裂缝地层的防漏处理，可应用于水基、油基钻井液中，该型堵漏材料具有双组分碳结构，内部由多孔且富有弹性的碳组成，外部是焦炭，具有多种规格和广泛的颗粒分布、良好的回弹性能，可根据裂缝和孔隙的大小自动变形，该材料可降低扭矩和摩阻，增强水基钻井液的润滑性。该材料可与碳酸钙、纤维共同使用来处理较严重的漏失，当该材料加入钻井液时，可随着井下压力的改变发生膨胀或压缩，不会被驱替出来，滞留在裂缝中形成有效的封堵。

2.5 堵漏纤维

DynaRed 纤维：是一种高效处理剂，适用于控制渗漏并阻止昂贵钻井液的漏失。它适用于水基和油基钻井液，并且不会形成过厚的滤饼，在不需要增加钻井液流变性能或引起地层伤害的情况下就能很容易被清除。DynaRed™ Plus 纤维：2009 年首次引入市场的产品，该产品的细纤维是一种可通过 230 目筛的微细纤维，中粗纤维可以对细纤维加以补充，提供粒径转换，可以高效和快速地解决渗透性漏失问题。

2.6 高滤失高固相(快速沉降类)SOLU-SQUEEZ 储层堵漏剂

贝克休斯开发的高滤失高固相快速堵漏剂，可加重到 2.16g/cm^3，可溶于 15%HCl 酸，从淡水到饱和盐水，可混于水基、油基或合成基钻井液，一袋产品配一桶浆，温度稳定至 204℃，常规钻井设备就能配制和泵入。

2.7 LC-LUBE 堵漏剂

LC-LUBE 是经过加工不同尺寸石墨，用来控制钻井液的循环漏失，部分漏失和渗漏，这种具有弹性的石墨既是桥塞剂，也是井眼润滑剂，适用于各种不同类型的钻井液，现场应用时配成段塞：渗漏所需浓度 6~12lb/bbl，严重漏失需配成 30~40lb/bbl，控制钻井液滤失的配方可以承受 200psi 或者更大的耐压强度，进一步调整 LC-LUBE 系列合成石墨颗粒度，并包括粗颗粒度的 LC-LUBE COARSE，进一步增加井壁强度。

3 油基钻井液堵漏材料发展趋势分析

近几年来随着油基钻井液技术的发展，国内外堵漏材料主要朝着抗高温、抗高压的方向发展。弹性堵漏剂主要有弹性石墨、橡胶等，以及吸油膨胀型的树脂堵漏剂，还有不同类型、不同粒径的纤维材料用于封堵不同宽度的裂缝。高滤失堵漏剂适合在大裂缝，失返性漏失的堵漏。根据资料调研：四川某井由于漏层裂缝开口尺寸难以把握，漏速和漏失量大，堵墙的抗压强度要求高，采用“刚性粒子+高滤失材料”的复合桥接堵漏技术，刚性粒子在裂缝孔道完成架桥，高滤失材料在滤失形成致密的封堵带，堵漏材料与漏失通道的配比性强，而且抗高温、抗高压，所形成的堵墙抗压强度高，堵漏成功率高。地层的承压能力提高 0.2g/cm^{3}以上，后续施工中未发生复漏。

国外堵漏材料新型堵漏材料多，根据漏失性质选择合适堵漏材料和配方，而且采用粒径分析软件进行优化配方，提高堵漏一次成功率。国内新型堵漏材料少，模仿产品居多，抗温、抗油、抗压强度能力不够，堵漏配方制定盲目性多，现场应用采用试错方法，堵漏成功率低。

弹性孔网堵漏剂的研制及试验

刘振东　李公让　于　雷　李　卉　明玉广

（中国石化胜利石油工程有限公司钻井工艺研究院）

【摘　要】 钻井漏失危害巨大，需要有针对性地进行快速处理。目前使用较为普遍的桥接堵漏剂，主要以核桃壳、石英等刚性材料为骨架，辅以锯末等纤维材料、橡胶粒等柔性颗粒，成本低，施工简便[1]。但针对裂缝性漏失，对裂缝的适应性不强，导致堵层不能深入裂缝，从而降低了堵漏成功率[2]。本文通过评价压缩回弹性、抗拉强度、抗温性等性能指标，优选了弹性孔网材料作为堵漏剂骨架材料，考察了弹性孔网材料的孔径和浓度对堵漏效果的影响，并在填充材料的协同作用下，形成了堵漏剂配方。从现场应用情况来看，高弹性孔网堵漏剂对裂缝性漏失具有较好的堵漏效果，堵漏成功率较高。该堵漏剂利用弹性孔网材料作为骨架，克服了常规桥接材料骨架材料不易变形，对裂缝适应性不强的缺点，有效地提高了堵漏成功率。

【关键词】 弹性孔网材料；压缩回弹性；抗拉强度；抗温性；堵漏配方；现场试验

井漏是影响钻井作业安全的复杂情况之一，井漏的发生不仅会耗费钻井时间，损失钻井液和堵漏材料，还会引起卡钻、井喷、井塌等一系列复杂情况[3-4]。近年来，随着油气勘探开发的深入，在一些复杂地层井漏情况更加，如在川渝的焦石坝地区，漏失较为普遍。因此，针对这些复杂地层漏失的堵漏技术也正在不断发展完善。目前，堵漏剂主要存在着桥接型堵漏剂、高失水堵漏剂、暂堵型堵漏剂、膨胀类堵漏剂、水泥速凝类堵漏剂、可固化型堵漏剂、复合材料堵漏剂等多种类型[5]。使用较为普遍的是桥接型堵漏剂，相对其他产品，该类产品使用简便，成本较低。但常规桥堵材料多采用核桃壳等桥架颗粒及纤维等填充，研究表明，在高温下，这些材料易出现高温降解，从而导致长时间后堵层失效，特别是针对较深地层，易出现重复漏失；同时，常规堵漏材料与裂缝匹配性差，难以有效进入漏层形成封堵，导致堵漏成功率低[6]。因此，本文有针对性地利用弹性孔网材料作为骨架，研制了高弹性孔网堵漏剂，该堵漏剂骨架材料具有较好的压缩性和回弹性，对裂缝具有较好的适应性，堵漏效果好。

1　弹性孔网材料优选

研选了规格分别为15~80ppi(每平方英寸上孔网的数目)的9种弹性孔网材料，从压缩回弹性、抗拉强度、抗温性等几个方面对其性能进行了评价。弹性孔网材料基本性能见表1。

作者简介：刘振东，高级工程师，目前任职于中石化胜利石油工程有限公司钻井工艺研究院，通信地址：山东省东营市东营区北一路827号，13864703365，lzd7908@ sina. com。

表 1　弹性孔网材料基本性能

弹性孔网材料编号	规格	弹性孔网材料编号	规格
$1^{\#}$	15~30ppi　形状可调	$6^{\#}$	15~45ppi　形状可调
$2^{\#}$	15~80ppi　形状可调	$7^{\#}$	15~50ppi　形状可调
$3^{\#}$	15~50ppi　形状可调	$8^{\#}$	15~45ppi　形状可调
$4^{\#}$	15~50ppi　形状可调	$9^{\#}$	15~50ppi　形状可调
$5^{\#}$	15~35ppi　形状可调		

1.1　压缩回弹性

以弹性孔网材料的 50%压缩永久变形率为指标，表征弹性孔网材料的压缩回弹性能，参照国家行业标准 GB/T 6669—2008《软质泡沫聚合物材料压缩永久变形的测定》，实验评价了其压缩回弹性能，实验结果如图 1 所示。

由图 1 可知，$1^{\#}$和 $2^{\#}$弹性孔网堵漏材料的 50%压缩永久变形率均低于 10%，其余 7 种弹性孔网材料的 50%压缩永久变形率均大于 10%。弹性孔网材料的压缩回弹性能较好，有利于在井底压差作用下，发挥自转向性，进入不同开度裂缝自适应堵漏。

1.2　抗拉强度

弹性孔网材料应具有较高的抗拉强度，有利于抵抗井下多种应力耦合作用，形成较高强度致密承压封堵层，增强封堵层剪切强度。参照国家行业标准 GB/T 6344—2008《软质泡沫聚合物材料拉伸强度和断裂伸长率的测定》，测试弹性孔网材料的抗拉强度，其结果如图 2 所示。

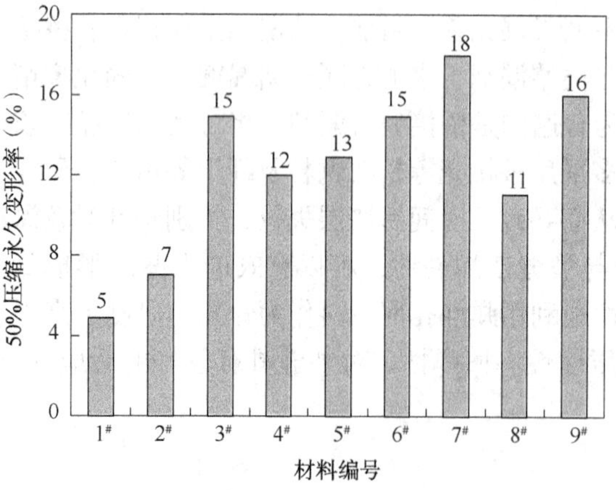

图 1　弹性孔网材料 50%压缩永久变形率评价实验结果

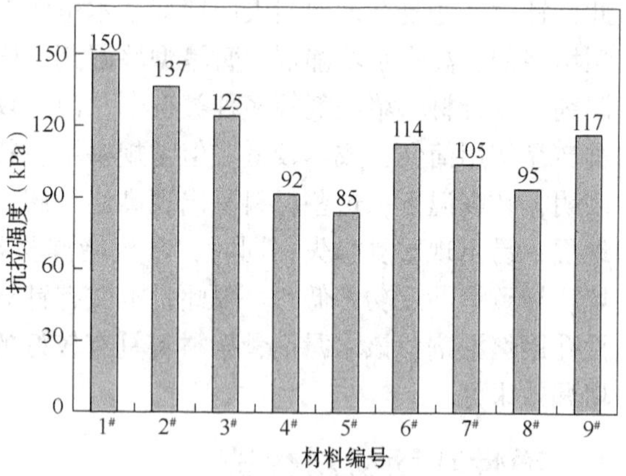

图 2　弹性孔网材料抗拉强度评价实验结果

由图 2 结果可知，$1^{\#}$和 $2^{\#}$弹性孔网材料的抗拉强度分别为 150kPa 和 137kPa 均大于 130kPa，其余 7 种弹性孔网材料的抗拉强度均小于 130kPa。

1.3　抗温性

以弹性孔网材料在一定温度老化后的质量保留率和抗拉强度保持率为指标，实验评价其抗温能力。取一定质量的弹性孔网堵漏材料加入 400mL 钻井液中，老化后过筛（10 目）、洗涤、烘干，测量弹性孔网堵漏材料老化后的质量和抗拉强度。实验结果如图 3、图 4 所示。

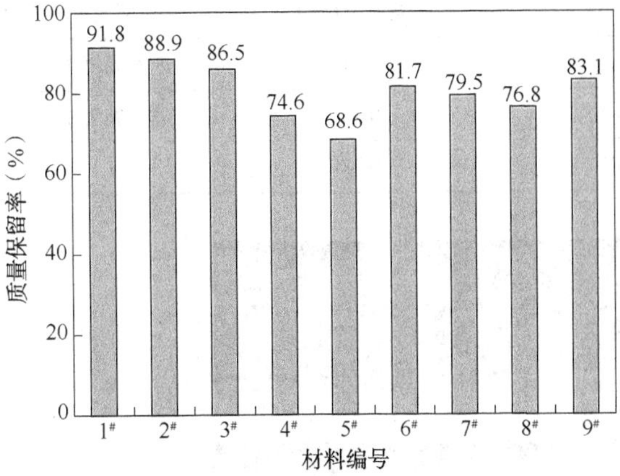

图 3　150℃老化后弹性孔网材料质量保留率评价实验结果

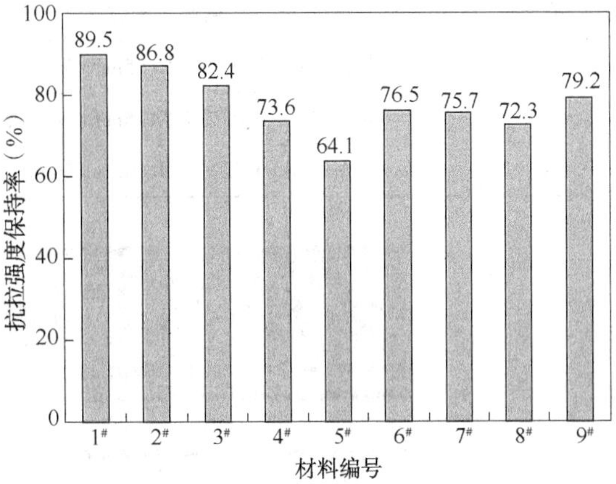

图 4　150℃老化后弹性孔网材料抗拉强度保持率评价实验结果

由图 3、图 4 结果分析可知，150℃老化 16h 后，1#弹性孔网堵漏材料质量保留率和抗拉强度保持率分别为 91.8%和 89.5%，2#弹性孔网堵漏材料的质量保留率和抗拉强度保持率分别为 88.9%和 86.8%，其余 7 种弹性孔网堵漏材料的质量保留率和抗拉强度保持率均低于 85%。对比实验表明，1#和 2#弹性孔网材料的抗温能力可达 150℃。

2　弹性孔网材料对堵漏效果的影响评价

2.1　孔径对堵漏效果的影响

利用楔形长裂缝封堵实验(5×4mm)对不同孔径的弹性孔网材料(PTR)进行了评价，经结果分析可知，加入孔径为 15~30ppi 的弹性孔网堵漏材料后，漏失速率为 0.06L/s，随着弹性孔网堵漏材料孔径的减小，漏失速率明显降低，加入孔径为 15~50ppi 的弹性孔网堵漏材料后，漏失速率降低至 0.025L/s。弹性孔网堵漏材料的孔径越小对流体的阻力越大，因此漏失速率随着弹性孔网堵漏材料的孔径的减小而减小(表 2)。

表 2　不同孔径弹性孔网材料裂缝封堵实验结果(5×4mm)

编号	堵漏浆配方	漏失速率(L/s)	封堵情况
1#	堵漏基浆+0.08% 5mm×5mm×5mm PTR(孔径为 15~30ppi)	0.06	进入裂缝中
2#	堵漏基浆+0.08% 5mm×5mm×5mm PTR(孔径为 15~50ppi)	0.04	进入裂缝中
3#	堵漏基浆+0.08% 5mm×5mm×5mm PTR(孔径为 15~80ppi)	0.025	进入裂缝中

2.2　浓度对堵漏效果的影响

利用楔形长裂缝封堵实验结果(5×4mm)考察了弹性孔网堵漏材料(PTR)的不同浓度对堵漏效果的影响，结果见表 3。分析可知，加入 0.04%弹性孔网材料(5mm×5mm×5mm)后，其可进入裂缝中，漏失速率降低至 0.3L/s，随着弹性孔网材料浓度的增大，裂缝中弹性孔网材料的数量显著增加，裂缝漏失速率大大降低，但加入 0.12%弹性孔网堵漏材料后，由于其浓度过大，无法进入裂缝，堆积在裂缝开口外(表 3，图 5)。

表 3　不同浓度弹性孔网堵漏材料长裂缝封堵实验结果(5×4mm)

编号	堵漏浆配方	漏失速率(L/s)	封堵情况
4#	堵漏基浆+0.04% PTR(5mm×5mm×5mm)	0.1	进入裂缝中
5#	堵漏基浆+0.08% PTR(5mm×5mm×5mm)	0.06	进入裂缝中
6#	堵漏基浆+0.12% PTR(5mm×5mm×5mm)	0.06	封门

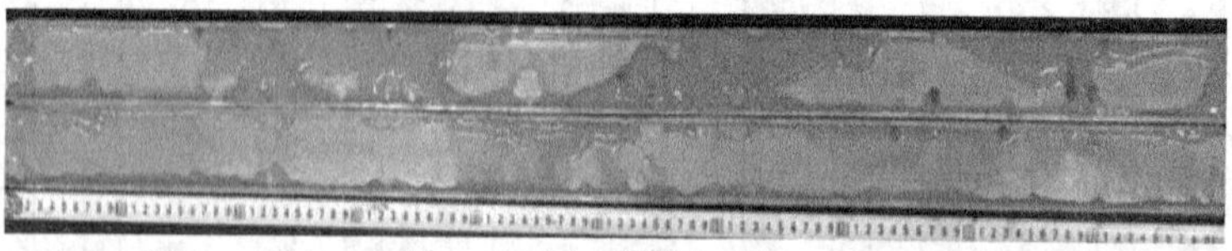

(a) 4#配方

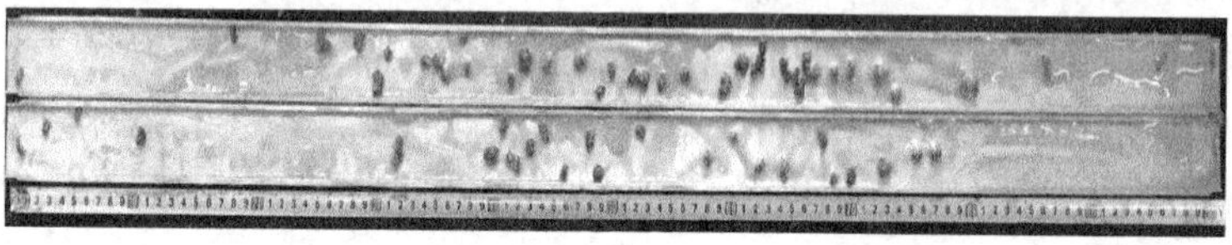

(b) 5#配方

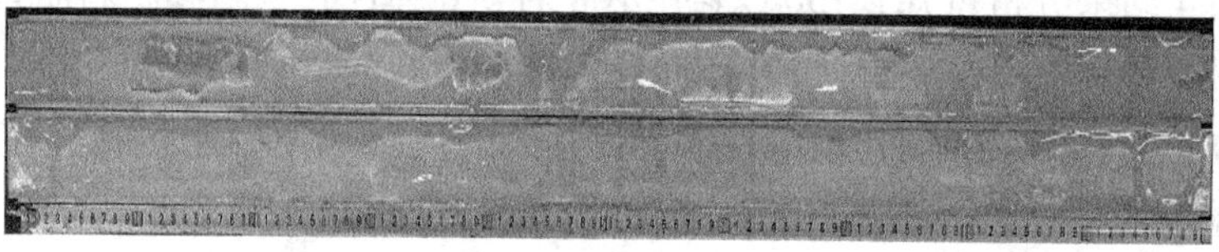

(c) 6#配方

图 5　不同浓度弹性孔网材料在裂缝模块中的形态照片(5×4mm)

2.3　弹性孔网堵漏材料裂缝封堵作用机理

基于弹性孔网堵漏材料裂缝封堵实验，弹性孔网堵漏材料裂缝封堵作用机理可概括为以下几个方面。

(1) 架桥封堵，降低封堵层渗透率：弹性孔网堵漏材料可在井底压差作用下挤入裂缝，适应不同开度地层裂缝(自适应性)，在裂缝处形成一个过滤网，同时起到骨架支撑的作用，变缝为孔，降低裂缝封堵层渗透性，降低漏失速率[7]。

(2) 捕集作用：弹性孔网材料易于捕获其他类型堵漏材料，形成三维立体封堵隔墙(层)，提高堵漏材料在裂缝中的滞留能力，提高堵漏成功率。

(3) 提高封堵层承压能力：填充材料在过滤网中不断堆积，封堵域较长，大量弹性孔网堵漏材料封堵隔墙协同作用，承担外部载荷，提高了封堵层的致密承压能力[8](图 6)。

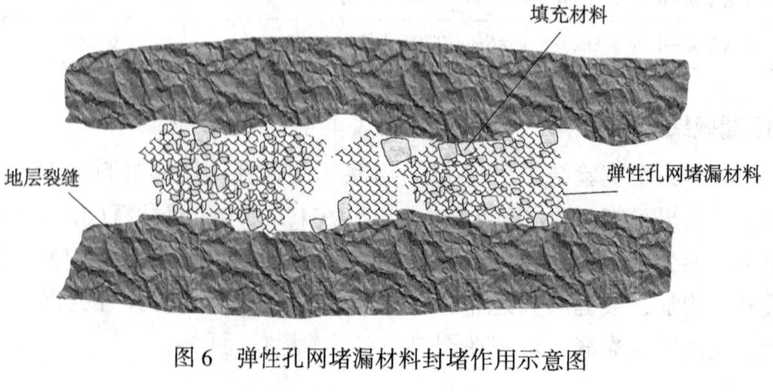

图 6　弹性孔网堵漏材料封堵作用示意图

3　堵漏配方优化及评价

通过优选刚性颗粒、填充颗粒、纤维材料，并与弹性孔网堵漏材料进行了复配，利用楔形长裂缝封堵实验装置进行了评价实验，表4为堵漏实验配方，表5为堵漏评价实验结果。

表4　楔形长裂缝封堵实验配方(2×1mm)

编号	GDJ-2	RDJ-2	GDJ-3	RDJ-3	GDJ-4	RDJ-4	GDJ-5	FDJ	PTR
7#	4%	1%	3%	1%	3%	1%	2%	0.1%	0.04%
8#	4%	1%	3%	1%	3%	1%	2%	0.2%	0.08%
9#	4%	1%	3%	1%	3%	1%	2%	0.3%	0.12%

表5　楔形长裂缝封堵实验结果(2×1mm)

编号	裂缝封堵区域(mm)	承压能力(MPa)	漏失量(mL)
7#	765~820	9	144
8#	745~815	10	126
9#	—	—	—

综合分析可知，随着弹性孔网材料浓度的增加，裂缝封堵区域前移(图7)，封堵层的承压能力显著增加，裂缝漏失量降低至126mL，加入0.12% PTR，其浓度过大，颗粒状堵漏材料无法进入裂缝中，形成“封门”。弹性孔网堵漏材料的最优加量为0.08%，因此，选择8#配方作为开度2×1mm楔形长裂缝的高效堵漏工作液配方[9]，具体配方为：4%GDJ-2 + 1%RDJ-2 + 3%GDJ-3 + 1%RDJ-3 + 3%GDJ-4 + 1%RDJ-4 + 2%GDJ-5 + 0.2% RDJ+ 0.08% PTR。

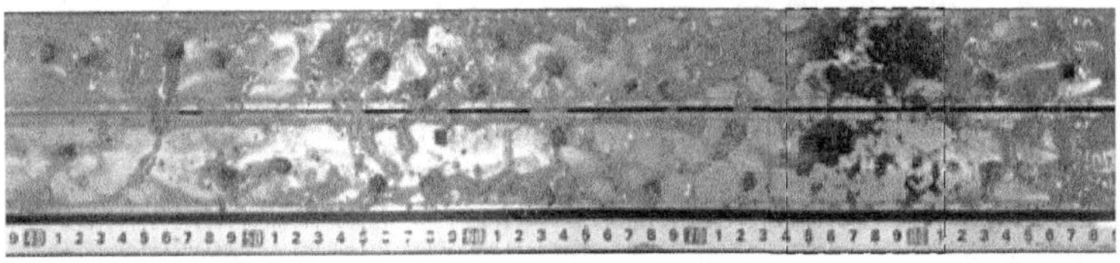

图7　8#配方楔形长裂缝封堵实验照片(2×1m)

4　现场应用

研制的弹性孔网堵漏剂在四川威远区块35平台、元坝701井、陕北双34-55H2井等8口井进行了现场试验，取得了较好的堵漏作用。

元坝701井位于四川省广元市苍溪县石门乡杨河村，目的层为下二叠统茅口组三段，是中国石化部署在该块的一口评价井。该井于钻至自流井组东岳庙段2834.76m，发现漏失，正常排量45L/s，漏速24m^3/h，后降排量至20L/s，漏速16m^3/h，期间漏失钻井液38m^3；随后开始堵漏，配堵漏浆30m^3，堵漏浆配方为：6%刚性颗粒+ 5%弹性孔网堵漏剂(含0.08%弹性孔网骨架颗粒)+3%填充材料，泵入堵漏浆20m^3，替入井浆40m^3，堵漏浆进入井底；随后起钻10柱至井深3533m开始逐步提排量至43L/s循环，未见漏失，堵漏成功。

威页35-4HF井位于四川省内江市威远县界牌镇花荷村，是中国石化部署的一口水平开发井。该井在井深4985.71m(最大漏速52.2m^3/h)、5197.5m(最大漏速12m^3/h)及5492m(最大漏速12m^3/h)发生多次漏失。完钻后，仍发生两次漏失，因此，下套管前进行了承压堵漏，采用弹性孔网堵漏剂配合刚性材料、填充材料配制堵漏浆24m^3进行承压堵漏，共挤入堵漏浆9.69m^3，最高套压5.2MPa，套压稳定在4.7 MPa不降，计算井底当量密度由2.14提高到2.27以上；下钻到底循环，排量逐步提高至28L/s循环不漏，承压堵漏一次成功。

5 结论与建议

(1) 弹性孔网材料具有较好的压缩回弹性能，抗拉强度较好，抗温性好。孔网材料50%压缩永久变形率<10%，抗拉强度≥130kPa，抗温能力可达150℃。

(2) 弹性孔网材料的孔径和浓度对堵漏效果有一定的影响。漏失速率随孔径的减小而降低，孔网材料的浓度在0.08%较为适合，浓度过大容易形成“封门”效应。

(3) 弹性孔网堵漏剂堵漏效果明显，今后可对堵漏剂现场实施工艺进行优化，进一步提高堵漏效果。

参考文献

[1] 徐同台，刘玉杰，申威，等. 钻井工程防漏堵漏技术[M]. 北京：石油工业出版社，1997.
[2] 熊继有，程仲，薛亮，等. 随钻防漏堵漏技术的研究与应用进展[J]. 钻采工艺，2007，30(2)：7-10.
[3] 吴应凯，石晓兵，陈平，等. 低压易漏地层防漏堵漏机理探讨及现场应用[J]. 天然气工业，2004，24(3)：81-83.
[4] 吕开河. 钻井工程中井漏预防与堵漏技术研究与应用[D]. 东营：中国石油大学(华东)，2007.
[5] 景步宏，储明来，丁建林，等. 大裂缝性漏失堵漏新技术[J]. 特种油气藏，2009，16(1)：92- 95.
[6] 林英松，蒋金宝，秦涛. 井漏处理技术的研究及发展[J]. 断块油气田，2005，12(2)：4-8.
[7] 孙金声，张家栋，黄达全，等. 低渗透钻井液防漏堵漏技术研究与应用[J]. 钻井液与完井液，2005 22(4)：21-23.
[8] 范钢，张宏刚. 深层裂缝性储层防漏堵漏实验评价研究[J]. 探矿工程，2008，7：80-83.
[9] 张洪利，郭燕，王志龙. 国内钻井堵漏材料现状[J]. 特种油气藏，2004，11(2)：1-4.

延安气田东部区域随钻封缝即堵技术研究与应用

申　峰[1,3]　王　波[1,2,3]　李　伟[1,3]　张文哲[1,3]　薛少飞[1,3]

(1. 陕西延长石油(集团)有限责任公司研究院；2. 中国石油大学(华东)石油工程学院；
3. 陕西省陆相页岩气成藏与开发重点实验室)

【摘　要】 延安气田钻井作业中井漏问题严重，增加钻井周期、影响钻井安全，使用常规堵漏材料和措施堵漏效果差、成本高，严重影响天然气井开发。为提高随钻堵漏成功率，缩短钻井周期，本文通过对随钻封缝即堵机理进行探讨，通过数值计算与堵漏实验结合，确定适合于延安气田东部区域漏失地层的随钻封缝即堵配方。室内实验表明，堵漏体系承压能力可达6MPa以上，在YYP-10井应用中堵漏效果明显，钻井液在漏失层段的当量密度提高0.25g/cm^3，保障了该试验井的顺利完钻，也为该区域防漏堵漏提供技术对策。

【关键词】 延安气田；封缝即堵；堵漏机理；承压能力；当量密度

1　延安气田概况

井漏是钻井作业中普遍存在的问题，也是增加钻井周期、影响钻井安全的难点，研发有效的防漏堵漏技术、制定合理的防漏堵漏方案是各个油田解决钻井漏失难题的关键技术。鄂尔多斯盆地延安气田地质资源量丰富，累计探明天然气地质储量6650×10^8 m^3，建成产能32×10^8 m^3，地理位置包括延安、延长、甘泉、富县等多个地区[1-2]。然而，在延安气田钻井作业中井漏问题严重，几乎逢钻必漏，严重影响钻井周期、增加钻井成本。通过对延安气田东部区域25口漏失井漏失层位及各层位漏失次数统计分析，各漏失层漏失概率如图1所示。

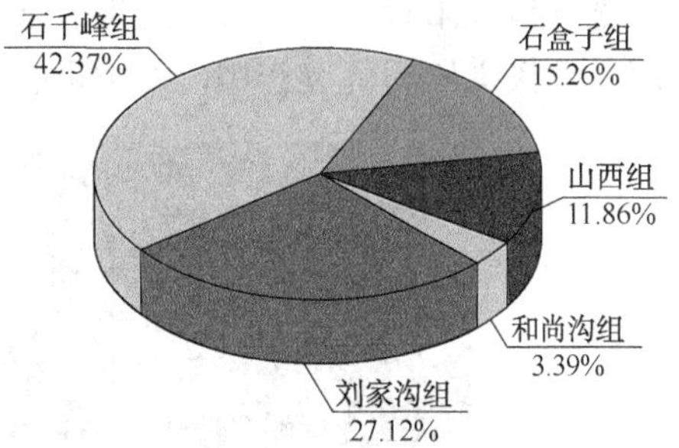

图1　不同漏失层漏失概率统计

裂缝及恶性漏失层位多集中在刘家沟组、石千峰组、石盒子组等地层，其中以刘家沟组、石千峰组最为严重，发生漏失概率占27.12%、42.37%。地层裂缝发育，底部存在天然裂缝，既有垂直裂缝，又有水平裂缝，主要以垂直裂缝为主，垂直裂缝极为发育，宽度一般为0.5~3.0mm，某些地区裂缝开度达到3.0mm以上。

基金项目：国家科技重大专项“陆相页岩气水平井高效低成本钻完井技术”(课题编号：2017ZX05039-003)。

作者简介：申峰，正高级工程师，主要从事储层改造等方面研究。地址：陕西省西安市高新区唐延路61号延长石油科研中心；电话：13659291079。

*通信作者简介：王波，男，1990年10月，工程师。中国石油大学(华东)博士研究生，现主要从事于油气井工作液技术研究。联系电话：15991696675；E-mail：swpu.2008@qq.com。

地层承压能力高低是一个相对的概念。所钻井段表现出随钻随漏、遇漏必堵(不堵则漏失越来越大)；堵完再钻、再钻再漏、再漏再堵；堵完又钻、又钻再漏、又漏再堵；再钻又漏……一直循环往复直至结束。整个地层漏点多、漏点随钻头不断下移、反复出现、位置不定、时间不定、漏失频繁；而完钻后固井还可能漏……这称为地层承压能力低，或地层复杂压力系统引发的严重漏失。现在承压堵漏是提高地层承压能力常用的办法，有一定的效果，但随机性较大，一次堵漏成功率低。如何提高随钻过程中的堵漏成功率，减缓漏失程度、缩短钻井周期，已成为当前制约鄂尔多斯盆地延安气田安全、高效钻井的重要技术难题。

2 随钻封缝即堵原理

针对宽度为 0.1~2mm 的天然致漏裂缝和诱导裂缝，在钻井液中添加粒径分布宽(从微米级封堵颗粒到毫米级堵漏颗粒)、级配合理以及与裂缝尺寸匹配的堵漏材料可实现对裂缝的封堵和封隔。实现提高承压能力的封缝即堵的关键是通过在很短时间内形成超低渗透(或无渗透)的封堵层来实现人工造壁，达到有效阻止钻井液液柱压力向地层裂缝的传递、减小高密度钻井液液柱的造缝能力、堵住原有漏失、防止漏失扩大、提高地层承压能力的目的[3]。

堵漏材料是堵缝的高效堵剂，它在钻井液中均匀分布，一旦进入裂缝就能在裂缝某个位置卡住，起到架桥作用而作为堵塞的承压骨架“变缝为孔”，如图 2 所示。随着架桥粒子在裂缝中架稳、变缝为孔，其他各级粒子分别起逐级填充作用，形成致密堵塞，最后细微颗粒将不能再通过堵塞，这时微粒子协同其他固相颗粒在地层和堵塞表层形成致密内外滤饼，在正压差作用下，内滤饼被牢牢黏结在地层和堵塞表层上，使堵塞形成超低渗透封堵层。这样在裂缝开口处附近形成了人工造壁，实现封缝即堵，最终完全隔离钻井液及其滤液，不侵入地层，不接受压力传递作用(阻隔压力)，增强井壁稳定性，提高地层承压能力[4-5]。

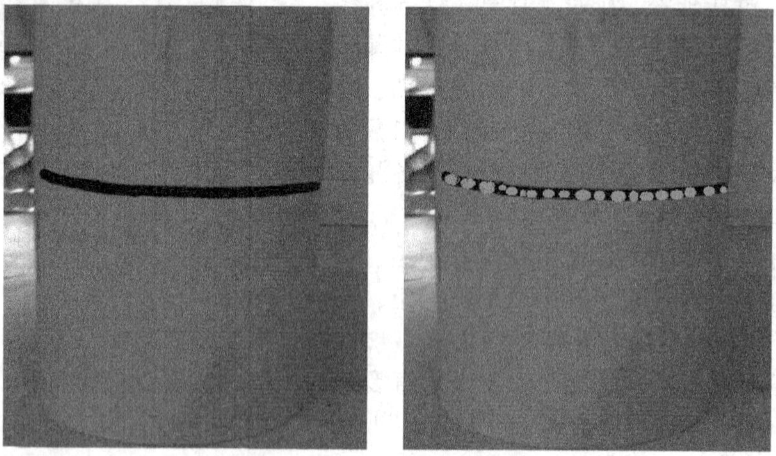

图 2　随钻封缝即堵示意图

该过程中，钻井液具有在很短时间(1~2min 内)、漏失很少量(1~2m^3)就迅速堵住裂缝漏失的能力，使封堵层渗透率很低(接近为 0)，并能制止其进一步扩大。通过提高承压能力的封缝即堵技术，可以实现以下几点。

(1) 有效堵住漏失，而且可大大降低钻井液通过封堵层的渗滤量，直到小于裂缝中进入液体的滤失量(即不会再压裂地层)，形成超低渗透的封堵层，实现人工造壁。

(2) 大大增加堵塞两端压降，有效阻隔钻井液液柱压力向地层裂缝的传递，从而相应防止液柱的造缝能力，既堵住已发生的漏失又防止漏失的扩大，并对诱导裂缝进行及时封堵，从而实现防漏堵漏的要求。

(3) 只要封堵层强度足够，就能提高地层承压能力，则有助于固井。

2.1 提高地层承压能力的封缝即堵技术适用条件

针对长裸眼多套压力层系或压力衰竭地层时易发生的漏失等窄安全密度窗口的复杂地层，通过对致漏天然裂缝和扩大到致漏程度的非致漏天然裂缝(诱导裂缝)的封缝即堵，提高地层承压能力，增加井壁强度。

(1) 可以解决0.1~2mm以下天然致漏裂缝的漏失并提高地层的承压能力。

(2) 对非致漏天然细微裂缝，允许裂缝扩张到致漏宽度(0.1~0.2mm)形成诱导裂缝，再进行成功封堵。

但地层有大于2mm的致漏裂缝，就必须用停钻堵漏技术来封堵和提高地层的承压能力，停钻进行堵漏可以解决10mm左右天然致漏裂缝的漏失和提高承压能力的问题。大于10mm裂缝的漏失宜采用对付大裂缝的恶性漏失堵漏技术。本课题以≤2mm裂缝为研究对象。

2.2 封缝即堵技术封堵裂缝过程

在封缝即堵过程中，堵漏浆液进入漏层，形成封堵层的过程与桥塞堵漏过程中堵漏颗粒在裂缝中的封堵过程类似。地层中存在有许多形状不一的裂缝、孔隙，它们互相交错、延伸。对一条裂缝性漏失通道来说，始终有其最窄小的部位，这就是“喉道”，大颗粒在此“卡喉”而达到架桥的作用。堵漏材料就是针对这些“喉道”部位发挥架桥、变缝为孔、填塞、嵌入等作用来形成堵塞，最后形成超低渗透封堵层，从而达到消除井漏的目的。

(1) 架桥作用。

堵漏材料包括刚性颗粒、可变形颗粒和纤维。对于刚性颗粒，其有效尺寸从亚微米级直到等于裂缝的最大开度。较大粒径进入裂缝中的刚性颗粒将被裂缝表面捕集，在压差和重力作用下沉降，并在裂缝内架桥，变缝为孔[6]。

钻井液中堵漏颗粒在压差作用下，当小于裂缝最大开度的刚性颗粒进入裂缝后可能在裂缝内外形成单颗粒、双颗粒和多颗粒形式架桥，但在随钻过程中，不能形成有效的缝外架桥，为此，主要针对随钻封堵形成的缝内架桥进行研究，以水平缝为例。

当只有一种架桥颗粒时，单粒架桥变缝为孔，逐级填充，并且在堵塞后形成封闭。当存在多级架桥颗粒时，窄的颗粒级配范围使得钻井液漏失达到最大。尽管漏失量大，但是堵漏剂能在裂缝中沉积、失水形成封堵[7]。如图3所示。

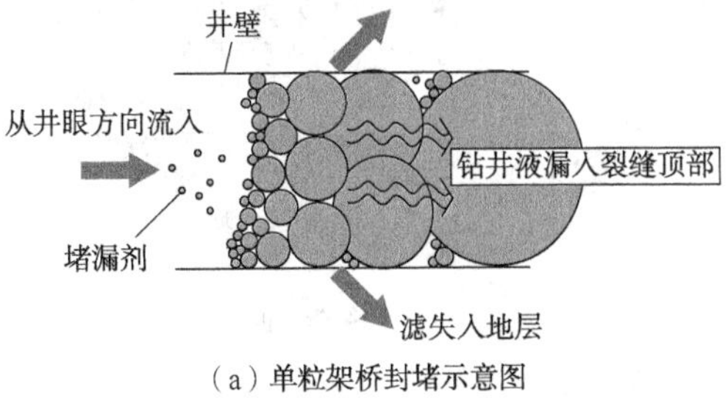

(a) 单粒架桥封堵示意图

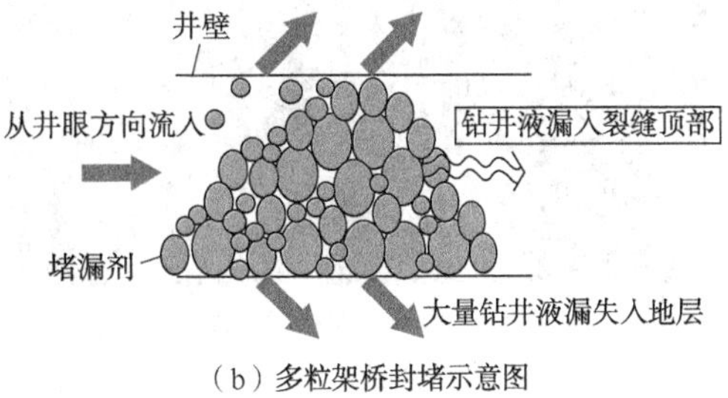

(b) 多粒架桥封堵示意图

图3 颗粒架桥封堵示意图

在垂直缝中，架桥情况类似。这时颗粒重力沉降作用使得垂直缝的下部更容易形成架桥。与此同时裂缝表面的不规则和微粒的不规则，均会有助于架桥，并会提高架桥的强度。

同时，纤维可以吸附钻井液体系中的固相颗粒(如黏土等)，随钻井液进入地层裂缝后，纤维材料的边缘与裂缝的腔壁产生的较大的摩擦、阻挂和滞留，随着漏失的进一步发展，纤维成网一层一层的覆盖，利用纤维细而光滑、曲张变形的特点造成无孔不入、滑而易动的环境填充于裂缝中，这样纤维的乱向分布就构成了纤维材料架桥的基本结构[8]。

(2) 封堵层的形成。

纤维材料和不规则堵漏颗粒在裂缝狭窄处“变缝为孔”、形成架桥。在架桥作用形成以后，仅仅形成了封堵漏失通道的基本骨架，漏失通道由缝变孔、由大变小、由小变微，但还没有彻底消除漏失通道的相互连通。这时，堵漏浆液中的片状材料和细颗粒材料，在压差的作用下对“桥架”中的微小孔道和地层中的原有小裂缝进行嵌入和堵塞，细颗粒材料的加入很明显地改善了堵漏效果。它对大颗粒架桥留下的一些微小孔隙起到了很好的填充作用，从而很好地降低了漏失量和提高了承压效果。从而完全消除井漏，达到堵漏的目的[9-10]。

同时，低渗透的封堵层就像一个塞子一样牢牢的堵塞在漏失通道上面，纤维在致密的堵塞中还起到了“拉筋”的作用，增加了堵塞的“物理内聚力”具有很高的承压能力。

3 随钻封缝即堵防漏堵漏实验研究

3.1 堵漏仪器及材料

3.1.1 堵漏仪器

封缝即堵即在钻井过程中利用钻井液为主体，添加相应的封缝即堵材料的技术手段来随钻不断地提高封堵层的承压能力，也就是随钻提高地层的安全密度窗口。采用带有楔形裂缝的模板在 DL 改进型堵漏试验装置上进行实验，利用堵漏材料配成的超低渗透堵漏浆来封堵楔形裂缝。本实验采用一条已知宽度(2.0mm)的致漏裂缝，选用不同的封堵颗粒级配进行实验，堵漏仪器如图 4 所示。堵漏材料包括刚性颗粒、变形颗粒和纤维材料等，通过实验，要求该体系在很短的时间内、滤失量很小的情况下堵死裂缝，并形成超低渗透的封堵层。

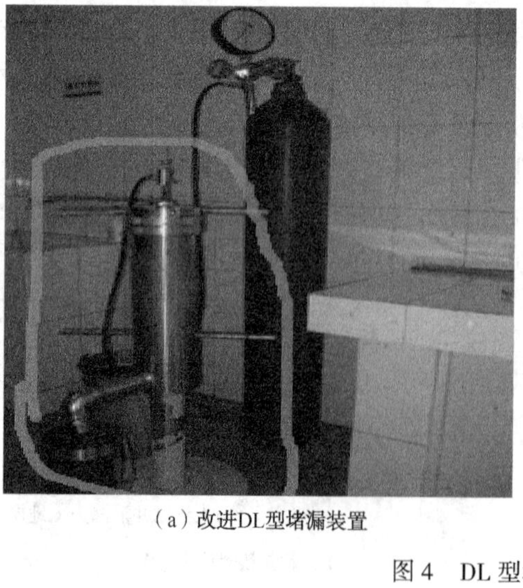

(a) 改进DL型堵漏装置

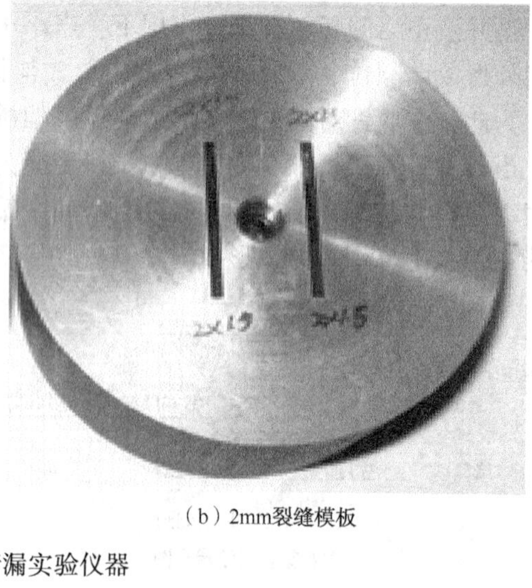

(b) 2mm裂缝模板

图 4 DL 型堵漏实验仪器

3.1.2 堵漏材料

目前，现场常用的桥接堵漏材料一般按照形状可分为四大类：颗粒材料、纤维状材料、片状材料和其他形式的材料。

实验药品：4%膨润土浆、二开浆，刚性颗粒(粒径由大到小分为 A、B、C、D、E、F 等级)，果壳(A、B、C、D 等级)，变形颗粒(A、B、C、D、E 等级)。

堵漏材料没有统一的规格，美国通常将颗粒分为粗、中、细三级，粗粒介于 4~10 目之间(4.5~2mm)，中粒介于 12~20 目之间(1.5~0.8mm)，细粒小于 20 目。

本实验根据地层裂缝大小，由表 1 给出了颗粒等级与尺寸对比情况。

表 1 颗粒堵漏剂 GFD 的等级与尺寸对比

等级	A	B	C	D	E	F
目数	10~20	20~40	40~60	60~80	80~100	100~120
尺寸(mm)	2.0~0.9	0.9~0.45	0.45~0.3	0.3~0.2	0.2~0.15	0.15~0.125

表 2 给出了不同宽度的裂缝与不同级别的堵漏材料时的漏失情况。

表 2 不同宽度的裂缝与不同级别的堵漏材料的漏失情况

缝宽度(mm)	漏失情况	堵漏颗粒级别	架桥颗粒尺寸(mm)
<0.1	不漏失		
0.1~0.2	发生漏失	E、F	0.15~0.2
0.2~0.5	发生漏失	C、D、E、F	0.3~0.45
0.5~1.0	发生漏失	B、C、D、E、F	0.45~0.9
1.0~2.0	发生漏失	A、B、C、D、E、F	0.9~2.0
>2.0	发生漏失	停钻堵漏	

3.2 堵漏剂优选

3.2.1 刚性颗粒的粒度设计

对于颗粒状桥塞堵漏材料的架桥形成机理，国内外有关学者进行了深入的研究，建立了单颗粒架桥理论、多颗粒的架桥理论、三分之二架桥理论、D90 理论等。研究表明，广谱的颗粒尺寸分布，有利于获得许多颗粒尺寸组合，且易封堵大范围的裂缝宽度，但是只有合适尺寸的颗粒才能产生稳定的架桥，颗粒状材料的浓度不会明显影响桥堵的承压能力，但会增加桥堵形成的可能性。三分之二架桥理论认为当堵漏材料的尺寸为裂缝宽度的三分之二时，可在裂缝之间稳定架桥；堵漏材料的尺寸为裂缝宽度的 1/3 时，可在裂缝内部堆积形成桥塞。

因此，第一级刚性颗粒设计原则为：第一级刚性颗粒粒径须在图 5(a)中和图 5(b)中所示的颗粒直径范围之内，如果第一级刚性颗粒直径大于图 5(a)中所示的颗粒直径，则颗粒过大，根本进不到裂缝中，只能在裂缝面上封门；如果第一级刚性颗粒直径小于图 5(b)中的颗粒直径，则颗粒将会从裂缝中漏走，不能在裂缝端口处架桥，因此有

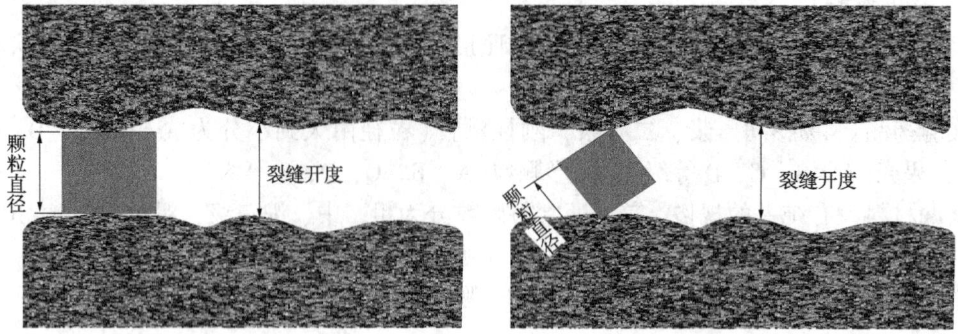

（a）最大刚性颗粒直径　　（b）最小刚性颗粒直径

图 5　裂缝中的第一级架桥刚性颗粒示意图

$$\sqrt{3}d_1 \geqslant D \geqslant d_1 \tag{1}$$

即：

$$D \geqslant d_1 \geqslant 0.6D \tag{2}$$

式中：D 为裂缝端口处的当量开度，m；d_1 为架桥刚性颗粒的粒径，m。

第一级刚性颗粒在裂缝中架桥之后，第二级刚性颗粒在裂缝中填充第一级刚性封堵后的空间，由于第一级刚性颗粒的粒径为 0.6~1.0D，所以，第二级刚性颗粒需要封堵的最大裂缝空间为 0.4D，按照与第一级颗粒相同的架桥模型，则有

$$\sqrt{3}d_2 \geqslant 0.4D \geqslant d_2 \tag{3}$$

即第二级刚性颗粒粒径选择范围为

$$0.4D \geqslant d_2 \geqslant 0.23D \tag{4}$$

式中：d_2为第二级刚性颗粒的粒径，m。

同理得到第三级、第四级刚性颗粒的粒径选择范围为

$$0.17D \geqslant d_3 \geqslant 0.10D \tag{5}$$

$$0.07D \geqslant d_4 \geqslant 0.04D \tag{6}$$

式中：d_3为第三级刚性颗粒的粒径，m；d_4为第四级刚性颗粒的粒径，m。

在实验条件下，模拟裂缝开度一般较大，通常需要四级颗粒复配。而对于地层条件下，裂缝的开度不是很大，且又由于钻井液中有部分小颗粒的钻屑和加重材料，因此，选择三级刚性颗粒的粒径。

3.2.2　刚性颗粒的浓度设计

目前，现场施工中对堵漏颗粒浓度大多数是按照经验去选择，对于刚性颗粒，可以通过数学估算来选择出可用的颗粒的浓度。在钻井液液柱作用力之下，裂缝扩张形成通道发生漏失，为使裂缝漏失一定体积钻井液之后，裂缝不再继续扩张，则需要进入很少的防漏堵漏浆就能形成牢固的封堵层，阻止钻井液进一步漏失，从而阻止裂缝继续扩大。如果钻井液已经充满裂缝空间，还未形成填塞层，就会产生诱导作用，由于裂缝尖端的应力集中使得裂缝继续扩延。因此，要使裂缝不再扩大，则需要与裂缝空间相同体积的随钻堵漏浆中含有能够形成牢固填塞层的各级颗粒。

设定裂缝的宽度为 W，深度为 L，开度为 D，估算时可将裂缝看作长方体，如图 6 所示，则裂缝的体积为

$$V = WLD \tag{7}$$

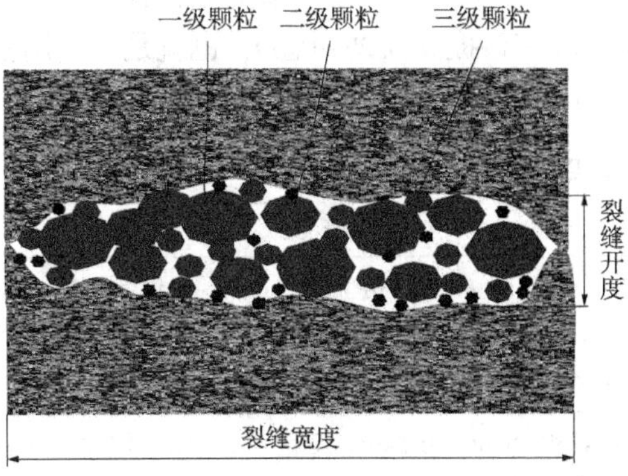

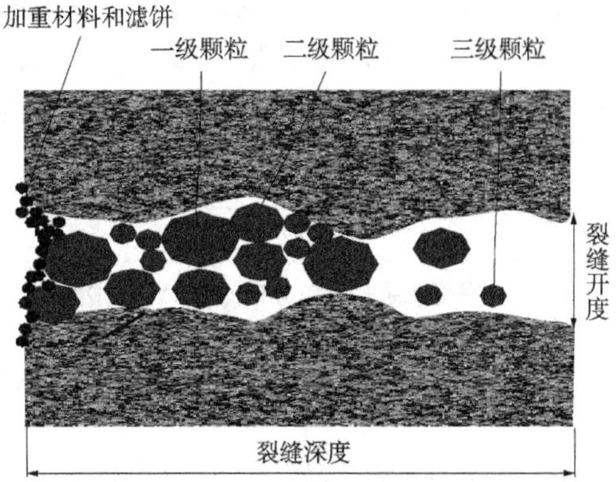

图 6　裂缝中的填塞层颗粒示意图

假设在裂缝宽度上均匀排列粒径为 0.6D~D 的刚性颗粒三层为形成牢固的填塞层条件，粗略计算时取架桥颗粒粒径的中值，可得到第一级刚性颗粒的体积为

$$V_1=3\times(W/0.8D)\times(0.8D)^3 \tag{8}$$

因此，第一级刚性颗粒的浓度为

$$C_1=\frac{V_1\rho_R}{V}=\frac{3\times(W/0.8D)\times(0.8D)^3\times\rho_R}{WLD} \tag{9}$$

式中：V_1为所需第一级刚性颗粒的体积，m^3；C_1为第一级刚性颗粒的浓度，kg/m^3(质量/体积)；ρ_R 为刚性颗粒的密度，kg/m^3。

对于第二级刚性颗粒，由于进入裂缝中的各级颗粒的随机性，即一部分第二级刚性颗粒在第一级刚性颗粒架桥之前进入裂缝，由于没有颗粒架桥，进入裂缝的小颗粒就不能起到相应的作用，只有在第一级刚性颗粒架桥之后进入裂缝中的小颗粒才能起到相应的作用，因此，估算时引入一个有效性系数，即有效颗粒与总颗粒的比值。则依次有第二级、第三级、第四级颗粒的浓度为

$$C_2=\frac{3\times(W/0.8D)\times(0.32D)^3\times\rho_R}{k_2WLD} \tag{10}$$

$$C_3=\frac{3\times(W/0.8D)\times(0.135D)^3\times\rho_R}{k_3WLD} \tag{11}$$

$$C_4=\frac{3\times(W/0.8D)\times(0.055D)^3\times\rho_R}{k_4WLD} \tag{12}$$

式中：C_2为第二级刚性颗粒的浓度，kg/m^3(质量/体积)；C_3为第三级刚性颗粒的浓度 kg/m^3(质量/体积)；C_4为第四级刚性颗粒的浓度 kg/m^3(质量/体积)；k_2、k_3、k_4为第二级、第三级、第四级刚性颗粒有效系数。

由以上公式，逐级估算出所有的颗粒浓度。

3.3　堵漏配方建立

根据上述实验，本文按果壳堵漏材料、变形堵漏材料与纤维堵漏材料的比例与粒度，替换为包含了果壳、变形粒子、纤维堵漏材料的综合堵漏材料包 GDJ，在复配堵漏实验的基础上，得出分别以膨润土浆和二开浆为基础浆的适用于延安气田东部区域钻井井漏的随钻堵漏配方。其结果

见表3。结果表明，在钻进刘家沟组—石千峰组的井浆中添加随钻防漏堵漏剂后，其承压能力从1.05~1.06g/cm^{3}可提高至1.30~1.35g/cm^3，即安全密度窗口提高0.25~0.30，也就是说当用密度1.25~1.30g/cm^{3}的钻井液体系钻进石千峰组以下地层时，不会引发上部地层漏失。

表3 堵漏浆堵漏实验情况

序号	堵漏浆配方	堵漏现象
1	4%膨润土浆+1.5%GFD-A+0.5%GFDB-CDEF+0.5%GDJ-1+0.5%GDJ-2+0.5%GDJ-3	常压漏失约50mL；0.5MPa漏失60mL；1MPa漏失75mL；1.5MPa漏失60mL；2MPa有较多漏失，2.5MPa基本漏失完，裂缝中有较多颗粒紧密堆积
2	4%膨润土浆+1.5%GFD-A+0.5%GFDB-CDEF+1%GDJ-1+1%GDJ-2+1%GDJ-3	常压漏失40mL，0.5MPa无漏失，1MPa漏失100mL，1.5MPa漏失50mL，2MPa漏失40mL，2.5、3、3.5、4、4.5MPa无漏失，5MPa漏失较多，5.5MPa完全漏失，裂缝中有较多颗粒堆积物
3	4%膨润土浆+1.5%GFD-A+0.5%GFDB-CDEF+2%GDJ-1+2%GDJ-2+2%GDJ-3	常压无漏失，0.5MPa无漏失，1MPa，漏失17mL，以后每加压0.5MPa滴状漏失，1mL到8mL，5.5MPa无漏失，6MPa无漏失，总计漏失10mL，表面有较多大颗粒堆积，裂缝中有较多颗粒堆积物
4	二开浆+1.5%GFD-A+0.5%GFDBCDEF+2%GDJ-1+2%GDJ-2+2%GDJ-3	常压漏失10mL，加压至6MPa均无漏失，取出模具，表面覆盖比较严实，缝内有大量颗粒

注：二开浆为4%土浆+0.15%XC+0.5%CHL-1+7.0%KCL+2.0%CMJ-2+2.0%EP-2+1.0%白沥青+0.5%JN303（密度为1.06g/cm^3）。

由表3及图7可以看出，针对延长油田天然气井刘家沟组—石千峰组的堵漏浆配方为：4%膨润土浆（井浆）+1.5%GFD-A+0.5%GFD-BCD+2%GDJ-1+2%GDJ-2+2% GDJ-3

（a）承压堵漏后裂缝正面

（b）承压堵漏后裂缝背面

图7 承压堵漏后裂缝堵漏情况

4 封缝即堵技术的施工工艺及现场应用

4.1 随钻封缝即堵技术施工工艺

钻至漏失层位之前（根据钻时变化和邻井漏失情况判断），或出现漏失显示后，按如下工艺进行防漏堵漏。

（1）全井浆加随钻防漏剂防漏工艺。

① 循环钻井液。

② 同时通过加重漏斗，往井浆中加入 3%～5%随钻防漏剂（GFD－C3%～4%，GFD－D3～4%）。

③ 循环钻井液全部通过 40 目振动筛，并停运除砂器、除泥器。

④ 钻进中，注意监测出口钻井液性能，开大胶液量，维护好井浆性能，并注意进口密度不得小于设计密度。

⑤ 预留部分罐容，井浆维护将会增大井浆体积，必要时可以放掉部分井浆，以保证循环。

⑥ 监测随钻堵漏材料的有效浓度，及时补充 C 级、D 级防漏剂，保持其有效浓度至 5%～8%。

⑦ 在井浆中加入相应的添加剂，控制好失水和润滑性。严格控制碱的加入量，保持 pH 值不大于 9，减少钻屑的分散。

⑧ 其他按原设计规定执行。

（2）随钻段塞防漏堵漏工艺：

① 在最短的时间内向钻井液中加入配方量的防漏剂，搅拌，形成高浓度段塞。

② 采用正常排量（如 8～12L/s）往井内泵入随钻堵漏浆段塞（体积依据实际情况而定）。地面连续计量液面，观察漏失情况。

③ 随钻堵漏材料因其密度较大，比钻井液提前到达井底。随钻堵漏材料出钻头后，密切观察漏失情况。并对比随钻堵漏浆出钻头前后的漏失量变化。

④ 采用随钻堵漏后，漏失停止或明显减轻，恢复正常钻进；若漏失缓解不明显，且循环钻井液量不能够满足正常钻进要求，进行停钻堵漏。

⑤ 堵漏浆从井内返出后，全部通过 80 目（120 目）筛布。

⑥ 加强钻井液各项性能的维护。

4.2 YYP－10 井堵漏实例

YYP－10 井位于延安市宝塔区官庄乡条塬村西南 600m 处，该井设计井深 3770.8m，完钻层位山西组 1 段。根据邻井井史资料显示，该区域在钻进至刘家沟组、石千峰组地层时易发生井漏，钻进过程中使用钻井液密度在 1.05～1.10g/cm^3，漏失频发且多为裂缝性井漏，漏失易反复发生，严重时钻井液失返，堵漏作业困难。该井在钻进过程中发生了 3 次明显井漏，使用随钻封堵堵漏方案作业 4 次，漏失及堵漏作用情况见表 4。

表 4　YYP－10 井钻进漏失情况及堵漏方案

井深/m	漏失层位	漏失情况	堵漏措施	结果
2068	刘家沟组	漏速 6～12m^3/h	井浆+1.5%GFD－A+0.5%GFD－BCD+2%GDJ－1+2%GDJ－2+2%GDJ－3	成功
2196	刘家沟组/石千峰组	漏速 25～30m^3/h	井浆+2.5%GFD－A+1%GFD－BCD+2%GDJ－1+2%GDJ－2+2%GDJ－3	漏失量降低至 8m^3/h
2196	刘家沟组/石千峰组	漏速 8m^3/h	井浆+1%GFD－A+0.5%GFD－BCD+1%GDJ－1+2%GDJ－2+2%GDJ－3	成功
2278	石千峰组	漏速 12～20m^3/h	井浆+1.5%GFD－A+0.5%GFD－BCD+2%GDJ－1+2%GDJ－2+2%GDJ－3	成功

该井钻进至2068m(刘家沟组)时出现漏失，使用随钻封缝即堵配方进行施工，一次堵漏成功。钻进至2196处刘家沟组与石千峰组交界层段再次出现井漏，漏速达25~30m^3/h，提高刚性封堵剂A、B的浓度，堵漏作业后漏速明显降低，使用随钻堵漏配方再次进行堵漏作业后成功阻止井漏，地层承压能力提高0.25g/cm^3，有效避免了地层反复漏失情况，保障了该井的顺利完钻，取得了很好的应用效果，也为延长油田铁边城区域的防漏堵漏提供解决方案。

5 结论与认识

(1) 鄂尔多斯盆地延安气田东部区域井漏问题严重，漏失层位主要集中在刘家沟组、石千峰组地层，该区域地层井漏主要由微裂缝延伸、扩展和对天然裂缝通道的诱导连通形成。

(2) 通过对漏失机理分析和裂缝模拟实验，以不同颗粒尺寸与浓度的刚性颗粒GFD和可变形堵漏剂GDJ为基础，建立随钻封缝即堵堵漏体系，室内承压可达6MPa。

(3) 使用该研究成果应用于延安气田东部区域YYP-10井施工，堵漏作业4次均能达到堵漏成功，地层承压能力提高0.25g/cm^3，保障了该试验井的顺利完钻，也为该区域防漏堵漏提供技术对策。

参考文献

[1] 王贵．提高地层承压能力的钻井液封堵理论与技术研究[D]．成都：西南石油大学，2012.

[2] 王波．页岩微纳米孔缝封堵技术研究[D]．成都：西南石油大学，2015.

[3] 徐同台．钻井防漏堵漏技术[M]．北京：石油工业出版社，1997：70-86.

[4] 蒲晓林，罗向东，罗平亚．用屏蔽桥堵技术提高长庆油田洛河组漏层的承压能力[J]．西南石油学院学报，1995(02) 78-84.

[5] 秦积舜，李爱芬．油层物理学[M]．东营：石油大学出版社，2003.

[6] 张建国，杜殿发．油气层渗流力学[M]．青岛：中国石油大学出版社，2009.

[7] 康毅力，余海峰，许成元，等．毫米级宽度裂缝封堵层优化设计[J]．天然气工业，2014，34(11)：88-94.

[8] 王业众，康毅力，李航，等．裂缝性致密砂岩气层暂堵性堵漏钻井液技术[J]．天然气工业，2011，31(03)：63-65+112-113.

[9] 贺明敏，吴俊，蒲晓林，等．基于笼状结构体原理的承压堵漏技术研究[J]．天然气工业，2013，33(10)：80-84.

[10] 艾正青，叶艳，刘举，等．一种多面锯齿金属颗粒作为骨架材料的高承压强度、高酸溶随钻堵漏钻井液[J]．天然气工业，2017，37(8)：74-79.

“堵控结合”的漏涌同存钻井技术

霍宏博[1,2]　何瑞兵[1,2]　张晓诚[1,2]　陈　卓[1,2]　董平华[1,2]

（1. 中海石油有限公司天津分公司；2. 海洋石油高效开发国家重点实验室）

【摘　要】 海洋中深层钻井由于钻遇多套压力体系，漏喷同存导致损失工期严重。精细控压钻井技术可以很好地解决窄压力窗口钻井难题，但是海洋钻井作业空间受限，无法直接引入体积庞大的精细压力控制钻井设备。经过持续攻关，通过高效堵漏拓展安全钻井密度窗口辅以精确的井筒环空多相流体模拟计算模型，并自主研发海洋紧凑型井筒压力控制装备，形成满足海洋钻井特殊需求的井筒压力控制工艺，有效实现了海洋窄安全密度窗口、压力未知区域等高难度区域的开发，为海洋窄压力窗口区安全钻进提供了手段。通过在三百余口井作业中应用，降低了高难度井作业费用，保持零井控事故率，为海洋勘探开发安全提供了技术保证。

【关键词】 海洋；钻井；压力控制；三级井控

渤海油田中深部区域勘探开发潜力巨大[1]，但由于埋深较深，目的层为裂缝性储层，且裸眼段长，钻遇多套压力体系及破碎带[2]。钻井安全密度窗口窄，导致同一井段涌漏同存，漏失最严重的井，漏失多达十余次，累计漏失钻井液达 2460m^3，常规堵漏效果不理想，且下钻、开泵或者划眼时复漏频发，损失大量钻井液，也导致井涌、井壁失稳甚至是井眼报废[3]。漏涌同存是渤海油田中深层区域高效开发中亟待解决的问题[4]。

精细控压钻井技术在陆地窄安全密度窗口区域已成熟应用，可保证钻井安全，降低井涌、井漏发生[5]，但是精细控压钻井装备体积庞大，不太适合海洋钻井狭窄的作业空间。中国海油统筹考虑施工成本与钻井安全，高效堵漏提高井筒承压能力，应用简易控压装备，辅以精良的压力预测模型，改变安全密度窗口，主动适应地层。

海洋窄压力窗口钻井技术在渤海中深层钻井中得以应用，取得了较好的使用效果。

1　提高地层承压能力技术

提高承压能力首先需要确定漏层位置，并根据漏层岩性、漏失井段长度、井漏严重程度等判断漏失类型。但漏失通道性质的确定较困难，现场主要是通过综合分析方法判断。在此基础上，根据不同的漏失通道确定堵漏及提高承压能力的方法。在探索中形成了针对恶性漏失的胶凝驻留辅助多级分段堵漏技术。

1.1　胶凝驻留辅助堵漏技术

在漏失处理过程中，凝胶类材料是主要提高承压的技术方式之一[6]。凝胶类材料是由

基金项目：渤海油田 3000 万吨持续稳产关键技术研究（CNOOC-KJI35 ZDXM36TJ）；国家科技重大专项“渤海油田高效开发示范工程”（2016ZX05058）。

作者简介：霍宏博（1985—），男，硕士研究生，工程师，主要从事海洋钻井井控、弃井等方面的研究工作。E-mail：huohb@ cnooc. com. cn。

图 1　凝胶封堵性示意

高分子聚合物分子链间作用，形成超分子聚集体结构性溶液。凝胶类材料在水中形成均匀分散的不增黏体系，加入适量凝胶促进剂并加热到适当温度后，体系将逐渐增黏，直至形成高摩阻凝胶。凝胶过程可通过调节凝胶促进剂加量和温度来控制，形成隔绝地层流体与井筒之间联系的凝胶段塞(图 1)。

在进入漏失通道后，凝胶材料有很强的静结构强度，能充满漏失裂缝空间，形成流动阻力很大的结构性流体，自动停止流动，具有一定的启动压力，起到辅助防止漏失的作用。

减缓后续堵漏材料在漏失通道内的移动速度，提供充分凝固或架桥时间，使封堵层更加致密，消除漏失。

1.2　裂缝性地层堵漏提高承压能力技术

裂缝性地层堵漏工艺是经过在大量探索中形成的，适用于裂缝、微裂缝发育性地层漏失。针对不同类型漏失，通过对堵漏材料配比的优化，调整堵漏性能[7]。

基础配方通过片状合成树脂片在裂缝中构建架构，纤维材料形成网架，充填大颗粒、小颗粒材料建立基础的堵漏框架，调整配方中各成分的配比，适应不同类型的漏失需求(图 2)。

堵漏材料配方包括：合成树脂片、矿物纤维、核桃壳、酸溶性堵漏片、随钻堵漏材料、快速失水堵漏剂等。

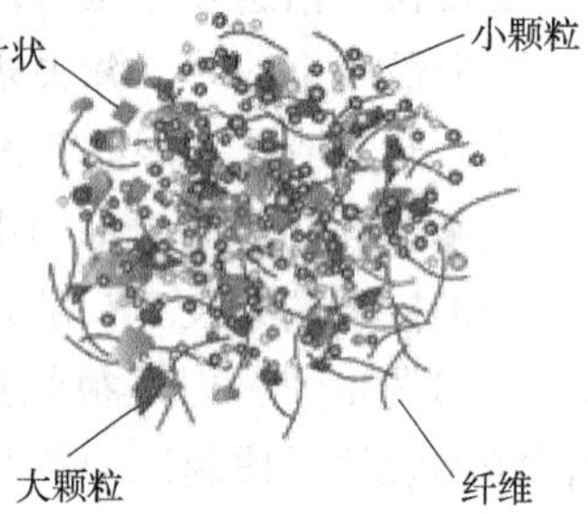

图 2　基础材料示意图

合成树脂片是经高压层压制造的片状桥接堵漏材料，可抗高温高压，化学稳定性良好，与钻井液的兼容性好，密度为 1.30~1.55g/cm^3，不与弱酸和碱性材料反应，不溶于水基、油基与盐水钻井液，最大酸溶度为 21.5%。材料呈薄片状，易在裂缝内翻转架桥，承压能力强，长时间浸泡不变形。进入漏层后形成封堵层承压能力高，颗粒间摩擦阻力大，不易返吐。

酸溶性堵漏片主要以高酸溶、抗高温合成矿物类片状材料为主，辅配其他可酸溶堵漏材料，可应用于储层漏失，方便后期解堵。采用间隙挤注或循环堵漏进行储层防漏、堵漏。

矿物纤维是由不同种类的微粒化有机纤维及矿物质混合而成的抗高温合成材料，辅配其他随堵类材料，进行随钻防漏、堵漏的技术。

在压差和流速作用下，不同级配堵漏颗粒迅速地楔入、堆积、楔紧，形成高稳压层。片状材料在裂缝、孔隙中翻转时易卡住架桥，为随后颗粒提供屏障。堵漏材料在近井壁对地层进行加固，可进一步提高地层承压能力(图 3)。

高承压堵漏浆配方：

基浆+6%复合堵漏剂+5%矿物纤维+9%核桃壳+5%酸溶堵漏剂%+4%NTS-S+1%随钻堵漏纤维+1%NT-T。

针对不同的缝宽，采用堵漏仪对上述配方进行了评价。结果表明，对 3mm 缝板、5mm 缝板封堵承压均可达 10MPa 以上。

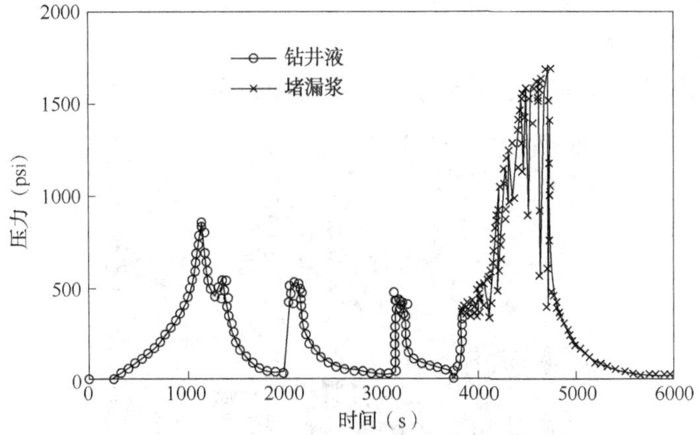

图 3　常规钻井液与堵漏材料封堵性对比

2　海洋钻井井筒流动控制技术

精细控压钻井技术集恒定井底压力和微流量控制功能于一体，钻井过程实现不间断循环及实时精细控制井筒压力。井底压力波动小，井底压力的控制精度可达 0.35MPa，而常规钻井井底压力波动达几个兆帕。该技术应用于窄安全密度窗口地层安全钻进，可防止井漏、溢流、漏喷同存等复杂情况发生。但是海洋钻井作业环境不同于陆地，钻井平台作业空间极为有限，压力控制设备管汇橇的体积和质量有明确要求，无法照搬陆地精细压力控制设备，亟需针对海洋钻井井筒流动安全控制的相关装备和技术[8]。

2.1　精细海洋钻井井筒流动计算模型

构建海洋钻井井筒流动的计算模型，针对漏涌同存情况，分析各种工况下井下压力状况。

井底压力与孔隙压力低时，孔隙性储层才会发生气侵溢流，压差越大溢流速度越大，储层渗透率越高，气侵速度越快；当液柱压力超过井底压力才会发生井漏，压差越大，漏失速度越快，地层渗透率越高漏失速度最大。

而裂缝性储层漏涌同存的严重程度与缝的大小有关，同等井底压力下，存在大缝的地层其漏失速率及气侵溢流量要远高于存在中缝和小缝地层，小缝地层最小[9]。

井底压差与气体溢流量的关系为

$$\Delta P=\frac{b_1}{Q_k}-a_1Q_k \tag{1}$$

井底压差与漏失流量的关系

$$\Delta P=a_2Q_1-\frac{b_2}{Q_1} \tag{2}$$

式中：Q_k为溢流速度，m^3/s；Q_1为漏失速度，m^3/s；a_1，a_2，b_1，b_2分别由漏喷测试所得的系数，无量纲。

基于海洋钻井特殊温度场、地层—井筒复杂耦合流动、钻井液密度及流变性时变特性等，建立了海洋钻井井筒流动精细计算模型，可实时预测井底压力，部分取代井下随钻测压工具，降低作业成本。预测模型涵盖正常钻进、控压、起下钻、开关泵、井漏、气侵、漏喷同存等多种控压钻井工况。模型计算结果平均误差 3.59%，计算精度高，实现了海洋钻井井筒流动特性的精细预测。

通过大型井筒流动实验装备，验证了井筒流动计算模型的精度[10]。

图 4　井筒流动性实验模拟装备

2.2　紧凑型井筒压力控制设备的研制

通过提高井壁承压提高安全密度窗口范围，并研发井筒流动精细计算模拟实现井底压力实时准确预测。井壁承压能力提高，计算精度提高，可以降低压力控制设备的精度要求，实现压力控制设备的紧凑化、集成化。通过技术研发，形成紧凑型井筒压力控制设备，减少设备占地面积，解决钻井设备尺寸超限问题。

紧凑型井筒压力控制设备包括旋转控制头、自动节流管汇、回压补偿橇，满足了海洋平台的对井筒压力控制设备尺寸及重要的限制，从而解决了井筒压力控制设备上平台的难题，保障了海上控压钻井的顺利实施。

此外，由于海上环境潮湿，高盐高腐蚀，对设备的材质及防腐要求更为苛刻，因此，在系统的管道材质满足工作介质为钻井液、原油、天然气、硫化氢的前提下，要求控制管线和传感器为不锈钢材质，并且规定设备的防腐喷涂使用年限符合 SY/T 6919—2012 标准要求 12 年以上。

紧凑型井筒压力控制系统额定工作压力≥35MPa；井底压力控制精度范围不高于±0.35MPa；橇块最大质量小于 15t；最大橇块尺寸 6.2×2.5×2.7m，设备总占地面积仅 41m²；自动节流管汇配置主、备、辅助三个节流通道，能够自动切换，钻井作业中可在线维护；当其中一路节流阀堵塞后，自动开启另外一路节流阀，同时声光报警；根据设定的套管压力能分别自动控制 3 个节流阀的开启和关闭，始终使管汇台的压力维持在设定值附近，正负不超过 0.35MPa；回压补偿系统能够在循环或停泵的作业过程中，进行流量补偿，维持节流阀有效的节流功能，适应复杂工况的控压钻井作业中压力补偿的要求；全自动操作控制，实现高精度入口流量监测和输出流量稳定的功能要求，高压区最高工作压力为 35MPa，低压区最高工作压力为 2MPa，排量为 6~20L/s，排量误差不大于±5%。

系统监测及自动控制系统测量精度为 2‰，动态响应时间<1s；系统采用 PLC 双冗余系统设计，包括控制器冗余、控制回路 I/O 冗余和电源的冗余，实现故障系统与备用系统的自动切换；具备第三方传输 OPC Server 接口，实现检测与自动控制系统与第三方软件的双向通信功能；具有溢流漏失预警功能，进行声光报警和溢流漏失计量功能。

同时自主研发井筒压力自动控制软件，由参数采集监测、实时流体力学计算和远程自动控制软件等构成，完成系统之间的通信和数据交互，向液气控制系统发出调整指令，并监控指令和阀门开关情况；实现与井场录井数据进行对接通信，稳定的同步采集显示钻井参数；实现与定向数据进行对接通讯，稳定的同步采集显示 MWD 和 PWD 等钻井参数；具备水力模型实时校正，计算误差保持在 0.1~0.2MPa 以内(图 5)。

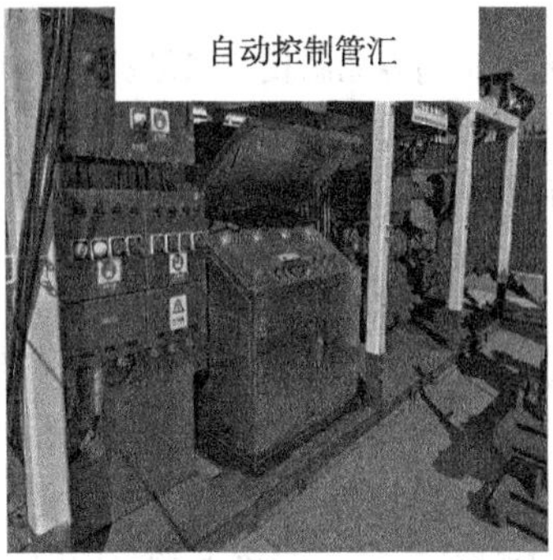

图 5　井筒流动性实验模拟装备

3　现场应用

渤海探井 A1 井，8½in 井眼钻进至 3195m，发现溢流，关井求取地层压力当量 1.51；压井期间上部地层发生漏失，循环漏速 $40m^3/h$，发生“上漏下涌”的复杂情况，薄弱层深度约 3030m。

经地层岩性，漏失情况综合分析，漏失为缝隙、溶孔洞导致，堵漏还需兼顾储层保护，综合分析地层承压堵漏材料及级配，选用酸溶性堵漏材料施工，用大颗粒材料架桥，片状材料楔入，纤维类、细小材料填充，逐步提高地层承压能力，达到施工目的。

堵漏配方：基浆 $24m^3$(黏度 50s，密度 1.25~1.30g/cm^3，黏度 40~50s)+9%核桃壳(粗、中、细)+5%复合堵漏剂+5%合成树脂片+5%矿物纤维+5%酸溶性片状堵漏剂+1%随钻堵漏剂总浓度 30.5%左右。

通过三次挤注，地层承压当量密度达到 1.81。完成堵漏后，安装紧凑型井筒压力控制装备，控制钻完井过程中井底当量钻井液密度在 1.60~1.75 间波动，安全快速钻进至 3890m，顺利完成该井的钻井作业。

完井中，采用隐形酸完井液体系，溶解酸溶性堵漏材料，恢复储层产能，该井试采过程中获得平均日产油 $411m^3$，日产气 $25×10^4m^3$ 的高产。

4　结论与建议

海洋堵控结合窄压力窗口钻井技术在渤中、渤南、曹妃甸、蓬莱等区域成功应用，有效完成了包括渤中 19-6 油田、渤中 34-9 油田在内的多个高难度、大型油气田的勘探开发。海洋钻井井筒流动安全及井控应急治理技术在推广应用过程中对施工工艺、设备逐步优化，成本适中，易于推广。取得了巨大经济效益，也取得了明显的社会效益。后续作业中有以下建议：

(1) 裂缝性储层漏失要考虑对堵漏对储层伤害，兼顾后期解堵；

(2) 堵漏成功后，起下钻要防止对井壁破坏，保持承压能力；

（3）地震资料确定的大断裂带容易造成复漏，堵漏建议采用高效堵漏方法；

（4）压力未知区域勘探开发也可运用堵控结合窄压力窗口钻井技术，采用低密度开钻，钻遇高压层后依靠控压设备提供回压保证井控安全；

（5）膨胀管堵漏可为涌漏同存提供裸眼段封固的技术手段，是未来研究的一部分。

参考文献

[1] 马英文，刘小刚．抗高温无固相储层保护钻井液体系[J]．石油钻采工艺，2018，40(6)：726-729.

[2] 薛永安．渤海海域深层天然气勘探的突破与启示[J]．天然气工业，2019，39(1)：11-20.

[3] 杨勇，罗鸣，韩成，等．国内外大裂缝、溶洞性复杂地层堵漏技术进展[J]．化学工程与装备，2018(8)：282-284.

[4] 卓振州，武治强，邢希金，等．控压循环堵漏压井技术在渤海喷漏同层井中的应用[J]．石油工业技术监督，2018，34(7)：1-4.

[5] 周英操，刘伟．PCDS 精细控压钻井技术新进展[J]．石油钻探技术，2019，47(3)：68-74.

[6] 钱志伟，王平全，白杨．钻井堵漏用特种凝胶的适用性[J]．钻井液与完井液，2012，29(2)：51-54.

[7] 郭学信．雷特超强堵漏剂在元陆 9 井的应用[J]．中国安全生产科学技术，2014，10(1)：113-117.

[8] 石林，汪海阁，纪国栋．中石油钻井工程技术现状、挑战及发展趋势[J]．天然气工业，2013，33(10)：1-10.

[9] 谢强，李皋，李睿，等．一种新型地层裂缝液固两相径向流动物理模拟方法[J]．科学技术与工程，2019，19(26)：156-160.

[10] 侯绪田，赵向阳，孟英峰，等．基于真实裂缝试验装置的液液重力置换试验研究[J]．石油钻探技术，2018，46(1)：30-36.

埕北313井古生界堵漏技术

王　飞　刘传清　赵　湛

（中国石化胜利石油工程有限公司海洋钻井公司）

【摘　要】 埕北313井位于山东省东营市北部浅海海域，渤海湾盆地埕宁隆起埕北低凸起东部潜山带埕北313断块，是一口评价井，完钻井深4884m，完钻层位太古界，钻探目的了解埕北313块新近系、古近系、下古生界及太古界含油气情况。四开钻井过程中井漏问题非常严重，共发生漏失六次，导致钻井作业十分困难。根据现场每次堵漏情况进行分析，调整堵漏配方，研究出了适合该井堵漏的桥塞配合纤维水泥综合堵漏技术，在现场应用中取得了良好的效果，很好地解决该井下古生界缝隙发育地层的井漏问题，保证了该井的顺利施工。

【关键词】 堵漏；桥塞堵漏；纤维水泥；综合堵漏技术

埕北313井四开发生漏失后，分别采用常规的高浓度复合、桥塞堵漏浆堵漏和纤维水泥堵漏措施，效果都不理想，耽误了大量的施工时间。公司技术专家根据该井四开下古生界碳酸盐岩大、小孔隙与裂缝组合发育，渗透性强，漏失量大的地层岩性特征，认真分析总结前几次堵漏不成功原因，制定了先桥塞垫浆，再纤维水泥封堵的综合堵漏技术措施。通过该井的顺利堵漏施工，即提高了平台技术人员的业务水平，也为其他类型地层漏失的堵漏技术提供了借鉴。

1　地质工程概况

1.1　地质概况

本井自上而下钻遇了新生界第四系平原组，新近系明化镇组，馆上段、馆下段；古近系东营组，沙河街组的沙一段；中生界；下古生界奥陶系的上马家沟组、下马家沟组、冶里亮甲山组，寒武系的凤山组、长山组、崮山组、张夏组、徐庄组、毛庄组、馒头组及太古界地层(未穿)。本井实钻地层中各组、段的地层划分及岩性描述详见表1

埕北313井四开潜山下古生界(4163.00~4787.50m)地层厚度624.50m。从勘探情况来看，地层主要岩性特征以灰色灰岩、灰色白云岩为主，地层压力较低，存在着晶间孔隙、溶蚀裂缝、晶簇孔洞、裂缝、缝合线等天然裂缝，结合本井(4173.6~4627.30m及4750.5~4628.50m即奥陶系上马家沟组—寒武系馒头组)斯伦贝谢成像测井综合分析成果图识别了十余条断层，断层规模大小不一，断层深度为4163m、4307m、4322m、4425m、4437.5m、4468.5m、4538m、4638m、4685m、4695m。具有高孔隙度、高渗透率、大裂缝易漏等特点。

作者简介：王飞，胜利海洋钻井公司，高级工程师。通信地址：东营市西城区文汇街道北二路278-1号；电话：8730019，13589970750；E-mail：wangfei620. ossl@ sinopec. com。

表 1　埕北 313 井四开地质岩性表

地层名称				实钻地层		岩性描述
界	系	统	组	底深(m)	厚度(m)	
下古生界	奥陶系	中奥陶统	上马家沟组	4208.80	45.80	浅灰色灰岩、白云岩为主夹泥质灰岩、泥质白云岩
			下马家沟组	4322.00	113.20	浅灰色灰岩为主夹灰色泥质灰岩、泥岩薄层
		下奥陶统	冶里—亮甲山组	4364.00	42.00	灰色白云岩为主，夹薄层灰质泥岩
	寒武系	上寒武统	凤山组	4425.00	61.00	灰色白云岩为主，局部见灰色泥质白云岩、灰质白云岩、白色石膏层、石膏质灰岩
			长山组	4437.50	12.00	灰色泥灰岩、泥质白云岩为主，夹紫红色页岩、泥岩
			崮山组	4468.50	31.00	灰色泥灰岩为主，夹紫红色页岩、泥岩
		中寒武统	张夏组	4620.00	151.50	灰色鲕粒状灰岩为主，夹灰色白云质灰岩、灰岩
			徐庄组	4685.00	65.00	紫红色页岩、泥岩为主，夹灰色泥质白云岩、泥灰岩
		下寒武统	毛庄组	4695.00	10.00	紫红色页岩、泥岩与灰色灰岩、泥灰岩呈不等厚互层
			馒头组	4787.50	92.50	灰色灰岩、白云岩为主夹紫红色页岩、泥岩、灰色泥质白云岩、泥灰岩
太古界				4884.00	97.00	浅灰色、浅红色、灰绿色片麻岩

1.2　工程概况

埕北 313 井设计井深 5021.7m(含补心海拔)，完钻层位太古界，完钻井深 4884m(含补心海拔)。井身结构为一开 $13\frac{3}{8}$in 套管下至 468.71m；二开使用 $12\frac{1}{4}$in 钻头套管下至 2870.48m；三开用 $8\frac{1}{2}$in 钻头 2706.08~4164.15m 挂尾管；四开使用 6in 钻头钻至 4884m 裸眼完井。全井钻井周期 155.31d，建井周期 172.30d，平均机械钻速 5.29m/h，本井共进行了三次中途测试，共用时 47.8d，四开处理井漏用时 33.37d。整个四开井段钻井施工过程中，平均机械钻速为 1.71m/h，井径扩大率 0.6%，共发生六次井漏，堵漏施工七次，具体井身结构见表 2。

表 2　埕北 313 井井身结构表

开次	井眼尺寸×井深	套管尺寸×下深	水泥返深(m)
隔水	ϕ914.4mm×85.19m	ϕ850/762mm×85.19m	泥线
一开	ϕ444.5mm×470m	ϕ339.7mm×468.71m	井口
二开	ϕ311.15mm×2871.7m	ϕ244.5mm×2870.48m	130
三开	ϕ215.9mm×4165.2m	ϕ177.8mm×(尾管 2706.08~4164.15)m	2780
四开	ϕ152.4mm×4884m	裸眼完井	

2 井漏情况简介

埕北 313 井四开从 4221m 开始进入下古生界地层，至井深 4884m 完钻，四开裸眼井段长 663m。整个四开井段钻井施工过程中，发生六次井漏，其中较严重井漏为 4344.81~4357m 井段，经斯伦贝谢成像测井综合分析证实该井段为较大裂缝和溶洞组合发育地层，具有高孔隙度、高渗透率、大裂缝易漏等特点。整个四开井段共漏失钻井液及海水 5955.45m^3，损失时间共计 33.37d。井漏统计表见表 3。

表 3 古生界井漏统计表

漏失次序	漏失井段(m)	漏失层位	钻井液性能		漏速(m^3/h)	漏失原因
			密度(g/cm^3)	黏度(s)		
1	4232.8~4270.20	下马家沟组	1.03	48	4.8	裂缝性漏失
2	4344.81~4357.00	冶里—亮甲山组	1.05	50	18	溶洞、裂缝性漏失
3	4384.76~4389.00		1.05	52	7.6	
4	4413.00~4414.00	凤山组	1.05	48	12.7	裂缝性漏失
5	4577.00~4579.00	张夏组	1.05	49	12	裂缝性漏失
6	4807.05~4807.49	太古界	1.07	49	39	裂缝性漏失

3 井漏原因分析

3.1 天然裂缝造成井漏

埕北 313 井漏失井段为四开太古界地层，该井段地层压力较低，存在着晶间孔隙、溶蚀裂缝、晶簇孔洞、裂缝、缝合线等天然裂缝。通过钻井施工、钻井岩心及斯伦贝谢成像测井综合分析成果图等多方面资料分析，表明地层岩心存在多孔洞和裂缝发育，其中裂缝性质以纵向裂缝、网状裂缝为主，水平裂缝和单斜裂缝少，电测后数据解释 4346~4350m 井段为较大裂缝和蜂窝状孔隙发育，存在 2~3cm 裂缝，配合邻井地层剖面对比识别了规模大小不一的十余条断层。

3.2 诱导造成井漏

根据地质资料可知，埕古 313 井井漏问题发生在太古界井段。由于地层压力系数为 1.01~1.06 漏失压力较低，在该井段钻进时如果采取措施不当就会憋漏地层。本井使用无固相钻井液体系，施工中密度 1.05~1.07g/cm^3是产生诱导裂缝的先决条件之一。无固相钻井液黏、切低，无法及时带出钻屑，导致环空当量密度相对较高，当环空液柱压力大于地层破裂压力及漏失压力时，就会产生诱导裂缝导致井漏。工程措施中如果排量小就会加剧环空当量密度；诱发井漏；还有下钻速度过快和开泵速度过猛，也会导致压力激动过高引起井漏。

4 堵漏方式及配方

4.1 综合堵漏技术措施的确定

依据地层发育特点及井漏状况及原因分析，总结出先使用较大的材料在漏层处形成架桥，再使用中小颗粒填补缝隙，最后使用纤维水泥浆灌注，最终达到将漏层孔隙封堵的理想效果。综合堵漏技术措施包括两大步骤：一是先用桥塞浆打头，进入漏层孔道形成架桥结构；二是使用纤维水泥灌注漏层空隙与架桥形成稳固结构封堵漏层。

4.2 堵漏钻具及配方

利用聚阴离子纤维素、磺酸盐共聚物，调整钻井液性能，提高钻井液携带悬浮能力，采用不同浓度桥浆的各类堵漏材料架桥，配制高浓度多级配桥塞堵漏浆。

（1）桥堵浆配方：15m^3海水+10%膨润土浆+5%~10%核桃壳(5mm 粒径)+3%~5%变型连接多功能堵漏剂+7%~15%复合堵漏剂+5%~10%可酸溶堵漏剂。该配方可根据现场漏失情况，进行种类和浓度调整。

（2）纤维水泥浆配方：G 高+降失水剂 SYJ-7+3%的纤维堵漏剂 WG172+消泡剂 SYX-1+缓凝剂 SYH-1。

（3）堵漏钻具结构：ϕ127mm(2886.11m)+ϕ88.9mm(1875.9m)，调整好钻井液的黏切。

4.3 综合堵漏技术步骤

（1）先注入 5m^3桥堵浆。

（2）注入前置液 2m^3(1m^3S102+1m^3配浆水)。

（3）注入堵漏纤维水泥浆 10m^3(平均：1.80g/cm^3左右)。

（4）注入 2m^3配浆水作为后置液，钻井液泵替浆 26.5m^3。

（5）起钻 18 柱，循环洗井。

（6）起钻，候凝观察。

5 堵漏施工的难点分析与认识

（1）本井下古生界地层孔洞、裂缝较发育，但地层不同，孔洞和裂缝的大小都不尽相同，因此需要采用大中小不同粒径的堵漏材料复配成桥塞复合堵漏浆。为了让桥塞颗粒进入漏层通道，提高地层承压能力，应适当压裂地层，让桥塞剂进入漏失通道后，通过失水形成桥接隔离墙，使地层充分闭合，达到封堵漏层的目的。这就要求在施工中，技术人员需要精确控制打压排量、挤入量和间隔时间，以利于逐渐增厚隔离墙，完成对地层的封闭，达到承压要求。

（2）复合桥塞堵漏配方的确定应以大小颗粒、长短纤维、软硬搭配与片状材料结合有利于架桥的形成。并要求配制和施工时间尽可能短，在堵剂尚未完全水化发胀之前进入地层，使其堵漏效果更佳。

（3）上井纤维水泥应提前做好稠化实验和污染实验。注入纤维水泥后，技术人员要精确把控好注入时间和顶替时间，井口应配备技术熟练操作人员，缩短衔接时间，顶替完成后，抓紧时间起钻至安全井段，充分循环，防止固钻具。

6 现场堵漏施工情况

6.1 古生界堵漏情况简介

本井四开多次漏失，公司技术专家进行了认真分析研究，针对不同漏失情况，采用针对性措施，先后利用可酸溶堵漏浆、桥塞堵漏浆、纤维水泥堵漏浆、对漏失井段共进行了 7 次堵漏施工，其中 4344.81~4357m 井段漏失最为严重，先后采用桥塞堵漏浆、纤维水泥分别进行堵漏施工，但都未成功，第三次使用综合堵漏技术成功堵住漏层，并且在之后的地层漏失中，也验证了此技术的优越性。最终保证了该井的后续施工一切正常，也为今后处理溶洞性漏失复杂积累了经验。见表4。

表4　堵漏记录表

序号	漏失井段(m)	漏失层位	处理措施
1	4232.8~4270.20	下马家沟组	边漏边钻方式钻穿漏层
2	4344.81~4357.00	冶里—亮甲山组	分别采用桥塞堵漏1次，注水泥堵漏1次，综合堵漏施工1次，堵漏成功
3	4357.00~4389.00		先注水泥堵漏未成功；再采用综合堵漏技术成功堵漏
4	4413.00~4414.00	凤山组	静止堵漏，成功
5	4579.00~4587.00	张夏组	高浓度桥塞堵漏浆堵漏，成功
6	4807.05~4807.49	太古界	高浓度可酸溶堵漏浆堵漏，成功

6.2　4344.81~4357m 井段堵漏施工

6.2.1　第一次堵漏

4357m 中途测试完，对该井段实施第一次堵漏。第一次堵漏施工思路，由于该段漏层漏速快，瞬时漏失量大，分析认为地层空隙或裂缝尺寸较大，需要先使用多级配颗粒在漏层处形成架桥，在使用中小颗粒填和纤维补缝隙，来堵住漏层。

桥堵浆配方：$10m^3$海水+10%膨润土浆+10%核桃壳(5mm 粒径)+5%变型连接多功能堵漏剂+7%复合堵漏剂+3%随钻堵漏剂。

施工过程：先泵入桥堵浆 $10m^3$；替浆 $27.7m^3$(裸眼段 $5.38m^3$，进地层 $3.86m^3$)井口有返出；关防喷器挤堵漏浆，最高泵压 9.4MPa；下钻至 4328m 时遇阻，开泵旋转下探至 4344m 时，井口失返。堵漏未成功。

堵漏分析：桥塞浆进漏层后，有返出，说明先架桥的思路是正确的；后期短期循环处理井眼，既能下到井底，又没有堵漏材料返出，更加证明了漏层内部空隙和裂缝体积大，连通性好，堵漏材料还没能形成足够的结构强度，导致探塞时失返。

6.2.2　第二次堵漏

第二次堵漏施工思路，考虑到第一次堵漏后架桥颗粒进入通道，所以此次堵漏先不采用综合堵漏方案，防止架桥颗粒浓度过高，堵漏浆中流体进入漏层后造成此次直接使用纤维水泥堵漏

纤维水泥浆配方：G 高+降失水剂 SYJ-7+3%的纤维堵漏剂 WG172+消泡剂 SYX-1+缓凝剂 SYH-1。

纤维堵漏水泥施工过程：注入前置液 $2m^3$($1m^3$S102+$1m^3$配浆水)。注入堵漏水泥浆 $10m^3$(平均：$1.78g/cm^3$)。注入 $2m^3$后置液，钻井液泵替浆 $26.5m^3$。起钻循环洗井。

施工状况：注水泥浆 $5m^3$时失返。替浆至 $13.4m^3$时井口见少量返出。替浆至 $15.2m^3$时失返(井口见液面)。侯凝静止观察，8h 期间每小时灌满一次，每次 $6m^3$，堵漏未成功。

堵漏分析：通过水泥堵漏施工过程中基本无钻井液返出，以及候凝期间漏失量，更验证漏层内部空隙和裂缝发育及连通性好的特点，导致水泥堵漏施工过程中，水泥全部漏入地层；但后期漏速减小，说明水泥浆和之前的桥塞颗粒堵漏层孔道有一定的封堵效果。

6.2.3　第三次堵漏

第三次堵漏施工思路，通过前两次堵漏分析，想要达到较好的堵漏结果，先使用复配颗

粒在漏层通道形成架桥，再使用纤维水泥浆漏层缝隙封堵，最终堵住漏层，因此本次施工包括两大步骤：一是先用桥塞浆试堵，并形成架桥；二是使用纤维水泥堵漏。

桥堵浆配方：$10m^3$海水+10%膨润土浆+7%核桃壳(5mm 粒径)+5%变型连接多功能堵漏剂+15%复合堵漏剂。

纤维水泥浆配方：G 高+降失水剂 SYJ-7+3%的纤维堵漏剂 WG172+消泡剂 SYX-1+缓凝剂 SYH-1。

堵漏施工过程：先注入 $5m^3$ 桥堵浆，注入前置液 $2m^3$，注入堵漏水泥浆 $10m^3$(平均：1.78g/cm^3)，注入 $2m^3$后置液，替浆 26.5m^3，起钻 18 柱，循环洗井。

施工状况：注桥塞浆期间漏失 0.8m^3。注前置液期间漏失 3.5m^3。替浆至 24.8m^3时出现泵压 2.4MPa，后期返出稳定。起钻 3754m，关井憋压挤入水泥浆 4.5m^3(挤入地层 2.5m^3水泥浆)，起至 3536m，循环冲洗钻具。候凝 60h，期间环空液面不降，未见漏失，堵漏成功。

堵漏分析：注桥塞浆和前置液期间有漏失，替浆后期返出稳定，说明架桥颗粒进入楼市通道架桥成功；关井环空挤水泥时有 3.6MPa；静止无漏失，说明漏失通道较小，没有压力的情况下水泥不容易进入漏层。

后期在 4384.76~4389m 井段堵漏时，因是新地层漏失，且漏失量较小，就先采用纤维水泥堵漏，未成功。后使用综合堵漏技术，并根据漏失井况调整了桥塞浆的配比，纤维水泥配方不变，一次性堵漏成功。

7 结论与体会

(1) 发生漏失后应该详细分析漏失原因，明确漏失地层要发育特征，再进行针对性堵漏施工措施，就可以节约时间，降低损失，安全顺利地完成施工任务

(2) 该综合堵漏技术很好地解决埕北 313 井四开下古生界地层的井漏问题，可以在已发生漏失的井中进行有效堵漏，具有很强的实用性。

(3) 该综合堵漏技术配制简单，施工方便，与井浆无明显的化学作用，对钻井液性能无破坏性影响。

(4) 采用综合堵漏技术措施，在不增加堵漏成本和施工难度前提下，成功达成施工目的，成本低，效果好，有效地节约了施工时间，创造了良好的经济效益。

参 考 文 献

[1] 徐同台，刘玉杰，等．钻井工程防漏堵漏技术[M]．北京：石油工业出版社，1997：80-104，140~160.

[2] 薛玉志，刘振东，唐代绪，等．裂缝性地层堵漏配方及规律性研究[J]．钻井液与完井液，2009，26(6)：28-30

[3] 鄢捷年．钻井液工艺学[M]．北京：石油工业出版社，2001.

海坨严重漏失区防漏堵漏钻井液技术研究与应用

张文慧

（大庆钻探工程公司钻井四公司）

【摘　要】 海坨区块地层破裂压力较低，存在着天然裂缝，且钻井过程中极易发生渗透性井漏、失返恶性井漏等情况。近期完井5口，均发生不同程度井漏，漏失钻井液800m^3。通过进一步确定漏失区不同井段漏失性质，优选出与基浆配伍良好的抑制、降滤失、流型调节剂、防塌类处理剂，改善钻井液性能，提高稳定井壁能力；通过复配使用不同粒基的堵漏剂，并结合科学的工程技术措施，成功处理井漏，确保钻井及完井施工顺利。

【关键词】 海坨；严重漏失；钻井液；防漏堵漏

1　区块漏失简况

1.1　地层特点

海120区块位于海坨子油田的南部，构造为松辽盆地南部中央坳陷，地层破裂压力较低，存在着垂直、单斜、水平、网状等天然裂缝，且多为高角度缝、垂直裂缝，缝宽约0.3mm，地层中裂缝的开度分布范围广，钻井过程中极易发生渗透性井漏、失返恶性井漏等情况。

1.2　漏失情况简介

近期海120区块完成5口井，均出现不同程度井漏，漏失井段1627~2152m(青山口组)，累计漏失量800m^3，并有1口井因井漏引发严重掉块，导致划眼(表1)。

表1　海120区块近期漏失情况统计表

井号	井别	完钻井深(m)	漏失井段(m)	漏失量(m^3)
海120-11-5	生产	2340	1679~2150	180
海120-15-10	生产	2278	1701~1847	80
海120-11-11	生产	2241	1747~2152	140
海120-7-5	生产	2340	1627~1722	260
海120-21-13	生产	2401	1894~2000	140

1.3　井漏情况分析

确定易漏井区漏层性质，是预防及处理井漏成功的关键。现场主要通过分析法，确定漏层性质，即井漏发生后，首先确定漏层位置，并根据岩性、井深、工况、钻时、漏失井段长度、井漏程度等判断漏失性质，完井后根据测井资料结合邻井情况，进一步深入分析。

作者简介：张文慧，大庆钻探工程公司钻井四公司，工程师。地址：吉林省松原市青年大街4255。电话：15943827108；邮箱：374714592@ qq. com。

1.3.1 发生井漏的条件

（1）地层中有孔隙、裂缝，使钻井液具备通行的条件。

（2）地层孔隙中的流体压力小于钻井液液柱压力，在正压差作用下，发生漏失。

（3）地层破裂压力小于钻井液液柱压力和环空压耗或激动压力之和，将地层压裂，发生漏失。

1.3.2 发生井漏的原因

（1）钻井过程中，钻遇胶结偏差、孔隙度偏高、渗透率偏高或裂缝发育地层，易发生井漏。

（2）钻井液密度控制不理想，压漏裸眼井段中较薄弱地层。

（3）下钻或接单根时，下放速度过快，造成激动压力，压漏地层。

（4）钻井液密度、黏度偏高，导致开泵时激动压力，压漏地层。

（5）快速钻进时，洗井效果不理想，岩屑浓度偏高，环空中有大量岩屑沉积，易将地层压漏。

（6）井内钻井液静止时间长，触变性差，易造成井漏。

1.3.3 漏失层位的判断

（1）钻进中井漏：钻开新地层时，井底漏。

（2）分析原来曾发生过井漏的层段重新漏失的可能性。

（3）根据地层压力和破裂压力的资料对比，最低压力点是首先要考虑的地方，特别是已钻过的油、气、水层及套管鞋附近。

（4）根据地质剖面图和岩性对比，漏层往往在孔隙、裂隙发育的地方。

（5）和邻井相同井段进行对照分析。

1.3.4 井漏的类别

井漏类型表见表 2。

表 2 根据漏失速度判断井漏类型表

漏速(m^3/h)	<5	5~15	15~40	40~60	>60
井漏类型	微漏	小漏	中漏	大漏	严重漏失

1.3.5 漏失情况判断

通过分析地层特性，海 120 区块井漏主要是由于垂直裂缝发育、钻井液液柱压力大于地层破裂压力等造成(表 3)。

表 3 海 120 区块漏失性质分析表

井段(m)	平均漏失量(m^3)	漏失类别
1600~1800	4~10	微漏—小漏
1800~2000	35~45	中漏—大漏
>2000	60	严重漏失

2 室内研究

根据地层特点，通过室内实验，对抑制剂、防塌剂、降滤失剂、流型调节剂进行优选，有效改善钻井液性能并提高稳定井壁能力；优选防漏堵漏材料，科学确定复配比例，以满足不同漏失性质井段的防漏、堵漏施工要求。

2.1 处理剂优选

通过对不同类型助剂的性质及试验数据的综合分析，形成了适合海 120 区块地层特点的防漏堵漏钻井液基本配方：膨润土 5%+0.05%纯碱+2%铵盐+1%腐殖酸类降滤失剂+0.3%聚丙烯酰胺钾盐+聚酯物 2%+沥青共聚物 3%。

2.2 防漏堵漏材料的优选

2.2.1 随钻堵漏材料

随钻堵漏适应于漏速较低的钻进过程中井漏，主要是在钻井液中添加颗粒直径较小的纤维类、可变形颗粒类堵漏材料，在钻井液柱正压差的作用下，使堵漏材料在地层孔隙上架桥、填充和封堵，堵塞流体流动通道，达到堵漏效果。

（1）YTZ 随钻堵漏剂。

该堵漏剂系改性天然植物高分子复合材料，具有良好的水溶胀、桥接封堵功能，黏附性强，不受粒径“匹配”限制，与聚合物钻井液体系配伍良好。利用 QD-2 型堵漏装置进行封堵试验，模拟渗漏试验压差分别为 0.1MPa、0.3MPa 和 0.69MPa。

表 4 堵漏效果评价

试验液	试验压差(MPa)	漏速(mL/s)		
		20 目砂床	40 目砂床	100 目砂床
基浆	0.1	180	150	120
	0.3	200	180	150
	0.69	267	210	160
基浆+1%样品	0.1	100	90	70
	0.3	140	120	100
	0.69	200	160	150
基浆+2%样品	0.1	50	40	20
	0.3	60	50	30
	0.69	80	60	40

试验表明：基浆中加入 YTZ 随钻堵漏剂，能够有效提高钻井液的堵漏能力，并且随着加量的增多，封堵能力逐步提高。

（2）复合植物纤维 XA。

该堵漏剂主要组成成分为：改性酰胺聚合水解而成的 XA-1 型膨体、0.1~0.5mm 的核桃壳固体颗粒、适应漏层地温的沥青 LQ-1、通过 200 目筛网的石灰石颗粒 SHF-1。利用 QD-2 型堵漏装置进行封堵试验，模拟渗漏试验压差分别为 0.1MPa、0.3MPa 和 0.69MPa(表 5)。

表 5 堵漏效果评价

试验液	试验压差(MPa)	漏速(mL/s)		
		20 目砂床	40 目砂床	100 目砂床
基浆	0.1	180	150	120
	0.3	200	180	150
	0.69	267	210	160

续表

试验液	试验压差(MPa)	漏速(mL/s)		
		20 目砂床	40 目砂床	100 目砂床
基浆+1%XA	0.1	110	100	80
	0.3	150	130	110
	0.69	210	170	160
基浆+2%XA	0.1	60	50	30
	0.3	70	60	40
	0.69	90	70	50

试验表明：基浆中加入 XA 后，能够有效提高钻井液的封堵能力，并且随着加量的增多，封堵能力逐步提高。

(3) 快速封堵剂 KFD

该助剂主要成分为60%~90%膨化稻壳、5%~20%高分子变性纤维素、2%~12%两性纤维素，4%~20%碳酸氢钙。利用 QD-2 型堵漏装置进行封堵试验，模拟渗漏试验压差分别为 0.1MPa、0.3MPa 和 0.69MPa(表 6)。

表 6　堵漏效果评价

试验液	试验压差(MPa)	漏速(mL/s)		
		20 目砂床	40 目砂床	100 目砂床
基浆	0.1	180	150	120
	0.3	200	180	150
	0.69	267	210	160
基浆+1%KFD	0.1	90	80	60
	0.3	130	110	90
	0.69	190	150	140
基浆+2% KFD	0.1	40	30	10
	0.3	50	40	20
	0.69	70	50	30

试验表明：基浆中加入 KFD，能够有效提高钻井液的封堵微裂隙能力，并且随着加量的增多，封堵能力逐步提高。

2.2.2　桥接堵漏材料

钻进过程中漏失量较大时，主要采用桥接堵漏技术进行处理。利用多种堵漏材料按照一定配比配制堵漏浆，使固体颗粒堵塞裂缝、孔隙通道，其中刚性颗粒在漏失通道中起架桥和支撑作用，纤维和片状堵漏剂在刚性颗粒间起连接封堵作用，可变形堵漏剂起填充作用，通过挤压变形堵塞刚性颗粒、纤维、片状堵漏剂封堵后的孔隙空间，降低封堵渗透率，达到堵漏目的。目前应用的桥接堵漏材料主要为：复合堵漏剂，颗粒状、鳞片状和纤维状堵漏材料的复配比例为 2∶1∶1，其中颗粒状材料为核桃壳、橡胶粒、硅藻土、沥青；鳞片状堵漏材料为云母片、谷壳；纤维状材料为锯末、棉纤维、亚麻纤维。利用 QD-2 型堵漏装置进行封堵试验，模拟渗漏试验压差分别为 0.5MPa、0.75MPa 和 1.0MPa(表 7)。

表 7 堵漏效果评价

试验液	试验压差(MPa)	漏速(mL/s)		
		20 目砂床	40 目砂床	100 目砂床
基浆	0.5	180	150	120
	0.75	200	180	150
	1	267	210	160
基浆+1%样品	0.5	50	40	30
	0.75	90	50	40
	1	150	60	50
基浆+2%样品	0.5	20	15	9
	0.75	30	20	15
	1	50	30	25
基浆+3%样品	0.5	10	8	6
	0.75	15	10	8
	1	20	15	10

试验表明：基浆中加入复合堵漏剂，能够有效提高钻井液的封堵微裂隙能力，并且随着加量的增多，封堵能力逐步提高。

3 现场应用

3.1 施工中采取的技术措施

3.1.1 防漏

部分施工井钻进过程中发生井漏，是不可避免的，但部分井漏失可通过调整钻井液性能进行预防。在钻井过程中处理井漏坚持预防为主的原则，主要包括降低井筒内激动压力、提高地层承压能力等技术措施。

(1) 保持较低的液柱压力。

根据施工区块地层压力情况，科学确定同一裸眼井段所需钻井液密度，合理控制液柱压力，避免压漏。

(2) 提高地层承压能力。

对于轻微渗透性漏失井段，进入漏层前适当提高钻井液黏度、切力，增大漏失阻力；对于较严重漏失井段，进入漏层前在钻井液中加入堵漏材料，在压差作用下，堵漏剂进入漏失通道，提高地层的承压能力。

(3) 降低钻井液环空压耗和激动压力。

在保证携带钻屑的前提下，尽可能降低钻井液黏度；钻井过程中，定期清理沉砂罐，强化固控设备的使用效果，最大限度清除有害固相；加入沥青、封堵类助剂，进一步改善滤饼质量，降低滤失量，防止因井壁滤饼较厚引起环空间隙较小，导致压耗增大；快速钻进井段做到早开泵晚停泵，每钻进一单根划眼一次，确保井眼畅通；易漏井段起下钻作业过程中，下钻到底开泵要上下活动钻具，并开动转盘，以破坏静切力，降低循环压耗；钻井液加重时，控制加重速度，并且加量均匀。

3.1.2 堵漏

井漏发生后，根据现场情况，制定“安全、快速、有效”的处理措施，对近井筒漏失通道进行有效封堵。

（1）处理井漏的规程。

① 详细掌握并分析井漏发生的原因，确定漏层位置、类型及漏失程度。

② 根据实际情况，若可强行钻进，尽量钻穿漏层，避免重复处理。

③合理配制堵漏浆，并通过科学计算，确保堵漏材料进入漏层近井筒处。

④施工过程中要不停地活动钻具，避免卡钻。

⑤ 使用粒径较大的桥堵材料，要卸掉循环管线及泵中的滤清器、筛网等，防止憋泵。

⑥ 憋压试漏时要缓慢进行，压力不能过大，避免发生新的诱导性井漏。

（2）处理井漏方法。

① 合理控制密度：研究分析裸眼井段各组地层孔隙压力、破裂压力、坍塌压力、漏失压力，确定防喷、防塌、防漏的安全最低钻井液密度窗口，有效降低井底静液柱压力。

② 合理控制钻井液黏度、切力：钻进砂泥岩胶结差的地层发生井漏时，可通过提高钻井液黏度、切力，增大钻井液进入漏层的流动阻力控制井漏。下部井段钻进过程中发生井漏，在保证井壁稳定和携带与悬浮岩屑的前提下，通过降低钻井液黏度、切力来减低环空压耗和下钻激动压力控制井漏。

③静止堵漏：漏失量不大时，将钻具起出漏失井段或起至技术套管内或将钻具全部起出静止一段时间(一般 4~16h)，定时向井内灌注钻井液，防止裸眼井段地层坍塌，通过漏进地层的井浆具有触变性，随静切力增加，起到了黏结和封堵裂缝的作用，从而控制井漏；在发生部分漏失的情况下，循环堵漏无效时，在起钻前替入堵漏钻井液封闭漏失井段，增强静止堵漏效果；下钻时，控制下钻速度，尽量避开在漏失井段开泵循环；恢复钻进后，钻井液密度和黏切不宜立即作大幅度调整，要逐步进行，控制加重速度，防止再次发生漏失。

④ 漏失量较大时，综合分析漏速、漏层压力、液面深度和漏层段长、漏层形状等因素，合理选择级配和浓度的惰性材料，配成堵漏浆直接注入漏层，在漏失通道中形成“架桥”。

3.2 现场应用效果

通过防漏堵漏钻井液技术应用，成功处理易漏井区井漏及其引发的掉块等情况，施工井全部钻至设计井深，无封井报废发生。

4 结论

（1）确定易漏井区漏层性质，是预防及处理井漏成功的关键。现场主要通过分析法，初步确定漏层性质，并根据测井资料结合邻井情况，进一步深入分析。

（2）优选与地层特点配伍良好的抑制剂、防塌剂、降滤失剂及流型调节剂，改善钻井液性能，提高稳定井壁能力，满足井眼净化要求。

（3）优选防漏堵漏材料，科学确定复配比例，以满足不同漏失性质井段的防漏、堵漏施工要求。

（4）钻井过程中处理井漏坚持预防为主的原则，主要包括降低井筒内激动压力、提高地层承压能力等技术措施。井漏发生后，根据现场情况，制定“安全、快速、有效”的处理措施，对近井筒漏失通道进行有效封堵。

参考文献

[1] 张洪利，郭艳．国内钻井堵漏材料现状[J]．特种油气藏，2004(4)．

[2] 张斌，黄进军．随钻防漏堵漏技术研究与应用[J]．重庆科技学院学报，2010(10)．

[3] 鄢捷年．钻井液工艺学[M]．青岛：中国石油大学出版社，2006.

基于测井资料的孔隙性地层漏失压力模型研究

乐　明　刘文堂

（中国石化中原石油工程有限公司钻井工程技术研究院）

【摘　要】 漏失压力是现场开展防漏堵漏工作的关键依据，但目前漏失压力预测还处于定性、经验阶段，缺乏科学准确的技术手段，如何选择合理的漏失压力模型准确预测漏失压力一直都是堵漏领域的一个难题。本文以漏失发生原因作为研究出发点，结合漏失发生机理，引进漏失通道孔隙度，建立了基于测井资料的漏失压力计算模型，漏失压力大小与地层孔隙压力具有很好的关联性，与地层有效孔隙也有一定的关系。预测结果与现场实测数据较为相符，对预防井漏，安全顺利钻进具有重要的指导意义。

【关键词】 测井资料；地层压力；漏失压力；计算模型

井漏一直是钻井工程长期存在复杂情况之一，井漏可以通过堵漏解决，但是预防很难。针对井漏问题，现场提倡预防为主，防堵结合的理念，但缺乏科学准确的漏失压力预测方法，防漏方面只是着重于防漏材料的开发研究，然而防漏效果却不尽理想[1]。井漏本质上属于力学范畴问题，掌握漏层性质及准确预测地层漏失压力是解决该难题的关键[2]。

金衍对塔河油田灰岩地层漏失情况统计，得出漏失压差与漏速之间的漏失方程，现场应用表明具有较高的准确性[3]。朱亮、翟晓鹏等对比分析破裂压力模型方法与统计法预测地层漏失压力，认为漏失通道尺寸大、连通性好的碳酸盐岩地层统计法准确且简单[4]。虽然统计法在某个漏点预测漏失压力有一定的准确性，但对于连续性漏失压力剖面预测还是存在很大的不足。针对某些致密砂岩及泥岩地层，用破裂压力代替漏失压力是可取的，然而对于孔隙发育的砂岩地层，漏失压力远远小于地层破裂压力，依据破裂压力对现场防漏的指导意义不大。笔者通过结合测井解释资料对漏失产生机理的深入分析，建立了基于测井资料的漏失压力模型，为防漏堵漏提供了理论依据。

1　漏失类型

按照漏失发生原因，可将漏失划分为自然漏失和压裂漏失。

1.1　自然漏失

自然漏失一般发生在漏失通道连通性较好或者漏失通道尺寸较大的地层。这种地层对井内压力波动极为敏感，钻遇此类地层，微小的压差就能使钻井液流入漏失通道。漏失压力可以分为两部分：一是克服地层孔隙压力，二是钻井液在漏失通道中流动阻力。当地层中存在大型溶洞时，一旦钻遇就会出现失返性漏失，此时流体的流动阻力极低。

作者简介：乐明，男，1989 年生，工程师，2016 年毕业于长江大学钻井工程专业，工作于中国石化中原石油工程有限公司钻井工程技术研究院防漏堵漏及油气层保护研究所。现从事井壁稳定研究及防漏堵漏现场技术服务。联系电话：15907212150。

1.2 压裂漏失

对于某些泥岩和砂岩等地层，地层中本身不存在漏失通道，当井筒内部钻井液密度过大时，井壁岩石所受到的切向应力大于岩石的抗拉伸强度，致使岩石发生破裂形成裂缝，或者使岩石中的闭合裂缝扩展，从而发生漏失。目前，钻井工程上多采用破裂压力作为钻井液密度窗口上限，对于某些致密泥岩、砂岩等地层防漏具有较高的准确性[5]。

2 地层漏失压力模型建立

漏失压力的准确预测是防漏堵漏的关键。对于自然漏失，漏失压力随着地层孔隙压力的增加而增加，随着地层孔隙压力的减小而减小，因此地层孔隙压力的准确预测也是防漏堵漏的基础。此外，漏失压力还与漏失通道尺寸、连通性、流动阻力等因素有关，尺寸越大，连通性越好，流动阻力越小，漏失压力越小，越容易发生漏失。本文以孔隙性地层作为研究对象，建立了孔隙性地层漏失压力模型。

2.1 地层孔隙压力预测

地层孔隙压力一般指地层孔隙中流体的压力。不合理的地层孔隙压力预测结果会使漏失压力结果偏差太大，可能导致井漏、井喷等钻井事故的发生。

目前广泛应用的地层孔隙压力预测模式是在沉积压力理论、有效应力理论的基础上，通过测井资料，建立地层压力正常趋势线来确定孔隙压力[6]。Eaton 法是常用的预测孔隙性砂岩地层压力的经验方法，综合考虑了压实作用以及其他高压形成机制作用并总结和参考了钻井实测压力与各种测井信息之间的关系，是一种比较实用的方法[8]。利用 Eaton 模型求地层孔隙压力首先计算上覆岩层压力。

2.1.1 上覆岩层压力计算

某井深处的上覆岩层压力是指该深度以上地层岩石骨架和孔隙流体总重力产生的压力。密度测井曲线可以比较真实地反映地下岩石的体密度随其埋藏深度的变化规律，是求取上覆岩层压力最为理想的资料[7]。因而上覆岩层压力梯度主要取决于上覆岩层的地层密度，上覆岩层压力计算公式如下：

$$p_v = \int_0^H \rho(h) g \mathrm{d}h \tag{1}$$

式中，p_v为上覆岩层压力，MPa；$\rho(h)$为地层密度随地层深度变化的函数，g/cm³；H 为地层深度，km。

2.1.2 地层孔隙压力计算

本文采用 Eaton 模型求地层孔隙压力：

$$G_p = G_v - (G_v - \rho_w)\left(\frac{\Delta t_n}{\Delta t}\right)^n \tag{2}$$

$$p_p = G_p H \tag{3}$$

式中，G_p 为地层孔隙压力当量密度，g/cm³；G_v 为上覆岩层压力当量密度，g/cm³；ρ_w为地层水当量密度，g/cm³；Δt_n为正常压实时的声波时差值，μs/m；Δt 为实测声波时差值，μs/m；n 为伊顿指数。

2.2 漏失通道沿程摩阻

漏失通道中的流动摩阻由于关联因素较多，各种模型的计算结果与实际情况不太相符。

基于测井资料能够准确反映地层物性的特点，根据测井方法的探测特性和组成岩石的各种物质在物理性质上的差异，把岩石体积分成几个部分，然后研究每一部分宏观物理量的贡献，并把岩石的宏观物理量看成是各部分贡献之和。针对发生自然漏失的孔隙性地层，漏失压力是两个宏观物理量贡献组成，一是孔隙流体引起的地层孔隙压力，二是流体在漏失通道中流动引起的沿程摩阻 F。

$$p_{L}=p_{p}+F \tag{4}$$

考虑漏失通道对漏失压力的贡献量，现假设地层不被压裂形成新的漏失通道，地层中孔隙空间不存在流体时，此时地层孔隙压力为零，漏失压力就是沿程摩阻压力。为了方便计算沿程摩阻，忽略漏失通道尺寸大小、内表面的粗糙度等性质。参照渗透性砂岩地层漏失预测模型，孔隙流动简化成毛细管束模型[9]。沿程摩阻公式如下：

$$F=\frac{3q\mu}{2\pi Kh}\ln\frac{r_{f}}{r_{w}}+4\tau_{0}(r_{f}-r_{w})\sqrt{\frac{\varphi}{K}} \tag{5}$$

式中，q 为漏速，L/s；h 为漏层厚度，m；K 为地层的渗透率；φ 为孔隙度；μ 为钻井液塑性黏度，mPa · s；r_w和 r_f分别为井眼、侵入带的半径，m；τ_0为钻井液屈服值，Pa。

从式(5)可知，只有孔隙度和渗透率 K 是未知量，其他是已知量，由于孔隙度也是确定渗透率的关键因素，式(5)可以看成沿程摩阻关于孔隙度的函数关系式，写成

$$F=f(\varphi) \tag{6}$$

因此孔隙度是求漏失通道沿程摩阻的关键因素，求出孔隙度就能得出漏失通道沿程摩阻。而孔隙度可以通过测井资料求取，以下为孔隙度的密度测井法步骤[10]：

利用伽马 GR 曲线确定地层泥质含量 V_{sh}

$$I_{GR}=\frac{GR-GR_{min}}{GR_{max}-GR_{min}} \tag{7}$$

$$V_{sh}=\frac{2^{GC\cdot I_{GR}}-1}{2^{GC}-1} \tag{8}$$

式中，V_{sh}为地层泥质含量,%；I_{GR}为自然伽马相对值；GR 为地层伽马值。

GC 与地层年代有关的经验系数，新地层(古近—新近系地层)取 2. 7，老地层取 2。

根据密度测井资料求孔隙度：

$$\varphi=\frac{\rho_{ma}-\rho_{b}}{\rho_{ma}-\rho_{f}}-V_{sh}\frac{\rho_{ma}-\rho_{sh}}{\rho_{ma}-\rho_{f}} \tag{9}$$

式中，ρ_{ma}为岩石骨架密度值，g/cm^3；ρ_f 为地层流体密度值，g/cm^3；ρ_b 为地层密度测井值，g/cm^3；ρ_{sh}为泥岩密度值，g/cm^3。

由于密度测井得出的孔隙度为总孔隙度，而实际漏失却发生在连通性好的孔隙中，综合这些因素，引入漏失通道孔隙度 δ：

$$\delta=A\cdot\varphi \tag{10}$$

式中，A 为有效漏失通道系数，根据现场经验一般取值范围为 0. 4~0. 7。

将式(10)代入式(6)可得沿程摩阻关于漏失通道孔隙度的函数关系式：

$$F=f(\delta) \tag{11}$$

把式(3)和式(11)代入式(4)可得漏失压力预测模型：

$$P_{L}=G_{P}H+f(\delta) \tag{12}$$

3 实例分析

A 井是位于杭锦旗气田鄂尔多斯盆地伊陕斜坡北部的一口开发井(水平井)，从地质资料来看，区域漏层主要位于中生界下三叠统的和尚沟组、刘家沟组，岩性主要为浅棕灰色细砂岩与灰绿、棕色泥岩不等厚互层，平均埋藏深度为 1880~2667m。刘家沟组泥岩成碎块状，尤其近底部约 100m 左右的泥岩严重碎裂，易发生井漏。根据钻井及固井井漏求压资料推算，刘家沟组地层漏失压力当量密度范围在 1.18~1.3g/cm^3，坍塌压力当量密度范围为 1.07~1.11g/cm^3，安全钻井液密度窗口窄，塌漏问题频发。因此准确预测地层孔隙压力及漏失压力，依据漏失压力制定防漏措施，提高漏层承压能力，对于杭锦旗区块安全钻进具有重要指导意义。

根据测井资料，结合地层孔隙压力实测点，通过漏失压力计算模型，得到该井的地层孔隙压力、地层漏失压力纵向剖面图，结果如图 1 所示。

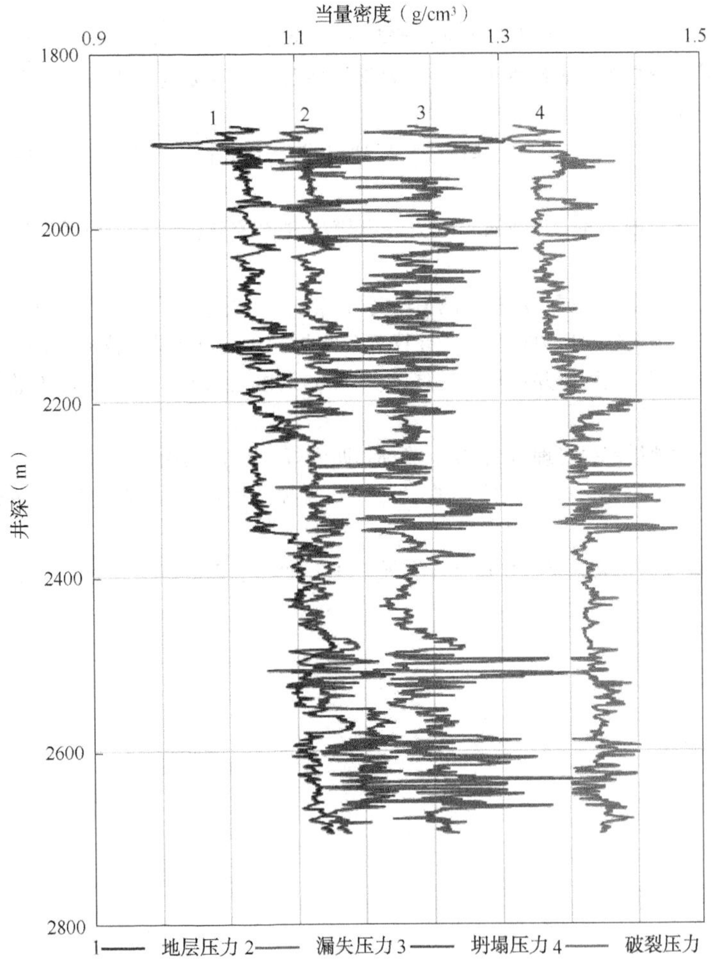

图 1　A 井地层孔隙压力、漏失压力纵向剖面图

从图 1 可知 1900~2000m、2100~2200m 漏失压力当量密度为 1.1g/cm^3，低于钻井液密度 1.15g/cm^3，属于漏失易发段，与现场漏失情况符合。当钻遇易漏地层时，一方面提前在

钻井液加入随钻防漏剂，并及时筛除钻井液岩屑及有害固相，严格控制钻井液密度升高；另一方面控制下钻速度，合理开泵，严格控制钻井液初切和黏度，不易过大，从而降低激动压力导致的井漏风险。

4 结论及建议

（1）对于压裂性漏失，破裂压力作为安全钻井液密度窗口上限是可行的；但对于自然漏失，漏失压力远小于破裂压力。本文通过引入漏失通道孔隙度，建立了基于测井解释资料的漏失压力预测模型，预测效果与现场井漏情况较为复合，对区块安全钻井具有实质性的意义。

（2）针对易漏易塌或者孔缝性地层，确定安全钻井液密度窗口时，漏失压力应作为上限，可以显著提高防漏效果，保证安全顺利钻进。

参考文献

[1] 徐同台，刘玉杰，申威，等．钻井工程防漏堵漏技术[M]．北京：石油工业出版社，1997.

[2] 沈海超，胡晓庆，李桂芝．破碎性地层漏失力学机理及井漏诊断与处理思路[J]．钻井液与完井液，2013，30(1)：86-87.

[3]金衍，陈勉，刘晓明，等．塔中奥陶系碳酸盐岩地层漏失压力统计分析[J]．石油钻采工艺，2007，29(5)：82-84.

[4] 朱亮，张春阳，楼一珊，等．两种漏失压力计算模型的比较分析[J]．天然气工业，2008，28(12)，60-61.

[5] 蒋宏伟，石林，郭庆丰．地层自然极小漏失压力研究[J]．钻井液与完井液，2011，28(5)，9-10.

[6] 樊洪海，张传进．上覆岩层压力梯度合理计算及拟合方法[J]．石油钻探技术，2002，30(6)，6-7.

[7] 时贤，程远方，梅伟．基于测井资料的地层孔隙压力预测方法研究[J]．石油天然气学报，2012，34(8)，94-95.

[8] 周鑫．川东北陆相地层漏失机理研究[D]．成都：西南石油大学，2015.

[9] 邹德永，赵健，郭玉龙等．渗透性砂岩地层漏失压力预测模型[J]．石油钻探技术，2014，42(1)，34-35.

[10] 李娜．陇东环县油区长8储层测井解释方法研究[D]．西安：西安石油大学，2014.

复杂构造气藏裂缝性地层承压堵漏技术

张永清　张　阳　闫吉曾

（中国石化华北油气分公司石油工程技术研究院）

【摘　要】 东胜气田构造复杂、断裂发育、地层压力低，水平井钻井过程中失返性漏失严重，堵漏时间长、堵漏效率低。通过对工程段成像测井资料分析认为：刘家沟组底部、石千峰组顶部存在孔隙—高角度天然裂缝、刘家沟组上部和石千峰组中部主要为高角度诱导压裂缝。在对高角度裂缝漏失、堵漏机理分析的基础上，优选镶嵌屏蔽堵漏材料、优化堵漏工艺，形成了针对低压高角度裂缝—孔隙型破碎性地层的承压堵漏技术。该技术现场应用 4 口井，成功率为 100%，为东胜气田的产能建设提供了技术保障。

【关键词】 水平井；高角度裂缝；失返性漏失；镶嵌屏蔽；承压堵漏

东胜气田位于鄂尔多斯盆地北部，燕山期受区域构造应力场控制发生反向翘倾，东高西低[1]。构造运动导致区内断裂发育，地层破碎和抬升剥蚀形成了异常低压[2,3]。水平井钻井过程中同一裸眼井段存在上漏下塌问题：直井段刘家沟组使用 1.04～1.08g/cm^3的钻井液极易发生漏失；其下部造斜段的石千峰组和上石盒子组发育大段泥岩，需将钻井液密度提高至 1.23g/cm^3以平衡地层的坍塌压力。6 口井发生特大型失返性漏失井，平均单井损失钻井液 2997.6m^3、平均单井损失时间 50.36d。堵漏过程中存在漏失层位判断粗略、漏失性质不明、堵漏材料及堵漏工艺适应性差等问题，导致堵漏时出现见漏就堵、找不到、堵不上、反复堵的现象。本文明确了漏层性质，形成了适应性承压堵漏技术，为后期钻井提速提供了技术支撑。

1　漏层位置及漏层性质分析

东胜气田钻井过程中钻至刘家沟组易出现失返性漏失，但由于是失返性漏失井漏位置难以确定。现场一般均在刘家沟组进行堵漏，对具体漏失位置及漏失性质缺乏深刻认识。J55P2S 井钻至刘家沟组发生失返性漏失，堵漏时只在刘家沟组进行堵漏，堵漏 21 次、损失时间 59d，未堵漏成功，导致该井被迫提前完钻；J66P3S 井在刘家沟组发生失返性漏失，损失时间 106.48d，打水泥塞堵漏证明该井刘家沟组上部及下部均有漏层。测井资料所确定的漏层位置准确，可为钻井堵漏作业提供直观可靠的依据[5]。J66P13H 井钻进过程中多次发生失返性漏失，堵漏成功后对其进行了电成像测井，测井资料(图 1)显示：漏层位置主要在延长组、刘家沟组和石千峰组。漏层性质：延长组上部为高孔隙砾石层；刘家沟组上部存在大孔隙、水平层理面及高角度诱导压裂缝；刘家沟组底部和石千峰组顶部存在低阻孔隙及水平泥岩缝和大量不对称的高角度天然裂缝夹杂部分压裂缝；石千峰组中部存在不对称的高角

作者简介：张永清，中国石化华北油气分公司石油工程技术研究院，助理研究员。地址：河南省郑州市中原区陇海西路 199 号；电话：0371-86002177(18103813773)；Email：zhangyongqing0104@163.com。

度诱导压裂缝。

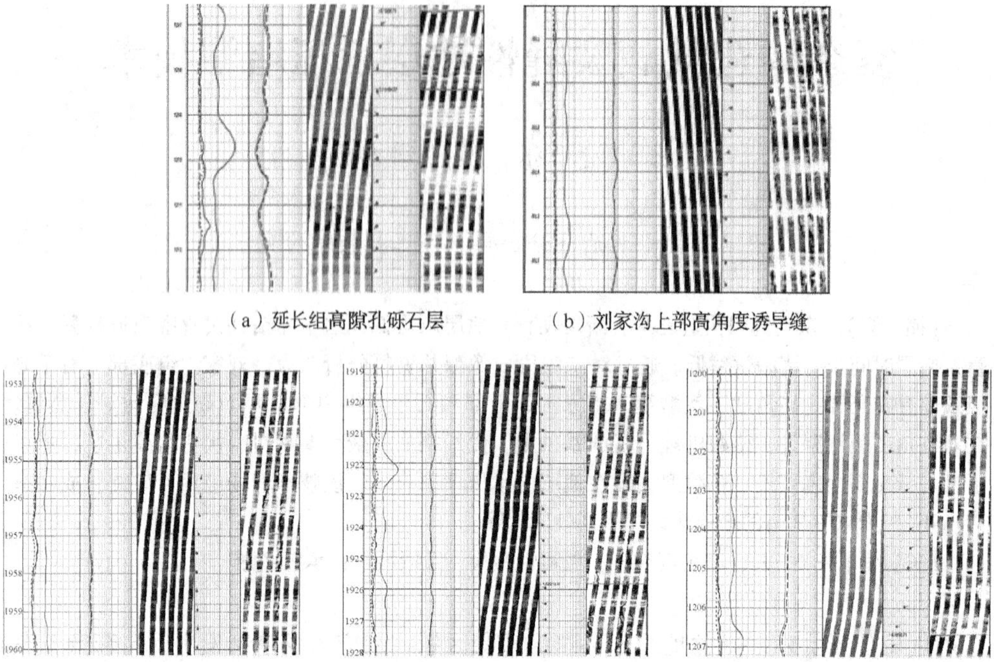

（a）延长组高隙孔砾石层　（b）刘家沟上部高角度诱导缝

（c）刘家沟下部、石千峰组顶部天然高角度缝　（d）石千峰组中部高角度诱导缝

图 1　主要漏失层成像测井图

2　高角度裂缝漏失、堵漏机理分析

对于构造复杂、压力敏感易出现诱发裂缝的裂缝—孔隙型地层，研究堵漏机理应以裂缝为对象[5]。天然高角度裂缝表面性质不一、缝长变化大[6]；高角度诱导压裂缝的张开度和延伸都可能很大[7]，进而为失返性漏失提供必要条件。东胜气田堵漏过程中存在堵漏效果差、漏失反复的现象，因此需进一步明确漏失、堵漏机理。

2.1　漏失机理

天然裂缝与井壁沟通且存在正压差时即可发生漏失，其漏失程度取决于正压差的大小、裂缝的宽度和长度、天然裂缝的发育程度及连通状况以及漏失通道内流体的流变性等。其控制的关键在于降低钻井液有效当量密度、精确预测裂缝宽度和优选堵漏材料采用合理的堵漏工艺提高地层的承压能力。压裂诱导裂缝性漏失是指地层本身不存在漏失通道，在地层压力系数低或地层破裂压力低的地层，当井筒中工作液有效当量密度过高时诱发裂缝或使闭合裂缝重新开启而导致的井漏。其控制的关键在于降低钻井液有效当量密度、在裂缝开启后短时间内阻止裂缝的进一步延展。含天然裂缝的地层也是易出现诱导压裂缝的地层、诱导压裂缝可提供漏失通道和漏失空间是目前防漏堵漏的技术瓶颈。

因此，对于裂缝—孔隙型地层防漏堵漏的核心在于：降低钻井液有效当量密度、精确预测裂缝宽度进而优选粒度合适的堵漏材料、采用合理的堵漏工艺快速阻止裂缝的延展。

2.2　堵漏机理

2.2.1　堵漏材料的工程特性

为对较大的裂缝和孔隙进行有效封堵，快速阻止裂缝的延展，堵漏材料应具有如下工程特性[8]：(1)尺寸较大且不规则，应与漏层孔隙或裂缝大小相适应，在封堵后可以制止钻井液漏失而不明显地改变钻井液性能，大的不规则的尺寸不会改变钻井液的性质，并容易清除和再循环。(2)这种具有特殊尺寸的颗粒不会埋在滤饼中，因而随着滤饼的积累和漏失的发展，颗粒的浓度会随着破裂的扩展而增加。(3)不可研磨，并且在钻井作业中不易压碎。(4)充填的颗粒具有足够的强度，能够封堵足够宽的裂缝的尖端范围，具有较好的可压缩性和膨胀性。

2.2.2　裂缝宽度预测现状

无论是天然裂缝还是诱导缝，均需较好的预测裂缝宽度，为堵漏材料尺寸选择提供依据。从目前的研究手段来看裂缝宽度的预测方法主要有三种[9]：(1)直接测定岩心上的裂缝宽度；(2)根据分形理论结合流体参数模拟动态裂缝宽度；(3)根据岩石力学参数，利用有限元预测动态裂缝宽度。这些研究方法多局限于静态裂缝宽度的预测或其实验条件、模型假设与实际相差较大。由于裂缝长度可以从几厘米到几十米[6]不易确定，因此，现场无法根据漏失情况，尤其是失返性漏失来确定裂缝宽度。此外，由于压力波动，诱导裂缝往往存在"呼吸效应"[10]，裂缝宽度呈动态变化，进而引起钻井液失返或返吐，给裂缝宽度的预测及堵漏作业带来了巨大的困难。

3　堵漏材料及工艺优选

3.1　裂缝宽度的判定

一般天然裂缝宽度为0.01~0.2mm，最常见的为0.01~0.05mm[6]；而诱导裂缝从无到有，裂缝宽度变化较大。有学者利用断裂力学有限元法、基于大牛地气田的岩石力学参数、假定裂缝长度为0.2~3m，预测压差范围为1.0~4.5MPa的条件下裂缝宽度为0.05~0.35mm[11]。该预测与东胜气田实际诱导缝长度较多大于5m存在差异。根据取心资料可见刘家沟组裂缝宽度在0.2~1.5mm之间[12]。该裂缝宽度为静态裂缝宽度且存在应力释放裂缝宽度变宽的情况。因此，综合缝长变化及应力释放东胜气田刘家沟组的静态裂缝宽度应小于1.5mm。

由大牛地气田D1-1-72污水回注井刘家沟组的压裂资料可确定刘家沟组的破裂压力及最小水平主应力见表1。

表1　D1-1-72井地层应力数据表

井段(m)	层段	破裂压力当量密度(g/cm^3)	最小水平主应力当量密度(g/cm^3)
1780.0~1783.0	刘家沟组上部	3.14	1.57
1926.0~1940.0	刘家沟组上部	2.71	1.40
2064.5~2068.5	刘家沟组中部	1.98	1.41
2221.0~2217.0	刘家沟组下部	1.66	1.39
2251.0~2254.0	刘家沟组下部	1.58	1.38
2266.0~2268.0	刘家沟组下部	1.49	1.38

由表1知在刘家沟组底部只要钻井液(堵漏浆)当量密度大于1.49g/cm^3或地层已存在裂缝时大于1.38g/cm^3，即会产生宽度、深度、长度不定的动态诱导缝裂缝。其初始裂缝宽度很小，因此堵漏材料须较小且具有较强的封堵性以减小裂缝尖端的流体压力、阻止裂缝延展

和缝宽增加。

3.2 堵漏材料的选择

由于最大动态裂缝宽度不易确定，但可基本推断其略大于 1.5mm。使用常规材料若大于裂缝宽度则不易进入裂缝；若过度小于裂缝宽度则起不到堵漏作用，且硬性材料和塑性材料分离封堵效果有限，当裂缝宽度增大时堵漏材料失去原有的作用。

因此，优选常规加量为2%~5%的镶嵌屏蔽堵漏材料，该材料主要由柔性架桥纤维和刚性弹性堵漏材料组成。柔性架桥纤维可进入不同裂缝宽度的地层并较好地驻留在裂缝表面为粒度较小的堵漏材料提供基础；刚性弹性堵漏材料的化学组成为石英砂刚性内核、表层为柔性的聚丙烯酰胺类高分子聚合物，其外形尺寸为 0.04~0.4mm，膨胀系数为 5~12 倍，同时具备高强度、压缩性、膨胀性。当裂缝宽度变化时可封堵 0.04~4.8mm 不同宽度的裂缝。

3.3 堵漏工艺

3.3.1 堵漏方法

出现失返性漏失东胜气田目前常用的堵漏方法有静止堵漏、憋压堵漏后静止堵漏、和水泥憋压堵漏等。这些堵漏方法对漏层位置要求相对准确且其提高地层承压能力有限，当钻井液当量密度增大或钻井液冲刷、钻具敲击时容易出现反复漏失，这也是常规堵漏方法失败的主要原因。因此推荐成功率较高的承压堵漏技术[13]。

3.3.2 堵漏层位

由成像测井资料可知：导致失返性漏失的主要层位为刘家沟组和石千峰组。因此，应尽可能采用低密度钻井液钻穿石千峰组 30~50m 之后再对全井进行承压堵漏。既可减少石千峰组顶部钻进时再次出现井漏又可封堵上部的漏层。

3.3.3 承压当量密度

钻井实践表明在 A 点(90°)钻遇泥岩时钻井液密度为 1.25g/cm^{3}即可保持井壁稳定。为确保下部钻进时上部不发生漏失，因此承压当量密度最小应为 1.25g/cm^3；但为确保上部已压开的裂缝不再延展，钻井液循环最大动压当量密度应小于 1.38g/cm^3。

4 现场应用

镶嵌屏蔽承压堵漏技术在东胜气田的 J66P3S 井、J66P9H 井、J66P14H 井和 J77P5H 井进行应用，均取得了较好的效果。以大型失返性漏失井 J66P3S 井和二级井身结构水平井 J77P5H 井为例说明。

4.1 J66P3S 镶嵌屏蔽承压堵漏

4.1.1 承压堵漏前基本概况

J66P3S 井在 2081.63(刘家沟组)~2395m(石千峰组)钻进过程中发生失返性漏失，尝试了静止堵漏、打水泥塞堵漏和常规承压堵漏等方法，由于钻井液冲刷、钻具扰动破坏及激动压力过大等因素的影响，堵漏最长见效时间仅为2~3d，共堵漏 26 次均未获得成功。经过反复堵漏，整井筒出现漏层长、漏点多的情况，无法准确判断漏点。

4.1.2 承压堵漏过程

(1) 配备密度为 1.18g/cm^3、黏度小于 40s 的堵漏浆，其中柔性架桥纤维 6%、大颗粒(中粗)刚性弹性堵漏剂 3%、中细刚性弹性堵漏剂 5%，失水不控。

(2) 光钻杆下至 2380m(垂深 2353m、石千峰组)，注、替堵漏浆充填 1920~2380m(和尚沟组—石千峰组)；

(3) 静止 8.5h 后起钻至 1700m，挤浆承压 5 次，套压从 0.85MPa 增至 1.45MPa (2081.63m 当量钻井液密度为 1.25g/cm^3)。

(4) 静止待套压回零，起钻至 1200m 小排量顶通后逐步提排量循环，循环不漏后，下钻分段循环至井底。备堵漏浆：6%柔性架桥纤维+3%刚性弹性堵漏剂。

(5) 起钻换钻具划眼到底，恢复钻进。

4.1.3 承压堵漏效果

镶嵌屏蔽承压堵漏后，从 2395m 安全钻至 A 靶点 2635m；下套管过程出现小型漏失，正注反挤固井成功。

4.2 J77P5H 先期承压堵漏

4.2.1 先期承压基本概况

J77P5H 是东胜气田第一口二级井身结构水平井，锦 77 井区漏失较为严重，为确保该井在下部造斜段、水平段施工顺利，决定进行先期承压堵漏。

4.2.2 先期承压过程

(1) 在钻穿刘家沟组进入石千峰组 30m 左右(2204.24m)，做当量密度为 1.25g/cm^{3}的承压堵漏。

(2) 配制钻井液密度略大于循环钻井液密度的堵漏浆：基浆+3%刚性弹性堵漏剂(中细)；根据现场钻井液密度、井深计算当量密度达到 1.25g/cm^{3}时关井套压值为 2.5MPa。

(3) 使用单凡尔开始承压作业。

(4) 使用单凡尔开泵顶浆，计算钻具、螺杆、钻头的压耗为 3MPa。

(5) 关闸板防喷器憋压，使立压憋压至 3.0MPa，套压憋压至 2.5MPa。

(6) 稳压 30min 观察，如无压降则承压成功(如果稳不住压，使用配制的堵漏浆再做承压；如果再稳不住压，起钻更换成光钻杆下钻到底，使用大颗粒堵漏材料封堵)。

4.2.3 承压堵漏效果

二级井身结构水平井 J77P5H 井先期承压成功后，水平段钻进过程中最大钻井液密度达到 1.27g/cm^3，未出现井漏；固井过程中未出现井漏。

5 结论及建议

5.1 结论

(1) 刘家沟组底部至石千峰组顶部主要为天然孔隙—高角度裂缝，刘家沟组顶部及石千峰组中部为高角度压裂诱导缝；压裂诱导缝是造成失返性漏失的主要原因。

(2) 东胜气田水平井在 A 点之前的钻进过程中最大钻井液有效当量密度应小于 1.38g/cm^3。

(3) 以柔性架桥纤维和刚性弹性堵漏剂为核心的镶嵌屏蔽承压堵漏技术可为东胜气田大型失返性漏失的防漏堵漏提供技术支持。

5.2 建议

(1) 在延长组至 A 靶点加入细颗粒或流性随钻堵漏材料、降低钻井液有效当量密度，钻穿石千峰组 30m 后，做先期承压堵漏。

(2) 若做先期承压堵漏前发生失返性漏失，应采用常规堵漏技术，在确保井壁稳定的前提下，应尽量降低钻井液有效当量密度强行钻至石千峰组30m后，做整体承压堵漏。

参考文献

[1] 常兴浩，孙晓，杨明慧．鄂尔多斯盆地杭锦旗地区构造单元划分方案及地质意义[J]．科学技术与工程，2013，13(30)：34-41

[2] 李传亮．地层异常压力原因分析[J]．新疆石油地质，2004，25(4)：443-445.

[3] 张立宽，王震亮，于在平．沉积盆地异常低压的成因[J]．石油实验地质，2004，26(5)：422-426.

[4] 蒋希文．钻井事故与复杂问题[M]．北京：石油工业出版社，2006：436-445.

[5] 范翔宇，田云英，夏宏泉，等．基于测井资料确定钻井液漏失层位的方法研究[J]．天然气工业，2007，27(5)：72-74.

[6] 王业众，康毅力，游利军，等．裂缝性储层漏失机理及控制技术进展[J]．钻井液与完井液，2007，24(4)：74-77.

[7] 刘向君，刘堂晏，刘诗琼．测井原理及工程应用[M]．北京：石油工业出版社，2006：108.

[8] 吴应凯，石晓兵，陈平，等．低压易漏地层防漏堵漏机理探讨及现场应用[J]．天然气工业，2004，24(3)：81-83.

[9] 佘继平，张浩，洪成云，等．钻完井过程中储层动态裂缝宽度研究进展[J]．钻采工艺，2012，35(6)：18-20.

[10] 贾利春，陈勉，张伟，等．诱导裂缝性井漏止裂封堵机理分析[J]．钻井液与完井液，2013，30(5)：82-85.

[11] 练章华，康毅力，唐波，等．井壁附近垂直裂缝宽度预测[J]．天然气工业，2003，23(3)：44-46.

[12] 魏凯，雷文武，李维斌．东胜气田杭锦旗区块井漏处理方法[J]．探索，2013(专刊)：132-134.

[13] 李战伟，王维，赵永光，等．南堡1号构造储层雷特承压堵漏技术[J]．钻井液与完井液，2014，31(5)：56-59.

库车坳陷山前超深复杂地层漏失机理研究

李　宁[1]　李　龙[2]　张　洁[2]　赵志良[2]　郝惠军[2]　刘　凡[2]　王　涛[2]

（1. 中国石油塔里木油田分公司；2. 中国石油集团工程技术研究院有限公司）

【摘　要】塔里木盆地库车山前构造地质情况和钻井情况复杂，导致钻井过程中井漏频繁发生，钻井液损失量大，造成巨大的经济损失。通过统计库车山前区块漏失情况，分析盐膏层及目的层漏失特征，揭示了库车山前地区盐膏层与目的层钻井液漏失机理，明确了盐膏层及目的层钻井液漏失成因，对今后库车山前地区的防漏堵漏工作起到重要的指导意义。

【关键词】库车山前；钻井液；井漏；漏失层特征；漏失机理

随着油气勘探开发技术的深入发展，常规油气藏的储量在逐渐减少，为满足人类对油气资源日益增长的需求，全球油气资源的勘探开发逐步走向深部、开发中后期和非常规油气资源。塔里木盆地库车山前区块位于塔里木盆地北部库车坳陷，主要包括克深段、大北段、博孜段、阿瓦特段，地质构造复杂，单井具有多套断层/盐层/压力系统，存在多个区域性不整合面和多种类型圈闭[1,2]。

以库车山前克深气田为例，从新近系吉迪克组到白垩系巴西改组，岩性为砂砾岩、砂岩、含膏泥岩、生屑白云岩、石膏岩、细砂岩等。库姆格列木群组还存在大段的膏盐岩段和膏泥岩段，且膏盐岩层夹有薄层粉砂岩、泥质粉砂岩。目的层为白垩系的巴什基奇克组第一段、第二段、第三段和巴西改组第一段，埋藏深，岩性变化大，厚度不均，非均质性强，地层承压能力低。钻进过程中易发生井漏等工程复杂情况，大量的漏失和堵漏时间显著影响了钻井成本和周期[3-5]。

近三年库车山前井共漏失钻井液 30699m^3，盐膏层及目的层漏失量占全井段漏失量的分别为 59.83%和 28.3%，盐膏层及目的层漏失是库车山前井漏的主要方式。盐上地层漏失量较小，属于漏失渗透性漏失，通过采取随钻堵漏和常规桥堵措施，漏失控制效果明显[4-7]。

本文通过对库车山前工区近年完钻的 60 余口井的漏失实钻数据进行研究，统计不同工况下盐膏层和目的层的漏失量，分析盐膏层和目的层漏失特征，明确钻井液漏失机理，对库车山前工区的防漏堵漏工作具有重要意义。

1　库车山前漏失情况统计

库车山前油气区 2015 年至 2017 年共完钻 66 口井，总计发生漏失 52 口（占完钻总井数的 78.8%），漏失总量 30699.6m^3，损失总时间 767.9d（18429.7h）。漏失井中平均单井漏失

基金项目：中国石油天然气集团有限公司科学研究与技术开发项目“裂缝性恶性漏失新型堵漏材料研发及工艺技术研究”（2018D-5009-05），中国石油天然气股份有限公司重大科技专项“塔里木盆地大油气田增储上产关键技术研究与应用”（2018E-1808）。

作者简介：李宁（1970—），男，高级工程师，主要从事钻井技术研究工作。

量 569. 2m³，平均漏失损失时间 13. 6d(326h)(图 1，表 1)。平均单井漏失量及损失时间呈下降趋势，平均单井漏失量由 2015 年的 823. 64m³下降为 2017 年的 427. 69m³，平均单井损失时间由 2015 年的 558. 43h 下降为 2017 年的 118. 52h。

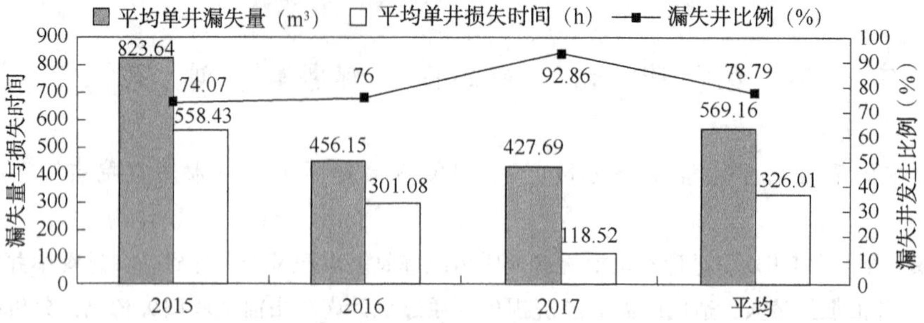

图 1　库车山前地区漏失情况统计图

表 1　库车山前地区漏失情况统计表

年份	完钻井数(口)	漏失井数(口)	漏失井比例(%)	总漏失量(m^3)	平均单井漏失量(m^3)	总损失时间(h)	平均单井损失时间(h)
2015	27	20	74. 07	16473	824	11168	558
2016	25	19	76	8667	456	5721	301
2017	14	13	92. 86	5560	428	1541	118
合计	66	52	78. 79	30699	569	18429	326

漏失统计结果表明，库车山前区块漏失主要发生在盐膏层、储层和盐上地层。盐膏层及目的层漏失是库车山前井漏的主要方式，盐膏层及目的层漏失量分别占全井段漏失量的 59. 83%和 28. 3%，井漏损失时间占比分别为 67. 06%和 20. 64%(表 2)。盐上地层共漏失钻井液 3652m³(占全井段漏失量的 11. 87%)，主要发生在库车组、康村组、吉迪克组等层位，主要原因为层间裂缝，砾石等疏松地层的渗透性漏失，通过采取随钻堵漏和常规桥堵等措施，就能取到明显的治漏效果。

表 2　库车山前地区分层位统计漏失情况表

地层	漏失井数	总漏失量(m^3)	平均单井漏失量(m^3)	总损失时间(h)	平均单井损失时间(h)
盐上地层	22	3652	166	2217	101
盐膏层	40	18410	460	12081	302
目的层	26	8709	335	3718	143
合计	88	30771	320	18016	182

2　漏失层特征

2. 1　盐膏层漏失特征

库车山前巨厚盐膏层普遍发育，深、厚、岩性复杂、孔隙类型多样、孔缝尺寸跨度大、含高压盐水层，巨厚层状泥岩、盐岩、膏岩及三者的交互为特征。膏盐岩层不是十分纯的膏岩或者盐岩，内多夹薄层砂岩、白云岩等物性较好的特殊岩层，导致膏岩层内的压力系统复杂。高压盐水层包括砂岩、灰岩或白云岩等，有时候甚至可以是膏泥岩；发生盐水溢流后，维持更高钻井液或压井液密度(克深9区块为2.45~2.57g/cm³)，加剧了薄弱夹层的漏失。

2.2 目的层漏失特征

目的层裂缝—微裂缝普遍存在，且大多为高角度缝或垂直裂缝，封堵段长，对封堵层强度要求高，易发生重复性漏失。目的层储层裂缝较为发育，从上到下可划分为：张性段、过渡段、压扭段。或钻遇则漏，或液柱压力诱导微裂缝扩展延伸，连通成网路，钻进过程造成大量的漏失。

储层顶部张性段：裂缝纵向深，开度大，裂缝线密度为0.5~3.0条/m，裂缝平均开度0.35mm。储层过渡段：裂缝规模有所降低，线密度有所提高，为1.0~5.0条/m。组合型裂缝逐渐增多，缝宽较小，裂缝平均开度为0.22mm。储层压扭段：裂缝密度显著升高，线密度为10.0~26.0条/m的倾角杂乱的网状裂缝带，裂缝平均开度为1.03mm，裂缝数量虽多，但有效性明显降低。

3 库车山前区块钻井液漏失机理

根据地层漏失的特征，可将易漏失地层划分为薄弱易破地层和裂缝性地层两类。盐膏层或目的层段漏失严重，明确盐膏层或目的层的漏失成因，对该地层钻完井过程的防漏堵漏工作具有重要意义。

薄弱易破地层的裂缝欠发育，地层承压能力低，当井筒压力大于地层破裂压力时，地层将被压迫，产生微裂缝，导致钻井液漏失，该过程属于诱导破裂型漏失，多发生在固井、钻井液提密度、承压堵漏等过程[6-8](图2)。

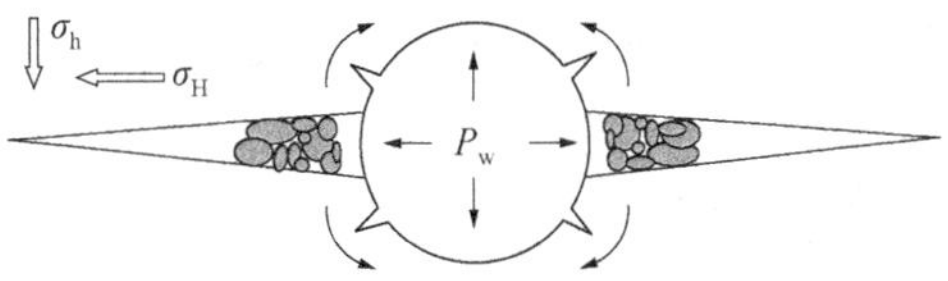

图2 诱导破裂型漏失控制效果

根据裂缝发育情况，将裂缝性地层分为裂缝发育非致漏型地层和裂缝发育致漏型地层。裂缝发育非致漏型地层裂缝微发育，多为微米级裂缝，正常情况下不会发生钻井液漏失。当井筒压力大于裂缝延伸压力时，裂缝尖端会逐渐向外延伸，裂缝宽度变大，裂缝长度增长，导致钻井液漏失，该过程属于裂缝扩展延伸型漏失，多发生在固井、钻井液提密度、承压堵漏等过程中(图3)；裂缝发育致漏型地层裂缝发育良好，多为微米级、毫米级裂缝，当井筒压力大于地层孔隙压力时，钻井液将会通过裂缝进入地层，漏失发生，该过程属于大中缝型漏失，多发生在正常钻进、压力激动和未有效随钻堵漏过程中(图4)。

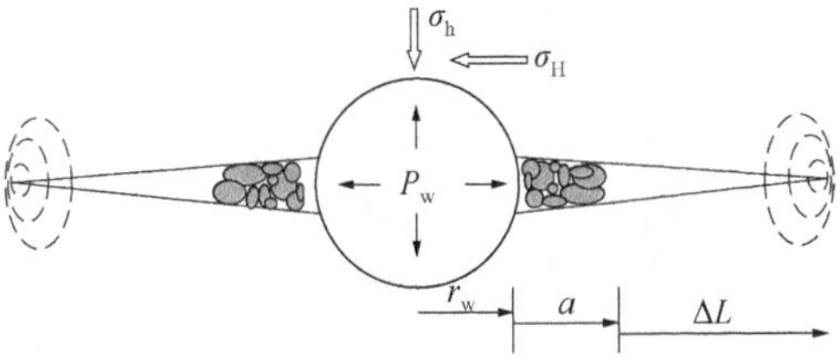

图3 裂缝扩展延伸型漏失控制效果

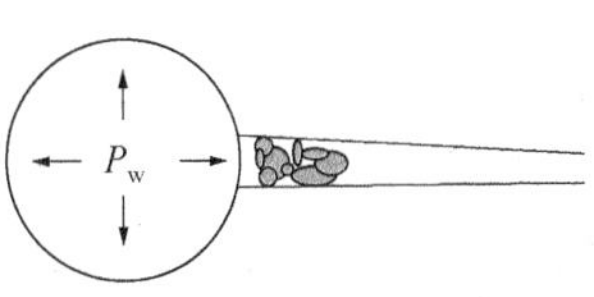

图4 大中缝型漏失控制效果

以上三种漏失成因中，诱导破裂型漏失的漏失速度较小，其次是裂缝扩展延伸型漏失，大中缝型漏失的漏失速度最大。收集库车山前区块的钻井、测井资料，分析白垩系巴什基奇克组不同层位的裂缝发育情况和钻井液的漏失速度，明确储层的漏失成因。图 5 和图 6 表明，储层最大漏失速度为 53.7m^3/h，平均漏失速度为 8.56m^3/h，最大裂缝宽度为 1.87mm，平均裂缝宽度为 1.03mm。

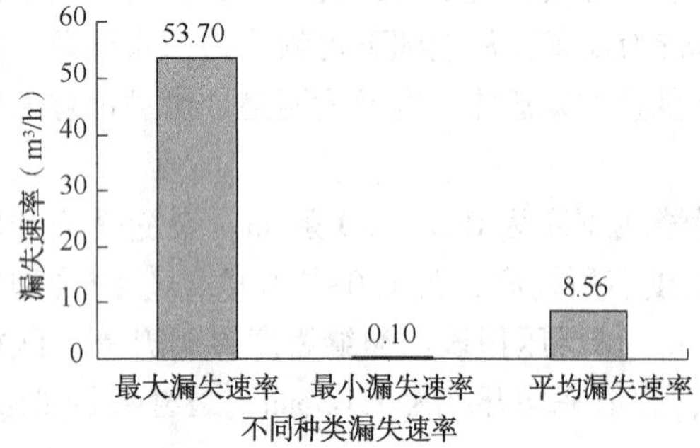

图 5　储层钻井液漏失速度

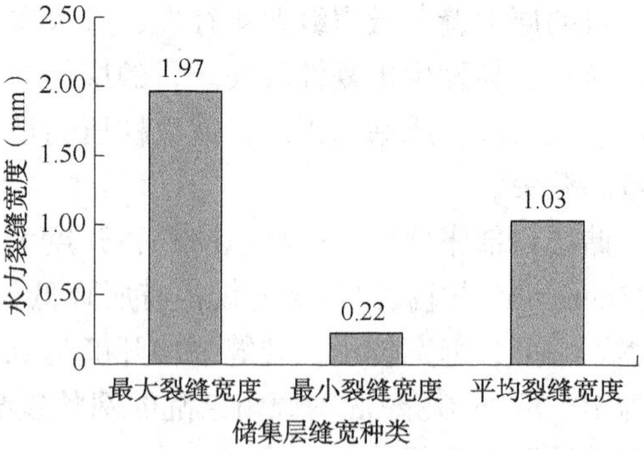

图 6　储层水力裂缝宽度

盐膏层漏失速度与裂缝宽度的关系(图 7、图 8)和目的层漏失速度与裂缝宽度的关系(图 9、图 10)表明，裂缝宽度越大，漏失速度也越大，同时，漏失速度与最小裂缝宽度之间有一定的数量关系，能根据漏失速度确定地层最小裂缝宽度。按照不同的漏失速度可将漏失分为微漏、小漏、中漏、大漏和严重漏失五种，根据漏失速度与最小裂缝宽度间关系，明确储层内不同漏失速度对应的裂缝宽度(表 3)。

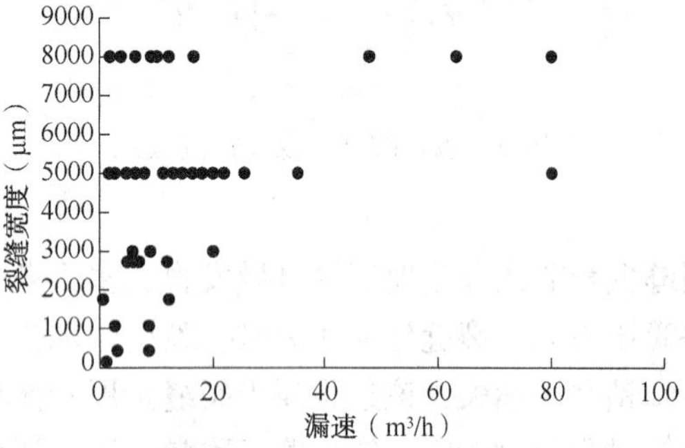

图 7　盐膏层漏失速度与裂缝宽度间关系

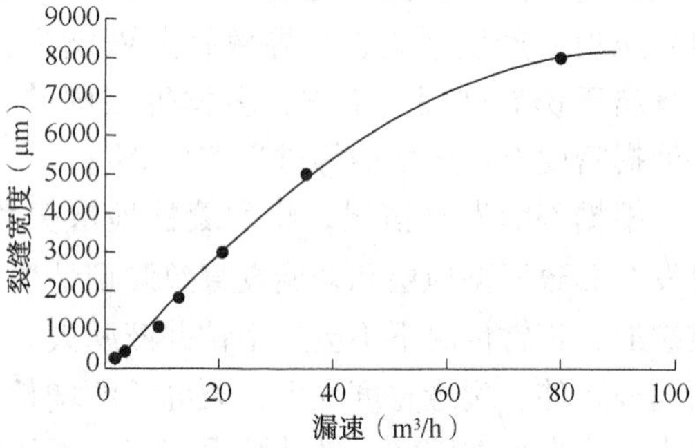

图 8　盐膏层漏失速度与最小裂缝宽度间关系

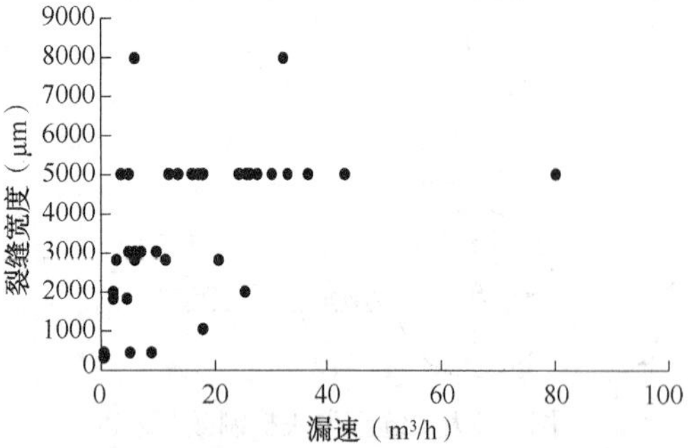

图 9　储层漏失速度与裂缝宽度间关系

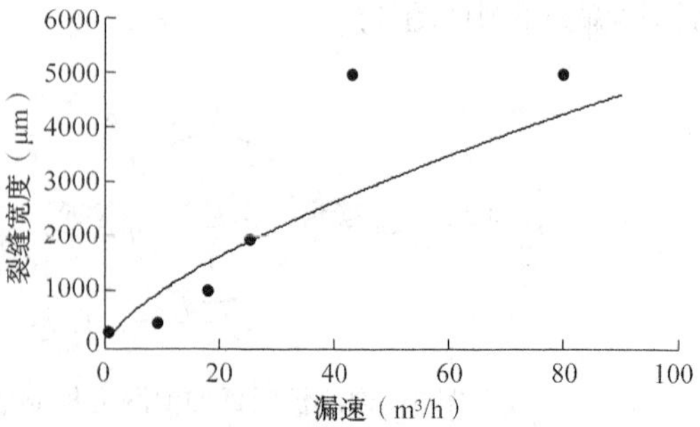

图 10　储层漏失速度与最小裂缝宽度间关系

表 3 储层和盐膏层内不同漏失速度对应的裂缝宽度

漏失速率(m^3/h)	<10	10~20	20~50	>50	失返
漏失严重程度	微漏	小漏	中漏	大漏	严重漏失
盐膏层漏失裂缝宽度(μm)	<1509	1059~3002	3002~6356	6356~8020	>8020
目的层漏失裂缝宽度(μm)	<1038	1038~1662	1662~3096	3096~4260	>4260

综合分析巴什基奇克组的地层裂缝发育情况、漏失速度、漏失量等数据，判断各层位的漏失成因，各层位的漏失成因类型见表 4，盐膏层段钻井液漏失成因以诱导破裂型为主，裂缝扩展延伸型为辅；储层段钻井液漏失成因以大中裂缝型为主，裂缝扩展延伸型为辅。

表 4 巴什基奇克组各层位的漏失成因类型

序号	层位	代号	主要漏失成因类型	次要漏失成因类型
1	泥岩段	$E_{1-2}km^1$	诱导破裂型	裂缝扩展延伸型
2	膏盐岩段	$E_{1-2}km^2$	诱导破裂型	裂缝扩展延伸型
3	白云岩段	$E_{1-2}km^3$	裂缝扩展延伸型	诱导破裂型
4	膏泥岩段	$E_{1-2}km^4$	诱导破裂型	裂缝扩展延伸型
5	砂砾岩段	$E_{1-2}km^5$	裂缝扩展延伸型	诱导破裂型
6	第一段	K_1bs^1	大中裂缝型	大中裂缝型
7	第二段	K_1bs^2	大中裂缝型	裂缝扩展延伸型
8	第三段	K_1bs^3	裂缝扩展延伸型	大中裂缝型

4 结论

(1) 库车山前区块漏失主要发生盐膏层、目的层和盐上地层，盐膏层及目的层漏失是库车山前井漏的主要方式。

(2) 分析盐膏层及目的层各层段地质特征、漏失严重程度、裂缝宽度等，揭示了盐膏层、目的层漏失特征。

(3) 明确了库车山前地区分层位漏失机理。盐膏层钻井液漏失成因以诱导破裂型和裂缝扩展延伸型为主，目的层钻井液漏失成因以大中裂缝型为主，裂缝扩展延伸型为辅。

参考文献

[1] 李龙，尹达，王建华．高温高密度油基钻井液技术及其在塔里木油田山前复杂深井中的应用研究[C]．2014 年全国钻井液完井液技术交流研讨会，2014：18-27.

[2] 滕学清，崔龙连，李宁，等．库车山前超深井储层钻井提速技术研究与应用[J]．石油机械，2017，45(12)：1-6.

[3] Yin D, Li L, Xu X G, et al. Application of high density non-aqueous fluid technology in the efficient development and production of super-deep complicated formations in the Tian Mountain Front Block[C]. IADC/SPE180690180690, 2016.

[4] 贾利春，陈勉，侯冰，等．裂缝性地层钻井液漏失模型及漏失规律[J]．石油勘探与开发，2014，41(1)：95-101.

[5] Mas M, Tapin T, Márquez R, et al. A new high-temperature oil-based drilling fluid[C]. SPE 53941, 1999.

[6] Kang Y L, Xu C Y, You L J, et al. Comprehensive evaluation of formation damage induced by working fluid

loss in fractured tight gas reservoir[J]. Journal of Natural Gas Science & Engineering, 2014, 18(18): 353-359.

[7] Xu C Y, Kang Y L, You L, et al. Lost-circulation control for formation-damage prevention in naturally fractured reservoir: Mathematical model and experimental study[J]. SPE Journal, 2017, 22(5): 1654-1670.

[8] Xu C Y, Kang Y L, Tang L, et al. Prevention of fracture propagation to control drill-in fluid loss in fractured tight gas reservoir[J]. Journal of Natural Gas Science & Engineering, 2014(5): 425-432.

超低渗透提高地层承压能力堵漏材料研究及应用

李颖颖[1]　郝惠军[1]　甘　霖[2]　沈欣宇[3]　刘　媛[3]　张家旗[1]

（1. 中国石油集团工程技术研究院有限公司；
2. 中国石油集团安全环保技术研究院有限公司；
3. 中国石油西南油气田分公司工程技术研究院）

【摘　要】本文通过对超低渗透提高地层承压能力机理的研究，研发具有一定抗高温性、满足形成致密封堵膜机理的有机聚合物，优选国内外常规钻井液材料，确定提高地层承压能力钻井液技术配方。从而将各种类型水基钻井液转化为提高地层承压能力钻井液，性能上具有防漏、防塌、防止压差卡钻，有利于提高压力敏感性地层承压能力、保护油气层等显著特点。四川盆地九龙山构造和华蓥山构造进行现场先导性试验3井次，现场试验堵漏成功率达到100%。

【关键词】超低渗透；承压能力；防漏堵漏；复合封堵

随着油气勘探开发领域的不断扩展，钻井过程中遇到的地层越来越复杂，在钻遇压力衰竭地层、裂缝发育地层、破碎地层、深井长裸眼大段复杂泥页岩层等地层时压差卡钻、钻井液漏失、井壁垮塌、油层伤害等问题非常突出。钻井液漏失一旦发生，一方面会大幅度增加非生产时间，造成重大经济损失；另一方面，还会诱发井壁失稳、坍塌、卡钻和溢流等复杂事故；而在储层段发生的钻井液漏失会堵塞油气运移通道，降低有效渗透率，减少单井产量。因此，钻井液漏失是长期以来油气勘探开发过程中的世界性难题，是制约油气勘探开发速度的主要技术瓶颈[-4]。

根据漏失地层的性质，钻井液漏失可分为渗透性漏失、裂缝性漏失和孔洞性漏失三类，其中自然裂缝和孔洞漏失约占70%，诱导裂缝漏失约占20%，其他漏失约占10%。大部分钻井液漏失通常是由裂缝引起的，该类型地层钻进过程中裂缝性漏失造成的损失占漏失花费的90%，是最复杂和最难解决的钻井液漏失类型[5-10]。

1　超低渗透提高地层承压能力堵漏材料的研制

在钻井液中利用特殊有机聚合物，通过吸附交联、黏结在井壁岩石表面形成低渗透率致密的封堵膜，有效封堵不同渗透性地层和微裂缝泥页岩地层，在井壁的外围形成保护层，增强内滤饼封堵强度，将钻井液及其滤液与地层完全隔离，达到零滤失效果。

在钻井液中利用特殊有机聚合物，在井壁岩石表面浓集形成胶束，依靠胶束或胶粒界面吸力及其可变形性，吸附交联、黏结在井壁岩石表面形成低渗透率致密的封堵膜，有效封堵

基金项目：中国石油集团重大现场试验项目“恶性井漏防治技术与高性能水基钻井液现场试验”（编号：2020F-45）；中国石油股份有限公司重大科技专项“西南油气田天然气上产300亿立方米关键技术研究与应用”（编号：2016E-0608）和“8000m级复杂超深井优快钻完井技术集成与应用”（编号：20199-4210）。

作者简介：李颖颖（1984—），女，工程师，博士，2014年毕业于中国石油大学（北京）油气井工程专业，主要从事井筒强化和防漏堵漏技术的研究工作，E-mail：liyydr@ cnpc. com. cn。

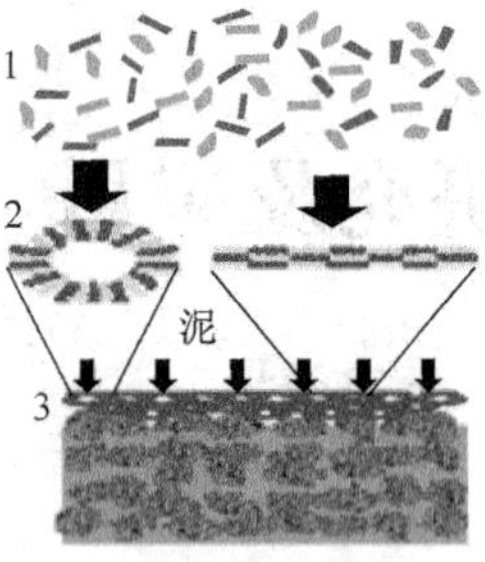

图 1　成膜提高地层承压能力机理

不同渗透性地层和微裂缝泥页岩地层，在井壁的外围形成保护层，增强内滤饼封堵强度(封堵剂渗入页岩微细孔道后对它的堵塞)，将钻井液及其滤液与地层完全隔离，达到零滤失提高地层承压能力的效果(图 1)。

1.1　复合封堵材料研制

根据 2/3 架桥封堵机理，以改性植物纤维、改性木质纤维为主，结合其他降失水、降黏、防塌等材料，通过室内复配实验，研制出具有良好封堵性的复合封堵材料。粒径分布如图 2 所示，性能实验见表 1 和表 2。

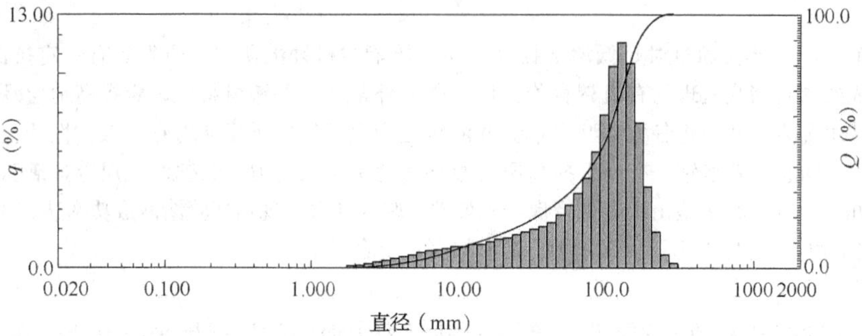

图 2　粒径分布

表 1　封闭滤失量实验结果

配方	AV(mPa·s)	PV(mPa·s)	砂床封闭滤失量(mL)
基浆	7	5	全漏失
基浆+4%封堵剂	7	5.5	23.5
基浆+4%单封	10	8.5	32.5

注：(1)基浆：4%钠膨润土。
(2)封闭滤失量评价方法为单封行标。
(3)砂床：100g 粒径 0.66~0.90mm(20~28 目)细砂，砂床高度 3.2cm。

砂床封闭滤失量测定是利用 FA 型无渗透钻井液滤失仪，在圆柱筒中加入经清水洗净并烘干的砂子，压实铺平，慢慢加入 400mL 钻井液，按测试中压滤失量同样方法加压测试 7.5min 滤液进入砂床的深度或测量 30min 的滤失量(注：以下砂床实验采用同样方法评价)。

表 2　(基浆)API 滤失量与中压砂床评价实验结果

配方	AV(mPa·s)	PV(mPa·s)	FL_{API}(mL)	7.5min 滤液浸入砂床深度(cm)
基浆	18	10	19	全漏失
基浆+1%封堵剂	19	11	19	10
基浆+2%封堵剂	19	11	18.5	8.5
基浆+3%封堵剂	19	12	18	7.5

注：(1)基浆：5%钠膨润土。
(2)300g 粒径 0.45~0.9mm(20~40 目)细砂，砂床高度 14cm。

表 2 结果说明，在细度小于单封(60 目)的情况下，其封闭效果优于单封，表 3 结果说

明，复合封堵材料粒径匹配合理，砂床滤失量随着它的加量增加有明显降低，即复合封堵材料作为固相沉积到一定量，即可达到封堵效果，使滤液浸入砂床深度不再增加。

1.2 成膜有机聚合物的研制

该有机聚合物可能是一种或多种材料复合而成。这类化合物分子主链上全部是碳原子，侧链大多数是强极性基团。主要靠吸附交联、黏结成膜作用来稳定井壁。其稳定井壁机理可归纳为以下几个方面。

（1）聚合物分子上的强极性基团，在黏土矿物表面有很强的氢键吸附作用。

（2）在碱性环境下产生强亲核性的烷氧负离子，与黏土矿物表面的铝离子和硅离子有强的亲合力，相互吸引到足够小的距离时便键合起来，形成化学交联。

（3）由于上述作用，聚合物分子在地层表面形成连续且致密的膜，该膜的渗透率特别低，该膜对井壁起到固结作用。阻止钻井液及其滤液进入地层。

制备方法：常温下，配制15%、20%、25%的有机物B溶液各100mL，用注射器取10%的A溶液，慢慢加入不同浓度的B溶液中，通过观察溶液中开始出现不溶物时，确定该反应完成，此时A溶液的加入量达到35~40mL。将得到的产物溶液蒸发、烘干，得到固体物质C(表3)。

表3　A和B不同浓度、体积下的生成物

A溶液 / B溶液	15%，100mL	20%，100mL	25%，100mL
10%，35mL	C_1	C_2	C_3
10%，40mL	C_4	C_5	C_6

1.3 超低渗透提高地层承压能力堵漏剂配方研究

用所制得的成膜聚合物与前面的复合封堵材料按1∶4进行复配，利用FA型无渗透钻井液滤失仪测量7.5min滤液进入砂床的深度，从中优选出成膜性能良好的产品，确定超低渗透钻井液处理剂的配方组分。

从表4看出有机成膜聚合物特殊的性质在封堵中起到了实质性的作用，有效阻止了液体对砂床的侵入，但不同反应物浓度和体积下制得的产物其封堵效果有明显差别。通过实验确定超低渗透提高地层承压能力堵漏剂由成膜聚合物C_3和复合封堵材料按质量比1：4混合的产物。

表4　中压砂床滤失量实验结果

编号	配　方	AV(mPa·s)	PV(mPa·s)	7.5min滤液浸入砂床深度(cm)
1	基浆	18	10	全漏失
2	基浆400mL+12gD	19	12	7.5
3	基浆400mL+9.6gD+2.4gC_1	17	12	6.2
4	基浆400mL+9.6gD+2.4gC_2	18	12	5.0
5	基浆400mL+9.6gD+2.4gC_3	18	11	3.0
6	基浆400mL+9.6gD+2.4gC_4	16	10	5.8
7	基浆400mL+9.6gD+2.4gC_5	19	12	5.3
8	基浆400mL+9.6gD+2.4gC_6	20	12	3.5

注：(1)基浆：5%钠膨润土浆。

(2)D：复合封堵材料。

2 超低渗透提高地层承压能力堵漏剂性能评价

2.1 常温中压滤失实验

采用基浆和现场井浆以不同介质(滤纸和砂床)来做对照实验，结果见表5、表6。

表5 基浆中加入不同含量堵漏材料的中压滤失实验

编号	配方	AV (mPa·s)	YP (Pa)	ρ (g/cm³)	FL_{API} (mL)	7.5min 滤液浸入砂床深度 (cm)
1#	基浆(5%钠土)	18	10	1.0	19	全漏失
2#	基浆+1.0%堵漏剂	18	8	1.0	17.7	5.5
3#	基浆+2.0%堵漏剂	18.5	9	1.0	16.5	4.0
4#	基浆+3.0%堵漏剂	18	11	1.0	16.2	3.0
5#	基浆+4.0%堵漏剂	20	9	1.0	16.0	2.5

表6 现场井浆中加入不同含量堵漏剂中压滤失实验

编号	配方	AV (mPa·s)	YP (Pa)	ρ (g/cm³)	FL_{API} (mL)	7.5min 滤液浸入砂床深度 (cm)
1#	井浆1	11.5	2.5	1.2	6.7	全漏失
2#	井浆+2.0%堵漏剂	12.5	2.5	1.2	5.0	3.0
3#	井浆+3.0%堵漏剂	13.5	2.5	1.2	5.0	2.0
4#	井浆2	14	2	1.17	5.3	全漏失
5#	井浆2+2.0%堵漏剂	15.5	2.5	1.17	4.6	3.0
6#	井浆2+3.0%堵漏剂	16	3	1.17	4.5	2.0

堵漏剂对基浆和现场浆流变性能及密度影响很小，能有效降低API滤失，用砂床取代滤纸，在砂床表面可形成致密封堵膜，降滤失效果明显。封堵效果与堵漏剂的加量有关，加量越多效果越好，试验结果表明2.0%~3.0%的加量即可将钻井液转化为提高地层承压能力钻井液体系。

2.2 常规水基钻井液体系转化实验

选取5种常规水基钻井液体系，通过加入研发的堵漏材料转化成提高地层承压能力钻井液体系。并在常温下进行对照实验，结果见表7。

表7 提高地层承压能力钻井液转化前后的中压滤失实验

钻井液体系	堵漏材料 (%)	AV (mPa·s)	YP (Pa)	FL_{API} (mL)	7.5min 滤液浸入砂床深度 (cm)
低固相聚合物体系	0	20	7	5.6	全漏失
	2.0	19.5	6.5	5.0	3.8
甲酸钠体系	0	25	7	4.6	全漏失
	2.0	27	5	4.3	4.0

续表

钻井液体系	堵漏材料（%）	AV（mPa·s）	YP（Pa）	FL_{API}（mL）	7.5min 滤液浸入砂床深度（cm）
饱和盐水体系	0	34	5	2.7	全漏失
	2.0	36	8	2.4	4.2
硅酸盐体系	0	32	13	5.5	全漏失
	2.0	29	10	5.0	4.0
正电胶体系	0	13	7	8.5	全漏失
	2.0	11	5	8.1	4.3

2.3 抗温性能评价实验

在150℃条件下滚动16h，常温下做黏度和中压砂床滤失实验的对比，结果见表8；用基浆和现场井浆做高温高压滤失量与高温高压砂床滤失量实验，结果见表9。

表8 堵漏材料抗温性能评价

编号	配方	AV（mPa·s）	YP（Pa）	7.5min 滤液浸入砂床深度（cm）	
1#	基浆（5%钠土）	高温前	18	10	全漏失
		高温后	12	8	全漏失
2#	基浆+2.0%堵漏剂	高温前	18.5	9	4.0
		高温后	16	8	5.0
3#	基浆+3.0%堵漏剂	高温前	18	11	3.0
		高温后	15	7	4.0

表9 高温高压滤失量与高温高压砂床滤失量

配方	AV（mPa·s）	YP（Pa）	FL_{HTHP}（mL）150℃	30min $FL_{砂床}$（mL），150℃
基浆（5%钠土）	18	10	80	全漏失
基浆+2%堵漏剂	17	9	42	砂床全浸透，滤液8.0
井浆1	11.5	2.5	12	砂床全浸透，滤液15
井浆1+2%堵漏剂	12.5	2.5	7.5	砂床全浸透，滤液2.0
井浆2	14	2	10	砂床全浸透，滤液16
井浆2+2%堵漏剂	15.5	2.5	5.5	砂床全浸透，滤液2.4

2.4 封堵层结构

常温下在可视式中压砂床滤失实验做完后，倒出钻井液，缓慢倒入清水，按测量API滤失量的实验方法加压，测定加入堵漏剂后钻井液形成的封堵层对清水的封堵能力（表10）。

表 10　高温高压滤失量与高温高压砂床滤失量

编号	配方	封堵层结构密封度	
		压实 7.5min	压实 20min
1#	基浆+2.0%堵漏剂	密封	密封
2#	基浆+3.0%堵漏剂	密封	密封
3#	井浆+2.0%堵漏剂	密封	密封
4#	井浆+2.0%堵漏剂	密封	密封

常温下利用高温高压滤失仪实验装置(上下带阀杆，下端有金属丝网底)，取消滤纸，直接加入 100g 经洗净烘干的细沙(粒径：0.45~0.90mm)，并平铺于罐底，沿壁慢慢加入钻井液约 100mL，加盖密封，加压 3.5MPa 测试 7.5min 滤液滤失量(表 11)。

表 11　砂床表面封堵层结构承压实验

编号	配方	*AV*(mPa·s)	*YP*(Pa)	7.5min 滤液浸入砂床深度(cm)	压强(MPa)
1#	基浆(5%钠土)	18	10	全漏失	—
2#	基浆+2.0%堵漏剂	18.5	9.5	零滤失	3.5
3#	基浆+3.0%堵漏剂	17	9	零滤失	3.5

2.5　同类产品对比

选取国内外同类产品在常温下做 API 滤失量与砂床封闭滤失量对比实验，结果见表 12。

表 12　同类产品 API 滤失量与中压砂床滤失对比实验

配　方	*AV*(mPa·s)	*YP*(Pa)	FL_{API0}(mL)	7.5min 滤液浸入砂床深度(cm)
基浆(5%钠土)	18	10	19	全漏失
基浆+2.0%堵漏剂	18.5	9.5	16.5	4.0
基浆+2.0%国内产品	30	14	17.8	5.0
基浆+2.0%国外产品	21	12	17.7	4.5
井　浆	12	2	6.7	全漏失
井浆+2.0%堵漏剂	13	3	5.0	3.0
井浆+2.0%国内产品	16	2	6.0	4.0
井浆+2.0%国外产品	17	3	5.8	4.0

3　提高地产承压能力钻井液现场试验

3.1　龙 004-X2 井现场试验

四川盆地九龙山地区地质条件复杂，四开裸眼段长，嘉三段以上地层承压能力低，极易发生钻井液的漏失，给钻井施工及井筒完整性带来了巨大挑战。为缓解九龙山地区四开裸眼井段承压能力低，钻井消耗量大，钻井液堵漏难度大等一系列技术难题，在该井应用了提高地层承压能力钻井液技术，取得良好的堵漏效果。

龙 004-X2 井四开完钻钻井液密度为 1.88g/cm³，与本开固井时密度为 1.92g/cm³ 的水泥浆存在 0.04g/cm³ 的密度差，加上循环压耗和激动压力，固井时约有 3MPa 的压差，且裸眼井段较长，有可能在固井施工时发生水泥浆漏失，影响固井质量。

现场试验过程：井段3955.02~4664.00m间断划眼，循环钻井液，立压6.0~21.0MPa，排量1751~3246L/min。现场配制承压堵漏浆50m^3，配方：1%WNDK-1+1%WNDK-2+3%DRS-SD，浓度5%、密度1.87g/cm^3、黏度61s；泵注的堵漏浆47.5m^3，立压5.4~7.8MPa，排量1583L/min；泵替密度1.87g/cm^3、黏度53s的钻井液47.0m^3，立压15.6MPa，排量2349.6L/min；短程起钻至井深4015.39m；进行承压试验，关防喷器反挤密度1.87g/cm^3、黏度53s的钻井液0.5m^3，套压上升3.15MPa，稳压30min且压降0.04MPa。

现场应用效果说明，该技术可有效提高地层承压能力，解决了龙004-X2井四开井段承压能力低的技术难题，为九龙山地区后续钻井施工积累了宝贵经验，具有良好的推广应用前景。

3.2 平探1井现场试验

四川盆地川西南地区平落坝潜伏构造地质条件复杂，玄武岩—栖霞漏垮同存，钻井液密度窗口窄，极易发生钻井液漏失，进而引发其他井下复杂，给钻井施工带来了巨大挑战。为缓解该井段井漏严重，钻井消耗量大，堵漏难度大等一系列技术难题，在平探1井进行了提高地层承压能力钻井液现场试验，取得了良好的堵漏效果。

平探1井五开实钻过程中，6280~6589m井段钻井液漏失严重，共漏失各类钻井液约1000m^3。随后加入超低渗透提高地层承压能力堵漏材料，配合其他桥堵材料进行现场试验，憋压候堵后未见漏失，一次堵漏成功。现场试验具体实施过程如下。

钻进至井深6613.15m，发现井漏，上提钻具至井深6594.85m，循环观察，出口未返。起钻至井深6031.43m，敞井观察，间断吊灌钻井液不返浆。地面配黏度滴流的桥浆40.0m^3，循环验漏，泵压20.7~21.0MPa，排量1260L/min，未见漏失；关井正挤钻井液5.7m^3，立压0MPa上升至10.2MPa下降至0MPa，套压0MPa上升至5.7MPa下降至1.6MPa；泄压开井，立压0MPa，套压1.6MPa下降至0MPa，回流0.5m^3，下钻至井深6587.74m，未见漏失，划眼至井深6613.15m，未见漏失，泵压22.0~22.5MPa排量1254L/min，继续钻进，未见漏失。

该技术现场试验成果说明，提高地层承压能力钻井液技术能够有效封堵玄武岩—栖霞漏层，为平探1井后续钻井施工积累了经验，具有良好推广前景。

3.3 蓥北1井现场试验

蓥北1井地理位置位于四川省达州市大竹县中华乡中华村5组，构造位置位于四川盆地川东地区华蓥山北段曾家山西潜伏构造，位于川中与川东的过渡带。

从实钻情况看，断裂带裂缝极其发育，纵向裂缝甚至有可能沟通地面，多次发生钻井液漏失，进而引发其他井下复杂，给钻井施工带来了巨大挑战。分析认为华蓥山构造长段低压漏失的原因为：地层破碎，漏层多，裂缝发育，每个层位存在一个或多个漏层，容易发生复漏；在封堵下部漏层过程中，关井挤压容易诱发上部已封堵漏层再次挤漏。为缓解该井段井漏严重、钻井消耗量大、堵漏难度大等一系列技术难题，在蓥北1井试验了提高地层承压能力钻井液技术，一次堵漏成功，取得了良好效果。

堵漏材料选择以桥堵为主，通过前期堵漏失败的经验看，架桥粒子粒径比较合理，可快速形成封堵，漏速有降低，但不能满足安全钻进的需要。其原因主要是堵漏材料粒径搭配不够合理，缺乏0.5mm左右的细颗粒封堵充填材料，对于微裂缝不能形成有效封堵。因此，为了完全封死漏层，应复配 100 目以下的微细材料，形成致密封堵层。对漏层进行堵漏试验，提高堵漏材料封堵能力，进一步降低漏速，提高堵漏成功率。

试验施工过程：静止观察，地面配制堵漏浆，每 30min 环空灌浆至出口见返，每 60min 开泵顶通水眼，下钻至井深 3579. 62m，出口未返。开泵灌浆 5. 0m^3，出口未返，下放至井深 3605. 97m，泵入密度 1. 21g/cm^3，浓度 23%堵漏浆 32. 5m^3(其中泵入 2. 2m^3出口见返)，返出钻井液 24. 7m^3，泵顶替钻井液 42. 0m^3，桥浆出水眼后漏失钻井液 3. 0m^3。起钻至井深 3137. 85m，开泵灌浆，出口见返，逐步提升排量循环钻井液，筛堵漏材料，泵压 1. 4~11. 5MPa，无漏失，下钻至井深 3648. 09m，恢复钻进，钻进至井深 3660. 00m 顺利中完。承压堵漏一次成功，承压能力满足固井安全需求。

4 结论

研发的超低渗透提高地层承压能力堵漏材料，在此基础上形成的提高地层承压能力钻井液，在蓥北 1 井、龙 004-X2 井、平探 1 井现场试验，现场试验堵漏成功率达到 100%。

参 考 文 献

[1] Donald L, Whitfill, Terry Hemphill, et al. All lost-circulation materials and systems are not created equal [J]. SPE 84319, 2003.

[2] Sharath Savari, Donald L. Whitfill, et al. Acid-soluble lost circulation material for use in large, naturally fractured formations and reservoirs [J]. SPE 183808, 2017.

[3] A. Mansour, C. Ezeakacha, et al. Smart lost circulation materials for productive zones[J]. SPE 187009, 2017.

[4] J. Luzardo, E. P. Oliveira, et al. Alternative lost circulation material for depleted reservoirs [J]. SPE 26188, 2015.

[5] 徐同台，刘玉杰，申威，等. 钻井工程防漏堵漏技术[M]. 北京：石油工业出版社，1997.

[6] Mortadha Alsaba, Runar Nygaard, et al. Lost circulation materials capacity of sealing wide fractures[J]. SPE 170285, 2014.

[7] Mortadha Alsaba, Runar Nygaard, et al. Laboratory evaluation of sealing wide fractures using conventional lost circulation materials[J]. SPE 170576, 2014.

[8] Bader Al-Azmi, Haitham Al-Mayyan, et al. A cross-link polymer sealant for curing severe lost circulation events in fractured limestion formations[J]. SPE 171411, 2014.

[9] Dupriest F E. Franture closure stress and lost returns practices[C]. SPE 92192, 2005.

[10] Benaissa S, Bachelot A, Richad J, et al. Preventing differential sticking and mud losses drilling through highly depleted sands fluids and geomechanics approach[C]. SPE92266, 2005.

高失水固结堵漏技术在顺北油田的应用

方俊伟[1,2]　于　洋[1,2]　谢海龙[3]　何　仲[4]　刘文堂[5]

（1. 中国石化西北油田分公司石油工程技术研究院；2. 中国石化缝洞型油藏提高采收率重点实验室；3. 中国石化西北油田分公司监督中心；4. 中国石化西北油田分公司工程技术管理部；5. 中国石化中原钻井工程技术研究院）

【摘　要】 顺北5号断裂带南部志留系钻井过程中漏失严重，堵漏一次成功率低、井漏复杂时效高，严重制约了区域钻井安全高效施工。志留系地层承压能力低、诱导性裂缝发育且分布广，常规桥塞堵漏存在提承压能力不足、重复漏失严重、井漏处理时间长等问题。针对志留系井漏特点，结合高失水固结堵漏技术“快速驻留、高强度封堵”优势，优化形成了“低浓度高失水动态段塞堵漏+高浓度高失水专项固结”的堵漏工艺。顺北X9井现场应用中，高失水固结堵漏7次（堵水1次），堵漏一次成功率100%，无重复漏失；井漏复杂时效较邻井减少81%，现场试压8.5MPa，志留系当量密度达到1.51g/cm³。现场效果表明以高失水固结堵漏技术为核心的堵漏工艺有效解决了提承压能力不足、井漏复杂时效高等问题，在顺北区块推广前景广阔。

【关键词】 井漏；高失水；堵漏工艺；志留系

顺北油气田位于顺托果勒隆起构造带，油气资源量1710×10^8t，展现了“大型油气田”勘探前景[1]。顺北油气田属断溶体油藏，地质解释13条断裂带，目前勘探开发集中在1号和5号断裂带，其中5号断裂带地质构造复杂，断层裂缝发育，井漏严重。南部志留系共施工10井次，9井次发生严重漏失，漏失率90%，现场采用桥塞复合堵漏、静止承压堵漏、凝胶堵漏等存在提承压能力不足，重复漏失严重问题[2-4]，漏失量近10000m³；由于漏失段长、漏点多，常用的见漏承压封堵工艺，井漏处理时间长，共损失周期485d，因此志留系漏失已经成为顺北油田勘探开发进程中急需解决的问题。针对志留系井漏特点，优化形成的高效高失水堵漏工艺，现场应用效果明显，大大减缓了井漏复杂严重程度。

1　地质工程简况

（1）地质简况。

顺北X9井是顺北5号断裂带南部的一口重点评价井，三开钻遇石炭系、泥盆系、志留系、奥陶系。志留系5510~6755m，分为塔塔埃尔塔格组和柯坪塔格组，岩性以泥岩、粉砂质泥岩、粉砂岩为主。由于泥岩较为发育、易水化膨胀、产生剥落掉块、垮塌；志留系断层诱导裂缝、高压水层发育，防塌防漏防涌矛盾突出。

（2）工程简况。

该井三开使用215.9mm钻头，采用钾胺基聚磺钻井液从井深5115m钻至井深7648m，下入177.8mm套管中完。志留系钻进过程中漏失10次，其中5527.94m处出盐水。现场采用桥塞复合堵漏、降排量全井堵漏浆钻进方式，虽能恢复钻进，但封堵层稳定性差、提承压能力不足。

2　井漏特征及难点分析

由于地质构造运动，顺北5号断裂带南北断裂活动期次有差异，海西早期南强北弱，造成志留系南部附近地层破碎、缝网发育。结合已施工井堵漏效果，分析志留系井漏特征及难点有以下几点。

（1）志留系地层承压能力低，诱导性裂缝发育，易重复漏失。

志留系地层承压能力低，裂缝受井内激动压力易诱导开启闭合，导致裂缝尺寸动态变化，桥塞堵漏材料粒径级配困难，难以致密封堵[5,6]，重复漏失严重。据顺北X5成像测井解释，测量井段内提取了四处水力压裂缝参数，裂缝宽度在6.93~19.24mm左右，平均裂缝宽度11.11mm，而井漏初期，堵漏实践表明堵漏材料颗粒粒径大于3mm即会封门。针对诱导性裂缝漏失，顺北X6井、顺北X8井、顺北X10井均采用桥塞复合堵漏技术，不同程度发生了重复漏失，重复漏失后漏点位置判定困难，增加了堵漏难度。

（2）志留系地层温度高，堵漏材料抗温能力不足。

志留系温度120~140℃，常规桥塞堵漏材料高温下易碳化，强度大大降低，封堵层失效，导致重复漏失；而化学交联堵漏剂高温下稠化时间、交联强度控制困难，施工风险大。

（3）井漏伴随着出水，增大了堵漏难度。

出水需提密度，提密度导致井筒压差变大，增加了低压薄弱地层漏失风险，同一裸眼段的压水、防漏难以平衡；顺北X10、顺北X5H、顺北X6等井实钻过程中，井漏的同时均伴有出盐水现象，需提密度至1.41g/cm^{3}才能压稳水层，而志留系漏失压力普遍较低，漏失密度1.33~1.40g/cm^3。此外，常规桥塞堵漏材料、水泥浆堵存在抗水冲释性差等问题[7-9]，堵水效果不理想。

（4）志留系漏失井段长1500m、漏失点多达21个，常规堵漏工艺适应能力不足，提速增效效果不理想。

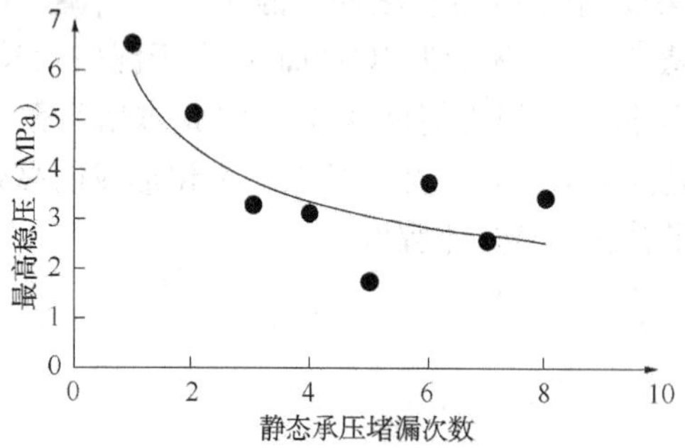

图1　顺北X6稳压能力与静态承压次数关系

顺北志留系采用堵漏工艺为见漏就承压堵工艺，堵漏次数多，周期长，导致井壁失稳风险增大。顺北X10井、顺北X6井志留系均采取见漏就堵工艺，堵漏处理时间分别为59d、92d。此外，顺北X6井进行了11次高浓度（>35%）桥塞复合承压堵漏，承压情况如图1所示，堵漏初期最高可稳压在8MPa，后期最高稳压只有4MPa左右，结果表明多次静态承压导致地层承压能力越来越低，增大了漏失风险（表1）。

表1　顺北X6部分承压情况

承压次数	最高稳压（MPa）	承压次数	最高稳压（MPa）
1	6.5	5	1.7
2	5.1	6	3.72
3	3.3	7	2.52
4	3.1	8	3.45

3 高失水固结堵漏工艺

3.1 技术特点

针对志留系地层承压能力低、裂缝发育、重复漏失频繁的问题，采用高失水固结堵漏技术。堵漏材料通过“快速滤失驻留+纤维成网封堵+胶凝固化”等作用提高漏层抗破能力[10-12]。高失水堵漏技术特点有以下几点。

(1) 驻留性好，封堵强度高，复漏概率低。快速滤失时间<30s，形成封堵，承压强度>10MPa。

(2) 堵漏剂漏层适应能力强，抗温达150℃。可封堵孔隙或1~3mm裂缝。

(3) 纯堵漏时间短，堵漏效率高。堵漏施工完，无须候凝，起钻更换钻具组合，下钻扫塞，恢复钻进。

从堵漏技术特点，可以看出高失水固结堵漏技术可对高渗透性、裂缝性地层，尤其是破碎性地层和诱导性裂缝地层可实现快速、高效封堵，减少重复漏失的堵漏效果。

3.2 堵漏配方优化

由于志留系诱导性裂缝发育，易开启、延展、扩大，最大裂缝宽度达10mm，这一井漏特点大大增加了堵漏材料的驻留难度；此外志留系泥岩段发育，易水化膨胀，存在井壁失稳的风险。因此，为提高驻留封堵成功率、地层承压能力，避免堵漏浆滤液造成的井壁失稳风险，根据堵漏需求，开展了堵漏配方优化及性能评价。

(1) 矿化度对滤失性能的影响。

针对志留系的柯坪塔格组井壁失稳与塔塔埃尔塔格组裂缝漏失同存问题，采用清水配制的高失水固结堵漏浆在裸眼井段高滤失堵漏过程中对井壁稳定有一定的潜在风险。通过提高高失水固结堵漏浆的矿化度，降低高失水固结堵漏浆大量滤失造成的潜在井壁失稳及对盐水钻井液污染的风险。因此，考察了采用不同浓度盐水配制高失水固结堵漏浆的滤失性能、固化封堵性能。结果见表2。

表2 矿化度对高失水固结堵漏浆性能的影响

盐的种类及浓度	滤失时间 (s)	滤失量 (mL)	滤饼厚度 (mm)	滤饼抗压强度 (MPa)
0	9	150	25	2.5
3%KCl	9	144	25	2.5
5%KCl	12	150	25	2.5
7%KCl	12	160	25	2.5
5% NaCl	10	150	25	3
10% NaCl	11	155	25	3.5
20% NaCl	12	145	25	5

由表2可知，采用不同种类、不同浓度的盐水配制的堵漏浆对滤失速度、滤失量、滤饼厚度影响不大，但滤饼的抗压强度略有上升，实验表明，采用一定矿化度盐水配制堵漏浆，不影响整体封堵效果。综合考虑成本、防塌效果、堵漏效果等因素，确定采用5%KCl的溶液配制高失水固结堵漏浆。

图2　不同温度下的5%KCl配制的堵漏浆滤饼

用5%KCl水溶液配制浓度50%的高失水固结堵漏浆，将滤饼分别在常温下25℃、100℃养护3h，效果如图2所示，滤饼厚度对比可以看出盐水配制的堵漏浆滤饼在高温作用下，体积膨胀明显，克服了水泥浆固化后体积收缩的缺点，这一特点能有效解决诱导性裂缝易开启、闭合致漏的问题。

(2) 不同尺寸裂缝驻留封堵能力评价。

失返性漏失是井漏中最严重的漏失类型，处理不及时会导致卡钻、井塌、井喷等井下事故。志留系微裂缝诱导性强，受多次憋压影响，易扩展至大裂缝或缝洞，导致失返性漏失，增加堵漏材料的驻留难度。高失水固结堵漏浆在1~3mm裂缝中的有效驻留，可以满足绝大多数的天然裂缝和诱导裂缝漏失地层。然而50%的高失水固结堵漏浆在较大裂缝漏层中无法快速有效驻留。这是由于高失水固结堵漏机理与常规桥塞堵漏机理[13-15]不同，不存在架桥、填充功能，其在漏层中的驻留是在滤失富集条件下的自然堆积，在较大尺寸的垂直裂缝中，重力作用下自然沉降，驻留效应不足。为了提高其漏失阻力和驻留速度，在堵漏浆中引入一定量的架桥材料，提高其在裂缝中的驻留速度。

在不影响高失水固结堵漏浆滤失性能和胶结能力的前提下，优选出刚性架桥材料，提高高失水固结堵漏浆的驻留能力，实验结果见表3。

表3　高失水固结堵漏浆驻留性能评价

堵漏浆配方	裂缝宽度(mm)	评价结果
浓度50%的高失水固结堵漏浆	1	快速驻留，封堵强度高
	3	快速驻留，封堵强度高
	5	无法有效驻留形成封堵
	10	无法有效驻留形成封堵
浓度50%的高失水固结堵漏浆+3%刚性颗粒(1~3mm)	5	有效驻留，漏失量比例为10%
	10	无法有效驻留形成封堵
浓度50%的高失水固结堵漏浆+3%刚性颗粒(1~3mm)+2%刚性颗粒(3~5mm)	5	有效驻留，漏失量比例为5%
	10	有效驻留，漏失量比例为20%

实验结果表明，在高失水固结堵漏浆中引入3%刚性颗粒(1~3mm)和2%刚性颗粒(3~5mm)，使其在5mm裂缝中的漏失比例由10%降低至5%，在10mm裂缝中的漏失比例由100%降低至20%，封堵效果如图3所示。但室内实验表明，刚性颗粒浓度过高会影响堵漏浆在漏失通道中形成有效封堵层。因此，刚性颗粒加量一般不能超过10%。

图 3　复配刚性颗粒的高失水固结堵漏浆在 10mm 裂缝中的驻留效果

3.3　长段多点堵漏工艺

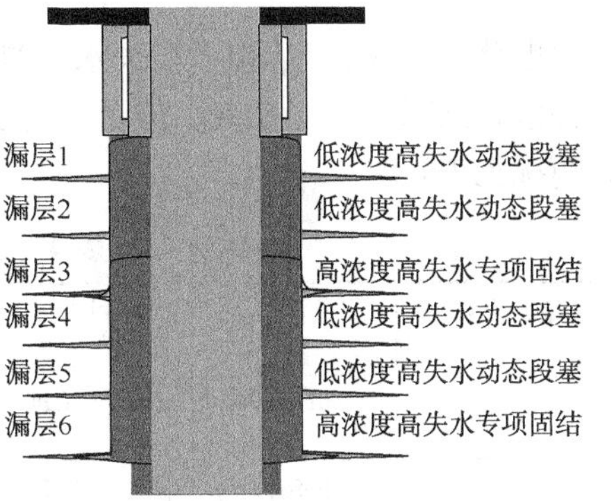

图 4　志留系长段多点漏失堵漏工艺

针对志留系漏失井段长，漏点多，井漏处理时效高等难题，结合高失水堵漏技术优势，制定了长段多点漏失堵漏工艺“低浓度高失水动态段塞堵漏+高浓度高失水专项固结”，提高堵漏一次成功率的同时大大降低了井漏处理时间，堵漏工艺示意图如图 4 所示。

(1) 低浓度高失水动态段塞堵漏，快速恢复钻进，保证钻井进度。根据不同漏速，制定了合适的堵漏技术方案。

① 漏速<10m^3/h。

技术措施：段塞堵漏。

段塞堵漏：8%~10%高失水堵漏材料+1%~2%矿物纤维 HPS-1+3%~4%高软化点沥青+1%~2%超细碳酸钙，浆量 15~25m^3；

工艺要求：随钻泵入段塞堵漏浆 15~25m^3，堵漏浆出水眼逐步提高排量，观察漏失情况或起至安全井段静止堵漏。

② 漏速 10~30m^3/h。

技术措施：段塞堵漏+堵漏浆钻进+高失水专项堵漏。

a. 段塞堵漏：12%~15%高失水堵漏材料+2%~4%矿物纤维 HPS-1+2%~4%高软化点沥青+5%~8%SQD-98(细)+2%~4%超细碳酸钙，浆量 25~35m^3。

工艺要求：堵漏浆出水眼后，提高排量 20%~50%，循环观察漏失情况；若效果不理想，堵漏浆内外替平，起钻至堵漏浆液面之上，逐渐提高至正常排量循环加压。

b. 若段塞堵漏 2 次失效，可采取全井堵漏浆钻进，浓度控制在 8%~11%，配方：井浆+3%~4%微裂缝防漏剂 MFP-Ⅰ+2%~3%复合堵漏剂(SQD-98 细)+1%~2%矿物纤维 HPS-1+2%高软化点沥青；其中微裂缝防漏剂 MFP-Ⅰ由一种由微米级颗粒材料、纤维材料、片状材料及变形充填材料组成的复合封堵剂，可有效封堵地层微孔隙微裂缝、改善滤饼质量。

工艺要求：振动筛筛布目数换成 20 目(40 目)，或停振动筛 1~2 周，调整钻井液性能。

c. 若漏失依然严重，采用高浓度高失水专项固结：配制堵漏浆 40～50m^3，配方：5% KCl 溶液：高失水堵漏剂=1：0.5～0.6，光钻杆泵入漏层，憋挤堵漏。

③ 对于 30m^3/h 以上漏速的诱导性裂缝漏失，直接高浓度高失水专项固结，配制堵漏浆 45～55m^3，配方，5%KCl 溶液：高失水堵漏剂=1：0.5～0.6，根据漏失情况，可以复配刚性颗粒(不超过 10%)，增强堵漏浆的驻留能力。

(2) 高浓度高失水专项固结，提高易漏地层的整体承压能力，避免复漏。

每剥开新漏层 200～300m 或发生严重性漏失(漏速>30m^3/h 或失返)，直接采用高失水专项堵漏，配方，5%KCl 溶液：高失水堵漏剂=1：0.5～0.6，浆量根据承压井段长度计算。重点封堵夯实该 200～300m 的所有漏层，兼顾提高上部裸眼地层整体承压能力，避免多次桥塞复合承压堵漏造成地层更加破碎的风险。

4 现场应用

顺北 X9 井三开志留系高失水堵漏 7 次，堵漏一次成功率 100%，堵漏时间 23.2d，较邻井井漏复杂时间减少 81%，成了顺北 5 号断裂带南部第一口无故障井。顺北 X9 井志留系堵漏情况见表 4。

表 4 顺北 X9 井志留系堵漏情况

堵漏次数	井深(m)	井漏工况	堵漏方法	堵漏效果
1	5527.94	钻进	低浓度高失水动态段塞堵漏(出盐水)	失败
			高浓度高失水专项固结	恢复钻进
2	5583.18	钻进	低浓度高失水动态段塞堵漏	恢复钻进
3	5624.11	钻进	低浓度高失水动态段塞堵漏	恢复钻进
4	5699.32	钻进	高浓度高失水专项固结	恢复钻进
5	5733.36	钻进	低浓度高失水动态段塞堵漏	恢复钻进
6	5975.11	循环	高浓度高失水专项固结	恢复钻进
7	6335	钻进	低浓度高失水动态段塞堵漏	恢复钻进

(1) 井深 5527.94m 堵漏(第 1 次井漏)。

钻进至井深 5527.94m，钻井液密度 1.38g/cm^3，发生漏失，漏速为 24m^3/h，漏失钻井液 4m^3。降低排量至 12L/s，抢钻进至 5529.57m，漏速为 12m^3/h，漏失钻井液 8m^3。抢钻期间泵入浓度 35%的随钻堵漏浆 25m^3；15：00 循环验漏，排量 12L/s，漏失钻井液 14m^3，漏速 4m^3/h；堵漏浆出钻头后漏失量逐渐减小，停泵发现出口未断流，罐面计量 2min 返液 1m^3(地层出水)，立管回压 3MPa；22：30 起钻至 5104m(套管内)，配制堵漏浆，配方：井浆+15%高失水堵漏剂+7.5%SQD-98(细)+4%矿物纤维+4%超细碳酸钙，由于地层井漏、出盐水，低浓度高失水堵漏效果差，决定采用高失水固结专项堵漏，进行堵漏、堵水。

① 堵漏浆配制。

配制堵漏浆 50m^3，堵漏浆配方：5%KCl 溶液+高失水固结堵漏剂 20t+抗高温高强承压剂 3t+微裂缝封堵剂 2t。

② 施工过程。

循环打入井内堵漏浆 35m^3，替浆 10m^3，堵漏浆出水眼前 1～2m^3关井。关井挤注钻井液 39m^3，最高套压 2.8MPa，停泵压力不降，继续停泵 12min 套压稳定在 2.1MPa；再次挤注钻

井液 $1m^3$，最高套压 5.3MPa，停泵 3.5MPa；关井憋压 2h，套压稳定在 2.6MPa。开井活动钻具、顶通循环，钻具正常、返浆正常，堵漏施工结束。

本次堵漏施工共配制堵漏浆 $50m^3$，入井堵漏浆 $35m^3$，挤入漏层 $21m^3$，最高施工套压 5.3MPa。

③ 效果分析。

扫塞至巴楚组，有明显遇阻现象，且扭矩变化异常，表明堵漏浆在该层位进入漏层并形成封堵；结合前期钻井存在快钻时及粗砂岩岩性分析可知，本次堵漏有效封堵该层位井漏高风险层位；扫塞至 5390~5400m，存在扭矩变化及遇阻显示，表明本次堵漏成功夯实原桥塞封堵层，降低该层位再次井漏风险；扫塞至 5500m 直至井底，扫塞遇阻明显，至井底大排量 25L/s 循环无漏失。表明本次堵漏成功封堵井底重点漏层、水层。

（2）井深 5975.11m 堵漏（第 6 次井漏）。

钻进至井深 5975.11m，循环过程中，发生漏失，漏速为 $0.7m^3/min$，降排量至 12L/s，漏速 $10m^3/h$，泵入 $15m^3$的 18%浓度的堵漏浆，起钻到套管内 60 冲排量循环不漏，提高到 70 冲，发生漏失，漏速为 0.8 ~ $1m^3/min$，逐步降至排量到 20 冲，$0.2m^3/min$，共漏失 $51m^3$。停泵观察，立压为 4.5MPa，开泵以 20 冲排量泵入 $2.3m^3$井口失返。针对失返性漏失，采用高失水固结堵漏浆复配一定浓度刚性颗粒，增强驻留效果。

① 堵漏浆配制。

配制堵漏浆 $44m^3$，配方：5%KCl 溶液+高失水固结堵漏剂 18t+抗高温高强承压剂 2.5t+微裂缝封堵剂 1t+1 ~ 3mm 贝壳渣 1t（刚性颗粒）。

② 施工过程。

循环泵入井内堵漏浆 $32m^3$，堵漏浆出水眼前 1 ~ $2m^3$关井。关井挤注钻井液 $50.5m^3$，挤注过程中最高套压 8.5MPa。挤入钻井液 $43m^3$，套压升至 4.08MPa，挤入 $50m^3$，压力升至 5.3MPa，停泵 10min，开泵继续憋挤 $0.5m^3$，压力升至 7.2MPa，憋压 2.5h，压力升至 8.5MPa。自然泄压，泄压期间返吐 $0.5m^3$。开井活动钻具、顶通循环，钻具正常、返浆正常。下钻扫塞，冲划至 5300m 遇阻，冲划至 5500m，无钻压冲划，扭矩波动幅度不大，划至井底，循环 4h 无漏失，恢复钻进。

③ 效果分析。

堵漏效果：复配 1 ~ 3mm 刚性颗粒的高失水固结堵漏浆在裂缝中强势驻留，施工过程中套压达到 8.5MPa，套压高也说明志留系裸眼段上部地层骨架完好。本次高失水固结堵漏将 5975.11m 以上裸眼段提高承压至 $1.51g/cm^3$。此外，钻穿志留系，直至中完，未发生井壁失稳复杂情况，也说明了 5%KCl 溶液的配制堵漏浆，在堵漏过程中起到较好的井壁稳定作用。

5 认识与建议

（1）高失水固结堵漏剂是一种高效堵漏材料，漏层适应宽度范围可达 10mm。通过快速失水，成网堆积，膨胀固化形成封堵层，与缝壁黏接性好，承压能力大于 10MPa，避免了裂缝诱导开启扩张导致的返吐复漏问题。

（2）针对志留系漏点多、漏失井段长等特点，优化形成的高失水长段多点堵漏工艺有效解决了志留系堵漏一次成功率低、井漏处理时间长等问题，大大降低了井漏处理时间，有力支撑了钻井工程提速提效。

（3）高失水固结堵漏技术具有施工简便、堵漏时效短、堵漏成功率高等优点，具有很好的推广前景。

参 考 文 献

[1] 潘军，李大奇．顺北油田二叠系火成岩防漏堵漏技术[J]．钻井液与完井液，2018，20(3)：42-47.

[2] 张希文，李爽，张洁，等．钻井液堵漏材料及防漏堵漏技术研究进展[J]．钻井液与完井液，2009，26(6)：74-76.

[3] 张希文，孙金声，杨枝，等．裂缝性地层堵漏技术[J]．钻井液与完井液，2010，27(3)：29-32.

[4] 付均．顺北油气田Ⅴ条带南部区块安全钻井技术探讨[J]．西部矿探工程，2020(1)：34-35.

[5] 王利中，王凤春．裂缝地层漏失识别与堵漏技术[J]．钻采工艺，2017，40(1)：105-107.

[6] 范胜，宋碧涛，陈曾伟，等．顺北 5-8 井志留系破裂性地层提高承压能力技术[J]．钻井液与完井液，2019，36(4)：431-433.

[7] 刘延强，徐同台，杨振杰，等．国内外防漏堵漏技术新进展[J]．钻井液与完井液，2010，27(6)：80-84.

[8] Arunesh Kumar，Sharath savari，Donald L，et. al. Wellbore strengthening：The ess-studied properties of lost circulation materials[R]．SPE 133484，2010.

[9] Mark W Sanders，Jason T Scorsone，James E Friedheim. High-fluid-loss，High strength lost circulation treatments[R]．SPE 135472，2010.

[10] 卢小川，赵雄虎，王洪伟，等．固化承压堵漏剂在渤海油田断层破碎带的应用[J]．钻井液与完井液，2014，31(4)：48-49.

[11] 黄贤杰，董耘，等．高效失水堵漏剂在塔河油田二叠系的应用[J]．西南石油大学学报(自然科学版)，2008，30(4)：160-161.

[12] 田军，刘文堂，李旭东，等．快速滤失固结堵漏材料 ZYSD 的研制及应用[J]．石油钻探技术，2018，45(1)：51-53.

[13] 侯子旭，刘金华，耿云鹏，等．AT22 井盐上长裸眼承压堵漏技术[J]．钻井液与完井液，2013，30(5)：89-91.

[14] 赵正国，蒲晓林，王贵，等．裂缝性漏失的桥塞堵漏钻井液技术[J]．钻井液与完井液，2012，29(3)：44-46.

[15] 李战伟，王维，赵永光，等．南堡 1 号构造储层雷特承压堵漏技术[J]．钻井液与完井液，2014，31(5)：56-59.

自固化热敏树脂凝胶堵漏剂的室内研究

冉启华[1]　邓正强[1]　徐　迪[2]

（1. 川庆钻探工程有限公司钻井液技术服务公司；2. 川庆钻探工程有限公司）

【摘　要】 针对川渝地区页岩气水平井恶性漏失问题，研发了自固化热敏树脂凝胶堵漏剂CQSFR-1。CQSFR-1树脂凝胶堵漏剂固化后，无明显裂缝，凝胶间连接致密。室内评价了CQS-FR-1树脂凝胶堵漏剂的黏度效应、抗压强度、固化时间、承压能力以及与水基钻井液的配伍性。实验结果表明该堵漏剂适应140℃以下温度，固化时间2~5h可控，固化后树脂凝胶抗压强度达5.4MPa，140℃承压6MPa，可有效封堵恶性漏失。

【关键词】 自固化；堵漏；热敏树脂；恶性漏失；水基钻井液

井漏问题已成为制约川渝地区页岩气水平井提质增效的瓶颈[1-6]。川渝地区井漏具有明显的“三段式”特征。表层大裂缝、溶洞分布，失返性漏失严重；二开灰岩裂缝发育，漏溢同存；三开页岩发育微裂缝，诱导性漏失明显[6-12]。针对川渝地区漏失问题，经大量科研工作人员攻关，堵漏技术取得了很大的进展，但井漏仍然呈现逐年增加趋势[13-17]。随着勘探开发区域进一步向深层、复杂地层的扩展，恶性漏失不可避免，对此需要研发解决恶性漏失的堵漏新材料。本文，基于树脂受热自固化的原理，研发了自固化热敏树脂凝胶堵漏剂CQSFR-1，该堵漏剂适应140℃以下温度，固化时间2~5h可控，固化后树脂凝胶抗压强度达5.4MPa，140℃承压6MPa，可有效封堵恶性漏失。

1　实验部分

1.1　实验材料

聚合物抗盐降滤失剂LS-2A、聚合物抗温降滤失剂JD-6、膨润土OCMA、堵漏剂CQS-FR-1(川庆钻探工程有限公司钻井液技术服务公司自制)；重晶石、氯化钾(KCl)、碳酸钠(Na_2CO_3)均为工业级产品。

1.2　实验设备

高速搅拌机、六速旋转黏度计、滚子加热炉、中压失水仪、高温高压失水仪、岩石点载荷强度试验机、钢珠球(1~5mm)、日立扫描电子显微镜。

基金项目：国家科技重大专项课题《大型油气田及煤层气开发》(2016ZX05040-006)；川庆钻探工程有限公司课题《适用于川渝地区灯影组破碎性地层的钻井液技术研究与应用》CQ2019B-16-1-3。

作者简介：冉启华，高级工程师，大学本科，1970年生，毕业于中国石油大学(华东)钻井工程专业，现在从事钻井液技术工作。地址：四川省成都市成华区猛追湾街26号。

通信作者：邓正强，E-mail：dengzhengq_ sc@ cnpc. com. cn；Tel：15600263100。

1.3 CQSFR-1 的特点

1.3.1 CQSFR-1 的物理特性

CQSFR-1 是一种树脂凝胶预聚体水溶液，常温下黏度低，外观为透明色。其基本物理性能见表 1。

表 1 CQSFR-1 物理性能

项目	指标
外观	透明色
表观黏度(mPa·s)	2~10
密度(g/cm³)	1.25~1.35
pH 值	8~9

1.3.2 CQSFR-1 扫描电镜

使用日立扫描电镜 S-3400N 分析 CQSFR-1 固化后微观结构。将高温固化后的 CQSFR-1 树脂凝胶干燥后切片，喷金后进行扫描电镜测试。测试结果如图 1 所示。

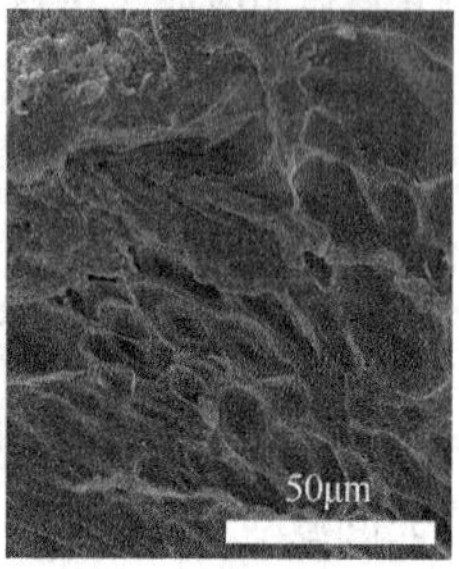

图 1 CQSFR-1 固化后扫描电镜结果

从图 1 可知，CQSFR-1 树脂凝胶堵漏剂固化后，无明显裂缝，凝胶间连接致密，可形成有效封堵层。此外，在树脂凝胶上还吸附有其他物质，有助于提高树脂凝胶固化后与水基钻井液的相容性。

1.4 KCL 聚合物钻井液的配制

用量筒量取 400mL 陈化 24h 的基浆(含 2%膨润土 OCMA+0.2%Na_2CO_3)，在基浆中加入 1.2g 聚合物降滤失剂 LS-2A，高速搅拌 20min，加入 4g 聚合物抗温降滤失剂 JD-6，高速搅拌 20min，加入 48gKCl，高速搅拌 20min，加入一定量重晶石，搅拌 20min 后，得到 KCl 聚合物水基钻井液，密度为 2.05g/cm³。

2 性能评价

2.1 CQSFR-1 的黏度特性

为了评价 CQSFR-1 加入水基钻井液中的黏度效应，测试了不同浓度的 CQSFR-1 在清水中的黏度，实验结果如图 2 所示。

从图 2 可知，在清水中加入 50%CQSFR-1，黏度增加不大，仅为 24mPa·s，当 CQSFR-1 加量超过 50%时，清水黏度明显增大。

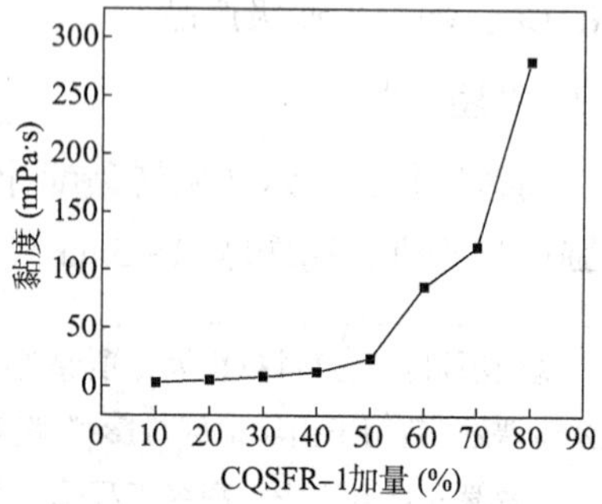

图 2 CQSFR-1 加量对清水黏度的影响

2.2 CQSFR-1 自固化时间的确定

为了评价 CQSFR-1 加入在清水中的固化时间，测试了 140℃条件下，不同浓度的 CQSFR-1 在清水中的固化时间，实验结果如图 3 所示。测试了清水中加入 30% CQSFR-1 在不同温度环境下的固化时间，实验结果如图 4 所示。

从图 3 可知，随着 CQSFR－1 加量的增大，固化时间明显降低，当 CQSFR－1 加量为 10%时，固化时间达 8h，凝胶树脂抗压强度较低，当 CQSFR－1 加量为 30%时，固化时间为 2.5h，凝胶树脂抗压强度较大，达 7MPa，当 CASFR－1 浓度进一步增大时，固化时间维持在 1.5h 左右，抗压强度无明显变化。

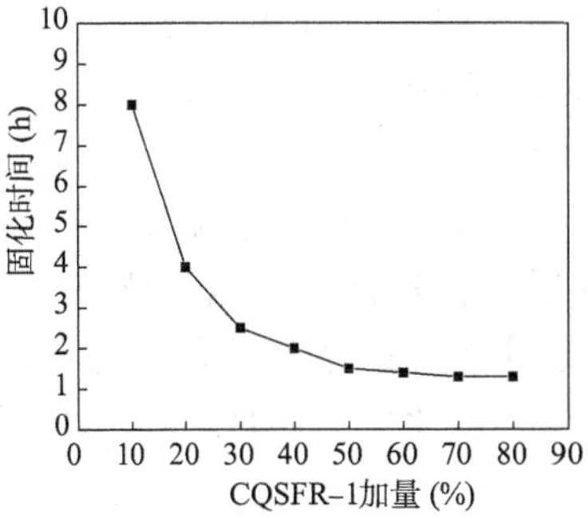

图 3　不同加量下 CQSFR－1 的固化时间

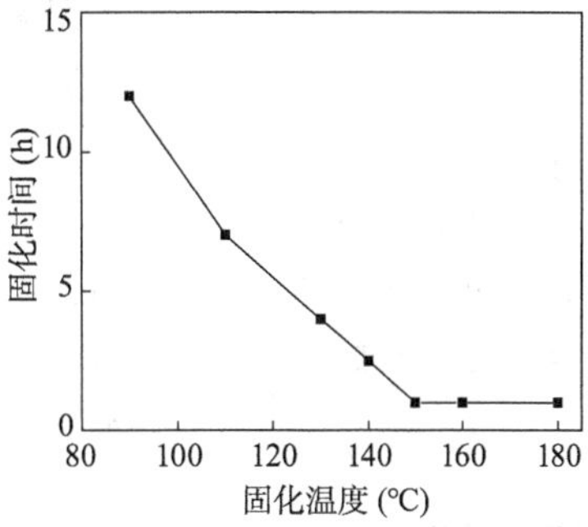

图 4　不同温度对 CQSFR－1 固化时间的影响

从图 4 可知，当环境温度低于 80℃时，30%浓度的 CQSFR－1 在清水中不会固化，随着温度的增加，固化时间明显缩短，环境温度为 140℃时，30%浓度的 CQSFR－1 在清水中的固化时间为 2.5h，随着环境温度的进一步增大，固化时间仅 1h。实验表明 CQSFR－1 适应 140℃以下温度。

2.3　CQSFR－1 固化后抗压强度测试

在清水中加入 30%CQSFR－1 经 140℃固化后，制成长 100mm，直径 50mm 的圆柱体，使用岩石点载荷实验机测试固化后的 CQSFR－1 抗压强度，实验结果如图 5 所示。

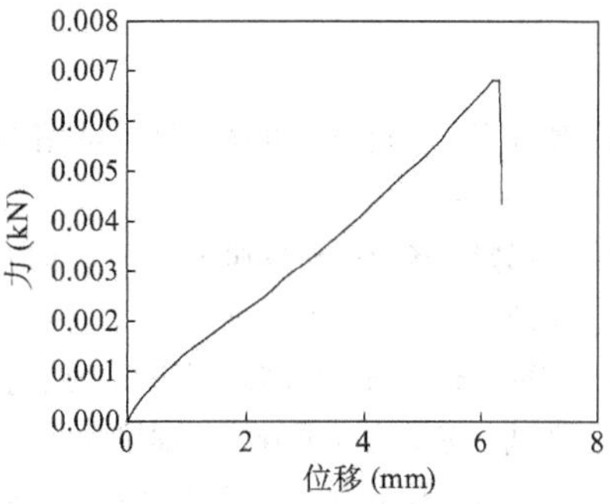

图 5　CQSFR－1 固化后抗压强度

从图 5 可知，在清水中加入 30% CQSFR－1 经 140℃固化后，长 100mm，直径 50mm 的圆柱体样品在 0.0068kN 处发生破裂，抗压强度达 5.4MPa。说明 CQSFR－1 固化后具有较高抗压强度。

2.4　配伍性实验

在密度为 2.05g/cm^3 的 KCl 聚合物水基钻井液体系中加入 30%CQSFR－1 后测试水基钻井液体系基本性能，实验结果见表 2。

表 2　在水基钻井液体系中加入 CQSFR－1 前后性能对比

CQSFR－1 加量(%)	塑性黏度 *PV*(mPa·s)	动切力 *YP*(Pa)	初切(Pa)	终切(Pa)	FL_{API}(mL)
0	42	6	1	2.5	3.8
30%	45	8	1.5	3	3.6

从表 2 中可知，在水基钻井液体系中加入 30%CQSFR－1 后，塑性黏度由 42mPa·s 增加到 45mPa·s，黏度变化不大，中压失水由 3.8mL 降低到 3.6mL，说明 CQSFR－1 与水基钻井液体系具有良好的配伍性。

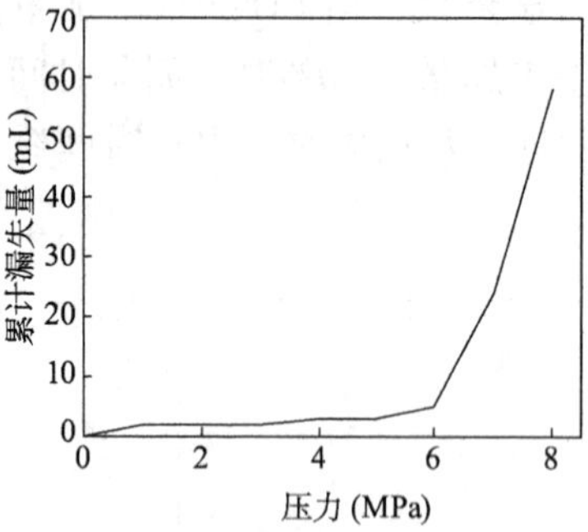

图 6　CQSFR-1 固化后的承压能力测试

2.5　承压堵漏实验

采用钢珠球模拟漏层，在高温高压失水仪中加入 200g5mm 钢珠球，取密度为 2.05g/cm^3的 KCl 聚合物水基钻井液 300mL，加入 30%CQSFR-1 搅拌 20min 后，置于高温高压失水仪釜体中，密封好容器后，加热至 140℃，保温 2.5h 后，通氮气测试 CQSFR-1 固化后的承压能力，实验结果如图 6 所示。

从图 6 可知，对于 5mm 的钢珠床，在 6MPa 压力以内，随着压力的增大，累计漏失量变化不大。当压力超过 6MPa 以后，累计漏失量显著增大，说明 CQSFR-1 在水基钻井液体系中，固化后，140℃下可承压 6MPa。

3　结论与建议

（1）在清水中加入 30%CQSFR-1，在 140℃条件下，固化时间为 2.5h，凝胶树脂抗压强度较大，达 7MPa。

（2）CQSFR-1 与水基钻井液体系具有良好的配伍性，黏度增加不明显，可降低中压失水。

（3）140℃下，在水基钻井液体系中加入 30% CQSFR-1，对于 5mm 钢珠床，可承压 6MPa。

参 考 文 献

[1] 聂天宇，郭建彬，刘锋．钻井液堵漏材料与防漏堵漏技术研究[J]．化工设计通讯，2020，46(10)：197-198.

[2] 袁锦彪，杨亚少，常旭轩，等．页岩气油基钻井液堵漏技术及其在长宁区块应用[J]．钻采工艺，2020，43(4)：133-136.

[3] 陈军．聚合物凝胶堵漏剂研究进展[J]．山东化工，2020，49(13)：48-51.

[4] 张斌．南川地区页岩气防漏堵漏技术研究[J]．化工设计通讯，2020，46(5)：263-265.

[5] 张文哲，孙金声，白英睿，等．抗高温纤维强化凝胶颗粒堵漏剂[J]．钻井液与完井液，2020，37(3)：269-274.

[6] 王波，孙金声，李伟，等．陕北西部地区裂缝性地层堵漏技术研究与实践[J]．钻井液与完井液，2020，37(1)：9-14.

[7] 颜帮川，蒋官澄，胡文军，等．高温延迟交联聚丙烯酰胺凝胶堵漏剂的研究[J]．钻井液与完井液，2019，36(6)：679-682.

[8] 王战辉，马向荣，高勇，等．油气管道剩余强度分析方法对比研究[J]．能源化工，2019，40(4)：76-80.

[9] 万夫磊．长宁页岩气表层防漏治漏技术研究[J]．钻采工艺，2019，42(4)：28-31+7-8.

[10] 杨芳，覃军，李兆丰，等．昭通地区页岩气水平井钻井难点与对策分析[J]．天然气勘探与开发，2019，42(2)：129-136.

[11] 郭永宾，颜帮川，黄熠，等．高温成胶可降解聚合物凝胶堵漏剂的研制与评价[J]．钻井液与完井液，2019，36(3)：293-297.

[12] 李锦峰．恶性漏失地层堵漏技术研究[J]．探矿工程（岩土钻掘工程），2019，46(5)：19-27.

[13] 黎凌，李巍，欧阳伟．遇水快速膨胀胶凝堵漏技术在长宁页岩气区块的应用[J]．钻井液与完井液，2019，36(2)：181-188.
[14] 苏俊霖，王雷雯，刘禧元，等．表层裂缝漏失凝胶随钻堵漏技术及应用[J]．钻采工艺，2018，41(2)：23-25.
[15] 彭振斌，张闯，李凤，等．聚乙烯醇凝胶堵漏剂的室内研究[J]．天然气工业，2017，37(6)：72-78.
[16] 舒曼，赵明琨，许明标．涪陵页岩气田油基钻井液随钻堵漏技术[J]．石油钻探技术，2017，45(3)：21-26.
[17] 孙金声，刘敬平，闫丽丽，等．国内外页岩气井水基钻井液技术现状及中国发展方向[J]．钻井液与完井液，2016，33(5)：1-8.

页岩气井微裂缝封堵及承压封堵评价研究

冉启华　肖沣峰　张　坤

（川庆钻探工程有限公司钻井液技术服务公司）

【摘　要】 非常规页岩气水平井的龙马溪组地层由于裂缝发育、页岩破碎，存在着井筒卡钻的风险，因井壁失稳而填埋旋转导向和井底工具等问题，大大增加了钻井成本和风险。为解决上述问题，开展了对龙马溪组页岩岩心裂缝宽度的调研与分析，发现绝大部分微裂缝及裂缝的分布规律。一方面绝大部分微裂缝尺寸分布 200μm 以下，与 20~40 目干砂最大可形成直径约 186μm 及以下的孔喉对比，两者的裂缝尺寸范围较为贴合。另一方面，结合当量裂缝宽度的计算模型，得到该地区某井破碎性页岩微裂缝当量宽度为 1.9~2.8mm，因此采用人造 2mm 缝作为破碎性页岩封堵（堵漏）的测试介质。在室内和现场评价中，通过引入新型“无线高压可视化钻井液封堵性能评价装置”，评价了国内外 10 余种封堵剂对 20~40 目砂床的承压能力，优选出随钻封堵破碎性页岩微裂缝材料以及适合于承压封堵 2mm 缝的堵漏配方。在此基础上，优化和完善了强封堵油基钻井液技术，并成功应用在多口破碎性页岩地层。该评价方法在西南地区所应用 30 余口破碎性页岩地层钻进过程中，故障复杂由 85%减少到 34%，将一次堵漏成功率从 30%提高至 60%，单井钻井液总漏失量降低 65%，大大提高了页岩气井的钻井效率。

【关键词】 油基钻井液；封堵评价；破碎页岩；承压能力

川渝地区每年钻数百口非常规水平页岩气井。然而，该地区龙马溪组地层由于裂缝发育、页岩破碎，存在着井筒卡钻的风险，因井壁失稳而填埋旋转导向和井底工具等问题，大大增加了钻井成本和风险。目前主要是通过使用油基钻井液来解决深井和长水平段的钻井难题。但随着页岩气的持续开发，使用油基钻井液的井也出现井筒卡钻、填埋旋转导向和井底工具等问题。通过故障复杂事件分析，得出油基钻井液的承压封堵性能是维持井壁稳定，防止发生上述故障的关键因素，准确可量化的承压封堵性能评价也是目前研究的重要方向。

当前，油基钻井液一方面依靠“贾敏效应”，油水乳化形成球形乳滴由于界面张力产生的毛细管阻力效应。另一方面则主要是配比合理的纳米级、微米级、毫米级颗粒形成的架桥封堵效应，在钻井液中产生较好的封堵性，特别是应对破碎性地层的微裂缝和微小孔隙，充填作用显著。行业中致力于研究的钻井液封堵的评价方法主要包括：高温高压滤失量测定、高压渗透性失水实验、扫描电镜观察法、声波传递速率测定、压力传递实验、砂床滤失量实验等，这些方法均可在一定程度上评价封堵性能。本文在室内和现场评价中，通过引入“无

基金项目：国家科技重大专项课题《大型油气田及煤层气开发》（2016ZX05040—006）；川庆钻探工程有限公司课题《适用于川渝地区灯影组破碎性地层的钻井液技术研究与应用》CQ2019B-16-1-3。

作者简介：冉启华，高级工程师，大学本科，1970 年生，毕业于中国石油大学（华东）钻井工程专业，现在从事钻井液技术工作。地址：四川省成都市成华区猛追湾街 26 号。

通信作者：肖沣峰，E-mail：xiaoff_ sc@ cnpc. com. cn；Tel：18982228020。

线高压可视化钻井液封堵性能评价装置"，一方面评价了国内外 10 余种封堵剂对 20~40 目砂床的承压能力，优选出随钻封堵破碎性页岩微裂缝材料。另一方面对 9 种堵漏材料组合而来的 21 种堵漏配方进行了适合于 2mm 裂缝的堵漏评价，优化形成的强封堵油基钻井液在现场应用效果良好。

1 西南地区龙马溪组页岩地层裂缝宽度预测

1.1 不同区块龙马溪组页岩裂缝特征及宽度信息

近年来对西南地区龙马溪组页岩裂缝开展了相关研究，发现不同区块龙马溪组页岩裂缝特征不同。其中，长宁县双河镇燕子沟狮子滩附近，龙马溪组页岩裂缝以中高角度缝为主，分析 4 口井页岩的取心数据，发现微裂缝宽度集中在 100~500μm，大裂缝集中在 1~3mm。用曲率法平面预测可知：龙马溪组上部、下部裂缝发育差异大，上亚段裂缝较为发育，下亚段裂缝基本不发育[1]。龙马溪组页岩裂缝发育呈现出明显的多尺度特征，威远—长宁地区龙马溪组全直径岩心上也可见发育大量的水平层理缝和高角度裂缝，裂缝宽度为 10~500μm，主要分布在 100~300μm 之间[2]。另一方面，以川东志留系龙马溪组和寒武系牛蹄塘海相露头页岩为主要研究对象，微 CT 扫描发现，页岩中极少存在缝宽大于 5μm 的裂缝，微裂缝缝宽<1μm，90%以上的孔隙<100nm[3]。在渝东南地区，裂缝发育特征又与川东不同，学者以渝页 1 井岩心为例，统计了 2633 条裂缝，发现 87%的裂缝宽度集中在 0~500μm 之间[4]，另一学者通过对 6 条野外剖面和 7 口井岩心进行观察记录，同样发现裂缝倾角类型以斜交缝与高角度缝为主，约占 85%，微裂缝宽度变化较大，从几微米到几百微米都有，大多数裂缝宽度在 20~50μm 之间。汪吉林等[5]对重庆南川地区龙马溪组页岩微裂缝进行了统计，在参加统计的 1510 条微裂缝中，宽度主要集中在 0~100μm 范围内。岩心压汞实验，发现龙马溪组几种页岩孔径在 100nm 以下和 10μm 以上。

1.2 龙马溪组裂缝封堵实验测试介质的选择

研究结果表明，0~200μm 范围可以代表大部分西南地区龙马溪组页岩微裂缝的宽度范围。如何在实验室进行页岩微裂缝的封堵实验，筛选优质封堵剂，难点和争议点在于模拟介质的选择。部分学者采用页岩岩心为测试介质，使用"岩心驱替装置"进行综合评价，该设备可完全模拟地层温度、围压，较为客观。但存在于仪器过于庞大、实验时间长、岩心获取难且自身并非完全一致等问题。另一方面，行业内更多的是采用砂床模拟非均质地层的孔径，经调研，该测试介质在国内外均被广泛采用，国内孙金声[6]等学者，国外 Helio Santos 在其撰写的关于"使用新型钻井液提高地层漏失压力"的 SPE 文章中，采用"干砂"作为模拟地层的介质，用以评价新型钻井液在"干砂"上的承压封堵能力，以钻井液在砂床上的侵入深度和钻井液滤失的滤液体积作为封堵能力好坏的评价指标[7]。R. F. T. Lomba 在撰写的有关"识别钻井液(地层)侵入机理"的 SPE 文章中，描述到其所用的测试介质为：300g 干砂，尺寸组合为 75% 20~40 目 + 25% 40~60 目，以及其他干砂组合用以模拟渗透性地层，测试不同种类封堵材料，得到相较于固相含量，封堵材料尺寸和形状的选择才是减少钻井液侵入地层的关键因素[8]。Miguel Herdes[9]在同类研究中同样使用干砂作为测试介质。

因此，本评价研究将基于砂床测试法，并结合不同尺寸干砂形成孔喉范围，堆积计算出特定尺寸干砂可形成的孔喉的最大值(表 1)。因实际所用砂形状、圆度、分选均差于理想圆球形，该值为特定尺寸干砂可堆积形成的孔喉尺寸的最大值。

表 1　不同尺寸砂可形成的最大孔隙直径

参数	20 目	30 目	40 目	60 目	80 目	100 目
理想颗粒尺寸(μm)	830	550	380	250	180	150
孔隙最大直径(μm)	186.9	124.8	85.6	56.3	40.5	33.8

基于上述计算及龙马溪组页岩微裂缝宽度范围，本研究全部选用 20~40 目(可形成直径约为 186.9μm 以下任一孔喉)干燥河砂作为测试介质。

地层针对破碎性页岩，利用 Lietard 等(1996)[10] 提出基于漏失数据预测裂缝宽度模型，将式(1)进行迭代求解即可得到等效的漏失速度。

$$\Delta p = \frac{12\mu_p r}{w^2}\ln\left(\frac{r}{r_w}\right)\frac{dr}{dt} + \frac{3\tau_y}{w}(r - r_w) \tag{1}$$

式中：w 为裂缝宽度，m；t 为漏失时间，s；r 为钻井液侵入半径，m；r_w 为等效井眼半径，m；Δp 为钻井液屈服值，Pa。

以自 201 区块 X 井（该区块常钻遇破碎地带，造成反复漏失），3649.84~3659m、3981m、4205.03m 处漏失数据为例，对应井段漏失裂缝宽度，模型输入参数及裂缝宽度，计算结果见表 2。

表 2　自 201 区块 X 井，3649.84~3659m、3981m、4205.03m 处裂缝宽度模拟数据

漏失井段（m）	t（h）	μ_p（mPa·s）	τ_y（Pa）	Q（m^3）	p（MPa）	w（mm）
3649.84~3659	3.25	57	4.5	15.8	3.5	2.80
3981	2.33	57	4.5	5.6	3.0	2.01
4205.03	8.00	57	4.5	21	5.0	1.83

由表 2 计算结果看出，发生井漏的裂缝宽度 1.83~2.80mm。因此，本次研究决定采用人造 2.0mm 裂缝进行模拟。

2　评价测试仪器的选择

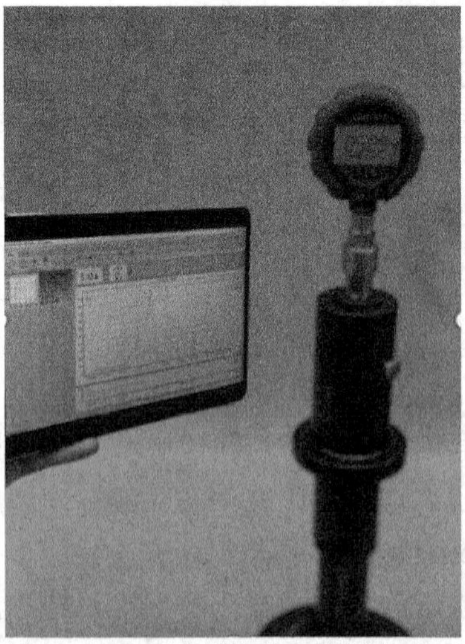

图 1　基于无线传输技术的钻井液用高压可视封堵性能测试仪 eHPIT

关于钻井液封堵性能及堵漏性能的测试，常规的方法有：高温高压滤失量测定、高压渗透性失水实验、扫描电镜观察法、声波传递速率测定、压力传递实验、砂床滤失量实验等。但在可视化、承压能力、便携与否、实验周期、数据重现性等方面各有优劣。本次评价，创新采用了一种新型研发的基于无线传输技术的钻井液用高压可视封堵性能测试仪 eHPIT（图 1），进行封堵材料及堵漏配方的筛选实验。

调研发现此仪结合了传统钻井液封堵性能测试仪及堵漏材料测试仪的所有测试功能，同时无需任何外界能源（气源、电源等）辅助加压，可在单人操作下，评价 30min 内钻井液的封堵性能（堵漏浆）的承压堵漏效果测试。

测试过程可视化表现在以下两个方面：

(1) 仪器本身测试部分由透明可视筒构成，可观察钻井液在测试介质上的侵入过程；

(2) 封堵压力曲线可在 20m 内实时传输至软件界面并自动保存。

该评价仪器在现场实际应用中，还有以下特点：

(1) 安全，整个测试过程无需使用外界能量驱动，完全消除了高压或用电等作业风险；

(2) 高压，目前，设备提供测试压差为 1000psi（ 7MPa），远超标准 API 滤失测试的压力（100psi），通过干砂或缝板的选择，可更准确测量微—纳米封堵性能，设备具备可升级性，若需要更高的压差，通过更换设备部件即可完成；

(3) 便携，所有配件，均可放入移动工具箱，尺寸仅有 25cm×40cm×75cm，由于无需外接动力设备，方便在钻井现场使用。

3 国内外各堵漏材料性能评价与筛选

在选定测试评价仪器后，一方面对国内外不同厂家提供的 19 种封堵材料进行了 20~40 目砂床承压封堵的评价；另一方面对 9 种堵漏材料组合而来的 21 种堵漏配方进行了 2mm 裂缝宽度的堵漏评价。

3.1 封堵材料的筛选

主要筛选出可复配于龙马溪组页岩的随钻封堵材料，侧重考虑其封堵性能及振动筛过筛能力。封堵性能实验方法为将各封堵材料配成的封堵浆装入 eHPIT 设备，手动加压至 5MPa，观察封堵材料能否封堵 20~40 目干燥砂床，形成的封堵滤饼能否承受此实验压差，如封堵材料无法封堵砂床，则无法起压。如在加压过程中，所测封堵浆将 15cm 厚砂床全部侵穿且无承压趋势，则结束该组实验，并认为此材料不适合用以封堵该尺寸砂床。

封堵浆配制方法为：400mL 清水+ 0.2%黄原胶（悬浮封堵材料）+0.04%氢氧化钠（满足 pH 值为 10 的碱性环境）+4%（或其他推荐浓度）封堵材料，10000r/min 高速搅拌 10min。

测试所得曲线如图 2 所示。

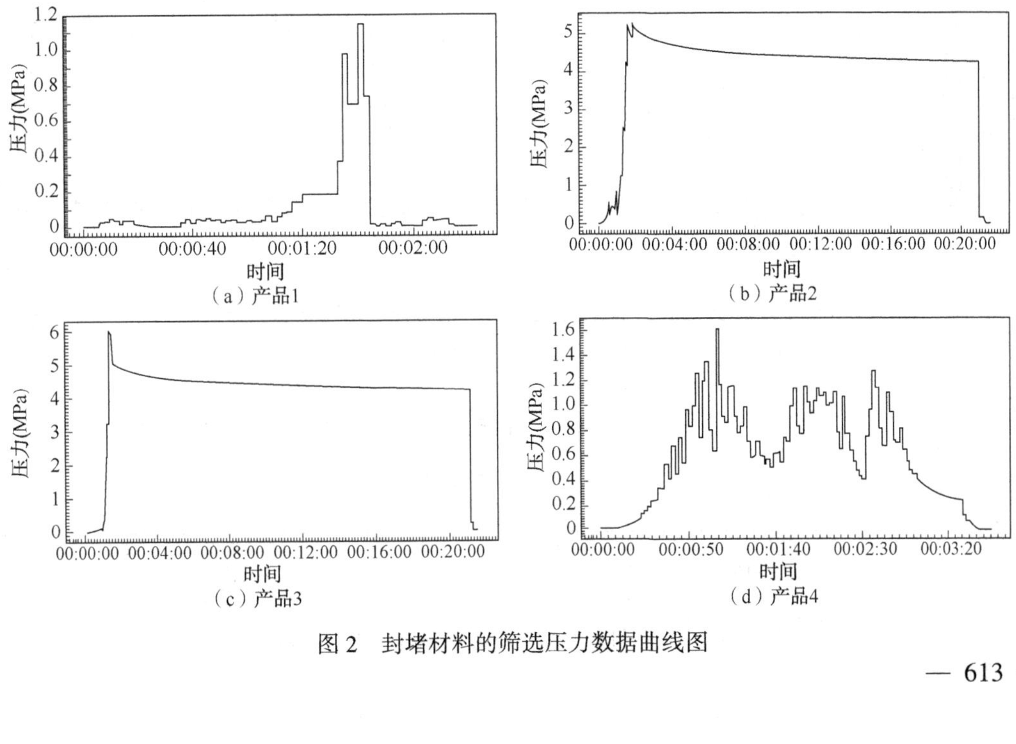

图 2 封堵材料的筛选压力数据曲线图

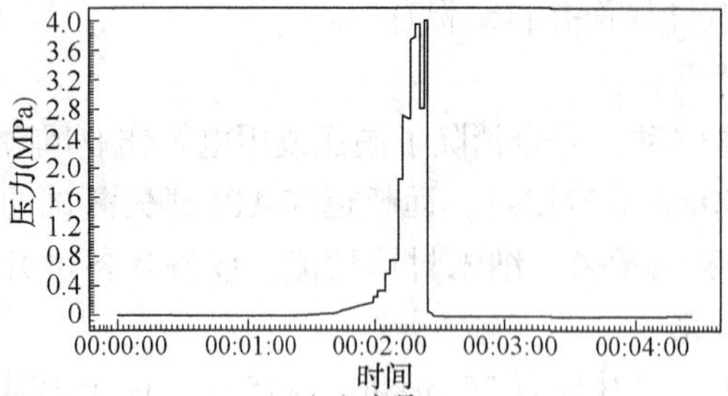

（e）产品5

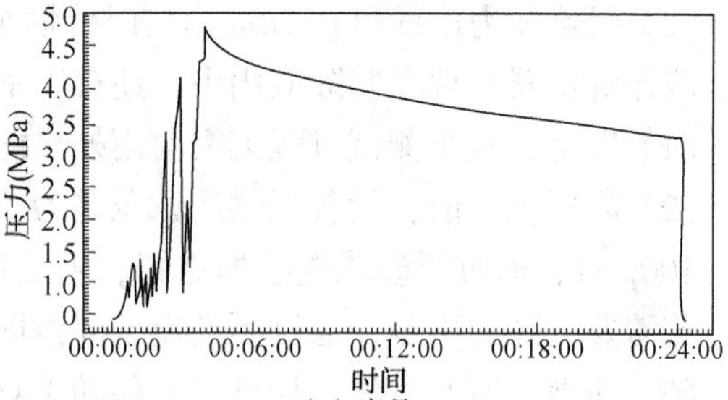

（f）产品6

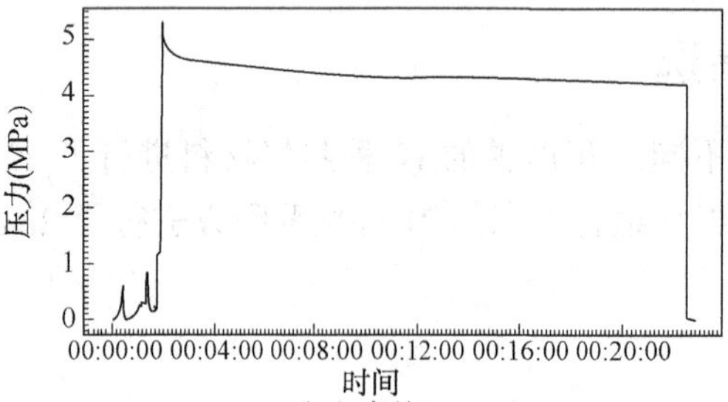

（g）产品7

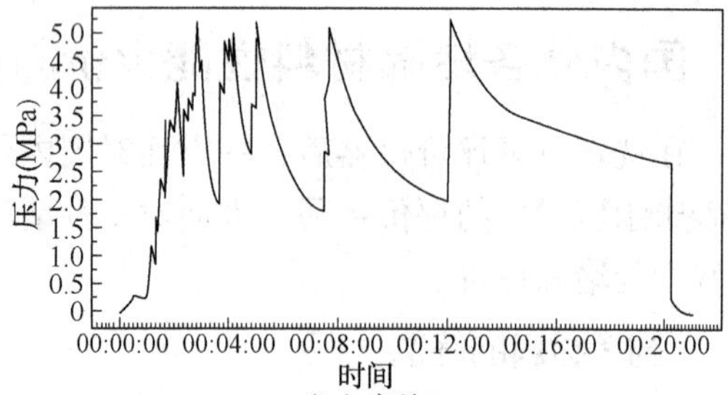

（h）产品8

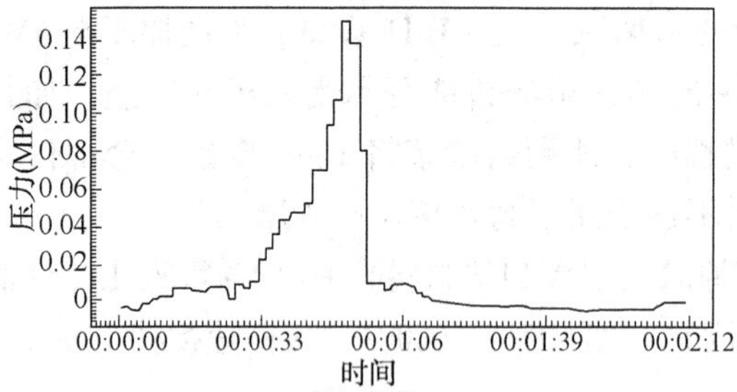

（i）产品9

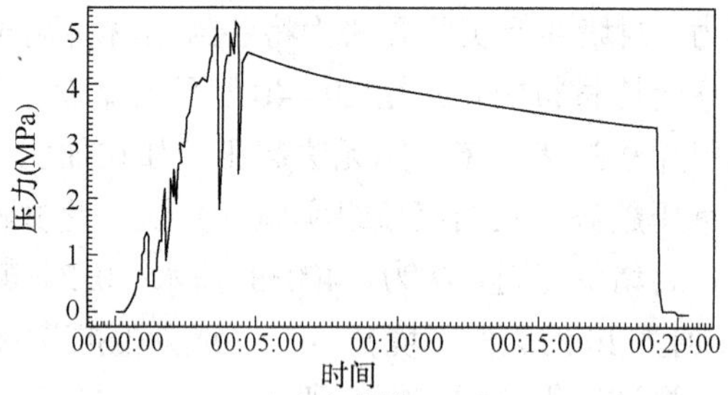

（j）产品10

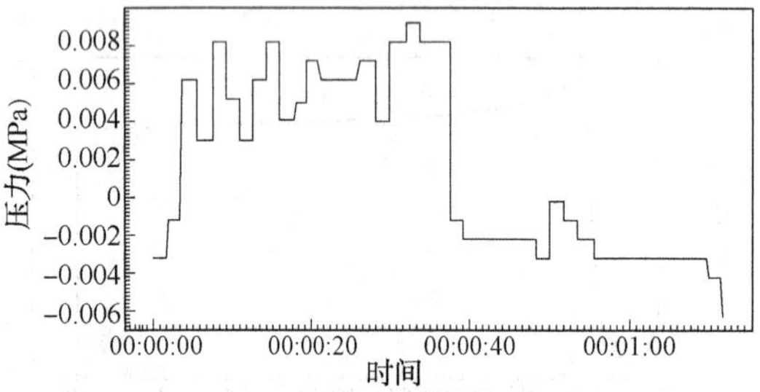

（k）产品11

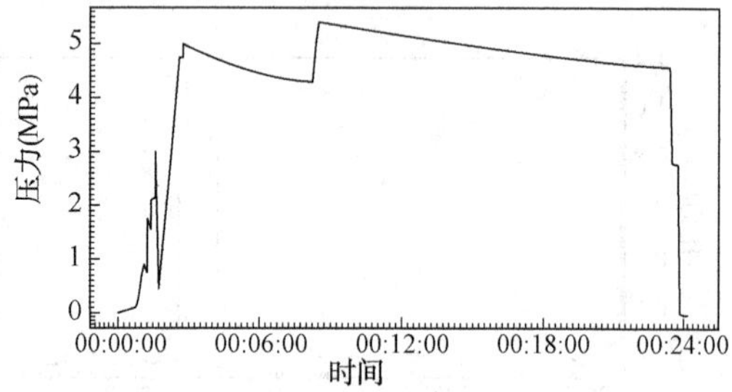

（l）产品12

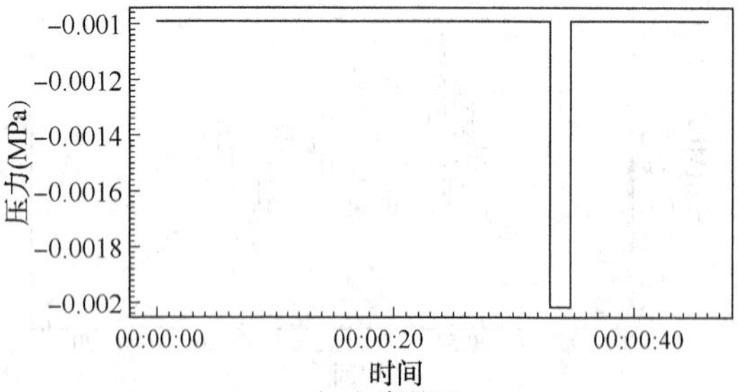

（m）产品13

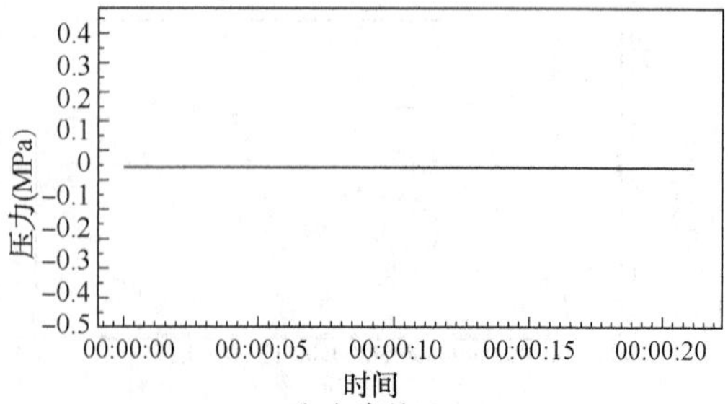

（n）产品14

图2　封堵材料的筛选压力数据曲线图（续）

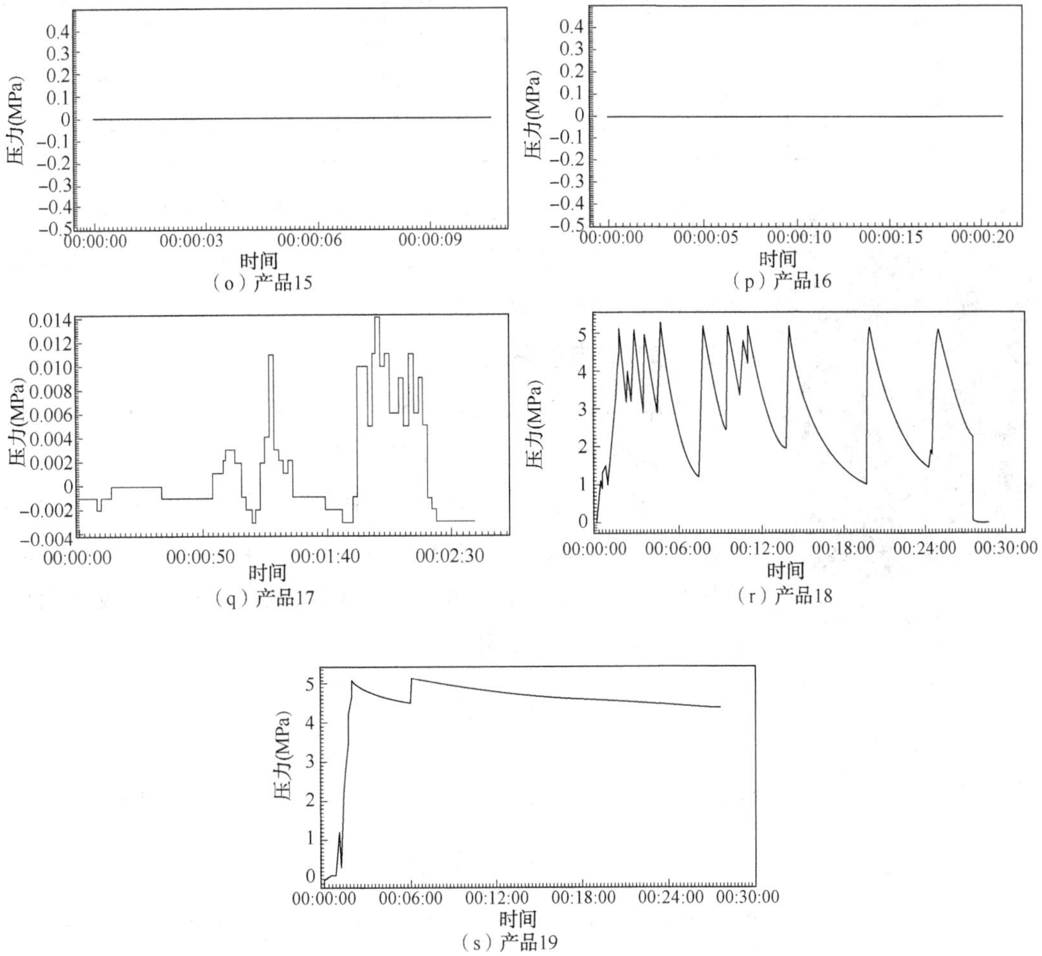

图 2　封堵材料的筛选压力数据曲线图（续）

经 eHPIT 砂床承压封堵实验，筛出产品 2、产品 3、产品 6、产品 7、产品 10、产品 12、产品 19 共 7 种承压能力相对较好的封堵材料。

因西南片区龙马溪页岩钻进，多配合使用 200 目左右振动筛作为一级固控设备，本次筛选第二轮将考虑上述 7 种材料对 200 目（经查，单筛孔直径约 75um）振动筛的过筛率，且认为只有过筛率达到 80% 及以上的材料，才可复配至钻井液中，随钻封堵龙马溪页岩微裂缝。

实验方法说明：称取在（105±3）℃烘 3h 的试样 10 g（称准至 0. 01 g），放在 200 目标准筛中，使用自动筛分设备（图 3），振动 5min 后，称取筛余物质量（称准至 0. 01 g）。按式（2）计算筛余物质量分数。

$$X_1 = \frac{m_1}{m} \times 100 \tag{2}$$

式中：X_1 为筛余物质量分数,%；m_1 为筛余物质量，g；m 为试样质量，g。

自动振动筛分设备无行业标准及 API 标准规定，本实验采用的自动筛分设备，振动频率达到 14000r/min。测试结果统计见表 3。

表 3　封堵材料 200 目过筛率

产品	200 目过筛率（%）	产品	200 目过筛率（%）
产品 2	12	产品 10	91
产品 3	56	产品 12	45
产品 6	23	产品 19	82
产品 7	27		

图 3　自动振动筛分设备

从表 3 可以看出，筛选出产品 10 及产品 19 在 20~40 目承压封堵能力均达到 3. 5MPa 以上，且过筛率超过 80%，用以复配至强封堵钻井液中，随钻使用。

3. 2　堵漏配方的筛选

使用 2mm 裂缝板替换砂床，测试 9 种堵漏材料组合而来的 21 种堵漏配方，测试结果如图 4 所示。

筛选出可承压 3. 5MPa 以上配方（承压压降小于 2MPa/h）有配方 1、配方 14、配方 16、配方 17。拆开仪器，检查 2mm 缝被封堵的情况（表 4），排除“封门”的堵漏配方，仅缝内填充并封堵的配方才可使用。

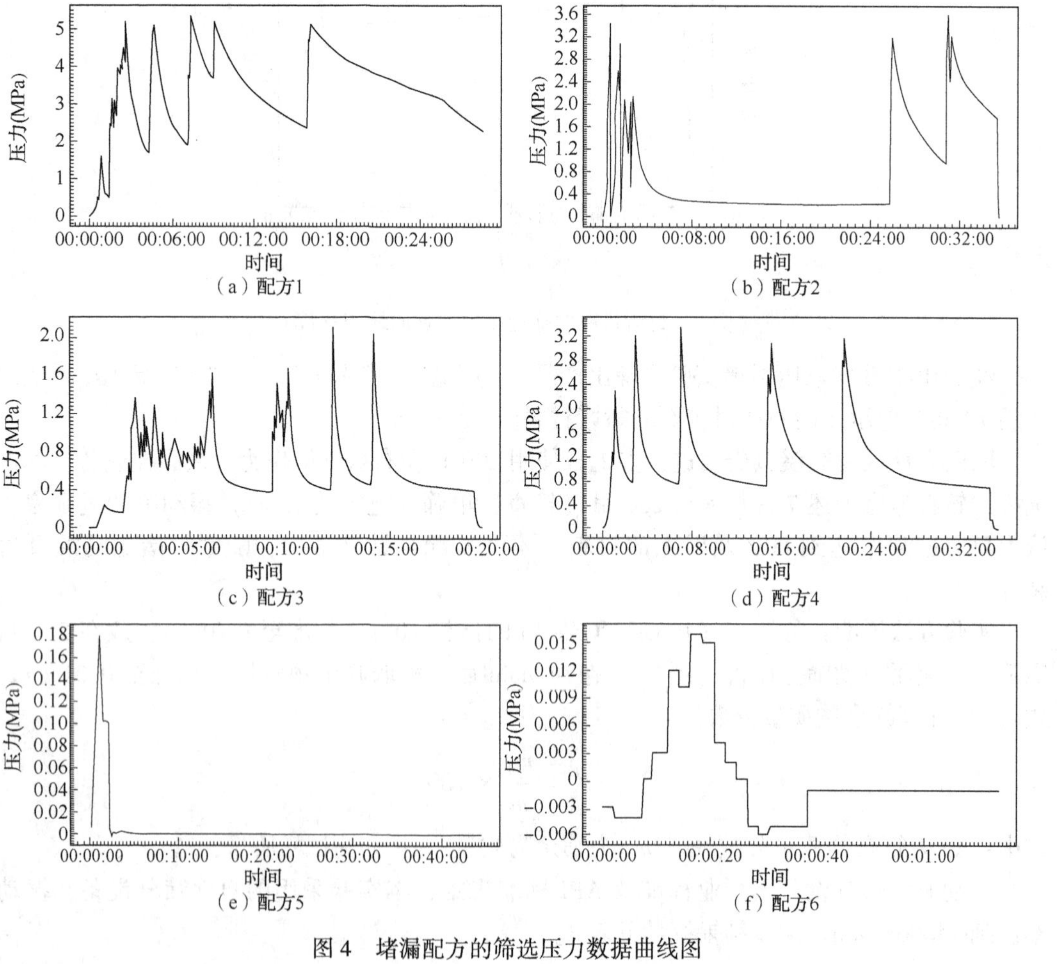

图 4　堵漏配方的筛选压力数据曲线图

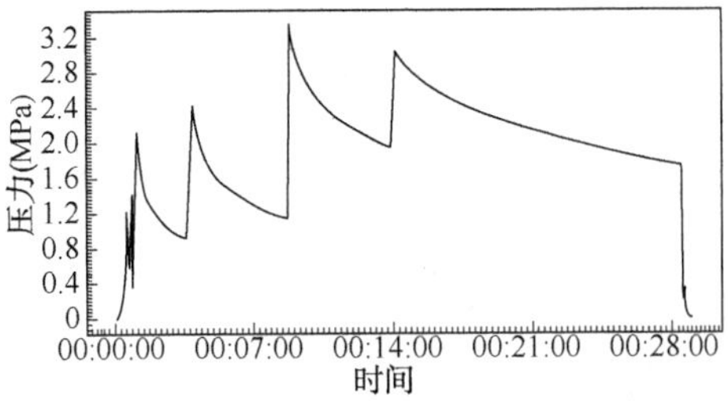

（g）配方7

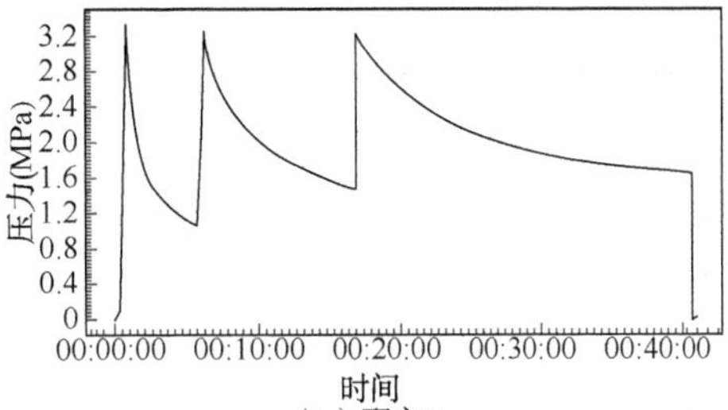

（h）配方8

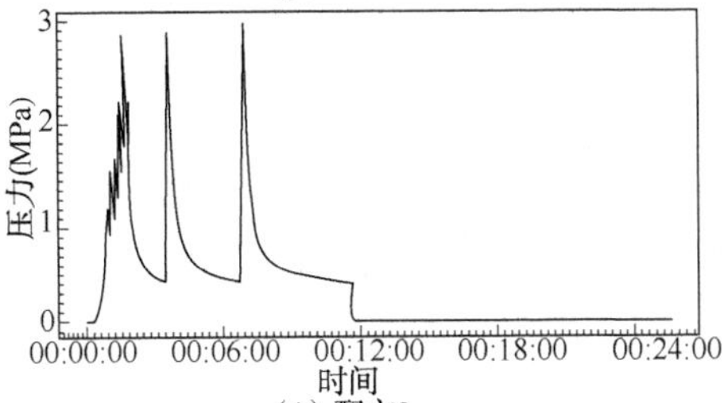

（i）配方9

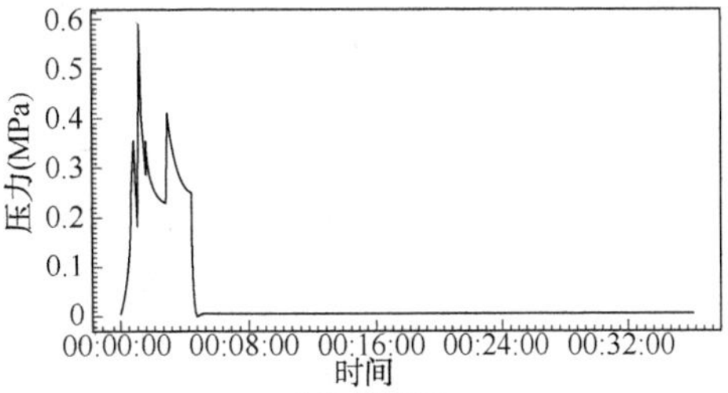

（j）配方10

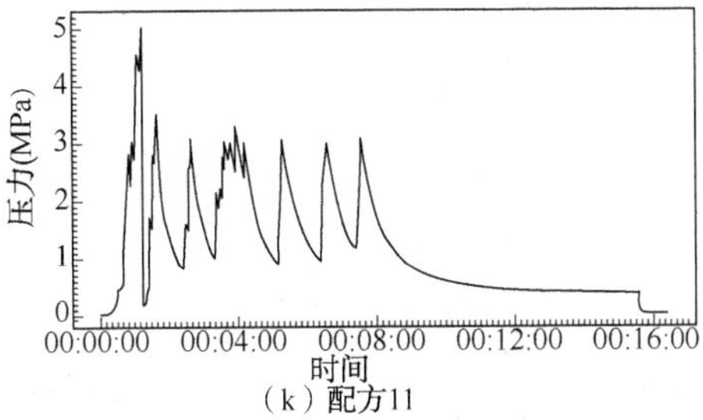

（k）配方11

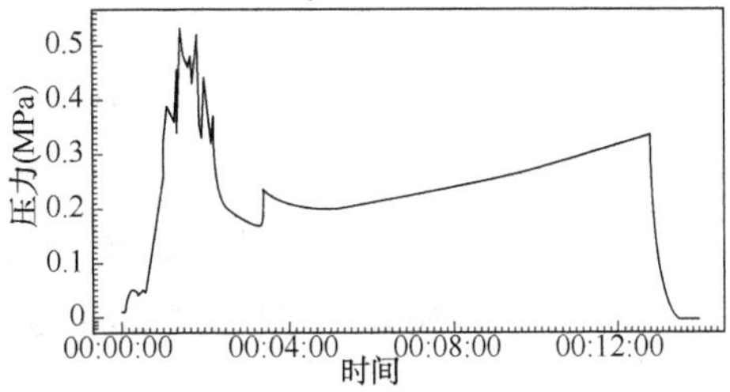

（l）配方12

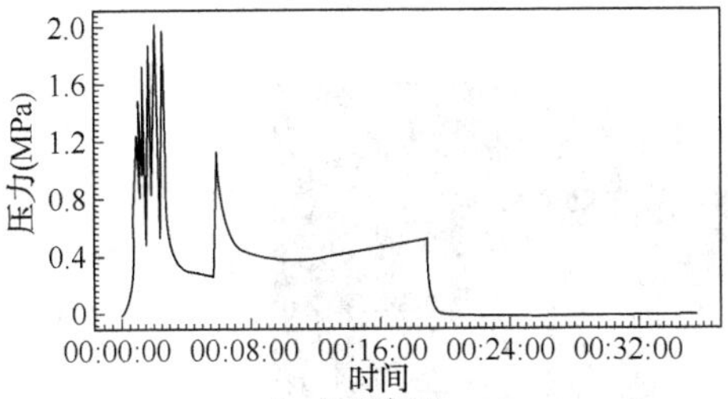

（m）配方13

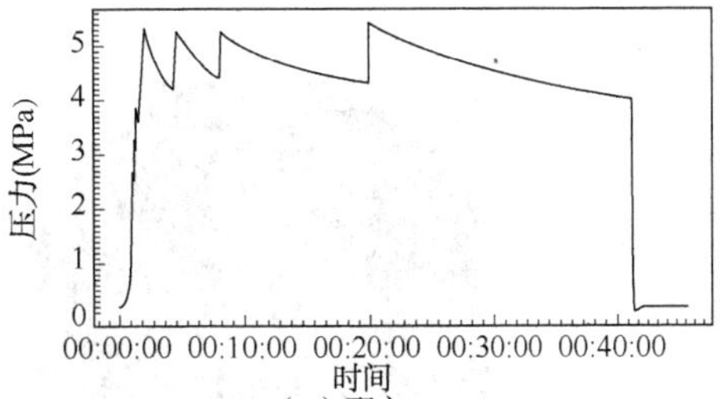

（n）配方14

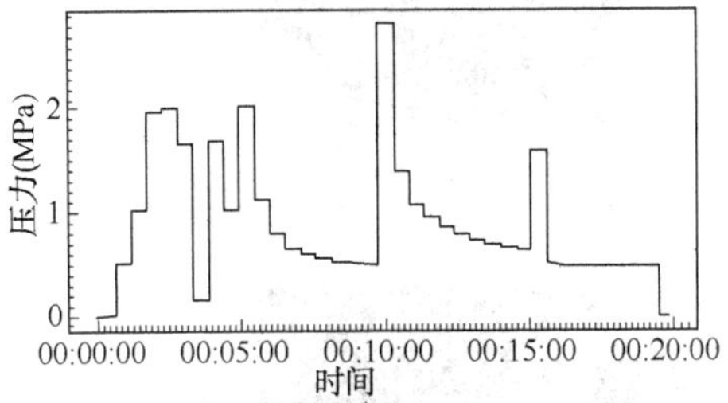

（o）配方15

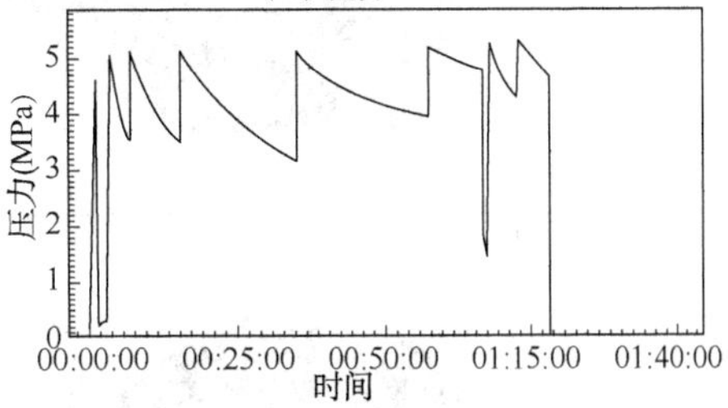

（p）配方16

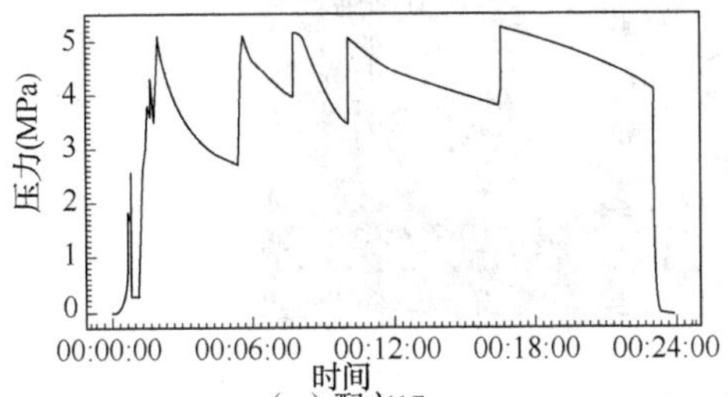

（q）配方17

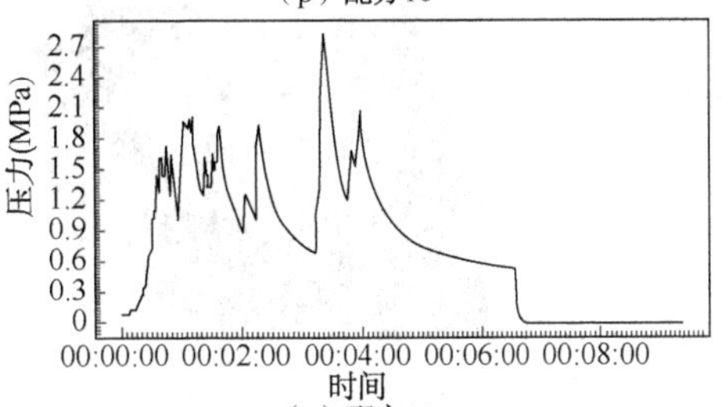

（r）配方18

图 4　堵漏配方的筛选压力数据曲线图（续）

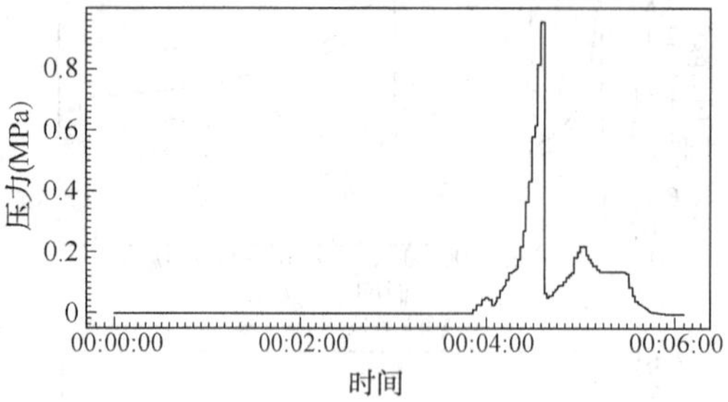

（s）配方19

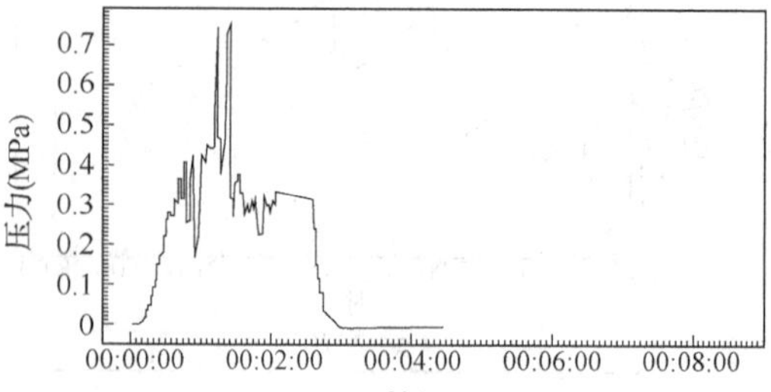

（t）配方20

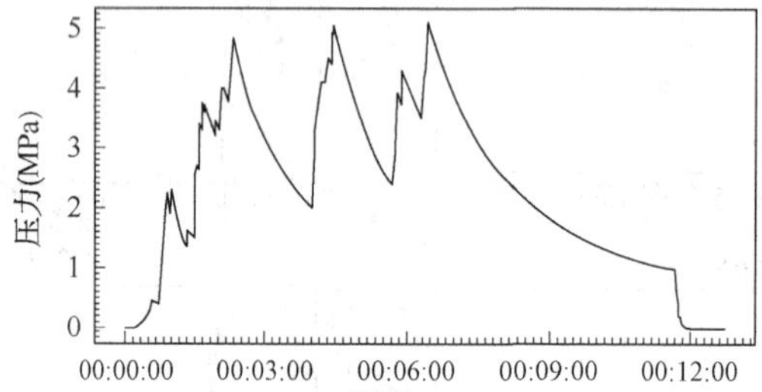

（u）配方21

图 4　堵漏配方的筛选压力数据曲线图（续）

表 4　可承压封堵 2mm 缝板的配方，缝内固体充填情况

2mm 缝板堵漏配方	缝板封堵图片	缝内固体充填程度
配方 1	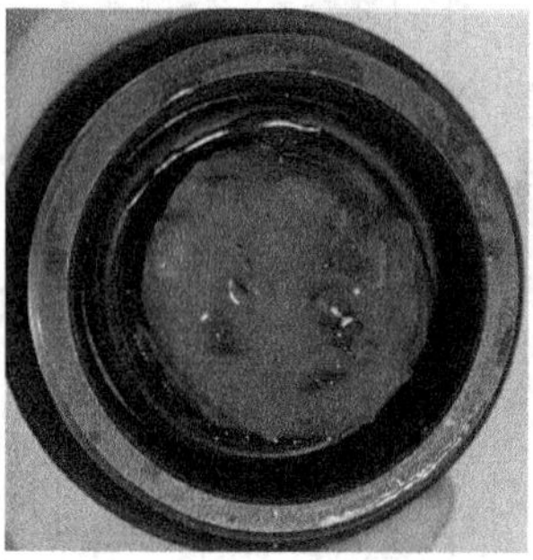 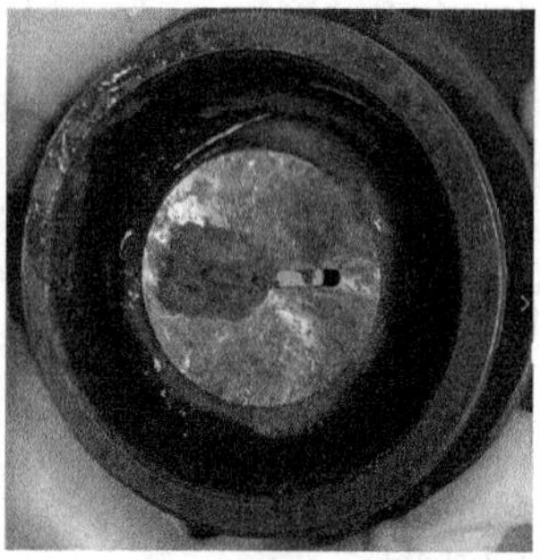	50%
配方 14	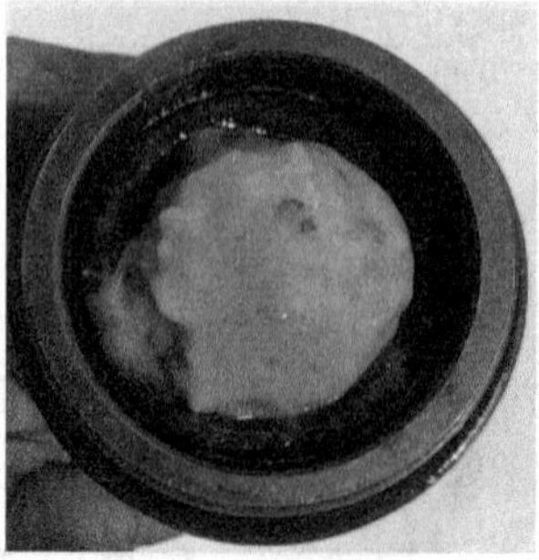 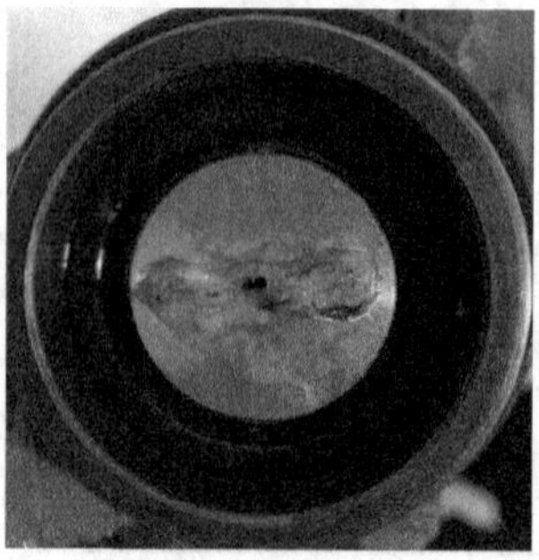	100%

续表

2mm 缝板堵漏配方	缝板封堵图片	缝内固体充填程度
配方 16	 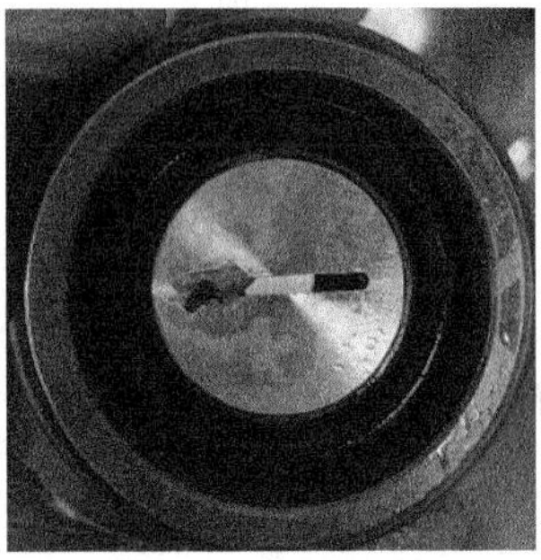	25%
配方 17	 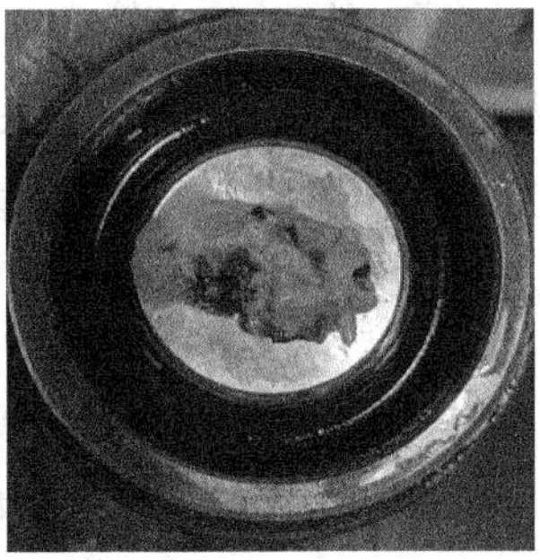	100%

结论：配方 1 及配方 16 虽然能承压封堵 2mm 缝板，但其封堵方式为“封门式”，配方 14 与配方 17 可作为 2mm 裂缝的承压封堵配方。

4 现场应用简述

在上述封堵评价的基础上，开发了一种强封堵油基钻井液技术，并成功应用在川渝地区多口破碎性页岩地层。该评价方法在西南地区所应用 30 余口破碎性页岩地层钻进过程中，故障复杂由 85%减少到 34%，将一次堵漏成功率从 30%提高至 60%，单井钻井液总漏失量降低 65%，大大提高了油基钻井液在破碎页岩地层中的钻井效率。到目前为止，该技术在破碎性页岩地层中的应用已经覆盖了西南地区所有的页岩气区块。

4.1 自 201HX-X 井油基钻井液井壁强化、防塌解决方案应用

自 201HX-X 井在 3043~4657m 井段的龙马溪组页岩地层钻进过程中，因微裂缝发育，漏失较为频繁，且伴随有井壁剥块现象，多次造成井下卡钻、甚至埋钻现象。据统计，该区块油基钻井液漏失量从 $10m^3$ 至 $500m^3$ 不等，因漏失造成的停钻处理时间从几十小时至几百小时不等。在替换为油基钻井液后，测得现场油基钻井液承压封堵性不足，加压立即侵穿整个测试砂床，测试曲线如图 5 所示。在钻井液中补入纳—微米承压封堵剂，油基钻井液承压封堵性能得到大大提高，测试曲线如图 6 所示。同时，经热滚后测得，井浆和样浆流变参数及破乳电压变化，封堵剂与现场钻井液体系配伍。

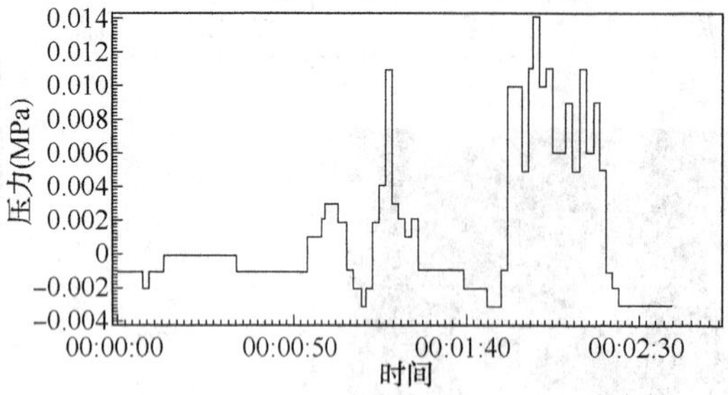

图 5　现场油基钻井液承压封堵性不足，无法承压

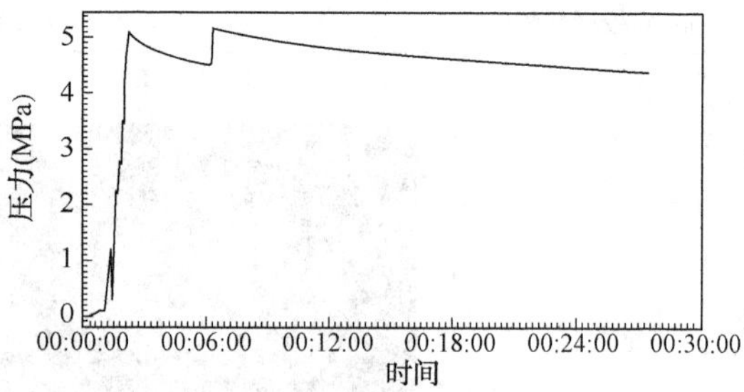

图 6　加入封堵材料后承压能力提高至 4.5MPa

通过该评价方法，定量的将钻井液承压封堵能力由 0MPa 提高至 4.5MPa；相较于邻井自 201HX-A，自 201HX-B 相同层位的钻井表现，本井漏失频率分别减少 85%、76%，钻井液总漏失量分别减少 78%、73%；且由于封堵性能提高，降低了页岩的坍塌风险，本井未发生由于钻井液封堵性能不足而导致的卡钻、埋钻事故。

4.2　宁 209HX-X 井——油基钻井液井壁强化、防塌解决方案应用

宁 209HX-X 井在 3891-4410 米龙马溪组页岩钻进过程中，多次遭遇井漏、卡钻，在一次解卡失败后，填眼侧钻。新钻井眼依然遭遇漏失及卡钻，倒划眼起钻至套管鞋，承压实验得当量密度为 1.86g/cm^3，需在后续钻井过程中加强新揭开地层的承压能力至 1.92g/cm^3，并实时封堵微裂缝，防漏。本井在 3891m 开始缓慢往循环钻井液中约 1%的纳—微米承压封堵剂，钻井液密度保持 1.84g/cm^{3}不变，成功将现场油基钻井液承压能力由 1.5MPa 提高至 4.2MPa。实际钻进至 4410m 过程中，相比于 3372~3891m 未加封堵剂前，应用 ULIA 纳米承压封堵剂后，漏失频率降低了 76%，油基钻井液总漏失量减少约 82%，减少了油基钻井液成本、大大缩短了复杂处理时间。

5　结论及改进方向

在室内和现场评价中，通过引入“无线高压可视化钻井液封堵性能评价装置”，评价了国内外 10 余种封堵剂对 20~40 目砂床的承压能力，优选出随钻封堵破碎性页岩微裂缝材料以及适合于承压封堵 2mm 缝的堵漏配方，优化形成的强封堵油基钻井液在现场应用效果良好，同时满足钻井现场作业对安全性、准确性和便携性的要求。

通过对龙马溪组页岩微裂缝及裂缝的宽度研究，统计得到的裂缝尺寸，模拟了龙马溪组地层裂缝大小，筛选了本次实验所用的裂缝（裂缝尺寸）及模拟介质，并在实际钻进过程中得以印证。下步尝试将钻井液及实时钻井参数结合，在漏失发生的瞬间，实时模拟出此时地层当量裂缝宽度，再结合该 eHPIT 测试设备，可钻井实时评价现场堵漏材料，并快速得出可尝试的堵漏配方。另外，区域堵漏大数据库的建立也至关重要，如果开发一套数据体系，可实时调取各邻井的堵漏经验，将极大程度提高现场堵漏的一次性成功率。

参考文献

[1] 王适择．川南长宁地区构造特征及志留系龙马溪组裂缝特征研究［D］．成都：成都理工大学，2014.
[2] 佘继平．页岩井周地层—封堵带系统突变失稳机理［D］．成都：西南石油大学，2016.
[3] 陈强．基于高分辨率成像技术的页岩孔隙结构表征［D］．成都：西南石油大学，2014.

[4] 王芳川，赵靖舟．渝东南地区龙马溪组页岩裂缝发育特征［J］．天然气地球科学，2015，26（4）：13-16.
[5] 汪吉林，朱炎铭．重庆南川地区龙马溪组页岩微裂缝发育影响因素及程度预测［J］．天然气地球科学，2015，26（8）：21-25.
[6] 孙金声，唐继平，张斌，等．几种超低渗透钻井液性能测试方法［J］．固井与泥浆，2005，33（6）：23-26.
[7] Helio Santos，Increasing Leakoff Pressure With New Class of Drilling Fluid，SPE 78243，2002.
[8] R. F. T. Lomba，Drill-in Fluids：identifying Invasion Mechanisms，SPE 73714，2002.
[9] Miguel Herdes ，Ultra-low-invasion fluid Technilogy Increases Operational Window to Enhance Drilling ，Reduce Damage In Unstable Venezuela Formations，SPE 186409-MS，2017.
[10] Lietard O，Unwin T，Guillot，et al. Fracture width LWD and drilling mud / LCM selection guidelines in naturally frature reservoirs［c］．European Petroleum Conference，Milan，Italy，1996，22-24 October.

大情字井油田凝胶封堵承压技术研究与试验

白相双[1]　孙奉连[2]　耿靖洲[1]

（1. 吉林油田公司钻井工艺研究院；2. 大庆钻探钻井四公司）

【摘　要】　大情字井油田位于松辽盆地南部中央坳陷区长岭凹陷中部，主要目的层为青一段高台子油层，储层垂深 2200～2400m，由于采用浅表二开井身结构，表套下深较浅，二开钻穿多个层位，且姚家组、青山口组垂直裂缝发育，导致大情字井油田钻完井过程中频繁发生漏失，水泥浆无法返至地面，不能满足“乾安等生态红线区油气水井生产套管固井水泥浆需返至地面”的环保要求。针对该问题，研究形成了超分子凝胶封堵承压技术，该技术能够显著提高大情字井油田易漏地层承压能力，保障水泥浆顺利返至地面，现场试验效果良好。

【关键词】　大情字井油田；裂缝发育；固井漏失；凝胶堵漏

1　地质及工程情况

大情字井油田位于松辽盆地南部中央坳陷区长岭凹陷中部，目的层为青一段高台子油层，姚家组、青山口组垂直裂缝发育，多闭合缝，易漏失。

钻井以直井和定向井为主，储层垂深 2200～2400m，采用浅表二开井身结构，Φ346mm 钻头×260～300m+Φ215.9mm 钻头×设计井深，表套下至大安组，封隔地表浅水层及上部不稳定地层，固井方面依据《吉林省生态环境厅环评报告批复》及 2016 年集团公司《固井技术新规定》要求，在乾安等生态红线区，设计油气水井生产套管固井水泥浆返地面。

2　漏失情况与漏失机理分析

2.1　大情字井黑 60 区块固井返地面漏失情况

统计 2020 年黑 60 区块已固井测声幅情况，油层段固井质量均为优质，固井替量发生漏失井，水泥返高差距较大，最低达到 1493m，见表 1。

表 1　黑 60 区块水泥返高—固井质量表

井号	实测水泥返高（m）	油层固井质量
情西 126-A	768.57	优
情西 96-A	1493.00	优
情西 104-A	1173.00	优
情西+108-A	1020.60	优

作者简介：白相双，男，汉族，吉林油田钻井工艺研究院总工程师，高级工程师，吉林省松原市宁江区长宁北街 1546 号，电话：13596939332。

续表

井号	实测水泥返高（m）	油层固井质量
情西 90-A	0	合格
情西+88-A	1250.00	优
情西+104-A	0	优
情西+102-A	0	优
情西 106-A	658.50	优

为提高水泥浆返高，大情字井地区采用双凝双密度（1.40g/cm^3+1.90g/cm^3）水泥浆体系，分段点油顶以上 200m，根据高低密度幅值分段点特征，大情字井地区固井声幅图中下部水泥胶结质量良好，常规密度水泥浆未发生漏失，判断漏点在储层以上，漏失水泥浆均为上部低密度水泥浆（图 1）。

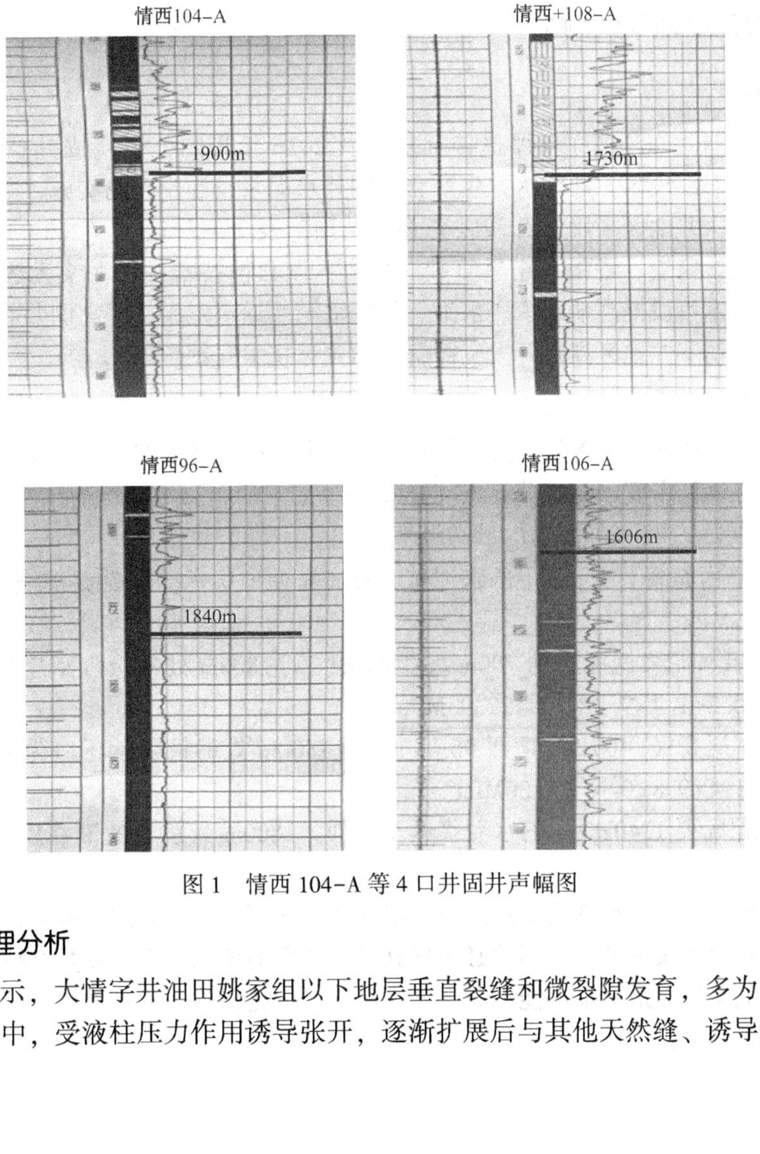

图 1　情西 104-A 等 4 口井固井声幅图

2.2　漏失机理分析

如图 2 所示，大情字井油田姚家组以下地层垂直裂缝和微裂隙发育，多为闭合缝，在钻井及固井过程中，受液柱压力作用诱导张开，逐渐扩展后与其他天然缝、诱导缝连通，进而发生裂缝性漏失。

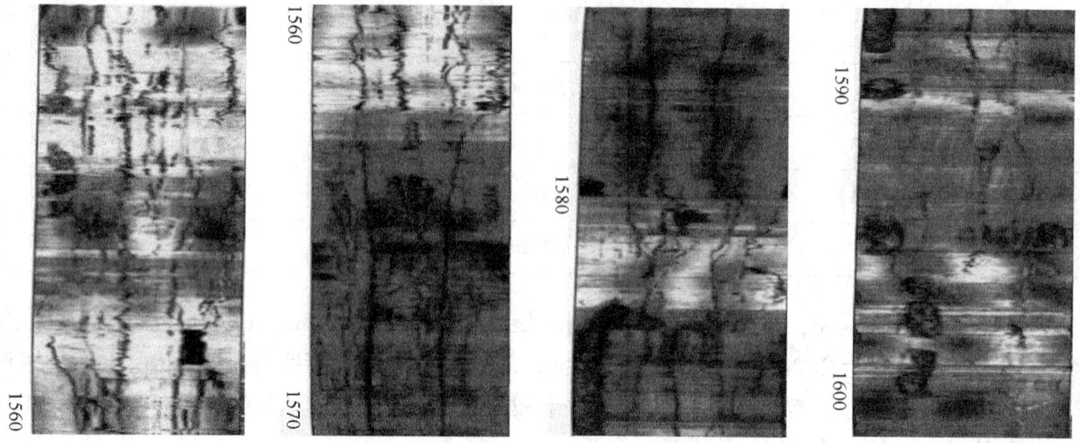

图2　情XX井地层裂缝发育情况

3　技术需求及研究思路

3.1　技术需求

依据《吉林省生态环境厅环评报告批复》及2016年集团公司《固井技术新规定》要求，在乾安等生态红线区，油气水井生产套管固井水泥浆设计及现场实施，必须按返至地面执行。由于大情字井地区采用二开浅表套井身结构，表套下深较浅（260~300m），二开钻穿多个层位，且姚家组、青山口组垂直裂缝发育，以目前技术，水泥浆无法返至地面。因此，如何通过技术手段提高地层承压水平，保证水泥浆返至地面，提高固井质量，满足环保要求，是实现大情字井地区高效开发亟需解决的关键技术问题。

3.2　研究思路

为提高地层承压能力，首先需要计算承压值。由于漏点深度越大，需要承压值越大，计算取漏点位置在高低密度水泥浆分界点（1800m）。

利用静液压力 $p_m=0.0098\rho m H_m$ 公式计算。

图3a：井筒内充满1.20g/cm^{3}的水泥浆，1800m处地层承受的钻井液液柱压力为 $1.2\times9.8\times1.8=21.17$MPa。

图3b：如果水泥浆返高达到700m发生漏失，则1800m处的极限承压值为 $1.2\times9.8\times0.5+1.0\times9.8\times0.2+1.4\times9.8\times1.1=22.93$MPa。

如果水泥浆返高仅1400m（情西96-A），则1800m处的极限承压值为 $1.2\times9.8\times1.2+1.0\times9.8\times0.2+1.4\times9.8\times0.4=21.56$MPa。

图3c：如果需要1.40g/cm^{3}的水泥浆返至地面，1800m处承受的液柱压力为 $1.4\times9.8\times1.8=24.70$MPa。

通过不同水泥浆返高测算出的地层极限承压值对比可见，目前的易漏层位的地层承压能力还不足以实现水泥浆返地面，因此必须提高易漏层段的承压能力，才具有技术可行性。

因此，我们从提高地层承压能力着手开展研究，依托超分子凝胶承压堵漏技术，为水泥浆返地面提供技术支持。

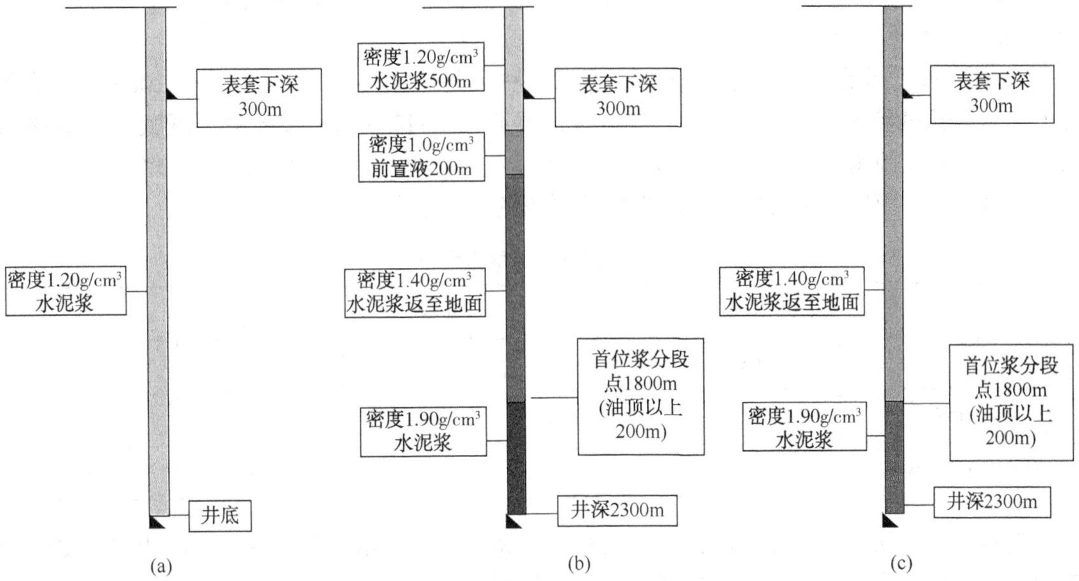

图 3　计算地层承压值的不同模型

4　超分子凝胶堵漏材料封堵承压效果评价

超分子凝胶堵漏材料模拟哺乳动物止血原理，发明由超微可变形纤维丝、弱凝胶与微粒组成的超分子凝胶堵漏新材料，在漏失通道内壁能通过非共价键作用形成强黏附封堵层，从而达到封堵的效果（图 4、图 5）。

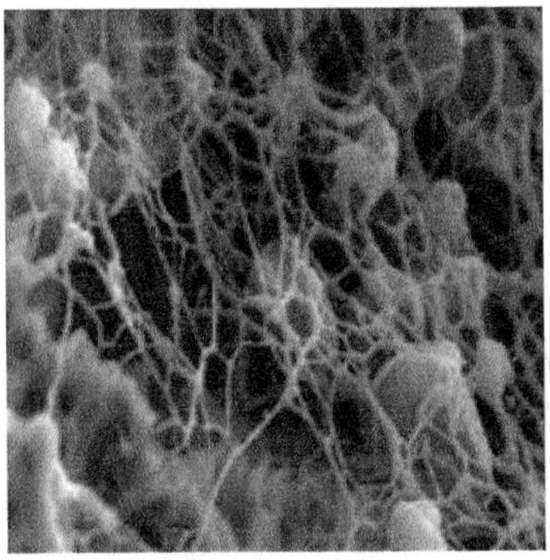

图 4　生物纤维蛋白原

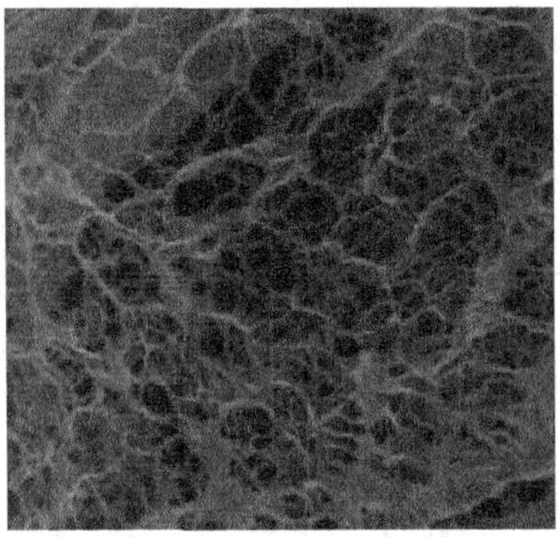

图 5　弱凝胶形成的类纤维蛋白原网络结构

4.1　流变性评价

超分子凝胶堵漏材料的流动性评价见表 2。

表 2　流变性评价数据表

流 体 类 型	密度 (g/cm³)	黏度 (s)	Φ_{600}	Φ_{300}	Φ_{200}	Φ_{100}	Φ_6	Φ_3
基浆	1. 20	38	43	28	22	15	4	3
基浆+加入 1. 5%超分子凝胶	1. 20	97	105	90	75	64	15	12

实验结论：加入超分子凝胶后，只要不长时间物理剪切，不影响现场泵送。

4.2 提高地层承压能力评价

安装好71型高温高压失水仪钻井液杯滤网和下盖，将5~10目的石英砂100g倒入滤网之上，将石英砂填平；按配方（大情字井地区井浆+20%结构剂+2%超分子凝胶）配制堵漏浆300mL，将配制好的堵漏剂凝胶溶液倒入砂床之上，调整好合适的温度（70℃），每5min增加1MPa压力测量砂床滤失量，从而反映凝胶的封堵情况（表3）。

表3 封堵承压能力评价

试验浆	试验压力				
	1MPa	2MPa	3MPa	4MPa	6MPa
原井浆	40mL	75mL	全部漏失		
超分子凝胶堵漏浆	0	0	0	3mL	6mL

实验结论：从表3可以看出，与井浆相比，超分子凝胶堵漏浆在5~10目砂床中漏失量仅为6mL，对漏失层起到了非常好的承压封堵效果。

5 现场试验情况

5.1 超分子凝胶堵漏施工过程

5.1.1 试验井基本情况

现场应用试验井为情西82-A井，位于乾安地区钻井、固井易漏区—黑60区块。统计2020年该区块已钻井，钻井漏失多发生在1890m至井底，漏失量10~70m^3，多口井固井发生漏失，无法实现水泥返地面。

该井为情西86-A平台第6口井，平台前5口井钻进中2口井发生漏失，漏失量为3~8m^3，固井过程中，5口井全部发生漏失，漏失量为8~30m^3（表4）。

表4 情西86-A平台井漏情况统计表

井号	井型	区块	目的层	复杂或事故类型	复杂或事故概况			
					设计井深（m）	实际井深（m）	工况	漏失量（m^3）
情西86-A	定向井	黑60	高台子	井漏	2560	1971	钻进	3.00
	定向井	黑60	高台子	井漏	2560	2577	注替水泥	24.00
情西82-B	定向井	黑60	高台子	井漏	2522	2549	注替水泥	17.00
情西84-A	定向井	黑60	高台子	井漏	2622	2652	钻进	8.00
	定向井	黑60	高台子	井漏	2622	2652	注替水泥	8.00
情西84-B	定向井	黑60	高台子	井漏	2562	2623	注替水泥	16.00
情西82-C	定向井	黑60	高台子	井漏	2523	2644	注替水泥	9.00

钻井过程中基本上从1890m之后开始发生漏失，固井替量过程中也发生了较为普遍的漏失，通过分析，认为油顶（2100~2200m）以上400~500m井段是固井最易发生漏失的井段。

该井在前期钻井过程中，于井深1891m发生失返性漏失，漏失钻井液$20m^3$，以此基本可以确定封堵承压井段，本次试验也主要针对该井段开展凝胶堵漏承压试验。

5.1.2 现场施工过程

（1）承压浆配制及注入情况。

测井后下钻通井循环，起钻至2100m，按井浆+3%结构剂1型+5%结构剂2型+2%结构剂3型+1%超分子凝胶配制承压浆，泵入$20m^3$，封闭1700~2100m，重点对1891m漏失层进行封堵（图6）。起钻至400m，配制并泵入承压浆$8m^3$，封闭250~400m，对套管鞋处进行封堵，提高承压能力，起钻至表套内，关防喷器进行承压。

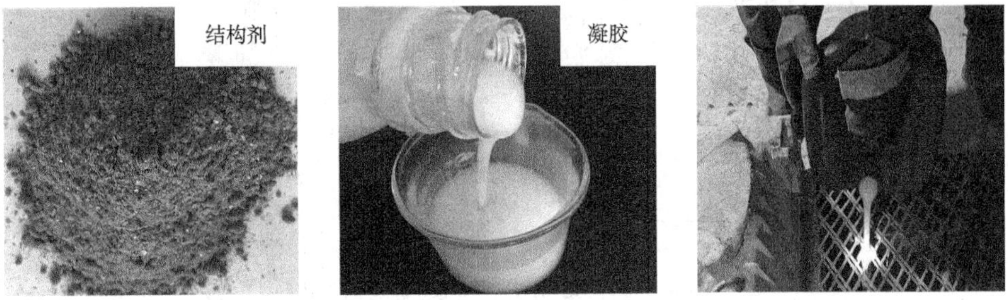

图6 结构剂、凝胶及现场配制承压浆图片

（2）现场承压情况。

考虑套管下深浅（330m），套管鞋处承压能力弱，最终确定承压值为1.5~2MPa，现场施工过程中，最高憋压至1.8MPa，最低降至1MPa，反复挤注，最终稳压至1.5MPa，稳压30min（图7）。

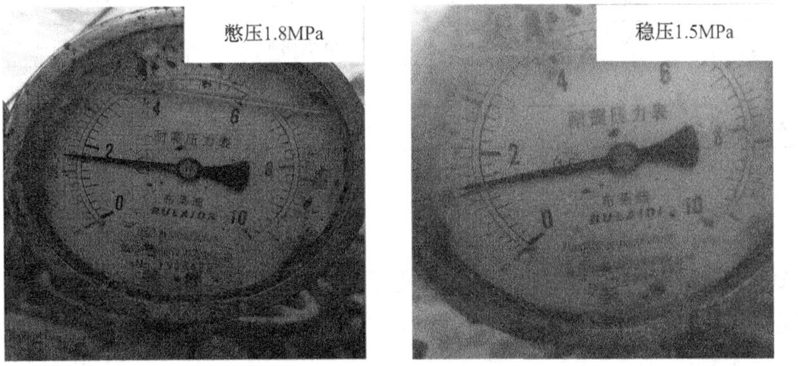

图7 现场憋压、稳压压力表

（3）固井注水泥情况。

泵注冲洗液$2m^3$，首浆（1.40）$64m^3$，尾浆（1.90）$21m^3$，清水替量$30m^3$，排量1.0~1.2m^3/min，替量剩最后$8m^3$时井口见混浆返出并发生漏失，预计首浆水泥浆已进表套。

5.2 现场试验效果

凝胶堵漏试验井情西82-A井固井漏失$8m^3$，但井口见混浆返出，测井白图显示水泥浆返至296m（图8），与平台其他5口井相比，钻井漏失最多（表5），而固井水泥浆封固最长已进入表套，节省了挤水泥补救工序。

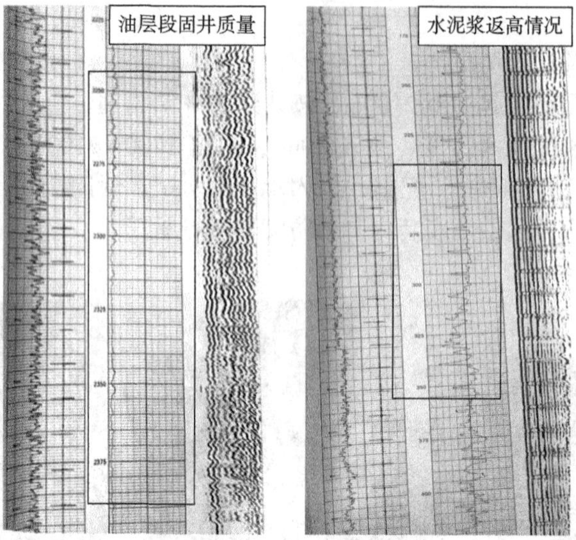

图 8　情西 82-A 井固井质量测井白图

表 5　情西 A 平台 6 口井固井情况统计

井　　号	钻井漏失（m^3）	固井漏失（m^3）	补救措施	实际返高（m）	油层段固井质量
情西 82-A（试验井）	20	8	无	296（表套 330）	优质
情西 84-A	无	16	挤水泥浆 $11m^3$	450	优质
情西 82-B	无	9	挤水泥浆 $10m^3$	725	优质
情西 84-B	8	8	挤水泥浆 $10m^3$	650	优质
情西 82-C	无	17	挤水泥浆 $12m^3$	1425	优质
情西 86-A	3	24	挤水泥浆 $15m^3$	1585	优质

6　结论

超分子凝胶封堵承压技术，现场试验取得了较好的效果，为生态红线区油气水井生产套管固井水泥浆返地面提供了技术手段。

参 考 文 献

[1] 刘金华，刘四海，陈小锋，等．承压堵漏技术研究及其应用［J］．断块油气田，2011，18（1）：116-118.

[2] 李旭东，郭建华，王依建，等．凝胶承压堵漏技术在普光地区的应用［J］．钻井液与完井液，2008，25（1）：53-56.

油气层保护技术

陆相页岩气井水基钻井液储层保护技术研究与应用

李　伟　申　峰　张文哲　王　波　薛少飞

（陕西延长石油（集团）有限责任公司研究院）

【摘　要】　延安地区“国家级陆相页岩气示范区”主力储层为上古生界山西组，该地层平均渗透率仅为 1.7×10^{-3}mD，为超低渗页岩储层。储层黏土矿物含量较高，均值超过30%，当外来流体与储层接触后可能会发生较严重的自吸水锁现象，储层伤害程度较高。本文在陆相页岩水基钻井液体系基础上，引入并优选出适合储层的屏蔽暂堵剂，建立起陆相页岩气井超低渗地层储层保护钻井液体系，对其常规性能和储层伤害程度作出评价。该体系具有优良的流变性和失水造壁性，渗透率恢复值平均值为80.99%，储层保护效果好。现场成功应用1口水平井，在保证井壁稳定、有效携岩和润滑的前提下，初期日产气量均有较大幅度提升，具有很好的推广价值。

【关键词】　超低渗储层；屏蔽暂堵；储层保护；水基钻井液；渗透率恢复值

超低渗页岩储层普遍具有低孔特低渗、裂缝发育、非均质性较强的特征，钻井完井过程中的页岩气储层损害最为突出。该储层具有一定的自然产能，但钻井完井过程中的储层损害使气井初始产量极低或无，影响了对页岩气层的及时发现与准确评价。因此，储层保护就成为陆相页岩气藏勘探开发中的一个重要任务，具有重大意义。

陆相页岩储层地质构造属于鄂尔多斯盆地伊陕斜坡东部，以延安市为中心，分布在下寺湾、富县、宜川等县境内，施工区域沟壑山梁纵横交错，地形复杂。该区气井依次钻遇第四系、三叠系、二叠系、石炭系和奥陶系，页岩储层主要为下山西组、本溪组。

1　储层地质特征

通过大量全岩X射线矿物成分分析，按填隙物黏土矿物和碳酸盐矿物对延长气田上古生界储层的分类，可以明确地指出影响储层物性的主要因素是填隙物的含量高低。从表1、表2中可见黏土矿物含量的高低是影响储层的主要因素。

表1　X射线全岩分析黏土矿物含量间隔

岩类	黏土含量间隔	百分比（%）	物性分类	
黏土质碎屑岩	≥25	17	物性极差	94%
含黏土碎屑岩	25~10	56	物性差	
物性差的碎屑岩	10~5	21	物性较差	
物性好的碎屑岩	<5	6	物性好	6%

作者简介：李伟，男，1992年6月毕业于兰州大学，获工程硕士学位，现履职于陕西延长石油（集团）有限责任公司研究院，主任工程师，主要从事油田化学、钻井液工艺技术研究。地址：陕西省西安市唐延路61号延长石油科研中心；联系电话：18629199774；E-mail：liwei-xian@ sohu. com。

表 2　黏土矿物相对含量特征值

特征值	黏土含量（%）	黏土矿物相对含量（%）			
		伊/蒙混层（I/S）	伊利石（I）	高岭石（K）	绿泥石（C）
最大值	46.12	32.10	20.31	31.19	61.69
最小值	30.67	9.81	11.73	12.34	39.93
平均值	43.05	10.70	15.93	24.12	49.25

由于致密页岩储层的强亲水性，喉道细小，极易通过毛细管作用吸水，吸入水占据喉道和稍大的孔隙，使天然气转入死孔隙和微细喉道中，产生水锁效应和贾敏效应，使储层产生无法恢复的伤害。

2　储层潜在伤害分析

由于研究区页岩储层中存在大量敏感性矿物：各种黏土、杂基、自生石英和长石，而且它们的含量极高。但由于储层的渗透率极低，加之近井地带由于工作液滤液的侵入，造成水相圈闭。因此化学伤害很难达到地层深处，所以它们对储层的伤害可能不是主要的，但也不可忽视。研究区储层可能出现的化学伤害类型如下。

2.1　岩石—流体不配伍

进入储层的工作液与储层中的敏感性矿物不配伍时，将会引起水敏、碱敏、酸敏等现象，导致储层渗透率下降。

2.2　储层流体—外来流体不配伍

当外来流体与储层流体的化学组分不配伍时，将会在储层中产生结垢损害。主要产生无机垢沉积（如 $CaCO_3$、$CaSO_4$等）、有机垢沉积和乳化沉积等，最终影响页岩储层渗透性。而研究区储层是气层，储层结垢类型主要为无机垢。

研究区储层可能存在的潜在伤害主要是液相圈闭伤害、固相侵入伤害、微粒运移（速敏）伤害和应力敏感伤害。同时还应特别注意由于外来流体与气层流体不配伍和地层流体的平衡状态破坏而引起的地层结垢伤害。

3　保护储层的屏蔽暂堵技术研究

3.1　屏蔽暂堵技术的原理及其应用必要性

屏蔽暂堵技术是利用钻井液液柱压力与储层之间形成的压差，在极短时间内，将钻井液中人为加入的固相颗粒压入储层孔喉或裂缝的狭窄处，10~20min 内，在井壁附近 10cm 以内形成渗透率近于零的屏蔽暂堵带，有效地阻止钻完井液中的固相颗粒和滤液侵入储层，保护储层不受损害。

根据对研究区储层特征和敏感性实验评价的研究结果知，该储层物性极差，有较为严重的水锁（水相圈闭）损害、应力敏感损害以及钻井液的伤害等。因而，要避免钻完井过程中的储层损害，最有效方案就是避免钻完井液的固相和液相进入储层。

3.2　储层保护水基钻井液设计

根据研究区地层和储层特点，储层具有低压、低渗、易坍塌等特点，易于受到外来流体损害，因此，优化的钻井完井液不但要使储层伤害最小或无伤害，同时在穿过硬脆性或破碎性地层时保证井壁稳定。这就对钻井液提出了双重要求，既可以达到保护储层的目的、又要达到井壁稳定的目的。因此在优选钻井完井液时应着重突出优良的流变性、低滤失量、低密度、良好的配伍性、较强的抑制性和良好的造壁性等显著特点。

根据上述要求，并通过对现场施工井的分析研究，在对现有地质资料分析基础上，进行了大量室内实验，优选出了盐水防塌储层保护钻井液体系，基础配方为：4%土浆+0.15%XC+0.50%CHL-1+7.0%KCL+3.0%SMP-2+1.5%M-SMC+2.0%CMJ-2+$CaCO_3$（150~200目）+2.0%EP-2+5.0%DZD-A（2200目：1250目：400目=1：3：1）+1.0%白沥青+0.5%JN303（密度1.25g/cm^3）。

该钻井液体系出于稳定井壁，特意考虑到了变形封堵剂（EP-2、白沥青）和刚性封堵剂$CaCO_3$的使用，为了兼顾加重和流变性、失水造壁性和储层保护之间的协调，有必要加入必要的暂堵材料。室内实验和现场经验普遍选用可酸溶的超细碳酸钙作为屏蔽暂堵剂，也就是针对微裂隙（微裂纹）用的刚性随钻堵漏剂（DZD-A），它是由一定粒径大小的超细碳酸钙（2200目、1250目、400目）组成，其结果既不影响密度要求，同时不影响它及其体系的封堵效果。室内就暂堵材料的组分构成进行了筛选，经过逼近实验，确定出三种不同目数超细碳酸钙的比例为2200目：1250目：400目=1：3：1。

3.3 储层保护效果评价

采用实验室最新引进的“DTSH-Ⅲ型高温高压动态损害评价仪”（图1）进行储层保护效果评价，这种损害考虑钻井液固相和液相综合作用。

（1）实验条件与实验仪器。

实验选择陆相页岩储层岩心，进行人工造缝处理，开展动态损害实验，主要从岩样渗透率返排恢复率、出液量等方面进行评价。实验流体为自配的盐水储层保护钻井液体系，实验压差为3.5MPa，剪切速率为150s^{-1}，时间为60min，实验温度为120℃。

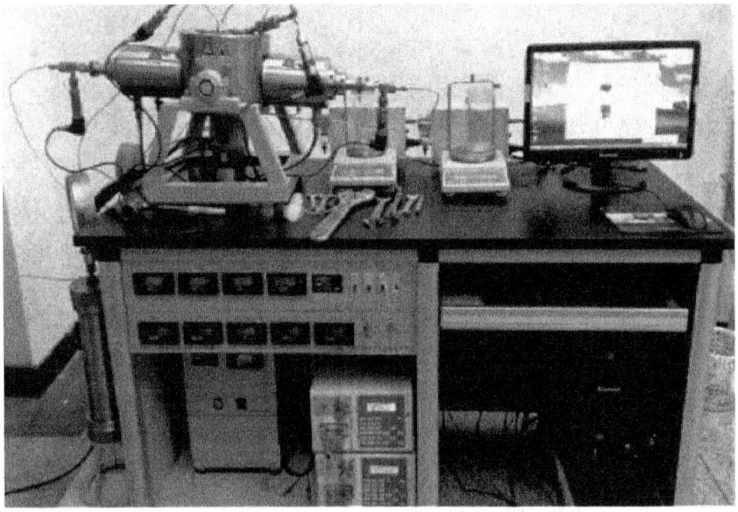

图1 DTSH-Ⅲ型多功能损害评价仪

（2）实验步骤。

① 岩样预处理，饱和煤油48h；

② 用煤油测岩样的正向渗透率 K_0；

③ 在 DTSH-Ⅲ型多功能损害评价仪上，3.5MPa 压差作用下用钻井液对岩样进行循环污染 60min，并计量出液量；

④ 计算岩样渗透率 K_d 及岩样渗透率反排恢复率 K_d/K_0。

就优选出具有屏蔽暂堵功能的盐水储层保护钻井液体系储层保护评价、基本性能的实验结果见表 3、表 4。

表 3 盐水储层保护钻井液体系性能参数

钻井液体系	K_o	K_{op}	渗透率恢复值 K_{op}/K_o（%）	动态模拟条件			
				压差（MPa）	剪率 s^{-1}	时间 h	温度（℃）
盐水储层保护钻井液（其中 DZD-A=1：3：1）	0.873	0.683	78.28	3.5	150	1	120
	0.733	0.628	85.63	3.5	150	1	120
	0.319	0.252	79.06	3.5	150	1	120

注：三组岩心，k_o 为人造岩心污染前渗透率，k_{op} 为人造岩心污染后渗透率，单位为 mD。

表 4 盐水储层保护钻井液体系流变性、失水造壁性实验结果

温度（℃）	ρ（g/cm^3）	AV（mPa·s）	PV（mPa·s）	YP（Pa）	YP/PV	Φ_{200}	Φ_{100}	Φ_6	Φ_3	$G_{10''}/G_{10'}$（Pa）	FL_{API}（mL/mm）	$FL_{HTHP失水}$（mL/mm）	pH 值
30	1.25	78.0	54.0	24.0	0.44	76	47	11	9	6.0/14.5	3.0/0.5	12.0/1.5	9.0
50	1.25	68.0	46.0	22.0	0.48	65	46	10	8	5.5/14.0			
100	1.25	50.5	31.5	19.0	0.60	54	40	13	11	7.5/13.5			

表 3、表 4 结果表明，三组渗透率恢复值平均值为 80.99%，该体系对陆相页岩储层保护效果好，且具有优良的流变性和失水造壁性。

4 现场应用

将优化后的储层保护钻井液体系应用于延安陆相页岩气水平井 YYP-3 井，该井目的层为上古生界山西组，完钻井深 3790m，水平段长 1000m。

钻井过程中，顺利穿越炭质泥岩，保证了页岩储层井壁稳定，测井、下套管一次成功，且施工周期降低 17.2%，现场实测钻井液性能见表 5。YYP-3 井 2018 年中投产，从初产日产气数据来看，投产效果良好，日初产气量相比邻井平均增加 49%以上，具体见表 6。

表 5 YYP-3 井现场钻井液性能

测深（m）	基本参数									塑性黏度（mPa·s）	动切（Pa）	动塑比	黏滞系数 K_f	备注
	密度 ρ（g/cm^3）	漏斗黏度（s）	失水（mL） API	失水（mL） HTHP	滤饼厚度（mm）	含砂（%）	pH 值	静切（Pa） 10s	静切（Pa） 10min					
2164	1.21	63	4.4	12.6	1.0	0.5	8.5	4.0	7.0	18	9.5	0.53	0.09	造斜段
2358	1.28	69	4.2	9.6	0.8	0.3	9	5.0	8.0	21	9	0.43	0.07	炭质泥岩段
2797	1.34	66	4.8	10.2	0.5	0.4	9	3.5	7.5	20	9	0.45	0.08	水平段

续表

测深（m）	基本参数									塑性黏度（mPa·s）	动切（Pa）	动塑比	黏滞系数 K_f	备注
	密度 ρ（g/cm^3）	漏斗黏度（s）	失水（mL）		滤饼厚度（mm）	含砂（%）	pH 值	静切（Pa）						
			API	HTHP				10s	10min					
2798	1.35	72	5.0	—	0.5	0.3	9	5.0	9.5	18	8.5	0.47	0.06	水平段
3790	1.35	79	4.8	9.8	0.5	0.3	8	6.5	13	22	10	0.45	0.07	完钻

表 6　YYP-3 井日产液量对比

井号	初产无阻流量（10^4m^3）	邻井无阻流量（10^4m^3）	相比邻井产气量增幅（%）
YYP-3	5.3	2.7	49.06

实践证明，新型钻井液体系配合复杂地层技术措施，较好地解决了该区块页岩气水平井常出现的井塌、托压和卡钻等复杂问题，有效保护了储层，具有一定的推广价值。

5　结论

（1）对延安地区陆相页岩超低渗页岩地层地质特征、储层潜在伤害进行了分析。通过研究区储层特点和伤害机理的研究表明，采取屏蔽暂堵技术，可有效保护储层。

（2）优选优配出保护储层的屏蔽暂堵剂 DZD-A，建立陆相页岩超低渗地层屏蔽暂堵储层保护钻井液体系，该体系具有优良的流变性和失水造壁性，渗透率恢复值平均值为 80.99%，储层保护效果好。

（3）该技术现场成功应用 1 口水平井。在满足井壁稳定、携岩和润滑等技术问题的前提下，均顺利完钻、完井并投产，初期日产气量相比相邻水平井均有较大幅度提高，具有较好的推广价值。

双6储气库钻井液技术研究与应用

卢志新　袁长晶

（中国石油集团长城钻探工程有限公司钻井液公司）

【摘　要】　双6储气库因运行周期长、强注强采等特殊要求，对密封性和井筒质量要求极高。施工中存在承压堵漏施工周期长、油气层保护要求高、井控风险高、地应力测试易卡钻等技术难题。为保障扩容井的安全施工，通过优化钻井液性能，严格控制滤失量，提高井筒质量；形成了双6储气库承压堵漏配方与施工工艺，5口井承压堵漏一次成功，3口井承压试验一次成功，有效减少了承压施工周期；三开井段使用屏蔽暂堵型低固相钻井液，渗透率恢复值达90%以上，油气层保护效果良好，为双6储气库每天千万立方米级高强度注采提供了保障；成功研发裸眼地应力测试工作液，保障了地应力测试工作的顺利进行。

【关键词】　双6储气库；井筒质量；承压堵漏；油气层保护；地应力测试

双6储气库位于辽河盆地西部凹陷双台子断裂背斜带，双台子油田中部双6块。该储气库是国家重点工程，率先在中国石油各大储气库中实现达容。根据扩容上产的目标和要求，辽河油田公司自2019年开始部署和实施双6储气库扩容井。本文针对该区块施工中存在的承压堵漏施工周期长、油气层保护要求高、井控风险高、地应力测试易卡钻等一系列施工难题，开展钻井液配套技术研究，进而提高井筒质量，缩短施工周期，确保安全施工。

1　储气库安全需求

储气库运行周期至少50年，要求强注强采，周期循环，因此包括井内管柱、井口装置和固井质量等井筒质量必须能承受交变应力的影响[1]，双6块上部砂岩发育，胶结差，易漏失，为保证技术套管固井质量，固井前需对易漏砂岩的地层实施有效封堵，提高地层承压能力[2]。由于承压幅值高，承压堵漏很难一次成功，需反复多次，进而造成井眼条件较差，堵漏剂附着在井壁难以彻底清除，在一定程度上影响固井水泥胶结质量。双6储气库经过六轮注气和四轮采气后，地层压力发生动态变化，最高达23MPa，施工时存在较高的井控风险。

2　地质和工程概况

2.1　地质简况

地层自下而上为沙河街组（1960~2570m）、东营组（1200~1960m）、馆陶组（750~1200m）、明化镇组（300~750m）、平原组（0~300m）。目的层为沙一段、沙二段兴隆台油

作者简介：卢志新，2007年毕业于大庆石油学院化学化工学院应用化学专业，任职于中国石油集团长城钻探工程有限公司钻井液公司，工程师。地址：辽宁省盘锦市兴隆台区石油大街东段160号；电话：13470186609；E-mail：luzx. gwdc@ cnpc. com. cn。

层，岩性主要为砂质砾岩、含砾砂岩、深灰色泥岩。东营组主要由灰绿色泥岩、砂砾岩交互组成；馆陶组主要为砂砾岩、砾岩、中粗砂岩和细砂岩；明化镇组以砂砾岩、泥岩为主；平原组以黏土层和流沙层为主。

2.2 典型井身结构

定向井（以双 035-20 井为例）：ϕ660.4mm×52m/ϕ508.0mm×50m + ϕ444.5mm×1308m /ϕ 339.7mm × 1305m +ϕ 311.1mm×2720m /ϕ 244.5mm×2715m + ϕ215.9mm × 2901.19m /ϕ 177.8mm × 2895m。350m 开始造斜，824.65m 井斜达 33.23°，稳斜至 2541.21m，至 2750.31m 降斜至 18.60°，稳斜至完钻。

水平井（以双 6-H3326 井为例）：ϕ660.4mm × 52m/ϕ508.0mm × 50m +ϕ444.5mm × 1203m/ϕ339.7mm× 1200m +ϕ311.1mm × 2417m/ϕ244.5mm × 2412m + ϕ215.9mm × 3008.04m/（ϕ177.8mm 套管+ϕ168.3mm 筛管）×3008.04m。1300m 开始定向，至 2654.17m 井斜达到 90°，稳斜至完钻。

3 施工难点

2010—2014 年间在双 6 储气库完成了第一轮 18 口井的施工，包括 15 口注采井、3 口监测井，其中水平井 9 口，定向井 9 口，有 6 口井共发生 12 次复杂情况，占施工总井数的 33%。分析地层岩性特点，结合第一轮井发生的复杂情况，归纳出施工难点如下。

3.1 井漏与承压堵漏问题

东营组承压能力较差，固井泵替过程中易漏失，导致水泥低返，固井前需进行承压堵漏，以保证固井质量。第一轮井共发生 5 次井漏，损失 190h；中完承压堵漏共损失 936h，其中双 6-H3322 井中完承压堵漏 11 次，损失 624h。

3.2 油气层保护问题

双 6 区块兴隆台油层孔隙度一般为 5%~26.8%，平均 17.3%，平均渗透率 224mD[3]，属中孔中渗储层。注采井要实现天然气注得进去、采得出来，保护油气层工作至关重要。

3.3 井壁失稳问题

下部地层含深灰色泥岩、褐灰色泥岩，易塌；部分井需在裸眼井段进行地应力测试，坐封之后将泥岩地层压裂，且测试过程中起下钻不能循环钻井液，易发生泥岩垮塌、掉块，造成卡钻，增加下步施工难度。

4 钻井液技术研究

4.1 井筒强化技术研究

储气库密封性的好坏决定其能否储存天然气，因此提高井筒质量是确保储气库密封性的前提。实施井筒强化技术，减少钻井液及滤液进入地层的体积，可扩大钻井液密度窗口，降低井壁坍塌和井漏风险，使井径更加规则，提高固井质量。

4.1.1 严格控制滤失量

全井自一开井段开始严格控制滤失量，馆陶组及以上地层控制滤失量 6~8mL，东营组控制滤失量 5~6mL，沙一段、沙二段控制滤失量 4~5mL，滤饼薄而坚韧致密，以利于下部施工。

4.1.2 增强钻井液抑制性

抑制剂对于裸眼井段的井筒稳定至关重要，钻进时按进尺补足抑制剂，可有效抑制泥岩水化膨胀，避免缩径、井塌等造成井径不规则。

4.1.3 随钻堵漏

在各井段钻进时均加入随钻堵漏剂，封堵易漏地层，提高地层承压能力，避免在固井施工过程中固井水泥浆液柱压力高于地层承压能力而发生漏失，无法上返至预计高度。

4.1.4 钻井液流变性能优化

优化钻井液流变性能，既满足携砂要求，又避免冲刷易塌地层。一开井段控制黏度60~70s；二开上部井段控制黏度35~45s，*YP* 3~5Pa；二开下部井段控制黏度50~60s，*YP* 4~6Pa；三开井段控制黏度50~60s，*YP* 7~10Pa。

4.2 承压工艺优化

双6储气库扩容井在二开钻进时均未发生漏失，但为保证技术套管固井质量，固井前需对易漏砂岩地层实施有效封堵，提高地层承压能力，避免固井作业时发生漏失，确保水泥浆能够返到预计高度。最初的技术思路是固井前实施承压堵漏，在优化承压堵漏配方后仍需多次堵漏才能达到固井前的承压要求，反复堵漏施工后堵漏剂附着在井壁上难以彻底清除，在一定程度上影响固井水泥胶结质量，并使施工周期延长。随后，改变技术思路，根据钻进时未发生漏失，承压堵漏时却发生漏失的特点，加大随钻堵漏剂的加量，使砂砾岩和砂岩地层的承压能力在地层被钻开时即得以加强，随后不断得以巩固，为之后的承压试验或承压堵漏打下良好基础，缩短施工周期。

4.2.1 适用于双6储气库的承压堵漏机理研究

承压堵漏是利用井口控制装置，通过控制合适的套管压力（套压和液柱压力之和不能大于套管鞋底部地层破裂压力），将堵漏浆挤入预封堵的漏失地层，以强化井眼强度[4]，提高地层承压能力的方法。起架桥作用的刚性堵漏材料进入漏失通道后，经过架桥、堆积、填充作用可形成封堵层；纤维材料的边缘与漏失通道腔壁产生较大的摩擦、阻挂和滞留，且纤维具有一定的吸附能力，可吸附黏土颗粒、刚性颗粒、变形颗粒、微粒子，填充在架桥颗粒中间；纤维的界面离散，密集成网，可增加封堵层的剪切强度；弹性颗粒（如橡胶等）填充，可增加强力链网络数目，改善自适应堵漏的能力；刚性颗粒、弹性颗粒与纤维材料合理组合，可增大表面摩擦系数，避免摩擦滑动后失稳；片状材料和细颗粒材料在压差的作用下对微小孔道和地层中的漏失通道形成嵌入和堵塞，其他各级粒子起逐级填充作用。在正压差作用下，最终形成致密封隔层，及时封堵漏失通道，阻断钻井液及其滤液侵入地层，从而提高地层承压能力。

双6储气库上部地层砂砾岩及砂岩发育，在未加入随钻堵漏剂或随钻堵漏剂含量较低的情况下，近井壁端的胶结物被钻井液冲刷后所剩无几，孔喉、孔隙变大，但未形成漏失通道，钻井液无漏失；若此时进行承压堵漏，渗透率高的孔喉、孔隙进一步扩大，使连通性变好，形成漏失通道，在持续外力的作用下，漏失通道进一步延伸和扩展。现场施工时发现，在此情况下，尽管采取合理的堵漏材料级配，仍需实施多次承压堵漏才能达到预期的效果，影响钻井施工周期。

研究发现，在先期钻开地层时控制滤失量，形成质量好的滤饼和封堵层，并加入足量的随钻堵漏剂，对低压层或易漏层实施预封堵，再进行承压施工，可有效减少承压堵漏次数，缩短钻井施工周期（图1）。

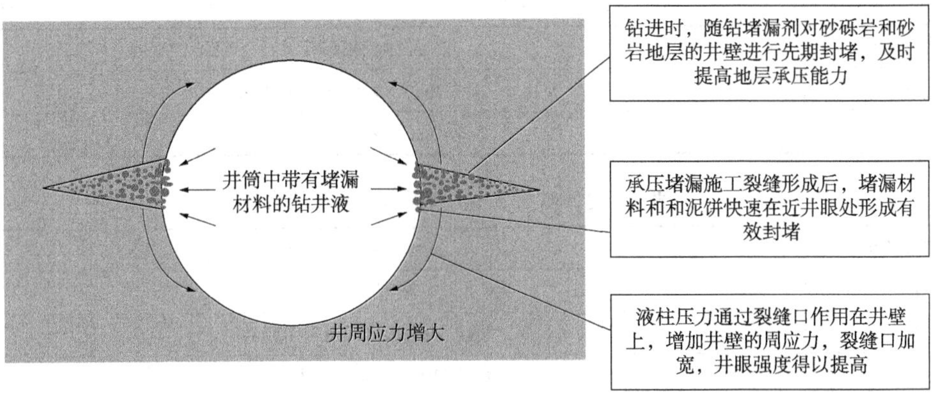
钻进时，随钻堵漏剂对砂砾岩和砂岩地层的井壁进行先期封堵，及时提高地层承压能力
井筒中带有堵漏材料的钻井液
承压堵漏施工裂缝形成后，堵漏材料和和泥饼快速在近井眼处形成有效封堵
液柱压力通过裂缝口作用在井壁上，增加井壁的周应力，裂缝口加宽，井眼强度得以提高
井周应力增大

图 1　承压机理

4.2.2　承压堵漏配方优化

分析该区块地层岩性的特点，对之前使用的承压堵漏配方、材料规格、堵漏工艺等存在的问题逐一分析，在室内对承压堵漏配方进行一系列的优化，优化后的配方为：井浆（5%未水化的膨润土浆）+2%~3%果壳（粗）+1%~3%果壳（细）+2%~3%复合堵漏剂+2%~3%云母+1%~2%蛭石+4%~5%承压堵漏剂+2%~3%橡胶粒+2%~3%单向压力封闭剂+2%~3%超低渗透剂+2%~3%橡胶粉+2%~3%棉籽壳+1%~1.5%纤维堵漏剂+8%~10%石灰石（40 目）+8%~10%石灰石（80 目）+8%~10%石灰石（100 目）。利用 QD 堵漏仪，在不同目数砂和缝板条件下，考察配方对不同渗透率地层的承压封堵效果，见表 1 至表 4，如图 2 所示。

表 1　不同目数砂模拟评价

配　　方	模拟不同渗透率及裂缝地层	压力（MPa）/承压时间（min）	堵漏结果
基浆	40~70 目砂	6.0/30	漏失 30mL
基浆	20~40 目砂	6.0/30	漏失 310mL
基浆+承压堵漏配方		6.0/30	零漏失
基浆	10~20 目砂	6.0/30	漏失 1220mL
基浆+承压堵漏配方		6.0/30	零漏失

表 2　堵漏配方 2mm 缝板承压堵漏能力

压力（MPa）	2mm 缝板堵漏结果
0.5	漏失 20mL
1.0	漏失 30mL，累计漏失 50mL
1.5~5.5	漏失 0mL，总计漏失 50mL

表 3　堵漏配方 3mm 缝板承压堵漏能力

压力（MPa）	3mm 缝板堵漏结果
0.5	漏失 40mL
1.5~2.0	漏失 80mL，累计漏失 120mL

续表

压力（MPa）	3mm 缝板堵漏结果
2.5~5.0	漏失 0mL，累计漏失 120mL
5.5	漏失 0mL，总计漏失 120mL

表 4　堵漏配方 5mm 缝板承压堵漏能力

压力（MPa）	5mm 缝板堵漏结果
1.0	喷漏 100mL
1.5	漏失 0mL，累计漏失 100mL
2.0~2.5	喷漏 310mL，累计漏失 410mL
3.0~4.5	漏失 0mL，累计漏失 410mL
5.0	喷漏 210mL，总计漏失 620mL

图 2　3mm、5mm 缝板承压堵漏效果

该配方对不同渗透率地层起到良好的封堵效果，承压能力达到 5MPa。试验结束后，观察堵漏滤饼情况，可见形成很厚的填充层（图 3）。

图 3　堵漏填充层

4.2.3 承压工艺优化

打破以往以承压堵漏施工为主的技术思路，在二开钻进时加大随钻堵漏剂的用量，及时提高地层承压能力。优化承压方案，将二开钻完进尺后实施承压堵漏，优化为钻进至盖层泥岩 10~20m 时进行先期承压试验，缩短施工时裸眼段的长度，堵漏材料进入孔隙通道内，使井壁承压能力及时得以加强，后期施工时细颗粒堵漏剂在循环压力和钻具涂抹作用的双重作用下可进一步加固井壁。使用固井车进行承压试验，若承压达到预期值，满足固井施工要求即可，不需要再进行承压堵漏；若承压试验失败，需进行承压堵漏施工。根据单井钻遇的砂砾岩及含砾细砂岩段的长度，调整各种堵漏剂的加量，实现堵漏剂“进得去、站得稳、承得住”。优化井身结构，适当加深表层套管的下入深度，将东营组上部高渗透性砂砾岩进行封隔，亦可有效降低中完承压的难度。

4.3 油气层保护钻井液研究

4.3.1 机理

屏蔽暂堵保护油气层钻井液技术，是当油气层被钻开时，利用钻井液的液柱压力与油气层压力之间形成的压差，在极短的时间内，迫使钻井液中的各种类型和尺寸的固相粒子进入油气层孔喉，在近井壁形成渗透率接近零的屏蔽暂堵带[5]。屏蔽暂堵剂与井浆的配伍性强，在现场施工时易于维护和处理；形成高强度保护带，暂堵深度较浅，满足射孔解堵要求，渗透率恢复值较高[6]。钻井液中的有害固相不仅影响机械钻速，更重要的是固相颗粒进入储层的孔隙或裂隙中，将堵塞油气通道，对油气层造成很大的伤害。为减轻固相对油气层的损害，钻井液中除保持必需的膨润土、加重剂和暂堵剂外，需尽可能地降低无用固相的含量[7]。

应用屏蔽暂堵技术，一般要求 10~30min，在井壁 1~3cm 范围内形成一个渗透率极低的屏蔽暂堵环。后期通过射孔等工艺可解除屏蔽环，恢复储层的渗透率。

4.3.2 配方优化

对屏蔽暂堵型低固相钻井液配方进行优化，优化后的配方为：淡水+1%~2%膨润土粉+0.2%~0.3%NaOH + 0.2%~0.3%PAC-HV + 0.5%~1% XCD + 0.1%~0.2% PMHA-2 + 0.8%~1% SMP-1 + 0.5%~1% KH-931 + 1%~1.5%乳化沥青+0.5%~1%单向压力封闭剂+2%~3%超细碳酸钙+2%~3%油气层保护剂+2%~3%固体润滑剂+5%~7%液体润滑剂+碳酸钙。对 80 目砂床模拟评价见表 5，选取人造岩心类型见表 6，渗透率恢复值评价结果见表 7。

表 5 80 目砂床模拟评价

目　数	压力（MPa）/时间（min）	试验结果
80	5.0/30	浸入深度 5.6cm

表 6 实验所用岩心类型列表

岩心号	长度（cm）	直径（cm）	孔隙度（%）	气体渗透率（mD）
1#	5.537	2.551	17.27	221.28
2#	5.492	2.537	17.42	230.68

表 7　钻井液 90℃下渗透率恢复值评价实验

岩心号	K_0 (mD)	K_d (mD)	滤失量 (mL)	恢复值 (%)
1#	41.05	37.48	3.2	91.30
2#	42.51	38.39	2.8	90.31

由表 7 可见，配方可恢复到原始储层渗透率的 90%以上，具有很好的保护油气层效果。

4.4　地应力测试工作液的研发

4.4.1　地应力测试工作难点

地应力测试的目的是对储气库的安全性进行评价。在地应力测试过程中，每个测试点需要钻具静止 3h 左右，坐封之后将泥岩地层压裂，测试过程中起下钻不能循环钻井液，否则易导致沙一段泥岩在测试中发生垮塌，存在卡钻风险，属高风险作业。提供测试服务的测试公司此前在国内外使用的测试工作液为清水、饱和盐水和普通无固相胶液，但经过分析，这三种工作液均不能满足该区块测试过程中的防塌、防卡需求。

4.4.2　地应力测试工作液的室内研发

针对地应力测试的防塌、防卡需求，在室内研发出一种具有润滑、防卡、抑制、封堵等性能的工作液，以降低作业风险。该工作液借鉴高性能水基钻井液体系的技术思路，在无固相钻井液的基础上，引入封堵剂、抑制剂，具有良好的抑制能力和封堵能力，主处理剂有：抑制剂Ⅰ型、抑制剂Ⅱ型、封堵剂Ⅰ型、封堵剂Ⅱ型、液体润滑剂、降滤失剂、降黏剂、乳化剂。要求密度 1.00~1.02g/cm^3，漏斗黏度 60~80s，API 滤失量≤10mL。该工作液为无固相类，其性能接近于油基钻井液，稳定性强，环境友好，与在用的钻井液体系配伍性好，可快速配制，能够满足沙一段泥岩抑制与防塌要求。

5　现场应用效果

5.1　井筒强化效果

施工井井径规则，无大肚子井眼，起下钻顺利。以双 6-H2315 井为例，一开、二开、三开井段平均井径扩大率分别为 6.19%、4.15%、3.29%。施工井井筒质量均符合设计要求，固井质量全部合格，部分井固井质量为优质。

5.2　承压效果

二开钻进时加入 1.5%~2%超低渗透剂、1%~1.5%承压堵漏剂和 1%~2%超细碳酸钙，提高地层承压能力，为下步承压工作打下了基础。对每口井二开东营组钻遇的砂砾岩、含砾细砂岩、细砂岩的长度进行统计，有针对性地调整堵漏浆配方，确保承压堵漏达到预期效果（表 8）。二开钻遇泥岩时进行承压试验与堵漏，承压合格后继续下部井段的钻进，缩短施工周期。

表 8　二开东营组砂砾岩、含砂细砂岩、细砂岩长度统计

井号	砂砾岩总长 (m)	含砾细砂岩总长（m）	细砂岩总长 (m)
双 6-H3325	154	0	166

续表

井号	砂砾岩总长（m）	含砾细砂岩总长（m）	细砂岩总长（m）
双 6-观 4	30	0	128
双 6-H2315	41	42	58
双 6-H3326	32	0	73
双 035-20	0	0	256
双 6-H1202	0	44	188
双 036-20	0	0	140
双 034-28	65	46	69
双 034-20	0	4	155
双 032-26	140	0	70

表 9 为各井二开井段承压施工情况。

表 9　二开承压情况

井号	承压次数		承压压力（MPa）	配制数量（m^3）	泵入数量（m^3）	作业时间（d）
	堵漏浆	钻井液				
双 6-H3325	8	6	3.0	690	150	30
双 6-观 4	4	5	4.7	640	123	23
双 6-H2315	1	1	3.6	90	20	4
双 6-H3326	1	1	2.9	130	20	3
双 035-20	1	1	3.8	150	20	3
双 6-H1202	1	1	4.5	90	5.5	3
双 036-20	0	1	6.0	0	3	1
双 034-28	1	1	4.3	100	20	3
双 034-20	0	1	3.3	0	4	1
双 032-26	0	1	3.2	0	2	1

在承压工艺优化前，双 6-H3325 与双 6-观 4 井承压堵漏施工周期较长，分别为 30d 和 23d；承压工艺优化后，5 口井承压堵漏一次成功，3 口井承压试验一次成功。

5.3　油气层保护效果

双 6 储气库储集层颗粒以泥、钙质胶结为主，泥质颗粒有很强的水敏性，与水接触后会膨胀松散，储集层含水饱和度越高，越易出砂[8]，因此减少钻井液滤液进入是油气层保护的重点。油气层井段严格控制滤失量<4mL；根据储气库注采情况，控制钻井液密度在 1.10~1.20g/cm^3，实现近平衡钻井；进入油气层后及时观察后效，确保钻井作业施工安全；使用高目数振动筛筛布，清除有害固相，控制固相含量<10%；加入超细碳酸钙、单向压力封闭剂、油层保护剂，形成屏蔽暂堵层，保护油气层。同时，加快三开井段的施工，减少了对油气层的污染。双 6 储气库已完成六注四采，每天注采量达到千万立方米级，目前正进行第七轮注气，间接证明了钻井液体系具有良好的油气层保护效果。

5.4 地应力测试工作液使用效果

此前在国内外其他地区进行地应力测试的地层相对稳定，作业风险相对较小；埋藏浅，裸眼段短；多数为 215.9mm 井眼；测试井多为直井或定向井；国外仅有的一口水平井测试采用的是油基钻井液工作液。本次测试在双 6-观 4 井（井深 2396m）进行，该井技术套管下深 1239m，裸眼段长达 1157m；井眼尺寸 311.1mm，泥岩段近 400m。地应力测试仪器外径 286mm，长度为 15.06m，在测试时因静止时间长，极易发生卡钻。

现场配制工作液后，使用该工作液成功进行了地应力测试工作，不仅满足了大井眼段进行裸眼地应力测试要求，还最大限度降低了对泥岩地层的破坏，有效地降低了作业风险，得到了建设方和施工方的一致认可。该工作液的成功研制与应用，填补了此项技术的空白，将为同类储气库地应力测试提供安全技术保障。

6 结论

（1）开展井筒强化技术研究，全井严格控制滤失量，保证滤饼质量；增强抑制性，保持井径规则；优化钻井液流变性能，满足携砂与防塌需求；使用随钻堵漏剂封堵易漏地层，保障固井水泥浆胶结质量及返高符合设计要求。

（2）二开东营组钻进时，加大随钻堵漏剂用量，及时提高地层承压能力，为承压试验打下良好基础；根据单井钻遇砂砾岩及含砾细砂岩段的长度，确定各种堵漏剂的加量，实现堵漏剂“进得去、站得稳、承得住”，确保多口井承压一次成功。

（3）屏蔽暂堵型低固相钻井液具有良好的油气层保护效果，渗透率恢复值达 90%以上，满足储气库的注采需求。

（4）成功研发裸眼地应力测试工作液，该工作液具有良好的润滑、防卡、抑制、封堵等性能，与在用钻井液配伍性强，保障了地应力测试工作的顺利进行。

参 考 文 献

[1] 孙海芳．相国寺地下储气库钻井难点及技术对策［J］．钻采工艺，2011，34（5）：1-5.

[2] 南旭，杨勇，沈泉，等．双 6 储气库水平井钻井液技术［J］．中国石油和化工标准与质量，2013（4）：150.

[3] 郭胜文．辽河油区储气库水平井钻井与固井技术［J］．内蒙古石油化工，2012（5）：118-120.

[4] 郝惠军，田野，贾东民，等．承压堵漏技术的研究与应用［J］．钻井液与完井液，2011（28）：14-16.

[5] 徐同台，陈永浩，冯京海，等．广谱型屏蔽暂堵保护油气层技术的探讨［J］．钻井液与完井液，2003，20（2）：39-41.

[6] 郭定雄，任勋，匡韶华，等．广谱型屏蔽暂堵技术在辽河于楼地区的应用［J］．国外测井技术，2013，4：56-58.

[7] 刘志良，张建强，钟方．油气层受到伤害的原因及钻井完井液的保护对策［J］．西部探矿工程，2009（1）：89-91.

[8] 陈显学，温海波．辽河油田双 6 储气库单井采气能力评价［J］．新疆石油地质，2017.12（38）：715-718.

东胜气田基质裂缝型储层钻井储层保护技术研究

冯永超　王　翔

（中国石化华北油气分公司石油工程技术研究院）

【摘　要】　东胜气田古生界下石盒子组属于低孔超低渗致密砂岩储层，泥岩和砂岩互层发育，钻井过程中存在井壁失稳及储层损害问题，严重影响致密砂岩储层的高效开发。通过储层泥岩地层组构和理化性能分析，揭示了储层泥页岩井壁失稳机理。通过致密砂岩储层物性、敏感性及水锁效应等实验分析，揭示了目标储层损害的主要机理，提出了储层保护钻井液技术对策。实验优选了防水锁剂和致密承压暂堵剂，优化形成了无土相低密度低伤害储层保护钻井液体系，可满足东胜气田致密砂岩基质和微裂缝储层高效勘探开发的需要。

【关键词】　低孔超低渗储层；影响因素；伤害机理；储层保护；钻井液

东胜气田下石盒子组盒3储层、盒1储层是开发主力气层。储层类型以孔隙—裂缝型和孔隙型为主，储层具有泥岩和砂岩互层发育、低孔、特低渗、天然裂缝发育、非均质性强的特点。钻井过程中钻井液滤液侵入致密砂岩基质，存在明显的水锁损害及敏感性损害；断裂带储层天然微裂缝发育，钻井液固相颗粒侵入造成堵塞损害。诸多因素严重影响了致密砂岩储层的高效开发。本文以东胜气田锦58井区盒1储层为研究对象，开展储层伤害影响因素分析，深化储层损害机理及保护钻井液技术研究。

1　盒1储层伤害影响因素及敏感性分析

1.1　盒1储层黏土矿物及潜在损害分析

选取锦58井区盒1致密砂岩岩心，利用X射线衍射仪，进行全岩矿物及黏土矿物含量分析。其中盒1砂岩储层以石英为主，含有少量黏土矿物（平均20%）；黏土矿物中伊利石含量最高（平均38%），其次为绿泥石（平均26%）；条状带状的伊利石为速敏型矿物，在储层流体的作用下，很容易运移堵塞孔道；绿泥石能够形成栉壳构，这种结构相对稳定，但绿泥石酸敏性较强，在酸作用下，会发生溶蚀和运移。

1.2　盒1储层黏土矿物微结构与潜在损害分析

选取锦58井区盒1致密砂岩岩心，制备具有新鲜断面的小块样品，利用扫描电镜观察储层泥岩矿物类型、产状和结构等特征。由实验结果可知，盒1储层砂岩岩心胶结致密，表现为低渗透性；部分粒间孔隙和微裂缝发育；其中伊利石中形成的孔道大小不一，造成储层含水饱和度过高，引发液相伤害；绿泥石含有大量的溶蚀孔，可能会产生较大的毛细管力，引发液相伤害；正压差条件下固相侵入裂缝，造成固相堵塞伤害。岩心污染前孔隙充填胶结物，孔隙有一定连通性，但岩心污染后，黏土矿物孔隙中胶结物发生水化膨胀，堵塞孔隙通道，孔隙度受钻井液污染严重。

1.3　盒1储层孔隙特征及潜在损害分析

选取锦58井区下石盒子组盒1砂岩岩心，进行孔隙度、气体渗透率测试。通过岩心孔隙度、渗透率分析，锦 58 井区主要目的层物性较好。盒 1 段孔隙度分布区间为 5.0%~16.97%，平均孔隙度为 9.3%；渗透率分布区间为 0.15~5.24mD，平均渗透率为 0.89 mD。根据孔隙度、渗透率分类标准，目的层段储层物性较好，总体属于低—特低孔、低渗—超低渗储集岩，为超低渗透储层。孔隙度和渗透率具有一定的相关性，呈正相关。盒 1 储层平均排驱压力 0.83，最大孔喉半径 1.7648μm；储层岩样排驱压力较大，岩样的孔喉较小，渗透性较差。盒 1 储层具有低孔超低渗特征，且岩样排驱压力较大，孔喉半径小（最大孔喉半径 1.7648μm），极易造成水锁损害及应力敏感性。

1.4 盒 1 储层泥岩理化性能及潜在损害分析

为了确定东胜气田盒 1 泥岩的基本性质，分别取 JPH-301 井和 JPH-378 井水平段泥岩的掉块及岩屑进行了全岩矿物和黏土矿物组分含量的 X 射线衍射分析。

JPH-387 井下石盒子组盒 1 钻屑岩样黏土矿物总量为 36.6%~38.1%，黏土矿物以伊蒙混层为主，含量高达 65%~66%，其次为伊利石、高岭石和绿泥石，属于硬脆性泥岩，易水化剥落。JPH-301 井下石盒子组盒 1 掉块岩样中深灰色细砂岩的黏土矿物总量为 32.8%，红褐色泥岩和灰色泥岩的黏土矿物总量高达 48.7%和 58.1%，黏土矿物均以伊/蒙混层发育为特点，含量达到 52%~78%，其次为伊利石、绿泥石和高岭石，其含量分别在 17%~24%，6%~9%及 15%~18%。下石盒子组泥岩属于硬脆性泥岩，易水化剥落。

为深入分析泥岩地层的微观结构，对东胜气田泥页岩岩心制作切片进行电镜扫描。由扫描电镜结果可见：JPH-378 井下石盒子组泥岩钻屑样品较疏松，粒间缝长约 200μm，粒间孔隙约 10μm，微裂缝较为发育。室内对从 JPH-301 井现场收集的盒 1 灰褐色泥岩、灰色泥岩掉块进行了浸泡评价实验，实验结果表明灰褐色泥岩易水化分散；灰色泥岩微裂缝发育易剥落。

由实验结果可知：盒 1 段泥岩掉块样品较致密，孔隙 2~5μm，泥质中裂缝长约 20μm，泥质中裂缝宽约 2μm。盒 1 段泥岩灰褐色泥岩回收率 52.45%，易水化分散，灰黑色、灰色泥岩微裂缝发育，遇水易剥落。储层段泥岩井壁失稳造成储层浸泡时间长，液柱压力高，增加储层伤害程度。

2 储层损害机理研究

基于储层影响因素分析，明确了水锁伤害、应力敏感性、固相伤害和泥岩井壁失稳是造成盒 1 储层伤害的主要影响因素，在此基础上，开展储层伤害机理分析。

2.1 储层水锁损害机理研究

2.1.1 岩心自吸能力评价

当储层的润湿性为水润湿时，毛细管压力将阻碍地层油、气向井筒内流动，产生水锁损害。由于低渗透储层喉道半径很小，在连续油、气流通过岩石孔隙喉道时，毛细管力急剧增大，当驱动压力不足以抵消毛细管力时气流将被卡断，连续的气流变为分散的气流，这种流动形态的变化将导致渗流阻力的进一步增大和驱替效率的降低。选取锦 95 井盒 1 储层致密砂岩岩心，开展自吸能力评价，由实验结果可知：自吸速率在初始阶段最高，后逐渐趋于平稳。自吸后渗透率损害率达到 54.32%，钻井液滤液在毛细管力的作用下使得储层渗透率大幅降低。

为进一步明确自由水侵入程度对岩心的伤害程度的影响，选取锦 95 井盒 1 储层致密砂岩岩心，洗油、烘干，测定初始渗透率；将岩心浸泡在模拟地层水中，直到岩心质量不再变化为止；以高纯湿氮气驱替岩心，建立不同含水饱和度，并测定对应含水饱和度下的渗透率。以渗透率损害率判定岩心水锁损害程度。

由实验结果可知：盒1储层岩心含水饱和度越高，岩心渗透率损害率越大，水锁损害越严重，三块岩心饱和地层水状态下渗透率损害率分别为72.76%、62.46%、65.47%，属于中等偏强水锁损害。

2.1.2 钻井液液相侵入能力分析

基于HTHP砂床滤失实验评价滤饼形成过程的阻止水侵入能力，HTHP砂床渗透失实验评价滤饼形成后的阻止水侵入能力。对鄂北工区华北工程、胜利钻井和中原钻井现用钻井液体系开展阻水侵入能力评价，由实验结果可知：现有的钻井液体系滤饼承压能力差，基于砂床渗透失水实验，在滤饼形成后20~40目砂床渗透失水量17~23.4mL，大量自由水侵入砂岩储层，造成水相伤害，且大量自由水侵入泥岩，造成泥岩应力释放，水化剥落，造成钻井复杂，进一步加剧储层伤害程度。

2.2 钻井液固相颗粒损害机理研究

2.2.1 盒1储层裂缝扩展模拟评价

基于裂缝孔隙度计算理论，对锦58井区已钻井主要漏失层位裂缝孔隙度计算，统计出漏失位置处裂缝孔隙度值。以锦J58P13H以及JPH-315井为例，裂缝孔隙度分布剖面如图1所示。

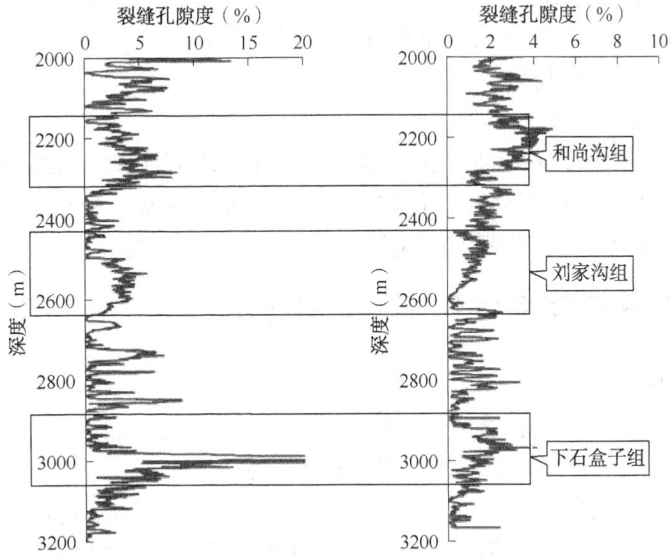

图1 J58P14H、JPH-315井裂缝孔隙度分布

从图中可以看出在和尚沟组、刘家沟组和下石盒子裂缝孔隙值较大，说明这几个层位裂缝可能较为发育，漏失的可能性较大。在钻遇目的层下石盒子组时，易发生井漏、钻具放空、钻速加快等现象，说明下钻过程中可能钻遇了裂缝，由于钻井液的密度的提高或者钻井过程激动压力过大，都有可能诱导天然裂缝张开，导致发生严重的裂缝性漏失现象。基于裂缝扩展模型，模拟计算锦58井区盒1储层裂缝宽度，计算结果见表1。

表1 盒1储层裂缝宽度计算

裂缝长度（cm）	0.05	0.15	0.35	0.51
裂缝半宽（μm）	0~119	0~35	0~115	0~94

2.2.2 钻井液固相颗粒粒径分析

裂缝性储层由于含有微裂缝，钻井液可通过微裂缝进入储层，其除了受到基质储层的水锁伤害外，固相伤害也是极其重要的伤害形式。

研究区块使用的钻井液体系为钾铵基钻井液体系，因此，钻井液中的固相颗粒损害是的研究重点。现场储层钻井液配方：4%膨润土浆+0.5%CMC-LV + 0.3%KPAM + 0.5%KH-PAN + 0.5%NH_4HPAN+2%FT-1 + 2%固体润滑剂 + 40g 石灰石（加重至1.08）。

现场钾铵基钻井液体系粒径分布在0.3~108μm，又分为两部分，一部分主要分布在3~6μm附近，另一部分分布在40~60μm附近。D_{10} = 1.803μm，D_{50} = 7.331μm，D_{90} = 62.29μm。根据东胜气田锦58井区致密砂岩气藏主要开发层位岩心描述、成像测井统计分析以及井下裂缝动态扩展表明，盒1段储层部分区域发育隐形裂缝，裂缝开度分布较广，固相颗粒较易侵入储层造成严重的固相损害。按照D90规则做出钻井液粒径分布曲线，和不同开度的裂缝油保基线进行对比，当裂缝开度大于100μm时，现场钻井液位于曲线左侧，固相颗粒会较大程度侵入储层，造成固相损害。现用钻井液无法形成优异的暂堵层，固相对微裂缝的损害是固相损害储层的主要形式，对微裂缝的保护至关重要。

2.2.3 钻井液固相酸溶性评价

配制10%不同类型的酸液，开展固相处理剂酸溶性实验，由实验结果可知：随钻封堵材料酸溶率低于50%，防漏配方滤饼酸溶率62.8%，整体入井固相材料酸溶率较低，固相侵入解堵能力差，造成储层伤害。

2.2.4 钻井液固相返排率评价

基于天然岩心，利用多功能油层保护实验仪，开展现有防漏堵漏配方储层保护能力评价。由实验结果可知，裂缝储层防漏堵漏配方暂堵率大于98%，但酸洗后返排率较低，酸洗后平均返排恢复率45%，固相滞留在裂缝通道，阻碍油气运移。

3 储层保护钻井液体系优化及性能评价

3.1 储层保护技术对策

盒1储层泥岩、砂岩钻井要求钻井液具有良好的井壁稳定性能和储层保护性能。基于盒1储层损害机理，储层保护钻井液应满足以下技术要求：

（1）良好抑制防塌性能。盒1储层存在硬脆性泥岩夹层，水化分散性强，且砂岩储层存在大量敏感性黏土矿物，因此加强储层钻井液抑制性，减小钻井液滤液侵入地层引起泥岩水化作用，同时减小储层应力敏损害。

（2）良好的防水锁能力。盒1致密砂岩储层存在严重的水锁损害，需优选防水锁剂降低滤液界面张力，同时修饰岩石界面为中性润湿或疏水性，提高侵入液返排效率，恢复储层导流能力。

（3）良好的封堵能力。盒1储层泥岩微裂缝发育，需优选封堵类防塌剂，控制高温高压滤失量，减小钻井液滤液侵入引起的水化作用和敏感性损害。针对微裂缝发育地层，基于屏蔽暂堵理论和力链网络致密承压封堵理论，优选致密承压暂堵材料，减少固相颗粒侵入，达到储层保护目的。

3.2 防水锁剂优选

由毛细管压力公式可知，$\sigma\cos\theta$ 值越小，形成的毛细管力越小，水锁损害程度越轻。采用表面张力仪，测定 0.5%质量浓度表面活性剂溶液的表面张力。选用盒 1 储层砂岩岩心，处理成 1cm 厚的薄片，在 0.5%质量浓度不同表面活性剂溶液中浸泡 24h，取出 50℃烘干，在岩心片上滴一滴蒸馏水，使用接触角测试仪测定接触角。由实验结果可知，润湿反转剂具有反向的 $\sigma\cos\theta$ ，基本消除了毛细管力，有利于防水锁，储层保护。润湿反转剂具有最大的接触角 91.9°，液相在泥岩表面不润湿，有利于井壁稳定。

3.3 封堵剂的优选

依据 D90 规则选择 600 目超钙对较大裂缝进行封堵。考虑到地层微裂缝分布的不均质性，选用 2000 目和 5000 目的超钙对中小微裂缝进行封堵，并依据滤失量对其配比进行优化。由实验结果可以看出，2.5%的钠土浆的滤失量为 31.6mL，基于正交试验优选不同粒度级配的超细碳酸钙比例。确定钻井液体系中 5000 目、2000 目和 600 目超细碳酸钙的推荐加量分别为 0.5%、0.5%和 1.0%。

3.4 基质储层低密度储保型钻井液配方综合评价

在确定研制无土相储保钻井液体系后，项目组结合前期优选的处理剂对配方进行优选，形成基质储层低密度储保型钻井液。

清水+0.5%LV-CMC+0.2%XC 生物聚合物+2%SHR-1 改性淀粉+1%AI-1 聚胺+1%polo 聚合醇+1%润湿反转剂+1.5%CGY 润滑剂+1%纳米聚酯+0.2%氢氧化钠+5%超钙

表 2 钻井液配方优化

密度 (g/cm³)	Φ_{600}	Φ_{300}	Φ_{200}	Φ_{100}	Φ_6	Φ_3	*PV* (mPa·s)	*YP* (Pa)	动塑比	*FL* (mL)
1.08	59	42	34	24	7	6	17	12.5	0.73	4.2

3.4.1 抑制性评价

从实验结果来看，无土相的聚胺储保钻井液体系，16h 膨胀率仅 16.5%，比钾铵基 20.15%低了 3.65%，并且从曲线来看，16h 后膨胀基本趋于稳定，在有效保证双石层井壁稳定的同时，也可减少砂岩内水敏泥岩的膨胀，保护储层（表 3）。

表 3 不同钻井液膨胀性评价

项 目	膨胀率（%）			
时间	2h	4h	8h	16h
清水	49.61	61.92	72.72	80.62
钾铵基	10.00	14.42	17.97	20.15
聚胺储保钻井液体系	7.34	11.11	14.43	16.50

3.4.2 储层保护评价

从实验结果来看，聚胺储保钻井液体系的储层渗透率恢复值可达91.11%，具有较好的储层保护性（表4）。

表4 不同钻井液储层保护评价

序号	样品	实验条件	岩心	层位	气测渗透率（mD）	钻井液伤害后渗透率（mD）	渗透率恢复值（%）
1	钾铵基	90℃	锦145-5	盒1	1.61	1.15	71.43
2	聚胺储保钻井液体系		锦152-24	盒1	0.45	0.41	91.11

3.4.3 滤饼酸溶性评价

从实验结果可以看出，储保钻井液体系具有较好的可酸化性，酸溶性可达94.28%，比钾铵基的37%高出57.28%（表5），并且从酸化后的图片也可以看出，钾铵基钻井液在杯底存在较多的固相，而无土相储保钻井液体系基本看不见固相。

表5 不同钻井液储层保护评价

序号	体系	泥饼酸溶率（%）
1	钾铵基体系	37.00
2	低密度无土相储保钻井液体系	94.28

3.5 裂缝型储层低密度储保型钻井液液配方综合评价

考虑到原钻井液体系不能满足100μm以上微裂缝宽度的封堵要求，基于屏蔽暂堵理论和力链网络结构致密承压封堵理论，通过向优化钻井液体系中加入不同类型（刚性材料、弹性材料、变形材料等）和尺寸的屏蔽暂堵材料，满足储层微裂缝封堵要求。

按照D90规则做出不同比例复配的致密承压暂堵材料粒径分布曲线，和300μm的裂缝油保基线进行对比，遵循宁右勿左的原则。由计算结果可知，优选的各暂堵剂质量比例为：65%储层保护用碳酸钙 + 25%高酸溶纤维SDCF-1 + 10%超低渗透处理剂SDN-1，加量为4%。在优化的基质储层保护钻井液体系基础上，加入致密承压暂堵剂，进行综合性能评价。

清水+0.5%LV-CMC+0.2%XC+2%改性淀粉+1%聚胺+1%聚合醇+1%润湿反转剂+1%纳米聚酯+2.5%刚性颗粒SDQS-1+ 1%高酸溶纤维SDCF-1 + 1%超低渗透处理剂SDN-1。

测试优化的微裂缝储层保护钻井液80℃/16h老化前后流变性、滤失性及80℃/3.5MPa的HTHP滤失量。结果见表6。

表6 优化微裂缝储层保护钻井液流变性及滤失性评价结果

体系	条件	密度（g/cm^3）	AV（mPa·s）	PV（mPa·s）	YP（Pa）	Gel（Pa/Pa）	FL_{API}（mL）	H_K（mm）	FL_{HTHP}（mL）
优化体系	老化前	1.10	32.5	25	7.5	1.0/2.0	3.2	0.5	10.0
	老化后	1.10	29	23	6.0	0.5/1.5	2.6	0.5	

由实验结果可知，致密承压暂堵剂与钻井液体系配伍性良好，老化前后流变性良好，老化后 API 滤失量 2.6mL（<5mL），高温高压滤失量 10.0mL，滤失性能优良。

通过岩心人工造缝，垫入锡片控制裂缝开度，进行微裂缝封堵性能评价，由实验结果可知，对于不同缝宽的岩心，优化的微裂缝储层保护钻井液体系滤饼形成时间短，钻井液污染岩心后暂堵率高，均大于 98%，由照片可知形成内外滤饼，漏失量小，平均自然返排恢复率为 68.75%，滤饼平均酸溶率为 82.07%，污染后的岩心放入酸液中后滤饼与盐酸反应，大量起泡生成，随着时间推移滤饼不断溶解，8h 后滤饼基本全部溶解，酸洗后平均返排恢复率大于 85%，具有显著的储层保护效果。

4 研究成果应用

（1）2016—2019 年，大牛地气田、杭锦旗区块应用钻井储层保护技术 54 口，其中大牛地气田应用 10 口，杭锦旗区块应用 44 口（自然建产井 10 口），实现目的层钻井液密度≤1.10g/cm^3，降低水平段井底压差 7.53MPa，钻井成功率 100%，着陆中靶率 100%。

（2）大牛地气田 2019 年 DST 测试平均表皮系数 1.23，较 2016 年 2.35 降低 47.66%；杭锦旗区块 2019 年 DST 测试平均表皮系数 1.95，较 2016 年 3.52 降低 44.60%，储层保护效果明显增强。

（3）杭锦旗实现 10 井自然建产，试气一个月平均单井日产气量 $2.2\times10^4m^3$，单井节约压裂费用 58 万元，累计节约投资 580 万元。

5 结论与建议

（1）东胜气田盒 1 储层泥岩以石英和黏土矿物为主，黏土矿物中绿泥石和伊利石含量最高，微裂缝、粒间孔隙发育，构造较疏松，水化分散性较强，钻井过程中易引起井壁剥落掉块失稳。

（2）盒 1 储层砂岩岩心胶结致密，石英、长石发育，颗粒表面共生书状高岭石、针状绿泥石、伊利石等敏感性矿物，具有中等偏强水锁损害，储层微裂缝发育，钻井液固相对微裂缝的损害较为严重。

（3）基于盒 1 储层井壁失稳机理及储层损害机理，优化了低密度无土相储层保护钻井液体系，该体系流变性能良好，高温高压滤失量低，具有良好的抑制防塌性能，滤液表面张力低，致密砂岩基质渗透率恢复值高，优化的致密承压暂堵材料加入钻井液体系中具有良好的微裂缝封堵能力，且酸洗后返排恢复率高，具有良好的储层保护效果。

（4）优化后的储保型钻井液体系能有效降低钻井液水锁和固相伤害，进一步保护储层，杭锦旗实现 10 井自然建产，试气一个月平均单井日产气量 $2.2\times10^4m^3$，单井节约压裂费用 58 万元，累计节约投资 580 万元。

参考文献

[1] 岳前声，肖稳发，向兴金，等．聚合醇处理剂 JLX 作用机理研究［J］．油田化学，2000，17（1）：14-16.

[2] 王昌军，岳前声，张岩，等．聚合醇 JLX 防塌润滑性能研究［J］．钻井液与完井液，2001，18（3）：6-8.

[3] 徐同台，赵忠举．国内外钻井液技术对新进展及对 21 世纪的展望（I）［J］．钻井液与完井液，2000，

17 (6): 30-37.
[4] 陈乐亮 . 多元醇水基钻井液体系综述 [J]. 钻井液与完井液，2001 (3): 30-37.
[5] 徐同台，崔茂荣，王允良 . 钻井工程井壁稳定新技术 [M]. 北京：石油工业出版社，1999.
[6] 赵忠举，徐同台 . 国外钻井液新技术 [J]. 钻井液与完井液，2000，17 (2): 32-36.
[7] 姚新珠，时天钟，于兴东，等 . 泥页岩井壁失稳原因及对策分析 [J]. 钻井液与完井液，2001，18 (3): 38-41.

可酸溶钻井液储层保护技术在高石126井的应用

张　洁[1]　曹　权[2]　姚　霖[2]　王双威[1]　赵志良[1]　张荣志[2]　杨兆亮[2]

（1. 中国石油集团工程技术研究院有限公司；
2. 中国石天然气股份有限公司西南油气田分公司）

【摘　要】　针对磨溪区块深层碳酸盐岩储层温度高，溶蚀洞缝发育，钻井时存在井漏严重、安全密度窗口窄、井下复杂多且储层敏感易伤害，测试产量日产普遍不高等难点，研发了可酸溶钻井液储层保护技术，钻进时可有效提高地层承压能力，扩大安全密度窗口，减少复杂，高效解堵保护储层。现场试验结果表明：该井在储层地质条件较差前提下（一类储层段长为平均数的15%，渗透率为平均数的2.0%），与邻井平均数相比，测试日产量提高52.23%。表明该体系储层保护效果很好，经济效益明显，应用前景广阔。

【关键词】　深层碳酸盐岩气藏；可酸溶钻井液；储层保护技术

高—磨区块等深层气藏普遍存在安全密度窗口窄、裂缝发育、井底温度高及井下复杂多等难题，井壁失稳和储层伤害等问题一直未得到很好解决。

由于气藏非均质性强，单纯采用屏蔽暂堵技术或理想充填技术与地层匹配度差，而且是纯物理封堵，封堵效率低。目前钻完井过程中的解堵完全寄希望于酸化压裂，且完全未考虑液相圈闭解堵的问题。大部分深井酸化压裂后产量仍没有改善。很多深井经复杂缝网酸压后，每日产量仍不到$10\times10^4m^3/d$。

1　储层主要特征及储层伤害机理分析

高—磨区块气藏的主要目的层为震旦系灯影组灯四段，主要岩性为溶洞粉晶云岩、角砾云岩夹细晶云岩。震旦系灯影组灯四段顶深5035~5290m，底深5330~5700m，储层段厚度为210~285m。

灯四段渗透率主要分布在1mD以下，平均值为0.593mD，为低渗储层，孔隙度普遍在8%以下，平均孔隙度为4.34%，缝洞对灯影组储层渗透性具有较大的贡献，特别是顺层溶蚀缝洞对渗透性的影响极大。灯四段地层压力系数为1.094~1.15，压力系统相近。储层段试油温度为147.1~154.8℃。如图1和图2所示。

缝洞是储层主要的渗流空间，天然气的主要采出通道为从纳微米级基质孔喉，到微米到毫米级天然裂缝及溶洞，再扩散到毫米级压裂人造缝直至井筒，要想实现高产，实现油气通

基金项目：国家科技重大专项课题《四川盆地大型碳酸盐岩气田开发示范工程》（2016ZX05052），国家科技重大专项课题《深井超深井优质钻井液与固井完井技术研究》（2016ZX05020-004），中国石油股份有限公司重大科技专项《西南油气田天然气上产300亿立方米关键技术研究与应用》（2016E-0608）。

道高效解堵，保护气藏多尺度传质路径通畅是关键。

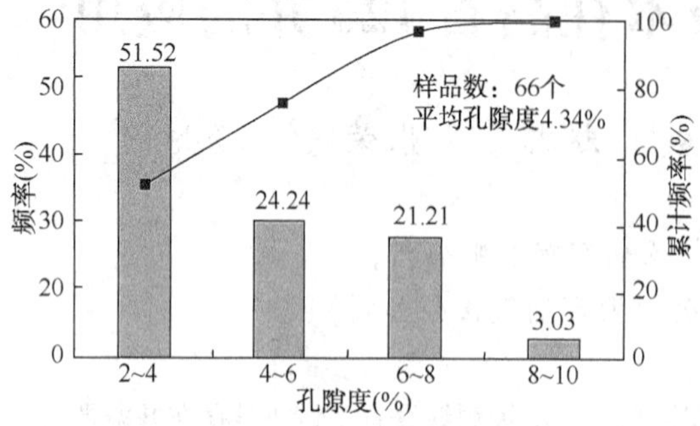

图 1　全直径孔隙度分布直方图

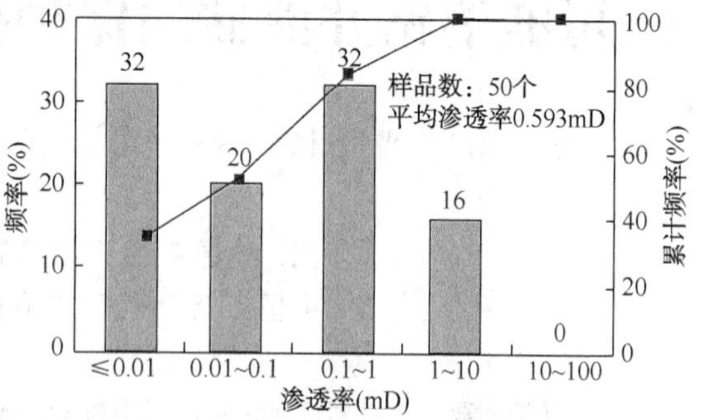

图 2　全直径孔隙度分布直方图

对于较大裂缝或溶洞，应重点防止固相颗粒伤害和应力敏感伤害。当钻井液中的固相颗粒粒径与储层裂缝宽度不匹配时，固相及液相在井底正压差下在裂缝中形成封堵层，并沿裂缝面对储层形成网络状伤害带。钻井、测试、生产等过程中，裂缝发育的地层易在压力波动情况下发生裂缝闭合，导致应力敏感伤害，受裂缝填充物，钻井液固相、液相侵入裂缝等因素影响，闭合后裂缝难以恢复原状，造成长久的储层伤害。

需要提高对裂缝的封堵，提高固相颗粒的酸溶率，降低酸化后固相颗粒对裂缝的伤害。使用可酸溶纤维进入裂缝后还可以对裂缝起到支撑作用，减少钻井过程中的应力敏感伤害，还能酸化解堵。

2　关键储层保护剂的研制与评价

2.1　可酸溶纤维性能评价

可酸溶纤维其长度、直径以及形状可调。可以通过可为球形、片状、粉状和纤维状（图 3）。粒径分布为 10~3mm，可根据油气层孔吼特征优化配方。

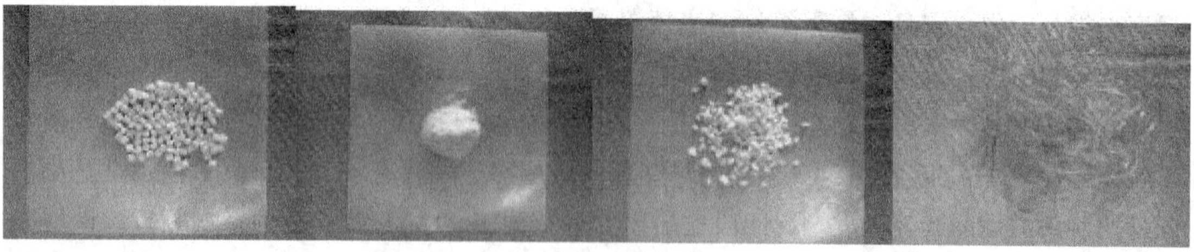

图 3　可酸溶纤维样品

2.1.1　酸溶性能

可酸溶封堵剂纤维在 150℃下与混酸（10%HCl+3%HAc+1%HF）和 20%HCl 反应 3h 后彻底溶解，酸溶率大于 90%。加入后钻井液流变性能稳定，滤饼更加致密，而且能明显降低钻井液的滤失量；扫描电镜下观察加入封堵剂前后岩心断面封堵情况表明，封堵剂堆积在岩心端面，能起到良好的封堵作用（图 4 和图 5）。

图 4　可酸溶纤维酸溶前

图 5　可酸溶纤维酸溶后

2.1.2　储层保护性能

暂堵剂的加入，增加了滤饼的致密程度，减少了钻井液滤失量，可以有效地降低钻井液对储层造成的敏感性伤害、相圈闭伤害等，提高岩心的渗透率恢复值。用15%HCl浸泡岩心端面2h后，岩心污染端的滤饼厚度明显下降，滤饼的致密结构被打散，降低了返排压力（图6和图7）。渗透率恢复值测定过程中，污染后岩心的返排压力为0.053～0.074MPa，能够起到较好地屏蔽暂堵效果，三组岩心的渗透率恢复值平均为88.24%（表1）。

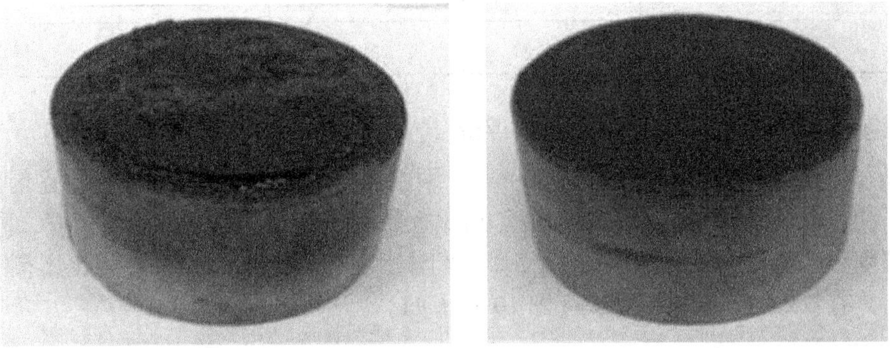

图 6　酸洗前后岩心污染端滤饼变化情况

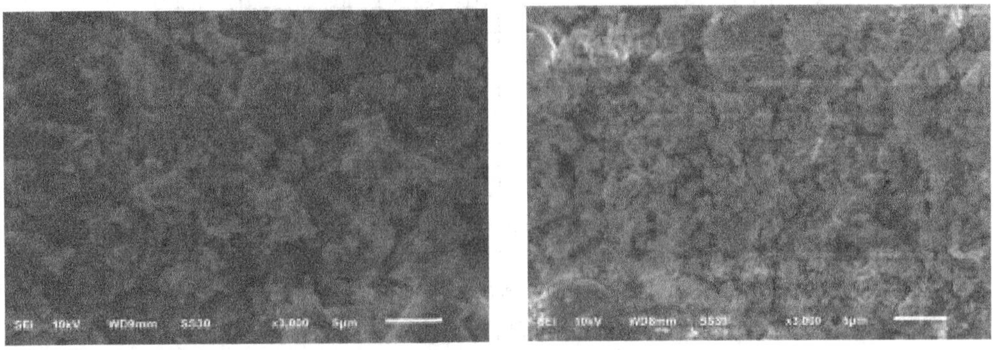

图 7　酸洗前后岩心污染端在扫描电镜下微观结构改变情况

表1　加入可酸溶纤维后钻井液储层保护效果评价

实验编号	原始渗透率（mD）	返排压力（MPa）	污染后渗透率（mD）	渗透率恢复值（%）
1	8.39	0.053	7.6	90.58
2	9.39	0.071	8.31	88.50
3	5.92	0.074	5.07	85.64
平均	—	—	—	88.24

备注：实验配方为原浆+3%可酸溶纤维

2.1.3　封堵裂缝性能

通过调整可酸溶封堵剂长度和浓度，可以成功封堵裂缝宽度为0.5~3mm的裂缝通道：宽度为0.5mm的裂缝，使用长度为4mm的纤维暂堵剂浓度为1.5%，承压6MPa；宽度为1mm的裂缝，使用长度为6mm的纤维暂堵剂浓度为2.5%，承压7MPa；宽度为2mm的裂缝，使用长度为8mm的纤维暂堵剂浓度为2.5%，承压8MPa；宽度为3mm的裂缝，使用长度为12mm的纤维暂堵剂浓度为3.5%，承压5MPa（表2）。

表2　不同体系封堵性能评价

裂缝宽度（mm）	纤维长度（mm）	纤维浓度（%）	突破压力（MPa）	封堵后漏失量（mL）	累积漏失量（mL）
0.5	4	1.5	6	10.0	65.6
1	6	2.5	7	8.8	95.8
2	8	2.5	8	5.4	80.2
3	12	3.5	5	12.8	140.6

2.2　高密度可酸溶加重剂的研发与性能评价

重晶石加重剂粒度分布为0.8~300μm，颗粒形状棱角分明，可酸溶加重剂为0.2~7μm，颗粒为规则的球形（图8和图9）。相比重晶石，可酸溶加重剂悬浮性好，同时可以作为封堵细小孔隙和微裂缝的屏蔽暂堵剂，由于具有球状结构，与重晶石相比具有较低的返排压力，具有较好的储层保护效果（图10和图11）。

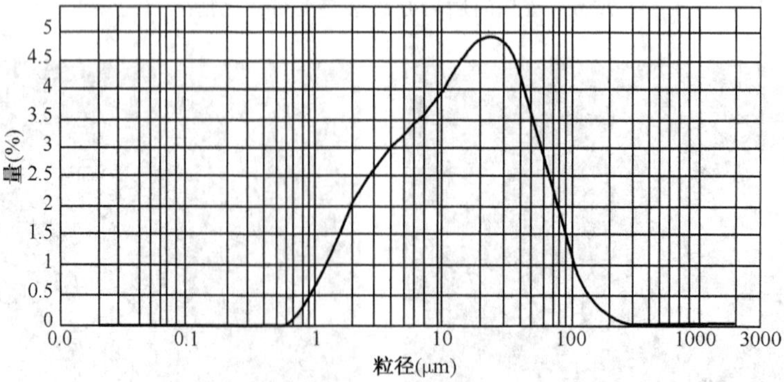

图8　重晶石粒径分布

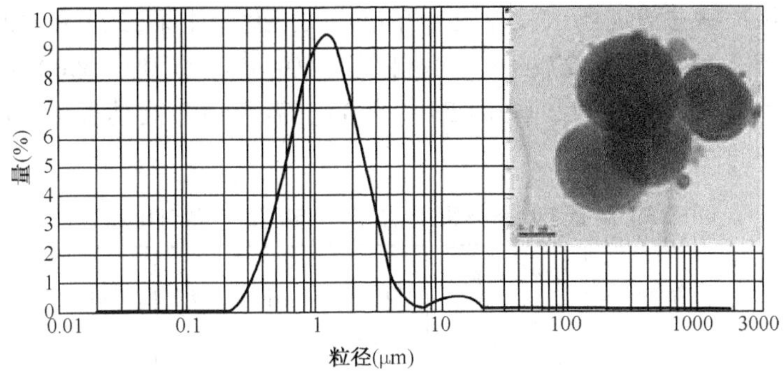

图 9　高密度可酸溶加重剂粒度分布

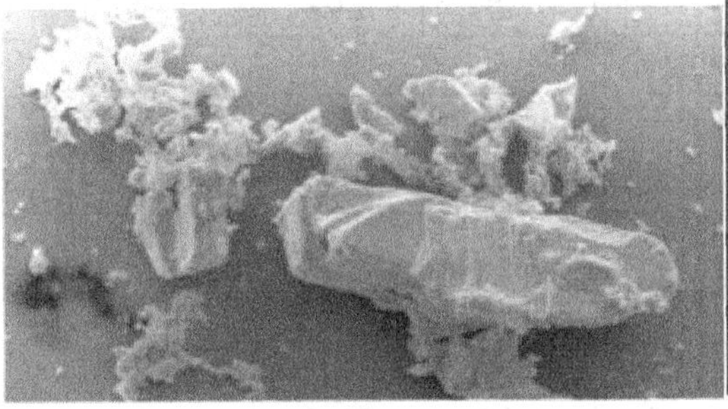

图 10　重晶石微观结构

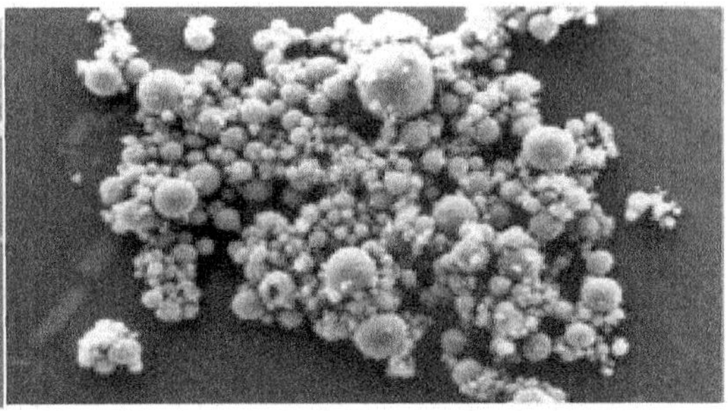

图 11　高密度可酸溶加重剂微观结构

将得到的实验滤饼在 15%HCl 溶液中 2h，之后再次观察扫描电镜下的微观结构，通过微观形貌分析可知，酸化前可酸溶加重剂与其他钻井液材料协同作用形成致密的滤饼降低钻井液侵入储层。酸溶后球状颗粒明显减少，说明可酸溶加重剂已溶解（图 12 和图 13）。

图 12　酸化前的微观结构

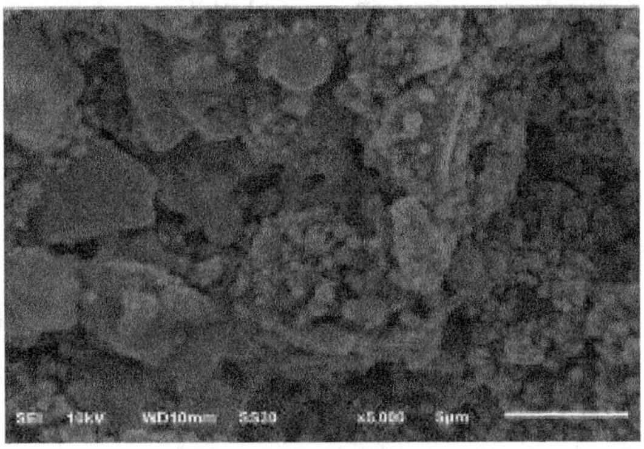

图 13　酸化后的微观结构

3　现场应用

高石 126 井磨溪区块灯四气藏的一口探井，为五开大斜度井，目的层为灯四组，岩性为灰色，褐灰色浅褐灰色白云岩。本井区灯影组地层溶蚀洞缝发育，钻井过程中普遍井漏，钻井液密度窗口窄，预计高石 126 井的井底温度为 151℃左右，最高地层压力达到 100. 55MPa

左右。

可酸溶储层保护钻井液现场试验井段为五开井段，设计井深5228~6242m，设计钻井液为聚磺钻井液。密度为1.26~1.27g/cm^3，漏斗黏度40~45s，氯离子3900~4254mg/L，滤饼厚度0.5mm，失水2mL，初终切2.0/6.0Pa（表3）。需要钻井液具有抗高温、扩大安全密度窗口和储层保护的性能。

表3　高石126井与邻井地质条件与测试产量对比表

井号		Ⅰ类储层段长（m）	有效储层段长（Ⅰ类及Ⅱ类）（m）	平均孔隙度（%）	平均渗透率（mD）	测试日产量（10^4m^3）	平均每米有效储层厚度日产量（$10^4m^3/d$）
高石18井	邻井		48.4	2.0~15.0	—	24.92085	0.514
高石20井	邻井		36.4	2.0~7	—	1.7594	0.048
高石21井	邻井		0.6	2.01~6.62	0.2322	0.004	0.007
高石118井	邻井	8.8	41.8	4.1	1.62	109.45	2.618
高石119井	邻井	1.8	9.3	3.5	19.466	34.03	3.659
高石120井	邻井	0	9.3	3.52	0.35	19.62	2.109
高石124井	邻井	1.2	49.4	3.6	0.5	31.3332	0.634
高石125井	邻井	0.38	39.36	4.25	0.86	56.63	1.438
高石132井	邻井	3.9	32.5	3.8	1.446	69.66	2.143
平均数	邻井	2.68	29.67	3.795	3.496	38.60	1.463
高石126井	试验井	0.4	27.7	3.5	0.071	58.76	2.121

表3分析结果表明：高石18井区存在普遍规律：Ⅰ类及有效储层段长越长，平均渗透率越高，测试产量越大；高石126井储层地质条件较差前提下（一类储层段长为平均数的15%，渗透率为平均数的2.0%），与邻井平均数相比，测试日产量提高52.23%，平均每米有效储层段长日产量提高44.92%。

现场试验结果表明：该钻井液体系可以有效助力探井发现油气层，达到了预期效果。该项技术成本低，现场配制方便，对高效钻进和储层保护均有显著效果，经济效益明显，应用前景广阔。

4　结论

（1）磨溪区块灯四组主要的储层损害机理为固相颗粒伤害和应力敏感伤害，实现油气通道高效解堵，保护气藏多尺度传质路径通畅是关键。

（2）可酸溶钻井液储层保护技术可有效保护深层碳酸盐岩储层，大幅缩短了钻完井周期，与储层改造条件相当的邻井相比，有利于探井发现油气层。

神木区块致密砂岩气藏储层保护钻井液优选

张　洁[1]　王双威[1]　李　宁[2]　李家学[2]　赵志良[1]　张　蝶[1]

（1. 中国石油钻井工程技术研究院；
2. 中国石油塔里木油田分公司 油气工程院）

【摘　要】　储层保护是致密砂岩气藏能否经济高效地开发的重要条件之一。目前，渗透率恢复值实验是评价钻井液储层保护效果的主要方法，但技术手段较单一，并且钻井液对致密砂岩气藏储层伤害是一个长期的、涉及到气、液两相流相互干扰的过程。现用的渗透率恢复值实验无法评价气藏产能受钻井液伤害的长期性的影响，而岩心受到钻井液污染前、后的相对渗透率实验可以较好地弥补这一缺陷。结合塔里木油田神木区块储层特征，通过对比分析被钾聚磺钻井液和油基钻井液污染前、后岩心的渗透率恢复值、相对渗透率曲线线型的变化及 CMG 数值模拟软件砂岩模块的含水饱和度、含气饱和度等变化，对现场使用的钾聚磺钻井液、油基钻井液的储层保护效果进行模拟研究，并拟合出不同钻井液对气井产能的影响，以产能作为储层伤害程度的评价指标。。综合评价结果表明，油基钻井液的储层保护效果优于钾聚磺钻井液，累积产气量约提高 15%。

【关键词】　致密砂岩气藏；储层特征；储层保护；数值模拟；渗透率恢复值；相对渗透率曲线；钻井液优化

致密砂岩气藏具有岩性致密、物性差、孔喉细小、局部含水饱和度超低、地层压力异常及高损害潜力等工程地质特征[1,2]。目前，针对致密砂岩气藏的储层伤害评价还不成熟，中国还是沿用常规储层的评价方法，国外多采用油藏数值模拟软件研究该类储层伤害机理以及钻井参数、压裂效果、酸化效果等对气藏产能的影响。非常规数值模拟模型包括双重介质模型、多重介质模型和等效介质模型等，其中双重介质模型应用得较为广泛，模型假设页岩由基岩和裂缝 2 种孔隙介质构成[3]。中国对于数值模拟在储层保护研究中的应用还处于初始阶段。为此，笔者通过数值模拟技术，并结合渗透率恢复值、相对渗透率法分别评价了典型的钾聚磺钻井液和油基钻井液对塔里木油田神木区块致密砂岩气藏的储层保护效果，以期为科学系统地优选致密砂岩气藏储层保护钻井液提供依据。

1　致密砂岩气藏概况

1.1　储层特征

神木区块属于低孔、中低渗透率储层，孔隙度为 4.24%～10.586%，渗透率小于 50mD，裂缝较发育，以中高角度、近东西向为主。储层岩性主要为泥岩、细砂岩和含砾砂岩，平均黏土矿物含量为 13.3%，以伊蒙混层、伊利石和高岭石为主。原生粒间孔对储集空间的贡献值最大（61%），其次为微孔隙（11.7%）、粒内溶孔（9.1%）和裂缝（6.6%）。孔喉细

作者简介：张洁（1985—），女，北京人，工程师，硕士，从事钻井液与储层保护研究。联系电话：18612249788；E-mail：zhangjiedri@ cnpc. com. cn。

小，渗透率贡献率最高的孔喉，主要为微米级孔喉，其毛细管半径为 0~20 μm。

1.2 现场用钻井液体系

神木区块所用钻井液为钾聚磺和聚磺防塌钻井液。分析神木区块各井的钻井液井史（表 1）可知，钻井液的流变性、抗污染性能、滤失量等各项参数都符合储层钻井要求，可选择神木 2 井的钾聚磺钻井液体系进行储层保护效果评价。由于神木区块未使用油基钻井液，为了探索油基钻井液对神木区块的保护效果，选用临近神木区块的克深 205 井所用油基钻井液作为对比，油基钻井液的密度为 2.0g/cm^3，破乳电压为 655mV/m，高温高压滤失量为 6.4mL，150 ℃下热滚 16h 前后钻井液的各项性能仍较稳定。

表 1　神木区块钻井液现场配方性能参数

井号	取样井深（m）	层位	密度（g/cm^3）	漏斗黏度（s）	表观黏度（mPa·s）	塑性黏度（mPa·s）	屈服值（Pa）	$G_{10''}/G_{10'}$ 初切/终切（Pa/Pa）	API 滤失量（mL）	HTHP 滤失量（mL）	pH 值	滤饼厚度（mm）
神木 1 井	4 950~5 270	K	1.94~2.05	48~71	44.5~66.0	36~58	6.0~11.5	(1.0~2.5) / (6~22)	1.0~1.6	6.0~6.4	9.0~10.0	0.5
神木 2 井	5 900~6 071	K_1bx~K_1bs	1.79~2.25	47~75	37.0~73.0	29~67	5.0~20.0	(1.5~9.0) / (8~16)	1.6~5.0	5.2~11.0	9.0~9.5	0.5~1.0
神木 3 井	6 639~6 789	K_1bx~K_1bs	2.15~2.18	94~135	133.0~151.0	112~128	17.5~29.0	(2.0~5.5) / (10~25)	1.2~1.4	6.0~6.4	9.0~9.5	0.5
神木 4 井	6 322~6 556	K_1bx~K_1bs	1.99~2.20	64~168	62.5~144.0	55~122	6.0~25.0	(2.0~5.0) / (6~14)	1.0~3.4	8.0~16.0	9.0~10.0	0.5
神木 201 井	6 039~6 112	K_1bs	1.87~2.15	75~87	72.5~83.0	57~78	12.5~19.0	(2.0~3.5) / (13~18)	2~3	9.0~10.0	10.0	0.5

2 储层保护钻井液优选与评价

目前，钻井液的储层保护效果多采用渗透率恢复值实验评价[4]，部分学者应用相对渗透率实验对钻井液储层保护效果进行评价[5,6]。笔者采用渗透率恢复值法、相对渗透率法和数值模拟法，分别从“点”“线”和“面”三个角度评价了钾聚磺钻井液和油基钻井液两种钻井液的储层保护效果。

2.1 渗透率恢复值法

采用渗透率恢复值法从“点”的角度对比分析两种钻井液的储层保护效果。“点”是指岩心受到污染后渗透率能够恢复到最大程度。实验所用岩心为取自现场的被钾聚磺钻井液和油基钻井液所污染的岩心，测定该岩心的渗透率恢复值。实验结果表明：钾聚磺钻井液的平均渗透率恢复值为 52.49%，油基钻井液的渗透率恢复值为 64.33%，油基钻井液表现出较好的储层保护效果。

2.2 相对渗透率法

在油气藏开发过程中，多相流体中各相态的相对渗透率是影响开发效率的关键因素之一，是油气藏数值模拟、油气藏工程、生产规划以及储层保护不可缺少的参数[7-11]。采用相对渗透率法，从“线”的角度对比分析了两种钻井液的储层保护效果。“线”是指岩心受到钻井液污染后，在通过生产压差将污染物从污染带返排出储层的过程中，从开始产气到产气量达到最大所经历的时间阶段。

通常，采用相对渗透率来分析钻井液的储层保护效果时，都是利用钻井液污染前、后，气驱终止时、束缚水状态下的气体渗透率来计算岩心的伤害程度。但是在气藏实际开采过程中，侵入储层钻井液返排结束后的最终采气速率并不是影响气藏产能的唯一因素。比如 A 和 B 两个气藏最终气体渗透率恢复值相同，两个气藏从开始产气到产气量达到最大分别需要 10d 和 30d，显然 A 气藏更有利于开采。因此，在分析相对渗透率时还应考虑钻井液被污染前、后气相相对渗透率曲线的斜率。由图 1 和表 2 可知，油基钻井液对气相渗透率影响相对较小，气体相对渗透率的伤害率为 40.52%；钾聚磺钻井液对气相渗透率影响较大，气体相对渗透率的伤害率为 84.23%。另外，将气相相对渗透率进行线性回归得到岩心被钾聚磺钻井液和油基钻井液污染前、后的气体相对渗透率曲线的斜率，被钾聚磺钻井液和油基钻井液污染后的斜率降低率分别为 68.54% 和 39.42%，说明油基钻井液污染岩心后渗透率的恢复速度高于钾聚磺钻井液。

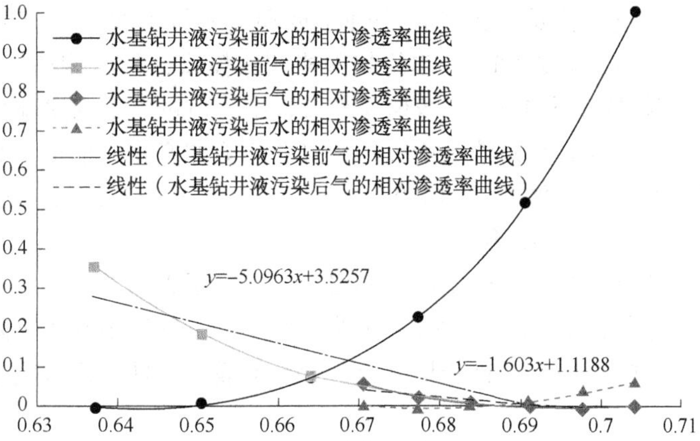

（a）钾聚磺钻井液

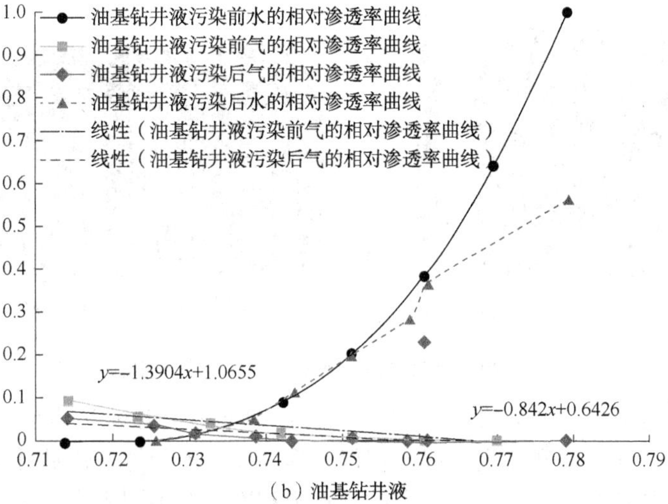

（b）油基钻井液

图 1　钾聚磺钻井液和油基钻井液污染前、后的相对渗透率

表 2　钻井液伤害前、后渗透率及渗透率恢复值相关参数对比

样品号	钻井液污染前			钻井液污染后			气体相对渗透率伤害率（%）	斜率降低率（%）	备注
	束缚水饱和度	气测渗透率（mD）	气相相对渗透率曲线斜率	束缚水饱和度	气测渗透率（mD）	气相相对渗透率曲线斜率			
神木 3-7	0.637	0.0485	-5.096	0.6705	0.0077	-1.603	84.23	68.54	钾聚磺
神木 3-5	0.714	0.1288	-1.390	0.7140	0.0766	-0.842	40.52	39.42	油基

2.3　数值模拟法

钻井液对储层的伤害是一个长期的过程，并且会影响气井产能。常规的流动实验难以测定不同钻井液对储层的长期影响，Hassan 等建立的数值模拟模型[12-15]，实现了钻井液对气井产能长期影响的模拟研究。针对神木区块的储层特征，使用 CMG 油藏数值模拟软件，建立了致密砂岩气藏储层伤害数值模型，从“面”的角度评价了神木区块钾聚璜钻井液和油基钻井液对气井产能的伤害程度。“面”指将钻井液对 1 块岩心的影响拓展到对一定深度气井产能的影响。为了定量评价钻井液基液中钾聚璜和油的侵入对气井产能的伤害程度，用 CMG 数值模拟软件建立了 23×23×10 个非均匀网格油藏模型，中心网格间距为 1m，边缘网格间距为 2m，每个网格厚度为 1.6m。数值模拟过程中，通过将室内实验得到的相对渗透率代入建立的数值模型中，计算钻井液污染前、后气井产能的变化。模拟参数包括：气藏顶深为 6002m，气藏厚度为 16m，温度为 135℃，原始压力为 100.35MPa，初始含水饱和度为 3%，气藏渗透率为 1mD，孔隙度为 8%。

如图 2 所示，钻井过程中在井底正压差和岩石毛细管压力的共同作用下，钻井液滤液和部分固相颗粒会进入储层，造成近井地带含水饱和度上升，含气饱和度下降，进入储层的钻井液滤液在毛细管压力的作用下会被长期驻留，形成液膜或液柱阻碍气流通道，导致气相相对渗透率降低。

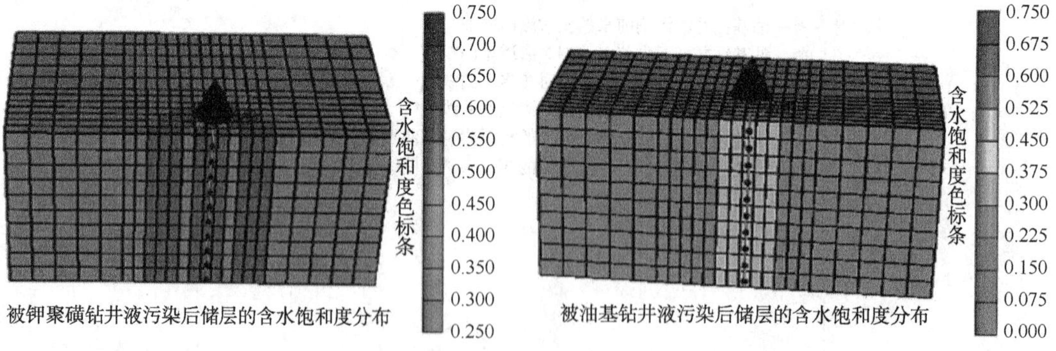

图 2　产气 20 d 后气井的含水饱和度和含气饱和度分布

气井含水饱和度的模拟结果表明：（1）气井被钾聚璜钻井液污染后，由于钾聚璜钻井液的侵入，井筒周围含水饱和度大幅提高；侵入到井筒周围的钾聚璜钻井液会在毛细管压力作用下，沿地层深处扩散，使得近井地带的含水饱和度均有不同程度的增加，并在投产之前趋于最大，投产后，气井会携带部分水至地面，降低近井筒周围含水饱和度，但最终含水饱和度依然大于气井初始含水饱和度，从而对气井造成长期的伤害。（2）气井被油基钻井液

污染后，油基钻井液对井筒周围的含气饱和度影响不大，离污染带越远，含气饱和度较大；投产后井筒周围整个气井的含气饱和度均会下降。

在建立的气井数值模型上，分别测定气井未被污染、被钾聚磺钻井液污染和被油基钻井液污染三种情况下的 90 d 累积产气量，用以评价钻井液对气井的长期伤害。不同污染情况下储层累积产能模拟结果（图 3）表明：气井未被污染、被钾聚璜钻井液污染和被油基钻井液污染 3 种情况下的 90 d 的累积产气量分别为 $1.38\times10^7 m^3$，$0.897\times10^7 m^3$ 和 $1.03\times10^7 m^3$，被钾聚璜钻井液污染和被油基钻井液污染的 90 d 累积产气量比未被污染的气井降低 25.37% 和 35%。实际矿场中神木 2 井同层位放喷 29 d，累积产气量为 $0.33\times10^7 m^3$，累积产油量为 2 778.87m^3，所计算的 90 d 的累积产气量与模拟结果基本吻合。

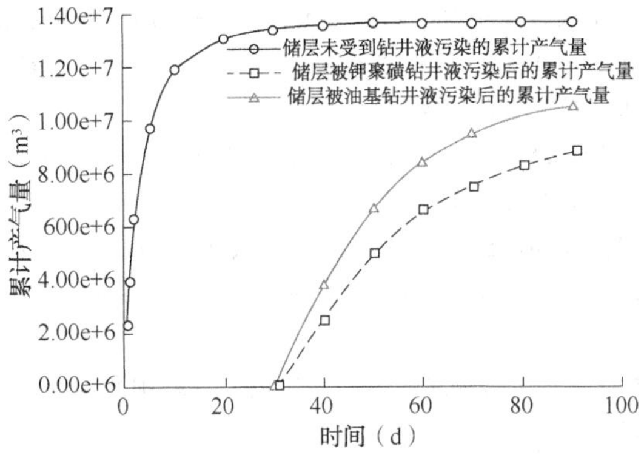

图 3　气井受不同污染条件下的累积产气量对比

3　结论

采用渗透率恢复值法、相对渗透率法和数值模拟法三种储层保护效果评价结果说明钾聚璜钻井液和油基钻井液都会对致密气井储层造成伤害。相比较而言，油基钻井液的储层保护效果优于钾聚磺钻井液。相对渗透率法实验结果不仅可以看出岩心被钻井液污染后的渗透率恢复值，还可以估算气井产能恢复到最佳状态的时间，可以更加全面地了解钻井液的储层保护效果。将室内相对渗透率实验与数值模型相结合，可以将钻井液对储层的伤害以产能的形式表达，且模拟结果与现场生产情况基本吻合，可以作为储层保护效果评价的新方法。

参 考 文 献

[1] 李忠兴，王永康，万晓龙，等．复杂致密油藏开发的关键技术［J］．低渗透油气井，2006，3：60-64.

[2] 游利军，田键，王娟娟，等．致密砂岩气藏负压差水相圈闭损害过程模拟［J］．油气地质与采收率，2016，23（2）：87-92.

[3] 王硕，戴俊生，付晓龙，等．渤南油田五区沙三段现今地应力场数值模拟及影响因素分析［J］．油气地质与采收率，2016，23（3）：26-32.

[4] 王双威，张洁，周世英，等．尼日尔油田储层保护钻井液技术研究［J］．科学技术与工程，2015，15（3）：204-207.

[5] 左美玲，郭立辉，何金宝，等．沿着水平井钻井液侵入对储层污染评价［J］．当代化工，2015，44（8）：1851-1854.

［6］汪伟英，胡荣，高振龙．确定钻井液侵入油层伤害的数值模拟计算方法［J］．钻井液与完井液，2002，19（5）：10-12.

［7］Hawkins J T. Comparison of three methods of relative permeability measurement［J］. The Log Analyst，1989，30（5）：352-360.

［8］Xiao B，Fan J，Ding F. Prediction of relative permeability of unsaturated porous media based on fractal theory and monte carlosimulation［J］. Energy Fuels，2012，26（11）：6971 - 6978.

［9］Ibrahim M N M，Koederitz L F. Two-phase relative permeability prediction using a linear regression model［C］. SPE 65631-MS，2000.

［10］高旺来．绝对渗透率对相对渗透率及其应用的影响［J］．特种油气藏，2016，23（3）：126-128.

［11］马东，吴华，曾鸣．从电阻率数据中得到相对渗透率的新方法［J］．石油与天然气地质，2015，36（4）：695-700.

［12］Hassan Bahrami，Reza Rezaee，Ben Clennell. Water blocking damage in hydraulically fractured tight sand gas reservoirs：an example from Perth Basin，Western Australia［C］. Journal of Petroleum Science and Engineering，2012，s，88-89（2）：100-106.

［13］Bahrami H，Rezaee R，Nazhat D，et al. Evluation of damage mechanisms and skin factor in tight gas reservoirs［C］. SPE 142284-MS，2011.

［14］Murickan G，Bahrami H，Rezaee R. Using relative permeability curves to evaluate phase trapping damage caused by water-based and oil-based drilling fluids in tight gas reservoirs［J］. APPEA Journal，2012，52：595-602.

［15］纪天亮，卢双舫，唐明明，等．致密油藏水平井压裂后产能预测方法［J］．大庆石油地质与开发，2016，35（2）：165-169.

南堡5号构造致密火山岩与砂岩气藏相圈闭损害评价分析

吴晓红[1]　胡勇科[2]　邱元瑞[2]　陈金霞[1]　周　岩[1]

（1. 中国石油冀东油田公司钻采工艺研究院；2. 中国石油冀东油田公司监督中心）

【摘　要】　南堡5号构造沙河街组属于致密火山岩与砂岩呈互层分布的气藏，前期研究对砂岩气藏开展了大量相圈闭伤害实验评价，而火山岩气藏相圈闭损害却未能引起足够关注，其与砂岩之间相圈闭损害差异也未曾开展研究。为了揭示南堡5号构造气藏整体相圈闭损害潜在损害程度，本文开展了火山岩与砂岩气藏岩心相圈闭损害实验对比评价。结果表明：火山岩水相和油相毛细管自吸能力弱于砂岩，而火山岩裂缝的自吸能力大于基块；火山岩相圈闭损害弱于砂岩，火山岩及砂岩水相圈闭损害均较油相圈闭损害更严重。室内优化致密气藏保护工作液技术过程中，应着重评价对砂岩气藏的损害程度、兼顾评价对火山岩基块火山岩基块及裂缝的损害程度。

【关键词】　致密气藏；火山岩；砂岩；毛细管自吸；相圈闭损害

随着常规油气藏的勘探难度越来越大，近年来深层油气勘探和非常规油气藏勘探逐渐成为勘探重点，并展示了巨大的勘探潜力。火山岩油气藏作为非常规油气藏的一种，近年来逐渐成为国内外勘探热点。但因其储层岩石孔喉细小、毛细管压力高等特点，使得水相圈闭损害成为制约该类气藏高效开发最为严重的储层损害类型之一，即便是在负压差作业下，也能发生逆流自吸引起水相圈闭损害。

位于南堡凹陷西部的南堡5号构造带沙河街组火山岩气藏纵向上多期发育，部分单井天然气产量超过$10\times10^4m^3/d$，具有较大的勘探潜力[1-4]。但在随后的采气环节，多数井不但未能获得理想产能，部分气井反而出现大量产水。以NP5-29井为例，该井投产井段为4768.4~4781.6m，岩性为玄武岩，在前期试气阶段平均产气为（5.98~6.45）$\times10^3m^3/d$，后经压井、固井及完井后产气量降至（2.79~3.88）$\times10^3m^3/d$，降幅达到了53.74%。NP5-80井4890.0~4902m欠平衡钻进过程中点火成功一次，火焰高5m，经压井、固完井后试气只有少量气。分析认为，水相圈闭损害可能是导致天然气井产量骤降的重要原因。此外，致密火山岩气藏多为凝析气藏，在生产过程中随着地层压力的下降，导致凝析油的出现，油相圈闭损害同样可能发生。为了揭示相圈闭对火山岩及砂岩致密气藏的影响程度，本文以南堡5号构造沙河街组致密气藏岩心为研究对象，开展了致密火山岩气藏水相和油相圈闭损害实验评价，研究致密火山岩气藏水相和油相圈闭损害特点，揭示其损害潜力，并与同组致密砂岩气藏进行对比。

1　南堡5号构造区域地质概况

南堡凹陷位于渤海湾盆地黄骅坳陷的东北部，是一个发育在走滑构造带中的中新生代小型富烃凹陷。南堡5号构造位于南堡凹陷的西南部，属于断背斜构造带，古近系沙河街组火山岩是主要产气层，埋深大多在3500~5000m，其火成岩储层是一套火山岩与碎屑岩叠合的复合岩性体，岩性体最大面积 356km^2，最大厚度 840m，根据喷发时间从下到上分为 6 期。每期火山岩储层均有油气产出，其中Ⅰ期、Ⅱ期和Ⅳ期火山岩储层天然气产量较高，最高产气量达 14×104m^3/d，展示了深层火山岩天然气较大的勘探潜力。各个产气井也产出一些原油，原油产量变化大，气油体积比分布范围广，为 100~11989，大部分分布在 500~2000。

2　实验样品与方法

2.1　实验岩心与流体

2.1.1　实验岩心

选自南堡 5 号构造沙河街组。其中，致密火山岩样品取心来自 NP5-81 井，埋深 4542.09m，层位为沙三段；致密砂岩样品取心来自 NP5-85 井，埋深 5277.64m，层位为沙三段。实验岩心基本物性参数和实验内容见表 1、表 2。南堡 5 号构造沙河街组储层火山岩主要为玄武岩和凝灰岩，岩石矿物成分以斜长石为主，含量在 48.67%~77.45%，其他矿物有黏土、石英、辉石、方解石等，其中黏土矿物总量在 11.82%~39.66%，平均为 23.41%，以绿泥石、伊利石和伊/蒙间层为主。火山岩孔隙度分布在 1.94%~12.4%范围内，平均为 6.11%；渗透率分布在 0.04~0.41mD 范围内，平均 0.19mD。砂岩孔隙度分布在 1.1%~9.12%范围内，平均为 6.7%；渗透率为 0.04~0.37mD，平均 0.17mD。储层平均孔喉半径为 0.19μm，小于 0.1μm 的孔喉占 94%以上，储层岩石纳米级孔喉发育，属于典型的特低—低孔、特低渗致密气藏，使得水相圈闭成为影响气藏高效开发的潜在损害类型之一，同时沙河街组属于凝析气藏，油基工作液滤液的侵入或在生产过程中随着地层压力下降原油析出形成油气两相流，潜在油相圈闭损害的可能性[5-7]。

表 1　基块岩样基础参数

井号	岩性	井深	实验编号	长度（mm）	直径（mm）	孔隙度（%）	渗透率（mD）	孔隙体积（cm^3）	岩样干重（g）	实验安排
NP5-85	砂岩	5277.64	NP5-85-3	49.02	24.34	6.28	0.02572	1.4324	57.3861	变初始含水饱和度水相圈闭评价
			NP5-85-5	52.78	24.38	6.18	0.02247	1.5227	61.8283	
			NP5-85-1	47.37	24.38	4.76	0.02258	1.0526	55.9806	油相圈闭评价
			NP5-85-6	53.19	24.38	6.44	0.02258	1.5991	62.5657	
NP5-81	火山岩	4542.09	NP5-81-1	49.44	25.24	2.85	0.009722	0.7051	70.2198	物性对水相圈闭损害的影响
			NP5-81-4	53.16	24.54	2.81	0.02181	0.7065	71.3123	
			NP5-81-4-2	53.16	24.54	2.79	0.02097	0.7015	71.3639	油相圈闭评价

表 2　裂缝岩样基础参数

井号	岩性	井深（m）	实验编号	长度（mm）	直径（mm）	重量（g）	体积（cm^3）	孔隙度（%）	渗透率（mD）	孔隙体积（cm^3）
NP5-85	砂岩	5277.64	NP5-85-4	49.52	24.21	58.1015	23.1041	6.21	15.6191	1.4348
NP5-81	火山岩	4539.94	NP5-81-1	49.44	25.24	68.0658	24.7370	2.94	86.4438	0.7273
			NP5-81-4	53.16	24.54	71.3123	25.1434	2.89	86.4214	0.7266

2.1.2　实验流体

分别采用模拟地层水和煤油作为实验流体进行液相圈闭损害评价。根据南堡 5 号构造沙河街组地层水分析数据平均值，配制的模拟地层水资料见表 3。实验之前，对配制的模拟地层水进行过滤处理，防止其中固相颗粒堵塞岩心孔喉对实验评价结果带来影响。

表 3　实验模拟地层水配方

组分	NaCl (mg/L)	$MgCl_2$ (mg/L)	$CaCl_2$ (mg/L)	$NaHCO_3$ (mg/L)	Na_2CO_3 (mg/L)	Na_2SO_4 (mg/L)	总矿化度 (mg/L)	备注
含量	3273.66	54.72	76.72	3068.06	107.77	114.51	6692	模拟地层水

2.2　实验方法

岩心相圈闭损害实验评价主要包括基准渗透率测试、毛细管自吸和液相返排三个环节，并根据岩心的进液量、返排率和渗透率损害率进行水相和油相圈闭损害潜力评价。其中，基准渗透率测试是指发生相圈闭损害前的岩心气测渗透率；毛细管自吸则是揭示储层岩心对润湿相自发渗吸的能力，是引起润湿相饱和度增加和诱发相圈闭损害的必经过程；液相返排则是揭示储层自身解除液相损害的能力，评价液相滞留造成的相圈闭损害程度。实验过程中，采用岩心流动实验装置进行渗透率测试和液相返排评价，测试条件为围压 7MPa，压力梯度 0.3MPa/cm，并采用 1MPa 回压消除气体滑脱效应。水相和油相圈闭损害评价具体实验步骤如下：

(1) 首先，对实验岩心按照实验安排采用毛细管自吸法建立岩心初始含水饱和度并存放于阴凉处 48h，以备实验用；

(2) 将建立好初始含水饱和度的岩心装入岩心流动实验装置，设定围压 7MPa，回压 1MPa，压力梯度 0.3MPa/cm，测试基准渗透率；

(3) 记录岩心基准渗透率，取出岩心称重，然后利用高精度天平实时监测 16h 内岩心对模拟地层水和煤油的自吸进液过程；

(4) 结束毛细管自吸实验，记录自吸后的岩心重量，然后将岩心装回岩心流动实验装置，恢复步骤 (2) 中的实验条件，开展液相返排实验，返排时间 7h 并监测渗透率恢复情况；

(5) 结束返排，记录恢复渗透率并取出岩心称重[8-10]。

3　致密气藏相圈闭损害实验

3.1　毛细管自吸

毛细管自吸是润湿相流体在毛细管力作用下自发吸入岩心内部的物理化学平衡过程，该过程能充分揭示储层润湿性、毛细管力、物性、孔隙结构和相圈闭损害潜力等特征。图 1 是沙河街组致密火山岩和致密砂岩分别对水相和油相自吸 16h 后的实物照片。照片结果表明，沙河街组致密气藏储层岩石水相和油相毛细管自吸存在以下特点：(1) 致密砂岩表现出明显的既亲水又亲油特征。从图 1a 和图 1b 可以看出，在物性和岩心初始饱和度相近情况下，致密砂岩对水相和油相都能发生明显的毛细管自吸。当自吸结束后，岩心外表面整体上基本被水相和油相覆盖，毛细管自吸进液位置高；（2）致密火山岩更加亲油。从图 1c 来看，油相较为容易沿着致密火山岩外表面润湿进而发生毛管自吸，自吸高度超过岩心长度一半；与此相反，水相仅在岩心端面附近发生毛管自吸，自吸进液高度很低（图 1d），表明致密火山岩润湿性更加亲油。

火山岩与砂岩之间润湿性差异与岩石矿物组分具有明显关联，沙河街组致密岩心黏土矿物含量普遍偏高，砂岩中伊利石相对含量较高，伊利石是一种主要的亲水性矿物，能够造成岩石亲水性增强，表现为砂岩更加亲水，火山岩中绿泥石相对含量较高，绿泥石具有亲油性，表现为火山岩更加亲油，见图 2 及表 4。

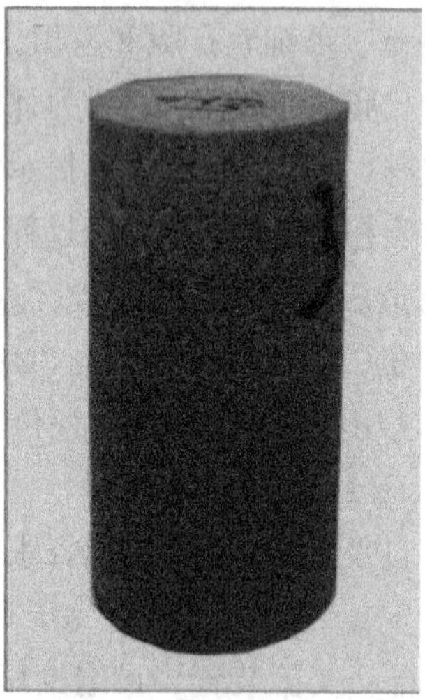

（a）NP5-85-3，致密砂岩，岩心初始含水饱和度18.71%，自吸流体为模拟地层水

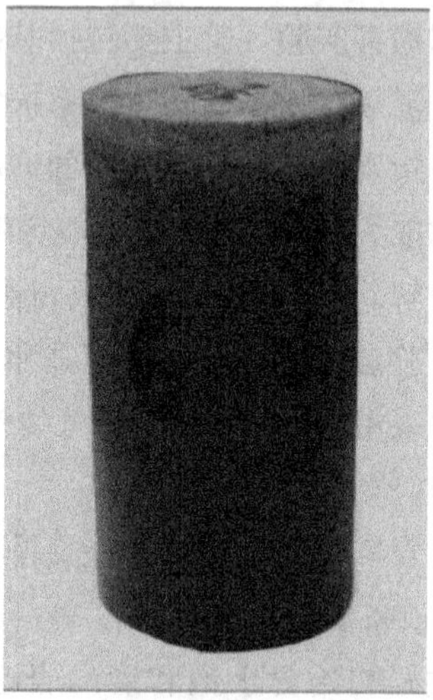

（b）NP5-85-6，致密砂岩，岩心初始含水饱和度23.16%，自吸流体为煤油

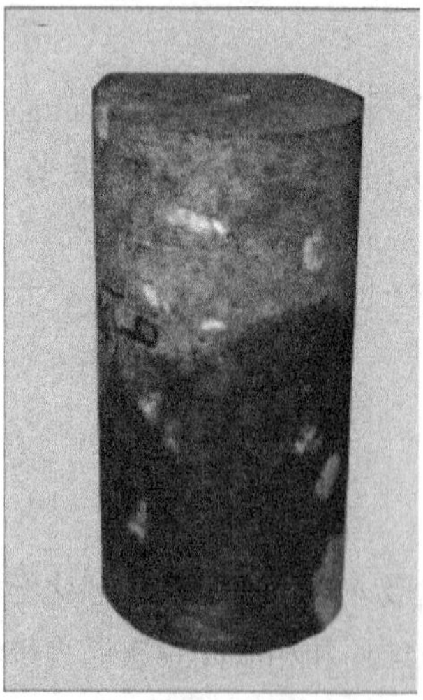

（c）NP5-81-4，致密火山岩，岩心初始含水饱和度15.34%，自吸流体煤油

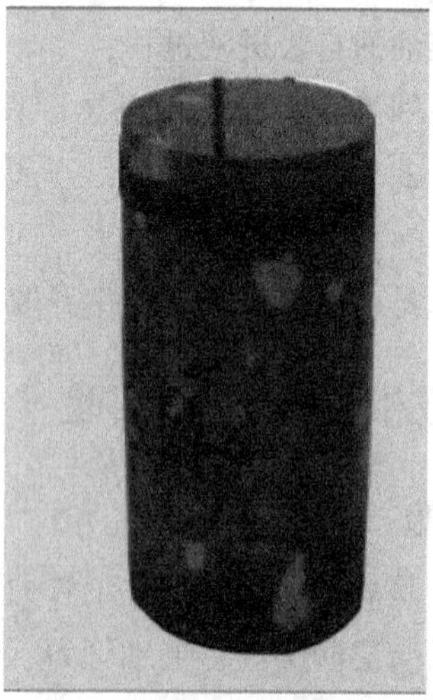

（d）NP5-81-4-1，致密火山岩，岩心初始含水饱和度18.12%，自吸流体为模拟地层水。

图 1　沙河街组致密岩心液相自吸实物图

（a）油滴与NP5-85-5致密砂岩接触角（θ=93.8°）

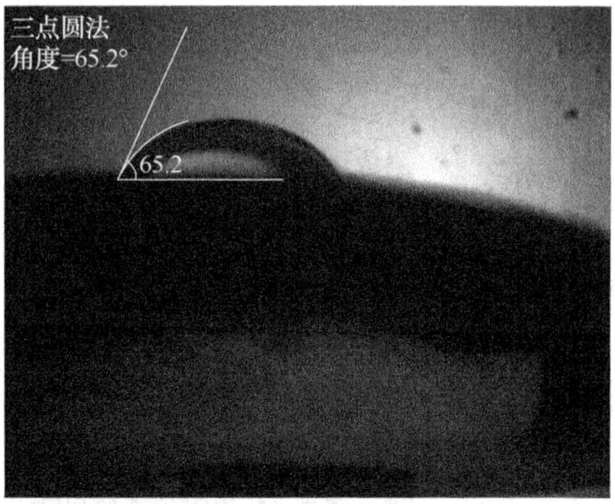

（b）油滴与NP5-81-4致密火山岩接触角（θ=65.2°）

图 2　致密砂岩与致密火山岩接触角

表 4　南堡 5 号构造砂岩、火山岩黏土矿物分析结果

样品编号	岩性	黏土矿物总量（%）	黏土矿物相对百分含量（%）					间层比（%）
			伊利石（I）	伊/蒙（I/S）	蒙脱石（S）	高岭石（K）	绿泥石（C）	
NP5-85-1	砂岩	15.05	34.6	12.5	0.0	8.8	44.1	15.0
NP5-85-3		14.68	47.9	7.3	0.0	12.5	32.4	15.0
NP5-81-1	火山岩	10.27	4.8	1.0	0.0	18.8	75.3	15.0
NP5-81-6		11.54	4.4	1.3	0.0	18.9	75.4	15.0

沙河街组天然气藏致密岩心液相毛管自吸实验结果如图 3 所示，从图 3 可以看出，沙河街组致密火山岩对水相和油相的自吸能力整体上都要弱于致密砂岩。从自吸进液量角度来看，致密火山岩平均进液量为 0.2042g，而致密砂岩的平均进液量为 0.5281g。从自吸速率来看，致密火山岩进液速率明显低于砂岩，且相对快速自吸阶段持续时间更短。致密火山岩的相对快速自吸阶段主要发生在前 2h，该阶段累积平均进液量占全过程进液量的 31.03%；致密砂岩的相对快速自吸阶段主要发生在前 4h，该阶段累积平均进液量占全过程进液量的 35.55%。

火山岩裂缝对油、水相自吸能力实验结果如图 4 所示，从图 4 可以看出，自吸前 2h，致密火山岩裂缝岩样油相自吸速率更高；在 14h 后，油相自吸量曲线趋向于变平稳趋势，而水相仍表现为慢速进液特点。由此反映出致密火山岩亲油能力更强，更容易达到自吸饱和。

火山岩、砂岩裂缝与基块水相自吸能力实验结果如图 5 所示，从图 5 可以看出，火山岩、砂岩裂缝与基块水相自吸能力排序为：砂岩裂缝>砂岩基块>火山岩裂缝>火山岩基块，说明裂缝的存在为基块自吸提供了供液通道，使岩心水相自吸能力增强，同时致密砂岩孔隙度和孔隙体积更大，水相自吸和重新分布能力较火山岩更强。

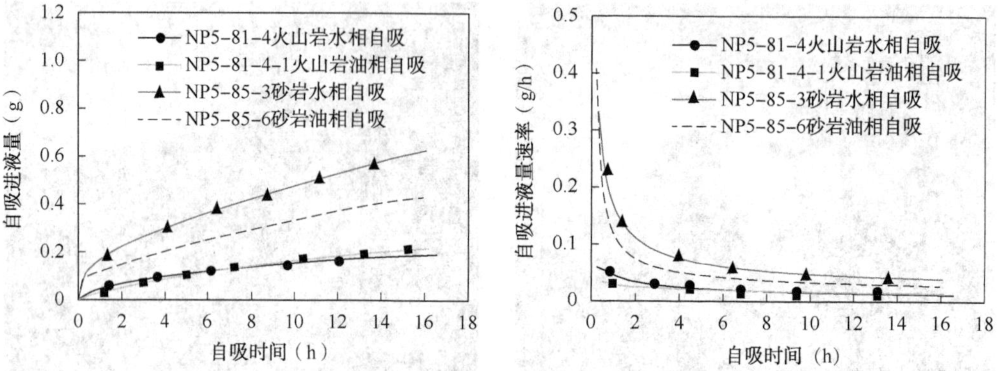

图3　沙河街组天然气藏致密岩心液相毛管自吸实验结果

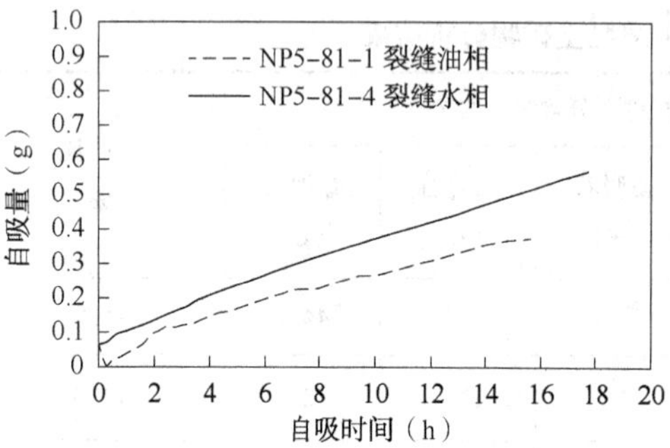

图4　火山岩裂缝油、水相自吸能力实验结果

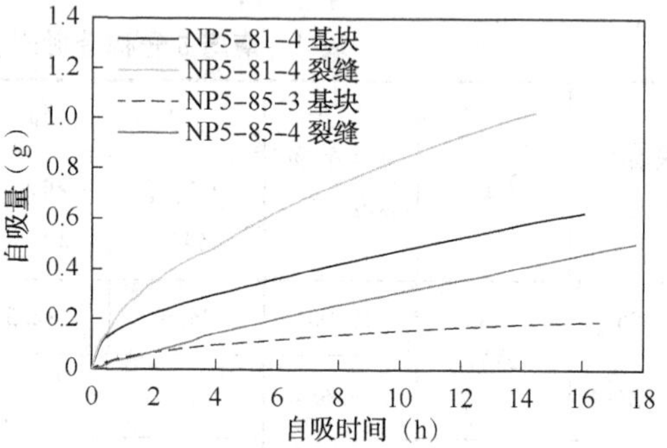

图5　火山岩、砂岩裂缝与基块水相自吸能力实验结果

3.2　液相返排

图6对比分析了沙河街组致密火山岩和致密砂岩的返排过程中渗透率恢复情况。从曲线形态来看，致密火山岩渗透率随着返排时间呈现出“迅速骤升”的特点，随后进入平缓恢复阶段；致密砂岩渗透率恢复随返排时间则呈现出岩心出口端压力突破时间长、渗透率恢复缓慢的特点。具体分析表明，致密火山岩气藏发生水相或油相圈闭损害后，通过返排恢复气体渗透率主要发生在前10min中，且呈现渗透率迅速恢复规律，随后持续返排对渗透率恢复贡献程度不大。其中，NP5-81-4在返排至6min时，渗透率恢复至0.004357mD，占返排全过程的86.09%；NP5-81-4-1在返排至8min时，渗透率恢复至0.006998mD，占返排全过程的96.44%。相比致密火山岩而言，致密砂岩在返排时，压力突破历时更长，渗透率恢复过程更加漫长。其中，NP5-85-3在返排至58min时，恢复渗透率为0.001384mD，占全过程的25.31%，NP5-85-6在返排至38min时，恢复渗透率为0.001184mD，占

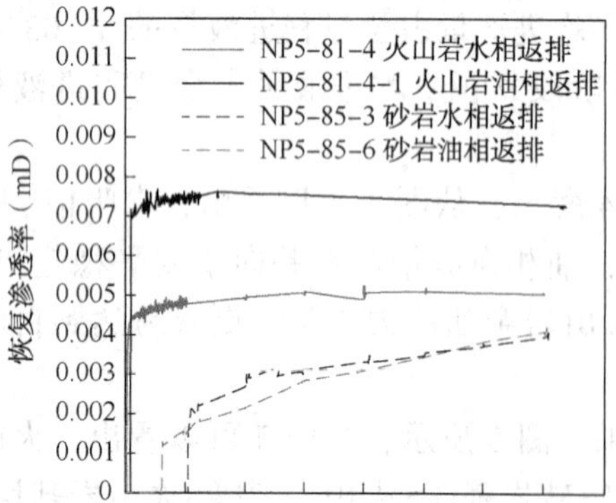

图6　沙河街组致密火山岩和致密砂岩返排过程中渗透率恢复随时间变化关系曲线

全过程的 27.57%。

3.3 相圈闭损害结果

沙河街组致密火山岩和致密砂岩实验岩心建立初始含水饱和度和液相圈闭损害评价结果见表 5。从实验结果来看，南堡凹陷 5 号构造沙河街组致密火山岩气藏水相圈闭损害程度为 20.58%~21.91%，油相圈闭损害程度为 3.83%，火山岩裂缝水相圈闭损害程度为 14.2%，油相圈闭损害程度为 11.06%，表明火山岩水相损害更为严重。致密砂岩气藏圈闭损害较火山岩气藏更严重，其中砂岩基块水相圈闭损害程度为 56.22%，油相圈闭损害程度为 43.53%~47.89%，砂岩裂缝水相圈闭损害程度为 30.34%。因此，针对沙河街组致密气藏液相圈闭损害特点：对于致密砂岩气藏应同时提高水基或油基工作液的封堵能力，严格控制液相侵入储层引起储层液相圈闭损害；对于致密火山岩气藏则着重降低水相圈闭损害；对于裂缝性储层，鉴于实验岩心短，人造裂缝形状规则、距离短，实际地层裂缝复杂多变、距离长，液相进入后的返排难度远远大于室内人造缝，作业时间越长，液相侵入深处的量越大，伤害程度越严重，因此钻井作业中应严格控制裂缝性漏失，避免水基或油基工作液滤液沿裂缝进入储层深处造成裂缝性储集空间及渗流通道的液相圈闭损害。同时应注重开发有效降低气液表面张力的表面活性剂，尽可能减小水相圈闭损害。此外，在生产开发过程中要合理控制采气速度，延缓凝析油的析出引起油相圈闭损害。

表 5　南堡 5 号构造沙河街组致密气藏液相圈闭损害结果

类别	岩心编号	孔隙度（%）	渗透率（mD）	损害前渗透率（mD）	进液量（g）	返排率（%）	恢复渗透率（mD）	渗透率损害率（%）	评价介质
基块岩样	NP5-85-3 砂岩	6.28	0.02572	0.01249	0.6262	29.26	0.005470	56.21	水相
	NP5-85-1 砂岩	4.76	0.02059	0.01201	0.4632	44.71	0.006782	43.53	油相
	NP5-85-6 砂岩	6.44	0.02258	0.008241	0.4299	41.45	0.004294	47.89	
	NP5-81-1 火山岩	2.85	0.009722	0.004038	0.1371	10.36	0.003207	20.58	水相
	NP5-81-4 火山岩	2.81	0.02181	0.006481	0.1912	13.49	0.005061	21.91	
	NP5-81-4-2 火山岩	2.79	0.02097	0.007545	0.2172	7.92	0.007256	3.83	油相
裂缝岩样	NP5-85-4 砂岩	6.21	15.6191	8.5978	1.0234	32.39	5.9891	30.34	水相
	NP5-81-1 火山岩	2.94	86.4438	31.4176	0.3092	19.24	27.9423	11.06	油相
	NP5-81-4 火山岩	2.89	86.4214	60.2936	0.5037	37.52	51.7335	14.20	水相

4　结论

（1）南堡 5 号构造沙河街组火山岩与砂岩凝析气藏埋藏深，纳米级孔喉、微裂缝发育，毛细管压力高，潜在水相和油相圈闭损害。

（2）沙河街组火山岩与砂岩的润湿性存在明显差异：砂岩既亲水又亲油，火山岩更加亲油，说明油基和水基工作液均会造成相圈闭伤害，应强化工作液封堵能力，尽可能降低液相圈闭损害。

（3）沙河街组自吸能力排序为：砂岩裂缝>砂岩基块>火山岩裂缝>火山岩基块，说明裂缝自吸较基块更严重，工作液封堵材料优选应兼顾储层裂缝产状及孔喉尺寸。

（4）砂岩气藏水相及油相圈闭损害率均大于40%，应同时提高水基或油基工作液的封堵能力，避免水相及油相圈闭损害；火山岩气藏水相圈闭损害率在20%左右，应着重降低水相圈闭损害；对于裂缝性储层，应严格控制作业时间及压差，避免长时间正压差下液相沿裂缝进入储层深处造成裂缝性储集空间及渗流通道的液相圈闭损害。

参考文献

[1] 王政军，马乾，赵忠新，等．南堡凹陷深层火山岩天然气成因与成藏模式［J］．石油学报，2012，33（5）：772-780.

[2] 李祖兵，罗明高，王建伟，等．利用测井资料识别火山岩岩性的方法探讨—以南堡5号构造沙河街组岩性圈闭为例［J］．天然气地球科学，2009，20（1）：113-118.

[3] 夏景生，赵忠新，王政军，等．南堡5号构造带沙河街组火山岩储层特征及气藏勘探潜力分析［J］．东北石油大学学报，2017，41（2）：74-84.

[4] 刚文哲，蒋雅丽，高岗，等．南堡凹陷5号构造天然气赋存特征及主力气源分析［J］．天然气地球科学，2015，26（5）：805-812.

[5] 耿娇娇，鄢捷年，邓田青，等．低渗透凝析气藏储层损害特征及钻井液保护技术［J］．石油学报，2011，32（5）：893-899.

[6] 张大椿，周理志，袁学芳，等．凝析气藏的液相伤害与防治［J］．断块油气田，2008，15（4）：8-11.

[7] Xiaohong Wu，Hui Pu，Kuanliang Zhu，et al.（2017）．Formation damage mechanisms and protection technology for Nanpu nearshore tight gas reservoir.［J］．Journal of Petroleum Science and Engineering，158：509-515.

[8] 游利军，康毅力，陈一健，等．致密砂岩气藏水相圈闭损害实验研究及应用［J］．钻井液与完井液，2006，23（2）：4-7.

[9] You L J，Xue K L，Kang Y L，et al. Pore structure and limit pressure of gas slippage effect in tight sandstone［J］．The Scientific World Journal，2013，2013：1-7.

[10] 游利军，康毅力，陈一健．致密砂岩含水饱和度建立新方法—毛管自吸法［J］．西南石油学院学报，2005，27（1）：28-32.

非常规油气钻井液技术
研究及应用

微锰（Micromax）在页岩气水平段油基钻井液中应用研究

武星星[2] 徐同台[1] 王 威[2] 肖伟伟[1]

（1. 北京石大胡杨石油科技发展有限公司；2. 古莱特科技股份有限公司）

【摘 要】 针对四川、云南的页岩气水平井水平段目前应用的油基钻井液存在黏切高、易诱发井漏、卡钻等复杂情况问题，开展微锰加重页岩气开发用油基钻井液的研究。使用100%微锰及微锰与重晶石复配加重的方式，研制出超低黏切油基钻井液。室内试验结果表明，与常规重晶石加重油基钻井液相比，使用微锰后黏切降低至三分之一时，依然可以保持高效的沉降稳定性，并且优选了微锰与重晶石的最佳复配比例，采用API重晶石、3000目重晶石分别与微锰进行复配，在降低成本的同时依然维持钻井液具有超低黏切和良好的沉降稳定性。通过循环当量密度（ECD）计算结果可知，使用微锰加重的钻井液可降低ECD高达0.087g/cm^3，解决了传统高密度油基钻井液因结构强度大而易诱发井漏的问题，满足了四川云南页岩气水平井安全快速钻井的需要。

【关键词】 水平井；油基钻井液；超低黏切；页岩气；微锰；ECD

目前页岩气开发的主要地区为四川、云南等，该地区页岩地层水敏性强，裂缝、微裂缝发育，频繁发生井塌、井漏等井壁失稳现象。前期的勘探开发过程中，使用常规的油基钻井液基本能解决井壁失稳问题[1,2]。随着技术的不断进步，超长水平段的钻井越来越多，而水平段超过1500m后的井段在钻井过程中，经常出现摩阻扭矩大，泵压高，井眼净化效率差等现象。除工程因素外，在钻井液方面，由于高密度油基钻井液的流变性难以控制，塑性黏度高，为了防止加重材料沉降，必须维持高黏切状态，导致了循环当量密度（ECD）和循环压耗的增加，由此造成起下钻遇阻，下钻到底开泵困难，导致页岩地层发生诱发性井漏，进而导致井塌等事故[3]。

为解决该问题，MI和Baroid公司均研发了微粉重晶石加重油基钻井液体系，采用白油为基油，并加入微细重晶石，这样的组合可以更好地解决钻井过程中由于重晶石沉降引起的重复切削、钻压升高等情况，且具有低黏、低扭的优秀流变性。其中钻井液在油田的应用结果也证明了其优良的性能[4-6]。但由于重晶石的硬度低，且颗粒不规则，在钻井液长期重复应用时，会导致重晶石颗粒的进一步研磨细分散，进而引起钻井液黏度迅速上涨，无法控制。微锰（Micromax）的主要成分是Mn_3O_4，经过特殊的生产方法，使其具有非常均一的球状颗粒外形和高密度高硬度的独特优势。一方面保证了其沉降速率远低于重晶石，另一方面高硬度球状特性保证了颗粒形态的稳定分布和更低的黏切，同时滚珠效应还进一步增加了钻井液润滑性能。为此笔者采用微锰（Micromax）与重晶石复配作为油基钻井液加重剂，开发了一种适合页岩气井钻井的超低黏切油基钻井液。

作者简介：武星星，毕业于西安石油大学油气井工程专业，现主要从事钻完井液研究及应用工作。电话：18292483893；E-mail：wuxx@landys.com。

四川地区页岩气油基钻井液常规密度 1.8~2.2g/cm³，地层温度 120℃左右。针对此条件开展室内研究。论文中所有钻井液实验均在常温配浆，在 120℃热滚 24 h 后冷却至室温，高速搅拌 20 min 测性能，按照 GB/T 16783-2—2012《石油天然气工业钻井液现场测试（第2 部分）：油基钻井液性能测试操作规程》进行测试，流变性能与动沉降稳定性在 65℃下测定，高温高压滤失量在 120℃、3.5MPa 下测定，动沉降稳定性使用六速黏度计测定的 600r/min 底部密度与在 100/min 下搅拌 30 min 后底部密度差用 $\Delta\rho$（g/cm³）表示。

1　微锰（Micromax）加重钻井液性能评价

由于微锰（Micromax）的颗粒小且均一，封堵架桥能力差，因此当 100%使用微锰（Micromax）加重后，钻井液滤失量不易控制[7]。通过添加不同目数的碳酸钙作为桥堵颗粒，同时使用聚合物可变粒子降滤失剂作为封堵剂，配合沥青类降滤失剂即可有效控制滤失量。为探索微锰加重钻井液可实现的最低黏切，逐步减少有机土的加量，评价钻井液的性能（表 1、表 2）。实验结果可以看出，随着有机土加量的降低，钻井液黏切逐步降低，即使在不加有机土条件下，100%微锰（Micromax）加重钻井液依然保持良好的沉降稳定性，为进一步降低黏切，需降低聚合物降滤失剂加量，但降低后导致钻井液滤失量不可控，因此最终优选择最佳配方为：255mL 柴油+1%主乳+1%辅乳+0.8%润湿剂+45mL 氯化钙水（25%）+0.3%有机土+6%沥青+0.5%聚合物降滤失剂+3%氧化钙+5%500 目碳酸钙+5%800 目碳酸钙+微锰（Micromax）加重至 2.0g/cm³。该配方在 *PV* 为 19mPa · s，*YP* 为 5.5Pa 时，钻井液动沉降接近于 0，稳定性极高，此时钻井液滤失量仅 6mL。

表 1　100%微锰钻井液配方

编号	有机土	降 滤 失 剂
1	0.3%提切剂	6%沥青+0.5%聚合物+5%500 目碳酸钙+5%800 目碳酸钙
2	0.3%有机土	6%沥青+0.5%聚合物+5%500 目碳酸钙+5%800 目碳酸钙
3	0.2%有机土	6%沥青+0.3%聚合物+5%500 目碳酸钙+5%800 目碳酸钙
4	—	6%沥青+0.5%聚合物+5%500 目碳酸钙+5%800 目碳酸钙

注：配方中其他处理剂加量为 255mL 柴油+45mL 氯化钙水+1%主乳+1%辅乳+0.8%润湿剂+3%氧化钙。

表 2　钻井液性能测试结果

编号	*AV*（mPa · s）	*PV*（mPa · s）	*YP*（Pa）	*YP/PV*	G_{10}'（Pa）	G_{10}''（Pa）	FL_{HTHP}（mL）	滤饼厚（mm）	E_S（V）	$\Delta\rho$（g/cm³）
1	31.0	22	9.0	0.41	9.0	13.0	26	4	792	0
2	24.5	19	5.5	0.29	3.5	4.5	6	2	813	0.002
3	23.0	17	6.0	0.35	3.0	4.0	24	5	870	0.009
4	24.5	19	5.5	0.29	2.5	4.0	12	5	930	0.002

2　微锰（Micromax）与重晶石复配加重钻井液性能

由于微锰（Micromax）价格昂贵，100%使用微锰加重时，为控制滤失量还需增加降滤失剂等处理剂的用量，进一步增加了钻井液成本，因此考虑与重晶石复配加重的方式，在降低成本的同时，优化钻井液性能。

2.1 复配比例优选

分别选择100%重晶，重晶石：微锰=8：2、6：4、4：6、2：8和100%微锰加重油基钻井液评价老化后性能（表3）。实验结果表明，在相同配方条件下，随着微锰（Micromax）复配量的增加钻井液 *PV* 先降低后增加，当复配量为60%钻井液黏度达到最低，在此复配量之前，钻井液动态沉降稳定性先变好后变差，在复配量为40%时最佳，此时钻井液性能为保持高沉降稳定性时的最低黏度，超过60%复配量后，钻井液黏度又逐渐升高，沉降稳定性再次大幅度提升。从表中数据还可看出：随着复配量的增加，钻井液高温高压滤失量在未超过60%之前基本保持稳定，超高60%后，滤失量增加明显，因此复配应用时微锰（Micromax）的最佳使用比例为40%。

表3 不同微锰（Micromax）复配比例对钻井液性能的影响

重晶石：微锰	密度 (g/cm^3)	*AV* (mPa·s)	*PV* (mPa·s)	*YP* (Pa)	*YP/PV*	G_{10}' (Pa)	G_{10}'' (Pa)	FL_{HTHP} (mL)	滤饼厚 (mm)	E_S (V)	$\Delta\rho$ (g/cm^3)
1：0	2.0	39.0	30	9.0	0.30	5.0	6.5	3.2	1	1183	0.300
8：2	2.0	37.0	27	10.0	0.37	5.5	6.5	3.0	1	1305	0.194
6：4	2.0	35.5	24	11.5	0.48	6.0	7.0	3.4	1	1291	0.149
4：6	2.0	32.0	20	12.0	0.60	7.5	8.0	6.4	3	1198	0.213
2：8	2.0	38.5	25	13.5	0.54	8.0	9.0	10.0	4	1291	0.070
0：1	2.0	41.0	24	17.0	0.71	9.0	9.5	40.0	5	1190	0.008

注：评价配方为270mL柴油+0.8%主乳+1%辅乳+1%润湿剂+30mL氯化钙水（25%）+3%有机土+4%降滤失剂+3% CaO+加重剂加重至2.0g/cm^3。

2.2 微锰（Micromax）与API重晶石复配加重钻井液性能平评价

通过大量实验优化，得出微锰复配加重最优配方：255mL柴油+1%主乳+1%辅乳+0.8%润湿剂+45mL氯化钙水（25%）+3%有机土+4%沥青+0.3%聚合物降滤失剂+3%氧化钙+加重剂（重晶石：微锰=6：4）加重至2.0g/cm^3。并与100%API重晶石加重的油基钻井液性能进行对比（表5）。对比结果可知，使用微锰复配加重的钻井液在降低油水比增加有机土加量的条件下，黏度依然较100%重晶石加重钻井液低，且沉降稳定性明显优于100%重晶石加重钻井液。为了体现该体系极佳的沉降稳定性，继续降低有机土加量，控制沉降稳定性与100%重晶石加重组别相同，对比黏度的差异可发现，当复配加重时 *PV* 仅19mPa·s即可获得与 *PV* 高达36mPa·s的100%重晶石加重钻井液相当的沉降稳定性，充分说明了微锰复配加重体系良好的沉降稳定性。

表4 评价配方中变化处理剂加量

编号	加重剂	油水比	有机土（%）	聚合物降滤失剂（%）
1	100%API重晶石	90：10	2.0	0
2	60%API重晶石+40%微锰	85：15	3.0	0.3
3	60%API重晶石+40%微锰	85：15	1.5	0.5

注：配方中其他处理剂加量为柴油+1%主乳+1%辅乳+0.8%润湿剂+氯化钙水（25%）+0.3提切剂+4%降滤失剂+3%CaO。

表表 5　不同加重剂对钻井液性能的影响

钻井液性能		1 号配方	2 号配方	3 号配方
密度（g/cm^3）		2.0	2.0	2.0
Φ_{600}		90	79	52
Φ_{300}		54	52	33
Φ_{200}		40	43	25
Φ_{100}		26	32	18
Φ_{6}		9	13	8
Φ_{3}		7	12	7
$Gel_{10'/10''}$（Pa）		5/7	7/11	5/9
AV（mPa·s）		45.0	39.5	26.0
PV（mPa·s）		36	27	19
YP（Pa）		9.0	12.5	7.0
Es（V）		1369	1413	913
FL_{HTHP}（mL/mm）		3.0	2.4	4.0
动态沉降稳定性	R_{600}（g/cm^3）	1.989	2.039	2.095
	R_{100}（g/cm^3）	2.261	2.097	2.358
	$\Delta\rho$（g/cm^3）	0.272	0.058	0.263

2.3　微锰（Micromax）与 3000 目重晶石复配加重钻井液性能评价

当 API 重晶石与微锰（Micromax）复配在沉降稳定性保持不变时可一定程度优化流变性，若要达到或接近 100%微锰（Micromax）加重的水平依然比较困难，由于钻井液中还存在颗粒较粗的重晶石，悬浮这部分颗粒，需要保持一定的黏切来稳定体系。为进一步平衡黏切与沉降稳定性间的矛盾，采用微锰与 3000 目重晶石复配加重钻井液，在原有复配加重配方基础上进一步通过添加不同尺寸的碳酸钙提高钻井液封堵性能，并与 100%3000 目重晶石加重钻井液进行性能对比（表 6）。实验结果表明，微锰复配 3000 目重晶石加重的钻井液具有更低的黏切和更高的沉降稳定性，已接近 100%微锰加重的水平。

表 6　复配加重与 100%3000 目重晶石加重钻井液性能对比

钻井液性能	100%3000 目重晶石	3000 目重晶石：微锰（Micromax）= 6：4
Φ_{600}	52	38
Φ_{300}	28	23
Φ_{200}	20	17
Φ_{100}	13	11
Φ_{6}	3	4
Φ_{3}	2	3
$Gel_{10'/10''}$（Pa）	1.5/2.5	2.0/2.5
AV（mPa·s）	26	19
PV（mPa·s）	24	15
YP（Pa）	2	4

续表

钻井液性能		100%3000 目重晶石	3000 目重晶石：微锰（Micromax）= 6：4
E_S（V）		885	872
FL_{HTHP}（mL/mm）		6	8
动态沉降稳定性	R_{600}（g/cm³）	2. 046	2. 064
	R_{100}（g/cm³）	2. 073	2. 084
	$\Delta\rho$（g/cm³）	0. 027	0. 020

备注：评价配方为 255mL 柴油+1%主乳+1%辅乳+0. 8%润湿剂+45mL 氯化钙水（25%）+3%氧化钙+4%沥青+0. 5%聚合物+5%800 目碳酸钙+5%500 目碳酸钙+加重剂加重至 2. 0g/cm³。

3 微锰（Micromax）加重对钻井液 ECD 的影响

根据上文实验结果可知，使用微锰（Micromax）后确保稳定性的前提下大幅度降低了钻井液的黏切，为衡量其对 ECD 的影响，选择长宁 HXX-1 井设计参数及钻井液性能为例，通过 VirtualMud 软件对 ECD 进行计算。该井设计参见表 7、如图 1 所示，水平段设计长度接近 2000m，该井现场钻井液在应用初期，机械钻速很快，但在水平段作业后期，频繁发生井漏，同组井由于漏失最终还诱发卡钻等事故。

表 7　井身结构设计数据表

开钻次序	井深（m）	钻头尺寸（mm）	套管尺寸（mm）	套管下入地层层位	套管下入井段（m）	水泥封固段（m）
1	0~20	762. 00	720. 00	嘉三²亚段	0~20	0~20
2	20~380	406. 40	339. 70	飞四~飞二段	0~378	0~380
3	380~1513	311. 20	244. 50	韩家店组	0~1511	0~1513
4	1513~4659	215. 90	139. 70	龙马溪组	0~4657	510~4659

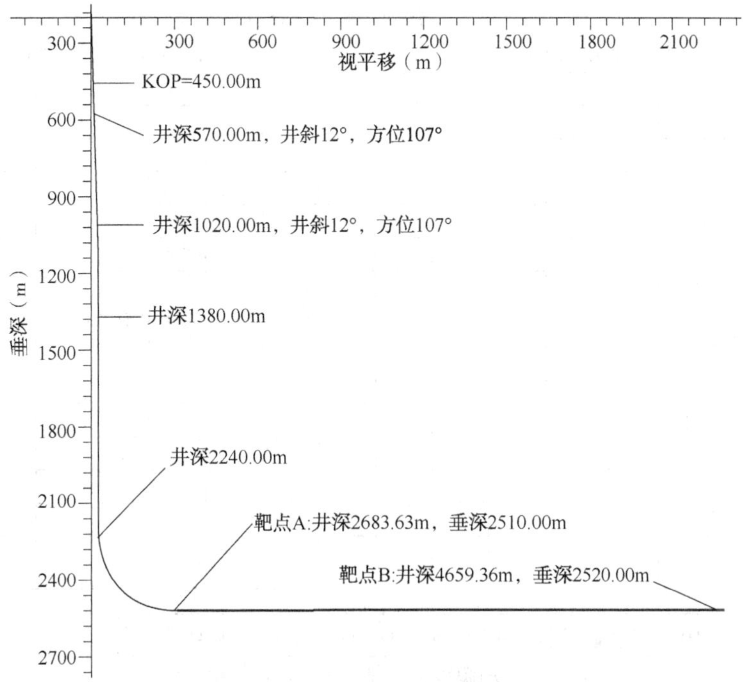

图 1　井眼轨迹垂直投影示意图（投影方位 190°）

通过计算，首先对比了使用微锰前后钻井液性能（表8、图2）对ECD的影响，复配加重时ECD为2.115g/cm³，100%重晶石加重钻井液ECD为2.158g/cm³，只复配微锰加重不做任何调整情况下即可使ECD降低0.043g/cm³。对比现场钻井液与室内最佳配方钻井液性能（表9、图3）对ECD的影响。计算结果表明，室内最佳配方ECD为2.142g/cm³，现场钻井液ECD为2.229g/cm³，可见优化配方可降低ECD高达0.087g/cm³。若采用微锰加重体系，在后期可有效降低ECD，降低漏失风险，低黏切的性能可进行大排量循环，提高井眼净化效率，防止岩屑床的形成，保证安全快速的钻进。

表8　使用微锰前后钻井液性能对比

钻井液性能		100%API重晶石加重	API重晶石：微锰（Micromax）=6：4
Φ_{600}		90	52
Φ_{300}		54	33
Φ_{200}		40	25
Φ_{100}		26	18
Φ_{6}		9	8
Φ_{3}		7	7
$Gel_{10'/10''}$（Pa）		5/7	5/9
AV（mPa·s）		45	26
PV（mPa·s）		36	19
YP（Pa）		9	7
E_S（V）		1369	913
FL_{HTHP}（mL/mm）		3	4
动态沉降稳定性	R_{600}（g/cm³）	1.989	2.095
	R_{100}（g/cm³）	2.261	2.358
	$\Delta\rho$（g/cm³）	0.272	0.263
ECD（g/cm³）		2.158	2.115

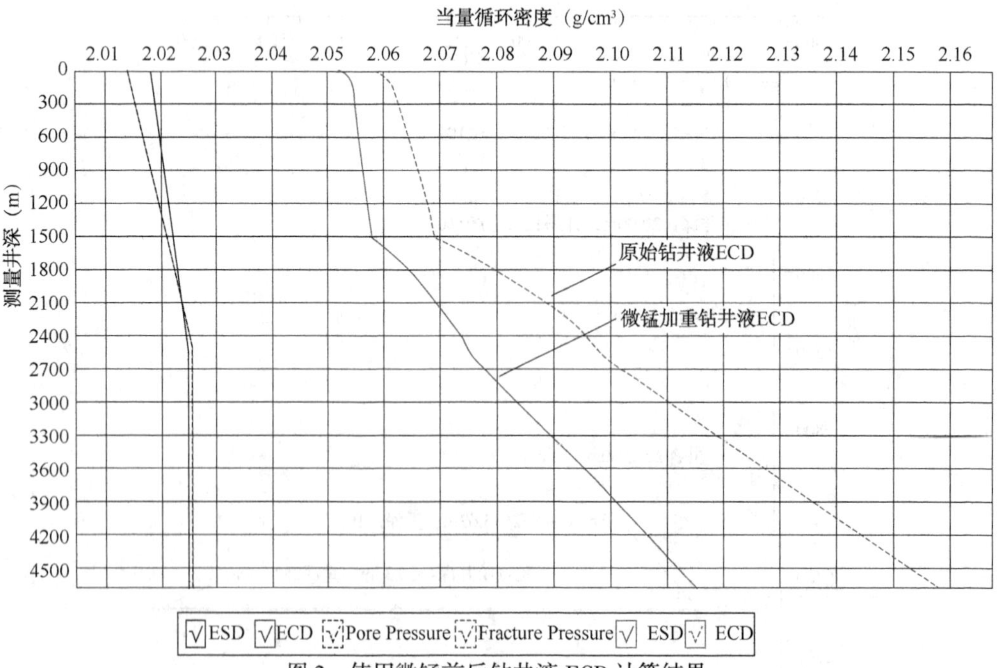

图2　使用微锰前后钻井液ECD计算结果

表 9　室内最佳钻井液性能与现场钻井液性能对比

钻井液性能		现场钻井液性能	室内最佳配方性能
密度（g/cm³）		2.0	2.0
Φ_{600}		138	38
Φ_{300}		82	23
Φ_{200}		62	17
Φ_{100}		40	11
Φ_{6}		12	4
Φ_{3}		10	3
$Gel_{10'/10''}$（Pa/Pa）		5/7	2/2.5
AV（mPa·s）		69	19
PV（mPa·s）		56	15
YP（Pa）		13	4
E_S（V）		530	872
FL_{HTHP}（mL/mm）		3.8	8.0
动态沉降稳定性	R_{600}（g/cm³）	1.990	2.064
	R_{100}（g/cm³）	2.198	2.094
	$\Delta\rho$（g/cm³）	0.190	0.030
ECD（g/cm³）		2.229	2.142

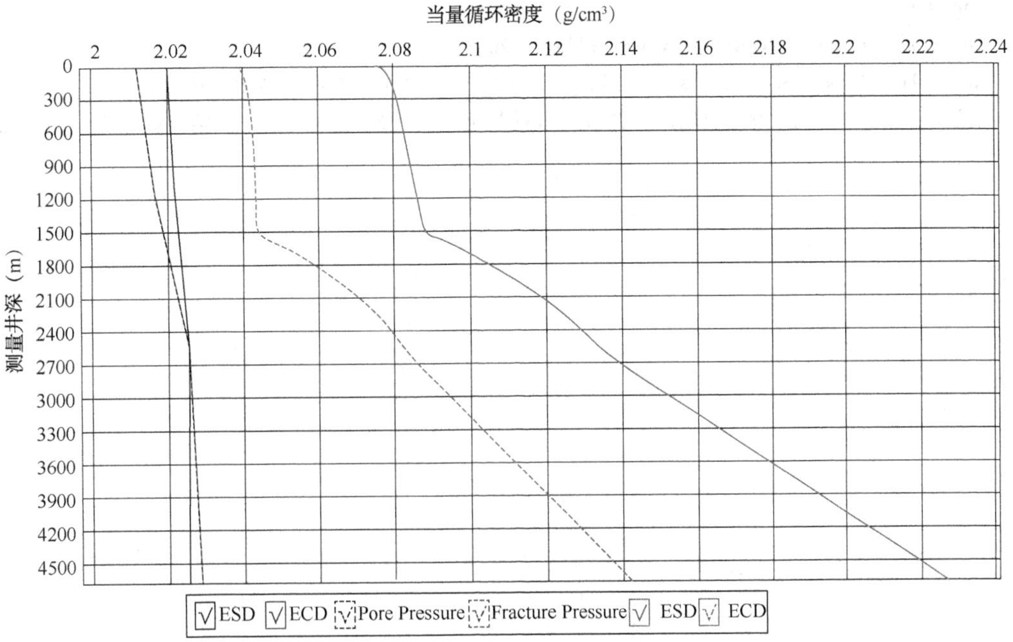

图 3　室内最佳配方与现场钻井液 ECD 计算结果

4 结论

（1）使用100%微锰加重油基钻井液，成功配制出沉降稳定性极高的低黏切钻井液，在*PV*为19mPa·s，*YP*为5.5Pa时，钻井液几乎无沉降，各项性能均满足现场应用要求。

（2）使用微锰与重晶石复配，优选复配最佳比例为重晶石：微锰=6∶4，并分别优选出API重晶石、3000目重晶石与微锰复配加重的钻井液配方：255mL柴油+1%主乳+1%辅乳+0.8%润湿剂+45mL氯化钙水（25%）+3%氧化钙+4%沥青+0.5%聚合物+加重剂（60%API重晶石+40%微锰（Micromax）或 加重剂（60%3000目重晶石+40%微锰（Micromax）+5%800目碳酸钙+5%500目碳酸钙）加重至2.0g/cm^3。该配方与目前现场使用体系性能比较，黏度仅为三分之一，*PV*低至15mPa·s，*YP*仅为4Pa，且依然保持高效的沉降稳定性。

（3）通过VirtualMud软件按照页岩气钻井参数对比计算室内最优配方与现场配方ECD，计算结果表明，使用微锰（Micromax）复配加重的室内配方可使ECD降低达0.087g/cm^3，可有效降低窄密度窗口钻井因钻井液性能导致的井漏、卡钻等事故的发生概率，低黏切状态，可有效降低泵压，更有利于快速钻进以及长水平段井的钻探，有利于加快页岩气的勘探开发进度。

参考文献

[1] 孙金声，刘敬平，闫丽丽，等．国内外页岩气井水基钻井液技术现状及中国发展方向［J］．钻井液与完井液，2016，33（5）：1-8.

[2] 王中华．页岩气水平井钻井液技术的难点及选用原则［J］．中外能源，2012，17（4）：43-47.

[3] 李建成，关键，王晓军，等．苏53区块全油基钻井液的研究与应用［J］．石油钻探技术，2014，42（5）：62-67.

[4] NFI SWECO Performance Report. Oil-Base WARP fluid maintains HTHP well stability in first offshore norway application 2006.

[5] Halliburton Cementing. Hi-Dense Weight Additives 2007.

[6] Alberty MW, Aston MS. Mclean MR. Drilling method［P］. US：7431106，2008-10-07.

[7] 潘谊党，于培志，马京缘．高密度钻井液加重材料沉降问题研究进展［J］．钻井液与完井液，2019，36（1）：1-9.

肇源油田致密油水平井盐水钻井液应用

李承林　侯砚琢

（大庆钻探工程公司钻井一公司）

【摘　要】　盐水钻井液抑制泥岩水化能力强，针对致密油青山口地层这种水敏性强，周期性垮塌具有良好的预防作用。用盐水钻井液在肇源油田施工了三口井，其防塌效果明显，井径规则，扩大率减小，对肇源油田致密油水平井的开发有良好意义。

【关键词】　盐水钻井液；抑制性；防塌；润滑性

肇州油田、肇州油田所在地区的大多区块地层发育规律性差，且青山口、泉头组泥岩不稳定。这使得钻进时易发生井壁坍塌，夹层多摩阻大引起的机械转速慢等问题。现使用的高性能水基钻井液在对泥岩的抑制性还不够高，同时目的层连续性不好，经常造成井眼轨迹多次起伏，增加钻进摩阻，钻速慢，发生井塌卡钻及打塞侧钻等情况。为了有效开发大庆油田外围区块非常规油气资源（致密油），增大肇源、肇州油田致密油水平井布井规模。就急需优化钻井液的性能，增强钻井液的封堵能力。

1　盐水钻井液体系的评价

1.1　盐水钻井液体系的机理及配方

1.1.1　复合盐（KCl、NaCl）的抑制机理

利用 KCl 和 NaCl 金属离子的化学反渗透，提高钻井液的抑制性达到体系防塌和抗污染的目的。其中钾离子的水化能明显低于钠、钙等阳离子，因此，当它与黏土表面钠、钙等阳离子发生交换时，便给黏土带来很薄的水化膜，大大压缩了扩散双电层，从而有效地抑制了页岩的水化作用。其中 KCl 抑制泥岩水化膨胀能力强，对水敏性井塌和周期性垮塌有独特的优势。

1.1.2　主抑制剂的抑制作用

主抑制剂液体聚胺类是一种不水解、完全水溶、低毒并与其他常用水基钻井液添加剂配伍的液体聚醚二胺抑制剂，胺类化合物抑制黏土水化的作用机理主要表现在：$—NH_2$ 极性大，易被黏土优先吸附，会促使黏土晶层间脱水，减小膨胀力，压缩晶层，有效抑制黏土水化；嵌入黏土片层，阻止水分子进入，破坏黏土的水化结构，降低黏土的水化膨胀作用达到抑制效果，因此它具有较强的抑制作用。利用专门的化学软件 BallView，模拟出了胺基抑制剂分子片段的立体结构下。

作者简介：李承林，2007 年毕业于兰州理工大学化学工程与工艺专业，现在大庆钻探工程公司钻井一公司钻井液室从事钻井液现场管理工作，从事钻井液工作 13 年，工程师。通信地址为大庆钻井一公司钻井工程技术服务分公司钻井液室 222；手机号：13304894519；E-mail：www.278017883@qq.com。

1.1.3 盐水钻井液配方

盐水钻井液配方见表 1。

表 1 盐水钻井液优化配方

材料	浓度	应用
纯碱	0.1%~0.3%	除钙
液体聚胺抑制剂	3%	抑制剂
氯化钾	8%	抑制剂，盐水加重剂
氯化钠	12%	抑制剂，盐水加重剂
柠檬酸	0.1%~0.3%	pH 值调节剂
流型调节剂	0.2%~0.5%	提黏剂
盐水包被剂	0.3%~0.8%	包被剂
沥青类防塌剂	0.8%	防塌剂
聚阴离子纤维素（低黏）	1.5%	降失水剂
ULTRAFREE 润滑剂	3%	润滑剂、防泥包剂
CARB10/20/40（超细碳酸钙）	1%~3%	屏蔽暂堵剂

1.2 盐水钻井液体系的评价

1.2.1 盐水钻井液抑制性评价

（1）滚动分散实验。

页岩的分散性评价泥页岩井壁稳定性的重要指标，也是一种抑制性评价手段。选取肇州地区肇平 22-平 1 井青山口及泉头组层位的岩屑在不同体系钻井液中进行回收率实验（表 2）。采用不同层位的砂子分别过不同筛孔进行实验以得出准确值来确定体系抑制性。

表 2 岩屑滚动回收率对比实验

配方	筛孔（mm）	不同层位岩屑回收率（%）	
		青山口	泉头组
盐水钻井液	2.00	93.3	94.2
	0.90	97.5	96.8
	0.45	98.9	99.1
高性能水基	2.00	45.0	44.1
	0.90	65.5	74.9
	0.45	91.0	85.6
聚合物钻井液	2.00	42.3	42.0
	0.90	64.6	73.0
	0.45	88.0	86.1

实验结果表明，盐水钻井液在两个层位的不同筛孔下岩屑回收率的值都是最高的，说明盐水钻井液钻井液体系有比高性能水基和聚合物体系更好及更稳定的抑制性。

（2）岩心浸泡实验。

本试验是用肇州区块青山口及泉头组的岩屑倒入岩心模内，加压至 15MPa，稳定 10min

后取出，制备的尺寸均为直径为2cm，高度为5cm的岩心柱放在密闭容器内备用（图1和表3）。经过4h的浸泡，每个小时都进行测量，测量岩心柱在钻井液中水化膨胀后岩心柱的宽度，来比较不同处理剂的抑制能力（图2），膨胀量=膨胀的宽度−岩心柱的宽度（2cm）。

表3 岩屑膨胀量对比实验

配　方	时间（h）	不同岩屑膨胀量（cm）	
		青山口	泉头组
盐水钻井液	1	0.01	0.01
	2	0.01	0.01
	3	0.01	0.01
	4	0.01	0.01
高性能水基	1	0.01	0.02
	2	0.05	0.08
	3	0.07	0.16
	4	0.12	0.26
聚合物钻井液	1	0.01	0.01
	2	0.04	0.07
	3	0.08	0.17
	4	0.13	0.24

实验结果表明盐水体系浸泡下膨胀的宽度为0.01cm，其他体系膨胀的宽度在2~4h后达到盐水体系浸泡后的4~24倍，因此盐水体系抑制泥岩膨胀是三种体系最好的，而且随着时间的延长膨胀量并未增长，抑制性远强于其他两种体系（图2）。

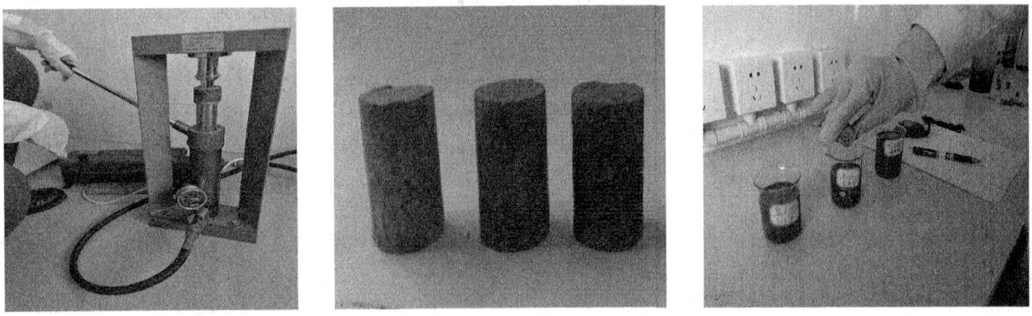

图1　压制岩心柱并放入钻井液

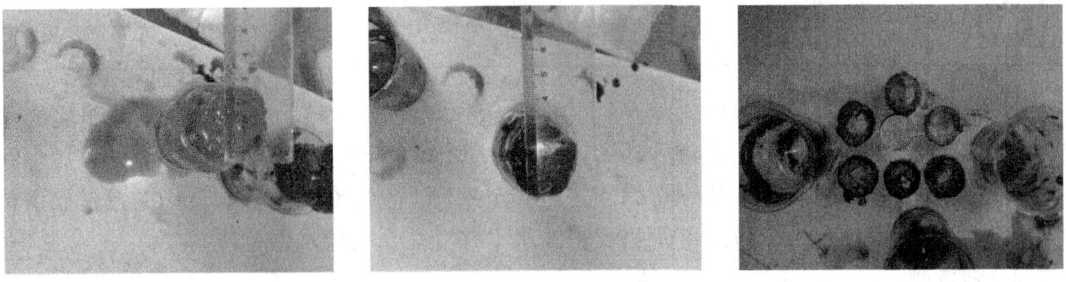

图2　浸泡4h后的情况

1.2.2 井壁滤失性能

PAC-LV 聚阴离子纤维素（低黏）降失水剂通过吸附在黏土颗粒上，阻止其絮凝、聚结变大，保持细小胶体粒子颗粒含量，从而使钻井液形成薄而致密的滤饼，加入沥青类处理剂的盐水钻井液会使滤饼更加致密，使滤失量更小。

取肇州地区青山口地层原始岩心，采用可视中压砂床钻井液滤失仪装入原始岩心，压力为 0.7MP 进行实验对比，通过三组实验，每组实验测量 5 次结果，记录 15 次结果见表 4。

表 4　井壁滤失性能评价

钻井液体系	岩心原始渗透率（mD）	滤失量（mL）				
		1min	5min	15min	30min	60min
盐水钻井液	245.16	2.1	2.8	3.0	3.0	3.0
高性能钻井液	231.53	2.0	3.1	3.9	4.2	4.1
聚合物钻井液	234.78	2.1	3.4	4.1	4.4	4.4

实验结果表明，与高性能水基钻井液、聚合物钻井液相比盐水钻井液具有良好的降虑失作用，岩心的滤失量在 5min 内基本恒定，说明盐水钻井液可在短时间内对地层实现有效的封堵，适用于肇州地区致密油水平井的青山口层位。

1.2.3 钻井液流变性

井斜角较小井段（小于 45°），尽可能提高钻井液的动切力和动塑比，达到层流获得井眼清洗效果；大井斜井段中，使用紊流更好，由于紊流只取决于流体的动量特性，可提高动塑比来达到平板层流清理岩屑，必须保持一定低剪切速率下的钻井液黏度（3 转和 6 转读数），以提高悬浮钻屑能力及防止钻屑床的形成。控制初终切力差值，避免钻井液触变性过大而带来的各种不利影响。

由于致密油水平井井眼稳定密度在 1.40~1.45g/cm^3，见表 5。

表 5　优化钻井液钻进流变性能测定

性能参数	ρ (g/cm^3)	FV (s)	PV (mPa·s)	YP (Pa)	动塑比	Φ_3	Φ_6	初切 (Pa)	终切 (Pa)
盐水钻井液	1.45	54	26	12.5	0.48	6	8	3	8
	1.40	50	22	12	0.55	4	6	2	6
高性能水基钻井液	1.45	61	30	12	0.40	9	13	3	10
	1.40	57	28	10	0.36	9	11	2	9
聚合物钻井液	1.45	63	32	14	0.44	11	14	3	14
	1.40	56	26	11	0.42	10	11	3	10

计算动塑比 = YP/PV 可得出，盐水钻井液动塑比均高于 0.45，更加适合高动塑比的水平井，高性能水基与聚合物钻井液的动塑比均不如盐水钻井液；对比 3 转、6 转读数盐水钻井液读数更加稳定，各种体系初终切均能保持一定差值，密度对切力影响最小的就是盐水钻井液，对比钻井液流变性，最适应肇州致密油水平井的体系为盐水钻井液。

1.2.4 润滑性

盐水钻井液体系由于含有沥青类的处理剂，会使滤饼有比较好的韧性跟润滑性，在配合润滑剂，加强钻井液的润滑性。

测得结果盐水钻井液（3%润滑剂）的系数都是最小的，验证了盐水体系的润滑性比分别加了6%的润滑材料其他两种体系更加优良（表6）。

表6 黏滞系数和极压润滑系数

钻 井 液	黏滞系数	极压润滑系数
盐水钻井液（3%润滑剂）	0.0524	0.09
高性能水基钻井液（6%润滑材料）	0.0612	0.11
聚合物钻井液（6%润滑材料）	0.0612	0.14

2 钻井液现场技术处理

2.1 钻井液技术难点及要求

（1）青山口组主要为大段的泥页岩，属于硬脆性泥岩，页理发育，呈顺层状分布，易坍塌，在保证密度大于井壁坍塌压力情况下，要求钻井液具有足够的封堵能力，抑制泥页岩水化膨胀，控制钻井液黏度，及时补充复合盐消耗。

（2）泉头组主要是砂泥岩互层，泥岩塑性大，不易发生剥落，但泥岩易吸水膨胀、缩径，砂岩井径基本稳定。所以在交界处形成台阶，造成“糖葫芦”井眼，进入泉头组，在保证复合盐的含量充足下，加足抑制剂，抑制泉头组泥岩水化膨胀，同时降低滤失量，补入沥青类降失水剂及封堵剂，保证滤饼质量，使得交界处岩性和泉头组下部地层能够更加稳定，井径圆滑，防止出现“糖葫芦”井眼。

（3）提高钻井液的润滑性，主要加入配方比例足够的降失水剂及沥青类降失水剂提高滤饼质量，增加润滑性，同时造斜段和水平段补入润滑剂达到施工水平，防止托压现象发生。

（4）保障钻井液黏切适度，通过调整适合的动塑比及切力，保证在不同井斜井段有效的悬浮沉砂。

2.2 现场处理维护方案

2.2.1 性能控制

（1）振动筛尽量选取较细目数的筛布。整个造斜段和水平段的钻井过程中，联合清洁器全程运行。保持离心机的高效运转，结合补充新浆，控制 MBT 值（膨润土含量）<45kg/m^3 和 LGS（低密度固相浓度）<6%。

（2）利用沥青类防塌剂和 PAC-LV（聚阴离子纤维素）控制 API 失水小于 5mL。用提黏剂调控流变性，维持6转读值为井眼尺寸的0.8~1.2倍以保持钻井液的高携带能力，保证井眼净化。

（3）抑制性的胺基抑制剂使其含量保持在3 %左右。

（4）主要是包被剂来控制，每500m可以考虑补充125kg。包被性能好，可使泥岩很好地被固控设备清除出去。当钻井液固相，膨润土含量高而引起黏切比较高时，包被剂少加或者不加。因为此时加会使其黏切增高。

（5）在钻井液维护时缓慢地加入沥青类防塌剂 ，或者配成胶液的补到钻井液中。沥青类防塌剂会使滤饼有比较好的韧性跟润滑性，使井壁更加稳定。完钻之前可以一次性补入200kg左右，以利于后期作业。钻进到易塌井段青山口时提高沥青类防塌剂的加量，加强钻井液的封堵能力。

2.2.2 维护措施

(1) 根据井眼净化状况结合使用稀塞（少量清水或盐水）加高密度塞（比井浆高 0.2~0.4g/cm³，屈服值 20~23Pa）的方法以加强井眼净化：稀塞在井内形成局部紊流以激浮下井壁的岩屑，随后的高密度塞利用本身具有的较大的悬浮能力和较好的携带能力将岩屑携带出井。

(2) 采取细水长流的办法向钻井液加水（循环或钻进时以约 400~800L/h 速度加水，停泵就停水）以补充钻井液因高温蒸发和滤失损失的水分，使盐水体系内保持有适量的自由水，以减小失或脱水效应对钻井液流变性的影响。

(3) 造斜段、水平段钻进中，主要以降滤失剂和封堵防塌剂的水溶液交替维护，保证润滑剂加量 1%~3%，水平段施工中通过增黏剂调节钻井液黏度及流型，保证钻井液的携砂性能，防止形成岩屑床，润滑材料以 Ultrafree（润滑剂）为主，保证其含量不低于 3%。如遇托压等情况，可先补加润滑剂进一步提高钻井液润滑性。

3 现场试验效果

图 3 至图 6 是 ZP23 井、ZP24 井、ZP22-平 3 井与应用其他钻井液体系的 Y357-FP4 井 215.9mm 井眼井径示意图。

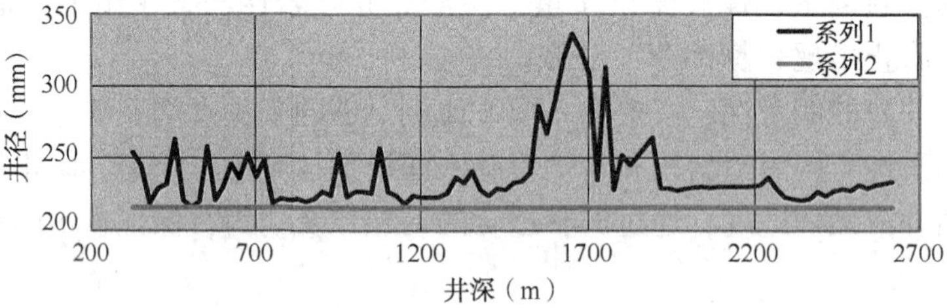

图 3 Y357-FP4 井井径

ϕ215.9mm 井眼平均井径扩大率 11.13%，目的层井径扩大率为 6.48%。

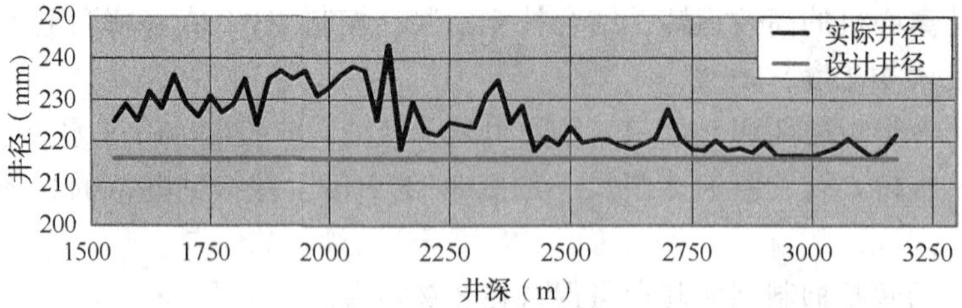

图 4 ZP23 井井径

ϕ215.9mm 井眼平均井径扩大率 7.20%，目的层井径扩大率为 3.19%。

ϕ215.9mm 井眼平均井径扩大率 5.41%，目的层井径扩大率为 0.66%。

ϕ215.9mm 井眼平均井径扩大率 6.09%，目的层井径扩大率为 4.60%。

通过以上 4 口井的对比情况可以看出，ZP23 井、ZP24 井、ZP22-平 3 井的井眼扩大率较 Y357-FP4 井低，且前三口井在青山口和泉头组的砂泥岩交界面的井径更加平稳。现场施

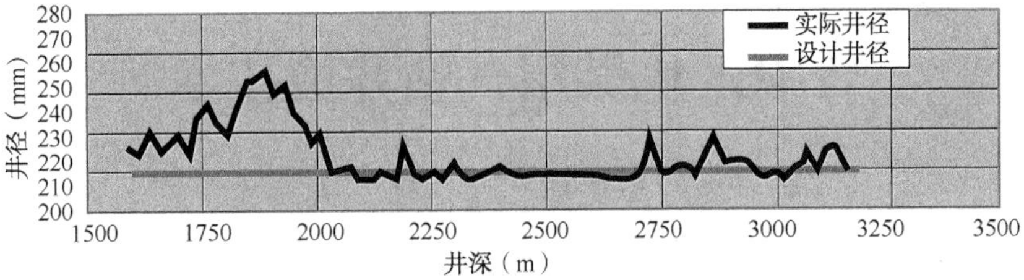

图 5　ZP24 井井径

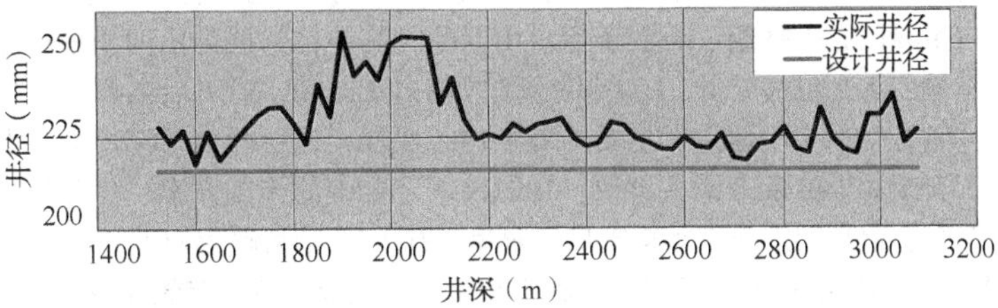

图 6　ZP22-平 3 井井径

工过程中，前三口井的振动筛返出剥落、起下阻卡现象也更少，进一步说明选用盐水钻井液更适用于肇州区块。

参 考 文 献

[1] 汪海阁，刘希圣，李洪乾，等．水平井段钻井液携带岩屑的实验研究［J］．石油学报，1995，16（4）：125-132.

[2] 闫铁，邵帅，孙晓峰，等．井眼清洁工具作用的岩屑颗粒运动规律研究［J］．石油钻采工艺，2013，35（3）：1-4.

[3] 鄢捷年，李健鹰，张琰．钻井液工艺学［M］．东营：石油大学出版社，2001.

[4] 屈沅治，赖晓晴，杨宇平．含胺优质水基钻井液研究进展［J］．钻井液与完井液，2009，26（3）：73-75.

[5] 王昌军，许明标，苗海龙．聚胺 UHIB 强抑制性钻井液的室内研究［J］．石油天然气学报，2009，31（1）：80-83.

晋中区块煤层气钻井液技术

刘　冬　李文明　丁海峰　朱培东

（中国石化胜利石油工程黄河钻井总公司）

【摘　要】 晋中区块的煤层气施工，所钻地层为中生界的延长组、纸坊组、和尚沟组、刘家沟组，以及古生界的石千峰组、石盒子组、山西组，其中目的层为山西组的砂层。三开全部在目的层水平钻进，水平位移较大，有些井水平段超过1600m，施工后期携岩问题是较大的难题。而且中生界与古生界交接地层，主要为刘家沟组底部，地层漏失情况严重，漏失的概率非常大，也给施工安全和进度带来诸多不便。在通过制定合理的施工方案、优化钻井液配方及优化钻井液流变参数，提高固控效率等措施后，避免了井下复杂情况的发生。

【关键词】 承压堵漏；流变参数；塑料小球回收；强抑制性；有效固控

晋中区块的煤层气项目为中国石油煤层气有限责任公司所有，作业方为北京中海沃邦能源投资有限公司。我们黄河钻井作为施工方，目前有五支钻井队伍在此施工。施工区域以山西省临汾市永和县为主，吕梁市石楼县也常有施工井，平均年施工井在15～18口，进尺（5.5~6）×10^4m。该区块道路交通较为落后，多数上井场的路为陡峭的山路，物料运输以及生活和工业用水较为不便，尤其是进入冬季，一旦下雪后，持续数周都不能恢复交通运输。因此减少复杂情况保证井下安全，加快施工进度节约施工工期尤为重要。

1　地理地质概括

（1）地理环境：多数施工井处于山西黄土梁峁区，地表侵蚀切割强烈，沟壑梁峁纵横，地形起伏较大，处于黄土塬区，春季黄土扬尘较大，夏季有暴雨时，容易发生山洪、滑坡等自然灾害，因此施工中要格外注意人身安全。

（2）构造位置：鄂尔多斯盆地晋西挠褶带。

（3）目的层段：山西组山22段。

（4）地质分层：中生界的延长组、纸坊组、和尚沟组、刘家沟组，以及古生界的石千峰组、石盒子组、山西组

（5）复杂情况提示：上部黄土层，刘家沟地层会有部分漏失或失返性漏失；山西组煤层尤其是泥岩和碳质泥垮塌严重；长水平段摩阻大、扭矩大。

2　钻井液施工难点

2.1　井漏问题

本区块在勘探开发过程中所施工的地层包括第四系新生界黄土层，中生界的延长组、纸

作者简介：刘冬，1981年生，中国石化胜利石油工程有限公司黄河钻井总公司技术装备中心，高级技师，主要从事钻井液现场管理工作。通信地址：山东省东营市黄河钻井总公司技术装备中心；电话：18653696682；E-mail：LD606060@126.com。

坊组、和尚沟组、刘家沟组以及古生界的石盒子组、石千峰组、山西组。钻井过程中一开、二开都发生过不同程度的井漏。其中，一开黄土层和石板层经常出现失返性井漏，给施工带来较大难度，也延误了施工进度。二开刘家沟组底部、石千峰组底部石盒子组顶部是区域性漏失层，如果堵漏不彻底，下部施工还会引起复漏，引起其他复杂问题。

2.2 井壁失稳

古生界的石千峰、石盒子组有大段泥岩，极易垮塌掉块，山西组泥岩、碳质泥岩、煤线发育，特别是处于大斜度井段，易垮塌掉块，之前施工的 YH45-25-2H 井、YH45-8-1H 井在石千峰、石盒子地层钻进过程中砂样混杂，并有部分大掉块返出，其中 YH45-25-2H 井二开完钻后，短起下至 2090~2030m 井段起钻困难，增大排量，提高钻井液黏切后返出许多大掉块。常规钻具通井其间发生多次遇卡。近期同区块其他多口井，也都在石千峰及以下井段发生过起下钻和通井过程中阻卡等复杂情况。

2.3 三开侧钻延误工期

进入三开井段，目的层连续性存在不确定因素，施工过程需要变换井斜方位数据，确保目的层的连续性，有时钻进大段泥岩，找不到目的层，甲方会要求悬空侧钻，长水平段悬空侧钻，如果井身轨迹不好，托压现象会非常严重，钻压加不到钻头，有时许多天都侧不出去，消耗大量的物料，严重影响施工进度。

2.4 井眼清洁问题

井眼净化是水平井钻井工程的一个主要组成部分。井眼净化不好会导致摩阻和扭矩增加、起下钻发生阻卡，影响下套管和固井作业进行。斜井段及水平段较长，有的井连续扭 100°方位，有的为了找层，连续定向，狗腿度较大。开发的目的层山西组尤其是山 22 段含有大量泥岩、碳质泥而且煤线发育，特别是处于大斜度井段，易垮塌，造成砂样混杂，易形成岩屑床。

针对以上施工难点，与项目部及中心技术领导认真研究工程设计，并与队上干部及技术人员商讨并制定了针对性的解决方案。

3 改进后的解决措施

3.1 针对井漏的问题：二开钻进堵漏以承压堵漏为主，尽量不使用随钻堵漏

二开钻进在进入刘家沟组之前，使用好各级固控设备，控制尽量低的自然密度，加入提前配制好的高浓度的预水化好的膨润土浆，使钻井液中的膨润土含量在 65g/L 以上。

钻至刘家沟组底，落实好坐岗制度，密切关注钻时和罐液面的变化，若发现漏失，及时记录漏失量和漏失速度，停止钻进，钻具提离井底 10~20m，根据漏失情况配制堵漏浆（漏速在 $10m^3/h$ 以内，在循环罐原浆的基础上加入膨润土、酸溶膨胀堵漏剂、粗桥塞堵漏剂、细桥塞堵漏剂，比例按 1：1：1：1 配制；漏速在 $10m^3/h$ 以上，膨润土、酸溶膨胀堵漏剂、粗桥塞堵漏剂、细桥塞堵漏剂，比例按 1：1：2：1 配制）

堵漏浆泵入漏层，确保堵漏浆返在漏层上 200m，关井小排量（10~12L/s）慢慢挂泵，每隔 5min 挤入一次，控制好泵压不要超过 5MPa，堵漏浆挤入漏层，地层承压能力逐渐升高，根据所需的当量密度（大致 1.35~1.40g/cm^3），承压到 2~3.5MPa，压力达到要求并稳定后，保持压力稳 20~30min，开井时通过节流阀慢慢泄压（每 10min 泄压 0.5MPa）防止

泄压太快激动压力过大，造成井壁不稳定。泄完压下钻到底循环，恢复钻进，若不漏失，可筛除堵漏剂钻进，若下部仍有漏失，可再重复承压堵漏。

承压堵漏比以往的随钻堵漏的优势：

（1）承压堵漏更有效，能够把少量的堵漏剂挤入漏层，进入漏失通道的堵漏剂多，侵入半径大，对漏层起到良好的封堵效果。

（2）承压堵漏消耗的处理剂和钻井液比随钻堵漏消耗的量要少。

（3）承压堵漏不易复漏，随钻堵漏就算堵住，在后期施工中起下钻的刮拉井壁及破坏滤饼，开泵的激动压力，后期提密度都容易引起复漏。但承压堵漏后，引起复漏的概率要小得多，给后期的施工带来便利。

（4）承压堵漏对岩屑录井的影响小，随钻堵漏用的筛布不能太细，造成录井捞砂量较少，清洗困难。

（5）承压堵漏成功后，可以筛除全部的堵漏剂，钻进中摩阻扭矩小。随钻堵漏，井眼中的随钻堵漏剂会增大摩阻扭矩。

3.2 针对井壁失稳的问题

石千峰、石盒子组有大段泥岩，山西组泥岩、碳质泥岩、煤线发育，特别是处于大斜度井段，易垮塌掉块。如果控制不好煤层的坍塌，造成煤层严重扩径，那么煤层上部的地层失去支撑也发生垮塌，掉块较多，砂样混杂，造成每次起下钻阻卡、划眼甚至更严重的复杂情况。针对垮塌我们多管齐下：

（1）首先保证其力学稳定，进入山西组钻煤层前的密度保持 1.25g/cm^3，保持一定的径向支撑，又不对上部的漏失层造成过大的压力，若很少见掉块，就保持其密度，若发现有掉块变多，逐步把密度提至 1.27~1.28g/cm^3。

（2）提高优质膨润土含量（70g/L 以上），提前配制 12%~15%高浓度膨润土浆 25m^3 左右水化好，每班混入 3~5m^3，使用高酸溶与改性的封堵性材料复配。根据已知的资料，对照易塌地层的地层空隙孔喉孔径，针对性加入不同粒径的超细碳酸钙提高滤饼质量，强化钻井液的造壁性。使用抗盐抗温的降滤失剂降低钻井液的滤失量，减少滤液进入地层。

（3）调整钻井液流变性，适度提高黏切，使钻井液在环空中呈现平板型层流或尖峰型层流，减少对井壁的冲刷。

（4）提高钻井液抑制性，保持钻井液中聚合物的有效含量在 0.5%以上，抑制地层黏土矿物分散，降低坍塌压力。适度提高矿化度，使钻井液滤液与地层水的活度接近平衡，减少黏土间、无机盐离子间的交换。

（5）进入山西组煤层以后，配制一罐 20~25m^3 稠浆（黏度 100~120s）备用，钻进（2~3）个班泵入一次，携带较大的掉块，保持井眼清洁，井下安全，泵入稠浆期间防止憋泵。

（6）起钻前用稠浆封井，并控制起下钻速度，减小激动压力及减少机械碰撞井壁。

（7）在钻入煤层前逐步提密度的过程中，把提密度当成一项特殊作业对待，要求值班干部或钻井液组长全过程盯住加重的每个循环周，每个循环周提高 0.02g/cm^3，无特殊情况，为了便于观察尽量在白班加重，杜绝因加重过快起复漏，导致液柱压力降低，造成井壁不稳定。

3.3 针对三开悬空侧钻，严重托压造成延误工期的问题

采用塑料小球回收技术，让塑料小球参与循环，减少托压现象，保证尽快侧钻成功。

（1）钻井液用塑料小球以苯乙烯和丙烯酸为主体，配以二烯属烃架桥剂共聚而成。有合适的硬度、强度和韧性，可分散悬浮于整个井壁的环形空间，在钻具和井壁中间形成无数的滚动轴，变滑动摩擦为滚动摩擦，有效降低摩阻、扭矩。可减少托压现象，与玻璃小球相比其韧性好，不会被钻具或套管挤碎，因此有效利用率比玻璃小球高。

（2）由于塑料小球的价格较高，因此总是在完钻电测时以及下套管前以封井的方式加入钻井液中，再次循环时就直接筛除掉，虽然效果还不错，可是利用率并不高，而且在钻进时，几乎无法使用。

（3）如果能让塑料小球参与循环，那么因托压定向定不成，以及悬空侧钻因托压长时间侧不出去的现象就会大大改善。塑料小球的平均密度范围在 1.03~1.05/cm^3，粒径大致有三种：0.66~2.0mm 粗 、0.125~0.66mm 中、小于 0.125mm 细 。目前三开钻井液使用氯化钾体系，理论上氯化钾饱和溶液的密度为 1.17g/cm^3。因此配制氯化钾的饱和盐溶液比较方便。

（4）井筒中的岩屑经振动筛返出，岩屑密度一般在 2.0~2.2g/cm^3，通过岩屑和塑料小球的密度差，设计一个装满盐水的容器，该容器分高低两个仓，高仓上部周围连接几个喷嘴，由低仓的自吸泵供液，高仓接住在振动筛的返出口的岩屑和塑料小球的混合物，用喷嘴的射流更容易使塑料小球和岩屑分离开，岩屑落入容器底部，塑料小球漂浮在高仓内溶液表面，经溢流口排出，经过粗目筛布回收塑料小球，盐水落入低仓中，持续给自吸泵供液。回收后的塑料小球不必经过 2 号、3 号罐，直接加入上水罐，让塑料小球只在井筒内，不参与地面循环系统的循环，这样可以大大增加塑料小球的浓度，而且不会被除砂器除泥器除去，从而起到更好的润滑作用。

由于晋中地区永和区块煤层气开发较晚，甲方对产层掌握的资料尚不完善，因此许多水平井都当探井来施工，三开在水平段施工，经常会遇到中途悬空侧钻的情况，该区块施工地层都是古生界地层，地层非常硬，悬空侧钻的难度极大，有时井深轨迹不好，托压严重，许多天都侧不出去，导致工期延长，资源浪费。如果在侧钻前，循环过程中，井筒内的岩屑循环干净后，起钻前，加入 1%中等粒径的塑料小球封住裸眼段，更换侧钻的钻具组合，下钻到底再侧钻，托压的现象就会大大改善，利用塑料小球回收装置，还可回收形成循环，保持一定的有效浓度，侧钻完不需要时，再回收回来。

3.4 针对井眼清洁的问题

施工井的三开施工水平段较长，携岩问题是历来的难题，而有效破坏岩屑床是难题的核心问题。

水平井段环空内岩屑将承受液流拖力、上举力、重力、浮力及颗粒间黏结力等的作用。由于受各种力的不同岩屑颗粒的运动形式可分为接触质、跃移质、层移质和悬移质四部分。

这些岩屑颗粒由于形状的不同，大小不一，密度不同，在钻井液液流的带动下，分为以下几种类型。

均匀悬浮颗粒：较细的以及中等的形状规则的岩屑，在钻井液的结构力的作用下，无论

钻井液是流动状态还是静止状态，这些颗粒始终均匀悬浮在井眼内的钻井液中，钻井液流动时，与钻井液的流动速度相同。

非均匀悬浮颗粒：尺寸较大，形状不规则的岩屑以及掉块，钻井液静止时，慢慢地沉降在下井壁，钻井液流动时，岩屑也随之开始运动，由于形状和密度的关系，运动方向较为杂乱，经常与管壁、井壁发生碰撞，因此引起反弹和形状改变，其上返的速度明显低于钻井液流速。

移动岩屑床：尺寸较为规则，密度较大的岩屑，钻井液停止流动时，沉降速度较快，岩屑堆积于管底，逐渐形成连续的岩屑床。岩屑能随着液流缓慢移动，大多以滚动的形式移动。

固定岩屑床：随着水平段增加，岩屑量也增多，移动岩屑床层最底部的颗粒几乎停止运动，床层增厚形成淤积，其结果使液流有效断面减小，形成固定岩屑床。

以上几种岩屑的状态并不是一成不变，随着钻井液环空返速及流变参数的改变以及人为的机械扰动，是随时可以相互转换的。

环空返速是影响井眼净化主要因素，直接影响环空岩屑的运移方式、状态和环空岩屑浓度。提高环空返速，会明显减少岩屑床。但是受地面设备和安全的限制，不能过多地提高环空返速，而且过高则钻井液液流会对井壁产生冲蚀，造成井径扩大井壁不稳定等复杂。

环空返速不能过多改变的情况下，因此水平井井眼净化，只能适当的改变流变参数。大斜度井段和水平井段中，使用紊流的清除效果更高，可是为了携带和悬浮岩屑，钻井液不能黏切过低，而且受钻井泵排量等各种条件的限制，钻井液在环空无法达到紊流。可以通过提高钻井液动塑比，使其在环空形成平板型层流来提高岩屑清洗效果。这只是对环空中的均匀悬浮颗粒和非均匀悬浮颗粒来说。但是对于移动岩屑床来说效果甚微，固定岩屑床更是没有效果。

大段的砂岩地层，在井壁稳定的井段钻进时，若要碰到要搞短起下的工况。钻台上在起下钻，钻井液停止循环时。循环罐上可以隔开两个单独的罐，在保证密度、滤失量不变的前提下，加入适量的降黏剂，配制一罐稀钻井液（漏斗黏度比循环钻井液低 20~25s，静切力约 1-2/3-5Pa）。加入适量增黏剂，配制一罐稠钻井液（漏斗黏度比循环钻井液黏度高 20-25s，静切力 6~8/18~25Pa）。两罐各 25m^3 钻井液，在下钻到底开泵正常后，分别泵入井内，稀的在前，稠的在后，泵稀钻井液时，可以适当提高泵排量，促成局部紊流，再配合钻具的上下活动，钻具的自转加轴向转动。紊流配合各种机械扰动，可以把固定岩屑床破坏，转换成移动岩屑床甚至是悬浮颗粒，接着后面的稠浆形成的平板层流甚至塞流状态的钻井液把钻屑带出。提高洗井效果。

使用该方法时注意事项：

（1）各个罐连接的蝶阀要灵活好用，密封严密。

（2）泵入时，确保泵入完全，减少窜流影响效果。

（3）泵入稠浆进入环空后，适当降低排量，定好自动停泵，观察好泵压，防止憋泵。

4 认识与结论

通过以上的技术措施的运用，减少了因井漏引发的复杂情况，减少了因井漏给后续施工带来的不便。有效地控制地层黏土颗粒的水化分散，提高了造壁性，降低滤饼渗透率，加强了井壁的稳定性，使坍塌掉块较以前大为减少。定向中托压现象得到了极大改善，从而减少了复杂情况及事故的发生，提高机械钻速，保证了施工过程中的井下安全，提高了经济效益。综合经济社会效益十分显著。

参考文献

[1] 鄢捷年，李健鹰，张琰．钻井液工艺学［M］．东营：石油大学出版社，2001.

2.0g/cm³以上高密度油基钻井液在西南工区的应用研究

李晓岚[1]　杨朝光[2]　安建利[1]

（1. 中石化中原石油工程有限公司技术公司；
2. 中石化中原石油工程有限公司钻井工程技术研究院）

【摘　要】　针对高密度油基钻井液存在的高密度油基钻井液存在的低温下流动性差、高温下易沉降，且钻井液流变性和滤失量不能兼顾的问题，开展了高密度油基钻井液现场配方优化攻关研究，形成了高密度油基钻井液老浆性能调整技术及流型控制技术。研究成果在现场应用85口井（密度2.0g/cm³以上），应用最高密度2.42g/cm³（温度147℃），平均水平段长1661m，平均井径扩大率3.1%，三开平均周期36d，平均机械钻速6.66m/h，老浆重复利用率100%，钻井液性能稳定，满足工程需要，为中国石化深层页岩气勘探开发提供了技术支撑。

【关键词】　油基钻井液；高密度；西南工区；应用研究

随着深层页岩气勘探开发步伐的加快，对高密度油基钻井液的需求随着钻遇高温高压、强水敏地层日益增加，如威远、长宁、泸州、自贡等区块目的层龙马溪组预测地层温度120~150℃、地层压力系数1.80~2.20，设计钻井液密度达2.40g/cm³左右，主要岩性为灰色—黑色页岩，脆性矿物含量较高，区域使用高密度油基钻井液进行作业，特别是2.0g/cm³以上高密度油基钻井液在现场应用过程中还存在低温下流动性差、高温下易沉降，且钻井液流变性和滤失量不能兼顾的难题，特别是新老浆复配使用时的性能设计、配方优化、维护处理等配套技术还有待完善。本文通过不同关键处理剂的配伍性研究，优化现场高密度油基钻井液配制、转换、维护处理工艺以及从老浆处理技术和固相控制技术，研究成果在现场得到了规模应用。

1　室内基础评价

油基钻井液加重体系乳液稳定性很大程度上取决于乳化剂的高温热稳定性，乳液高温热稳定性是由乳化剂分子结构和相关官能团的热稳定性所决定。乳化剂降低表面张力、提高吸附能力、增强界面膜强度和抗高温分解的能力，可通过乳化率、乳液微滴的大小、抗温破乳性能等指标进行综合评价。

1.1　乳化剂基础乳液性能评价

1.1.1　不含土纯乳液性能评价（油水比8：2）

选取现场常用三种乳化剂代号分别H、Z、F，其中H是一种多功能乳化剂，兼具辅乳

作者简介：李晓岚（1980—），女，博士，高级工程师，2010年毕业于中科院成都有机化学研究所高分子化学与物理专业，主要从事钻完井液体系及关键处理剂的研发工作，电话：13939306572；Email：lily_cocc@163.com。

和润湿功能，可单独使用，Z 是一种脂肪酸酰胺类乳化剂，需主乳和辅乳复配使用；F 是一种固体粉末乳化剂，可单独使用或与辅乳复配使用。不同乳化剂的室温乳化率见表 1-3，微观形态如图 1 所示。

表 1　乳化剂 H 室温乳化率

浓度 H（%）	2		3		4		5	
静止时间	沫/油/乳（mL）	乳（%）	沫/油/乳（mL）	乳（%）	沫/油/乳（mL）	乳（%）	沫/油/乳（mL）	乳（%）
15℃1h	13/43/30	—	12/46/30	—	11/45/29	—	6/46/33	—
15℃4h	0/48/30	38.5	0/51/31	37.8	0/50/29	36.7	0/52/31	37.3
15℃8h	0/49/29	37.2	0/52/30	36.6	0/50/28	35.9	0/53/30	36.1
15℃24h	0/50/27	35.1	0/54/27	33.3	0/52/26	33.3	0/54/28	34.1

注：单独使用 H 配制的油包水乳液。

表 2　乳化剂 Z 室温乳化率

浓度 Z（%）	2		3		4		5	
静止时间	沫/油/乳（mL）	乳（%）	沫/油/乳（mL）	乳（%）	沫/油/乳（mL）	乳（%）	沫/油/乳（mL）	乳（%）
15℃1h	13/49/28	—	15/54/39	—	10/51/36	—	11/54/30	—
15℃4h	0/51/32	38.6	0/57/39	40.6	0/58/37	39	0/57/38	40
15℃8h	0/55/28	33.7	0/64/35	35.3	0/62/33	34.7	0/61/34	35.8
15℃24h	0/55/28	33.7	0/64/35	35.3	0/63/32	33.7	0/62/33	34.7

注：浓度为主乳和辅乳的总浓度，二者比例为 1∶1。

表 3　乳化剂 H 和 F 复配乳化率

浓度（H+F）（%）	2	3	4	5	6
静止时间	沫/油/乳（mL）	沫/油/乳（mL）	沫/油/乳（mL）	沫/油/乳（mL）	沫/油/乳（mL）
15℃1h	64/29/29	57/21/40	66/20/32	64/9/47	45/6/72
15℃4h	59/40/21	49/33/30	52/29/26	50/16/43	40/9/68
15℃24h	48/48/17	45/43/24	49/37/21	50/26/36	37/21/58

注：二者复配比例为 1∶1。

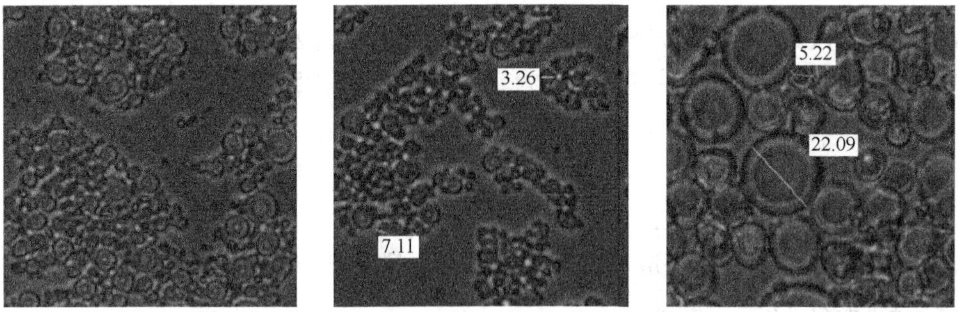

2%H 乳状液　　2%Z 乳状液　　2%HF 乳状液

图 1　无土乳液微观形态

由以上纯乳液乳化试验可知：乳化剂 H 不同浓度纯乳液 24h 乳化悬浮率相当，在 32.2%~35.1%之间（水相乳化率 100%、乳状液沉降体积占比 32.2%~35.1%）；微观乳液液滴大小分布形态相似，直径 0.5~7μm 不等；乳化剂 Z 不同浓度纯乳液 24h 乳化悬浮率相当，在 33.7%~36%之间（水相乳化率 100%、乳状液沉降体积占比 33.7%~36%）；乳液液滴大小分布形态相似，直径 3~6μm 不等；乳化你 H 和 F 复配后的纯乳液液滴较大。

1.1.2　不同乳化剂在有机土乳液体系中的耐温稳定性

乳化剂 H 单独使用，乳化剂 Z 主辅乳比例 1：1，2%有机土，油水比 8：2，20% $CaCl_2$ 盐水，测定不同温度条件下老化后破乳淅水情况，反映其乳化稳定性，测定结果见表 4，如图 2 所示。

表 4　不同乳化剂含有机土乳液耐温稳定性

乳化剂（%）		120℃ 16h	130℃ 16h	150℃ 16h	160℃ 16h	180℃ 16h
H	2%	0	0	2~3mL	10mL	20~30mL
	3%	0	0	1~2mL	10mL	20~30mL
	4%	0	0	3~5mL	10~15mL	20~30mL
Z	3%	0	1~2mL	10~20mL	—	—
	4%	0	1~2mL	10~20mL	—	—

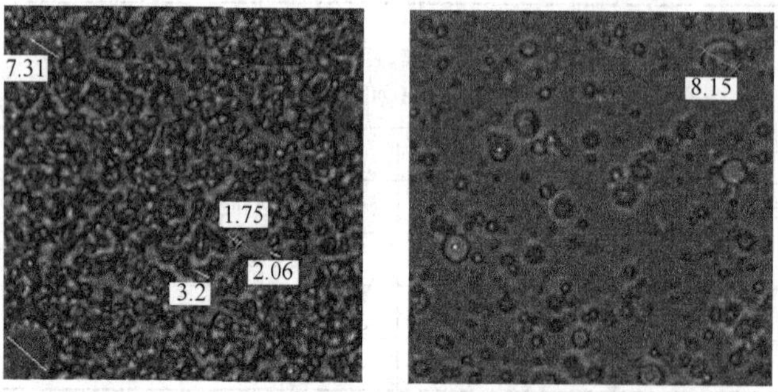

2%H 150℃老化后（稳定）　　2%Z 120℃老化（破乳、上悬液）

图 2　不同乳液耐温度稳定性

从以上实验数据可知：不同乳化剂含有机土条件下室温 24h 乳化悬浮率均为 100%（无水相乳化率 100%、乳状液悬浮占比 100%）；含有机土条件下，乳化剂 H 乳液耐温稳定性 150℃左右，乳化剂 Z 耐温 130℃左右。

1.2　配伍性性能评价

1.2.1　不同乳化剂体系性能对比

基础配方为 8：2 油包水基液（20% $CaCl_2$）+4%乳化剂 H+2.5%有机土+4%降滤失剂+3%氧化钙+重晶石（ρ=1.8g/cm^3）

由表 5 所给出的实验结果可知：乳化剂 F、乳化剂 Z 和乳化剂 H 单独在油包水加重体系使用使用时，在 135℃老化条件下流型、乳化稳定性、沉降稳定性均较好。

表 5　不同乳化剂体系性能对比

乳化剂种类	实验条件	*AV* (mPa·s)	*PV* (mPa·s)	*YP* (Pa)	*Gel* (Pa)	Φ_6/Φ_3	*YP/PV*	E_S (V)
F	135℃16h	52	43	9	4.5/5	10/8	0.21	945
	135℃静 24h	46	37	9	3.5/6	8/7	0.24	910
H	135℃16h	44.5	37	7.5	3.5	8/7	0.20	920
	135℃静 24h	44.5	38	6.5	4.5-	9/8	0.17	888
Z	135℃16h	41	34	7	3	7/6	0.21	890
	135℃静 24h	38.5	34	4.5	2.5+	5/4	0.13	950

1.2.2　不同乳化剂复配比例推荐

通过对以上三种乳化剂单独使用、复配使用时所配制的钻井液流变性、乳化稳定性、沉降稳定性等考察，推荐复配比例见表 6。

表 6　不同乳化剂配伍性建议

复配乳化剂	配伍性	推荐配比
乳化剂 F+乳化剂 Z（主乳）	配伍 、任一比例	较优≤3：1
乳化剂 F+乳化剂 Z（辅乳）	配伍 、任一比例	较优≤3：1
乳化剂 F +乳化剂 H	配伍（1：3 时翻转）	较优≤3：1

注：推荐较优配比主要从流型和高温静止沉降稳定性两方面考虑。

1.3　流型调节剂在体系中的作用

在体系中引入两性离子流型调节剂进行实验，结果表明：当体系性能较差时，补入 0.5%流型调节剂性能即可全面改善，塑性黏度降低 24%、破乳电压提高 228%，并且可显著改善沉降稳定性；当体系性能较好时，流型调节剂降黏切作用不明显，加入 0.5%流型剂降低 2.7%、E_S 提高 61.6%。因此该流型调节的主要作用体现在提高乳化稳定性和改善高温沉降稳定性两方面。

2　高密度油基钻井液现场配方优化

根据室内试验对乳化剂配伍、流型调节剂加量、防漏材料的评价，结合模拟现场配浆条件，优化并形成现场配方（表 7），配浆原则是新配浆主剂采用浓度上限，维护浆建议下限甚或不加，防漏材料根据地层情况适当调整。

表 7　高密度油基钻井液现场配方及性能

密度（g/cm^3）	油水比	处理剂种类及加量		体系性能
2.0~2.3	8：2~9.5：0.5	乳化剂 F	1%~3%	135℃ 5d 老化后，*AV* 63 ~ 72mPa·s，*PV*54 ~ 60mPa·s，动塑比 0.16~0.20，130℃高温高压滤失量 2.8~4.0mL，破乳电压 1300~1500V，120℃静置 48h 密度差 0.019g/cm^3
		乳化剂 H	1%~2%	
		流型调节剂	0~0.5%	
		有机土	1%~2.5%	
		降滤失剂	3%~4%	
		CaO	1%~3%	
		油基封堵剂	1%~2%	
		超细碳酸钙	3%~4%	
		磺化沥青	1%~2%	

3 老浆性能调整模板

基于老浆处理实验数据，基本思路，从性能测定、原因分析到针对性措施和反复试验验证与优化，最终形成老浆处理方案，总结老浆性能影响因素及采取的相应技术措施，形成技术模板如图 3 所示。

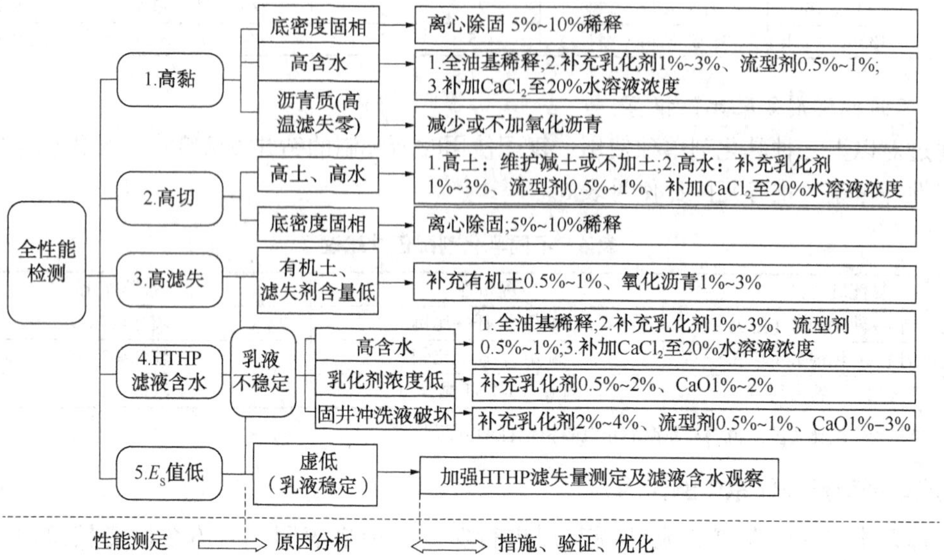

图 3　老浆性能调整模板

4 现场应用

2018—2019 年，密度 2.0g/cm^{3}以上油基钻井液现场应用 85 口井，其中 2018 年实施 24 口、2019 年实施 61 口，威远区块 50 口、长宁区块 26 口、黄金坝 2 口、大足 1 口、泸州 3 口、自贡 3 口。应用最高密度 2.42g/cm^3、温度 147℃，施工井水平段累积钻进长度 139558m，最长水平段 2310m，2000m 以上长水平段的施工井占比 24%，平均井径扩大率 3.1%，三开平均周期 36d，平均机械钻速 6.66m/h，老浆重复利用率 100%。

4.1 足 202H2-2 井

该井属于四川盆地渝西区块西山构造，目的层为志留系龙马溪组页岩气层，四开水平段长 2060m，为保满足井下转换油基钻井液的需要，根据现场实际储备罐油基老浆的性能情况、现场小型试验数据、井下情况要求，确定和调整钻井液配方。钻井液基浆配方：基液（8：2）+3%~4%乳化剂 Z+1%~2%乳化剂 F+1%~2%有机土+3%~5%降滤失剂+2%~3%氧化钙+2%~4%超细钙+1%~3%油基封堵剂+重晶石，分段钻井液性能见表 8。

表 8　足 202H2-2 井油基钻井液性能

井深 (m)	密度 (g/cm^3)	FV (s)	FL_{HTHP} (mL)	$Gel_{10'/10''}$ (Pa/Pa)	PV (mPa·s)	YP (Pa)	含油 (%)	含水 (%)	S (%)	E_S (V)
3512	2.06	68	2.2	53	11	48	12	40	80/20	560
4086	2.08	70	1.6	55	13	47	9	44	84/16	1290

续表

井深 (m)	密度 (g/cm^3)	FV (s)	FL_{HTHP} (mL)	$Gel_{10'/10''}$ (Pa/Pa)	PV (mPa·s)	YP (Pa)	含油 (%)	含水 (%)	S (%)	E_S (V)
4114	2.09	70	1.8	54	12	50	8	42	86/14	1310
4190	2.09	74	1.6	59	12	48	8	44	86/14	1460
4581	2.07	74	1.2	61	12	48	8	44	86/14	1280
4648	2.07	73	1.0	56	11	48	7	45	87/13	1270
5143	2.07	74	1.0	64	13	50	5	45	90/10	1220
5580	2.09	78	1.4	71	18	51	5	44	91/9	1060
6020	2.06	79	1.2	62	13	49	4	47	93/7	900
6366	2.06	79	1.2	58	12	51	4	45	93/7	910

该井创中国石油深层页岩气钻井井深（6366m）纪录。

4.2 泸 206H 井

泸 206 井是中石油四川页岩气公司部署在蜀南气矿泸 203 井区的一口评价直改平水平井，设计井斜深 6070m，垂深 4128m。实际完钻井深 5900m，三开（3560～5900m）斜井段和水平段使用油基钻井液，钻井液配方：基液（9∶1）+3%～4%乳化剂 Z+1～2 乳化剂 H+1%～2%有机土+3%～4%降滤失剂+2%～3%氧化钙+1%～2%磺化沥青+0.5%～1%超细碳酸钙+重晶石，钻井液分段性能见表 9。

表 9　泸 206 井油基钻井液性能

井深 (m)	密度 (g/cm^3)	FV (s)	$Gel_{10'/10''}$ (Pa/Pa)	FL_{HTHP} (mL)	PV (mPa·s)	YP (Pa)	含油 (%)	含水 (%)	S (%)	E_S (V)
3559	2.41	88	3/5	—	87	3.3	46	4	50	1009
3564	2.42	95	3/4.5	—	77	3.3	48.5	3.5	48	782
3634	2.39	83	3.5/6.5	—	72	6.7	44.5	5.5	50	1377
3727	2.37	81	3.5/5.5	—	71	7.2	45	6	49	1289
3867	2.36	76	3.5/6.5	2.0	70	6.7	46.5	6	47.5	1343
3996	2.35	73	3.5/7	—	73	6.7	45	6	49	1428
4068	2.32	72	4/7	2.4	68	7.6	45	6	49	1449
4572	2.33	105	3/13	—	80	10	45	6	49	1124
5070	2.29	89	3/10	5	73	5.27	45	6	49	1637
5516	2.27	92	3/9	5	71	11	46	7	47	1830
5871	2.28	160	4/14.5	5	90	11	44	6	50	1273
5900	2.29	140	4/15	5	85	12	44	6	50	1766

该井克服地质条件复杂，箱体薄，旋导、近钻头仪器高温稳定性差，轨迹多变等不利因素，采用高温高密度油基钻井液，通过抑制封堵，合理调控流变性，适当的固相控制技术，在井下摩阻大，扭矩大，频繁起下钻，井壁剥落、掉块严重的情况下，井壁稳定，井眼畅通，钻进、起下钻和完井作业顺利，较好地完成了双高（高温 138～147℃、高密度 2.27～

2.42g/cm^3）油基钻井液技术服务。

5 结论

（1）通过现场乳化剂基础乳液性能评价、体系性能评价以及乳化剂之间的配伍性研究结合其他处理剂对钻井液性能的影响，完善了高密度油基钻井液配方。

（2）通过老浆性能调整试验，形成了高密度油基老浆处理技术模板。

（3）高密度油基钻井液在威远、长宁、泸州等西南工区现场应用85口井（密度2.0g/cm^3以上），应用最高密度达2.42g/cm^3、温度147℃，现场较好地解决了高密度条件下流型难以控制，钻井液流变性和滤失量不能兼顾等难题，扩大了高密度油基钻井液在泥页岩地层的使用范围，取得了良好的应用效果。

参考文献

[1] 潘谊党，于培志．密度对油基钻井液性能的影响［J］．钻井液与完井液，2019，36（3）：273-279.

[2] 王建华，张家旗，谢盛，等．页岩气油基钻井液体系性能评估及对策［J］．钻井液与完井液，2019，36（5）：555-559.

[3] 朱金智，徐同台，吴晓花，等．加重剂对抗高温超高密度柴油基钻井液性能的影响［J］．钻井液与完井液，2019，36（2）：160-164.

[4] 邵宁，李子钰，于培志．高密度油基钻井液体系优选及其在页岩气水平井的应用［J］．探矿工程（岩土钻掘工程），2019，46（8）：30-35.

中国页岩油气水平井水基钻井液技术现状及发展趋势

司西强　王中华

（中石化中原石油工程有限公司钻井工程技术研究院）

【摘　要】　综述了国内近年来在页岩油气水平井高性能水基钻井液领域的技术现状，主要包括聚合醇钻井液、胺基高性能水基钻井液、硅酸盐钻井液、铝胺基钻井液、疏水抑制水基钻井液、基于纳米材料的钻井液、CAPG高性能水基钻井液、氯化钙—烷基糖苷钻井液、ZY-APD高性能水基钻井液、近油基钻井液等。并在现有的页岩油气水平井高性能水基钻井液研究及应用的基础上，对其在页岩油气水平井中应用规模较小的原因进行了剖析，对其下步研究方向及发展趋势进行了展望。

【关键词】　页岩油气；水平井；高性能；水基钻井液；烷基糖苷衍生物；近油基钻井液

世界上最早开展页岩气勘探开发的国家是美国，最早可追溯至200年前。经过两个世纪的发展，目前美国已形成了成熟的页岩气开发技术[1]。国内页岩气勘探开发的起步较晚，最早一口井威201井于2010年建成投产，近年来在技术进步和商业开采方面发展迅猛[2]。国内页岩气储层埋深一般超过3500m，而美国储层埋深较浅，一般为1500~2000m，跟国外相比，我国页岩气资源地质条件更复杂，对钻井液等相关开发技术的要求也更高[3]。近年来，除页岩气商业开发外，国内也掀起了页岩油勘探开发的热潮，虽取得了较大进展，但在配套高效钻井液技术方面还有很长的路要走。

针对国内页岩油气储层来说，要达到商业开采价值，设计的页岩油气水平井的水平段一般长达1000~2500m，页岩微裂缝和层理发育严重，泥质含量高，施工过程中对钻井液的井壁稳定性等方面要求极高[4]。据统计，90%以上的井壁失稳发生在泥页岩等易坍塌地层[5]。常规水基钻井液不能很好地解决这些地层的井壁失稳问题；强抑制水基钻井液虽然抑制防塌效果较好，但跟油基钻井液相比仍有较大差距；传统的解决办法仍然是采用油基钻井液，但

基金项目：中国博士后科学基金第5批特别资助项目“钻井液用两性甲基葡萄糖苷的合成及其作用机理”（2012T50641）、中国博士后科学基金第50批面上资助项目“钻井液用糖苷基季铵盐的合成及其抑制机理研究”（2011M501194）、中国石化集团公司重大科技攻关项目“页岩气水平井APD水基钻井液技术应用研究”（JP18038-3）、中国石化集团公司重大科技攻关项目“烷基糖苷衍生物基钻井液技术研究”（JP16003）、中国石化集团公司重大科技攻关项目“改性生物质钻井液处理剂的研制与应用”（JP17047）、中国石化集团公司重大科技攻关项目“硅胺基烷基糖苷的研制与应用”（JP19001）联合资助。

作者简介：司西强，男，1982年5月出生，2005年7月毕业于中国石油大学（华东）应用化学专业，获学士学位，2010年6月毕业于中国石油大学（华东）化学工程与技术专业，获博士学位。现任中石化中原石油工程公司钻井工程技术研究院首席专家，研究员。近年来以第1发明人申报发明专利48件，已授权17件，发表论文80余篇，获河南省科技进步奖等各级科技奖励20余项。通信地址：河南省濮阳市中原东路462号中原油田钻井院；电话：15039316302；E-mail：sixiqiang@ 163. com。

油基钻井液存在配制成本高、环保压力大等技术难题[6]。近年来，随着世界环保要求的日益严苛和钻井液低成本压力，国内在页岩油气高性能水基钻井液方面开展了大量的研究及应用工作，取得了较大进展和突破[7]。全面推广页岩油气高性能水基钻井液技术成为实现国内页岩油气水平井绿色、安全、高效钻进的技术亟需，势在必行。为进一步提高对页岩油气高性能水基钻井液替代油基钻井液的重要性的认识，满足页岩油气大规模高效开发的技术亟需，本文对国内近年来形成的页岩油气高性能水基钻井液技术进行简要介绍，主要包括胺基高性能水基钻井液体系、ZY-APD 高性能水基钻井液体系、近油基钻井液体系等，并在此基础上对其发展趋势进行展望，以期对钻井液研究人员及现场技术人员具有一定启发作用，促进国内页岩油气水平井高性能水基钻井液技术更好的发展。

1 页岩油气水平井水基钻井液研究现状

从钻井液组成的角度来看，国内页岩油气水平井高性能水基钻井液主要采用聚合醇、有机盐、胺基抑制剂、硅酸盐、铝盐、疏水抑制剂、纳米材料、烷基糖苷衍生物等的一种或几种作为主处理剂，配伍其他具有流型调节、降滤失、封堵、润滑等不同功能的处理剂，构建并形成符合现场技术要求的各类页岩油气高性能水基钻井液体系，并在现场实战中取得了较好的应用效果。

1.1 聚合醇钻井液

刘平德等[8]阐述了聚合醇钻井液的抑制机理。主要包括浊点行为、协同作用、渗透作用等三个方面。结合室内实验分析了影响聚合醇钻井液抑制作用的因素。当温度达到聚合醇的浊点温度之后，聚合醇从钻井液中析出，封堵页岩微孔裂缝。当在聚合醇钻井液中加入适量的无机盐后，无机盐与聚合醇发挥协同作用，提高了聚合醇的页岩抑制性能，达到稳定页岩的目的。

肖金裕等[9]针对页岩气开发中面临的页岩极易水化膨胀、缩径、破碎坍塌等问题，优选出了有机盐—聚合醇钻井液配方。钻井液配方组成为：2%～3%膨润土+0.1%～0.2% KPAM+1%～2%LS-2+2%～3%酚醛树脂 JD-6+3%～4%阳离子乳化沥青 SEB+8%～10%有机盐 Weigh2+3%～4%聚合醇 MSJ+3%～4%水基润滑剂 FK-10。性能评价结果表明，与现场常用的聚合物和聚磺钻井液相比，该有机盐—聚合醇钻井液具有较强的抑制性、封堵性能和较低的渗透性及活度，能阻止滤液进入页岩地层，防止页岩吸水膨胀垮塌，充分体现了体系的低活度防塌性能。在四川长宁构造的宁 206 井现场应用，摩阻在 3t 以内，返出岩屑形状规则。完井电测井径扩大率仅为 1.19%，没有出现页岩吸水膨胀、缩径现象，起下钻顺利。研究及应用结果[10]表明，聚合醇能够大幅提升钻井液的抑制性和润滑性，但单独使用时抑制性还不能保证井壁稳定，将其与有机盐复配，充分发挥两者的优势和协同作用，不但避免了无机盐的大量使用对环境造成的负面影响，而且保证了复杂泥页岩地层的安全顺利钻进。

陕北鄂尔多斯盆地延长组的油页岩、致密含油砂岩由于其硬脆性、片理结构，在钻井过程中易发生坍塌掉块、裂缝井漏等复杂情况，已成为延长油田钻井，特别是水平井钻井的一大难题。针对上述情况，张文哲等[11]研发出了强封堵型纳米聚合醇水基钻井液，钻井液配方组成为：4%钠膨润土+0.2%纯碱+0.4%K-PAM+2%COP-FL 聚合物降滤失剂+1.5%防塌润滑剂 FT342+1.0%液体极压润滑剂 JM-1+5%无水聚合醇 WJH-1+3%纳米乳液 RL-2。该钻井液在陕北杏平 36 井、罗平 16 井等两口井进行了现场应用，封堵防塌效果好，机械钻速较邻井提高 30%，施工周期缩短 35%，优快钻井效果显著。

王平全等[12]运用 X 射线衍射、微观扫描电镜实验，结合岩石三轴抗压实验，研究了清水及不同钻井液浸泡对鄂尔多斯盆地延长组页岩坍塌压力增量的影响，测试了不同钻井液浸泡前后的岩石强度，分析了地层坍塌压力变化情况。研究结果表明：延长组页岩地层层理、裂隙发育，水相将沿裂缝或微裂缝侵入地层。一方面，降低弱结构面间的摩擦力，进而削弱页岩的力学强度，导致井壁垮塌；另一方面，侵入的液相将产生水力劈裂作用，导致地层破碎，诱发井壁失稳。王波等[13]针对延长陆相页岩气地层的复杂地质特点，以聚合醇、甲酸钾、纳米刚性封堵剂、纳米乳液等为主体，研发了 PSW-2 页岩气水基钻井液，钻井液配方组成为：4%膨润土+0.2%提切剂 BOP+2.0%提切剂 TQ-1+33%甲酸盐+2.0%降滤失剂+0.1%降黏剂+9.0%聚合醇+2.0%润滑剂 ORH-1。钻井液动切力为 10 Pa、静切力为 4.5Pa/10 Pa、润滑系数为 0.07，封堵率达 82.6%。该钻井液在 YYP3 井、YYP4 井、YYP5 井、YYP6 井等 4 口页岩气水平井进行了现场应用，结果表明，该钻井液能够满足悬浮和携岩带砂要求，API 滤失量为 2.0~2.8mL，井径扩大率仅为 6.34%，具有良好的抑制防塌和稳定井壁作用。

1.2 胺基高性能水基钻井液

胺基高性能水基钻井液近年来得到国内钻井液研究人员的广泛关注[14]。该钻井液以胺基抑制剂为主处理剂，通过嵌入及拉紧晶层发挥强抑制作用，已被广泛应用于各种特殊工艺井。虽然其抑制性能跟油基钻井液相比尚有差距，但成本低于油基钻井液，且无毒环保，具有较好的应用前景。

游云武、梁文利[15,16]等针对焦石坝地区龙马溪组为大段硬脆性泥页岩、地层层理微裂缝发育、井壁易坍塌掉块、大斜度井段摩阻高、定向托压严重等技术难题，研发了聚胺钙钾基钻井液。钻井液配方组成为：清水 + VIS-B + 0.4%PAC-LV + 2%FLOCAT + 2%CMJ + 2%JLX-B + 2%CPI + 重晶石。该钻井液具有强抑制、低剪切速率黏度高、封堵性强、润滑性好、失水低、配方组成简单等特性。该钻井液在焦页 103-2HF 井应用，应用井段井径扩大率 3.9%，钻井液对砂床侵入深度小于 5cm，具有较好的井壁稳定性能和防漏性能。

赵素娟等[17,18]针对龙马溪五峰组页岩纳微米孔隙裂缝和层理发育等特性，通过核心处理剂端胺基聚醚抑制页岩表面水化、植物油酰胺极压减摩剂有效降摩减阻、纳米封堵封固等措施，构建了 JHGWY-1 高性能水基钻井液，页岩滚动回收率大于 98%，极压润滑系数 0.16，钻井液封堵滤饼承压超过 10MPa，可满足龙马溪五峰组页岩微裂缝发育、脆弱胶结面的封堵封固及水平段润滑减阻要求。该钻井液首次在涪陵工区的焦页 18-10HF 井三开井段应用，在设计垂厚 10m、实钻 8~10m 的五峰组中顺利穿行，起下钻畅通，钻完井顺利。该钻井液在现场应用过程中表现出良好的流变性、低滤失量和稳定页岩井壁能力，完井作业顺利，满足了焦页 18-10HF 三开钻完井工程需要。

姚如刚[19]针对页岩地层对钻井液性能的要求，以无氯、无重金属离子、无黑色材料等环保指标为基本原则，优选了胺基聚醇和乳液大分子作为环保抑制剂和包被剂，配合甲酸钾进一步提高钻井液抑制性，并通过高效封堵剂提高体系对页岩地层纳微米孔缝的封堵能力，构建了无毒环保型高性能水基钻井液体系。钻井液配方组成为：1.5%膨润土+0.10%~0.12%KOH+0.3%~0.5%K_2CO_3+0.5%~1.0%PAC-LV+0.1%~0.4%XCD+1.0%~2.0%Green-Starch+1.0%~3.0%H-Stable+2.0%~4.0%HPAG+0.5%~1.5%GWAMAC+3.0%~

5.0%甲酸钾 +重晶石。性能评价结果表明，该钻井液在密度 1.22~2.18g/cm^{3}范围内具有优良流变性及滤失造壁性，静置 24h 后上下密度差为 0.03~0.06g/cm^3，沉降指数低于 0.508，悬浮稳定性好，触变性高，滤饼黏滞系数 0.0262，润滑性能好，并兼具较强的抑制性和抗岩屑污染性能，能够满足不同压力系统页岩地层钻井的需要。

钟汉毅等[20]根据泥页岩水化特点和多元协同抑制思路，构建了聚胺高性能水基钻井液。介绍了该体系的关键处理剂聚胺页岩抑制剂、包被抑制剂、铝盐封堵防塌剂和清洁润滑剂。钻井液配方组成为：4%膨润土浆+0.3%SDB+1%PAC-L +0. 3%XC+3%HA-1+3%SDJA + 3%SD-505。通过屈曲硬度实验和黏结实验对比评价了聚胺高性能水基钻井液与几种典型防塌钻井液的性能。结果表明，聚胺页岩抑制剂能够在较低浓度下最大限度地降低黏土水化层间距，有效抑制黏土水化膨胀。聚胺页岩抑制剂与铝盐封堵防塌剂复配后能显著阻缓孔隙压力传递。聚胺高性能水基钻井液抑制性和清洁润滑性突出，与油基钻井液接近。该钻井液在胜利油田田 305 断块的田 310 井现场应用，使用井段钻井液流变性稳定，未出现井下复杂情况。振动筛返出岩屑外形完整，棱角分明。与该区块同类型井相比，钻进期间井壁没有掉块，井径较规则，井径扩大率小于 6%，有效解决了胜利油田田 305 断块泥页岩井壁失稳问题井壁稳定效果显著。

林永学等[21]分析了威远区块页岩储层矿物组分、储层物性和页岩地层井眼失稳机理，认为该区块页岩气水平井钻进时，钻井液应具有较强的抑制性、封堵能力和一定的润滑性。以聚胺 SMJA-1 为主处理剂，配伍封堵、润滑等处理剂，构建得到了 SM-ShaleMud 钻井液。钻井液配方组成为：1.5%膨润土 + 3.0%~4.0%$CaCO_3$+ 2.0%~4.0%SMSS-2 + 2.0%~4.0%SMLS-1 + 2.0%~4.0%SMNP-1 + 2.0%~3.0%SMJH-1 + 2.0%~3.0%SMLUB-E + 0.5%~1.0%SMJA-1 + 5.0%~7.0%KCl+重晶石。性能评价结果表明，该钻井液抗温 140℃，抑制和封堵能力强，能有效抑制黏土水化和裂缝的扩展。该钻井液在威远区块威页 23 平台 3 口井进行了应用，结果表明，该钻井液综合性能优良，井壁裸眼浸泡 67d 后仍保持稳定，表现出较好的井壁稳定效果。

1.3 硅酸盐钻井液

硅酸盐在钻井液中的应用始于 20 世纪 20—30 年代，由于其切力大、流变性难以控制而限制了其大规模推广应用。但硅酸盐与其他钻井液防塌剂相比具有较多优势。其结构组成近似于砂岩；无毒、环境友好；不含荧光、在任何条件下都不会分解出低分子量烃类、不干扰荧光录井和气测录井；自身含有粒度分布广且与地层矿物亲和力强的粒子，在很宽的温度范围内均可起沉积封堵作用；抑制防塌性能优良。研究表明[22-24]，硅酸盐形成凝胶与沉淀堵塞微裂缝与页岩孔隙，可大大降低泥页岩渗透率，在泥页岩表面形成一个“隔膜”或“封固壳”，有效阻缓滤液侵入和压力传递，并具有很强的抑制黏土矿物水化膨胀与分散的能力，防止水敏性地层的水化失稳。

陈蓓等[25]在研究硬脆性泥页岩井壁失稳机理的基础上，有针对性地研制了一套适于硬脆性泥页岩地层的水基硅酸盐钻井液体系。钻井液配方组成为：1.0%膨润土+0.2% Na_2CO_3+0.3%NaOH+0.3%PLUS+0.05%XC+0.5%MV-CMC+1.5%DFD-140+1.0%JLX+5.0%硅酸钠+5.0%NaCl+重晶石。该钻井液具有流变性好、抗污染和抗温能力强、膜效率高、抑制性和封堵微裂缝能力强等优点，可满足硬脆性泥页岩地层钻井的需要。

游云武等[26]在对硅酸盐钻井液体系及页岩稳定分析的基础上，研发了一套硅酸钾钻井液体系。钻井液组成为：硅酸钾 + PAC-LV + JHVIS + SaleHIB + SaleMAX + SaleFLO +

SaleSeal + MicroSeal + UHIB + JHX-RH + JHlUB + KOH + 重晶石。该钻井液除了具有良好的抑制防塌性能外，还具有较低的滤失量（高温高压滤失量<6mL），且流变性易于控制，润滑性好，可满足页岩气水平井钻井的要求。艾中华等[27]针对苏丹南部油田强水化分散的泥页岩地层，研制出了一种新型 KCl/硅酸钠钻井液，钻井液配方组成为：2%膨润土+0.15% NaOH+0.15%Na_2CO_3+0.4%PAC-SL+0.1%K-PAM+5%KCl+60%硅酸钠。该钻井液克服了传统的硅酸盐钻井液流变性控制困难、滤失量偏高等缺点，其抑制防塌性能明显优于原来在该区块使用的 KCl/聚合物钻井液。现场应用表明，该钻井液具有流变性易调、滤失量可控、配制维护简便等特点，返出钻屑棱角分明，使井下复杂情况大大减少，取得了较好的井壁稳定效果。

1.4 铝胺基钻井液

李钟等[28]研发了一种铝胺基钻井液体系。该钻井液配方组成为：5%钠膨润土+0.3% PAM+0.5%有机胺 SD-5+1.5%铝基聚合物 DLP-1+3%超细碳酸钙+3%SDJ-2+3%GL-1+2% KFT+2%SMP-2+1.0%DSP-2+15%原油+0.3%固体乳化剂 SN-1+2%固体防塌润滑剂 RH-2+1%MSO+重晶石。性能评价结果表明，该钻井液具有强抑制、强封堵、低滤失、优良的润滑性、流变性、抗温能力和油气层保护效果。在夏 945HF 井三开进行了现场应用，钻井液流变性能稳定，动塑比 0.5，API 滤失量小于 2.4mL，HTHP 滤失量小于 8.0mL，滤饼黏附系数小于 0.1，配合合理的密度与工程技术措施，较好地解决了该井大段泥岩、高压油泥岩和油页岩的井壁失稳问题，保证了该井钻井顺利施工和完井。

王树永[29]评价了胺基聚醇 AP-1 和铝聚合物 DLP-1 的防塌能力，并优选出了铝胺高性能水基钻井液配方。钻井液配方组成为：4%膨润土+1%PAM+1%SF-1+3%SMP-II+2% KFT+3%沥青粉 FF-2+2%聚合醇 SYP-1+2% AP-1+1%DLP-1+7%原油+烧碱+重晶石。该钻井液在营 72-平 2 井和辛 176-斜 12 井进行了现场应用。营 72-平 2 井三开后因严重井塌无法施工，被迫填井侧钻，侧钻至井深 2920m 时，井塌现象已非常严重，转换为铝胺高性能水基钻井液后顺利完钻。辛 176-斜 12 井三开后钻遇大段泥页岩，地层微裂缝发育，同时泥岩中蒙皂石含量高、水敏性强，钻进中发生较严重的井壁垮塌掉块，转换为铝胺高性能水基钻井液后顺利完钻。以上两口井的现场试验应用证明，铝胺高性能水基钻井液对解决因水化不均匀或微裂缝发育导致的井壁不稳定具有良好的效果。

马超等[30]从聚胺盐与聚铝盐的抑制防塌机理出发，将两者复配，以发挥两者的协同效应提升钻井液的抑制防塌性能，通过优选其他配伍处理剂及加量，研发出了具有强抑制性的聚铝胺盐防塌钻井液配方。钻井液组成为：2.0%膨润土+2.0%封堵剂聚铝盐 PAC-1+3.0%抑制剂聚胺盐 HPA+1.0%降滤失剂 SMP-1+1.5%降滤失剂 APC-026+2.0%抑制剂磺化沥青+pH 值调节剂 NaOH。性能评价结果表明：该钻井液耐 150℃高温；对强水敏泥岩一次回收率为 75%，膨胀率为 17.4%；钻井液抗 15%NaCl 和 1%$CaCl_2$污染。14 口井的现场应用表明，该钻井液抑制性和封堵能力强，可有效解决泥页岩地层井壁坍塌和缩径造成的掉块、起下钻遇阻等问题。

1.5 疏水抑制水基钻井液

明显森等[31]为了保证长宁龙马溪硬脆性水敏地层的井壁稳定，研发了以疏水抑制剂 CQ-SIA 和高效液体润滑剂 CQ-LSA 为主要处理剂的页岩气水基钻井液体系。性能评价结果表明：该钻井液抑制性能优异，岩屑回收率达 97.6%；100℃恒温静置 48h，未出现重晶石沉降现象，流变性能稳定；抗钻屑污染达30%。景岷嘉、刘伟等[32,33]根据长宁区块龙马溪页岩的特点及钻井工程需要，研发了一套具有强抑制性、强封堵性和高润滑性能的疏水抑制水基钻井液体系。钻井液配方组成为：1.0%～3.0%膨润土浆+0.5%～0.8%聚合物降滤失剂+3.0%～5.0%磺化降滤失剂+0.2%NaOH+1.0%～3.0%防塌封堵剂+1.0%～2.0%聚合醇+0.4%～1.0%疏水抑制剂 CQ-SIA+20%～30%复合盐+0.8%～1.6%纳米封堵剂+0.8%～1.0%表面活性剂+3.0%～5.0%润滑剂 CQ-LSA+重晶石。该钻井液在长宁 H25-8 井应用，结果表明，该钻井液钻进过程中水平段井壁稳定，井眼清洁，起下钻摩阻小，电测成功率 100%，下套管和固井作业顺利，可满足长宁页岩气水平井的钻井需要。据报道，2015 年 6 月，在长宁 H13-3 井使用川庆钻探公司自主研发的阳离子硅氟聚酯高性能水基钻井液[34]，创造了长宁龙马溪页岩水平段长 1500m、水基钻井液浸泡 385h 井壁稳定无垮塌、单日进尺 301.4m 等纪录，进一步验证了疏水抑制水基钻井液的井壁稳定能力。

蒋官澄等[35]基于井下岩石表面双疏理论，研发出可在岩石、滤饼和钻具等表面形成纳—微米乳突物理结构并降低表面自由能，具有“防塌、保护储集层、润滑、提速”功能的聚合物超双疏剂并对其进行性能评价。以该超双疏剂为核心，结合钻遇的地层概况，配套其他处理剂形成了超双疏强自洁高效能水基钻井液体系，并与现场用高性能水基钻井液和典型油基钻井液的性能进行对比。结果表明：流变性好，高温高压滤失量与油基钻井液相当；抑制性和润滑性接近油基钻井液水平；无毒环保。该钻井液在阳 102H36-3 井现场应用，解决了钻井过程中井壁失稳、储层损害和阻卡卡钻严重、钻速慢、成本高等技术难题，同区块井下复杂情况减少 82.9%，钻速提高 32.8%，钻井液综合成本降低 39.3%，日产量提高 1.5 倍以上。

1.6 基于纳米材料的钻井液

常德武等[36]根据泥页岩地层特性以及页岩气钻井工艺技术特点，优选了一种基于纳米材料的水基钻井液体系。该钻井液采用纳米二氧化硅泥页岩微小孔隙，采用磺化沥青 Soltex 作为页岩防塌剂。钻井液配方组成为：5%钠膨润土 + 1.8%Soltex + 0.6%Drispac + 0.15% Flowzan + 0.8%DFD + 2.4%SPNH + 3%纳米 SiO_2分散液 + 2% 纳米碳酸钙 + 1.2%KHm。对该钻井液的热稳定性、高温高压滤失性能、高温高压流变性、膨胀性、滚动回收率、润滑性、滤饼摩阻系数以及表面张力等参数进行了测试。结果表明：该钻井液对泥页岩具有较强抑制性，抑制效果由于强抑制的聚合醇钻井液，可有效防止泥页岩水化膨胀分散，保证井壁稳定；具有优良的润滑性能，润滑系数为 0.21，滤饼摩阻系数为 0.0497，在 120℃下滤失量较低。纳米二氧化硅、纳米碳酸钙近似球型结构，与磺化沥青 Soltex 发挥协同作用，使钻井液具有低表面张力，可降低对储层的水锁伤害，适于泥页岩地层的安全钻进。

1.7 烷基糖苷衍生物类高性能水基钻井液

司西强等[37]针对四川页岩气井龙马溪地层极易发生坍塌掉块、油基钻井液配制成本高及钻屑后处理压力大等技术瓶颈难题，以阳离子烷基糖苷（CAPG）、纳微米封堵剂等为主处理剂，通过钻井液体系构建及配方优化，形成了 CAPG 高性能水基钻井液优化配方。钻井液配方组成为：30%CAPG+1%～2%膨润土浆+0.05%～0.2%增黏剂+0.2%提切剂+4%～6%降滤失剂+3%～5%封堵剂+0.1%～0.3%pH 值调节剂+重晶石。性能评价结果表明：该钻井液具有较好流变性；高温高压滤失量仅为 4.0mL；钻井液可有效抑制黏土的水化膨胀分散，不破坏页岩的结构，保持地层的原始性和完整性，表现出优异的井壁稳定性能；当密度达

2.32g/cm³时，钻井液极压润滑系数和滑块摩阻系数仍小于0.1，表现出较好的润滑性能；钻井液连续老化30d后，流变性能保持稳定，静置72h未发生沉降现象；钻井液具有较好的抗污染性能；钻井液无生物毒性。该钻井液适用于强水敏性软泥岩、泥页岩等易坍塌地层的安全钻进。

为解决常规水基钻井液开发泥页岩地层时无法实现的井壁稳定和润滑防卡等技术难题，中原研发团队[38]对加有高浓度氯化钙的烷基糖苷钻井液进行了研究，形成了氯化钙-烷基糖苷钻井液体系。该钻井液配方组成为：25%烷基糖苷APG+0.6%增黏剂+4%封堵降滤失剂+2%纳-微米封堵剂+20%～40%$CaCl_2$+0.5%JS+适量NaOH。性能评价结果表明：该钻井液在高浓度氯化钙和高浓度烷基糖苷的共同作用下，具有较低水活度，可与泥页岩地层达到渗透平衡；钻屑一次和二次回收率均超过90%，远高于常规水基钻井液；岩心在该钻井液中浸泡后状态完好，抗压强度降低较少；润滑性能优良；130℃持续老化72h性能稳定，抗温稳定性好；抗钻屑、水侵和原油污染能力分别达15%、10%和10%。该钻井液适用于焦石坝等页岩气水平井的钻井施工。

赵虎等[39]针对川南页岩气水平井开发过程中普遍存在井壁失稳、完井作业摩阻大等问题，从提高转基因井壁稳定和润滑防卡能力入手，开展了以阳离子烷基糖苷CAPG和聚醚胺基烷基糖苷NAPG等烷基糖苷衍生物为主处理剂的ZY-APD高性能水基钻井液。钻井液配方组成为：4%～7%烷基糖苷衍生物APD+1%～2%膨润土+0.1%～0.3%流型调节剂XC+7%～8%级配纳微米封堵剂+0.5%～1.0%降滤失剂+5%～6%KCl+2%～3%极压润滑剂+0.1%～0.2%pH值调节剂+重晶石。该钻井液在川南黄金坝和长宁区块的YS108H8-5井、YS108H8-3井和长宁H26-4井等3口井现场应用，其中YS108H8-5井为中国石化第一口用水基钻井液施工的页岩气水平井。应用结果表明：该钻井液对川南龙马溪组页岩井壁稳定周期较长，整个钻进过程井壁稳定无坍塌；钻井液润滑防卡效果好，钻井液摩阻仅为30～40t；钻井液长期稳定性良好，便于维护与回收利用，回收利用率大于80%。该钻井液施工井的机械钻速较使用高性能水基钻井液的6口邻井和相邻区块井提高了14.6%～18.8%，适用于中低水敏的泥页岩地层的钻井施工。

1.8 近油基钻井液

随着环保要求的日益严苛和钻井液技术的不断进步，“水替油”成为钻井液技术发展的必然趋势[40]。近油基钻井液体系是近年来中石化中原石油工程公司原创研发的一种完全可以达到水替油效果的高性能水基钻井液体系，代表了目前国内外高性能水基钻井液的主流发展方向。近油基钻井液与现有高性能水基钻井液的本质区别在于：高性能水基钻井液是依靠强抑制剂来实现抑制防塌，地层水化作用无法避免，坍塌周期较短；而近油基钻井液与油基钻井液一样，无水化过程，不存在黏土矿物的水化运移，地层坍塌周期可无限延长，或者可认为不存在坍塌周期的概念。既然不存在水化作用，那么压力传递就成为影响近油基钻井液和油基钻井液井壁稳定效果的主要因素。因此，要想避免井壁失稳，近油基钻井液还必须做好封堵措施[41,42]，避免或减弱压力传递作用，从去水化、强封堵等多个角度共同作用来确保井壁稳定。总的来说，要想实现近油基钻井液的技术目标，需要使钻井液满足吸附成膜阻水、反渗透驱水这两个基本条件，同时具备强封堵效果。

司西强等[43-46]针对国内强水敏性泥岩、高活性页岩地层存在的易水化坍塌、层理裂缝发育、破碎带失稳、摩阻大等技术难题，同时为了避免目前油基钻井液存在的配制成本高、钻屑后处理压力大等问题，开展了作用机理与油基相近、性能与油基相当、且绿色环保的近油基钻井液研究。以水活度为 0.746 的近油基基液为基础，配伍增黏提切剂、降滤失剂、封堵剂等处理剂，通过钻井液体系构建及配方优化，得到了近油基钻井液优化配方：近油基基液（水活度 0.746）+1.0%~3.0%膨润土+1.5%~2.0%降滤失剂 ZY-JLS+0.1%~0.3%流型调节剂 ZYPG-1+3.0%~7.0%成膜封堵剂 ZYPCT-1+1.0%~3.0%纳米封堵剂 ZYFD-1+0.5%~2.0%抑制增强剂 ZYCOYZ-1 +0.1%~0.3%pH 调节剂+重晶石。性能评价结果表明：钻井液密度在 1.17~2.50g/cm^3范围内可调。密度为 1.17g/cm^3时，钻井液水活度为 0.651。钻井液抗温达 150℃；岩屑回收率>99%；极压润滑系数 0.035，滤饼黏附系数 0.0524；钻井液滤液表面张力 29.425mN/m；钻井液中压滤失量 0mL，高温高压滤失量 4.5mL；钻井液 EC_{50}值 128400mg/L；钻井液抗盐达饱和，抗钙 10%，抗土 30%、钻屑 25%，抗水 30%，抗原油 20%；钻井液表现出较好的储层保护性能。该近油基钻井液作用机理与油基钻井液相近，通过嵌入及拉紧晶层、吸附成膜阻水、低水活度反渗透驱水等发挥抑制防塌性能。该钻井液抑制防塌性能优异、固相清洁及容纳能力强、润滑防卡效果好、不黏卡钻具、环保优势显著，适用于高活性泥页岩、含泥岩等易坍塌地层及页岩油气水平井的钻井施工，实现现场绿色、安全、高效钻进。近油基钻井液体系在陕北云页平 6 井、东北松辽盆地松页油 2HF 井现场应用，效果突出。其中，松页油 2HF 井是我国第一口用水基钻井液打成的页岩油水平井，打破了松辽盆地北部页岩油层被称为“钻井禁区”、“不可战胜”的神话，为我国下步页岩油大规模开发积累了宝贵的第一手资料，意义重大。松页油 2HF 井施工中，100%纯泥岩裸眼浸泡 165d 仍然保持强效持久的井壁稳定（邻井坍塌周期不超过 21d），完井作业以 200~300m/h 的高速度下套管一次成功。从技术、成本及环保等角度来说，近油基钻井液体系均表现出明显的优势，有利于促进国内外高性能水基钻井液技术进步，具有较好的经济效益和社会效益，应用前景广阔，近油基钻井液体系适用于强水敏性软泥岩地层、高活性页岩地层的绿色、安全、高效钻进。

2 页岩油气水平井水基钻井液发展趋势

总的来说，我国页岩油气资源的勘探开发已全面铺开[47]。我国页岩气资源主要分布在南方古生界、华北地区下古生界、塔里木盆地寒武—奥陶系等海相页岩地层以及准格尔盆地的中下侏罗统、吐哈盆地的中下侏罗统、鄂尔多斯盆地的上三叠统等陆相页岩地层，目前已实现商业开发的主要有涪陵、长宁、威远、延长等四大页岩气产区，其中 2017 年涪陵页岩气田已实现 100 亿立方米产能。我国页岩油资源主要分布在松辽盆地、鄂尔多斯盆地、准格尔盆地等区域，国内页岩油资源尚未实现商业化开发。截至目前，国内页岩油气勘探开发所用的钻井液基本为油基钻井液，水基钻井液占比很少，原因主要有三个：（1）受传统认识的局限，仍普遍认为油基钻井液是目前页岩油气水平型钻井施工的首选体系，尽管随着世界环保要求的日益严格，油基钻井液在环保方面的劣势越来越明显；（2）目前能够用于页岩油气水平井安全钻进的水基钻井液可选择性较小，前期形成的聚合醇钻井液、胺基钻井液等高性能水基钻井液性能跟油基钻井液相比仍有较大差距，不能满足目前页岩油气水平井安全钻井的技术亟需；（3）近年来原创研发的机理与油基钻井液相近、性能与油基钻井液相当、且绿色环保的近油基钻井液体系，尽管从性能、成本、环保等方面表现出了较油基钻井液更显著优势，但是由于认识的局限性，还不能完全被接受，导致其推广应用步伐较慢。

针对上述技术现状及存在问题，笔者认为下步页岩油气水基钻井液应从以下几个方向开展技术攻关：

（1）充分发挥聚合醇、胺基抑制剂、硅酸盐、烷基糖苷及其衍生物、Al^{3+}、$CaCl_2$等的优良性能，将其复配到一起，构建并优化得到具有多元协同防塌效果的高性能水基钻井液体系，实现良好的井壁稳定效果。

（2）开展 ZY-APD 高性能水基钻井液的适用性研究，强化其抑制、润滑、封堵等性能，形成适用于不同长宁、昭通等不同页岩气区块的 ZY-APD 高性能水基钻井液系列技术，满足中低水敏泥页岩地层的安全钻进。

（3）在现有近油基钻井液体系的研究基础上，继续深入开展其作用机理研究，比如说近油基基液水活度与成膜效果、抑制防塌性能的内在联系，近油基基液与其他配伍处理剂的协同作用，得到近油基钻井液作用机理，改变并统一思想认识，让“水基钻井液替代油基钻井液完全可以实现”的观念深入人心。

（4）针对国内各页岩油气区块地层的不同地质特点，优化调整钻井液配方组成及施工技术方案，开展近油基钻井液体系的适用性研究，形成满足不同页岩地层复杂地质特征的近油基钻井液系列技术；同时从成本角度考虑，研究形成近油基钻井液的回收利用技术，继续降低近油基钻井液的综合使用成本，使其跟油基钻井液相比，在性能、成本及环保方面具有绝对优势；在涪陵及威荣区块页岩气水平井和松辽盆地页岩油水平井开展近油基钻井液技术推广应用，满足目前页岩油气水平井钻井施工中对钻井液性能、成本、环保等方面的严苛要求，实现绿色、安全、高效钻进。

（5）在目前“近油基钻井液体系”研究及实践基础上，从抑制防塌、润滑防卡、成膜封堵、固壁胶结等角度继续强化钻井液性能，探索开展“超油基钻井液体系”的前瞻研究。

参考文献

［1］戴金星，秦胜飞，胡国艺，等．新中国天然气勘探开发 70 年来的重大进展［J］．石油勘探与开发，2019，46（6）：1037-1046.

［2］杨野．适用于长页岩井段的强抑制水基钻井液研究［D］．成都：西南石油大学，2017：3-4.

［3］许博，闫丽丽，王建华，等．国内外页岩气水基钻井液技术新进展［J］．应用化工，2016，45（10）：1974-1981.

［4］王中华．页岩气水平井钻井液技术的难点及选用原则［J］．中外能源，2012，17（4）：43-47.

［5］徐加放，邱正松，王瑞和，等．泥页岩水化应力经验公式的推导与计算［J］．石油钻探技术，2003，31（2）：33-35.

［6］王俊祥．页岩气水基钻井液技术研究［D］．武汉：长江大学，2015：7-28.

［7］赵虎，司西强，王爱芳．国内页岩气水基钻井液研究与应用进展［J］．天然气勘探与开发，2018，41（1）：90-95.

［8］刘平德，牛亚斌，王贵江，等．水基聚乙二醇钻井液页岩稳定性研究［J］．天然气工业，2001，21（6）：57-59.

［9］肖金裕，杨兰平，李茂森，等．有机盐聚合醇钻井液在页岩气井中的应用［J］．钻井液与完井液，2011，28（6）：21-23.

［10］刘彦妹，左凤江，高丽娟，等．聚合醇与有机盐的协同效应［J］．钻井液与完井液，2010，27（2）：32-33.

［11］张文哲，李伟，王波，等．延长油田水平井高性能水基钻井液技术研究与应用［J］．非常规油气，2019，6（5）：85-90.

［12］王平全，邓嘉丁，白杨，等．钻井液浸泡对延长组页岩坍塌压力的影响［J］．特种油气藏，2018，25（2）：159-163.

[13] 王波，李伟，张文哲，等．延长区块陆相页岩水基钻井液性能优化评价［J］．钻井液与完井液，2018，35（3）：74-78.
[14] 徐跟峰．高性能水基钻井液技术特点及应用进展［J］．西部探矿工程，2019，31（8）：85-86.
[15] 游云武，梁文利，宋金初，等．焦石坝页岩气高性能水基钻井液的研究及应用［J］．钻采工艺，2016，39（5）：80-82.
[16] 梁文利．四川盆地涪陵地区页岩气高性能水基钻井液研发及效果评价［J］．天然气勘探与开发，2019，42（1）：120-129.
[17] 赵素娟，游云武，刘浩冰，等．涪陵焦页 18-10HF 井水平段高性能水基钻井液技术［J］．钻井液与完井液，2019，36（5）：564-569.
[18] 刘浩冰，赵素娟，陈长元，等．页岩水平段水基钻井液技术［J］．辽宁化工，2020，49（1）：116-118.
[19] 姚如钢．无毒环保型高性能水基钻井液室内研究［J］．钻井液与完井液，2017，34（3）：16-20.
[20] 钟汉毅，邱正松，黄维安，等．聚胺高性能水基钻井液特性评价及应用［J］．科学技术与工程，2013，13（10）：2803-2807.
[21] 林永学，甄剑武．威远区块深层页岩气水平井水基钻井液技术［J］．石油钻探技术，2019，47（2）：21-27.
[22] 徐加放，邱正松，吕开河，等．硅酸盐钻井液防塌机理与应用技术［J］．石油勘探与开发，2007，34（5）：622-627.
[23] 秦永和．硅酸盐钻井液防塌机理研究与应用［J］．中国石油大学学报（自然科学版），2007，31（3）：67-71.
[24] 何恕，郑涛，敬增秀，等．水基硅酸盐钻井液的页岩井眼稳定性研究［J］．钻井液与完井液，2000，17（3）：28-30.
[25] 陈蓓，鄢捷年，王建华．适用于硬脆性泥页岩地层的水基钻井液技术研究［J］．西部探矿工程，2009，21（7）：50-52.
[26] 游云武，许明标，由福昌．硅酸钾钻井液在页岩气水平井中的可行性研究［J］．探矿工程（岩土钻掘工程），2016，43（7）：116-120.
[27] 艾中华，郭健康，唐德钊．新型 KCl/硅酸钠钻井液在强水化分散泥页岩中的应用［J］．石油钻探技术，2009，37（5）：77-80.
[28] 李钟，王佩平，罗石琼，等．夏 945HF 井三开铝胺基钻井液技术研究应用［J］．中外能源，2017，22（10）：41-46.
[29] 王树永．铝胺高性能水基钻井液的研究与应用［J］．钻井液与完井液，2008，25（4）：23-25.
[30] 马超，赵林，宋元森．聚铝胺盐防塌钻井液研究与应用［J］．石油钻探技术，2014，42（1）：55-60.
[31] 明显森，贺海，王星媛．四川长宁区块页岩气水平井水基钻井液技术的研究与应用［J］．石油与天然气化工，2017，46（5）：69-73.
[32] 景岷嘉，陶怀志，袁志平．疏水抑制水基钻井液体系研究及其在页岩气井的应用［J］．钻井液与完井液，2017，34（1）：28-32.
[33] 刘伟，贺海，黄松，宾承刚．疏水抑制水基钻井液在长宁 H25-8 井的应用［J］．钻采工艺，2017，40（3）：84-86.
[34] 谷学涛．页岩气水平段超高密度专打水基钻井液获突破［N］．中国石油报，2015-06-25（1）.
[35] 蒋官澄，倪晓骁，李武泉，等．超双疏强自洁高效能水基钻井液［J］．石油勘探与开发，2020，47（2）：1-9.
[36] 常德武，蔡记华，岳也，等．一种适合页岩气水平井的水基钻井液［J］．钻井液与完井液，2015，32（2）：47-51.

[37] 司西强，王中华，王伟亮．龙马溪页岩气钻井用高性能水基钻井液的研究［J］．能源化工，2016，37（5）：41-46.
[38] 赵虎，司西强，甄剑武，等．氯化钙-烷基糖苷钻井液页岩气水平井适应性研究［J］．钻井液与完井液，2015，32（6）：22-25.
[39] 赵虎，孙举，司西强，等．ZY-APD 高性能水基钻井液研究及在川南地区的应用［J］．天然气勘探与开发，2019，42（3）：139-145.
[40] 闫丽丽，李丛俊，张志磊，等．基于页岩气“水替油”的高性能水基钻井液技术［J］．钻井液与完井液，2015，32（5）：1-6.
[41] 侯杰．硬脆性泥页岩微米-纳米级裂缝封堵评价新方法［J］．石油钻探技术，2017，45（3）：32-37.
[42] 刘凡，蒋官澄，王凯，等．新型纳米材料在页岩气水基钻井液中的应用研究［J］．钻井液与完井液，2018，35（1）：27-33.
[43] 司西强，王中华，王伟亮．聚醚胺基烷基糖苷类油基钻井液研究［J］．应用化工，2016，45（12）：2308-2312.
[44] 谢俊，司西强，雷祖猛，等．类油基水基钻井液体系研究与应用［J］．钻井液与完井液，2017，34（4）：26-31.
[45] 司西强，王中华，雷祖猛，等．近油基钻井液技术及实践［A］//2019 年度全国钻井液完井液学组工作会议暨技术交流研讨会论文集［C］．北京：中国石化出版社，2019. 7-20.
[46] 司西强，王中华．钻井液用烷基糖苷及其改性产品合成、性能及应用［M］．北京：中国石化出版社，2019：301-312.
[47] 王中华．页岩气水平井钻井液技术的难点及选用原则［J］．中外能源，2012，17（4）：43-47.

近油基钻井液在江苏页岩油水平井丰页1H井的应用

雷祖猛　司西强　王中华　孙　举

（中石化中原石油工程有限公司钻井工程技术研究院）

【摘　要】　对页岩油气探井为长裸眼段泥岩地层，普通水基钻井液不能满足井壁稳定等要求，油基钻井液受制于环保和配套处理措施不具备，一种作用机理与油基钻井液相近、性能与油基钻井液相当、且绿色环保的近油基钻井液体系成为首选。通过分析丰页1H井多套泥岩地层互层、层理发育、含破碎带的地层特性，同时总结邻井丰探15H1井使用国外某油服公司的高性能水基钻井液体系未能按照设计完井的经验教训，在设计近油基钻井液配方时做到"对症下药"，主要技术对策为：以水活度不低于0.746的近油基基液作为分散相和主抑制防塌剂，同时复配5%~7%KCl提高钻井液的协同抑制防塌能力，实现对地层黏土不水化；以2.0%~4.0%级配纳微米封堵剂ZYFD和3.0%~5.0%的可变形封堵剂的物理封堵，配合0.5%~2.0%有机硅类固壁剂COYZ-1的化学固壁，实现对微裂缝、破碎带地层快速高强度封堵；近油基基液可在钻具和井壁表面形成"油膜"，润滑性能突出，在配合较低的钻井液滤失量，共同实现井壁稳定和高效润滑，现场钻井液滤饼黏滞系数0.04~0.06，高温高压滤失量不大于4.2mL，满足了现场安全施工需求，目前已顺利完钻，成为该区块第一口使用水基钻井液顺利完钻的水平井。

【关键词】　近油基钻井液；吸附成膜、低活度反渗透、页岩油水平井；强抑制；高润滑

井壁失稳是油气钻探过程中最常见的井下复杂情况。据统计，90%以上的井壁失稳发生在泥页岩及含泥岩等易坍塌地层[1-7]。在钻遇黏土矿物含量高的高活性泥页岩及含泥岩等易坍塌地层时：常规水基钻井液不能有效抑制黏土水化膨胀、分散；强抑制水基钻井液虽然抑制防塌效果好，绿色环保，但远未达到油基钻井液的应用效果[8-12]；目前传统解决办法仍然是采用油基钻井液[13]，但油基钻井液存在配制成本高、钻屑后处理压力大等问题，限制了其更大规模的推广应用。

对于页岩油气探井，由于要钻穿长裸眼段的泥页岩地层，常规水基钻井液不能满足井壁稳定的需要，而在该区块未能大规模开发前，油基钻井液牵因为涉及钻后环保处理等配套措施而使用受限，因此，一种作用机理与油基钻井液相近、性能与油基钻井液相当、且绿色环保的近油基钻井液体系成为现场亟需。本文对近油基钻井液在江苏高难度页岩油水平井丰页1H井应用过程中的技术突破进行介绍，以期对钻井液同行具有一定指导作用。

基金项目：中国石化集团公司重大科技攻关项目"烷基糖苷衍生物基钻井液技术研究"（编号：JP16003）、中国石化集团公司重大科技攻关项目"改性生物质钻井液处理剂的研制与应用"（编号：JP17047）、中国石化集团公司重大科技攻关项目"硅胺基烷基糖苷的研制与应用"（编号：JP19001）联合资助。

作者简介：雷祖猛，男，1983年5月出生，2008年7月毕业于西安工程大学化学专业，获硕士学位，副研究员，现任中石化中原石油工程公司钻井工程技术研究院副研究员，主要从事新型钻井液处理剂及钻井液新体系的研究与应用工作。通信地址：河南省濮阳市中原东路462号中原油田钻井院；电话：15039316302；E-mail：sixiqiang@163.com。

1 概况

丰页1H井是中国石油天然气股份有限公司浙江油田分公司部署在苏北盆地白驹凹陷洋心次凹深凹带的一口重点页岩油风险预探井，为导眼井裸眼侧钻水平井，是该区块第一口使用国内水基钻井液施工的页岩油水平井，也是该区块第一口使用水基钻井液顺利完钻的水平井。该井以丰页1井直导眼井裸眼侧钻进行直改平施工，从3400m开始侧钻，A靶点井深4200m，设计井深5092.33m，由于地层缺失，施工至井深4660m完钻，完钻井斜60.5°。钻遇地层依次为阜宁组一段、泰州组二段、泰州组一段，钻探目的是评价泰州组二段Ⅰ亚段53号、54号小层的产能潜力，目的层岩性为灰色、灰黑色、黑色泥岩。

2 近油基钻井液技术优势

2.1 井壁稳定能力强效持久

近油基钻井液通过嵌入及拉紧晶层、吸附成膜阻水、低水活度反渗透驱水等作用机理来保持井壁稳定[14-27]，同时配合级配纳微米和变形封堵剂的物理封堵和固壁剂的化学固壁共同作用实现井壁的强效持久稳定[28-29]，钻井液岩屑回收率为99.10%，人造岩心柱在近油基钻井液中常温浸泡180d未垮塌，掰开后，岩心柱内部干燥、质地坚硬。

2.2 润滑性能优异

近油基基液同时吸附在井壁和钻具表面形成规则致密“油膜”，降低了滤饼的黏附系数和起下钻摩阻，无需额外添加润滑剂，润滑性能与油基钻井液相当。近油基钻井液密度在1.2~2.0g/cm^{3}时，极压润滑系数0.048~0.083，滤饼黏附系数0.052~0.105，润滑性能优异。

2.3 储层保护效果好

近油基钻井液的滤液油水界面张力低，可减小水锁效应，提高滤液返排效率，近油基钻井液的岩心静态、动态渗透率恢复值都大于90%，表现出较好的储层保护性能。

2.4 环保效果好

近油基钻井液EC_{50}值为128400mg/L，远大于排放标准30000mg/L，无生物毒性，适用于海洋及其他环保要求较高地区的钻井施工。

3 钻井液施工技术难点

3.1 多套泥岩互层，对钻井液抑制防塌性能要求高

泰二段储集空间以微孔隙、层理缝、微裂缝、溶蚀孔洞为主，微孔隙以白云石晶间孔为主，裂缝较发育，为裂缝—孔隙型致密储层，表现为中低孔、中低渗，导眼井取心结果显示，泰二段存在多处破碎带，井壁稳定难度大，安全钻进风险高。邻井丰探15H1井使用哈里伯顿的PERFROMADRILL高性能水基钻井液体系，钻至4198m卡钻，多次震击解卡后，倒划起钻过程中憋泵、憋顶驱现象频繁发生，在反复划眼上提下放过程中，振动筛持续出现大掉块，同时出现不同程度的阻卡、缩径现象（图1）。通井划眼困难、越划

图1 丰页1H井层理裂缝严重发育的易破碎黑色泥岩

越浅，电测遇阻，为保住阜二段油层，套管仅下至3059m完井。

泥岩长裸眼段给施工井壁失稳风险大，在做好钻井液抑制、封堵和固壁性能的同时，还要选择合适的钻井液密度，平衡地层压力，减少复杂。

3.2 长水平段，对钻井液润滑性能要求高

该井设计垂深4050m，同时施工泥岩裸眼段总约长2000m，井斜大，地层不稳定，层理发育，不容易形成规则井眼，邻井丰探15H1井施工过程中出现过定向托压问题，都对钻井液的润滑性能提出了更高的要求。

3.3 地层岩石脆性高，对钻井液携岩带砂能力要求高

邻井资料显示，泰二段岩石脆性指数高，即使做好封堵和固壁措施，脆性泥岩仍然会在钻进过程中产生周期性剥落，形成“锯齿状”井眼，造成岩屑上返困难，同时该井设计井斜为60°~70°，都对近油基钻井液的携岩带砂能力提出了更高的要求，应根据井下情况，配合工程措施，及时做好井眼清洁。

4 钻井液具体实施对策

4.1 井壁稳定技术

施工过程中钻遇地层岩性为灰色泥岩、棕色泥岩、灰黑色泥岩及少量泥质粉砂岩互层，地层层理发育，极易水化分散，导致胶结强度降低，同时在4000~4030m、4260~4290m为破碎带地层，主要从下面两个方面采取措施。

4.1.1 提高钻井液抑制能力

以近油基基液ZYBL-1含有多个羟基和胺基，优先自由水进入黏土晶层，拉紧黏土晶层间距；分子中多个亲水羟基、胺基吸附在井壁表面，亲油烷基露在外面形成致密“油膜”，阻止自由水进入地层；在井壁表面形成半透膜，同时通过氢键结合自由水，滤液水活度低，可实现地层水在渗透压差作用下向钻井液中运移。当ZYBL-1活度大于0.746时，ZYBL-1水溶液具有明显的吸附成膜阻水及低水活度反渗透驱水现象，同时复配5%~7%KCl提高钻井液的协同抑制能力，增强可钻井液的长期稳定性，满足了抑制泥页岩水化的要求。

4.1.2 加强钻井液封堵固壁能力

近油基钻井液对微孔、裂缝和破碎带地层的封堵固壁能力。主要是不同粒径分布的刚性材料和变形材料，在0.03~50μm范围内粒径级配，近油基基液中的烷基糖苷衍生物利用自身的吸附基团可进入地层2~30nm的有机质孔和黏土矿物孔，实现封堵微孔，纳微米封堵剂ZYFD、有机硅固壁剂COYZ-1、可变形封堵剂等有协同增效作用，共同封堵地层裂缝。

0.5%~2.0%有机硅类固壁剂COYZ-1的化学固壁作用，配合2.0%~4.0%级配纳微米封堵剂ZYFD和3.0%~5.0%的可变形封堵剂物理封堵，有利于在微裂缝、破碎带地层快速形成致密的高强度封堵层，提高井壁承压能力，通过疏水、固壁等作用强化井壁稳定能力，配合合适的钻井液密度，平衡地层压力，满足了该井的钻完井施工需求。

4.2 润滑技术

该井完钻泥岩裸眼段总长度1749m，其中导眼段489m、造斜段800m，水平段460m，施工过程中因地质找层，多次调整轨迹，对钻井液润滑性能要求高。

施工中以水活度0.746的近油基基液ZYBL-1作为润滑剂，将钻具和井筒之间的干摩擦转换为边界摩擦，其对重晶石表面的优先吸附，改善滤饼质量，实现了高效润滑。后期完井作业配合使用石墨等固体润滑剂打封闭，保障电测作业顺利施工。

4.3 流型控制技术

该井完钻井斜60.5°，容易在下井壁形成岩屑床，同时后期因地质找层多次调整轨迹，造成返砂通道不畅，都对钻井液的携岩带砂能力提出了更高的要求。

近油基基液ZYBL-1的氢键吸附和胺基吸附，吸附重晶石表面，改变重晶石颗粒的润湿性，改善钻井液的流型，提高钻井液的固相容量限，可在不同黏度下保证钻井液性能稳定。同时，可现场根据工程需要，对钻井液的密度和流变性能进行调整，配合工程的排量和转速等措施，满足对脆性岩石地层可能出现的不规则井眼的携岩带砂需求，及时清理钻屑，避免形成岩屑床，实现井眼清洁。

施工过程中在破碎带地层4000~4030m出现剥落掉块，通过提高钻井液密度和黏度、进一步强化封堵，钻井液密度由1.68g/cm^{3}提高至1.82g/cm^3，漏斗黏度由65s提高至100~120s，循环清砂干净后，后期该井段未再出现新的复杂。

5 现场应用效果

近油基钻井液前期在松页油XHF井、云页平X井等井应用表明，体系具有强抑制、高润滑、绿色环保等显著技术优势，可有效解决高活性泥页岩等易坍塌地层及页岩油气水平井钻井施工过程中出现的井壁失稳问题，达到了性能与油基钻井液相当，在本井的应用中也进一步得到了验证。

5.1 抑制防塌性能突出

通过实钻地层钻屑录井数据统计，地层泥岩总含量为96.2%，其中纯泥岩占90%，粉砂质泥岩占6.2%，泥质粉砂岩占3.8%，同时为灰色泥岩、棕色泥岩、黑色泥岩等多套泥岩互层，长裸眼段地层浸泡近4个月，仍然保持了井壁相对稳定，钻输电测一次成功到底，邻井丰探15H1井使用哈里伯顿的PERFROMADRILL高性能水基钻井液体系，仅打开地层22d，钻至4198m发生卡钻，套管下至3059m完井。

同时，近油基钻井液优异的抑制性能还表现为：出现了只有在使用油基钻井液时才会有的现象，振动筛返出钻屑表面可见清晰的钻头切削痕迹，钻屑掰开后内部干燥，表明近油基钻井液的强抑制性保持了井底钻屑的原貌（图2）。

5.2 润滑性能优异

该井现场钻井液滤饼薄而致密，滤饼黏滞系数0.04~0.06（图3），钻头无泥包现象，造斜段下钻摩阻2~3t、起钻摩阻7~8t，水平段因地质找层多次调整轨迹后，下钻摩阻6~10t，起钻摩阻10~15t，较好满足了油基钻井液使用受限的泥页岩长裸眼段钻井施工（图4）。

5.3 钻井液性能稳定、固相容纳能力强

近油基钻井液在1.84g/cm^{3}密度下仍然保持较好的流变性，易于现场维护处理，性能稳定，固相容纳能力强，膨润土含量为18.6~21.4g/L，劣质固相不易分散，做到了对地层黏土的不水化，配合固控设备，施工过程中保持了钻井液的清洁，固相含量不超过32.0%。

图 2　棕色泥岩钻屑表面钻头刮痕和干燥的钻屑内部

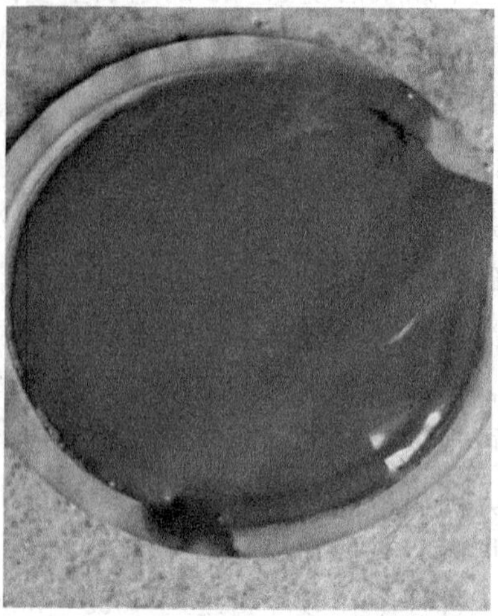

图 3　近油基钻井液 API 滤饼外观

图 4　丰页 1H 井出井钻头外观

表 1　现场近油基钻井液性能

井深 (m)	密度 (g/cm^3)	*FV* (s)	*PV* (mPa·s)	*YP* (Pa)	*G'/G''* (Pa/Pa)	FL_{API} (mL)	FL_{HTHP} (mL)	固含 (%)	*MBT* (g/L)	滤饼黏滞系数
3490	1.63	50	50.0	13.0	1.5/3.0	0.6	3.8	27.0	18.6	0.04
3892	1.65	72	55.0	17.0	2.0/7.5	0.6	4.0	28.0	21.4	0.04
4110	1.84	98	71.0	26.0	4.5/14.0	0.6	4.2	30.0	21.4	0.05
4660	1.83	106	72.0	28.0	5.0/17.0	0.6	4.2	32.0	21.4	0.06

6　结论及认识

（1）近油基钻井液优异的抑制性和润滑性能满足该区块长裸眼地层泥岩地层的安全施工

需要，长时间裸眼浸泡情况下，保持了井壁稳定。(2) 近油基钻井液可回收再利用，与油基钻井液相比，可大幅节省钻屑后处理费用，综合使用成本不高于油基钻井液，且绿色环保。(3) 对于长裸眼段泥页岩地层的风险探井施工，作用机理与油基钻井液相近、性能与油基相当的近油基钻井液是目前的首选，同时代表了钻井液的绿色化发展方向。(4) 对于泥岩层理发育和破碎带地层，除了保证必要的钻井液密度作为应力支撑外，在做好近油基钻井液的抑制和润滑的同时，仍需要进一步研究完善近油基钻井液在该类地层的封堵和固壁能力。

参考文献

[1] 王中华．钻井液及处理剂新论［M］．北京：中国石化出版社，2017：456-467.

[2] 唐文泉．泥页岩水化作用对井壁稳定性影响的研究［D］．青岛：中国石油大学，2011：2-4.

[3] 李天太，高德利．页岩在水溶液中膨胀规律的实验研究［J］．石油钻探技术，2002，30（3）：1-3.

[4] 刘向君，丁乙，罗平亚，等．钻井卸载对泥页岩地层井壁稳定性的影响［J］．石油钻探技术，2018，46（1）：10-16.

[5] 沈建文，屈展，陈军斌，等．溶质离子扩散条件下泥页岩力学与化学井眼稳定模型研究［J］．石油钻探技术，2006，34（2）：35-37.

[6] 唐文泉，高书阳，王成彪，等．龙马溪页岩井壁失稳机理及高性能水基钻井液技术［J］．钻井液与完井液，2017，34（3）：21-26.

[7] 袁华玉，程远方，王伟，等．长水平段钻井泥岩井壁坍塌周期分析［J］．科学技术与工程，2017，17（3）：183-189.

[8] 张克勤，何纶，安淑芳，等．国外高性能水基钻井液介绍［J］．钻井液与完井液，2007，24（3）：68-73.

[9] 王治法，蒋官澄，林永学，等．美国页岩气水平井水基钻井液研究与应用进展［J］．科技导报，2016，34（23）：43-50.

[10] 王建华，鄢捷年，丁彤伟．高性能水基钻井液研究进展［J］．钻井液与完井液，2007，24（1）：71-75.

[11] 赵虎，龙大清，司西强，等．烷基糖苷衍生物钻井液研究及其在页岩气井的应用［J］．钻井液与完井液，2016，33（6）：23-27.

[12] 龙大清，樊相生，王昆，等．应用于中国页岩气水平井的高性能水基钻井液［J］．钻井液与完井液，2016，33（1）：17-21.

[13] 王中华．油基钻井液技术［M］．北京：中国石化出版社，2019：344-345.

[14] 司西强，王中华，王伟亮．聚醚胺基烷基糖苷类油基钻井液研究［J］．应用化工，2016，45（12）：2308-2312.

[15] 谢俊，司西强，雷祖猛，等．类油基水基钻井液体系研究与应用［J］．钻井液与完井液，2017，34（4）：26-31.

[16] 贾俊，赵向阳，刘伟．长庆油田水基环保成膜钻井液研究与现场试验［J］．石油钻探技术，2017，45（5）：41-47.

[17] 张国仿．涪陵页岩气田低黏低切聚合物防塌水基钻井液研制及现场试验［J］．石油钻探技术，2016，44（2）：22-27.

[18] 司西强，王中华，王伟亮．龙马溪页岩气钻井用高性能水基钻井液的研究［J］．能源化工，2016，37（5）：41-46.

[19] 魏风勇，司西强，王中华，等．烷基糖苷及其衍生物钻井液发展趋势［J］．现代化工，2015，35（5）：48-51.

[20] 刘敬平，孙金声．页岩气藏地层井壁水化失稳机理与抑制方法［J］．钻井液与完井液，2016，33

(3)：25-29.
[21] 张克勤，方慧，刘颖，等．国外水基钻井液半透膜的研究概述［J］．钻井液与完井液，2003，20(6)：1-5.
[22] 屈沅治，孙金声，苏义脑．新型纳米复合材料的膜效率研究［J］．石油钻探技术，2008，36（2）：32-35.
[23] 李海涛，赵修太，龙秋莲，等．镶嵌剂与成膜剂协同增效保护储层钻井液室内研究［J］．石油钻探技术，2012，40（4）：65-71.
[24] 蒲晓林，雷刚，罗兴树，等．钻井液隔离膜理论与成膜钻井液研究［J］．钻井液与完井液，2005，22（6）：1-4.
[25] 于雷，张敬辉，李公让，等．低活度强抑制封堵钻井液研究与应用［J］．石油钻探技术，2018，46(1)：44-48.
[26] 刘敬平，孙金声．钻井液活度对川滇页岩气地层水化膨胀与分散的影响［J］．钻井液与完井液，2016，33（2）：31-35.
[27] 陈金霞，阚艳娜，陈春来，等．反渗透型低自由水钻井液体系［J］．钻井液与完井液，2015，32(1)：14-17.
[28] 侯杰．硬脆性泥页岩微米-纳米级裂缝封堵评价新方法［J］．石油钻探技术，2017，45（3）：32-37.
[29] 刘凡，蒋官澄，王凯，等．新型纳米材料在页岩气水基钻井液中的应用研究［J］．钻井液与完井液，2018，35（1）：27-33.

川南页岩气复杂井油基钻井液技术研究与应用

李文涛　姚如钢　南　旭　王　刚　张继国　曾小芳　兰　笛

（长城钻探工程有限公司钻井液公司）

【摘　要】 川南地区龙马溪页岩地质情况复杂、破碎性强，钻进过程中易发生失稳、掉块等问题，压裂水侵降低了地层稳定性，易造成严重的塌、卡、漏、溢流等事故，严重制约了页岩气的高效开发。为解决上述复杂井井下安全难题，基于威 202 区块龙马溪地层孔缝尺寸分布特征研究成果，结合现场试验工艺措施优化，形成了一套适用于页岩气复杂井的广谱封堵油基钻井液技术，对不同孔径砂盘封堵效果显著提升。在破碎性地层井的现场应用效果表明，与由第三方提供钻井液服务的威 202H81 平台相比，威 202H82 平台、威 202H83 平台三开周期和划眼时间明显降低，井壁稳定性得到了显著提升；在压裂水侵井的应用中显著减轻了水侵影响；在威 202H34 平台打破了威远长城自营区块多项纪录。广谱封堵油基钻井液技术的应用使得页岩气复杂井井下施工安全得到了有效保障，施工效率大幅提高，为页岩气开发提质提效提供了重要技术支撑，应用前景广阔。

【关键词】 页岩气；油基钻井液；广谱封堵；掉块；破碎性地层

随着我国能源结构的调整，天然气需求量不断增加，川渝页岩气的高效开发对缓解能源矛盾、加速经济发展具有重要意义[1, 2]。四川威远页岩气示范区是中国最早的具有商业价值的页岩气田[3]，据中国石油报报道，2019 年 10 月 21 日，威远区块已达日产千万立方米规模。实钻经验表明，龙马溪页岩地层岩石近水平层理、微裂缝十分发育，胶结弱，易解理，各向异性特征显著，纵向缝的沟通，进一步加剧了地层的破碎性和不稳定性[4-7]，施工过程中的掉块、垮塌以及卡钻等难题已成为阻碍其提速提效的重要技术瓶颈[8-9]。据统计，2018—2019 年间，长宁—威远页岩气示范区完钻井 614 口，三开卡钻 106 井次，埋旋转导向仪器 26 串，不仅浪费了大量人力、物力和财力，还严重阻碍了页岩气勘探开发提质提效。随着钻井施工区域逐渐向威 202 区块南部转移，尤其是在近自 201 区块，井下复杂情况愈发频繁。同时，随着开发的深入，近两年压裂井对周边正钻井的影响逐渐突显，由此造成的塌、卡、漏、溢流复杂情况更趋错综复杂，带来的井控安全风险剧增，相关复杂井油基钻井液技术已成为页岩气建产“卡脖子”技术之一。研究开发页岩气复杂井油基钻井液技术，提高地层稳定性，降低井下安全风险，对保障页岩气开发提质提效具有重要意义。

1　威 202 区块中北部区域油基封堵技术研究

前期研究表明，威远页岩气田龙马溪主力储层伊利石等脆性矿物含量高（59%～81%），膨胀性黏土矿物含量较低，纳微米孔缝发育、层理薄、弱面结构发育，且脆性指数总体较高（龙一$_{11}$小层最高，达到 78.9%），属于典型的硬脆性泥页岩地层。孔隙压力传递造成坍塌压力升高是引起该类泥页岩井壁失稳的重要因素，油基钻井液封堵能力不足（强度不够）时

作者简介：李文涛，男，硕士研究生，现就职于长城钻探钻井液公司。地址：四川省内江市威远县二环路西南段 203 号；电话：17797732300；E-mail：lwt. gwdc@ cnpc. com. cn。

容易出现“井壁失稳—提高密度—短暂稳定—加剧滤液侵入—坍塌恶化”的恶性循环[7]。加强油基钻井液封堵能力，成为业内研究重点方向之一。

1.1 地层孔缝尺寸分布特征研究

明确地层孔缝尺寸分布特征是实现针对性封堵的前提，根据威 202Hx-2D 井取心研究显示，龙马溪页岩层理特别发育，多处可见裂缝交叉，裂缝中有方解石填充，胶结弱（图 1a）。

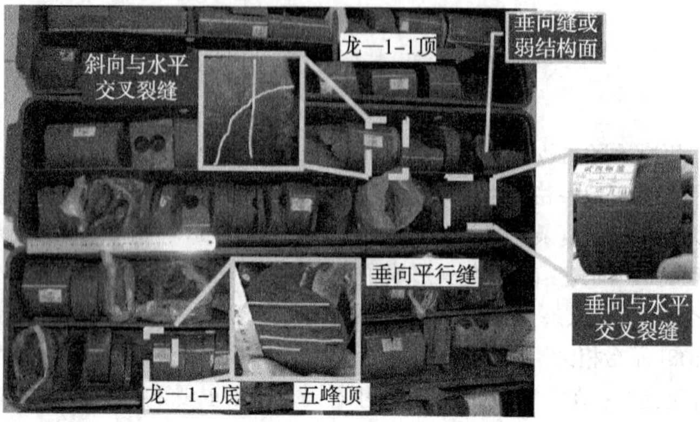

（a）取心岩样

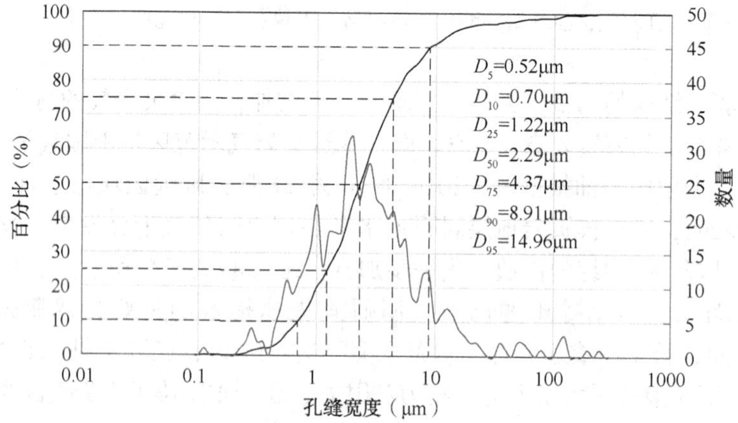

（b）取心岩样微裂缝分布

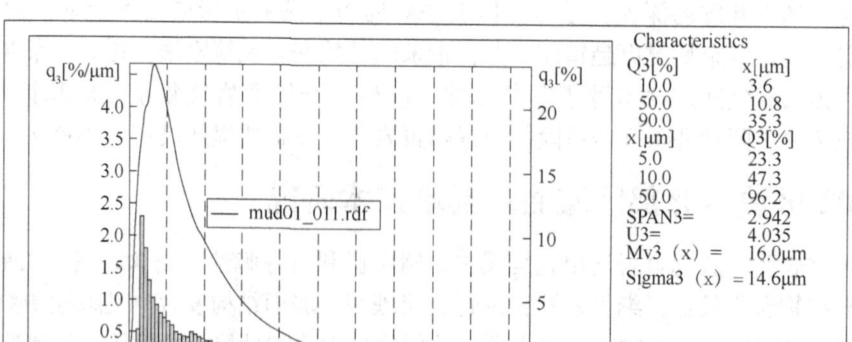

（c）现场井浆粒径分布

图 1　现场钻井液粒径与取心裂缝配伍实验

扫描电镜的研究结果（图 1b）显示[7,10,11]，目的层岩心孔缝尺寸分布特征为：$D_{10}=0.70\mu m$，$D_{50}=2.29\mu m$，$D_{90}=8.91\mu m$。基于及 2/3 架桥理论，龙马溪裂缝封堵粒子粒径分布宜为：$D_{10}=469nm$，$D_{50}=1.53\mu m$，$D_{90}=5.97\mu m$。然而，现场井浆粒径分析显示（图 1c），其粒径分布为：$D_{10}=3.6\mu m$；$D_{50}=10.8\mu m$；$D_{90}=35.3\mu m$。显然，现场井浆对目的层孔缝的匹配性较差，缺少纳微米级封堵粒子，常规尺寸封堵剂难以形成有效架桥封堵。

1.2 油基钻井液封堵技术研究

通过大量室内实验及现场试验，逐步优化形成了 1 套适用于四川页岩气的封堵强化方案，即原井浆+（1%~2%）FA-M+（1%~2%）RB-N，封堵粒子匹配性显著提高[10]，从现场应用井性能来看，HTHP（150℃）由前期的 4~5mL 降低至 1~2mL，滤饼厚度由 2~3mm 降低至 0.5~1.5mm，油基钻井液封堵性能显著优于同期施工贝克休斯公司（图 2）。自 2018 年下半年至 2019 年底，累计现场应用 19 口井[7]，非压裂水侵井，万米进尺倒划眼耗时由前期的 1044 h 降为 350 h，井壁稳定性显著提高；常规井密度由 $2.05\sim2.20g/cm^3$ 降到 $1.95\sim1.97g/cm^3$，控压钻井密度降到 $1.82g/cm^3$，为钻井提速及页岩气高效开发提供了保障。

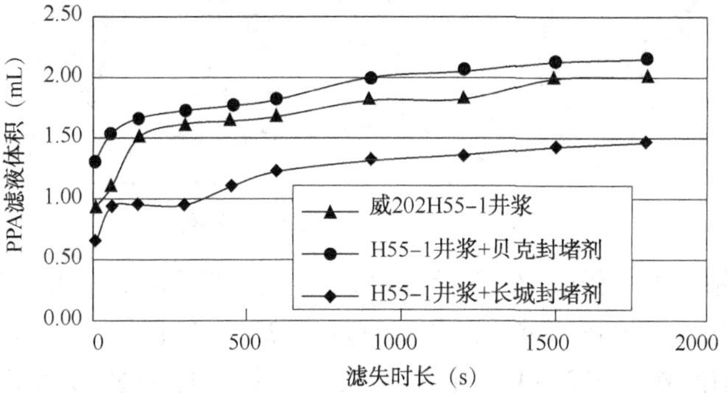

图 2　强封堵油基钻井液封堵效果及对比评价

2　威 202 区块复杂井油基钻井液技术新挑战

2.1　威 202 区块西南部破碎性地层井壁稳定技术难题——以自 201H4-2 井为例

尽管前期封堵方案在现场应用过程中取得了较好的效果，但由于工区地质特性变化大，其在威 202 区块西南部的现场应用中逐渐暴露出适应性不足的问题。其主要原因是威 202 区块南部与自 201 区块北部搭界（图 3），其中威 202H80 平台与自 201H4 平台直线距离仅为约 2km，二者地质特征高度相似，裂缝发育程度显著高于威 202 区块中北部及威 204 区块，地层破碎性强，稳定性极差。为提高方案的针对性，需根据区域地质特征的变化对其进行适当调整。本文以自 201H4-2 井为例对其复杂性进行简要分析。

自 201H4-2 井 2018 年 4 月 21 日三开，由长城钻探钻井液公司采用常规油基钻井液施工，钻进至 3774m 起钻倒划过程中产生大量掉块，因掉块严重，通井困难，起钻，填井。后续侧钻施工采用贝克休斯油基钻井液施工，旋转导向钻进至 3672m 发生第一次卡钻，解卡无效后第二次回填，并侧钻。第二次侧钻旋转导向钻进至 3235m，产生大量掉块，倒划起钻更换常规螺杆（降低旋导卡钻损失）继续钻进。至 2019 年 4 月 11 日钻进至 4838.77m 第

2 次卡钻，解卡无效，回填至 4588m，提前完钻。该井三开钻井周期长达 354.75d，工程报废进尺 1746m，A 点 3650m，水平段长 938m，未能完成设计井深 5524m 及设计水平段 2000m 要求。

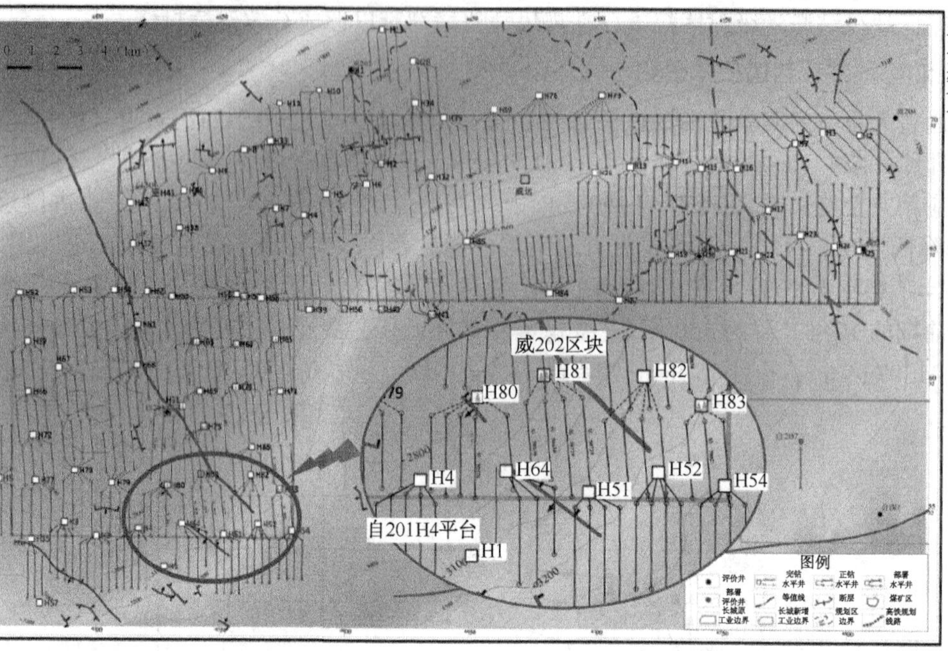

长城钻探工程有限公司地质研究院

二〇一九年七月

图 3　长城威远页岩气井位部署图

该井钻进及起钻倒划过程中均发生大量掉块，先后垮塌两次，两次埋钻具，井壁稳定性极差。长城钻探钻井液公司施工时，钻井液密度由 2.05（开钻）↗2.20（A 点 3650m）↗2.25（3744m，起钻倒划）↗2.30（通井）g/cm^3，贝克休斯公司施工期间，密度由 2.00（第 1 次侧钻）↗2.10（3672m，第 1 次卡钻）↗2.23（处理卡钻）↘2.15（第 2 次侧钻）↗2.18g/cm^3（3235~4838.77m，倒划起钻换螺杆定向），但无明显效果。由图 4 可知，该井 3070~3320m 井眼扩大率达 42%，三开井眼扩大率平均 21%，可见，该井钻遇地层地质情况极为复杂，地层破碎性极强，极易坍塌掉块。对这类破碎性地层井，仅靠提密度无法满足稳定井壁的需求，必须采用合理的封堵措施才能有效改善井壁失稳。

2.2　威 202 区块压裂水侵井井壁稳定技术难题——以威 202H63-4 井为例

该井于 2018 年 8 月 14 日 2656m 开钻，钻进至井深 4268m 时，因邻井威 202H55-4 井（该井 B 点距离本井 A 点仅 34m）压裂施工造成水侵溢流，井壁垮塌，发生憋卡，关井套压 36MPa，监测到钻井液密度由 1.87g/cm^3降至 1.82g/cm^3，E_S 由 1063V 降低至 400V。后续处理过程中，采用带压射孔方式建立循环压井，回填，后于 2708m 侧钻，钻至 5073m 完钻，水平段长 1573m，期间亦多次发生井漏，分析原因是压裂形成漏失通道，密度窗口狭窄。同平台威 202H63-2 井发生因威 202H55-2 井压裂施工造成溢流水侵，水侵时密度由 1.97g/cm^3降至 1.89g/cm^3，最终回填侧钻。

据统计，自 2018 年发现压裂水侵井至今，威远区块发生较为严重的压裂水侵井共 8 口（表 4），压裂水侵井密度窗口窄，甚至无密度窗口，极易发生塌、卡、漏、溢流甚至井喷等

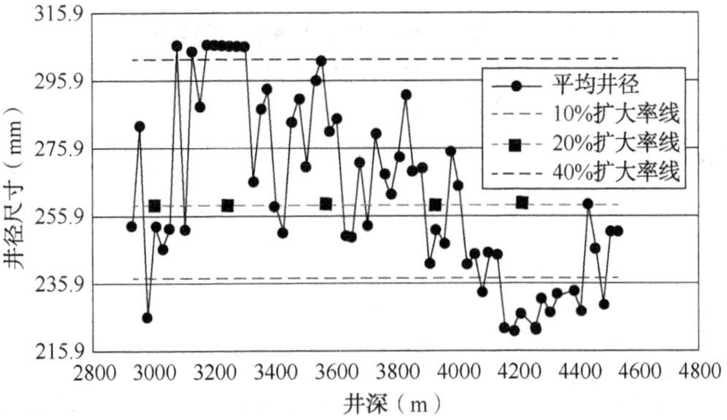

图4　自201H4-2井井径曲线

复杂情况，带来的井控安全风险剧增，还造成大量油基钻井液被污染。

3　复杂井油基钻井液广谱封堵技术研究

本文针对页岩气南部区域井壁失稳问题，在前期针对性封堵方案的基础上，提出了广谱性综合封堵方案，即井浆+（1%～2%）FA-M+（1%～2%）RB-N+（1%～2%）FB-M+（0.5%～1%）FC-MN+（1%～2%）RA-M。新的封堵方案在不失针对性的同时，进一步提高了油基钻井液的广谱封堵能力。

3.1　广谱封堵油基钻井液关键性能评价

3.1.1　封堵性能评价

对优化后的广谱封堵油基钻井液采用3μm、10μm、20μm中值孔径砂盘分别进行了PPA封堵性能评价，从图5实验结果可知，在实验压差、温度都高于前期强封堵钻井液PPA实验的条件下，使用不同孔径砂盘的瞬时失水和PPA失水明显降低，体现出了良好的“广谱性”封堵能力。

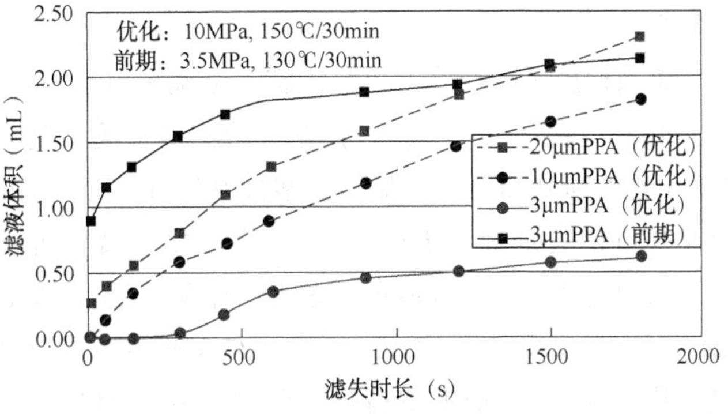

图5　PPA砂盘封堵性实验曲线图

3.1.2　抗水侵性能评价

为考察广谱封堵油基钻井液抗水侵能力，进行水污染实验，实验数据见表1，可知体系在油水比低至50∶50的情况下，乳化稳定性能依然未破乳，破乳电压289V，同时HTHP失水保持较低，泥浆偏稠但依然具有一定的流动性，体现出了良好的抗水污染能力。

表 1　广谱封堵油基钻井液水污染实验

水污染比例（%）	热滚条件	密度（g/cm^3）	HTHP@150℃（mL）	HTHP@150℃（mm）	*PV*（mPa·s）	*YP*（Pa）	*Gel*（10min/Pa）	*Gel*（10s/Pa）	E_S（V）	O/W（%）
0	150℃@16h	2.14	1	1	67	11	3	9	819	90∶10
16.7	150℃@16h	1.97	2.3	2	86	21.5	7	17	499	70∶30
46.9	150℃@16h	1.79	3.3	2.5	111	30.5	11	26	289	50∶50

3.1.3　高温高压流变性能稳定性评价

对优化后的广谱封堵油基钻井液体系进行了高温高压流变性评价，结果显示（表 2），该体系在高温高压条件下依然保持较好的流变性及稳定性。威远龙马溪地层温度约 120~140℃，HTHP 流变性实验数据显示，该区间 PV、AV 较低，YP 满足携岩需求，初终切较低流动性好，体现出广谱封堵油基钻井液较好的流变性。

表 2　HTHP 流变性实验数据

井号	温度（℃）	压力（psi）	Φ_6	Φ_3	*PV*(mPa·s)	*YP*（Pa）	Gel_{10s}（Pa）	Gel_{10min}（Pa）
威 202H83-4（2.18g/cm^3）	65	5000	17.1	15.1	115	11.20	7.25	13.6
	100	7000	12.5	11.4	66.1	11.65	5.60	9.4
	120	9000	10.5	9.9	51.1	10.00	4.60	8.25
	140	10000	9.2	8.8	42.8	8.90	4.00	8.3
	160	12000	9.0	8.8	40.6	8.45	3.75	9.0

3.2　关键施工工艺措施

现场施工过程中严格按照施工模板施工，关键施工措施有以下八点。（1）采用广谱封堵方案，新浆封堵剂总量提高到 4%~6%，增强钻井液封堵能力，利用“稀塞+重塞”洗井。（2）采用标准 0 号柴油为基油，实验显示，柴油基钻井液具有更低更稳定的流变性、更高的乳化稳定性以及更好的处理剂配伍性。（3）现场振动筛全面使用 240 目筛布代替 200~220 目筛布，除砂除泥器使用 270 目筛布，降低有害固相含量，为优化封堵含量提供空间。（4）平衡调配每口井老浆和新浆比例，平均口井老浆使用率为 30%~45%。（5）根据井下情况，与地质工程共同研究，及时调整钻井液密度。（6）OWR 由常规井的 85/15↗90/10 左右，$CaCl_2$浓度由常规井的 30%↗35%左右，碱度控制在 3 左右。（7）加密监测振动筛返出及扭矩变化情况，跟踪录井元素分析及地质卡层结果，提前做好风险防范措施。（8）对压裂水侵井：加密监测黏度、密度、钻井液量、破乳电压和钻井液及岩屑油水比等，发现异常及时通知井队及上级管理部门，并配合做好压井。

4　广谱封堵油基钻井液技术现场应用效果及对比分析

4.1　在破碎性地层复杂井的应用效果分析

4.1.1　在威 202H80-4 井的试验效果

针对威 202H80-4 地层破碎性程度高的问题，首次应用广谱封堵油基钻井液技术在该井开展先导性试验。该井距离自 201H4-2 井直线距离不足 2km，地质条件非常相近（图 3。2019 年 1 月开钻，由于该井目标地层层薄，前期井眼轨迹频繁在龙一 1-1、龙一 1-2 以及五峰组穿越，极易发生掉块卡钻，掉块端面显示大量碳酸钙充填交叉缝，掉块硅含量高达 70%~80%，硬度大，掉块易在环形空间形成高强度楔子，难以解卡。实钻过程中，实施广谱封堵前，共发生两次掉块卡钻、回填事故，因地震原因，该井钻进至等停接近 4 个月，浸泡时间长，浸泡井段 3100m 至 3305m 井眼扩大率为全井最高，平均扩大率为 45%，而这段井斜从 50°至 80°，岩屑极易在此处聚集，造成起下钻困难。

采用广谱封堵油基钻井液从 3430m 侧钻，钻至 5073m 完钻，水平段长 1563m，完成设计水平段长，较自 201H4-2 井的 938m 长 625m。井径曲线显示（图 6），广谱封堵油基钻井液施工井段平均井眼扩大率为 10%，低于自 201H4-1 平均井眼扩大率（21%），同时也低于本井上部前期施工井段的平均井眼扩大率（31%），井壁稳定性明显提高。

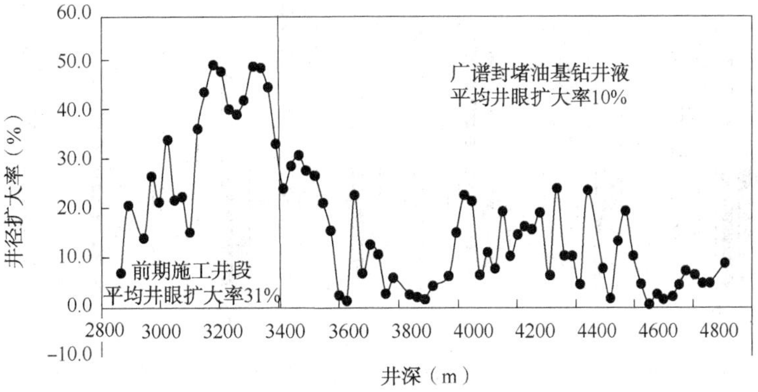

图 6　威 202H80-4 井井眼扩大率曲线

4.1.2　在破碎性地层的推广应用及效果对比分析

威 202H80 平台以东分别为威 202H81 平台、威 202H82 平台、威 202H83 平台，平台之间直线距离依次约为 1.5km、2km 和 1.5km（图 3），地质条件与威 202H80 平台近似，尤其是威 202H82 平台 5#、6#井有断层穿过，施工难度极大。威 202H81 平台三开使用某第三方油基钻井液施工，4 口井全部完钻。威 202H82 平台、威 202H83 平台三开采用广谱封堵油基钻井液，截至 2020 年 6 月完钻 9 口，平均三开完钻周期 29d，平均水平段长度 1554.2m，无掉块、卡钻等复杂情况发生，其中威 202H83-2 井仅用 18.5d 完成三开钻进，破长城钻探威远区块最短三开周期。

从表 3 可以看出，威 202H81 平台与威 202H82 平台、威 202H83 平台在三开段长和水平段长近似的情况下，长城钻井液公司油基钻井液施工井三开平均完钻周期和划眼耗时明显低于第三方油基钻井液施工井。与威 202 区块相比，威 202H82 平台、威 202H83 平台完钻时间和万米进尺划眼时间略低于威 202 区块平均值，说明破碎性复杂地层的钻井施工并未影响整个区块的施工时效，广谱封堵油基钻井液应用效果良好。由于井壁稳定性显著提升，划眼耗时有效降低，起下钻更顺畅，威 202H 82 平台、威 202H 83 平台起下钻速度明显高于威 202H 81 平台（图 7），三开完钻周期减少，施工效率得到明显提升。

表 3　威 202H81 平台、威 202H82 平台、威 202H83 平台、威 202 区块实钻效果对比

OBM 体系	平台平均值	完钻井深（m）	水平段长（m）	三开段长（m）	三开完钻用时（d）	万米进尺划眼耗时（h）
第三方 OBM	81 平台	5169.3	1600.8	2242.0	42.9	574.9
广谱封堵 OBM	82 平台、83 平台	5275.9	1554.2	2203.4	29.0	109.9
强封堵+广谱封堵 OBM	威 202 区块整体	5085.6	1604.2	2174.1	29.5	133.6

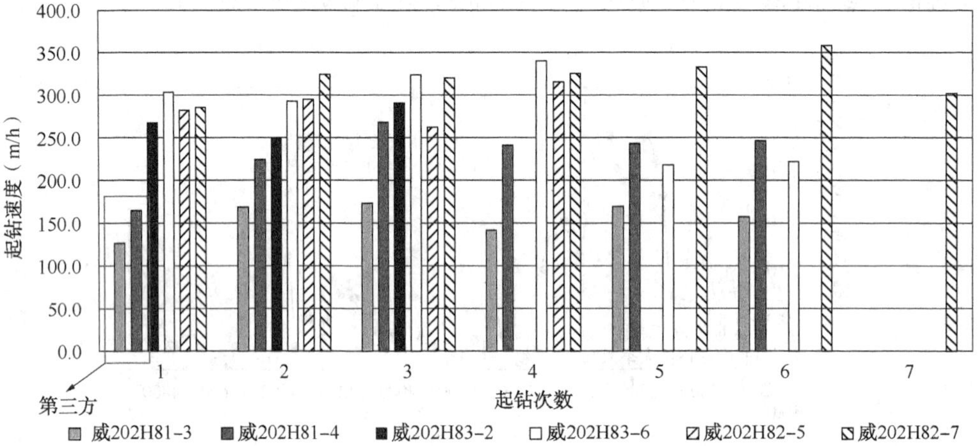

图 7　81 平台与 82 平台、83 平台起下钻速度对比

较低且稳定的流变性对于长水平段设计井尤为重要，得益于有效的流变性优化措施，长城钻探钻井液公司施工井流变性展现出良好的稳定性（图 8），在密度相当情况下，漏斗黏度 FV 和塑性黏度 PV 较第三方油基钻井液低且稳定，有利于降低泵压，并为封堵留出了更多空间，为长水平段井的施工提供了有利条件。

4.2　在压裂水侵井的应用效果

2018 年至今共 8 口井发生压裂水侵事故，从表 4 可以看出，在 2018 年发生两次较为严重的卡钻、侧钻等事故后，其他水侵井基本上通过采用广谱封堵并适当提密度，较快地恢复了正常钻进。同时，事故损失时间逐年降低，水侵量也在逐渐减少，2020 年威 202H 56-3 井、威 202H56-6 井分别发生一次压裂水侵事故，平均处理时间 0.94d，较 2019 年平均处理时间（13.9d）减少了 12.96d，水侵影响得到有效控制。

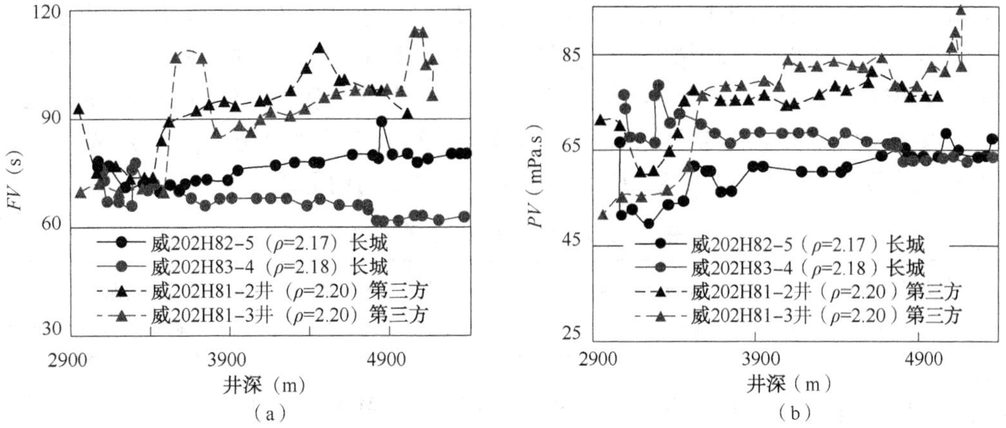

图 8　FV 及 PV 曲线对比图

表 4　压裂水侵井统计表

时间	井号	井深（m）	密度变化（g/cm³）		处理措施及结果	损失时间（h）
			水侵前	水侵后		
2018. 9. 8	威 202H63-4	4268	1. 87	1. 82	钻具卡死 回填侧钻	2621. 5
2018. 9. 9	威 202H63-2	3299	1. 97	1. 89	回填侧钻	189. 7
2018. 12. 24	威 202H70-2	3842	2. 03	2. 0	掉块、阻卡 压井恢复钻进	935
2019. 11. 18	威 202H51-2	4832（完钻）	2. 15	2. 08	起出套管通井、提密度 解除溢流	178. 75
2019. 1. 8	威 202H71-4	3696	2. 13	2. 07	提密度 解除溢流	490. 83
2020. 1. 8	威 202H56-3	3023	2. 06	2. 04	节流循环提密度， 解除溢流	27. 58
2020. 1. 8	威 202H56-6	3149	2. 05	2. 04	节流循环提密度， 解除溢流	17. 53
2020. 6. 1	威 202H82-6	5059	2. 18	1. 95	提密度压井， 截至 6. 3 事故未解除	处理中

4.3　在长水平位移井的应用效果

威 202H34 平台共 4 口井，2020 年 2 月全部完钻，采用广谱封堵油基钻井液施工，该平台 4 口井三开期间除发生两次井漏外，无其他复杂事故，威 202H34-2 井和威 202H34-4 井起下钻分别为 11 趟和 10 趟，仅威 202H34-2 井有 13h 划眼，威 202H34-1 井和威 202H34-4

井均无划眼现象，井壁稳定性良好，基本实现直起直下；平均水平段长2153.8m，水平段长大幅提高。广谱封堵油基钻井液的全面应用有效地保障了井下安全，提高了钻井施工效率（表5），多次打破威202区块钻井记录，包括：（1）威202H34-2井、威202H34-3井三开水平段长2305m、2500m，连续两次打破威202区块最长水平段施工纪录；（2）威202H56-4井单趟螺杆进尺1439m，实现威202区块常规螺杆钻具最长进尺纪录；（3）威202H83-2井三开完钻周期18.5天，打破威202区块最短三开完钻周期记录。

表5　威202H34平台施工效果数据

井号	完钻井深（m）	中完井深（m）	A点（m）	水平段长（m）	三开段长（m）	三开完钻用时（d）	划眼耗时（h）	万米划眼耗时（h）	复杂情况
威202H34-1	4910	2585	3100	1810	2325	24.8	0	0.0	无
威202H34-2	5335	2566	3040	2295	2769	53.8	13	46.9	井漏
威202H34-3	5590	2579	3090	2500	3011	52.6	46	152.8	井漏
威202H34-4	5270	2645	3260	2010	2625	57.8	0	0.0	无
平均值	5276.3	2593.8	3122.5	2153.8	2682.5	47.3	14.8	49.9	—

5　结论与认识

（1）川南区块龙马溪页岩强破碎性以及压裂水侵引起的地层失稳是近年威远页岩气三开施工面临的重要技术难题。面对新的挑战，优化形成了广谱封堵油基钻井液技术。实验显示，广谱封堵油基钻井液流变性、封堵性、抗污染性良好。

（2）广谱封堵油基钻井液技术在破碎性地层、压裂水侵井以及超长水平段位移井等复杂井施工过程中展示了良好的适应性，有效提高了井壁稳定性，压裂水侵井影响得到有效控制。

（3）广谱封堵油基钻井液全面应用，实现了长水平段井的平稳施工，同时提高了威远202区块钻井施工效率，井下施工安全得到了有效保障。

（4）完善施工设计、改进工程措施、优化井眼轨迹等多种手段配合广谱封堵油基钻井液的施工，可有效降低井壁失稳风险。

参考文献

[1] 张所续．世界页岩气勘探开发现状及我国页岩气发展展望［J］．中国矿业，2013，22（3）：1-3.

[2] 范厚江．世界页岩气勘探开发现状［J］．油气地球物理，2013，11（2）：37-41

[3] 朱梦月，秦启荣，李虎，等．川东南DS地区龙马溪组页岩裂缝发育特征及主控因素［J］．油气地质与采收率，2017，24（6）：55-59.

[4] 王森，陈乔，刘洪，等．页岩地层水基钻井液研究进展［J］．科学技术与工程，2013，13（16）：4597-4598.

[5] 樊朋飞．WY-CN 龙马溪组页岩水平井井壁坍塌失稳机理研究［D］．成都：西南石油大学，2016：10-12.
[6] 唐文泉，高书阳，王成彪，等．龙马溪页岩井壁失稳机理及高性能水基钻井液技术［J］．钻井液与完井液，2017，34（3）：22-24.
[7] 左京杰，张振华，姚如钢，等．川南页岩气地层油基钻井液技术难题与案例分析［J］．钻井液与完井液，2020，37（3）：294-300.
[8] Stevens S T，Moodhe K D，Kuushraa V A. China shale gas and shale oil resource evaluation and technical challenges［C］// SPE Asia Pacific Oil and Gas Conference and Exhibition. Society of Petroleum Engineers，2013.
[9] Mkpoikanai R，Dosunmu A，Eme C. Prevention o f shale instability by optimizing drilling fluid performance［C］//SPE Nigeria Annual International Conference and Exhibition. Society of Petroleum Engineers，2015.
[10] 姚如钢，左京杰，张振华，等．随钻强封堵油基钻井液技术研究与应用［C］．2018 年石油工程钻井液与完井液新技术研究会论文集，香港：中国经济文化出版社有限公司，2018：277-284.
[11] 姚如钢．强封堵油基钻井液技术［C］．中国石油协会石油工程专业委员会．中国油气开采工程新技术交流大会论文集．北京：中国石化出版社，2019：192-196.

大牛地气田小井眼环空摩阻计算方法

闫吉曾

（华北油气分公司石油工程技术研究院）

【摘　要】　为准确计算大牛地气田小井眼环空摩阻，从而确定合理的水力参数，对环空摩阻计算方法进行了研究。基于贴近率原理，判别硅酸盐钻井液流体类型为赫巴流体，赫巴模式属三参数流变模式，原参数估计一般采用线性回归方法计算，误差较大，针对赫巴模式流变方程的特点，将流变参数估计转化为求一元函数最小值问题，所构造函数在求解区间属单调函数，因此基于 Fibonacci 法求解，参数估计是最小二乘意义下的最优值，通过雷诺数判别流态，选择环空摩阻计算模型，精细计算环空摩阻。基于 D1-539 井实测数据，通过分析计算，确定环空摩阻，形成了一套小井眼环空摩阻计算方法。

【关键词】　小井眼；环空摩阻；赫巴模式；Fibonacci 法；流变参数；摩阻系数

大牛地气田 D1-537 六井式小井眼丛式井组，采用低固相聚胺防塌钻井液和无土相硅酸盐钻井液。通过对 D1-539 井无土相硅酸盐钻井液计算分析，属于赫巴型流体。赫巴模式的流变参数具有明确含义，可较好地描述钻井液在低、中、高剪切速率下的流变性，准确估计其流变参数的最优值，从而计算环空摩阻，确定水力参数有非常重要的意义。

1　流体类型识别

非牛顿流体主要包括：宾汉流体、幂律流体、卡森流体和赫巴流体。为确定流体类型，对 D1-539 井不同井深采集了大量钻井液旋转黏度计六速读数据，并对数据进行分析计算，结果见表 1。

表 1　各流体类型参数计算结果

宾汉流体	表观黏度 AV（mPa·s）	塑性黏度 PV（mPa·s）	屈服值（Pa）
	11.850908	10.687113	1.188676
幂率流体	流性指数（无量纲）	稠度系数（Pa·s^n）	
	0.670417	0.110510	
卡森流体	卡森黏度（mPa·s）	卡森屈服值（Pa）	
	7.060135	0.551013	
赫巴流体	流性指数（无量纲）	稠度系数（Pa·s^n）	屈服值（Pa）
	0.751927	0.060620	0.522920

作者简介：闫吉曾，男，1975 年 6 月生，山东德州人，2007 年 7 月毕业于中国石油大学（北京）油气井工程专业，硕士研究生，高级工程师，主要从事钻完井设计、钻井水力学、大位移水平井等研究。联系方式：15890189137，E-mail：yan1975@126.com。

对剪切应力进行标准化，并建立模糊向量。这里采用极差正规化，模糊向量记为 τ_F，则：$\tau_F = [0.0000 \quad 0.0213 \quad 0.2340 \quad 0.4255 \quad 0.5745 \quad 1.0000]$；对剪切应力分别进行标准化，并分别建立模糊向量，采用极差正规化，宾汉流体、幂律流体、卡森流体、赫巴流体剪切应力标准化后的模糊向量分别记为 τ_B，τ_P，τ_K，τ_H，保留 4 位小数，则：

$$\tau_B = [0.0000 \quad 0.0213 \quad 0.2021 \quad 0.3616 \quad 0.5212 \quad 1.0000]$$

$$\tau_P = [0.0000 \quad 0.0143 \quad 0.2567 \quad 0.4387 \quad 0.5962 \quad 1.0000]$$

$$\tau_K = [0.0208 \quad 0.0333 \quad 0.2373 \quad 0.4055 \quad 0.5615 \quad 1.0000]$$

$$\tau_H = [0.0077 \quad 0.0194 \quad 0.2417 \quad 0.4206 \quad 0.5797 \quad 1.0000]$$

$N(\tau_F,\ \tau_B) = 0.972$，$N(\tau_F,\ \tau_P) = 0.991$，$N(\tau_F,\ \tau_K) = 0.992$，$N(\tau_F,\ \tau_H) = 0.997$。

因为：$N(\tau_F,\ \tau_H) > N(\tau_F,\ \tau_K) > N(\tau_F,\ \tau_P) > N(\tau_F,\ \tau_B)$，所以可以识别这种流体是赫巴型流体。

2 赫巴模式及参数估计

赫巴模式流变方程[1-8]：

$$\tau = \tau_0 + K\gamma^n \tag{1}$$

式中：τ 为剪切应力，Pa；τ_0 为屈服值，Pa；γ 为剪切速率，s^{-1}；K 为稠度系数，$Pa \cdot s^n$；n 为流性指数。

赫巴模式不同剪切速率下的剪切应力，目前常用的是通过旋转黏度计测量实现，假设其不同转速 ϕ 对应的读数为 θ，则一组测量数据可写为 $(\phi_1,\ \theta_1)$，$(\phi_2,\ \theta_2)$，…，$(\phi_N,\ \theta_N)$；常用的范氏 35 型旋转黏度计不同转速和对应读数，转换为相应的剪切速率和剪切应力的关系式为[1]

$$\begin{cases} \dot{\gamma}_i = 1.7023\phi_i \\ \tau_i = 0.511\theta_i \end{cases} \tag{2}$$

式中：N 为测试数据个数；$(\phi_i,\ \theta_i)$ 表示第 i 组测量数据；ϕ 为旋转黏度计转速，r/min；θ 为旋转黏度计读数。

假设实测数据为 $(\tau_1,\ \dot{\gamma}_1)$，$(\tau_2,\ \dot{\gamma}_2)$，$(\tau_3,\ \dot{\gamma}_3)$，…，$(\tau_N,\ \dot{\gamma}_N)$，由于实验误差的存在，由式（1）式得：

$$\tau_i = \tau_0 + K\dot{\gamma}_i^n + \varepsilon_i \quad (i = 1,2,3,\cdots,N) \tag{3}$$

式中：ε_i 为实验误差，是满足正态分布的随机变量。

定义目标函数为：

$$P(\tau_0,\ n,\ K) = \sum_{i=1}^{N} \varepsilon_i^2 = \sum_{i=1}^{N} (\tau_i - \tau_0 - K\gamma_i^n)^2 \tag{4}$$

因此，赫巴模式参数估计问题归结为求最小值问题[3,5]：

$$\min[(P(\tau_0,n,K) \mid 0 < \tau_0, 0 < n < 1, 0 < K] \tag{5}$$

这样，通过求目标函数的最小值，就得到赫巴流变模式参数的最优估计值 $\hat{\tau}_0$，$\hat{n}$ 和 $\hat{K}$。

3 参数估计算法

为对流变参数估计的结果进行统计分析，引入评价拟合结果的几个主要统计量，分别是拟合残差、残差样本方差、残差平方和及相关系数，见式（6）至式（9）。

拟合残差： $$\xi_i = \tau_i - \hat{\tau}_0 - \hat{K}\gamma_i^{\hat{n}} \qquad i = 1, 2, 3, \cdots, N \tag{6}$$

残差样本方差： $$\sigma^2 = \frac{1}{N}\sum_{i=1}^{N} (\xi_i - \bar{\xi})^2 \tag{7}$$

残差平方和： $$\mathrm{RSS} = \sum_{i=1}^{N} \xi_i^2 \tag{8}$$

相关系数： $$R = \frac{\sum_{i=1}^{N}(\tau_i - \bar{\tau})(\dot{\gamma}_i - \bar{\dot{\gamma}})}{\sqrt{\sum_{i=1}^{N}(\tau_i - \bar{\tau})^2 \sum_{i=1}^{N}(\dot{\gamma}_i - \bar{\dot{\gamma}})^2}} \tag{9}$$

对式（4），求函数偏导数，得到：

$$\frac{\partial P}{\partial \tau_0} = 2(T_0 - N\tau_0 - KS_n) \tag{10}$$

$$\frac{\partial P}{\partial K} = 2(T_n - \tau_0 S_n - KS_{2n}) \tag{11}$$

式中：$S(m) = \sum_{i=1}^{N} \dot{\gamma}_i^m$，$T(m) = \sum_{i=1}^{N} \tau_i \dot{\gamma}_i^m$，$T = \sum_{i=1}^{N} \tau_i^2$，$S(m)$，$T(m)$ 简记为 S_m，T_m

根据多元函数极值条件，令 $\frac{\partial P}{\partial \tau_0} = 0$，$\frac{\partial P}{\partial K} = 0$，通过求解得到：

$$\tau_0 = \tau_0(n) = \frac{1}{N}[T_0 - K(n)S_n] \tag{12}$$

$$K = K(n) = \frac{S_n T_0 - NT_n}{S_n^2 - NS_{2n}} \tag{13}$$

则目标函数可改写为：

$$P(n) = K^2(n)S_{2n} + 2[\tau_0(n)S_n - T_n]K(n) + N\tau_0^2(n) + T - 2\tau_0(n)T_0 \tag{14}$$

可以看出，$P(n)$ 是关于 n 的一元函数，其取得最小值时的 n 值就是所求 $\hat{n}$ 值，然后通过式（13）求出 $\hat{K}$，进而通过式（12）求出 $\hat{\tau}_0$。

通过大量的实测数据计算，$P(n)$ 的变化趋势如图 1 所示。

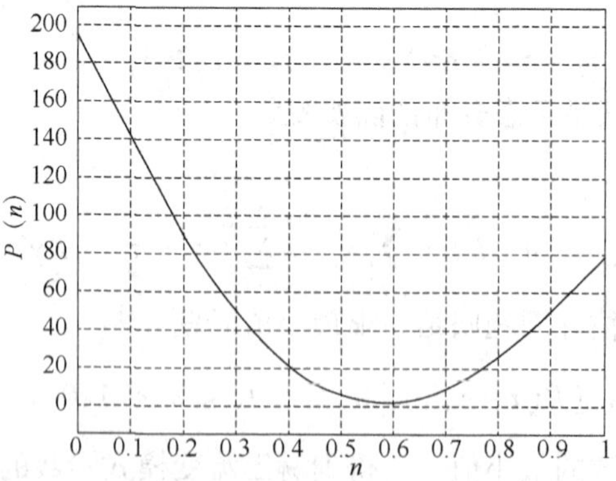

图 1　函数 $P(n)$ 曲线示意图

从图 1 可以看出，$P(n)$ 的变化规律是：n 从 0 开始增加到 1 时，函数值从一个较大的正数开始单调下降，直到达到最小值（正数）后，然后开始单调上升，故 $P(n)$ 在区间

[0, 1]上是凹函数，即单峰函数。根据 $P(n)$ 的函数特性，可通过二分法、黄金分割法、Fibonacci 法等一维搜索法求解，优选搜索效率较高的 Fibonacci 法求其最小值[5]。

Fibonacci 法的基本原理是通过不断缩小搜索区间，使其快速收敛于最优值，其基础是 Fibonacci 数列 $\{F_k\}$ ：$F_0 = F_1 = 1$，$F_k = F_{k-2} + F_{k-1}$ ，$k = 2, 3, \cdots$，$\frac{F_{k-1}}{F_k}$ 称为 Fibonacci 分数，故 Fibonacci 法也称分数法。

Fibonacci 法求解步骤：

(1) 给出搜索区间 [0, 1] 为 $[n_1, n_2]$，设搜索精度 $\delta > 0$，由 $\frac{n_2 - n_1}{F_k} \leqslant \delta$ 确定最小整数 k 。

(2) 当搜索次数 $j=1$ 时，按 $t_1 = n_1 + \frac{F_{k-1}}{F_k}(n_2 - n_1)$ ，$t_2 = n_1 + \frac{F_{k-2}}{F_k}(n_2 - n_1)$ 计算最初两个搜索点 t_1，t_2。

(3) 当搜索次数 $j<k-1$ 时，计算 $P_1 = P(t_1)$，$P_2 = P(t_2)$

若 $P_1 < P_2$，则：$n_1 = t_2$；$t_2 = t_1$；$t_1 = n_1 + \frac{F_{k-1-j}}{F_{k-j}}(n_2 - n_1)$

否则： $n_2 = t_1$；$t_1 = t_2$；$t_2 = n_2 + \frac{F_{k-1-j}}{F_{k-j}}(n_1 - n_2)$

(4) 当搜索次数 $j = k-1$ 时，令 $t_1 = n_1 + (\frac{1}{2} + \varepsilon)(n_2 - n_1)$，$t_2 = \frac{1}{2}(n_1 + n_2)$ ，ε 为任意小的数，在 t_1 和 t_2 这两点中，以函数值较小者为近似极小点，相应的函数值为近似极小值。

这样就得到赫巴模式流变参数的最优估计值 $\hat{n}$ ，进而得出 $\hat{\tau}_0$ 和 $\hat{K}$，本算法的优点是运行稳定，不用设初始值，循环次数少，计算速度快，易于编程。通过大量数值模拟，根据残差平方和等指标判断，本方法优于线性回归法，可进一步提高环空摩阻计算精度。

4 环空摩阻计算模型

根据钻井液流态判断钻井液是层流还是紊流，一般是根据雷诺数来判断，雷诺数计算模型见式（15）：

$$Re = \frac{12^{1-n}\rho D_{hy}^{n} v^{2-n}}{K\left(\frac{2n+1}{3n}\right)^{n} + \left(\frac{2n+1}{n+1}\right)\left(\frac{D_{hy}}{12v}\right)^{n}\tau_0} \tag{15}$$

临界雷诺数的近似值是 2100，若果雷诺数小于 2100 时为层流，大于等于 2100 时为紊流。

层流计算模型见式（16）：

$$\Delta p = \frac{4KL}{D_{hy}}\left(\frac{2n+1}{3n}\frac{12v}{D_{hy}}\right)^{n} + \frac{2n+1}{n+1}\frac{4L\tau_0}{D_{hy}} \tag{16}$$

紊流计算模型见式（17）：

$$\Delta p = f\frac{2\rho\bar{v}^2 L}{D_{hy}} \tag{17}$$

式中：$\frac{1}{\sqrt{f}}=\frac{4}{n_a^{0.75}}\lg\left[Re_g f^{\left(1-\frac{n_a}{2}\right)}\right]-\frac{0.395}{n_a^{1.2}}$，$n_a$ 为广义流性指数，无量纲；Re_g 为广义雷诺数，无量纲；L 为井深，m；D_{hy} 为环空间隙，m；$\bar{v}$ 为平均流速，m/s；f 为摩阻系数，无量纲。

5 计算实例

D1-539 井是大牛地气田一口小井眼井，一开采用 9½in 井眼下 7⅝in 套管；二开采用 6½in井眼下 4½in 套管。本井探索试验无土相硅酸盐钻井液，当钻进至 1790m 时，缓慢开泵循环，泵排量从 12L/s 逐步增加至 20L/s，开始钻进。六速旋转黏度计读数为 $\theta_3=1$、$\theta_6=2$、$\theta_{100}=7$、$\theta_{200}=11$、$\theta_{300}=14$、$\theta_{600}=23$；钻井液密度 1.07g/cm^3；上部井径扩大率 6%。

通过计算，流性指数 $n=0.7190$；稠度系数 $K=0.07737\text{Pa}\cdot\text{s}^n$；屈服值 $\tau_0=0.4375\text{Pa}$；$D_{hy}=0.0861\text{m}$。

当排量为 12L/s，通过式（15），计算雷诺数 $Re=2050.37$，判断为层流，通过层流计算模型式（16），计算得到环空摩阻为 $\Delta p=0.2354\text{MPa}$。

当排量为 20L/s，计算雷诺数 $Re=4229.73$，判断为紊流。紊流流态下的环空摩阻计算较为复杂，为此分步骤进行。

第一步，根据赫巴模式流量公式：

$$Q=\frac{n\pi R_8^2}{2(2n+1)\tau_w^2 K^{1/n}}(R_o+R_i)(\tau_w-\tau_0)^{\frac{n+1}{n}}\left(\tau_w+\frac{n}{n+1}\tau_0\right)$$

通过迭代计算得到井壁剪切应力 $\tau_w=3.8\text{Pa}$，进一步根据式（1）得到剪切速率 $\gamma_w=189.80\text{s}^{-1}$。

第二步，计算环空平均流速 $\bar{v}=1.1207\text{m/s}$，并根据下列公式计算广义流性指数 n_a 和有效管径 D_{eff}。

$$n_a=\frac{4\bar{v}}{\dot{\gamma}_w D_{hy}-8\bar{v}},\qquad D_{eff}=\frac{n_a}{2n_a+1}D_{hy}$$

通过计算，$n_a=0.6078$，$D_{eff}=0.0236$。

第三步，计算广义雷诺数 Re_g。根据 $Re_g=\frac{\dot{\gamma}_w\rho D_{eff}\bar{v}}{\tau_w}$，得到 $Re_g=1414.67$。

第四步，进一步判断流态，根据临界雷诺数 $Re'=4270-1370n_a$，得到 $Re'=3377.33$，因此为紊流。

第五步，计算摩阻系数f。根据式 $\frac{1}{\sqrt{f}}=\frac{4}{n_a^{0.75}}\lg\left[Re_g f^{\left(1-\frac{n_a}{2}\right)}\right]-\frac{0.395}{n_a^{1.2}}$，通过迭代计算，得到 $f=0.01078$。

第六步，根据式（17）模型计算，得到环空摩阻 $\Delta p=0.6024\text{MPa}$。

可以判定，当泵排量超过 12.2L/s，环空钻井液就达到紊流。

6 结论

（1）通过大量数据分析，基于贴近率原理，确定硅酸盐钻井液是赫巴型流体。

（2）根据赫巴模式流变方程特点，将参数估计转化为一元函数函数最小值问题，该函数在求解区间是单峰函数，可通过 Fibonacci 法等一维搜索法求解，该算法稳定、可靠，计算速度快。

（3）通过对 D1-539 井无土相硅酸盐钻井液数据分析计算，层流状态下，上部摩阻较小，可增大泵排量，进一步提高机械钻速。

（4）形成了一种小井眼环空摩阻计算方法，较为精确的计算环空摩阻和摩阻系数，对进一步优化水力参数有很大意义。

参 考 文 献

[1] 胡茂焱，尹文斌，郑秀华，等．钻井液流变参数计算方法的分析及流变模式的优选［J］．探矿工程（岩土钻掘工程），2004，（7）：41-45.

[2] 胡茂焱，尹文斌，郑秀华，等．钻井液流变参数计算软件的开发及流变模式的优化［J］．钻井液与完井液，2005，22（1）：28-30.

[3] 董书礼，鄢捷年．利用最小二乘法优选钻井液流变模式［J］．石油钻探技术，2000，28（5）：27-28.

[4] 吴飞，冯钢．优选钻井液流变模式的方法［J］，西部探矿工程，1994，6（6）：71-73.

[5] 薛毅．最优化原理与方法［M］．北京：北京工业大学出版社，2001.

[6] 张冠军，闫吉曾．大牛地气田无土相钻井液流变模式优选［J］．探矿工程（岩土钻掘工程），2010，（7）：22-24.

[7] 汪海阁，刘希圣．钻井液流变模式比较与优选［J］．钻采工艺，1996，19（1）：63-67.

[8] 樊洪海，冯光庆，王果，等．一种新的流变模式及其应用性评价［J］．中国石油大学学报，2010，34（5）：89-93.

沈北致密油大井眼水平井井壁稳定钻井液技术

李　刚

（中国石油集团长城钻探工程有限公司钻井液公司）

【摘　要】　辽河油田沈北区块上部地层，存在大段易造浆泥岩，易水化膨胀导致缩径；下部沙四段存在大段脆性硬质泥岩，该段泥岩微裂缝发育、水敏性强，地层坍塌压力大，容易出现井壁剥落。根据本区块地层特点和钻井液施工难点，通过优选高效抑制、包被剂，通过低浓度氯化钾与聚胺复配使用，优选1400万乳液大分子，极大提高了钻井液的抑制、包被性；通过封堵剂的复配使用，个性化封堵，增强了钻井液的封堵能力，很好地控制了泥页岩水化膨胀与井壁坍塌，井壁稳定能力大大提高。

【关键词】　井壁稳定；抑制；封堵；钻井液活度；硬脆性泥岩

致密油已成为非常规石油勘探开发新亮点，近年，在辽河油田大民屯凹陷已获得工业发现，显示了巨大的开发潜力。辽河油区沈北致密油藏水平井以开发沙河街四段致密砂岩油藏为目的层，该层位易发生掉块、井塌、井漏等复杂情况，井壁稳定和润滑防卡压力矛盾突出，甚至可发生恶性卡钻故障。为了解决这一难题，需要钻井液公司优选高效抑制、包被剂，通过封堵剂的复配使用，形成一套适合沈北致密油水平井的强抑制强封堵水基钻井液体系。

1　地质、工程概况

1.1　地质概况

该区块钻井揭露的地层自下而上发育有太古界、古近系沙河街组沙四段、沙三段、沙一段、东营组、新近系和第四系地层，其中沙四段是本区块水平井目的层段。

1.2　工程简况

该区块大井眼水平井典型井身结构为：ϕ444.5mm ×（330～400m）/ ϕ339.74mm ×（330～400m）+ϕ311.1mm ×（2900～3100m）/ ϕ244.5mm ×（2900～3100m）+ ϕ215.9mm ×（3900～4300m）/ ϕ139.7mm ×（3900～4300m）

2　钻井液技术难点

2.1　上部井段泥岩造浆严重

沈北地区上部地层东营组、沙一段绿灰色泥岩发育，沙三段绿灰色、褐红色泥岩发育，井段长达2000多米，地层蒙皂石含量高，造浆性强，极易吸水膨胀，容易缩径，造成起钻抽吸、下钻遇阻等复杂情况。

2.2　沙四段泥岩易剥落坍塌

沙四段存在大段脆性硬质泥岩，该段泥岩微裂缝发育、水敏性强，地层坍塌压力大。水平井施工时，钻井液的流动阻力比直井大，引起的附加压差增大，加上易塌地层暴露在钻井液中面积和钻井液浸泡时间的增加，使得侵入地层的滤液增加，随着井斜角增加，各向同性的岩石向井内侧压力变大，这些因素都使大斜度井井壁更易失稳。同时当水平段井眼的上井壁接近盖层时，受地心力的影响，也会产生部分坍塌掉块[1]。

2.3 钻井液安全密度窗口变窄

邻井施工中，多次发生井漏、坍塌、划眼等复杂情况，施工密度及其不易确定。钻井液滤液进入地层引起泥页岩水化，地层强度降低，裂缝裂解加剧，使得破裂压力降低，从而导致钻井液安全密度窗口范围变小，易发生井塌和井漏[2]。

2.4 水平段易出现多段硬脆性泥岩

沈北致密油大井眼水平井油层为致密岩，油层薄，施工过程中为获得好的油气显示，在大段硬脆性泥页岩和致密岩中上下来回调整井眼轨迹，水平段施工时岩性复杂，防塌压力陡增。

2.5 大井眼施工井眼净化困难

由于设备老化、钻机能力有限，循环排量不够导致环空返速低以及顶驱转速达不到要求难以满足携砂要求。

3 钻井液技术措施

3.1 高效抑制与包被剂优选

3.1.1 抑制剂（聚胺类插层剂）评价优选

加入聚胺后能够进入黏土层间[3]，通过聚胺的有效作用，排除层间水，能够很好抑制钻井液和地层中黏土水化，起到控制膨润土含量和稳定井壁的作用（图1、图2）。

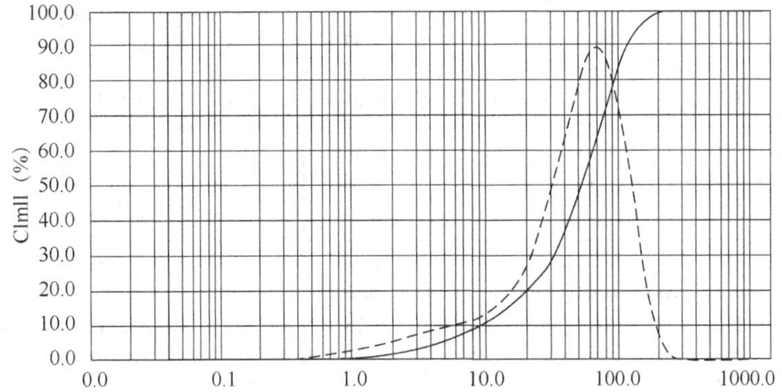

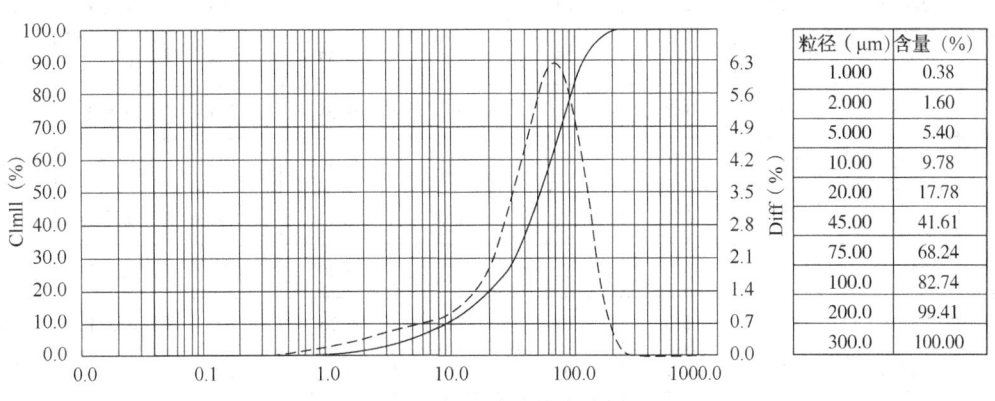

粒径（μm）	含量（%）
1.000	0.38
2.000	1.60
5.000	5.40
10.00	9.78
20.00	17.78
45.00	41.61
75.00	68.24
100.0	82.74
200.0	99.41
300.0	100.00

图1 加聚胺前粒度分析

由图1、图2可知，在实验室配制的钻井液中加入0.5%聚胺后起到了明显的抑制作用，中位径和体积平均径均明显增加，10μm以下颗粒几乎被絮凝。

3.1.2 包被剂评价优选

在3%浓度膨润土浆中加入不同抑制剂，测试常温、100℃热滚后的流变参数（表1）。

1#：3%膨润土浆+0.3%乳液大分子（化学公司）

2#：3%膨润土浆+0.3%PMHA-II

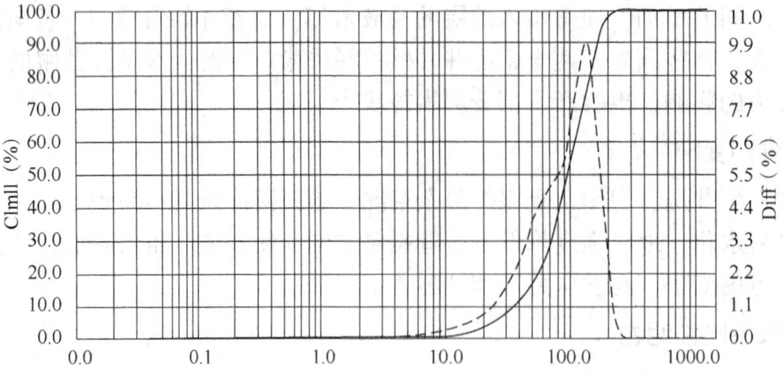

粒径（μm）	含量（%）
1.000	0.00
2.000	0.00
5.000	0.00
10.00	0.44
20.00	2.83
45.00	14.78
75.00	34.27
100.0	48.66
200.0	97.27
300.0	100.00

图 2　加聚胺（0.5%）后粒度分析

3#：3%膨润土浆+0.3%FA-367

4#：3%膨润土浆+0.3%1200 万乳液大分子

5#：3%膨润土浆+0.3%1300 万乳液大分子

6#：3%膨润土浆+0.3%1400 万乳液大分子

表 1　包被剂优选实验数据

配方	Φ_{600}/Φ_{300}	Φ_{200}/Φ_{100}	Φ_6/Φ_3	*PV* (mPa·s)	*YP* (Pa)	*n*	*K* (mPa·s^n)	*Gel* (Pa/Pa)	温度 (℃)
1#	25/16	12/8	1/0	9	3.5	0.65	140	0/0	常温
	26/17	12/8	1/0	9	4.0	0.61	191	0.5/1	100
2#	29/19	15/10	3/2	10	4.5	0.61	214	1/4	常温
	32/22	18/12	2/1	10	6.0	0.54	383	0.5/1	100
3#	46/31	25/17	3/2	15	8.0	0.57	448	1/5.5	常温
	48/33	27/18	3/2	15	9.0	0.54	575	0.5/2	100
4#	21/14	11/7	1/1	7	3.5	0.59	179	1/2	常温
	28/18	14/9	1/1	10	4.0	0.64	168	0.5/1	100
5#	24/16	12/8	1/0	8	4	0.59	204	0.5/2	常温
	24/14	11/7	1/0	10	2	0.78	54	0.5/1	100
6#	22/15	11/8	1/1	7	4	0.55	245	1/2	常温
	26/18	13/9	1/0.5	8	5	0.53	334	1/1	100

注：高速搅拌器 5000r/min，搅拌 20min。

通过优选，1400 万乳液大分子回收率最高，二开大井眼刚开始阶段快速钻进，需要使用包被剂提高携砂能力，因此选择 1400 万大分子进行试验（图 3）。

由实验数据可以看出，1400 万乳液大分子稠度系数稍低于 FA-367，通过优选，1400 万乳液大分子回收率最高，二开大井眼刚开始阶段快速钻进，需要使用包被剂提高携砂能力，因此选择 1400 万大分子进行试验。

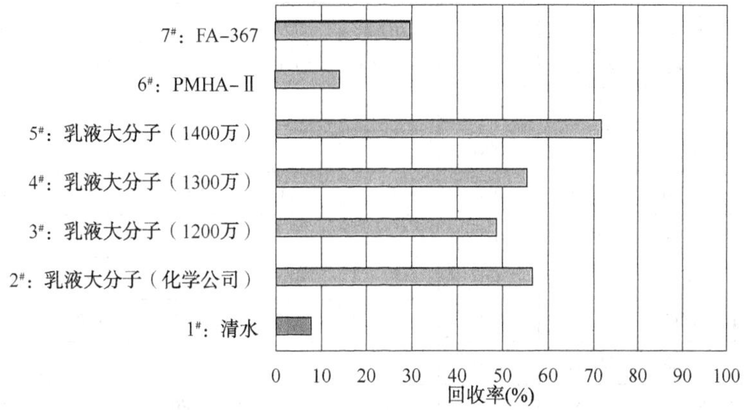

图 3　包被剂回收率评价

3.2　封堵剂优选

采用物理化学方法封堵地层的层理和缝隙，阻止钻井液及滤液大量进入地层等主要技术措施来增强钻井液的封堵能力[4]。目前可供选择的封堵剂由超细钙 1250 目、FT-1A、乳化沥青和聚合醇（表 2），通过查阅相关资料乳化沥青与不同目数超细钙复配使用能起到良好的封堵效果，聚合醇达到浊点后产生纳米级颗粒[5]，有效封堵井壁地层的孔隙和微裂缝，提高封堵能力，从而减少孔隙压力和滤液的传递，使安全密度窗口得到扩展[6]，降低井漏风险，确保井壁稳定。

表 2　封堵剂的复配比例

类别	粒度	加量
超细钙	小于 20μm	3%
乳化沥青+FT-1A	300nm～5μm	2.5%～3%
聚合醇	小于 100nm	1.5%～2%

3.3　钻井液降滤失剂优选

在事先配制好的钻井液中，加入一定量不同厂家的 PAC-LV，测试常温和 90℃ 流变性和 API 失水，观察滤饼质量。

1#：4%膨润土浆

2#：4%膨润土浆+0.5%PAC-LV（A 厂家 96%）

3#：4%膨润土浆+0.5%PAC-LV（B 厂家 96%）

4#：4%膨润土浆+0.5%PAC-LV（C 厂家 96%）

5#：4%膨润土浆+0.5%PAC-LV（A 厂家 75%）

6#：4%膨润土浆+0.5%PAC-LV（A 厂家 80%）

7#：4%膨润土浆+0.5%PAC-LV（C 厂家 80%）

由表 3 实验数据可以看出，4#黏度效应小，降失水效果好，综合性价比、黏度效应、降滤失效果等方面，故优选 C 厂家 PAC-LV。

表 3　钻井液降滤失剂优选

类别		Φ_{600}/Φ_{300}	Φ_{200}/Φ_{100}	Φ_6/Φ_3	PV (mPa·s)	YP (Pa)	n	K (mPa·s^n)	Gel (Pa/Pa)	FL_{API} (mL)
1#	常温	13/6	5/4	0/0					0/0	21.0
	90℃	6/5	2/2	0/0					0/0	25.0
2#	常温	30/16	12/5	0/0	14	1.0	0.90	30	0/0	12.0
	90℃	15/6	5/4	0/0					0/0	16.0
3#	常温	53/31	23/15	1/0	22	4.5	0.74	156	0.5/1	11.0
	90℃	23/15	9/5	1/0	8	3.5	0.62	159	0/1.5	15.0
4#	常温	47/28	20/13	1/0	19	4.5	0.74	141	0/1	10.5
	90℃	20/11	8/5	1/0	9	1.0	0.86	31	0/1	13.5
5#	常温	39/23	16/11	1/1	16	3.5	0.76	102	0.5/1	13.0
	90℃	21/12	9/5	1/1	9	1.5	0.81	39	0.5/1	21.5
6#	常温	41/24	17/10	1/1	17	3.5	0.70	100	0/1	12.5
	90℃	22/14	10/6	1/0	8	3.0	0.65	123	0/1	18.0
7#	常温	82/54	43/30	6/5	28	13.0	0.60	648	4/8	11.0
	90℃	53/35	29/21	8/7	18	8.5	0.60	420	3/6	14.0

3.4　降低钻井液活度

通过借鉴其他公司配方、查阅相关资料，开展了低浓度氯化钾与聚胺复配使用试验。

根据化学势机理，通过添加无机盐氯化钾来降低钻井液中水相活度[7]，现场通过钻井液中加入2%氯化钾，实现低浓度氯化钾与聚胺复配使用[8]，来显著提高钻井液抑制能力(图4)。

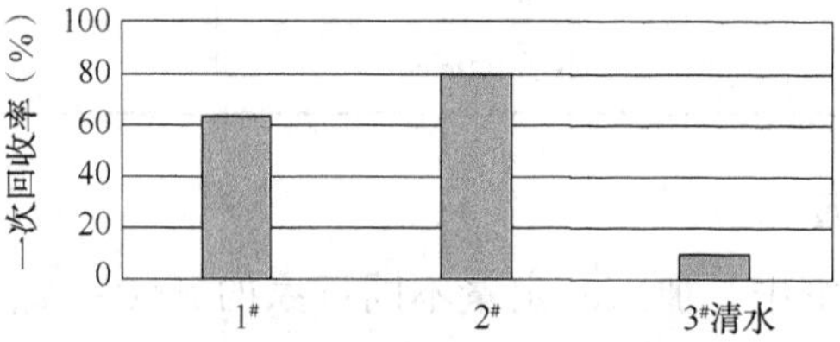

图 4　低浓度 KCl 与聚胺复配抑制能力评价

备注：基浆配方：3%膨润土浆+0.8%淀粉+0.4%乳液大分子（1400 万）+0.5%聚胺

1#：Cl^-含量：5836mg/L，2#：Cl^-含量：8028mg/L。

3.5　适时补充预水化膨润土浆，增强造壁性

由于二开预留膨润土浆较少，施工中补充大量包被抑制、絮凝剂，钻井液长时间处于抑制环境和井底高温时，膨润土颗粒钝化，黏土颗粒表面电性降低，水化膜变薄，吸附处理剂能力弱，可变形粒子少，钻井液封堵能力变差，从而导致失水增大，滤饼变厚。应在钻井液膨润土含量和低密度固相含量得到较好控制的前提下，适时按全井钻井液量的3%补充预水化膨润土浆（10%膨润土）来改善滤饼质量，增强造壁性，从而提高滤饼润滑性和提高地层承压能力。实验结果如下。

1#：井浆。

2#：1#+3%预水化膨润土浆（浓度10%，充分水化后加入0.3%PAC-LV）。

从表4可以看出，在钻井液膨润土含量和低密度固相含量得到较好控制的前提下，定期补充预水化膨润土浆（混入前提前加入PAC-LV护胶）可以保证有效土含量，明显降低失水，改善滤饼质量和钻井液流变性。

表4 混入预水化膨润土浆

序号	温度	Φ_{600}/Φ_{300}	Φ_{200}/Φ_{100}	Φ_6/Φ_3	*Gel*（Pa/Pa）	*PV*（mPa·s）	*YP*（Pa）	*n*	*K*（mPa·s^n）	FL_{API}（mL）	*MBT*（g/L）
1#	常温	70/43	33/20	3/2	1.5/5	27	8	0.70	274	5.2	64
	60℃	51/33	25/16	4/3	2/6	18	7.5	0.63	336	7.5	
2#	常温	74/46	35/22	3/2	1.5/5.5	28	9	0.69	326	4.9	63
	60℃	52/33	26/17	4/3	2/7.5	19	7	0.66	282	5.8	

4 现场应用效果

4.1 多口井施工顺利

以往本区块井施工中多次出现遇阻划眼现象，本轮井未出现划眼等复杂情况，均以零故障顺利完井，与邻井对比效果明显，大大节约钻井周期，见表5。

表5 施工效果对比

井号	钻井液体系	完钻井深（m）	划眼损失时间（d）
沈268-H303	聚磺有机硅钻井液	3925	15
沈358-H111	聚磺有机硅钻井液	3868	7
沈257-H221	高性能水基钻井液	4028	无
沈257-H217	高性能水基钻井液	3949	无
沈257-H216	高性能水基钻井液	3975	无
胜601-沙H107	高性能水基钻井液	4318	无

4.2 现场钻井液性能指标

钻井液性能如图5和图6所示。

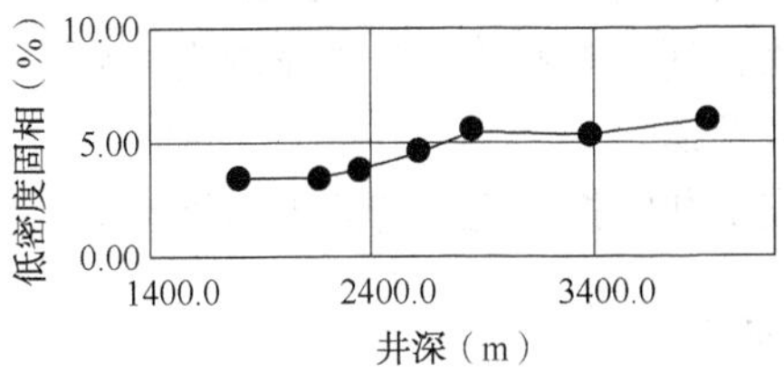

图5 沈257-H221井低密度固相变化曲线

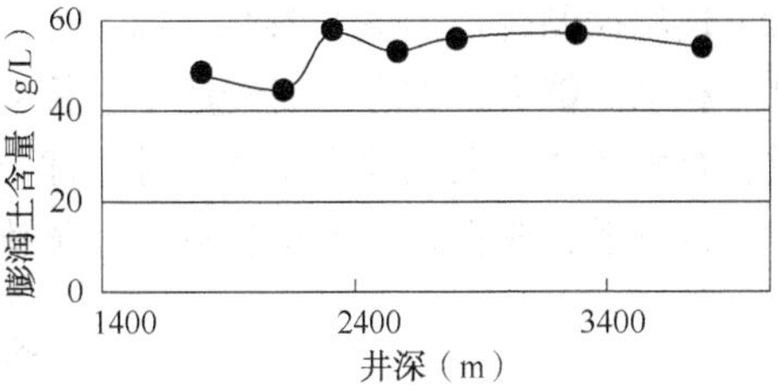

图6 沈257-H221井膨润土含量变化曲线

4.3 现场返出岩屑效果

沈北地区二开ϕ311.1mm大井眼施工，实钻中经过营组、沙一段、沙三段，井段长达

2000多米，泥岩发育，地层蒙皂石含量高，造浆性强，极易吸水膨胀，容易缩径，振动筛返出岩屑未成形，为糊状、粉末状，PDC切痕模糊。通过补充补充高效抑制剂、包被剂提高钻井液抑制包被能力，并复配使用KCl，增强K^+的抑制效果等处理手段，钻井液体系抑制能力得以增强，振动筛返出岩屑PDC切痕清晰，未出现软泥岩糊筛现象（图7，图8）。

图7　沈257-H217井1900m返出岩屑

图8　沈257-H217井2500m振动筛返沙

4.4　创造多项区块纪录

沈257-H221井、沈257-H217井、沈257-H216井、胜601-沙H107井等多口井创造了多项区块纪录，其中沈257-H221井为一口三开水平井，完钻井深4028m，全井施工顺利，钻井周期39d，完井周期45.5d，比钻井公司计划周期提前24.5d，创造了辽河油田沈北油区同井深水平井钻井周期最短、建井周期最短、机械钻速最快、三开水平段一趟钻、事故复杂率为零等多项区块纪录；胜601-沙H107井为一口三开水平井（二开为ϕ311.1mm大井眼），完钻井深4318m，总进尺6872m，水平位移1677.02m，仅用7.38d完成三开水平段1260m进尺，创造了辽河油田沈北油区水平井三开水平段最长、三开施工周期最短、口井进尺最多、油层钻遇率百分之百、事故复杂率为零等多项区块纪录。

5　结论与认识

（1）通过优选高效抑制、包被剂，通过低浓度氯化钾与聚胺复配使用，优选1400万乳液大分子，极大提高了钻井液的抑制、包被性；通过封堵剂的复配使用，个性化封堵，增强了钻井液的封堵能力。

（2）现场控制合理的流变参数，特别是维持合适的$\phi3$和$\phi6$读数，保证了体系具有良好的携岩和悬浮能力，配合适时短起下、提高顶驱转速、稀稠塞+重塞等措施，减少岩屑床的形成，有效解决了大尺寸水平井的井眼净化技术难题。

（3）该体系抑制性强，封堵性好，能够满足施工井的抑制性与稳定井壁要求。

参 考 文 献

[1] 鄢捷年．钻井液工艺学［M］．东营：中国石油大学出版社，2012.

[2] 邓金根，蔚宝华，邹灵战，等．南海西江大位移井井壁稳定性评估研究［J］．石油钻采工艺，2003（6）：1-4，83.

[3] 屈沅治，赖晓晴，杨宇平．含胺优质水基钻井液研究进展［J］．钻井液与完井液，2009，26（3）：

73-75，93.
[4] 刘厚彬．泥页岩井壁稳定性研究［D］．成都：西南石油大学，2006：8-13.
[5] 沈丽，柴金岭．聚合醇钻井液作用机理的研究进展［J］．山东科学，2005（1）：18-23.
[6] 土林，付建红，饶富培，等．大位移井井壁稳定机理及安全密度窗口分析［J］．石油矿场机械，2008（9）：46-48.
[7] 邱正松，韩祝国，徐加放，等．KCl/聚合醇协同防塌作用机理研究［J］．钻井液与完井液，2006（2）：1-3，83.
[8] 聂育志，赵素丽，刘金华，等．KCl-聚胺强抑制性高密度钻井液体系室内研究［J］．西部探矿工程，2011，23（12）：79-81，83.

阳 101 区块水基钻井液技术

王孝亮　高小芃　张旭广　余　方

（中原石油工程有限公司钻井三公司）

【摘　要】 阳 101 区块是西南油气田为开发阳 101 井区龙马溪组优质页岩气资源，部署的页岩气开发区块，自 2019 年开始进入大力开发阶段，由于新进此区块，施工经验较少，经过前几口井的施工和邻井调研发现：荣自泸区域上部地层造浆严重，钻井液黏切不易控制，膨润土含量偏高，泥包钻头现象经常发生；须家河、龙潭、飞仙关组井壁失稳；地温梯度大，井温高，最高达 155℃，钻井液稳定性差；地层压力高，钻井液密度普遍较高，水基钻井液中完密度均在 2.0～2.4g/cm^3，高密度钻井液固相含量不易控制，高温高密度钻井液维护困难。针对这些施工难题，通过对地层特性的分析，结合现场实际应用，形成了一套适合阳 101 区块的钻井液配套技术。

【关键词】 阳 101 区块；井壁失稳；井漏；高密度；钻井液技术；现场应用

自 2019 年开始，101 区块进入大力开发阶段，由于我公司新进此区块，施工经验较少，地层认识不清，面临着井壁易失稳、井漏、高密度钻井液维护困难等难题。针对这些施工难题，通过对地层特性的分析，研究其井壁失稳的原因，优化钻井液配方，结合现场实际应用，开展现场攻关，形成了一套适合阳 101 区块的钻井液配套技术。

1　地层特性和井身结构

1.1　地质构造及分层

区域构造位于川南低褶带阳高寺构造群，区内以长条形背斜为主，隆起幅度相对较高，构造形态相对复杂，大多数构造轴向为北东向，地腹断裂发育。地表由新到老依次出露第四纪、白垩系、侏罗系及三叠系，主体以侏罗系为主，局部出露三叠系、第四纪。志留系与上覆梁山组、茅口组与上覆龙潭组、嘉陵江组与上覆须家河组均呈不整合接触，其余地层层序正常，本井区自上而下依次为侏罗系沙溪庙组、凉高山组、自流井组、三叠系须家河组、嘉陵江组、飞仙关组，二叠系长兴组、龙潭组、茅口组、栖霞组和梁山组，志留系中统韩家店组、下统石牛栏组、龙马溪组，奥陶系五峰组、宝塔组地层，自上而下地层简述见表 1。

表 1　阳 101H40 平台水平井预测钻井分层数据表

地层	斜深（m）	斜厚（m）	垂深（m）	垂厚（m）	倾向（°）	视倾角（°）	岩性简述	故障提示
沙溪庙组			840	840			泥岩夹砂岩	防漏、防水侵
凉高山组			875	35			砂岩、泥岩	防漏、防垮、防卡
自流井组			1215	340			泥岩夹砂岩、石灰岩	

续表

<table>
<tr><th colspan="2">地层</th><th>斜深（m）</th><th>斜厚（m）</th><th>垂深（m）</th><th>垂厚（m）</th><th>倾向（°）</th><th>视倾角（°）</th><th>岩性简述</th><th>故障提示</th></tr>
<tr><td colspan="2">须家河组</td><td></td><td></td><td>1775</td><td>560</td><td></td><td></td><td>砂岩、页岩及煤</td><td>防磨钻头、防喷、防漏、防水侵</td></tr>
<tr><td colspan="2">嘉陵江组</td><td></td><td></td><td>2195</td><td>420</td><td></td><td></td><td>白云岩、石灰岩、石膏</td><td>防漏、防喷、防膏盐污染、防硫化氢</td></tr>
<tr><td colspan="2">飞仙关组</td><td></td><td></td><td>2715</td><td>520</td><td></td><td></td><td>泥岩夹粉砂岩及薄层石灰岩</td><td>防垮、防卡防漏、防水侵、防硫化氢</td></tr>
<tr><td colspan="2">长兴组</td><td></td><td></td><td>2775</td><td>60</td><td></td><td></td><td>石灰岩、页岩互层及凝灰质砂岩</td><td>防喷、防漏</td></tr>
<tr><td colspan="2">龙潭组</td><td></td><td></td><td>2890</td><td>115</td><td></td><td></td><td>铝土质泥岩夹页岩、凝灰质砂岩</td><td>防喷、防垮、防卡</td></tr>
<tr><td colspan="2">茅口组</td><td></td><td></td><td>3105</td><td>215</td><td></td><td></td><td>深灰色石灰岩，含燧石</td><td>防井涌、防喷、防漏、防水侵、防硫化氢</td></tr>
<tr><td colspan="2">栖霞组</td><td></td><td></td><td>3205</td><td>100</td><td></td><td></td><td>浅灰色石灰岩</td><td>防漏、防喷、防水侵、防硫化氢</td></tr>
<tr><td colspan="2">梁山组</td><td></td><td></td><td>3215</td><td>10</td><td></td><td></td><td>黑色页岩夹粉砂岩</td><td>防垮、防卡</td></tr>
<tr><td colspan="2">韩家店组</td><td></td><td></td><td>3250</td><td>35</td><td></td><td></td><td>粉砂岩、页岩夹石灰岩</td><td rowspan="2">防垮、防漏、防喷</td></tr>
<tr><td colspan="2">石牛栏组</td><td></td><td></td><td>3735</td><td>485</td><td></td><td></td><td>页岩、粉砂岩夹薄层石灰岩</td></tr>
<tr><td rowspan="2">龙马溪组</td><td>A 点</td><td></td><td></td><td>4125</td><td>390</td><td></td><td>上倾 0.4</td><td rowspan="2">深灰色、黑色页岩</td><td rowspan="2">防喷、防漏、防垮、防卡</td></tr>
<tr><td>B 点</td><td></td><td></td><td>4081</td><td>-44</td><td></td><td>上倾 1.7</td></tr>
</table>

1.2 井身结构

阳 101 区块的井身结构示意如图 1 所示。

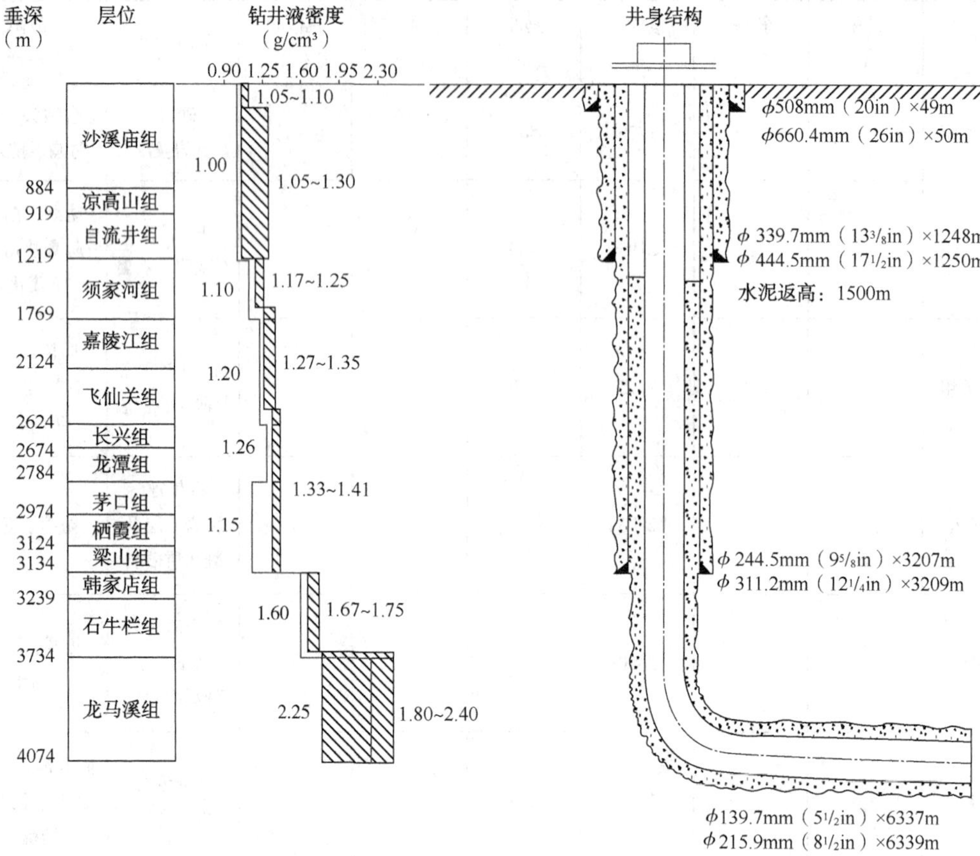

图 1　阳 101 区块井身结构示意图

2　技术思路

2.1　井壁稳定技术

上部井段地层造浆严重，地层易缩径，且进入凉高山、自流井组后井壁易产生掉块，中下部地层泥页岩发育，井壁易失稳；针对各井段地层的特点，明晰各井段地层失稳机理，基于井壁失稳机理优选钻井液体系、抑制剂、封堵防塌剂，确定合理的钻井液密度，优化钻井液流变参数，配合使用随钻辅助防漏堵漏工具，以提高地层承压能力，拓宽钻井液安全密度窗口，降低井壁失稳风险。主要应从物理的、化学的和机械的三个因素方面进行预防。

（1）确保在井壁周围形成足够的支持力，合理控制钻井液密度以维持井壁的力学平衡。二开进入凉高山组前密度提至 1.50g/cm^3，进入须家河前提至 1.60g/cm^3，三开开钻前提至 1.75g/cm^3，进入嘉陵江前提至 1.95g/cm^3，进入龙潭组前提至 2.0g/cm^3，进入茅口组提至 2.10g/cm^3。

（2）加足防塌抑制剂、封堵类材料，改变钻井液滤液性质，减少钻井液侵入量，满足对泥岩的有效抑制和对孔隙、裂缝的封堵。二开下部地层以超细碳酸钙、沥青类为主，三开后加入 0.5%的聚胺，同时配合使用沥青、超细碳酸钙，其有效含量不低于 2%。

（3）地层中存在大段泥岩及页岩井段，重点加强抑制能力，钻进中保证 K^+含量不低于 5%，现场配有 K^+测量仪器，加勤测量，及时补充。

2.2 高密度钻井液性能维护技术

2.2.1 高密度钻井液性能特点研究

荣自泸区块钻井液密度普遍较高，高密度钻井液其流变性较难控制，且抗污染能力差，解决好高密度钻井液的流变性和沉降稳定性之间的矛盾是超高密度钻井液研究成功的技术关键。高密度水基钻井液体系属于较稠的胶体悬浮体系，本身具有固相含量大、固相颗粒的分散程度高、钻井液体系中自由水量少、钻屑的侵入和积累不易清除这四方面的特点，钻井液体系中低密度固相含量及其分散特性是控制的关键，因此可以从增强体系的抑制性，改善钻井液中固相颗粒的分散度，降低钻井液中的低密度固相含量等方面着手增强高密度水基钻井液体系流变性的稳定性。

2.2.2 高温、高密度条件下钻井液配方优化

通过小型试验确定高温（120℃），高密度（2.0~2.4g/cm^3）下聚磺钻井液、KCl 钻井液的膨润土容量上限；通过室内评价试验优选高温、高密度条件下使用效果较好的处理剂，包括降滤失剂、降黏剂、润滑剂等。确定了钻井液配方 5%KCl+0.5%K-PAM+0.5%聚胺+0.5%PL+0.5%~1%PAC-LV+2%~3%SCL+2%~3%FT-1+2%~3%QS-2+2%SMP-2+2%SMC。

表 2 钻井液配方性能及钻井液抗钻屑污染实验

配方	钻井液性能				
	AV（mPa·s）	*PV*（mPa·s）	*YP*（Pa）	*Gel*（Pa/Pa）	FL_{API}（mL）
基浆	23.5	15	7.5	1/2	5.4
基浆+1%100 目钻屑高搅 40min	28.0	20	8	2/7	4.8
基浆+3%100 目钻屑高搅 40min	31.0	22	9	4/8	4.0
基浆+3%土高搅 40min	33	24	10	5/9	3.8

表 3 加入钻屑 120℃下热滚 16h 前后性能变化

序号	钻屑（%）	热滚前的性能					热滚后的性能				
		AV（mPa·s）	*PV*（mPa·s）	*YP*（Pa）	*FL*（mL）	pH	*AV*（mPa·s）	*PV*（mPa·s）	*YP*（Pa）	*FL*（mL）	pH
1	0	25	18	7.0	5.6	9	22	18	4	5.2	9
2	5	27.5	19	8.5	4.2	9	28	22	6	3.8	9
3	10	30	20	10	4.0	9	28	20	8	4.3	9
4	15	34	21	13	4.2	9	32	22	10	4.4	9

从表 2 和表 3 可以看出，配方中加入 15%的钻屑，经 120℃高温后，性能变化不大；加入 3%土后性能基本稳定，说明体系具有较好的抗污染能力，较高的容土量限。

图 2 是室内优选出的钻井液配方在各种温度下热滚后的 API 滤失量随温度变化曲线，实验结果表明，氯化钾聚磺钻井液体系抗高温达 120℃以上，能满足现场施工需要。

2.2.3 高密度钻井液固相控制技术

高密度水基钻井液体系流变性能维护困难的主要症结是体系固相含量太高，因此固相尤

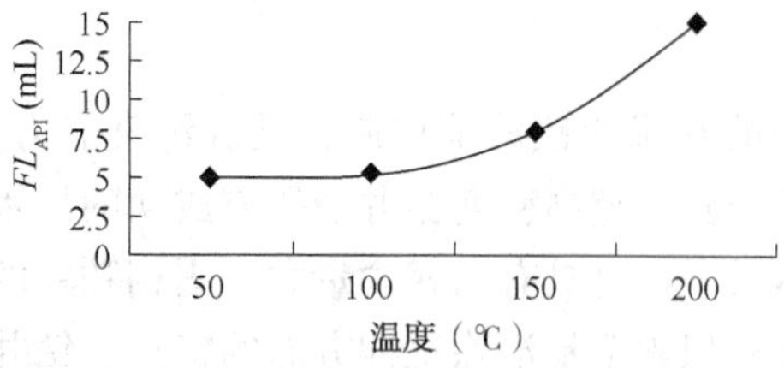

图 2　钻井液热滚 16h 后 API · FL 变化曲线

其是低密度固相的控制是施工的突出问题，所以首先通过采用钾盐体系，提高钻井液的抑制能力，从而提高体系的固相容量限，其次固控设备的合理使用是重中之重，从不同目数筛布的配制，到高低速离心机的合理使用，要据地层情况和钻井液性能需求，形成一套合理使用固控设备的技术方案。

（1）二开钻进中，进入凉高山组前，离心机、一体机 24h 运转，振动筛使用 240 目以上筛布，进入凉高山后离心机使用时间每天不低于 8h，一体机 24h 运转，严格控制低密度固相含量。

（2）三开钻进时，钻井液密度较高，离心机使用时间每天不低于一个循环周，一体机 24h 运转，振动筛使用 280 目以上筛布。

（3）严格控制老浆的使用，根据老浆性能选择使用量，保证新浆与老浆混合均与后，钻井液膨润土含量不高于 30g/L 以内，钻井液性能符合施工需要。

（4）在日常钻进中，钻井液中大分子处理剂的含量不低于 0.5%，控制固相分散，保证其能通过固控设备清除。

（5）在易漏井段需要加入堵漏材料，更换低目数筛布，在钻穿该井段后马上更换高目数筛布，运转一体机、离心机，及时清除钻井液中的堵漏材料、低密度有害固相。

（6）在施工后期，由于施工时间长，固相含量高，钻井液性能控制困难，可根据实际情况，置换部分钻井液，保证后续施工顺利。

2.3　防漏堵漏技术

阳 101 区块地层漏失层位较多，且多含有浅层气，发生井漏时如果处理不妥当，极易造成更大的问题。因此在该区块采用“以防为主，防堵结合”的防堵漏方针，实现防漏堵漏工作。（1）进漏层前物资储备情况：严格按照设计要求，储备足够的钻井液储备浆（密度为 2.35g/cm^3的 240m^3）、堵漏剂（不同粒径、不同功能的不低于 20t）、重晶石（不少于 200t）等物资，严格控制循环钻井液，地面不低于 120m^3。

（2）总体原则是“以防为主，防堵结合”。进入易漏层前，在钻井液中添加防漏材料；配方：2%以上超细碳酸钙+1%～2%随钻堵漏剂+1%～2%复合堵漏剂+1～2%沥青 。

（3）钻井过程中，如果钻井液的循环消耗量大于 2m^3/h，增加纤维、随钻类堵漏剂用量，保证防漏材料总量不低于 5%。

（4）在保证井控安全的前提下，钻井液密度尽量采用设计下限，保持近平衡压力钻井。

（5）下钻至易漏层，控制下钻速度，每柱下放时间不能少于 30s，防止激动压力过大压漏地层。

（6）下钻过程中采用分段循环开泵要缓慢，排量由小到大，以避免因瞬时激动压力过大而引起井漏。

（7）起钻时严格控制压塞钻井液的泵入量。

（8）优选堵漏方法，在发生漏失后，如果常规桥堵没有效果，则考虑使用水泥、凝胶速堵等方式堵漏。

3 现场施工

3.1 一开井段

（1）一开先采用清水钻进，若施工过程中发现携砂性无法满足要求，可根据现场情况转换为聚合物钻井液钻进。

（2）开钻前现场储备一定量的惰性堵漏材料，作好堵漏准备，地面储备一罐浓度8%的膨润土浆（或者备用转井老浆）。

（3）开眼前，安装调试好振动筛、除砂器、除泥器（或除砂除泥一体机）和离心机。钻进过程中使用固控设备及时清除钻屑，观察井口返浆、返屑和罐内液面，及时发现和预防窜漏。

3.2 二开井段

（1）二开开钻凉高山前，采用无固相聚合物钻井液体系，进入凉高山前转换钾盐聚合物钻井液体系进行施工，施工前地面配制120m^3胶液。

若使用老浆，利用离心机将钻井液密度降至1.10g/cm^3以内，根据老浆性能加入0.1%~0.3%包被絮凝剂，0.3%~0.5%K-PAM。

（2）沙溪庙组以泥岩和砂岩为主，钻进期间，高速离心机、除砂器、除泥器不间断使用，振动筛使用240目以上筛布，及时补充胶液，以包被絮凝剂和K-PAM为主，浓度控制在0.5%左右，抑制地层造浆；该工区地层可钻性差，钻时快，裸眼时间短，井径扩大率小，凉高山组前失水放开至15~20mL左右，黏度保持在40s以下，使井眼有较大的井径扩大率，保证完井下套管作业的顺利；二开地层造浆能力较强，易缩径，钻头容易泥包，钻井液中补充柴油或者液体润滑剂；钻进过程中，如果判断钻头有泥包现象，及时使用低黏度钻井液冲洗钻头，消除钻头泥包。

（3）二开中下部凉高山组、自流井组和须家河组掉块严重，进入凉高山组前补充钾盐含量至5%，密度提至1.50g/cm^3，失水降至10mL以内，加入2%超细碳酸钙、沥青等封堵材料，日常维护以大分子处理剂、封堵材料为主，钻进期间根据井下情况逐步调整钻井液密度，进入须家河组前密度提至1.60~1.65g/cm^3，完钻前失水降至8mL以内。

（4）完钻后大排量循环，清洗井眼，必要时使用稠塞清砂。下套管前配制以2%固体润滑剂为主的封闭液，保证下套管作业顺利。

（5）已施工井在二开沙溪庙组曾发生失返性漏失，二开开钻前，储备足量堵漏材料，以中细颗粒为主。

3.3 三开井段

（1）三开开钻前，根据老浆性能情况置换部分老浆，同时利用高速离心机清除低密度固相，开钻前调整钻井液密度至1.75g/cm^3，坂含在30g/L以内，失水8~10mL，振动筛筛布更换为240目以上。

（2）三开须家河组掉块严重，钻开地层前，钻井液中加入2%沥青，0.3%~0.5%聚胺，强化钻井液封堵能力，及时补充KCl，确保KCl浓度不低于5%，钻井液密度出须家河前提至1.90g/cm^3。须家河井段以砂岩、页岩为主，日常维护以封堵和护胶材料为主，勤测膨润土含量，根据情况补充大分子处理剂，控制膨润土含量在30g/L以内，为下部提高密度做准备。钻穿须家河井段前起下钻配制封闭液，封200~300m井段，封闭液以封堵材料为主。

（3）嘉陵江组可能钻遇石膏层，地层中夹杂煤层，井壁易失稳，井壁稳定工作是该层位的重点，钻井液密度进嘉陵江组前提至 2.00g/cm^3，确保钻井液中封堵材料含量在 2%，同时加强对钻井液性能的测量，尤其是钙镁离子，碳酸根、碳酸氢根。飞仙关井段存在地层造浆的问题，日常维护中大分子处理剂的用量根据钻井液性能适当加大，控制好钻井液流型。

（4）三开定向多在嘉陵江组与飞仙关组，进入地层前，一次性补充 2%润滑剂，钻进中保证润滑剂含量不低于 2%；井深达到 2500m 前补充 0.5%~1%的抗温乳液聚合物、2%树脂和 1%磺化沥青，提高钻井液的抗温性，保证钻井液性能的稳定。

（5）茅口组存在气层，且极易发生漏失，井控风险高，进入茅口组前钻井液密度调整至 2.10~2.12g/cm^3，在保证一次井控的前提下，尽量不压漏地层。在进入茅口组地层前，钻井液中加入 3%以上的细颗粒堵漏剂，以随钻和微裂缝封堵剂为主；储备罐储备 30m^{3}堵漏剂含量在 25%的堵漏浆，以保证在钻遇茅口组漏失的情况下，及时将堵漏浆打入漏层堵漏，降低井漏和井控的风险；同时做好堵漏材料的储备，尤其是中细颗粒材料；加强对储备重浆的维护，保证出现情况时能够放的下来。

（6）完钻前，针对易漏失井段做承压堵漏，确保地层破裂当量密度不低于固井水泥浆密度，保证固井质量，防止因为固井发生漏失导致复杂。电测、下套管前根据井下情况配制封闭液，封茅口组及以下地层，封闭液以润滑剂和封堵材料为主。

4 现场应用效果

阳 101 区块钻井施工井中钻井液性能指标符合钻井液设计要求，在保证井下安全的前提下钻井液密度和 HTHP 滤失量均控制在要求范围内，并且井壁稳定，润滑效果好，成功应对了井壁缩径、泥岩垮塌、井漏、高密度钻井液施工难度高等难题，满足了各阶段钻井工艺的要求，保证了钻井施工的安全、快速、高效。通过施工可以看出：

（1）聚磺钾盐体系能较好地满足阳 101 区块地层的需要，保证了钻井高效安全地进行，解决了大段泥岩井段的井壁稳定问题。

（2）井漏的处理要以防为主，防堵结合，通过采取各种防漏措施能避免很多井漏的发生。

（3）高密度钻井液的施工固相控制是其核心技术，固控设备尤其是离心机的使用尤为重要，随之而来的就是重晶石粉的损失问题，有必要在该区块开展重晶石粉回收技术的研究与应用。

川渝地区无固相完井液与钻井液配伍性研究

陈　骥[1]　刘　阳[1]　黎　然[1]　李　丁[1]　胡金玉[1]　朱　琳[2]　陈熙平[3]

（1. 中石油西南油气田分公司工程技术研究院；2. 中石油川庆钻探工程有限公司川西分公司；3. 中石油西南油气田物资分公司）

【摘　要】　川渝地区高温高压高产完井试油工作液通常由常规钻井液改性为完井液，但其固相颗粒高导致储层污染严重、抑制性差、高密度条件下沉降稳定性差等问题，故现推广使用无固相完井液。无固相完井液具有固相含量低、沉降稳定性好等特点，但其能否与现有水基钻井液、油基钻井液配伍，是否导致浆体变稠、聚沉等，缺乏完整的实验数据支撑。针对以上问题，设计一系列配伍性实验，实验结果表明川渝地区无固相完井液与水基钻井液、油基钻井液混合后，其体系的稳定性都受到破坏，尤其是高温条件下会出现大量沉淀、结块，导致流动性变差等，对现场无固相完井的施工和油气层储层的保护等有一定的指导意义。

【关键词】　无固相完井液；沉降稳定性；配伍性；储层保护

完井液不但能平衡地层压力、净化井眼、稳定井壁、控制滤失，还要具有良好的抗温、抗盐、防腐、环境友好等特殊性能。传统完井液一般由钻井液加入一定量的高温稳定剂、悬浮稳定剂等改性而成，含有固相和黏土，对储层的伤害大。随着川渝地区井深不断增加，井底温度和压力不断增大。如 ZJ2 井，井深 6900m，井底温度为 180℃。在如此高温的条件下，膨润土水化受到抑制，常规完井液的聚合物、磺化材料官能团失效、分子断链、分子之间交联等问题，导致悬浮的重晶石沉降，稳定性差[1-3]。

以 2020 年川渝地区为例，常规完井液共 40 余井，进行井底温度静恒，72h 的老化罐底密度与原始密度差大于 1.1g/cm^3 的有 19 余口，占 41.13%，120h、240h 沉降不合格的占 15 余口，占 35.42%，差别原因是 72h 不合格后现场调整完井液。

为了增大完井液的沉降稳定性，减小储层伤害，无固相完井液受到了普遍关注。无固相完井液主要以可溶性盐为加重剂，密度可调范围宽，具有抗温、抗盐等优点，由于不含颗粒物质和黏土，满足苛刻的储层保护要求[4-8]。

而无固相完井液分为有机盐无固相完井液（如溴化锌等）、甲酸盐完井液（如甲酸铯完井液等）、有机盐无固相完井液（如碱金属低碳有机酸盐等）等。各种无固相完井液具有各自的特点，但其与现有水基钻井液、油基钻井液能否配伍，从而导致浆体变稠、聚沉等问题缺乏完整的实验数据支撑，将会影响现场的施工和井下安全。

基金项目：西南油气田分公司项目“高温高压含硫气井试油工作液评价技术研究”（编号：20200302-11）资助。

作者简介：陈骥，工程师，现从事钻井液检测与研发工作。地址：四川省成都市小关庙后街 25 号；电话：（028）86010408；E-mail：c_ ji@ petrochina. com. cn。

针对这一问题，按照川渝地区正在使用的有机盐无固相完井液与常用的水基钻井液、油基钻井液设计了以下实验。

1 实验部分

1.1 仪器

密度计、旋转黏度计、电稳定测试仪、滚子炉、API 滤失仪、HTHP 失水仪等。

1.2 试验内容

探明川渝地区无固相完井液与水基钻井液、油基钻井液在不同混合比例、不同温度条件下的配伍性。

实验方案见表 1。

表 1 实验方案设计

序号	试验内容	实验条件
1	无固相完井液与水基钻井液配伍试验	在 1∶9、3∶7、5∶5、7∶3、9∶1 比例下，以室温、模拟温度变化、模拟高温条件进行实验
2	无固相完井液与油基钻井液配伍试验	在 1∶9、3∶7、5∶5、7∶3、9∶1 比例下，以室温、模拟温度变化、模拟高温进行实验

其中不同温度实验条件下的内容如下。

1.2.1 室温条件实验

室温条件下，分别将样品按比例依次加入烧杯中，低速搅拌 15min，静止 3min、30min、120min、240min，描述是否发生化学反应，有无沉淀及沉淀颜色，静置后能否搅动等；有化学反应及沉淀时记录现象，并检测其性能。

1.2.2 模拟温度变化条件实验

将静置 4h 的样品低速搅拌 15min，升温至 80℃后，恒温 2h 进行观察，之后自然降至室温静置 6h 进行观察。描述是否发生化学反应，有无沉淀及沉淀颜色，静置后能否搅动等；有化学反应及沉淀时记录现象，并检测其性能。

1.2.3 模拟高温条件实验

将样品用老化罐恒温 177℃×8h 静置，取出降至室温观察。描述是否发生化学反应，有无沉淀及沉淀颜色，静置后能否搅动等；有化学反应及沉淀时记录现象，并检测其性能。

2 结果与讨论

2.1 水基钻井液与无固相完井液污染实验

2.1.1 室温条件实验

（1）随着无固相完井液比例增加，黏度先增加后降低，产生的沉淀量先增加后降低，产生速率加快（表 2、表 3）。

表 2　不同配比混合工作液产生沉淀的质量

水基：无固相 配比	静置时间	9：1	7：3	5：5	3：7	1：9
沉淀质量（g）	240min	无	4	12	85	74

（2）9：1、7：3 和 5：5 配比下，静置时间越长表观、塑性黏度越高（图 1、图 2）。3：7 和 1：9 配比下，静置时间越长，固相沉淀大量产生，密度与表观、塑性黏度呈现降低趋势（图 3、图 4）。

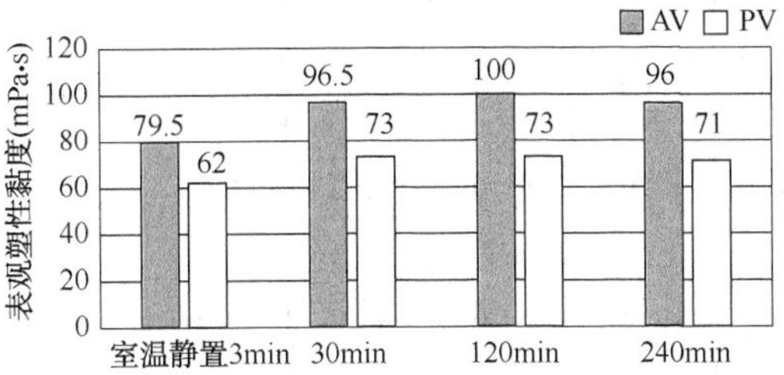

图 1　9：1 混合液表观、塑性黏度

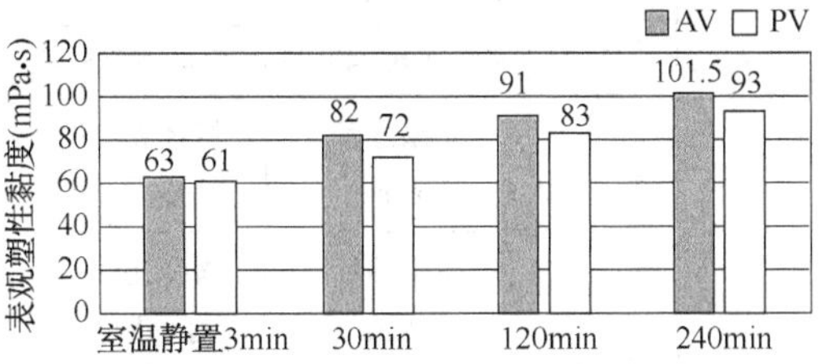

图 2　5：5 混合液表观、塑性黏度

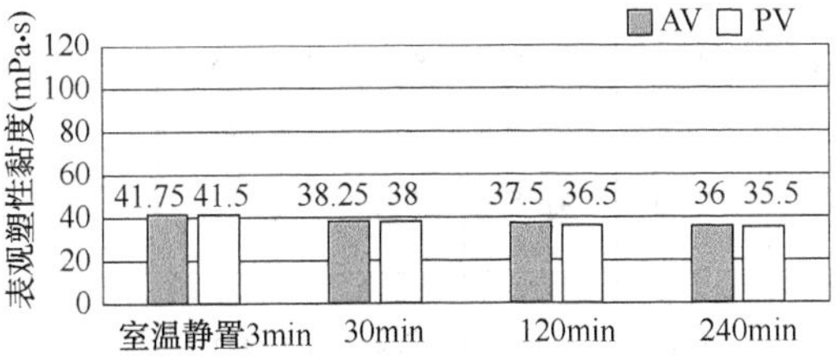

图 3　3：7 混合液表观、塑性黏度

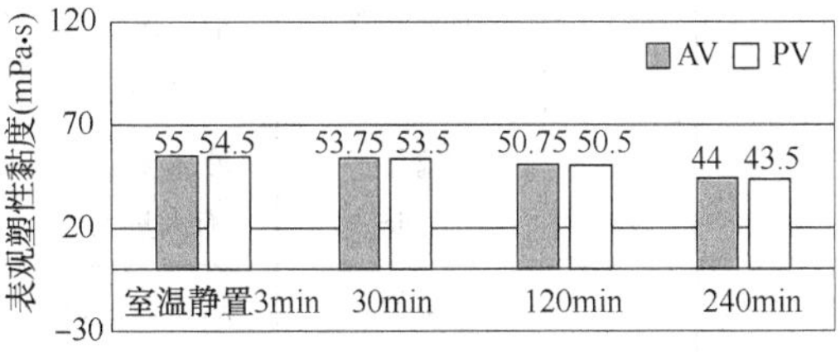

图 4　1：9 混合液表观、塑性黏度

表 3　室温条件下各配比混合工作液流变性

序号	配比 水基：无固相	实验条件	状态描述	ρ （g/cm³）	AV （mPa·s）	PV （mPa·s）	YP （Pa）	$Gel_{10''}$ （Pa）	$Gel_{10'}$ （Pa）
1	10：0	0min	液体均匀，无沉淀	1.750	75.50	57.0	18.50	3.5	11.0
2	9：1	室温静置 3min	液体无分层，无沉淀	1.780	79.50	62.0	16.80	2.0	6.0
		室温静置 30min	液体无分层，无沉淀	1.780	96.50	73.0	22.56	3.0	8.0
		室温静置 120min	液体无分层，无沉淀	1.780	100.00	73.0	25.92	7.0	10.0
		室温静置 240min	液体无分层，无沉淀	1.780	96.00	71.0	25.00	3.0	8.0

续表

序号	配比 水基：无固相	实验条件	状态描述	ρ (g/cm³)	AV (mPa·s)	PV (mPa·s)	YP (Pa)	$Gel_{10''}$ (Pa)	$Gel_{10'}$ (Pa)
3	7：3	室温静置 3min	液体无分层，无沉淀	1.810	110.50	83.0	26.40	3.0	10.0
		室温静置 30min	液体无分层，无沉淀	1.810	135.00	100.0	33.60	4.5	11.5
		室温静置 120min	液体黏稠	1.810	>150	—	—	—	—
		室温静置 240min	液体黏稠	1.810	>150	—	—	—	—
4	5：5	室温静置 3min	液体无分层，有少量沉淀	1.820	63.00	61.0	1.92	2.0	10.0
		室温静置 30min	液体无分层，有少量沉淀	1.820	82.00	72.0	9.60	2.5	9.5
		室温静置 120min	液体无分层，无沉淀	1.820	91.00	83.0	8.00	2.5	10.5
		室温静置 240min	液体无分层，无沉淀	1.820	101.50	93.0	8.160	2.5	10.5
5	3：7	室温静置 3min	液体无分层，有大量沉淀	1.770	41.75	41.5	0.25	1.0	1.5
		室温静置 30min	液体无分层，有大量沉淀	1.730	38.25	38.0	0.25	0.5	0.8
		室温静置 120min	液体无分层，有少量沉淀	1.730	37.50	36.5	1.00	0.5	1.5
		室温静置 240min	液体无分层，有少量沉淀	1.710	36.00	35.5	0.50	0.5	0.8
6	1：9	室温静置 3min	液体无分层，有较多沉淀	1.775	55.00	55.0	0.50	1.0	1.0
		室温静置 30min	液体无分层，有少量沉淀	1.770	53.75	53.5	0.25	0.5	0.5
		室温静置 120min	液体无分层，有少量沉淀	1.760	50.75	50.5	0.25	0.5	0.5
		室温静置 240min	液体分层，有少量沉淀	1.745	44.00	43.5	0.50	0.5	1.0
7	0：10	0min	液体均匀，无沉淀	1.820	81.00	79.0	2.00	1.0	1.0

2.1.2 模拟温度变化条件实验

从表4可以看出，表明黏度和切力先降后增。随无固相含量增加，产生沉淀逐渐增加。

表 4　各配比混合工作液情况

序号	配比 水基：无固相	实验条件	状态描述	ρ (g/cm^3)	AV (mPa·s)	PV (mPa·s)	YP (Pa)	$Gel_{10''}$ (Pa)	$Gel_{10'}$ (Pa)
1	10：0	0min	液体均匀，无沉淀	1.750	75.5	57.0	18.5	3.5	11.0
2	9：1	室温静置240min	液体无分层，无沉淀	1.780	96.0	71.0	25.0	3.0	8.0
		80℃，恒温2h实验	液体无分层，无沉淀	1.780	136.5	100.0	36.5	6.25	18.0
		降至室温，静置6h实验	液体黏稠	1.780	>150	—	—	—	—
3	7：3	室温静置240min	液体黏稠	1.810	>150	—	—	—	—
		80℃，恒温2h实验	液体无分层，无沉淀	1.810	123.0	94.0	29.0	2.5	11.0
		降至室温，静置6h实验	液体黏稠	1.810	>150	—	—	—	—
4	5：5	室温静置240min	液体无分层，无沉淀	1.820	101.5	93.0	8.16	2.5	10.5
		80℃，恒温2h实验	液体无分层，有少量沉淀	1.820	62.0	58.0	4.0	1.0	3.0
		降至室温，静置6h实验	液体无分层，有少量沉淀	1.820	88.0	80.0	7.68	1.5	4.5
5	3：7	室温静置240min	液体无分层，有少量沉淀	1.710	36.0	35.5	0.5	0.5	0.75
		80℃，恒温2h实验	液体无分层，有大量沉淀	1.690	20.5	20.0	0.5	0.5	1.0
		降至室温，静置6h实验	液体无分层，有大量沉淀	1.680	41.5	41.0	1.0	0.5	0.75
6	1：9	室温静置240min	液体分层，有少量沉淀	1.745	44.0	43.5	0.5	0.5	1.0
		80℃，恒温2h实验	液体无分层，有大量沉淀	1.730	25.0	24.5	0.5	0.25	0.5
		降至室温，静置6h实验	液体分层，有大量沉淀	1.730	52.0	51.5	0.5	0.5	0.5
7	0：10	0min	液体均匀，无沉淀	1.820	81.0	79.0	2.0	1.0	1.0

2.1.3 模拟高温条件实验

（1）9∶1、7∶3 和 5∶5 配比的混合工作液全部呈凝胶状，无法正常流动（图 5、图 6）。

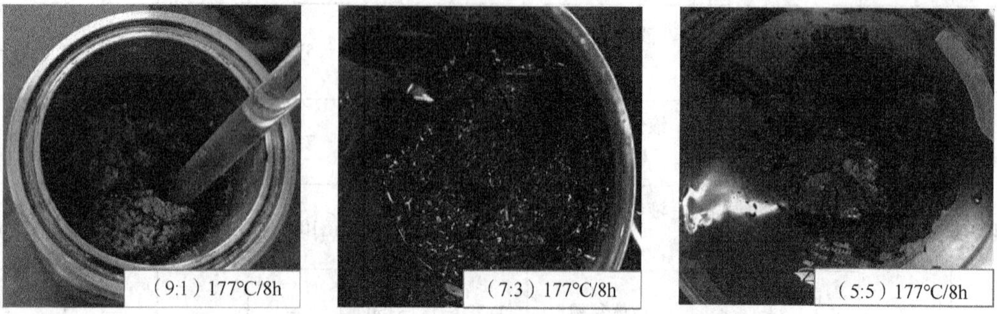

图 5　不同比例混合液沉淀物情况（模拟高温 177℃静置老化 8h）

（2）3∶7 和 1∶9 配比的混合工作液呈半凝胶状，底部出现硬质沉淀（图 7）。

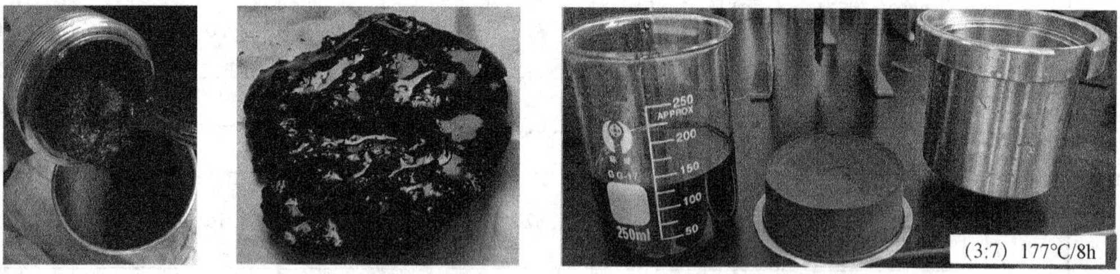

图 6　（3∶7）混合液沉淀物情况（模拟高温 177℃静置老化 8h）

2.2 油基钻井液与无固相完井液污染实验

2.2.1 室温条件实验

（1）9∶1 和 7∶3 配比混合工作液黏度、切力瞬间升高，直至超过测试仪器量程，混合工作液异常黏稠（表 5）。

表 5　9∶1 和 7∶3 配比混合工作液性能

序号	配比 油基∶无固相	实验条件	状态描述	ρ (g/cm^3)	AV (mPa·s)	PV (mPa·s)	YP (Pa)	$Gel_{10''}$ (Pa)	$Gel_{10'}$ (Pa)	FL_{API} (mL)	FL_{HTHP} (mL)
1	9∶1	室温静置 3min	液体无分层，无沉淀	1.96	141.5	117	24.5	3.5	9.5	0.3	40
		室温静置 30min	液体黏稠	1.96	>150	—	—	—	—		
		室温静置 120min	液体黏稠	1.96	>150	—	—	—	—		
		室温静置 240min	液体黏稠	1.96	>150	—	—	—	—		

续表

序号	配比 油基：无固相	实验条件	状态描述	ρ (g/cm³)	AV (mPa·s)	PV (mPa·s)	YP (Pa)	$Gel_{10''}$ (Pa)	$Gel_{10'}$ (Pa)	FL_{API} (mL)	FL_{HTHP} (mL)
2	7：3	室温静置3min	液体无分层，无沉淀	1.91	131	96	35.0	5.5	13.0	0.7	66
		室温静置30min	液体黏稠	1.91	>150	—	—	—	—		
		室温静置120min	液体黏稠	1.90	>150	—	—	—	—		
		室温静置240min	液体黏稠	1.90	>150	—	—	—	—		

（2）5：5配比混合工作液黏度、切力缓慢升高（表6）。

表6　5：5配比混合工作液性能

序号	配比	实验条件	状态描述	ρ (g/cm³)	AV (mPa·s)	PV (mPa·s)	YP (Pa)	$Gel_{10''}$ (Pa)	$Gel_{10'}$ (Pa)	FL_{API} (mL)	FL_{HTHP} (mL)
3	5：5	室温静置3min	液体无分层，无沉淀	1.86	59.5	46	13.5	2.0	8.0	1.2	110
		室温静置30min	液体无分层，无沉淀	1.85	77.0	64	13.0	7.0	15.5		
		室温静置120min	液体无分层，无沉淀	1.85	86.0	71	15.0	8.0	15.0		
		室温静置240min	液体无分层，无沉淀	1.85	97.5	79	18.5	8.5	14.0		

（3）3：7和1：9配比混合工作液底部出现少量沉淀，密度、黏度和切力逐渐降低。

2.2.2　模拟温度变化条件实验

模拟升温（80℃）、恒温（2h）、降温（6h）过程温度变化影响后混合工作液的性能变化。

（1）9：1和7：3配比混合工作液呈凝胶状，无法流动。

（2）5：5配比混合工作液底部出现少量沉淀，黏度缓慢升高，密度维持稳定（图7）。

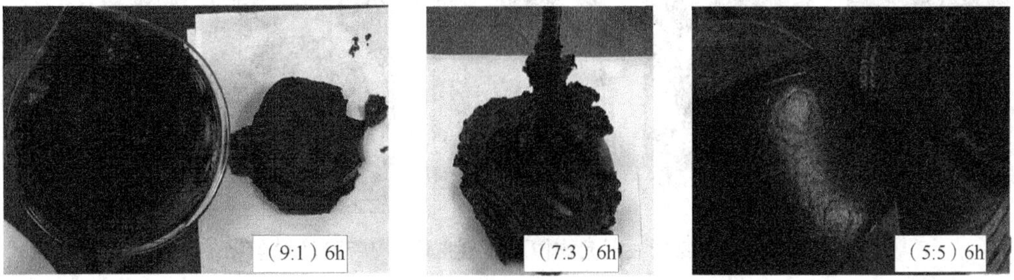

图7　各配比混合液沉淀物情况（模拟温度变化）

(3) 3∶7 和 1∶9 配比混合工作液出现较多絮状沉淀，密度略有降低（表 7）。

表 7　各比例配比混合工作液性能

序号	配比 油基：无固相	实验条件	状态描述	ρ (g/cm^3)	AV (mPa·s)	PV (mPa·s)	YP (Pa)	$Gel_{10''}$ (Pa)	$Gel_{10'}$ (Pa)	FL_{API} (mL)	FL_{HTHP} (mL)
1	9∶1	80℃，恒温 2h 实验	液体无分层，无沉淀	1.96	—	—	—	—	—	—	—
		降至室温，静置 6h 实验	呈凝胶状，无法流动	—	—	—	—	—	—		
2	7∶3	80℃，恒温 2h 实验	液体无分层，无沉淀	1.90	—	—	—	—	—	—	—
		降至室温，静置 6h 实验	呈凝胶状，无法流动	—	—	—	—	—	—		
3	5∶5	80℃，恒温 2h 实验	无分层，无沉淀	1.85	—	—	—	—	—	5.2	102
		降至室温，静置 6h 实验	无分层，少量沉淀	1.85	101.5	77	24.5	5.50	7.5		
4	3∶7	80℃，恒温 2h 实验	无分层，有沉淀	1.76	—	—	—	—	—	24.0	112
		降至室温，静置 6h 实验	无分层，大量沉淀	1.76	47.5	42	5.5	1.50	2.0		
5	1∶9	80℃，恒温 2h 实验	分层，有沉淀	1.76	—	—	—	—	—	64.0	210
		降至室温，静置 6h 实验	分层，絮凝沉淀	1.76	95.5	95	0.5	0.75	1.0		

2.2.3　模拟高温条件实验

(1) 9∶1、7∶3 和 5∶5 配比混合工作液全部呈凝胶状、无法流动、无法测出。

(2) 3∶7 和 1∶9 混合工作液表面析出清液，液体呈凝胶状、底部出现大量硬质沉淀、无法测出（图 8）。

图 8　各配比混合液沉淀物情况（模拟高温 177℃ 静置老化 8h）

3 实验结论与建议

3.1 实验结论

川渝地区无固相完井液与水基钻井液、油基钻井液混合后，其体系的稳定性都受到破坏，但是不同比例和不同实验条件下的稳定性、流变性等表现出差异。

（1）水基钻井液与无固相完井液在室温实验条件下，随着无固相完井液比例增加，黏度先增加后降低，产生的沉淀量先增加后降低，产生速率加快。在模拟温度变化实验下，随无固相含量增加，产生沉淀量逐渐增加。在模拟高温实验条件下，各比例下混合工作液呈凝胶状或半凝胶状，无法正常流动，底部有硬质沉淀。

（2）油基钻井液与无固相完井液在室温实验条件下，油基钻井液受无固相完井液污染后，黏度、切力瞬间升高，异常黏稠。其余配比下黏度缓慢升高。模拟温度变化实验下，受温度的影响，油基钻井液受无固相完井液污染后呈凝胶状，无法流动。模拟高温实验条件下，各比例下混合工作液呈凝胶状，无法正常流动，底部出现大量硬质沉淀。

3.2 建议

（1）无固相完井液与水基钻井液、油基钻井液混合时，高温条件下会产生污染，现场使用无固相顶替高密度水基钻井液、油基钻井液时需加入一定的隔离液。

（2）由于无固相完井液还会接触地层水、转向酸、胶凝酸等，应加强此类的配伍性研究，防止出现配伍性差而污染储层的情况。

参考文献

[1] 陈龙，肖红章，杨欢，等. 深层高温气藏有固相压井液评价指标研究 [J]. 中国石油和化工标准与质量，2018，38（14）：3-4.

[2] 王平全，黄芸. 抗高温高密度水基钻井完井液的室内研究 [J]. 精细与专用化学品，2014，22（4）：50-53.

[3] 汪海，王信，张民立，等. BH-WEI 完井液在迪西 1 井的应用 [J]. 钻井液与完井液，2013，30（4）：88-90，98.

[4] 王文立. 高性能测试完井液的评价与应用 [J]. 石油钻采工艺，2005（1）：29-31，81-82.

[5] 强杰，董军，尹瑞新，等. 一种新型低成本防结垢复合盐高密度无固相压井液 [J]. 钻井液与完井液，2020，37（3）：394-397.

[6] 唐胜蓝，王茜，张宏强，等. 无固相完井液研究进展 [J]. 广州化工，2020，48（6）：43-46.

[7] 张永. 无固相钻井完井液研究与应用进展 [J]. 中国石油和化工标准与质量，2019，39（18）：201-202.

[8] 盛飞龙，李夫宝，高华，等. 无固相弱凝胶修井液 [J]. 新疆石油科技，2017，27（2）：40-42.

南川—武隆区块油基钻井液技术

陈　亮[1]　尤德平[1]　陈海银[1]　胡进科[2]

（1. 华东石油工程有限公司；2. 华东油气分公司）

【摘　要】 南川—武隆区块的页岩气水平段开发均使用油基钻井液，其重复利用率达到75%以上，性能完全满足钻井需要。本文基于龙马溪组地层特性研究，优选堵漏材料，提供了一套有效的堵漏方法。分析了该地区部分井存在的坍塌掉块问题，提出了解决方案。现场应用证明该油基钻井液技术能降低施工成本，为钻井工程提供了一个有利的施工环境，对该区块的页岩气勘探开发有着良好的经济效益和社会效益。

【关键词】 油基钻井液；堵漏技术；防塌技术；重复利用

南川—武隆区块是中国石化华东油气分公司勘探开发的主体区块，目的层为龙马溪组，井身结构普遍采用三开制水平井，由于目前国内的水基钻井液尚不能满足该地区的页岩气开发需要，基于页岩地层的特点，普遍使用油基钻井液，受环保压力以及成本控制影响，一般都采用老钻井液掺入部分新钻井液进行作业。

1　技术难点分析

（1）老钻井液重复利用次数多，性能难以控制。由于目前的固控设备无法将重晶石和有害固相进行分离，随着老钻井液重复利用的次数增加，固相含量越来越高，黏度、切力和破乳电压等都变得难以控制。

（2）由于该区块构造复杂，断层较多，裂缝发育，常常出现高压气层或者漏层，不仅造成一定的井控风险，同时也对油基钻井液的堵漏工作提出了新的要求。

（3）部分区块的龙马溪组下部地层龙一段①层、②地层起伏较大，地层破碎，钻进过程中，容易产生掉块卡钻现象。

2　老钻井液重复利用技术

老钻井液重复利用非常复杂，其根本原因在于回收钻井液来源不同，处理剂可能来自不同的厂家，而每口井回收的钻井液，其固相含量不同，高密度的油基钻井液，以2.15g/cm^{3}密度的油基钻井液为例，若固相含量达到48%，则性能难以控制，但有些回收钻井液的固相含量最高超过50%，有的回收钻井液还混入了不同比例的水基钻井液，或者固井用的前置液后置液，油水比达到40：60，因此，必须针对不同的性能，提出不同的处理方案。

2.1　老钻井液改造的室内分析

油基钻井液主要有四个因素影响性能：主乳、辅乳、降滤失剂和有机土，不同厂家的处

作者简介：陈亮（1966—），男，本科，高级工程师，多年从事钻井液现场工艺研究以及钻井液处理剂的开发应用。地址：江苏省镇江市天桥路22号，E-mail：lpcl66@126.com。

理剂，性能有所不同，通过对国内5个厂家的处理剂进行分析，产生的结果基本是一致的。

通过实验室对各个厂家的处理剂进行4个水平16组的常温正交实验，配制密度1.25g/cm^{3}钻井液。基本配方：0$^\#$柴油320mL+水80mL+25%氯化钙水溶液+0.8%润湿剂+3%氧化钙+重晶石得到了表1的结论。

表1　常温正交实验影响力排列表

性能指标	影响力大小排列	性能指标	影响力大小排列
塑性黏度	有机土>主乳化剂>辅乳化剂>降滤失剂	破乳电压	辅乳化剂>降滤失剂>主乳化剂>有机土
动切力	主乳化剂>有机土>辅乳化剂=降滤失剂	滤失量方面	有机土>降滤失剂>辅乳化剂>主乳化剂
动塑比	主乳化剂>辅乳化剂>降滤失剂>有机土		

在130℃，12h老化以后，同样进行4个水平16组的正交实验，得到了表2的结论。

表2　高温老化后正交实验影响力排列表

性能指标	影响力大小排列	性能指标	影响力大小排列
塑性黏度	有机土>降滤失剂>辅乳化剂=主乳化剂	破乳电压	辅乳化剂>降滤失剂>有机土>主乳化剂
动切力	主乳化剂>有机土>降滤失剂>辅乳化剂	滤失量方面	降滤失剂>辅乳化剂>主乳化剂>有机土
动塑比	主乳化剂>辅乳化剂>降滤失剂>有机土		

2.2　老钻井液改造方法

老浆到达现场先充分过80目振动筛，清除老浆中可能存在的堵漏材料，然后现场取样，充分高速搅拌均匀后测定其性能，再据此配制小样进行性能的调整。

首先测固相含量，如果固相含量特别高，可先使用中高速离心机清除过多的劣质固相，再混入部分未加重的新配制钻井液调整至合适密度；如果固相含量处于可接受范围内，可直接混入新配制的钻井液调整至合适密度，再在正常钻进后井下除劣质固相的过程，从而节约处理时间。

对于流变性的调整，一般根据老浆的性能，调整主乳、辅乳、降滤失剂和有机土的比例，混入适当量的新配制钻井液进行调整。

对于碱度、氯根和破乳电压的调整，由于三者之间存在相互作用的关系，一般先调整碱度和氯离子，视其对破乳电压的影响，再根据情况确定是否加入乳化剂和润湿剂。

油水比对破乳电压具有较大的影响，增大油水比也能有效地增大破乳电压，从而使钻井液体系更稳定。

在高温高压失水的调整方面，主要采用补充适量的降失水剂的方式，同时因为降失水剂对黏度和切力的影响较大，也可以采用加入封堵剂的方式来降低失水。

2.3　现场应用实例

2.3.1　胜页2-1HF井

从表3中可以看出：调整前的黏度和切力严重偏高，流变性差，油水比偏低，破乳电压低，但其他性能较好，所以采用提高油水比、增加润湿剂和碱度调节剂的使用量来调整性能。

新浆配方：基础油+2%主乳+0.5%辅乳+2%润湿剂+3%碱度调节剂+4%降失水剂。混入新配制的钻井液后充分搅拌，并高温老化16h后，测得调整后的性能，该性能满足钻井需求，老浆的改造成功。

全井老钻井液使用率到达76%，性能稳定，井下未出现任何复杂情况。

表3 胜页2-1HF井钻井液调整前后性能对比

	密度(g/cm³)	*FV* (mPa·s)	*PV* (mPa·s)	*YP* (Pa)	*Gel* (Pa)	FL_{HTHP} (mL)	E_S (V)	固含(%)	油水比	Pom (cm³/cm³)	氯离子(mg/L)
调整前	1.62	125	75	18	8/55	2.8	520	30	75/25	2.2	40000
调整后	1.45	75	42	9	2/10	2.4	650	27	80/20	2.4	36000

2.3.2 胜页2-3HF井

从表4中可以看出：调整前的钻井液相固含偏高，高温高压失水高，破乳电压低，碱度低，同时老浆中含有少量的堵漏材料，其他性能尚可。

表4 胜页2-3HF井钻井液调整前后性能对比

	密度(g/cm³)	*FV* (mPa·s)	*PV* (mPa·s)	*YP* (Pa)	*Gel* (Pa)	FL_{HTHP} (mL)	E_S (V)	固含(%)	油水比	Pom (cm³/cm³)	氯离子(mg/L)
调整前	1.56	85	43	11	4/15	5.2	300	36	79/21	0.8	33000
调整后	1.48	68	38	8	1.5/8.0	2.8	620	26	80/20	2.8	35000

老浆到场后先过筛充分清除堵漏材料，然后使用中速离心机清除多余的劣质固相，最后采用增加主乳化剂、润湿剂、碱度调节剂和降失水剂使用量来调整性能。

新浆配方：基础油+2.4%主乳+0.5%辅乳+3%润湿剂+5%碱度调节剂+5%降失水剂+18%氯化钙盐水。混入新配制的钻井液后充分搅拌，并高温老化16h后，测得调整后的性能。

该性能基本满足钻井需求，老浆的改造成功。全井老钻井液使用率到达80%，性能稳定，井下未出现任何复杂情况。

3 防漏堵漏技术

3.1 区块龙马溪组岩性分析

采用X射线衍射分析技术(XRD)进行全岩矿物组分分析，结果如图1所示。可以看出岩样的主要矿物成分为石英、正长石、斜长石、方解石、白云石、黄铁矿和黏土，其中石英、斜长石和黏土的含量均超过10%，石英含量(平均值)占45%以上[1]。渝东南地区龙马溪组岩石矿物组成受机械沉积作用和化学沉积作用双重影响，页岩矿物成分复杂，主要由石英、长石(斜长石、钾长石)、碳酸盐(方解石、白云石)及黏土矿物(伊利石、绿泥石、伊/蒙混层)组成，含有少量的黄铁矿和赤铁矿。

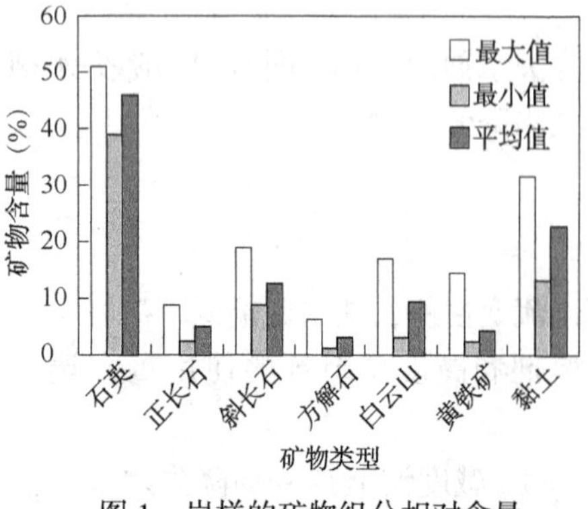

图1 岩样的矿物组分相对含量

利用电子显微镜对岩心样品的矿物赋存状态及微观形态进行分析，结果如图2所示。可以看出，页岩富含石英颗粒，有少量的蜂窝状—半蜂窝状的伊/蒙混层，主要以伊利石为主，包含少量的片状白云母以及云母向伊利石转化的状态，与矿物组分分析结果吻合很好。

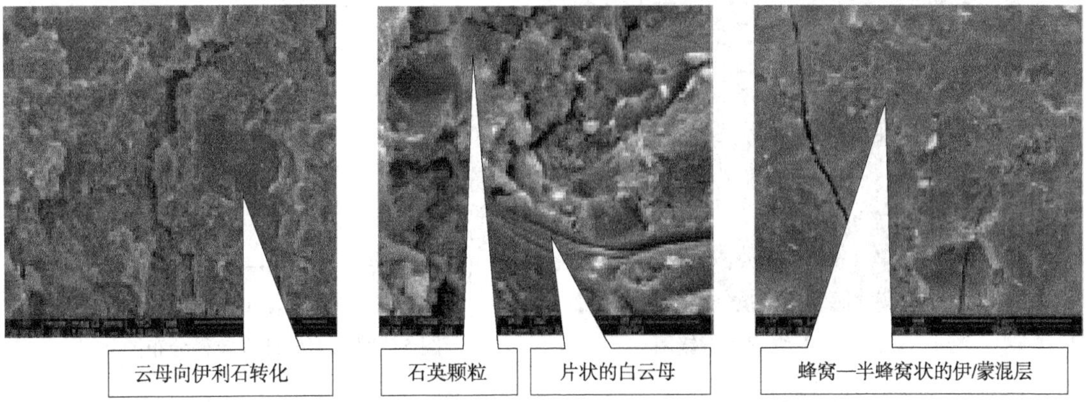

图 2　岩样的电镜扫描结果

3.2　地层孔隙特征研究

渝东南地区龙马溪组页岩中裂缝比较发育，主要以页理缝和构造成因裂缝为主[2,3]。志留纪早期，研究区经历多次海侵活动，龙马溪组沉积早期以深水沉积为主，而页理缝在深水环境较为发育，页理缝在龙马溪组黑色页岩中较为常见；后期成岩演化过程中受多期构造活动影响，构造成因裂缝也比较发育，以高角度裂缝为主。局部能见高角度裂缝两两相切，而低角度裂缝不发育，也可见在成岩过程中形成的层间微裂缝(图 3)。

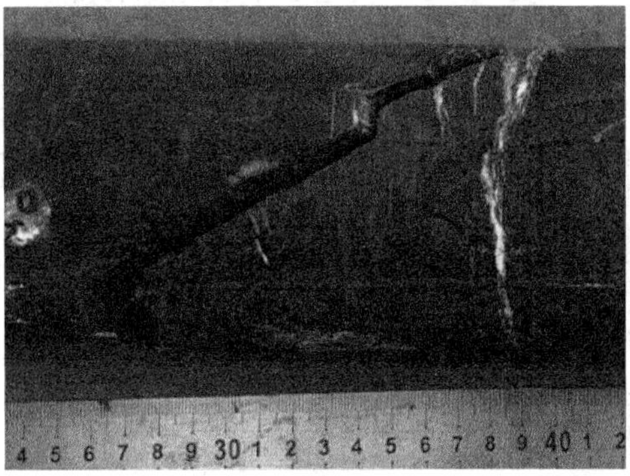

图 3　构造成因高角度裂缝

3.3　油基钻井液封堵剂选择

龙马溪组存在的天然微裂缝是漏失的根本原因，一旦油基钻井液侵入，将降低地层的强度，随着了漏失量的增加，漏失通道会越来越大，因此需要在地层揭开的同时，对这些通道进行一定的封堵，当发现漏失量增加时，必须进行专门的堵漏工作。

国内的油基钻井液虽然起步非常早，但一直没有得到很好的发展，随着页岩气勘探开发的不断深入，油基钻井液得到了一定的提高，尤其是最近几年，有的研究单位已经开发出油基钻井液专用的堵漏材料，改变了过去使用亲水性材料堵漏的局面，堵漏效果也稍有提高。

油基钻井液堵漏剂必须能够在油基钻井液中分散，抗温性 120℃以上，部分井要求抗温性达到 200℃，耐压性好，随钻的堵漏材料需要达到 200 目，以免影响井下定向工具。在本工区使用了一种特殊的堵漏和随钻堵漏材料——双亲聚硅纤维。该纤维(图 4)选取某种特殊硅源，与耐高温无机填料和成型助剂混合均匀后，经喷丝形成耐高温硅基纤维，可在 200℃以上的高温环境中发挥良好的堵漏防渗效果，具有既亲水又亲油的特点，可以在油基和水基中广泛使用。

从图 5 的粒径分布图看，该产品均为微米级纤维，具有一定的广谱性，非常适合工区龙马溪组的微裂缝封堵。

图 4　双亲聚硅纤维扫描电镜图

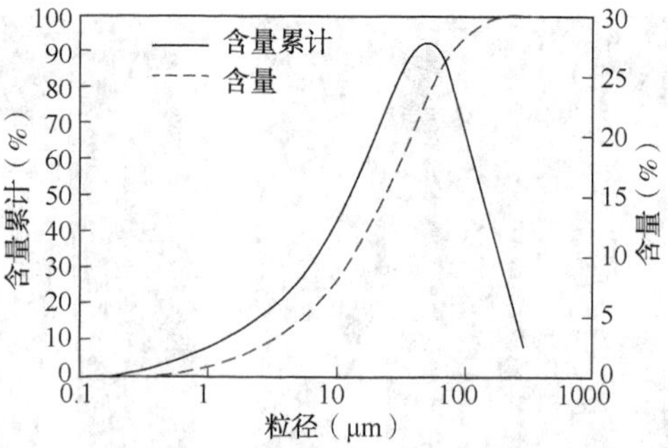

图 5　双亲聚硅纤维粒径分布图

3.4　油基钻井液堵漏技术

根据龙马溪组地层中裂缝的特点，选取改性竹纤维、超细碳酸钙、弹性石墨和聚硅纤维进行复配。使用正交实验，实验方案见表 5。

表 5　正交实验方案

项　　目	改性竹纤维(%)	超细碳酸钙(%)	弹性石墨(%)	聚硅纤维(%)
实验 1	0.5	0.5	0.5	0.5
实验 2	0.5	1.0	1.0	1.0
实验 3	0.5	1.5	1.5	1.5
实验 4	1.0	0.5	1.0	1.5
实验 5	1.0	1.0	1.5	0.5
实验 6	1.0	1.5	0.5	1.0
实验 7	1.5	0.5		1.0
实验 8	1.5	1.0	0.5	1.5
实验 9	1.5	1.5	1.0	0.5

基浆配方：油水比 75∶25(柴油 300mL，25% $CaCl_2$水溶液 100mL)，主乳 3%(12g)，辅乳 1%(4g)，润湿剂 1%(4g)，降滤失剂 4%(16g)，有机土 2%(8g)，CaO 2%(8g)，密度加重到 1.60g/cm^3(重晶石 452g)。

实验结果见表 6。推荐防漏配方：1%改性竹纤维+2%~3%超细碳酸钙+0.5%聚硅纤维。

遇到漏失，需根据漏失量大小，选取大小搭配的堵漏材料，应包含颗粒、纤维和可变形材料，调整配比，切忌使用过大颗粒的堵漏材料。

表 6　正交实验结果

配方	Φ_{600}	Φ_{300}	Φ_{200}	Φ_{100}	Φ_6	Φ_3	*AV* (mPa·s)	*PV* (mPa·s)	*YP* (Pa)	*YP*/PV	破乳电压(V)	*FL* (mL)	沙床侵入(mm)			
													瞬时	10min	20min	30min
实验 1	82	49	36	23	7	6	41.0	33	8.0	0.24	446	4.8	14	16	17	18
实验 2	98	61	42	30	9	8	49.0	37	12.0	0.32	314	3.0	8	10	11	12
实验 3	85	52	40	26	9	8	42.5	33	9.5	0.29	632	3.4	7	9	11	13

续表

配方	Φ_{600}	Φ_{300}	Φ_{200}	Φ_{100}	Φ_6	Φ_3	*AV* (mPa·s)	*PV* (mPa·s)	*YP* (Pa)	*YP*/PV	破乳电压(V)	*FL* (mL)	沙床侵入(mm)			
													瞬时	10min	20min	30min
实验 4	91	57	43	29	9	8	45.5	34	11.5	0.34	453	3.0	8	12	16	18
实验 5	94	58	43	28	8	7	47.0	36	11.0	0.31	235	2.3	6	9	10	11
实验 6	83	50	38	25	8	7	41.5	33	8.5	0.26	791	8.0	10	12	14	14
实验 7	91	56	43	28	8	7	45.5	36	10.5	0.30	246		8	12	15	18
实验 8	101	63	48	31	9	8	50.5	38	12.5	0.33	242	2.9	9	12	14	15
实验 9	95	60	46	30	9	8	47.5	36	12.5	0.36	284	2.2	6	9	11	13

3.5 现场应用实例

焦页 203-3HF 井位于川东高陡褶皱带万县复向斜南部的金佛断坡，是一口三开制水平井。

焦页 203-3HF 井钻穿二开水泥塞至 3527.5m 做用水基钻井液地破试验，承压 16.7MPa，当量密度 1.68g/cm^3，稳压 10min，地层未破，随即进行油基钻井液转换工作，但在循环处理油基钻井液中发生漏失，20min 漏失 17.5m^3(循环参数：泵冲 80 冲/min，排量 17.6L/s，立压 20.5MPa)，停泵观察井口液面，已降至井口出浆管以下，井口失返无法建立循环，尝试强钻进至 3529.28m，漏失油基钻井液 16.4m^3，井口失返，液面位置 160m，钻井液密度 1.50g/cm^3。

第一次堵漏：配堵漏浆 15m^3。配方：井浆+7%刚性堵漏剂 40~80 目+7%刚性堵漏剂 80~160 目+5%复合堵漏剂Ⅰ+8%复合堵漏剂Ⅱ+3%聚硅纤维(粗)。

泵入堵漏浆 10m^3，漏失油基钻井液 12.7m^3，堵漏浆进入井底后，井口开始返浆，起出 20 柱至堵漏浆顶部，循环验漏，无漏失，堵漏成功。下钻钻进验漏，无漏失。

井队再次进行地层承压，打压至 4.67MPa，压力快速下降。分析为堵漏层被再次压开，漏失通道再次打开。

第二次堵漏：配堵漏浆 15m^3。配方：井浆+7%刚性堵漏剂 80~160 目+7%复合堵漏剂Ⅰ+3%聚硅纤维(中粗)+3%聚硅纤维(细)。

堵漏浆 10m^{3}承压堵漏：起三柱钻具，泵入 4.5m^3、31.50g/cm^{3}的钻井液，立管压力上升至 11MPa，稳压半小时无压降，井底当量密度 1.82g/cm^3，泄压回吐 1m^3。循环替换出堵漏浆，用普通钻井液钻进至 3534.48m 无漏失，为保证后续作业的顺利进行，巩固堵漏效果，井队在此进行了一次挤水泥作业。后期钻井无漏失。

4 油基钻井液防塌技术

4.1 地质原因分析

本区块的钻探目的层为：志留系龙马溪组龙一段③层、②层、①层及奥陶系五峰组，出现坍塌掉块的层段，大多位于龙一段②小层与①小层之间，也就是说，在该区块施工，一旦钻遇龙一段②小层、①小层，出现坍塌掉块的几率就大大增加，有些井还伴随着出现漏失现象。

出现这样的结果，原因是多方面的，首先跟地层岩性有关系，龙马溪一段①层可分为 4

个小层，从下到上分别标记为龙一$_1^a$、龙一$_1^b$、龙一$_1^c$、龙一$_1^d$反映了地层从深海相转变成一个浅海或者湖泊相的过程，其中最上层的龙一$_1^d$，泥质含量明显增加[1]。其次，跟本区块的构造有关，地层的倾角明显大于四川盆地的其他区块，比相邻的涪陵区块也要大得多，从钻探的地质导向资料也可以看出，地层的倾角还有一定的变化，以至于为了追踪某一层位，而不得不经常调整井斜。地层的倾角不同，只要钻进的方位角不同，形成的坍塌压力也不同，当钻井液密度低于坍塌压力，就会出现坍塌掉块。再次，地层的倾角变化说明该区块的龙一段还存在一定的褶皱，局部能够形成较高的结构应力，钻遇该段就很容易出现坍塌掉块。

4.2 坍塌掉块的技术对策

出现坍塌掉块以后，切忌随意提高钻井液密度，若钻井液密度大于地层的压力，就会加剧钻井液向地层中渗透，导致岩石强度降低，最后导致坍塌更加严重。

张高波等[4]认为：要提高油基钻井液的抑制防塌能力，应降低高温高压滤失量，尽可能提高油水比，提高封堵能力，降低内相溶液的水活度，必要时可以加入一些插层抑制剂。

现场最容易操作而且非常有效的方法，就是加入合适的封堵材料，阻止钻井液向地层运移。

图6　纳米封堵剂扫描电镜图

封堵材料一般使用氧化沥青类降滤失剂和超细碳酸钙，但这些产品对于泥页岩的渗漏，效果并不明显，在此基础上，使用纳米封堵剂和双亲聚硅纤维，则效果大大提高。

纳米封堵剂是以200nm左右的二氧化硅颗粒为主体，经表面活性处理制成的复合材料(图6)，其作用机理是在井壁表面形成一层低渗透封堵膜，以实现井眼与地层之间的屏蔽隔离来达到稳定井壁、强化井眼、预防漏失、储层保护及预防压差卡钻的作用，适用于水基、油基等多种钻井液体系。抗温性能高达180℃，可随钻使用。

4.3 现场应用实例

焦页203平台是南川区块金佛断坡的一个页岩气开发水平井组，焦页203-1HF井在进入水平段400m内，一直使用正常的油基钻井液，400m以后多次出现掉块卡钻，返出岩屑(图7)，经大排量循环后，加大扭矩解开。加入1%双亲聚硅纤维和0.5%纳米封堵剂后掉块逐渐减少，最后顺利完井(表7)。

表7　性能对比试验表

序号	试验配方	密度(g/cm^3)	黏度(s)	塑性黏度(mPa·s)	动切力(Pa)	初终切(Pa)	FL_{HTHP}(mL)	E_S(V)
1	井浆	1.50	54	24	5.0	1.5/3.0	2.0	650
2	井浆+0.25%纳米封堵剂+0.50%聚硅纤维	1.50	57	26	6.5	2/4	1.6	635
3	井浆+0.50%纳米封堵剂+1.00%聚硅纤维	1.50	60	28	8.0	2.0/5.5	1.4	620

鉴于焦页 203-1HF 井出现的复杂情况，焦页 203-3HF 井在进入水平段后，随即加入 1%双亲聚硅纤维和 0.5%纳米封堵剂，高温高压滤失量维持在 1.0~2mL，体系具有很好的流变性与稳定性。4895m 前基本上都在③小层、②小层之间穿行，返出的钻屑正常(图 8)，起下钻顺畅，4895m 后进入①小层，出现少量的掉块，但与同平台的 203-1HF 井未加封堵剂时的情况相比，掉块的尺寸小，掉块的量明显减少，且钻至 5016m 完钻后，后期作业无任何掉块。

图 7　203-1HF 井返出的掉块

图 8　焦页 203-3HF 井返出的岩屑

分析认为：焦页 203-3HF 井在 4895m 进入①小层以后，岩性产生了一定的变化，很可能还存在一定的构造应力，当应力释放的同时，井壁得到了有效的封堵，从而控制了掉块的进一步发生。

5　结论

(1) 通过对老钻井液的性能测试，调整改造配方，老钻井液使用率可以达到全井钻井液量的 75%以上，同时可以保证钻井液性能满足施工的需要。

(2) 双亲聚硅纤维、改性竹纤维、刚性堵漏剂均有粗中细等多个级别，通过调节颗粒级配和配比，结合可变形材料弹性石墨，可有效解决油基钻井液的堵漏问题。

(3) 在正常油基钻井液中，加入 0.5%~1%纳米封堵剂，可减缓或者解决坍塌掉块问题，在存在裂缝的层段，可加入 1%左右的双亲聚硅纤维。

参 考 文 献

[1] 赵圣贤，杨跃明，张鉴，等. 四川盆地下志留统龙马溪组页岩小层划分与储层精细对比[J]. 天然气地球科学，2016，27(3)：470-487.

[2] 冉天，谭先锋，陈浩，等. 渝东南地区下志留统龙马溪组页岩气成藏地质特征[J]. 油气地质与采收率，2017，24(5)：17-26.

[3] 陈乔，谭彦虎，王莉莎，等. 渝东南龙马溪组页岩气储层物性特征[J]. 科技导报，2013，31(36)：15-19.

[4] 张高波，高秦陇，马倩芸. 提高油基钻井液在页岩气地层抑制防塌性能的措施[J]. 钻井液与完井液，2019，36(2)：141-147.

高密度白油基钻井液体系的研究及应用

陈　才[1]　秦波波[2]

（1. 中石化华东工程江苏钻井公司；2. 荆州市学成实业有限公司）

【摘　要】 四川泸县地区，由于页岩气储层深、地层压力大、井底温度高、环保要求严，所以对钻井液的要求很高，基于现场要求研发出一套高密度白油基钻井液体系。该体系具有破乳电压高、滤失量小、流变性好的特点；有良好的抗污染能力，抗水侵能力为7.5%，抗岩屑污染极限为7.5%；不仅具有良好的低温流动性，而且在高温下也具有良好的悬浮稳定性和携岩能力；150℃具有良好的高温稳定性和沉降稳定性。该体系在泸203H57-1井成功应用，井眼清洁、井壁稳定，体现出了优良的性能，为该地区白油基钻井液的应用打下坚实的技术基础。

【关键词】 高密度；白油基钻井液；井壁稳定；水平井；高温

随着中国页岩气开采规模的不断扩大，各种复杂地质条件下深井、超深井不断开发，现场对钻井液的要求也越来越高。油基钻井液具有抑制性强、流动性好、摩阻低、防塌性好等优良的性能，因而广泛应用于深井、大位移水平井页岩气井的水平段钻进过程。目前使用最广泛的是柴油基钻井液，虽然具有油基钻井液的优点，但是存在污染大、低温增黏明显、高温稳定性差等缺点，不能满足目前现场对钻井液的需求。笔者在他人的基础上，通过室内研究，研发出一套高密度白油基钻井液体系，该体系具有滤失量小、抗污染能力强、低温流变性好、高温稳定性强、环保等特点[1-9]。

1　油基钻井液体系评价

1.1　体系配方及性能

笔者通过室内实验研发出一套高密度白油基钻井液体系，体系油水比为80：20，体系配方为：3#白油+3%主乳化剂+1%辅乳化剂+1.5%润湿剂+0.7%有机土+2.5% CaO+2%降滤失剂+1%封堵剂+$CaCl_2$盐水（$CaCl_2$质量分数为30%）+重晶石（加重至2.15g/cm^3）。由该配方配制的油基钻井液在150℃老化16h后性能见表1。

表1　150℃热滚后体系的基本性能

油水比	密度（g/cm^3）	E_S（V）	*AV*（mPa·s）	*PV*（mPa·s）	*YP*（Pa）	*Gel*（Pa/Pa）	FL_{HTHP}（mL）
80：20	2.15	1072	58	52	6	3/7	1.6

作者简介：陈才，钻井液主任技师，现就职于中石化华东工程江苏钻井公司，主要从事钻井液技术研究和现场技术管理工作。地址：江苏省扬州市江都区邵伯镇甘棠路101号江苏钻井钻井液公司；电话（0514）86760240；E-mail：chencai1966@126.com。

从表 1 可以看出，体系具有破乳电压高、高温高压滤失量小、流变性好的特点，各项性能完全满足现场油基钻井液的要求。

1.2 抗污染性能

根据 1.1 中体系配方配制油基钻井液体系，在 150℃高温老化 16h，并高速搅拌均匀后作为基浆，在基浆中分别加入不同加量的自来水和岩屑(加量按照基浆的体积质量比计算)，在 150℃高温老化 16h 后检测其性能，实验结果见表 2、表 3。

表 2　水污染试验

水(%)	E_S(V)	AV(mPa·s)	PV(mPa·s)	YP(Pa)	Gel(Pa/Pa)	FL_{HTHP}(mL)
0.0	1072	58	52	6	3/7	1.6
2.5	1054	60	53	7	3/8	1.0
5.0	1021	63	55	8	3/19	1.2
7.5	912	67	58	9	4/11	1.2
10.0	663	79	68	11	5/15	1.0

表 3　岩屑污染试验

岩屑(%)	E_S(V)	AV(mPa·s)	PV(mPa·s)	YP(Pa)	Gel(Pa/Pa)	FL_{HTHP}(mL)
0.0	1072	58	52	6	3/7	1.6
2.5	1092	59	51	8	3/9	1.6
5.0	1134	64	55	9	4/11	1.8
7.5	1198	70	60	10	5/14	2.4
10.0	1287	85	71	14.0	7/19	3.6

由表 2 可以看出，随着水加入量的增大，体系的黏度和切力均逐渐增大，破乳电压逐渐降低，滤失量基本保持不变。当水的加入量为 10%时，体系破乳电压迅速降低，黏度上升很快，钻井液体系性能变化加剧，说明该体系抗水侵能力为 7.5%，所以在发现现场有水侵现象时应及时处理，避免由于水相侵入过大，从而导致钻井液性能剧烈变化，影响现场正常钻井的进行。

从表 3 可以看出，随着钻屑加量的增大，体系黏度、切力、破乳电压、高温高压滤失量均逐渐增大，当加入量达到 7.5%后，体系的性能变化加剧，说明该体系的抗岩屑污染极限为 7.5%，现场钻井应及时清除，保证现场的钻井安全进行。

1.3 低温流变性能

泸县地区储层深、地层压力系数大、温度梯度大，导致水平段井底温度均较高，根据邻井数据显示，最高可达 150℃，所以该地区在钻井中后期普遍使用降温设备，降温设备的使用会大幅度降低钻井液出口温度，这就对钻井液低温流变性具有较高的要求。根据 2.1 配方配制油基钻井液体系，在不同的温度下检测其流变性能，性能见表 4。

表 4　不同温度下检测的钻井液流变性

温度(℃)	E_S(V)	AV(mPa·s)	PV(mPa·s)	YP(Pa)	Gel(Pa/Pa)
30	1156	123	111	12	4/7
40	1121	99	89	10	4/7

续表

温度(℃)	E_S(V)	AV(mPa·s)	PV(mPa·s)	YP(Pa)	Gel(Pa/Pa)
50	1098	73	65	8	3/8
60	1043	63	56	7	3/7
70	1017	57	51	6	3/8
80	986	50	45	5	2/8
90	943	45	40	5	3/9

由表4可知，随着测量温度的升高，体系的表观黏度明显减小，破乳电压逐渐降低但降低幅度有限，动切力逐渐减小，动塑比和静切力基本保持不变。动塑比随温度的变化不大，说明体系的携带岩屑的能力不随温度的变化而变化，使得体系在高温时体系仍然具有良好的携带岩屑的能力；随着温度的降低，体系的静切力基本保持不变，说明该体系随温度的变化静结构变化不大，使得体系在低温下不至于由于温度过低而迅速增稠，保证了体系在低温下仍然具有良好的流动性能；同时随温度的升高，体系的静切力保持不变，保证了体系在高温下具有良好的悬浮稳定性。

1.4 高温老化试验

按照1.1配方，配制油基钻井液，在150℃高温老化24h、48h、72h、96h、120h后钻井液性能见表5。

表5 老化不同时间的钻井液性能

老化时间(h)	E_S(V)	AV(mPa·s)	PV(mPa·s)	YP(Pa)	Gel(Pa/Pa)	FL_{HTHP}(mL)
24	1072	58	52	6	3/7	1.6
48	1094	57	51	6	3/7	1.0
72	1012	55	49	6	2/7	1.2
96	932	52	47	5	2/6	1.4
120	912	48	43	5	2/6	2.0

随着老化时间的延长，钻井液体系的破乳电压、黏度和切力均有降低，但是各项性能变化幅度很小，说明该体系具有良好的高温稳定性。

1.5 沉降稳定性试验

由于矿物油黏度受温度影响很大，所以油基钻井液的黏度受温度影响也很大，重晶石沉降问题一直是井底温度高、地层压力大的页岩气水平井所面临的一大难题，这需要所使用的油基钻井液体系在高温下仍能具有很好的悬浮重晶石和岩屑的能力。王健等、林枫等采用静态沉降法测试钻井液的沉降稳定性[10,11]，将配制的油基钻井液在150℃下老化16h后，高搅20min，在180℃下静止分别静置16h。冷却后分别测量钻井液上部(游离液体下层)密度ρ_{top}和底部的密度ρ_{bottom}，按式(1)计算静态沉降因子SF，若SF小于0.52则说明钻井液的静态沉降稳定性好，结果见表6。

$$SF=\rho_{bottom}/(\rho_{top}+\rho_{bottom}) \tag{1}$$

表6 不同静置时间的沉降稳定性

时间(h)	24	48	72	96
静态沉降因子SF	0.502	0.503	0.506	0.509

从表6可以看出，在150℃下分别静置24h、48h、72h、96h后，其静态沉降因子均小于0.52，说明该体系在150℃下具有良好的沉降稳定性。

2 现场应用

2.1 泸203H57-1概况

泸203H57-1井是位于四川省泸县的一口页岩气开发井，该井由中石化华东工程江苏钻井公司承钻，设计井深5706m，设计水平段1700m，A点垂深3732m，B点垂深3889m。水平段目的层为龙马溪组，页岩为深灰色—灰黑色页岩。由于龙马溪组具有页岩层理和微裂隙，钻进过程中极易剥落垮塌，且该井设计水平段长、地层压力高、井底温度高(附近邻井相同井深温度达150℃)，且在水平段存在断层，所以在实际钻井施工中对井壁稳定、井眼清洁、防卡防漏的要求很高。另外该井三开下套管至2673m，后用水基钻井液钻进至3341m，在3341m直接转油基，即该井有668m的裸眼段，所以该井对钻井液配制、转浆、维护都有很高的要求。

2.2 钻井液的配制及转浆

将钻井液罐、过槽、罐内管线砂子掏净，并用清水清洗干净，在准备好的钻井液罐内注入计量的白油，按照配方边搅拌边依次加入计量好的乳化剂、有机土、氯化钙盐水、氧化钙、降滤失剂、封堵剂，每种处理剂加入后至少搅拌1h以上再加入下一个，保证处理剂分散均匀，联通各个配浆罐进行地面大循环2h以上，待搅拌均匀后加重至需要的密度。

钻井液配方为：3#白油+2.5%主乳化剂+1%辅乳化剂+1.5%润湿剂+0.7%有机土+2.5% CaO+2%降滤失剂+1%封堵剂+$CaCl_2$盐水($CaCl_2$质量分数为30%)+重晶石(密度为2.05g/cm^3)(油水比为80∶20)。

由于该井有一段668m裸眼段，下钻到底后直接替浆，在油基钻井液出钻头水眼前将排量提升至30L/s左右。替浆过程中保持连续性、不能中断，减少水基和油基的互窜。替出的水基钻井液不经过振动筛，直接进入不落地地罐。在替浆过程中，出口专人观察钻井液，当混浆出现时，及时回收至罐内，由于黏稠度很高，单独备罐储存，在后期调整后作为油基钻井液使用。替浆完成后必须大排量充分循环2周以上，且中途不能中断，用于冲洗裸眼段和套管内滤饼。2~3周后过筛循环，可提前更换较粗目数筛布，待振动筛不跑浆不带浆后及时更换细目振动筛(240目)。直至振动筛无明显滤饼与大颗粒岩屑返出，黏度低于100s，破乳电压达到400V以上即可进行下步作业。

2.3 维护

(1) 密度控制。在满足井壁稳定和现场钻井安全的条件下，及时调整钻井液密度，保证井眼安全和钻井安全。

(2) 固相控制。在钻进过程中使用240目及以上筛布，做好一级固控，及时除去返出的岩屑，尽量减少钻屑入罐，以避免钻屑入罐后再次入井。除此之外每天应保证除砂除泥器和离心机的使用时间，控制钻井液低密度有害固相含量。低密度固相含量过高会导致钻井液增稠、高温高压失水增大、滤饼变厚、危害井下安全。

(3) 流变性。主要有两个方面：一方面是控制体系的油水比。该井有120m^3老浆，前期控制油水比在80∶20附近，在保证体系具有满足现场要求的黏度和切力，尽量减少有机土的加量，后期可以适当提高油水比，保证体系具有较稳定的黏度和切力。另一方面是控制好固相含量。固相含量过高，会使得钻井液黏度增加。

(4) 电稳定性。在前期由于钻井液循环时间短，处理剂效果还没完全发挥，所以前期可适当提高主乳化剂加量，使得钻井液的破乳电压迅速升高到一定值。后期待破乳电压达到要求后，可以减少主乳化剂的加量，一方面可以降低钻井成本，另一方面在一定程度上可以降低钻井液黏度。

(5) 碱度。保持钻井液具有适当碱度，适当多余的石灰能够增强乳化剂的乳化效果，降低钻具腐蚀，但不宜过多，过多的石灰一方面增加了体系固相含量，还会造成乳化剂过度皂化，导致体系破乳电压降低、增稠、滤失量增大等不良影响。

(6) 井壁稳定性。根据配方配制胶液补充钻井液量，在钻进过程中提前添加降滤失剂和封堵剂，保证体系中具有一定含量的封堵剂和降滤失剂，保持随钻封堵，且保持较低的滤失量，从而保证整个钻井过程中具有良好的封堵降滤失性能，保证井壁的稳定。

2.4 应用效果

泸 203H57-1 完钻井深 5790m(A 点 4040m+水平段长 1700m+50m 口袋)，完钻垂深 3906.72m，钻进过程中旋导所测得最高井底温度 146℃，其不同井段钻井液性能见表 7。

表 7 泸 203H57-1 井四开井段油基钻井液性能

井深 (m)	密度 (g/cm^3)	T (s)	PV (mPa·s)	YP (Pa)	Gel (Pa/Pa)	FL_{HTHP} (mL)	E_S (V)	Cl^-	碱度	固相含量(%)	油水比
3341	2.08	58	61	8	2/8	2.4	673	20000	2.3	42	82/18
3668	2.03	53	59	8	3/12	2.4	916	22000	2.5	42	84/16
3940	2.05	57	58	8	3/13	2.4	978	23000	2.6	43	85/15
4246	2.07	60	57	7	2.5/11	2.6	1040	25000	2.6	44	87/13
4471	2.04	63	50	8	3/12	2.4	1215	30000	2.9	43	85/15
4699	2.06	68	51	8	2.5/10	2.8	1528	30000	2.5	43	86/14
5050	2.05	55	50	7	2.5/8	2.2	1349	32000	2.6	45	84/16
5352	2.06	59	54	8	2.5/7	2.8	1254	30000	2.6	44	84/16
5685	2.05	63	59	7	2.5/9	2.6	1225	28000	2.9	45	84/16
5790	2.07	69	63	8	3/10	2.4	1352	28000	2.8	45	82/18

由表 7 可以看出，在钻进过程中该体系表现出良好流变性、稳定的静切力和动切力、强的电稳定性、好的封堵降滤失性能，井眼清洁，井壁稳定，整个钻进过程中没有因为钻井液问题而导致井下复杂情况，后期通井、电测、下套管均一次完成，平均井眼扩大率仅 1%，井眼规则，表现出优良的性能。

3 结论

(1) 研发出的这套高密度白油基钻井液体系，具有破乳电压高、高温高压滤失量小、流变性好的特点。

(2) 该体系抗水侵能力为 7.5%，抗岩屑污染极限为 7.5%，表明该体系具有良好的抗污染能力。

(3) 该体系不仅具有良好的低温流动性，而且在高温下也具有良好的悬浮稳定性和携岩能力。

（4）该体系具有良好的高温老化性能。

（5）该体系在 150℃下具有良好的沉降稳定性。

（6）该体系在泸 203H57-1 井成功应用，破乳电压高、流变性能稳定、滤失量低、井眼清洁、井壁稳定，体现出了优良的性能，为该地区白油基钻井液的应用打下坚实的技术基础。

参 考 文 献

[1] 李建成. 新型白油基油包水钻井液体系研究[J]. 钻采工艺，2015，38(4)：85-88.

[2] 杨双春，韩颖，侯晨虹，等. 环保型白油基钻井液研究和应用进展[J]. 钻采工艺，2017，34(4)：739-744.

[3] 张欢庆，周志世，刘锋报，等. 白油基钻井液体系研究与应用[J]. 钻采工艺，2016，39(3)：99-102.

[4] 李茂森，刘政，胡嘉，等. 高密度油基钻井液在长宁-威远区块页岩气水平井中的应用[J]. 天然气勘探与开发，2017，40(1)：88-92.

[5] Bobo Qin，Yidi Wang，Chunzhi Luo，et al. Research on High Temperature and High Density White Oil Based Drilling Fluid And Its Application in Well 201H7-6[J]. Open Journal of Yangtze Oil and Gas，2019：174-182.

[6] Zanten R V，Miller J J，Baker C，et al. Impoved stability of invertemulsion fluids[C]. SPE 151404，2012.

[7] 徐涛. 高密度白油基钻井液研究[D]. 中国石油大学，2015.

[8] 侯为民，汪夯志. 高温高密度油基钻井液在四川盆地页岩气井中的应用[J]. 长江大学学报，2019，16(12)：28-30.

[9] 高远文，杨鹏，李建成，等. 高温高密度全白油基钻井液体系室内研究[J]. 天然气勘探与开发，2016，39(6)：88-90.

[10] 王健，彭芳芳，徐同台，等. 钻井液沉降稳定性测试与预测方法研究进展[J]. 钻井液与完井液，2012，29(5)：79-83.

[11] 林枫，由福昌，王胜翔，等. 加重钻井液防重晶石沉降技术[J]. 钻井液与完井液，2015，32(3)：27-29.

致密油复杂结构水平井井筒润滑技术研究及应用

王立辉[1] 于 洋[2] 甘 霖[3] 白相双[2] 孙明昊[1] 杨 峥[1] 任 晗[1]

(1. 中国石油集团工程技术研究院有限公司；2. 吉林油田公司钻井工艺研究院；
3. 中国石油集团安全环保技术研究院有限公司)

【摘　要】 乾安致密油是吉林油田非常规资源开发的主力区块，随着开发的不断推进，为了进一步提高单井控制储量和开发效益，需不断延长水平段长度。2020 年乾安非常规油藏部署水平井 170 余口，采用了以平台井为主的开发模式，偏移距达到 200～300m，且大多数水平段超过 1500m，与前期相比，水平段长度增加了 500～1000m。平台井扭方位和水平段的大幅度延长，均会导致钻进过程中摩阻扭矩的大幅增加，因此，如何有效提高井筒和钻井液润滑性能，实现平台井及长水平段水平井的有效降摩减扭和快速钻进，对于非常规油藏实现快速、效益开发具有重要意义。

【关键词】 致密油；乾安地区；降摩减扭；长水平段

1　地质和工程概况

吉林油田致密油主要位于松辽盆地南部中央坳陷区，目的层为青山口组和泉头组，埋深 1900～2300m，单井厚度一般为 5～15m，孔隙度为 8%～18%，渗透率为 0. 1～20mD，属于低孔、特低渗致密油藏，采用水平井+大规模压裂技术开发。

为提高开发效益，钻井采用二开井身结构，表套下至四方台组，封隔地表浅水层及上部不稳定地层，井深为 3500～4200m，水平段长 1500～2000m，井身结构为 ϕ393. 7mm 钻头×350m+ϕ215. 9mm 钻头×实际井深，装备为常规 50 钻机，转盘驱动，2 台 1300 型泥浆泵，造斜段采用 MWD+γ，水平段采用近钻头地质导向/LWD+螺杆施工。

2　浅表套二开结构水平井施工难点

2. 1　裸眼段及水平段长、摩阻扭矩大

致密油采用浅表二开井身结构，二开裸眼段 3000～3800m，水平段 1500～2000m，且大部分井为偏移距三维水平井，水平段采用近钻头地质导向/LWD+螺杆施工，水平段施工后期摩阻扭矩大、定向困难，甚至发生钻具自锁，水平段长度受限。因此，如何降低摩阻扭矩，保证动力有效传递，是实现水平段进一步延伸的关键。

2. 2　钻井排量小，净化润滑问题突出

致密油施工队伍普遍为 1300 型泥浆泵，二开采用单泵施工，排量为 28L/s，前期钻井

基金项目：中国石油集团重大现场试验项目“恶性井漏防治技术与高性能水基钻井液现场试验”(2020F-45)和“8000m 级复杂超深井优快钻完井技术集成与应用”(编号：2019D-4210)。

作者简介：王立辉，男，汉族，中国石油集团工程技术研究院有限公司，所长助理，高级工程师，目前主要从事钻井液技术研究，北京市昌平区黄河街 5 号院 1 号楼。电话：15810891294；邮箱：wanglhdri@cnpc. com. cn。

液体系中润滑剂以白油为主，水平段施工过程中净化和润滑问题突出，影响了水平段长度的进一步延伸。

3　钻井液润滑剂研制与复配优化

钻井液的润滑性对钻井作业影响很大，而润滑剂的加入是提高润滑性能的最有效措施之一。目前常规润滑剂存在极压膜强度低、润滑持效性差、抗温性能差、与基浆配伍性差和毒性偏高等问题，难以满足现代钻井的需求。

抗高温环保极压润滑剂 HGRH-1 是以天然植物油和混合多元醇胺为主料，然后接入极压抗磨元素以提高润滑剂的极压抗磨能力，再引入乳化剂以增强润滑剂在钻井液中的分散能力，反应一段时间后而制得。

3.1　HGRH-1 对 5%膨润土浆润滑性能的影响

在 5%膨润土浆中加入不同量的润滑剂 HGRH-1，评价其润滑系数和润滑系数降低率，实验结果如图 1 所示。由图可知，随着 HGRH-1 加量的增加，5%膨润土浆老化前后的润滑系数均逐渐减小。HGRH-1 加量为 0.5%时，热滚前后的润滑系数降低率均达到 80%以上；HGRH-1 加量为 1.5%时，膨润土浆的极压润滑系数降低率超过 90%，但热滚后降低率有所减小，但仍然达到 75%以上。表明 HGRH-1 能明显改善膨润土浆的润滑性。

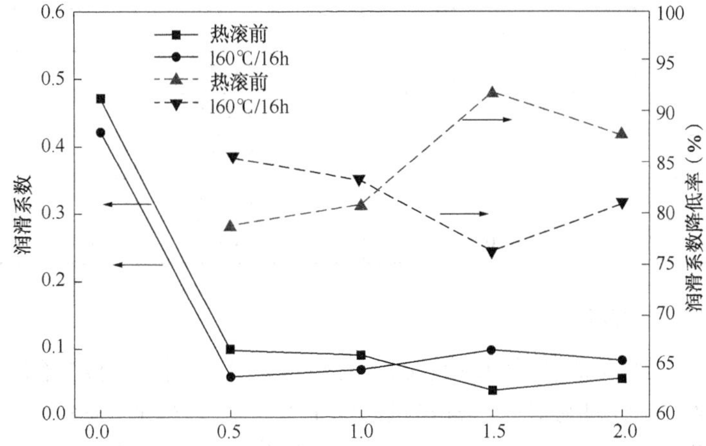

图 1　不同加量 HGRH-1 对 5%膨润土浆极压润滑系数的影响

3.2　HGRH-1 对钻井液体系润滑性能的影响

在淡水钻井液体系中加入 HGRH-1，高温老化后对其进行极压润滑系数测试，结果分别见表 1。其中，淡水钻井液体系的配方：5%钠膨润土+0.5%提切降滤失剂+0.5%抗高温改性天然聚合物+重晶石(根据密度需要添加)。

表 1　润滑剂 HGRH-1 对淡水钻井液润滑性能的影响

HGRH-1 加量(%)	实验条件	密度(g/cm^3)	润滑系数 f	润滑系数降低率 R
0	—	1.19	0.4023	—
1.0	150℃/16h	1.19	0.1015	74.78
1.5	150℃/16h	1.19	0.0874	78.27
2.0	150℃/16h	1.19	0.0706	82.45

由表 1 可以看出，随着 HGRH-1 加量的增加，钻井液极压润滑系数下降明显。加量为 1.0%时，淡水钻井液体系的润滑系数均下降 70%以上；加量为 2%时，钻井液体系的润滑系数下降 80%以上，表现出良好的润滑性能和适应性；HGRH-1 加入钻井液后，体系的密度基本不变，说明 HGRH-1 不会引起钻井液起泡，这有利于现场施工。

3.3 HGRH-1 在不同密度淡水钻井液中的润滑性能

在密度为 1.11g/cm³、1.25g/cm³、1.51g/cm³、1.82g/cm³ 和 2.02g/cm³ 的淡水钻井液体系中加入一定量的润滑剂 HGRH-1，评价其对不同密度淡水钻井液润滑性能的影响。由表 2 可知，HGRH-1 在不同密度的钻井液体系中均有良好的润滑性能。低密度条件下，HGRH-1 的加量仅为 1%时，润滑系数降低率可达 79.03%；高密度条件下，HGRH-1 的加量为 2%，润滑系数降低率均达 79%以上，表现出优异的润滑效果。

表 2 HGRH-1 在不同密度淡水钻井液中的润滑性能

密度(g/cm^3)	HGRH-1 加量(%)	润滑系数 f	润滑系数降低率 R
1.11	0	0.4753	—
1.11	0.5	0.0692	81.56
1.25	0	0.4220	—
1.25	1.0	0.0885	79.03
1.51	0	0.4241	—
1.51	2.0	0.0827	80.5
1.82	0	0.4501	—
1.82	2.0	0.0913	79.72
2.02	0	0.4612	—
2.02	2.0	0.0945	79.51

3.4 HGRH-1 的抗温性能

将 2% HGRH-1 加入密度为 1.12g/cm³ 的钻井液基浆中，测定经过 120℃、150℃、180℃、200℃老化 16h 后的流变性、滤失量和润滑系数，见表 3。基浆配方为：5%钠膨润土+2% SPNH+2.0% NH_4-HPAN+2% SMP-Ⅱ+0.1%提切剂+重晶石。

表 3 润滑剂 HGRH-1 的抗温性能

HGRH-1 加量(%)	实验条件	PV(mPa·s)	YP(Pa)	API(mL)	润滑系数 f
0	老化前	24.0	11.5	4.2	0.343
2	老化前	23.0	9.5	3.2	0.107
2	120℃/16h	22.5	10.0	3.2	0.069
2	150℃/16h	23.0	8.5	3.6	0.058
2	180℃/16h	21.0	8.5	3.8	0.051
2	200℃/16h	19.5	8.0	4.0	0.047

由表 3 可知，与钻井液基浆性能相比，加入 2% HGRH-1 后钻井液的流变性基本不变，滤失量减小，润滑系数大幅降低；随着老化温度的增加，钻井液的塑性黏度和切力略有下降，润滑系数逐渐减小，表明润滑剂 HGRH-1 具有良好的高温润滑性能，与钻井液体系的

配伍性良好，而且对钻井液不产生增黏作用，抗温达200℃。

3.5 HGRH-1的毒性分析

根据行标SY/T 6788—2010，采用发光细菌法对HGRH-1的毒性进行了评价，测得的EC50值为6.23×104mg/L。参照行标SY/T 6787—2010《水溶性油田化学剂环境保护技术要求》生物毒性分级标准，HGRH-1无毒，易生物降解。

3.6 HGRH-1的最佳加量确定

通过室内试验得出，在高效润滑剂浓度为3%时，降阻率最高，为98.4%~98.5%，之后提高润滑剂浓度，降阻率不再发生明显变化，因此以3%浓度作为现场添加的理论指导依据。

表4 不同浓度下润滑剂性能表

浓度	Φ_{600}	Φ_{300}	Φ_{200}	Φ_{100}	Φ_6	Φ_3	FL(mL)	滑润仪读数	降阻率(%)
基浆数据	29.0	18.5	15.0	12.5	7.0	5.5	20	68.1	—
1%	41.0	28.5	21.0	16.5	8.0	8.0	18	2.2	96.8
2%	41.5	29.0	22.0	19.0	9.0	9.0	14	1.4	97.9
3%	40.0	28.0	22.0	18.5	9.0	8.0	13	1.1	98.4
4%	39.0	26.5	21.5	19.0	9.0	8.0	13	1.1	98.4
5%	39.0	26.0	22.0	19.0	8.5	8.0	12	1.0	98.5
6%	38.5	27.0	22.0	18.5	9.0	8.0	12	1.1	98.4
7%	39.0	26.0	21.5	19.0	8.5	9.0	12	1.0	98.5
8%	39.0	28.0	21.5	18.0	8.5	8.0	12	1	98.5

4 现场应用

在让70、黑89、黑98、伊通等区块，共计十余口井现场应用高效润滑剂后，均有效降低了摩阻，缓解了水平段后期由于摩阻增大导致的定向托压、定向困难、划眼等现象。

水平段长度突破2000m的水平井共4口，其中3口应用了高效润滑剂，且完钻后下放悬重仍有10~30t不等。

现场实际应用后发现，高效润滑剂应用范围较广，对轨迹较差、调整频繁(乾191-22井)，水平段较长、后期摩阻自然升高(黑89G平4-6井)等情况都有显著效果。

4.1 乾191-22井

乾191-22井，井深2200m附近即将入窗时，由于轨迹控制问题，方位先降后增各10°，导致轨迹恶劣，在水平段1268m时钻具下放悬重归零，无法定向，施工非常困难，尝试通井、水利振荡器等措施后，均无效果，加入高效润滑剂后，情况明显改善，下放悬重剩余30~40t，最终水平段长度1768m，地质完钻。

4.2 黑98G平2-14井

黑98G平2-14井设计水平段长度为2000m，由于黑98区块泥岩缩径较明显，施工井多数由于摩阻问题频繁划眼，所以本井水平段全程使用高效润滑剂，控制了摩阻的增大，水平段长度突破2000m达到2020m，而且完钻时下放摩阻仅30多吨。

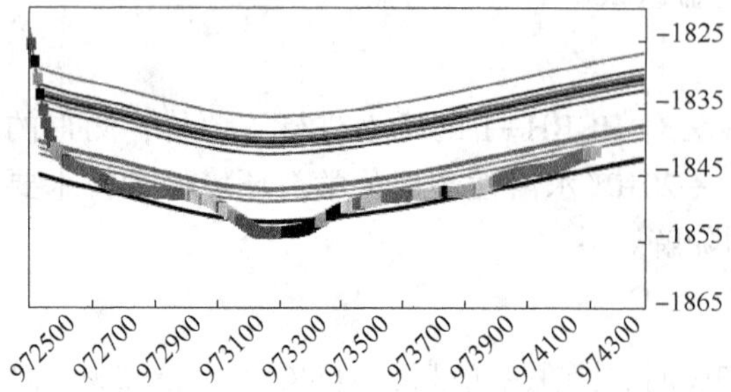

图 2　乾 191-22 井南北轨迹图

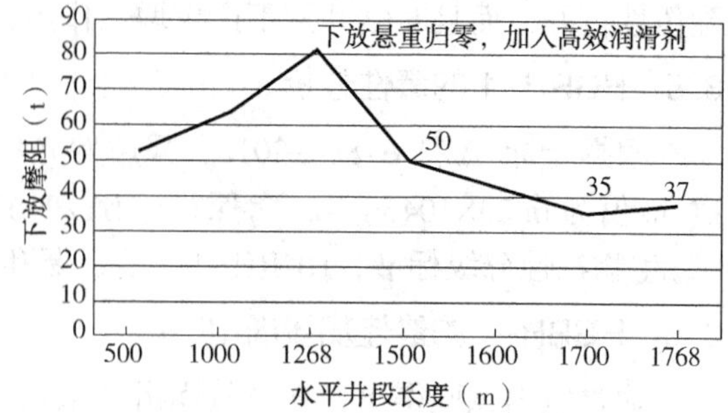

图 3　乾 191-22 井摩阻变化图

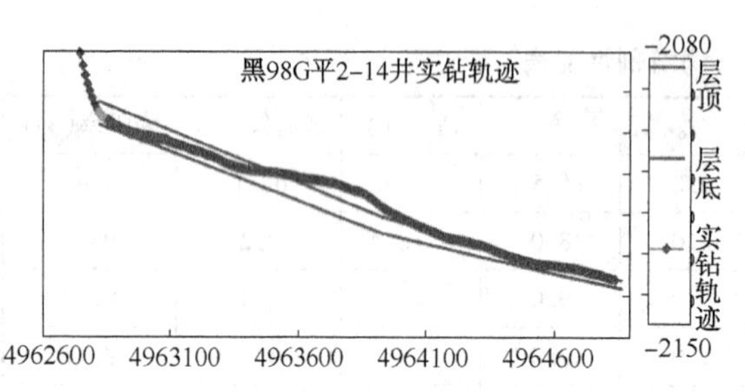

图 4　黑 98G 平 2-14 井南北轨迹图

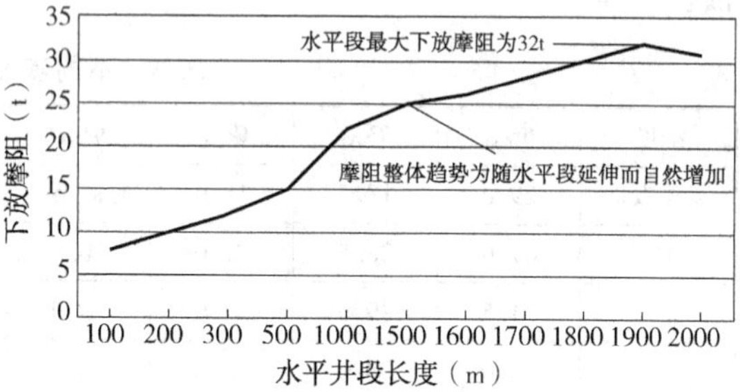

图 5　黑 98G 平 2-14 井摩阻变化图

4.3　黑 89G 平 4-6 井

黑 89G 平 4-6 井设计水平段长度为 2000m，由于黑 89 区地层较软，可钻性好，在机械钻速快的情况下不按时短起或排量不足，极易在 70°附近形成岩屑床。本井于水平段 1860m 时，出现下放困难，无法定向的情况，通过加入高效润滑剂以及纳米封堵剂，明显改善了摩阻问题，最终顺利完井，水平段长度为 2026m。

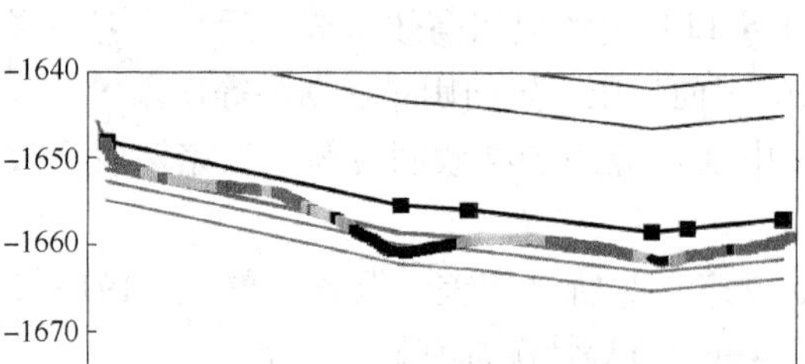

图 6　黑 89G 平 4-6 井南北轨迹图

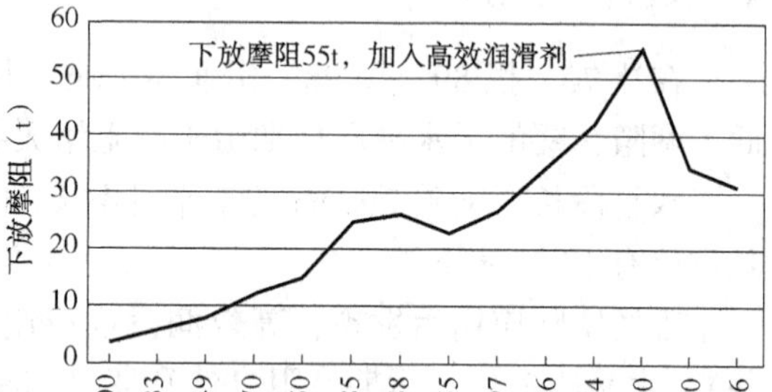

图 7　黑 89G 平 4-6 井摩阻变化图

4.4　黑 98G 平 2-3 井

黑 98G 平 2-3 井设计水平段长度为 2000m，由于黑 98 区块泥岩缩径较明显，施工井多数由于摩阻问题频繁划眼，所以本井水平段全程使用高效润滑剂，控制了摩阻的增大，水平段顺利施工至 1930m。

4.5　黑 89G 平 8-15 井

黑 89G 平 8-15 井设计水平段长度为 2000m，为保证水平段顺利施工，本井水平段全程使用高效润滑剂，控制了摩阻的增大，水平段顺利施工至 2023m。

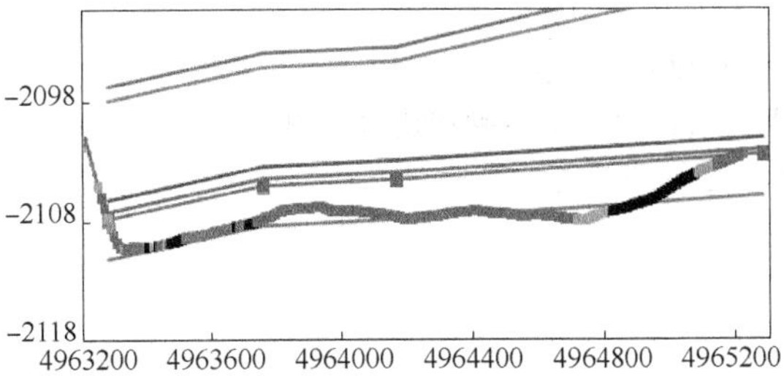

图 8　黑 98G 平 2-3 井南北轨迹图

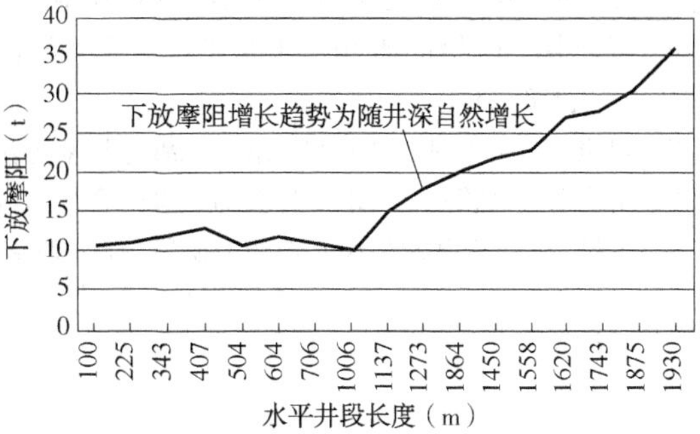

图 9　黑 98G 平 2-3 井摩阻变化图

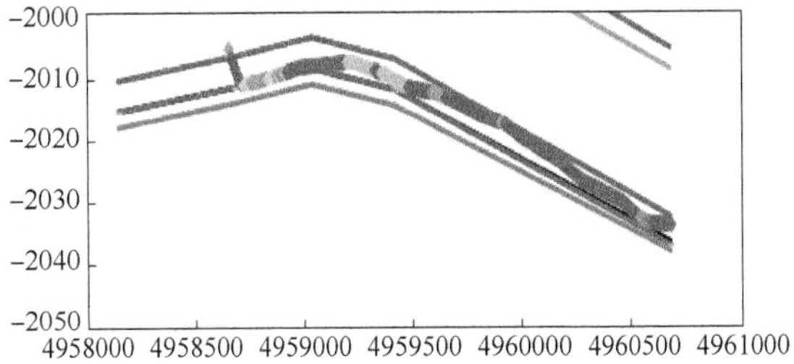

图 10　黑 89G 平 8-15 井南北轨迹图

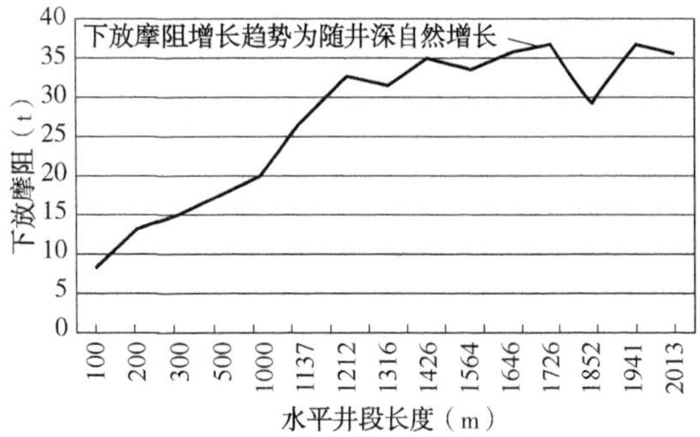

图 11　黑 89G 平 8-15 井摩阻变化图

5　结论与认识

（1）乾安地区井壁失稳和摩阻是造成井下复杂的主要原因，水平段更为突出，钻长水平段将是一个挑战。

（2）钻柱所受到摩擦阻力是影响水平井段极限延伸能力的最主要的因素。井眼摩擦系数越小，钻柱阻力越小，则水平段延伸长度越大。提高钻井液的润滑性则是降低井眼摩擦系数和钻柱阻力的有效措施之一。

（3）优选了一种抗高温极压润滑剂，可有效增强现场配方的润滑性能。

（4）优选的抗高温润滑剂在吉林油田让 70、黑 89、黑 98、伊通等区块，共计十余口井现场成功应用，钻井液性能实现了井下安全、水平段长度延伸，能够满足大偏移距井水平段水平井施工要求。

参　考　文　献

[1] Haneef D, Abdo J. Growth of ZnOnanorods in clay matrix to ensure uniform dispersion in drilling fluids [J]. Nanotechnology, 2012, 1(8): 652-655.

[2] Li M C, Wu Q L, Song Q L, et al. Cellulose nanocrystals and polyanioniccellulose as additives in bentonite water-based drilling fluids: rheological modeling and filtration mechanisms [J]. Industrial and Engineering Chemistry Research, 2016, 55(1): 133-143.

[3] 张建群，孙学增，赵俊平. 定向井中摩擦阻力模式及应用的初步研究[J]. 大庆石油学院学报，1989，13(4)：23-28.

[4] 廖华林，丁岗. 大位移井套管柱摩阻模型的建立及其应用[J]. 石油大学学报，2002，26(1)：29-38.

[5] 韩志勇. 井眼内钻柱摩阻的三维和两维模型的研究[J]. 石油大学学报，1993，17(12)：56-59.
[6] 李子丰，于洪江. 侧钻水平井作业管柱的稳态拉力-扭矩模型及应用[J]. 石油钻采工艺，1997，19(4)：58-63.
[7] 宋执武，高德利. 底部钻具组合二维分析新方法[J]. 石油大学学报，2002，26(3)：34-36.
[8] 宋执武，高德利. 三维井身底部钻具组合受力分析计算方法[J]. 石油钻探技术，2005，33(2)：8-12.
[9] 丁腾飞. 水平井水平段延伸能力研究[D]. 西南石油大学，2015.

川南龙马溪组页岩井壁失稳机理及防塌油基钻井液技术

张瀚奭[1]　杨　欢[2]　张家旗[1]　陈　龙[2]　刘　阳[2]　张金晶[3]　王建华[1]

（1. 中国石油集团工程技术研究院；
2. 中国石油集团西南油气田分公司工程技术研究院；3. 中国石油物资有限公司）

【摘　要】 目前造斜段和水平井段井壁失稳问题是制约页岩气勘探开发的主要技术难题之一。为解决川南龙马溪组页岩造斜段和水平井段井壁失稳问题，采用扫描电镜分析、全岩和黏土矿物分析、润湿角测试等实验，分析了川南龙马溪组页岩微观组构特征及理化特性，研究了微观组构特征、理化性能对龙马溪组页岩井壁稳定的影响。研究表明，龙马溪组页岩富含石英等脆性矿物，黏土矿物以伊利石和伊/蒙混层为主，很少含膨胀层黏土矿物，微纳米级裂缝、孔隙和层理发育，润湿性为既亲水又亲油的双亲特征，且亲油性非常强，这些是导致页岩地层井壁失稳的主要内因。钻井液滤液沿裂缝或微裂缝侵入地层，易导致泥页岩沿微裂缝或层理面破碎和剥落，钻井液封堵性能不足是导致页岩井壁失稳的主要外因。因此，提出了低滤失防塌油基钻井液技术对策，构建了防塌油基钻井液配方，该体系 170℃条件下热滚老化 24h 后，高温高压滤失量为 0，封堵性能优异。该体系在现场试验了 1 口井，试验井井壁稳定，井径规则，造斜段和水平段未发生渗漏，较好地解决了造斜段和水平段井壁失稳问题，为川南龙马溪组页岩气的高效勘探开发提供了新的思路。

【关键词】 龙马溪组；页岩气；井壁失稳；油基钻井液；防塌

页岩气是指主体上以吸附和游离状态存在于纳微米级孔隙、特低渗透率和富含有机质的暗色泥页岩或高碳泥页岩层系中连续聚集的以甲烷为主的天然气。我国页岩气资源预测技术可采储量达(10.3~47)×$10^{12}m^3$，具有良好的勘探开发前景。水平井钻井技术是页岩气开发的核心技术之一，广泛应用于页岩气勘探开发。而页岩气水平井钻井液作为页岩气钻探开发的关键技术，面临着水平井段井壁失稳和井漏的技术难题，制约了我国页岩气资源的钻探开发进程。王显光等研究认为页岩气水平井段多分布在天然裂缝发育地层，且沿最小水平地应力方向钻进，在钻井过程中，钻井液(滤液)极易侵入页岩内部，可导致井漏、井塌等复杂情况。邱正松等基于泥页岩井壁稳定性化学—力学耦合研究成果，提出了页岩气地层多元协同井壁稳定技术对策，利用物理或化学方法封堵固结页岩微纳米尺度裂缝，阻止压力传递与滤液侵入，是页岩气地层钻井液防塌防漏关键技术对策之一。

本文针对川南龙马溪组页岩气地层井壁失稳问题，分析了页岩的裂缝分布、全岩矿物和黏土矿物组成，评价了页岩的水相和油相润湿性，在此基础上明确了页岩地层井壁失稳机理，

基金项目：中国石油重大现场试验项目“深层页岩气有效开采关键技术攻关与试验”(2019F-31)，“重点上产地区钻井液评估与技术标准化有形化研究”(2019D-4226)。

作者简介：张瀚奭(1981—)，男，博士，高级工程师，现在主要从事钻井液、油田化学技术研究工作。地址：北京市昌平区黄河街 5 号院 1 号楼(102206)；电话：18633305188；E-mail：zhanghsdr@cnpc.com.cn。

优选出适用于川南龙马溪组页岩的防塌油基钻井液体系，现场试验后井壁稳定效果显著。

1 页岩井壁失稳特征

川南龙马溪组页岩发育破碎，造斜段和水平段井壁失稳现象严重，井下复杂事故较多，水平段摩阻扭矩大，倒划眼频繁。现场观测井壁掉块情况，板状掉块厚度为5~10mm，直径50~70mm，弱层状或易剥裂(图1)；块状掉块直径为20~60mm，钻井液易侵入裂缝和破碎带(图2)。同时，硬脆性页岩的结构性掉块还是“秒杀”蹩停卡钻的主要原因，卡钻前立压基本不变，扭矩小幅波动，掉块造成突发蹩停顶驱，经常导致旋导工具落井事故，当钻遇破碎地层或小层界面时风险更高，严重影响页岩气井钻井安全，制约钻井提速提效。

图1 自201H2-4井龙一2—龙一1界面灰黑色板状掉块

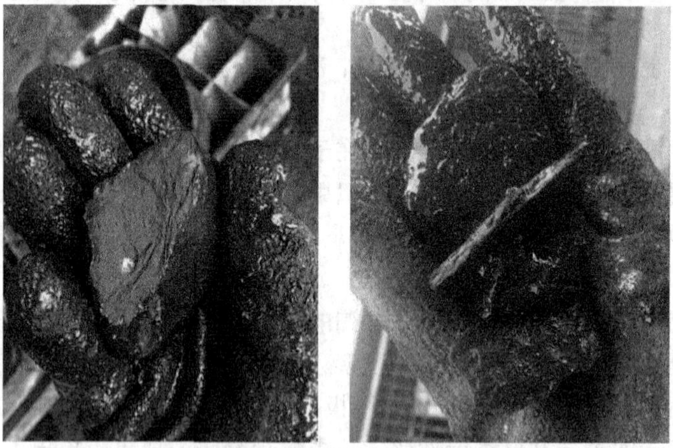

图2 威202H63-1井黑色硬脆块状掉块

2 页岩井壁失稳机理研究

2.1 页岩裂缝分布

根据裂缝的分类标准，裂缝倾角85°~90°视为垂直缝，45°~85°视为高角度斜交缝，5°~45°视为低角度斜交缝，0°~5°视为水平裂缝。对龙马溪组页岩的98条裂缝产状进行了统计，由表1可以看出，页岩中主要发育水平裂缝、层理和垂直缝，部分发育倾斜裂缝，其中垂直缝51条，占52.41%；水平缝33条，占33.67%；高角度和低角度的斜交缝较少，分别占 9.18%、5.10%。因此，可以基本确定龙马溪组页岩主要发育相互垂直或近乎垂直的裂缝。

表 1　威远区块龙马溪组页岩取心岩心裂缝统计表　　　　（单位：条）

取心井段(m)	垂直缝	高角度斜交缝	低角度斜交缝	水平缝
1503～1516	1	5	0	9
1516～1529	9	2	0	5
1529～1542	23	2	3	4
1542～1550	18	0	2	15
合计	51	9	5	33

页岩的微观结构分析主要揭示黏土矿物晶体的定向排列、胶结结构及微裂隙的发育及分布状况。除组分外，页岩中微裂缝是否发育、发育的程度及微裂缝开度的大小是钻井液性能优化的另一重要因素。环境扫描电镜 SEM 是观察研究岩石内部微裂缝等微观结构的最有效手段之一。

图 3～图 6 为新鲜露头岩样、井下岩样中的裂缝、孔喉发育以及黏土矿物赋存形态特征。从扫描电镜照片上看，来自不同取样点的页岩压实程度高、结构紧密，微裂缝发育。

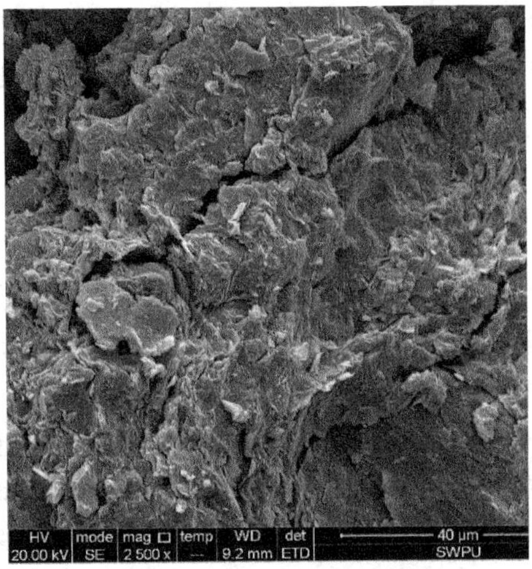

图 3　L3-1 页岩微裂缝

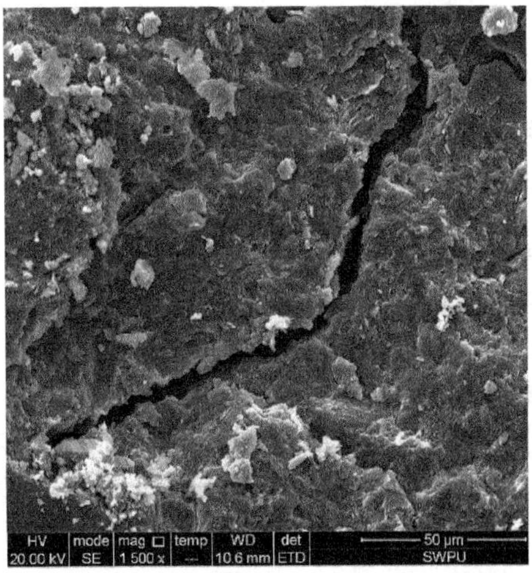

图 4　WL-2 页岩微裂缝

图 5　L1-13 页岩孔洞

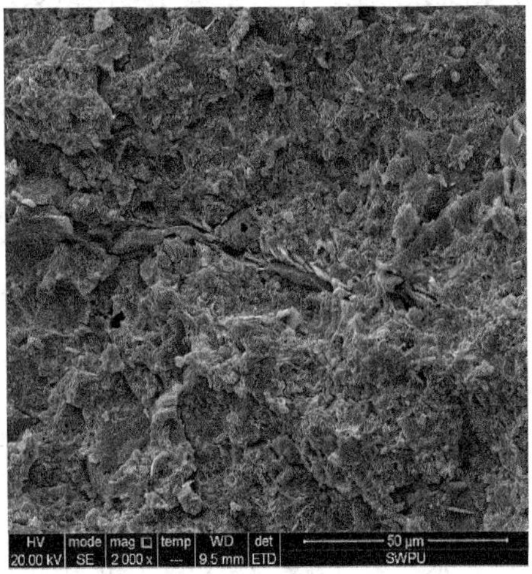

图 6　L1-7 页岩裂隙充填

通过 SEM 累计测量出龙马溪组地层未碎裂纵向剖面 523 个，孔、缝尺寸范围介于 104nm～244μm 之间。常规封堵剂难以形成有效封堵，需要纳—微米级封堵剂形成良好的粒径级配。

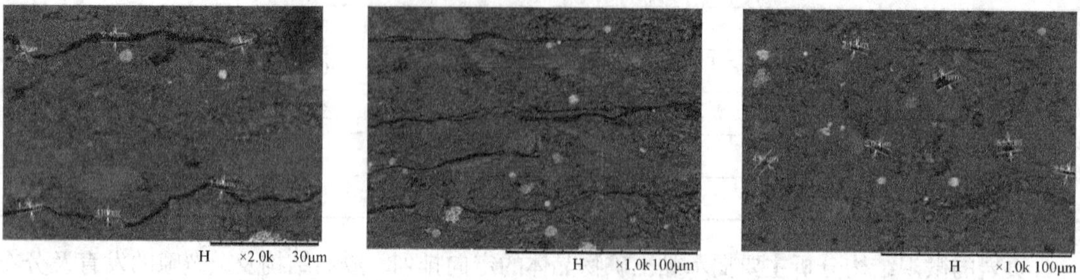

图 7　龙马溪组地层页岩扫描电镜图

从岩石力学角度，微裂缝的发育将破坏岩石的完整性，弱化原岩的力学性能，同时为钻井过程中钻井液进入地层提供了通道。在钻井正压差以及毛管力的作用下，工作液滤液沿裂缝或微裂缝侵入地层，一方面将可能诱发水力劈裂作用，加剧井壁地层岩石破碎，另一方面也提高了钻井液与地层中黏土矿物和有机质的作用概率及作用程度，加剧地层强度降低，加剧井壁失稳。因此，应保持钻井液具有较强的封堵性能以及失水控制能力，最大限度地避免工作液沿裂缝或裂纹侵入。

2.2　全岩和黏土矿物含量

对长宁、威远、昭通及自贡区块的龙马溪组和五峰组页岩岩样进行 XRD 全岩分析结果表明(表 2)，矿物主要为石英、方解石和白云石，其中石英平均含量分布在 30.26%～67.96%，方解石平均含量为 6.49%～18.87%，白云石平均含量为 5.71%～12.05%，黏土矿物总量分布在 13.20%～35.10%。

对长宁、威远及昭通龙马溪组和五峰组页岩的黏土矿物分析结果显示(表 3)，黏土矿物主要为伊利石、伊/蒙混层，伊利石平均含量分布在 38.58%～79.86%，伊/蒙混层平均含量为 7.86%～39.00%，混层比平均为 6.54%～11.00%。长宁、威远及昭通区块的龙马溪组页岩黏土矿物总量接近，长宁、威远区块黏土矿物均以伊利石为主，昭通区块黏土矿物以伊利石及伊/蒙混层为主，自贡区块龙马溪组页岩黏土总量较低。五峰组黏土矿物总量低、石英含量高，脆性高。

表 2　川南不同区块页岩矿物组成平均含量

区块	样品(块)	层位	矿物种类和含量(%)							黏土矿物总量(%)
			石英	钾长石	斜长石	方解石	白云石	黄铁矿	重晶石	
长宁	52	龙马溪	35.79	0.84	4.32	16.45	7.40	2.26	0.60	32.14
	5	五峰组	48.74	0.12	2.62	18.14	12.05	2.14	0.00	16.16
威远	34	龙马溪	35.13	0.46	3.73	11.75	6.98	2.90	1.80	35.10
昭通	76	龙马溪	30.26	1.11	6.48	15.99	9.63	4.63	0.00	34.20
自贡 201	32	龙马溪	48.51	0.00	6.74	8.07	8.73	4.23	0.00	23.71
	7	五峰组	49.44	0.00	2.19	18.87	9.03	2.80	0.00	17.67
自贡 202	68	龙马溪	53.06	0.00	6.37	6.49	5.71	3.18	0.00	25.19
	7	五峰组	67.96	0.00	2.69	7.69	6.51	1.96	0.00	13.20

表 3　川南不同区块页岩黏土矿物组成平均含量

区块	样品(块)	地层	黏土矿物相对含量(%)				混层比 S 含量(I/S)(%)
			I/S	I	K	C	
长宁	46	龙马溪组	10.97	70.08	2.64	23.94	10.65
	5	五峰组	9.18	79.86	10.07	9.44	11.00
威远	16	龙马溪组	7.86	61.13	3.01	14.71	6.54
昭通	23	龙马溪组	39.00	38.58	0.88	21.42	8.00
	9	五峰组	49.56	33.00	1.11	16.00	8.44

由于硬脆性页岩主要由伊利石和伊/蒙混层黏土矿物组成，其中的蒙脱石以与间层黏土矿物伴生的形式存在，很少含膨胀层黏土矿物，其地层的泥岩压实程度较高，水平层理、微裂隙发育，因此，当它浸于钻井液中时，很少发生膨胀和变软。这种成层特性及微观构造，一方面，使泥页岩在外力的作用下极易沿微裂缝或层理面破坏，造成井壁失稳，如页岩微裂隙发育或构造应力集中的话，也易发生硬脆性页岩的破裂和剥落导致井壁失稳；另一方面，在钻井过程中，钻井液滤液沿微裂缝或层理面侵入地层深部后，虽然不会迅速发生膨胀和变软，但往往加剧泥页岩的水化和分散，扩大泥页岩水化面积，降低了泥页岩的结合强度和层理面之间的结合力，使泥页岩沿层理面或微裂隙裂开，进一步造成井壁失稳。一旦钻井液滤失量偏高时，就很容易发生井壁掉块、坍塌等井内复杂情况。

2.3　页岩润湿性

使用 JC2000D3 接触角测量仪测试了去离子水、柴油和白油对页岩的接触角结果表明(表 4、图 8)，长宁、威远和露头龙马溪组页岩表现出既亲水又亲油的双亲特征，均为混合润湿型，且亲油性强于亲水性，尤其柴油是完全平铺在岩样上，其接触角在 0°~2.2°，页岩对柴油完全润湿。此外，由于基质的孔喉直径小，毛细管力大，钻井液进入近井壁地带后会使孔隙压力增加，加剧页岩的分散、剥落、垮塌。

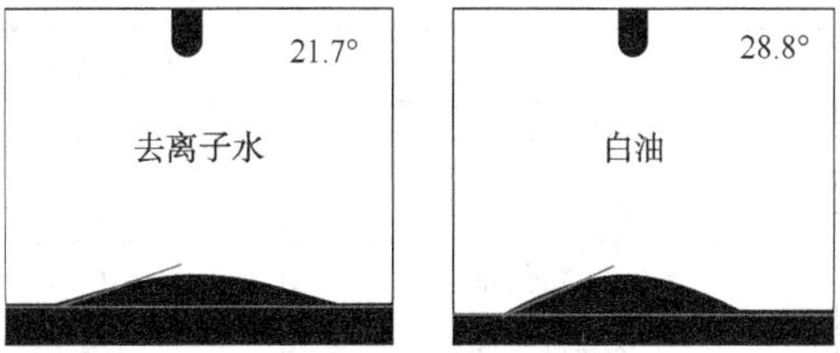

图 8　威远区块龙马溪组页岩水相、油相接触角

表 4　不同介质对页岩的接触角测试结果　(单位:°)

页岩来源	柴油	白油	水
露头	2.2	3.1	18.9
威远龙马溪	0	28.8	21.7
长宁龙马溪	0	13	30

2.4　页岩井壁失稳机理

通过以上川南龙马溪组页岩裂缝分布、全岩和黏土矿物分析以及润湿性的研究，总结出页岩井壁失稳机理如下：

(1) 龙马溪组页岩发育水平裂缝、层理和垂直缝，主要为相互垂直或近乎垂直的裂缝，微裂缝弱化了原岩的力学性能，为钻井过程中钻井液进入地层提供了通道。

(2) 黏土矿物主要为伊利石和伊/蒙混层，很少含膨胀层黏土矿物，当浸于钻井液中时，很少发生膨胀和变软，使泥页岩在外力的作用下极易沿微裂缝或层理面破坏，发生硬脆性页岩的破裂和剥落导致井壁失稳。

（3）在钻井正压差以及毛管力的作用下，钻井液滤液沿裂缝或微裂缝侵入地层，可能诱发水力劈裂作用，加剧井壁地层岩石破碎。钻井液滤液侵入地层深部后，虽然不会迅速发生膨胀和变软，但往往加剧泥页岩的水化和分散，降低了泥页岩的结合强度和层理面之间的结合力，进一步造成井壁失稳。

（4）龙马溪组页岩属于混合润湿型，表现出既亲水又亲油的双亲特征，且亲油性非常强，钻井液特别是油基钻井液在正压差和毛管力的作用下进入近井壁地带，会使孔隙压力增加，加剧页岩的分散、剥落、垮塌。同时由于页岩气地层富含有机质，若油基钻井液进入页岩地层将可能造成有机质溶解，导致钻井液波及深度范围内的页岩强度软化，削弱井壁的稳定性。

3 防塌油基钻井液体系

通过对川南龙马溪组页岩井壁失稳机理分析，得知油基钻井液应该具有较强的封堵性能以及失水控制能力，以最大程度地避免滤液沿裂缝或裂纹侵入，保持井壁稳定性。优选出适合川南龙马溪组页岩的防塌油基钻井液体系，170℃条件下热滚老化 24h 后，高温高压滤失量为零，封堵性能优异(表 5)。

表 5　防塌油基钻井液 170℃热滚 24h 后性能

检测项目	检测结果	检测项目	检测结果
密度(g/cm^3)	1.95	HTHP 滤失量(mL)	0
塑性黏度(mPa·s)	58	HTHP 滤饼厚度(mm)	2
API 失水量(mL)	0	初切(Pa)	7
滤饼厚度(mm)	0.5	终切(Pa)	7
破乳电压(V)	1001		

4 现场试验

在川南页岩气 Y1 井进行了防塌油基钻井液体系现场试验，完钻井深 3910m，水平段长 1500m。该井水平段存在多个断层，钻进过程中易进入五峰组和宝塔组，井壁失稳风险大；页岩微裂缝发育，存在漏失风险，同平台邻井 Y2 井在水平段龙马溪组和五峰组钻进过程中发生渗漏并且伴随有掉块。

现场试验结果表明，Y1 井与邻井相比：井壁更稳定，全井未出现掉块，井径规则，多次穿入五峰组和宝塔组未出现井壁失稳；性能稳定，高温高压滤失量始终小于 1mL，流变性波动小；水平段未发生渗漏，全井消耗量仅为 0.08m^3/m。

5 结论与建议

（1）龙马溪组页岩富含石英等脆性矿物，黏土矿物以伊利石和伊/蒙混层为主，很少含膨胀层黏土矿物，微纳米级裂缝、孔隙和层理发育，润湿性属于混合润湿型，表现出既亲水又亲油的双亲特征，且亲油性非常强，这些微观组构特征和理化特性是导致页岩地层井壁失稳的主要内因。

（2）钻井液滤液沿裂缝或微裂缝侵入地层，泥页岩在正压差和钻井扰动的作用下极易沿微裂缝或层理面破碎和剥落，导致井壁失稳；钻井液滤液在正压差和毛管力的作用下进入近井壁地带，会使孔隙压力增加，加剧页岩的分散、剥落、垮塌。钻井液封堵性能不足是导致页岩井壁失稳的主要外因。

（3）为了保持页岩井壁稳定，钻井液应该具有较强的封堵性能以及失水控制能力，以最大程度地避免工作液沿裂缝或裂纹侵入。优选出适合川南龙马溪组页岩的防塌油基钻井液体系，170℃条件下热滚老化24h后，高温高压滤失量为零，封堵性能优异。

（4）防塌油基钻井液体系现场试验表明：试验井井壁稳定，全井未出现掉块，井径规则，多次穿入五峰组和宝塔组未出现井壁失稳；性能稳定，高温高压滤失量始终小于1mL；水平段未发生渗漏，全井消耗量仅为0.08m^3/m。建议扩大该钻井液体系在川南龙马溪组页岩气藏的应用规模，以减少由于井壁失稳造成的井下复杂，提高钻井时效。

参 考 文 献

[1] 董大忠，邹才能，李建忠，等. 页岩气资源潜力与勘探开发前景[J]. 地质通报，2011，(2-3).

[2] 王显光，李雄，林永学. 页岩水平井用高性能油基钻井液研究与应用[J]. 石油钻探技术，2013(2).

[3] Liu J Y，Qiu Z S，Huang W A. Novel latex particles and aluminum complexes as potential shale stabilizer in water-based drilling fluids[J]. Journal of Petroleum Science and Engineering，2015(135).

[4] 邱正松，王伟吉，董兵强，等. 微纳米封堵技术研究及应用[J]. 钻井液与完井液，2015(2).

[5] Xiangjun Liu，Wei Zeng，Lixi Liang. Wellbore stability analysis for horizontal wells in shale formations [J]. Journal of Natural Gas Science and Engineering，2016(31).

[6] 刘敬平，孙金声. 页岩气藏地层井壁水化失稳机理与抑制方法[J]. 钻井液与完井液，2016(3).

[7] 赵凯，樊勇杰，于波，等. 硬脆性泥页岩井壁稳定研究进展[J]. 石油钻采工艺，2016(3).

[8] 刘厚彬，张帆，孟英峰，等. 焦石坝地区页岩气水平钻井井壁稳定性实验研究[J]. 地下空间与工程学报，2017(6).

[9] 李茜，周代生，彭新侠，等. 生物合成基钻井液在长宁页岩气水平井的应用[J]. 钻井液与完井液，2018(4).

[10] 谢显涛，杨野，罗增. 长宁地区页岩气水平井防塌钻井液体系设计[J]. 辽宁化工，2019(12).

[11] 侯为民，汪夯志. 高温高密度油基钻井液在四川盆地页岩气井中的应用[J]. 长江大学学报：自然科学版，2019(12).

[12] 邓媛，何世明，邓祥华，等. 力化耦合作用下的层理性页岩气水平井井壁失稳研究[J]. 石油钻探技术，2020(1).

[13] Md Tauhidur Rahmanad，Berihun Mamo Negashad，Muhammad，et al. An overview on the potential application of ionic liquids in shale stabilization processes[J]. Journal of Natural Gas Science and Engineering，2020(18).

低黏强封堵油基钻井液在宁 209H19-5 井应用

杨浩伟[1,2]　闫丽丽[1]　陈　龙[3]　张金晶[4]　张家旗[1]　王建华[1]

(1. 中国石油集团工程技术研究院有限公司；2. 中国石油大学(北京)石油工程学院；
3. 中国石油西南油气田分公司工程技术研究院；4. 中国石油物资有限公司)

【摘　要】 油基钻井液具有抑制性强和摩阻低等优势，已成为开发页岩气水平井的关键技术之一。本文通过对长宁 209 区块地层理化性能分析，得出钻井液滤液沿页岩层理和微裂缝侵入是导致井壁失稳的主要因素。采用纳米封堵剂和微米级降滤失剂复配，提高了油基钻井液对低渗岩心的突破压力，增强了油基钻井液的封堵性，并成功在长宁 209H19-5 井应用。与同平台其他井相比，该体系具有封堵性强、黏度低、固相容量限大、沉降稳定性好和成本低等优势，具有广阔的应用前景。

【关键词】 页岩气水平井；井壁失稳；油基钻井液；强封堵；固相含量

宁 209H19-5 井三开井段地层为韩家店组、石牛栏组、龙马溪组，该井段页岩和泥页岩混层，微裂缝发育，具有较强的层理结构，裂隙和微裂隙在液体侵入后产生的毛细管压力容易造成井壁失稳[1-6]。根据邻井资料，该井还面临以下问题：(1)页岩井段存在周期性垮塌，根据邻井钻探资料及区域资料分析，泥岩、页岩水平层理和裂缝发育，脆性明显，易发生坍垮塌；(2)宁 209H19-5 井位于平台的最西边，偏移距最大，携岩困难，摩阻扭矩相对比较大；(3)邻平台宁 209H10-4 井已压裂投产，井间距仅为 300m，存在较大漏失风险；(4)地层压力系数高，根据邻井龙马溪组地层实测压力系数 1.8~2.0。

针对长宁区块页岩气水平井井段微裂缝发育，易发生井壁失稳的难题[7-10]，通过分析目的层岩性特征，研发了与页岩孔缝尺寸相匹配的纳—微封堵剂，形成了一套低黏强封堵白油基钻井液体系，并成功在长宁 209H19-5 井应用，有效地解决了泥页岩井壁失稳的问题。

1　井壁失稳机理

通过对宁 209H19 区块的调研分析，发现造成该地区井壁失稳、阻卡严重的主要原因有以下两点：(1)存在破碎带，龙一$_1^2$亚段底部至龙一$_1^4$小层中上部，龙马溪与五峰组交界面均存在破碎带，在钻进过程中极易发生掉块和井壁脱落，从而造成卡钻遇阻等情况，井壁失稳风险大；(2)层理和裂缝发育，裂缝的导流能力远大于基质的疏导能力。井眼钻开后，如果钻井液没有很好的封堵能力，就会造成大量的钻井液滤液进入地层内部，导致孔隙压力增加，从而导致井壁失稳[11-15]。

基金项目：中国石油天然气集团公司重大技术现场试验项目“深层页岩气水平井优快钻完井技术现场试验”(2019F-31)“重点上产地区钻井液评估与技术标准化有形化研究”(2019D-4226)和中国石油集团工程技术研究院有限公司院级课题“川渝地区页岩气版油基钻井液研究与应用”(CEPT201905)。

作者简介：杨浩伟，男，在读硕士研究生，1995 年生，主要从事钻井液技术研究工作，电话：18557530613，E-mail：1244502699@qq.com。

2 封堵性和配伍性实验

2.1 封堵性实验

针对长宁区块页岩气水平井井段微裂缝发育，易发生井壁失稳，对钻井液井壁稳定性要求较高的难题，通过复配纳米封堵剂和微米封堵剂，提高油基钻井液的封堵性能。采用岩心驱替实验，选取渗透率约 1mD、孔隙度相近的低渗人造岩心模拟实际地层。以自研处理剂配制基浆，配方为 3#白油+2%主乳化剂 DR-EM+2%辅乳化剂 DR-CO+25% $CaCl_2$水溶液+1%有机土+3%氧化钙，油水比为 80∶20，重晶石加重至密度 1.90g/cm³。分别评价降滤失剂、纳微米封堵剂的封堵效果，实验结果见表 1。

由表 1 得出，基础浆中加入氧化沥青，封堵效率达到 84.18%；在加入氧化沥青的基础上，加入自研纳米封堵剂 DR-nano，突破压力超过 35MPa，封堵率提高至 100%。

表 1　不同封堵剂封堵率与最大突破压力

驱替流体	孔隙度（%）	气测渗透率（mD）	白油测渗透率（mD）	封堵后渗透率（mD）	封堵率（%）	突破压力（MPa）
基础浆	11.23	0.95	0.753	0.226	69.99	6.77
基础浆+4%氧化沥青	9.19	1.08	0.746	0.118	84.18	22.96
基础浆+4%氧化沥青+2%DR-nano	9.73	1.81	0.326	0	100	>35

2.2 配伍性实验

采用新配制浆的油基钻井液与宁 209H19-1 井完钻时井浆按不同比例混合进行配伍性实验，实验结果见表 2。从表 2 中看出，新浆热滚 32h 后流变性良好，破乳电压>500V，高温高压滤失量为 1.3mL。老浆和新浆按 3∶7 混合后，黏度切力大幅度下降，高温高压滤失量小于 1mL，二者配伍性良好。

表 2　新浆与井浆配伍性试验

项目	热滚条件	密度（g/cm³）	*AV*（mPa·s）	*PV*（mPa·s）	*YP*（Pa）	Φ_6/Φ_3	*Gel*（Pa/Pa）	HTHP 滤失量（mL）	E_S（V）
井浆	滚前	1.95	89	76	23	11/9	5/17.5	—	605
	滚后	1.95	84	74	20	10/9	4.5/15	1.6	612
新浆：井浆=3∶7	滚前	1.95	59.5	50	9.5	8/6	3/6.5	—	562
	16h 滚后	1.95	58.5	49	9.5	8/7	3/6.5	—	612
	32h 滚后	1.95	58	49	9	8/7	3.5/6.5	0.8	689
新浆	滚前	1.95	36	33	3	3/2	1/3	—	420
	16h 滚后	1.95	35	31	4	7/6	3/4	—	500
	32h 滚后	1.95	34.5	30	4.5	5/4	2/2.5	1.3	560

注：（1）热滚条件：110℃、50℃测流变性。

（2）新浆配方：油水比 80∶20，3#白油+2%主乳化剂 DR-EM+2%辅乳化剂 DR-CO+25%$CaCl_2$水溶液+1%有机土+3%氧化钙+重晶石。

3 应用效果

3.1 流变稳定性

不同井深的钻井液性能见表 3，$\phi6$ 值和 YP 值保持在 6～10，油基钻井液“低黏低切”性能，未因有害固相含量增加出现黏度和切力大幅度增加；且返出钻屑切削印清晰，表明钻井液携岩性能良好。

表 3 宁 209H19-5 井油基钻井液性能表

井深（m）	层位	密度（g/cm^3）	漏斗黏度（s）	*PV*（mPa·s）	*YP*（Pa）	Φ_6	HTHP 滤失量（mL）	滤饼厚度（mm）
2209	韩家店组	1.4	54	31	6.5	6	2	1
2510	韩家店组	1.4	53	31	6	6	1.6	1
2592	石牛栏	1.52	53	33	6.5	6	1.8	1
2818	石牛栏	1.68	53	40	7	6	1.8	1.5
2943	石牛栏	1.85	54	48	6.5	7	1.6	1.5
2990	龙马溪组	1.93	54	53	8	7	1.4	1
3498	龙马溪组	1.93	56	58	10	7	1.4	1
4004	龙马溪组	1.94	62	57	8	7	1.4	1
4344	龙马溪组	1.95	64	57	8.5	8	1.6	1.5
4690	龙马溪组	1.95	65	58	9	8	1.6	1.5

3.2 沉降稳定性

在宁 209H19-5 井钻进过程中，特别是在完钻前 60m，在水平段钻进时连续出现 3 次停电，导致顶驱和钻井泵停止工作，恢复供电后未出现摩阻扭矩增大现象，表明该体系具有良好的稳定岩屑沉降的能力。

3.3 井壁稳定性

开钻配浆时，加入足够的降滤失剂和封堵剂，严格控制 HTHP 滤失量小于 2mL。图 1 为宁 209H19-5 三开井径曲线，可以看出，该井段井径规则，平均井径扩大率在 8%左右，在 3640～3800m 和 4360～4380m 井径幅度变化较大是因为在该处起钻倒划眼换钻头导致的。水平段钻进过程中无掉块，旋转导向安全取出。电测一次成功，下套管顺利，无井下事故发生。

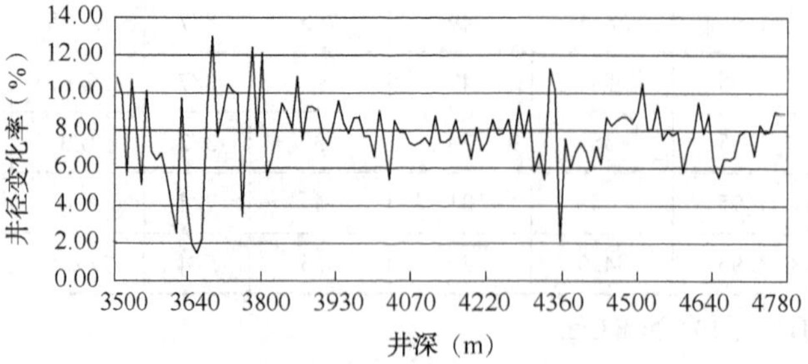

图 1 宁 209H19-5 三开井径曲线

3.4 有害固相含量控制

有害固相对油基钻井液流变性有较大影响，表4、表5分别为宁209平台两口井三开井段随井深增加油基钻井液性能变化表。宁209H19-5井钻井时对固控设备整改，采用高频振动筛(筛布200~240目)+除砂除泥一体机+中、高速离心机串联使用。控制老浆使用比例低于50%，开钻前有害低密度固相含量控制在4%以内，钻进过程中严格控制在8%以内。由表4和表5可看出，宁209H19-1井完钻时，固相含量由22%增长至42%，*PV*由26mPa·s增长至57mPa·s；宁209H19-5井完钻时，固相含量由24%增长至46%，*PV*由31mPa·s增长至53mPa·s，较209H19-1井固相含量增长量大而*PV*变化小。209H19-5井水平段钻进时钻头磨损严重，离心机故障2天，岩屑尺寸小，导致大量有害低密度固相含量增加，黏度增加，完钻时固相含量高达46%，但性能依然保持稳定。

表4　宁209H19-1井三开油基钻井液性能

井深(m)	密度(g/cm^3)	*AV*(mPa·s)	*PV*(mPa·s)	*Gel*(Pa/Pa)	E_S(V)	HTHP滤失量(mL)	油水比	固相含量(%)
2209	1.37	31.5	26	2.5/5	671	2	78/22	22
2906	1.85	53	46	3/6.5	622	1.6	82/18	36
3312	1.95	55	48	3/6.5	703	1.8	82/18	38
4800	1.96	66	57	4/9.5	867	1.8	85/15	42

表5　宁209H19-5井三开油基钻井液性能

井深(m)	密度(g/cm^3)	*AV*(mPa·s)	*PV*(mPa·s)	*Gel*(Pa/Pa)	E_S(V)	HTHP滤失量(mL)	油水比	固相含量(%)
2209	1.40	37.5	31	2/4.5	460	2	78/22	24
2943	1.88	53	45	3/5	1250	1.2	80/20	35
2990	1.93	61	53	3/6	1280	1.6	82/18	37
4800	1.95	62.5	53	5/10	1000	1.6	87/13	46

3.5 成本计算

209H19-5三开从2209~4850m使用低黏强封堵油基钻井液体系钻进，与邻井宁209H19-1油基钻井液材料消耗对比见表6。与宁209H19-1井相比，老浆使用比例由36.4%提高至43.8%，核心处理剂加量仅为5.12%，乳化剂加量由4.47%降至2.96%，大大节省了钻井液材料，单井油基钻井液处理剂成本降低34%，单井油基钻井液成本降低24%。

表6　宁209H19-1与宁209H19-5三开油基钻井液材料消耗对比

序　号	项　目	宁209H19-1	宁209H19-5
1	三开井段长(m)	2649	2641
2	老浆量(m^3)	220	229
3	有机土(t)	2	1
4	油基钻井液用主乳化剂(t)	7.35	3.15

续表

序　号	项　目	宁 209H19-1	宁 209H19-5
5	油基钻井液用辅乳化剂(t)	1.8	1.75
6	油基钻井液用润湿剂(t)	3	3.8
7	油基钻井液用降滤失剂(t)	5.65	4
8	钻井液用封堵剂(t)	1	0.575
9	液体沥青(t)	1.75	0.5
10	白油(t)	138.5	105.7
11	重晶石(t)	480	360
12	总计(t)	641.05	480.475

4 结论

(1) 加强油基钻井液封堵性是延缓孔隙压力传递有限手段，纳—微米封堵剂能显著提高油基钻井液性能，井壁更稳定。

(2) 低黏强封堵油基钻井液体系具有性能稳定，黏度低，破乳电压高，有害低密度固相容量限大，沉降稳定和携屑效果更佳。

(3) 与常规油基钻井液相比，性价比更优，单井消耗油基钻井液处理剂少，成本更低。

参考文献

[1] 刘政，李茂森，何涛. 抗高温强封堵油基钻井液在足 201-H1 井的应用[J]. 钻采工艺，2019，42(6)：122-125.

[2] 李茂森，刘政，胡嘉. 高密度油基钻井液在长宁—威远区块页岩气水平井中的应用[J]. 天然气勘探与开发，2017，40(1)：88-92.

[3] van Oort E，Hale AH，Mody FK & Roy S. Transport in shales and the design of improved water-based shale drilling fluids[J]. SPE Drilling & Completion，1996，11(3)：137-146.

[4] 赵海锋，王勇强，凡帆. 页岩气水平井强封堵油基钻井液技术[J]. 天然气技术与经济，2018，12(5)：33-36，82.

[5] 何振奎，刘霞，韩志红，等. 油基钻井液封堵技术在页岩水平井中的应用[J]. 钻采工艺，2013，36(2)：12，101-104.

[6] 王中华. 页岩气水平井钻井液技术的难点及选用原则[J]. 中外能源，2012，17(4)：43-47.

[7] 蔡巍，赵世贵，石水建，等. 油基钻井液用微纳米封堵剂的研究与应用[J]. 广东化工，2019，46(16)：64-66.

[8] 马文英，刘昱彤，钟灵，等. 油基钻井液封堵剂研究及应用[J]. 断块油气田，2019，26(4)：529-532.

[9] 唐国旺，宫伟超，于培志. 强封堵油基钻井液体系的研究和应用[J]. 探矿工程(岩土钻掘工程)，2017，44(11)：21-25.

[10] 贺海，高强，莫裕宾. CQ-WOM 油基钻井液在页岩气威 202H3 平台的应用[J]. 钻采工艺，2016，39(6)：6，81-83.

[11] 王伟，赵春花，罗健生，等. 抗高温油基钻井液封堵剂 PF-MOSHIELD 的研制与应用[J]. 钻井液与完井液，2019，36(2)：153-159.

[12] 万伟. 抗高温高密度油基钻井液高效封堵剂研究与应用[J]. 钻采工艺，2017，40(3)：13，87-89，116.
[13] 吴彬，王荐，舒福昌，等. 油基钻井液在页岩油气水平井的研究与应用[J]. 石油天然气学报，2014，36(2)：8，101-104.
[14] Cipollacl. Fracture treatment desigin and execution in low porosity chal kreservoirs[J]. SPE86485，2004.
[15] Tather A. WAG performance in a low porosity and ow permeability reservoir，Sirri-A fieid，Iran [J]. SPE100212，2006.

钻井液现场复杂事故处理

渤海蓬莱油田井壁失稳分析和钻井液对策

董平华　刘海龙　张　磊　岳　明

（中海石油（中国）有限公司天津分公司）

【摘　要】 蓬莱油田油层主要分布在新近系明化镇组和馆陶组，经过多年的开发，由正常的压力系统转变为复杂压力系统。明化镇和馆陶组地层砂泥岩互层多，地层强度低，易缩径，如果钻井液体系中钾离子含量过高，缩径后井壁会过硬，进而造成井下起下钻遇阻、倒划眼困难等复杂情况。本文结合蓬莱油田浅部地层特性，针对井壁缩径机理，制定了相对应的钻井液对策，采用"活度平衡、适度抑制、加强封堵"的强包被钻井液体系，避免过度"硬化"井壁，降低起下钻遇阻和倒划眼困难，提高了起下钻效率。

【关键词】 蓬莱油田；复杂压力；缩径；倒划眼困难；适度抑制

蓬莱油田自发现以来长期有国外的石油公司进行作业，钻完井液作业更是由 MI 公司一直在提供服务，早期 MI 公司采用油基钻井液和合成基钻井液进行钻井作业，费用较高且回收成本昂贵，环境风险高。自作业权回归中国海油，钻井液服务主要是有 MI 和中海油服承担，均使用水基钻井液，中海油服使用的体系主要为 PEM 钻井液体系。蓬莱油田油层主要分布在新近系明化镇组和馆陶组，同时经过多年的开发，由正常的压力系统转变为复杂压力系统[1]。明化镇和馆陶组地层砂泥岩互层多，地层强度低，易造成蠕变缩径，易水化膨胀缩径，如果钻井液体系中钾离子含量过高，缩径后井壁会过硬，进而造成井下起下钻遇阻、倒划眼困难等复杂情况[2-7]，多口井钻井作业周期超过设计工期，时效偏低，导致开发成本上升。E60 井为一口大斜度井，完钻井深 2613m，使用钻井液体系为 PEM 强抑制体系，钾离子含量为 19000~21000mg/L，在使用旋转导向定向工具完钻后倒划眼长起，效率极其低下，现场返出岩屑较硬，判断钻井液封堵性可能不足，滤液滤失造成井壁发生水化膨胀，同时加速蠕变速率，这种耦合作用导致井壁缩径，同时钾离子含量过高造成井壁过度"硬化"，在使用哈里伯顿旋转导向起钻过程中发生严重的憋压蹩扭阻卡现象。

本文结合蓬莱油田浅部地层特性，针对井壁缩径机理，制定了相对应的钻井液对策，提出"活度平衡、适度抑制、加强封堵"的井壁稳定方法，其次建议采用强包被钻井液体系，避免过度"硬化"井壁，降低起下钻遇阻和倒划眼困难，提高了起下钻效率。

1　岩性特征分析

1.1　油田地层特点分析

蓬莱油田主要钻穿平原组（Qp）、明化镇组（Nm）、馆陶组（Ng）、东营组（Ed）。平原组

作者简介：董平华：男，34 岁，中级工程师，中海石油（中国）有限公司天津分公司渤海石油研究院钻井工程师。电话：022-66501115；E-mail：dongph@ cnooc. com. cn；地址：天津市滨海新区海川路 2121 号渤海石油管理局 B 座（邮编：300459）。

中上部为散砂和黏土互层，下部为泥岩，互层局部为含砾砂岩；明化镇组为砂岩、粉砂岩和泥岩互层；馆陶组为大套厚层砂砾岩、含砾砂岩和细砂岩间夹薄层泥岩；东营组为泥岩夹砂岩。蓬莱油田储层主要是明化镇组和馆陶组，油层厚度为 50~150m；储层孔隙度为 28%，渗透率为 1~2D，含油饱和度为 50~70%，以中、高渗储层分布为主。

1.2 岩石理化特征分析

利用 X 射线衍射仪，通过 XRD 衍射方法确定岩样中的矿物组分。实验结果见表 1 和表 2，从实验结果可以看出：明化镇组活性软泥岩黏土矿物含量很高，达到了 38%~47%，其中黏土含量主要以伊蒙混层为主，含量在 83%~86%，且伊蒙混层中以蒙脱石为主，占比 60%~65%，说明浅层泥岩的水化膨胀作用较强，在泥岩与钻井液接触后，会引起较大的膨胀应力，进一步加强发生井壁失稳的可能性。

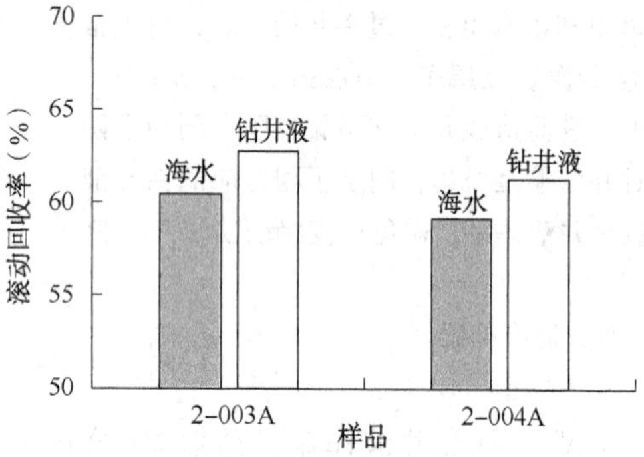

图 1 浅层泥岩滚动回收率测试结果

对现场取心的两个样品分别进行了海水和钻井液中滚动回收率实验，从实验结果来看，浅层泥岩滚动回收率在海水和钻井液中均较低，低于 63%，属强分散性地层（图 1）。说明浅层泥岩在钻井液中浸泡以后，很快会形成软岩屑或泥球。如果现场循环不及时不彻底极易引起井下发生阻卡甚至卡钻。

表 1 泥岩全岩分析结果

样品编号	矿物含量（%）						
	石英	钾长石	斜长石	方解石	白云石	菱铁矿	TCCM
2-1	21.7	24.2	5.1	5.2	5.8	—	38.0
2-2	29.1	4.1	9.6	4.8	5.5	—	46.9
2-3	31.4	2.9	5.8	6.0	6.9	0.3	46.7
2-4	31.9	6.6	6.2	6.1	3.3	0.1	45.8

表 2 泥岩黏土矿物分析结果

样品编号	黏土矿物相对含量（%）					混层比（%）（S 含量）		
	S	I/S	It	Kao	C	C/S	I/S	C/S
2-1		85	8	4	3		65	
2-2		86	7	4	3		65	
2-3		83	8	5	4		65	
2-4		85	8	4	3		60	

1.3 井壁失稳规律研究

采用中国石油大学（北京）岩石力学研究室的 TAW-1000 深水孔隙压力伺服试验系统对砂泥岩变形与强度参数进行测定。岩心制备成一个直径约为 2.5cm、长径比在 1.8~2.0 之间的圆柱形试样。利用蓬莱油田 6 块岩心进行实验分析，岩心情况见表 3 和图 2。可以看出岩心呈现较强的塑性变形特征，破坏强度较低，轴向应变较大。

表 3　蓬莱油田群岩石强度试验

层位	编号	长度（mm）	直径（mm）	重量（g）	密度（g/cm^3）	围压（MPa）	破坏强度（MPa）	弹性模量（GPa）	泊松比
明化镇下	1	41.88	25.26	50.25	2.40	20	38.04	2.0	0.22
明化镇下	2	41.84	25.22	50.07	2.40	0	1.86	0.4	0.2
明化镇下	4	47.92	25.33	52.62	2.18	15	36.48	4.8	0.23
馆陶组	5	48.06	25.45	58.22	2.38	20	30.90	2.2	0.36
馆陶组	6	52.96	25.38	63.73	2.38	15	28.57	2.4	0.27
馆陶组	8	45.67	25.24	53.95	2.36	0	3.71	2.3	0.23

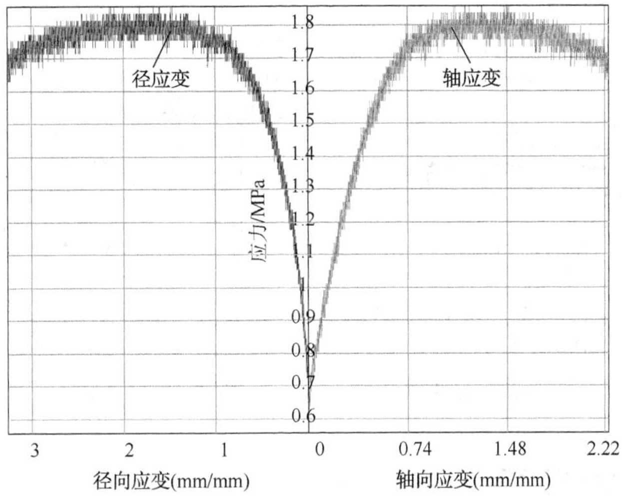

图 2　岩心径向应变与轴向应变(围压 10MPa)

为研究泥页岩水化作用，必须知道其吸水规律，关键在于求取泥页岩的吸水扩散系数。邓金根教授对常规三轴试验机改装，制造了一套泥页岩吸水扩散系数测量装置[8]。对现场岩心样品进行含水量测定，循环钻井液采用 PEC 体系，试验温度模拟地层原始温度(70℃)，试验时间为 7d(表 4)。

表 4　泥岩吸水扩散试验测定结果

离岩样端面距离(cm)	0	1.0	3.0	5.0	6.0
含水量(%)	11.2	9.9	6.7	5.4	4.9

从计算结果可以看出，在 7d 后，钻井液侵入泥岩一定深度，饱和含水量为 11.2%，该值与钻井液性能有关，原始含水量为 4.9%。在工程实际中，井眼周围会形成一定的水化带，井壁附近很快会达到饱和含水率，水化带边缘接近于原始地层含水率。水化带内岩石含水量随井周半径和时间而变化，含水带内的岩石力学和强度特征也会随含水量而变化。所以含水带内的岩石变成了变含水、变模量和变强度的复杂岩体介质。

钻井过程中，泥岩与钻井液接触，钻井液中的水分向地层内渗透，在泥岩吸水过程中，泥岩会产生膨胀应变，进而产生膨胀应力。

利用吸水膨胀系数测量装置测定现场岩心样品垂向和径向膨胀应变量随吸附含水量间的关系，曲线可通过抛物线形式进行回归，回归方程为：

$$\varepsilon = K_1(\Delta w) + K_2(\Delta w)^2 \tag{1}$$

式中：Δw 为含水量增量，$\Delta w = w - w_o$。

一般来说，垂直于层理方向的膨胀应变要高于平行于层理方向的膨胀应变，$\varepsilon_h = m\varepsilon_v (0 < m \leqslant 1)$，对于浅层泥岩来说，由于不具有明显的各向异性，$m$ 接近于 1。

图 3 和图 4 为砂泥岩不同含水率、不同轴压下岩石下蠕变率与时间的关系，试验结果表明，浅层砂泥岩都表现出较强的蠕变性质，岩心蠕变率受偏应力影响，岩心发生瞬态蠕变后进入稳定蠕变过程，偏应力越大，蠕变率增长速度越快。且随着岩石含水率的上升，砂泥岩的稳态蠕变速率明显上升，瞬时形变明显增加。

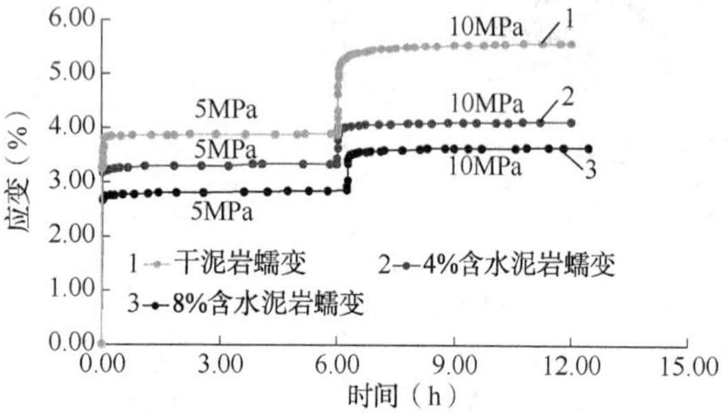

图 3　不同含水量泥岩蠕变试验结果图

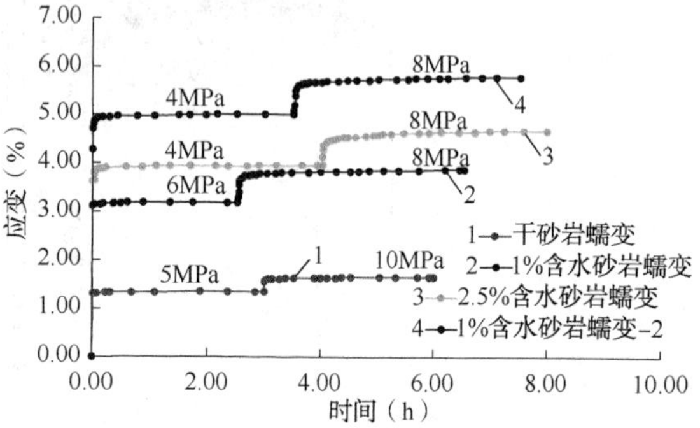

图 4　不同含水量砂岩蠕变试验结果图

2　钻井液体系优化对策

在明确井壁缩径机理的前提下，制定相应的钻井液对策，提出“活度平衡、适度抑制、加强封堵”的井壁稳定方法，降低 K^+ 含量，避免过度“硬化”井壁，降低起下钻遇阻和倒划眼困难，提高起下钻效率。

2.1　抑制剂优化

为减缓起下钻遇阻卡情况，需要降低 K^+ 含量，加强钻井液综合抑制性，因此从钻屑回收率、抑制膨胀率、钻井液抗钻屑污染能力 3 个方面评价抑制性。按 SY/T 5613—2016《钻井液测试　泥页岩理化性能试验方法》测量钻屑回收率和岩心膨胀率来评价抑制性。实验结果见表 5，随着 NaCl 和 KCl 的加量增加，钻屑一次回收率有所上升，在 12%NaCl 加量下一次回收率达到 8.94%，相对清水提高 4.44%；在 10%KCl 加量下一次回收率为 9.50，相对清水提高 5.00%，两者对钻屑滚动回收率提升效果相差不大，作为稳定钻井液体系的作用上两者性能差距不大。随着 KCl 的加量的增多，岩心膨胀率有所下降，但是在 KCl 的作用下岩石强度下降较小，泥岩缩径后井壁强度较大，造成倒划眼困难，严重情况下将造成井壁坍塌。NaCl 的加入使得岩心膨胀率有所增加，这是由于伊/蒙混层中蒙皂石在 Na^+ 作用下由钙土转化为钠土，使得膨胀率增加，NaCl 的加入岩石强度下降较大，使得倒划眼更容易，可以提高倒划眼速度。因此选用 NaCl 作为抑制剂。

表 5　盐作为抑制剂对钻屑回收率和岩心膨胀率影响实验结果

抑制剂	一次回收率(%)	相对清水提高率(%)	0.5h 膨胀率(%)	1h 膨胀率(%)	2h 膨胀率(%)
清水	4.50	—	23.59	25.27	26.37
5%NaCl	7.60	3.10	20.60	27.32	28.15
10%NaCl	8.50	4.00	26.62	31.94	33.08
12%NaCl	8.94	4.44	22.34	26.84	27.74
5%KCl	8.42	3.92	17.72	23.18	23.68
10%KCl	9.30	4.80	13.46	15.23	15.75
12%KCl	9.50	5.00	15.23	15.53	15.75

在钻井液中加入 15%的钻屑后高速搅拌 20min 后测量流变性，评价钻井液的抗钻屑污染能力，实验结果如图 5 所示，可以看出 NaCl 的加入可以明显提高钻井液体系的稳定性，随着 NaCl 加量的增加，钻井液抗污染能力增强，当加量达到 12%后钻井液抗污染能力变化不明显，因此使用 12%NaCl 加量。

为进一步提高钻井液的抑制性，优选有机抑制剂。渤海油田常用的抑制剂为聚氨、小阳离子和有机正电胶，HAS 为首次引入。室内通过测定不同抑制剂对膨润土粉在 50℃、0.7MPa、8h 的膨胀率来评价相关抑制性，考察各种抑制剂的抑制效果。实验采用 CLPZ-Ⅱ型高温高压智能型膨胀性测试仪。实验结果如图 6 所示，HAS 加量为 2%的样品膨胀率最低为 10.65%。因此优选 HAS 为钻井液体系的抑制剂。通过 NaCl 和 HAS 的双重抑制作用弥补 K^+ 含量降低引起的抑制性减弱，再配合 PLH 作为包被剂，实现“活度平衡，适度抑制”的作用。

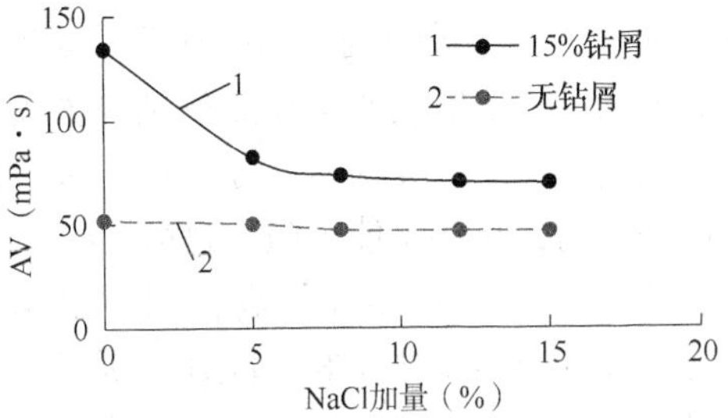

图 5　不同盐加量钻井液抗钻屑污染能力实验结果

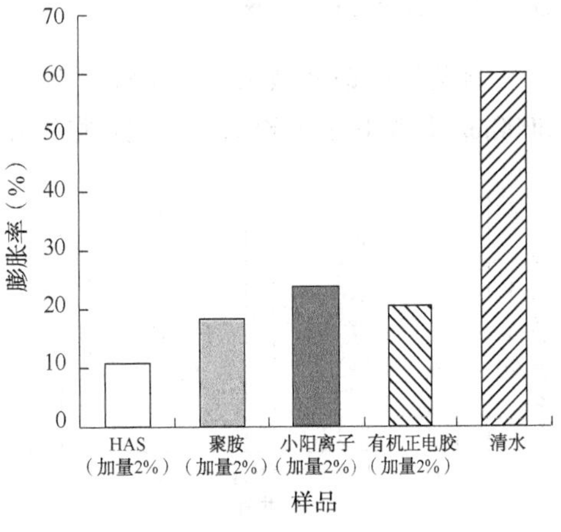

图 6　膨胀率对比分析

2.2　封堵剂优化

为了减少钻井滤液进入地层，需在钻井液中加入封堵剂。本研究对现场常用的封堵剂 PF-SZDL、PF-LSF、PF-LPF 进行优选，实验结果见表 6。钻井液在 80℃，3.5MPa 条件下进行高温高压滤失量实验后，使用清水在相同条件下对滤饼进行渗透率测试。加入 1.0% SZDL 后滤饼渗透速率从 0.56mL/min 降低到 0.14mL/min，加入 1.0%PF-LSF 以及 1.0% PF-LPF 滤饼渗透速率从 0.56mL/min 降到 0.087mL/min。PF-LSF 与 PF-LPF1∶1 复配使用以及 PF-SZDL 都能显著提升钻井液的封堵能力，有效降低钻井液的滤失速度，提高滤饼质量，有效降低滤失速度，但提高用量后，封堵效果提升不明显，因此根据实验结果，后续采用 1.0%PF-SZDL 与 1.0%PF-LSF 及 1.0%PF-LPF 复配使用。

表 6　封堵剂加量对钻井液性能影响

封堵剂加量	实验条件	*AV* (mPa·s)	*PV* (mPa·s)	*YP* (Pa)	Φ_6/Φ_3	*FL* (mL)	滤饼渗透速率 (mL/min)
基浆	滚前	50	21	29	29/25	5.7	0.56
	滚后	46	21	25	22/18		
基浆+1.0%PF-LSF+1.0%PF-LPF	滚前	54.5	21	33.5	33/28	5	0.1
	滚后	46.5	20	26.5	22/18		
基浆+1.2%PF-LSF+1.2%PF-LPF	滚前	61	28	33	36/31	4.7	0.087
	滚后	49	22	27	26/21		
基浆+1.5%PF-LSF+1.5%PF-LPF	滚前	58.5	21	37.5	41/35	4.7	0.087
	滚后	52	21	31	29/24		
基浆+0.5%PF-SZDL	滚前	53	23	30	34/28	5.2	0.16
	滚后	50.5	23	27.5	25/21		
基浆+1.0%PF-SZDL	滚前	54.5	22	32.5	35/30	3.9	0.14
	滚后	52	22	30	26/22		

注：基浆：3%海水膨润土浆+0.3%NaOH+0.2%Na_2CO_3+0.6%PLH+0.3%PF-PAC-LV+1.5%PF-FLOTROL+0.1%XC+12%NaCl。

3　现场应用效果

优化后的钻井液依次在 E57、E61、E63、E58 四口大斜度井中应用，降低钾离子含量为 5000mg/L 或不加入 KCl，配合合理的 NaCl、抑制剂和包被剂，达到明化镇组与馆陶组地层软抑制的目的，减弱水化膨胀作用。同时减少钻井液滤失量，避免软地层发生较快蠕变缩径现象。现场实际钻井液性能见表 7，结果表明优化后的钻井液流变性能稳定，固相含量低，API 失水小于 4mL，表现出了较好的软抑制能力，抗污染能力强，封堵性能良好。

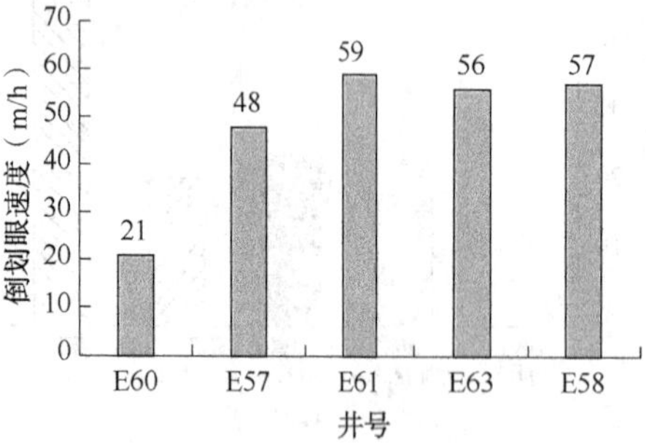

图 7　钻井液优化对倒划眼效率影响规律

同时，现场短起效率明显提高，倒划眼速度由最初的 21m/h 提高到约 55m/h，如图 7 所示。研究结果为蓬莱油田浅部砂泥岩地层的起下钻效率优化提供理论和实践指导。

表 7　现场钻井液性能

井号	密度 (g/cm³)	*FV* (s)	*PV* (mPa·s)	*YP* (Pa)	固相含量 (%)	Cl^-含量 (10^3mg/L)	K^+含量 (10^3mg/L)	FL_{HPHL} (mL)
E57	1.18~1.2	48~52	15~23	11.5~14.5	6~12.5	82~102	0	3.4~3.8
E58	1.11~1.32	50~56	16~21	11.5~14.5	6~10	103	5	3.6~4
E61	1.12~1.2	46~50	16~25	11.5~13.5	6~14	97~100		3.5~4.2
E63	1.12~1.21	45~54	15~23	10~14	5~12	85~105		2.8~4

4 结论和建议

（1）蓬莱油田由于固控设备条件差，中海油服选用强抑制的 PEM 体系，但对于大斜度井作业周期长，井眼缩径后井壁易“硬化”造成倒划眼困难。

（2）蓬莱油田储层主要是明化镇组和馆陶组，明化镇和馆陶组地层强度低，易水化膨胀和蠕变，造成井眼缩径现象。

（3）针对井壁稳定问题，钻井液对策采用“活度平衡、适度抑制、加强封堵”的强包被钻井液体系，避免过度“硬化”井壁，提高了起下钻效率，为后续作业提供作业指导。

参 考 文 献

[1] 陈增海. 新型高密度无固相钻开液在蓬莱油田的应用[J]. 石油化工应用，2019，38(2)：16-20.

[2] 王炳印，邓金根，周建良，等. 疏松砂岩储层水平井眼缩径变形规律数值模拟研究[J]. 天然气工业，2006，26(5)：55-57.

[3] 曹园，蔚宝华，邓金根，等. 砂岩地层井壁稳定性分析[J]. 科技导报，2014，32(2)：34-36.

[4] 艾贵成，梁志印，赵雷青，等. “软泥岩”钻井技术探讨[J]. 西部探矿工程，2009(4)：110-112.

[5] 龙华. 储层保护技术在辽河油田钻完井过程中的研究与应用[J]. 内蒙古石油化工，2014.

[6] 张行云，郭磊，张兴来，等，活度平衡高效封堵钻井液的研究及应用[J]. 钻采工艺，2014，37(1)：84-87.

[7] 李林波，和鹏飞. 改进型综合阳离子钻井液在 JZ 南油田的应用[J]. 钻采工艺，2018，37(2)：42-45.

[8] 邓金根，张洪生. 钻井工程中井壁失稳的力学机理[M]. 北京：石油工业出版社，1998.

渤南油田油气压力精确控制技术及应用

马其浩　张高峰

（中国石化胜利石油工程有限公司渤海钻井总公司）

【摘　要】渤南地区沙河街组沙三段发育大段的油泥岩，且地层压力较高，含气量巨大，钻井液当量密度高达1.76~1.87，是典型的高压低渗储层，为河口采油厂的主力产层。渤南难动用井所钻的目的层为沙四段的大段砂层，具有地层压力低、渗透性好、水层发育的特点，部分区域伴生高压水层、硫化氢、断层、地层缺失以及致密的白云岩夹层，钻井液密度窗口极窄，甚至无窗口，极易导致井漏、井涌等复杂情况，带来了极大的井控压力与井下风险。因此，为实现渤南难动用井组的安全施工，扼制复杂情况的发生，同时提高钻井机械钻速，保护油气层，提高油气产量，亟需一种油气压力控制系统，使液柱压力始终处于涌漏平衡点，在保证油气层不被污染，不发生溢流、井涌，同时不造成井漏的基础下，尽可能地保护沙河街组目标油气产层，达到难动用井"合理优化、适度简化、精细管理、安全经济运行"的要求，实现胜利石油工程公司在渤南地区难动用井组的全面盈利。

【关键词】渤南；油气压力控制；窄密度窗口

渤南油田位于山东省东营市河口区境内，构造位置位于济阳坳陷沾化凹陷渤南洼陷北部，东靠孤岛凸起。沙三段沉积时期湖盆逐渐扩大，渤南洼陷处于还原半深湖相沉积环境，形成了巨厚的暗色泥岩和油泥岩、油页岩。

沙河街组主力含油层系为下沙河街组沙三中、下的灰质油泥岩及沙四段砂岩相、粉砂岩相。其中沙三中段压力系数1.29~1.35，沙三下段地层压力系数1.50~1.84，沙四段压力系数1.30~1.56，温度梯度3.71℃/100m，属高温、高压、低孔、特低渗系统。沙三下的高压系统和沙三中、沙四段的相对低压的砂层，造成了渤南地区沙河街组的易喷、易漏的钻井施工困难。

1　渤南地区沙河街组油气压力特点

渤南地区难动用井组地理位置位于东营市河口区境内，构造属沾化凹陷的渤南洼陷，东靠孤岛凸起。自上而下钻遇的地层有第四系平原组；新近系的明化镇组、馆陶组；古近系东营组、沙河街组和孔店组。

沙河街组沙三上岩性以褐色油页岩，深灰色泥岩、灰质泥岩为主夹薄层粉砂岩；沙三中岩性主要为灰褐色灰质油泥岩、深灰色泥岩、灰质泥岩；沙三下岩性主要为灰褐色灰质油泥岩、油页岩、深灰色灰质泥岩、泥岩，下部夹灰色泥质白云岩、泥灰岩、泥质粉砂岩。沙河街组沙四段岩性主要为灰白色不等粒岩屑砂岩、含粉岩屑细砂岩、粉沙质岩屑细砂岩。主力含油层系为下沙河街组沙三中、下的灰质油泥岩及沙四段砂岩相、粉砂岩相。

沙三中段压力系数1.29~1.35，沙三下段地层压力系数1.50~1.84，沙四段压力系数1.30~1.56，温度梯度3.71℃/100m，属高温、高压、低孔、特低渗系统。沙三下的高压系统

作者简介：马其浩，工程师，地址：山东省东营市河口区钻井街5号；电话：18606467725；E-mail：maqh1228@sina.com。

和沙三中、沙四段的相对低压的砂层，造成了渤南地区沙河街组的易喷、易漏的钻井困难。

2 渤南难动用井组油气压力精确控制难点

渤南地区沙三段油气层类型主要为泥岩裂缝类的油气藏，其成藏规律为：泥岩裂缝油气藏集生储盖于一身，储层为烃源岩内部的裂缝发育段，盖层为起周围的致密泥岩；生烃门限以下的泥岩裂缝储层发育程度控制着油气富集程度，油气藏的分布与异常高压区具有一致性，单井产能与地层压力呈正相关系。由图 1 可见，渤南洼陷内沙河街组断层发育较为密集，处于应力的聚集区，沙三中下段岩性以灰质泥岩、灰质泥页岩为主，这些都有利于裂缝的形成。由图 2 可见，为提高单井的最大产量，难动用井组所布置的井位均集中在裂缝发育最为集中的部位。

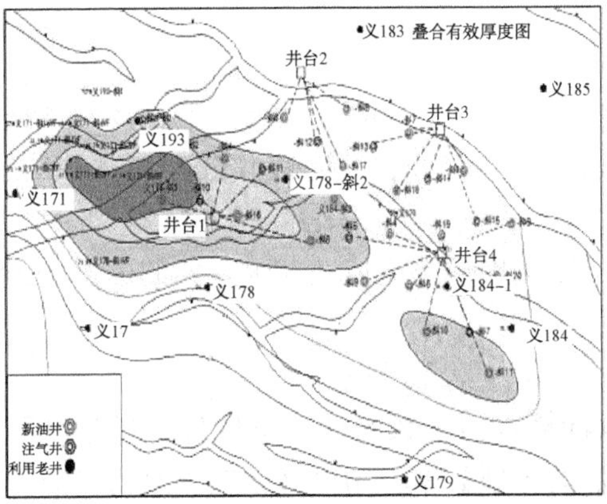

图 1　义 178、义 184 井组井位图

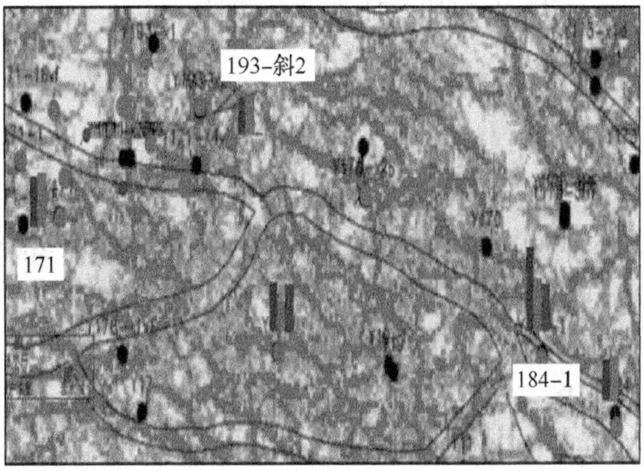

图 2　义 171-义 184 块沙四段裂缝发育情况

在该区域的施工中，以沙四段为目的层的生产井，通过技术套管将沙三中低压砂层进行了封堵，避免了因沙三下异常高压造成钻井液密度高而压漏沙三中砂层，但沙四段的目的层为砂岩层，仍具有较高的渗透性，依旧存在漏失风险，2018—2019 年在义 178、义 184、义 193 区块施工的 30 口井中，钻开沙三下部均钻遇高压油气层时，部分井发生了油气侵，12 口井钻至沙四段发生了漏失。

因此，需要一种能够兼顾高压油气侵、高渗透性漏失的油气压力精确控制技术，减少施工中的风险，提高钻井速度，减少因地层原因造成的时效延误。

3 渤南油田油气压力精确控制技术

3.1 油气层的近平衡钻进

为防止因要压稳沙三段油气层过度加重，降低沙四段砂层漏失的风险，在沙三段钻进时，应尽可能地降低钻井液密度，通过附加循环压耗，达到液柱压力与地层压力的近平衡状态，在钻进过程中压稳地层。

同时，近平衡状态有利于释放油泥岩裂缝中的油气压力，由于渤南地区沙三段的泥岩、泥页岩油气藏的异常高压受地层微裂缝的影响十分明显，属于典型的高压低渗油气藏，在不压裂地层、裂缝不连通的情况下，通过释放油气压力，能够在短时间内，小幅度地降低井筒附近地层的压力系数，有利于后续的防漏，给施工带来便利条件，提高钻井效率。

综上，在钻进过程中采用近平衡的方式。

3.1.1 选择合理的计算钻井液当量密度公式

目前环空当量密度的计算依据与方式多种多样，计算结果也有较大差距，因此优选出一种能够准确反映井底当量密度的公式尤为重要。

（1）卡森模型估算当量密度。

$$\rho_{ECD}=\rho_m+\frac{\tau_0}{18.3(D-d)}+\frac{\mu V_0}{30.6(D-d)^2} \tag{1}$$

式中：ρ_{ECD}为钻井液当量密度，g/cm³；ρ_m为钻井液密度，g/cm³；τ_0为钻井液动切力，Pa；D为井眼直径，mm；d为钻杆外径，mm；μ为钻井液塑性黏度，mPa·s；V_0为环空返速，m/s。

该公式中考虑了由于钻井液性能造成的循环压耗，但未考虑由于井眼的延伸造成的压力损失，因此式(1)得出了循环当量密度应比实际数据偏小。

（2）由动切力估算当量密度。

$$\rho_{ECD}=\frac{\tau_0\cdot C_6}{10(D-d)}+\rho_m \tag{2}$$

式中：ρ_{ECD}为钻井液当量密度，g/cm³；ρ_m为钻井液密度，g/cm³；τ_0为钻井液动切力，Pa；D为井眼直径，mm；d为钻杆外径，mm。

该公式仅考虑钻井液屈服值对循环压耗的影响，未考虑环空返速及井眼延伸的因素，因此式(2)计算得的数据失真。

（3）使用 Reed Hydraulics 软件进行分析计算。

Reed Hydraulics 是由 Reed 钻头公司推出的用以计算水力参数的计算机软件，通过其可对井眼内各数据进行综合分析，并生成有关水力参数的各项数据，用以优化钻头水力参数。

通过该软件，将义 178-斜 15 的数据进行综合分析，得到报表如图 3 所示。

IMPACT FORCE / HOLE AREA	2.97 lbs/in?
HYDROSTATIC HEAD	673 atm
EQUIVALENT CIRCULATING DENSITY	1.78 sg
CUTTINGS SLIP VELOCITY (chip size = 7.62 mm)	10.26 m/min
SURFACE EQUIPMENT LENGTH	198 m X 76.2 mm
AVAILABLE BUOYANT COLLAR WEIGHT	6.0 tonnes

图 3 Reed Hydraulics 义 178-斜 15 井报表截图

由图 3 可知，Reed Hydraulics 软件计算得义 178-斜 15 井的井底循环当量密度为 1.78g/cm³，该软件考虑了井眼内不同钻具水眼的流动形态、不同钻具的内外压耗、钻井液性能等多方面因素，具有较高的参考价值。

3.1.2 当量密度回归验证

使用 Reed Hydraulics 软件计算当量密度在多口井井中应用，结果见表 1。

表 1 渤南难动用井组钻井液密度情况

序号	井号	钻进密度(g/cm³)	计算当量密度(g/cm³)	完井当量密度(g/cm³)	油气上窜速度(m/h)
1	义 178-斜 12	1.80	1.88	1.84	16.5
2	义 193-斜 28	1.79	1.87	1.85	12.2
3	义 178-斜 15	1.72	1.78	1.75	18.2
4	义 178-斜 13	1.69	1.79	1.76	22.4
5	义 178-斜 11	1.68	1.77	1.74	18.6

由于渤南难动用区块沙四段有漏失风险，若完井当量密度提高至循环当量密度，在通井再循环过程中有可能由于附加循环压耗后，发生漏失，因此，选择在油层上部打入重塞的形式提高完井当量密度，并使其略低于计算当量密度，由表1可知，通过短起下测后效，油气上窜速度以满足安全完井时间。综合分析 Reed Hydraulics 软件计算当量密度具有较高的参考价值。

3.2 窄密度窗口承压防漏堵漏技术

3.2.1 地质分析

（1）构造特征。

渤南洼陷内沙河街组断层发育较为密集，处于应力的聚集区，沙三中下段岩性灰质泥岩、灰质泥页岩为主，这些都有利于裂缝的形成。为提高单井的最大产量，难动用井组所布置的井位均集中在裂缝发育最为集中的部位。

应用相干分析技术精细识别断层的位置和组合模式。平面上看，研究区共发育9条断层，其组合特征为交叉状断层，受南北两条主干断层夹持。

（2）沉积特征。

沙四上沉积时期，渤南洼陷沉积体系非常复杂，具有多物源，多种沉积类型特点。北部陡坡带、南部缓坡带及东部都以扇三角洲沉积为主，西部断裂带主要发育碳酸盐岩滩坝。湖盆中部以砂质滩坝为主。据沉积背景、沉积构造、粒度概率曲线及测井相等分析，该块属波浪冲刷改造作用较强的扇三角洲外前缘薄层沉积，岩性主要以砂岩、细砂岩相为主。

（3）裂缝发育特征。

储集空间类型主要为溶蚀孔隙和生物粒间孔、粒内孔等。目的层段地质因素导致漏失可能极大，且从实钻情况看，受微裂缝及砂层孔隙影响，多口井在沙四上段发生漏失，由于该段地层压力系数相对于沙三下部油泥岩偏低，造成压力窗口极窄：在附加压力的作用下能满足钻进需要，但静止状态就有可能出现油气侵；若为满足压稳油气层，在附加压力作用下极有可能发生漏失。

综上，渤南难动用区块目的层段地质因素导致漏失可能极大，且从实钻情况看，受微裂缝及砂层孔隙影响，多口井在沙四上段发生漏失，由于该段地层压力系数相对于沙三下部油泥岩偏低，造成压力窗口极窄：在附加压力的作用下能满足钻进需要，但静止状态就有可能出现油气侵；若为满足压稳油气层，在附加压力作用下极有可能发生漏失。

3.2.2 承压防漏堵漏技术

为解决压力窗口窄的问题，在施工中探索采用了承压防漏堵漏技术：

（1）优选堵漏材料。

针对渤南难动用井组沙四段裂缝特性，优选使用随钻堵漏剂、承压堵漏剂、酸溶膨胀堵漏剂，总加量在2%～3%。由于酸溶膨胀堵漏剂的纤维偏长，对钻井液的黏切具有较大的影响，从而造成循环压耗增大，有可能将小漏变为大漏，增加堵漏难度，因此适当减少酸溶膨胀堵漏材料的加量。

对于目的层距离断层较近、油气压力异常活跃的施工井，在纤维类堵漏材料的基础上，配合颗粒粒径在0.5～1mm的细核桃壳粉，提高对裂缝的封堵效果，其加量在1.5%～2%，能够有效地起到架桥作用，封堵地层的裂缝孔隙。

（2）带堵漏材料钻进。

由于漏失井段临近完钻，为保持钻井液中的堵漏剂含量，采用不过振动筛带堵漏材料钻进的方式进行钻进，在需要分析岩屑时，只需将少量钻井液过筛后分析即可，经过多口井的分析，该措施能够有效地维持钻井液中的堵漏材料含量，且不影响钻进，对井下安全无负面影响。

(3) 控制循环压耗。

在井内加入堵漏材料后，钻井液的黏切会有所升高，塑性黏度、动切力均会增加，造成循环压耗有所升高，井底当量密度增加，有再次压漏地层的风险。为满足堵漏需要，防止因循环压耗过大压漏地层，适当地降低钻井泵排量，使其作用在井底的循环当量密度不大于正常钻进时的钻井液当量密度，达到防漏的效果。同时起下钻过程中采用分段循环降低钻井液密度，小排量顶出重浆、稠浆，放缓开泵、下钻等过程速度，减少激动压力等一列措施，减少因压力激动造成井底压力激增造成井漏。

4 渤南油田油气压力精确控制技术的现场应用

4.1 在义 178、义 184、义 193 区块的应用(以义 193-斜 28 井为例)

义 193-斜 28 井是难动用项目部与河口采油厂合作开发的一口开发井，位于山东省东营市河口区渤南油田中部，构造位置位于渤南洼陷的中部断阶带，主力目的层为新近—古近系沙河街组沙四上亚段。

该井在钻进过程中使用密度为 1.65 钻井液打开油气层，总烃 2%~3%，在起钻后电测时，发现口溢流，随即下钻循环压井，分段循环并将密度提高至 1.89 后发生渗漏，由此确定该井油气层及沙四段砂层压力窗口在 1.84~1.89。

该井渗漏为裂缝性漏失，漏失后在停泵后有反吐现象，吐出量与漏失量接近，分析漏失层位为泥岩裂缝，承压能力差所致。

综合各现象，适合使用油气压力精确控制技术。在循环过程中，控制入口密度 1.84g/cm^3，循环当量密度 1.88~1.89g/cm^3，并充分排气。全井加入纤维类堵漏材料 5%，细目(0.5~1mm)细核桃壳粉 2%，核桃壳(3~4mm)1%，提高裂缝的承压能力。起钻前使用重塞提高当量密度至 1.89，小排量打至小斜度井段，起钻测后效，油气上窜速度 19.7m/h，满足完井安全时间。

在通井过程中使用分段循环的方式，顶替出重浆，降低井筒内的钻井液密度，下至井底充分循环排气后，再次在小斜度井段垫重塞至当量密度 1.89，停泵无溢流，开泵不漏。

4.2 在义页平 1 井的应用

义页平 1 井构造位置为济阳坳陷沾化凹陷渤南洼陷义 17 断阶带，钻探目的是了解渤南洼陷义页平 1 井区沙三下亚段页岩油含油气情况，是中石化布置在胜利油田的一口重点页岩油探井。

该井的施工中应用了与难动用井组同样的油气压力精确控制技术。该井同样钻遇了渤南难动用井组的沙三下段的高压油泥岩层位，压力系数 1.87，与渤南难动用井组所不同的是，该井为钻至沙四段砂岩层位，但由于水平段的延伸，循环压耗不断增加，造成循环当量密度不断升高，和 B 靶临近断层，裂缝发育严重，后期钻井液的循环当量密度超过地层的破裂压力，钻进中同样发生了漏失。

在施工中，根据井眼的延伸，控制钻井液密度 1.80~1.82g/cm^3，循环当量密度 1.88~1.89g/cm^3，能够很好地压稳油层，总烃基值 1%~3%，停泵气 15%~40%，由于旋转导向工具出现问题更换钻具等原因，多次起钻均采用垫密度 1.92g/cm^{3}重塞的方式进行，在技套内(井斜 32°)垫重塞，有效高度 870m，水平段静止当量密度 1.85，测得油气上窜速度 6m/h，能够满足安全的电测及完井时间。

5 结论

油气压力精确控制技术，通过计算合理的当量密度、确定安全密度窗口、承压堵漏等手段，切实达到了控制油气压力、高效钻井的效果，改善地层安全密度窗口窄的问题。在难动用义 184 井组、义页平 1 井等井进行了现场应用。现场应用表明，该技术现场操作可行性高，能够安全钻井，同时能够提高难度井的生产时效，减少复杂故障处理时间，提高钻井施工的经济效益。

参 考 文 献

[1] 鄢捷年. 钻井液工艺学. 北京：中国石油大学出版社，2012.

[2] 宋梅远. 渤南洼陷泥岩裂缝油气藏储层发育及成藏规律研究[D]. 北京：中国石油大学，2011.

[3] 袁琪，燕明慧，杨依. 济阳坳陷沙三下与沙四上页岩油富集原理[J]. 当代化工研究，2016，6：116-117.

[4] 舒兵. 侵入半径的求取及其在测井解释中的应用研究[D]. 北京：中国石油大学，2007.

鲁克沁油田水平井压差卡钻原因分析及探讨

房炎伟　刘敬礼　王亚超　张　硕　白兴文

（中国石油西部钻探钻井液分公司）

【摘　要】 水平井在钻井施工中常发生压差卡钻事故，从事故发生经过和发生层位的地质情况进行分析，分析出水平井压差卡钻的可能发生机理，即高渗透地层形成的滤饼在拉井壁作业中受到破坏，在钻柱下放到井底后，钻柱与井壁表面接触，在渗透作用下，滤饼在井壁与钻柱接触面间重新形成，将钻柱埋在滤饼中造成压差卡钻，而且岩屑床的堆积和滤饼与钻柱间的吸附作用也可能参与了这一过程。为从根本上预防压差卡钻，主要从钻井液方面提出了降低压差，使用中性润滑剂，改变钻井液体系以降低井壁滤饼厚度，提高斜井段携带性以减少岩屑床的方案。

【关键词】 钻井；压差卡钻；水平井

水平井在钻井施工中常发生压差卡钻事故，往往延误钻井周期，增加钻井成本，严重时更可能造成井眼报废。鲁克沁油田曾发生多起定向井和水平井的压差卡钻事故，多起事故因解卡不成功导致爆炸松扣和填井侧钻，增加钻井周期。

压差卡钻主要受地质和钻井液因素的影响，水平井钻井液一般要求具有优良的润滑性和各项性能，在此条件下如何避免压差卡钻就需要对压差卡钻的发生过程、发生机理等方面进行分析，确定主要影响因素，制定合理有效的施工措施和优化钻井液性能。

1　鲁克沁油田地质情况

鲁克沁油田储油层埋深约3300~3400m，开采层位为三叠系的 T_2k 组，地质分层见表1。

表1　鲁克沁油田地质分层

地层			岩性描述
界	系	组	
新生界	第四系	Q	上部为棕红色泥岩与砾岩，中下部为棕红色泥岩和膏质泥岩，底部为棕红色泥岩与砂砾岩
	新近系	N_2P	
		N_1t	
	古近系	Esh	上部为紫红色泥岩，下部为杂色砂砾岩
	白垩系	K_1tg	上部为大套棕红色泥岩，中部为灰绿色泥岩，下部为大套杂色砂砾岩夹棕红色泥岩
中生界	侏罗系	J_3q	大套紫红色泥岩
		J_2s	灰绿色泥岩与灰色砂砾岩互层
		J_1	灰色砂岩、砂砾岩与灰色泥岩互层夹薄煤层
	三叠系	T_2k	上部为大套灰色泥岩夹灰色砂岩，下部为大套灰色砂岩、砂砾岩夹灰色砂岩

鲁克沁油田上部地层以泥岩为主，进入中生界逐渐转变以为灰色砂岩为主，实钻显示进入储层后岩屑转变为细砂岩，地层渗透性强。中生界地层孔隙压力系数约为0.95~1.05。

2 事故发生经过及处理过程

以玉平11井和玉平13井为例。

玉平11井于3月31日17：30定向钻进至3334m，此时井斜67.1°，地层T_2k。在该井深进行短拉作业，上提10柱钻柱，短拉过程中无阻卡现象。下放钻柱到底后循环钻井液1h，开始摆工具面定向钻进，加钻压24t，工具面无变化，上提钻柱3m后下放至底，重新加钻压24t，无进尺，反复上提下放活动钻柱4次，40min后上提时发现钻柱粘卡，上下活动范围2.5m。4月1日19D00向井内打入20m^3原油，浸泡卡钻井段，4月1日22：00上提钻柱至悬重160t，解卡成功。

玉平13井于12月17日16：00钻完进尺，完钻地层T_2k，井斜81.6°。22日11：00进行下钻通井，下钻到井底后循环钻井液1.5h，上提钻柱时发现遇阻，采用上提下放钻柱的方法无法解卡。23日向卡钻井段打入碱液30m^3，上提下放钻柱和转动转盘均无法解卡。24日使用柴油和原油配制的解卡液30m^3打入卡钻井段，继续活动钻柱，10min后解卡成功，循环过程中将返出的解卡液放掉，起出钻柱。25日下钻通井到底，循环钻井液后在将钻柱拉出转盘面2.5m处遇阻，活动钻柱无效，打入碱液33m^3仍无效，26日打入由柴油和原油配制的解卡液28m^3，上提下放和转动转盘活动钻柱至27日无法解卡。29日再次打入由柴油配制的解卡液42m^3浸泡卡钻井段。30日开泵时憋泵，停泵后泵压降至6MPa后不归零，证实井下出现坍塌。1月1日进行爆炸松扣，起出钻柱3281m，之后回填水泥至2970m进行侧钻。

3 压差卡钻发生机理

压差卡钻是钻柱在井内静止时，在钻井液液柱压力与地层压力之间的压差作用下，钻柱的某一段被压向井壁一边，被滤饼牢牢粘吸住并陷入滤饼中，致使上提、下放、旋转都不产生作用的现象[1-4]（图1）。

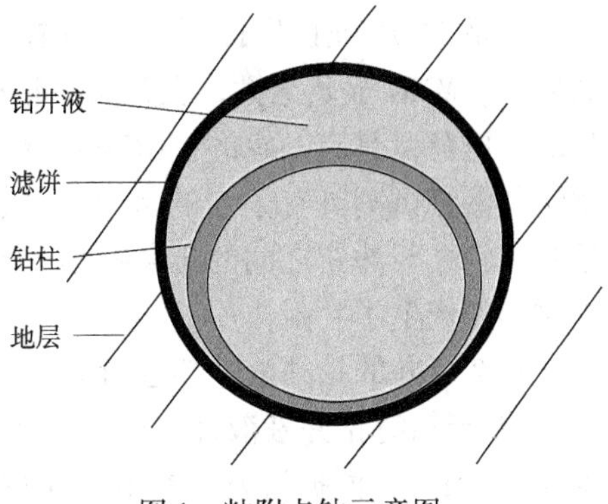

图1 粘附卡钻示意图

压差卡钻的发生必须具备两个条件，首先是钻井液柱与地层之间存在压差，其次是钻柱与井壁存在封闭接触面[1]。当钻柱与滤饼接触时，在压差的侧向力作用下就有可能将钻柱与滤饼之间的钻井液排开，或者由于滤失作用使固相颗粒在接触间隙堆积，形成封闭接触面。当钻柱被粘吸住后，卡点会逐渐上移，扩大被粘吸住的钻柱面积，迅速增大侧向力。压差卡钻在水平井中更易发生，其原因是造斜段的井眼轨迹是一段圆弧，在造斜施工时钻柱要受力弯曲，使得钻柱与井壁的接触面增大，并且在钻柱不能旋转的情况下更容易形成封闭接触面；在水平段施工时，钻柱基本上平躺在井壁底部，发生压差卡钻的可能性更大。

4 事故原因分析

玉平11井和玉平13井压差卡钻均发生在T_2k层位，卡钻位置井斜角较大，卡钻前都进行了拉井壁作业。

压差卡钻与地质因素有较大关系，鲁克沁油田 T_2k 层位岩性为细砂岩，地层具有较高的渗透性，在压差和滤失作用下可能会形成较厚的滤饼，在井壁上形成的滤饼厚度有可能达到15~20mm，并且砂岩井段井径较为规则，和钻柱的接触面积比较多，因此在高渗透性的砂岩就有较大可能发生压差卡钻。

压差卡钻与钻井液性能也有较大关系，钻井液液柱与地层之间的压差大，钻井液净化不良，滤饼厚，滤饼润滑性差，钻井液显负电的情况都有可能导致粘附卡钻。表2为鲁克沁油田2口井卡钻前后的钻井液性能。

表2 钻井液性能对比表

性能参数	玉平11井		玉平13井	
	卡钻前	卡钻后	卡钻前	卡钻后
体系	MEG聚磺	乳化原油	MEG聚磺	乳化原油
密度(g/cm^3)	1.21	1.24	1.24	1.25
黏度(s)	51	56	43	58
屈服值(Pa)	8	10	9	10
膨润土含量(g/L)	63	61	57	48
API失水(mL)	4.5	4	5	5
滤饼厚(mm)	0.5	0.5	0.5	0.5
黏滞系数	0.0262	0.0175	0.0262	0.0349
润滑剂含量(%)	4	8	5	12
油含量(%)	—	5	—	10

玉平11井和玉平13井在卡钻前均使用MEG聚磺钻井液体系，该体系为阴离子型钻井液体系，MEG显负电性。在井眼中钻柱的表面由于存在游离的铁离子，使钻柱表面带有很强的正电荷，具有一定的自由表面能，它力图吸附异性离子以使表面能降到最小值，阴离子型钻井液滤饼则具有很强的负电力场，于是就对钻柱产生了吸附作用[3]。当钻柱向井壁靠近时，钻柱与滤饼之间的距离缩小，当该距离缩小到两者之间的极性分子互相起作用的范围内时，便产生了粘附作用。

对2口井的钻井液性能进行对比，可以知道2口井的各项性能与其他区块差别不大。玉平11井卡钻时钻井液液柱与地层之间的压差约为5.2MPa，玉平13井的压差约为6.4MPa，均大于5MPa，而据研究压差小于5MPa时压差卡钻的发生率是很低的[2]。两口井黏度均保持在较低值，屈服值数据比较合适，在正常钻进时钻屑能够及时返出；钻井液膨润土含量、API失水量和滤饼厚度均在正常范围；润滑剂含量较高，滤饼黏滞系数达到了很低的水平。卡钻事故发生后钻井液体系转变为乳化原油体系，钻井液性能并没有进行较大调整，只是采用原油作为润滑剂，滤饼的黏滞系数变化不大，但在后续的施工中就没有发生卡钻事故，显然只从润滑性的因素来预防粘附卡钻是欠妥的。

在对压差卡钻机理和现场事故处理分析的基础上，可以推测事故发生的经过和原因如下：在水平井中定向钻进的速度较慢，钻过井眼的滤饼可以迅速形成，封闭地层渗流通道，钻柱在井眼中受到的钻井液压力在周向上是均匀的。当水平井井斜超过60°以后，由于产生Boycott效应，井底部位不可避免形成岩屑床，并且受 T_2k 层位岩性和地层压力的影响，在该层可能形成较厚的滤饼。在进行拉井壁作业时，井底的岩屑床和滤饼受到破坏，使钻井液中混入大量的颗粒物，并且打开了地层的渗流通道，当钻柱受力弯曲或躺在井底时，钻柱与地层之间就产生较大的接触面，在较高渗透压作用下，接触面间受破坏的滤饼重新形成，同时新形成的岩屑床在钻柱与井壁的间隙堆积，就产生了封闭接触面，为压差卡钻形成创造了条件，在该区块钻井液液柱与地层压差大于 5MPa 的情况下，封闭接触面间的滤饼受到压实，钻柱受到的侧向力很高，导致卡钻很难通过活动钻柱的方式解卡。

5 解决方案探讨

鲁克沁油田水平井压差卡钻多发主要受以下因素影响：(1) T_2k 层位岩性为细沙岩，井眼较规则，渗透性强；(2)钻井液与地层之间有较大压差；(3)钻井液为阴离子体系，滤饼与钻柱之间有较强的吸引力；(4)钻井液可能在井壁形成较厚滤饼；(5)岩屑床清除不良。

为预防鲁克沁油田水平井压差卡钻，可以从工程和钻井液方面采取措施，形成以下解决方案：

工程方面：(1)采用有接箍的加重钻杆代替钻铤，增加钻柱与井壁间的支撑点，减少钻柱与井壁之间的接触面积；(2)优化井眼轨迹，使井眼轨迹与钻柱受力弯曲形成的弧线轨迹有较大的吻合；(3)拉井壁后进行定向施工时禁止加过大钻压；(4)严格执行斜井段长短拉措施，有效清除岩屑床。

钻井液方面：(1)可以适当降低钻井液密度，降低压差；(2)采用中性润滑剂，如原油等，降低滤饼与钻柱的吸附作用；(3)降低滤饼厚度，如采用低固相钻井液体系或无固相钻井液体系；(4)增强钻井液携岩性能，减少岩屑床形成的可能性。(5)合理搭配封堵性材料，提高渗透性地层封堵效果。

6 结论

(1) 鲁克沁油田高渗透性砂岩地层，钻井液密度较高，钻井液体系与地层之间的不适应性可能是压差卡钻多发的原因。

(2) 预防水平井压差卡钻可以从工程和钻井液方面采取对策，降低钻柱与井壁接触面积，减小压差，减小井壁滤饼厚度和表面自由能，防止岩屑床形成等。

参 考 文 献

[1] 刘禧元，夏廷波，张权. 粘附卡钻机理与实践探讨[J]. 吐哈油气，2009，(3)：74-77.
[2] 王平. 关于压差卡钻临界值的探讨[J]. 石油钻探技术，1995，(S1)：19-21.
[3] 曾明昌，钟策，莫光文，等. 压差粘附卡钻的解卡工艺研究[J]. 天然气工业，2008，28(12)：68-70.
[4] 夏家祥. 川西水平井粘附卡钻解卡工艺技术[J]. 钻采工艺，2012(5)：126-127.

玛湖油田三叠系
ULTRADRILL 钻井液体系应用研究

房炎伟　张　雄　余加水　刘　鹏　黄　凯　段利波

（中国石油西部钻探钻井液分公司）

【摘　要】 为降低玛湖油田钻井井壁失稳等复杂事故时率，提高生产效益，在 MDHW2018 井的三开井段进行了 ULTRADRILL 钻井液体系的应用研究。在目标地层的理化性质和钻井液性能研究中，ULTRADRILL 钻井液体系的抑制性和封堵能力与克拉玛依组地层的失稳机理相匹配，钻井液的流变性能满足长水平井段的施工要求，对储层的保护效果较高。在现场应用中，ULTRADRILL 钻井液性能稳定，维护方便，井眼净化能力强，克拉玛依组地层井壁稳定，取得了良好应用效果。

【关键词】 ULTRADRILL 钻井液；玛湖油田；抑制性；水平井

在钻井现场中性能良好的钻井液体系对减少复杂问题，提升效益有良好的作用，为此高性能的水基钻井液体系在不断推进研究和应用，以求在提升钻井成效的同时降低综合成本。ULTRADRILL 钻井液体系即是一种性能良好的水基钻井液体系，翻译名称为“超钻”体系，由美国斯伦贝谢公司研发，主要应用于美国墨西哥湾石油钻井平台，实践证明对降低敏感性泥页岩失稳及提高钻速等具有较好效果。

在准噶尔盆地新近发现的玛湖油田[1]及周边油田由于井壁不稳定、水平段长等原因[2,3]，钻井复杂发生率还有待提高，在改进钻井液技术水平的研究中首次将 ULTRADRILL 钻井液体系应用到玛湖油田易发生问题的造斜段及水平段[2,3]，初次应用对地层的适应性较好，是对玛湖油田提速增效的一次有益尝试。

1 目标地层失稳机理研究

ULTRADRILL 钻井液体系应用的目标地层是玛湖油田的克拉玛依组至百口泉组，其中克拉玛依组地层易坍塌掉块，百口泉组地层易井漏。对克拉玛依组岩样的理化性质和裂缝性质研究[4-7]表明，其失稳的主要影响因素为钻井液的抑制性与封堵性能。

1.1　地层理化性质研究

取克拉玛依组岩样粉碎过 200 目筛子，与 OCMA 膨润土进行对比，按 GB/T 20973—2007《膨润土》标准测定亚甲基蓝含量 MBT 和阳离子交换容量 CEC，再配制成 15%黏土悬浮液，测定蒙脱石率、胶体率，结果见表 1。

表 1　克拉玛依组岩样理化性能

岩样	MBT(mL)	CEC(mmol/100g)	蒙脱石率(%)	胶体率(%)
克拉玛依组	3.8	26.3	37.5	71.4
OCMA 膨润土	10.5	70.1	100	100

注：蒙脱石率=CEC(岩样)/CEC(OCMA 膨润土)×100%。

可以发现，克拉玛依组岩样的胶体率较高，但蒙脱石率较低，说明岩样表面水化能力较强，渗透膨胀能力较弱，易发生物理化学失稳[4-7]。

1.2 地层裂缝性分析

取克拉玛依组岩样室温下经清水浸泡 24h 后，与岩样原样相比，岩样分散成许多碎块，这是由于岩样内部存在较多裂缝，与清水接触后，水沿着这些裂缝进入岩样内部引起岩屑分解。从图 1 中也可看出，岩样裂缝断面较平整呈擦痕样，这进一步说明岩样内部原始应力裂缝发育，容易发生裂缝性失稳。

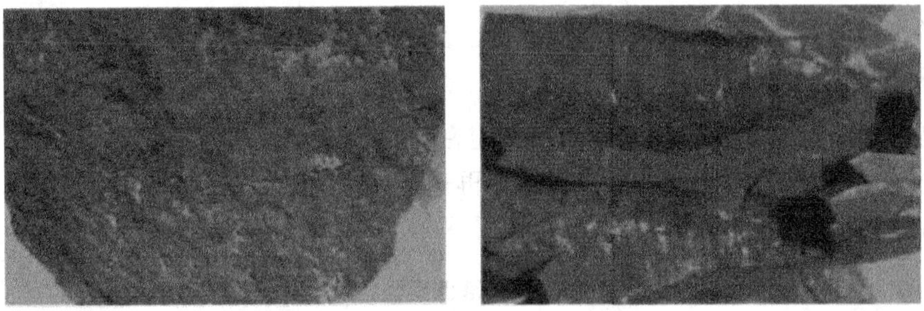

图 1 岩样清水中浸泡 24h 对比图

2 ULTRADRILL 钻井液的性能研究

ULTRADRILL 钻井液体系主要由碱性抑制剂、包被剂、钻速增效剂、降滤失剂、增黏剂、润滑剂等成分组成，其核心是具有独特结构的碱性抑制剂和体系流型。抑制剂分子的碱性基团具有高的吸附势能和其余羧基、酰胺基等吸附基团共同作用[6]，对黏土的水化膨胀降低率可以达到95%以上，在解决泥页岩水化引起的井壁失稳中起到关键作用。钻井液的体系流型也对长水平井的施工具有保障作用[10]，ULTRADRILL 钻井液具有低的剪切稀释特征，能很大程度地降低泥岩对钻柱和钻头的粘附，携岩能力强，在长水平井中井眼清洁，可以有效地降低摩擦阻力和扭矩。

ULTRADRILL 钻井液体系经抑制性和封堵性能研究，表明钻井液的抑制性能高于聚磺钻井液，其原因可能与碱性抑制剂的分子结构有关，抑制剂的碱基能够与岩层形成作用力较强的配位键，钻井液的封堵性能也较好，其性能与克拉玛依组地层有较强的适用性。

2.1 钻井液抑制性和封堵性研究

选用 ULTRADRILL 钻井液的典型配方进行抑制性研究。配方如下：

水+2.5%膨润土+0.5%ULTRAHIB+1%ULTRACAP+0.7%POLYPAC+0.4%MC-VIS+3%LUB+少量杀菌剂和消泡剂。

选取克拉玛依组岩心进行泥页岩抑制性试验，试验标准为：SY/T 5613—2016《钻井液测试　泥页岩理化性能试验方法》，对比体系为聚磺钻井液体系。

页岩膨胀试验，按标准制作的岩心在经过 240min 浸泡后，ULTRADRILL 钻井液体系的页岩膨胀率远低于聚磺钻井液，如图 2 所示。

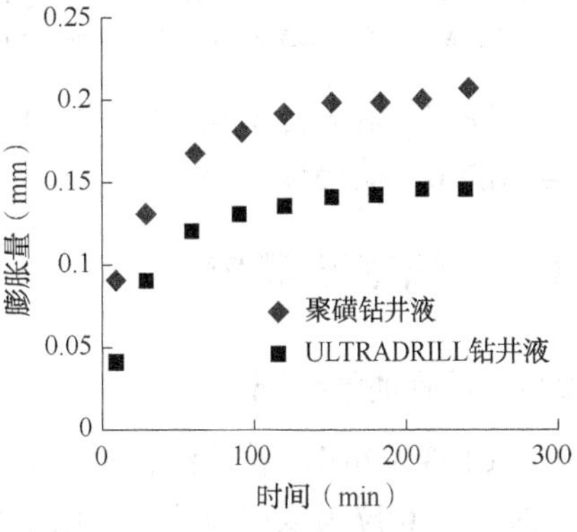

图 2 页岩膨胀试验

岩心滚动回收率试验，试验条件为：100℃下热滚 24h，试验结果见表 2。

表 2　岩心滚动回收率试验

钻井液体系	滚动前质量(g)	回收质量(g)	回收率(%)
聚磺	50.02	42.62	85.24
ULTRADRILL	50.01	45.86	91.72

岩心页岩膨胀试验和滚动回收试验[4-9]说明 ULTRADRILL 钻井液的抑制性强，岩心滚动回收率高说明 ULTRADRILL 钻井液除了抑制性强之外，还能有效封堵微裂缝，对控制克拉玛依组地层的泥页岩水化分散和封堵作用强，可以促进稳定井壁。

2.2　钻井液流变性研究

根据玛湖油田目标地层的压力情况，选定密度为 1.60g/cm^3，在 ULTRADRILL 钻井液基础配方中加入重晶石至密度 1.60g/cm^3，后再进行流变性研究[10]，滚动老化试验条件为 100℃×16h(表 3)。

表 3　钻井液流变性能表

试验条件	AV(mPa·s)	PV(mPa·s)	YP(Pa)	Gel(Pa/Pa)	FL_{API}(mL)	FL_{HTHP}(mL)
常温	40	29	11	2/5	3.6	—
老化后	41	31	10	2/5	3.8	11.5

钻井液体系高温滚动老化试验前后体系的黏度、切力、中压及高温高压滤失量稳定，流变性能好，动塑比高，完全满足钻井现场施工的要求。

2.3　储层保护效果研究

玛湖油田克拉玛依组目标井水平井段长度超过 1000m，是主要储层段，需对其储层保护效果进行研究，采用岩心渗透率试验[8]，实验条件：压差 3.5MPa，温度 60℃，剪切率 150s^{-1}，时间 4h。岩心渗透率恢复值越高，说明对储层伤害程度越小(表 4)。

表 4　岩心渗透率实验

编号	K_{∞}(mD)	K_{01}(mD)	K_{02}(mD)	$K_{恢}$(%)
1	68.92	24.63	21.83	88.63
2	80.12	30.16	26.41	87.58

注：K_{∞}为空气渗透率；K_{01}为污染前油相渗透率；K_{02}为污染后油相渗透率。

经过 2 组平行试验，ULTRADRILL 钻井液的渗透率恢复值都达到了 87%以上，可以满足玛湖油田的储层保护要求。

3　现场试验研究

3.1　目标地层概况

ULTRADRILL 钻井液目标井为 MDHW2018 井的三开井段，包含地层为克拉玛依组合百口泉组。克拉玛依组地层岩性以灰色泥岩为主，夹泥质细砂岩，百口泉组地层岩性以泥质砂岩、泥质粉砂岩含砾细砂岩、砂砾岩为主。

三开井段自 3525m 开始造斜，3926m 进入水平井段，设计完钻井深为 5125m。井眼直径为 165.1mm，采用 MWD 定向钻具组合，钻具结构如图 3 所示。

三开井段设计钻井液密度范围为 1.40~1.60g/cm^3，克拉玛依组地层压力高，易发生井壁失稳，钻进中普遍存在掉块垮塌现象。下部百口泉组是主要储层，裂缝发育，常发生钻井液漏失。

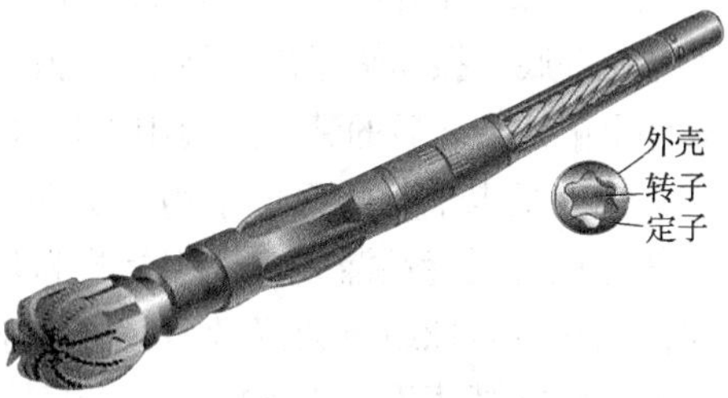

图 3　钻具结构示意图

3.2　ULTRADRILL 钻井液体系应用情况

对 MDHW2018 井的三开井段，应用 ULTRADRILL 钻井液体系需验证其综合性能，重点是钻井液的抑制性和流变性能，与地层岩性间不能出现因物化性质不匹配的岩屑分散、高温胶凝、滤失不可控现象。

对于克拉玛依组地层施工措施是依靠钻井液的强抑制性和封堵性，控制物理化学因素导致的失稳，易坍塌井段采用设计密度上限以平衡井眼最大主应力[4-9]。对于百口泉组地层，控制好钻井液流变性，保障水平井段岩屑携带效果，防止水平井下井壁岩屑堆积[10]，保持有效的油层保护剂含量，做好储层保护效果，做好井漏处置预案，采用桥堵方式进行堵漏施工。

现场试验在二开完井后清理干净地面循环池，按 ULTRADRILL 钻井液体系配方依次加入处理剂，循环均匀后再加入重晶石至密度 1.55g/cm^3，全面测定钻井液性能达到要求。三开下钻后用 ULTRADRILL 钻井液顶替出井筒中的原钻井液，后进行钻水泥塞和钻进作业，钻进至克拉玛依组易坍塌井段密度提高至 1.60g/cm^3，三开井段的钻井液应用性能见表 5。

表 5　钻井液现场应用性能表

井深(m)	密度(g/cm^3)	黏度(s)	*PV*(mPa·s)	*YP*(Pa)	*Gel*(Pa)	FL_{API}(mL)
3604	1.55	44	28	12	2/3	3.8
3821	1.58	55	29	13	2/3	3.6
3906	1.60	59	38	18	3/4	3.6
4062	1.60	60	39	16	3/4	3.4
4245	1.60	60	39	16	3/4	3.4
4335	1.62	68	35	18.5	3/5	3.2
4345	1.62	68	36	19.5	3/5	3.2
4431	1.61	70	36	17	3/5	3.3
4441	1.58	70	35	18	2/4	3.4
4484	1.60	68	29	14	2/4	3.4
4536	1.58	68	28	13	2/4	3.2
4566	1.58	70	28	13	2/4	3.2
4651	1.54	68	27	15	3/4	3.4
4856	1.53	69	28	15	2/4	3.6
5020	1.53	75	27	13	2/4	3.4
5070	1.53	73	27	13	2/4	3.4
5126	1.52	70	27	13	2/4	3.3

三开施工中在井深3855m起钻换钻头，下钻至3826m遇阻，层位克拉玛依组，开泵循环下钻至井底，振动筛返出有钻屑，原因可能是斜井段发生岩屑堆积，由于钻井液密度已经达到设计上限，在之后的钻井过程中封堵剂含量提高1%，增加黏度至70s，加强井眼净化能力。

钻进至水平井段百口泉组，共发生三次井漏，井深分别是4431m、4565m、5000m，三次井漏均为裂缝性漏失，采用常规桥堵方式堵漏成功。第一次井漏发生后尝试降低钻井液密度，因克拉玛依组压力降低后有可能引起井壁失稳，采取了逐步降低钻井液密度的方式，最后降低钻井液密度至1.52g/cm^3，起钻采取倒划眼方式，减少井底抽吸。

依据现场施工钻井液性能和施工复杂现象，ULTRADRILL钻井液性能较为稳定，可根据施工要求进行调整，调整后性能保持良好，为现场施工提供了方便，说明该钻井液体系与玛湖油田三叠系地层相容性较强。水平井段在长1200m的施工中钻井液屈服值高，动塑比高，钻井摩阻低；造斜井段克拉玛依组至百口泉组井径扩大率为7.3%，井径规则，相比同期使用钾钙基聚磺钻井液体系井径扩大率减少11.8%，电测一次成功，完井套管下入顺利。说明ULTRADRILL钻井液流变性能好，对水平井段的井眼净化能力强，对控制泥页岩坍塌，提高钻井效益达到了较好应用效果。

4 认识与结论

（1）ULTRADRILL钻井液体系的研究表明，抑制性和封堵能力均强于聚磺钻井液，功能与易坍塌的克拉玛依组地层需求相适应。

（2）MDHW2018井三开井段的应用表明，ULTRADRILL钻井液的流变特性好，性能稳定，长水平井段井眼净化能力强。

（3）在钻井设计中是否应该延长二开井段至克拉玛依组，在三开井段使用低密度钻井液进行储层专打，优化井身结构降低钻井风险是值得考虑的问题。

参 考 文 献

[1] 唐勇，徐洋，等. 玛湖凹陷百口泉组扇三角洲群特征及分析[J]. 新疆石油地质，2014，35(6)：628-635.

[2] 王倩，王刚，等. 泥页岩井壁稳定耦合研究[J]. 断块油气田，2012，19(4)：517-521.

[3] 王富华，李万清. 大安地区井壁稳定机理与硅醇成膜防塌钻井液技术[J]. 断块油气田，2007，14(4)：68-70.

[4] 房炎伟，杨佳伟，等. 三塘湖油田微泡沫防漏钻井液技术研究与应用[J]. 石油与天然气化工，2016，45(4)：51-58.

[5] 李钟，罗石琼，等. 多元协同防塌钻井液技术在临盘油田探井的应用[J]. 断块油气田，2019，26(1)：97-100.

[6] 钱晓琳，柴龙，等. SMO_ FREE钻井液在塔河油田TP154XCH井的应用[J]. 断块油气田，2018，25(4)：525-528.

[7] 王洪伟，黄治华，等. "适度抑制"及"储层保护"钻井液的研制及应用[J]. 断块油气田，2014，21(6)：797-801.

[8] 杨佳伟，房炎伟，等. 马郎条湖区块石炭系地层快速钻井技术[J]. 化学工程与装备，2018，(10)：90-106.

[9] 王克林，刘洪涛，等. 存在岩屑床的水平环空钻井液紊流CFD模拟[J]. 断块油气田，2017，24(1)：116-119.

钻完井液作业数据治理应用研究

肖 剑 王 伟 马 跃 谌鹏飞

（中海油田服务股份有限公司油田化学事业部）

【摘 要】钻完井液数据库相关软件经过十几年的应用，积累了大量的井史数据，这些珍贵的井史数据大多数都是以 Word、Excel、数据库文件、图片的形式分散存储在各作业公司和相关的研究部门，“数据孤岛”和“烟囱数据”影响了数据之间的调用和流转，严重限制了井史数据的使用价值。数据治理的核心工作是构建数据质量管理框架，建立包括主数据模型、业务模型、逻辑模型等标准化模型规则，建设数据质量检测和管理平台；打通设计—施工—总结—分析的数据系统，实现各数据采集和使用端与数据仓库共用同一数据标准和规则，从而对钻完井液业务链各阶段上产生的所有数据进行全生命周期管理。

【关键词】数据治理；主数据；钻完井液数据标准；数据管理

大数据、机器学习、人工智能技术的发展，极大可能会彻底颠覆目前石油工业的思维模式，这也将必然对石油从业者的技能要求带来革命性的变化。在数字技术的推动下，石油行业的自动化、信息化和智能化水平将达到前所未有的高度。对于所有的一切，都有赖于企业的数字化转型，而数字化转型的关键就是数据。通过数据治理，得到高质量的数据，完成数据的广泛共享，为后续的智能应用打好数据基础[1-3]。

大量工程计算数据和以数据库为基础的钻完井液设计和施工软件数据是完成优质、安全钻完井作业的基础，随着软件与数据库应用增加，产生数据规模逐渐扩大，与此同时，重复数据、非结构化数据、劣质数据也随之而来，极大降低了数据应用的质量。数据治理的重要前提是建设统一共享的数据平台，提升组织数据管理能力、消除数据孤岛、挖掘数据潜在的价值，将已有的数据资源转化为战略资产，支持钻完井液作业从人工向人工智能转型[4-5]。

1 数据治理理论

1.1 数据治理定义

目前，数据治理还没有唯一统一的标准定义，IBM 对于数据治理的定义是：数据治理是一种质量控制规程，用于在管理、使用、改进和保护组织信息的过程中添加新的严谨性和纪律性[6]。

1.2 数据治理目标

数据治理目标总体来说就是聚集各类数据，制定数据标准，提高数据质量，挖掘数据价值，将数据资产化[7]。具体包括：

（1）梳理各类数据，构筑适配灵活的多源数据资源接入数据中心；

（2）指定标准化、统一化的数据标准与维护体系；

（3）建设规范化、流程化、精细化的数据管理流程与责任制；

（4）构建统一维护管理、精准服务、实用有用的数据共享服务平台。

1.3 数据治理职能

数据治理建立数据资产管理从采集端—审核端—管理端—使用端全流程中的职责分工与决策权的分配[8]。

1.4 数据治理的技术

数据治理技术就是在数据治理的过程中使用到的工具，主要包括数据规范、数据清洗、数据交换和数据集成这 4 种技术[9]。

2 钻完井液作业数据现状

目前，公司在用系统、数据库、软件包括：钻完井液专家支持系统、钻完井液单井数据库系统、井筒一体化系统、钻完井液设计软件、钻完井液工程计算软件、钻完井液实验数据库等。这些数据也烙印着企业规模和数字化技术的发展轨迹，通过梳理这些数据以及各作业公司数字化需求，发现各数据库系统和软件间存在数据标准和规范不同、数据不通、系统协调性差等问题：

（1）各软件、系统、数据库分步规划、分散建设，数据孤岛现象突出；其中专家支持系统、实验数据库使用 Oracle 数据库，单井数据库使用 Access 数据库，井筒一体化系统使用 SQLServer 数据库，设计软件生成 Word 文档，工程计算软件使用 .vmd 数据文件，收集的作业资料还包括 Excel、TXT、PDF、las 文件，使得业务数据不能有效集中整合，业务数据的完整性、正确性无法保障；

（2）数据分库存储，缺少企业级数据规范，造成设计—施工—总结的数据重合，且同一数据的描述不一致；

（3）数据管理体系不完善，数据采集、管理、审核的分工和权责不清，无法保障数据的完整性、正确性，数据质量难以控制；

（4）没有建立数据的管控平台，对数据采集、上传、检查、备份、更新、维护、废弃等数据全生命周期管理不完善。

3 钻完井液作业数据治理目标、范围、内容

3.1 数据治理目标

数据治理的目标决定了数据治理的方向与步骤，具体包括：

（1）建立数据标准，包括钻完井液业务模型标准和数据模型标准。

（2）主数据治理，比如井号、设备、物资、组织机构、人员等，需要统一实施主数据管理，整体梳理和清洗历史主数据，同时建立主数据著录、审核、发布规范和流程，保障全企业全业务主数据的一致性。

（3）建设数据质量控制体系，对现有历史数据进行全面的质量检查、清洗，同时建立新增数据的质量管控体系，保证数据质量的持续提升。

（4）建设数据全生命周期管理体系：通过建立对象生命周期齐全性甄别模型，对数据资源扫描，从数据齐全率清晰地掌握数据资源情况。

（5）搭建数据管控平台和中心数据库：通过建立“采存管用”全生命周期的数据管控平

台和中心数据库，为数据跨业务的共享应用和综合分析挖掘提供基础，彻底改变数据的管理与应用模式。

3.2 数据治理范围

围绕钻完井液业务，从数据层面出发，涉及内容包括：

(1) 实验类数据：钻完井液体系实验过程及成果数据等；

(2) 设计类数据：钻井液设计数据、完井液设计数据、设计施工方案、井段钻井液维护方案、特殊作业施工方案等；

(3) 施工数据：单井数据库数据、井筒一体化系统数据等；

(4) 设备运行数据：固控设备运行数据等；

(5) 其他数据：其他物料库存管理、设备管理、人工管理等相关数据。

3.3 数据治理建设内容

(1) 设计一体化数据标准；

(2) 主数据建设；

(3) 历史数据整合；

(4) 制定数据管理制度规范；

(5) 开发数据管控平台和中心数据库。

4 钻完井液作业数据治理实施

4.1 数据治理组织与分工

(1) 成立由公司主管信息化的领导主导，数字技术中心执行，多个业务部门相关技术负责人参与的钻完井液数据治理项目组。

(2) 界定项目组成员的角色和职责，信息化领导主要开展统一认知、协调行动的工作，数字技术中心拟定和数据治理相关制度、标准和规范，以及搭建相应的数据管控平台；各业务部门技术负责人为设计制度、标准、规范提供资料与需求，并协助完成数据正确性检查规则，配合数据管控平台搭建和测试。

(3) 拟定项目组内数据治理相关的管理规则，约束项目组内各方人员的行为与配合度，及时发布数据治理的进展。

4.2 设计数据标准

对公司钻完井液全业务流程进行调研，基于中海油 A2 模型井筒工程部分的标准成果内容进行适应性分析及扩展，形成覆盖全业务的数据标准体系

4.2.1 建立钻完井液业务模型、逻辑模型

以钻完井液现场作业业务模型为例(图 1)。

通过建立现场作业数据采集的业务模型，可以帮助分析数据之间的关联关系，以及数据表与数据表之间的从属关系，并辨别和区分出主数据、源数据和计算数据，从而建立各自的逻辑模型。

4.2.2 设计钻完井液数据标准

设计钻完井液数据标准，就是明确钻完井液业务活动所产生的业务资料的数据集，并分析其数据属性及属性类型，以及数据与数据之间、数据与表的关联关系(图 2)。

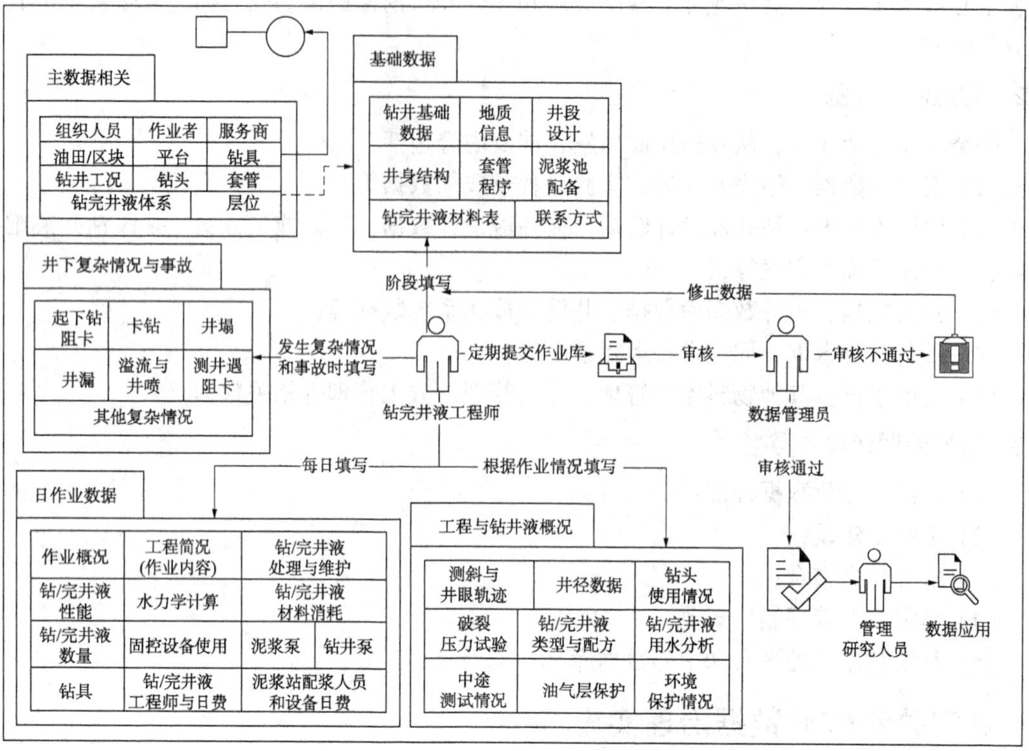

图 1　钻完井液业务模型图

字段序号	字段中文名	标准字段名称	开发字段名称	计量单位（国际单位）	数据类型（loracle标准数据类型）	主键（Y/N）	外键（Y/N）	外键关系表	唯一	必填	数据合理范围	数据标准值（见标准值表）	数据标准值引用表	数据标准值引用字段	数据计算公式	备注
1	井标识	MUD_WELL_ID	wellid		VARCHAR2（40）	Y			Y							
2	井名（井号）	WellName	areaid		VARCHAR2（20）					Y						
3	主井眼名（分支井填写）	MainWellName	zjym		VARCHAR2（20）											
4	国别	Country	country		VARCHAR2（10）					Y		有标准值	国别标准值			
5	区域	Area	area		VARCHAR2（20）					Y		渤海海域|黄海海域|南海东部海域|南海西部海域|东海海域|国外海域|陆地区域				
6	区块	Block	block		VARCHAR2（20）					Y		有标准值	区块标准值			
7	构造/油田	Oilfield	gzmch		VARCHAR2（20）					Y		有标准值	构造/油田标准值			
8	地理位置	GeographicalPosition	dlwzh		VARCHAR2（255）					Y						
9	构造位置	StructuralLocation	gzwzh		VARCHAR2（255）					Y						
10	测线位置	LinePosition	cxwz		VARCHAR2（255）											
11	井口坐标（x）	WellheadX	jikzbx	m	NUMBER（8,2）					Y						
12	井口坐标（y）	WellheadY	jkzby	m	NUMBER（8,2）					Y						
13	井口坐标（经度）	WellheadLongitude	ikzb_jd	°	NUMBER（12,6）					Y	0–360					
14	井口坐标（纬度）	WellheadLatitude	ikzb_wd	°	NUMBER（12,6）					Y	0–360					

图 2　设计钻完井液数据标准

4.3　钻完井液主数据建设

4.3.1　钻完井液主数据甄别

主数据是指在整个企业范围内各个系统间要共享的、高价值的数据，也称企业基准数据；定义了核心业务对象以及对象之间的关系。通常主数据需要在整个企业范围内保持一致性、完整性、可控性。

钻完井液主数据主要包括：组织/机构、人员、作业者/甲方、服务商、国别、海域/区域、油田、平台、钻机、钻井工况、井名、钻具、套管等。

4.3.2　钻完井液主数据管理

钻完井液主数据管理通过一整套用于生成和维护企业主数据的规范，指导企业信息化系统建设；通过主数据管理平台(图 3)实现主数据管理的自动化及时效性，以保证主数据的完整性、一致性和准确性。

钻完井液主数据管理有以下能力：

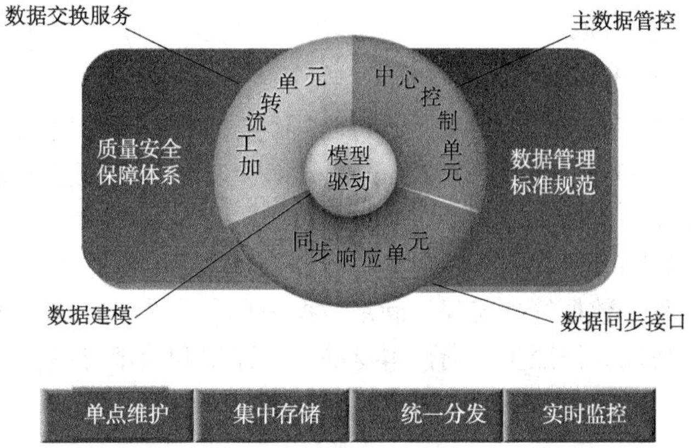

图 3　主数据管理平台图

（1）实现主数据查询、发布；

（2）以服务的方式面向不同的专业库和应用库，分发应用；

（3）明确各主数据在油化部业务中的采集源点，建立采集—审核—发布流程，以保证新增主数据的正常入库。

4.4　钻完井液历史数据整合

对各个系统、软件、数据库中的钻完井液历史数据资源，进行甄别、清洗、迁移，实现历史数据资源的统一管理；

按照新的数据标准，转换历史数据，并分析迁移数据中每张表每个字段内容，落实已有数据库的来源字段，完成映射后导入迁移工具，完成清洗后的历史数据迁移入库（图 4）。

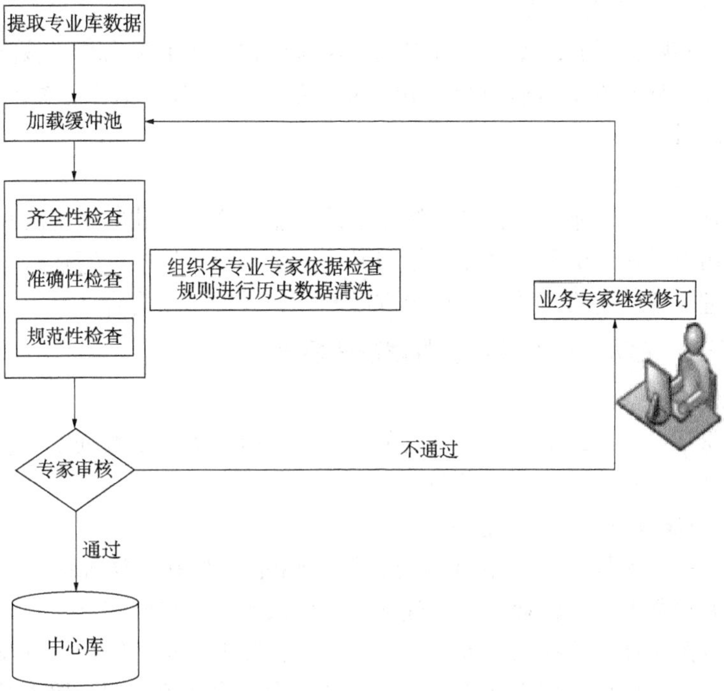

图 4　历史作业数据迁移入库流程图

4.5 制定数据管理制度规范

4.5.1 数据管理岗位职能和权责建设

数据管理岗位按照工作的内容可以分为三类角色，数据采集岗(数据录入、修改、提交)、数据审核岗(数据审核、申请入库提交)、数据管理岗(定制数据模板、下发管理任务、最终入库审核、数据使用审核)。

4.5.2 数据管理流程建立

建立基于业务流程的数据管理流程，满足数据采集、审核、管理、共享的要求，实现数据管理与岗位业务的协同。按照生产岗位本身的应用需求和使用习惯，改进生产岗位的数据管理模式(图5)。

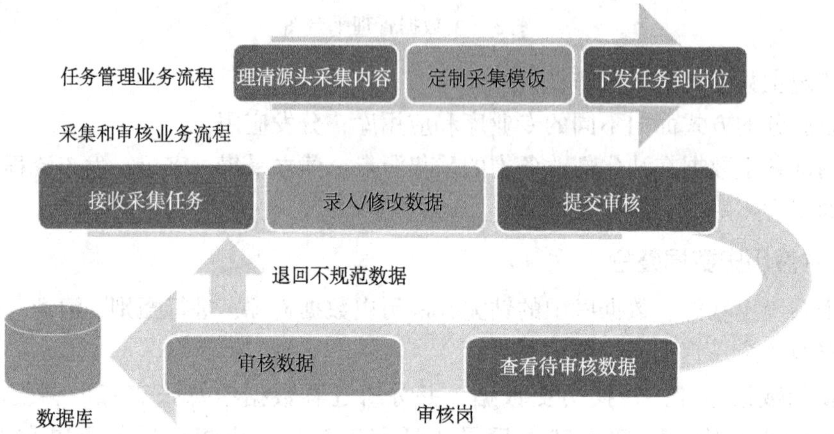

图5 作业数据管理流程图

4.5.3 数据管理标准发布与考核

根据业务岗位实际数据管理要求，开展基于岗位数据流程的发布与考核宣贯，并建设响应的应用管理程序，从根本上减轻基层岗位负担，提高基层岗位数据采集和管理效率和水平，实现数据治理目标。

4.5.4 管理制度配套

建立运维管理团队及运维管理机制；制定运维的服务模式，建立系统问题的响应与处理机制；制定服务请求的审批流程，建立数据服务的安全审核机制；配套运行管理制度，从标准变更、安全管理、存储备份、故障管理等方面配套完善的制度内容。

4.6 开发数据管控平台和钻完井液作业数据管理系统

4.6.1 开发数据管控平台

实现用户身份认证、组织机构管理、角色管理、权限管理、主数据申请、分发、日志记录、用户操作统计、前端展示等功能(图6)。

4.6.2 开发钻完井液作业数据管理系统

按照梳理的钻完井液标准，使用ORACLE开发钻完井液中心数据库，将已经通过数据治理的钻完井液井史数据导入作业数据管理系统，形成历史井史资产。

作业数据管理系统还需要提供数据的导入、导出，数据浏览、统计，以及数据的查询和下载等功能，数据查询可以使用全文检索、按业务查询、按对象查询、按主题查询等多种方式(图7)。

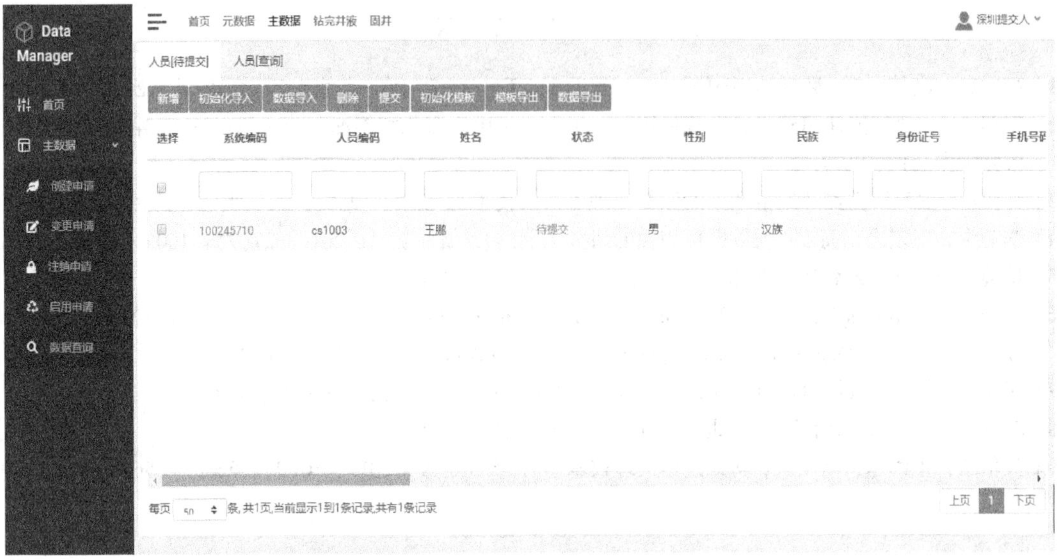

图 6　主数据创建申请操作图

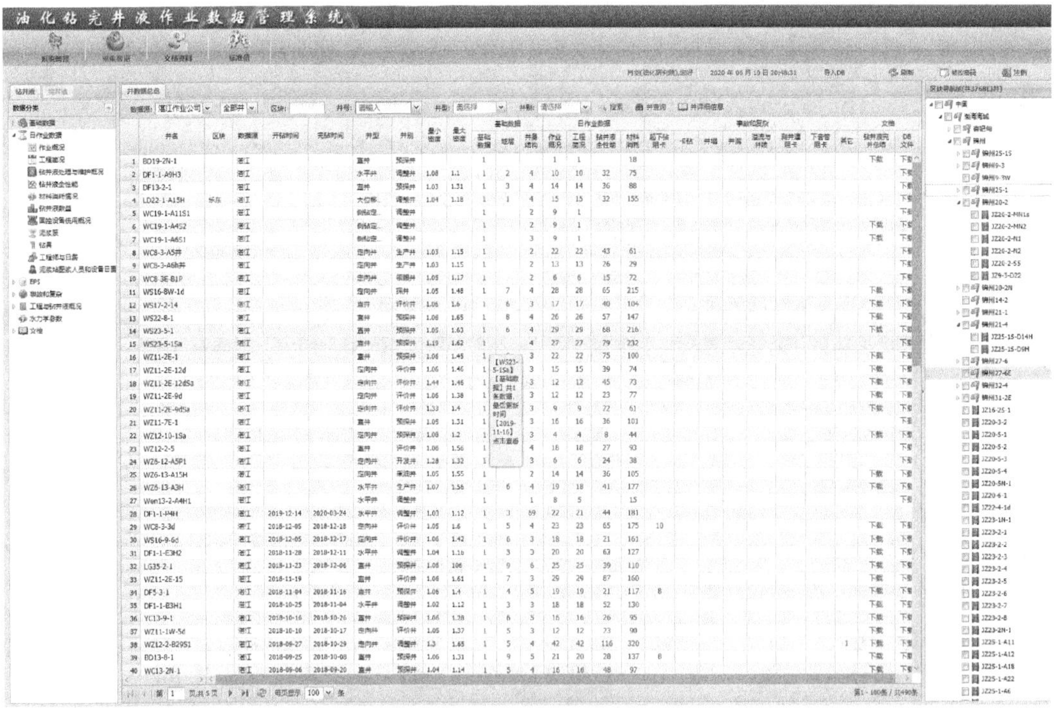

图 7　作业数据管理系统业务分览图

5　结论

通过开展钻完井液作业数据治理应用研究，实践了数据治理理论和技术在钻完井液领域的应用，形成了统一的数据标准和数据管理制度，打通了不同系统之间数据流动的技术壁垒；开发的钻完井液作业数据管理系统和主数据系统解决了井史资料鱼龙混杂的问题，实现了对采集数据的全生命周期管理和使用，为后续大数据挖掘提供了数据基础。

参 考 文 献

[1] 高志亮，高倩，等. 数字油田中国——油田数据工程与科学[M]. 北京：科学出版社，2015.

[2] 李剑峰. 推进智能油田建设，助理油田降本增效——中国石化智能油田建设思考[C]. 第五届数字油田国际学术会议，2017.

[3] 孙少波. 油气田勘探开发生产中的数据治理方法与技术研究[D]. 西安：长安大学，2018.

[4] 李建中，王宏志，高宏. 大数据可用性的研究进展[J]. 软件学报，2016，27(7)：1605-1625.

[5] 蔡莉，朱扬勇. 大数据质量[M]. 上海：上海科学技术出版社，2016.

[6] Komnata K，Rudek K，et al. IBM data govemance solutions[J]. In：Proc. of the 2017 Int'l Con£ on Behavioral，Economic，Socio-Cultural Computing(BESC). Krakow：IEEE，2017：1-3.

[7] 张宁，袁勤俭. 数据治理研究述评[J]. 情报杂志，2017，36(5)：129-134，157.

[8] SoaresSunil. 大数据治理[M]. 北京：清华大学出版社，2014.

[9] 吴信东，董丙冰，堵新政，等. 数据治理技术[J]. 软件学报，2019，30(9)：2830-2856.

X124-更 30 控压套管井钻井液技术

刘彦勇　李英武　柳洪鹏　王跃军

（中国石油大庆油田钻探工程公司钻井二公司钻井技术服务分公司钻井液室）

【摘　要】 X124-更 30 井是一口更新井，是 D 油田应用控压套管钻井技术施工的第一口井，施工难度大。首先，该井地质情况复杂，一是油层压力较高且层间压差矛盾突出，极易发生井漏和油气水侵，甚至井喷；二是施工中钻遇大段泥岩，极易发生泥包钻具、环空憋压等问题。其次，该井采用控压套管钻井工艺，钻具组合较为特殊，且井口回压控制，井底当量密度较高，施工中易发生泥包卡钻和井漏。针对这些问题开展钻井液技术改进研究，制定现场钻井液技术施工方案。该钻井液技术在现场施工中有效地保障了首口控压套管钻井的顺利施工，未发生任何井下复杂情况。

【关键词】 控压；套管钻井；防泥包；防漏

随着油田的深入开发，每年更新井施工数量不断增加，以往施工更新井时需将周围 450m 水范围内的采油井和注水井全部停注，这就对油田生产产生极大影响，控压套管钻井技术可以在"不钻关"的情况下完成钻井施工，因此设计施工了油田第一口套管钻井。针对油层压力偏高且层间压差矛盾突出，易喷、易漏，易泥包钻具等技术难点，优选出钾盐共聚物钻井液，并通过室内对钻井液性能和防漏能力进行优化，最后形成完善的钻井液现场应用技术。

1　地质工程概况

1.1　地质简介

X124-更 30 井自上而下分别穿过明水组、四方台组、嫩江组、姚家组、青山口组。浅部地层成岩性差，胶结疏松，易井漏、易井塌；嫩四段地层硬夹层较多易斜；嫩二段地层发育大段泥岩，易吸水膨胀易剥落，易泥包钻具。该区萨、葡、高油层均已注水开发，且钻井时未停注降压，地层压力严重偏高，不同地层压差较大，钻井过程中注意预防油气水侵、井塌、卡钻、漏失井喷等复杂。

1.2　工程简介

各次开钻钻具组合：一开：ϕ420mm（刮刀）+ϕ203.2mm 钻铤×（18～20）m+ϕ308.0mm 稳定器+ϕ197mm 无磁钻铤×（8.5～9）m+ϕ177.8mm 钻铤×（18～20）m+ϕ165mm 螺旋钻铤×（45～50）m+ϕ127.0mm 斜坡钻杆。

二开：ϕ311.2mm 钻头+ϕ203.2mm 钻铤×（18～20）m+ϕ308.0mm 稳定器+ϕ197mm 无磁钻铤×（8.5～9）m+ϕ177.8mm 钻铤×（18～20）m+ϕ165mm 螺旋钻铤×（45～50）m+ϕ127.0mm 斜坡钻杆。

作者简介：刘彦勇，男，汉族，35 岁，中国石油大庆钻探工程公司钻井二公司钻井技术服务分公司钻井液室，特殊工艺管理，工程师。电话：13936983291；E-mail：liuyany@cnpc.com.cn。

三开：ϕ215mmPDC+ϕ168mm 钻具止回阀+ϕ168mm 钻具止回阀+ϕ172mm 液力加压防斜工具+ϕ168mm 下部转换接头+ϕ139.7mm 钻井型套管+ϕ178mm 密封自锁双级箍+ϕ160mm 胶塞座+ϕ214mm 刚性螺旋扶正器+ϕ139.7mm 钻井型套管×4+ϕ214mm 刚性螺旋扶正器(每 4 根钻井型套管下 1 个，共 8 个)+ϕ139.7mm 钻井型套管。

X124-更 30 一开使用聚合物钻井液体系，二开、三开使用钾盐共聚物体系，该体系抑制性强，抗黏土污染能力强，流变性能好，易于实现井眼净化，并对其封堵性进行改进加强，有效预防施工中井漏问题，满足施工需求。

1.3 技术难点

(1) 施工中不注采井不停产，油层压力较高且层间压差矛盾突出，极易发生井漏和油气水侵，甚至井喷。

(2) 施工中钻遇大段泥岩，极易发生泥包钻具、环空憋压等问题，对钻井液抑制性有更高的要求。

(3) 采用控压套管钻井工艺，且井口回压控制，井底当量密度较高，施工中易发生泥包卡钻和井漏

2 钻井液方案制定

2.1 钻井液体系选择

针对本井技术难点，要求钻井液体系具有较强的抑制性，良好的封堵能力，优选使用钾盐共聚物钻井液体系。针对本井钻井液密度高，在室内进行进一步优化改进，以满足施工需求。

2.1.1 聚合物阳离子抑制剂 HX-D 的加量

用加重的膨润土浆(5%膨润土)作为基浆，加入不同占比的聚合物阳离子抑制剂 HX-D，钻井液性能变化，实验结果见表 1。

表 1 HX-D 在基浆中不同加量对比实验数据表

加量 (%)	ρ (g/cm^3)	FV (s)	PV (mPa·s)	YP (Pa)	G_{10}'' (Pa)	G_{10}' (Pa)	FL (mL)	滤饼厚度 (mm)	pH 值
基浆	1.50	50	21	8	3.5	9	5	1.0	9.0
0.1	1.50	52	23	9	2.5	9	4	1.0	9.0
0.2	1.50	52	25	11	2.5	11	4	1.1	9.0
0.3	1.50	55	28	13	2.0	13	3.2	1.2	9.0
0.4	1.50	57	30	14	3.5	18	3	1.2	9.0
0.5	1.50	58	32	15	5.5	25	3	1.2	9.0

由表 1 可以看出，随着聚合物阳离子抑制剂 HX-D 在加量不断增加，钻井液流变性能不断优化，当加量在 0.4%以上趋于稳定，因此选择加量为 0.4%即可满足钻井液性能要求。

2.1.2 确定小阳离子黏土稳定剂 NW-3 的加量

用加重的膨润土浆(5%膨润土)作为基浆，加入 0.4%聚合物阳离子抑制剂 HX-D，调整小阳离子黏土稳定剂 NW-3 的加量，记录钻井液性能变化情况，实验结果见表 2。

表 2　小阳离子黏土稳定剂 NW-3 在基浆中不同加量对比实验

加量（%）	ρ（g/cm³）	*FV*（s）	*PV*（mPa·s）	*YP*（Pa）	G_{10}''（Pa）	G_{10}'（Pa）	*FL*（mL）	滤饼厚度（mm）	pH 值
0.1	1.50	57	33	15	3.5	16	5	1.0	9.0
0.2	1.50	55	32	13	3	14	4	1.0	9.0
0.3	1.50	52	30	12	2	12	3.6	1.0	9.0
0.4	1.50	50	28	10	2	10	3.3	1.0	9.0
0.5	1.50	50	27	10	2	10	3	1.0	9.0

由表 2 可以看出，NW-3 的加量不断增加，钻井液性能不断优化，加量为 0.3%时性能趋于稳定，因此选择小阳离子加量为 0.3%。

钾盐共聚物钻井液配方：3%～5%膨润土+0.2%～0.4%纯碱+0.4%～0.6%HX-D+1%～1.5%铵盐+2%～3%防塌降滤失剂+1.5%～3%改性沥青+0.2%～0.3%NW-1+1%～3%降黏剂+2%～3%润滑剂+0.05%～0.1%甲基硅酸钠+0.05%～0.1% KOH。

泥团在基浆和钾盐共聚物钻井液浸泡 24h 对比如图 1 所示，明显看出钾盐共聚物钻井液浸泡过的泥团不易分散。

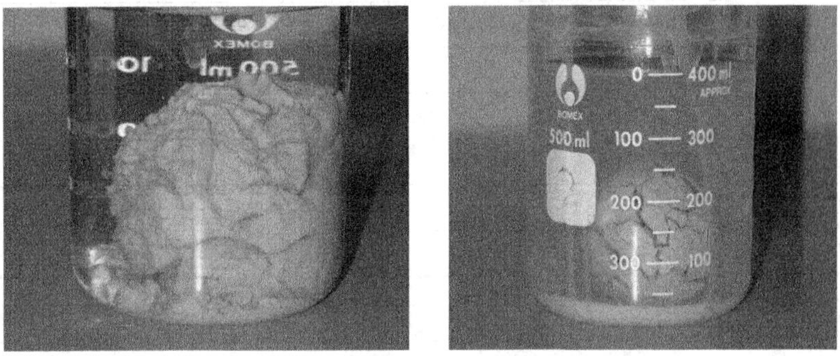

图 1　泥团浸泡 24h 实验

2.2　防漏技术方案

2.2.1　钻井液防漏配方

针对钻井液密度较高，优选不同粒径封堵剂，采用封堵剂复合配制提高地层承压能力，选择封堵性更强，能够对孔隙和裂缝进行有效封堵。在室内进行了堵漏承压 30min 实验，结果见表 3。实验表明，对于 10～15 目砂床(模拟裂缝 1～2mm)，当压力加到 2.0MPa 时，复合封堵钻井液漏失量为 0，达到预想的承压能力。

表 3　随钻封堵剂承压试验

项　目	加压漏失量(mL)				
	0.5MPa	1.0MPa	1.5MPa	2.0MPa	2.5MPa
基浆	0	70	全失		
基浆+0.5%随钻封堵剂	0	40	50	70	全失
基浆+1%随钻封堵剂	0	15	25	50	75
基浆+1.5%随钻封堵剂	0	0	20	40	70
基浆+2%随钻封堵剂	0	0	20	40	65

由实验数据看出当随钻封堵剂加量达到1%，承压能力上升不明显，确定随钻封堵剂加量为1%，但是单独使用随钻封堵剂不能满足预想的承压效果(表4)。

表4 非渗透封堵剂承压试验

项　　目	加压漏失量(mL)				
	0.5MPa	1.0MPa	1.5MPa	2.0MPa	2.5MPa
基浆	0	70	全失		
基浆+1%非渗透封堵剂	0	15	25	70	全失
基浆+2%非渗透封堵剂	0	5	20	40	75
基浆+3%非渗透封堵剂	0	0	20	35	70
基浆+4%非渗透封堵剂	0	0	20	35	70

由实验数据看出当非渗透封堵剂加量达到2%，承压能力上升不明显，确定非渗透堵漏剂加量2%，但是单纯使用非渗透封堵剂不能满足预想的承压效果(表5)。

表5 超细碳酸钙承压试验

项　　目	加压漏失量(mL)				
	0.5MPa	1.0MPa	1.5MPa	2.0MPa	2.5MPa
基浆	0	70	全失		
基浆+1%超细碳酸钙	0	15	35	70	全失
基浆+2%超细碳酸钙	0	0	25	40	75
基浆+3%超细碳酸钙	0	0	20	35	60
基浆+4%超细碳酸钙	0	0	20	35	50

由实验数据看出当超细碳酸钙加量达到3%，承压能力上升不明显，确定超细碳酸钙加量为3%，但是单独使用超细碳酸钙不能满足预想的承压效果(表6)。

表6 堵漏剂复合使用承压试验

项　　目	加压漏失量(mL)				
	0.5MPa	1.0MPa	1.5MPa	2.0MPa	2.5MPa
基浆	0	70	全失		
基浆+1%随钻堵漏剂	0	15	25	50	75
基浆+2%非渗透封堵剂	0	0	25	40	75
基浆+3%超细碳酸钙	0	0	20	35	50
基浆+1%随钻堵漏剂+2%非渗透封堵剂+3%超细碳酸钙	0	0	0	0	0

确定防漏配方：基浆+1%～2%随钻堵漏剂+1%～2%非渗透封堵剂+2%～3%超细碳酸钙。

2.2.2　现场防漏具体技术措施

(1) 防漏配方：井浆+1%～2%随钻堵漏剂+1%～2%非渗透封堵剂+2%～3%超细碳酸钙。

（2）利用好固控设备，及时清除钻井液劣质固相，保持钻井液的良好流变性能，降低循环压力。

（3）严格执行单根划眼制度，充分返砂，保证井眼清洁，降低循环压力。

（4）在备用钻井液罐内储备钻井液 30~40m^3，以便在井漏时及时加入堵漏剂进行堵漏作业。

（5）现场储备好防漏堵漏材料，一旦发生井漏，可以立即组织配制堵漏钻井液进行堵漏作业。

2.2.3　堵漏措施

（1）地面组织配制堵漏浆，首次堵漏配浆量不小于 20m^3，持续搅拌，并调节性能，漏斗黏度控制在 80~100s。

（2）漏速小于 5m^3/h，以随钻型颗粒为主，堵漏浆浓度 15%~20%，配方及加药顺序为：0.1%~0.2%双性纤维+1%~2%复合堵漏剂(细)+4%~6%随钻堵漏剂+4%~6%超细碳酸钙+4%~6%非渗透堵漏剂+1%土粉。每种材料加入后需搅拌 20min 以上，各种材料加完后持续搅拌 1h 以上至均匀分散。

（3）漏速 5~20m^3/h，提高细颗粒和随钻型材料含量，堵漏浆浓度 20%~25%，配方及加药顺序为：2%~4%复合堵漏剂(细)+4%~6%随钻堵漏剂+0.2%双性纤维+4%~6%超细碳酸钙+6%非渗透堵漏剂+1%~2%钻井液用堵漏剂+1%土粉，每种材料加入后需搅拌 20min 以上，各种材料加完后持续搅拌 1h 以上至均匀分散。

（4）漏速大于 20m^3/h，以粗中细颗粒堵漏材料为主，堵漏浆浓度 20%~30%，配方及加药顺序为：1%复合堵漏剂(中)+4%~6%复合堵漏剂(细)+2%~4%随钻堵漏剂+0.2%双性纤维+4%~6%超细碳酸钙+6%非渗透堵漏剂+1%~2%钻井液用堵漏剂+1%土粉。每种材料加入后需搅拌 20min 以上，各种材料加完后持续搅拌 1h 以上至均匀分散。

（5）小排量开泵，向井下泵入堵漏浆，注意观察液面变化，记录泵入堵漏浆量。

（6）当堵漏浆抵达钻头水眼时，关井憋压，进行承压堵漏，向漏层憋入堵漏浆，稳压 3MPa，承压时间不少于 10min，记录憋入地层堵漏浆量。

（7）剩余堵漏浆部分挤入环空，同时钻具内预留部分堵漏浆，静止观察 4~6h。

（8）静止堵漏结束后开泵，小排量循环 1h，如果没有明显漏失，则逐渐提高至正常排量，如果无漏失，则筛除钻井液中多余堵漏材料。

3　现场应用

3.1　钻井液应用方案

（1）一开。

用钻井液开钻，密度和黏度达到性能设计要求后开钻。

（2）二开。

① 土加量控制在 4%左右，防止后期黏切过大。

② 每钻进 100m 补充阳离子聚合物 50kg，小阳离子稳定剂 25kg，保证钻井液的絮凝能力。

③ 钻进过程中用铵盐、降黏剂及防塌降滤失剂水溶液调整好黏度、切力，维护好钻井液性能。

④ 强化固控设备的使用，振动筛、除泥器使用率达到100%，离心机视现场情况使用。

(3) 三开。

① 土加量控制在4%左右，防止后期黏切过大。

② 每钻进100m补充阳离子聚合物50kg，小阳离子稳定剂25kg，保证钻井液的絮凝能力。

③ 钻进过程中用铵盐、降黏剂及防塌降滤失剂水溶液调整好黏度、切力，维护好钻井液性能。

④ 钻进过程加入适量的润滑剂以保证钻井液润滑性能。

⑤ 钻进过程中按一定比例补充适量的随钻堵漏材料。

⑥ 强化固控设备的使用，振动筛、除泥器使用率达到100%，离心机视现场情况使用。

3.2 应用效果

(1) 该井在450m范围内注入和采油正常进行条件下，完钻井深1253m，三开采用套管钻井技术，总用时4.21d，套管钻进总进尺524m(729~1253m)，在不使用钻杆和钻铤的情况下很好地控制了井斜(最大井斜2.2°)，平均机械钻速10.06m/h，建井周期为8.88d。

(2) 本井采用钾盐共聚物钻井液体系，钻井液性能稳定，携砂效果良好，钻进过程无泥包钻具，满足控压套管钻井的需求。

(3) 本井实际施工中钻井液密度达到1.80g/cm^3，在井口控压装置以及井内套管钻井特殊钻具组合的作用下，钻井液当量密度达到2.0g/cm^3，钻进过程中无油气侵、水侵、井漏等复杂情况。

(4) X124-更30井钻井液性能见表7。

表7 X124-更30实测钻井液性能

井深(m)	密度(g/cm^3)	黏度(s)	初切/终切(Pa/Pa)	失水量(mm)	滤饼厚度(mm)	pH值	含砂(%)	Φ_{600}/Φ_{300}	PV(mPa·s)	YP(Pa)	YP/PV	含砂(%)
210	1.10	45	0/2	3.4	1.0	9	0.4	47/29	18	5.5	0.31	0.3
400	1.28	58	1/4	3.0	1.0	9	0.5	66/45	21	12	0.58	0.4
562	1.30	62	2/6	2.4	1.0	9	0.6	71/47	24	11.5	0.47	0.4
784	1.80	55	3/11	2.4	1.0	9	0.6	99/65	34	15.5	0.46	0.6
902	1.80	57	3/12	2.4	1.0	9	0.8	104/70	34	18	0.52	0.6
1035	1.80	60	3/15	2.4	1.0	9	0.8	98/65	33	16	0.48	0.6
1169	1.80	58	3/14	2.4	1.0	9	0.8	100/68	32	18	0.56	0.6

4 认识与体会

(1) 钾盐共聚物钻井液能够有效解决大段泥页岩造浆问题，保证井筒清洁，提高井眼净化能力，防止钻具泥包等复杂问题。

(2) 使用复配随钻堵漏剂钻井液技术可以提高地层承压能力，预防高密度控压套管钻井井漏复杂。

(3) 控压套管钻井工艺可以避免因为钻井施工井而关闭附近注水井，保障了采油工作的正常进行。

塔里木油田塔中西部区块井壁失稳分析及钻井液技术对策

刘裕双[1]　张　震[2]　张绍俊[2]　刘　潇[2]　王双威[1]　李　龙[1]　程荣超[1]

(1. 中国石油集团工程技术研究院有限公司；2. 中国石油塔里木油田分公司)

【摘　要】 塔中西部区块二开井段穿越多套层系，且地层泥页岩较为发育，易水化膨胀，导致剥落掉块，钻进过程中阻卡严重。此外，二叠系存在大套砂泥岩夹火成岩，坍塌压力较高且微裂缝发育，岩石稳定性差，易漏易垮塌，造成井壁失稳，不利于安全快速钻进。本文重点分析了三叠系、二叠系井壁失稳原因，利用相关性分析找出了影响井壁稳定性的主控因素，并提出了针对性的钻井液技术对策。进入三叠系地层要严控失水，保证钻井液体系的抑制性能；进入二叠系地层在平衡地层坍塌压力的前提下，重点做好封堵防塌工作。二开长裸眼井段要加强短起下，保证井眼通畅。现场应用效果较好，新钻井井径规则，没有出现遇阻、卡钻等复杂情况，大大提高了钻井安全，为钻井现场施工提供了有力的支持。

【关键词】 塔中西部；火成岩；井壁失稳；钻井液；技术对策

井壁失稳通常指钻井过程中井壁发生严重缩径、扩径、掉块、垮塌等复杂事故。塔里木盆地地质构造复杂，开发难度大，井壁失稳是油气田钻采工程中难以回避的难题之一。从力学角度分析，井壁失稳的诱发因素主要为钻进地层后，井周产生应力集中，井筒内钻井液液柱压力未及时与地层建立新的平衡，这种应力平衡受到钻井液密度、钻井工艺及地质条件等多方面因素的影响。此外井壁失稳还与地层岩石特性、矿物组分及钻井液的理化性能等有关。温航[1,2]等研究了钻井液活度与硬脆性泥页岩吸水膨胀之间的关系，通过调节钻井液滤液活度，控制钻井液抑制性，可以有效控制泥页岩过度吸水膨胀。郭小勇等[3,4]等研究了火成岩发育地层井壁失稳机理，研究结果表明火成岩地层岩石微裂缝普遍发育，若钻井液不能对裂缝形成有效封堵，钻井液易进入裂缝面，造成岩石强度下降，引发井壁失稳。此外，若钻井液抑制性差，不能有效抑制火成岩地层上、下部泥页岩水化分散，则井壁会因没有有效支撑而发生失稳。

塔中西部区块三叠系、二叠系地层钻进过程中，井壁失稳时有发生，对钻井安全及进度造成严重影响。本文根据已钻井资料，分析了井壁失稳原因，找出了影响该区块关键层位井壁稳定性的主控因素，并提出了针对性措施，现场应用效果较好，无遇阻、卡钻等复杂情况，大大提高了钻井安全，为钻井现场施工提供了有力的支持。

1　塔中西部区块地质特点

塔中西部区块位于塔里木盆地中央隆起，钻遇地层自上而下为第四系、新近—古近系、

作者简介：刘裕双，工程师，1990 年生，2016 年获西南石油大学材料物理与化学专业硕士学位，现主要从事钻井液技术研究工作。地址：北京市昌平区沙河镇西沙屯桥西中国石油创新基地 A34 地块；电话：010-80162082；E-mail：liuyshdr@ cnpc. com. cn。

白垩系、三叠系、二叠系、石炭系、泥盆系、志留系和奥陶系，缺失侏罗系。主力储层为一间房组，岩石类型以石灰岩为主。非目的层地层岩性主要以泥岩、砂岩、砂泥岩互层为主。其中三叠系硬脆性泥岩，易吸水膨胀，剥落掉块；二叠系发育火成岩，厚度不等，易发生井漏、掉块垮塌、卡钻等钻井事故(表1)。

表1 塔中西部地质分层及岩性特点

层 位	主要岩性	坍塌压力(g/cm^3)	钻井风险
第四系—古近系	泥岩	—	—
白垩系	砂岩	—	—
三叠系	泥岩，砂岩、含砾砂岩为主	1.20~1.26	掉块
二叠系	泥岩、砂质泥岩、砂岩、火成岩	1.21~1.29	漏失、坍塌
石炭系	泥岩、砂质泥岩、砂岩、石灰岩	1.22~1.28	阻卡
泥盆系	砂岩	—	—
志留系	砂岩、泥岩	—	—
奥陶系	石灰岩	—	易漏

2 已钻井情况分析

塔中西部区块已钻井主要采用塔标Ⅲ三开井身结构，一开封固上部疏松地层，二开钻进至奥陶系顶部，套管封固上部碎屑岩地层，三开裸眼完井。事故主要为阻卡、掉块垮塌以及漏失。

2.1 钻井液体系应用情况

塔中西部区块全井采用水基钻井液体系，一开采用膨润土—聚合物体系；二开采用KCl-聚合物/KCl-聚磺体系，为了保证井壁稳定及良好的流变性，一般在三叠系底部转换为聚磺体系；三开采用聚磺体系(表2)。

表2 塔中西部转磺点统计分析

井 号	井深(m)	密度(g/cm^3)	层位
1	3370	1.30	三叠系
2	3400	1.26	三叠系
3	3354	1.27	三叠系
4	3488	1.33	三叠系
5	3400	1.30	三叠系
6	3287	1.32	三叠系
7	3290	1.27	三叠系
8	3400	1.35	三叠系
9	3225	1.35	三叠系

塔中西部区块二开井段钻遇白垩系至奥陶系地层，钻井液密度范围1.1~1.4g/cm^3。三叠系及以下地层，阻卡较为严重；三叠系、二叠系、石炭系等地层部分井段井径扩大率较大，最高达60%，井壁发生严重失稳，垮塌井段岩性主要为泥岩、泥质砂岩等(图1)。

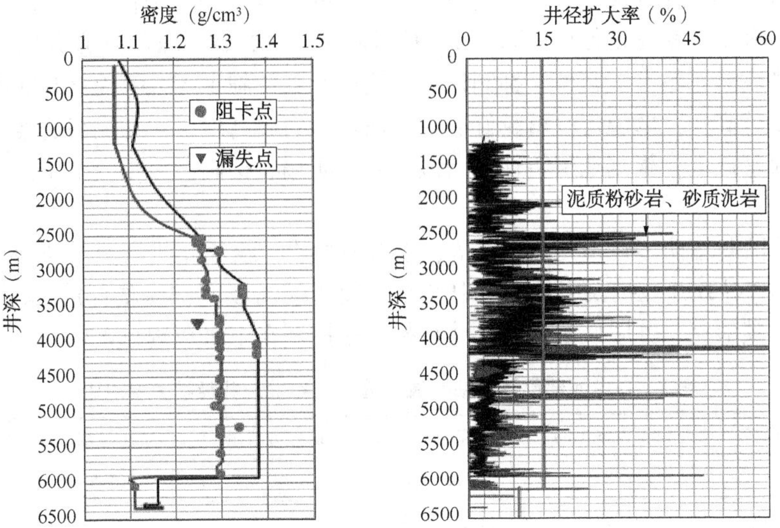

图 1　塔中西部区块钻井液性能与井径扩大率

2.2　井壁失稳原因分析

已钻井井壁失稳井段主要集中于三叠系、二叠系等井段，岩性主要为泥岩和泥质砂岩。三叠系、二叠系泥岩地层主要胶结物为水敏性强的伊/蒙混层，易水化膨胀，导致阻卡，剥落掉块；二叠系为大套砂泥岩夹火成岩，岩石稳定性差，微裂缝/弱面发育，极大地降低岩石的力学性能，为钻井液侵入地层岩石内部提供了通道，在高密度钻井液作用下，将可能产生水力劈裂作用，导致地层发生掉块坍塌。

（1）泥岩和泥质砂岩中黏土矿物易吸水膨胀和分散，低矿化度钻井液与岩石发生大量离子交换，引起岩石强度降低。如图 2 所示，中古 C 井氯化钾加量不足，导致三叠系泥岩吸水膨胀，2500~3500m 有缩径现象；中古 A、中古 B、中古 D 井在三叠系也有不同程度的掉块，导致部分井段井径扩大率较大。

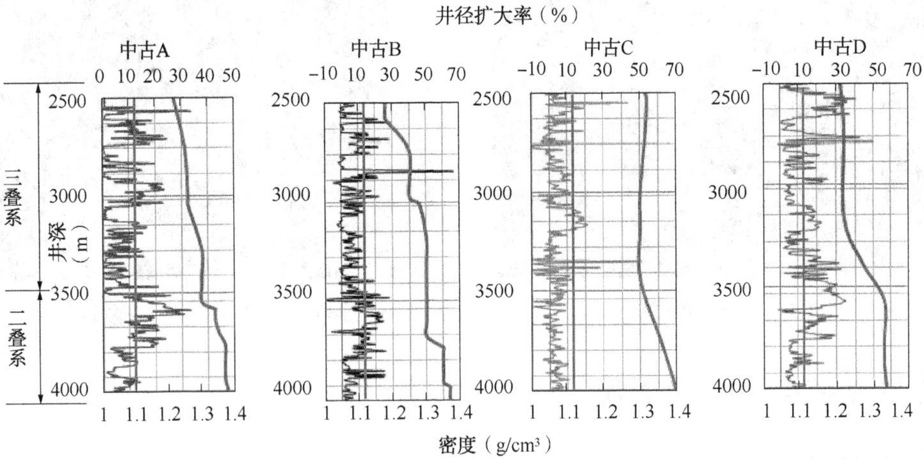

图 2　塔中西部区块已钻井井径扩大率对比

（2）钻井液使用密度偏低，不能有效支撑井壁。中古 A、中古 D 井分别以 1.25g/cm³、1.21g/cm³ 进入三叠系，密度偏低（该区块三叠系坍塌压力≤1.26g/cm³），不能有效地平衡地层坍塌压力，导致井壁失稳，部分井段井径扩大率超过30%。中古D井以1.27g/cm^{3}左右的密度进入二叠系，密度偏低(该区块二叠系坍塌压力≤1.29g/cm^3)导致井壁失稳。但需要注意的是井壁质量是钻井液密度、抑制性、封堵性及具体施工工艺等因素共同决定的，并不是钻井液密度越高，井壁稳定性就越好。对于坍塌压力较高地层，在提高适当密度以平衡地层坍塌压力的基础上，根据地层特性重点做好封堵防塌、抑制性等相应工作，一般可满足安全钻进。

(3) 钻井液封堵防塌性不足。中古A、中古D井在二叠系钻进期间，沥青类防塌剂加量不足(小于3%)导致井径扩大率较高。中古C井使用较高浓度(5%左右)沥青类封堵防塌剂复配使用超细碳酸钙，井眼质量较好，井径扩大率控制在10%以内(表3)。

表3　塔中西部已钻井钻井液关键性能参数、井径扩大率对比

井号	层位	井径扩大率(%)	钻井液密度(g/cm^3)	氯化钾含量(%)	中压失水(mL)	FL_{HTHP}(mL)
中古A	三叠系	≤33	1.25~130	4	3.5~8	—
	二叠系	≤32	1.34~1.38	5	3.5~4	—
中古B	三叠系	≤68	1.25~1.35	3~5	3.8~6	—
	二叠系	≤28	1.35~1.37	5	3.8~4	—
中古C	三叠系	≤42	1.28~1.36	3~4	4.4~8	—
	二叠系	≤50	1.36~1.38	5	4.4	12
中古D	三叠系	≤50	1.21~1.27	4~5	6.1~9	—
	二叠系	≤32	1.27~1.35	5	4.2~6	—

(4) 裸眼段长，钻井液浸泡时间长。二开裸眼段长，穿越多套层系，导致井壁长时间处于钻井液浸泡中，泥岩易水化，加之二叠系微裂缝发育，钻井液进入微裂缝会破坏近井壁处岩石内外应力平衡，导致井壁失稳(图3、图4)。

(5) 钻具刚性、起下钻、划眼等工艺措施。

图3　泥岩剥落掉块

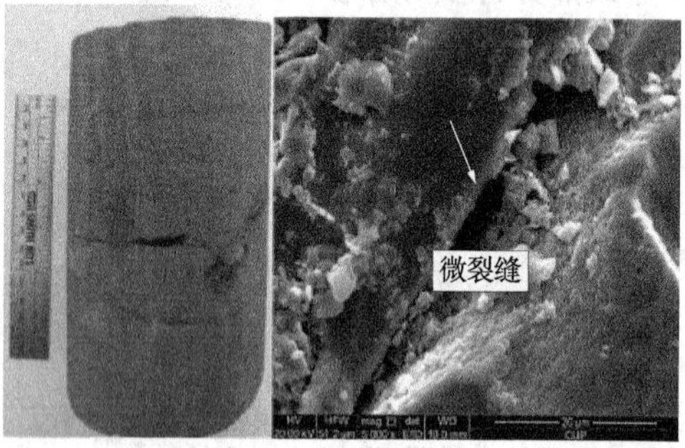

图4　二叠系玄武岩—微裂缝

3　钻井液难点及技术对策

3.1　钻井液难点

根据已钻井分析，塔中西部区块钻井液难点主要表现为：

(1) 泥岩和泥质砂岩中黏土矿物易吸水膨胀，引发井壁缩径，导致三叠系及以下地层频繁阻卡、划眼困难。

（2）低矿化度钻井液与岩石发生大量离子交换，引起岩石强度降低，易发生坍塌，扩径严重。

（3）二叠系火成岩微裂缝发育，且坍塌压力较高，钻井液密度过低易导致坍塌，钻井液密度过高易导致漏失，进而加剧井壁失稳。

3.2 钻井液技术对策

对塔中西部区块所选取的参考井三叠系、二叠系井段钻井液关键性能参数与井径扩大率进行了相关性分析，找出井壁失稳井段的主要控制因素，并根据分析结果制定相应的技术措施。相关性分析结果见表4、表5所示。

表4 三叠系井径扩大率与钻井液关键性能参数相关性分析

参　　数	井径扩大率	密度	失水	抑制性
井径扩大率	1			
密度	−0.2563	1		
失水	0.3057		1	
抑制性	−0.2303			1

表5 二叠系井径扩大率与钻井液关键性能参数相关性分析

参　　数	井径扩大率	密度	失水	抑制性
井径扩大率	1			
密度	0.1379	1		
失水	0.3180		1	
抑制性	−0.2099			1

三叠系井径扩大率与密度、抑制性成负相关，表明进入三叠系适当提高钻井液密度及氯化钾含量有利于井壁稳定；与失水成正相关，表明钻井液失水越高，会对井壁稳定性造成一定影响。二叠系井径扩大率与钻井液密度成弱正相关，表明进入微裂缝发育的火成岩地层时，钻井液密度不是越高井壁就越稳定；与失水成正相关、与抑制性成负相关，应加强封堵，严控失水，并保证钻井液的抑制性能。

钻井液技术对策如下：

（1）三叠系中下部及二叠系上部泥岩井段，高含量黏土矿物，水化作用强，易水化膨胀改变井周围岩应力分布，同时钻井液浸入降低岩石强度；故应控制合理钻井液密度进入三叠系地层，严控失水，提高钻井液抑制性能。

（2）砂泥岩与火成岩互层段，黏土水化作用强，不能有效支撑井壁，需要严控失水，加强抑制及封堵性能。

（3）二叠系火成岩井段微裂缝发育，为钻井液侵入地层岩石内部提供了通道，压差大时可能产生强烈的水力劈裂作用；适当提高钻井液密度以平衡地层坍塌压力，重点加强封堵，可加入超细碳酸钙保证滤饼质量，此外保证一定的抑制性。

（4）二开长裸眼井段，穿越多套层系，易形成虚厚滤饼，应加强短起下。三叠系、二叠系钻进期间适当提高钻井液黏度，增强岩屑携带能力，减少岩屑沉积造成阻卡。上提钻具前，在井底充分循环，防止卡钻。

3.3 钻井液关键性能参数筛选

利用塔中西部区块钻井液大数据统计分析，初步筛选出三叠系、二叠系等关键层段的控制指标，如图 5、图 6、表 6 所示。

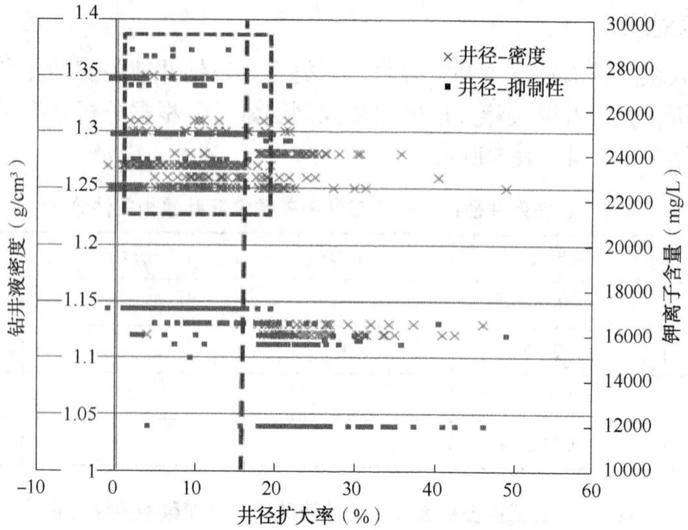

图 5　三叠系井径扩大率与密度、钾离子含量关系图

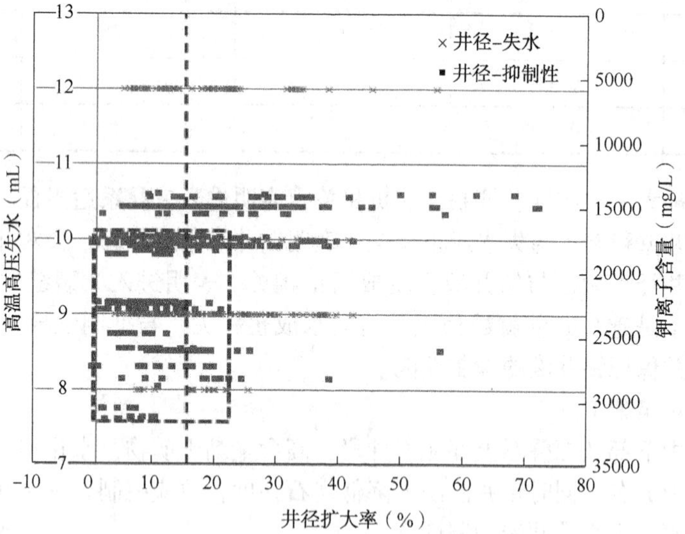

图 6　二叠系井径扩大率与失水、钾离子含量关系图

表 6　塔中西部区块重点井段钻井液关键性能参数控制

层　位	钻井液控制问题	建议技术措施
三叠系	部分井钻井液密度偏低、抑制性不足、失水较高	钻井液密度(g/cm^3)：1.25~1.30； 中压失水(mL)：≤5； 钾离子含量：5%~7%； 可加入适量超细碳酸钙、白沥青或聚合醇等

续表

层　位	钻井液控制问题	建议技术措施
二叠系	部分井钻井液密度偏低、抑制性不足、封堵防塌性不足	钻井液密度(g/cm^3)：1.30~1.35； 中压失水(mL)：≤5； HTHP 失水(mL)：≤10； 钾离子含量：5%~7%； 沥青类封堵防塌剂：5%左右

4　现场应用

根据塔中西部区块已钻井分析及钻井液技术措施，对钻井液配方进行了优化调整，现场应用效果较好。三叠系采用氯化钾聚合物体系，氯化钾加量5%~7%，并加入适量白沥青、聚合醇等，增强钻井液抑制性及稳定井壁能力；二叠系采用氯化钾聚磺体系，沥青类封堵防塌剂不低于5%，预防二叠系漏失及井壁失稳。长裸眼井段钻进中采取缓慢提高钻井液密度，做好失水控制，加强短起下等措施，井壁稳定，井径较规则，平均井径扩大率控制在5%以下，没有出现遇阻、卡钻等复杂情况，大大提高了钻井安全，为钻井现场施工提供了有力的支持。

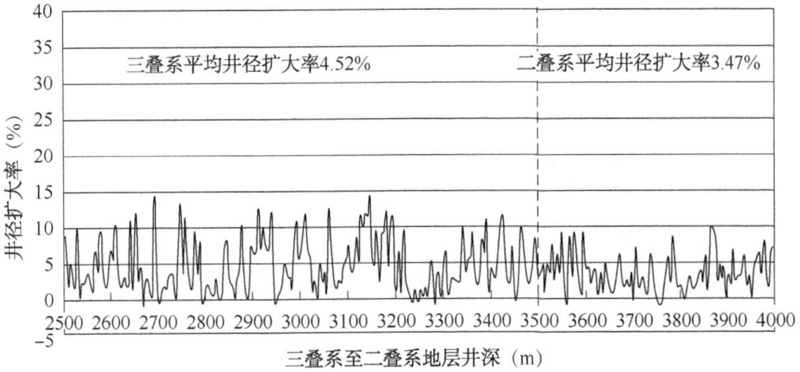

图7　三叠系至二叠系地层井径扩大率

5　结论

（1）三叠系、二叠系泥岩地层主要胶结物为水敏性强的伊/蒙混层，易水化膨胀，导致剥落掉块；二叠系为大套砂泥岩夹火成岩，岩石稳定性差，微裂缝/弱面发育，钻井液侵入地层岩石内部，极大地降低岩石的力学强度，在高密度钻井液作用下，产生水力劈裂作用，导致地层发生掉块坍塌。

（2）通过系列分析表明，在保持合适钻井液密度前提下，该区块三叠系井壁稳定系主控因素为失水，其次为抑制性；二叠系井壁稳定性主控因素为封堵性，其次为抑制性。二叠系地层钻进时，钻井液密度能平衡坍塌压力即可，过高密度可能引发井壁失稳。

（3）根据钻井液技术措施，优化现场配方，重点做好井壁失稳预防工作，应用效果较好，无遇阻、卡钻等复杂情况，大大提高了钻井安全，为钻井现场施工提供了有力的支持。

参 考 文 献

[1] 温航，陈勉，金衍. 钻井液活度对硬脆性页岩破坏机理的实验研究[J]. 石油钻采工艺，2014，36(1)：57-60.

[2] 刘向君，罗平亚. 泥岩地层井壁稳定性研究[J]. 天然气工业，1997，17(1)：45-48.

[3] 郭小勇. 火成岩地层井壁稳定技术研究进展[J]. 重庆科技学院学报(自然科学版)，2009，11(6)：42-44.

[4] 李金锁，王宗培. 塔河油田玄武岩地层垮塌、漏失机理与对策[J]. 西部探矿工程，2006，121(5)：137-139.

大湾 4011-2 井侧钻井钻井液技术

高小芃　朱晓明

（中国石化中原石油工程有限公司钻井三公司）

【摘　要】 针对大湾 4011-2 井侧钻井段井壁失稳、井漏、钻井液黏切高、长水平段清砂困难、摩阻扭矩大等问题，通过钻井液配方优选及室内配方优化研究，重点对三开钻井液体系的抑制性、抗温性能、防塌堵漏性能和抗污染能力进行了室内评价，确定了全井钻井液体系、配方及配制、维护工艺。现场施工效果表明，所采用的钻井液体系配方及工艺完全满足钻井、录井需要，取得了良好效果。

【关键词】 大湾 4011-2 井；大湾；钾胺基钻井液；技术

大湾 4011-2 井是中原油田普光分公司部署在四川盆地川东断褶带大湾—雷音铺背斜带大湾构造的一口滚动评价井，该井设计井深 6800m，设计钻井周期 64.16d。大湾 4011-2 井侧钻时间为 2020 年 1 月 17 日 3：00，完钻时间 2020 年 3 月 10 日 15：00，完钻井深 6800m，钻井周期 56.92d，平均机械钻速 4.16m/h，水平位移 2382.61m，刷新普光区块水平位移最长纪录。该井地质分层及岩性描述见表 1。

表 1　大湾 4011-2 井地质分层及岩性描述表

分层		底界深（m）		主要岩性描述
		设计	实际	
上沙溪庙组				
下沙溪庙组		693	703	
千佛崖组		1137	1062	
自流井组		1621	1626	
须家河组		2814	2820	
雷口坡组		3618	3552	
嘉陵江组	嘉四+五	4031	4050	膏盐岩、石灰岩、白云质灰岩、膏质灰岩
	嘉一—三	4730	5716	石灰岩、石膏岩、白云岩、泥灰岩
飞仙关组	飞四段	4770	5854	石灰岩、石膏岩
	飞三段	4830	6098	石灰岩
	飞一—二	4890	6298	石灰岩
长兴组		5070	6800	石灰岩、白云岩

1　钻井液施工难点分析

根据同平台的大湾 4011-2 井主眼、大湾 4011-3 井钻井情况，结合大湾 101 井等邻井情况，该井施工中可能存在难点如下。

1.1 井壁稳定

虽然海相地层稳定，但是该井嘉陵江组嘉三段断层多，存在多层盐膏层，如果钻井液密度低盐膏层容易发生蠕变缩径；产层裂缝、孔隙发育，渗透率高易形成虚滤饼而导致井径缩小；嘉陵江组嘉一段存在泥岩，容易垮塌掉块。

1.2 井漏

位于同一断块的邻井大湾101井已经采气$1.1\times10^{10}m^3$，产层存在一定的亏空；目的层长兴组存在孔隙、裂缝，地层承压能力低。

1.3 钻井液黏切问题

大湾4011-2井、大湾4011-3井三开钻进过程中均出现黏切升高问题，其中大湾4011-3井出现1次，通过置换钻井液解决；大湾4011-2井三开出现多次黏切升高问题，通过置换、加入石灰、氯化钙等处理剂解决。

1.4 长水平段清砂问题

大湾4011-2井(侧钻)水平位移超过2000m，长水平段清砂难度大，尤其是井斜在55°~70°之间稳斜段长达700m，造成清砂困难。

1.5 摩阻扭矩大

大湾4011-2井主眼三开钻进至后期上提摩阻700kN，扭矩达到52kN·m，本井水平位移比主眼长，后期甲方临时要求更改靶点垂深，降低摩阻扭矩是本井后期施工重点，如果扭矩过大会导致顶驱无法转动，甚至扭断钻杆，摩阻大会导致上提拉力超过钻具额定载荷；井深6600m以后定向困难。

2 钻井液配方优选及评价

根据大湾4011-2井地层特点及钻井液施工难点，结合对钻井液的技术要求，本着有利于环境保护，有利于地质资料录取，有利于快速安全钻井，有利于保护和发现油气层，有利于复杂情况预防和处理的钻井液的原则，对大湾4011-2井使用的钻井液体系进行了优选，确定三开采用钾胺基钻井液体系，并对三开钻井液配方进行了优化，对其抑制性、热稳定性、抗污染性能进行了评价。

2.1 钾胺基钻井液配方优化

根据大湾4011-2井三开地层特点，采用钾胺基钻井液体系，在室内对钻井液配方进行了优化，试验数据见表2。

表2 钾胺基钻井液配方优化试验数据

序号	试验方案	Φ_{600}	Φ_{300}	*AV* (mPa·s)	*PV* (mPa·s)	*YP* (Pa)	*Gel* (Pa/Pa)	FL_{API} (mL)
1	基浆	59	33	29.5	26	3.5	1.5/4.0	7.5
2	基浆+1%CFL+0.5%PL+0.2%NaOH+1%LV-CMC+0.5%聚胺	90	51	45	39	5.8	5.0/15.0	3.5
3	2+3%KCl	95	55	47.5	40	7.2	4.0/9.0	5.0
4	2+5%KCl	78	44	40	34	4.8	2.0/7.0	5.6

续表

序号	试验方案	Φ_{600}	Φ_{300}	AV (mPa·s)	PV (mPa·s)	YP (Pa)	Gel (Pa/Pa)	FL_{API} (mL)
5	2+7%KCl	72	40	36	32	3.8	1.5/5.5	5.8
6	4+1%AOP-1+2%QS-2	80	46	40	34	5.8	2.5/8.0	4.5

注：(1) 本试验方案中以预水化膨润土浆作为基浆，具体配方为：4%膨润土+0.5%纯碱+0.1%HV-CMC+$BaSO_4$，性能如下：密度 1.45g/cm^3，漏斗黏度 50s，pH 值 10，MBT 35g/L。

(2) 每次测量钻井液性能之前先将钻井液样品加热至 60℃ 充分搅拌 30min 后再进行测量。

通过表 2 的数据可知，KCl 加量为 5%和 7%时钻井液流变性能较好，均能满足井下需要。考虑钻井液成本，选用 5%KCl。为了提高钻井液的封堵防塌性能，在钻井液中加入 1% AOP-1 和 2%QS-2，性能见表 2 试验 6。对比试验 6 与试验 4 数据可知加入防塌剂和封堵剂后对钻井液性能影响不大，因此最终确定钾胺基钻井液转换方案如试验 6。

2.2 抑制性评价

利用页岩样品，对钾胺基钻井液室内进行了页岩回收率试验，测定数据见表 3。

表 3 钾胺基钻井液页岩回收率实验数据

试验条件	ρ(g/cm^3)	AV(mPa·s)	FL_{API}(mL)	回收率(%)
清水				63.7
低固相聚合物钻井液	1.15	32	4.0	85.2
钾胺基钻井液	1.15	40	4.0	97.1

由表 3 可看出，钾胺基钻井液体系的页岩回收率远大于清水和低固相聚合物钻井液体系，说明该钻井液体系具有良好的抑制性能。

2.3 抗污染性能评价

室内对钾胺基钻井液进行了抗盐污染试验，测定性能见表 4。

表 4 钾胺基钻井液抗污染试验数据表

试验条件	ρ(g/cm^3)	AV(mPa·s)	PV(mPa·s)	YP(Pa)	Gel(Pa/Pa)	FL_{API}(mL)
基浆	1.15	40	34	4.8	2.0/7.0	5.6
基浆+5%NaCl+0.5%$CaCl_2$	1.16	42	35	5.0	2.0/7.5	5.8
基浆+0.5%Na_2CO_3+0.5%$NaHCO_3$	1.15	41	35	4.9	2.0/7.0	5.8

注：试验温度为 60℃，基浆配方为 4%膨润土+0.5%纯碱+0.1%HV-CMC+5%KCl+1%LV-CMC+1%CFL+0.5%PL+0.2%NaOH+1%AOP-1+0.5%聚胺+2%QS-2。

试验数据表明，该体系对 Ca^{2+}、Cl^-、$CO_3{}^{2-}$、$HCO_3{}^-$等离子均具有较强的稳定性，说明该体系抗污染能力强，能够应对深井段地层有害离子对钻井液的污染。

2.4 抗温性能评价

为了提高钻井液高温稳定性，按表 2 配方 6 及在配方 6 的基础上加入 4%SMC+4%SMP-Ⅱ+$BaSO_4$(为配方 7)配制钻井液，装入老化罐中，分别在 60℃、120℃、150℃下恒温滚动 24h 后测其性能，结果见表 5。

表 5　钻井液的热稳定性

温度(℃)	配方	ρ(g/cm^3)	AV(mPa·s)	PV(mPa·s)	YP(Pa)	Gel(Pa/Pa)	FL_{API}(mL)	FL_{HTHP}(mL)
60	配方 6	1.35	40.0	34.0	4.8	2.0/7.0	5.6	—
	配方 7	1.35	41.0	35.0	6.0	3.0/8.5	5.5	—
120	配方 6	1.35	60.0	40.0	19.2	13.5/24.0	10.0	18.0
	配方 7	1.35	42.0	34.0	8.0	3.5/9.0	5.8	10.2
150	配方 6	1.35	70.0	50.0	19.2	18.5/36.0	16.0	26.0
	配方 7	1.35	42.5	33.0	9.0	3.0/10.0	6.0	10.6

从实验数据可以看出，配方 6 在高温作用后滤失量增大，流变性变差，而配方 7 在低温和高温作用后，性能均稳定，API 滤失量变化幅度不大，说明优化后的配方能够满足高温地层钻探的要求。

2.5　聚合醇试验

大湾 4011-2 井井浆+2%聚合醇，140℃下滚动老化 48h，钻井液性能见表 6。

表 6　大湾 4011-2 井聚合醇老化钻井液性能表

试验条件	密度(g/cm^3)	黏度(s)	Φ_{600}	Φ_{300}	AV(mPa·s)	PV(mPa·s)	YP(Pa)	n	K	初切(Pa)	终切(Pa)
井浆	1.48	45	43	24	21.5	19	3.4	0.84	0.06	0.5	3
井浆+2%聚合醇			69	43	34.5	26	8.1	0.68	0.29	4	4.5

老化后钻井液数量太少无法测量黏度，但是 K 值出现较大幅度升高，有稠化趋势。在测试初切、终切时指针不回，达到最大值后一直处于最大值，而且初终切数值接近，现象与二氧化碳污染类似。如果加入聚合醇，后期再加入抗温材料、封堵材料后，很可能会再出现钻井液呈豆腐脑状的现象，因此不建议加聚合醇。

3　钻井液技术对策

3.1　井壁稳定技术

（1）选择合适的钻井液密度，并根据井下实际情况及时调整密度，保持井壁力学稳定，防止井壁坍塌和盐膏层蠕变缩径；

（2）使用 KCl 聚磺钻井液并保持钾离子含量在 20000mg/L 以上，并加入适量 $CaCl_2$，使钻井液中钙离子含量在 300~800mg/L，进一步增强钻井液抑制性；

（3）及时补充封堵材料，封堵泥岩和砂岩裂隙和孔隙。

3.2　防漏堵漏技术

3.2.1　防漏技术措施

（1）进入漏层前在保证井控安全及井壁稳定的前提下，尽量降低钻井液密度；

（2）在保证携带和悬浮钻屑前提下适当降低钻井液黏度和切力，以降低环空循环压耗；

（3）下钻控制下放速度并进行分段循环，中途循环尽量避开易漏井段，开泵要从小排量缓慢开，防止开泵过猛憋漏地层；

（4）加强预封堵，进入长兴组前 50m 在钻井液中加入 1%～3%封堵材料，封堵近井筒漏失通道，提高地层承压能力。

3.2.2 堵漏技术措施

（1）发生井漏，如果漏速小于 $10m^3/h$，采用随钻堵漏技术：适当降低排量，并加入纳米封堵剂、微裂缝随钻堵漏剂、单封、固体润滑剂、超细碳酸钙、沥青粉等细颗粒堵漏材料，并将振动筛筛布换为 120 目。

（2）漏速 $10 \sim 30m^3/h$，采用桥浆堵漏：堵漏剂浓度 20%～30%，以中细颗粒材料为主，堵漏剂粒径不超过 3mm，堵漏剂打入漏层井段后起钻静堵 8～12h。

（3）漏速超过 $30m^3/h$，起钻简化钻具后进行堵漏，堵漏过程要立足一次桥堵，桥堵无效则采用固化堵漏，提高井漏处理效率：桥堵以中粗颗粒材料为主，加入刚性材料提高架桥效果，桥堵无效则采用水泥浆堵漏、MTC 堵漏、ZYSD 堵漏等特殊堵漏工艺。

（4）堵漏成功后要及时将钻井液中堵漏材料筛除，防止造成摩阻扭矩增大。

3.3 钻井液流变性控制措施

（1）从基浆性能入手，选用抑制性强的 KCl—聚磺钻井液，并加入适量氯化钙，提高钻井液抗污染能力，优选抗温和抗污染能力强的处理剂并严格控制处理剂种类及加量；

（2）通过强化固控设备使用、补充大分子包被剂等措施，严格控制钻井液 MBT 含量和固相含量；

（3）加强离子监测，出现二氧化碳污染或高压盐水层盐水侵要及时处理，避免有害离子含量高引起钻井液黏切升高。

3.4 长水平段清砂技术措施

（1）控制钻井液黏度不高于 70s，保证钻井液对井壁具有一定的冲刷能力，防止因钻井液黏切高导致钻屑沉积形成岩屑床；

（2）强化钻井参数，顶驱转速达到 110r/min 以上，钻井泵排量 30L/s 以上，采用紊流携砂，提高携岩效率，保证产生的钻屑能及时从井底带出；

（3）加强短起下清砂，及时破坏岩屑床；

（4）适当补充预水化的膨润土浆，提高钻井液动塑比；

（5）如果返出钻屑太细，要及时更换振动筛筛布并使用离心机清除细钻屑，避免钻屑二次入井发生机械降级后无法用固控设备清除。

3.5 润滑防卡技术措施

（1）加强清砂，采用强化钻井参数、短起下、适当提高钻井液黏切、加强固相控制等多种手段进行清砂，保证井底的钻屑能够及时带出地面并及时清除。

（2）根据地层特点优选润滑剂，采用固体润滑剂和液体润滑剂配合使用，一次性加足量，每日根据实际情况定量补充。

（3）及时补充封堵材料，如磺化沥青、超细碳酸钙等，提高钻井液封堵能力。

4 现场施工

4.1 润滑减阻效果

本井三开施工最大摩阻、扭矩情况见表 7。

表 7　大湾 4011-2 井三开最大摩阻扭矩表

井　　段	最大摩阻(kN)	最大扭矩(kN·m)
主眼	700	52
钻钻井眼	500	42
对比	-200	-10

本井三开使用固体润滑剂与液体润滑剂配合使用且以固体润滑剂为主，施工中最大摩阻 500kN，扭矩 42kN·m，上个井眼使用聚合醇、乳化石蜡和液体润滑剂配合使用，施工中最大摩阻达到 700kN，最大扭矩达到 52kN·m，说明在石灰岩地层中，固体润滑剂和液体润滑剂配合使用效果要优于全部使用液体润滑剂。

4.2　流变性控制效果

本井通过强化基浆性能、严格控制处理剂种类及加量、加强固相控制等技术措施，本井三开施工没有出现钻井液黏切升高问题，钻井液流变性良好，分段钻井液性能见表 8。

表 8　大湾 4011-2 井侧钻井段分段钻井液性能表

地层	井段(m)	ρ(g/cm^3)	*FV*(s)	*FL*(mL)	pH 值	*Gel*(Pa/Pa)	*PV*(mPa·s)	*YP*(Pa)
嘉四段	-4150	1.50~1.52	55~60	3.0~4.0	10	2~4/4~7		
嘉一—三段	4150~5716	1.42~1.45	50~60	3.0~4.0	10	2~3/3~6	24~27	10.1
飞四段	5716~5854	1.40~1.42	45~55	3.0~4.0	10	2~3/3~6	19~25	9.6
飞三段	5854~6098	1.40~1.42	45~55	3.0~4.0	10	2~3/3~6	19~24	6.2~9.1
飞一—飞二段	6098~6298	1.40~1.42	45~55	3.0~4.0	11	2~3/4~6	19~24	6.7~9.1
长兴组	6298~6800	1.38~1.42	50~65	3.0~4.0	11	2~3/4~6	19~26	7.7~8.6

4.3　固相控制效果

本井施工中除特殊工况外振动筛全部采用 240 目筛布，高速离心机每天使用循环 2 周以上，钻进至 6500m 以后高速离心机每天全开，保证钻井液清洁。

5　认识与建议

（1）高温深井严格控制钻井液处理剂种类及加量，尽量简化钻井液配方，在出现问题后便于分析原因；

（2）钻井液处理剂入井前必须做小型试验，通过小型试验确定处理剂加量；

（3）处理剂选择要与钻井液类型相匹配，避免处理剂与钻井液配伍性差导致钻井液携砂不好。

顺北 71X 井二叠系防漏堵漏及井壁稳定技术

谢海龙[1] 连世鑫[1] 何 仲[1] 李大奇[2] 刘金华[2] 关洪强[3]

(1. 中国石油化工股份有限公司西北油田分公司；
2. 中国石油化工股份有限公司石油工程技术研究院；
3. 中石化中原石油工程有限公司塔里木分公司)

【摘 要】 顺北油田二叠系火成岩发育，厚度平均在 500m 以上。由于地层裂缝发育，钻进期间漏失现象较为普遍，且堵漏后复漏概率高，漏失后上部三叠系地层因液柱压力下降易失稳导致卡钻或埋钻故障。顺北 71X 井为 7 号断裂带上的第 2 口探井，完钻井深 8542m，自井深 4972.79m 出现井漏失返至 5495m 中完，累计堵漏 32 次，漏失钻井液 $5302m^3$，其中 5000～5002.99m 钻遇 2.99m 放空段。针对该井恶性漏失，采用桥浆、全井堵漏浆、化学固结、ZYSD 速堵等堵漏方法保证了该井二叠系采用 $1.21g/cm^3$ 钻井液钻进，三叠系未出现井壁失稳，为顺北油田二叠系恶性漏失环境下安全钻进提供了宝贵经验。

【关键词】 二叠系；火成岩；ZYSD 速堵；化学固结；随钻堵漏；桥浆段塞

1 邻井简况及顺北 71X 井施工难点

邻井顺北 7 井二开 311.2mm 井眼实钻二叠系井段 4756～5487.5m 视厚 741.5m，全段岩性为灰绿、深灰色英安岩、灰绿色凝灰岩夹棕褐色泥岩。二叠系采用密度 $1.25g/cm^3$，排量 32～35L/s 钻进，全井使用 8%的随钻堵漏浆钻至 5075m 失返，随后提高全井堵漏浆浓度至 15%，配合 35%的堵漏浆专堵顺利中完，漏失钻井液 $202m^3$。三叠系平均井径扩大率 12.78%，二叠系平均井径扩大率 8.04%(图 1)。

顺北 71X 井地质设计预测二叠系火山岩分为两段：4783～5048m，5088～5336m。岩性以凝灰岩和英安岩组合为主，裂缝比较发育，井漏风险大。

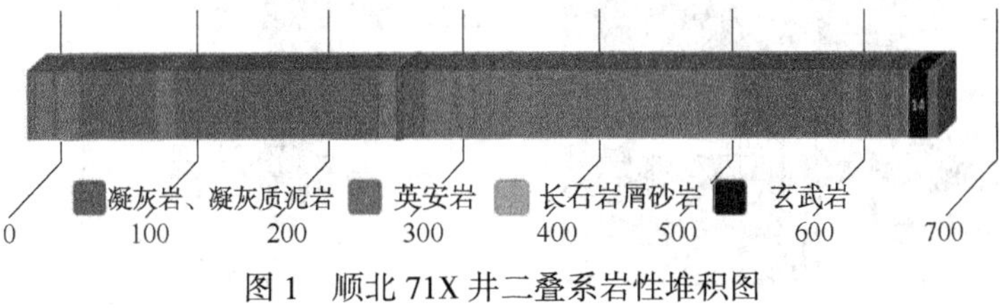

图 1 顺北 71X 井二叠系岩性堆积图

2 钻井液施工思路

顺北 71X 井钻井液采用“低黏切、强抑制、强封堵、适度失水”的思路，结合工程大排量，根据地层岩性提前封堵、调整 KCl 加量及控制钻井液失水等措施保障井眼通畅，实现二叠系防漏堵漏及三叠系防塌的目标。

防漏方面：一是选择合理的钻井液密度，兼顾防塌、防漏，在满足防塌条件下，二叠系选择密度不超过 1.23g/cm³；二是做好“先期封堵、随钻堵漏”工作，进入二叠系前 50m 前，补充膨润土浆、超细钙、石灰石、随钻堵漏材料保障井浆中屏蔽暂堵颗粒含量充足，揭开微裂缝后能短时间内屏蔽暂堵，全井采用 13%～18%的随钻堵漏浆钻进，材料粒级配伍合理，纤维类、片状类材料比例适宜；三是控制滤失量，防止裂缝尖劈，转磺后控制中压失水<4mL，使用磺酸盐聚合物复配乳化沥青、粉剂沥青、护壁剂等材料控制高温高压失水<10mL；四是控制钻井液流变性，减小压力激动，钻井液始终保持优良的流态，漏斗黏度控制在 45～50s，塑黏 15～20mPa·s，动切力 5～8Pa。

防塌方面：一是控制合理的钻井液密度，提高应力支撑作用，防止掉块，三叠系防塌密度选择 1.24～1.25g/cm³；二是提高钻井液抑制能力，减少水化膨胀，见灰色泥岩后，使用聚胺配合 KCL 提高抑制能力，保持井浆中聚胺含量达到 0.5%、K^+浓度达到 20000mg/L 以上,；三是控制滤失量，减少滤液进入地层的量，控制中压失水<4mL，120℃高温高压失水<10mL；四是提高钻井液封堵能力，减少钻井液对微裂隙地层的不良影响，使用沥青、聚胺类复配防塌，不同目数超细钙(800/1250/2500 目)、石灰石及随钻纤维封堵材料保持良好的屏蔽暂堵性能；五是严格控制劣质固相，提高钻井液造壁能力，振动筛使用 300 目筛布，充分净化井浆，保障滤饼质量优良。

3 顺北 71X 井堵漏施工

顺北 71X 井二开使用 ϕ311.2mm 钻头钻至 4755m 进入二叠系，使用 13%～18%全井随钻堵漏浆钻进，井下正常，钻进至井深 4972.79m 突然失返，在 5000～5002.99m 钻遇 2.99m 无钻压放空段，二叠系钻进过程中累计堵漏 32 次(其中 18 次针对失返性漏失)，其中 28 次桥堵、3 次 ZYSD 速堵堵漏、1 次化学固结堵漏，通过多种堵漏方法钻至 5495m 中完，共计漏失钻井液 5302m³，堵漏耗时 27.69d。

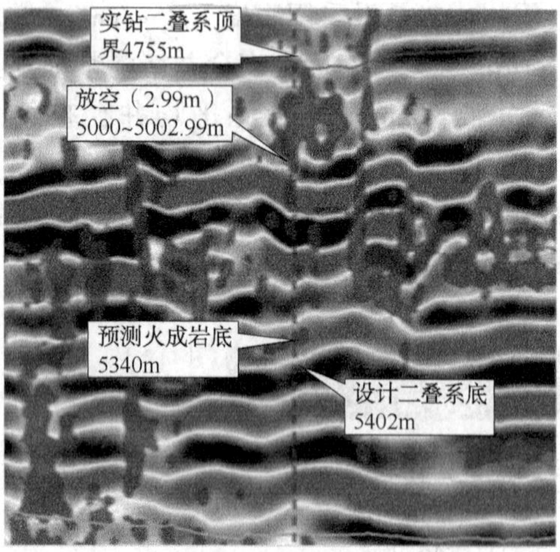

图 2 顺北 71X 井地质标定

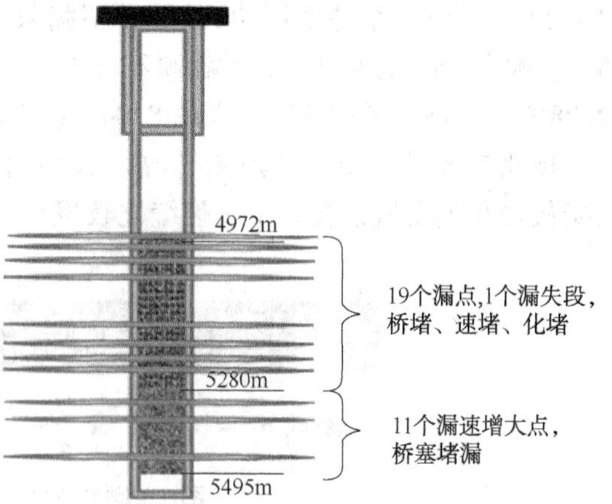

图 3 顺北 71X 井实钻漏点位置

3.1 随钻堵漏+桥浆堵漏(4972.79～5028.71m)

借鉴邻井顺北 7 井二叠系使用 15%堵漏浆有效解决漏失的经验，顺北 71X 二叠系钻进期间使用 18%浓度堵漏浆进行钻进(随钻使用材料见表 1，图 4～图 6)，钻井液密度 1.23g/cm³，钻具组合“PDC+螺杆+扶正器”，钻至井深 4972.79m(进入二叠系 217.79m)失返，强钻至 4973.29m，井口依然处于失返状态。由于钻具组合中有螺杆和扶正器，堵漏材料粒径选择受限(未加中粗颗粒)。

表1　顺北71X井随钻堵漏材料使用情况

材料		使用量(t)
刚性材料	超细钙(400目)	10
	超细钙(600目)	17
	刚性堵漏剂(100~200目)	2
	云母(细)	8
	石灰石	9
	GT-1	6
植物纤维	竹纤维	2
矿物纤维	SQD-98(中粗)	7
	SQD-98(细)	8

图4　片状变形材料

图5　刚性粒子

图6　纤维材料

起钻简化钻具组合，配备浓度36%的桥塞堵漏浆，其中复配中粗颗粒(5~8mm)堵漏材料，堵漏浆出水眼后高架槽开始返浆，钻进至5000m失返后，36%堵漏浆无法起作用，推断该位置破碎程度高，36%堵漏浆中中粗颗粒不能在该破碎带有效架桥封堵。提高堵漏浆浓度至39%强钻至5010m，井口始终处于失返状态，且在5000~5002.99m放空，判断该段裂缝发育程度高，39%堵漏浆[配方：井浆+6%SQD-98(中粗)+6%SQD-98(细)+2%云母(细)+4%刚性堵漏剂(100~200目)+3%石灰石+4%QS-2+4%DF-1+2%GT-1+1%竹纤维]和5~8mm颗粒无法有效封堵；随后提高堵漏浆浓度至43%[配方：井浆+3%云母(3~5mm)+5%核桃壳(2~4mm)+4%核桃壳(0.5~1mm)+6%SQD-98(中粗)+6%SQD-98(细)+3%NTBASE+2%云母(1~2mm)+3%云母(2~3mm)+3%GTMF+2%石灰石+2%超细钙+1%棉籽壳+3%GT-4(5~8mm)]，强钻至5028.71m，强钻期间井口失返。

3.2 ZYSD 速堵第一次(5000~5002.99m)

为有效封堵 5000~5002.99m 放空段，保证上部三叠系井壁稳定和下部地层快速钻进，使用 ZYSD 速堵进行堵漏，泵入 $30m^3$ ZYSD 速堵堵漏浆(2t KCl+23t ZYSD 高滤失固结堵漏剂)，排量 30L/s，泵压 0.4MPa，替井浆 $80m^3$ 堵漏浆全部替入地层，泵入速堵浆过程中泵压未发生变化，出钻头后效果明显，出口返浆，漏速由失返降至 $2m^3/h$，起钻更换牙轮后冲划至 5000m 井口失返，判断漏层依然为放空段。根据本次 ZYSD 速堵情况分析，泵压无变化是由于速堵浆全部进入裂缝未能形成滤饼彻底封堵漏层，但出口返浆且漏速降至 $2m^3/h$，推断 ZYSD 速堵对放空段以上地层起到了减缓漏失速度的作用。

3.3 凝胶+速堵(4972.79~5034.82m)

强钻至 5034.82m 后井口依然处于失返状态，现场使用 2%凝胶 $22m^3$+ZYSD 速堵浆 $30m^3$ [淡化水+5%KCl+50%ZYSD+5%特粗核桃壳(1.5~2.5cm)+5%粗核桃壳(0.5~1cm)]进行堵漏，替浆过程中采取节流循环方式进行憋压，替浆过程中套压最高达到 1.5MPa，ZYSD 速堵浆出钻头后套压回零，说明凝胶进入漏层，停泵后立压 4.3MPa，套压回至 1MPa。下钻到底循环不漏，恢复钻进，说明 ZYSD 速堵浆通过高失水在漏失通道内形成良好滤饼，以此推断该方法能够很好地暂缓和封堵大裂缝恶性漏失层。继续钻进过程中再次失返，失返后使用 34%~41%段塞堵漏，堵漏浆出钻头井口开始返浆，以此方法保证了强钻连续性。

3.4 化学固结堵漏(5034.82~5082m)

钻进至井深 5072.2m 时钻时由 18.5↘14.4min 发生井漏失返，判断在此处钻遇新漏层，泵入 39.5%堵漏浆后漏层基本堵住。降低钻井液密度至 $1.21g/cm^3$，强钻至 5082m 失返，判断此处为新漏层，堵漏颗粒不能架桥封堵。下光钻杆到底以 50L/s 排量循环出口失返，起钻至 5000m，泵入 $30m^3$ 交联成膜浆+$39m^3$ 化学固结堵漏浆进行堵漏，关井挤注，套压 1↗1.2↘0.7MPa 说明漏层打开，化堵浆进入漏层，替浆 $40m^3$ 时套压 0.6↗1.3MPa 并稳定，说明化学固结堵漏浆在漏层起到封堵作用，冲划至井深 4890m 探至塞面，扫塞至 4987.92m 发生漏失，扫塞期间间断泵入 35%堵漏浆。继续扫塞过程中，塞顶 4890m 至井底 5082m 均有钻压显示，说明井底存在漏失层，证实了 5082m 处为新漏层。扫塞过程发生漏失原因如下：前期用桥浆和速堵对之前的漏失层 4972~4980m 井段进行封堵后，堵漏材料未在漏失通道深部形成封堵层，只是在近井壁处形成封堵层，交联成膜+化学固结堵漏施工后，固结浆与封堵层固化粘结在一起，扫塞时将封堵层破坏，之前形成的封堵层变弱，导致漏失。

3.5 ZYSD 速堵第二次

为继续对 4972~4980m 漏点进行巩固，下钻至井深 4800m，排量 30L/s 泵入速堵浆 $38m^3$ (淡化水+5%KCl+50%ZYSD+2%粗核桃壳+2%特粗核桃壳)，井口无返浆，替浆 $10m^3$ 关环形(调压至 5.5MPa)，替浆 $67m^3$，立压最高为 4.8MPa，套压为 0MPa，候凝后，冲划至井底，恢复钻进。

3.6 使用不同浓度堵漏桥塞进行堵漏

通过 ZYSD 速堵和化学固结堵漏后，成功封堵住 5082m 以上漏点，后续钻进中虽有失返性漏失，但使用 38.5%~43%的桥浆段塞进行堵漏，堵漏浆出钻头漏速立即减小，说明漏层在井底且漏层较小。5408.47m 及以深出现的漏点堵漏现象为堵漏浆出钻头 25~28min 左右漏速开始降低，由排量和环空容积反推漏点应该在 5000m 附近，属于放空段复漏。

为快速钻穿多点漏失地层，现场调整堵漏浆浓度 40%~51%[井浆+5%核桃壳(中粗)+4%核桃壳(细)+5%云母(粗)+5%云母(中粗)+4%云母(细)+6%SQD-98(中粗)+6%SQD-98(细)+2%QS-2+2%DF-1+1%棉籽壳+3%微裂缝+5%核桃壳(粗)+2%锯末]，每次泵入 15~20m^3，堵漏浆出钻头后液面逐步恢复正常，直至钻进至二开中完井深。

4 顺北 71X 井堵漏分析

4.1 漏层位置

根据现场实钻及堵漏情况分析(表 2)，本井在 4972~5082m 钻进期间频繁出现失返、桥塞堵漏效果不理想，在 5000~5002.99m 钻遇放空段，推断该段为缝洞发育层。5280~5423m 段虽然漏点多、漏速大，但失返频次较少，桥塞堵漏浆出钻头后出口恢复正常，立压回归正常，说明该段为小裂缝漏失层。

地质预测顺北 71X 井缝洞最发育段 4815~5050m，缝洞较发育段 5080~5105m、5165~5190m、5235~5255m、5310~5340m，以上井段均存在漏失可能，与实钻漏点基本相符。

表 2 顺北 71X 井二叠系实钻漏点明细

实钻可能漏点	备 注
4972.72m、4978.65m、4990.97m、5000~5002.99m(放空段)、5034.82m、5084.6m、5064.5m、5072.2m、5077.17m	二叠系钻进时的漏点，5000~5002.99m、5077.17m 为专项堵漏
4988m、5006m、5023m	化学堵漏后钻塞时出现的漏点
5089.45m、5115.66m、5133.79m、5175.61m、5185.72m、5235.51m、5251.16m、5255m、5282.79m、5355.69m、5359m、5369.51m、5398.98m、5408.47m、5413.73m、5453.64m、5457.95m、5495m 两次	专项堵漏后钻进时新出现的漏点，一般为井底，现象为堵漏浆出钻头漏速立即减小。5408.47m 及以深出现的漏点堵漏现象为堵漏浆出钻头 25~28min 漏速开始降低，据排量和环空容积反推漏点在 5000m 附近，属于放空段复漏

注：5082m 后钻时变慢，平均钻时 60min/m，地层较压实，5082m 及以深井段漏失可能为上部漏层复漏。

4.2 裂缝压力敏感性分析

顺北油田二叠系火成岩段裂缝及微裂缝发育，钻进过程中压力激动易造成微裂缝开启、变大，导致井漏或复漏。针对此类地层采用随钻段塞封堵的方式，尽量不采用憋压工艺，施工过程中要尽可能减小压力激动(图 7)。

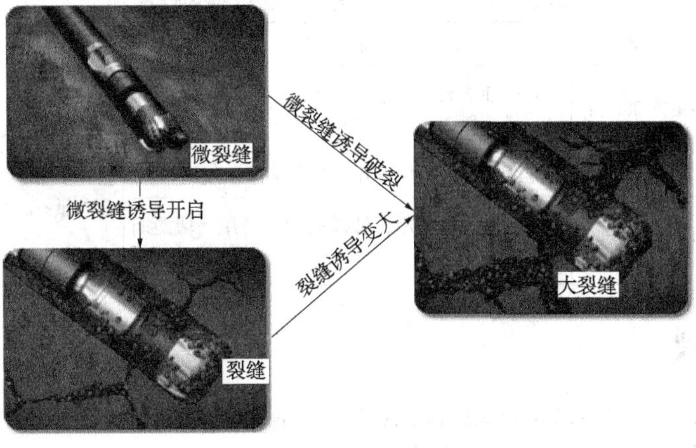

图 7 裂缝诱导示意图

4.3 二叠堵漏技术

根据本井实钻堵漏及地质资料分析，顺北二叠系井漏可分为中小裂缝漏层和缝洞漏层。针对中小裂缝漏层，采用段塞堵漏浆堵漏效果理想，段塞浆浓度和颗粒级配综合考虑漏速、钻具组合、前期堵漏情况确定。针对缝洞发育漏层，采用凝胶+ZYSD 速堵、化学固结堵漏，可有效封堵漏层。

5 二叠漏失后三叠系井壁稳定技术

顺北多口井出现二叠失返、堵漏时间长导致三叠地层失稳，邻井顺北 7 井三叠系平均井径扩大率 12.78%，最大处 34.62%，表明顺北二叠失返后三叠系地层极易失稳。顺北 71X 井在二叠系钻进过程中最低钻井液密度 1.21g/cm^3，多次强钻(多次失返漏失，井筒液面最低 230m，井底当量密度仅为 1.16g/cm^3，井壁支撑力弱)，漏失钻井液 5302m^3(大量配制钻井液，堵漏材料含量高，滤饼质量变差)，且二开堵漏时间长达 27.69 天，井壁浸泡时间长，钻进期间未见三叠系掉块和失稳垮塌现象(平均井径扩大率 11.21%)。现场采用的井壁稳定技术如下：

(1) 三叠系见灰色泥岩转成聚磺钻井液，控制钻井液密度 1.20g/cm^3，使用 300 目振动筛，黏度 40~45s，K^+浓度达到 20000mg/L 直至中完。

(2) 三叠系见硬脆性泥岩，采取“低黏切、强抑制、强封堵、低失水”思路，使用沥青配合 1%支化聚醚胺防塌，使用膨润土浆、超细钙(1250/2500 目)强化封堵。

(3) 保持胶液中磺化材料、沥青防塌剂有效浓度。胶液中树脂、褐煤单项加量保持 2%~3%，沥青粉加量保持 3%。

(4) 低黏 PAC、腈硅聚合物降失水剂加量充足，保持井浆低失水。井浆中压失水始终<4mL，FL_{HTHP}<10mL。

(5) 大量补充 10%水化好的膨润土浆，保持钻井液中优质土相含量，改善滤饼质量，提高造壁护壁能力，每次短起下前使用膨润土浆稠浆清扫井底，各次短起下顺利。

(6) 适度过筛，保持井浆相对清洁。钻进至 2200m 时振动筛布全部更换为 280 目，二叠系堵漏、钻进期间调节筛布目数在 20~100 目使钻井液适度过筛，筛除大颗粒、失效的堵漏材料，保证随钻堵漏材料含量 10%基础上保持井浆相对清洁。钻至中完井深后将 20 目筛布更换为 200 目筛布净化井浆(表 3)。

表 3 顺北 71X 井二开固控设备使用情况

类 别	筛布使用情况	运转情况	使用效果
振动筛	150 目逐步更换 280 目	井漏前 5 台运转，转磺后、堵漏期间使用 3 台，最前面为 20 目筛布	二开井漏前钻井液清洁，钻井液密度 1.22g/cm^3，固相含量≤11%，含砂量<0.2%
一体机	200	连续使用，筛床不振，堵漏期间未使用	
离心机	—	转磺前连续使用，转磺后间断使用，堵漏期间未使用	

6 认识与建议

(1) 顺北 71X 井 4972~5082m 地层缝洞发育、裂缝连通性好，漏失严重；5082m 后钻时较慢，夹层多，微裂缝发育，易导致井漏。

（2）采用15%堵漏浆钻进只能预防微小裂缝或渗透性漏失，对失返性漏失封堵作用不佳，ZYSD速堵和化学固结堵漏对1~2个点的恶性漏失层有较好效果，对多漏层往往需要多次堵漏才能成功。

（3）简化钻具结构钻进和堵漏，漏失后不停钻打段塞依靠循环压力封堵漏层的方式堵漏效果明显，缩短了处理井漏周期，但需要改进钻头水眼应对较大裂缝型漏失。

（4）控制好滤饼质量和抑制性，合理使用固控设备，既可保证漏层上部三叠系井壁稳定，又可防止塌漏同时出现。

钻井工程专业系列图书

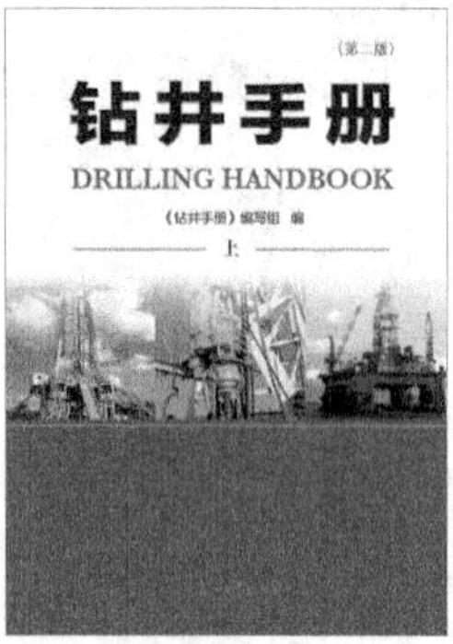

书号：9391
定价（上下）：420.00 元

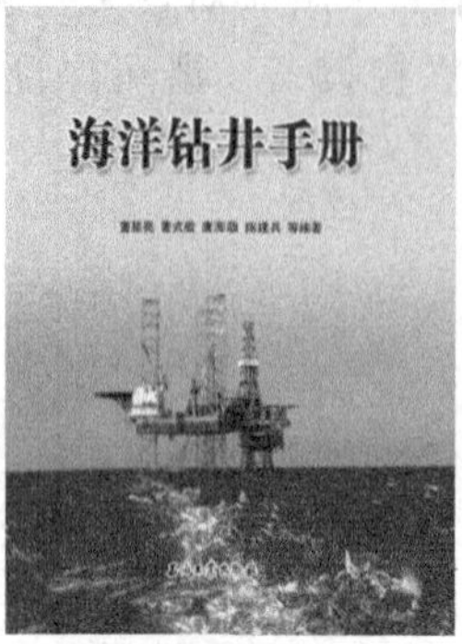

书号：7421
定价：680.00 元

书号：1425
定价：160.00 元

书号：6364
定价 :120.00 元

书号：1433
定价：180.00 元

书号：0855
定价：186.00 元

书号：0586
定价：288.00 元

书号：1601
定价：180.00 元

书号：0109
定价：48.00 元

书号：9658
定价：115.00 元

书号：9654
定价：48.00 元

书号：9985
定价：96.00 元

书号：8974
定价：96.00 元

书号：1572
定价：40.00 元

书号：8336
定价：80.00 元

书号：1258
定价：83.00 元

书号：0893
定价：46.00 元

书号：8090
定价：45.00 元

书号：0801
定价：86.00 元

书号：9174
定价：65.00 元

书号：1804
定价：75.00 元

书号：0679
定价：260.00 元

书号：0826
定价：225.00 元

书号：1077
定价：75.00元

书号：0194
定价：68.00 元

书号：1477
定价：256.00 元

书号：1180
定价：90.00 元

书号：0732
定价：75.00 元

书号：9342
定价：75.00 元

书号：0491
定价：260.00 元（系列）

书号：1547
定价：260.00 元（系列）

书号：1057
定价：168.00 元（系列）

书号：1271
定价：130.00 元

书号：1172
定价：120.00 元

书号：2493
定价：90.00 元

书号：2310
定价：180.00元

书号：2412
定价：180.00元（系列）

书号：2215
定价：300.00元（系列）

书号：2575
定价：160.00元

书号：3988
定价：90.00元

书号：4502
定价：80.00元

书号：3800
定价：96.00元

书号：3902
定价：150.00元

书号：2459
定价：120.00元

书号：3597
定价：680.00元

书号：2987
定价：320.00元

书号：2462
定价：88.00元

书号：2815
定价：180.00元

书号：3552
定价：130.00元

书号：3625
定价：70.00 元

书号：2818
定价：95.00 元

书号：3294
定价：125.00元

书号：3825
定价：50.00 元

书号：3834
定价：200.00元

书号：3885
定价：88.00 元

书号：3987
定价：350.00元

书号：3003
定价：280.00元

书号：2576
定价：135.00 元

书号：3112
定价：130.00 元

书号：3240
定价：120.00元